中文版

AutoCAD 2013 绘图基础与实例精讲

云海科技　编著

化学工业出版社

·北京·

本书是一本中文版 AutoCAD 2013 的案例教程。全书结合大量的工程实例，让读者在绘图实践中轻松掌握 AutoCAD 2013 的基本操作和技术精髓。

本书共 21 章，分为七篇，基础入门篇介绍了 AutoCAD 2013 的基本知识及基本操作，二维绘图篇介绍了二维图形的绘制和编辑等知识；效率提升篇介绍了利用精确定位、图层管理、图案填充、使用块等功能提升绘图效率的方法；标注注释篇讲解了图形尺寸标注、添加文字和表格注释的方法；图形管理篇介绍了图形管理工具及打印输出图形的方法；三维绘图篇分别介绍了轴测图的绘制、三维图形的创建与编辑等内容；行业应用篇分别介绍了 AutoCAD 2013 在建筑设计、室内设计、机械设计及园林设计共四大行业领域中的应用方法和技巧。

本书配有多媒体教学光盘，内容包括书中 246 个实例、长达 15 个多小时的语音视频教学文件，可以大大提高读者学习的兴趣和效率。

本书案例丰富、讲解生动，定位于 AutoCAD 初、中级用户，可作为广大 AutoCAD 初学者和爱好者学习 AutoCAD 的指导教材，对各专业技术人员来说也是一本不可多得的参考书。

图书在版编目（CIP）数据

中文版 AutoCAD 2013 绘图基础与实例精讲 / 云海科技编著.
北京：化学工业出版社，2013.1
（AutoCAD 2013 入门与实战）
ISBN 978-7-122-15877-2
ISBN 978-7-89472-658-2（光盘）

Ⅰ. 中… Ⅱ. 云… Ⅲ. AutoCAD 软件 Ⅳ. TP391.72

中国版本图书馆 CIP 数据核字（2012）第 282400 号

责任编辑：李　萃　　　　　　　　装帧设计：王晓宇

出版发行：化学工业出版社（北京市东城区青年湖南街 13 号　邮政编码 100011）
印　　装：三河市延风印装厂
787mm×1092mm　1/16　印张 $28^3/_4$　字数 736 千字　2013 年 3 月北京第 1 版第 1 次印刷

购书咨询：010-64518888（传真：010-64519686）　售后服务：010-64518899
网　　址：http://www.cip.com.cn
凡购买本书，如有缺损质量问题，本社销售中心负责调换。

定　　价：59.80 元（含 1DVD-ROM）　

PREFACE

● AutoCAD 软件简介

AutoCAD 是美国 Autodesk 公司开发的专门用于计算机辅助绘图与设计的一款软件，具有界面友好、功能强大、易于掌握、使用方便和体系结构开放等特点，在室内装潢、建筑施工、园林土木等领域有着广泛的应用。作为第一个引进中国市场的 CAD 软件，经过 20 多年的发展和普及，AutoCAD 已经成为国内使用最广泛的 CAD 应用软件之一。

● 本书特点

本书是一本中文版 AutoCAD 2013 的案例教程。全书结合大量的工程实例，让读者在绘图实践中轻松掌握 AutoCAD 2013 的基本操作和技术精髓。本书具有以下特色。

零点快速起步 绘图技术全面掌握	本书从 AutoCAD 2013 的基本操作界面讲起，由浅入深、循序渐进，结合软件特点和行业应用安排了大量实例，让读者在绘图实践中轻松掌握 AutoCAD 2013 的基本操作和技术精髓
案例贴身实战 技巧原理细心解说	本书所有案例例例精彩、个个经典，每个实例都包含相应工具和功能的使用方法和技巧。在一些重点和要点处，还添加了大量的专家提醒和技巧点拨，帮助读者理解和加深认识，从而真正掌握并达到举一反三、灵活运用的目的
七大应用领域 行业应用全面接触	本书实例涉及的行业应用领域包括建筑设计、机械设计、室内设计、园林设计等常见绘图领域，使广大读者在学习 AutoCAD 的同时，也可以从中积累相关经验，了解和熟悉不同领域的专业知识和绘图规范
246 个制作实例 绘图技能快速提升	本书的每个案例均经过作者精挑细选，具有典型性、实用性和重要的参考价值，读者可以边做边学，从新手快速成长为 AutoCAD 绘图高手
高清视频讲解 学习效率轻松翻倍	本书配套光盘中收录了全书 246 个实例的长达 15 小时的高清语音视频教学文件，读者可以在家享受专家课堂式的讲解，成倍提高学习兴趣和效率

● 内容简介

全书分为七篇，共 21 章，主要内容介绍如下。

篇　名	内 容 纲 要
第 1 篇　基础入门篇	介绍 AutoCAD 2013 的基本知识及基本操作，包括 AutoCAD 2013 的发展历史、应用领域、工作空间、界面组成、文件操作、命令使用、视图操作等

续表

篇　名	内 容 纲 要
第 2 篇　二维绘图篇	介绍二维图形的绘制和编辑等知识，包括坐标系的使用，绘制点、线、矩形和多边形、曲线对象，选择对象、移动对象、复制图形、图形修整等
第 3 篇　效率提升篇	介绍利用精确定位、图层管理、图案填充以及使用块等功能提升绘图效率的方法
第 4 篇　标注注释篇	讲解图形尺寸标注、添加文字和表格注释的方法
第 5 篇　图形管理篇	介绍图形管理工具及打印输出图形的方法
第 6 篇　三维绘图篇	介绍轴测图的绘制、三维网格和三维曲面的绘制、三维实体的创建与编辑等内容
第 7 篇 行业应用篇	介绍 AutoCAD 在建筑设计、室内设计、机械设计及园林设计共四大领域中的应用方法和技巧

● 关于光盘

本书所附的光盘内容分为以下两大部分。

DWG 格式的图形文件	MP4 格式的动画文件
本书所有实例和用到的或完成的“.dwg”图形文件都按章节收录在“素材”文件夹下，图形文件的编号与章节的编号是一一对应的，读者可以调用和参考这些图形文件	本书所有实例的绘制过程都录制成了“mp4”有声动画文件，并按章收录在附盘的“视频\第 1 章～第 21 章”文件夹下，编号规则与“.dwg”图形文件相同

● 本书编者

本书由云海科技组织编写，具体参与编写的有陈运炳、李红艺、陈云香、陈文香、陈军云、彭斌全、林小群、陈志民、刘清平、钟睦、江凡、张洁、刘里锋、朱海涛等。

由于编者水平有限，书中疏漏之处在所难免。感谢您选择本书，同时，也希望您能够把对本书的意见和建议反馈给我们。我们的联系信箱是：lushanbook@qq.com。

云海科技

2012 年 9 月

目录

CONTENTS

第1篇　基础入门篇

第 2 篇　二维绘图篇

第 3 篇 效率提升篇

第4篇 标注注释篇

第5篇 图形管理篇

第6篇 三维绘图篇

第 7 篇 行业应用篇

基础入门篇

第  章　初识 AutoCAD 2013

⊙学习目的：

在深入学习 AutoCAD 2013 的使用方法之前，本章首先介绍其主要特色、发展历程、基本功能、工作空间和界面组成等基本知识，以在最短的时间内给初学者一个 AutoCAD 2013 的整体印象，帮助读者快速入门。

⊙学习重点：

★★★★ 界面组成　　　　★★☆☆ 启动退出

★★★☆ 工作空间　　　　★☆☆☆ 发展历史

1.1 了解 AutoCAD 2013

AutoCAD 以其易于掌握、使用方便、体系结构开放等优点，成为目前世界上应用最广的 CAD 软件之一。本节首先介绍 CAD 及 AutoCAD 的背景知识。

1.1.1 什么是 AutoCAD

CAD（Computer Aided Design）是指计算机辅助设计，是计算机技术一个重要的应用领域。AutoCAD 则是美国 Autodesk（简称“欧特克”）公司开发的一个交互式绘图软件，适用于二维及三维设计的绘图工具，用户可以使用它来创建、浏览、管理、打印、输出及共享设计图形。

总的来说，AutoCAD 软件具有如下特点。

- 具有完善的图形绘制功能。
- 具有强大的图形编辑功能。
- 可以采用多种方式进行二次开发或用户定制。
- 可以进行多种图形格式的转换，具有较强的数据交换能力。
- 支持多种硬件设备。
- 支持多种操作平台。
- 具有通用性、易用性，适用于各类用户。

与以往的版本相比，AutoCAD 2013 又增添了许多强大的功能，从而使 AutoCAD 系统更加完善。

虽然 AutoCAD 本身的功能已经足以协助用户完成各种设计工作，但用户还可以通过 AutoCAD 的脚本语言——Auto Lisp 进行二次开发，将 AutoCAD 改造成为满足各专业领域需求的专用设计工具，包括建筑、机械、测绘、电子以及航空航天等。

1.1.2 AutoCAD 基本功能

作为一款通用的计算机辅助设计软件，AutoCAD 可以帮助用户在统一的环境下灵活地完成概念和细节设计，并创作、管理和分享设计作品，十分适合于广大普通用户使用。

AutoCAD 的基本功能主要包括以下几点。

1. 绘图功能

AutoCAD 的【绘图】菜单和工具栏中包含了丰富的绘图命令，使用这些命令可以绘制直线、圆、椭圆、圆弧、曲线、矩形、正多边形等基本的二维图形，还可以通过拉伸、设置高度、厚度等操作，使二维图形转换为三维实体，如图 1-1 所示。

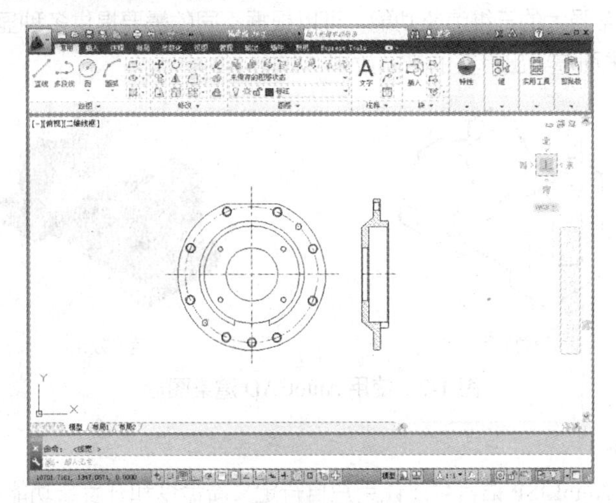

二维图形

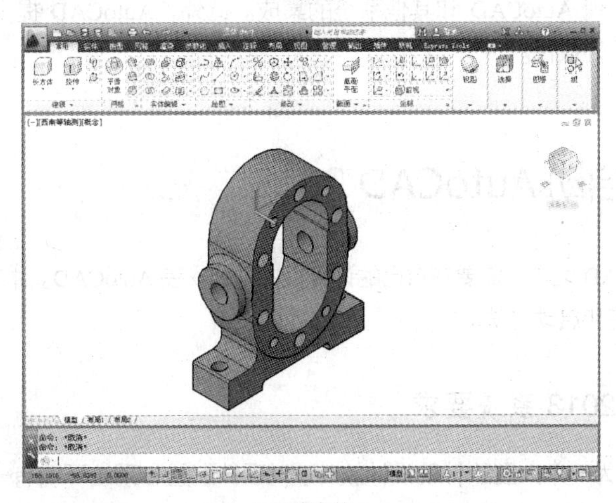

三维实体

图 1-1　AutoCAD 绘制的二维图形和三维实体

2．精确定位功能

AutoCAD 提供了坐标输入、对象捕捉、追踪、栅格等功能，能够精确地捕捉点的位置，创建出具有精确坐标与精确形状的图形对象。这是 AutoCAD 与 Windows 画图程序、Photoshop、CorelDraw 等平面绘图软件的不同之处。

3．编辑和修改功能

AutoCAD 的【修改】菜单和工具栏提供了【平移】、【复制】、【旋转】、【阵列】、【修剪】等修改命令，使用这些命令相应地修改和编辑已经存在的基本图形，可以完成更复杂的图形。

4．图形输出和打印功能

图形输出主要包括屏幕显示、打印以及保存至 Autodesk 360。AutoCAD 提供了缩放、平移、三维显示、多视口布局等屏幕显示功能，图纸空间、布局图、打印设置以及网络同步保存等功能则为图形的打印输出带来了极大的方便。

5．三维渲染功能

AutoCAD 拥有非常强大的三维渲染功能，可以根据不同的需要提供多种显示设置以及完整的材质贴图和灯光设备，进而渲染出真实的产品效果，如图 1-2 所示。

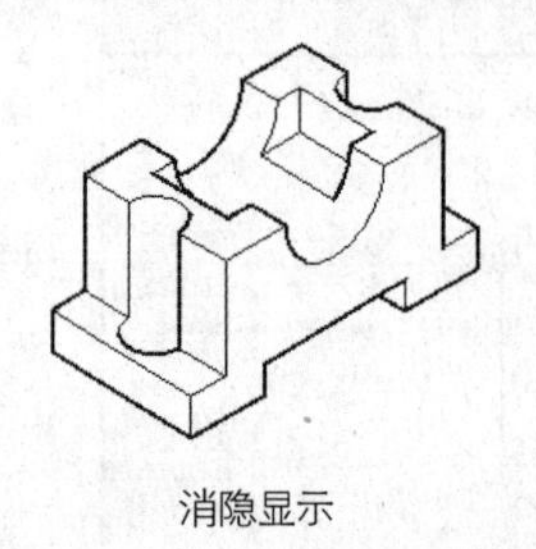

消隐显示

渲染效果

图 1-2　使用 AutoCAD 渲染图形

6．二次开发功能

AutoCAD 自带的 AutoLISP 语言可以让用户自行定义新命令和开发新功能。通过 DXF、IGES 等图形数据接口，可以实现 AutoCAD 和其他系统的集成。此外，AutoCAD 提供了与其他高级编程语言的接口，具有很强的开放性。

1.2　安装与启动 AutoCAD 2013

在开始学习 AutoCAD 之前，需要在自己的计算机中正确安装 AutoCAD。本节介绍 AutoCAD 2013 软件的系统要求及安装和启动方法。

1.2.1　AutoCAD 2013 系统要求

AutoCAD 2013 作为一个大型的辅助设计软件，对硬件配置和系统环境有一定的要求，在独立的计算机中安装 AutoCAD 2013 软件之前，必须首先确保计算机满足最低系统需求，才能顺利安装并流畅使用。AutoCAD 2013 安装系统要求如表 1-1 所示。

表 1-1　AutoCAD 2013 安装系统要求

操作系统		Windows XP 专业版或家庭版（SP3 或更高）、Windows 7
CPU	32 位 AutoCAD 2013	Intel Pentium 4 处理器双核，AMD Athlon 3.0 GHz 双核或更高，采用 SSE2 技术
	64 位 AutoCAD 2013	AMD Athlon 64（采用 SSE2 技术），AMD Opteron™（采用 SSE2 技术），Intel Xeon®（具有 Intel EM64T 支持和 SSE2），Intel Pentium 4（具有 Intel EM 64T 支持并采用 SSE2 技术）
内存		2GB（建议使用 4GB）
显示器分辨率		1024×768（建议使用 1600×1050 或更高）真彩色
磁盘空间		6.0 GB
光驱		DVD
浏览器		Internet Explorer 7.0 或更高
NET Frameworks		NET Framework 4.0 或更新版本

1.2.2 安装 AutoCAD 2013

AutoCAD 2013 在各种操作系统下的安装过程基本一致，下面以 Windows XP 操作系统为例，讲解其大致安装过程。

课堂举例【1-1】：安装 AutoCAD 2013

Step 01 将 AutoCAD 2013 的安装光盘置于光驱，在【我的电脑】窗口中打开 AutoCAD 2013 程序所在的文件夹。

Step 02 找到“Setup.exe”安装文件，并双击运行 AutoCAD 2013 安装程序。

Step 03 安装程序首先检测计算机的配置是否符合要求，如图 1-3 所示。

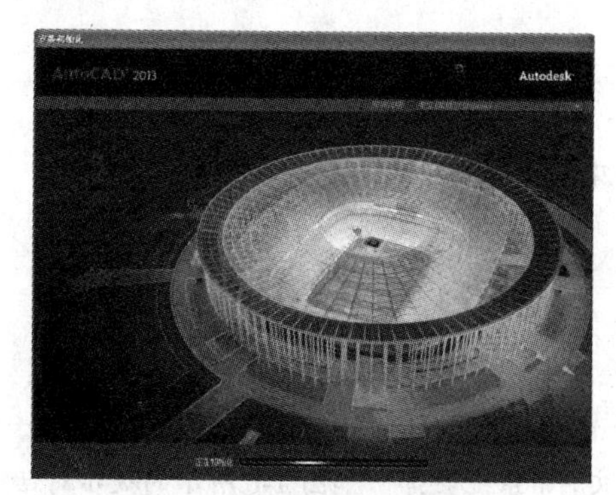

图 1-3　检查计算机的配置

Step 04 在打开的【AutoCAD 2013 安装向导】对话框中单击【安装】按钮，如图 1-4 所示。

Step 05 自动打开【许可及服务协议】对话框，选择【我接受】单选按钮，然后单击【下一步】按钮，如图 1-5 所示。

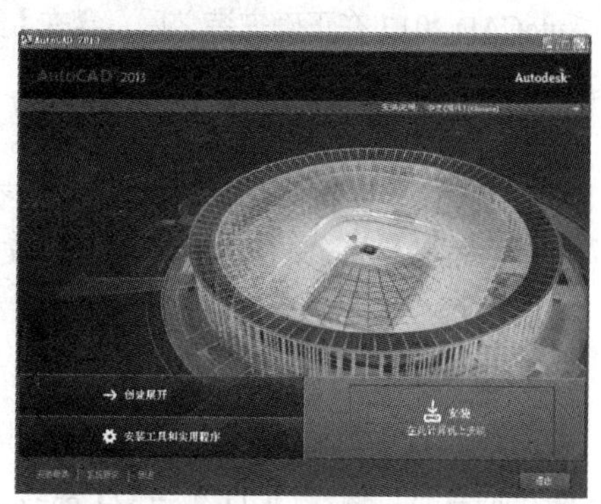

图 1-4　选择安装

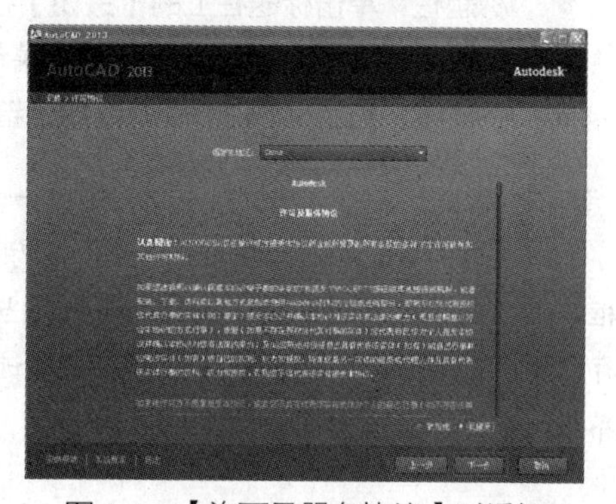

图 1-5　【许可及服务协议】对话框

Step 06 系统打开【安装配置】对话框，单击【安装】按钮，开始安装，如图1-6所示。

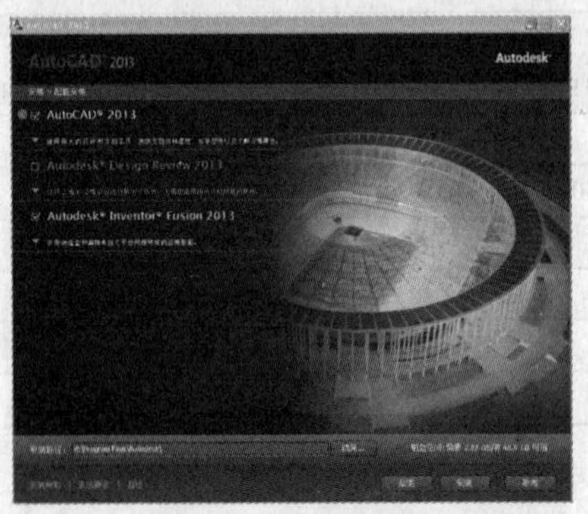

图1-6 【安装配置】对话框

Step 07 经过一段时间的等待，系统打开【安装完成】对话框，单击【完成】按钮，完成AutoCAD 2013的安装，如图1-7所示。

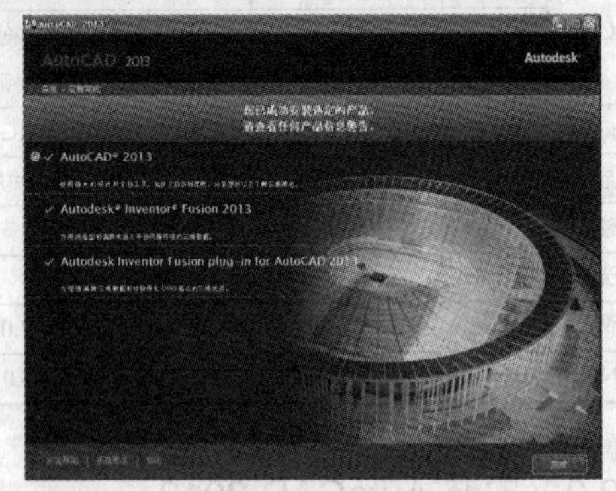

图1-7 【安装完成】对话框

1.2.3 AutoCAD 2013 的启动与退出

要使用AutoCAD进行绘图，首先必须启动该软件。在完成绘制之后，应保存文件并退出该软件，以节省系统资源。

1. 启动 AutoCAD

AutoCAD 2013在正确安装之后，会在【开始】菜单和桌面上创建相应的菜单项和快捷方式，通过这些菜单项和快捷方式即可启动该软件。

启动AutoCAD 2013的方式有如下几种。

- 【开始】菜单：单击【开始】菜单，在菜单中选择"程序\Autodesk\AutoCAD 2013-Simplified Chinese\AutoCAD 2013-Simplified Chinese"选项。
- 桌面：双击桌面上的快捷图标。

2. 退出 AutoCAD

退出AutoCAD有如下几种方法。

- 命令行：输入QUIT或EXIT命令，按Enter键。
- 标题栏：单击标题栏上的【关闭】按钮。
- 菜单栏：选择【文件】|【退出】菜单命令。
- 快捷键：按Alt+F4或Ctrl+Q组合键。

专家提醒

若在退出AutoCAD 2013之前没有保存当前绘图文件，系统会弹出如图1-8所示的提示对话框，提示使用者在退出软件之前是否保存当前绘图文件。单击【是】按钮，可以进行文件的保存；单击【否】按钮，将不对之前的操作进行保存而退出；单击【取消】按钮，将返回到操作界面，不执行退出软件的操作。

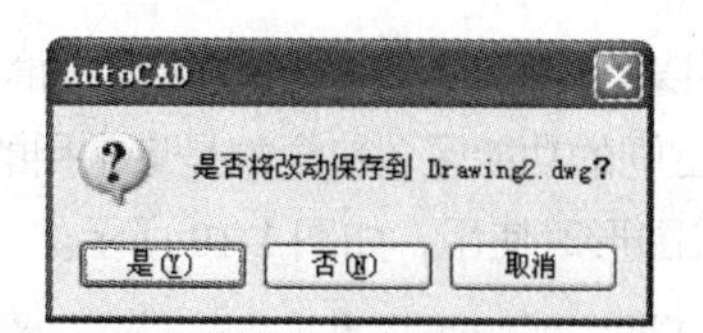

图 1-8　提示对话框

1.3　AutoCAD 2013 的工作空间

为了满足不同用户的需要，中文版 AutoCAD 2013 的提供了【AutoCAD 经典】、【草图与注释】、【三维基础】和【三维建模】共 4 种工作空间，用户可以根据绘图的需要选择相应的工作空间。AutoCAD 2013 的默认工作空间为【草图与注释】空间。下面分别对 4 种工作空间的特点、应用范围及其切换方式进行简单的讲述。

1.3.1　AutoCAD 经典空间

对于习惯 AutoCAD 传统界面的用户来说，可以采用【AutoCAD 经典】工作空间，以沿用以前的绘图习惯和操作方式。该工作界面的主要特点是显示有菜单栏和工具栏，用户可以通过选择菜单栏中的命令，或者单击工具栏中的工具按钮，以调用所需的命令，如图 1-9 所示。

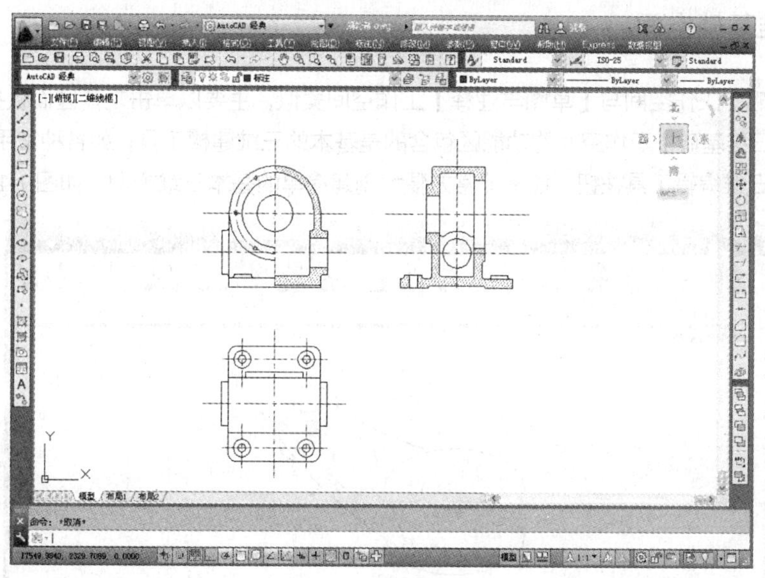

图 1-9　【AutoCAD 经典】工作空间

1.3.2　草图与注释空间

【草图与注释】工作空间是 AutoCAD 2013 的默认工作空间，该空间用功能区替代了工具栏和菜单栏，这也是目前比较流行的一种界面形式，已经在 Office 2007、Creo、SolidWorks 2012 等软件中得到了广泛的应用。当需要调用某个命令时，需要先切换至功能区下的相应面板，然后再单击面板中的按钮。【草图与注释】工作空间的功能区，包含的是最常用的二维图形的绘制、编辑和标注命令，因此非常适合绘制和编辑二维图形时使用，如图 1-10 所示。

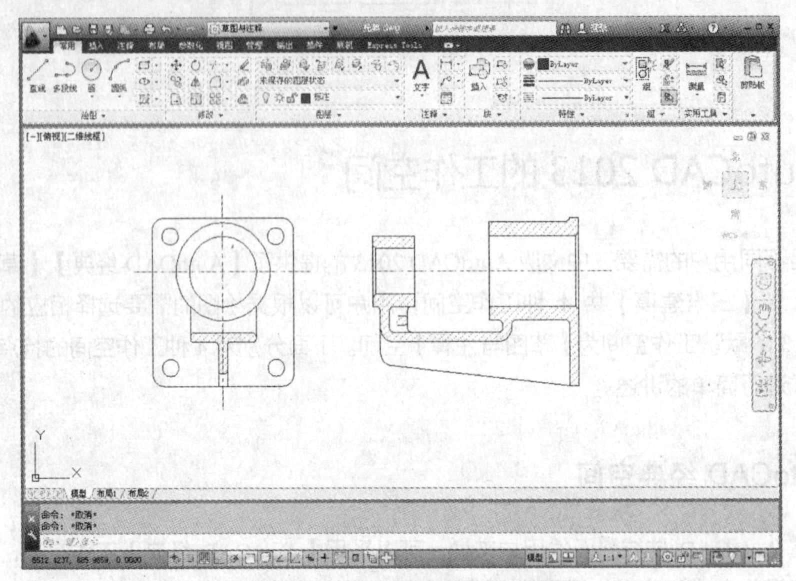

图 1-10 【草图与注释】工作空间

1.3.3 三维基础空间

【三维基础】工作空间与【草图与注释】工作空间类似，主要以单击功能区面板按钮的方式调用命令。但【三维基础】工作空间的功能区包含的是基本的三维建模工具，如各种常用的三维建模、布尔运算以及三维编辑工具按钮，能够非常方便地创建简单的基本三维模型，如图 1-11 所示。

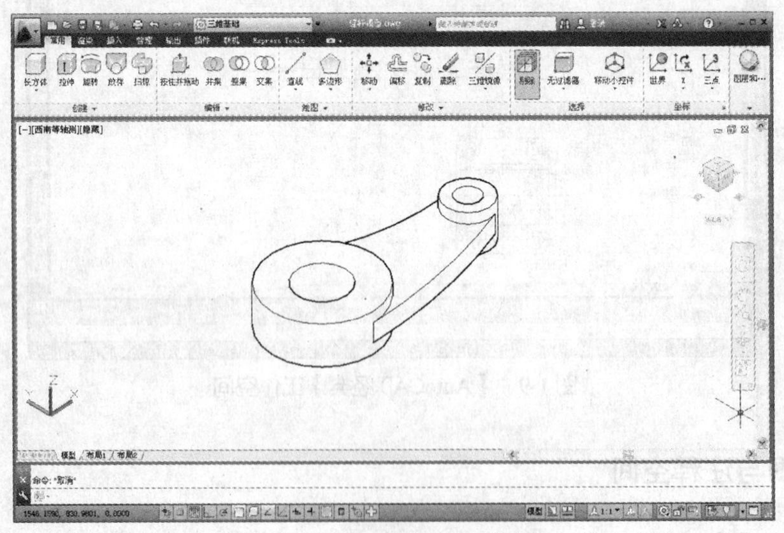

图 1-11 【三维基础】工作空间

1.3.4 三维建模空间

【三维建模】工作空间适合于创建和编辑复杂的三维模型，其功能区集成了【三维建模】、【视觉样式】、【光源】、【材质】、【渲染】和【导航】等面板，为绘制和观察三维图形、附加材质、创建动画、设置光源等操作提供了非常便利的环境，如图 1-12 所示。

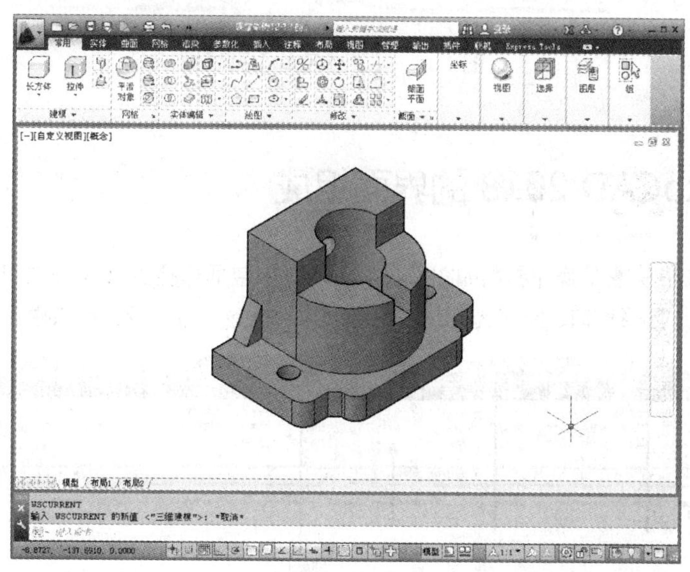

图 1-12 【三维建模】工作空间

注 意 

除非特别注明，本书将默认以【草图与注释】、【三维基础】及【三维建模】工作空间作为主要绘图空间进行讲解。

1.3.5 切换工具空间

用户可以根据绘图的需要，灵活、自由地切换相应的工作空间，具体方法有以下几种。

- 菜单栏：选择【工具】|【工作空间】命令，在弹出的子菜单中选择相应的命令，如图 1-13 所示。
- 状态栏：单击状态栏【切换工作空间】按钮，在弹出的子菜单中选择相应的命令，如图 1-14 所示。

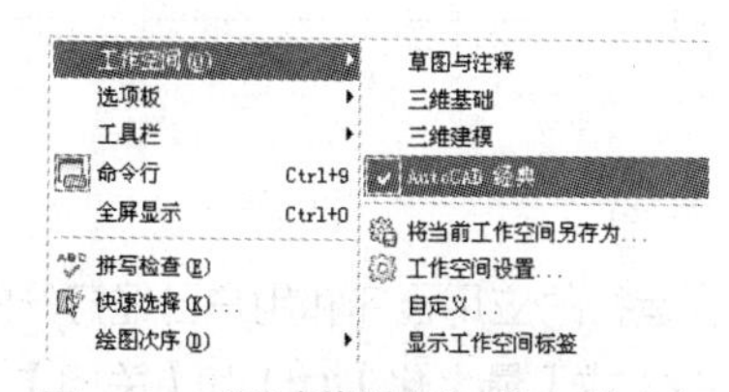

图 1-13 通过菜单栏切换工作空间

图 1-14 通过状态栏【切换工作空间】按钮切换工作空间

- 工具栏：单击【快速访问】工具栏中的【工作空间】列表框 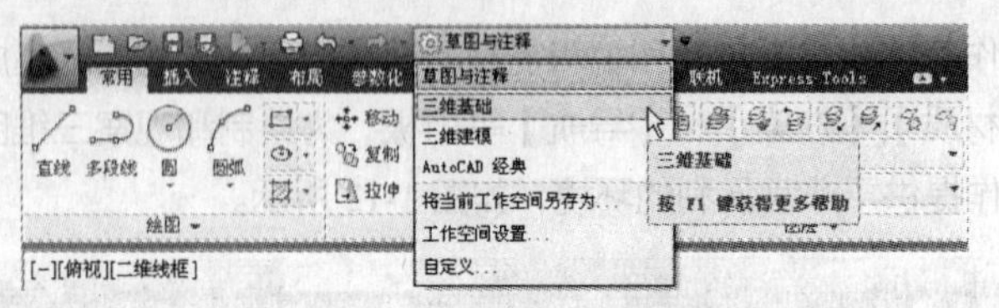，在弹出的下拉列表中选择所需的工作空间，如图 1-15 所示。

图 1-15　【工作空间】列表框

1.4　AutoCAD 2013 的界面组成

AutoCAD 2013 完整的操作界面如图 1-16 所示，其中包括标题栏、【快速访问】工具栏、菜单栏、功能区、工具栏、图形窗口、十字光标、坐标系、布局标签、命令行、状态栏、滚动条等。

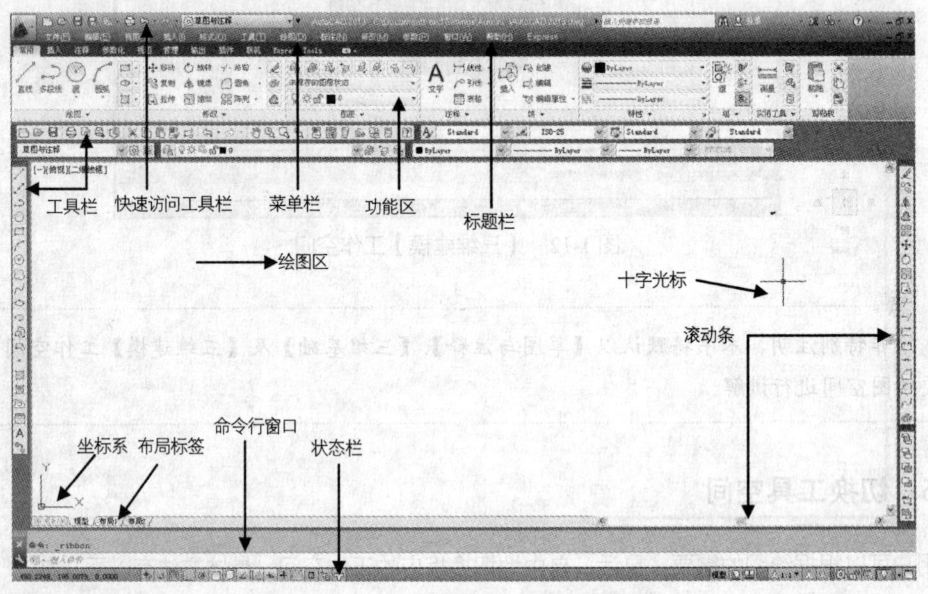

图 1-16　AutoCAD 2013 完整的操作界面

注　意 

为了方便读者全面了解 AutoCAD 各空间中的界面元素，如图 1-16 所示的操作界面是在【草图与注释】空间中显示出工具栏和菜单栏的效果。

1.4.1　标题栏

标题栏位于 AutoCAD 窗口的最上端，它显示了系统正在运行的应用程序和用户已经打开的图形文件的信息。单击标题栏右端的【最小化】、【还原】（或【最大化】）和【关闭】3 个按钮，可以对 AutoCAD 窗口进行相应的操作。

1.4.2 快速访问工具栏

【快速访问】工具栏位于标题栏的左上角，它包含了最常用的快捷按钮，以方便用户快速调用。默认状态下它由 8 个工具按钮组成，依次为：【新建】、【打开】、【保存】、【另存为】、【Cloud 选项】、【打印】、【重做】和【放弃】，如图 1-17 所示，工具栏右侧为【工作空间】列表框。

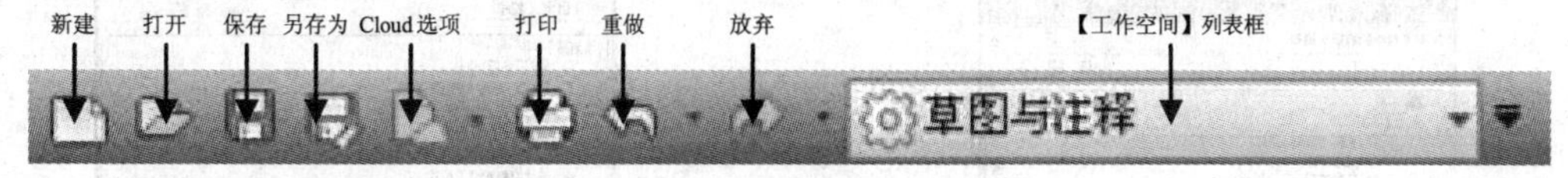

图 1-17 快速访问工具栏

【快速访问】工具栏中放置的是最常用的工具按钮。用户也可以根据需要，添加更多的常用工具按钮。下面以添加【修剪】按钮为例，讲解自定义快速访问工具栏的操作方法。

课堂举例【1-2】：添加【修剪】按钮至【快速访问】工具栏

Step 01 鼠标右击【快速访问】工具栏，在弹出的快捷菜单中选择【自定义访问工具栏】命令。

Step 02 系统弹出【自定义用户界面】对话框，如图 1-18 所示。

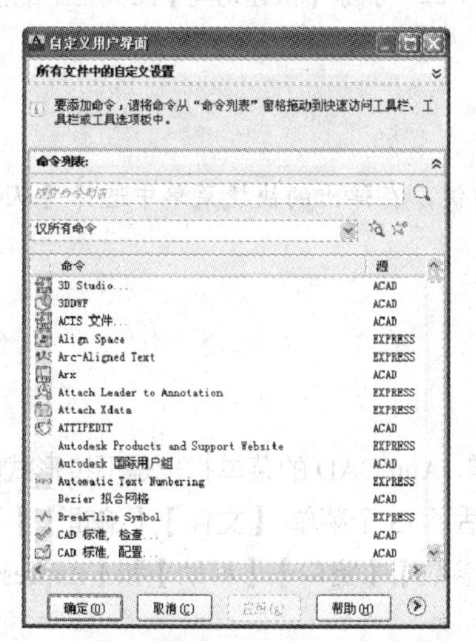

图 1-18 【自定义用户界面】对话框

Step 03 单击【所有文件中的自定义设置】链接，打开【所有自定义文件】列表，展开其中的【快速访问工具栏】选项，如图 1-19 所示，即可看到该工具栏中所有的工具按钮。

Step 04 在对话框下端选择【修改】菜单中的【修剪】命令，如图 1-20 所示。

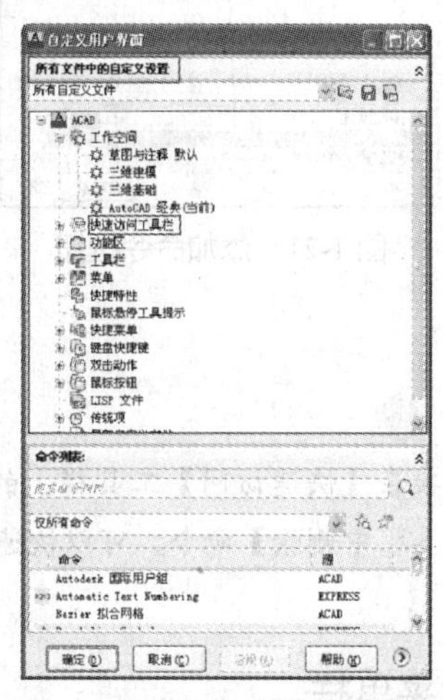

图 1-19 打开自定义设置列表

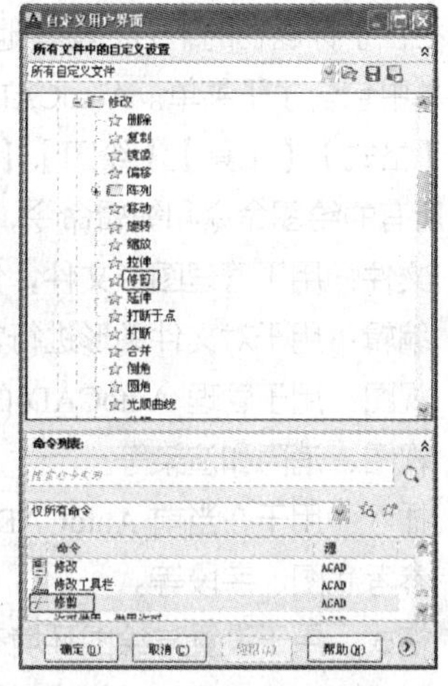

图 1-20 选择添加的命令按钮

Step 05 按住鼠标左键拖动，将【修剪】命令添加至【快速访问工具栏】列表中，如图 1-21 所示。释放鼠标，单击对话框下端的【应用】按钮，即可在【快速访问】工具栏中看到新添加的【修剪】命令按钮。

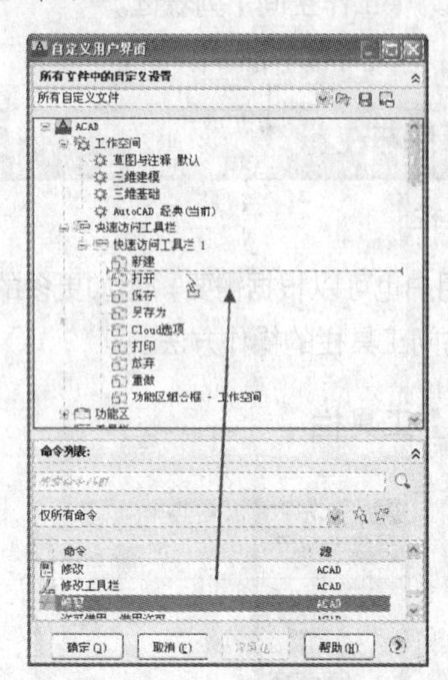

图 1-21　添加命令按钮

Step 06 在工具按钮上单击鼠标右键，选择【删除】命令，即可将该按钮从【快速访问】工具栏上删除，如图 1-22 所示。

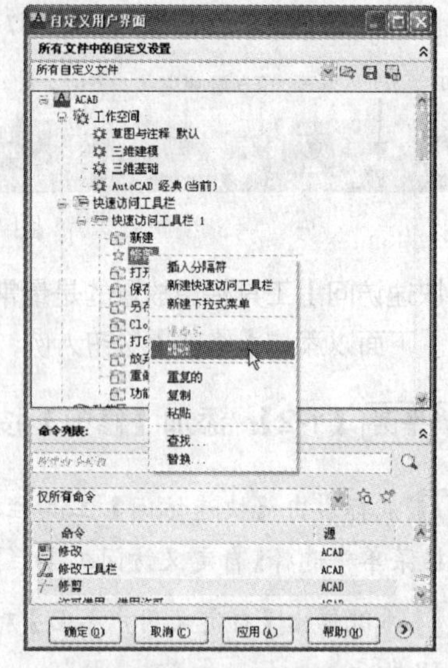

图 1-22　删除【快速访问】工具栏上的按钮

技巧点拨

直接在【快速访问】工具栏上的按钮上单击鼠标右键，在弹出的快捷菜单中选择【从快速访问工具栏中删除】命令，可以快速删除该工具按钮。

1.4.3　菜单栏

菜单栏位于标题栏的下方，与其他 Windows 程序一样，AutoCAD 的菜单栏也是下拉形式的，并在下拉菜单中包含了子菜单。AutoCAD 2013 的菜单栏包括了 13 个菜单：【文件】、【编辑】、【视图】、【插入】、【格式】、【工具】、【绘图】、【标注】、【修改】、【参数】、【窗口】、【帮助】和【Express】，几乎包含了所有的绘图命令和编辑命令，其作用分别如下。

- 文件：用于管理图形文件，例如新建、打开、保存、另存为、输出、打印和发布等。
- 编辑：用于对文件图形进行常规的编辑，例如剪切、复制、粘贴、清除、查找等。
- 视图：用于管理 AutoCAD 的操作界面，例如缩放、平移、动态观察、相机、视口、三维视图、消隐和渲染等。
- 插入：用于在当前 AutoCAD 绘图状态下，插入所需的图块或其他格式的文件，例如 PDF 参考底图、字段等。
- 格式：用于设置与绘图环境有关的参数，例如图层、颜色、线型、线宽、文字样式、标注样式、表格样式、点样式、厚度和图形界限等。

- 工具：用于设置一些绘图的辅助工具，例如选项板、工具栏、命令行、查询和向导等。
- 绘图：提供绘制二维图形和三维模型的所有命令，例如直线、圆、矩形、正多边形、圆环、边界和面域等。
- 标注：提供对图形进行尺寸标注时所需的命令，例如线性标注、半径标注、直径标注、角度标注等。
- 修改：提供修改图形时所需的命令，例如删除、复制、镜像、偏移、阵列、修剪、倒角和圆角等。
- 参数：提供对图形约束时所需的命令，例如几何约束、动态约束、标注约束和删除约束等。
- 窗口：用于在多文档状态时设置各个文档的屏幕，例如层叠，水平平铺和垂直平铺等。
- 帮助：提供使用 AutoCAD 2013 所需的帮助信息。
- Express：效率工具库，用于帮助用户扩展 AutoCAD 产品的功能。

专家提醒 

除【AutoCAD 经典】工作空间外，其他 3 种工作空间都默认不显示菜单栏，以避免给一些操作带来不便。如果需要在这些工作空间中显示菜单栏，可以单击【快速访问】工具栏右端的下拉按钮，在弹出的菜单中选择【显示菜单栏】命令，如图 1-23 所示。

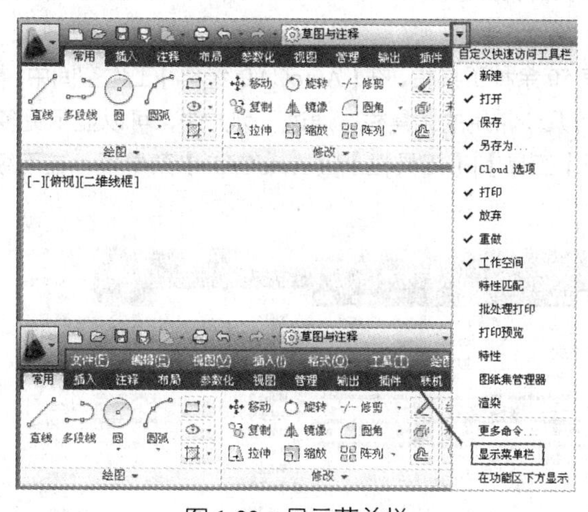

图 1-23　显示菜单栏

1.4.4　功能区

功能区是一种智能的人机交互界面，它将 AutoCAD 常用的命令进行分类，并分别放置于各选项卡中，每个选项卡又包含若干个面板，面板中即放置有相应的工具按钮，如图 1-24 所示。当操作不同的对象时，功能区会显示对应的选项卡，与当前操作无关的命令被隐藏，以方便用户快速选择相应的命令，从而将用户从繁琐的操作界面中解放出来。

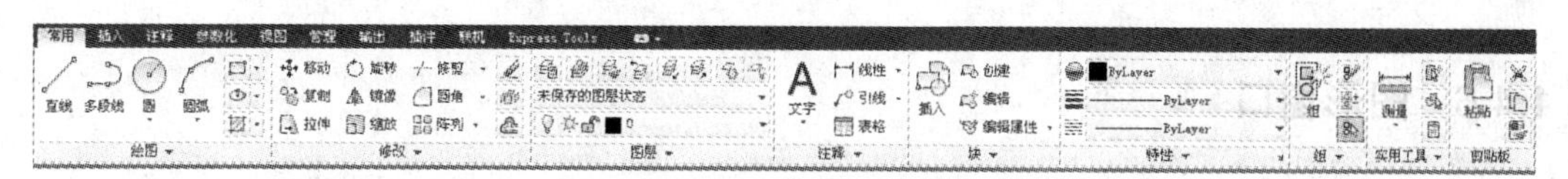

图 1-24　功能区选项卡及面板

注 意

由于空间限制，有些面板的工具按钮未能全部显示，此时可以单击面板底端的下拉按钮▼，以显示其他工具按钮，如图 1-25 所示为完整的【绘图】面板。

图 1-25　显示完整【绘图】面板

1.4.5　工具栏

工具栏是【AutoCAD 经典】工作空间调用命令的主要方式之一，它是图标型工具按钮的集合，工具栏中的每个按钮图标都形象地表示出了该工具的作用。单击这些图标按钮，即可调用相应的命令。

AutoCAD 2013 共有 50 余种工具栏，在【AutoCAD 经典】工作空间中，默认只显示【标准】、【图层】、【绘图】、【编辑】等几个常用的工具栏，通过下列方法，可以显示更多所需的工具栏。

- 菜单栏：展开【工具】|【工具栏】|【AutoCAD】菜单项，在下级菜单中进行选择，如图 1-26 所示。

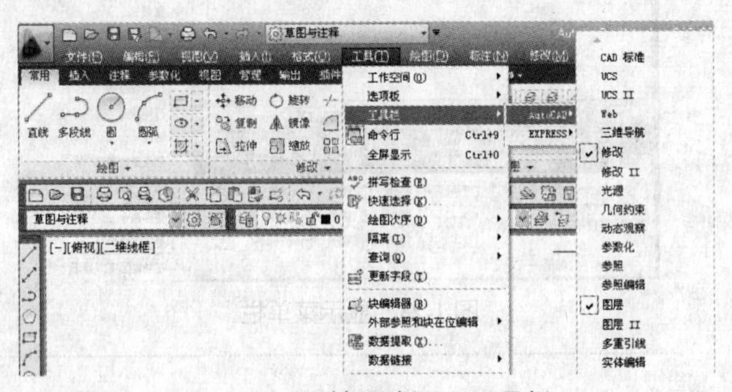

图 1-26　通过标题栏显示工具栏

- 快捷菜单：在任意工具栏上单击鼠标右键，在弹出的快捷菜单中选择。

专家提醒 

工具栏在【草图与注释】、【三维基础】和【三维建模】工作空间中默认为隐藏状态，但可以通过在这些空间显示菜单栏，然后通过上面介绍的方法将其显示出来。

1.4.6　图形窗口

图形窗口是屏幕上的一大片空白区域，是用户进行绘图的主要工作区域，如图 1-27 所示。图形窗口的绘图区实际上是无限大的，用户可以通过【缩放】、【平移】等命令来观察绘图区的图形。有时候为了增大绘图空间，可以根据需要关闭其他界面元素，例如工具栏和选项板等。

通过图形窗口左上角的 3 个快捷功能控件，可以快速地修改图形的视图方向和视觉样式。

在图形窗口左下角显示有一个坐标系图标，以方便绘图人员了解当前的视图方向。此外，绘图区还会显示一个十字光标，其交点为光标在当前坐标系中的位置。当移动鼠标时，光标的位置也会相应的改变。

绘图区右上角同样也有【最小化】、【还原】（或【最大化】）和【关闭】3 个按钮，在 AutoCAD 中同时打开多个文件时，可通过这些按钮切换和关闭图形文件。

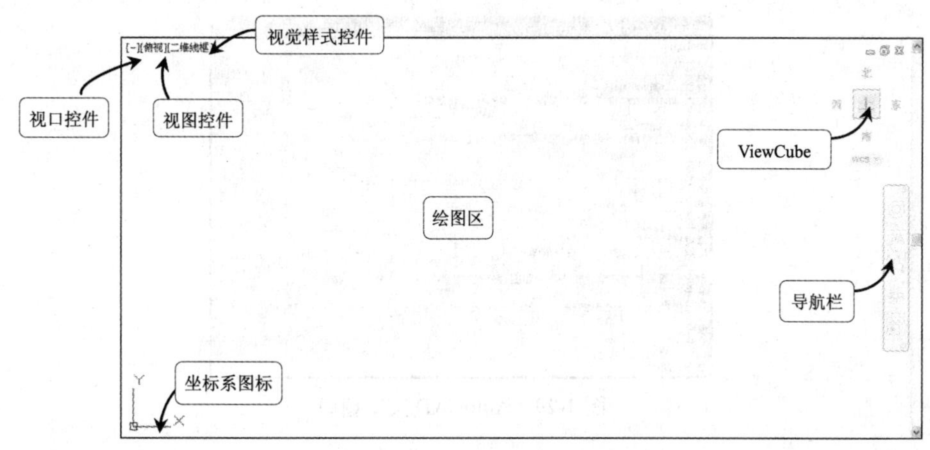

图 1-27　绘图区

绘图窗口右侧显示 ViewCube 工具和导航栏，用于切换视图方向和控制视图。

1.4.7　命令窗口与文本窗口

命令窗口位于绘图区的底部，用于接收和输入命令，并显示 AutoCAD 提示信息，如图 1-28 所示。命令窗口中间有一条水平分界线，它将命令窗口分成两个部分：命令行和命令历史窗口。位于水平分界线上方的为【命令行】，它用于接收用户输入的命令，并显示 AutoCAD 提示信息；位于水平分界线下方的为【命令历史窗口】，它含有 AutoCAD 启动后所用过的全部命令及提示信息，该窗口有垂直滚动条，可以上下滚动以查看以前用过的命令。

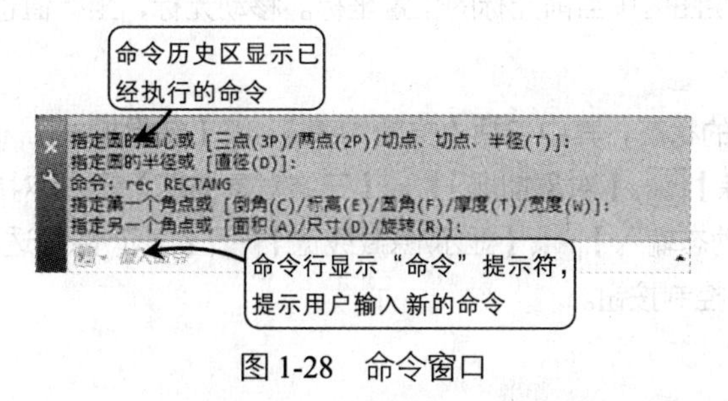

图 1-28　命令窗口

专家提醒

命令行是 AutoCAD 的工作界面区别于其他 Windows 应用程序的一个显著的特征。

命令窗口是用户和AutoCAD进行对话的窗口，通过该窗口发出绘图命令，与通过菜单和工具栏按钮操作等效。在绘图时，应特别注意这个窗口，输入命令后的提示信息，如错误信息、命令选项及其提示信息将在该窗口中显示。

AutoCAD文本窗口相当于放大了的命令行，它记录了对文档进行的所有操作，包括命令操作的各种信息，如图1-29所示。

文本窗口在默认情况下不显示，调出文本窗口有如下两种方法。

- 菜单栏：选择【视图】|【显示】|【文本窗口】菜单命令。
- 快捷键：按【F2】键。

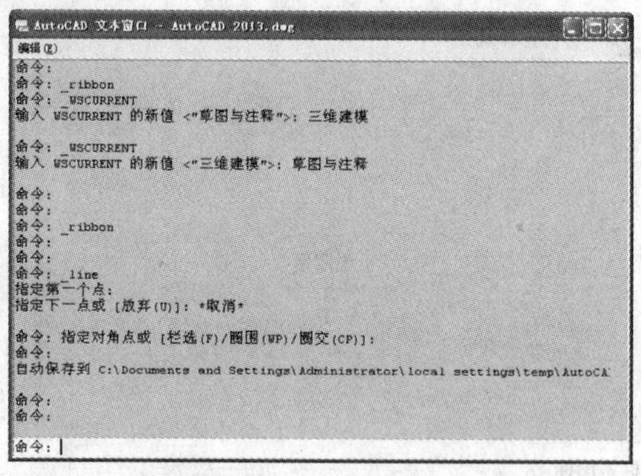

图1-29 AutoCAD文本窗口

1.4.8 状态栏

状态栏位于屏幕的底部，主要用于显示和控制AutoCAD的工作状态，它主要由坐标值区域、辅助工具按钮、快速查看工具、注释工具、工作空间工具5部分组成，如图1-30所示。

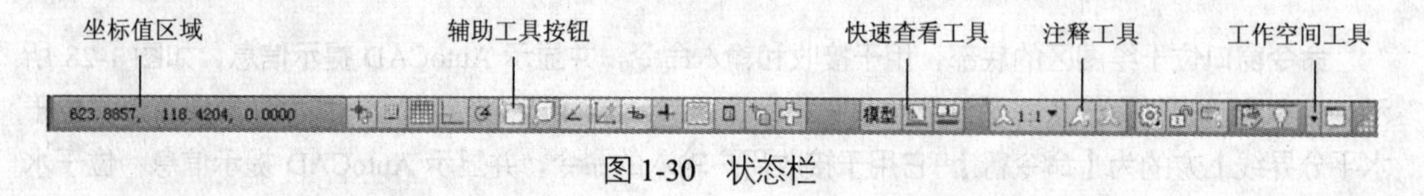

图1-30 状态栏

1. 坐标值区域

坐标值区域显示了绘图区中当前光标的位置坐标。移动光标，坐标值也会随之变化。

2. 辅助工具按钮

主要用于控制绘图的状态，其中包括【推断约束】、【捕捉模式】、【栅格显示】、【正交模式】、【极轴追踪】、【对象捕捉】、【三维对象捕捉】、【对象捕捉追踪】、【允许/禁止动态UCS】、【动态输入】、【显示/隐藏线宽】、【显示/隐藏透明度】、【快捷特性】和【选择循环】等控制按钮。

3. 快速查看工具

使用其中的工具可以方便地预览所打开的图形，以及打开图形的模型空间与布局，并在其间进行切换。图形将以缩略图的形式显示在应用程序窗口的底部。

4．注释工具

用于显示缩放注释的若干工具。对于模型空间和图纸空间，将显示不同的工具。当图形状态栏打开后，将显示在绘图区的底部；当图形状态栏关闭时，图形状态栏上的工具移至应用程序状态栏。

5．工作空间工具

用于切换 AutoCAD 2013 的工作空间，以及对工作空间进行自定义设置等操作。

1.5 综合实例

本章全面介绍了 AutoCAD 2013 相关的背景知识，读者可以了解 AutoCAD 的基本功能、应用领域、工作空间及工作界面的相关内容。下面通过 2 个具体实例综合演练前面所学知识，并快速熟悉 AutoCAD 的操作环境。

1.5.1 自定义工作空间

除了可以使用【草图与注释】、【AutoCAD 经典】、【三维基础】和【三维建模】4 个基本工作空间外，根据绘图的需要，用户还可以自定义自己的个性空间，并保存在工作空间列表中，以备工作时随时调用。

Step 01 双击桌面上的快捷图标，启动 AutoCAD 2013 软件。

Step 02 单击展开【快速访问】工具栏【工作空间】列表框，在下拉列表中选择【AutoCAD 经典】选项，如图 1-31 所示。

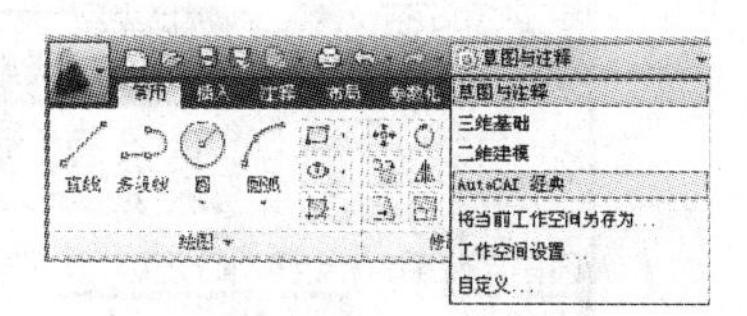

图 1-31 【工作空间】列表框

Step 03 切换 AutoCAD 2013 至【AutoCAD 经典】工作空间，如图 1-32 所示。

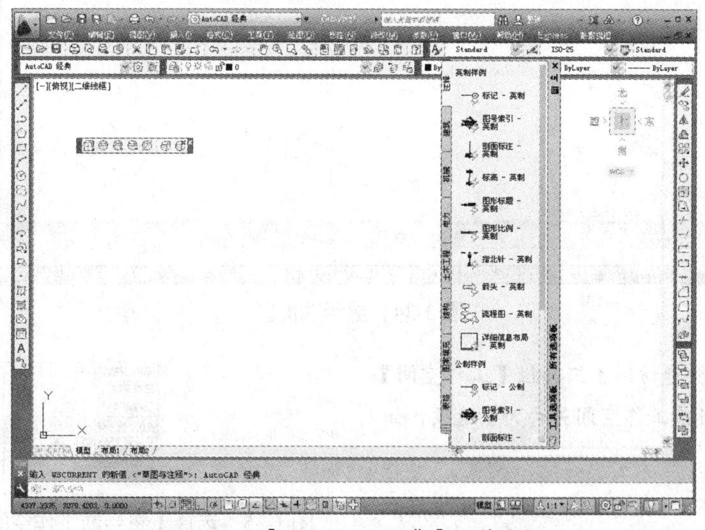

图 1-32 【AutoCAD 经典】工作空间

Step 04 关闭多余的选项板与工具栏之后，选择【工具】|【选项板】|【功能区】命令，如图 1-33 所示。

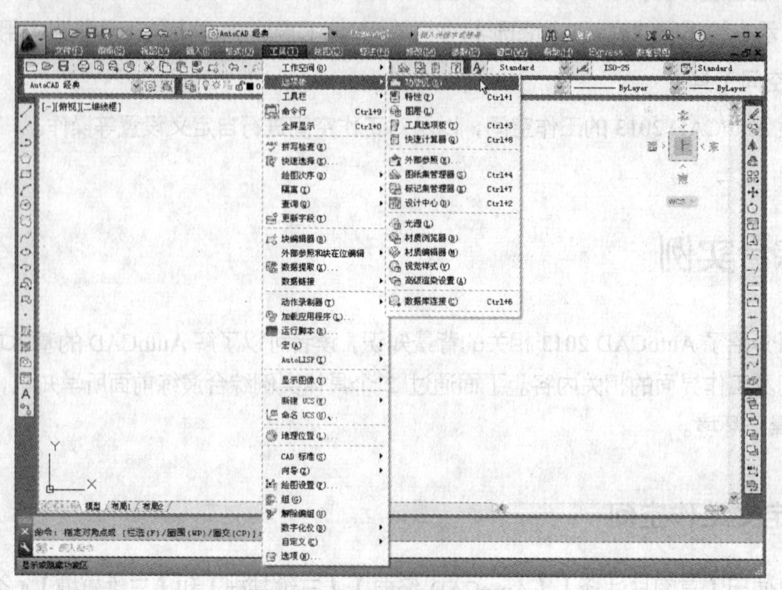

图 1-33 选择菜单命令

Step 05 在【AutoCAD 经典】工作空间中显示出功能区，如图 1-34 所示。

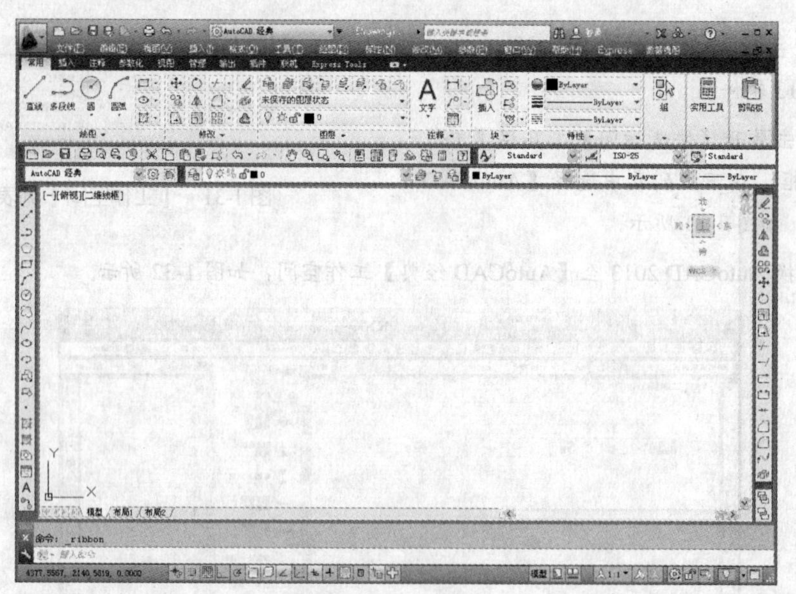

图 1-34 显示功能区

Step 06 选择【快速访问】工具栏【工作空间】列表框中的【将当前工作空间另存为】选项，如图 1-35 所示。

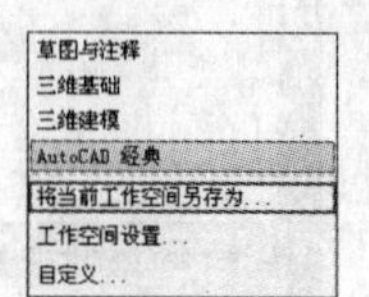

图 1-35 选择【将当前工作空间另存为】选项

Step 07 系统打开【保存工作空间】对话框，输入新工作空间的名称，如图 1-36 所示。

图 1-36 【保存工作空间】对话框

Step 08 单击【保存】按钮，自定义的工作空间即创建完成，如图 1-37 所示。在以后的工作中，可以随时通过选择该工作空间，快速将工作界面切换为如图 1-34 所示的状态。

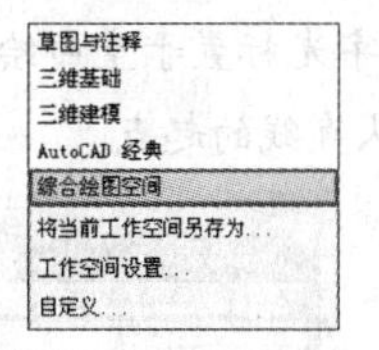

图 1-37 创建完成新空间

专家提醒

不需要的工作空间，可以将其在工作空间列表中删除。选择【工作空间】列表框中的【自定义】选项，打开【自定义用户界面】对话框，在需要删除的工作空间名称上单击鼠标右键，在弹出的快捷菜单中选择【删除】选项，即可删除不需要的工作空间，如图 1-38 所示。

图 1-38 删除自定义空间

1.5.2 绘制台阶剖面图

本实例通过绘制台阶剖面图，来熟悉利用 AutoCAD 绘图的基本流程，了解各界面元素的作用。

Step 01 切换工作空间为【AutoCAD 经典】工作空间。

Step 02 选择【绘图】|【直线】菜单命令，如图 1-39 所示，绘制高 120、宽 350 的三级台阶剖面。

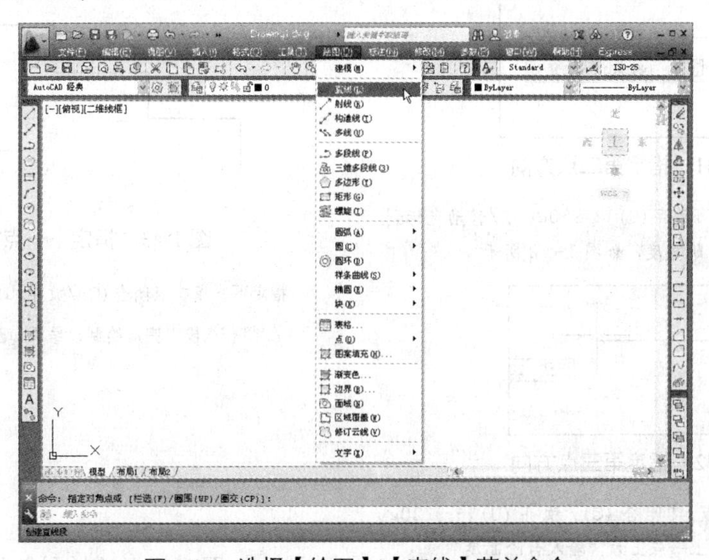

图 1-39 选择【绘图】|【直线】菜单命令

Step 03 单击状态栏上的【正交】按钮，开启正交模式，以便绘制完全水平和垂直的线段。

Step 04 将十字光标置于空白绘图区，此时命令行提示用户指定直线的第一点，如图1-40所示，单击左键即可确认直线的起点。

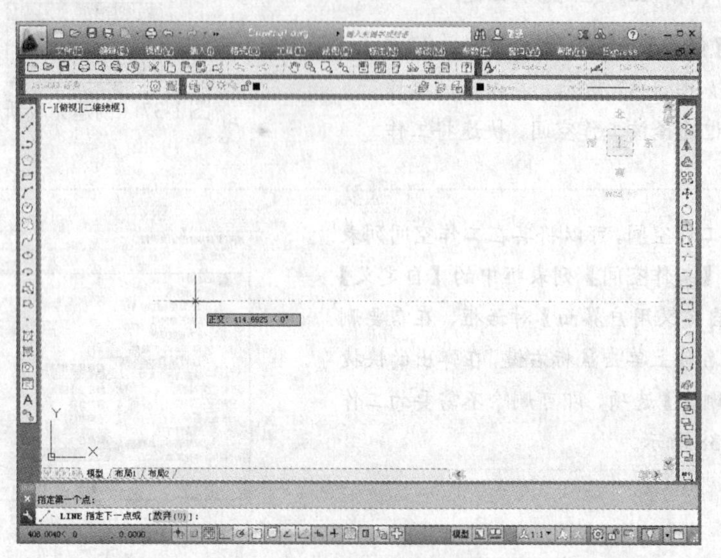

图1-40 指定直线第一点

Step 05 根据系统的提示，在命令行中输入相对直角坐标即可控制下一点的位置，如图1-40所示，命令行操作如下：

命令：l LINE 指定第一点： //在绘图区任意指定一点

指定下一点或 [放弃(U)]：120↙ //移动光标移至第一点上方，输入台阶高度，如图1-41所示

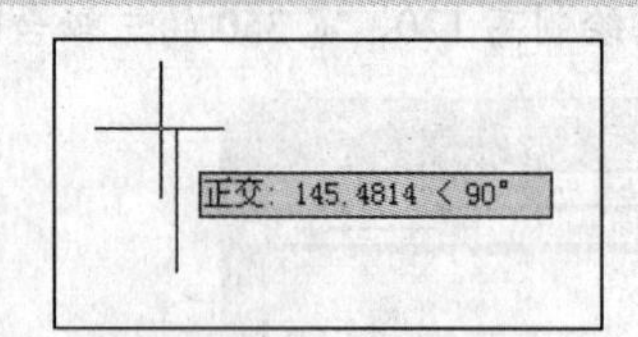

图1-41 指定第二点方向

指定下一点或 [放弃(U)]：350↙ //移动光标到上一点右方，输入台阶宽度，如图1-42所示

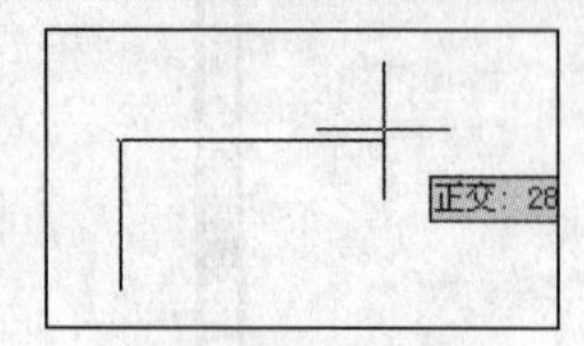

图1-42 指定第三点方向

指定下一点或 [闭合(C)/放弃(U)]：120↙
//将鼠标移至上一点上方，输入台阶高度

指定下一点或 [闭合(C)/放弃(U)]：350↙
//将鼠标移到上一点右方，输入台阶宽度

指定下一点或 [闭合(C)/放弃(U)]：120↙
//将鼠标移至上一点上方，输入台阶高度

指定下一点或 [闭合(C)/放弃(U)]：350↙
//将鼠标移到上一点右方，输入台阶宽度

指定下一点或 [闭合(C)/放弃(U)]：360↙ //将鼠标移到上一点下方，输入总高度，如图1-43所示

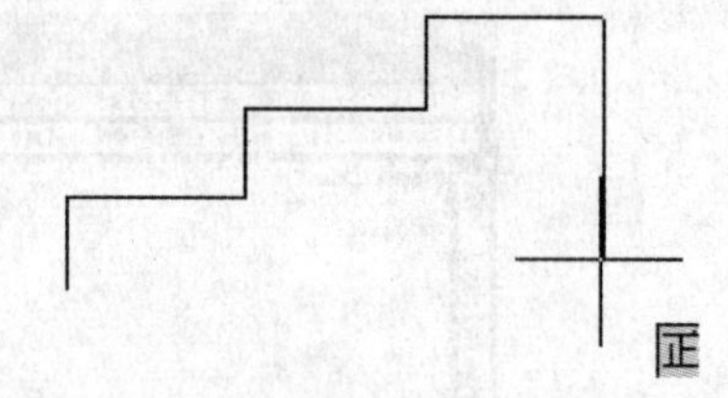

图1-43 指定下一点方向

指定下一点或 [闭合(C)/放弃(U)]：c↙
//闭合线段，完成绘制，结果如图1-44所示

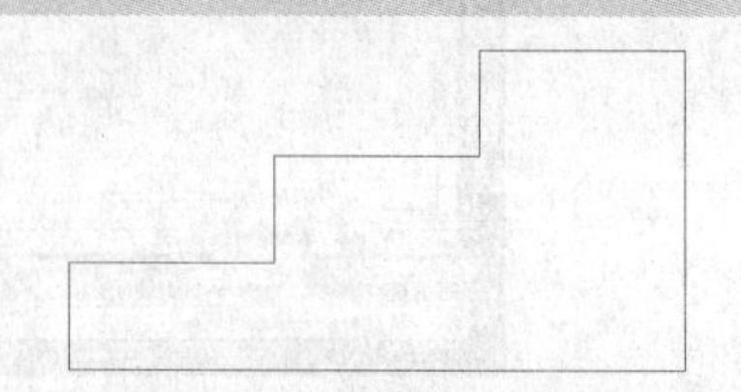

图1-44 绘制台阶剖面结果

1.6　思考与练习

1. 填空题

（1）AutoCAD 经典空间与传统的界面比较相似，其界面主要有：_______、_______、_______、_______、_______、_______、命令窗口与文本窗口、状态栏等元素。

（2）在命令行中执行_______命令可以打开 AutoCAD 文本窗口。

（3）AutoCAD 的基本功能有_______、_______、_______、_______、_______、_______ 6 种。

2. 选择题

（1）AutoCAD 软件为用户提供了多种工作空间，适合于老版本用户的工作空间是（　　）。

A．草图与注释　　　　B．三维基础

C．二维建模　　　　　D．AutoCAD 经典

（2）在独立的计算机中安装软件之前，必须首先确保计算机满足最低系统需求才能顺利安装软件并使用。下面哪项不满足 64 位 AutoCAD 2013 的系统要求？（　　）

A．内存：2GB　　　　B．磁盘空间：6.0 GB

C．光驱：DVD　　　　D．浏览器：Internet Explorer 5.0 及以上

3. 实例题

在【AutoCAD 经典】工作空间中调取出功能区，并通过【选项】对话框中的参数设置，把绘图区的颜色变成白色，如图 1-45 所示。

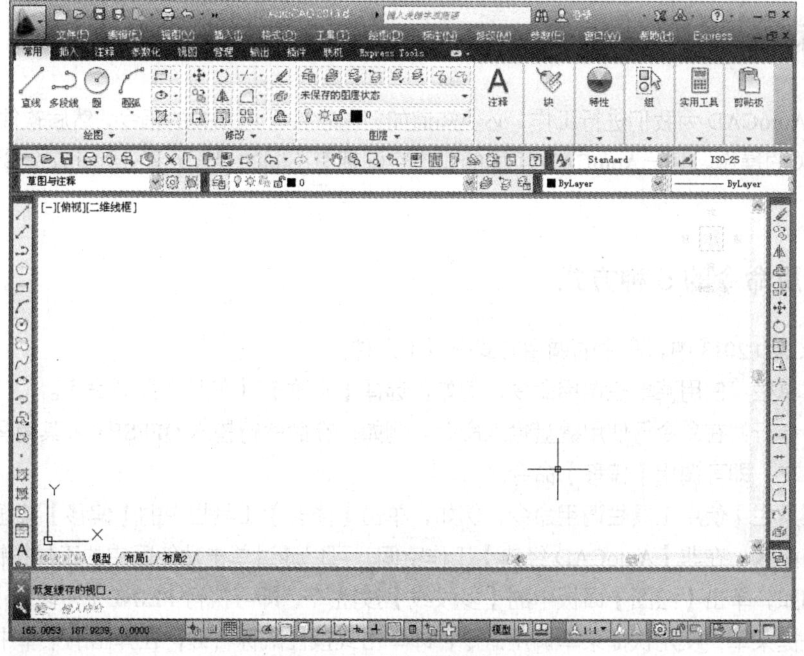

图 1-45　绘图环境定义

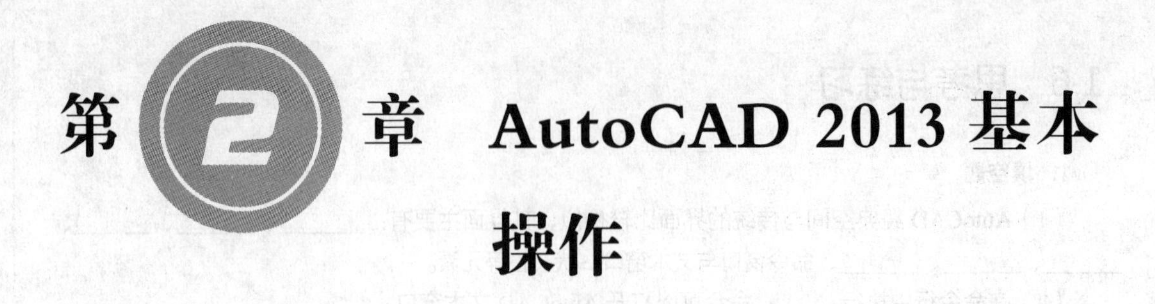

第2章 AutoCAD 2013 基本操作

⊙学习目的：

本章重点讲解 AutoCAD 2013 的基本操作，包括命令的调用、坐标系的使用、文件的基本操作、视图的基本操作、绘图环境的设置等。这些操作虽然看似简单，却是熟练和灵活使用 AutoCAD 2013 的基础和前提，因此需要重点学习和掌握。

⊙学习重点：

★★★★ 调用命令　　★★☆☆ 视图操作

★★★☆ 文件操作　　★☆☆☆ 环境设置

2.1 命令操作

要使用 AutoCAD 为我们进行工作，必须知道如何向软件下达相关的指令，然后软件根据用户的指令执行相关的操作。由于 AutoCAD 不同的工作空间拥有不同的界面元素，因此在命令调用方式上略有不同。

2.1.1 调用命令的 5 种方式

在 AutoCAD 2013 中，命令的调用方式有以下几种。

- 菜单栏：使用菜单栏调用命令，例如，选择【修改】|【偏移】菜单命令。
- 命令行：在命令行使用键盘输入命令。例如，在命令行输入 OFFSET 或其简写形式 O 并回车，即可调用【偏移】命令。
- 工具栏：使用工具栏调用命令，例如，单击【修改】工具栏中的【偏移】按钮。
- 功能区：在非【AutoCAD 经典】工作空间，可以通过单击功能区中的工具按钮执行命令，例如，单击【绘图】面板中的【多段线】按钮，即可执行 PLINE【多段线】命令。
- 快捷菜单：使用快捷菜单调用命令，即单击或按住鼠标右键，在弹出的菜单中选择命令。

专家提醒 

不管采用哪种方式执行命令，命令行都将显示相应的提示信息，以方便用户选择相应的命令选项，或者输入命令参数。

1. 菜单栏调用

使用菜单栏调用命令是 Windows 应用程序调用命令的常用方式。AutoCAD 2013 将常用的命令分门别类地放置在 10 多个菜单中，用户先根据操作类型单击展开相应的菜单项，然后从中选择相应的命令即可，下面举例进行说明。

专家提醒 

除了【AutoCAD 经典】空间，其他工作空间在默认情况下没有显示菜单栏，需要用户自己调出，具体操作方法请参考本书第 1 章的内容。

课堂举例【2-1】：使用菜单栏调用命令绘制矩形

Step 01 选择【文件】|【新建】菜单命令，新建空白文件，将当前绘图空间切换为【AutoCAD 经典】工作空间，以显示出菜单栏。

Step 02 选择【绘图】|【矩形】菜单命令，如图 2-1 所示。

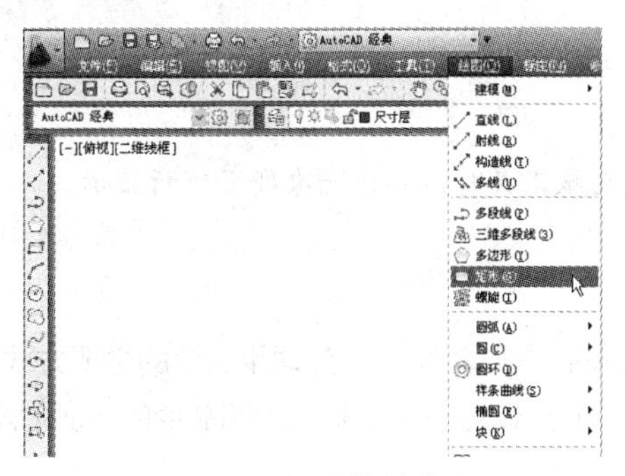

图 2-1　调用菜单命令

Step 03 在绘图区任意拾取两点，即可绘制一个矩形，如图 2-2 所示。

图 2-2　绘制的矩形

2. 命令行调用

使用命令行输入命令是 AutoCAD 的一大特色功能，同时也是最快捷的绘图方式。这就要求用户熟记各种绘图命令，一般对 AutoCAD 比较熟悉的用户都用此方式绘制图形，因为这样可以大大提高绘图的速度和效率。

专家提醒 

AutoCAD 绝大多数命令都有其相应的简写方式。如【直线】命令 LINE 的简写方式是 L，绘制矩形命令 RECTANGLE 的简写方式是 REC。对于常用的命令，用简写方式输入将大大减少键盘输入的工作量，提高工作效率。另外，AutoCAD 对命令或参数输入不区分大小写，因此操作者不必考虑输入的大小写问题。

在执行命令过程中，系统经常会提示用户进行下一步的操作，其命令行提示的各种特殊符号的含义如下。

- 在命令行“[ ]”符号中有以“/”符号隔开的内容：表示该命令中可执行的各个选项。若要选择某个选项，只需输入圆括号中的字母即可，该字母既可以是大写形式的，也可以小写形式的。例如，在执行【圆】命令过程中输入“3P”，就可以3点方式绘制圆。
- 某些命令提示的后面有一个尖括号“<>”，其中的值是当前系统默认值或是上次操作时使用的值。若在这类提示下直接按Enter键，则采用系统默认值或者上次操作使用的值并执行命令。
- 动态输入：使用该功能可以在鼠标光标附近看到相关的操作信息，而无须再看命令提示行中的提示信息了。

专家提醒 

在AutoCAD 2013中，增强了命令行输入的功能。除了以上键盘输入命令选项外，也可以直接单击选择命令选项，而不再需要键盘的输入，避免了鼠标和键盘反复切换，可以提高画图效率。

3．工具栏调用

与菜单栏一样，工具栏默认显示于【AutoCAD经典】工作空间。单击工具栏中的按钮，即可执行相应的命令。用户在其他工作空间中绘图，也可以根据实际需要调出工具栏，如【UCS】、【三维导航】、【建模】、【视图】、【视口】等。

技巧点拨

为了获取更多的绘图空间，可以按Ctrl+0组合键隐藏工具栏，再按一次即可重新显示。

4．功能区调用命令

除【AutoCAD经典】工作空间外，另外3个工作空间都是以功能区作为调用命令的主要方式。相比其他调用命令的方法，通过面板调用命令更加直观，非常适合于不能熟记绘图命令的AutoCAD初学者。

5．鼠标的使用

鼠标是绘制图形时使用频率较高的工具。在绘图区以十字光标显示，在各选项板、对话框中以箭头显示。当单击或按住鼠标键时，都会执行相应的命令或动作。在AutoCAD中，鼠标各键的作用如下。

- 左键：主要用于指定绘图区的对象、选择工具按钮和菜单命令等。
- 右键：主要用于结束当前使用的命令或执行部分快捷操作，系统会根据当前绘图状态弹出不同的快捷菜单。
- 滑轮：按住滑轮拖动可执行【平移】命令，滚动滑轮可执行绘图的【缩放】命令。
- Shift+鼠标右键：使用此组合键，系统会弹出一个快捷菜单，用于设置捕捉点的方法。

2.1.2 放弃与重做

执行完一个操作后，如果发现效果不好，可以放弃前一次或者前几次命令的执行结果，方法主要有以下几种。

- 快捷键：按 Ctrl+Z 组合键。
- 菜单栏：选择【编辑】|【放弃】菜单命令。
- 工具栏：单击【快速访问】工具栏中的【放弃】按钮。
- 命令行：输入 UNDO/U 命令并按 Enter 键。

连续执行上述操作，可以放弃前几次执行的操作。如果要精确撤销到某一步操作，可以单击【快速访问】工具栏【放弃】按钮右侧的下拉三角按钮，在弹出的下拉列表中准确选择放弃到哪一步操作，如图 2-3 所示。

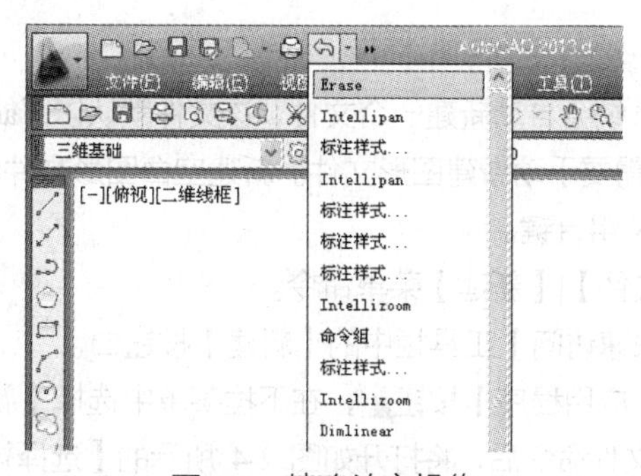

图 2-3 精确放弃操作

与放弃相反的是重做操作，通过重做操作，可以恢复前一次或者前几次已经放弃执行的操作，方法主要有以下几种。

- 快捷键：按 Ctrl+Y 组合键。
- 菜单栏：选择【编辑】|【重做】菜单命令。
- 工具栏：单击【快速访问】工具栏中的【重做】按钮。
- 命令行：输入 REDO 命令并按 Enter 键。

2.1.3 中止当前命令

在绘图过程中难免会遇到调用命令出错的情况，此时，需要中止当前命令才能重新调用新命令，退出当前命令的方法有以下几种。

- 快捷键：按 Esc 键。
- 快捷菜单：单击鼠标右键，在弹出的快捷菜单中选择【取消】选项。

2.1.4 重复调用命令

在绘图时常常会遇到需要重复调用一个命令的情况，此时不必再单击该命令的工具按钮或者在命令行中输入该命令，使用下列方法，可以快速重复调用命令。

- 快捷键：按 Enter 键或按空格键重复使用上一个命令。

- 命令行：在命令行输入 MULTIPLE/MUL 并回车。
- 快捷菜单：在命令行中单击鼠标右键，在弹出的快捷菜单中选择【最近使用命令】下需要重复的命令。

2.2 文件操作

文件管理是软件操作的基础，在 AutoCAD 2013 中，图形文件的基本操作包括新建文件、打开文件、保存文件、查找文件和输出文件等。AutoCAD 是符合 Windows 标准的应用程序，因此其基本的文件操作方法和其他应用程序基本相同。

2.2.1 新建文件

在启动 AutoCAD 时，系统会自动新建一个文件，该文件默认以“acadiso.dwt”为样板。如果要从头开始一个新的项目，就需要手动新建图形文件。新建空白图形文件的方法有以下几种。

- 快捷键：按 Ctrl+N 组合键。
- 菜单栏：选择【文件】|【新建】菜单命令。
- 工具栏：单击【快速访问】工具栏中的【新建】按钮。
- 应用程序：单击【应用程序】按钮，在下拉菜单中选择【新建】|【图形】命令。

执行上述任何一个新建文件命令后，将打开如图 2-4 所示的【选择样板】对话框。若要创建基于默认样板的图形文件，单击【打开】按钮即可。用户也可以在【名称】列表框中选择其他样板文件。

图 2-4 【选择样板】对话框

专家提醒

单击【打开】按钮右侧的按钮，在弹出的快捷菜单中可以选择图形文件的绘图单位【英制】或者【公制】。

2.2.2 打开文件

当需要查看或者重新编辑已经保存的文件时，需要将其重新打开。打开已有文件的主要方法有以下几种。

- 应用程序：单击【应用程序】按钮，在下拉菜单中选择【打开】命令。
- 菜单栏：选择【文件】|【打开】命令，打开指定文件。
- 工具栏：单击【快速访问】工具栏中的【打开】按钮。
- 快捷键：按 Ctrl+O 组合键。

执行上述命令，将打开【选择文件】对话框，选择所需的文件，然后单击【打开】按钮，即可打开指定的文件。

课堂举例【2-2】：使用【打开】命令打开文件

Step 01 启动 AutoCAD 2013，执行【文件】|【打开】菜单命令，如图 2-5 所示，或者按 Ctrl+O 快捷键，打开【选择文件】对话框。

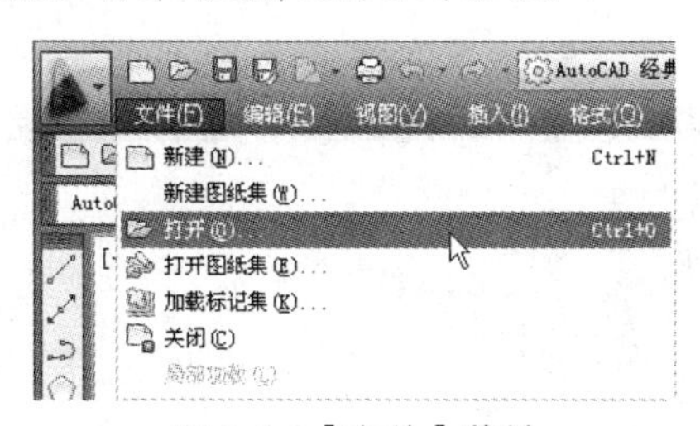

图 2-5 【文件】菜单

Step 02 在对话框中的【查找范围】下拉列表中指定打开文件的路径，然后选中待打开的文件，最后单击【打开】按钮，即可打开选中的文件，如图 2-6 所示。

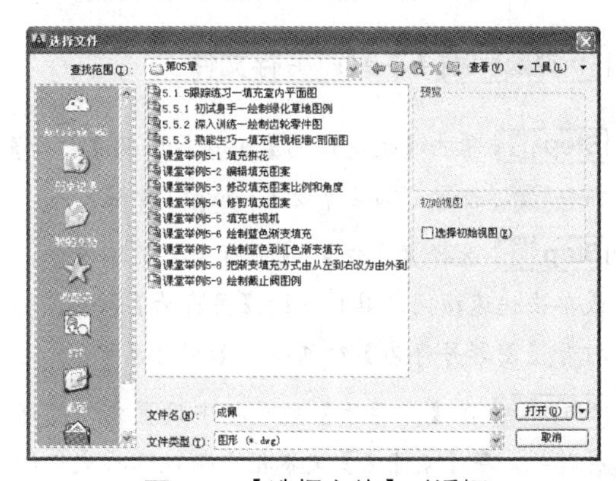

图 2-6 【选择文件】对话框

专家提醒

在计算机【我的电脑】窗口中找到要打开的 AutoCAD 文件，如图 2-7 所示，然后直接双击文件图标，可以跳过【选择文件】对话框，直接打开 AutoCAD 文件。

图 2-7 AutoCAD 文件图形

2.2.3 保存文件

保存的作用是将新绘制或修改过的文件保存到计算机磁盘中，以方便再次使用，避免因为断电、关机或死机而丢失。在 AutoCAD 2013 中，可以使用多种方式将所绘图形存入磁盘。

1. 保存

这种保存方式主要是针对第一次保存的文件，或者针对已经存在但被修改后的文件。保存图形的方法有以下几种。

- 应用程序：单击【应用程序】按钮，在下拉菜单中选择【保存】命令。
- 菜单栏：选择【文件】|【保存】菜单命令。
- 命令行：在命令行中输入 SAVE 命令。
- 工具栏：单击【快速访问】工具栏中的【保存】按钮。
- 快捷键：按 Ctrl+S 组合键。

2. 另存为

这种保存方式可以将文件另设路径或文件名进行保存，例如，在修改了原来的文件，但是又不想覆盖原文件，那么就可以把修改后的文件另存一份，这样原文件也将继续被保留。

另保图形的方法有以下几种。

- 应用程序：单击【应用程序】按钮，在下拉菜单中选择【另存为】命令。
- 菜单栏：选择【文件】|【另存为】菜单命令。
- 命令行：在命令行输入 SAVEAS 命令。
- 工具栏：单击【快速访问】工具栏中的【另存为】按钮。
- 快捷键：按 Ctrl+Shift+S 组合键。

课堂举例【2-3】：另存文件

Step 01 单击【快速访问】工具栏中的【打开】按钮，打开“第 2 章\2.2.3.dwg”素材文件。

Step 02 选择【文件】|【另存为】菜单命令，或单击快速访问工具栏中的【另存为】按钮。打开【图形另存为】对话框，如图 2-8 所示。

Step 03 在【保存于】列表框中设置文件的保存路径，在【文件名】文本框中输入保存文件的名称，单击【保存】按钮，即可将原文件以不同的路径或者文件名保存。

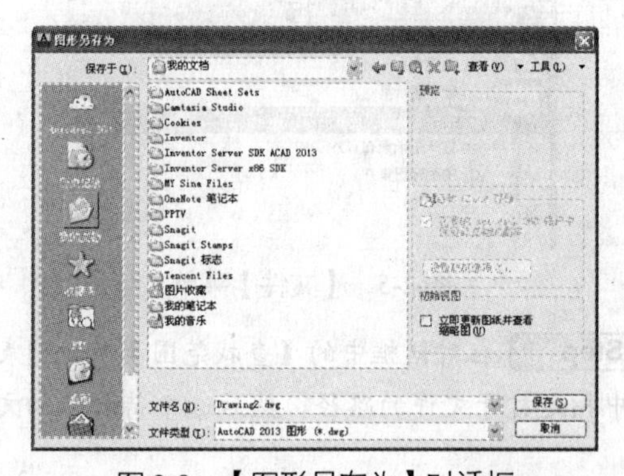

图 2-8　【图形另存为】对话框

专家提醒

【另存为】方式相当于对原文件进行备份。保存之后原文件仍然存在，只是两个文件的保存路径或文件名不同而已。

2.2.4　查找文件

使用 AutoCAD 的文件查找功能，可以快速找到指定条件的图形文件。查找可以按照名称、类型、位置以及创建时间等方式进行。

单击【快速访问】工具栏中的【打开】按钮，打开【选择文件】对话框，选择【工具】按钮下拉菜单中的【查找】命令，如图 2-9 所示，打开【查找】对话框。在默认打开的【名称和位置】选项卡中，可以通过名称、类型及查找范围搜索图形文件，如图 2-10 所示。单击【浏览】按钮，即可在【浏览文件夹】对话框中指定路径查找所需文件。

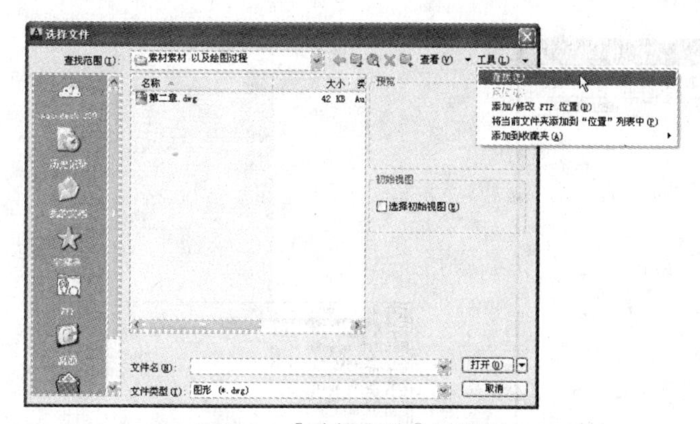

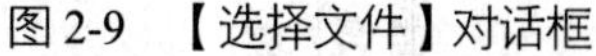

图 2-9 【选择文件】对话框

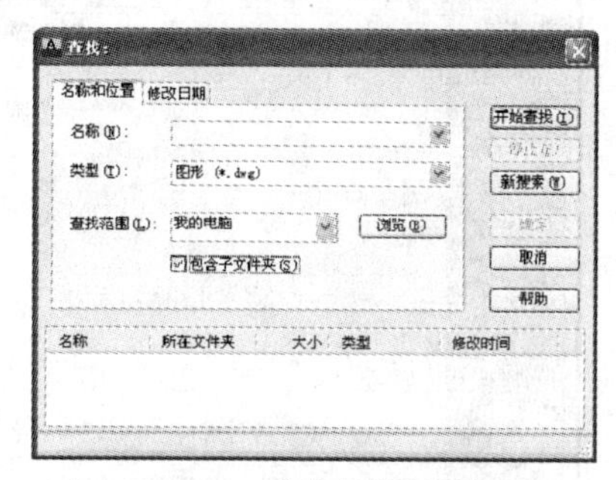

图 2-10 【查找】对话框

2.2.5 输出文件

输出图形文件是将 AutoCAD 文件转换为其他格式的文件进行保存，方便在其他软件中使用该文件。输出文件的方法有以下几种。

- 应用程序：单击【应用程序】按钮，在下拉列表中选择【输出】子菜单并选择一种输出格式，如图 2-11 所示。
- 菜单栏：选择【文件】|【输出】菜单命令。
- 命令行：在命令行中输入 EXPORT 命令。
- 功能区：在【输出】选项卡中单击【输出为 DWF/PDF】面板中的【输出】按钮，选择需要的输出格式，如图 2-12 所示。

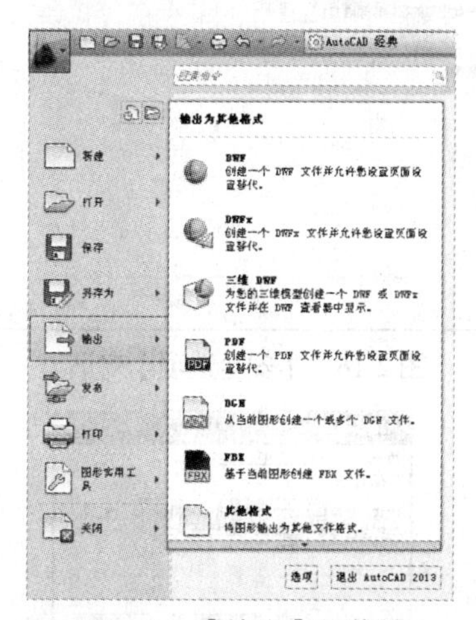

图 2-11 【输出】子菜单

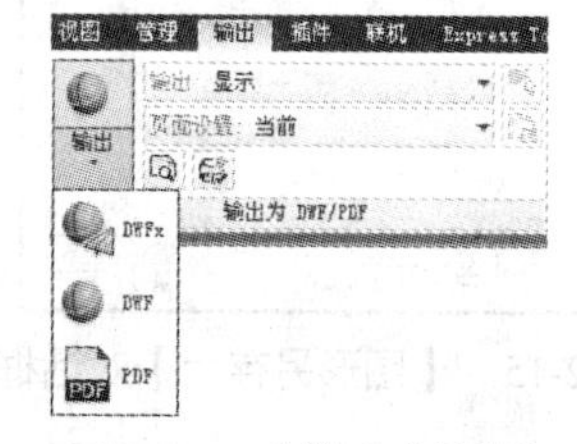

图 2-12 【输出】面板

执行【输出】命令后，将打开如图 2-13 所示的【输出数据】对话框，选择输出路径和输出类型，单击【保存】按钮即可完成文件的输出。

专家提醒

在【输出数据】对话框下方的【文件类型】下拉列表中，显示了 AutoCAD 文件可以输出的格式，如图 2-14 所示。

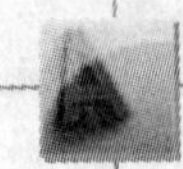

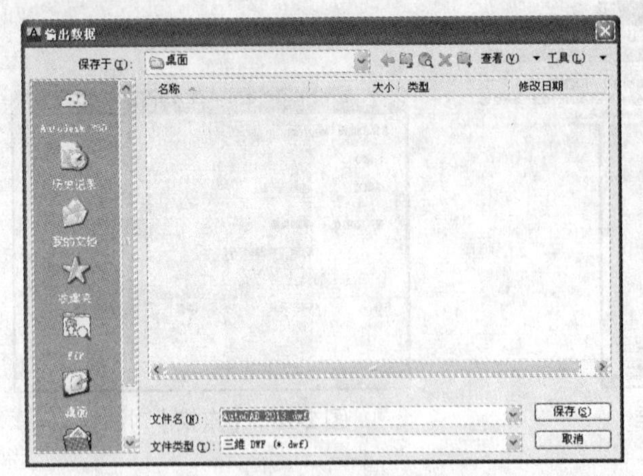

图 2-13 【输出数据】对话框

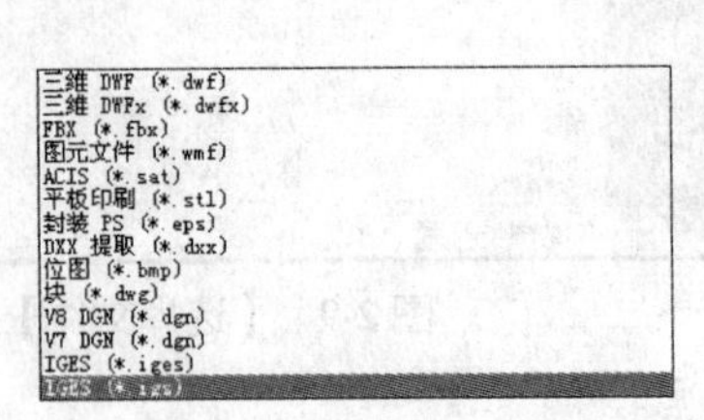

图 2-14 数据输出类型

2.2.6 加密文件

绘制完图形之后，可以对重要的文件进行加密保存。加密后的图形文件在打开时，只有输入正确的密码后才能对图形进行查看和修改。

课堂举例【2-4】：加密文件

Step 01 按快捷键 Ctrl+S，打开【图形另存为】对话框，单击对话框右上角的【工具】按钮，在弹出的下拉菜单中选择【安全选项】选项，如图 2-15 所示。

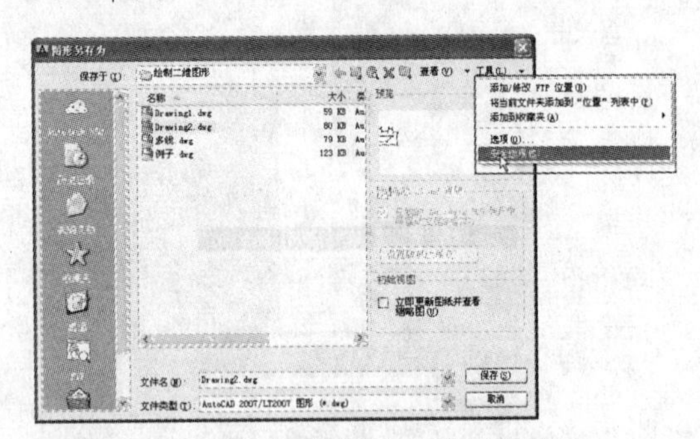

图 2-15 【图形另存为】对话框 1

Step 02 打开【安全选项】对话框，在其中的文本框中输入打开图形的密码，单击【确定】按钮，如图 2-16 所示。

Step 03 系统打开【确认密码】对话框，提示用户再次确认上一步设置的密码，此时要输入与上一步完全相同的密码，如图 2-17 所示。

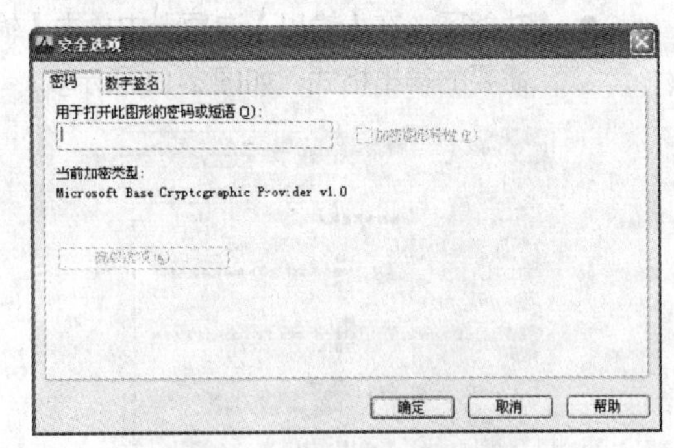

图 2-16 【安全选项】对话框

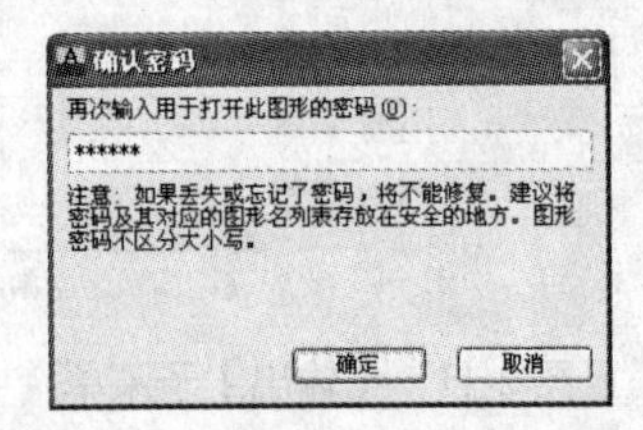

图 2-17 【确认密码】对话框

Step 04 密码设置完成后，系统返回【图形另存为】对话框。设置好保存路径和文件名称后，单击【保存】按钮即可保存文件，如图 2-18 所示。

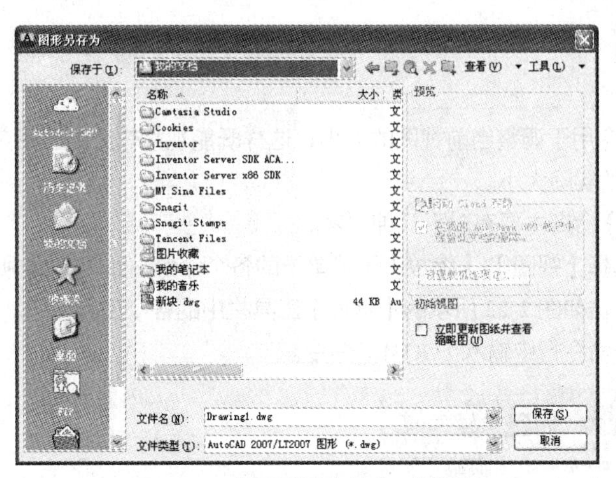

图 2-18 【图形另存为】对话框 2

注 意

如果保存文件时设置了密码，则打开文件时就要输入打开密码。AutoCAD 会通过【密码】对话框提示用户输入正确的密码，如图 2-19 所示。输入密码不正确将无法打开文件。

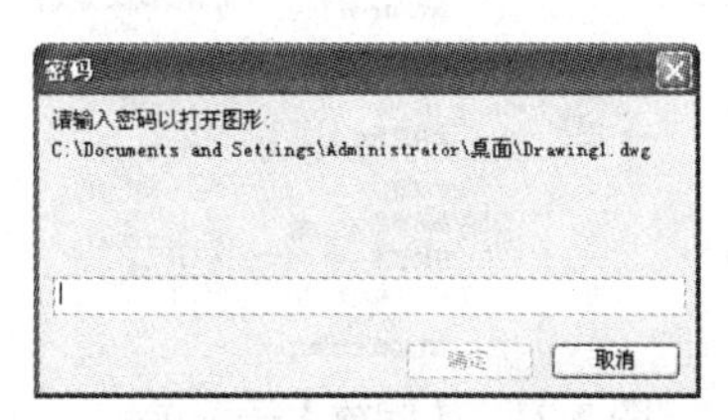

图 2-19 【密码】对话框

2.2.7 关闭文件

绘制完图形并保存后，用户可以将图形窗口关闭。关闭图形文件主要有以下几种方法。

- 菜单栏：选择【文件】|【关闭】菜单命令。
- 按钮：单击菜单栏右侧的【关闭】按钮 x 。
- 命令行：输入 CLOSE 命令。
- 快捷键：按 Ctrl+F4 组合键。

执行上述操作后，如果当前图形文件没有保存，系统将弹出如图 2-20 所示的提示对话框。用户如果需要保存修改，可单击【是】按钮，否则单击【否】按钮，单击【取消】按钮则取消关闭操作。

图 2-20 提示对话框

2.3 视图操作

在绘图过程中，为了方便地观察视图与更好地绘图，经常需要对视图进行平移、缩放、重生成等操作。

2.3.1 视图缩放

【视图缩放】命令用于调整当前视图的大小，这样既能观察较大的图形范围，又能观察图形的细节，而不改变图形的实际大小。

调用【视图缩放】命令主要有以下几种方法。

- 菜单栏：选择【视图】|【缩放】子菜单下的各个命令，如图2-21所示。
- 工具栏：单击如图2-22所示的【缩放】工具栏中的各个工具按钮。
- 命令行：在命令行中输入ZOOM/Z命令。

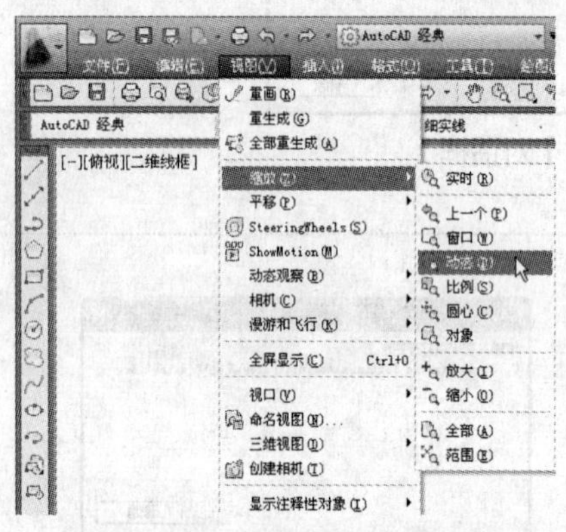

图2-21 【缩放】子菜单

图2-22 【缩放】工具栏

执行ZOOM【缩放】命令后，命令行提示如下：

```
命令: zoom
指定窗口的角点，输入比例因子 (nX 或 nXP)，或者
[全部(A)/中心(C)/动态(D)/范围(E)/上一个(P)/比例(S)/窗口(W)/对象(O)] <实时>:
```

ZOOM命令的命令行中各选项的含义如下。

1. 全部缩放

在当前视窗中显示全部图形。当绘制的图形均包含在用户定义的图形界限内时，以图形界限范围作为显示范围；当绘制的图形超出了图形界限时，则以图形范围作为显示范围。如图2-23所示为全部缩放前、后的对比效果。

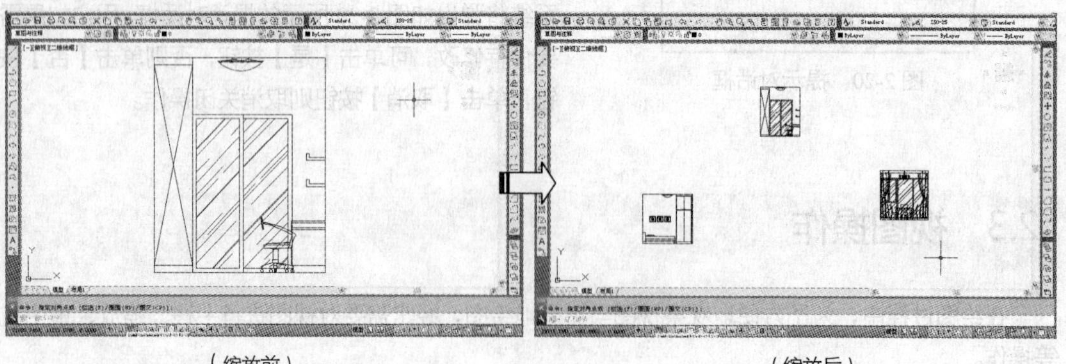

（缩放前） （缩放后）

图2-23 全部缩放

2．中心缩放

以指定点为中心点，整个图形按照指定的缩放比例缩放，而这个点在缩放操作之后将成为新视图的中心点。使用【中心】缩放后命令行提示如下：

```
指定中心点：                                  //指定一点作为新视图的显示中心点
输入比例或高度 <当前值>:                      //输入比例或高度
```

【当前值】为当前视图的纵向高度。若输入的高度值比当前值小，则视图将放大；若输入的高度值比当前值大，则视图将缩小。其缩放系数等于“当前窗口高度/输入高度”的比值。也可以直接输入缩放系数，或后跟字母 X 或 XP，含义同【比例】缩放选项。

3．动态缩放

对图形进行动态缩放。选择该选项后，绘图区将显示几个不同颜色的方框，拖动鼠标移动当前视区框到所需位置，单击鼠标左键调整大小后回车，即可将当前视区框内的图形最大化显示，如图 2-24 所示为缩放前后的对比效果。

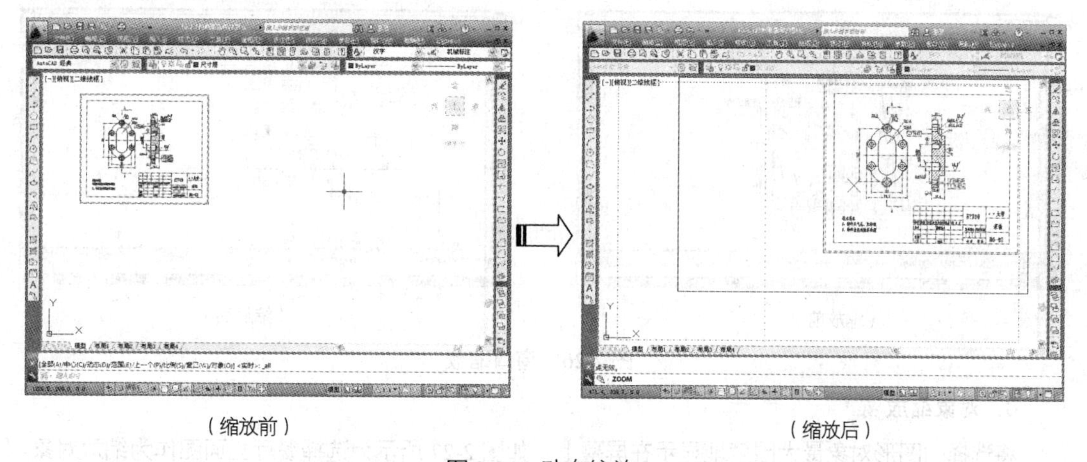

（缩放前）　　（缩放后）

图 2-24　动态缩放

4．范围缩放

使所有图形对象尽可能地最大化显示，充满整个视窗。

技巧点拨

双击鼠标中键可以快速显示出绘图区的所有图形，相当于执行了【范围缩放】操作。

5．上一个

返回前一个视图。当使用其他选项对视图进行缩放以后，需要使用前一个视图时，可直接选择此选项。

6．比例缩放

按输入的比例值进行缩放。有 3 种输入方法：直接输入数值，表示相对于图形界限进行缩放；在数值后加 X，表示相对于当前视图进行缩放；在数值后加 XP，表示相对于图纸空间单位进行缩放。如图 2-25 所示为对当前视图缩放 2 倍前后的效果对比。

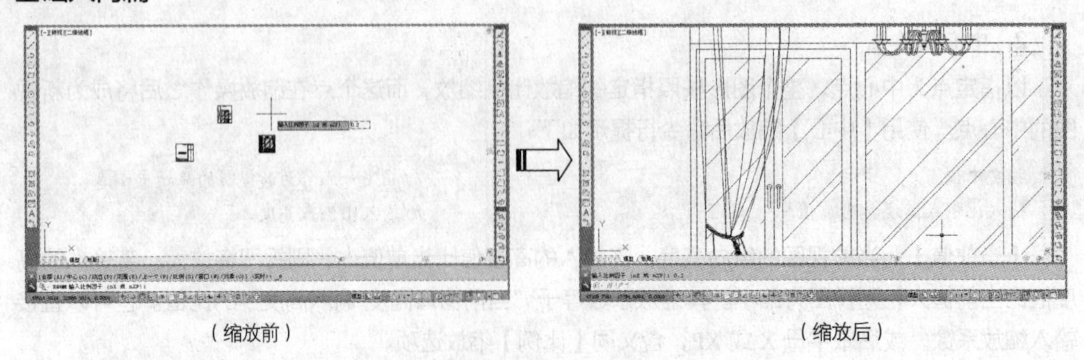

（缩放前）　　（缩放后）

图 2-25　比例缩放

7．窗口缩放

选择该选项后，可以用鼠标拖▮出一个矩形区域，释放鼠标后该矩形范围内的图形以最大化显示，如图 2-26 所示是在吊灯区域指定缩放区域缩放前后的效果。

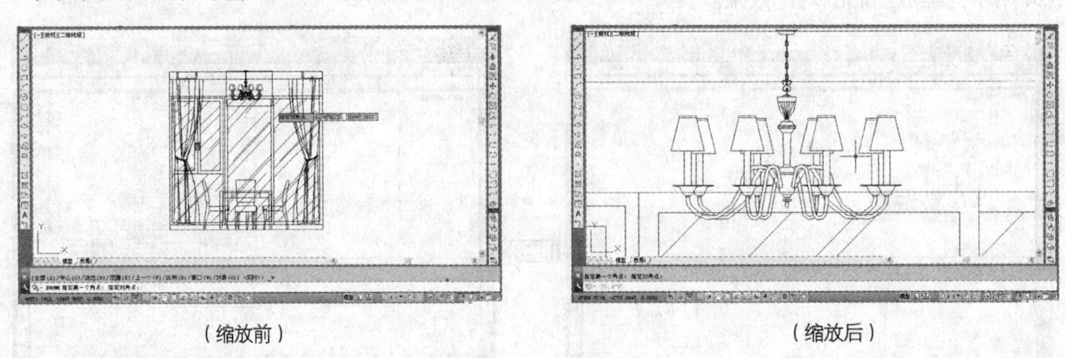

（缩放前）　　（缩放后）

图 2-26　窗口缩放

8．对象缩放

将选择的图形对象最大限度地显示在屏幕上，如图 2-27 所示为选择餐厅立面图作为缩放对象。

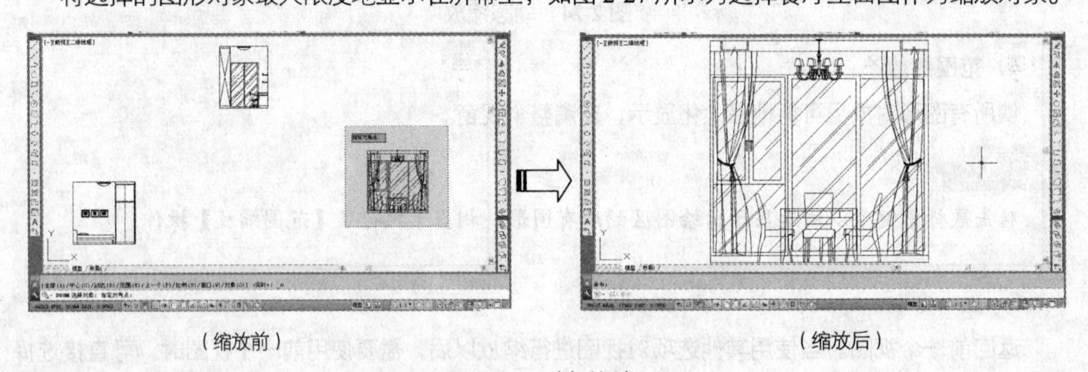

（缩放前）　　（缩放后）

图 2-27　对象缩放

9．实时缩放

该项为默认选项。执行【缩放】命令后，直接回车即可使用该选项。在屏幕上会出现一个形状的光标，按住鼠标左键不放并向上或向下移动，则可实现图形的放大或缩小。

10．放大

单击该按钮一次，视图中的实体显示比当前视图大一倍。

11. 缩小

单击该按钮一次，视图中的实体显示比当前视图小一倍。

技巧点拨

滚动鼠标滚轮，可以快速地实时缩放视图。

2.3.2 视图平移

视图平移不改变视图的显示比例，只改变视图显示的区域，以便于观察图形的其他组成部分，如图2-28所示。当图形显示不全，致部分区域不可见时，就可以使用视图平移。

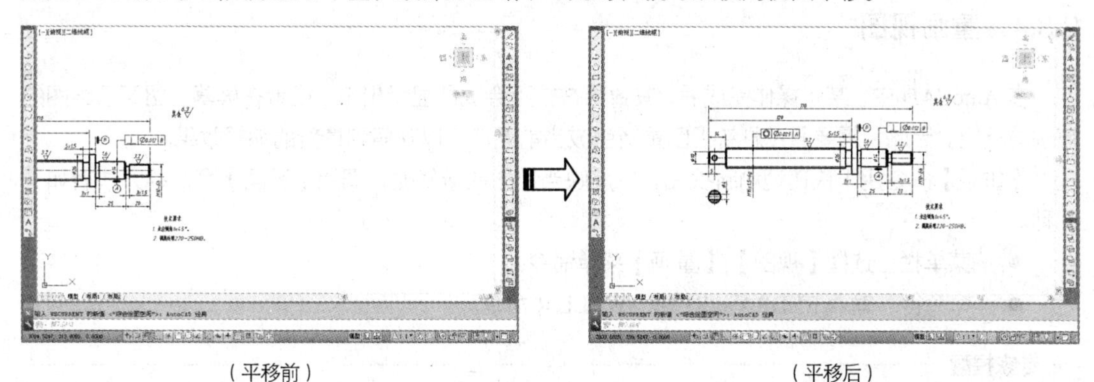

（平移前）　（平移后）

图2-28　视图平移前后对比

调用【平移】命令主要有以下几种方法。

- 菜单栏：选择【视图】|【平移】菜单命令，然后在弹出的子菜单中选择相应的命令，如图2-29所示。
- 工具栏：单击【标准】工具栏中的【实时平移】按钮。
- 命令行：输入PAN/P并回车。

图2-29　【平移】子菜单

视图平移可以分为【实时平移】和【定点平移】两种，其含义分别如下。

- 实时平移：光标形状变为手型，按住鼠标左键拖动可以使图形的显示位置随鼠标向同一方向移动。
- 定点平移：通过指定平移起始点和目标点的方式进行平移。

技巧点拨

按住鼠标滚轮拖动，可以快速地进行视图平移。

2.3.3 命名视图

命名视图是将某些视图范围命名保存下来，供以后随时调用。【命名视图】命令主要有以下几种方法。

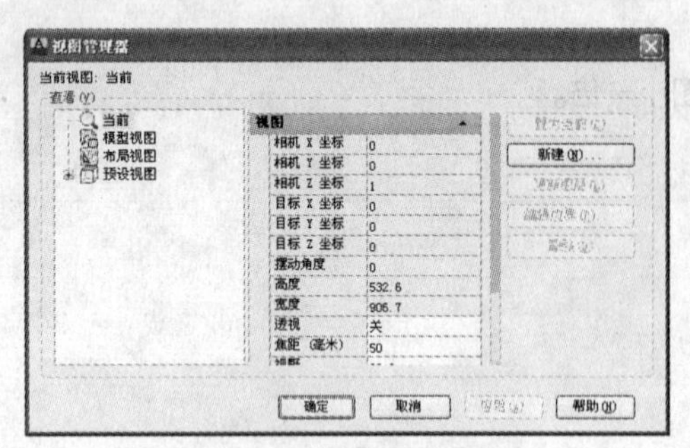

图 2-30 【视图管理器】对话框

- 菜单栏：选择【视图】|【命名视图】菜单命令。
- 工具栏：单击【视图】工具栏中的【命名视图】按钮。
- 命令行：在命令行中输入 VIEW/V 并回车。

执行该命令后，将打开如图 2-30 所示的【视图管理器】对话框，可以在其中进行视图的命名和保存。

2.3.4 重画视图

在 AutoCAD 中，某些操作完成后，其效果往往不会立即显示出来，或者在屏幕上留下了绘图的痕迹与标记。因此，需要通过刷新视图重新生成当前图形，以观察到最新的编辑效果。

【重画】命令用于快速地刷新视图，以反映当前的最新修改，调用【重画】命令的方法有如下几种。

- 菜单栏：选择【视图】|【重画】菜单命令。
- 命令行：输入 REDRAW/REDRAWALL/R 命令。

专家提醒

调用 REDRAWALL 命令会刷新当前图形窗口中所有显示的视口，而 REDRAW 命令只刷新当前视口。

2.3.5 重生成视图

当使用【重画】命令无效时，可以使用【重生成】命令刷新当前视图。【重生成】命令由于是计算图形后台数据，因此会耗费比较长的计算时间。

调用【重生成】命令的方法有以下几种。

- 菜单栏：选择【视图】|【重生成】菜单命令。
- 命令行：输入 REGEN/RE 命令。

当圆弧、圆等对象显示为直线段时，通常可重生成视图，使圆弧显示更为平滑，如图 2-31 所示。

（重生成前）

（重生成后）

图 2-31 重生成视图

2.3.6 创建视口

使用【新建视口】命令，可以将绘制窗口划分为若干个视口，以便于查看图形。各个视口可以独立进行平移和缩放。单击视口区域可以在不同视口间切换。

调用【新建视口】命令的方法有以下几种。

- 菜单栏：选择【视图】|【视口】|【新建视口】菜单命令。
- 功能区：在【视图】选项卡中，单击【视口模型】面板中的【新建】按钮。
- 工具栏：单击【视口】工具栏中的【视口】按钮。
- 命令行：在命令行中输入 VPORTS 命令。

执行命令后，系统将弹出一个如图 2-32 所示的【视口】对话框。该对话框中列出了一个【标准视口】配置列表，可以用来创建层叠视口，还可以对视图的布局、数量和类型进行设置，最后单击【确定】按钮即可使视口设置生效。

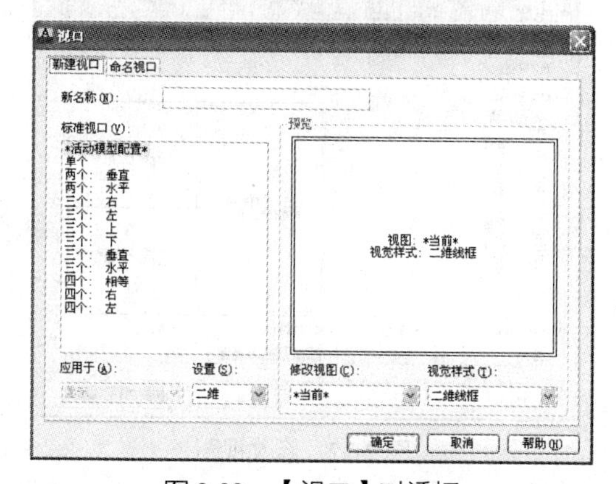

图 2-32 【视口】对话框

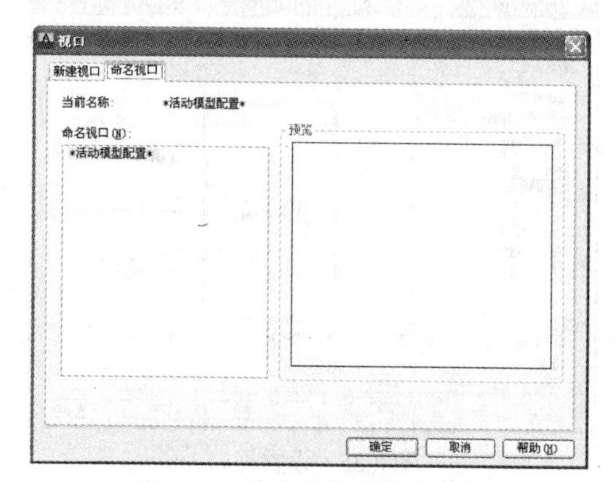

图 2-33 【命名视口】选项卡

2.3.7 命名视口

命名视口用于给新建的视口命名，执行的方式如下。

- 菜单栏：选择【视图】|【视口】|【命名视口】菜单命令。
- 功能区：在【视图】选项卡中，单击【视口模型】面板中的【命名】按钮。
- 工具栏：单击【视口】工具栏中的【视口】按钮。
- 命令行：在命令行中输入 VPORTS 命令。

执行上述操作后，系统将打开如图 2-33 所示的【视口】对话框的【命名视口】选项卡。该选项卡用来显示保存的视口配置，【预览】显示框用来预览备选择的视口配置。

课堂举例【2-5】：创建视口

Step 01 单击【快速访问】工具栏中的【打开】按钮，打开“第 2 章\2.3.7.dwg”素材文件，如图 2-34 所示。

Step 02 在【视图】选项卡中，单击【视口模型】面板中的【命名】按钮，系统将弹出【视口】对话框。

Step 03 切换至【新建视口】选项卡，在【标准视口】区域单击【三个：左】选项，如图 2-35

所示，将视图分割为三个视口。

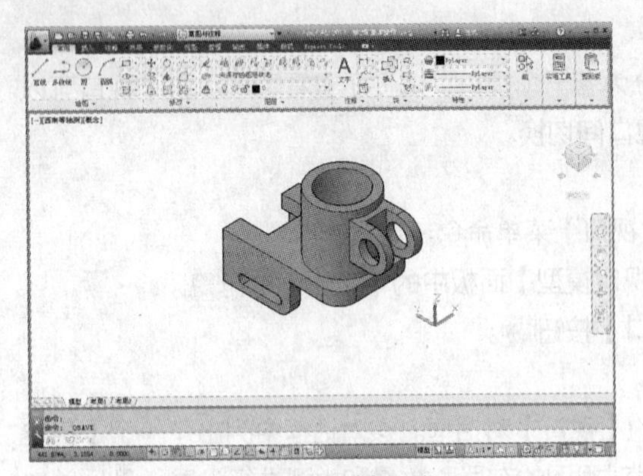

图 2-34　素材文件

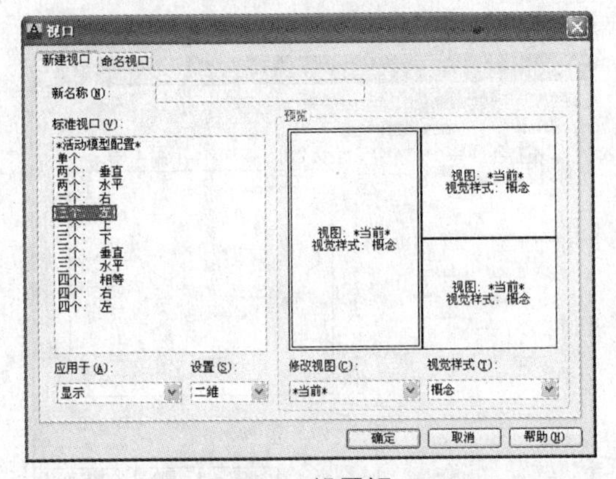

图 2-35　设置视口

Step 04 在【预览】显示框中分别单击各个视口，然后在【修改视图】列表框中选择视图方向，在【视觉样式】列表框中选择各视图的视觉样式，如图 2-36 所示。

Step 05 在【设置】下拉列表中选择【三维】，然后分别选择视图之后修改视图为：东南等轴测、前视、俯视，如图 2-37 所示。

Step 06 设置完成后，单击【确定】按钮，系统返回到绘图区，绘图区视口显示效果如图 2-38 所示。

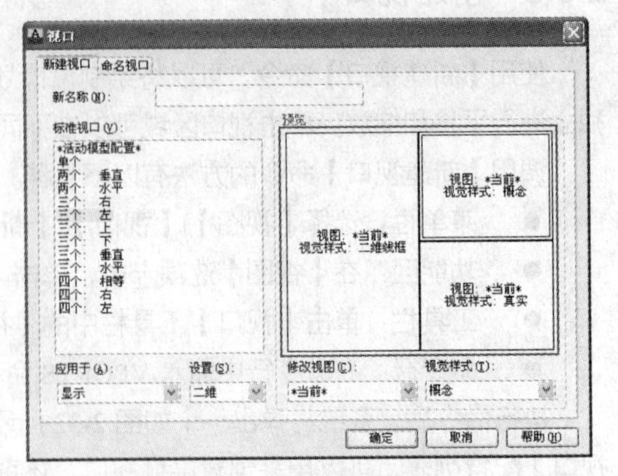

图 2-36　更改视觉样式

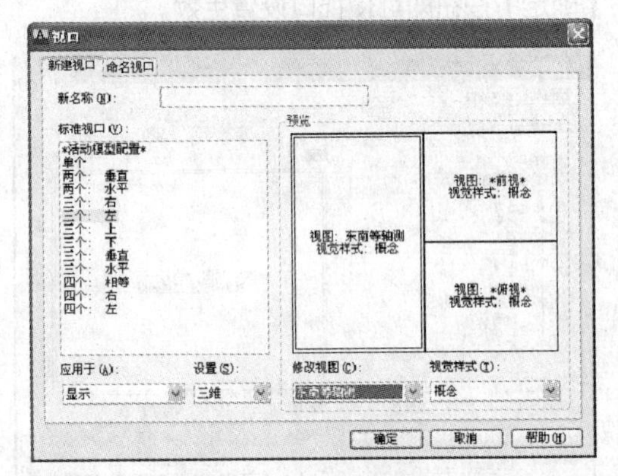

图 2-37　修改视图

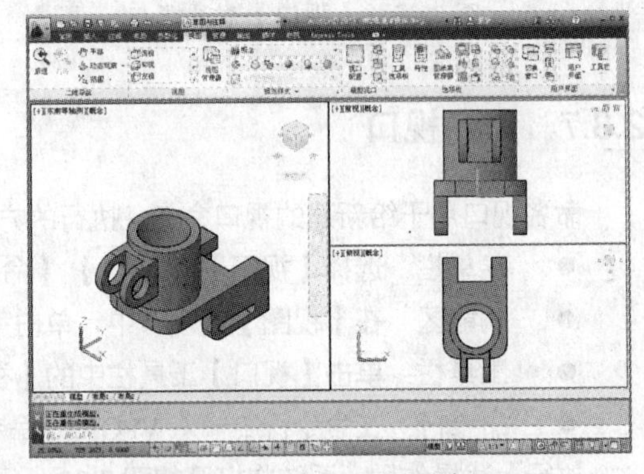

图 2-38　多视口设置效果

2.4　设置绘图环境

在绘制工程图时，根据同行业规范和标准，对图形的大小和单位都有统一的要求。所以在绘图之前，需要设置好绘图单位和图形界限。其作用主要是帮助用户更加便捷地绘制图形，增加绘图精度。

2.4.1 设置绘图单位

尺寸是衡量物体大小的准则，AutoCAD 作为一款非常专业的设计软件，对尺寸单位的要求非常高。为了方便不同领域的辅助设计，AutoCAD 的绘制单位是可以进行修改的。在绘图的过程中，用户可以根据需要设置当前文档的长度单位、角度单位、零角度方向等内容。

设置绘图单位在【图形单位】对话框中进行，打开该对话框有以下几种方法。

- 命令行：输入 UNITS/UN 命令。
- 菜单栏：选择【格式】|【单位】菜单命令。

执行以上任一种操作后，将打开【图形单位】对话框，如图 2-39 所示。

该对话框中各选项的含义如下。

- 【长度】选项组：用于设置长度单位的类型和精度。
- 【角度】选项组：用于控制角度单位的类型和精度。
- 【顺时针】复选框：用于设置旋转方向，控制角度增角量的正负方向。如选中此选项，则表示按顺时针旋转的角度为正方向；未选中，则表示按逆时针旋转的角度为正方向。
- 【插入时的缩放单位】选项组：用于选中插入图块时的单位，也是当前绘图环境的尺寸单位。
- 【方向】按钮：用于设置角度方向。单击该按钮，将打开【方向控制】对话框，如图 2-40 所示，以控制角度的起点和测量方向。默认的起点角度为 0°，方向正东。在其中可以设置基准角度，即设置 0° 角。例如，将【基准角度】设为【北】，则绘图时的 0° 实际上在 90° 方向上。如果选择【其他】单选按钮，则可以单击【拾取角度】按钮，切换到图形窗口中，通过拾取两个点来确定基准角度 0° 的方向。

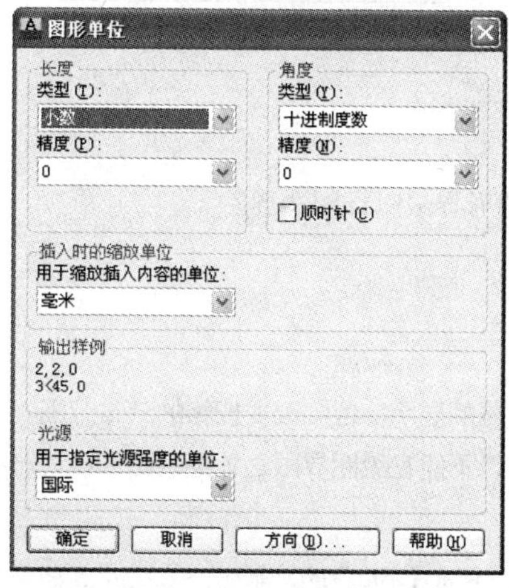

图 2-39 【图形单位】对话框

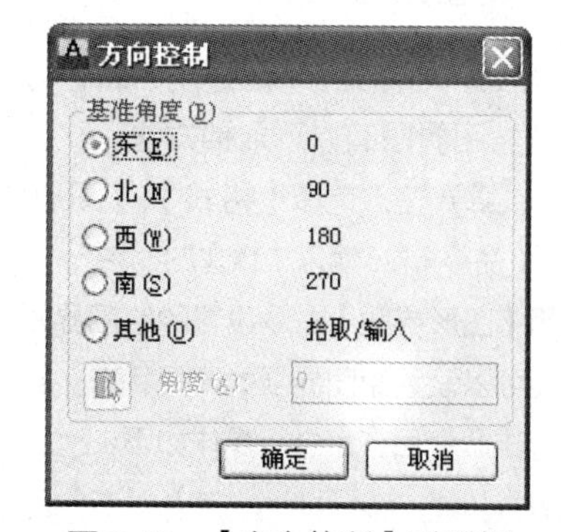

图 2-40 【方向控制】对话框

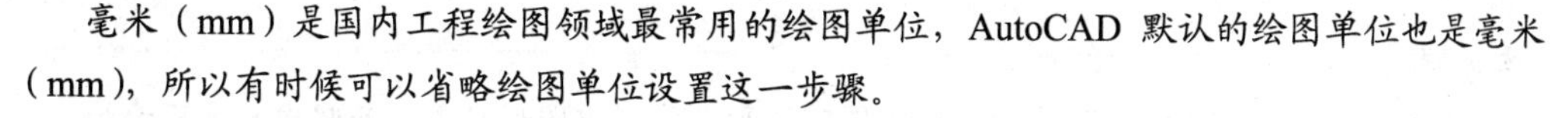
专家提醒

毫米（mm）是国内工程绘图领域最常用的绘图单位，AutoCAD 默认的绘图单位也是毫米（mm），所以有时候可以省略绘图单位设置这一步骤。

课堂举例【2-6】：设置绘图单位

Step 01 单击【快速访问】工具栏中的【新建】按钮，新建空白文件。

Step 02 在命令行中输入UNITS命令，系统打开【图形单位】对话框，如图2-41所示。

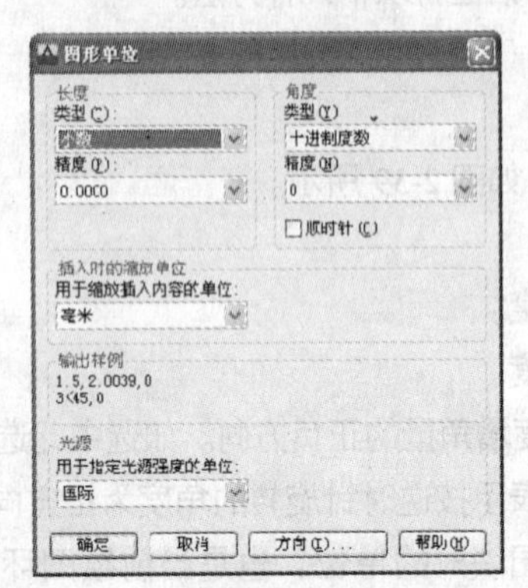

图2-41 【图形单位】对话框

Step 03 在该对话框中设置长度单位为【小数】、精度为【0.00】；角度单位为【度/分/秒】，精度为【0d00'00"】。

Step 04 单击【图形单位】对话框下面的【方向】按钮，弹出【方向控制】对话框。选择【其他】单选按钮，设置【角度】数值为135，如图2-42所示。然后单击【确定】按钮，关闭【方向控制】对话框。

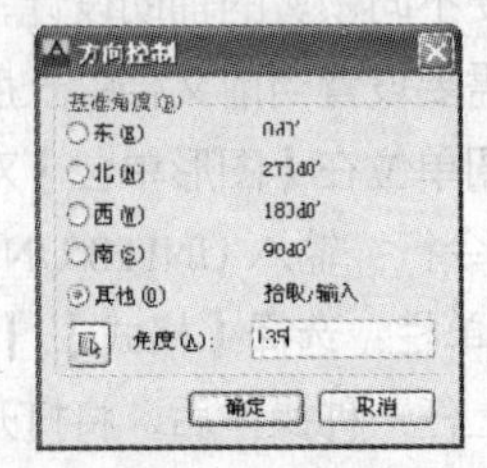

图2-42 【方向控制】对话框

Step 05 系统返回到【图形单位】对话框，如图2-43所示。最后【确定】按钮，完成单位的绘制。

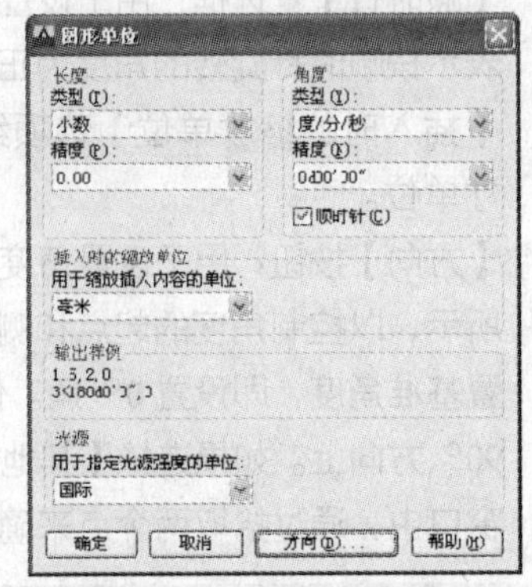

图2-43 设置图形单位

2.4.2 设置绘图界限

为了使绘制的图形不超过用户工作区域，需要设置图形界限以标明边界。

设置绘图界限有以下几种方法。

- 菜单栏：选择【格式】|【图形界限】菜单命令。
- 命令行：输入LIMITS命令。

利用【图形界限】命令设置的绘图界限不会影响当前屏幕的显示，但会改变栅格的分布范围。此外，该命令还可以设置绘图界限的开关状态。当绘图界限打开时，不能在绘图界限之外绘制图形。

执行该命令后，命令行操作如下：

```
命令：LIMITS↙                                        //调用【图形界限】命令
重新设置模型空间界限：
指定左下角点或 [开(ON)/关(OFF)] <0, 0,,0,0>:↙      //输入图形界限左下角点坐标或用鼠标指定一点
指定右上角点 <42000,29700>:↙                       //输入图形界限右下角点坐标或用鼠标指定一点
```

专家提醒

此时若选择“开（ON）”选项，则绘图时图形不能超出图形界限，若超出系统不予绘出；选择“关（OFF）”选项；则准予超出界限图形。

一般工程图纸规格有 A0、A1、A2、A3、A4。如果按 1:1 绘图，为使图形按比例绘制在相应的图纸上，关键是设置好图形界限。表 2-1 提供的数据是按 1:50 和 1:100 出图，图形编辑区按 1:1 绘图的图形界限，设计时可根据实际出图比例选用相应的图形界限。

表 2-1 图纸规格和图形编辑区按 1:1 绘图的图形界限对照表

图纸规格	A0(mm×mm)	A1(mm×mm)	A2(mm×mm)	A3(mm×mm)	A4(mm×mm)
实际尺寸	841×1189	594×841	420×594	297×420	210×297
比例 1:50	42050×59450	29700×42050	21 000×29700	14850×21000	10500×14850
比例 1:100	84100×118900	59400×84100	42000×59400	29700×42000	21000×29700

课堂举例 【2-7】：设置 A3 图纸图形界限

Step 01 单击【快速访问】工具栏中的【新建】按钮，新建图形文件。

Step 02 在命令行中输入 LIMITS 命令，设置图形界限，命令行操作如下：

```
    命令：'_limits↙    //调用【图形界限】命令
    重新设置模型空间界限：
    指定左下角点或 [开(ON)/关(OFF)]
<0.0,0.0>：0,0↙         //指定坐标原点为图形界限左下角点
    指定右上角点 <420.0,297.0>：297,420↙
                        //指定右上角点
```

Step 03 查看图形界限范围。按下 F7 键，单击状态栏中的【栅格】按钮，在绘图窗口中显示栅格，调用 ZOOM【缩放】命令，将设置的图形界限放大至全屏显示，如图 2-44 所示，以便于观察图形，命令行操作如下：

```
    命令：zoom↙          //调用【缩放】命令
    指定窗口的角点，输入比例因子 (nX 或 nXP)，或者
    [全部(A)/中心(C)/动态(D)/范围(E)/上一个
(P)/比例(S)/窗口(W)/对象(O)] <实时>：A↙
                        //激活"全部(A)"选项
    正在重生成模型。
```

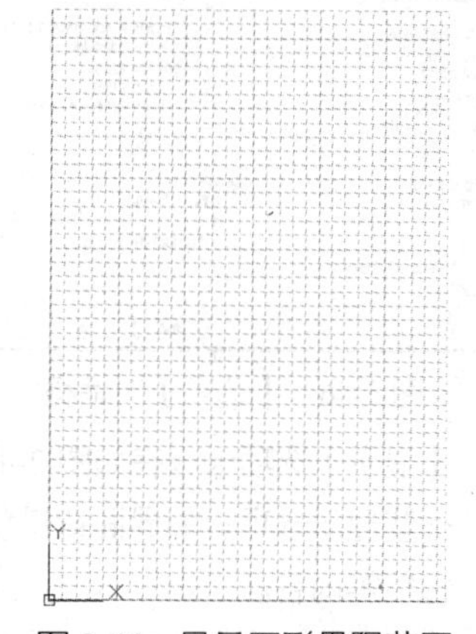

图 2-44 显示图形界限范围

Step 04 A3 图纸的图形界限设置完成。

专家提醒

AutoCAD 2013 默认在绘图界限外也显示栅格，如果只需要在界限内显示栅格，可以选择【工具】|【草图设置】菜单命令，打开【草图设置】对话框，在【捕捉和栅格】选项卡中取消对【显示超出界限的栅格】复选框的勾选，如图 2-45 所示。

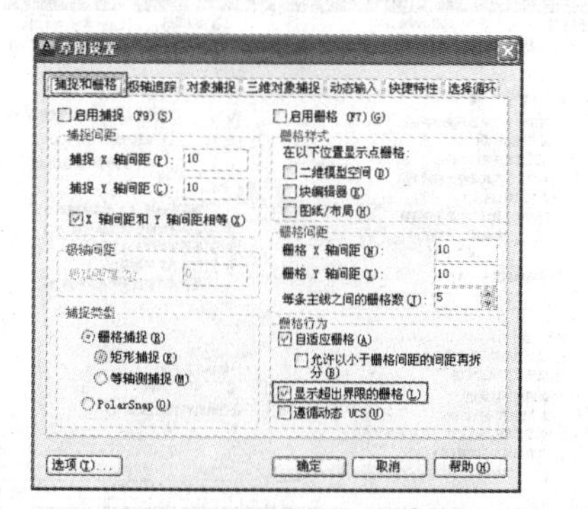

图 2-45 设置超出界限的栅格显示

2.5 设置系统环境

在命令行中输入 OP 命令，可以打开【选项】对话框。该对话框中有 11 个选项卡，如图 2-46 所示。所有的环境配置选项都分类存放于这 11 个选项卡中，不同应用领域的设计人员可以根据需要设置相应的系统环境，以提高 AutoCAD 的工作效率。

该对话框中各选项的功能如下。

- 【文件】选项卡：如图 2-47 所示，该选项卡用于设置 AutoCAD 系统文件的默认搜索路径和保存位置。通常，用户会自己定义一些系统支持文件和图形文档，这些文件并没有存放到 AutoCAD 的默认路径下，因此 AutoCAD 不能自动搜索到这些文件。用户可以在该选项卡中添加或修改系统文件的搜索路径。这些系统文件包括 AutoCAD 的系统支持文件、工作支持文件、外设驱动程序文件、打印文件、外部参照文件、临时文件、样板文件等。

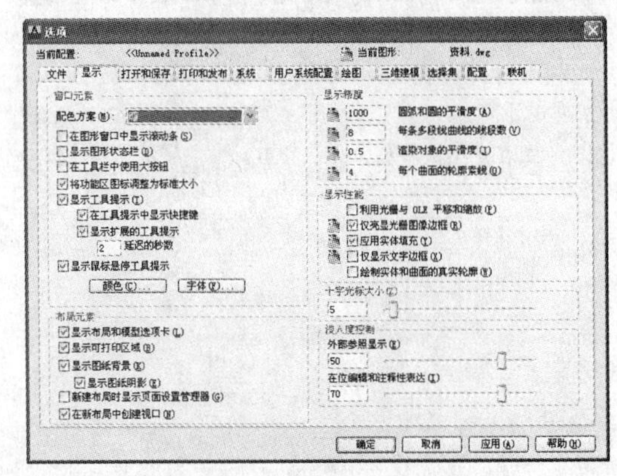

图 2-46 【选项】对话框

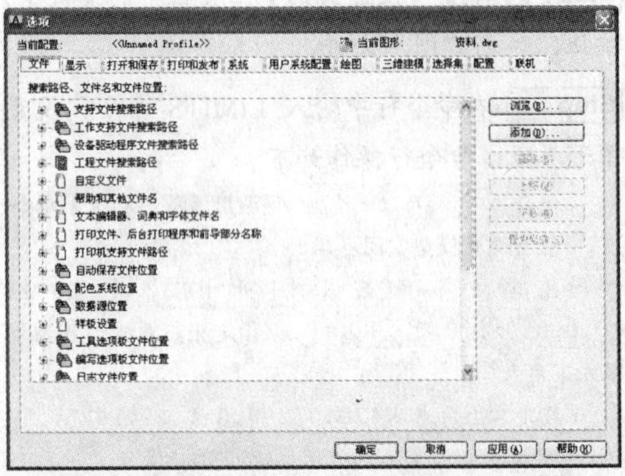

图 2-47 【文件】选项卡

- 【显示】选项卡：在如图 2-48 所示的【显示】选项卡中，可以设置 AutoCAD 工作界面的一些显示选项，如界面背景色、菜单和命令行字体、滚动条等界面元素，显示精度、显示性能等内容。
- 【打开和保存】选项卡：在如图 2-49 所示的【打开和保存】选项卡中，可以设置打开和保存文件时的一些选项，包括默认的另存文件后缀名、自动存盘时间、显示最近打开的文件个数等。

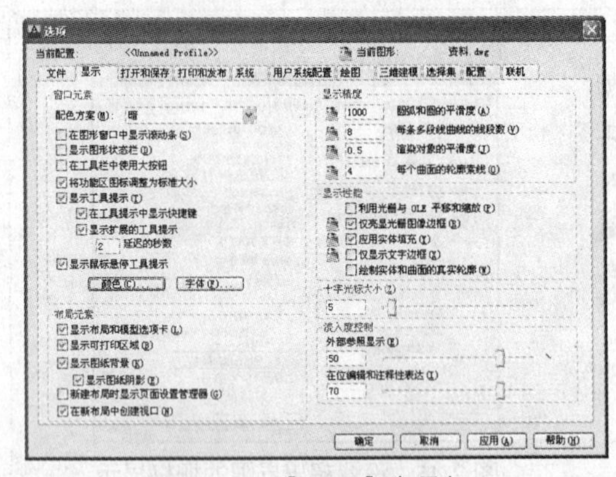

图 2-48 【显示】选项卡

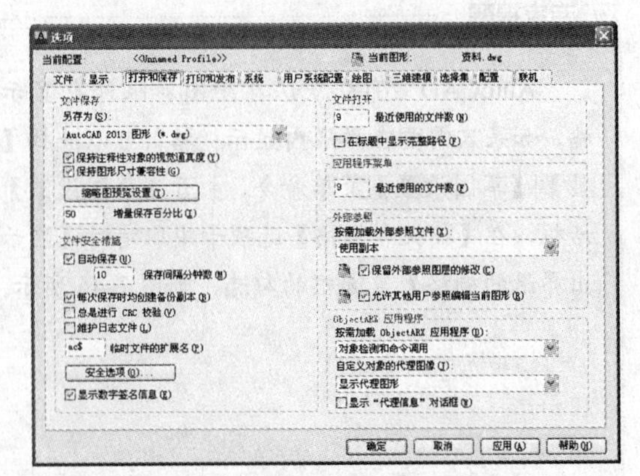

图 2-49 【打开和保存】选项卡

● 【打印和发布】选项卡：用于设置打印出图时的一些默认选项，包括默认的打印设备、基本打印选项、后台打印设置、默认的打印样式类型等，如图 2-50 所示。

● 【系统】选项卡：如图 2-51 所示，用于设置 AutoCAD 运行过程中的一些优化系统性能选项，包括三维图形的显示特性、定点设备、布局重生成选项、数据库连接选项、出错提示等。

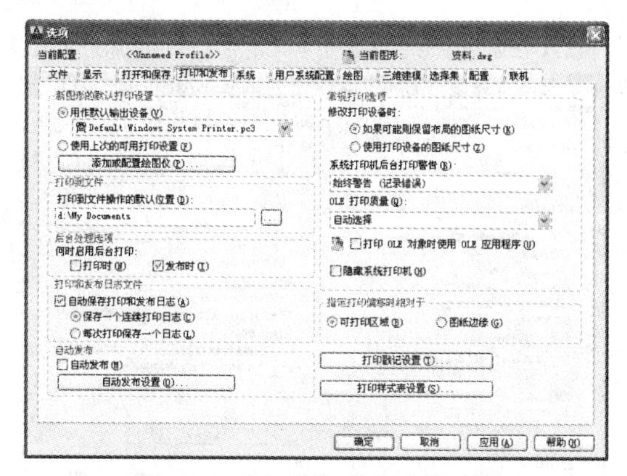

图 2-50 【打印和发布】选项卡

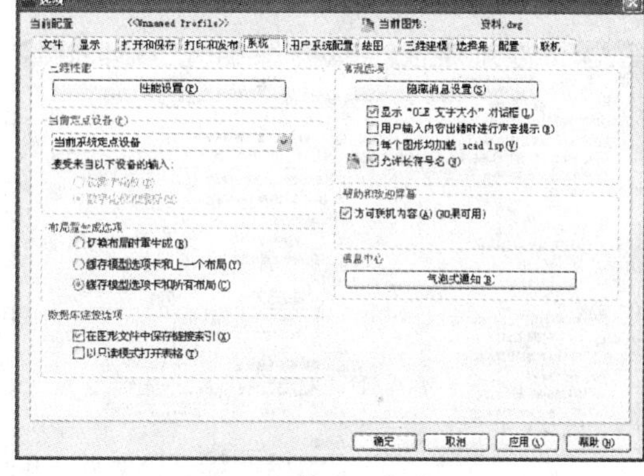

图 2-51 【系统】选项卡

● 【用户系统配置】选项卡：如图 2-52 所示，为用户提供了可以自行定义的选项。这些设置不会改变 AutoCAD 系统配置，但是可以满足各种用户使用上的偏好。

● 【绘图】选项卡：如图 2-53 所示，用于对象捕捉、自动追踪等定形和定位功能的设置，包括自动捕捉和自动追踪时特征点标记的大小、颜色和显示特征等。

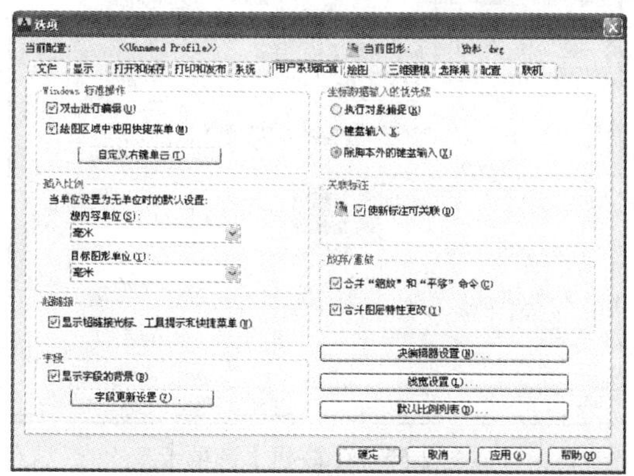

图 2-52 【用户系统配置】选项卡

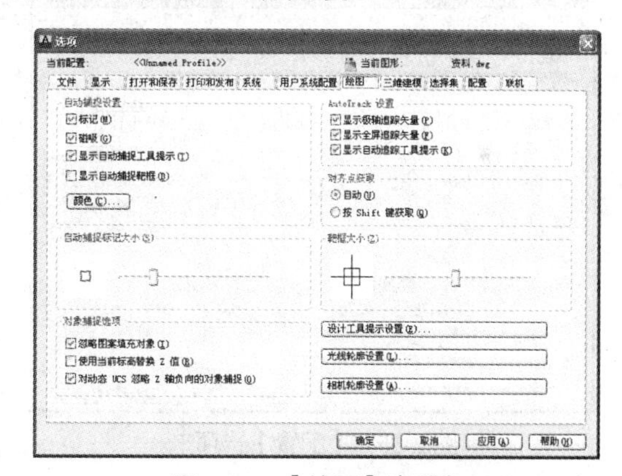

图 2-53 【绘图】选项卡

● 【三维建模】选项卡：如图 2-54 所示，用于设置三维绘图环境，包括设置三维十字光标、显示 View Club 或 UCS 图标、三维对象、三维导航及动态输入等。

● 【选择集】选项卡：如图 2-55 所示，用于设置进行对象选择时光标的外观和模式，包括选择模式，是否使用 shift 键进行多选，光标拾取框的大小，是否允许使用夹点操作，夹点符号的颜色、大小等。

● 【配置】选项卡：可以将已经在【选项】对话框中设置好的系统环境配置保存为一个系统配置方案，并运用到其他 AutoCAD 文档中。这样，就不需要每次都到各选项卡中反复修改配置选项，提高了工作效率。【配置】选项卡如图 2-56 所示，用于对已经设置好的系统环境配置方案进行管理，包括对系统配置方案的新建、删除和重命名、输入和输出等操作。单击右边的【添加到列表】按钮，可以将设置好的系统环境配置创建成一个系统配置方案，并命名添加到图 2-56 中的【可用配置】列表框中。选中需要的配置方案，单击【置为当前】按钮，可以迅速将其设置为当前的系统环境配置。单击【输出】按钮，系统配置方案可以被输出保存为后缀名为“*.arg”的系统配置文件。单击【输入】按钮，也可以输入其他系统配置文件。

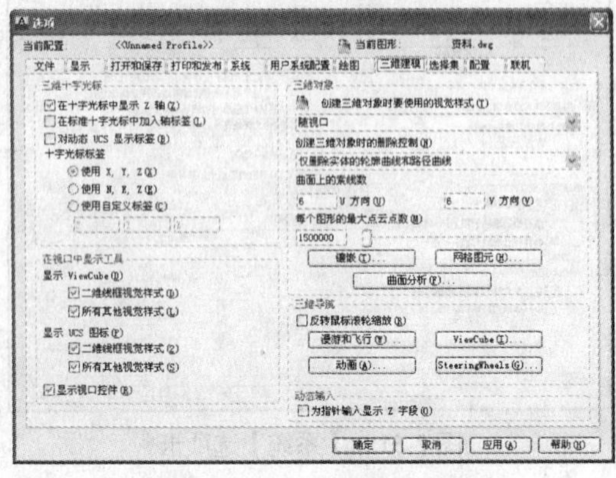

图 2-54 【三维建模】选项卡

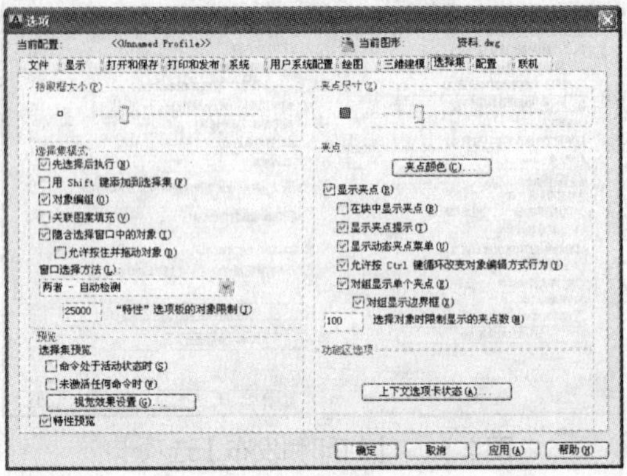

图 2-55 【选择集】选项卡

- 【联机】选项卡：登录 Autodesk 360 账户，如图 2-57 所示，可以随时随地上传文件、保存或共享文档。

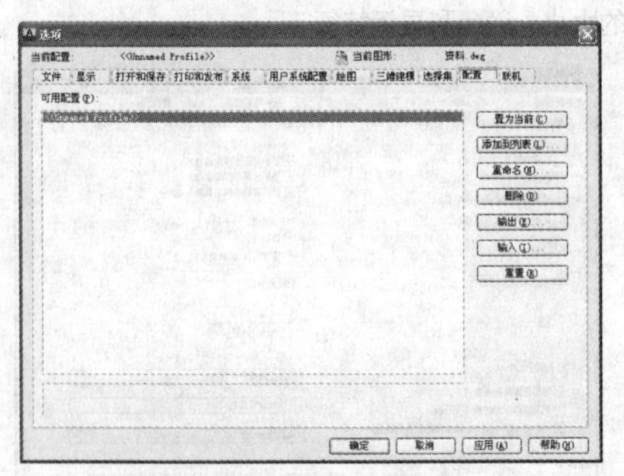

图 2-56 【配置】选项卡

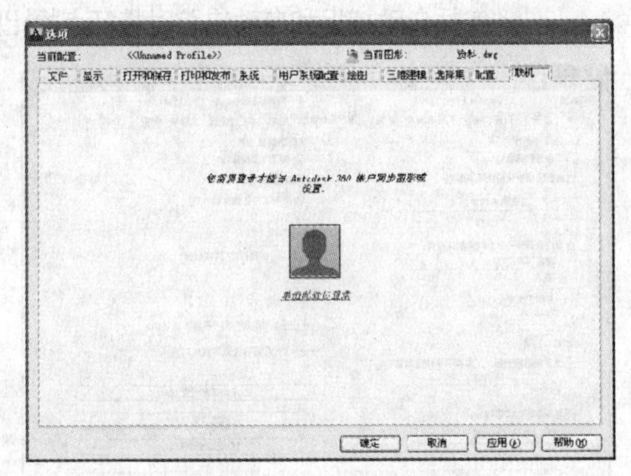

图 2-57 【联机】选项卡

2.6 综合实例

本节通过两个综合实例，全面练习本章所学的系统环境设置及文件管理等基本操作。

2.6.1 设置绘图背景颜色和十字光标大小

AutoCAD 2013 系统默认图形窗口背景颜色为黑色，有时为了绘图的需要，用户可以将背景颜色设置为白色或者其他颜色。本实例讲解绘图背景、命令行字体及十字光标大小等常用选项的设置方法。

Step 01 单击【快速访问】工具栏中的【新建】按钮，新建空白文件。

Step 02 在命令行中输入 OP 命令并回车，打开【选项】对话框，如图 2-58 所示。

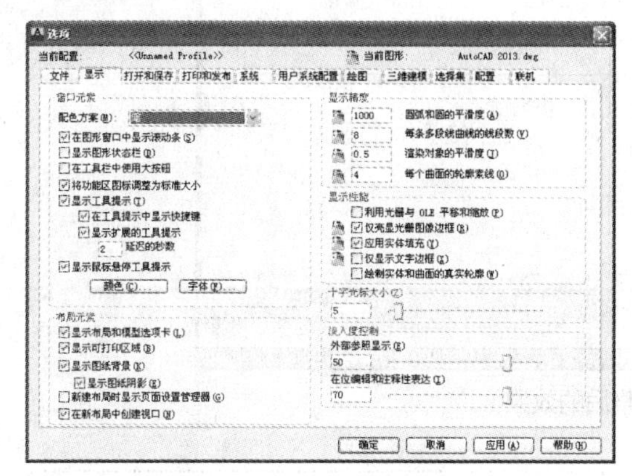

图 2-58 【显示】选项卡

Step 03 切换至【显示】选项卡，单击【颜色】按钮，在打开的对话框中选择背景颜色为白色，然后单击【应用并关闭】按钮，如图 2-59 所示。

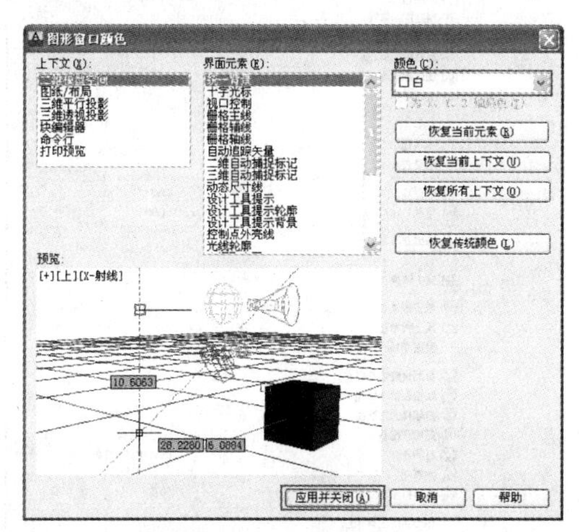

图 2-59 设置颜色为白色

Step 04 单击【字体】按钮，打开【命令行窗口字体】对话框，对【字体】、【字形】和【字号】进行设置，如图 2-60 所示，然后单击【应用并关闭】按钮，返回到【选项】对话框。

Step 05 单击【显示】选项卡，在【十字光标大小】的选项区的文本框中输入 100，或者拖动文本框后的滑块到最右端的位置，如图 2-61 所示。

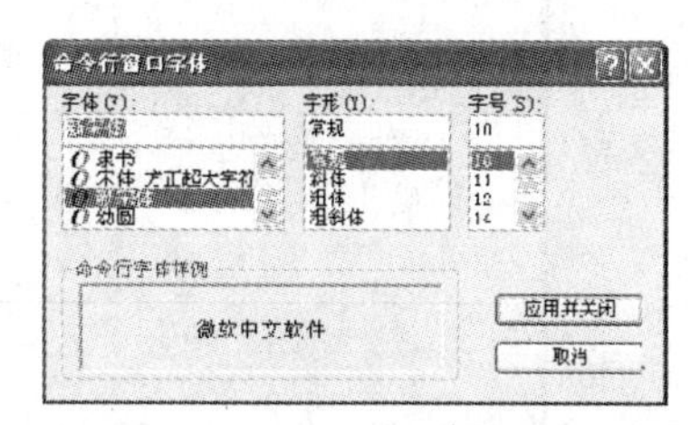

图 2-60 【命令行窗口字体】对话框

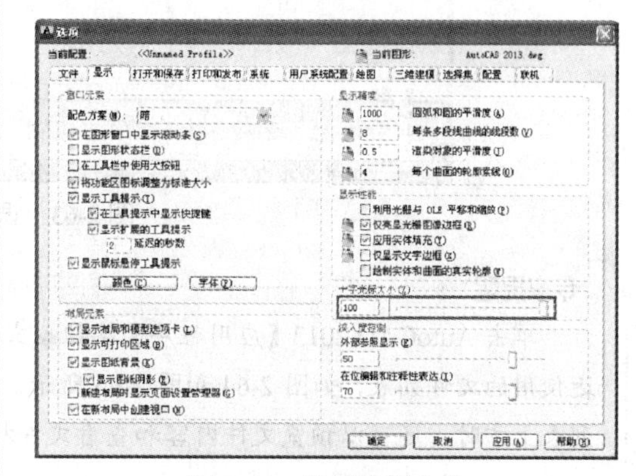

图 2-61 设置光标大小

Step 06 切换至【打开和保存】选项卡，设置需要在【文件】菜单列表中显示的文件数。如图 2-62 所示。

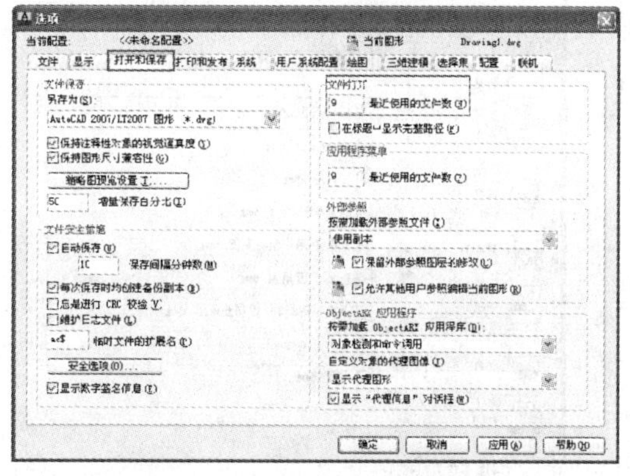

图 2-62 设置文件数量

Step 07 设置完成后，单击【确定】按钮，返回到绘图窗口。此时，十字光标效果如图 2-63 所示，十字光标已经撑满整个绘图区域，为绘图定位提供了方便。

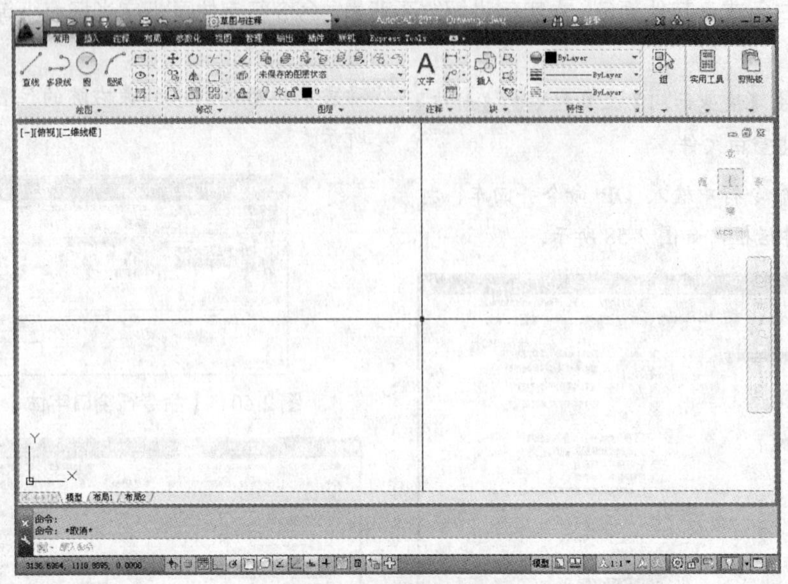

图2-63　调整后的效果

专家提醒

单击 AutoCAD 2013【应用程序】按钮或选择【文件】|【打开】菜单命令，都可以看到最近使用的文件列表，如图2-64和图2-65所示。当将鼠标放置在【应用程序】按钮打开的文件列表上方时，还可以预览文件内容和查看文件相关信息，为选择文件提供了极大的便利。

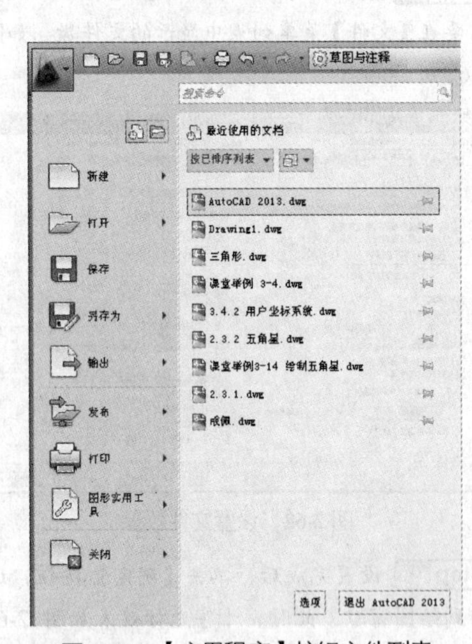

图2-64　【应用程序】按钮文件列表

图2-65　【文件】菜单文件列表

2.6.2 绘制图形并保存文件

Step 01 启动 AutoCAD 2013 软件。

Step 02 在命令行中输入 STARTUP 命令，设置系统变量。命令行操作如下：

```
命令: STARTUP↙            //调用命令
输入 STARTUP 的新值 <1>: 0↙
              //输入新值，按 Enter 键结束操作
```

专家提醒

当 STARTUP 变量为 1 时，新建文件会打开一个向导，以引导用户设置绘图环境，并新建文件。

Step 03 选择【文件】|【新建】菜单命令，新建图形文件。

Step 04 系统会打开【选择样板】对话框，如图 2-66 所示。

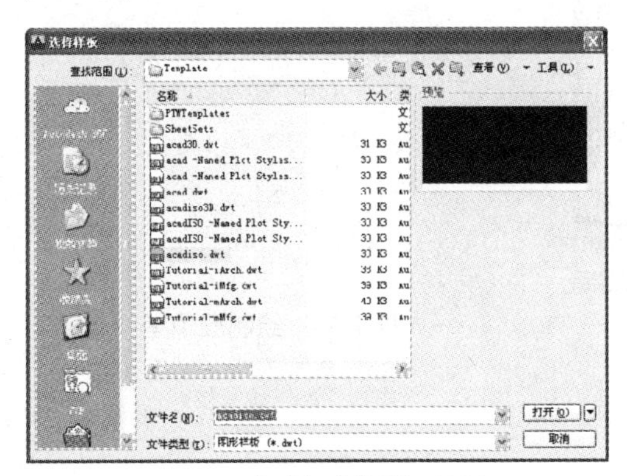

图 2-66 【选择样板】对话框

Step 05 在【名称】列表框中选择一个合适的样板，然后单击【打开】按钮，即可新建一个图形文件。

Step 06 在【常用】选项卡中，单击【绘图】面板上的【多边形】按钮，绘制半径为 60 的圆，如图 2-67 所示，命令行操作如下：

```
命令: _polygon↙//调用【多边形】命令
输入侧面数 <4>: 6
//输入侧面数
指定正多边形的中心点或 [边(E)]:
//任意指定一点为多边形的中心点
输入选项 [内接于圆(I)/外切于圆(C)] <I>: I
//激活 "内接于圆(I)" 选项
指定圆的半径: 60↙
//输入半径，按 Enter 键结束绘图
```

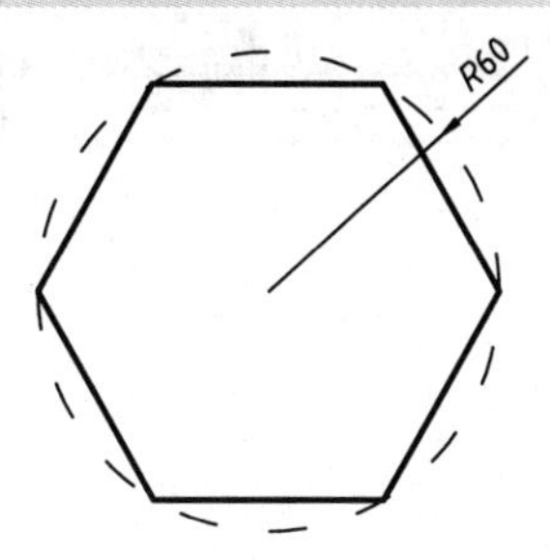

图 2-67 绘制正六边形

Step 07 单击【快速访问】工具栏中的【保存】按钮，打开【图形另存为】对话框，如图 2-68 所示。单击【确定】按钮，保存图形文件。

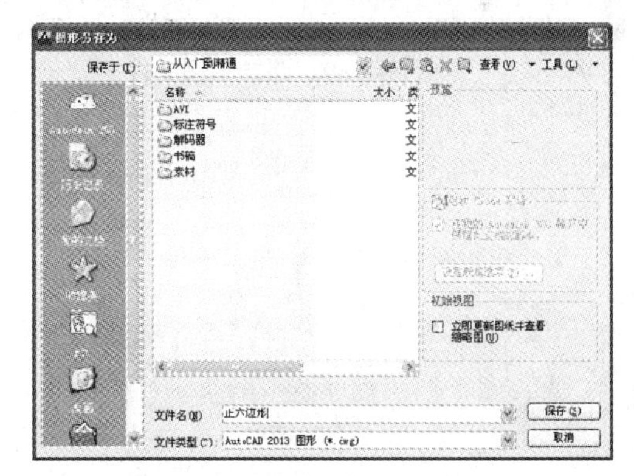

图 2-68 【图形另存为】对话框

2.7 思考与练习

1. 填空题

（1）AutoCAD 图形文件的格式是________________，AutoCAD 2013 输出文件格式主要

有 ＿＿＿＿＿＿、＿＿＿＿＿＿、＿＿＿＿＿＿、＿＿＿＿＿＿、＿＿＿＿＿＿等。

（2）在执行命令过程中，可以随时按＿＿＿＿＿键终止命令。

（3）在 AutoCAD 中，新建图形文件的快捷键是＿＿＿＿＿。

2．选择题

下面哪个选项是保存图形文件的快捷键？（　　）

A．Enter　　B．Ctrl+O 组合键　　C．Ctrl+S 组合键　　D．F2

3．操作题

（1）启动 AutoCAD 2013，打开“课堂举例 2-1”文件，如图 2-69 所示。将图形以新的名称保存，并对其进行加密保存，来熟悉工作界面的操作方法。

（2）尝试同时利用命令行、菜单命令和工具栏绘制如图 2-70 所示的五角星图形，并对图形进行保存。

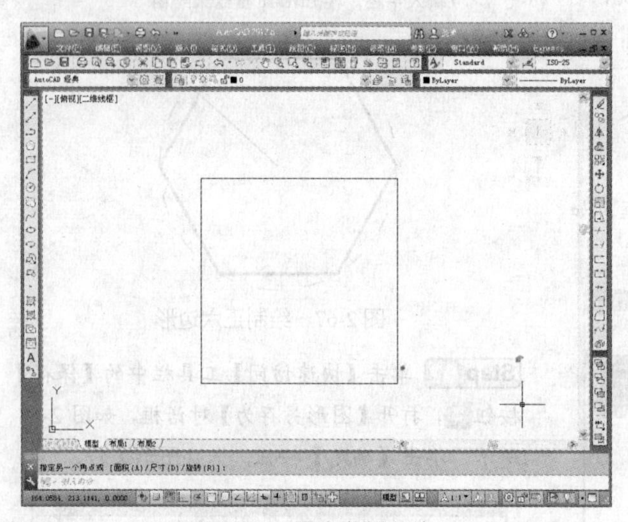

图 2-69　课堂举例文件

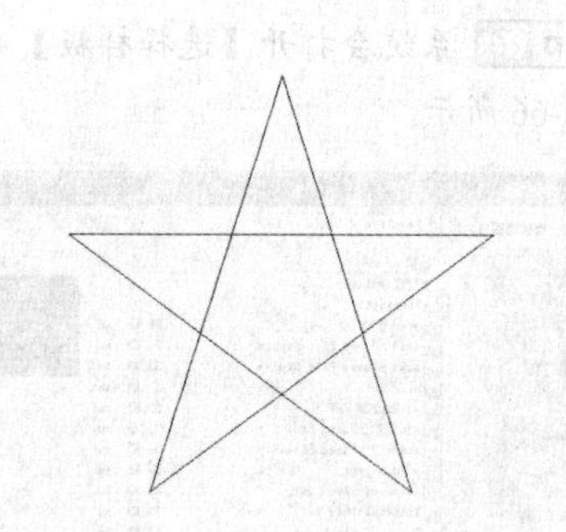

图 2-70　绘制五角星

二维绘图篇

- 第3章　绘制二维图形
- 第4章　编辑二维图形

第3章 绘制二维图形

⊙学习目的：

本章讲解坐标系的使用，以及点、直线、多段线、多线、样条曲线、矩形、多边形、圆、圆环等二维图形的绘制方法。通过本章的学习，读者将会对二维图形的基本绘制方法有一个全面的了解和认识，并能够熟练使用常用的绘图命令。

⊙学习重点：

★★★★ 绘制点

★★★★ 绘制线

★★★★ 绘制矩形

★★★☆ 绘制多边形

★★☆☆ 绘制曲线

3.1 使用坐标系

AutoCAD 的图形定位，主要由坐标系统进行确定。要想正确、高效地绘图，必须先理解各种坐标系的概念，然后再掌握坐标点的输入方法。

3.1.1 世界坐标系

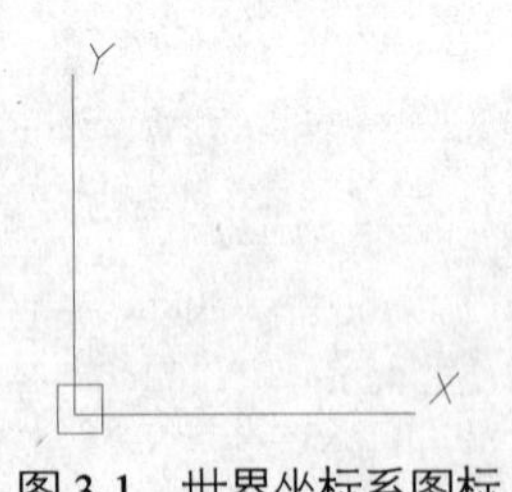

图 3-1 世界坐标系图标

世界坐标系（World Coordinate System，简称 WCS）是 AutoCAD 的基本坐标系统。它由 *X*、*Y* 和 *Z* 三条相互垂直的坐标轴组成，在绘制和编辑图形的过程中，它的坐标原点和坐标轴的方向是不变的。如图 3-1 所示，在默认情况下，世界坐标系 *X* 轴正方向水平向右，*Y* 轴正方向垂直向上，*Z* 轴正方向垂直屏幕平面方向，指向用户。坐标原点在绘图区左下角，在其上有一个方框标记，表明是世界坐标系。

3.1.2 用户坐标系

为了更好地辅助绘图，经常需要修改坐标系的原点位置和坐标方向，这时就需要使用可变的用户坐标系（User Coordinate System，简称 USC）。在默认情况下，用户坐标系和世界坐标系重合，用户可以在绘图过程中根据具体需要来定义 UCS。

为表示用户坐标 UCS 的位置和方向，AutoCAD 在 UCS 原点或当前视窗的左下角显示 UCS 图标，如图 3-2 所示为用户坐标系图标。

图 3-2　用户坐标系图标

3.1.3　定义用户坐标系

用户坐标系是用户自己定义并用来绘制图形的坐标系。创建并设置用户坐标系可以使用 UCS 命令进行操作。

启动 UCS 命令的方式有以下几种。

- 命令行：输入 UCS 命令。
- 菜单栏：选择【工具】|【新建 UCS】菜单命令。
- 工具栏：单击【UCS】工具栏中的【UCS】按钮。

执行以上任意一种操作，命令行提示如下：

```
当前 UCS 名称：*世界*
指定 UCS 的原点或 [面(F)/命名(NA)/对象(OB)/上一个(P)/视图(V)/世界(W)/X/Y/Z/Z 轴(ZA)] <世界>:
```

命令行中各选项的含义如下：

- 面：用于对齐用户坐标系与实体对象的指定面。
- 命名：保存或恢复命名 UCS 定义。
- 对象：用于根据用户选取的对象快速简单地创建用户坐标系，使对象位于新的 *XY* 平面，*X* 轴和 *Y* 轴的方向取决于用户选择的对象类型。这个选项不能用于三维实体、三维多段线、三维网格、视口、多线、面域、样条曲线、椭圆、射线、参照线、引线和多行文字等对象。
- 上一个：把当前用户坐标系恢复到上次使用的坐标系。
- 视图：用于以垂直于观察方向（平行于屏幕）的平面创建新的坐标系，UCS 原点保持不变。
- 世界：恢复当前用户坐标到世界坐标。世界坐标是默认用户坐标系，不能重新定义。
- X/Y/Z：用于旋转当前的 UCS 轴来创建新的 UCS。在命令行提示下输入正或负的角度以旋转 UCS，而该轴的正方向则是用右手定则来确定。
- Z 轴：用特定的 *Z* 轴正半轴定义 UCS。此时，用户必须选择两点，第一点作为新坐标系的原点，第二点则决定 *Z* 轴的正方向，此时，*XY* 平面垂直于新的 Z 轴。

3.1.4　坐标输入方式

在 AutoCAD 2013 中，根据坐标值参考点的不同，分为绝对坐标系和相对坐标系；根据坐标轴的不同，分为直角坐标系和极坐标系等。使用不同的坐标系，就可以使用不同的方法输入绘图对象的坐标点。

1．绝对直角坐标

直角坐标系又称为笛卡尔坐标系，由一个原点，坐标为（0,0）和两条通过原点的、互相垂直的坐标轴构成，如图 3-3 所示。其中，水平方向的坐标轴为 *X* 轴，以向右为其正方向；垂直方向的坐标轴为 *Y* 轴，以向上方向为其正方向。

绝对直角坐标的输入方法是以坐标原点（0,0）为基点来定位其他位置的所有点。例如，如图 3-3 所示的 *P* 点，其绝对直角坐标为（5,4）。

注 意

AutoCAD 只能识别英文标点符号，所以在输入坐标的时候，中间的逗号必须是英文标点，其他的符号也必须为英文符号。

2．绝对极坐标

极坐标系是由一个极点和一根极轴构成的，极轴的方向为水平向右，如图 3-4 所示，平面上任何一点 *P* 都可以由该点到极点连线长度 *L*（>0）和连线与极轴的夹角 *α*（极角，逆时针方向为正）来定义，即用一对坐标值（*L*∠*a*）来定义一个点，其中“∠”表示角度。

绝对极坐标是以输入点与坐标原点的距离和角度来定位点。例如，要指定与原点距离为 100、角度为 45° 的点，输入（100∠45）即可。角度按逆时针方向为正，按顺时针方向为负。

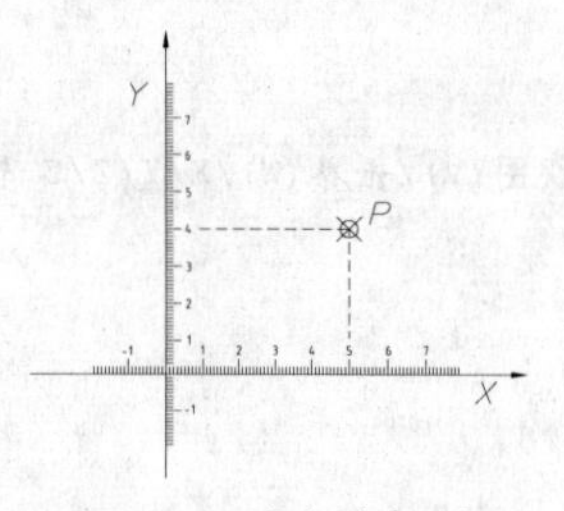

图 3-3　直角坐标系

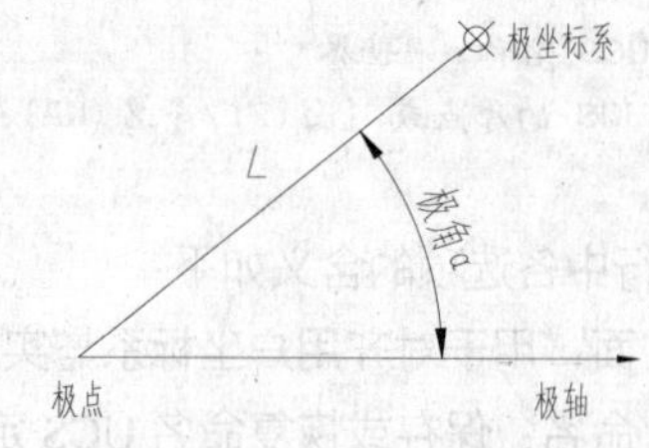

图 3-4　极坐标系

3．相对直角坐标

在绘图过程中，仅使用绝对坐标并不太方便。相对坐标是一个随参考对象的不同而坐标值不同的坐标位置。

相对直角坐标的输入方法是以上一点为参考点，然后输入相对的位移坐标值来确定输入的点坐标。它与坐标系的原点无关。

相对直角坐标的输入方法与输入绝对直角坐标的方法类似，只需要在绝对直角坐标前加一个“@”符号即可。例如，某条直线的起点坐标为（5,5）、终点坐标为（10,5），则终点相对于起点的直角坐标为（@5,0）。

专家提醒

AutoCAD 状态栏左侧区域会显示当前光标所处位置的坐标值（前提是【动态输入】功能被开启），且用户可以控制其是显示绝对坐标还是相对坐标。

4．相对极坐标

相对极坐标以某一特定的点为参考极点，通过输入相对于参考极点的距离和角度来定义一个点的位置。相对极坐标的格式输入为（@a∠角度），其中 a 表示指定点与特定点的距离。例如，某条直线的起点坐标为（5,5）、终点坐标为（10,5），则用相对极坐标表示为（@5∠0）。

注 意

在输入坐标的时候，要将输入法关闭，在输入【绝对直角坐标】和【绝对极坐标】的时候要将【动态输入】关闭。

课堂举例【3-1】：利用坐标输入法绘制图形

Step 01 选择【文件】|【新建】菜单命令，新建空白文件。

Step 02 选择【绘图】|【直线】菜单命令，使用各种坐标定位点的方法，绘制外侧轮廓线，如图3-5所示，命令行操作如下：

```
命令: _line          //调用【直线】命令
指定第一个点: 0,0↙
                //输入绝对直角坐标，确定A点位置
指定下一点或 [放弃(U)]: 0,34↙
                //输入绝对直角坐标，确定B点位置
指定下一点或 [放弃(U)]: 10,34↙
                //输入绝对直角坐标，确定C点位置
指定下一点或 [闭合(C)/放弃(U)]: @10<70↙
                //输入相对极坐标，确定D点位置
指定下一点或 [闭合(C)/放弃(U)]: @7,0↙
                //输入相对直角坐标，确定E点位置
指定下一点或 [闭合(C)/放弃(U)]: @-6<110↙
                //输入相对极坐标，确定F点位置
指定下一点或 [闭合(C)/放弃(U)]: @17,0↙
                //输入相对直角坐标，确定I点位置
指定下一点或 [闭合(C)/放弃(U)]: @6<70↙
                //输入相对极坐标，确定G点位置
指定下一点或 [闭合(C)/放弃(U)]: @7,0↙
                //输入相对直角坐标，确定K点位置
指定下一点或 [闭合(C)/放弃(U)]: @-10<110
↙               //输入相对极坐标，确定L点位置
指定下一点或 [闭合(C)/放弃(U)]: @10,0↙
                //输入相对直角坐标，确定M点位置
指定下一点或 [闭合(C)/放弃(U)]: @0,-34↙
                //输入相对直角坐标，确定N点位置
指定下一点或 [闭合(C)/放弃(U)]: C↙
                // 激活"闭合(C)"选项
```

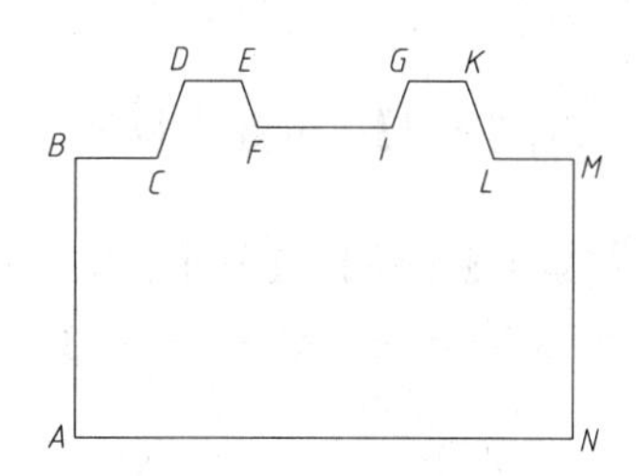

图3-5 绘制外侧轮廓图

Step 03 选择【绘图】|【直线】菜单命令，绘制内部轮廓线，如图3-6所示，命令行操作如下：

```
命令: _line
    //调用【直线】命令
指定第一个点: 11,10↙
    //输入绝对直角坐标，确定a点位置
指定下一点或 [放弃(U)]: @0,15↙
    //输入相对直角坐标，确定b点位置
指定下一点或 [放弃(U)]: @40,0↙
    //输入相对直角坐标，确定c点位置
指定下一点或 [闭合(C)/放弃(U)]: 34,10↙
    //输入绝对直角坐标，确定d点位置
指定下一点或 [闭合(C)/放弃(U)]:C↙
    // 激活"闭合(C)"选项
```

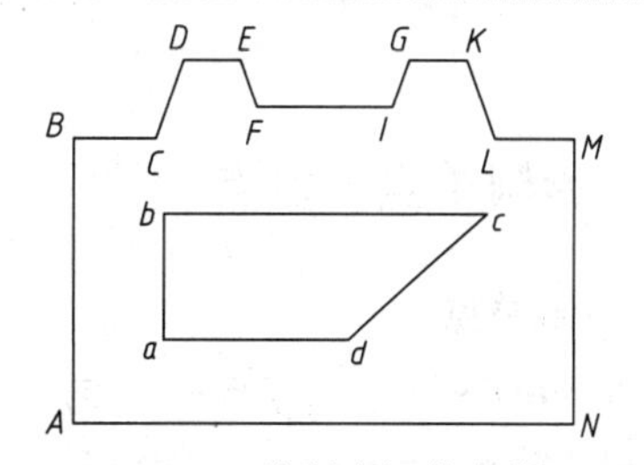

图3-6 绘制内部轮廓线

3.2 绘制点

点是组成图形的最基本元素，通常用来作为对象捕捉的参考点。AutoCAD 2013提供了多种形式

的点，包括单点、多点、定数等分点和定距等分点 4 种类型。

3.2.1 设置点样式

在 AutoCAD 中，系统默认情况下绘制的点显示为一个小黑点，不便于用户观察。因此，在绘制点之前一般要设置点样式，使其清晰明了。

启动【点样式】命令的方式有以下几种。

- 命令行：输入 DDPTYPE 命令。
- 菜单栏：单击【格式】|【点样式】菜单命令。

课堂举例【3-2】：设置点样式

Step 01 选择【文件】|【打开】菜单命令，打开“第 3 章\3.2.1.dwg”文件，如图 3-7 所示。

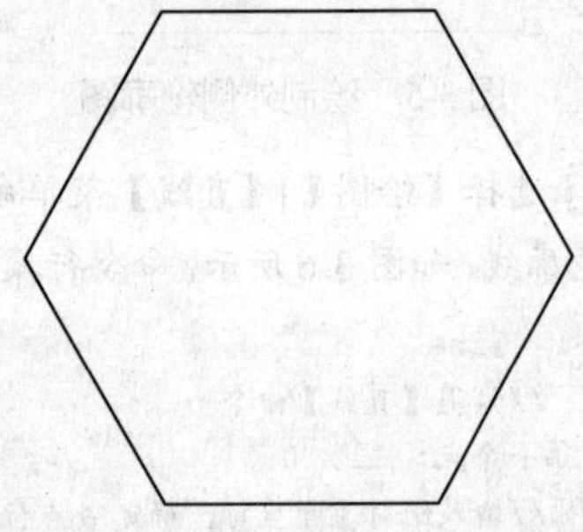

图 3-7 素材图形

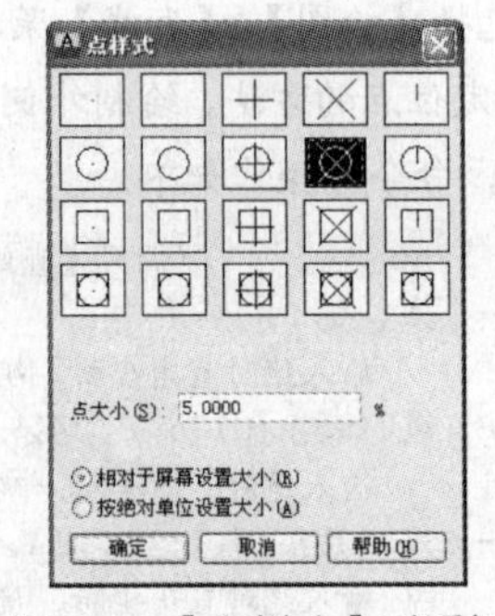

图 3-8 【点样式】对话框

Step 02 选择【格式】|【点样式】菜单命令，系统打开【点样式】对话框，如图 3-8 所示。

Step 03 在【点样式】对话框中任意选择一种点样式，再单击【确定】按钮即可完成点样式的设置，效果如图 3-9 所示。

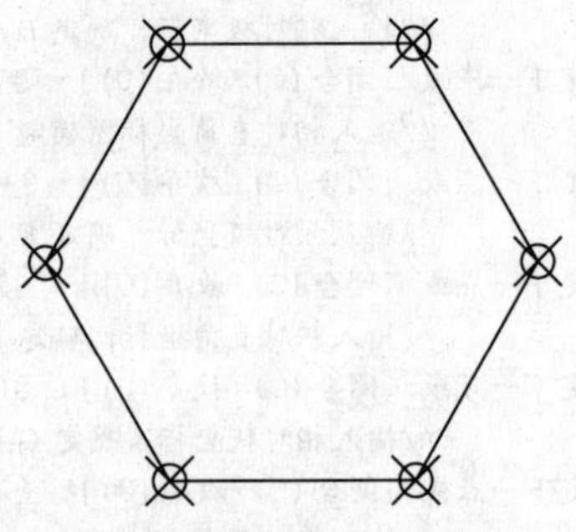

图 3-9 更改点样式的效果

3.2.2 绘制单点与多点

1. 绘制单点

该命令执行一次只能绘制一个点。

启动【单点】命令的方式有以下几种。

- 命令行：输入 POINT/PO 命令。
- 菜单栏：选择【绘图】|【点】|【单点】菜单命令。

课堂举例【3-3】：绘制单点

Step 01 选择【文件】|【打开】菜单命令，打开“第 3 章\3.2.2.dwg”文件，如图 3-10 所示。

图 3-10　素材图形

Step 02 选择【绘图】|【点】|【单点】菜单命令，在矩形边中点处单击鼠标左键，即完成单点的创建，如图 3-11 所示。

图 3-11　创建单点

2．绘制多点

绘制多点就是指执行一次命令后可以连续绘制多个点，直到按 Esc 键结束命令为止。启动【多点】命令的方式有以下几种。

- 菜单栏：选择【绘图】|【点】|【多点】菜单命令。
- 功能区：单击【绘图】面板中的【多点】工具按钮。

执行以上任意一种方法后，移动鼠标，在需要添加点的地方单击，即可创建多个点。

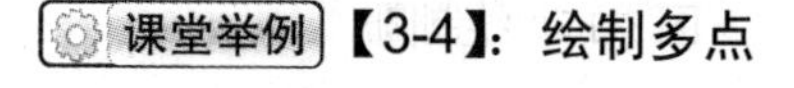

课堂举例【3-4】：绘制多点

Step 01 选择【文件】|【打开】菜单命令，打开上一步绘制完单点之后的图形，如图 3-11 所示。

Step 02 选择【绘图】|【点】|【多点】菜单命令，在其余矩形边的中点处继续绘制点，如图 3-12 所示。

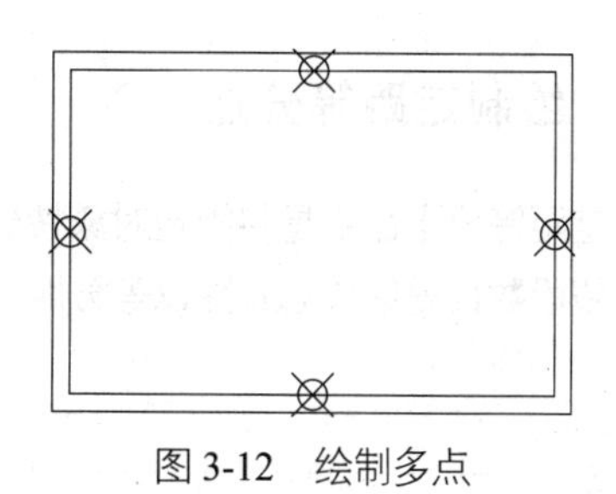

图 3-12　绘制多点

3.2.3　绘制定数等分点

【定数等分】命令是将指定的对象以一定的数量进行等分。

> **注　意**
>
> 因为输入的是等分数，而不是放置点的个数，所以如果将所选非闭合对象分为 N 份，实际上只生成 N-1 个点。每次只能对一个对象操作，而不能对一组对象操作。

启动【定数等分】命令的方式有以下几种。

- 命令行：输入 DIVIDE/DIV 命令。
- 菜单栏：选择【绘图】|【点】|【定数等分】菜单命令。
- 功能区：单击【绘图】面板中的【定数等分】工具按钮。

课堂举例【3-5】：通过定数等分绘制圆

Step 01 选择【文件】|【打开】菜单命令，打开“第 3 章\3.2.3.dwg”文件，如图 3-13 所示。

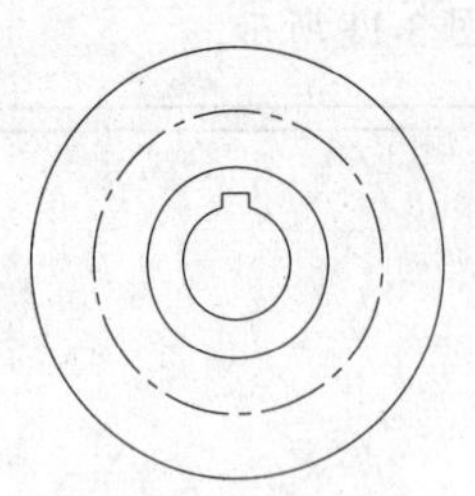

图 3-13　素材图形

Step 02 选择【绘图】|【点】|【定数等分】菜单命令。

Step 03 选择辅助圆作为定数等分的对象，输入个数为 6，如图 3-14 所示，命令行操作如下：

```
命令： _divide
      //调用【定数等分】命令
选择要定数等分的对象：
      //选择需要定数等分的对象，即辅助圆
输入线段数目或 [块(B)]： 6↙
      //输入等分数，按回车键结束
```

Step 04 选择【绘图】|【圆】菜单命令，拾取上一步绘制的点作为圆心绘制半径为 100 的圆，并删除定数等分点，最终效果如图 3-15 所示。

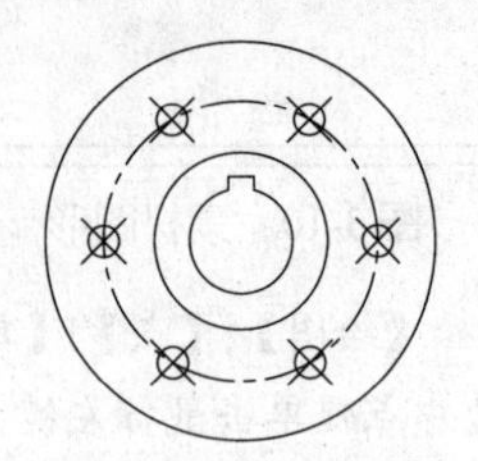

图 3-14　创建定数等分

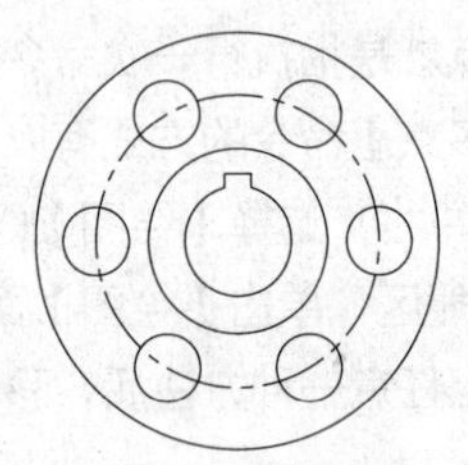

图 3-15　绘制圆

3.2.4　绘制定距等分点

【定距等分】命令是将指定对象按确定的长度进行等分。与【定数等分】不同的是：因为等分后的子线段数目是线段总长除以等分距，所以由于等分距的不确定性，定距等分后可能会出现剩余线段。

注 意

定距等分拾取对象时，光标靠近对象哪一端，就从哪一端开始等分。

启动【定距等分】命令的方式有以下几种。

- 命令行：输入 MEASURE/ME 命令。
- 菜单栏：选择【绘图】|【点】|【定距等分】菜单命令。
- 功能区：单击【绘图】面板中的【定距等分】菜单工具按钮。

课堂举例【3-6】：绘制定距等分点

Step 01 选择【文件】|【打开】菜单命令，打开“第 3 章\3.2.4.dwg”文件，如图 3-16 所示。

Step 02 选择【绘图】|【点】|【定距等分】菜单命令。

Step 03 选择两端辅助线作为定距等分的对象，输入线段长度为 30，定距等分辅助线段如图 3-17 所示，命令行操作如下：

图 3-16　素材图形

```
命令: _measure
    //调用【定距等分】命令
选择要定距等分的对象:
    //选择其中一条辅助线
指定线段长度或 [块(B)]: 30↙
    //输入等分长度，按回车键应用等分
```

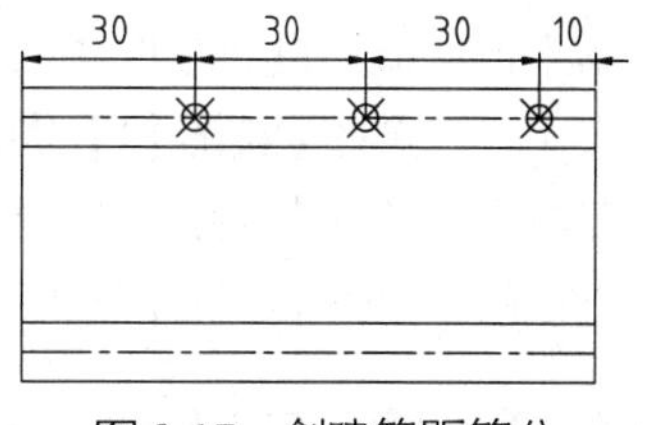

图 3-17　创建等距等分

3.3 绘制线

线是图纸中最常用的图形，在 AutoCAD 2013 中可以绘制直线、多段线、构造线、样条曲线等各种形式的线。在绘制这些线时，要灵活运用前面介绍的坐标输入方法，精确绘制图形。

3.3.1 绘制直线

【直线】命令在 AutoCAD 中是最基本、最常用的命令之一，绘制一条直线需要确定起始点和终止点。

启动【直线】命令的方式有以下几种。

- 命令行：输入 LINE/L 命令。
- 菜单栏：选择【绘图】|【直线】菜单命令。
- 工具栏：单击【绘图】工具栏中的【直线】按钮。
- 功能区：单击【绘图】面板中的【直线】工具按钮。

课堂举例【3-7】：使用【直线】命令绘制直角三角形

Step 01 选择【文件】|【新建】菜单命令，新建空白文件。

Step 02 单击【绘图】工具栏中的【直线】按钮，绘制边长分别是 30、40、50 的直角三角形，如图 3-18 所示，命令行操作如下：

```
命令: _line    //调用【直线】命令
指定第一点: 0,0↙
            //指定第一点A点绝对直角坐标
指定下一点或 [放弃(U)]: 30,0↙
            //指定B点绝对直角坐标
指定下一点或 [放弃(U)]: @40<90↙
```

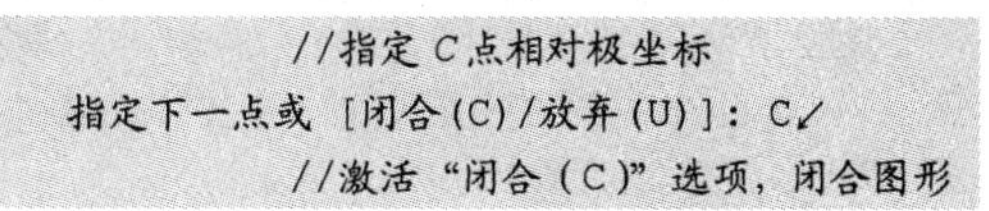

```
            //指定C点相对极坐标
指定下一点或 [闭合(C)/放弃(U)]: C↙
            //激活"闭合(C)"选项，闭合图形
```

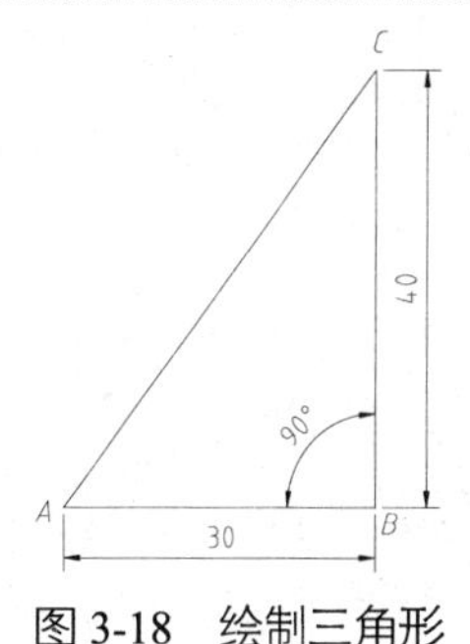

图 3-18　绘制三角形

3.3.2 绘制多段线

多段线是由首尾相连的直线段和弧线段组成的复合对象。AutoCAD 默认这些对象为一个整体，不能单独编辑。

启动【多段线】命令的方式有以下几种。

- 命令行：输入 PLINE/PL 命令。
- 菜单栏：选择【绘图】|【多段线】菜单命令。
- 工具栏：单击【绘图】工具栏中的【多段线】按钮。
- 功能区：单击【绘图】面板中的【多段线】工具按钮。

课堂举例【3-8】：使用【多段线】命令绘制回形针图形

Step 01 选择【文件】|【新建】菜单命令，新建空白文件。

Step 02 单击【绘图】工具栏中的【多段线】按钮，绘制如图 3-19 所示的图形，命令行操作如下：

```
命令: _pline  //调用【多段线】命令
指定起点: //在绘图区任意拾取一点作为起点
当前线宽为 0.0000
指定下一个点或 [圆弧(A)/半宽(H)/长度(L)/放弃(U)/宽度(W)]: W↙   //激活“宽度(W)”命令
指定起点宽度 <0.0000>: 10↙
                              //输入起点的宽度
指定端点宽度 <10.0000>: 10↙
                              //输入端点的宽度
指定下一个点或 [圆弧(A)/半宽(H)/长度(L)/放弃(U)/宽度(W)]: @500,0↙
                              //输入相对直角坐标
指定下一点或 [圆弧(A)/闭合(C)/半宽(H)/长度(L)/放弃(U)/宽度(W)]: A↙
                              //激活“圆弧(A)”选项
指定圆弧的端点或[角度(A)/圆心(CE)/闭合(CL)/方向(D)/半宽(H)/直线(L)/半径(R)/第二个点(S)/放弃(U)/宽度(W)]:@0, 200↙
                              //输入相对直角坐标
指定圆弧的端点或[角度(A)/圆心(CE)/闭合(CL)/方向(D)/半宽(H)/直线(L)/半径(R)/第二个点(S)/放弃(U)/宽度(W)]:L↙
                              //激活“直线(L)”选项
指定下一点或 [圆弧(A)/闭合(C)/半宽(H)/长度(L)/放弃(U)/宽度(W)]: @-500,0↙
                              //输入相对直角坐标
指定下一点或 [圆弧(A)/闭合(C)/半宽(H)/长度(L)/放弃(U)/宽度(W)]: A↙
                              //激活“圆弧(A)”选项
指定圆弧的端点或[角度(A)/圆心(CE)/闭合(CL)/方向(D)/半宽(H)/直线(L)/半径(R)/第二个点(S)/放弃(U)/宽度(W)]: @0,-180↙
                              //输入相对直角坐标
指定圆弧的端点或[角度(A)/圆心(CE)/闭合(CL)/方向(D)/半宽(H)/直线(L)/半径(R)/第二个点(S)/放弃(U)/宽度(W)]: L↙
                              //激活“直线(L)”选项
指定下一点或 [圆弧(A)/闭合(C)/半宽(H)/长度(L)/放弃(U)/宽度(W)]: @350,0↙
                              //输入相对直角坐标
指定下一点或 [圆弧(A)/闭合(C)/半宽(H)/长度(L)/放弃(U)/宽度(W)]: A↙
                              //激活“圆弧(A)”选项
指定圆弧的端点或[角度(A)/圆心(CE)/闭合(CL)/方向(D)/半宽(H)/直线(L)/半径(R)/第二个点(S)/放弃(U)/宽度(W)]:@160<90↙
                              //输入相对极坐标
指定圆弧的端点或[角度(A)/圆心(CE)/闭合(CL)/方向(D)/半宽(H)/直线(L)/半径(R)/第二个点(S)/放弃(U)/宽度(W)]: L↙
                              //激活“直线(L)”选项
指定下一点或 [圆弧(A)/闭合(C)/半宽(H)/长度(L)/放弃(U)/宽度(W)]: @-350,0↙
                              //输入相对直角坐标
指定下一点或 [圆弧(A)/闭合(C)/半宽(H)/长度(L)/放弃(U)/宽度(W)]: ↙
                              //按Enter键结束绘制
```

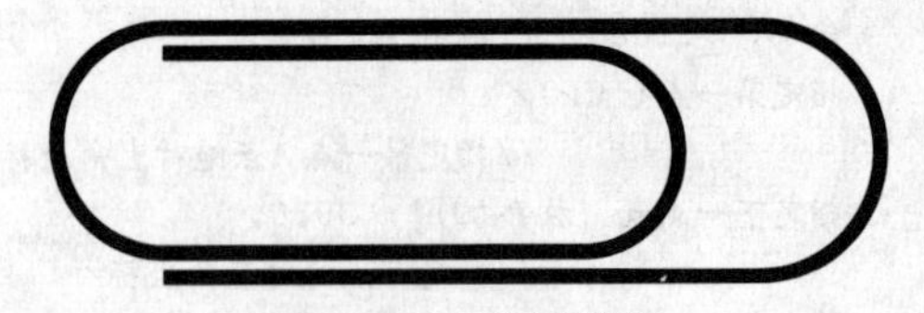

图 3-19　绘制多段线

3.3.3　绘制射线

【射线】命令是一条只有一个端点，另一端无限延伸的直线。

启动【射线】命令的方式有以下几种。

- 命令行：输入 RAY 命令。

- 功能区：单击【绘图】面板中的【射线】工具按钮。

在绘图区指定起点和通过点即可绘制射线，可以绘制经过相同起点的多条射线，直到按 Esc 键或 Enter 键退出为止。

3.3.4 绘制构造线

【构造线】是一条向两端无限延伸的直线。

启动【构造线】命令的方式有以下几种。

- 命令行：输入 XLINE/XL 命令。
- 菜单栏：输入【绘图】|【构造线】菜单命令。
- 工具栏：单击【绘图】工具栏中的【构造线】按钮。
- 功能区：单击【绘图】面板中的【构造线】工具按钮。

执行以上任意一种方法后，命令行提示如下：

```
命令: _xline 指定点或 [水平(H)/垂直(V)/角度(A)/二等分(B)/偏移(O)]:
```

命令行中各选项的含义如下。

- 水平：绘制水平构造线。
- 垂直：绘制垂直构造线。
- 角度：按指定的角度创建构造线。
- 二等分：用来创建已知角的角平分线。使用该项创建的构造线，平分两条指定线的夹角，且通过该夹角的顶点。
- 偏移：用来创建平行于另一个对象的平行线。创建的平行线可以偏移一段距离与对象平行，也可以通过指定的点与对象平行。

3.3.5 创建多线样式

系统默认的多线样式称为 STANDARD 样式，用户可以根据需要创建不同的多线样式。

启动【多线样式】命令的方式有以下几种。

- 命令行：输入 MLSTYLE 命令。
- 菜单栏：输入【格式】|【多线样式】菜单命令。

通过【多线样式】修改对话框可以新建多线样式，并对其进行修改，以及重名、加载、删除等操作，如图 3-20 所示。

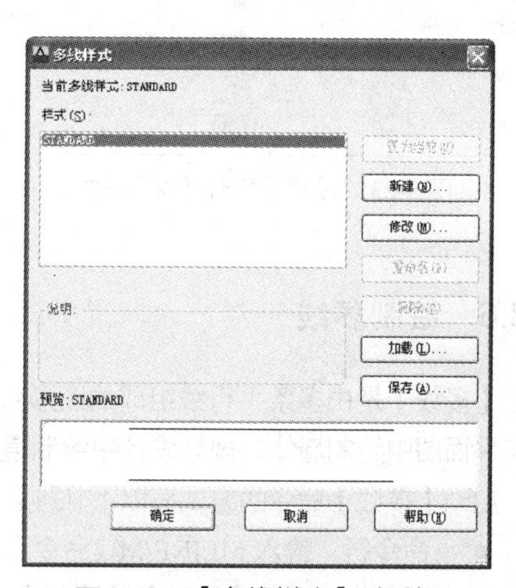

图 3-20 【多线样式】对话框

单击【新建】按钮，系统打开【创建新的多线样式】对话框，如图 3-21 所示。在文本框中输入新样式名称，单击【继续】按钮，系统打开【新建多线样式】对话框。在其中可以设置多线样式的封口、填充、元素特性等内容，如图 3-22 所示。

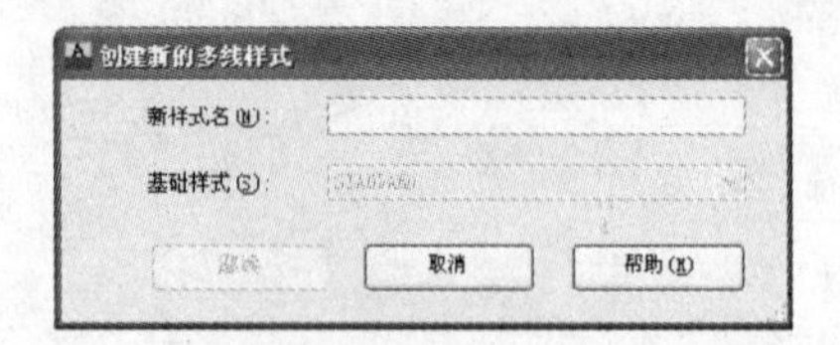

图 3-21 【创建新的多线样式】对话框

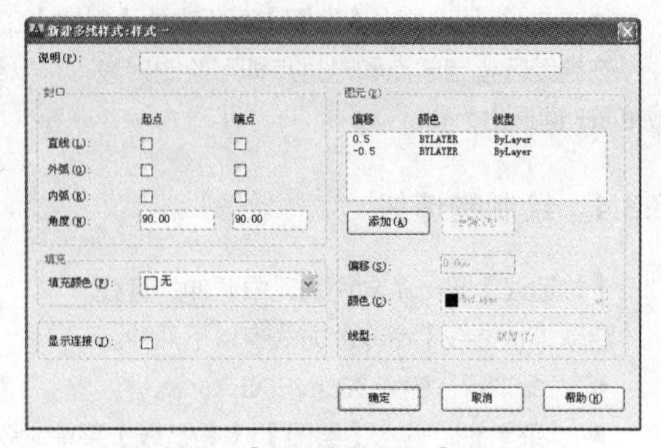

图 3-22 【新建多线样式】对话框

课堂举例【3-9】：创建【墙体】与【窗户】的多线样式

Step 01 输入【格式】|【多线样式】菜单命令，单击【新建】按钮，命名新建的多线样式为【墙体】。

Step 02 在打开的【新建多线样式】对话框的【封口】选项组中，勾选【直线】的【起点】与【端点】；在【图元】选项组中，更改【偏移】距离，如图 3-23 所示，单击【确定】按钮返回【多线样式】对话框。

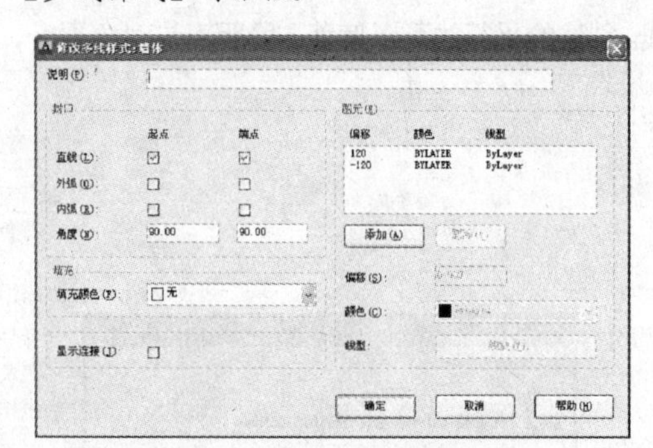

图 3-23 设置【墙体】多线样式

Step 03 单击【新建】按钮，命名新建多线样式为【窗户】，勾选【直线】的【起点】与【端点】；在【图元】选项组中单击【添加】按钮，添加两个多线构成元素。如图 3-24 所示设置【偏移】距离，单击【确定】按钮结束多线的设置。

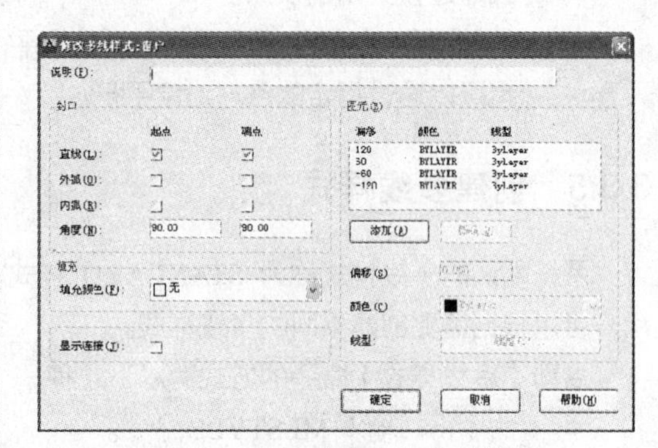

图 3-24 设置【窗户】多线样式

3.3.6 绘制多线

【多线】是由多条平行线组成的图形对象。在实际工程设计中，多线的应用非常广泛。例如，建筑平面图中绘制墙体，规划设计中绘制道路，管道工程设计中绘制管道剖面等。

启动【多线】命令的方式有以下几种。

- 命令行：输入 MLINE/ML 命令。
- 菜单栏：选择【绘图】|【多线】菜单命令。

课堂举例【3-10】：利用【多线】命令绘制墙体

Step 01 选择【文件】|【打开】菜单命令，打开“第3章\3.3.6.dwg”文件，如图3-25所示。

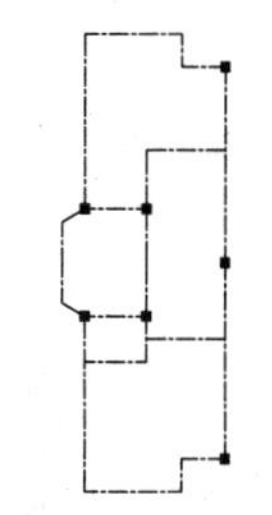

图3-25　素材图形

Step 02 选择【格式】|【多线样式】菜单命令，将上一节绘制的【墙体】多线样式置为当前。

Step 03 选择【绘图】|【多线】菜单命令，绘制墙体，如图3-26所示，命令行操作如下：

```
命令：_mline //调用【多线】命令
当前设置：对正 = 无，比例 = 20.00，样式 = 墙体
指定起点或 [对正(J)/比例(S)/样式(ST)]:s↙
            //激活“比例(S)”选项
输入多线比例 <20.00>: 1↙
            //输入多线比例
当前设置：对正 = 无，比例 = 1.00，样式 = 墙体
指定起点或 [对正(J)/比例(S)/样式(ST)]: j↙
            //激活“对正(J)”选项
输入对正类型 [上(T)/无(Z)/下(B)] <无>: z↙
            //输入对正类型
当前设置：对正 = 无，比例 = 1.00，样式 = 墙体
指定起点或 [对正(J)/比例(S)/样式(ST)]:
            //绘制轴线交点，绘制墙体
指定下一点：
指定下一点或 [放弃(U)]:
指定下一点或 [闭合(C)/放弃(U)]: ↙
            //按回车键结束绘制
```

Step 04 按空格键重复【多线】命令，完成其他外围墙体的绘制。

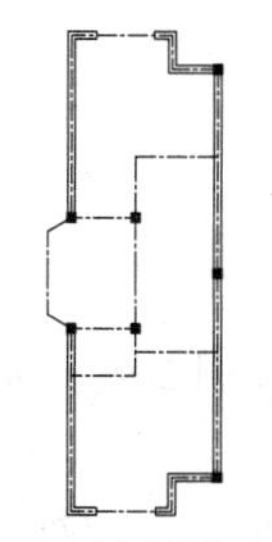

图3-26　绘制外围墙体

Step 05 继续调用【多线】命令，更改【比例】参数绘制内墙线，如图3-27所示，命令行操作如下：

```
令：_mline
            //调用【多线】命令
当前设置：对正 = 无，比例 = 1.00，样式 = 墙体
指定起点或 [对正(J)/比例(S)/样式(ST)]: s↙
            //激活“比例(S)”选项
输入多线比例 <1.00>: 0.5↙
            //输入多线比例
当前设置：对正 = 无，比例 = 0.50，样式 = 墙体
指定起点或 [对正(J)/比例(S)/样式(ST)]: j↙
            //激活“对正(J)”选项
输入对正类型 [上(T)/无(Z)/下(B)] <无>: z↙
            //输入对正类型
当前设置：对正 = 无，比例 = 0.50，样式 = 墙体
指定起点或 [对正(J)/比例(S)/样式(ST)]:
            //沿着轴线绘制墙体
指定下一点：
指定下一点或 [放弃(U)]:
指定下一点或 [闭合(C)/放弃(U)]: ↙
            //按回车键结束绘制，按空格键
重复命令直至墙体绘制完成
```

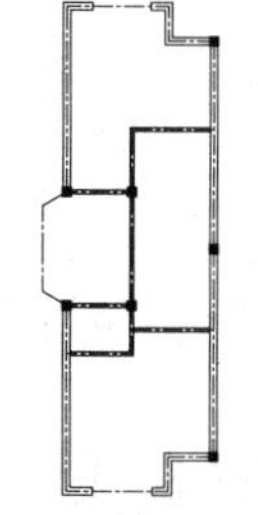

图3-27　绘制内墙线

Step 06 选择【格式】|【多线样式】菜单命令，设置【窗户】为当前样式，沿着轴线绘制窗户图形，之后隐藏【轴线】图层，结果如图3-28所示。

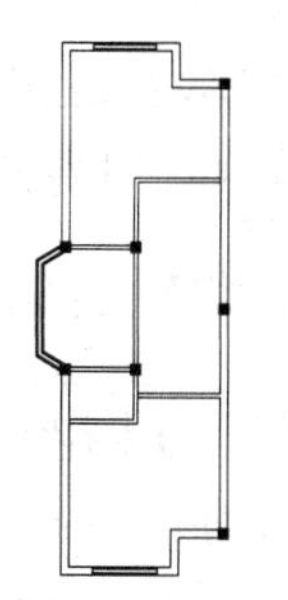

图3-28　绘制窗户

3.3.7 编辑多线

多线绘制完成之后，可以根据不同的需要进行编辑，除了将其分解后使用修剪的方式编辑多线外，还可以使用【多线编辑工具】对话框中的多种工具直接进行编辑。

可以通过选择菜单栏中【修改】|【对象】|【多线】命令来启动【编辑多线】命令。

课堂举例【3-11】：编辑多线

Step 01 选择【文件】|【打开】菜单命令，打开上一小节绘制完的图形，如图3-28所示。

Step 02 选择【修改】|【对象】|【多线】菜单命令，打开【多线编辑工具】对话框，如图3-29所示。选择【T形打开】选项，单击“T”结合的多线，如图3-30所示，命令行操作如下：

```
命令：_mledit          //调用【编辑多线】命令
选择第一条多线：        //单击多线A
选择第二条多线：        //单击多线B
选择第一条多线 或 [放弃(U)]:
                       //按回车键结束
```

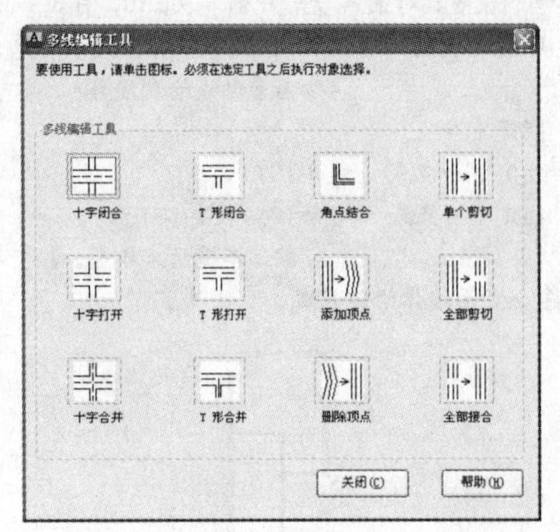

图3-29 【多线编辑工具】命令

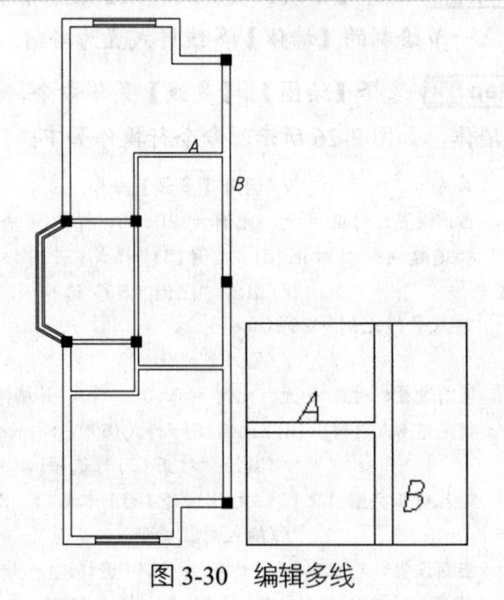

图3-30 编辑多线

3.3.8 绘制样条曲线

【样条曲线】常常用来表示机械制图中分断面的部分，还可以在建筑图中表示地形地貌等。

启动【样条曲线】命令的方式有以下几种。

- 命令行：输入SPLINE/SPL命令。
- 菜单栏：选择【绘图】|【样条曲线】菜单命令。
- 工具栏：单击【绘图】工具栏中的【样条曲线】按钮。
- 功能区：单击【绘图】面板中的【样条曲线】工具按钮。

课堂举例【3-12】：绘制样条曲线

Step 01 选择【文件】|【打开】菜单命令，打开“第3章\3.3.8.dwg”文件，如图3-31所示。

Step 02 选择【绘图】|【样条曲线】菜单命令，沿着*A*至*E*路径绘制曲线，如图3-32所示，命令行操作如下：

```
命令：_spline          //调用【样条曲线】命令
当前设置：方式=拟合    节点=弦
```

```
指定第一个点或 [方式(M)/节点(K)/对象(O)]:
          //拾取A点
输入下一个点或 [起点切向(T)/公差(L)]:
          //在B点处单击鼠标左键，依次类推
输入下一个点或 [端点相切(T)/公差(L)/放弃(U)]:
输入下一个点或 [端点相切(T)/公差(L)/放弃(U)/闭合(C)]:
输入下一个点或 [端点相切(T)/公差(L)/放弃(U)/闭合(C)]:     //拾取E点
输入下一个点或 [端点相切(T)/公差(L)/放弃(U)/闭合(C)]: ↙   //按回车键结束
```

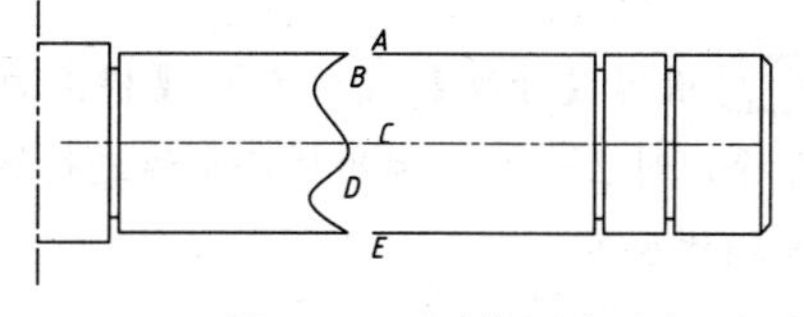

图 3-31　素材图形

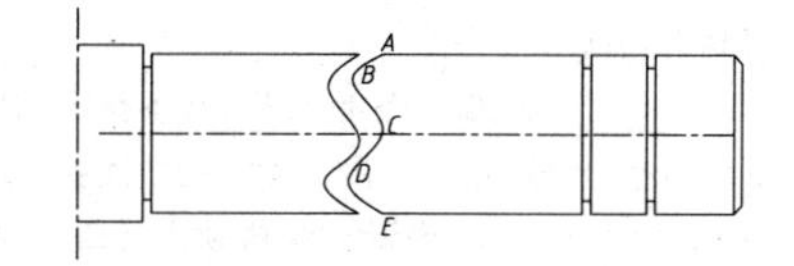

图 3-32　绘制样条曲线

3.3.9　编辑样条曲线

样条曲线绘制完成后，往往不能满足实际使用要求，此时可以利用样条曲线编辑命令对其进行编辑，以得到符合绘制需要的样条曲线。

启动【编辑样条曲线】命令的方式有以下几种。

- 命令行：输入 SPLINEDIT/SPE 命令。
- 菜单栏：选择【修改】|【对象】|【样条曲线】菜单命令。

启动样条曲线编辑命令后，命令行出现如下提示：

```
输入选项 [闭合(C)/合并(J)/拟合数据(F)/编辑顶点(E)/转换为多段线(P)/反转(R)/放弃(U)/退出(X)]
```

命令行部分选项含义如下。

1．闭合（c）

选取该选项，可以将样条曲线封闭。

2．拟合数据（F）

修改样条曲线所通过的主要控制点。使用该选项后，样条曲线上各控制点将会被激活，命令行中会出现进一步的提示信息：

```
输入拟合数据选项
[添加(A)/闭合(C)/删除(D)/扭折(K)/移动(M)/清理(P)/切线(T)/公差(L)/退出(X)] <退出>:
```

3．编辑顶点

选择该选项后，被选择的样条曲线将显示其顶点，此时可以根据命令行提示对其进行如添加、删除、提高阶数等操作。

4．转换为多段线

选择该选项后输入精度数值，被选择的样条曲线将转换为对应精度的多段线。

5．反转

该选项可以将样条曲线绘制的起点与终点进行反转。

课堂举例【3-13】：编辑顶点

Step 01 选择【文件】|【打开】菜单命令，打开上一步所绘制的图形文件。

Step 02 选择【修改】|【对象】|【样条曲线】菜单命令，对上一步绘制的样条曲线进行编辑，命令行操作如下：

```
命令: splinedit
            //调用【编辑样条曲线】命令
选择样条曲线:
输入选项 [闭合(C)/合并(J)/拟合数据(F)/编辑顶点(E)/转换为多段线(P)/反转(R)/放弃(U)/退出(X)] <退出>: E↙ //激活“编辑顶点(E)”选项
输入顶点编辑选项 [添加(A)/删除(D)/提高阶数(E)/移动(M)/权值(W)/退出(X)] <退出>: M
            //激活“移动(M)”选项
指定新位置或 [下一个(N)/上一个(P)/选择点(S)/退出(X)] <下一个>: S↙
            //激活“选择点(S)”选项
在样条曲线上指定现有拟合点 <退出>:
        //单击拟合点进行移动，如图 3-33 所示
指定新位置或 [下一个(N)/上一个(P)/选择点(S)/退出(X)] <下一个>:
指定新位置或 [下一个(N)/上一个(P)/选择点(S)/退出(X)] <下一个>: S↙
        //重复命令，直到样条曲线编辑完成
在样条曲线上指定现有拟合点 <退出>:
指定新位置或 [下一个(N)/上一个(P)/选择点(S)/退出(X)] <下一个>:
指定新位置或 [下一个(N)/上一个(P)/选择点(S)/退出(X)] <下一个>: S↙
在样条曲线上指定现有拟合点 <退出>:
指定新位置或 [下一个(N)/上一个(P)/选择点(S)/退出(X)] <下一个>:
指定新位置或 [下一个(N)/上一个(P)/选择点(S)/退出(X)] <下一个>: X↙
                        //激活“退出(X)”选项
输入顶点编辑选项 [添加(A)/删除(D)/提高阶数(E)/移动(M)/权值(W)/退出(X)] <退出>:↙
输入选项 [闭合(C)/合并(J)/拟合数据(F)/编辑顶点(E)/转换为多段线(P)/反转(R)/放弃(U)/退出(X)] <退出>:↙
命令: *取消*          //双击回车键退出
```

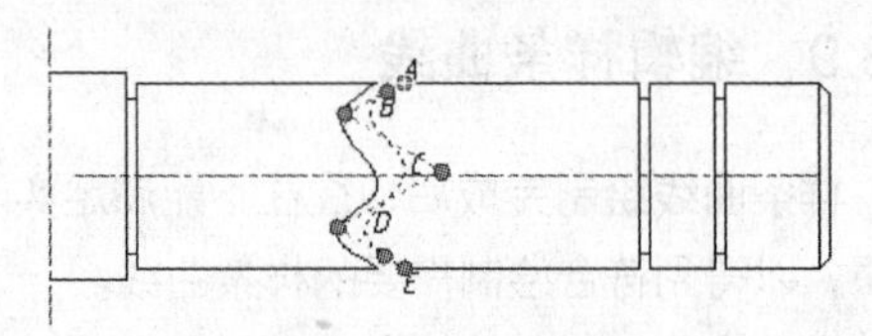

图 3-33 编辑拟合点

Step 03 样条曲线编辑结果如图 3-34 所示。

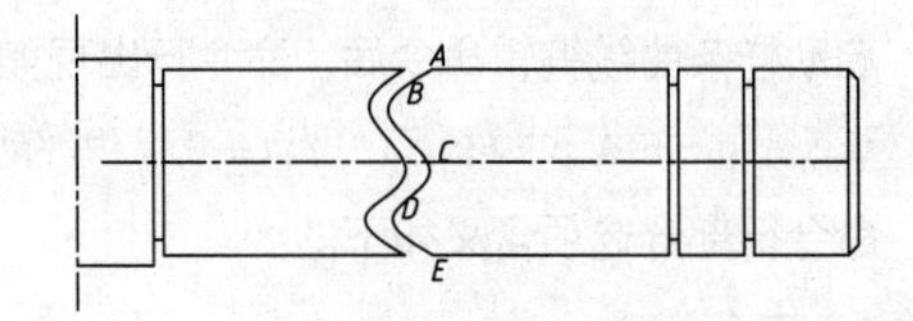

图 3-34 编辑样条曲线

3.4 绘制矩形与多边形

矩形和多边形是由多条长度相等或者相互垂直的直线组成的复合对象，它们在绘制复杂图形时比较常用。

3.4.1 绘制矩形

在绘制矩形时，可以为其设置倒角、圆角，以及宽度和厚度值等参数。

启动【矩形】命令的方式有以下几种。

- 命令行：输入 RECTANG/REC 命令。
- 菜单栏：选择【绘图】|【矩形】菜单命令。
- 工具栏：单击【绘图】工具栏中的【矩形】按钮▭。
- 功能区：单击【绘图】面板中的【矩形】工具按钮▭。

课堂举例【3-14】：绘制矩形

Step 01 选择【文件】|【打开】菜单命令，打开“第 3 章\3.4.1.dwg”素材文件，如图 3-35 所示。

图3-35　素材图形

Step 02 选择【绘图】|【矩形】菜单命令，绘制抽屉外轮廓，如图3-36所示，命令行操作如下：

```
命令：_rectang
            //调用【矩形】命令
指定第一个角点或 [倒角(C)/标高(E)/圆角(F)/厚度(T)/宽度(W)]：8,-8↙
            //输入绝对直角坐标
指定另一个角点或 [面积(A)/尺寸(D)/旋转(R)]：d↙     //激活"尺寸(D)"选项
指定矩形的长度 <0.0000>：284↙
            //输入矩形长度
指定矩形的宽度 <0.0000>：90↙
            //输入矩形宽度
指定另一个角点或 [面积(A)/尺寸(D)/旋转(R)]：        //任意单击一点结束绘制
```

Step 03 按下空格键重复【矩形】命令，设置倒角距离，绘制抽屉拉手，如图3-36所示，命令行操作如下：

```
命令：_rectang↙
            //调用【矩形】命令
指定第一个角点或 [倒角(C)/标高(E)/圆角(F)/厚度(T)/宽度(W)]：C↙
            //激活"倒角(C)"选项
指定矩形的第一个倒角距离 <0.0000>：2↙
            //输入倒角距离
指定矩形的第二个倒角距离 <2.0000>：2↙
指定第一个角点或 [倒角(C)/标高(E)/圆角(F)/厚度(T)/宽度(W)]：115,-28↙
            //输入绝对直角坐标
指定另一个角点或 [面积(A)/尺寸(D)/旋转(R)]：D↙     //激活"尺寸(D)"选项
指定矩形的长度 <284.0000>：70↙
            //输入矩形长度
指定矩形的宽度 <90.0000>：10↙
            //输入矩形宽度
指定另一个角点或 [面积(A)/尺寸(D)/旋转(R)]：        //任意单击一点结束绘制
```

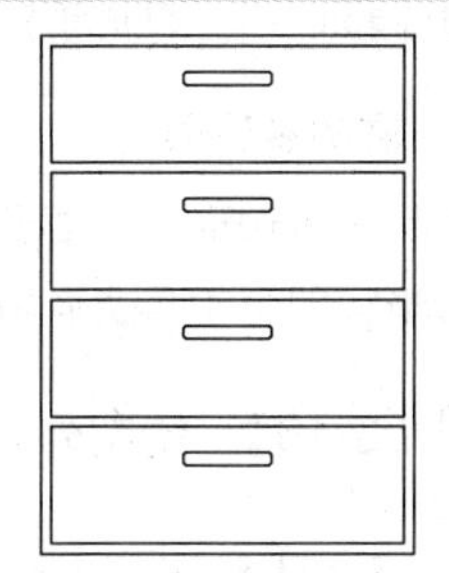

图3-36　绘制矩形及抽屉拉手

3.4.2 绘制多边形

多边形图形是由三条或三条以上长度相等的线段首尾相连形成的闭合图形。绘制多边形需要指定的参数有边数（范围为3~1024）、位置与大小。

启动【多边形】命令的方式有以下几种。

- 命令行：输入POLYGON/POL命令。
- 菜单栏：选择【绘图】|【多边形】菜单命令。
- 工具栏：单击【绘图】工具栏中的【多边形】按钮⬠。
- 功能区：单击【绘图】面板中的【多边形】工具按钮⬠。

多边形通常有唯一的外接圆和内切圆，外接/内切圆的圆心决定了多边形的位置。多边形的边长或者外接/内切圆的半径决定了多边形的大小。

根据边数、位置和大小三个参数的不同，有下列绘制多边形的方法。

1．内接于圆多边形

内接圆的绘制方法主要通过输入多边形的边数、外接圆的圆心和半径来画多边形，多边形的所有顶点都在此圆周上。

课堂举例【3-15】:：绘制内六角螺栓

Step 01 选择【文件】|【打开】菜单命令，打开“第3章\3.4.2.dwg”文件，如图3-37所示。

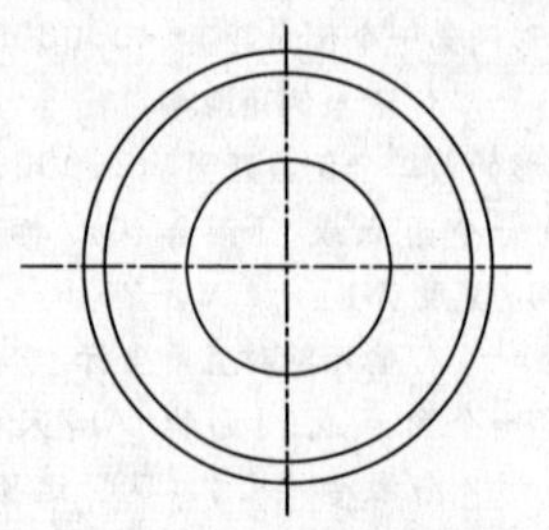

图3-37　素材图形

Step 02 选择【绘图】|【多边形】菜单命令，绘制内接圆半径为10的正多边形，如图3-38所示，命令行操作如下：

```
命令: polygon        //调用【多边形】命令
输入侧面数 <4>: 6↙  //输入侧边数
指定正多边形的中心点或 [边(E)]:
            //拾取圆心
输入选项 [内接于圆(I)/外切于圆(C)] <C>: I↙
            //激活“内接于圆(I)”选项
指定圆的半径: 5↙
            //输入圆的半径
```

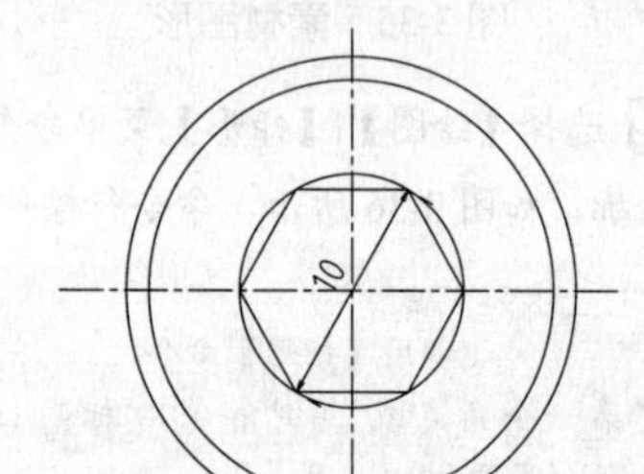

图3-38　绘制内接于圆的多边形

2．外切于圆的多边形

外切于圆的正多边形，主要通过输入正多边形的边数、内切圆的圆心位置和内切圆的半径来绘制，内切圆的半径即为正多边形中心点到各边中点的距离。

课堂举例【3-16】：绘制外六角螺栓

Step 01 选择【文件】|【打开】菜单命令，打开“第3章\3.4.2.dwg”文件，如图3-39所示。

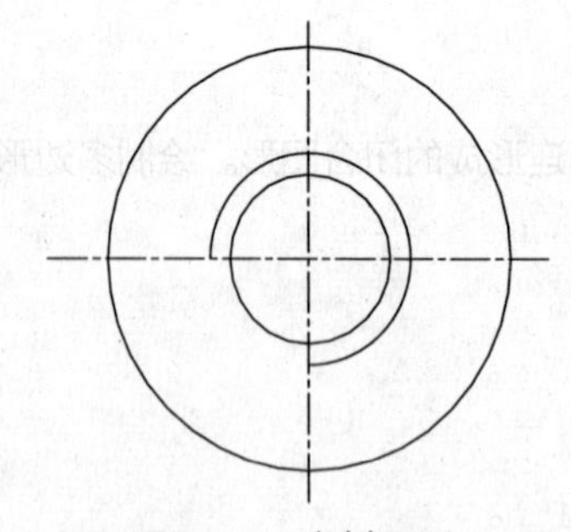

图3-39　素材图形

Step 02 选择【绘图】|【多边形】菜单命令，绘制半径为10的正多边形，如图3-40所示，命令行操作如下：

```
命令: _polygon        //调用【多边形】命令
输入侧面数 <4>: 6↙  //输入侧边数
指定正多边形的中心点或 [边(E)]:
                //拾取圆心
输入选项 [内接于圆(I)/外切于圆(C)] <I>: c↙
                //激活“外切于圆(C)”选项
指定圆的半径: 10↙   //输入圆的半径
```

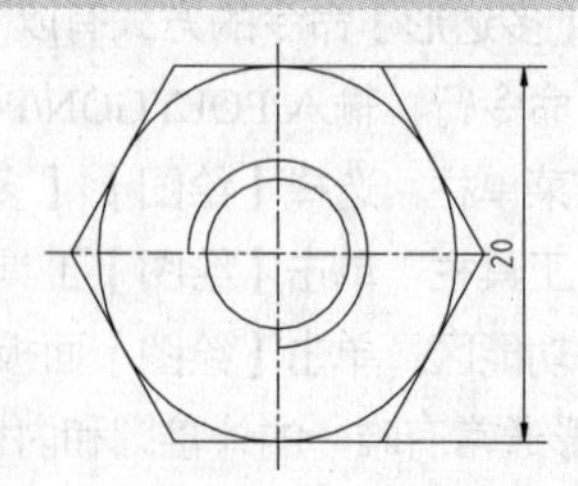

图3-40　绘制外切于圆的多边形

3．边长法

如果知道正多边形的边长和边数，就可以使用边长法绘制正多边形。输入边数和某条边的起点和终点，AutoCAD可以自动生成所需的多边形。

课堂举例【3-17】：绘制多边形

Step 01 选择【文件】|【新建】菜单命令，新建空白文件。

Step 02 选择【绘图】|【多边形】菜单命令，绘制边长为10的正多边形，如图3-41所示，命令行操作如下：

```
命令：_polygon      //调用【多边形】命令
输入侧面数 <4>：6↙  //输入侧边数
指定正多边形的中心点或 [边(E)]：E↙
                    //激活"边(E)"选项
指定边的第一个端点：指定边的第二个端点：
@10,0↙              //输入相对直角坐标
```

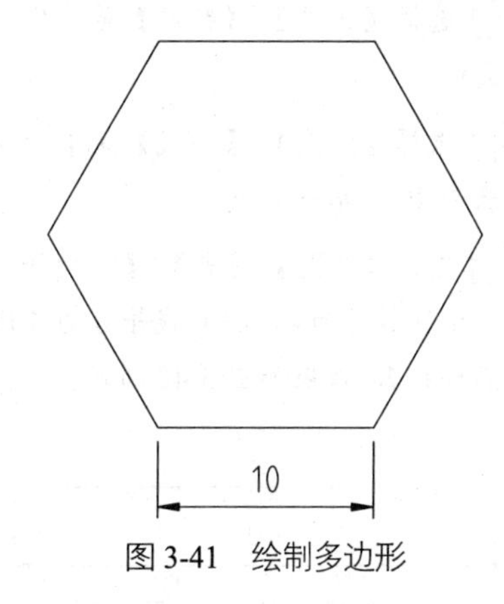

图3-41　绘制多边形

3.5　绘制曲线对象

在AutoCAD 2013中，圆、圆弧、椭圆、椭圆弧和圆环都属于曲线对象，其绘制方法相对比较复杂，在实际工程绘图过程中，需要灵活运用。

3.5.1　绘制圆

当一条线段绕着它的一个端点在平面内旋转一周时，其另一个端点的轨迹就是圆。

启动【圆】命令的方式有以下几种。

- 命令行：输入CIRCLE/C命令。
- 菜单栏：选择【绘图】|【圆】菜单命令。
- 工具栏：单击【绘图】工具栏中的【圆】按钮。
- 功能区：单击【绘图】面板中的【圆】工具按钮。

AutoCAD 2013提供了6种绘制圆的方式，具体如下。

- 圆心、半径：用确定圆心和半径的方式绘制圆。
- 圆心、直径：用确定圆心和直径的方式绘制圆。
- 三点：通过3点绘制圆，系统会提示指定第一点、第二点和第三点。
- 两点：通过两个点绘制圆，系统会提示指定圆直径的第一端点和第二端点。
- 相切、相切、半径：通过指定两个其他对象的切点和输入半径值来绘制圆。系统会提示指定圆的第一切线和第二切线上的点及圆的半径。
- 相切、相切、相切：通过3条切线绘制圆。

下面通过奥运五环的绘制实例，讲解【圆心、直径】和【两点】绘制圆的方法。

课堂举例【3-18】：利用【圆心】和【两点】的方法绘制奥运五环

Step 01 选择【文件】|【新建】菜单命令，新建空白文件。

Step 02 选择【绘图】|【直线】菜单命令，绘制一条长为 40 的水平直线。

Step 03 选择【绘图】|【点】|【定数等分】菜单命令，设置数目为 4，将直线等分为 4 段，并修改【点样式】，效果如图 3-42 所示。

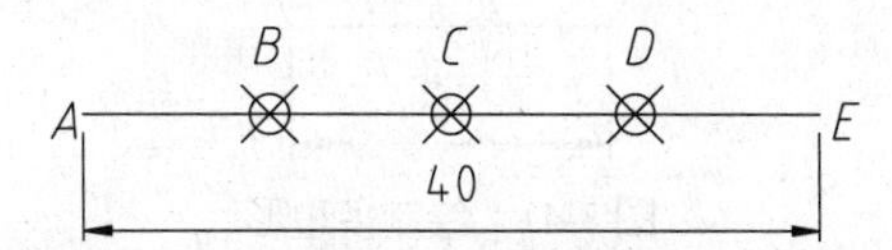

图 3-42　定数等分直线

Step 04 选择【绘图】|【直线】菜单命令，在 *B*、*D* 两处向下绘制竖直直线，长度为 16，如图 3-43 所示。

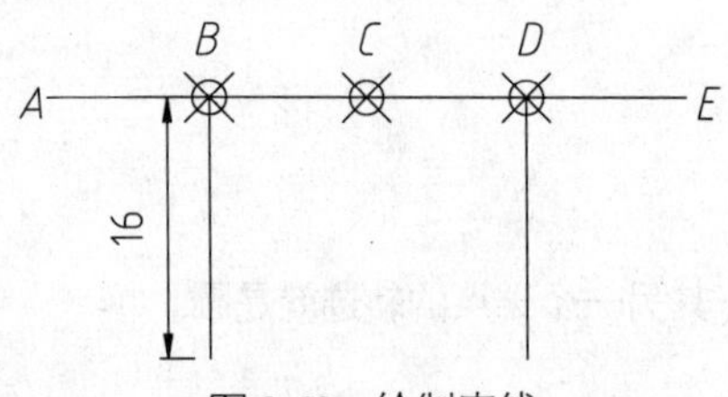

图 3-43　绘制直线

Step 05 单击【绘图】工具栏中的【圆】按钮，在 *A*、*C*、*E* 处绘制半径为 9 的圆，在 *Bb*、*Dd* 处绘制直径为 8 的圆，如图 3-44 所示，命令行操作如下：

```
命令: _circle          //调用【圆】命令
指定圆的圆心或 [三点(3P)/两点(2P)/切点、切点、半径(T)]:        //拾取 A 点作为圆心
指定圆的半径或 [直径(D)]: 9↙
                       //输入半径
命令: _circle          //按空格键重复命令
指定圆的圆心或 [三点(3P)/两点(2P)/切点、切点、半径(T)]: 2P     //激活"两点(2P)"
指定圆直径的第一个端点:
//利用端点捕捉拾取长度为 16 直线的端点 b
指定圆直径的第二个端点:
//拾取另一个端点 B，重复命令绘制其他的圆
```

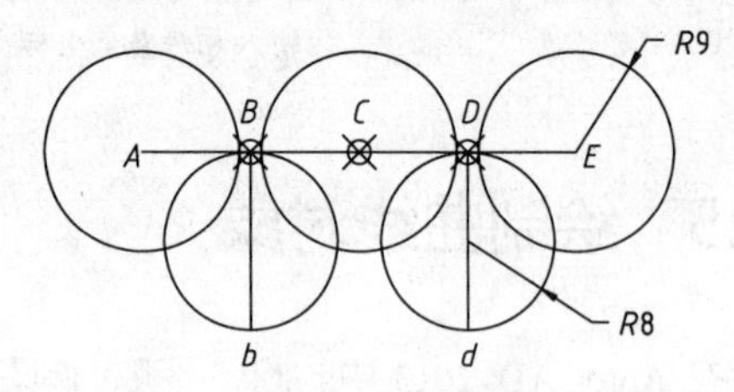

图 3-44　绘制圆

Step 06 选择【修改】|【删除】菜单命令，删除多余的直线，奥运五环绘制完成，效果如图 3-45 所示。

图 3-45　清理多余直线得到奥运五环

下面通过拼花绘制实例，讲解利用【三点】和【切点、切点、半径】绘制圆的方法。

课堂举例【3-19】：绘制拼花图形

Step 01 选择【绘图】|【多边形】菜单命令，绘制边长为 45 的等边三角形，如图 3-46 所示，命令行操作如下：

```
命令: _polygon        //调取【多边形】命令
输入侧面数 <4>:3↙    //输入边数
指定正多边形的中心点或 [边(E)]:e↙
                      //激活"边(E)"选项
指定边的第一个端点: 指定边的第二个端点:@45,0↙     //输入相对直角坐标
```

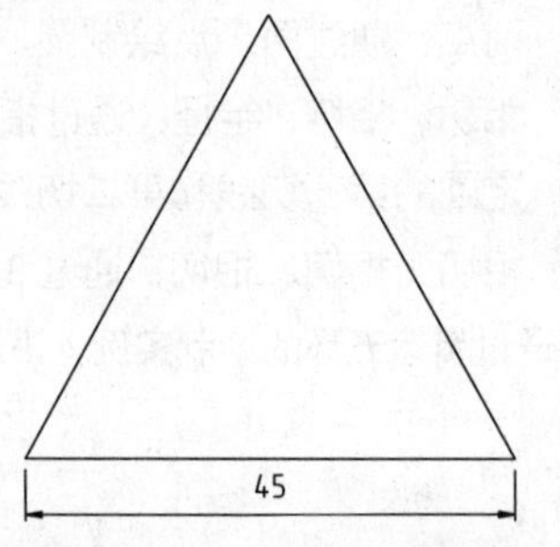

图 3-46　绘制等边三角形

Step 02 单击【绘图】工具栏中的【圆】按钮，绘制外接于三角形的圆，如图 3-47 所示，命令行操作如下：

```
    命令: _circle          //调用【圆】命令
    指定圆的圆心或 [三点(3P)/两点(2P)/切点、切点、半径(T)]: 3p↙          //激活"三点(3P)"选项
    指定圆上的第一个点:    //拾取三角形的一个顶点
    指定圆上的第二个点:    //拾取第二个顶点
    指定圆上的第三个点:    //拾取第三个顶点
```

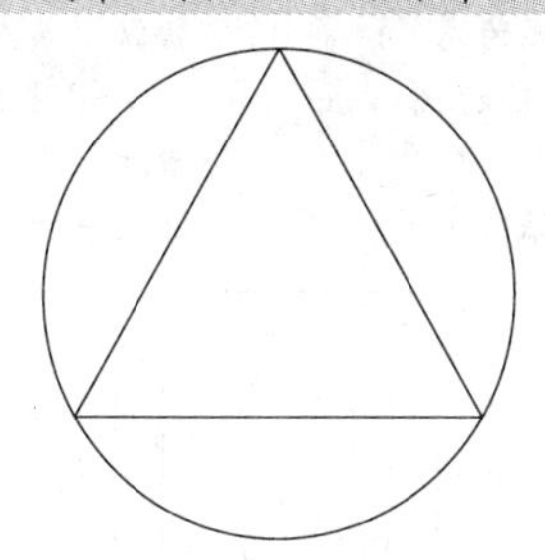

图 3-47　绘制外接圆

Step 03 重复【圆】命令，绘制内接于三角形的圆，如图 3-48 所示，命令行操作如下：

```
    命令: _circle↙        //调用【圆】命令
    指定圆的圆心或 [三点(3P)/两点(2P)/切点、切点、半径(T)]: t↙
        //激活"切点、切点、半径(T)"选项
    指定对象与圆的第一个切点:
        //单击三角形的一条边
    指定对象与圆的第二个切点:
        //单击三角形的另一条边
    指定圆的半径 <6.4952>:13↙
        //输入半径
```

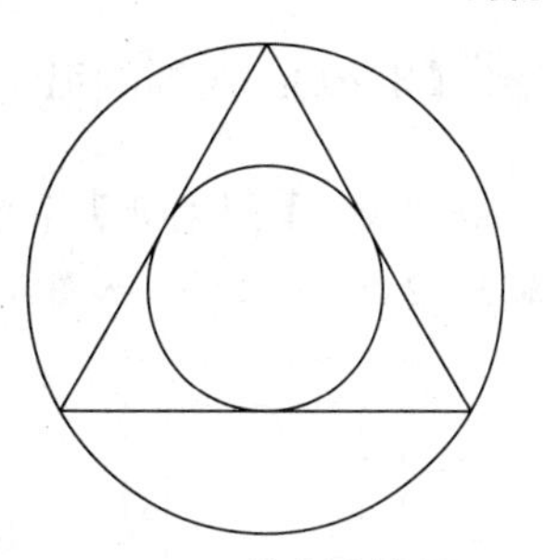

图 3-48　绘制内接圆

Step 04 重复【圆】命令，绘制小圆，如图 3-49 所示，命令行操作如下：

```
    命令: _circle↙        //调取【圆】命令
    指定圆的圆心或 [三点(3P)/两点(2P)/切点、切点、半径(T)]: 2p ↙        //激活"两点(2P)"选项
    指定圆直径的第一个端点:
            //利用【对象捕捉】拾取直线中心点
    指定圆直径的第二个端点:
            //利用【对象捕捉】拾取垂足点
```

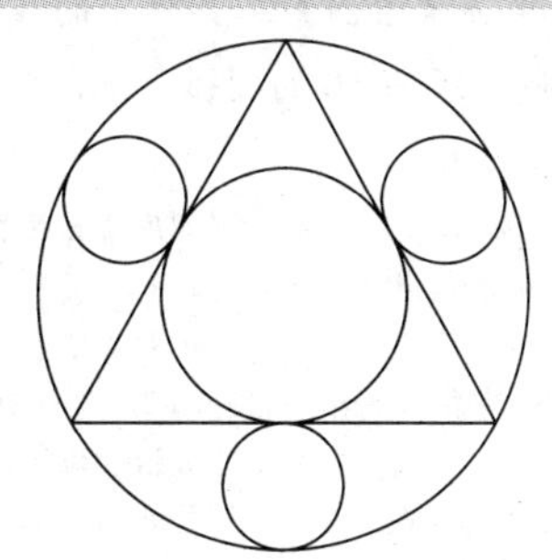

图 3-49　绘制其他小圆

Step 05 至此，拼花图形绘制完成。

3.5.2　绘制圆弧

圆弧是圆上任意两点间的一部分。

启动【圆弧】命令的方式有以下几种。

- 命令行：输入 ARC/C 命令。
- 菜单栏：选择【绘图】|【圆弧】菜单命令。
- 工具栏：单击【绘图】工具栏中的【圆弧】按钮。
- 功能区：单击【绘图】面板中的【圆弧】工具按钮。

专家提醒 

绘制圆弧时要注意起点与端点的前后顺序，这个决定着圆弧朝向。

课堂举例 【3-20】：绘制圆弧

Step 01 选择【文件】|【打开】菜单命令，打开“第 3 章\3.5.2.dwg”文件，如图 3-50 所示。

图 3-50 素材图形

Step 02 单击【绘图】工具栏中的【圆弧】按钮，绘制半径为 50 的圆弧，如图 3-51 所示，命令行操作如下：

```
命令: _arc                    //调用【圆弧】命令
指定圆弧的起点或 [圆心(C)]:
                              //拾取 B 点作为起点
指定圆弧的第二个点或 [圆心(C)/端点(E)]: e↙
                              //激活“端点(E)”选项
指定圆弧的端点:               //拾取 A 点作为端点
指定圆弧的圆心或 [角度(A)/方向(D)/半径(R)]: r↙     //激活“半径(R)”选项
指定圆弧的半径: 50↙ //输入半径
命令: ARC              //按空格键重复命令
指定圆弧的起点或 [圆心(C)]:
                       //拾取 C 点作为起点
指定圆弧的第二个点或 [圆心(C)/端点(E)]: e↙
                       //激活“端点(E)”选项
指定圆弧的端点:        //拾取 D 点作为起点
指定圆弧的圆心或 [角度(A)/方向(D)/半径(R)]: r↙     //激活“半径(R)”选项
指定圆弧的半径: 50↙ //输入半径
```

图 3-51 绘制圆弧

3.5.3 绘制圆环

圆环由同一圆心、不同直径的两个同心圆组成。绘制圆环的主要参数有圆心、内直径和外直径。

专家提醒

如果圆环的内直径为 0，则圆环为填充圆。

启动【圆环】命令的方式有以下几种。

- 命令行：输入 DONUT/DO 命令。
- 菜单栏：选择【绘图】|【圆环】菜单命令。
- 功能区：单击【绘图】面板中的【圆环】工具按钮◎。

AutoCAD 默认情况下所绘制的圆环为填充的实心图形，使用 FILL 命令，可以控制圆环或圆的填充可见性。

课堂举例 【3-21】：绘制圆环

Step 01 选择【文件】|【打开】菜单命令，打开“第 3 章\3.5.3.dwg”文件，如图 3-52 所示。

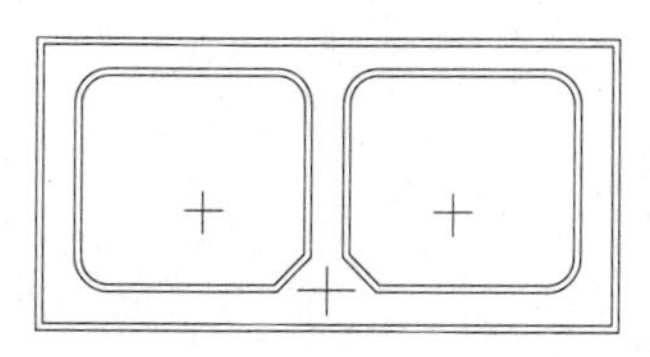

图 3-52　素材图形

Step 02 选择【绘图】|【圆环】菜单命令，绘制内径为 3、外径为 4 的圆环，如图 3-53 所示，命令行操作如下：

```
命令: _donut        //调用【圆环】命令
指定圆环的内径 <0.5000>: 6↙
        //输入圆环内径
指定圆环的外径 <1.0000>: 8↙
        //输入圆环外径
指定圆环的中心点或 <退出>:
        //拾取辅助线中心点为圆心
```

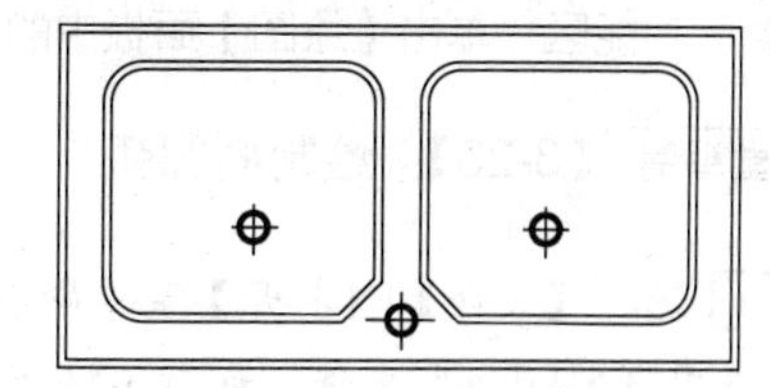

图 3-53　绘制圆环

3.5.4　绘制椭圆和椭圆弧

椭圆和椭圆弧也是比较常用的图形，在绘制轴测图时可作为轴测圆。

1．绘制椭圆

椭圆是平面上到定点距离与到指定直线间距离之比为常数的所有点的集合。

启动【椭圆】命令的方式有以下几种。

- 命令行：输入 ELLIPSE 命令。
- 菜单栏：选择【绘图】|【椭圆】菜单命令。
- 工具栏：单击【绘图】工具栏中的【椭圆】按钮。
- 功能区：单击【绘图】面板中的【椭圆】工具按钮。

课堂举例【3-22】：绘制洗脸盆内轮廓

Step 01 选择【文件】|【打开】菜单命令，打开“第 3 章\3.5.4.dwg”文件，如图 3-54 所示。

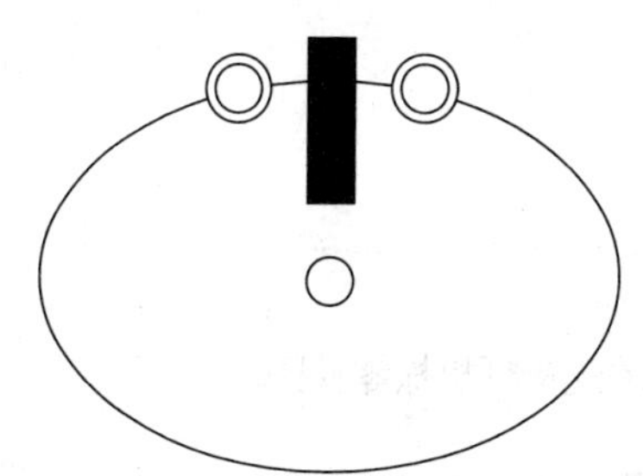

图 3-54　素材图形

Step 02 选择【绘图】|【椭圆】菜单命令，绘制椭圆如图 3-55 所示，命令行操作如下：

```
命令: _ellipse      //调用【椭圆】命令
指定椭圆的轴端点或 [圆弧(A)/中心点(C)]: c↙
        //激活“中心点(C)”选项
指定椭圆的中心点:
        //拾取出水孔的圆心作为中心点
指定轴的端点: @50,0↙
        //输入相对直角坐标
指定另一条半轴长度或 [旋转(R)]: 30↙
        //输入轴长度
```

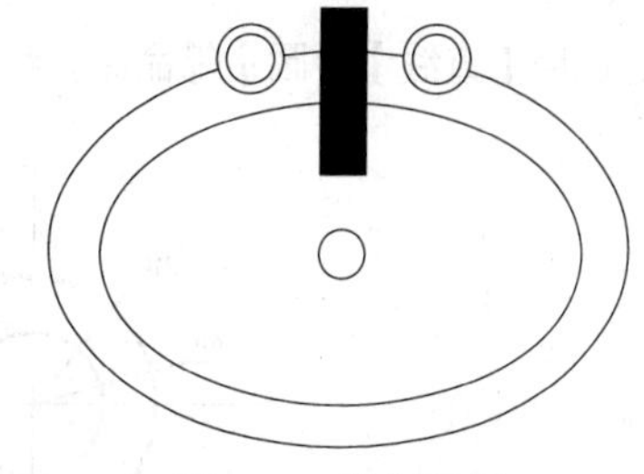

图 3-55　绘制椭圆

2．绘制椭圆弧

椭圆弧是椭圆的一部分，绘制椭圆弧需要确定的参数有椭圆弧所在椭圆的两条轴及椭圆弧的起点和终点的角度。

启动【椭圆弧】命令的方式有以下几种。

- 菜单栏：选择【绘图】|【椭圆】|【圆弧】菜单命令。
- 工具栏：单击【绘图】工具栏中的【椭圆弧】按钮。
- 功能区：单击【绘图】面板中的【椭圆弧】工具按钮。

课堂举例【3-23】：绘制椭圆弧

Step 01 选择【文件】|【打开】菜单命令，打开“第 3 章\3.5.4.dwg”文件，如图 3-56 所示。

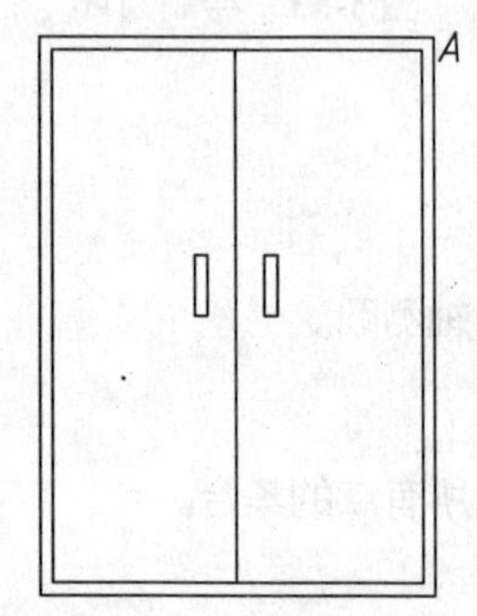

图 3-56 素材图形

Step 02 选择【绘图】|【椭圆】|【圆弧】菜单命令，绘制椭圆弧如图 3-57 所示，命令行操作如下：

```
命令：_ellipse      //调用【椭圆弧】命令
指定椭圆的轴端点或 [圆弧(A)/中心点(C)]：_a
指定椭圆弧的轴端点或 [中心点(C)]：c↙
            //激活“中心点(C)”选项
指定椭圆弧的中心点：
            //拾取外层矩形中心点作为中心点
指定轴的端点：
            //拾取 A 点作为端点
指定另一条半轴长度或 [旋转(R)]：40↙
            //输入另一条半轴的长度
指定起点角度或 [参数(P)]：0↙
            //输入起点角度
指定端点角度或 [参数(P)/包含角度(I)]：180↙
            //输入端点角度
```

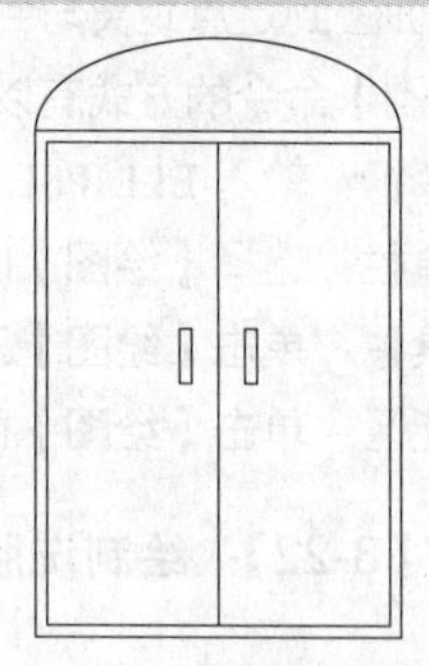

图 3-57 绘制椭圆弧

3.6 综合实例

3.6.1 绘制连接杆

通过调用【直线】、【圆】等命令，绘制如图 3-58 所示的连接杆机械零件图。

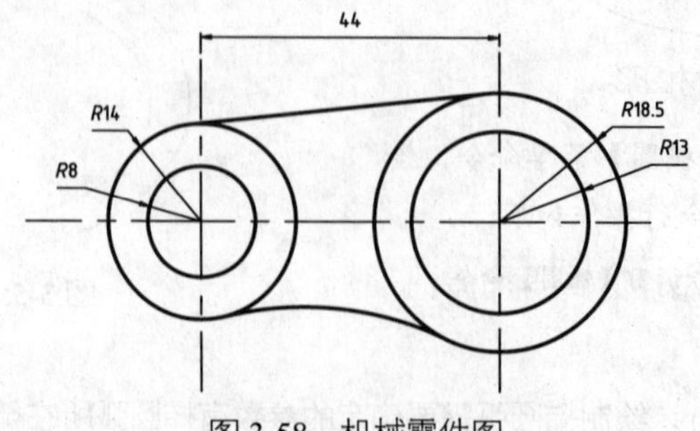

图 3-58 机械零件图

Step 01 选择【文件】|【新建】菜单命令，新建空白文件。

Step 02 选择菜单栏中的【格式】|【图层】菜单命令，新建两个图层，分别为【外轮廓线】与【中心线】。更改【外轮廓线】图层的【线宽】为0.3；更改【中心线】图层的【颜色】为红色，【线型】为【Center】，【线宽】为【默认】，如图3-59所示。并设置【中心线】图层为当前图层。

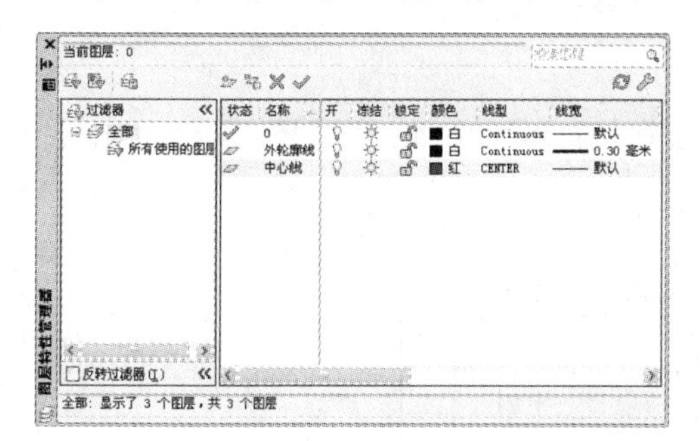

图3-59 创建图层

Step 03 选择【绘图】|【直线】菜单命令，绘制如所图3-60所示的辅助线。

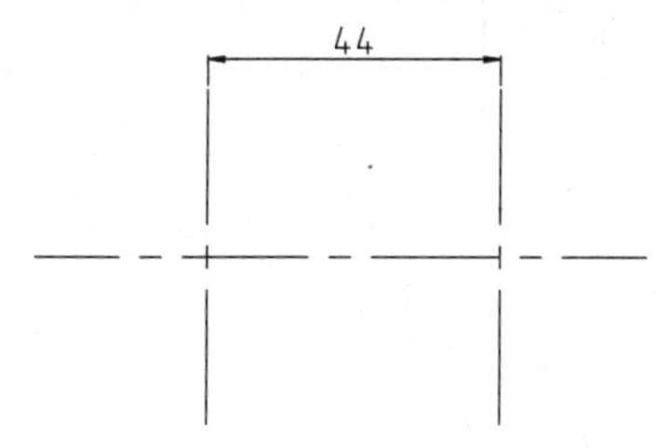

图3-60 绘制辅助线

Step 04 切换【外轮廓线】为当前图层。

Step 05 选择【绘图】|【圆】菜单命令，在左侧辅助线交点处绘制半径分别为8、14的圆，在右侧绘制半径分别为13、18.5的圆，如图3-61所示，命令行部分操作如下：

```
命令: _circle        //调用【圆】命令
指定圆的圆心或 [三点(3P)/两点(2P)/切点、切点、半径(T)]: //拾取左侧辅助线交点作为圆心
指定圆的半径或 [直径(D)] <50.0000>: 8
            //输入半径8，按空格键重复命令
命令: _circle //调用【圆】命令
指定圆的圆心或 [三点(3P)/两点(2P)/切点、切点、半径(T)]: t↙
        //激活"切点、切点、半径(T)"选项
指定对象与圆的第一个切点:
    //单击A处
指定对象与圆的第二个切点:
    //单击B处
指定圆的半径 <8.0000>: 50↙
    //输入半径50
```

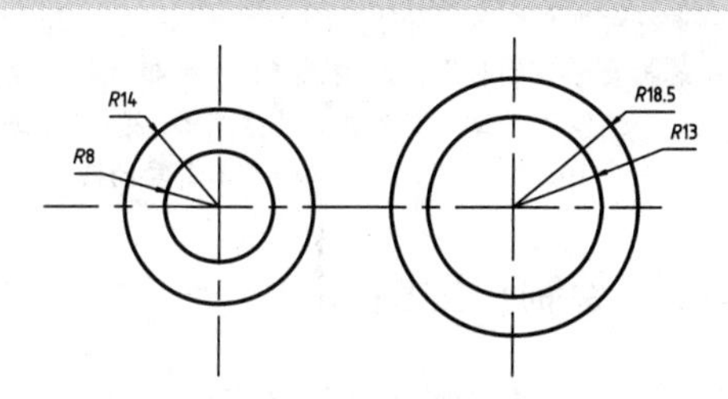

图3-61 绘制圆1

Step 06 选择【绘图】|【圆】菜单命令，绘制半径为50的圆，如图3-62所示。

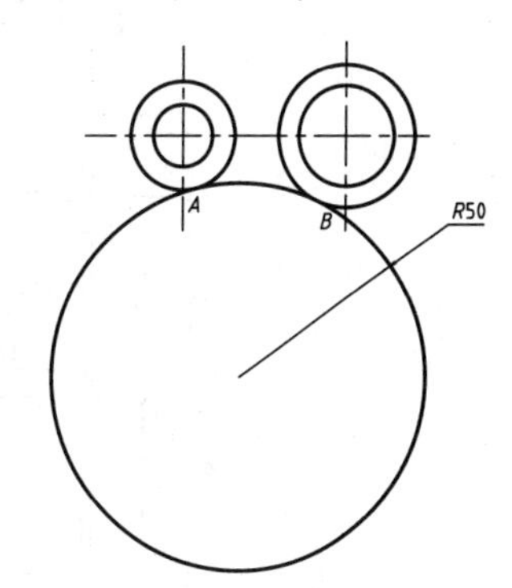

图3-62 绘制圆2

Step 07 选择【绘图】|【直线】菜单命令，配合【切点捕捉】，绘制两个外圆的切线，如图3-63所示。

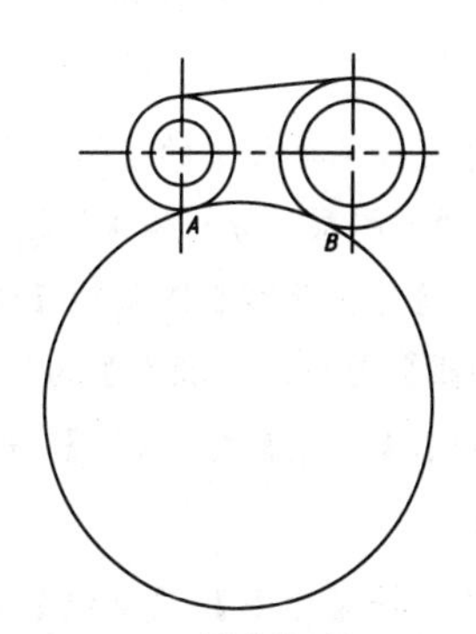

图3-63 绘制切线

Step 08 选择【修改】|【修剪】菜单命令，修剪多余的圆弧，如图3-64所示，命令行操作如下：

```
命令: _trim            //调用【修剪】命令
当前设置:投影=UCS, 边=无
选择剪切边...
选择对象或 <全部选择>:  找到 1 个
                        //选择两个外圆
选择对象: 找到 1 个, 总计 2 个
选择对象:↙
选择要修剪的对象, 或按住 Shift 键选择要延伸
的对象, 或 [栏选(F)/窗交(C)/投影(P)/边(E)/删除
(R)/放弃(U)]:             //单击不需要的圆弧
选择要修剪的对象, 或按住 Shift 键选择要延伸
的对象, 或[栏选(F)/窗交(C)/投影(P)/边(E)/删除
(R)/放弃(U)]:↙                //按回车键结束
```

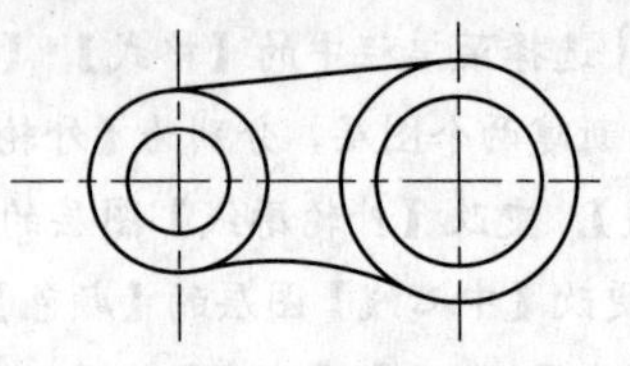

图 3-64　修剪圆弧

3.6.2　绘制户型图

通过设置【多线样式】，然后调用【多线】和【修剪】命令，绘制室内户型图。

绘制如图 3-65 所示的墙体。

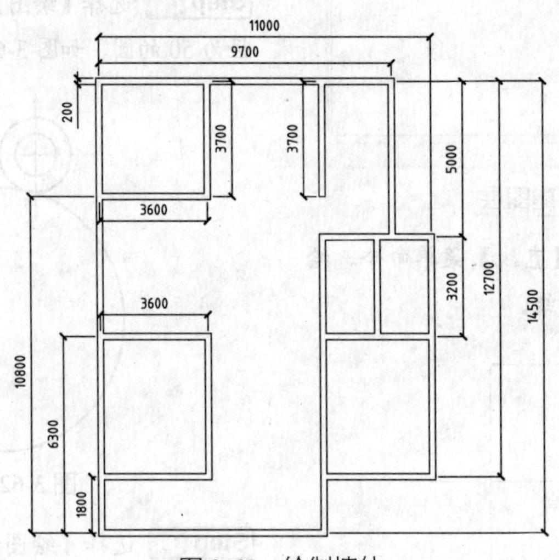

图 3-65　绘制墙体

Step 01 选择【文件】|【新建】菜单命令，新建空白文件。

Step 02 选择菜单栏中的【格式】|【图层】命令，新建两个图层，分别为【外轮廓线】与【轴线】。更改【外轮廓线】图层的【线宽】为 0.3；更改【轴线】图层的【颜色】为红色，【线型】为【Center】，【线宽】为【默认】，并设置【轴线】为当前图层。

Step 03 选择【绘图】|【直线】菜单命令，绘制如图 3-66 所示的图形基准线。

Step 04 选择【修改】|【偏移】菜单命令，偏移竖直基准线，如图 3-67 所示。

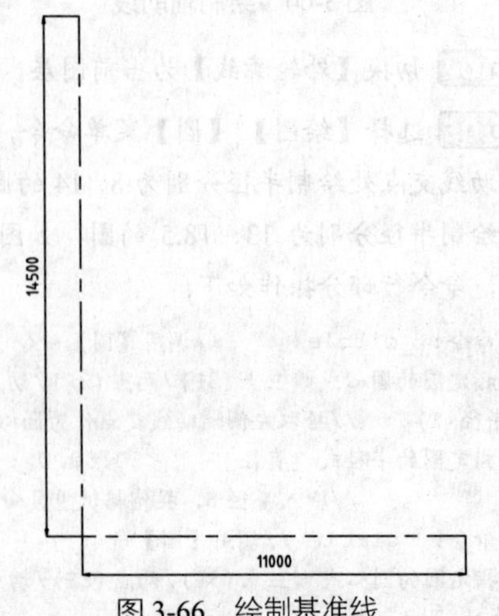

图 3-66　绘制基准线

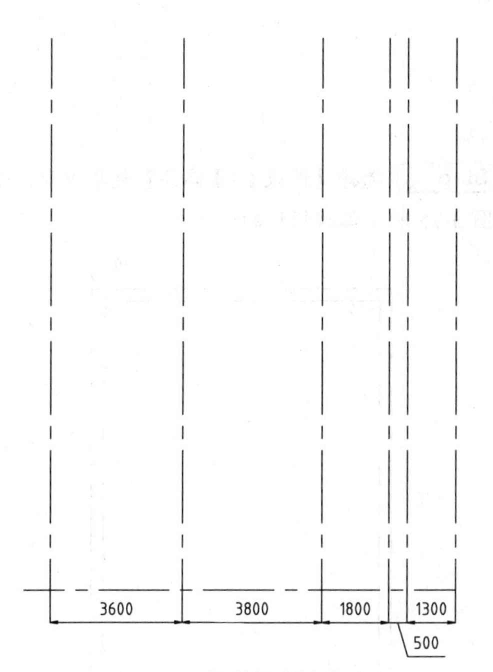

图 3-67　偏移竖直基准线

Step 05 继续调用【偏移】命令，偏移水平基准线，如图 3-68 所示。

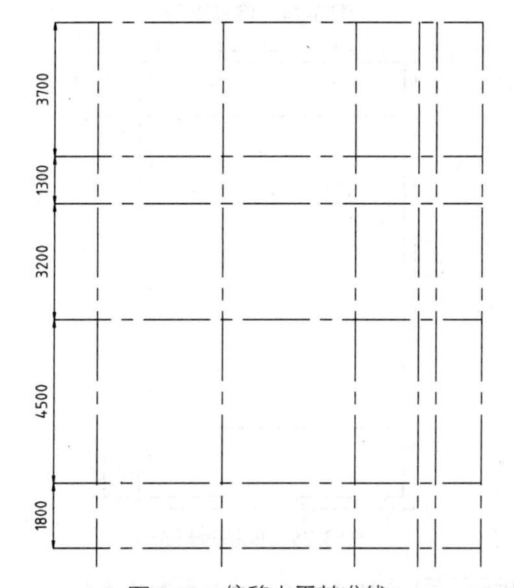

图 3-68　偏移水平基准线

Step 06 选择【格式】|【多线样式】菜单命令，新建多线样式，并命名为【样式一】，在打开的对话框中勾选【封口】选项组中【直线】的【起点】与【端点】，设置偏移距离为 120，如图 3-69 所示。单击【确定】按钮，并将新建的【样式一】置为当前。

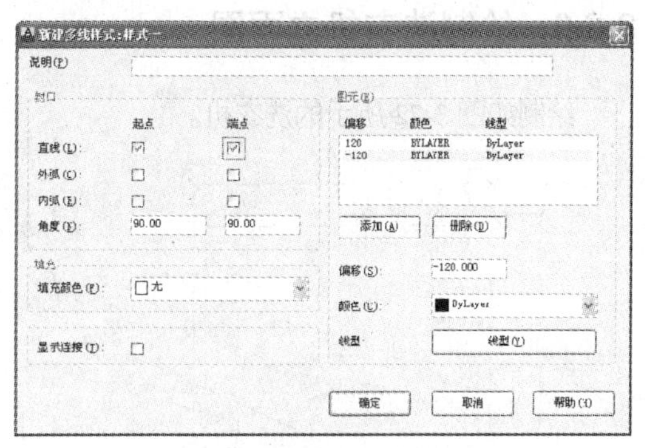

图 3-69　新建多线样式

Step 07 选择【绘图】|【多线】菜单命令，在图形基准线上如图 3-70 所示绘制墙体。

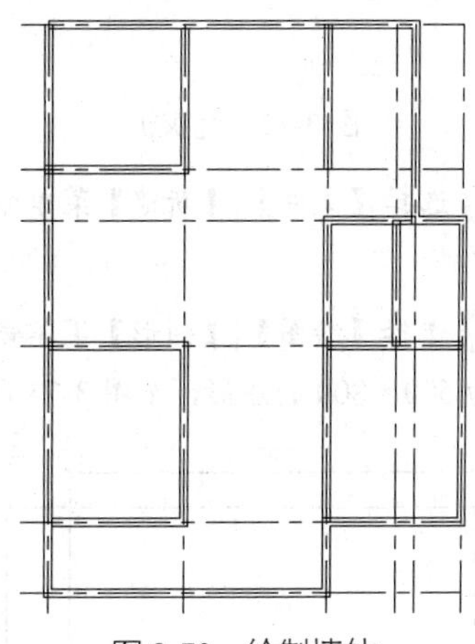

图 3-70　绘制墙体

Step 08 选择【修改】|【修剪】菜单命令，并隐藏【轴线】图层，最终结果如图 3-71 所示。

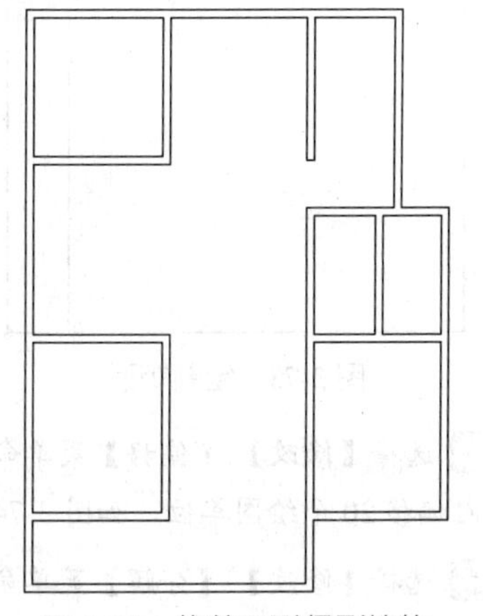

图 3-71　修剪图形得到墙体

3.6.3 绘制洗衣机立面图

绘制如图3-72所示的洗衣机。

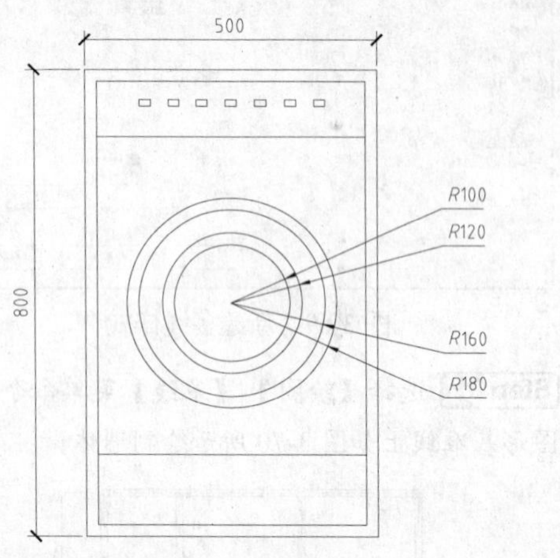

图3-72 洗衣机

Step 01 选择【文件】|【新建】菜单命令，新建空白文件。

Step 02 选择【绘图】|【矩形】菜单命令，绘制尺寸为500×800的矩形，如图3-73所示。

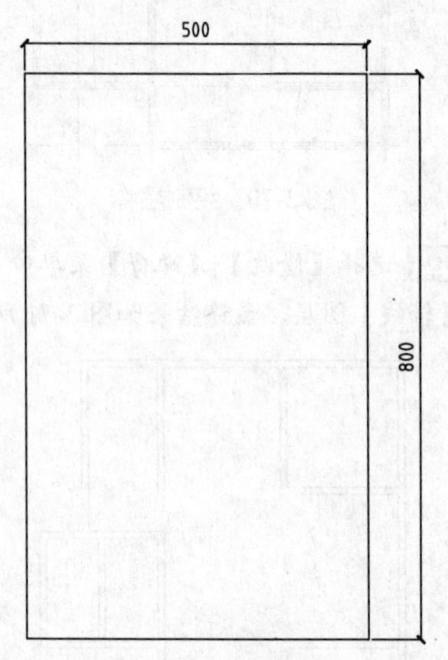

图3-73 绘制矩形

Step 03 选择【修改】|【偏移】菜单命令，将矩形向内偏移20个绘图单位，如图3-74所示。

Step 04 选择【修改】|【分解】菜单命令，分解上一步绘制的矩形。

Step 05 选择【修改】|【偏移】菜单命令，如图3-75所示偏移矩形的边。

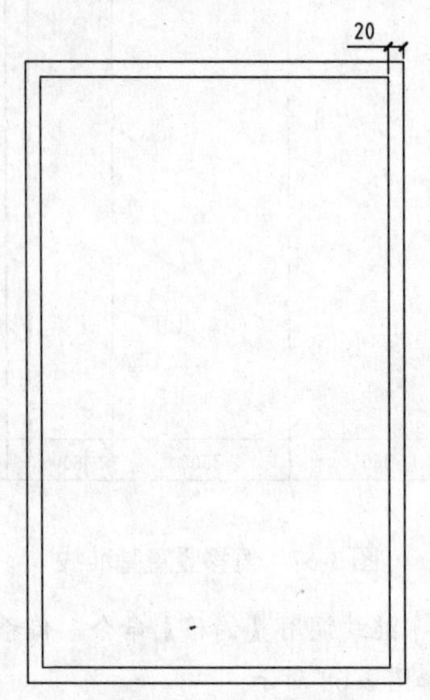

图3-74 偏移矩形

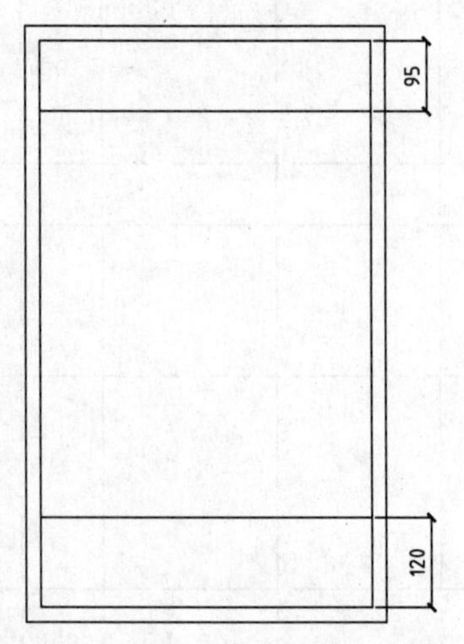

图3-75 偏移矩形边

Step 06 选择【绘图】|【矩形】菜单命令，绘制洗衣机操作按钮，如图3-76所示。

Step 07 选择【修改】|【阵列】|【矩形阵列】菜单命令，阵列操作按钮，如图3-77所示，命令行操作如下：

```
命令：_arrayrect   //调用【矩形阵列】命令
选择对象：找到 1 个
```

```
    选择对象：↙                //选择需要阵列的图形
    类型 = 矩形  关联 = 是
    为项目数指定对角点或 [基点(B)/角度(A)/计数(C)] <计数>: c↙              //激活“计数(C)”选项
    输入行数或 [表达式(E)] <4>: 1↙
                               //输入行数
    输入列数或 [表达式(E)] <4>: 7↙
                               //输入列数
    指定对角点以间隔项目或 [间距(S)] <间距>: 300↙                    //输入间距
    按 Enter 键接受或 [关联(AS)/基点(B)/行(R)/列(C)/层(L)/退出(X)] <退出>:↙
                               //按回车键退出
```

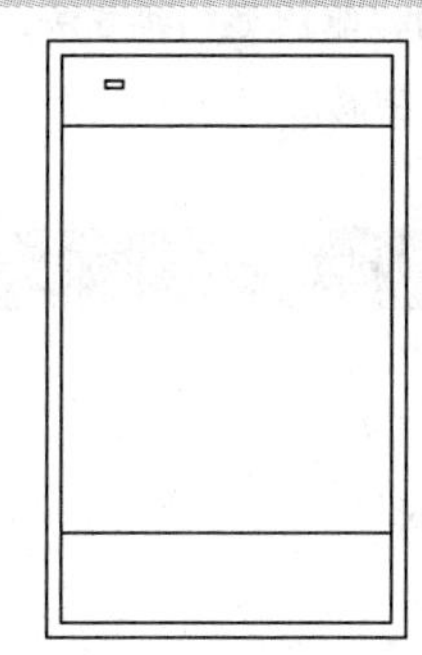

图 3-76　绘制操作按钮

Step 08 选择【绘图】|【圆】菜单命令，在洗衣机中间位置绘制 4 个同心圆，如图 3-78 所示。至此，洗衣机立面图绘制完成。

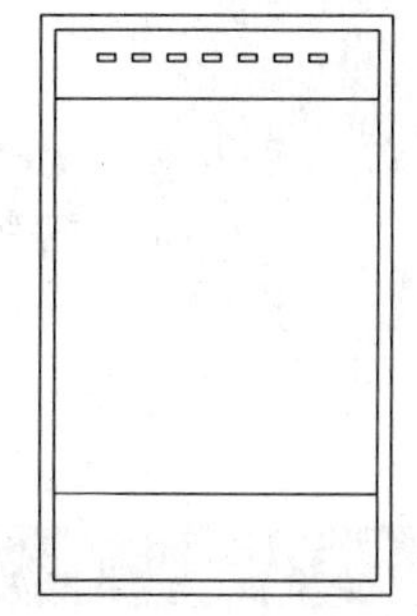

图 3-77　阵列操作按钮

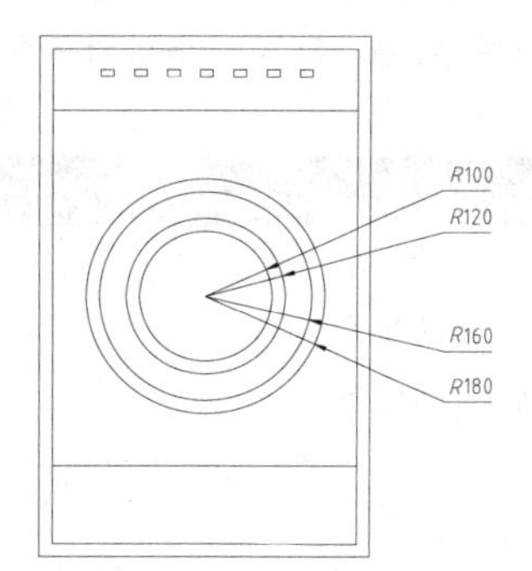

图 3-78　绘制同心圆

3.7　思考与练习

1. 填空题

（1）定距等分对象时，放置点的起始位置从离对象选取点较_______端点开始。

（2）多线一般用于_______方面绘图。

（3）在 AutoCAD 中绘制圆的方法有_______、_______、_______、_______、_______。

2. 操作题

绘制如图 3-79 所示的图形。

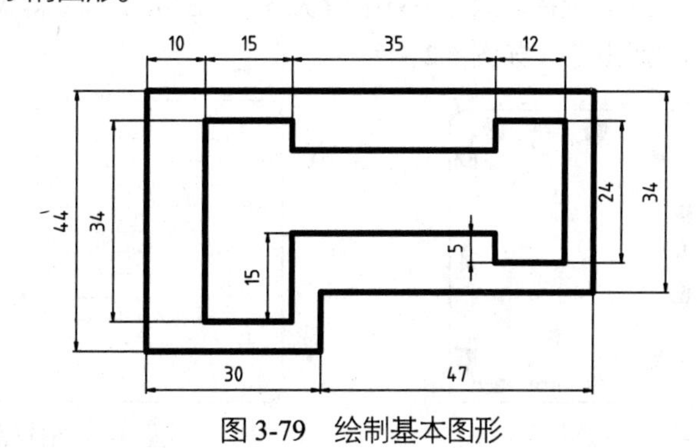

图 3-79　绘制基本图形

第 4 章 编辑二维图形

⊙学习目的:

本章讲解选择、移动、复制、修整、变形、倒角与圆角等常用的二维图形编辑方法，使读者能够熟练地使用 AutoCAD 2013 提供的一系列修改命令，从而快速生成复杂的图形。

⊙学习重点:

★★★★ 选择对象

★★★★ 移动对象

★★★★ 复制图形

★★★☆ 图形变形

★★★☆ 倒角和圆角

★★☆☆ 夹点编辑

4.1 选择对象

对图形进行任何编辑和修改操作，必须先选择图形对象。针对不同的情况，采用最佳的选择方法，能大幅提高图形的编辑效率。选择对象的过程，就是建立选择集的过程，通过各种选择模式将图形对象添加进选择集，或从选择集中删除。

4.1.1 选择单个对象

如果选择的是单个图形对象，可以使用点选的方法。直接将拾取光标移动到选择对象上方，此时该图形对象会虚线亮显表示，单击鼠标左键，即可完成单个对象的选择。

点选方式一次只能选中一个对象，连续单击需要选择的对象，可以同时选择多个对象。

未调用任何命令的情况下，选择对象呈夹点编辑状态，如图 4-1 所示。调用编辑命令之后选择对象，选择的图形呈虚线显示状态，如图 4-2 所示。

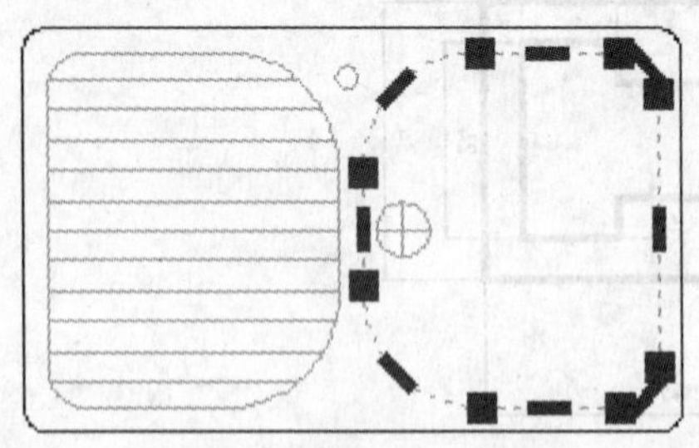

图 4-1 未调用命令选择

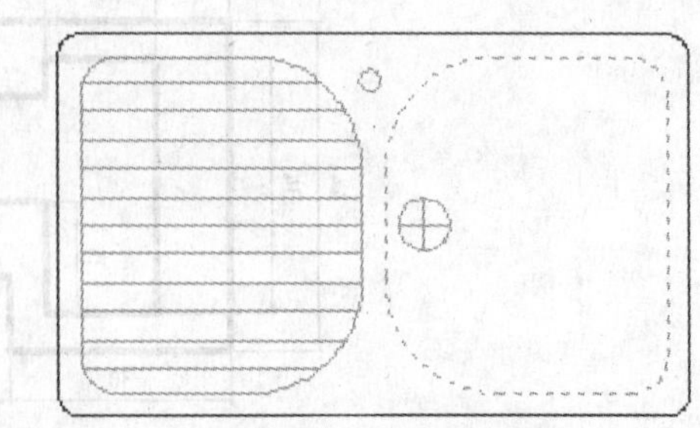

图 4-2 根据命令选择

专家提醒

按下 Shift 键并再次单击已经选中的对象，可以将这些对象从当前选择集中删除。按 Esc 键，可以取消对当前全部选定对象的选择。

4.1.2 选择多个对象

如果需要同时选择多个或者大量的对象，再使用点选的方法不仅费时费力，而且容易出错。此时，宜使用 AutoCAD 2013 提供的窗口、窗交、栏选等选择方法。

在命令行中输入 SELECT【选择】命令，在“选择对象:”提示下输入“?”并回车，即可查看 AutoCAD 所有的选择方法选项。

```
命令: SELECT                                              //调用【选择】命令
选择对象: ? ↙
*无效选择*
需要点或窗口(W)/上一个(L)/窗交(C)/框(BOX)/全部(ALL)/栏选(F)/圈围(WP)/圈交(CP)/编组(G)/添加(A)/删除(R)/多个(M)/前一个(P)/放弃(U)/自动(AU)/单个(SI)/子对象(SU)/对象(O)
```

命令行选择模式中主要选项的含义如下。

1. 窗口（W）

窗口选择是一种通过定义矩形窗口选择对象的方法。利用该方法选择对象时，从左往右拉出矩形窗口，只有全部位于矩形窗口中的图形对象才会被选中，如图 4-3 所示。

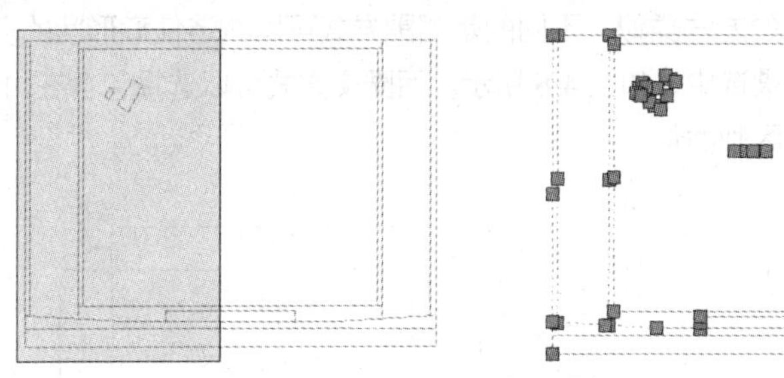

图 4-3　窗口选择

2. 窗交（C）

窗交选择方式与窗口选择方式相反，它需要从右往左拉出矩形窗口，无论是全部还是部分位于窗口中的图形对象都将被选中，如图 4-4 所示。

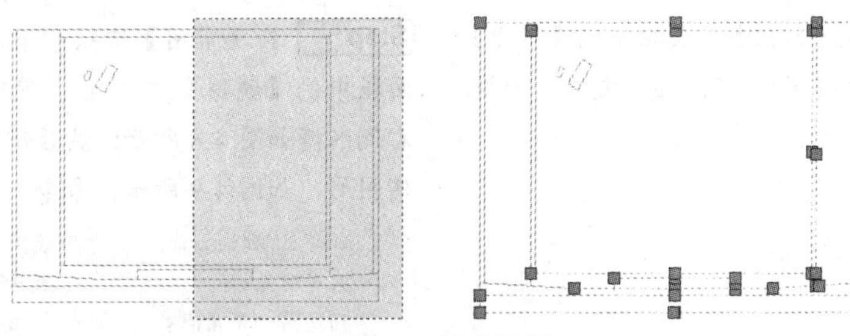

图 4-4　窗交选择

专家提醒 

窗口选择时拉出的选择窗口为实线框，窗口的颜色为蓝色；窗交选择时拉出的选择窗口为虚线框，窗口的颜色为绿色。

3．栏选（F）

栏选方式通过绘制不闭合的栏选线选择对象。使用该方式选择图形时，先拖拽出任意折线，凡是与折线相交的图形对象均被选中，如图 4-5 所示。使用该方式选择连续性对象非常方便，但栏选线不能封闭或相交。

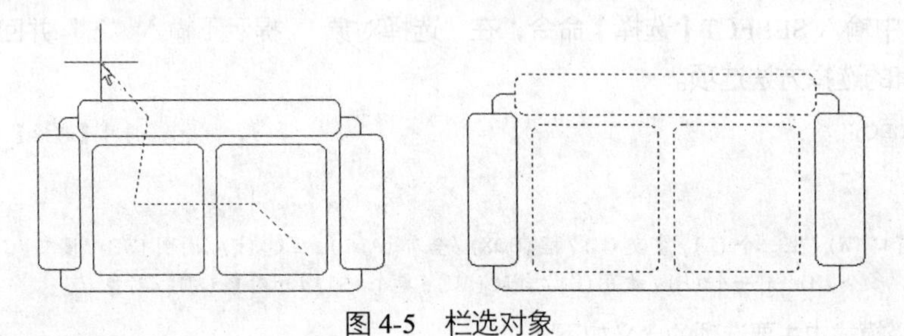

图 4-5　栏选对象

4．不规则窗口选择

不规则窗口选择通过创建不规则形状的多边形选择窗口来选择对象，包括圈围（WP）和圈交（CP）两种方式。

圈围方式与窗口选择对象的方法类似，不同的是圈围方式可以构造任意形状的多边形，完全包含在多边形窗口内的对象才能被选中，如图 4-6 所示。而圈交方式可以选择包含在内或相交的对象，与窗口和窗交选择方式之间的区别类似。

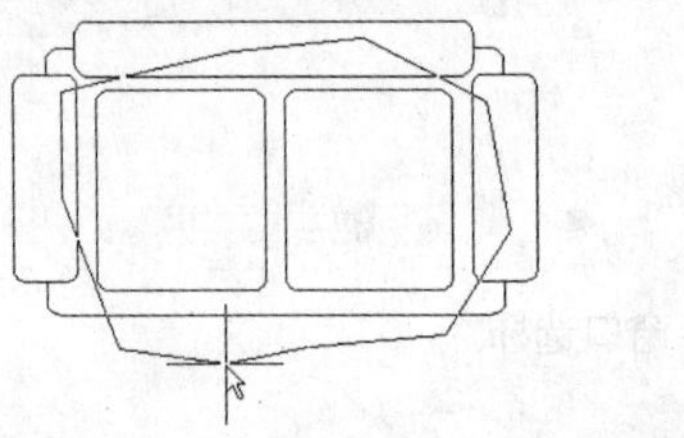
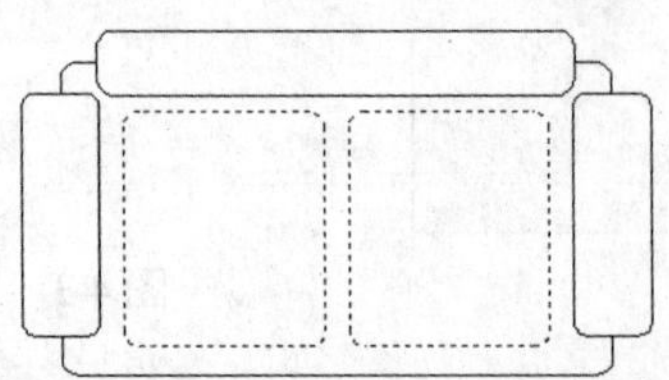

图 4-6　圈围选择

课堂举例【4-1】：完善水槽图形

Step 01 单击【快速访问】工具栏中的【打开】按钮，打开“第 4 章\4.1.2.dwg”文件，如图 4-7 所示。

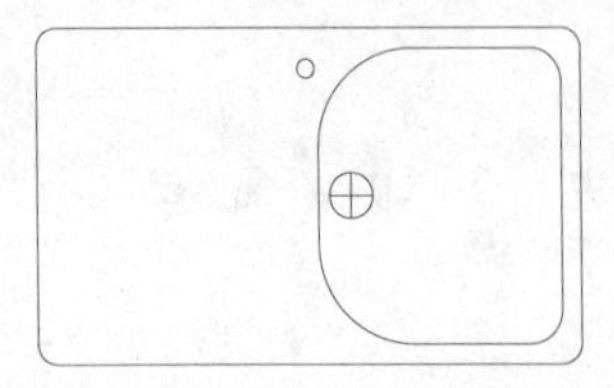

图 4-7　素材图形

Step 02 在【常用】选项卡中，单击【修改】面板中的【镜像】按钮，使用窗口方式选择右侧水槽如图 4-8 所示；然后镜像复制，完善水槽图形，如图 4-9 所示，命令行操作如下：

```
命令: _mirror↙          //调用【镜像】命令
选择对象:W↙             //激活“窗口(W)”选项
指定第一个角点:          //拉出选择范围窗口，包含水槽图形
指定对角点: 找到 4 个
选择对象: ↙             //按回车键结束对象选择
```

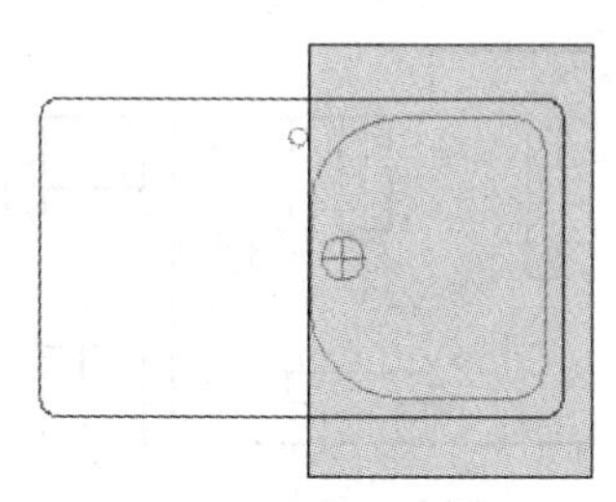

图 4-8　窗口选择

```
指定镜像线的第一点：  //捕捉水槽外轮廓上侧边中点
指定镜像线的第二点：  //捕捉水槽外轮廓下侧边中点
要删除源对象吗？[是(Y)/否(N)] <N>: N↙
                              //激活“否(N)”选项
```

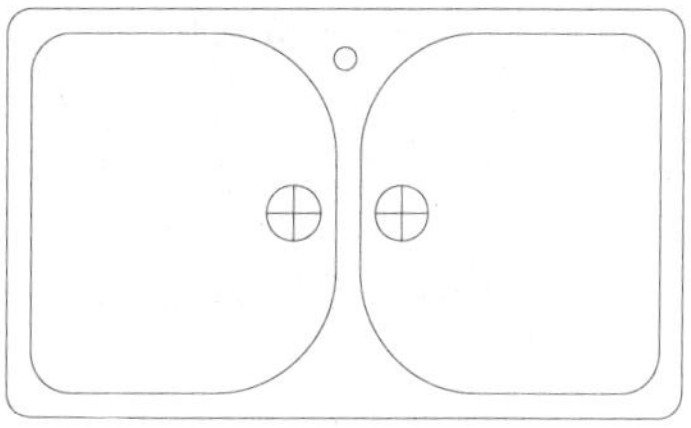

图 4-9　镜像复制

4.1.3　快速选择对象

快速选择功能可以快速地筛选出具有特定属性（图层、线型、颜色、图案填充等特性）的一个或多个对象。

启动【快速选择】对象命令的方式有如下几种。

- 命令行：输入 QSELECT 命令。
- 菜单栏：选择【工具】|【快速选择】菜单命令。

执行该命令后，系统将打开一个【快速选择】对话框，根据需要设置过滤条件，即可快速选择满足该条件的所有图形对象。

课堂举例【4-2】：快速选择对象

Step 01 单击【快速访问】工具栏中的【打开】按钮，打开“第 4 章\4.1.3.dwg”文件，如图 4-10 所示。

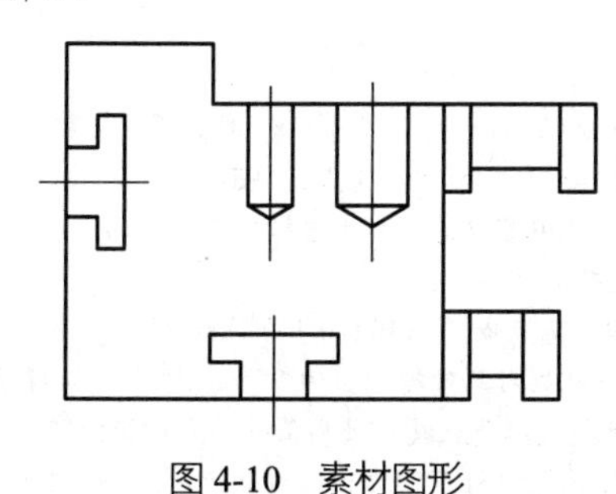

图 4-10　素材图形

Step 02 在命令行中输入 QSELECT 命令，系统打开【快速选择】对话框，在【特性】列表框中选择【图层】，在【值】列表框中选择【细实线】，如图 4-11 所示。

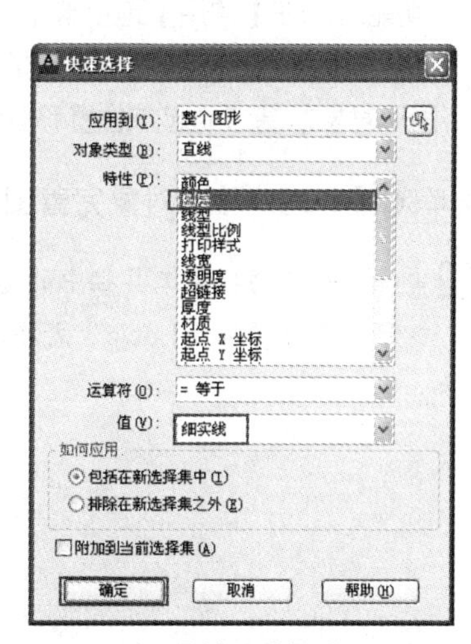

图 4-11　【快速选择】对话框

Step 03 单击【确定】按钮，系统自动筛选出所有位于【细实线】图层中的图形，如图 4-12 所示。

Step 04 单击【常用】面板中的【图层】|【图层】按钮，将所有选择的图形转移到【中心线】图层，如图 4-13 所示，这些图形自动继承【中心线】图层的线型、线宽等相关特性，从而快速完成图形的修改。

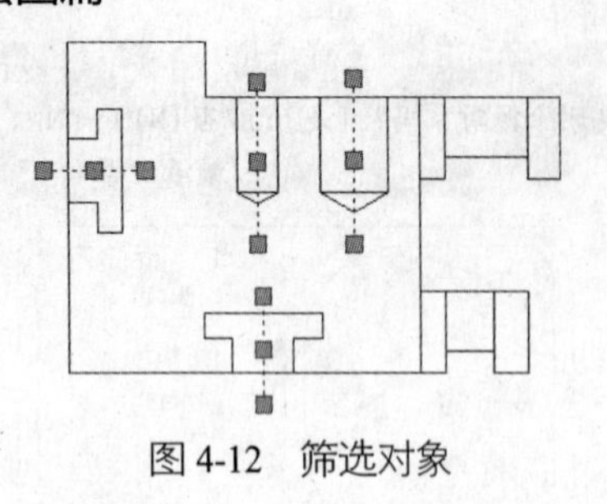

图4-12 筛选对象

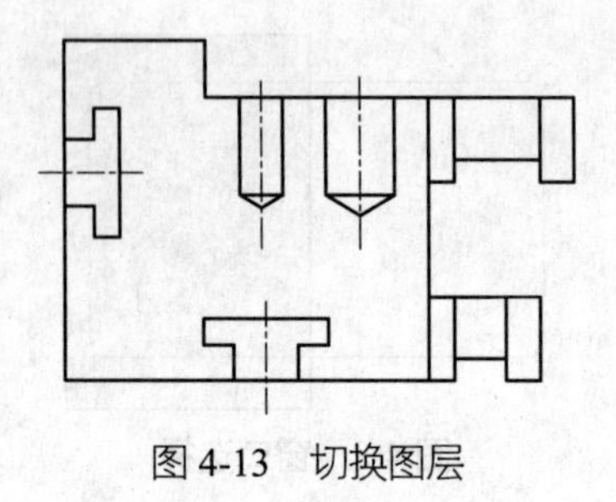

图4-13 切换图层

4.2 移动图形

对于已经绘制好的图形对象，有时需要移动它们的位置。这种移动包括从一个位置到另一个位置的平行移动，也包括围绕着某点进行的旋转移动。

4.2.1 移动图形

使用【移动】命令，可以重新定位图形，而不改变图形的大小、形状和倾斜角度。

启动【移动】命令的方式有如下几种。

- 命令行：输入MOVE/M命令。
- 菜单栏：选择【修改】|【移动】菜单命令。
- 工具栏：单击【修改】工具栏中的【移动】按钮✥。
- 功能区：在【常用】选项卡中，单击【修改】面板中的【移动】按钮✥。

启动【移动】命令后，首先选择需要移动的图形对象，然后分别确定基点移动时的起点和终点，就可以将图形对象从基点的起点位置移到终点位置。

课堂举例【4-3】：移动对象完善图形

Step 01 单击【快速访问】工具栏中的【打开】按钮，打开“第4章\4.2.1.dwg”文件，如图4-14所示。

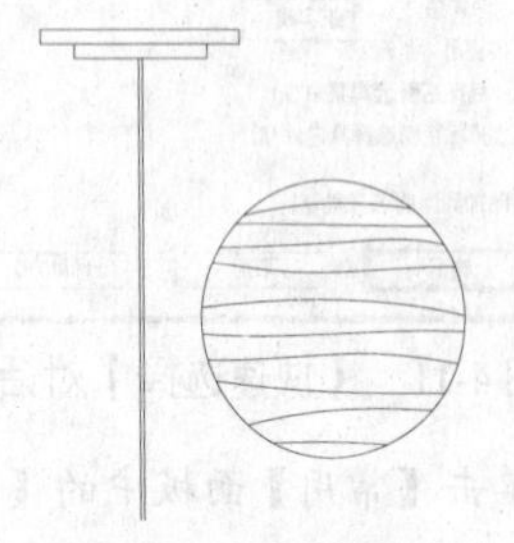

图4-14 素材图形

Step 02 在【常用】选项卡，单击【修改】面板中的【移动】按钮✥，将灯罩移动至灯杆的下方，如图4-15所示，命令行操作如下：

```
命令：_move            //调用【移动】命令
选择对象：指定对角点：找到 12 个，总计 12 个
  //使用窗口选择方式选择灯罩作为移动对象
选择对象：↙
指定基点或 [位移(D)] <位移>:
  //捕捉灯罩外轮廓圆的90° 象限点作为移动基点
指定第二个点或 <使用第一个点作为位移>:
  //捕捉灯杆下侧端点作为目标点，完成灯罩的移动
```

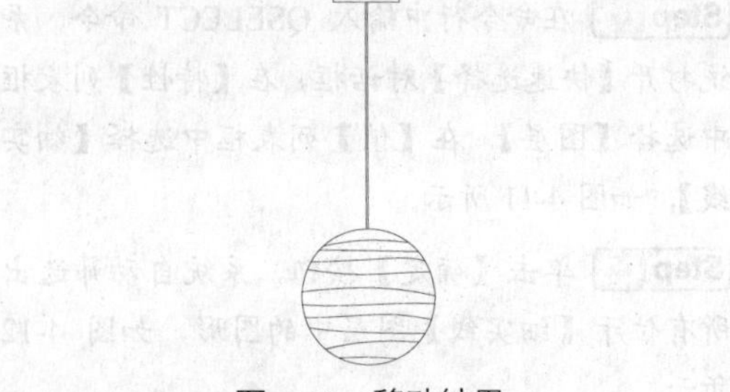

图4-15 移动结果

4.2.2 旋转图形

【旋转】命令同样也可以改变图形的位置，但与【移动】不同的是，旋转是围绕着一个固定的点将图形对象旋转一定的角度。

启动【旋转】命令的方式有如下几种。

- 命令行：输入 ROTATE/RO 命令。
- 菜单栏：选择【修改】|【旋转】菜单命令。
- 工具栏：单击【修改】工具栏中的【旋转】按钮。
- 功能区：在【常用】选项卡中，单击【修改】面板中的【旋转】按钮。

在执行【旋转】命令的过程中，需要设置的参数有旋转对象、基点位置和旋转角度。

课堂举例【4-4】：旋转对象完善图形

Step 01 单击【快速访问】工具栏中的【打开】按钮，打开“第 4 章\4.2.2.dwg”文件，如图 4-16 所示。

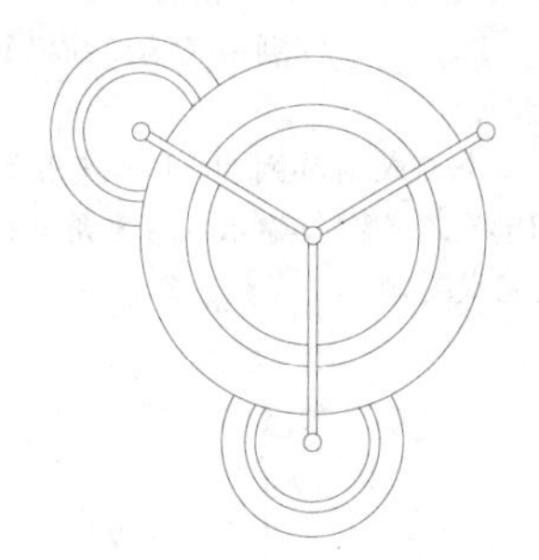

图 4-16 素材图形

Step 02 在【常用】选项卡中，单击【修改】面板中的【旋转】按钮，旋转复制小灯，以完善吊灯图形，如图 4-17 所示，命令行操作如下：

```
命令： _rotate          //调用【旋转】命令
UCS 当前的正角方向： ANGDIR=逆时针
ANGBASE=0
选择对象：指定对角点：找到 3 个，总计 3 个
                        //选择小灯灯罩部分
选择对象：↙
指定基点：              //捕捉大圆圆心作为旋转基点
指定旋转角度，或 [复制(C)/参照(R)] <249>:C↙
                        //激活“复制(C)”选项
旋转一组选定对象。
指定旋转角度，或 [复制(C)/参照(R)]
<249>:-120↙            //输入旋转角度，完成小灯图形
的旋转复制
```

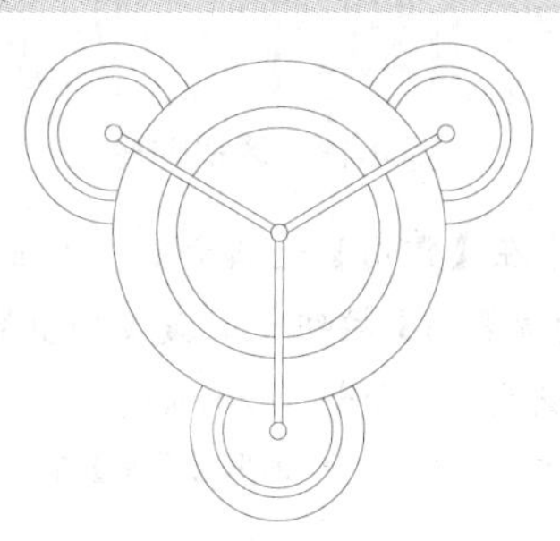

图 4-17 旋转复制结果

专家提醒

在输入旋转角度时，逆时针旋转的角度为正值，顺时针旋转的角度为负值。

4.3 复制图形

任何一份工程图纸都含有许多相同的图形对象，它们的差别只是相对位置的不同。使用 AutoCAD 提供的复制、镜像、偏移和阵列工具，可以快速创建这些相同的对象。

4.3.1 复制图形

【复制】命令与【移动】命令类似，只不过在调用【复制】命令时，会在源图形位置处创建一个副本。

启动【复制】命令的方式有如下几种。

- 命令行：输入 COPY/CO 命令。
- 菜单栏：选择【修改】|【复制】菜单命令。
- 工具栏：单击【修改】工具栏中【复制】按钮。
- 功能区：在【常用】选项卡中，单击【修改】面板中的【复制】按钮。

在执行【复制】命令过程中，需要设置的参数仍然是复制对象、基点起点和基点终点。

课堂举例【4-5】：复制图形装饰

Step 01 单击【快速访问】工具栏中的【打开】按钮，打开“第 4 章\4.3.1.dwg”文件，如图 4-18 所示。

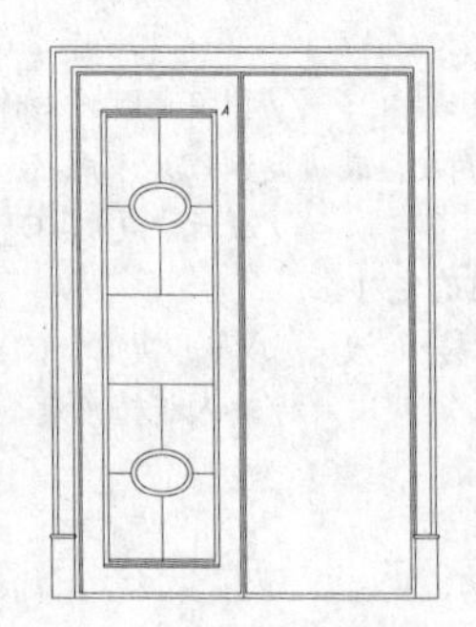

图 4-18 素材图形

Step 02 在【常用】选项卡中，单击【修改】面板中的【复制】按钮，复制门页装饰图形，如图 4-19 所示，命令行操作如下：

```
命令：_copy    //调用【复制】命令
选择对象：指定对角点：找到 38 个，总计 38 个
                    //选择左侧的门页装饰图形
选择对象：↙    //按回车键结束选择
当前设置：  复制模式 = 单个
指定基点或 [位移(D)/模式(O)/多个(M)] <位移>:
                    //利用【端点捕捉】功能捕捉A点作为复制基点
指定第二个点或 [阵列(A)] <使用第一个点作为位移>：@689,0↙    //输入相对直角坐标指定终点，按 Enter 键完成复制
```

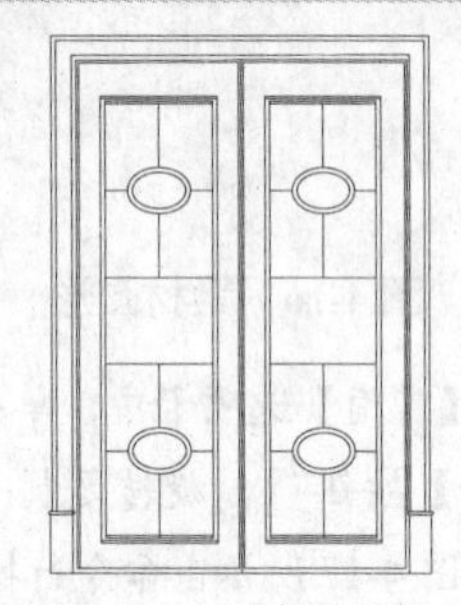

图 4-19 复制对象

技巧点拨

激活“多个（M）”选项，即可一次选择图形对象进行多次复制。

4.3.2 镜像图形

【镜像】命令是一个特殊的复制命令，通过该命令生成的图形对象与源对象相对于对称轴呈对称的关系。

启动【镜像】命令的方式有如下几种。

- 命令行：输入 MIRROR/MI 命令。
- 菜单栏：选择【修改】|【镜像】菜单命令。

- 工具栏：单击【修改】工具栏中的【镜像】按钮。
- 功能区：在【常用】选项卡中，单击【修改】面板中的【镜像】按钮。

【镜像】命令需要设置的参数是源对象和对称轴。对称轴通常由轴上的任意两点确定。在命令结束前，系统还会询问用户是否保留源对象。

课堂举例【4-6】：镜像轴

Step 01 单击【快速访问】工具栏中的【打开】按钮，打开“第4章\4.3.2.dwg”文件，如图4-20所示。

图4-20 素材图形

Step 02 在【常用】选项卡中，单击【修改】面板中的【镜像】按钮，镜像轴的上半部分，如图4-21所示，命令行操作如下：

```
命令：_mirror
//调用【镜像】命令
选择对象：指定对角点：找到 25 个
//按回车键结束选择
指定镜像线的第一点：
//利用【端点捕捉】功能捕捉中心线的端点
指定镜像线的第二点：
//利用【端点捕捉】功能捕捉中心线的另一端点
要删除源对象吗？[是(Y)/否(N)] <N>：N↙
//激活“否(N)”选项
```

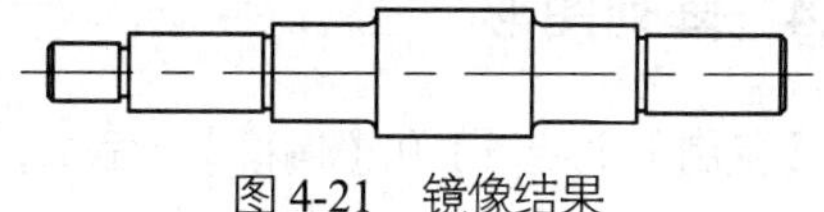

图4-21 镜像结果

技巧点拨

如果是水平或者竖直方向镜像图形，可以使用【正交】功能快速指定镜像轴。

4.3.3 偏移图形

【偏移】命令采用复制的方法生成等距离的图形。偏移的对象包括直线、圆弧、圆、椭圆、椭圆弧等。

启动【偏移】命令的方式有如下几种。

- 命令行：输入 OFFSET/O 命令。
- 菜单栏：选择【修改】|【偏移】菜单命令。
- 工具栏：单击【修改】工具栏中的【偏移】按钮。
- 功能区：在【常用】选项卡中，单击【修改】面板中的【偏移】按钮。

【偏移】命令需要设置的参数有需要偏移的源对象、偏移距离和偏移方向。偏移时，可以向源对象的左侧或右侧、上方或下方、外部或内部偏移。只要在需要偏移的一侧的任意位置单击即可确定偏移方向，也可以指定偏移对象通过已知的点。

课堂举例【4-7】：偏移图形

Step 01 单击【快速访问】工具栏中的【打开】按钮，打开“第4章\4.3.3.dwg”文件，如图4-22所示。

Step 02 在【常用】选项卡中，单击【修改】面板中的【偏移】按钮，偏移马桶座体外轮廓，如图4-23所示，命令行操作如下：

```
命令：_offset        //调用【偏移】对象
当前设置：删除源=否  图层=源  OFFSETGAPTYPE=0
指定偏移距离或 [通过(T)/删除(E)/图层(L)] <0.0000>:21↙        //指定偏移距离
```

选择要偏移的对象，或 [退出(E)/放弃(U)] <退出>: //选择马桶外轮廓图形

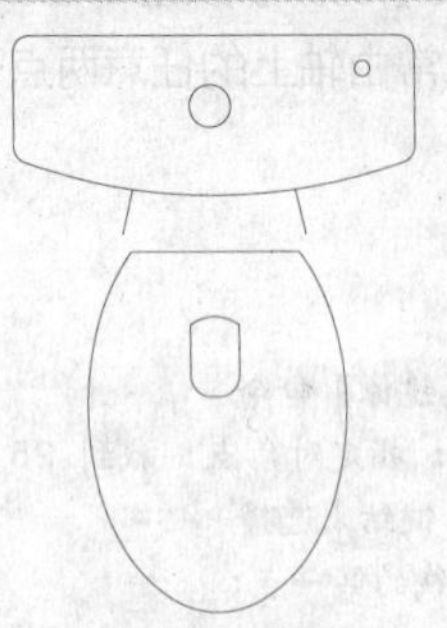

图4-22 素材图形

指定要偏移的那一侧上的点，或 [退出(E)/多个(M)/放弃(U)] <退出>: //向上移动鼠标指定偏移的点

选择要偏移的对象，或 [退出(E)/放弃(U)] <退出>:↙ //按 Enter 键结束偏移

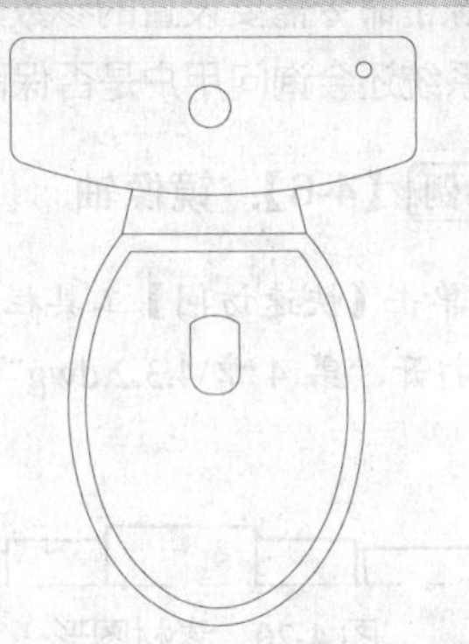

图4-23 偏移结果

4.3.4 阵列图形

【复制】、【镜像】和【偏移】等命令，一次只能复制得到一个对象副本。如果想要按照一定的规律大量地复制图形，可以使用 AutoCAD 2013 提供的【阵列】命令，该命令可以按矩形、环形和路径 3 种方式快速复制图形。

1. 矩形阵列

【矩形阵列】命令用于多重复制呈行列状排列的图形。

启动【矩形阵列】命令的方式有如下几种。

- 命令行：输入 ARRAY/AR 命令。
- 菜单栏：选择【修改】|【阵列】|【矩形阵列】菜单命令。
- 工具栏：单击【修改】工具栏中的【矩形阵列】按钮。
- 功能区：在【常用】选项卡中，单击【修改】面板中的【矩形阵列】按钮。

使用矩形阵列需要设置的参数有阵列的源对象、行和列的数目、行距和列距。行和列的数目决定了需要复制的图形对象有多少个。

课堂举例【4-8】：矩形阵列地砖图案

Step 01 单击【快速访问】工具栏中的【打开】按钮，打开“第 4 章\4.3.4 矩形阵列地砖图案.dwg”文件，如图 4-24 所示。

图4-24 素材图形

Step 02 在【常用】选项卡中，单击【修改】面板中的【矩形阵列】按钮，矩形阵列六边形图案，如图 4-25 所示，命令行操作如下：

命令：_arrayrect //调用【矩形阵列】命令
选择对象：指定对角点：找到 10 个 //选择对象
选择对象：↙
类型 = 矩形 关联 = 是
选择夹点以编辑阵列或 [关联(AS)/基点(B)/计数(COU)/间距(S)/列数(COL)/行数(R)/层数(L)/退出(X)] <退出>: COU↙ //激活“计数(COU)”选项
输入列数数或 [表达式(E)] <4>: 3↙

```
            //输入列数
    输入行数数或 [表达式(E)] <3>: 3↙
            //输入行数
    选择夹点以编辑阵列或 [关联(AS)/基点(B)/计数(COU)/间距(S)/列数(COL)/行数(R)/层数(L)/退出(X)] <退出>: S↙ //激活“间距(S)”选项
    指定列之间的距离或 [单位单元(U)] <322.4873>: 880↙ //输入列距
    指定行之间的距离 <539.6354>:-880↙
            //输入行距
    选择夹点以编辑阵列或 [关联(AS)/基点(B)/计数(COU)/间距(S)/列数(COL)/行数(R)/层数(L)/退出(X)] <退出>:↙   //按 Enter 键结束阵列
```

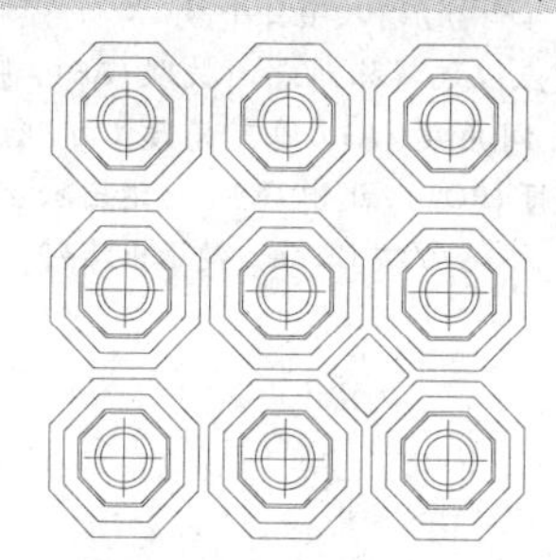

图 4-25　矩形阵列对象

Step 03 在【常用】选项卡中，单击【修改】面板中的【矩形阵列】按钮，矩形阵列四边形图案，如图 4-26 所示，命令行操作如下：

```
    命令: _arrayrect   //调用【矩形阵列】命令
    选择对象: 找到 1 个   //选择四边形
    选择对象: ↙
    类型 = 矩形  关联 = 是
    选择夹点以编辑阵列或 [关联(AS)/基点(B)/计数(COU)/间距(S)/列数(COL)/行数(R)/层数(L)/退出(X)] <退出>: B↙     //激活“基点(B)”选项
    指定基点或 [关键点(K)] <质心>:↙
    //利用【端点捕捉】功能捕捉四边形下侧端点
    选择夹点以编辑阵列或 [关联(AS)/基点(B)/计数(COU)/间距(S)/列数(COL)/行数(R)/层数(L)/退出(X)] <退出>: COU↙
    //激活“计数(COU)”选项
    输入列数数或 [表达式(E)] <4>: 2↙
    //输入列数
    输入行数数或 [表达式(E)] <3>: 2↙
    //输入行数
    选择夹点以编辑阵列或 [关联(AS)/基点(B)/计数(COU)/间距(S)/列数(COL)/行数(R)/层数(L)/退出(X)] <退出>: S↙
    //激活“间距(S)”选项
    指定列之间的距离或 [单位单元(U)] <658.9652>: -890↙
    //输入列距
    指定行之间的距离 <658.9652>:890↙
    //输入行距
    选择夹点以编辑阵列或 [关联(AS)/基点(B)/计数(COU)/间距(S)/列数(COL)/行数(R)/层数(L)/退出(X)] <退出>: X↙
    //激活“退出(X)”选项
```

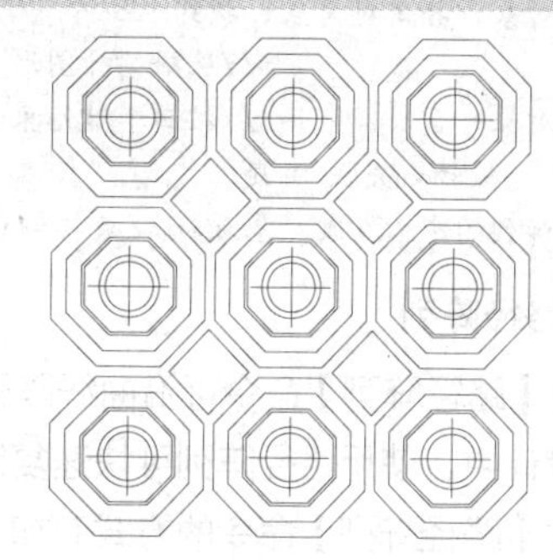

图 4-26　矩形阵列结果

专家提醒 

在进行矩形阵列操作的过程中，如果希望将阵列的图形往相反的方向复制时，在列数或行数前面加“-”符号即可。

2. 环形阵列

【环形阵列】命令用于沿中心点的四周均匀排列成环形的图形对象。

启动【环形阵列】命令的方式有如下几种。

- 命令行：输入 ARRAY/AR 命令。
- 菜单栏：选择【修改】|【阵列】|【环形阵列】菜单命令。
- 工具栏：单击【修改】工具栏中的【环形阵列】按钮。
- 功能区：在【常用】选项卡中，单击【修改】面板中的【环形阵列】按钮。

环形阵列需要设置的参数有阵列的源对象、项目总数、中心点位置和填充角度。填充角度是指全部项目排成的环形所占有的角度。例如，对于360° 填充，所有项目将排满一圈；对于270° 填充，所有项目只排满四分之三圈。

课堂举例【4-9】：环形阵列树叶

Step 01 单击【快速访问】工具栏中的【打开】按钮，打开“第4章\4.3.4 环形阵列树叶.dwg”文件，如图4-27所示。

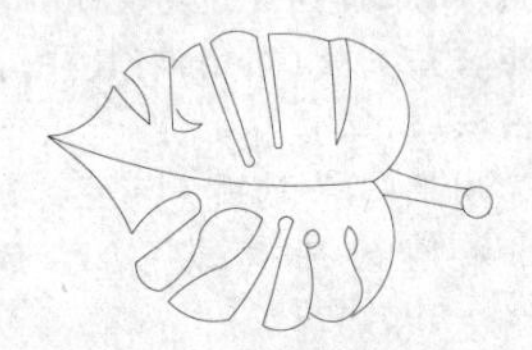

图4-27　素材图形

Step 02 在【常用】选项卡中，单击【修改】面板中的【环形阵列】按钮，阵列树叶，如图4-28所示，命令行操作如下：

```
命令：_arraypolar  //调用【环形阵列】命令
选择对象：指定对角点：找到 48 个
                    //选择树叶图形
选择对象：↙          //按回车键结束选择
类型 = 极轴  关联 = 是
指定阵列的中心点或 [基点(B)/旋转轴(A)]:
                              //捕捉圆心作为中心点
选择夹点以编辑阵列或 [关联(AS)/基点(B)/项目(I)/项目间角度(A)/填充角度(F)/行(ROW)/层(L)/旋转项目(ROT)/退出(X)] <退出>: I↙
                    //激活“项目(I)”选项
输入阵列中的项目数或 [表达式(E)] <6>: 5↙
                    //输入项目个数
选择夹点以编辑阵列或 [关联(AS)/基点(B)/项目(I)/项目间角度(A)/填充角度(F)/行(ROW)/层(L)/旋转项目(ROT)/退出(X)] <退出>:↙
                    //按Enter键退出阵列
```

图4-28　环形阵列结果

3．路径阵列

通过【路径阵列】命令可沿曲线阵列复制图形，通过设置不同的基点，能得到不同的阵列结果。在园林设计中，使用路径阵列可快速复制园路与街道旁的树木，或者草地中的汀步图形。

启动【路径阵列】命令的方式有如下几种。

- 命令行：输入ARRAY/AR命令。
- 菜单栏：选择【修改】|【阵列】|【路径阵列】菜单命令。
- 工具栏：单击【修改】工具栏中的【路径阵列】按钮。
- 功能区：在【常用】选项卡中，单击【修改】面板中的【路径阵列】按钮。

路径阵列需要设置的参数有阵列路径、阵列对象和阵列数量、方向等。

课堂举例【4-10】：路径阵列生成汀步

Step 01 单击【快速访问】工具栏中的【打开】按钮，打开“第4章\4.3.4 路径阵列生成汀步.dwg”文件，如图4-29所示。

Step 02 在【常用】选项卡中，单击【修改】面板中的【路径阵列】按钮，阵列汀步图形，如图4-30所示，命令行操作如下：

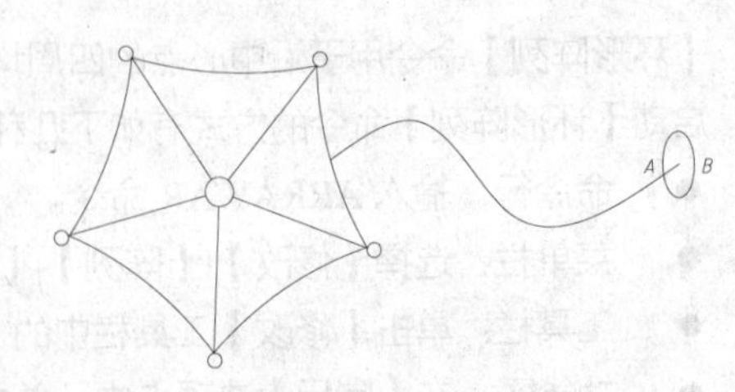

图4-29　素材图形

```
命令: _arraypath    //调用【路径阵列】按钮
选择对象: 找到 1 个  //选择汀步图形
选择对象: ↙          //结束对象选择
类型 = 路径  关联 = 是
选择路径曲线:        //选择样条曲线
选择夹点以编辑阵列或 [关联(AS)/方法(M)/基点(B)/项目(I)/行(R)/层(L)/对齐项目(A)/Z 方向(Z)/退出(X)] <退出>: T↙
//激活"切向(T)"选项
指定切向矢量的第一个点或 [法线(N)]:
//利用【象限点捕捉】功能捕捉象限点A点
指定切向矢量的第二个点:
//利用【象限点捕捉】功能捕捉象限点B点
选择夹点以编辑阵列或 [关联(AS)/方法(M)/基点(B)/切向(T)/项目(I)/行(R)/层(L)/对齐项目(A)/Z 方向(Z)/退出(X)] <退出>: I↙
//激活"项目(I)"选项
指定沿路径的项目之间的距离或 [表达式(E)] <409.4961>: 500↙     //输入间隔距离
最大项目数 = 8
指定项目数或 [填写完整路径(F)/表达式(E)] <8>: 7↙     //输入项目数
选择夹点以编辑阵列或 [关联(AS)/方法(M)/基点(B)/切向(T)/项目(I)/行(R)/层(L)/对齐项目(A)/Z 方向(Z)/退出(X)] <退出>:↙
                    //按Enter键完成阵列
```

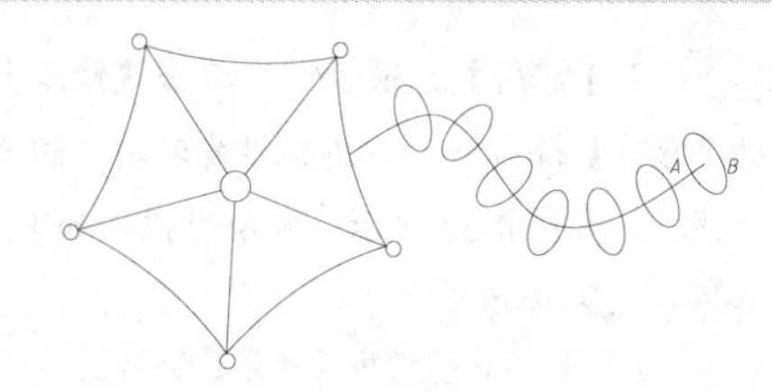

图4-30　路径阵列结果

技巧点拨

在路径阵列过程中，设置不同的切向，阵列对象将按不同的方向沿路径排列。

4.4　图形修整

前面的几组修改命令主要是将已有图形对象作为一个整体进行修改。这一组命令将对图形对象进行局部修整，包括修剪、延伸和断开等。

4.4.1　修剪对象

使用【修剪】命令，可以准确地以某一线段为边界删除多余线段。

启动【修剪】命令的方式有如下几种。

- 命令行：输入TRIM/TR命令。
- 菜单栏：选择【修改】|【修剪】菜单命令。
- 工具栏：单击【修改】工具栏中的【修剪】按钮。
- 功能区：在【常用】选项卡中，单击【修改】面板中的【修剪】按钮。

【修剪】命令需要设置的参数包括修剪边界和修剪对象两类。该命令将修剪对象超过修剪边界的多余部分删除。要注意在选择修剪对象时光标所在的位置。需要删除哪一部分，则在该部分上单击。

课堂举例【4-11】：修剪线段完善沙发组图形

Step 01 单击【快速访问】工具栏中的【打开】按钮，打开"第4章\4.4.1.dwg"文件，如图4-31所示。

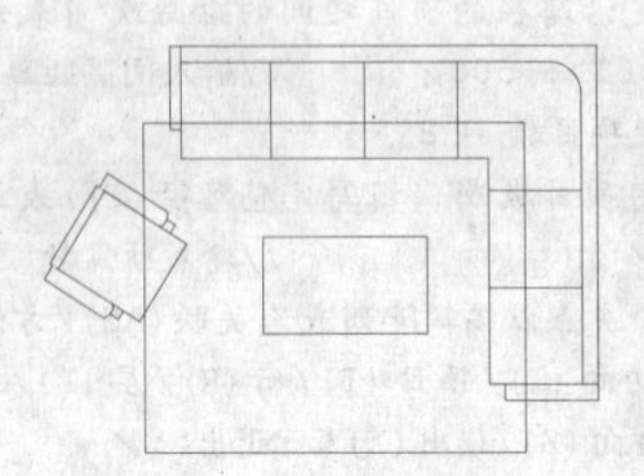
图 4-31　素材图形

Step 02 在【常用】选项卡中，单击【修改】面板中的【修剪】按钮，以外侧沙发轮廓为边界修剪多余线段，如图 4-32 所示，命令行操作如下：

```
命令: _trim
                    //调用【修剪】命令
当前设置:投影=UCS, 边=无
选择剪切边...
选择对象或 <全部选择>: 找到 4 个,总计 4 个
                    //选择整个图形作为修剪边界
选择对象: ↙
选择要修剪的对象，或按住 Shift 键选择要延伸的对象，或[栏选(F)/窗交(C)/投影(P)/边(E)/删除(R)/放弃(U)]:      //单击选择需要修剪的线段
选择要修剪的对象，或按住 Shift 键选择要延伸的对象，或[栏选(F)/窗交(C)/投影(P)/边(E)/删除(R)/放弃(U)]: ↙    //按 Enter 键结束修剪
```

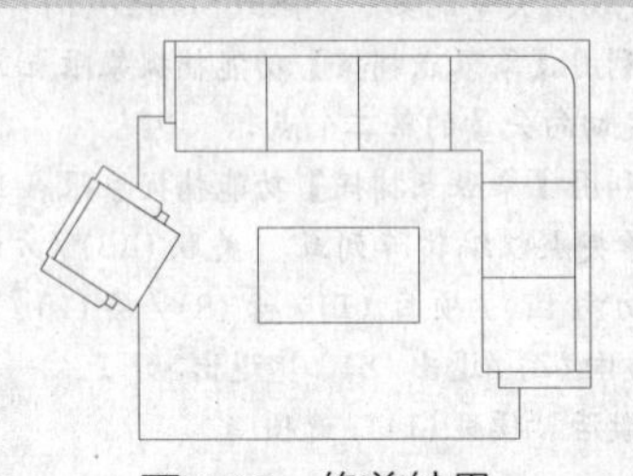
图 4-32　修剪结果

专家提醒

在修剪图形时，在修剪对象上不同的区域单击，将得到不同的修剪效果。

4.4.2　延伸对象

【延伸】命令是以某些图形为边界，将线段延伸至图形边界处。

启动【延伸】命令的方式有如下几种。

- 命令行：输入 EXTEND/EX 命令。
- 菜单栏：选择【修改】|【延伸】菜单命令。
- 工具栏：单击【修改】工具栏上的【延伸】按钮。
- 功能区：在【常用】选项卡中，单击【修改】面板中的【延伸】按钮。

选择延伸对象时，需要注意延伸方向的选择。朝哪个边界延伸，则在靠近边界的那部分上单击。

技巧点拨

自 AutoCAD 2002 开始，【修剪】和【延伸】命令已经可以开始联用。在使用【修剪】命令时，选择修剪对象时按住 Shift 键，可以将该对象向边界延伸；在使用【延伸】命令时，选择延伸对象时按住 Shift 键，可以将该对象超过边界的部分修剪删除。

课堂举例【4-12】：延伸线段

Step 01 单击【快速访问】工具栏中的【打开】按钮，打开“第 4 章\4.4.2.dwg”文件，如图 4-33 所示。

Step 02 在【常用】选项卡中，单击【修改】面板中的【延伸】按钮，延伸线段至圆，如图 4-34 所示，命令行操作如下：

```
命令: _extend //调用【延伸】命令
当前设置:投影=UCS, 边=无
选择边界的边...
选择对象或 <全部选择>: 找到 1 个
                    //选择最外侧圆作为延伸边界
```

选择对象：↙

选择要延伸的对象，或按住 Shift 键选择要修剪的对象，或[栏选(F)/窗交(C)/投影(P)/边(E)/放弃(U)]：

图 4-33 素材图形

//分别单击需要延伸的线段，如 L1、L2 等

选择要延伸的对象，或按住 Shift 键选择要修剪的对象，或 [栏选(F)/窗交(C)/投影(P)/边(E)/放弃(U)]：↙ //按回车键结束延伸

图 4-34 延伸结果

专家提醒

想往哪边延伸，则在靠近边界的那端单击。

4.4.3 分解对象

再次编辑从外部引用的块或者是阵列后的图形对象时，需要先调用【分解】命令分解图形，才能调用其他命令进行编辑。

启动【分解】命令的方式有如下几种。

- 命令行：输入 EXPLODE/X 命令。
- 菜单栏：选择【修改】|【分解】菜单命令。
- 工具栏：单击【修改】工具栏中的【分解】按钮。
- 功能区：在【常用】选项卡中，单击【修改】面板中的【分解】按钮。

课堂举例【4-13】：分解并删除多余图形

Step 01 单击【快速访问】工具栏中的【打开】按钮，打开"第 4 章\4.4.3.dwg"文件，如图 4-35 所示。

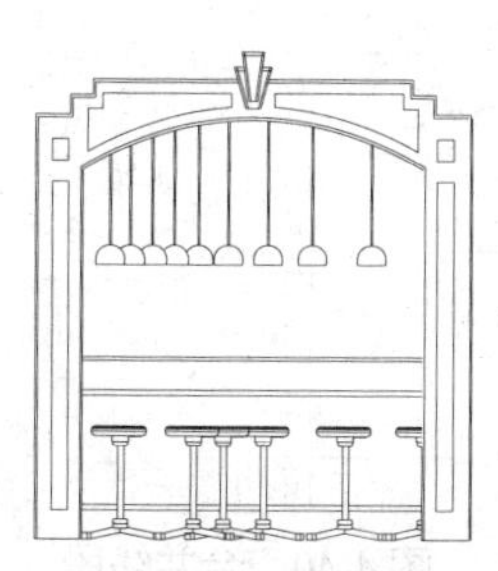

图 4-35 素材图形

Step 02 此时的图形为一个整体，只能单击选择整个图块，如图 4-36 所示，而无法对图形某个部分进行单独编辑，因此需要进行分解。

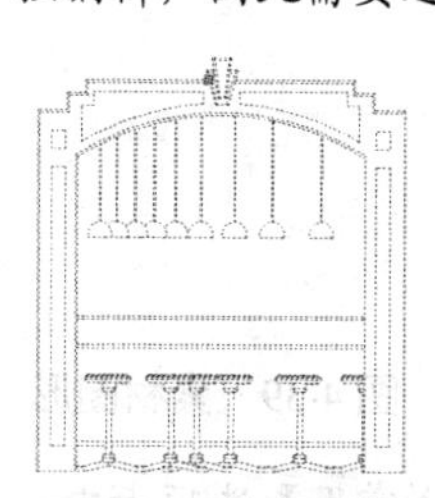

图 4-36 选择图块

Step 03 在【常用】选项卡中，单击【修改】面板中的【分解】按钮，分解图形，命令行操作如下：

```
命令: _explode        //调用【分解】命令
选择对象: 指定对角点: 找到 1 个
                      //选择需要分解的对象
选择对象: ↙           //按回车键分解对象
```

Step 04 图形分解之后，即可任意选择其中需要删除的部分，如图 4-37 所示。

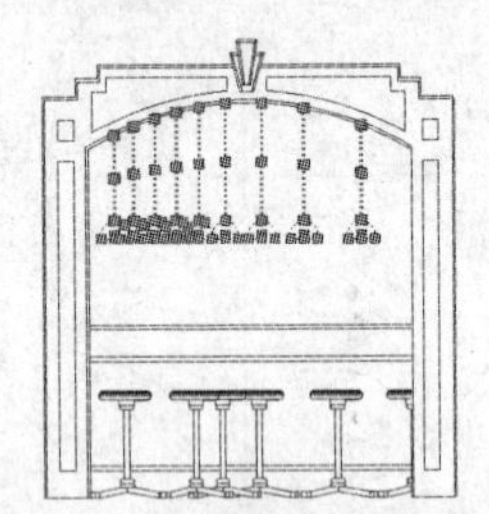

图 4-37 选择需要删除的图形

Step 05 在【常用】选项卡中，单击【修改】面板中的【删除】按钮，删除选择的图形，结果如图 4-38 所示。

图 4-38 删除选择的图形

4.4.4 合并对象

使用【合并】命令可将相似的对象合并为一个对象，用户也可以用【合并】命令将圆弧、椭圆弧合并为圆和椭圆。

启动【合并】命令的方式有如下几种。

- 命令行：输入 JOIN/J 命令。
- 菜单栏：选择【修改】|【合并】菜单命令。
- 工具栏：单击【修改】工具栏中的【合并】按钮。
- 功能区：在【常用】选项卡，单击【修改】面板中的【合并】按钮。

课堂举例【4-14】：合并线段

Step 01 单击【快速访问】工具栏中的【打开】按钮，打开“第 4 章\4.4.4.dwg”文件，如图 4-39 所示。

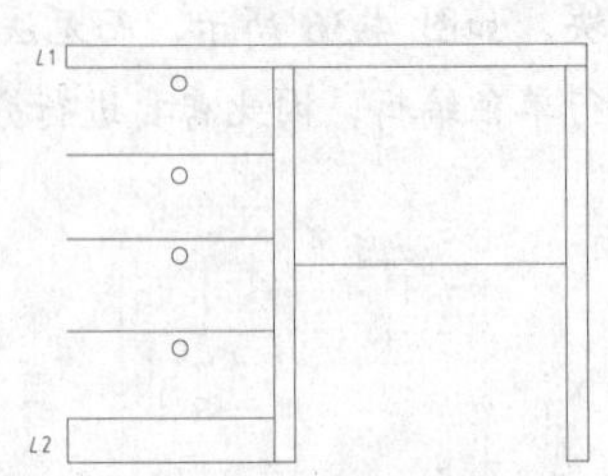

图 4-39 素材图形

Step 02 在【常用】选项卡中，单击【修改】面板中的【合并】按钮，合并直线，如图 4-40 所示，命令行操作如下：

```
命令: _join               //调用【合并】命令
选择源对象或要一次合并的多个对象: 找到 1 个
                          //选择线段 L1
选择要合并的对象: 找到 1 个, 总计 2 个
                          //选择线段 L2
选择要合并的对象: ↙ //按 Enter 键合并对象
2 条直线已合并为 1 条直线
```

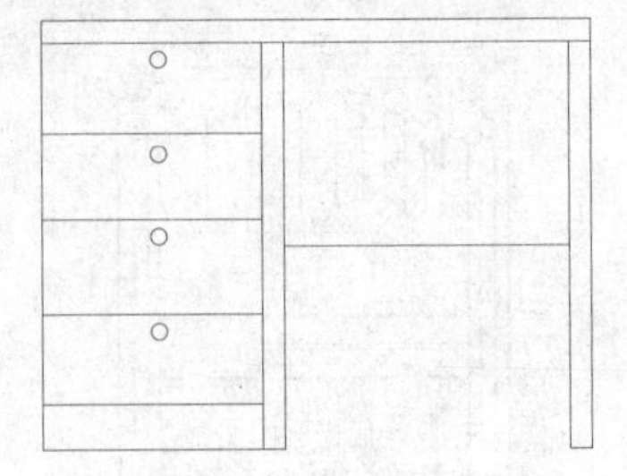

图 4-40 合并线段

专家提醒 

要合并的对象必须位于相同的平面上，如果是直线对象则必须共线。

4.4.5 打断对象

【打断】命令用于将直线或弧段分解成多个部分，或者删除直线或弧段的某个部分。

启动【打断】命令的方式有如下几种。

- 命令行：输入 BREAK/BR 命令。
- 菜单栏：选择【修改】|【打断】菜单命令。
- 工具栏：单击【修改】工具栏中的【打断】按钮。
- 功能区：在【常用】选项卡中，单击【修改】面板中的【打断】按钮。

【打断】命令需要设置的参数有断开对象、断开起点和断开终点。在断开起点和终点之间的图形部分将被删除。

课堂举例【4-15】：打断线段

Step 01 单击【快速访问】工具栏中的【打开】按钮，打开“第 4 章\4.4.5.dwg”文件，如图 4-41 所示。

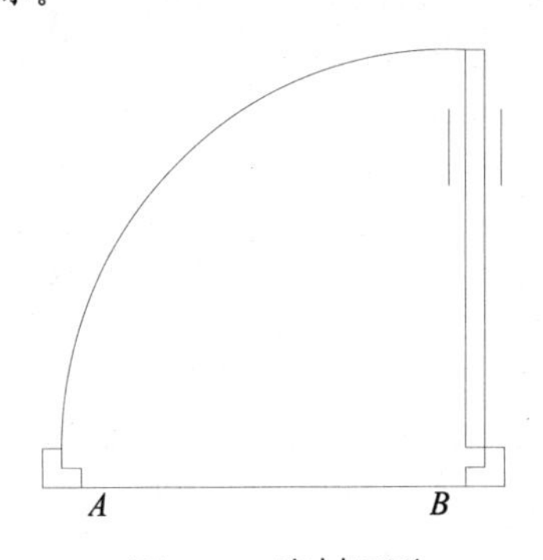

图 4-41　素材图形

Step 02 在【常用】选项卡中，单击【修改】面板中的【打断】按钮，打断线段，如图 4-42 所示，命令行操作如下：

```
命令: _break  //调用【打断】命令
选择对象:      //选择需要打断的直线
指定第二个打断点 或 [第一点(F)]: F↙
               //激活“第一点(F)”选项
指定第一个打断点:
               //捕捉交点 A 作为第 1 打断点
指定第二个打断点:
               //捕捉交点 B 作为第 2 打断点
```

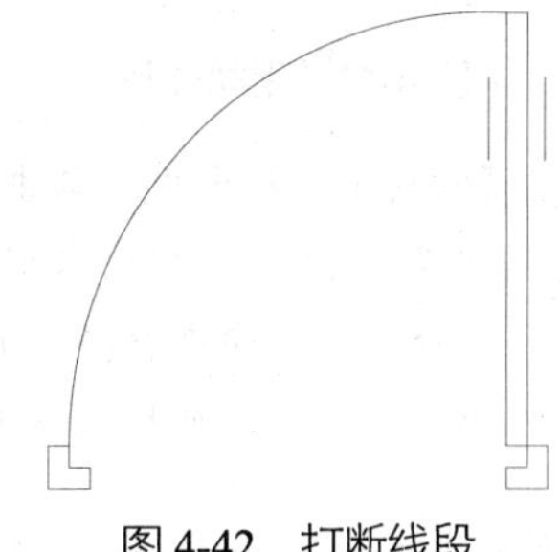

图 4-42　打断线段

专家提醒 

默认情况下，【打断】命令以选择打断对象时单击的位置为第一打断点。

4.5 图形变形

图形变形命令包括【缩放】、【拉伸】和【拉长】，它们可以对已有图形对象进行变形操作，从而改变图形的尺寸或形状。

4.5.1 缩放对象

【缩放】命令是将已有的图形以基点为参照，进行等比例缩放。

启动【缩放】命令的方式有如下几种。

- 命令行：输入 SCALE/SC 命令。
- 菜单栏：选择【修改】|【缩放】菜单命令。
- 工具栏：单击【修改】工具栏上的【缩放】按钮。
- 功能区：在【常用】选项卡中，单击【修改】面板中的【缩放】按钮。

【缩放】命令需要设置的参数有缩放对象、基点和比例因子。比例因子也就是缩小或放大的比例值。

课堂举例【4-16】：缩放水桶

Step 01 单击【快速访问】工具栏中的【打开】按钮，打开“第 4 章\4.5.1.dwg”文件，如图 4-43 所示。

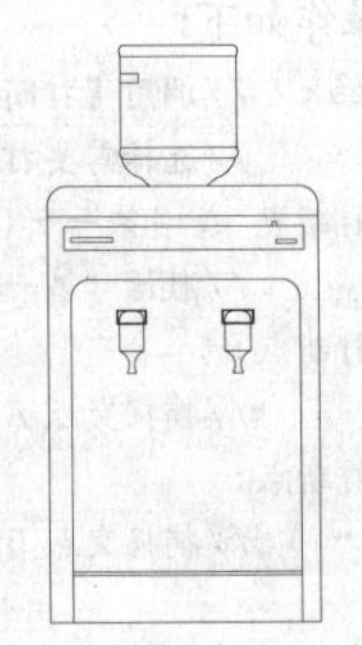

图 4-43　素材图形

Step 02 在【常用】选项卡中，单击【修改】面板中的【缩放】按钮，缩放水桶，比例因子为 2，如图 4-44 所示，命令行操作如下：

```
命令: _scale                //调用【缩放】命令
选择对象: 找到 1 个
选择对象: 找到 1 个，总计 4 个
            //选择水桶桶身部分
选择对象: ↙
指定基点: //利用【中点捕捉】功能捕捉中心点 A
指定比例因子或 [复制(C)/参照(R)]: 2↙
            //输入比例因子
```

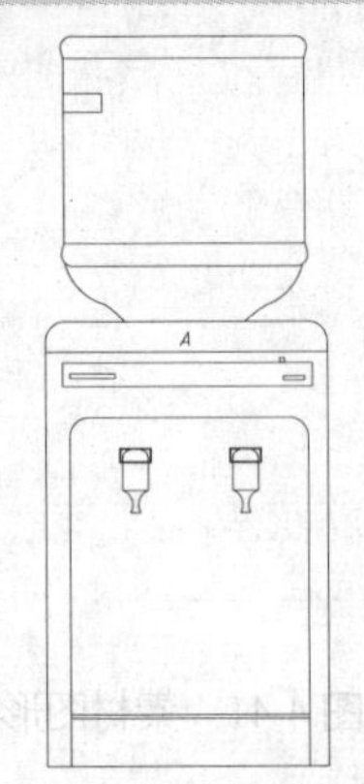

图 4-44　缩放对象

> **专家提醒**
>
> 比例因子大于 1 时为放大，小于 1 时为缩小。

4.5.2 拉伸对象

使用【拉伸】命令，可以拉伸和压缩图形对象。

启动【拉伸】命令的方式有如下几种。

- 命令行：输入 STRETCH/S 命令。
- 菜单栏：选择【修改】|【拉伸】菜单命令。
- 工具栏：单击【修改】工具栏中的【拉伸】按钮。

● 功能区：在【常用】选项卡中，单击【修改】面板中的【拉伸】按钮。

【拉伸】命令需要设置的参数有拉伸对象、拉伸基点的起点和拉伸位移。拉伸位移决定了拉伸的方向和距离。进行拉伸操作时应遵循以下原则。

● 通过单击选择和窗口选择获得的拉伸对象将只被平移，不被拉伸。
● 通过交叉选择获得的拉伸对象，如果所有夹点都落入选择框内，图形将发生平移；如果只有部分夹点落入选择框内，图形将沿拉伸位移拉伸；如果没有夹点落入选择框内，图形将保持不变。

课堂举例【4-17】：拉伸台灯灯杆

Step 01 单击【快速访问】工具栏中的【打开】按钮，打开“第 4 章\4.5.2.dwg”文件，如图 4-45 所示。

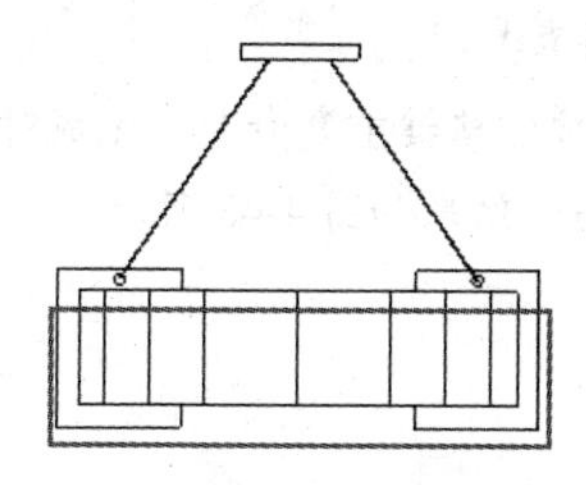

图 4-45　素材图形

Step 02 在【常用】选项卡中，单击【修改】面板中的【拉伸】按钮，利用【端点捕捉】功能拉伸灯罩，将灯罩高度增加 150，如图 4-46 所示，命令行操作如下：

```
命令：_stretch
//调用【拉伸】命令
以交叉窗口或交叉多边形选择要拉伸的对象...
选择对象：指定对角点：找到 17 个
//使用窗交选择方式选择红色区域内的图形
选择对象：↙
指定基点或 [位移(D)] <位移>:
//任意指定一点
指定第二个点或 <使用第一个点作为位移>:
//向下移动鼠标
指定第二个点或 <使用第一个点作为位移>:
@0,-150↙        //输入相对直角坐标，完成拉伸
```

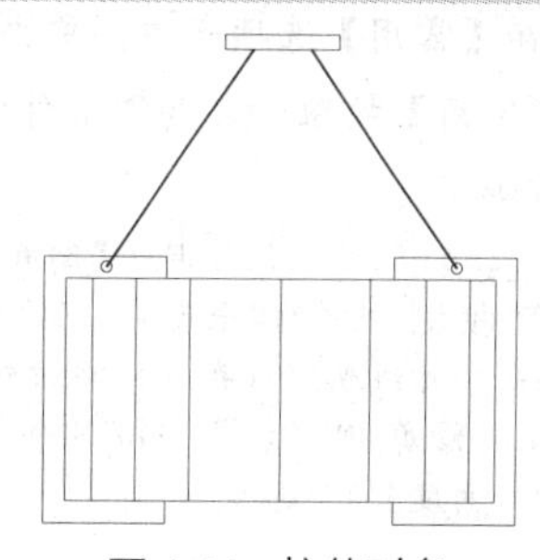

图 4-46　拉伸对象

4.6　倒角与圆角

【倒角】与【圆角】是机械设计绘图中常用的命令，可使工件相邻两表面在相交处以斜面或圆弧面进行过渡。以斜面形式过渡的称为倒角，以圆弧面形式过渡的称为圆角。在二维平面上，倒角和圆角分别用直线和圆弧过渡表示。

4.6.1　倒角

【倒角】命令通过指定距离与角度等方式对图形进行倒角。倒角距离是每个对象与倒角相接或与其他对象相交而进行修剪或延伸的长度。

启动【倒角】命令的方式有如下几种。

● 命令行：输入 CHAMFER/CHA 命令。

- 菜单栏：选择【修改】|【倒角】菜单命令。
- 工具栏：单击【修改】工具栏中的【倒角】按钮。
- 功能区：在【常用】选项卡中，单击【修改】面板中的【倒角】按钮。

课堂举例【4-18】：倒角完善水池图形

Step 01 单击【快速访问】工具栏中的【打开】按钮，打开“第 4 章\4.6.1.dwg”文件，如图 4-47 所示。

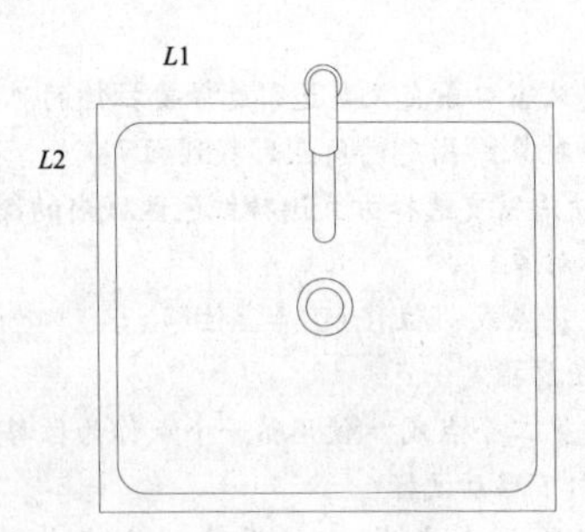

图 4-47　素材图形

Step 02 在【常用】选项卡中，单击【修改】面板中的【倒角】按钮，为图形外轮廓倒角，命令行操作如下：

```
命令: _chamfer        //调用【倒角】命令
("修剪"模式) 当前倒角长度 = 0.0000, 角度 = 0
选择第一条直线或 [放弃(U)/多段线(P)/距离(D)/角度(A)/修剪(T)/方式(E)/多个(M)]: A↙
//激活"角度(A)"选项
指定第一条直线的倒角长度 <0.0000>: 20↙
//输入第一条直线的倒角长度
指定第一条直线的倒角角度 <0>: 45↙
//输入第一条直线的倒角角度
选择第一条直线或 [放弃(U)/多段线(P)/距离(D)/角度(A)/修剪(T)/方式(E)/多个(M)]:
//选择直线 L1
选择第二条直线，或按住 Shift 键选择直线以应用角点或 [距离(D)/角度(A)/方法(M)]:
//选择直线 L2
```

Step 03 按空格键重复命令，完成对其他线段的倒角操作，结果如图 4-48 所示。

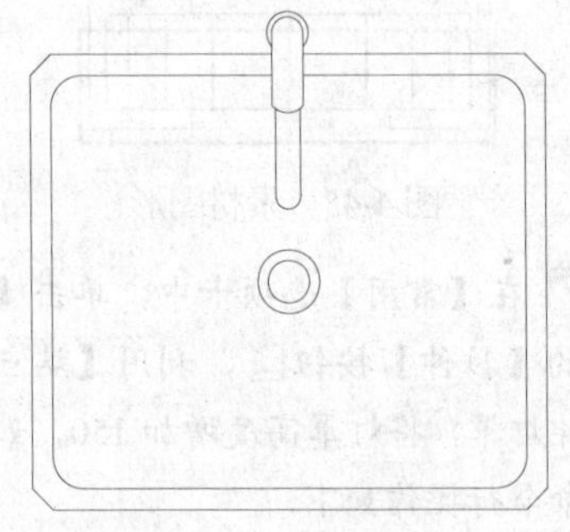

图 4-48　倒角结果

专家提醒

不能倒角或看不出倒角差别时，说明倒角距离或者角度过大或者过小。

4.6.2　圆角

【圆角】命令与【倒角】命令相似，只是【圆角】命令是以圆弧进行过渡的。

启动【圆角】命令的方式有如下几种。

- 命令行：输入 FILLET/F 命令。
- 菜单栏：选择【修改】|【圆角】菜单命令。
- 工具栏：单击【修改】工具栏中的【圆角】按钮。
- 功能区：在【常用】选项卡中，单击【修改】面板中的【圆角】按钮。

课堂举例【4-19】：对双人床倒圆角

Step 01 单击【快速访问】工具栏中的【打开】按钮，打开“第 4 章\4.6.2.dwg”文件，如图 4-49 所示。

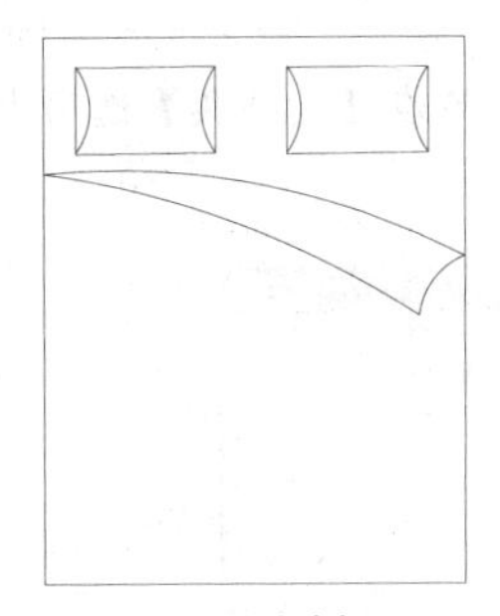

图 4-49　素材图形

Step 02 在【常用】选项卡中，单击【修改】面板中的【圆角】按钮，为图形外轮廓倒圆角，如图 4-50 所示，命令行操作如下：

```
命令: _fillet        //调用【圆角】命令
当前设置: 模式 = 修剪, 半径 = 0.0000
选择第一个对象或 [放弃(U)/多段线(P)/半径(R)/修剪(T)/多个(M)]: R↙
                                //激活“半径(R)”选项
指定圆角半径 <0.0000>: 10↙
                                //输入圆角半径
选择第一个对象或 [放弃(U)/多段线(P)/半径(R)/修剪(T)/多个(M)]:  //选择一条外轮廓直线
选择第二个对象, 或按住 Shift 键选择对象以应用角点或 [半径(R)]:
                //选择相邻的另一条输入直线
…… //重复调用【圆角】命令, 完成其他轮廓圆角
```

图 4-50　圆角结果

4.7　夹点编辑图形

当选择一个图形对象后，该图形即进入夹点编辑模式。激活的夹点变为“热夹点”，被激活的夹点才能用来编辑图形。夹点编辑遵循“先选择、后操作”的操作方式。

夹点编辑类似于常用编辑命令的综合版，集合了【移动】、【拉伸】、【复制】、【缩放】、【旋转】五种命令于一身。用户不需要调用命令即可以直接对图形对象进行相关的编辑操作。

4.7.1　关于夹点

在夹点模式下，图形对象以虚线显示，图形上的特征点显示为蓝色小方框，这些小方框即为夹点，如图 4-51 所示。

夹点有未激活和被激活两种状态。以蓝色小方框显示的夹点处于未激活状态，也就是冷态；单击某个未激活夹点，该夹点以红色小方框显示，其处于被激活状态，也就是热态。

技巧点拨

激活热夹点时按住 Shift 键，可以选择激活多个热夹点。

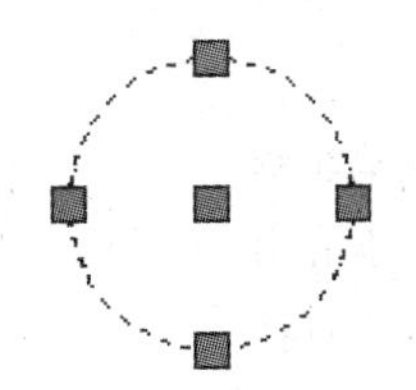

图 4-51　图形夹点

专家提醒

选择【工具】|【选项】菜单命令，打开【选项】对话框，可在【选项集】选项卡中对夹点颜色、显示大小等参数进行设置，如图 4-52 所示。

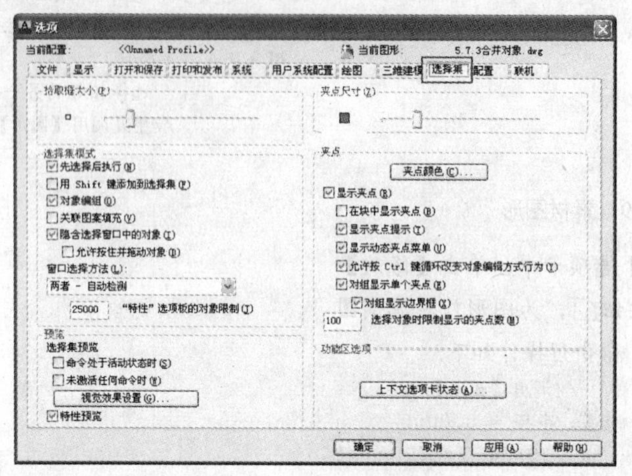

图 4-52 【选项】对话框

4.7.2 利用夹点修整图形对象

1. 利用夹点拉伸对象

通过移动夹点，可以将图形对象拉伸至新位置。夹点编辑中的【拉伸】与【拉伸】命令功能一致。

课堂举例【4-20】：利用夹点拉伸对象

Step 01 单击【快速访问】工具栏中的【打开】按钮，打开“第 4 章\4.7.2.dwg”文件，如图 4-53 所示。

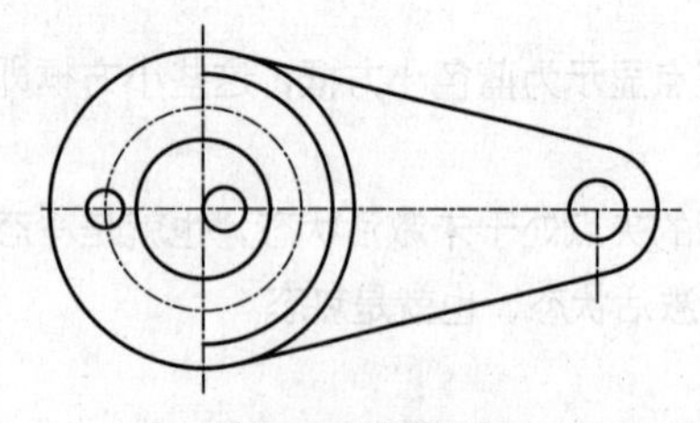

图 4-53 素材图形

Step 02 选择右侧垂直辅助线段，使之进入夹点编辑状态，如图 4-54 所示。

Step 03 按 Enter 键切换至【拉伸】夹点编辑模式，配合【端点捕捉】与【追踪】功能，垂直向上和向下拉伸线段，如图 4-55 所示，命令行操作如下：

```
命令:
** 拉伸 **//进入夹点编辑模式
指定拉伸点或 [基点(B)/复制(C)/放弃(U)/退出(X)]:        //分别拉伸线段上端和下端夹点
```

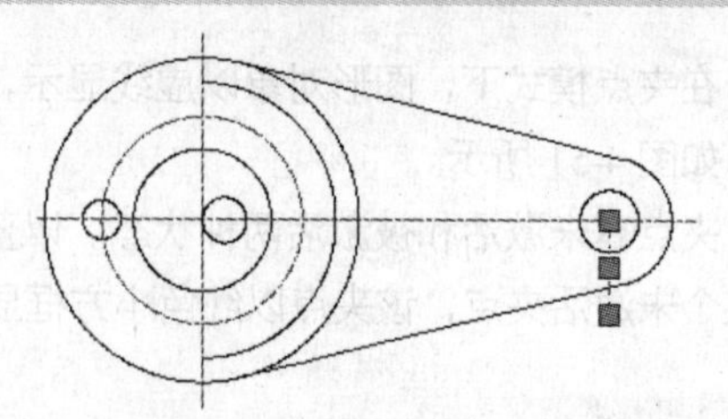

图 4-54 夹点编辑状态

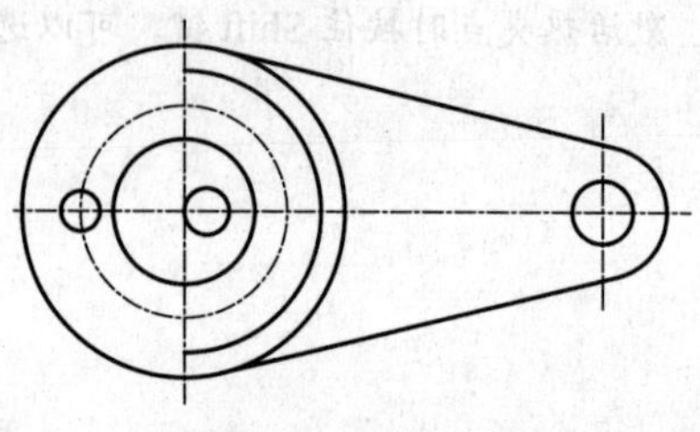

图 4-55 拉伸对象

技巧点拨

在夹点编辑过程中，可按 Enter 键或者空格键切换夹点编辑模式。

2. 利用夹点移动对象

使用夹点移动对象，可以将对象从当前位置移动到新位置。

课堂举例【4-21】：利用夹点移动图形

Step 01 单击【快速访问】工具栏中的【打开】按钮，打开如图 4-55 所示的文件。

Step 02 选择中间小圆，使之呈现夹点状态，如图 4-56 所示。

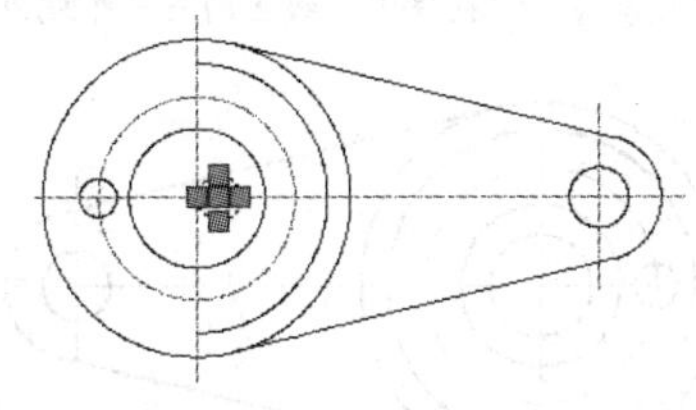

图 4-56　夹点状态

Step 03 选择圆心的夹点，按 Enter 键确认，进入【移动】模式，配合【交点捕捉】功能移动圆至辅助线交点处，如图 4-57 所示，命令行操作如下：

```
    ** MOVE **             //进入移动编辑模式
    指定移动点 或 [基点(B)/复制(C)/放弃(U)/退
出(X)]:                    //移动圆图形
```

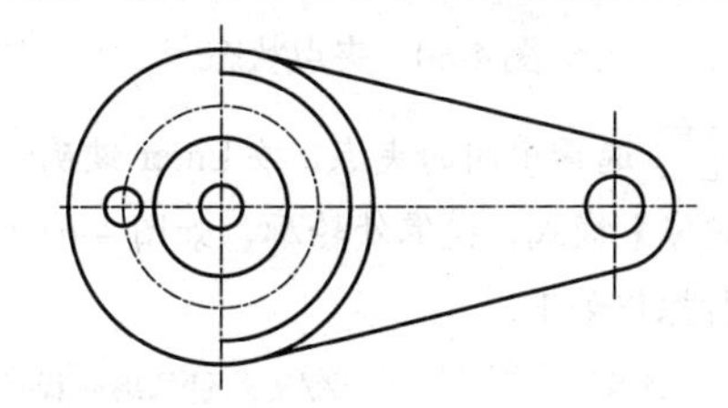

图 4-57　移动图形

3. 利用夹点缩放对象

使用夹点缩放功能，可基于某点缩放选定对象。

课堂举例【4-22】：利用夹点缩放对象

Step 01 单击【快速访问】工具栏中的【打开】按钮，打开如图 4-57 所示的文件。

Step 02 选择中心处小圆，使之呈现夹点状态，如图 4-58 所示。

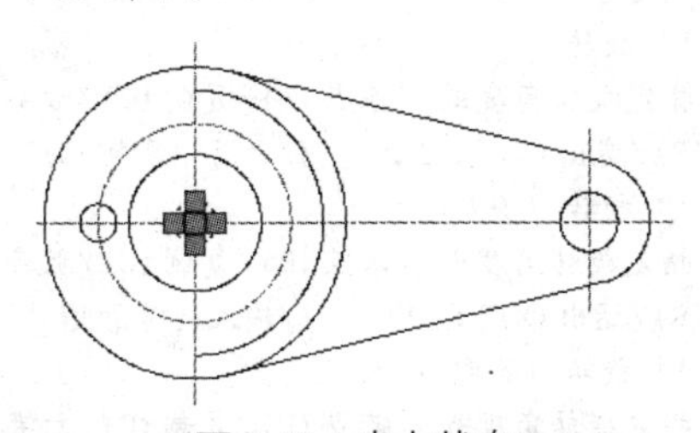

图 4-58　夹点状态

Step 03 选择圆心的夹点，按 Enter 键确认，进入【缩放】模式，缩放小圆，如图 4-59 所示，命令行操作如下：

```
    ** 比例缩放 **
                           //进入缩放编辑模式
    指定比例因子或 [基点(B)/复制(C)/放弃(U)/
参照(R)/退出(X)]: B↙      //激活"基点(B)"选项
    指定基点:              //指定圆心作为缩放基点
    ** 比例缩放 **
    指定比例因子或 [基点(B)/复制(C)/放弃(U)/
参照(R)/退出(X)]: 2↙      //输入缩放比例
```

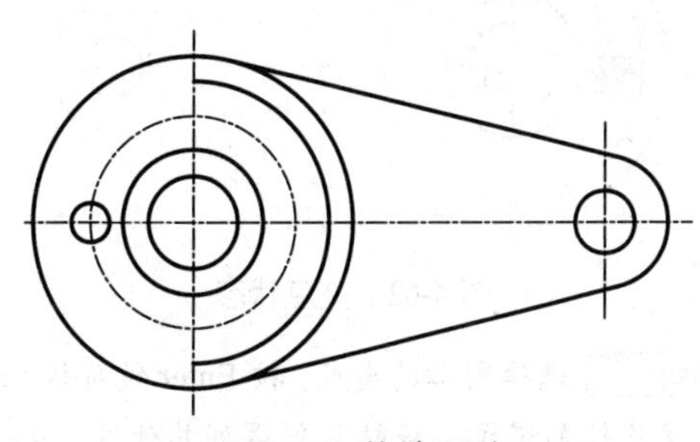

图 4-59　缩放图形

4. 利用夹点镜像对象

使用夹点镜像功能，可沿某镜像轴镜像复制图形。

课堂举例【4-23】：利用夹点镜像对象

Step 01 单击【快速访问】工具栏中的【打开】按钮，打开如图4-59所示的文件。

Step 02 选择外侧圆弧与直线，使之呈现夹点状态，如图4-60所示。

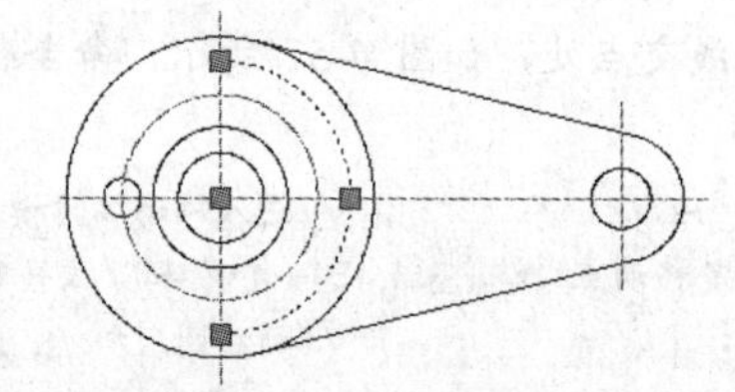

图4-60 夹点状态

Step 03 选择中间的夹点，按Enter键确认，进入【镜像】模式，镜像外轮廓，如图4-61所示，命令行操作如下：

```
** 镜像 **                    //进入镜像编辑模式
指定第二点或 [基点(B)/复制(C)/放弃(U)/退出(X)]: C↙    //激活"复制(C)"选项
** 镜像 (多重) **
指定第二点或 [基点(B)/复制(C)/放弃(U)/退出(X)]: B↙    //激活"基点(B)"选项
指定基点: //选择中心线交点
** 镜像 (多重) **
指定第二点或 [基点(B)/复制(C)/放弃(U)/退出(X)]:        //捕捉中心线上的一个端点
** 镜像 (多重) **
指定第二点或 [基点(B)/复制(C)/放弃(U)/退出(X)]:        //捕捉中心线上的另一个端点
```

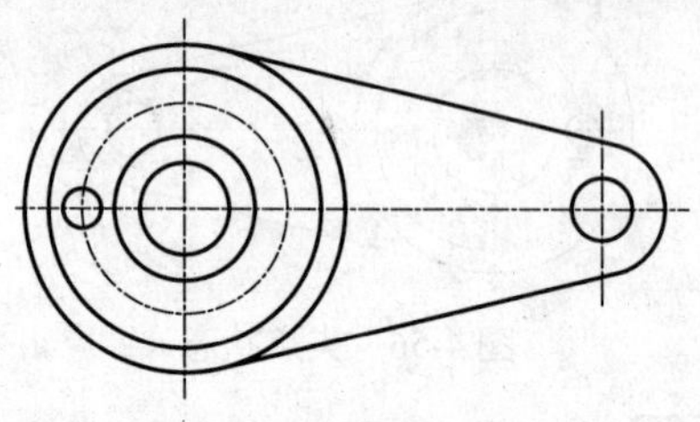

图4-61 镜像图形

5. 利用夹点旋转或复制对象

使用夹点旋转功能，可以绕某个基点旋转或复制图形。

课堂举例【4-24】：利用夹点旋转或复制对象

Step 01 单击【快速访问】工具栏中的【打开】按钮，打开如图4-61所示的文件。

Step 02 选择左侧小圆，使之呈现夹点状态，如图4-62所示。

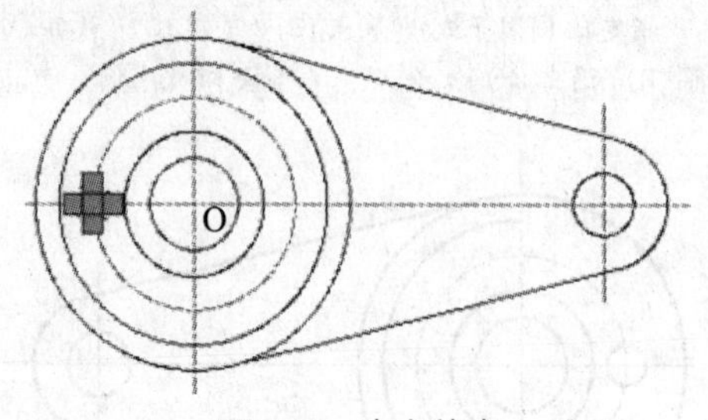

图4-62 夹点状态

Step 03 选择圆心的夹点，按Enter键确认，进入【旋转】模式，旋转复制得到其他圆，如图4-63所示，命令行操作如下：

```
** 旋转 **                    //进入旋转编辑模式
指定旋转角度或 [基点(B)/复制(C)/放弃(U)/参照(R)/退出(X)]: B↙    //激活"基点(B)"选项
指定基点: ↙                   //拾取中心点O
** 旋转 **
指定旋转角度或 [基点(B)/复制(C)/放弃(U)/参照(R)/退出(X)]: C↙    //激活"复制(C)"选项
** 旋转 (多重) **
指定旋转角度或 [基点(B)/复制(C)/放弃(U)/参照(R)/退出(X)]: 90↙   //输入旋转角度
** 旋转 (多重) **
指定旋转角度或 [基点(B)/复制(C)/放弃(U)/参照(R)/退出(X)]: C↙    //激活"复制(C)"选项
** 旋转 (多重) **
指定旋转角度或 [基点(B)/复制(C)/放弃(U)/参照(R)/退出(X)]: 180↙ //输入旋转角度
** 旋转 (多重) **
```

```
    指定旋转角度或 [基点(B)/复制(C)/放弃(U)/参照(R)/退出(X)]: C↙    //激活"复制(C)"选项
    ** 旋转 (多重) **
    指定旋转角度或 [基点(B)/复制(C)/放弃(U)/参照(R)/退出(X)]: 270↙ //输入旋转角度
    ** 旋转 (多重) **
    指定旋转角度或 [基点(B)/复制(C)/放弃(U)/参照(R)/退出(X)]: ↙    //按 Enter 键结束旋转
```

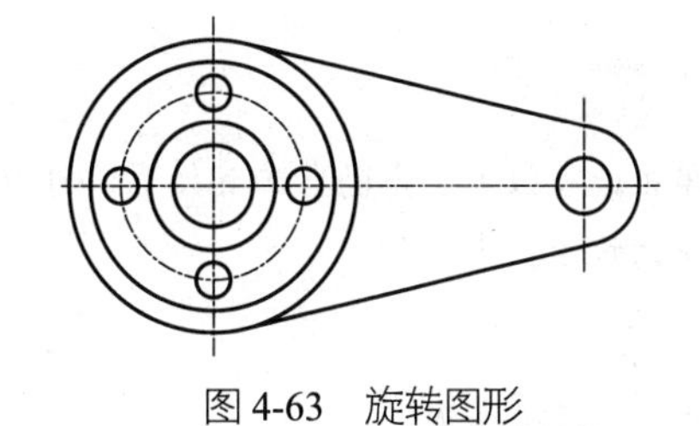

图 4-63　旋转图形

4.8　对象特征查询、编辑与匹配

在 AutoCAD 中，绘制的每个图形对象都具有自己的特性，有些特性是基本特性，适用于多数对象，例如，图层、颜色、线型和打印样式。有些特性是专用于某个对象的特性，例如，圆的特性包括半径和面积，直线的特性包括长度和角度等。改变对象特性值，实际上就改变了相应的图形对象。

4.8.1　【特性】选项板

通过【特性】选项板，可以查询、修改对象或对象集的所有特性。

启动【特性】选项板的方式有如下几种。

- 快捷键：按 Ctrl+1 组合键。
- 命令行：输入 PROPERTIES/PR/MO 命令。
- 菜单栏：选择【工具】|【选项板】|【特性】菜单命令。
- 功能区：单击【标准】工具栏中的【特性】按钮。

课堂举例【4-25】：使用【特性】选项板修改线宽

Step 01 单击【快速访问】工具栏中的【打开】按钮，打开"第 4 章\4.8.1.dwg"文件，如图 4-64 所示。

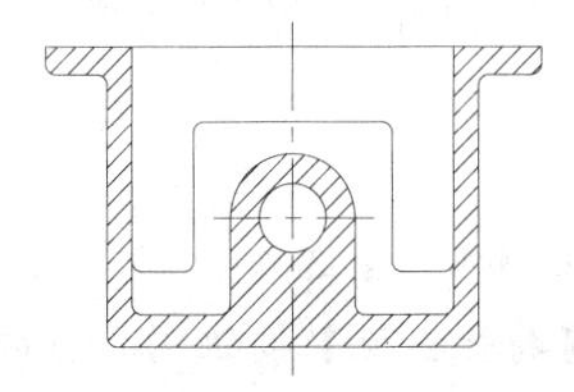

图 4-64　素材图形

Step 02 选择零件轮廓线段，在命令行中输入 PR 命令，打开【特性】选项板。

Step 03 在【常规】选项卡中，修改【线宽】为 0.3mm，如图 4-65 所示。

Step 04 选择的轮廓图形线宽被修改，此时图形显示效果如图 4-66 所示。

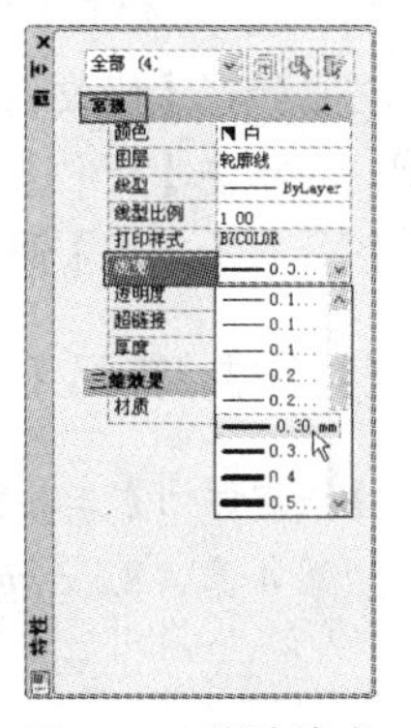

图 4-65　修改线宽

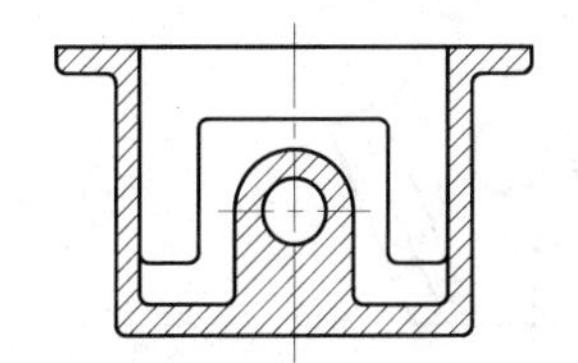

图 4-66　修改线宽结果

技巧点拨

单击选项板右上角的各工具按钮，可以选择多个对象或创建符合条件的选择集，以便统一修改选择集的特性。

4.8.2 快捷特性

状态栏中有一个【快捷特性】按钮，启用【快捷特性】之后选择图形，系统自动弹出【属性】面板，如图 4-67 所示，可以快速了解和修改图形的颜色、图层、线型、长度等属性。

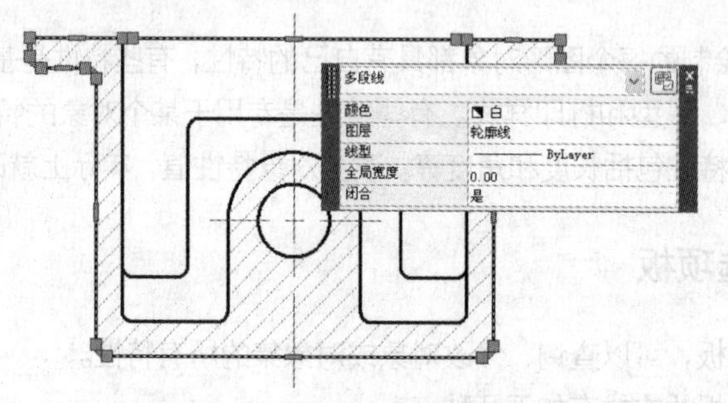

图 4-67 快捷【属性】面板

4.8.3 特性匹配

特性匹配类似于 Office 软件中的格式刷，用于将一个图形对象的属性完全复制到另一个图形上。可以复制的特性类型有【颜色】、【线型】、【线宽】、【图层】、【线型比例】等。

启动【特性匹配】命令的方式有如下几种。

- 命令行：输入 MATCHPROP/MA 命令。
- 菜单栏：选择【修改】|【特性匹配】菜单命令。
- 工具栏：单击【标准】工具栏中的【特性匹配】按钮。
- 功能区：在【常用】选项中，单击【剪贴板】面板中的【特性匹配】按钮。

课堂举例【4-26】：匹配【线宽】特性

Step 01 单击【快速访问】工具栏中的【打开】按钮，打开“第 4 章\4.8.3.dwg”文件，如图 4-68 所示。

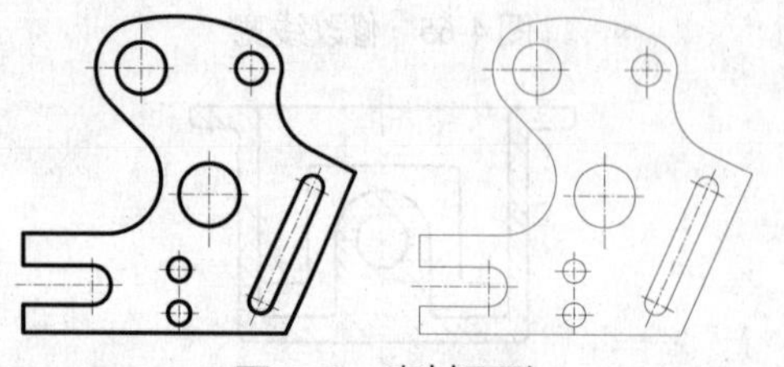

图 4-68 素材图形

Step 02 在【常用】选项卡中，单击【剪贴板】面板中的【特性匹配】按钮，匹配左侧图形的线宽至右侧图形上，如图 4-69 所示，命令行操作如下：

```
命令：'_matchprop //调用【特性匹配】命令
选择源对象：          //选择左侧图形的轮廓粗线
当前活动设置： 颜色 图层 线型 线型比例 线宽 透明度 厚度 打印样式 标注 文字 图案填充 多段线 视口 表格材质 阴影显示 多重引线
选择目标对象或 [设置(S)]：↙
//选择右侧图形的线段，按 Enter 键结束命令
```

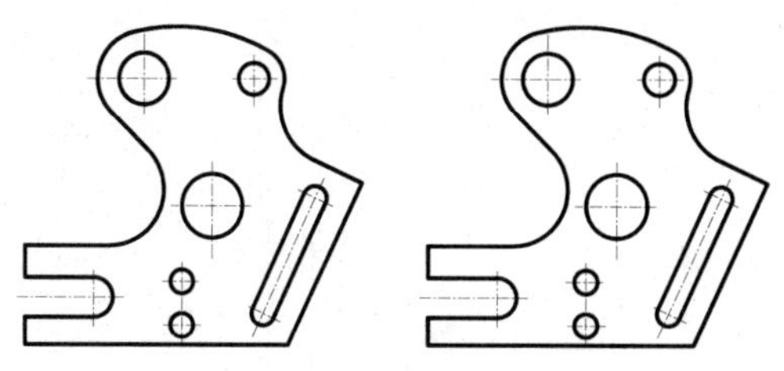

图 4-69 【特性匹配】操作

选择命令行中的“设置（S）”选项，可以打开【特性设置】对话框，以设置“特性匹配”的选项，如图 4-70 所示。

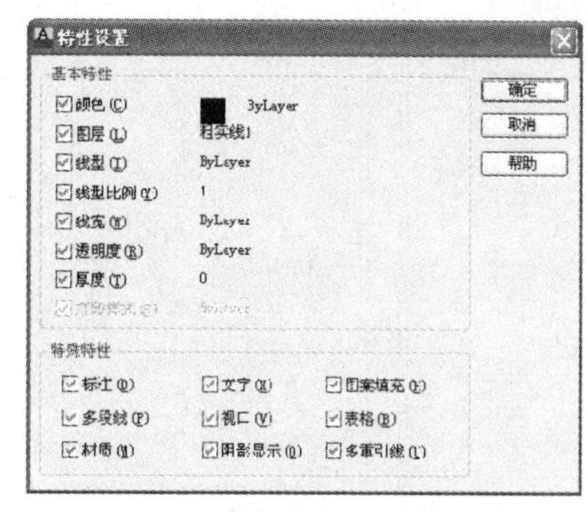

图 4-70 【特性设置】对话框

4.9 综合实例

4.9.1 绘制门

这节所绘制的图形对象为室内设计或是建筑设计中常会遇到的图形。通过调用【矩形】、【圆】、【直线】等绘图命令和【修剪】、【偏移】等编辑命令来绘制图形对象。

绘制如图 4-71 所示的门。

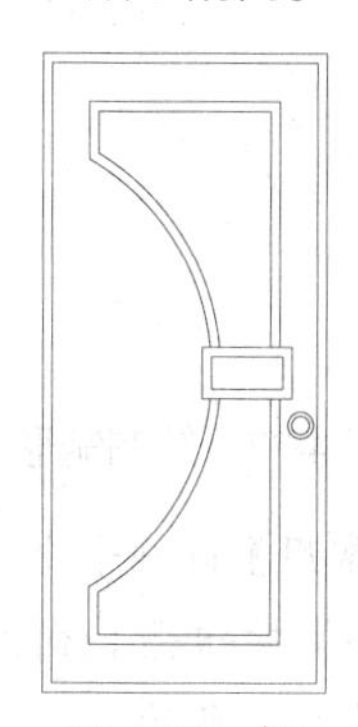

图 4-71 门

Step 01 单击【快速访问】工具栏中的【新建】按钮，新建空白文件。

Step 02 在【常用】选项卡中，单击【绘图】面板中的【矩形】按钮，绘制 906 × 1980 的矩形，如图 4-72 所示，命令行操作如下：

```
命令: _rectang                    //调用【矩形】命令
指定第一个角点或 [倒角(C)/标高(E)/圆角(F)/厚度(T)/宽度(W)]:        //任意指定一点
指定另一个角点或 [面积(A)/尺寸(D)/旋转(R)]: D↙        //激活"尺寸(D)"选项
指定矩形的长度 <10.0000>: 906↙
                    //输入长度
指定矩形的宽度 <10.0000>: 1980↙
                    //输入宽度
指定另一个角点或 [面积(A)/尺寸(D)/旋转(R)]:          //任意指定一点
```

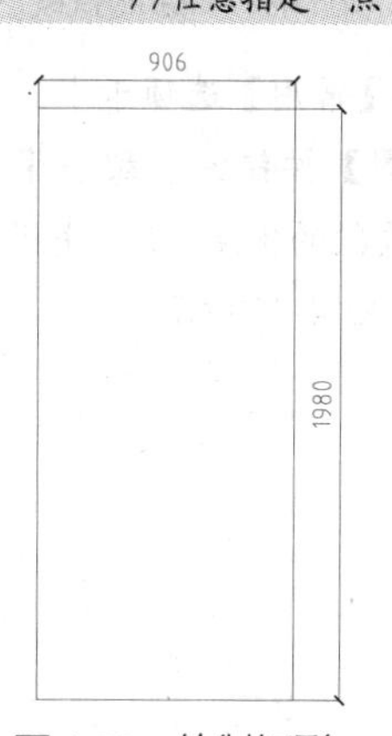

图 4-72 绘制矩形 1

Step 03 在【常用】选项卡中，单击【修改】面板中的【偏移】按钮，分别将矩形向内偏移 30、150、180 个绘图单位，如图 4-73 所示。

Step 04 在【常用】选项卡中，单击【绘图】面板中的【直线】按钮，在离最外侧矩形 222 个绘图单位的地方绘制长度为 1980 的竖直线段，如图 4-74 所示。

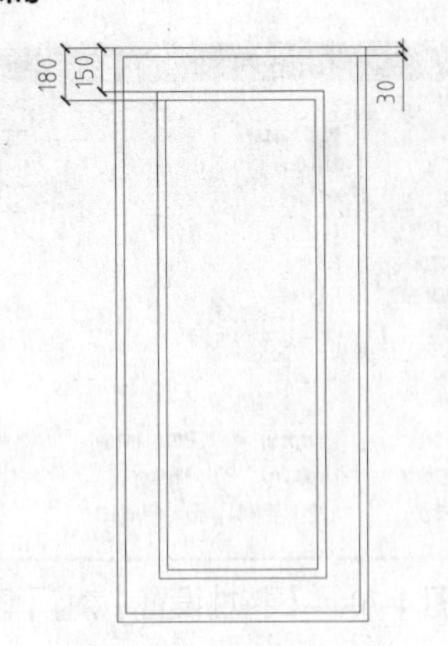

图 4-73 偏移矩形 1

图 4-74 绘制直线

Step 05 在【常用】选项卡中，单击【绘图】面板中的【圆】按钮，配合【中点捕捉】功能捕捉竖直线段的中点，绘制半径分别为 760 和 790 的圆，如图 4-75 所示。

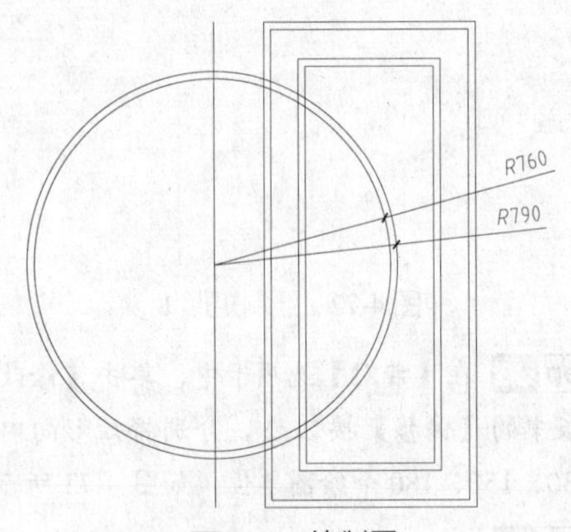

图 4-75 绘制圆

Step 06 在【常用】选项卡中，单击【修改】面板中的【修剪】按钮，修剪多余的圆弧，并利用【删除】命令删除直线，如图 4-76 所示。

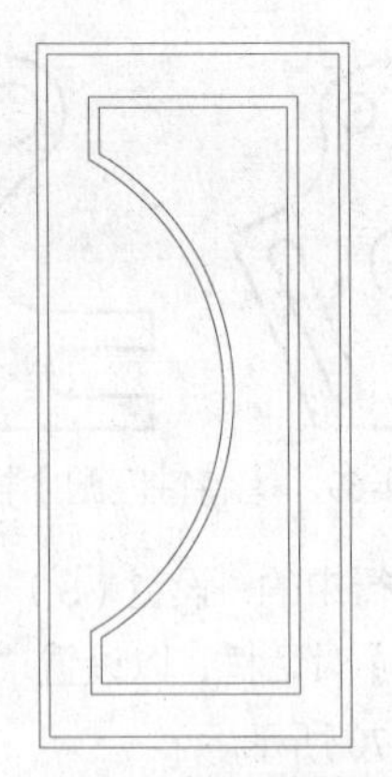

图 4-76 修剪圆弧

Step 07 在【常用】选项卡中，单击【绘图】面板中的【直线】按钮，在矩形边的中点处绘制 288 × 160 的矩形，如图 4-77 所示。

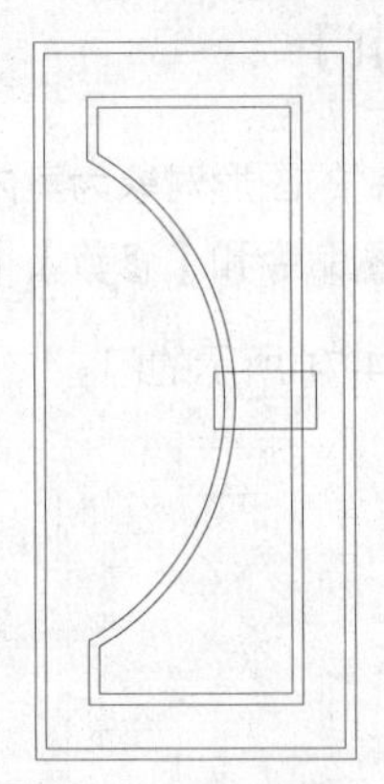

图 4-77 绘制矩形 2

Step 08 在【常用】选项卡中，单击【修改】面板中的【偏移】按钮，向内偏移上一步绘制的矩形，如图 4-78 所示。

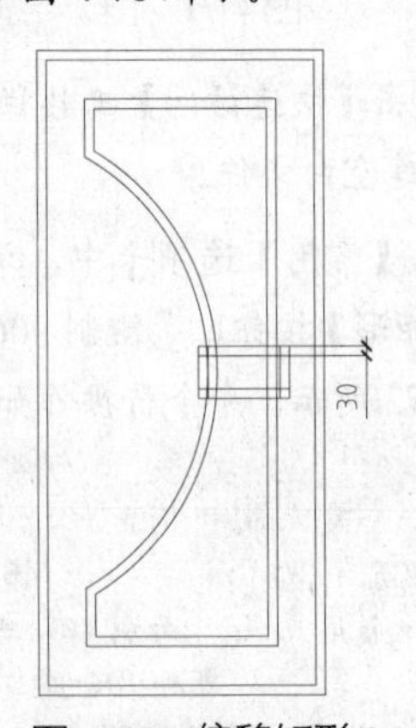

图 4-78 偏移矩形 2

Step 09 在【常用】选项卡中，单击【修改】面板中的【修剪】按钮，配合【删除】命令，修剪并删除多余线段，如图 4-79 所示。

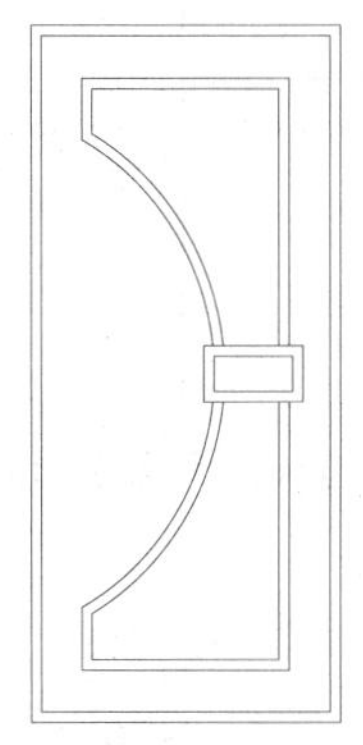

图 4-79　修剪线段

Step 10 在【常用】选项卡中，单击【绘图】面板中的【圆】按钮，在合适的位置上绘制两个同心圆作为门把手即可，如图 4-80 所示。至此，门绘制完成。

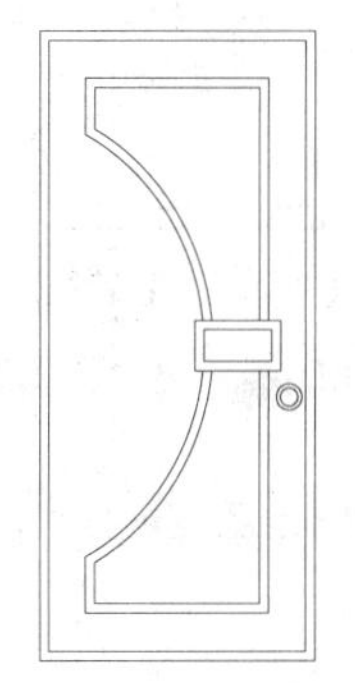

图 4-80　绘制门

4.9.2　绘制盖类零件图

相比室内设计、建筑设计、园林设计，机械设计图形绘制时要求得更加精准，所以在尺寸上面更是需要依循国家规定不能擅自随意改动。下面通过绘制机械零件俯视图来巩固【阵列】、【偏移】、【修改】、【圆角】等编辑命令。

绘制如图 4-81 所示的机械零件图。

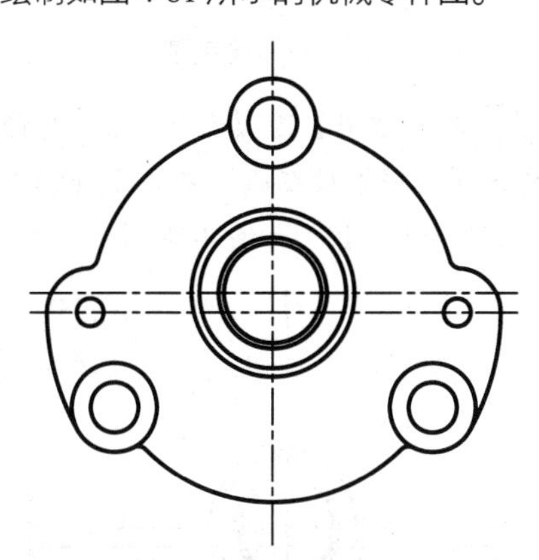

图 4-81　机械零件图

Step 01 单击【快速访问】工具栏中的【新建】按钮，新建空白文件。

Step 02 在【常用】选项卡中，单击【图层】面板中的【图层特性】按钮，系统打开【图层特性管理器】对话框，单击【新建图层】按钮。

Step 03 系统默认新建【图层 1】图层，更改【图层 1】为【中心线】。单击【中心线】图层的【颜色】属性项，系统打开【选择颜色】对话框，选择【索引颜色：1】，如图 4-82 所示。

图 4-82　【选择颜色】对话框

Step 04 单击【确定】按钮，完成颜色的设置。单击【中心线】图层的【线型】属性线，系统打开【选择线型】对话框。单击【加载】按钮，打开【加载或重载线型】对话框，选择【CENTER】线型，如图 4-83 所示。

Step 05 单击【确定】按钮，返回【选择线型】对话框。选择【CENTER】线型，之后单击【确定】按钮，如图 4-84 所示，完成线型的设置。

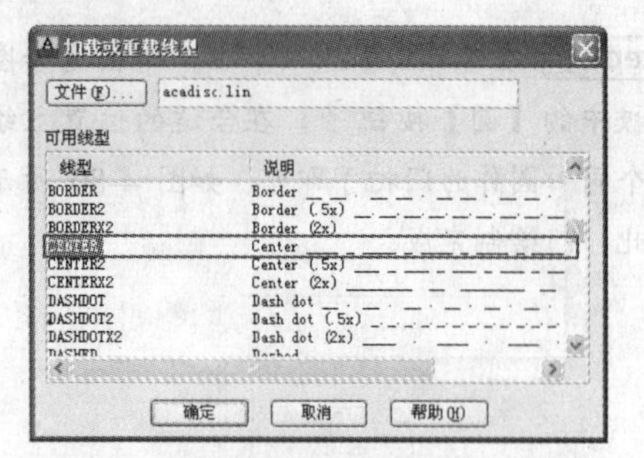

图 4-83 【加载或重载线型】对话框

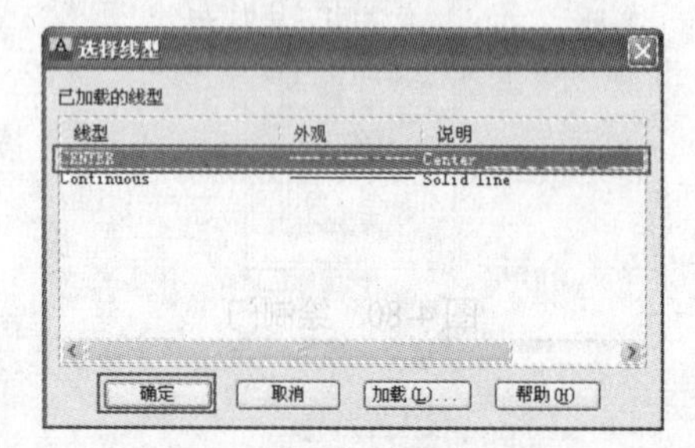

图 4-84 【选择线型】对话框

Step 06 以同样的方法，新建【粗实线】图层，除线宽设置为【0.3mm】以外，其他均为系统默认，不需改变，如图 4-85 所示。

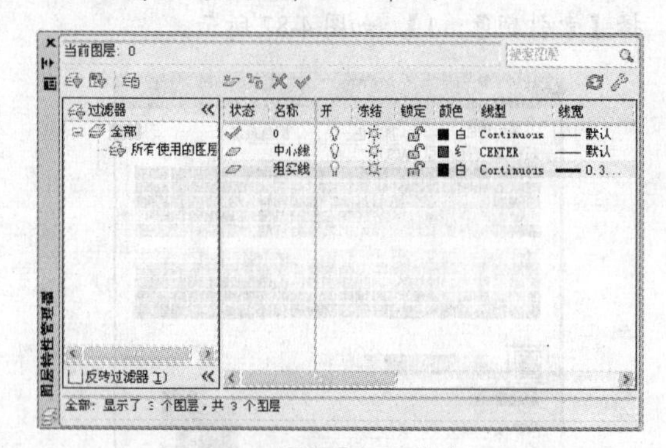

图 4-85 新建【粗实线】图层

Step 07 双击【中心线】图层的【状态】属性项，直至为勾选状态，此时【中心线】图层被置为当前图层，然后关闭对话框。

Step 08 在【常用】选项卡中，单击【绘图】面板中的【直线】按钮，绘制长度在 90 左右并相互垂直的中心辅助线，如图 4-86 所示。

Step 09 切换【粗实线】为当前图层。单击【绘图】面板中的【圆】按钮，绘制半径分别为 15、13.5、10、9 的同心圆，如图 4-87 所示。

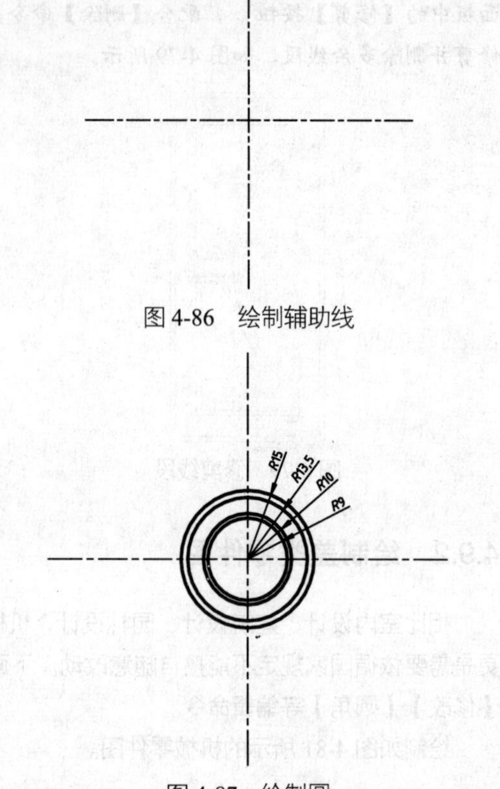

图 4-86 绘制辅助线

图 4-87 绘制圆

Step 10 在【常用】选项卡中，单击【修改】面板中的【偏移】按钮，将水平辅助线向下偏移 3.5 个绘图单位，如图 4-88 所示。

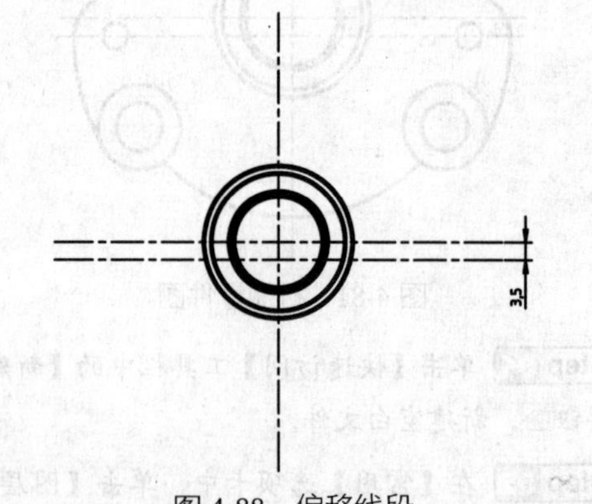

图 4-88 偏移线段

Step 11 在【常用】选项卡中，单击【绘图】面板中的【圆】按钮，根据上一步偏移水平辅助线与竖直辅助线的交点绘制圆，半径为 34，如图 4-89 所示。

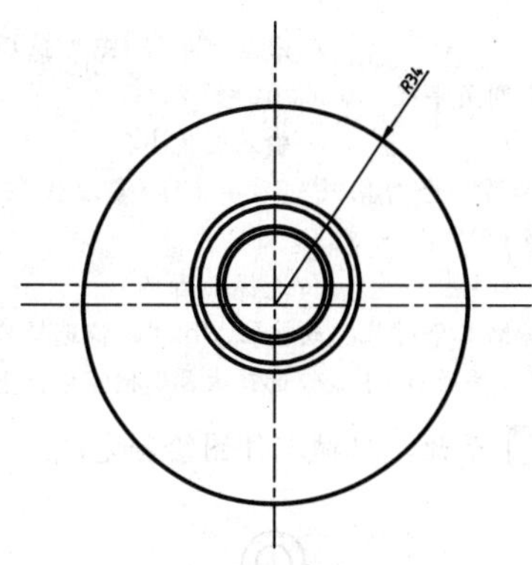

图 4-89　绘制圆

Step 12 按空格键重复命令。利用【交点捕捉】功能，捕捉半径为 34 的大圆与竖直辅助线的交点。将交点设为圆点，绘制半径为 8 和 4.5 的同心圆，如图 4-90 所示。

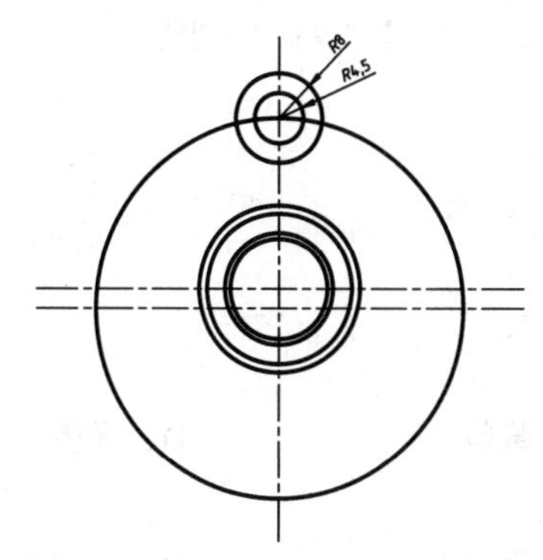

图 4-90　绘制同心圆 1

Step 13 重复【圆】命令。根据偏移得来的水平辅助线与大圆的交点绘制同心圆，半径分别为 8 和 2.5，如图 4-91 所示。

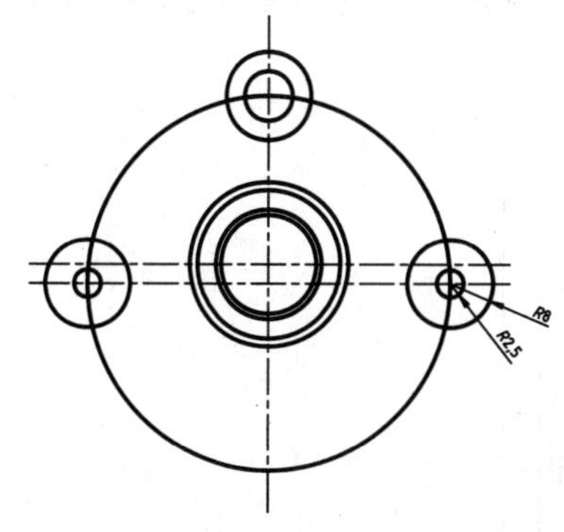

图 4-91　绘制同心圆 2

Step 14 在【常用】选项卡中，单击【修改】面板中的【环形阵列】按钮，阵列最上端的两个同心圆，如图 4-92 所示，命令行操作如下：

```
命令: _arraypolar //调用【环形阵列】命令
找到 2 个              //选择同心圆
类型 = 极轴  关联 = 是
指定阵列的中心点或 [基点(B)/旋转轴(A)]:
                       //选择大圆圆心为基点
选择夹点以编辑阵列或 [关联(AS)/基点(B)/项目(I)/项目间角度(A)/填充角度(F)/行(ROW)/层(L)/旋转项目(ROT)/退出(X)] <退出>: I↙
                       //激活"项目(I)"选项
输入阵列中的项目数或 [表达式(E)] <6>: 3↙
                       //输入项目数
选择夹点以编辑阵列或 [关联(AS)/基点(B)/项目(I)/项目间角度(A)/填充角度(F)/行(ROW)/层(L)/旋转项目(ROT)/退出(X)] <退出>:↙
                       //按 Enter 键完成阵列
```

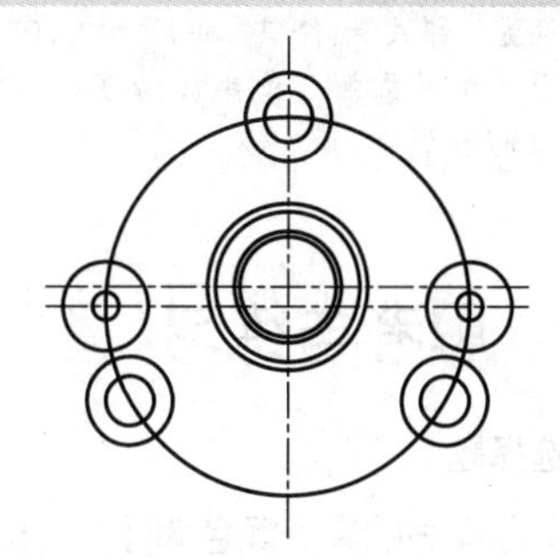

图 4-92　阵列圆

Step 15 在【常用】选项卡中，单击【绘图】面板中的【圆】按钮，以偏移得来的水平辅助线与竖直辅助线的交点为圆心绘制半径为 42 的圆，如图 4-93 所示。

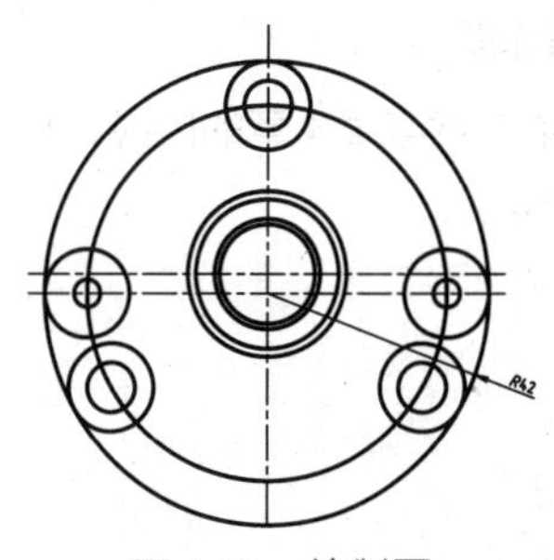

图 4-93　绘制圆

Step 16 在【常用】选项卡中，单击【修改】选项板中的【修剪】按钮，修剪多余的圆弧，如图 4-94 所示。

Step 17 在【常用】选项卡中，单击【修改】选项板中的【分解】按钮，分解阵列圆。

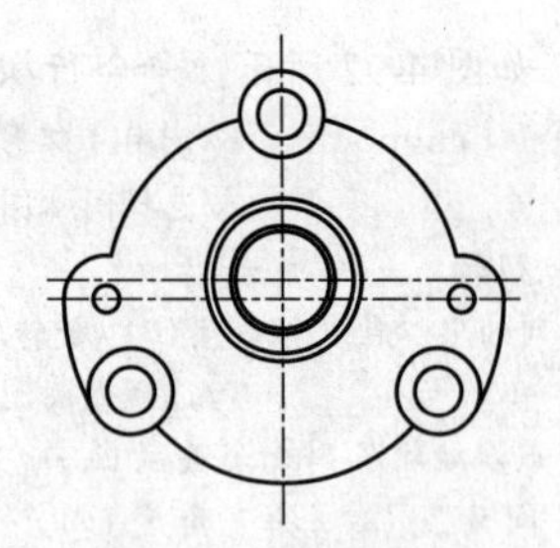

图 4-94　修剪图形

Step 18 在【常用】选项卡中，单击【修改】选项板中的【圆角】按钮，对小圆与大圆之间作圆弧过渡，如图 4-95 所示，命令行操作如下：

```
命令：_fillet //调用【圆角】命令
当前设置：模式 = 修剪，半径 = 0.0000
选择第一个对象或 [放弃(U)/多段线(P)/半径(R)/修剪(T)/多个(M)]：R↙
                    //激活“半径(R)”选项
指定圆角半径 <0.0000>：2↙
                    //输入圆角半径
选择第一个对象或 [放弃(U)/多段线(P)/半径(R)/修剪(T)/多个(M)]：
                    //选择小圆
选择第二个对象，或按住 Shift 键选择对象以应用角点或 [半径(R)]：//选择大圆，按空格键重复命令
```

Step 19 至此，机械零件图绘制完成。

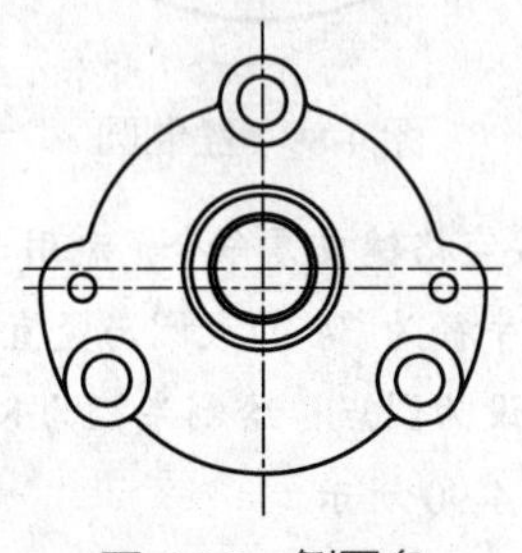

图 4-95　倒圆角

4.10　思考与练习

1. 选择题

（1）选择后的夹点颜色为（　　）。

A. 蓝色　　B. 红色　　C. 黄色　　D. 绿色

（2）按以下哪个快捷键可以打开【特性】选项板？（　　）

A. Ctrl+1　　B. Ctrl+2　　C. Ctrl+3　　D. Ctrl+4

（3）在以下选项中，（　　）命令不能创建副本。

A. 阵列　　B. 旋转　　C. 偏移　　D. 缩放

2. 操作题

综合第 3 章与第 4 章的内容，利用【直线】、【圆角】、【倒角】、【修剪】等命令，绘制如图 4-96 所示的图形。

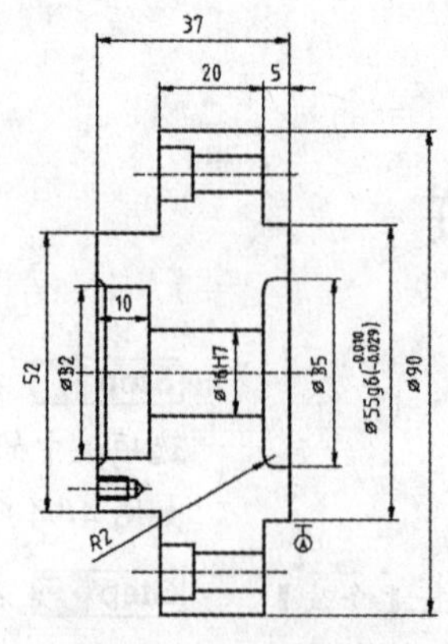

图 4-96　机械零件

效率提升篇

第5章 精确绘制图形

⊙学习目的：

本章讲解了对象捕捉、栅格、捕捉、正交和对象追踪等绘图辅助工具的用法，以及在实际绘图中的应用。

⊙学习重点：

★★★★ 对象捕捉

★★★☆ 捕捉与正交

★★☆☆ 对象追踪

★★☆☆ 栅格

5.1 对象捕捉

在对象捕捉开关开启的情况下，将光标移动到某些特征点（如直线端点、圆中心点、两直线交点、垂足等）附近时，系统能够自动地捕捉到这些点的位置。因此，对象捕捉的实质是对图形对象特征点的捕捉。

5.1.1 开启对象捕捉

根据实际需要，可以开启或关闭【对象捕捉】功能，其方法有如下几种。

- 状态栏：单击状态栏中的【对象捕捉】按钮□。
- 快捷键：按F3快捷键。

除此之外，依次选择【工具】|【草图设置】菜单命令，或在命令行中输入DSETTINGS/SE命令，打开【草图设置】对话框。单击【对象捕捉】选项卡，选中或取消【启用对象捕捉】复选框，也可以打开或关闭【对象捕捉】功能，但由于操作麻烦，在实际工作中并不常用。

专家提醒

如果命令行并没有提示输入点位置，则【对象捕捉】功能是不会生效的。因此，【对象捕捉】实际上是通过捕捉特征点的位置，来代替命令行输入特征点的坐标。

5.1.2 设置对象捕捉点

在使用对象捕捉之前，需要设置好对象捕捉模式，也就是确定当探测到对象特征点时，哪些点可以捕捉，而哪些点可以忽略，从而避免视图混乱。对象捕捉模式的设置在如图 5-1 所示的【草图设置】对话框中进行。

在状态栏中的【对象捕捉】按钮上单击鼠标右键，在弹出的快捷菜单中选择【设置】选项，可以打开【草图设置】对话框。

【草图设置】对话框中共列出了 13 种对象捕捉点和对应的捕捉标记，较为常用的捕捉模式为端点、中点、圆心、象限点、交点和垂足等。需要捕捉哪些对象捕捉点，就选中这些点前面的复选框。设置完毕后，单击【确定】按钮关闭对话框即可。

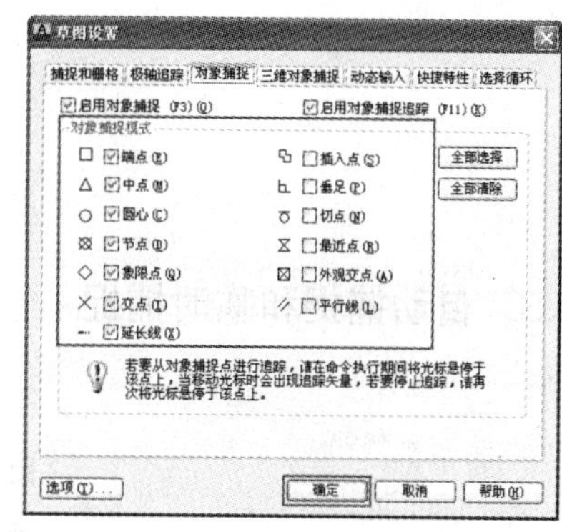

图 5-1 【草图设置】对话框

课堂举例 【5-1】对象捕捉绘制窗花

Step 01 在【常用】选项卡中，单击【绘图】面板中的【多边形】按钮，绘制一个正五边形，如图 5-2 所示，命令行操作如下：

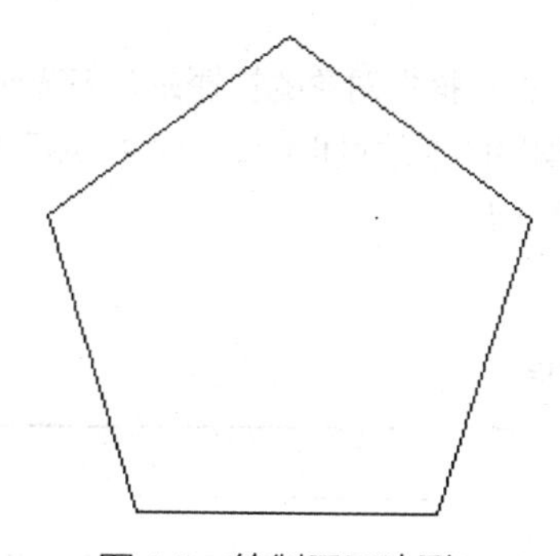
图 5-2 绘制正五边形

```
命令：_polygon          //调用【多边形】命令
输入侧面数 <5>:5↙      //输入侧面数
指定正多边形的中心点或 [边(E)]:
输入选项 [内接于圆(I)/外切于圆(C)] <C>: C↙
                  //激活“外切于圆(C)”选项
指定圆的半径: 70↙
                  //指定圆的半径
```

Step 02 单击状态栏中的【对象捕捉】按钮，开启对象捕捉。在【对象捕捉】按钮上单击鼠标右键，在弹出的快捷菜单中选择【中点】和【端点】选项，如图 5-3 所示。

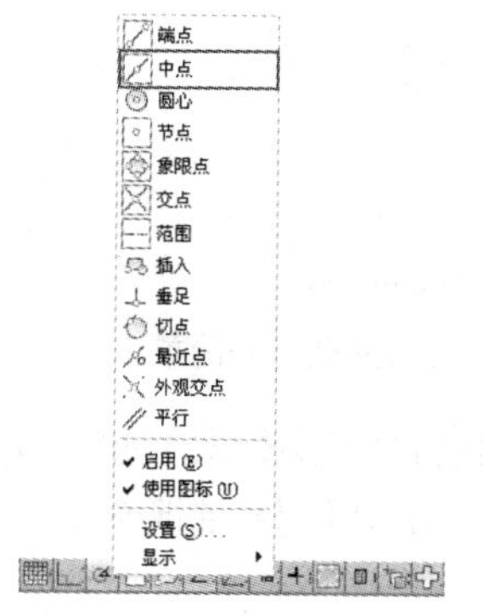

图 5-3 快捷菜单

Step 03 在【常用】选项卡中，单击【绘图】面板中的【直线】按钮，配合【中点捕捉】和【端点捕捉】功能，捕捉各边中点及端点绘制直线，如图 5-4 所示。

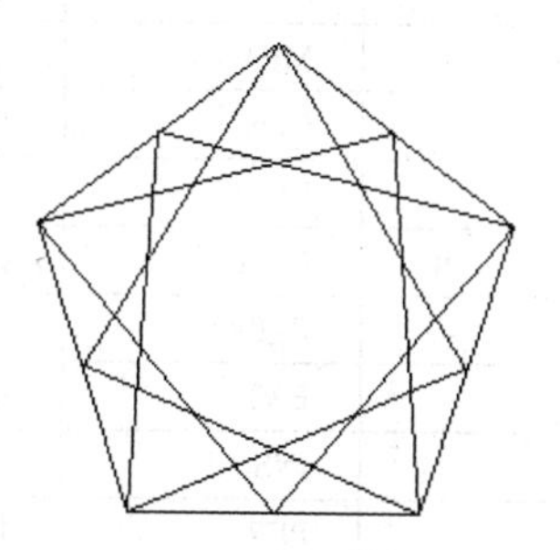
图 5-4 绘制直线

Step 04 单击【修改】工具栏中的【修剪】按钮，修剪图形，最终效果如图 5-5 所示。

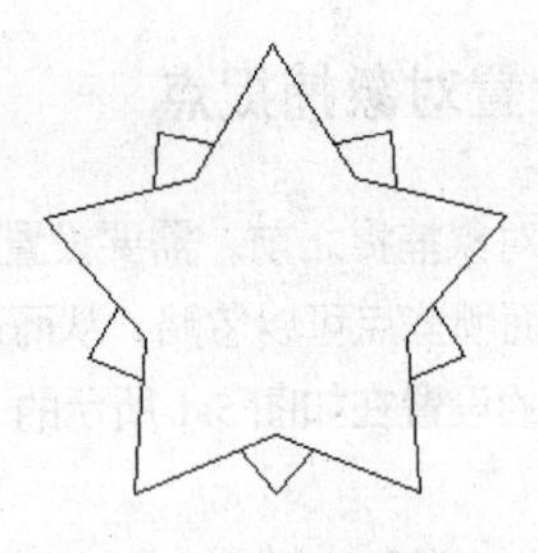

图 5-5　修剪图形

5.1.3　自动捕捉和临时捕捉

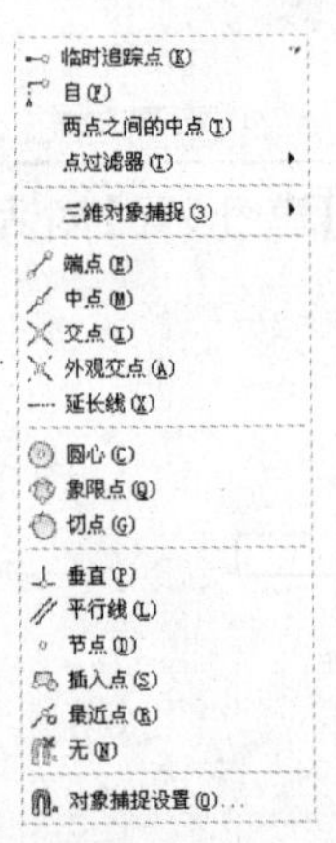

图 5-6　对象捕捉快捷菜单

AutoCAD 提供了两种捕捉模式：自动捕捉和临时捕捉。自动捕捉需要用户在捕捉特征点之前设置需要的捕捉点，当鼠标移动到这些对象捕捉点附近时，系统就会自动捕捉特征点。

临时捕捉是一种一次性捕捉模式，这种模式不需要提前设置，当用户需要时临时设置即可。且这种捕捉只是一次性的，就算是在命令未结束时也不能反复使用；而在下次需要时则需要再一次调出。

在命令行提示输入点坐标时，同时按住 Shift 键+鼠标右键，系统会弹出如图 5-6 所示的快捷菜单，在其中可以选择需要的捕捉类型。

此外，也可以直接执行捕捉对象的快捷命令来选择捕捉模式。例如，在绘制或编辑图形的过程中，输入并执行 MID 快捷命令，将临时捕捉图形的中点；输入 PER，将临时捕捉垂足点。

AutoCAD 常用对象捕捉模式及快捷命令如表 1-1 所示。

表 1-1　特殊位置点捕捉

捕捉模式	快捷命令	含　义
临时追踪点	TT	建立临时追踪点
两点之间的中点	M2P	捕捉两个独立点之间的中点
捕捉自	FRO	与其他的捕捉方式配合使用，建立一个临时参考点，作为指出后续点的基点
端点	ENDP	捕捉直线或曲线的端点
中点	MID	捕捉直线或弧段的中间点
圆心	CEN	捕捉圆、椭圆或弧的中心点
节点	NOD	捕捉用 POINT 或 DIVIDE 等命令绘制的点对象
象限点	QUA	捕捉位于圆、椭圆或弧段上 0°、90°、180° 和 270° 处的点
交点	INT	捕捉两条直线或弧段的交点
延长线	EXT	捕捉对象延长线路径上的点
插入点	INS	捕捉图块、标注对象或外部参照等对象的插入点
垂足	PER	捕捉从已知点到已知直线的垂线的垂足
切点	TAN	捕捉圆、弧段及其他曲线的切点

续表

捕捉模式	快捷命令	含 义
最近点	NEA	捕捉处在直线、弧段、椭圆或样条线上，而且距离光标最近的特征点
外观交点	APP	在三维视图中，从某个角度观察两个对象可能相交，但实际并不一定相交，可以使用【外观交点】功能捕捉对象在外观上相交的点
平行	PAR	选定路径上一点，使通过该点的直线与已知直线平行
无	NON	关闭对象捕捉模式
对象捕捉设置	OSNAP	对对象捕捉进行相关设置

5.1.4 三维捕捉

【三维捕捉】是建立在三维绘图的基础上的一种捕捉功能，与【对象捕捉】功能类似。

开启与关闭【三维捕捉】功能的方法有如下几种。

- 快捷键：按 F4 快捷键，可在开、关状态间切换。
- 状态栏：单击状态栏中的【三维对象捕捉】按钮。

鼠标移动到【三维对象捕捉】按钮上并单击右键，在弹出的快捷菜单中选择【设置】选项，如图 5-7 所示。系统自动弹出【草图设置】对话框，勾选需要的选项即可，如图 5-8 所示。

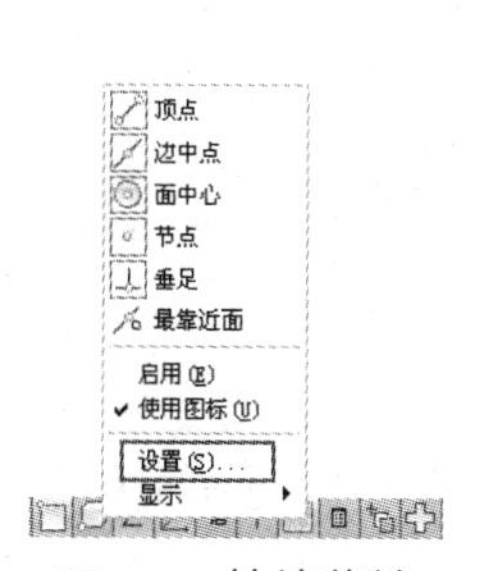

图 5-7　快捷菜单

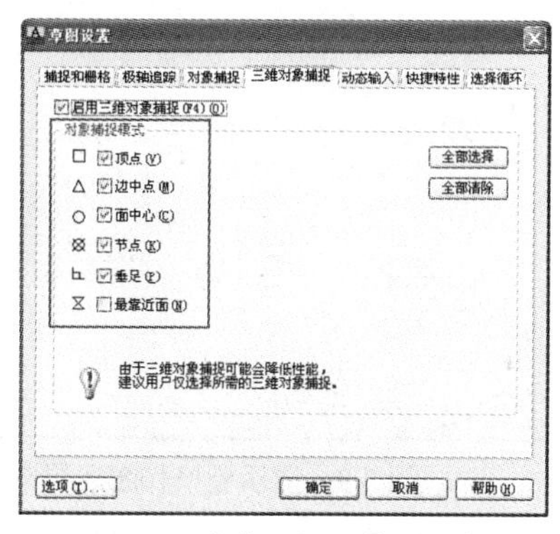

图 5-8　【草图设置】对话框

对话框中共列出 6 种三维捕捉点和对应的捕捉标记，各选项的含义如下。

- 顶点：捕捉到三维对象的最近顶点。
- 边中点：捕捉到面边的中点。
- 面中心：捕捉到面的中心。
- 节点：捕捉到样条曲线上的节点。
- 垂足：捕捉到垂直于面的点。
- 最靠近面：捕捉到最靠近三维对象面的点。

5.2 栅格、捕捉和正交

正交功能可以保证绘制的直线完全呈水平或垂直状态。捕捉经常与栅格联用，以控制光标点移动的距离。

5.2.1 栅格

栅格是一些按照相等间距排布的网格，就像传统的坐标纸一样，能直观地显示图形界限的范围，如图 5-9 所示。用户可以根据绘图的需要，开启或关闭栅格在绘图区的显示，并在【草图设置】对话框中设置栅格的间距大小，如图 5-10 所示，从而达到精确绘图的目的。栅格不属于图形的一部分，打印时不会被输出。

开启与关闭【栅格】功能的方法有如下几种。

- 菜单栏：选择【工具】|【草图设置】菜单命令。
- 状态栏：单击状态栏上的【栅格显示】按钮 （仅限于开启与关闭）。
- 命令行：在命令行中输入 GRID 或 SE 命令。
- 快捷键：按 F7 快捷键（仅限于开启与关闭）。

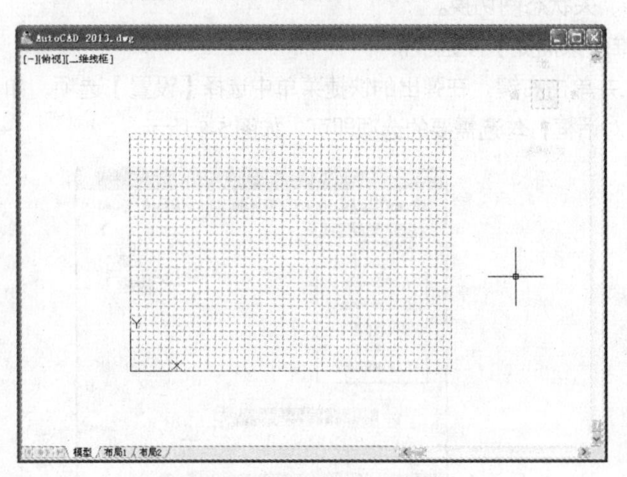

图 5-9 显示栅格和图形界限

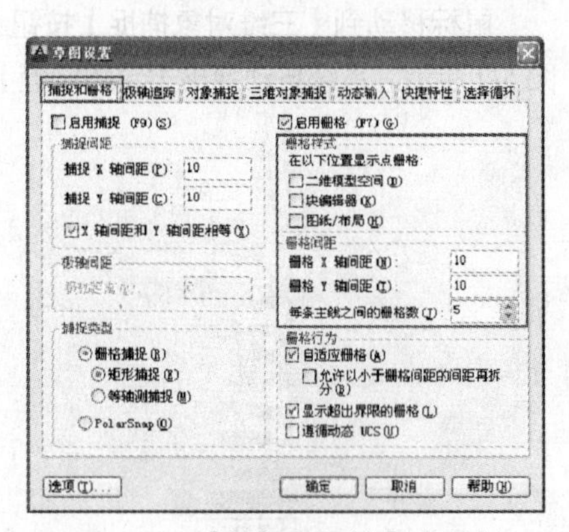

图 5-10 【捕捉和栅格】选项卡

技巧点拨

在【栅格 X 轴间距】和【栅格 Y 轴间距】文本框中输入数值时，若在【栅格 X 轴间距】文本框中输入一个数值后按 Enter 键，系统将自动将这个值传送给【栅格 Y 轴间距】，这样可减少工作量。

5.2.2 捕捉

【捕捉】功能可以控制光标移动的距离，它经常和【栅格】功能联用。打开【捕捉】功能，光标只能停留在栅格上，此时只能移动栅格间距整数倍的距离。

开启与关闭【捕捉模式】功能的方法有如下几种。。

- 状态栏：单击状态栏中的【捕捉模式】按钮 。
- 快捷键：按 F9 快捷键。

5.2.3 正交

无论是机械制图还是建筑制图，有相当一部分直线是水平或垂直的。针对这种情况，AutoCAD 提供了一个正交开关，以方便绘制水平或垂直直线。

开启与关闭【正交】功能的方法有如下几种。。

- 快捷键：按 F8 快捷键，可在开、关状态间切换。
- 状态栏：单击状态栏上的【正交】按钮。
- 命令行：在命令行中输入 ORTHO 命令。

因为【正交】功能限制了直线的方向，打开正交模式后，系统就只能画出水平或垂直的直线。更方便的是，由于正交功能已经限制了直线的方向，所以在绘制一定长度的直线时，用户只需要输入直线的长度即可。如图 5-11 所示为使用正交模式绘制的楼梯图形。

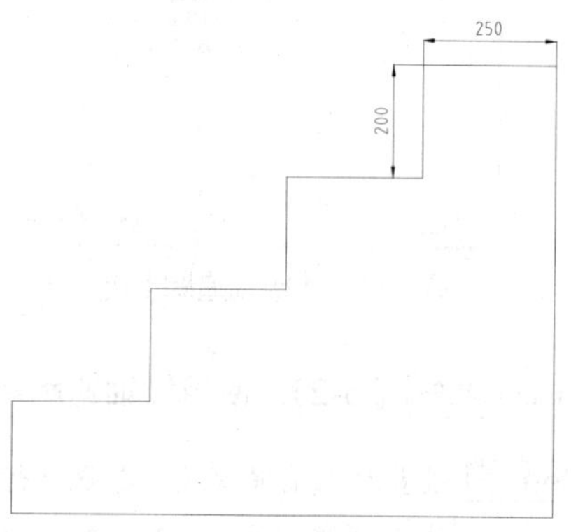

图 5-11 使用正交模式绘制楼梯

5.3 自动追踪

自动追踪的作用也是辅助精确绘图。制图时，自动追踪能够显示出许多临时辅助线，帮助用户在精确的角度或位置上创建图形对象。自动追踪包括极轴追踪和对象捕捉追踪两种模式。

5.3.1 极轴追踪

【极轴追踪】功能实际上是极坐标的一个应用。该功能可以使光标沿着指定角度移动，从而找到指定点。

开启与关闭【极轴追踪】功能的方法有如下几种。。

- 快捷键：按 F10 快捷键，可切换其开、关状态。
- 状态栏：单击状态栏中的【极轴追踪】按钮。

在使用极轴追踪之前，应设置正确的追踪角度。移动光标到状态栏中的【极轴追踪】按钮上并单击右键，在弹出的快捷菜单中选择【设置】选项，如图 5-12 所示。系统自动打开【草图设置】对话框，设置所需的极轴追踪角度和增量角，如图 5-13 所示。当光标的相对角度等于该角，或者是该角的整数倍时，屏幕上将显示追踪路径，如图 5-14 所示。

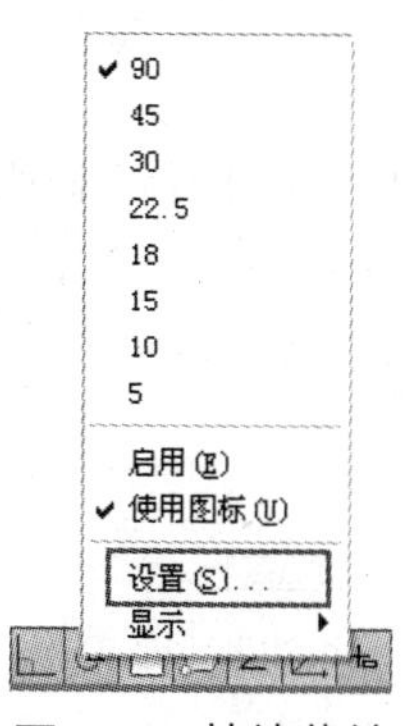

图 5-12 快捷菜单

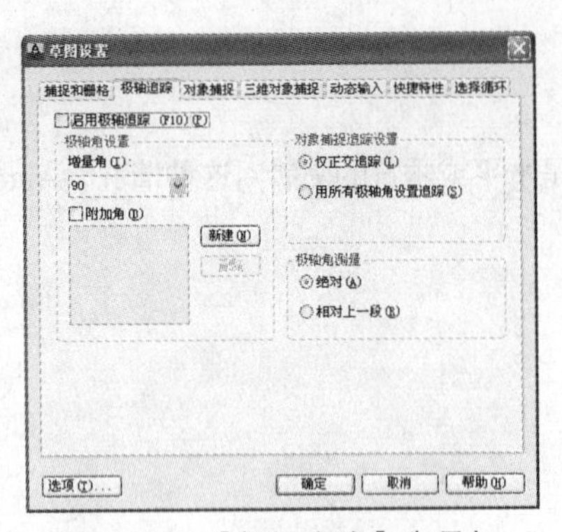

图 5-13 【极轴追踪】选项卡

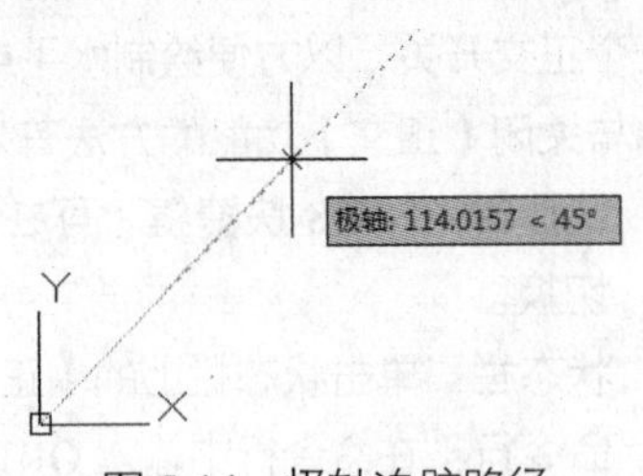

图 5-14 极轴追踪路径

课堂举例【5-2】：使用极轴追踪绘制四边形

Step 01 设置对象捕捉模式。在命令行中输入SE命令，打开【草图设置】对话框，激活【对象捕捉】选项卡，在其中设置参数，如图5-15所示。

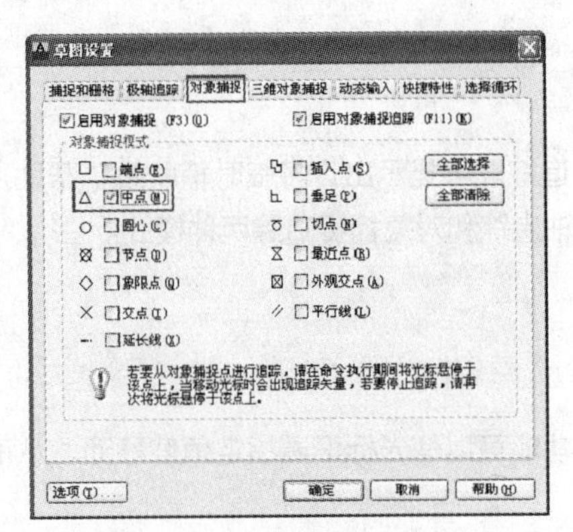

图 5-15 【对象捕捉】选项卡

Step 02 设置极轴追踪角。激活【极轴追踪】选项，设置【增量角】为45°，如图5-16所示。

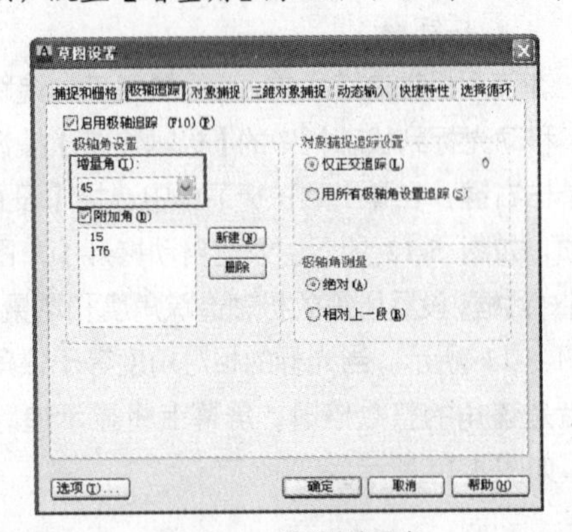

图 5-16 设置增量角

Step 03 绘制图形。在【常用】选项卡中，单击【绘图】面板中的【多段线】按钮，绘制四边形，命令行提示如下：

```
命令: _Pline  //调用【多段线】命令
指定起点:      //在绘图区任意位置指定一点
当前线宽为 0.0000
指定下一个点或 [圆弧(A)/半宽(H)/长度(L)/放弃(U)/宽度(W)]: 1000↙
//将光标移动至起点右下方，引出如图 5-17 所示的 315° 极轴追踪线，然后输入线段长度数值
指定下一点或 [圆弧(A)/闭合(C)/半宽(H)/长度(L)/放弃(U)/宽度(W)]: 1000↙
//将光标移动至上一点左下方，引出如图 5-18 所示的 225° 极轴追踪线，然后输入线段长度数值
```

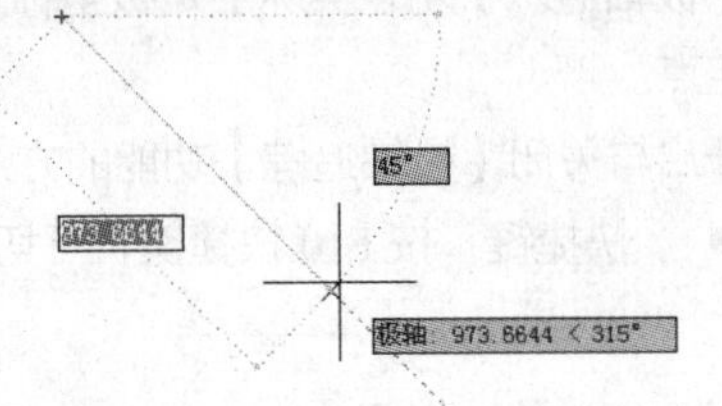

图 5-17 引出315° 极轴追踪线

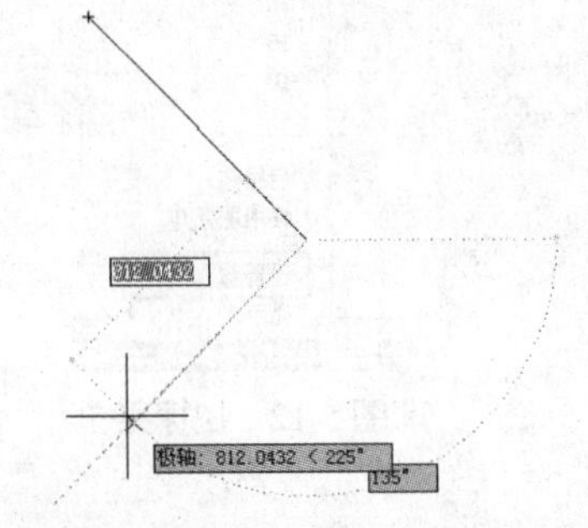

图 5-18 引出225° 极轴追踪线

```
    指定下一点或 [圆弧(A)/闭合(C)/半宽(H)/长度(L)/放弃(U)/宽度(W)]: 1000↙
    //将光标移动至上一点左上方，引出如图 5-19 所示的 135° 极轴追踪线，然后输入数值
```

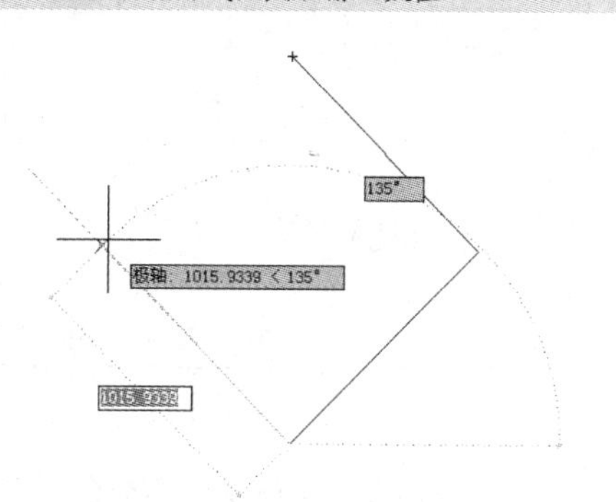

图 5-19 引出 135° 极轴追踪线

```
    指定下一点或 [圆弧(A)/闭合(C)/半宽(H)/长度(L)/放弃(U)/宽度(W)]:C↙
    //闭合图形，结果如图 5-20 所示
```

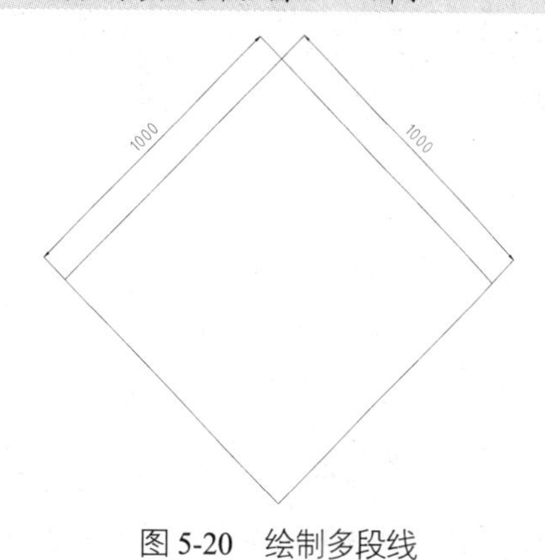

图 5-20 绘制多段线

5.3.2 对象捕捉追踪

【对象捕捉追踪】是在【对象捕捉】功能的基础上发展起来的，该功能可以使光标从对象捕捉点开始，沿着对齐路径进行追踪，并找到需要的精确位置。对齐路径是指和对象捕捉点水平对齐、垂直对齐，或者按设置的极轴追踪角度对齐的方向。

【对象捕捉追踪】应与【对象捕捉】功能配合使用，且使用【对象捕捉追踪】功能之前，需要先设置好对象捕捉点。

开启与关闭【对象捕捉追踪】功能的方法有如下几种。

- 快捷键：按功能键 F11。
- 状态栏：单击屏幕右下方的【对象追踪】按钮 。

在绘图过程中，当要求输入点的位置时，将光标移动到一个对象捕捉点附近，不要单击鼠标，只需暂时停顿即可获取该点。已获取的点显示为一个蓝色靶框标记。可以同时获取多个点。获取点之后，当在绘图路径上移动光标时，相对点的水平、垂直或极轴对齐路径将会显示出来，如图 5-21 所示，而且还可以显示多条对齐路径的交点。

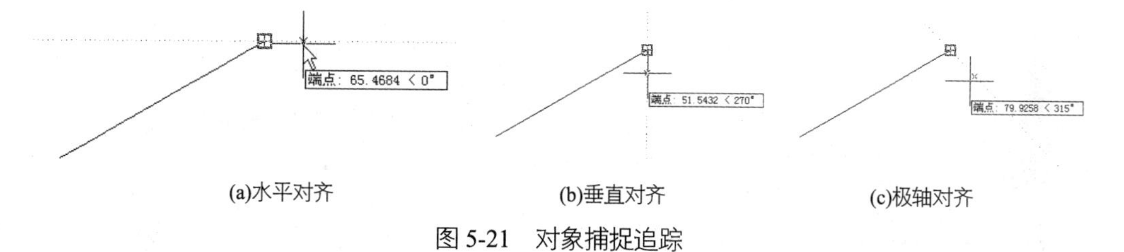

(a)水平对齐　　(b)垂直对齐　　(c)极轴对齐

图 5-21 对象捕捉追踪

课堂举例【5-3】：使用对象追踪绘制床头柜

Step 01 在【常用】选项卡中，单击【绘图】面板中的【矩形】按钮，绘制一个 600×600 的矩形，如图 5-22 所示，命令行操作如下：

```
    命令:_rectang                //调用【矩形】命令
    指定第一个角点或 [倒角(C)/标高(E)/圆角(F)/厚度(T)/宽度(W)]:
    指定另一个角点或 [面积(A)/尺寸(D)/旋转
```

```
(R)]:D↙            //激活"尺寸(D)"选项
    指定矩形的长度 <600.0000>: 600↙
                   //输入矩形长度
    指定矩形的宽度 <600.0000>: 600↙
                   //输入矩形宽度
```

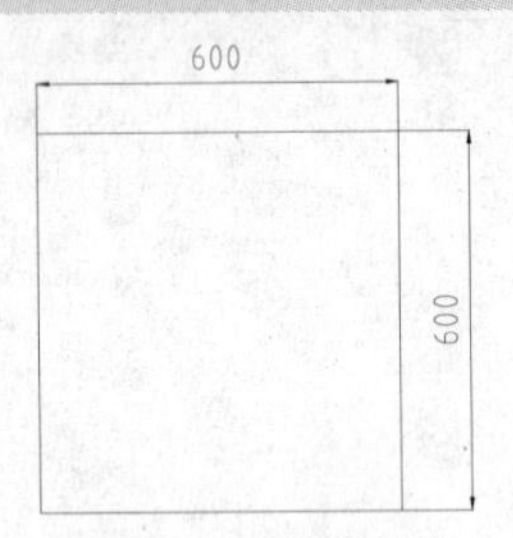

图 5-22 绘制矩形

Step 02 在【常用】选项卡中，单击【修改】面板中的【偏移】按钮，将矩形向内偏移 50 的距离，如图 5-23 所示。

图 5-23 偏移矩形

Step 03 右键单击状态栏中的【对象捕捉】按钮，在弹出的快捷菜单中单击【设置】命令，如图 5-24 所示。

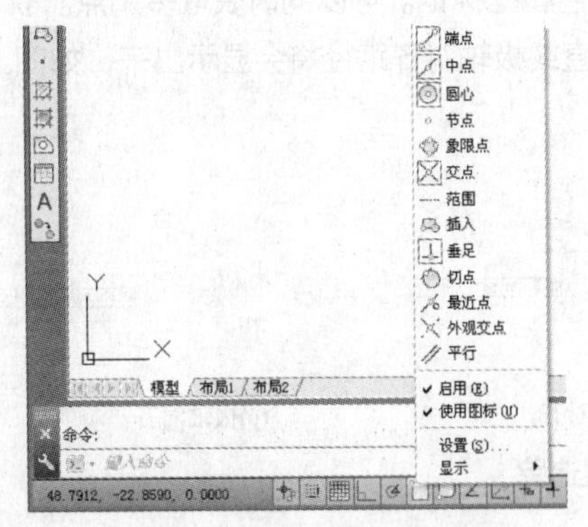

图 5-24 单击【设置】命令

Step 04 打开【草图设置】对话框，单击选择【对象捕捉】选项卡，勾选其中的【中点】复选框，然后单击【确定】按钮，完成【中点】捕捉模式的设置，如图 5-25 所示。

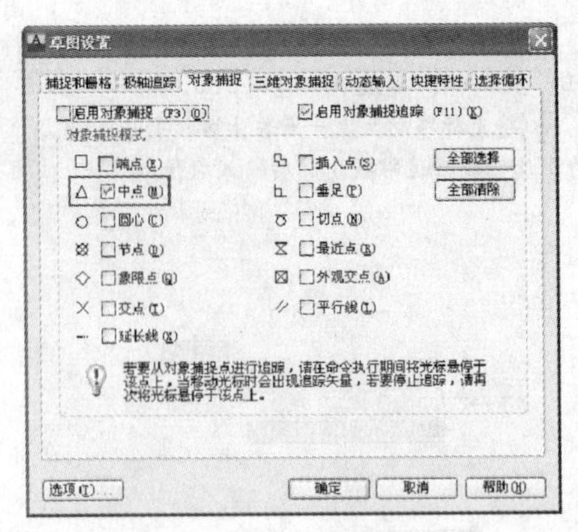

图 5-25 【对象捕捉】选项卡

Step 05 单击状态栏中的【对象捕捉追踪】按钮，启用【对象捕捉追踪】功能。

Step 06 在【常用】选项卡中，单击【绘图】面板中的【圆】按钮，捕捉内侧矩形上侧边和下侧边的中点，移动鼠标捕捉到矩形的中心点，如图 5-26 所示。绘制一个半径为 140 的圆，如图 5-27 所示。命令行操作如下：

```
    命令: _circle          //调用【圆】命令
    指定圆的圆心或 [三点(3P)/两点(2P)/切点、切
点、半径(T)]:
    指定圆的半径或 [直径(D)]: 140↙
                           //输入半径值
```

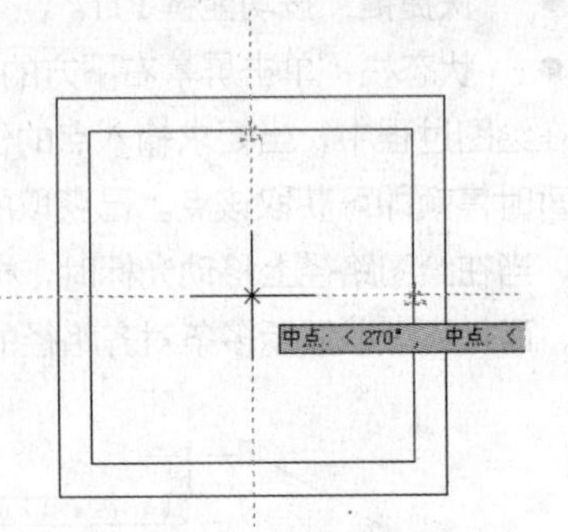

图 5-26 捕捉中心点

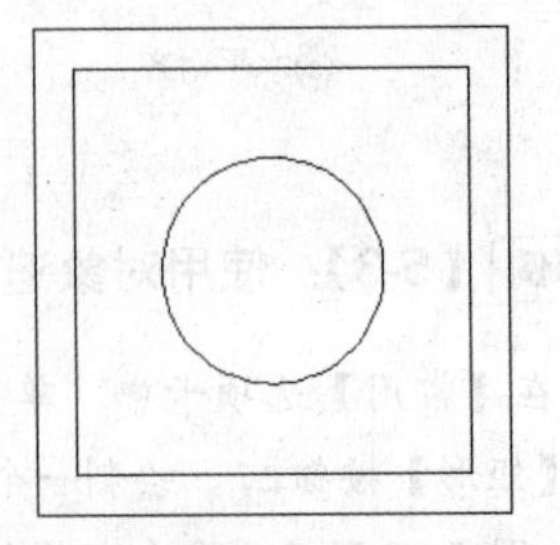
图 5-27 绘制圆

Step 07 在【常用】选项卡中，单击【修改】面板中的【偏移】按钮，将圆向内偏移20的距离，如图5-28所示。

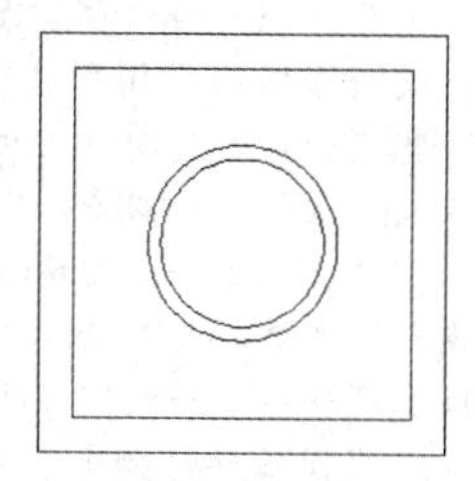

图5-28 偏移圆

Step 08 右击状态栏中的【对象捕捉】按钮，在弹出的快捷菜单中选择【圆心】捕捉模式，如图5-29所示。

Step 09 在命令行中输入L命令，通过【圆心捕捉】与【对象捕捉追踪】绘制直线，完成床头柜台灯的绘制，如图5-30所示。至此，床头柜绘制完成。

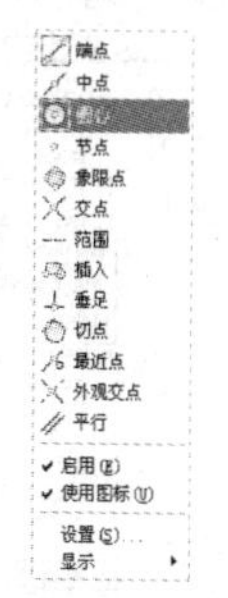

图5-29 选择【圆心】捕捉模式

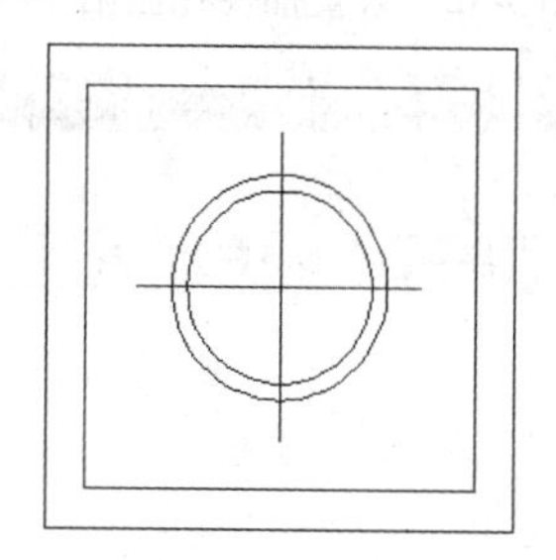

图5-30 绘制灯饰

5.4 综合实例

通过调用【直线】命令，配合【栅格】功能约束绘图路径，绘制精准的图形。

5.4.1 绘制垫片

Step 01 设置图形界限。在命令行中执行LIMITS命令，设置图形界限，命令行操作如下：

```
命令: LIMITS↙        //输入命令
指定左下角点或 [开(ON)/关(OFF)] <0.0000,0.0000>:↙ //按Enter键，保持默认值
指定右上角点 <420.0000,297.0000>: 420,297↙
```

Step 02 设置栅格和捕捉参数。选择【工具】|【草图设置】菜单命令，打开【草图设置】对话框，如图5-31所示。

Step 03 单击对话框中的【捕捉和栅格】选项卡，勾选【启用捕捉】和【启用栅格】复选框，取消对【X轴间距和Y轴间距相等】复选框的勾选；设置【捕捉间距】和【栅格间距】的【X轴间距】和【Y轴间距】均为5和10；【每条主线之间的栅格数】设为1；设置捕捉类型为【矩形捕捉】，如图5-32所示。

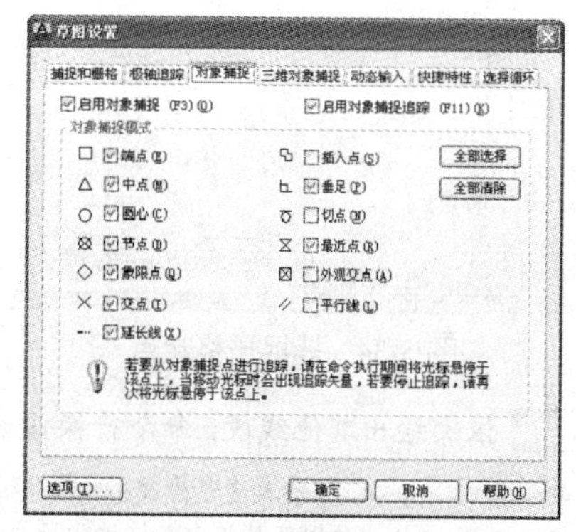

图5-31 【草图设置】对话框

Step 04 单击【确定】按钮，返回到绘图区域，其显示如图5-33所示。

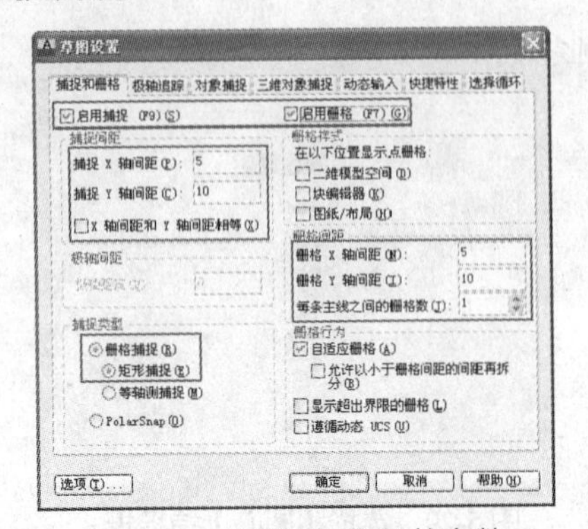

图 5-32 设置捕捉和栅格参数

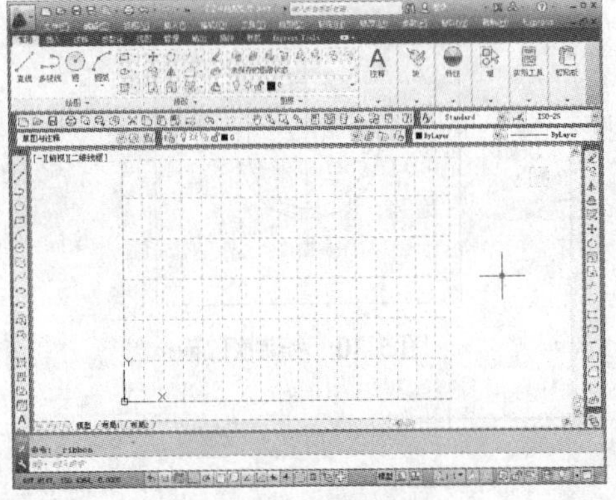

图 5-33 栅格显示

Step 05 绘制图形。在命令行中执行 PL 命令，在绘图区捕捉一个栅格作为起点，如图 5-34 所示。

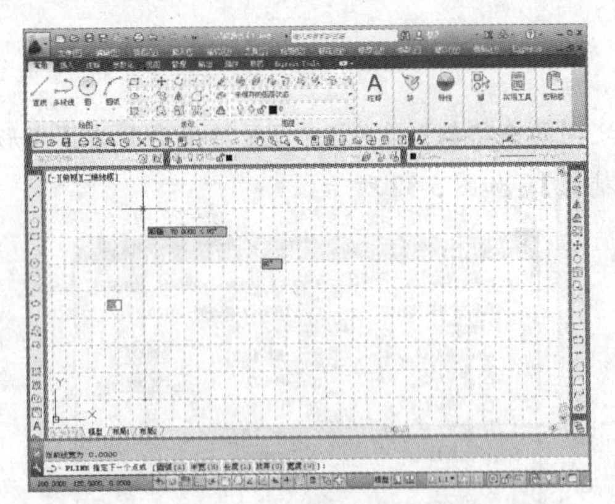

图 5-34 捕捉栅格起点

Step 06 依次绘出其他线段，命令行操作如下：

命令：PL↙　　//输入【多段线】命令
指定起点：//在绘图区捕捉一个栅格作为起点
当前线宽为 0.0000
指定下一个点或［圆弧(A)/半宽(H)/长度(L)/放弃(U)/宽度(W)］：//向上移动 7 个栅格点
指定下一点或［圆弧(A)/闭合(C)/半宽(H)/长度(L)/放弃(U)/宽度(W)］：//向右移动 4 个栅格点
指定下一点或［圆弧(A)/闭合(C)/半宽(H)/长度(L)/放弃(U)/宽度(W)］：//向右下角移动栅格点
指定下一点或［圆弧(A)/闭合(C)/半宽(H)/长度(L)/放弃(U)/宽度(W)］：//向右移动 8 个栅格点
指定下一点或［圆弧(A)/闭合(C)/半宽(H)/长度(L)/放弃(U)/宽度(W)］：//向右上方移动栅格点
指定下一点或［圆弧(A)/闭合(C)/半宽(H)/长度(L)/放弃(U)/宽度(W)］：//向右移动 4 个栅格点
指定下一点或［圆弧(A)/闭合(C)/半宽(H)/长度(L)/放弃(U)/宽度(W)］：//向下移动 8 个栅格点
指定下一点或［圆弧(A)/闭合(C)/半宽(H)/长度(L)/放弃(U)/宽度(W)］：C↙
//闭合多段线，结果如图 5-35 所示

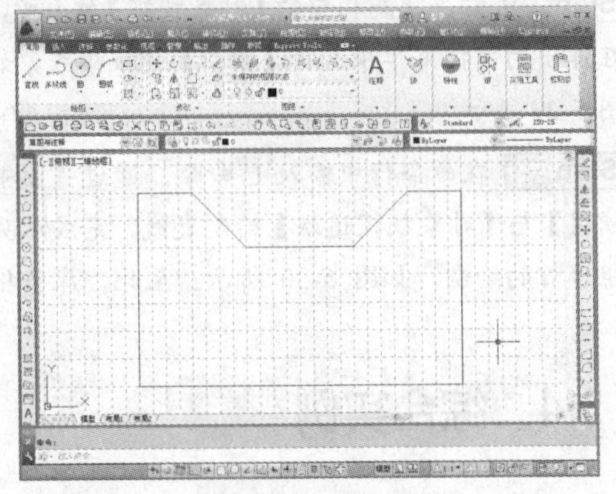

图 5-35 绘制图形

Step 07 在【常用】选项卡中，单击【绘图】面板中的【圆】按钮，绘制圆，如图 5-36 所示。命令行操作如下：

命令：_circle //调用【圆】命令
指定圆的圆心或［三点(3P)/两点(2P)/切点、切点、半径(T)］：30　//捕捉下侧边中点，向上移动鼠标输入距离
定圆的半径或［直径(D)］：15　//输入半径

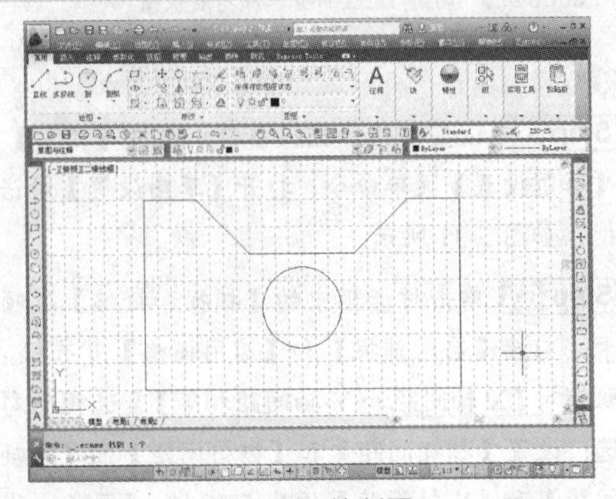

图 5-36 绘制圆

5.4.2 绘制轴承座主视图

利用【直线】、【圆】工具，配合【对象捕捉】功能绘制机械零件图。

Step 01 在【常用】选项卡，单击【绘图】面板中的【直线】按钮，打开【正交】功能，如图 5-37 所示绘制直线，命令行提示如下:

```
命令: _line 指定第一点: 0,0↙
      //输入第一点坐标值
指定下一点或 [放弃(U)]: 30↙
      //向右移动鼠标，输入直线长度 30 并回车
指定下一点或 [放弃(U)]: 10↙
      //向上移动鼠标，输入直线长度 10 并回车
指定下一点或 [闭合(C)/放弃(U)]: 60↙
      //向右移动鼠标，输入直线长度 60 并回车
指定下一点或 [闭合(C)/放弃(U)]: 10↙
      //向下移动鼠标，输入直线长度 10 并回车
指定下一点或 [闭合(C)/放弃(U)]: 30↙
      //向右移动鼠标，输入直线长度 30 并回车
指定下一点或 [闭合(C)/放弃(U)]: 30↙
      //向上移动鼠标，输入直线长度 30 并回车
指定下一点或 [闭合(C)/放弃(U)]: 120↙
      //向左移动鼠标，输入直线长度 120 并回车
指定下一点或 [闭合(C)/放弃(U)]: c↙
      //闭合图形
```

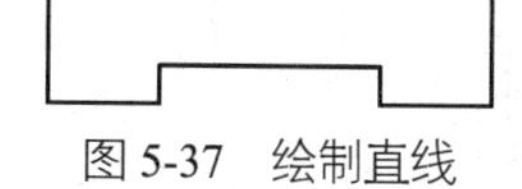

图 5-37 绘制直线

Step 02 重复【直线】命令，如图 5-38 所示绘制一个矩形，命令行提示如下:

```
命令: _line 指定第一点: 30,40↙
          //输入第一点坐标值并回车
指定下一点或 [放弃(U)]: 90,40↙
          //输入第二点坐标值并回车
指定下一点或 [放弃(U)]: 90,60↙
          //输入第三点坐标值并回车
指定下一点或 [闭合(C)/放弃(U)]: 30,60↙
          //输入第四点坐标值并回车
指定下一点或 [闭合(C)/放弃(U)]: c↙
          //闭合图形
```

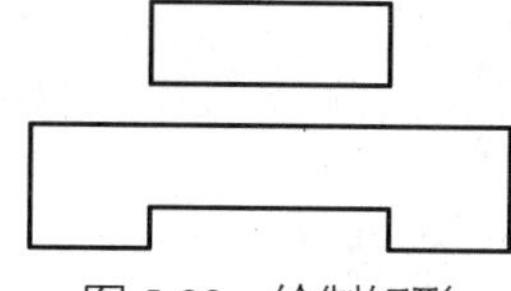

图 5-38 绘制矩形

Step 03 在【常用】选项卡中，单击【绘图】面板中的【圆】按钮，如图 5-39 所示绘制一个半径为 35 的圆，命令行提示如下:

```
命令: _circle
指定圆的圆心或 [三点(3P)/两点(2P)/切点、切点、半径(T)]: 60,120↙
          //输入圆心坐标并回车
指定圆的半径或 [直径(D)]: 35↙
          //输入圆的半径并回车
```

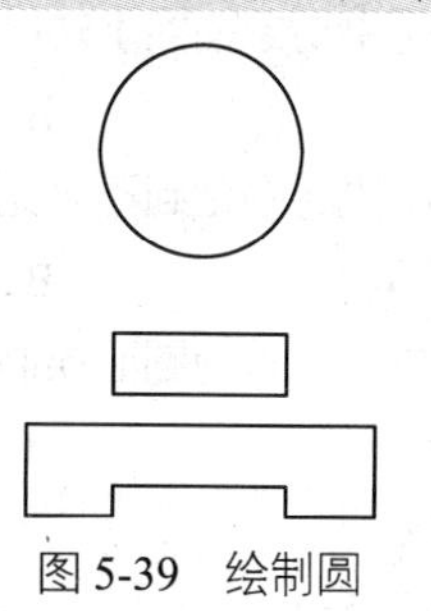

图 5-39 绘制圆

Step 04 按住 Shift 键然后单击右键，将会弹出【对象捕捉】快捷菜单，选择【切点】捕捉模式，如图 5-40 所示。

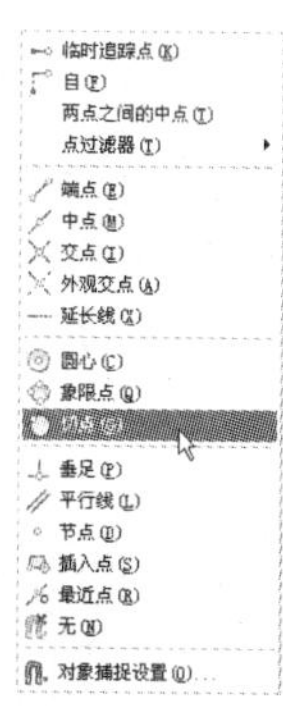

图 5-40 【对象捕捉】快捷菜单

Step 05 在【常用】选项卡中，单击【绘图】面板中的【直线】按钮，关闭【正交】功能，如图 5-41 所示绘制切线，即可完成整个图形的绘制，命令行提示如下:

```
命令: _line
指定第一点:     //捕捉点 A 为直线第一点
指定下一点或 [放弃(U)]: _tan 到
```

```
    //捕捉圆上的切点
指定下一点或 [放弃(U)]:↙
//回车继续执行【直线】命令
命令: LINE
指定第一点:              //捕捉点B为直线第一点
指定下一点或 [放弃(U)]: _tan 到
//捕捉圆上的切点
指定下一点或 [放弃(U)]:↙
//回车结束命令
```

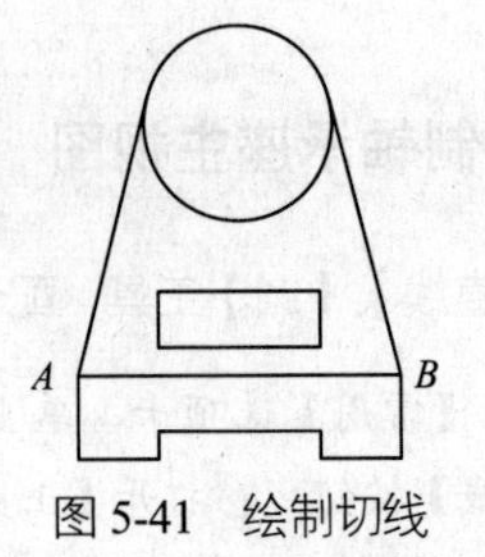

图 5-41 绘制切线

5.5 思考与练习

1．选择题

（1）启用【对象捕捉】功能的快捷键是（　　）。

A．F3　　B．F7　　C．F9　　D．F10

（2）十字光标锁定到不可见的栅格上，我们称之为（　　）。

A．捕捉模式　　B．栅格　　C．正交　　D．光标锁定

（3）以中心点作为圆心绘制圆，应该调用（　　）捕捉。

A．捕捉　　B．栅格　　C．正交　　D．光标锁定

2．操作题

配合【极轴追踪】和【正交】功能，调用【直线】命令，绘制如图 5-42 所示的机械压片平面图。

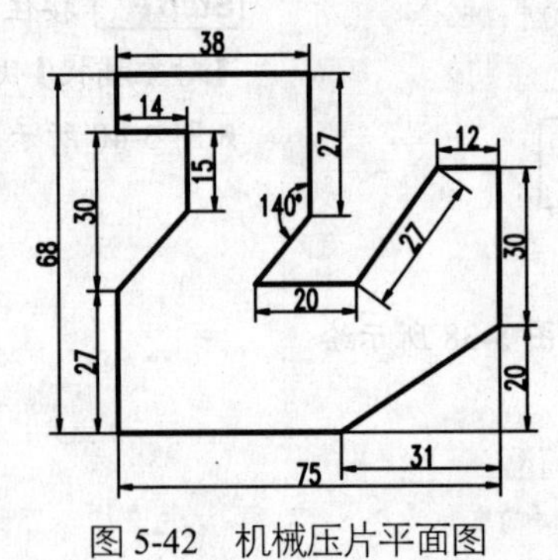

图 5-42 机械压片平面图

第6章 图层管理

⊙学习目的：

本章讲解图层的新建和管理的方法，以及图层属性和状态的设置方法。掌握好这些方法，对以后的绘图工作将非常有帮助。

⊙学习重点：

★★★★ 图层新建

★★★☆ 使用图层

★★★☆ 管理图层

★★☆☆ 设置图层属性

★☆☆☆ 设置图层状态

6.1 图层特性管理器

AutoCAD 图层相当于传统图纸绘图中使用的重叠图纸。它就如同一张张透明的图纸，整个AutoCAD文档就是由若干透明图纸上下叠加的结果。例如，在第一张图纸上绘制中心线，在第二张图纸上绘制外轮廓，在第三张图纸上绘制剖面线。三张图纸叠加在一起就是一张完整的机械图。

图层新建和设置在【图层特性管理器】选项板中进行，包括组织图层结构和设置图层属性和状态。

打开【图层特性管理器】选项板有如下4种方法。

- 命令行：输入LAYER/LA命令。
- 菜单栏：选择【格式】|【图层】菜单命令。
- 工具栏：单击【图层】工具栏中的【图层特性管理器】按钮。
- 功能区：在【常用】选项卡中，单击【图层】面板中的【图层特性】按钮。

下面通过具体实例，讲解【图层特性管理器】的基本用法，包括新建和设置图层属性的基本操作。

课堂举例【6-1】：新建建筑样板文件图层

Step 01 单击【快速访问】工具栏中的【新建】按钮，新建空白图形文件。

Step 02 在【常用】选项卡中，单击【图层】面板中的【图层特性】按钮，系统弹出【图层特性管理器】选项板。单击【新建】按钮，新建一个图层，如图6-1所示。

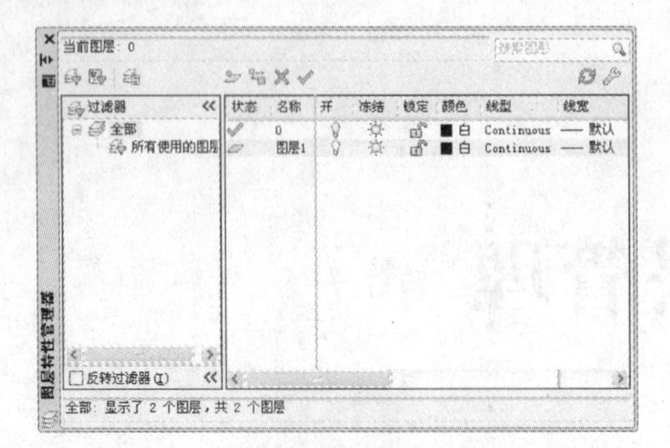

图 6-1 【图层特性管理器】选项板

Step 03 双击【图层 1】名称项，将图层名称更改为【轴线】，如图 6-2 所示。

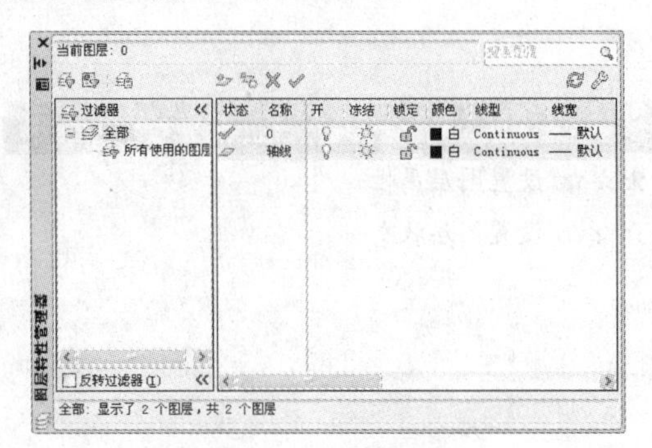

图 6-2 重命名图层

专家提醒

图层名称不能包含通配符（*和?）和空格，也不能与其他图层重名。若先选择一个图层再新建另一个图层，则新图层与被选择的图层具有相同的颜色、线型、线宽等设置。

Step 04 单击【颜色】属性项，打开【选择颜色】对话框，选择【索引颜色：1】，如图 6-3 所示。

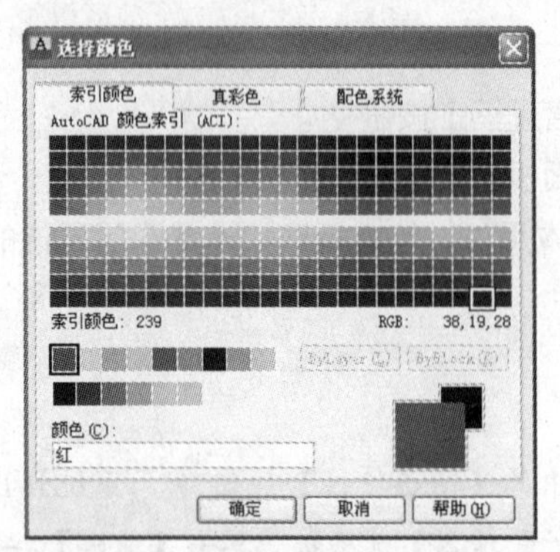

图 6-3 【选择颜色】对话框

Step 05 单击【确定】按钮，返回【图层特性管理器】选项板，如图 6-4 所示。

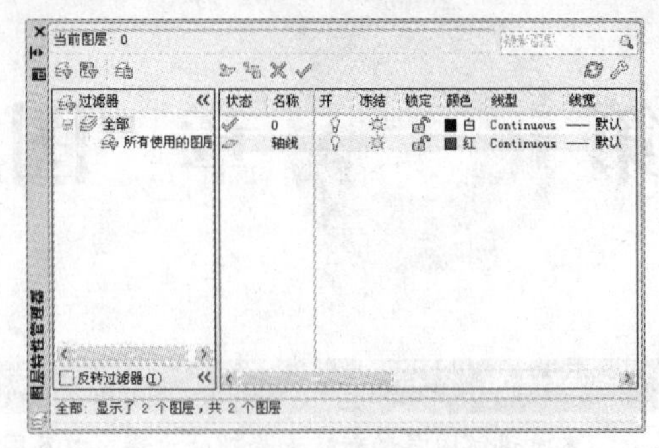

图 6-4 设置图层颜色

Step 06 单击【线型】属性项，打开【选择线型】对话框。单击【加载】按钮，在打开的【加载或重载线型】对话框中选择加载 CENTER 线型，如图 6-5 所示。

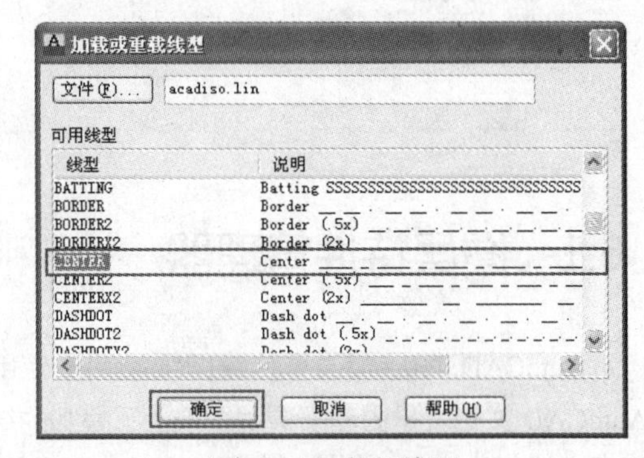

图 6-5 加载新线型

Step 07 单击【确定】按钮返回【选择线型】对话框，选择【CENTER】线型作为【轴线】图层线型，单击【确定】按钮，如图 6-6 所示。

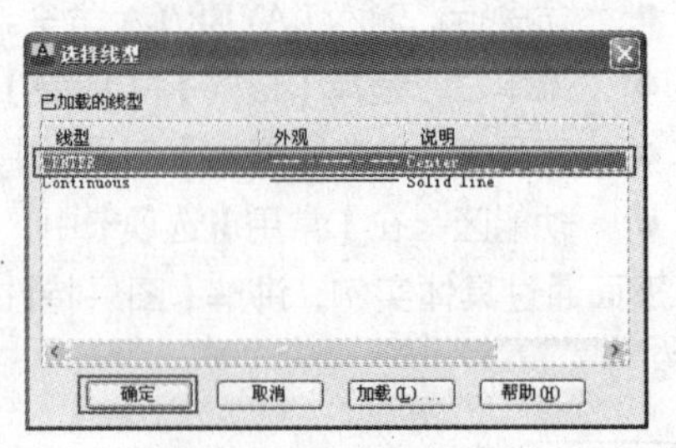

图 6-6 选择轴线线型

Step 08 单击【确定】按钮，返回【图层特性管理器】选项板，查看图层属性设置效果，如图 6-7 所示。

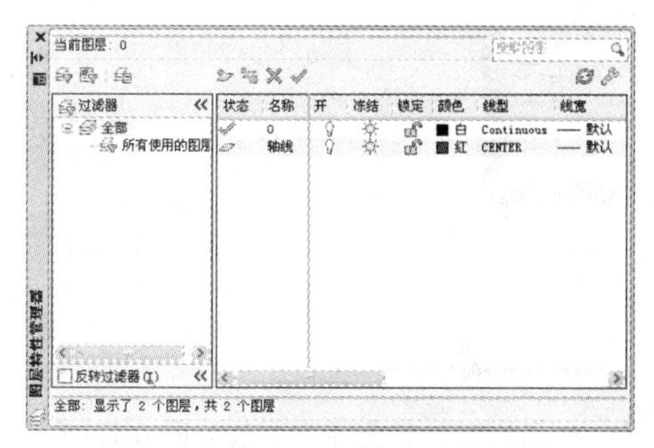

图 6-7　图层属性设置结果

Step 09 使用同样的方法，新建【窗户】图层，设置【颜色】为【索引颜色：5】；新建【墙体】图层，设置【线宽】为【0. 3mm】，最终效果如图 6-8 所示。

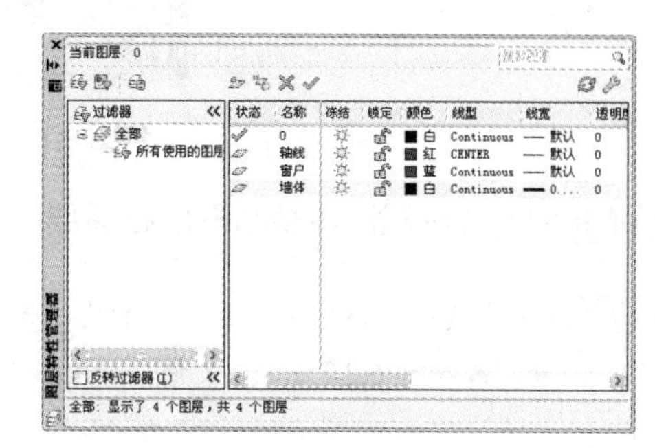

图 6-8　新建并设置其他图层

6.2　使用图层

创建好图层之后，就可以在不同的图层内绘制图形了。灵活地使用图层，能够使图面清晰、简洁，同时也能为绘图和打印带来便利。

6.2.1　切换当前图层

当前层是当前工作状态下所处的图层。当设定某一图层为当前层后，接下来所绘制的全部图形对象都将位于该图层中。如果以后想在其他图层中绘图，就需要更改当前层设置。

在如图 6-8 所示的【图层特性管理器】选项板中，在某图层的【状态】属性上双击，或在选定某图层后单击上方的【置为当前】工具按钮✔，即可设置该层为当前层。在【状态】列上，当前层显示“√”符号。

当前层也会显示在【图层】工具栏或面板中。如图 6-9 所示，在【图层】下拉列表框中选择某图层，也可以将该图层设为当前层。

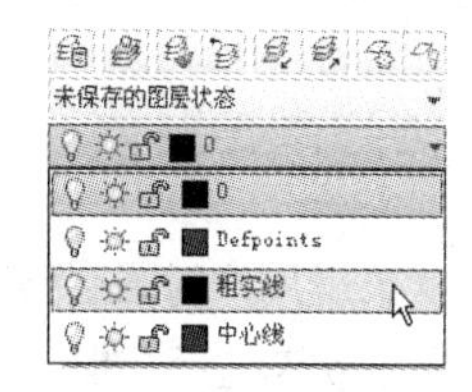

图 6-9　【图层】下拉列表框

6.2.2　转换图形所在图层

在 AutoCAD 2013 中还可以十分灵活地进行图层转换，即将某一图层内的图形转换至另一个图层，同时使其颜色、线型、线宽等特性发生改变。

如果某图形对象需要转换图层，此时可以先选择该图形对象，然后单击展开【图层】工具栏或者面板中的【图层】下拉列表，选择到要转换的目标图层即可，如图 6-9 所示。

此外，通过【特性】和【快捷特性】选项板也可以转换图形所在图层。选择需要转换图层的图形，打开【快捷特性】或者【特性】选项板，在【图层】下拉列表中选择目标图层即可，如图 6-10 所示。

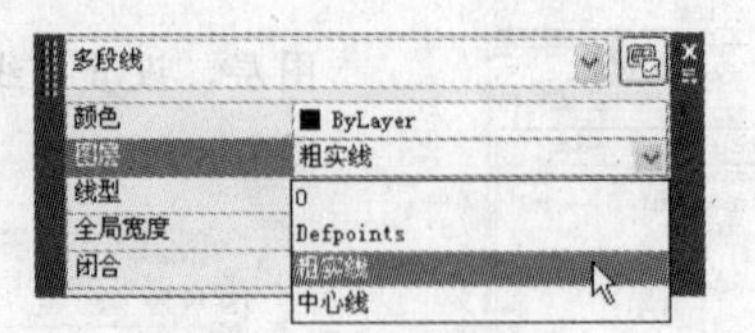

图 6-10　选择目标图层

课堂举例【6-2】：转换图形所在图层

Step 01 单击【快速访问】工具栏中的【打开】按钮，打开“第6章\6.2.2.dwg”文件，如图6-11所示。

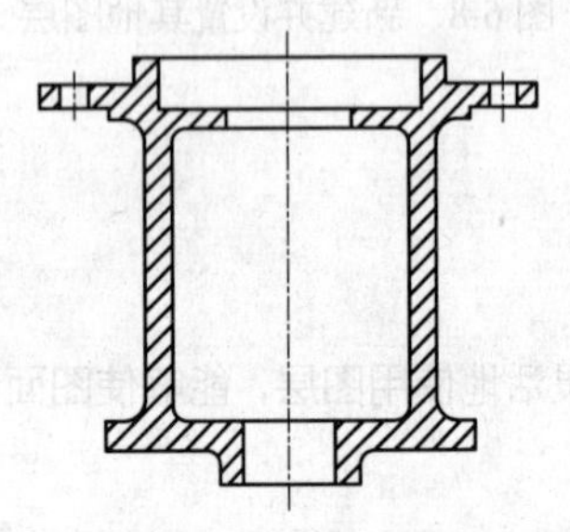
图 6-11　素材图形

Step 02 单击选择剖面填充图案，展开【图层】面板中的【图层】下拉列表，选中【剖面线】图层作为目标图层，如图6-12所示。

Step 03 填充图案即继承【剖面线】图层的相关特性，包括线宽、颜色等，效果如图6-13所示。

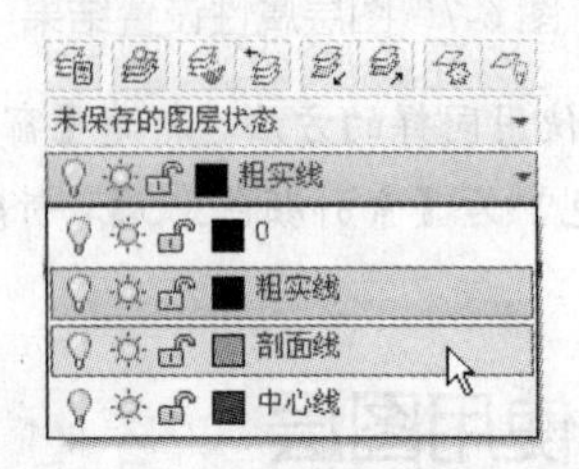

图 6-12　选择目标图层

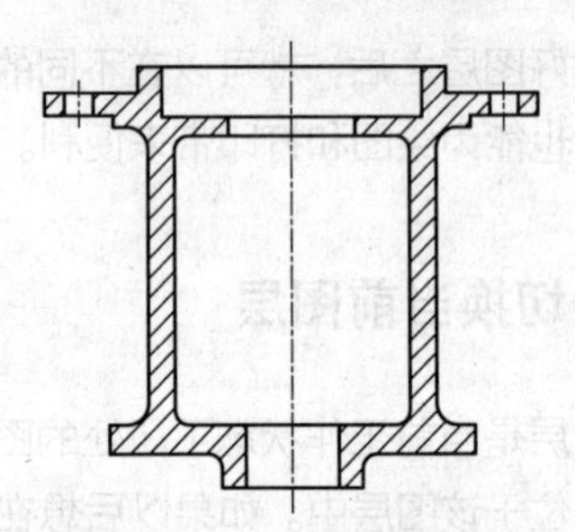
图 6-13　转换图层效果

6.2.3　控制图层状态

图层状态是用户对图层整体特性的开/关设置，包括开/关、冻结/解冻、锁定/解锁、打印/不打印等。对图层的状态进行控制，可以更好地管理图层上的图形对象。

图层状态设置在【图层特性管理器】选项板中进行，首先选择需要设置图层状态的图层，然后单击相关的状态图标，即可控制其图层状态。

- 打开与关闭：单击【开/关图层】图标，即可打开或关闭图层。打开的图层可见，可被打印；关闭的图层不可见，不能被打印，如图6-14所示。
- 冻结与解冻：单击【在所有视口中冻结/解冻】图标，即可冻结或解冻某图层。冻结长期不需要显示的图层，可以提高系统运行速度，减少图形刷新时间。与关闭图层一样，冻结图层不能被打印。
- 锁定与解锁：单击【锁定/解锁图层】图标，即可锁定或解锁某图层。被锁定的图层不能被编辑、选择和删除，但该图层仍然可见，而且可以在该图层上添加新的图形对象。
- 打印与不打印：单击【打印】图标，即可设置图层是否被打印。指定某图层不被打印，该图层上的图形对象仍然在图形窗口可见。

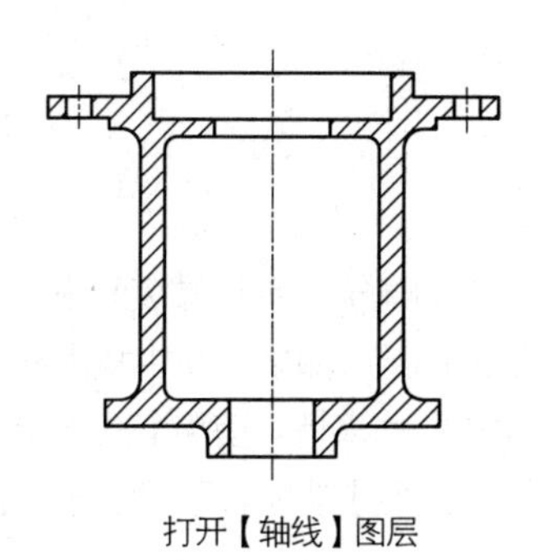
打开【轴线】图层

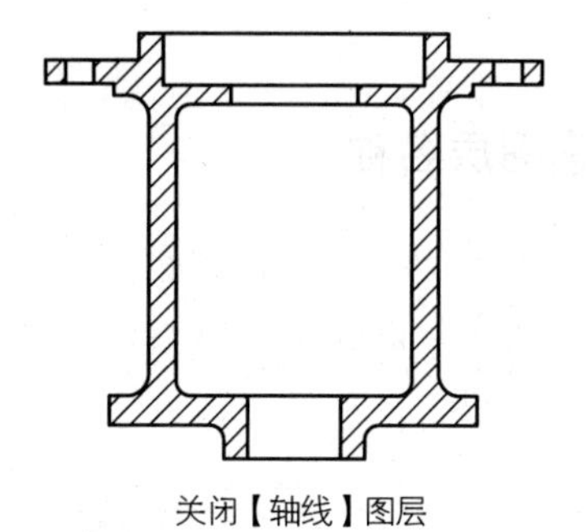
关闭【轴线】图层

图 6-14　打开与关闭图层

技巧点拨

展开【图层】面板或工具栏中的【图层】下拉列表，单击状态图标，可在不打开【图层特性管理器】选项板的情况下，快速设置图层的状态。

6.3　管理图层

图层管理包括删除图层、排序图层、重命名图层和图层过滤等操作。

6.3.1　排序图层

在【图层特性管理器】选项板中，单击图层列表框顶部的标题，可以将图层按状态、名称、颜色、线型、线宽、开/关等属性进行排序，以方便图层的查看和查找。

课堂举例【6-3】：按照名称字母顺序排序

Step 01 单击【快速访问】工具栏中的【打开】按钮，打开“第 6 章\6.3.1.dwg”文件。

Step 02 在【常用】选项卡中，单击【图层】面板中的【图层特性】按钮，打开【图层特性管理器】选项板，如图 6-15 所示。

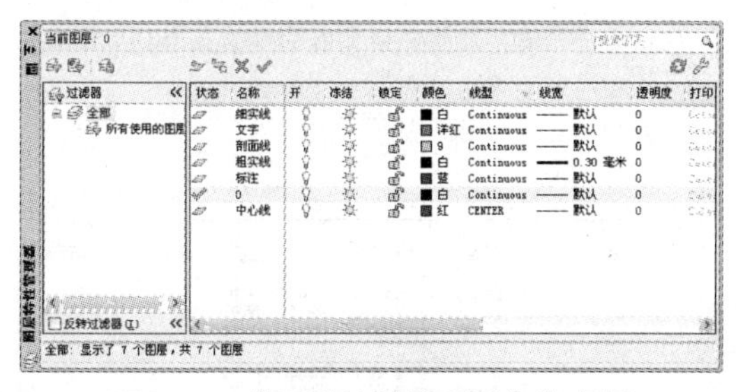

图 6-15　【图形特性管理器】选项板

Step 03 单击列表框顶部的【名称】标题，将图层按照名称顺序进行排序，如图 6-16 所示。

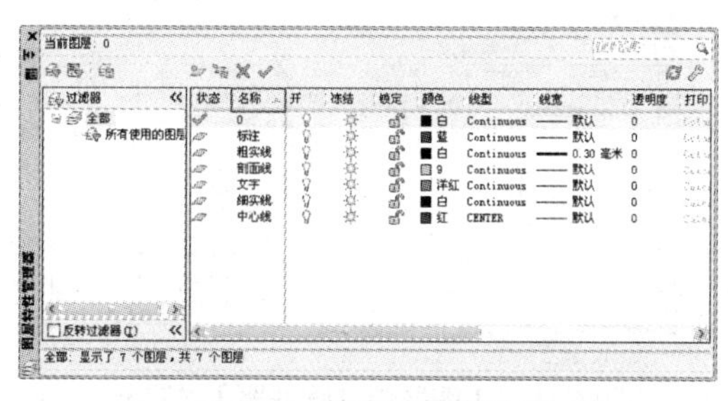

图 6-16　按名称排序效果

专家提醒

单击【颜色】、【线型】等标题，可将图层分别按颜色和线型等进行排序。

6.3.2 搜索图层名称

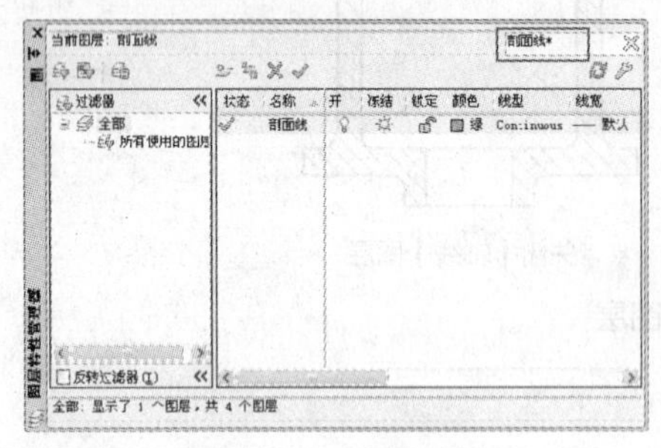

图 6-17 搜索图层

在进行复杂的建筑或者机械装配设计绘图时，工程图会包含大量的图层，如果要从中找出某个图层，将是一件非常费时费力的事情。使用【图层特性管理器】选项板中的【搜索图层】功能，可以快速地找到指定名称的图层。

【图层特性管理器】选项板右上角有一个【搜索】文本框，在其中输入关键字，即可快速地查找到图层名称中含有关键字的所有图层，如图 6-17 所示。

技巧点拨

搜索名称中可含“*”和“?”。“*”可以表示任意数目字符，而“?”可以表示任意一个字符。

6.3.3 图层特性过滤器

图层特性过滤器可以根据名称、线型、颜色、打开与关闭、冻结与解冻等来搜索、过滤图层。

课堂举例【6-4】：使用图层特性过滤器

Step 01 单击【快速访问】工具栏中的【打开】按钮，打开“第 6 章\6.3.3.dwg”文件。

Step 02 在【常用】选项卡中，单击【图层】面板中的【图层特性】按钮，打开【图层特性管理器】选项板，如图 6-18 所示。

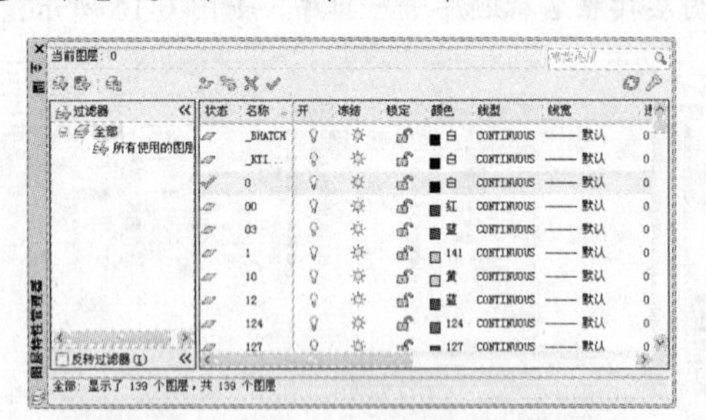

图 6-18 【图层特性管理器】选项板

Step 03 单击【图层特性管理器】选项板左上角的【新建特性过滤器】按钮，打开【图层过滤器特性】对话框，如图 6-19 所示。

Step 04 更改【过滤器名称】为【颜色过滤器】，设置【颜色】属性项为红（索引颜色：1），如图 6-20 所示，在【过滤器预览】列表框中即可看到所有图层颜色为红色的图层。

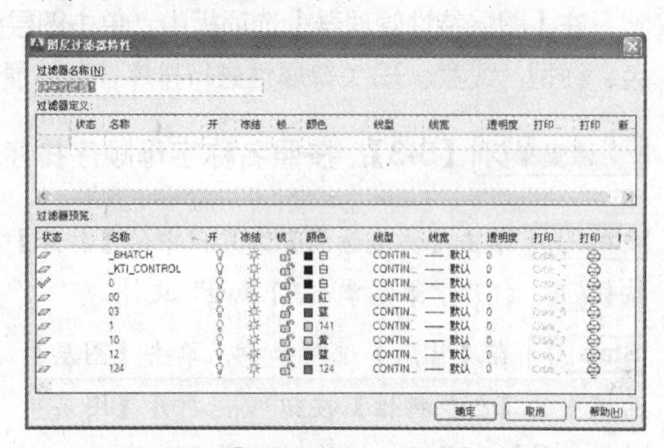

图 6-19 【图层过滤器特性】对话框

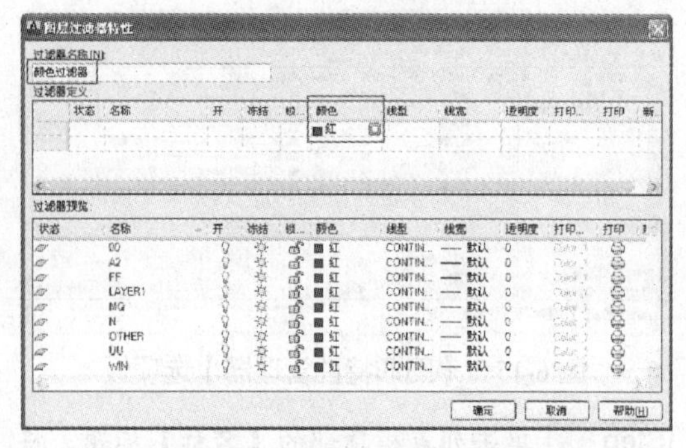

图 6-20 创建并设置过滤器

Step 05 单击【确定】按钮，返回【图层过滤器特性】对话框，即可看到新建的过滤器与过滤之后的图层，如图 6-21 所示。

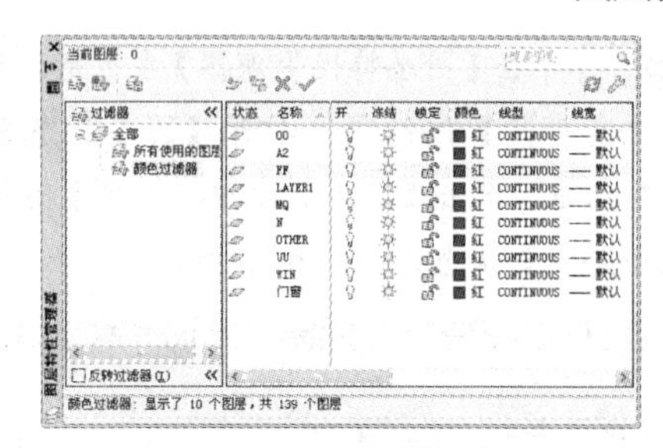

图 6-21 过滤效果

6.3.4 图层组过滤器

可以使用图层组过滤器将常用的图层定义为图层组，以方便寻找、管理图层。单击【图层特性管理器】选项板左上角的【新建组过滤器】按钮，新建【组过滤器 1】，更改【组过滤器 1】为所需的图层组名，然后在【所有使用的图层】列表中选中需要的图层，将其拖至新建图层组即可。

专家提醒

如果想删除图层组，只需选中图层组并单击鼠标右键，在弹出的快捷菜单中选择【删除】选项即可。

6.3.5 保存及恢复图层设置

图层设置包括图层特性以及状态，用户可以将当前图层设置命名并保存起来，在需要用到的时候可以随时恢复。

课堂举例【6-5】：保存及恢复图层设置

Step 01 单击【快速访问】工具栏中的【打开】按钮，打开“第 6 章\6.3.5.dwg”文件。

Step 02 单击【图层】面板中的【图层特性】按钮，打开【图层特性管理器】选项板，如图 6-22 所示。

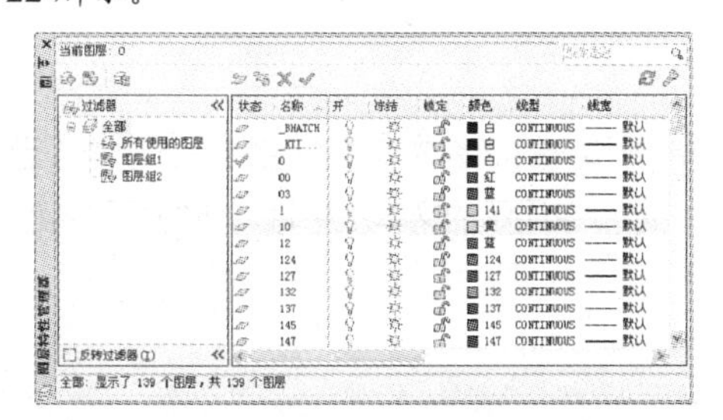

图 6-22 【图层特性管理器】选项板

Step 03 选择【过滤器】列表框中的【图层组 1】，更改所有图层颜色为【索引颜色：7】，如图 6-23 所示。

Step 04 选择【过滤器】列表框中的【图层组 2】，更改所有线型为【CENTER】，如图 6-24 所示。

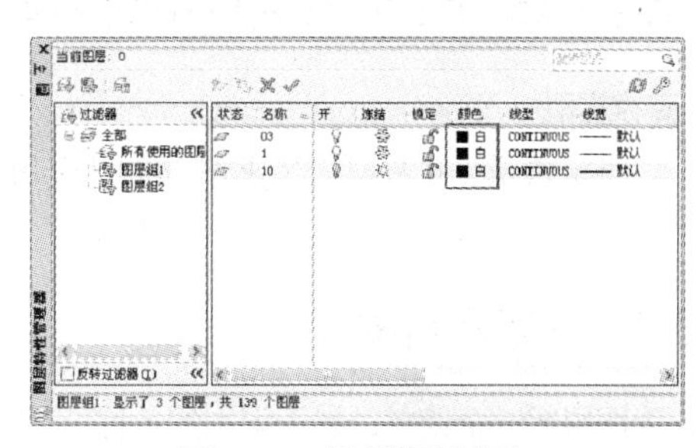

图 6-23 设置图层颜色

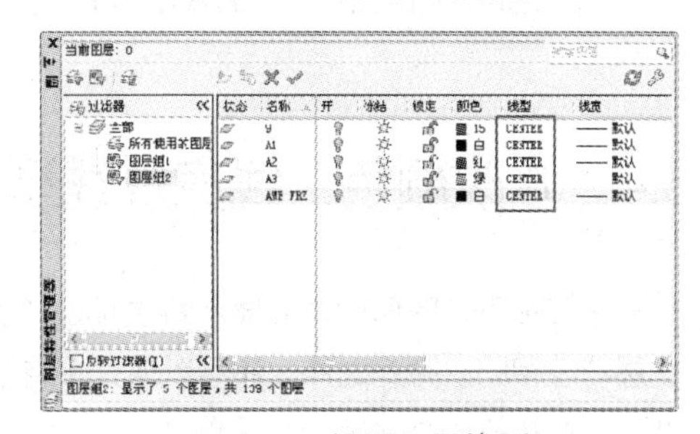

图 6-24 设置图层线型

Step 05 单击【图层特性管理器】左上角的【图层状态管理器】按钮，打开【图层状态管理器】对话框，单击【新建】按钮，新建【颜色与线型图层组】状态，如图 6-25 所示。

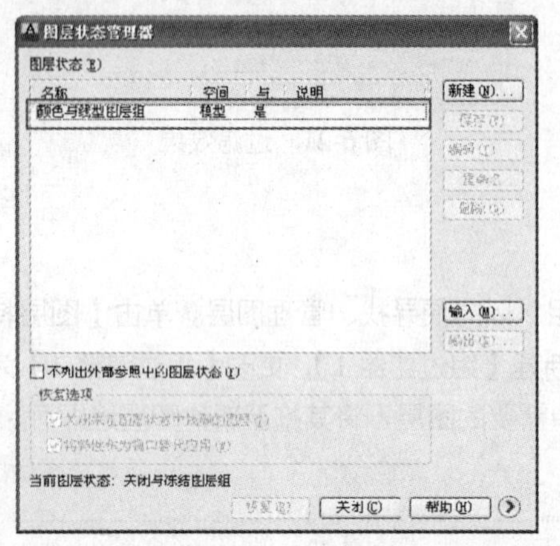

图 6-25 【图层状态管理器】对话框

Step 06 单击【保存】按钮保存设置，单击【关闭】按钮，关闭【图层状态管理器】对话框。

Step 07 返回【图层特性管理器】，任意更改【图层组 1】中的颜色和【图层组 2】中的线型。

Step 08 再次单击【图层状态管理器】按钮，打开【图层状态管理器】对话框，单击右下角的【更多恢复选项】按钮，勾选【颜色】、【线型】复选框，如图 6-26 所示。

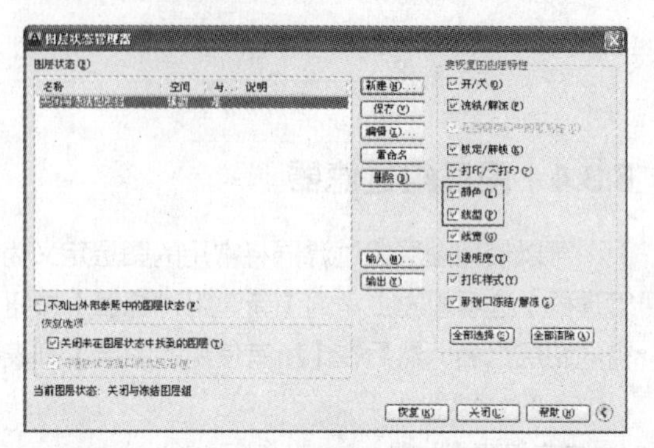

图 6-26 设置恢复选项

Step 09 单击【恢复】按钮，然后关闭对话框，即可发现【图层特性管理器】中的【图层组 1】和【图层组 2】中的图层线型、颜色恢复到修改之前的状态。

6.3.6 删除图层

及时清理图形中不需要的图层，可以简化图形。在【图层特性管理器】选项板中选择需要删除的图层，然后单击【删除图层】按钮，即可删除选择的图层。

专家提醒

当前图层、0 层、定义点图层、包含图形对象的图层不能被删除。

6.3.7 重新命名图层

为图层起一个简单、易于识别的名称，可方便图层的管理和查找。首先在【图层特性管理器】选项板中选择需要重命名的图层，然后双击其【名称】属性项，即可在显示的文本框中输入新的图层名称。

6.4 修改颜色、线宽及线型

一般情况下，图形对象的显示特性都是“随层”（ByLayer），表示图形对象的属性与所在当前层的图层特性相同。除此之外，还可以通过【特性】工具栏或面板，对具体的图形对象单独进行颜色、线型、线宽和打印样式等特性设置。

6.4.1 修改颜色

修改颜色可以针对图层或者某个单独图形对象分别进行。

1. 修改图层颜色

使用【图形特性管理器】和【图层】工具栏或面板的【图层】下拉列表，可以修改图层的颜色属性，下面通过实例详细说明。

课堂举例【6-6】：修改【剖面线】图层颜色

Step 01 单击【快速访问】工具栏中的【打开】按钮，打开“第 6 章\6.4.1.dwg”文件，如图 6-27 所示。

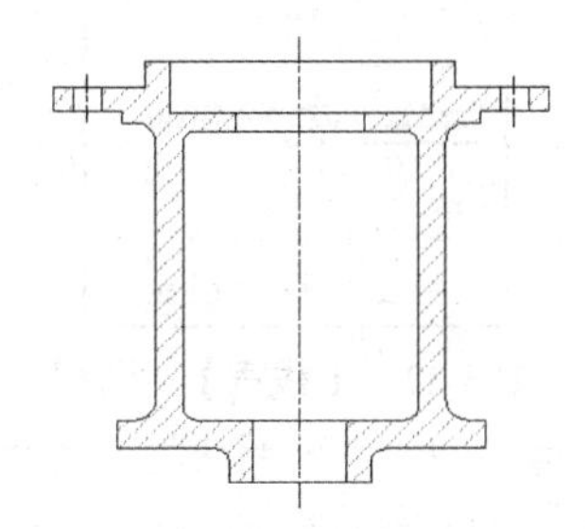

图 6-27 素材图形

Step 02 在【常用】选项卡中，单击【图层】面板中的【图层特性】按钮，打开【图层特性管理器】选项板。

Step 03 单击【中心线】图层中的【颜色】属性项，打开【选择颜色】对话框，选择【索引颜色：9】作为图层颜色，如图 6-28 所示。

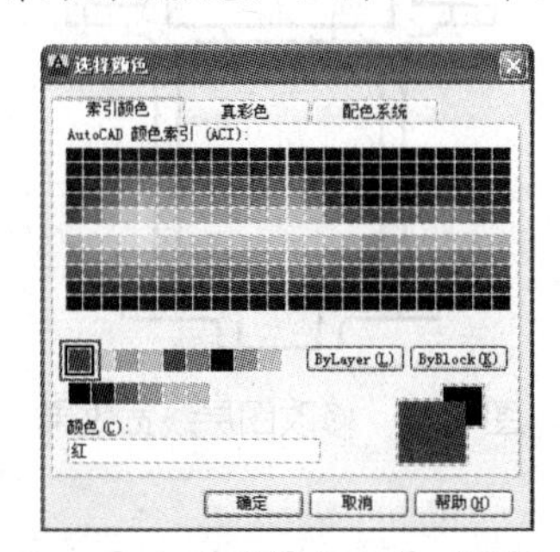

图 6-28 【选择颜色】对话框

Step 04 单击【确定】按钮，返回【图层特性管理器】选项板，即可看到图层颜色属性已被更改，如图 6-29 所示。

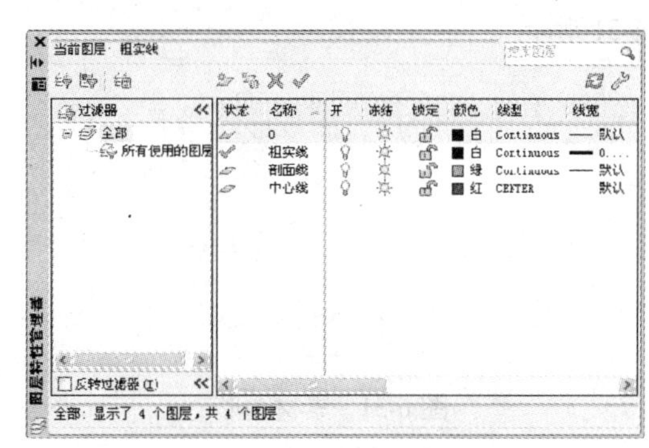

图 6-29 更改图层颜色

Step 05 关闭选项板，中心线颜色自动更新为图层的颜色——红色，效果如图 6-30 所示。

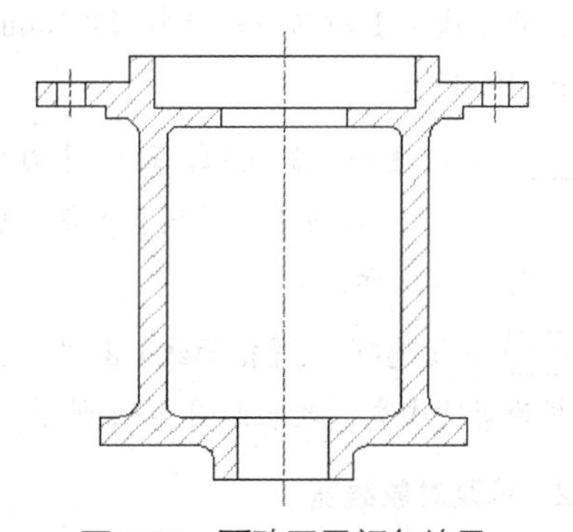

图 6-30 更改图层颜色效果

2. 修改对象颜色

修改单独某个图形对象的颜色不能通过【图形特性管理器】选项板，而是需要利用【特性】、【快捷特性】选项板或者【对象颜色】下拉列表，操作方法基本相同。

首先在绘图窗口中选择需要修改颜色的对象，然后在命令行中输入 PR 命令，打开【特性】选项板，打开【常规】选项区的【颜色】下拉列表，从中选择所需的颜色即可。

6.4.2 修改线宽

与修改颜色一样，可分别修改图层或者单一图形对象的线宽。

1. 修改图层线宽

修改图层线宽只能通过【图层特性管理器】选项板进行。

课堂举例【6-7】：修改【轮廓线】图层线宽

Step 01 单击【快速访问】工具栏中的【打开】按钮，打开“第 6 章\6.4.2.dwg”文件，如图 6-31 所示。

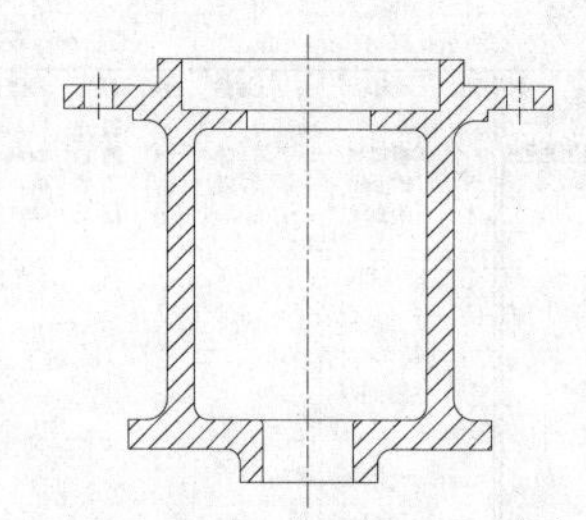

图 6-31 素材图形

Step 02 在【常用】选项卡中，单击【图层】面板中的【图层特性】按钮，打开【图层特性管理器】选项板。

Step 03 单击【粗实线】图层的【线宽】属性项，打开【线宽】对话框，选择【0.30mm】线宽，如图 6-32 所示。

Step 04 单击【确定】按钮，返回【图层特性管理器】选项板，即可看到【线宽】属性项被修改，如图 6-33 所示。

Step 05 关闭选项板，【轮廓线】图层所有图形即更新为新的线宽，效果如图 6-34 所示。

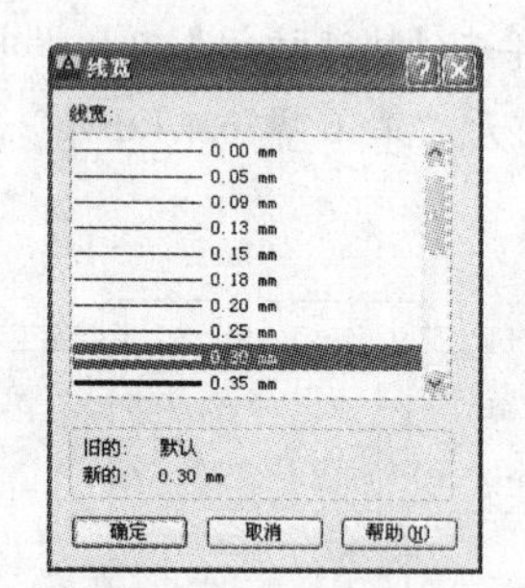

图 6-32 【线宽】对话框

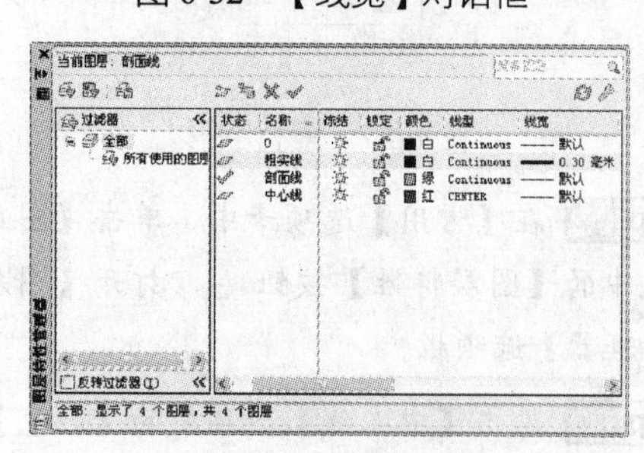

图 6-33 【图层特性管理器】选项板

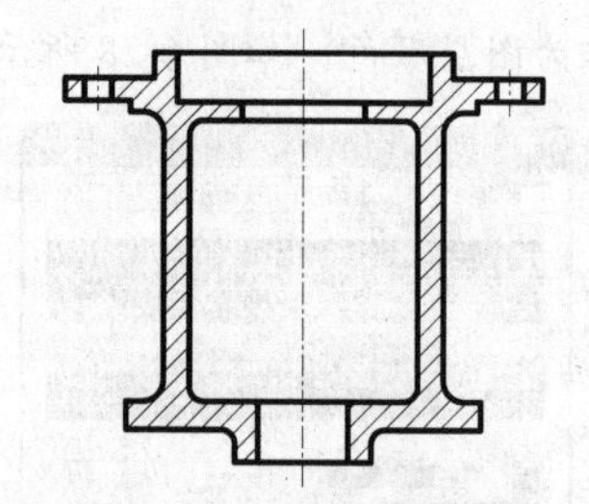

图 6-34 修改图层线宽效果

2. 修改对象线宽

与修改对象颜色一样，选中图形对象后，在【特性】选项板或【图层】面板的【线宽】下拉列表中选择新的线宽即可。

6.4.3 修改线型

线型是沿图形显示的线、点和间隔（窗格）组成的图样。在绘制对象时，将对象设置为不同的线型，可以方便对象间的相互区分，使图形也易于观看。AutoCAD 的线型定义保存在“*.lin”的线型库文件中，其自带的线型库文件为“acad.lin”和“acadiso.lin”。一个 LIN 文件可以包含多个线型的定义。用户可以将新线型添加到现有的 LIN 文件中，也可以创建自己的 LIN 文件。

1．修改图层线型

修改图层线型需要调用【图层特性管理器】选项板。

课堂举例【6-8】：修改【中心线】图层线型

Step 01 单击【快速访问】工具栏中的【打开】按钮，打开“第 6 章\6.4.3.dwg”文件，如图 6-35 所示。

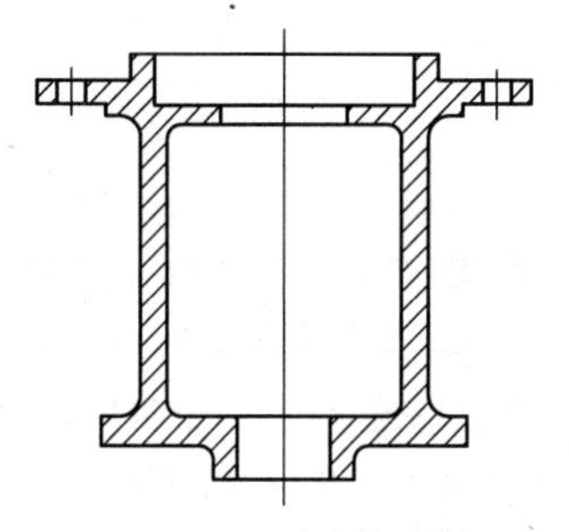

图 6-35　素材图形

Step 02 在【常用】选项卡中，单击【图层】面板中的【图层特性】按钮，打开【图形特性管理器】选项板。

Step 03 单击【中心线】图层的【线型】属性项，打开【选择线型】对话框。

Step 04 单击【加载】按钮，弹出【加载或重载线型】对话框，选择【CENTER】线型，返回到【选择线型】对话框，如图 6-36 所示。

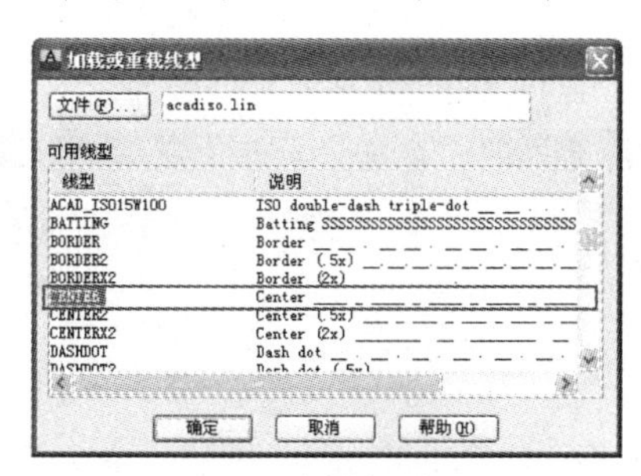

图 6-36　选择线型

Step 05 单击【确定】，返回【选择线型】对话框，选择【CENTER】线型作为中心线图层线型，如图 6-37 所示。

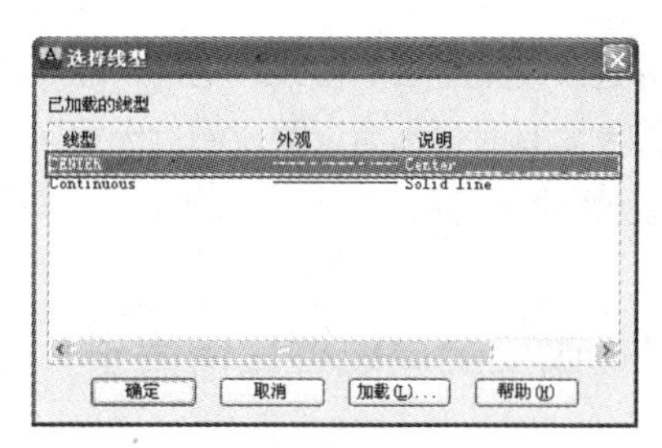

图 6-37　选择【CENTER】线型

Step 06 单击【确定】按钮，返回【图层特性管理器】，即可看出【线型】属性项被修改，如图 6-38 所示。

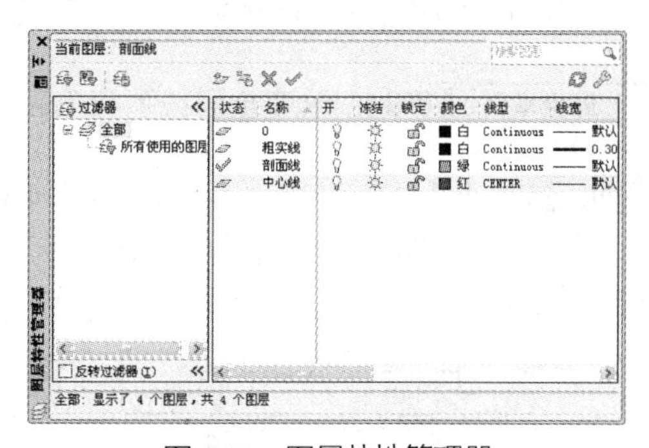

图 6-38　图层特性管理器

Step 07 关闭选项板，【中心线】图层所有图形线型即更新为【CENTER】线型，如图 6-39 所示。

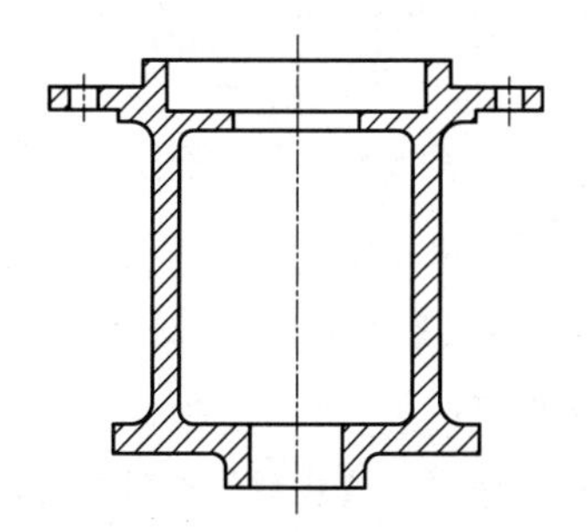

图 6-39　修改图层线型效果

2. 修改对象线型

单独修改某个图形对象的线型，可以使用【特性】选项板、【快捷特性】选项板和【线型】下拉列表。步骤及方法与修改【颜色】和【线宽】完全相同，这里就不再赘述了。

6.5 修改非连续线型外观

非连续线型是由短横线、空格、点等构成的重复图案，图案中的短线长度、空格大小由线型比例来控制。有时会因为设置比例过大或过小，导致看起来非连续线型与连续线型一样，此时就需要重新设置线型比例。

6.5.1 改变全局线型比例因子

图 6-40 不同比例因子线型显示效果

LTSCALE/LTS 命令用于控制线型的全局比例因子，它影响图形中所有非连续线型的外观。LTSCALE 比例因子越小，非连续线型越密；LTSCALE 比例因子越大，非连续线型越稀疏。图 6-40 是线型比例因子分别为 1、2.5 和 5 时的不连续线型显示效果。

课堂举例【6-9】：改变全局线型比例因子

Step 01 单击【快速访问】工具栏中的【打开】按钮，打开“第 6 章\6.5.1.dwg”文件，如图 6-41 所示。

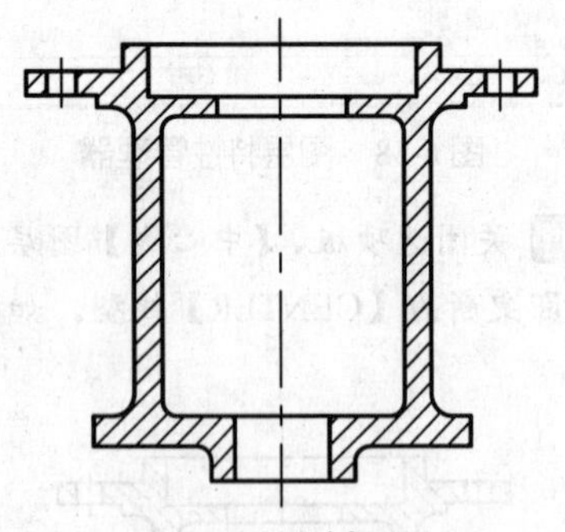

图 6-41 素材图形

Step 02 在【常用】选项卡中，单击【特性】面板中的【线型】下拉列表中的【其他】选项，如图 6-42 所示。

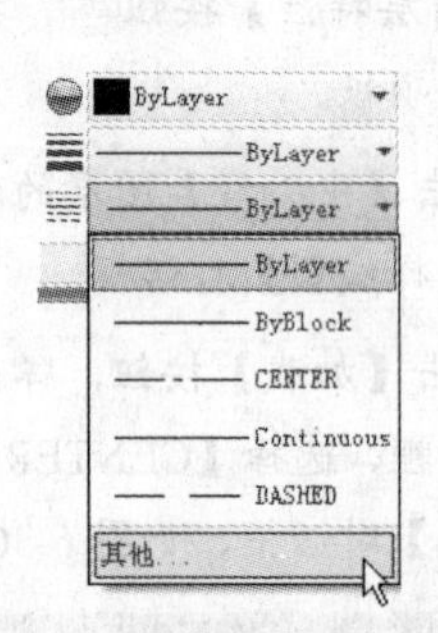

图 6-42 【线型】下拉列表

Step 03 系统弹出【线型管理器】对话框，设置【全局比例因子】为 0.5，如图 6-43 所示。

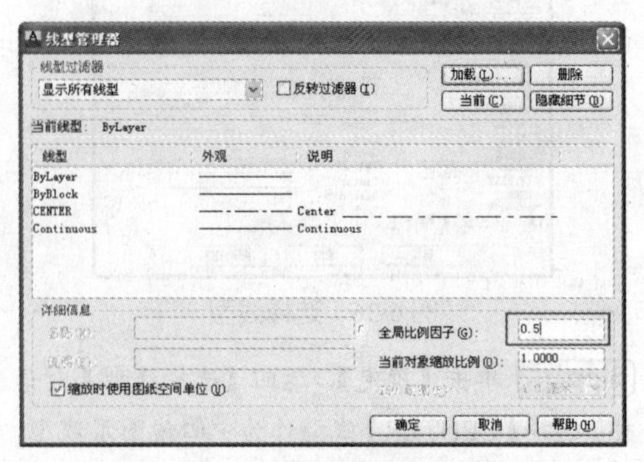

图 6-43 【线型管理器】对话框

Step 04 单击【确定】按钮，图形中的所有非连续线型比例自动更新，效果如图 6-44 所示。

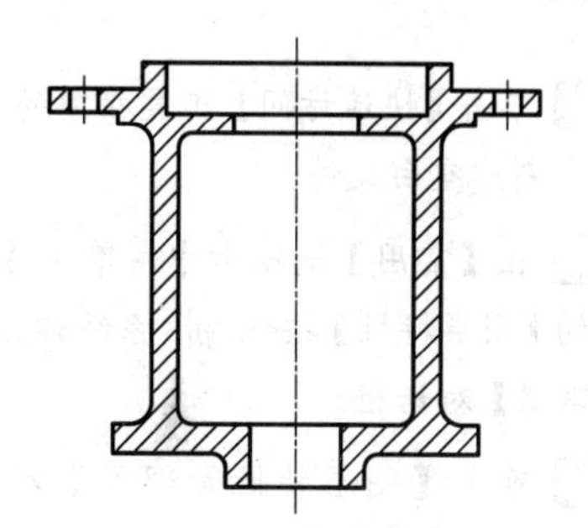

图 6-44　线型比例修改效果

6.5.2　改变当前对象线型比例

有时只需要针对一种线型进行设置，这时可以单独更改某图形对象的线型比例。同样是通过【线型管理器】对话框进行设置。

首先在图形窗口中选择需要设置比例的线型，然后在【当前对象缩放比例】文本框中输入比例数值，如图 6-45 所示。设置完成后，已经绘制的图形的线型比例不会发生任何变化。发生改变的只是设置线型之后绘制的图形对象。

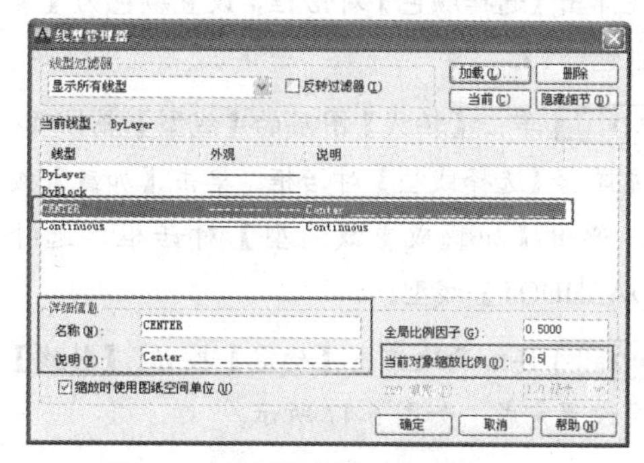

图 6-45　设置当前对象缩放比例

专家提醒

如果用户要单独修改某个对象的线型比例，可以在选择该对象后按下 Ctrl+1 快捷键，打开【特性】选项板，在【线型比例】框中输入适当数值即可。

6.6　综合实例

6.6.1　绘制室内墙体轮廓图

在室内设计绘图中，需要根据基础轴线绘制墙体，然而在后期，轴线却会带来稍许不便。利用本章所学的内容，绘制如图 6-46 所示的室内平面墙体轮廓图，在绘制完图形的基础上隐藏轴线，使得视图更加美观与清晰。

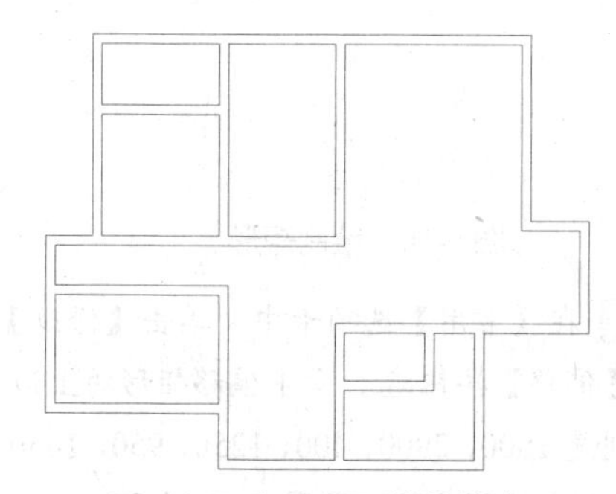

图 6-46　室内平面墙体轮廓

Step 01 单击【快速访问】工具栏中的【新建】按钮，新建空白文件。

Step 02 在【常用】选项卡中，单击【图层】面板中的【图层特性】按钮，系统弹出【图层特性管理器】对话框。

Step 03 单击【图层特性管理器】对话框左上角的【新建图层】按钮，命名新图层为【轴线】。

Step 04 单击【轴线】图层的【颜色】属性项，系统弹出【选择颜色】对话框，设置颜色为【索引颜色：1】。

Step 05 单击【轴线】图层的【线型】属性项，系统弹出【选择线型】对话框。单击【加载】按钮，弹出【加载或重载线型】对话框，选择【DASHDOT】线型。

Step 06 连续两次单击【确定】按钮，【轴线】图层设置完成，如图6-47所示。

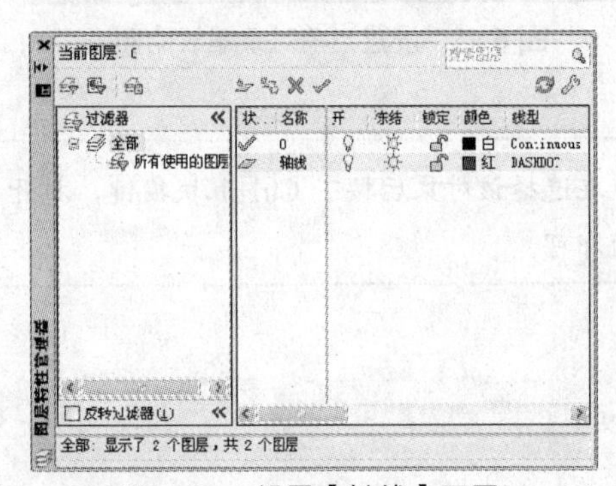

图6-47 设置【轴线】图层

Step 07 再次单击【图层特性管理器】选项板左上角的【新建图层】按钮，命名新图层为【墙体】。其他属性项保持系统默认，不需要改变。

Step 08 双击【轴线】图层的【状态】属性项，切换【轴线】为当前图层，如图6-48所示。

Step 09 在【常用】选项卡中，单击【特性】面板【线型】下拉列表中的【其他】选项，系统弹出【线型管理器】对话框，设置【全局比例因子】为20，如图6-49所示。

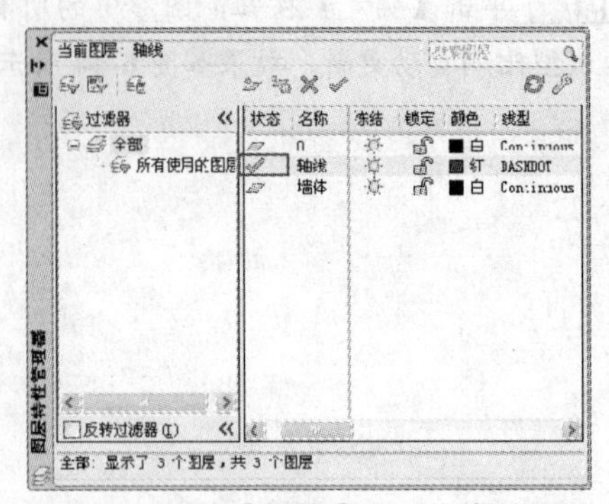

图6-48 切换【轴线】图层为当前图层

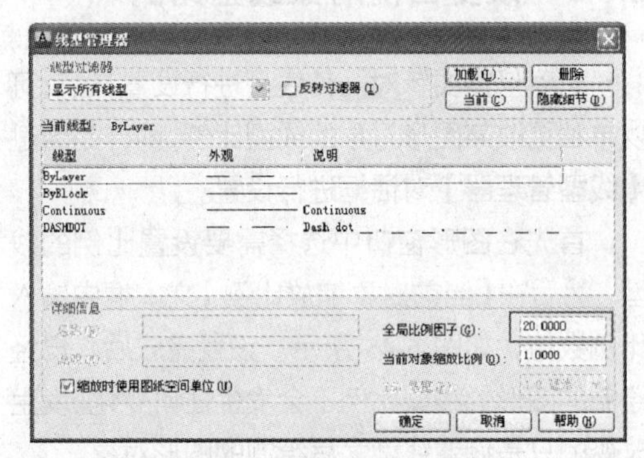

图6-49 设置全局线型比例

Step 10 在【常用】选项卡中，单击【绘图】面板中的【直线】按钮，绘制13800×10750的矩形，如图6-50所示。

图6-50 绘制矩形

Step 11 在【常用】选项卡中，单击【修改】面板中【偏移】按钮。向下偏移矩形的上边，距离分别是1800、2900、400、1250、950、1450、600、1400个绘图单位，如图6-51所示。

图6-51　偏移矩形的边

Step 12 重复【偏移】命令，向右偏移矩形左边，距离分别为1200、900、2400、3000、2320、1280、1200、1500个绘图单位，如图6-52所示。

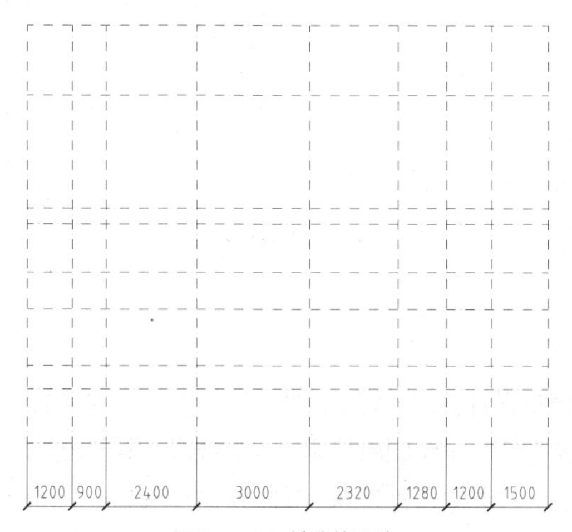

图6-52　绘制矩形

Step 13 在命令行中输入MLSTYLE命令，系统弹出【多线样式】对话框。单击【新建】按钮，在弹出的【创建新的多线样式】对话框中输入新样式名为【墙体】，如图6-53所示。

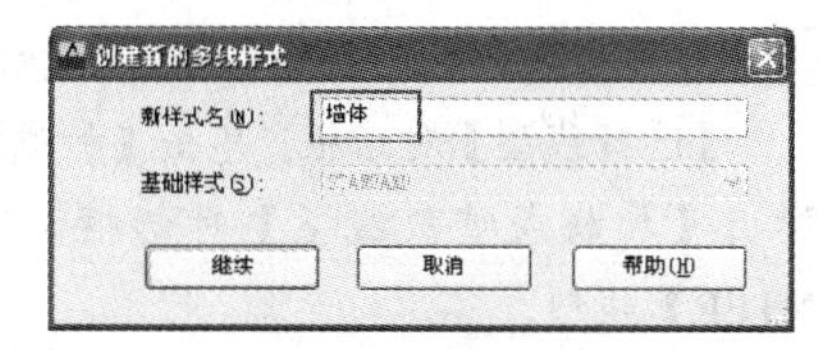

图6-53　【创建新的多线样式】对话框

Step 14 单击【继续】按钮，系统继续弹出【新建多线样式：墙体】对话框，勾选【直线】复选框的【起点】与【端点】。设置【图元】的【偏移】距离分别为120与-120，如图6-54所示。

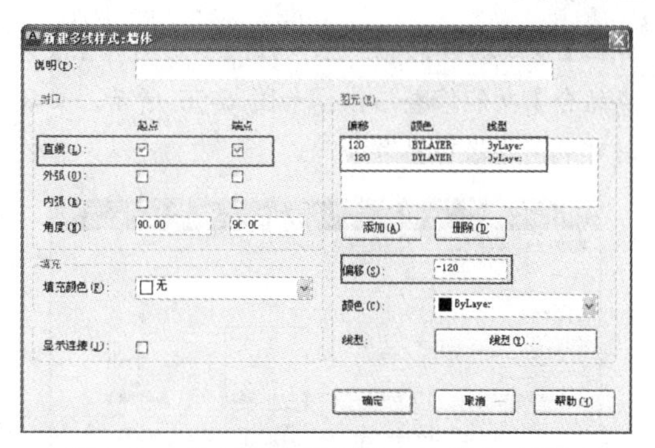

图6-54　【新建多线样式：墙体】对话框

Step 15 单击【确定】按钮，返回至【多线样式】对话框，选择【墙体】样式之后再单击【置为当前】按钮，然后关闭对话框。

Step 16 在命令行中输入MLINE命令，绘制墙体，如图6-55所示，命令行操作如下：

```
命令: MLINE↙            //调用【多线】命令
当前设置: 对正 = 无, 比例 = 20.00, 样式 = 墙体
指定起点或 [对正(J)/比例(S)/样式(ST)]:  S↙
                        //激活"比例(S)"选项
输入多线比例 <20.00>:  1↙
                        //输入多线比例
当前设置: 对正 = 无, 比例 = 1.00, 样式 = 墙体
指定起点或 [对正(J)/比例(S)/样式(ST)]:  J↙
                        //激活"对正(J)"选项
输入对正类型 [上(T)/无(Z)/下(B)] <无>:  Z↙
                        //激活"无(Z)"选项
当前设置: 对正 = 无, 比例 = 1.00, 样式 = 墙体
指定起点或 [对正(J)/比例(S)/样式(ST)]:
                        //指定起点
指定下一点:             //沿着轴线绘制墙体
指定下一点或 [放弃(U)]:
指定下一点或 [闭合(C)/放弃(U)]: ↙
                        //完成绘制
```

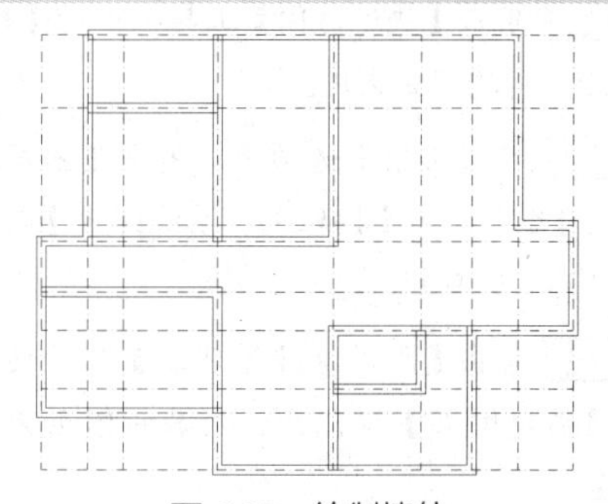

图6-55　绘制墙体

Step 17 在命令行中输入MLEDIT命令，系统

弹出【多线编辑】对话框，利用【T形打开】、【角点结合】功能修整墙体，如图 6-56 所示，必要时可利用【修剪】命令。

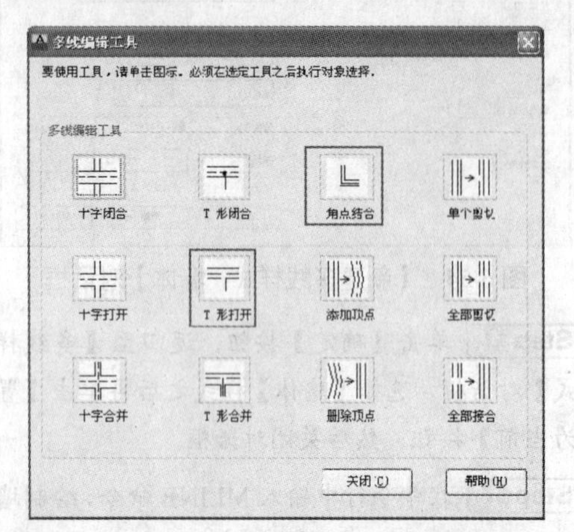

图 6-56 【多线编辑工具】对话框

Step 18 修整之后墙体效果如图 6-57 所示。

Step 19 在【常用】选项卡中，单击【图层】面板【图层控制】下拉列表中的【开/关图层】按钮，关闭【轴线】图层，如图 6-58 所示。至此，室内墙体轮廓图绘制完成。

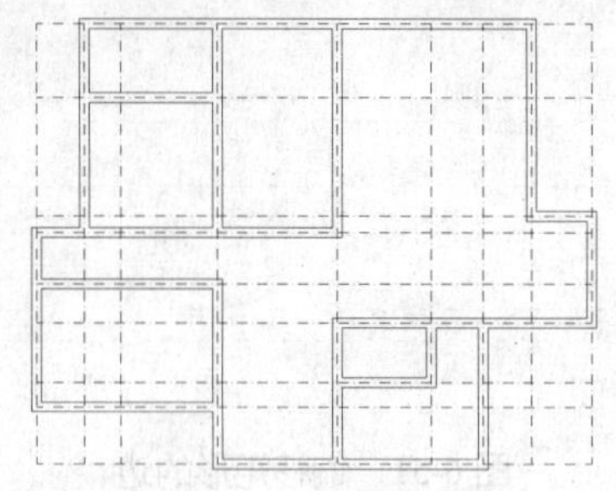

图 6-57 修整墙体

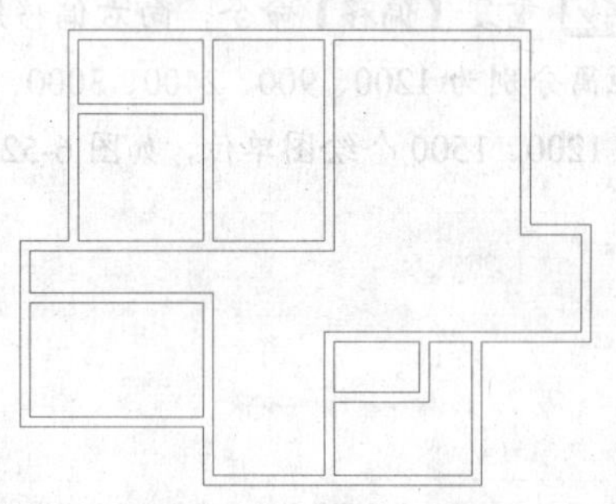

图 6-58 关闭轴线图层

6.6.2 绘制底座类机械图

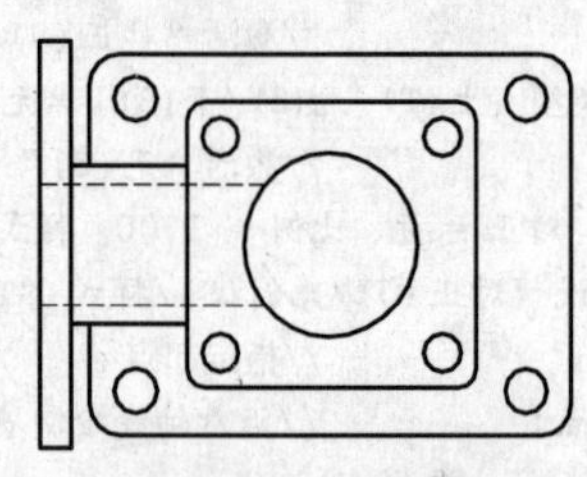

图 6-59 机械图

与建筑设计绘图一样，机械设计绘图中也有明确的图层设置要求，每个图层管哪方面的线段、需要设置怎样的线型、宽等都需要按照一定的规定作规划。下面通过绘制如图 6-59 所示的底座类机械图巩固本章学习的内容。

Step 01 单击【快速访问】工具栏中的【新建】按钮，新建空白文件。

Step 02 在【常用】选项卡，单击【图层】面板中的【图层特性】按钮，系统弹出【图层特性管理器】选项板。

Step 03 单击【图层特性管理器】选项板左上角的【新建图层】按钮，命名新图层为【中心线】。

Step 04 单击【轴线】图层的【颜色】属性项，系统弹出【选择颜色】对话框，设置颜色为【索引颜色：1】。

Step 05 单击【轴线】图层的【线型】属性项，系统弹出【选择线型】对话框。单击【加载】按钮，弹出【加载或重载线型】对话框，选择【CENTER】线型。

Step 06 连续两次单击【确定】按钮，【中心线】图层设置完成，如图 6-60 所示。

Step 07 按照同样的方法，创建【粗实线】图层，线宽改为【0.3mm】；创建【虚线】图层，线型为【DASHED】，颜色为【索引颜色：5】，如图 6-61 所示。

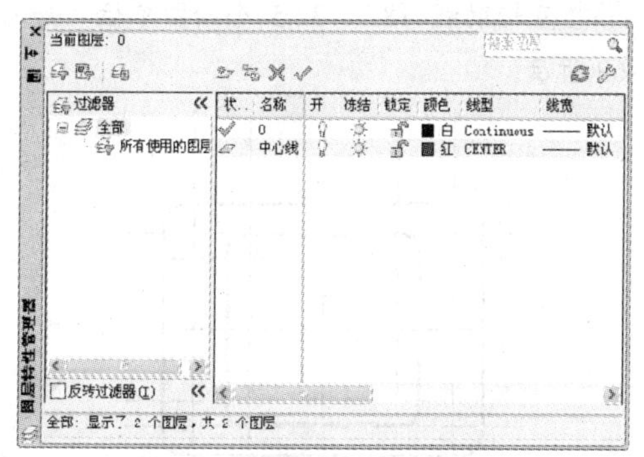

图 6-60　设置【中心线】图层

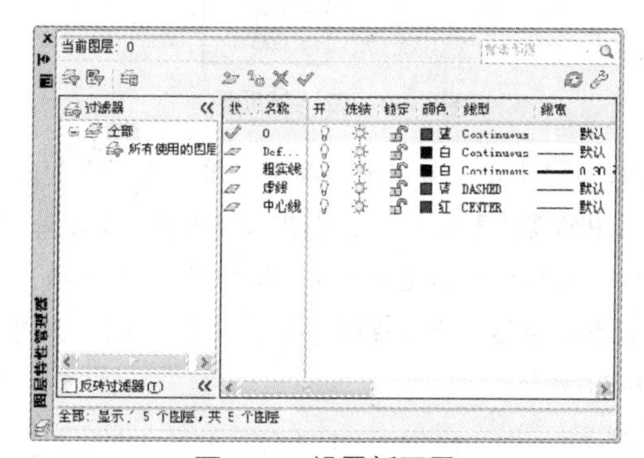

图 6-61　设置新图层

Step 08 双击【中心线】图层的【状态】属性项，切换【中心线】图层为当前图层。

Step 09 在【常用】选项卡中，单击【特性】面板【线型】下拉列表中的【其他】选项，系统弹出【线型管理器】对话框，设置【全局比例因子】为 0.2。

Step 10 在【常用】选项卡，单击【绘图】面板中的【直线】按钮，绘制长度约为 100 个绘图平位的互相垂直的辅助线，如图 6-62 所示。

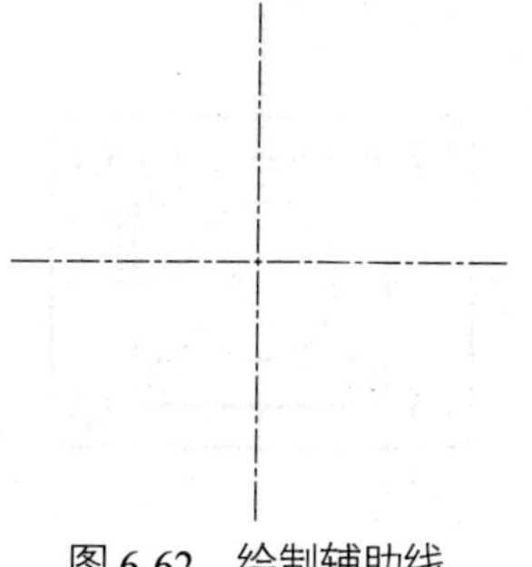

图 6-62　绘制辅助线

Step 11 在【常用】选项卡中，单击【修改】面板中的【偏移】按钮。将水平辅助线向上、下两侧各偏移 22.5、30 个绘图单位，如图 6-63 所示。

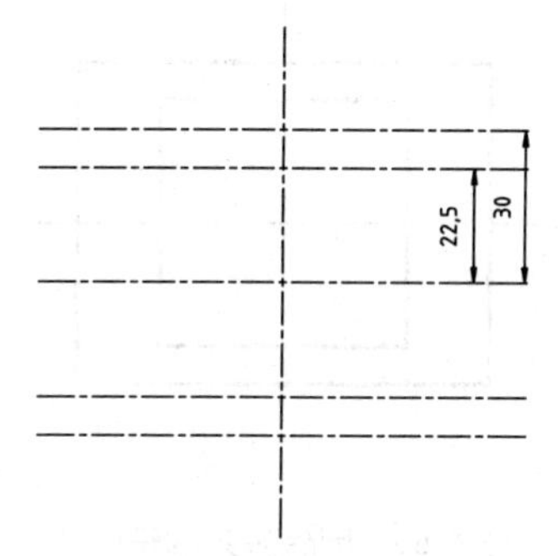

图 6-63　偏移线段 1

Step 12 重复【偏移】命令，将竖直辅助线向左、右两侧各偏移 24、40 个绘图单位，如图 6-64 所示。

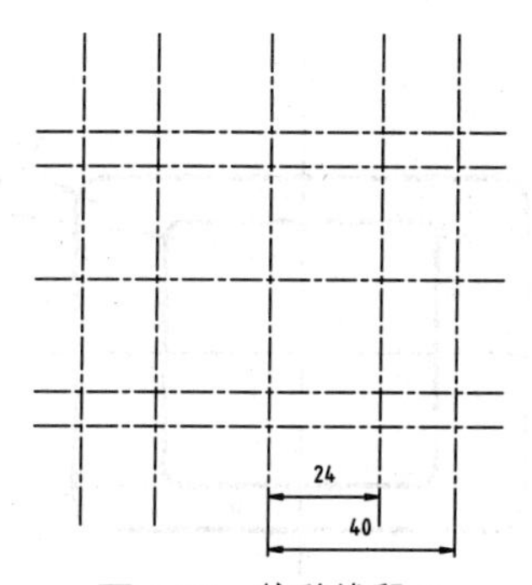

图 6-64　偏移线段 2

Step 13 切换【粗实线】为当前图层。在【常用】选项卡中，单击【绘图】面板中的【直线】按钮，利用【夹点捕捉】功能捕捉辅助线交点绘制两个矩形，如图 6-65 所示。

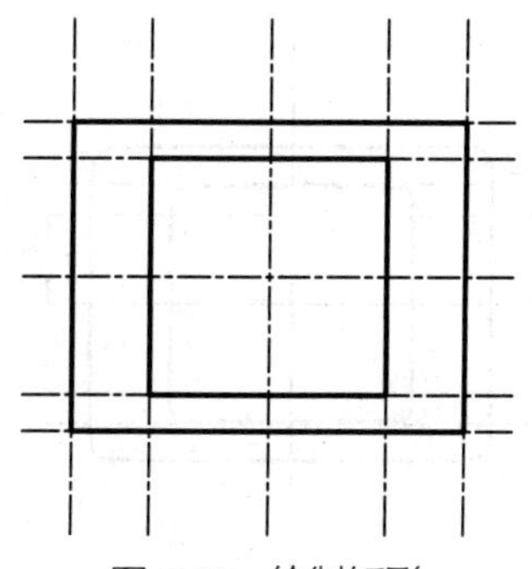

图 6-65　绘制矩形

Step 14 在【常用】选项卡中，单击【修改】面板中的【删除】按钮，删除多余的辅助线，如图6-66所示。

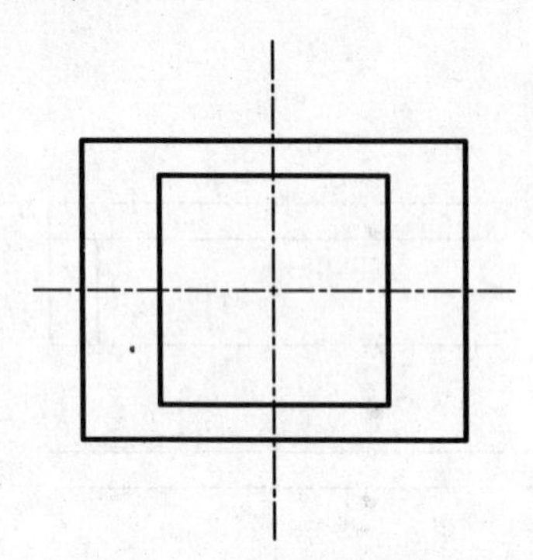

图6-66 删除多余的辅助线

Step 15 在【常用】选项卡中，单击【修改】面板中的【圆角】按钮，对小矩形倒半径为3的圆角，对外侧矩形倒半径为5的圆角，如图6-67所示。

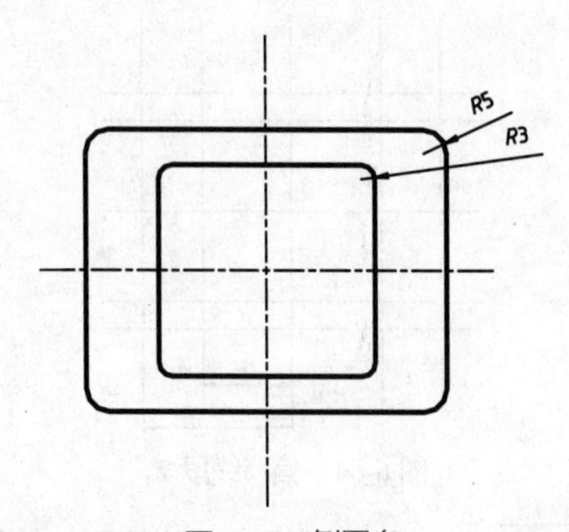

图6-67 倒圆角

Step 16 在【常用】选项卡中，单击【修改】面板中的【偏移】按钮，向上、下两侧各偏移水平辅助线17、23个绘图单位，如图6-68所示。

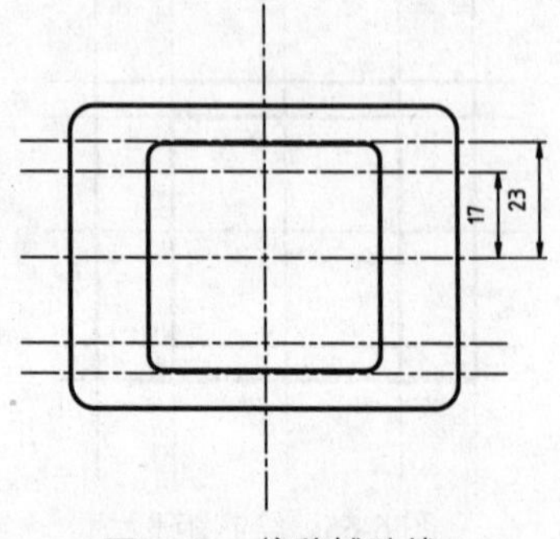

图6-68 偏移辅助线1

Step 17 重复【偏移】命令，向左、右两侧各偏移竖直辅助线18.5、32.5个绘图单位，如图6-69所示。

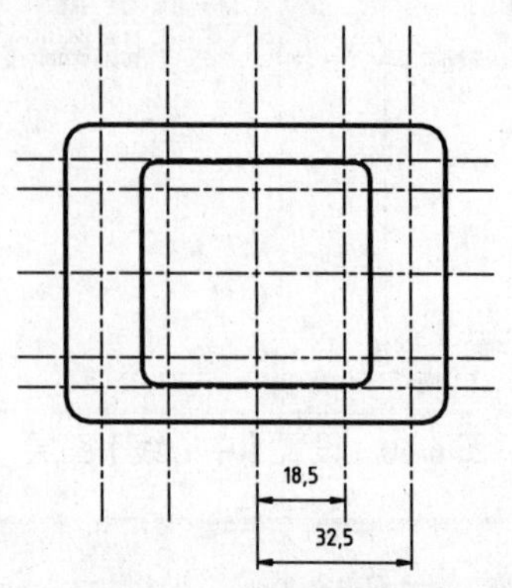

图6-69 偏移辅助线2

Step 18 在【常用】选项卡，单击【绘图】面板中的【圆】按钮。利用【交点捕捉】功能，以辅助线之间的交点为圆心绘制圆，小矩形内的圆半径为3，外侧矩形内的圆半径为3.5，如图6-70所示。

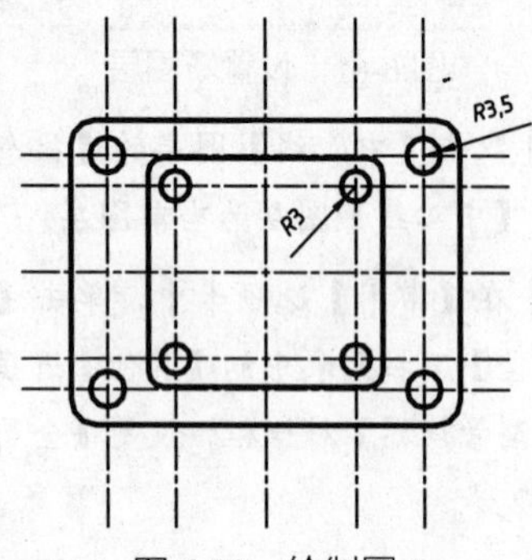

图6-70 绘制圆1

Step 19 按空格键重复命令，在中心处绘制半径为14.5的圆，并删除多余的辅助线，如图6-71所示。

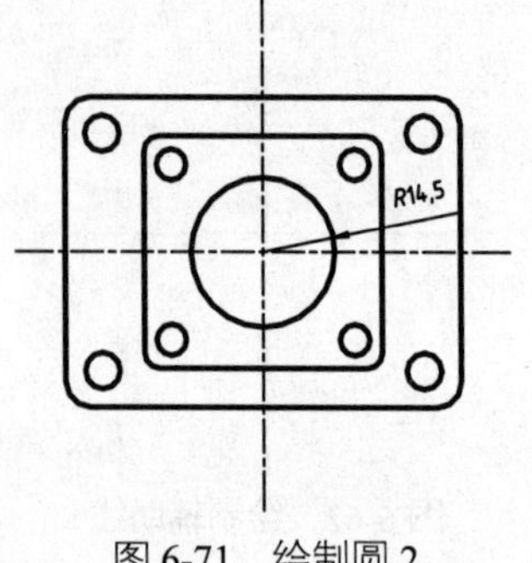

图6-71 绘制圆2

Step 20 在【常用】选项卡中，单击【修改】面板中的【偏移】按钮，向上、下两侧各偏移水平辅助线 12.5、32 个绘图单位，如图 6-72 所示。

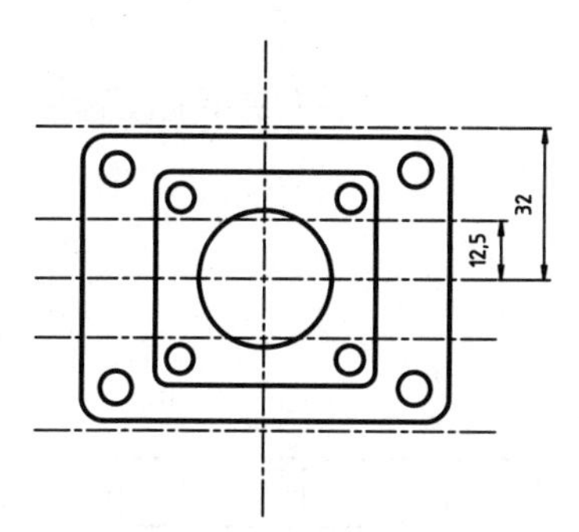

图 6-72　偏移辅助线 3

Step 21 重复【偏移】命令，向右偏移竖直水平辅助线 43、48 个绘图单位，如图 6-73 所示。

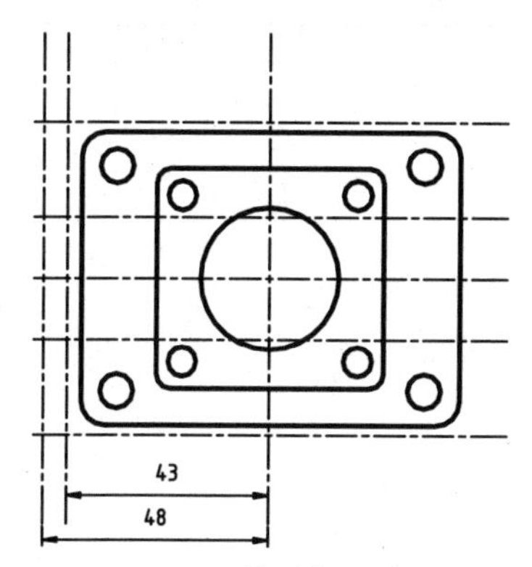

图 6-73　偏移辅助线 4

Step 22 在【常用】选项卡中，单击【绘图】面板中的【直线】按钮。利用【夹点捕捉】功能捕捉辅助线的交点绘制线段，如图 6-74 所示。

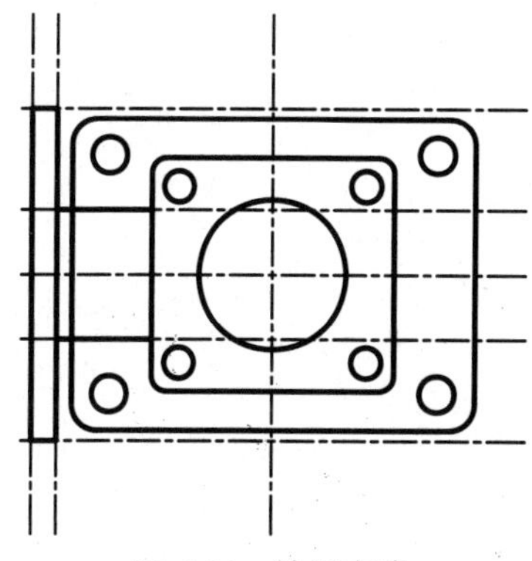

图 6-74　绘制直线

Step 23 在【常用】选项卡中，单击【修改】面板中的【修剪】按钮，修剪多余的线段并删除多余的辅助线，如图 6-75 所示。

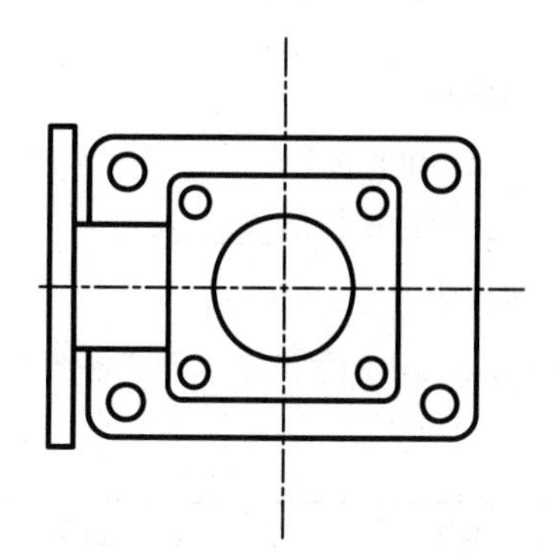

图 6-75　修剪线段

Step 24 在【常用】选项卡中，单击【修改】面板中的【偏移】按钮，向上、下两侧偏移水平辅助线各 9.5 个绘图单位，如图 6-76 所示。

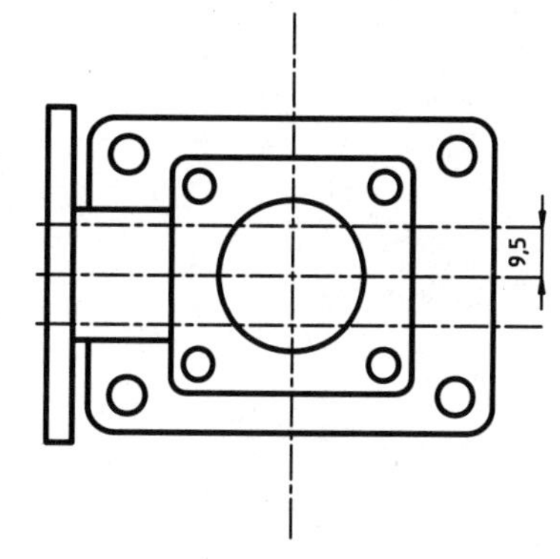

图 6-76　偏移线段

Step 25 切换【虚线】图层为当前图层。单击【绘图】面板中的【直线】按钮，根据图 6-59 绘制虚线。单击【修改】面板中的【删除】按钮，删除辅助线，如图 6-77 所示。至此，机械图绘制完成。

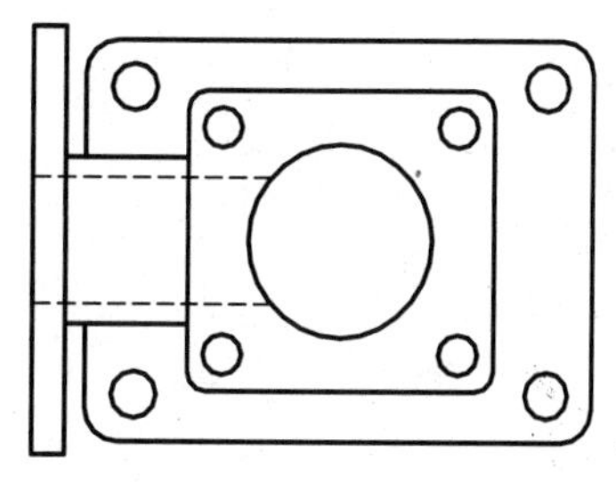

图 6-77　绘制虚线

6.7 思考与练习

1．填空题

（1）在 AutoCAD 中，________、________、________和________4 种图层不能被删除。

（2）图层控制包括______、______、______。

2．操作题

参照如表 6-1 所示的要求创建各图层。

表 6-1　图层要求

图层名	颜色	线型	线宽
轮廓线	白色	Continuous	0.3
中心线	红色	Center	0.05
尺寸线	蓝色	Continuous	0.05
虚线	黄色	Dashed	0.05

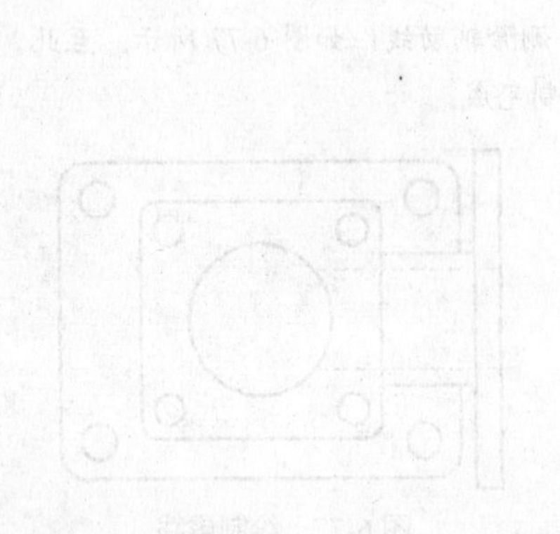

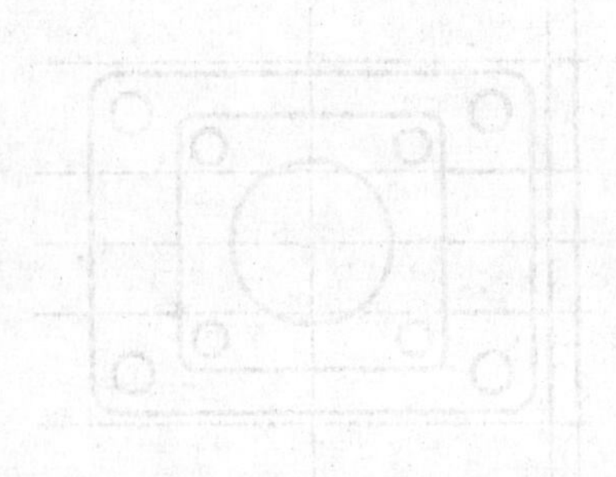

第  章　面域与图案填充

⊙学习目的：

本章讲解选择、移动、复制、修整、变形、倒角与圆角等常用的二维图形编辑方法，使读者能够熟练地使用 AutoCAD 2013 提供的一系列修改命令，从而快速生成复杂的图形。

⊙学习重点：

★★★★ 选择对象　　★★★☆ 图形变形

★★★★ 移动对象　　★★★☆ 倒角和圆角

★★★★ 复制图形　　★★☆☆ 夹点编辑

7.1 面域

面域是具有一定边界的二维闭合区域，它是一个面对象，内部可以包含孔特征。在三维建模状态下，面域也可以用作构建实体模型的特征截面。

7.1.1 创建面域

通过选择自封闭的对象或者端点相连构成封闭的对象，可以快速地创建面域。如果对象自身内部相交（如相交的圆弧或自相交的曲线），就不能生成面域。创建面域的方法有多种，其中最常用的是【面域】工具和【边界】工具两种。

1. 使用【面域】工具创建面域

使用【面域】工具创建面域有如下几种方式。

- 菜单栏：选择【绘图】|【面域】菜单命令。
- 工具栏：单击【绘图】工具栏中的【面域】按钮。
- 功能区：单击【创建】面板中的【面域】工具按钮。
- 命令行：输入 REGION/REG 命令。

课堂举例【7-1】：使用【面域】工具创建面域

Step 01 选择【文件】|【打开】菜单命令，打开“第 7 章\7.1.1 面域工具.dwg”文件，如图 7-1 所示。

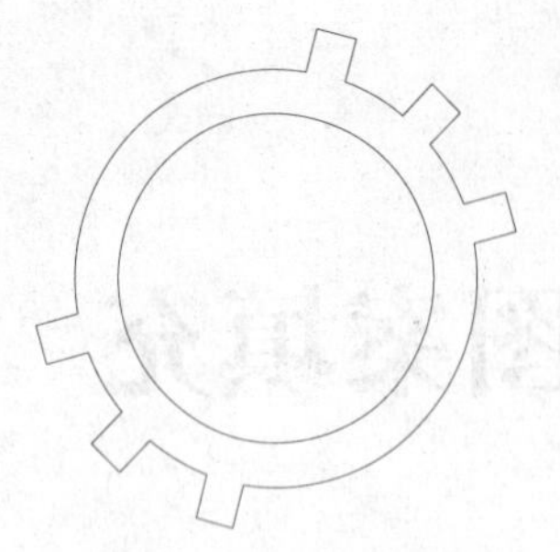

图 7-1 打开文件

Step 02 选择【绘图】|【面域】菜单命令，创建上一步所绘制的零件轮廓图为面域，命令行提示如下：

```
命令: _region          //调用【面域】命令
选择对象: 找到 25 个  //拾取零件图
选择对象: ↙            //按回车键创建面域
已提取 2 个环。
已创建 2 个面域。
```

Step 03 选择【视图】|【视觉样式】|【概念】菜单命令，未创建面域的零件图如图 7-2 所示，创建完面域的图形如图 7-3 所示。

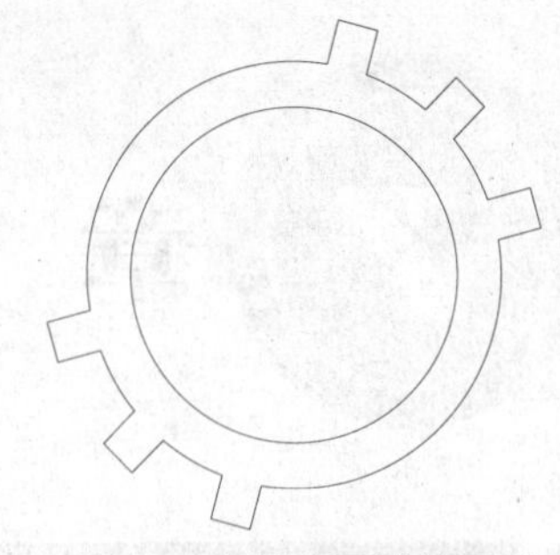

图 7-2 未创建面域的图形

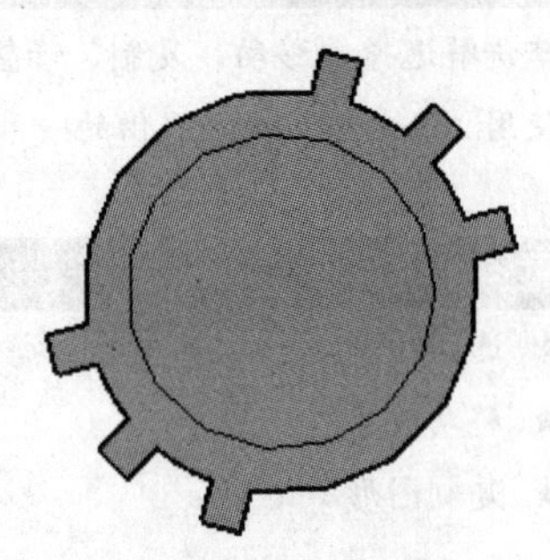

图 7-3 创建完面域的图形

2. 使用边界工具创建面域

使用【边界】工具创造面域有如下几种方式。

- 命令行：输入 BOUNDARY/BO。
- 菜单栏：选择【绘图】|【边界】菜单命令。
- 功能区：单击【创建】面板中的【边界】工具按钮。

课堂举例【7-2】：使用【边界】工具创建面域

Step 01 选择【文件】|【打开】菜单命令，打开"第 7 章\7.1.1 边界工具.dwg"文件，如图 7-4 所示。

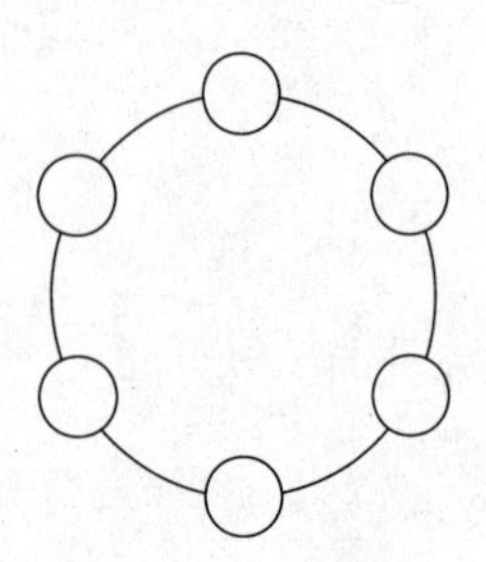

图 7-4 打开图形

Step 02 选择【绘图】|【边界】菜单命令，弹出如图 7-5 所示的【边界创建】对话框，在【对象类型】下拉列表框中选择【面域】选项，然后单击左上角的【拾取点】按钮，对话框暂时关闭。

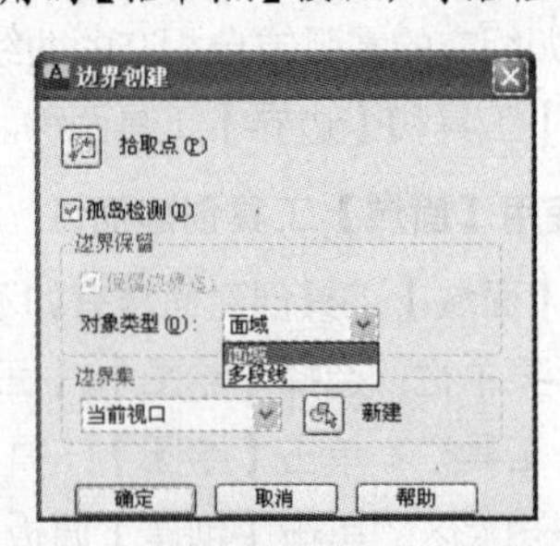

图 7-5 【边界创建】对话框

Step 03 单击大圆内的任意一点，然后按回车键确定，此时 AutoCAD 自动创建要求的面域对象，并显示创建信息，命令行操作如下：

```
命令：_boundary        //调用【边界】命令
拾取内部点：           //单击大圆内的任意一点
正在选择所有对象...
正在选择所有可见对象...
正在分析所选数据...
正在分析内部孤岛...
拾取内部点：↙          //按回车键结束
已提取 1 个环。
已创建 1 个面域。
BOUNDARY 已创建 1 个面域
```

Step 04 操作完成后，图形看上去似乎没有任何变化。但是移动小圆到另一个位置时，就会发现内部的大圆新创建了一个封闭的面域，如图 7-6 所示。

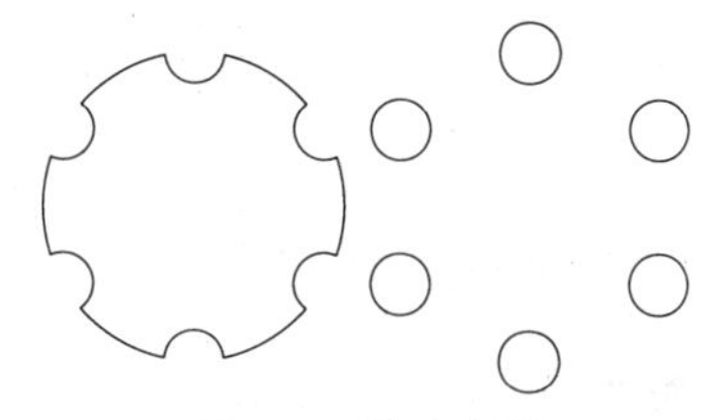

图 7-6　移动小圆

专家提醒

【面域】图形是一个平面整体，只能整体进行复制、旋转、移动、阵列等操作。如果欲将其转换为线框图，可利用【分解】工具将其分解。

7.1.2　编辑面域

布尔运算是数学中的一种逻辑运算，它可以对实体和共面的面域进行剪切、添加以及获取交叉部分等操作，而对于普通的线框和未形成面域或多段线的线框，则无法执行布尔运算。

布尔运算主要有【并集】、【差集】与【交集】三种运算方式。

1. 并集

【并集】命令可以合并多个面域，即创建多个面域的和集。

启动【并集】命令有如下几种方式。

- 命令行：输入 UNION/UNI 命令。
- 菜单栏：选择【修改】|【实体编辑】|【并集】菜单命令。
- 工具栏：单击【实体编辑】工具栏中的【并集】按钮。
- 功能区：在【三维基础】或【三维建模】空间中，单击【编辑】面板中的【并集】工具按钮，如图 7-7 所示。

图 7-7　【并集】面板按钮

课堂举例【7-3】：面域求和

Step 01 选择【文件】|【打开】菜单命令，打开“第 7 章\7.1.2 并集.dwg”文件，如图 7-8 所示。

Step 02 选择【修改】|【实体编辑】|【并集】菜单命令，合并图形，命令行操作如下：

```
命令：_union           //调用【并集】命令
选择对象：找到 1 个
选择对象：找到 1 个，总计 3 个
                       //选择全部面域
选择对象：↙            //按回车键，完成合并
```

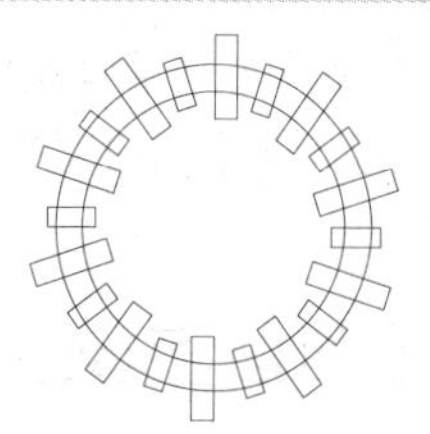

图 7-8　打开素材图形

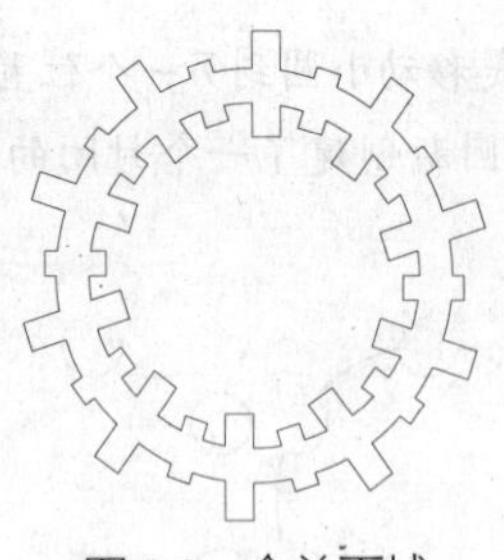

图 7-9　合并面域

Step 03 面域合并结果如图 7-9 所示。

专家提醒

在进行布尔运算之前，必须确定图形是面域对象。

2．差集

【差集】命令是将一个面域从另一个面域中去除，即两个面域的求差。

启动【差集】命令有如下几种方式。

- 命令行：输入 SUBTRACT/SU 命令。
- 菜单栏：选择【修改】|【实体编辑】|【差集】菜单命令。
- 工具栏：单击【实体编辑】工具栏中的【差集】按钮。
- 功能区：在【三维基础】或【三维建模】空间中，单击【编辑】面板中的【差集】工具按钮。

课堂举例【7-4】：面域求差

Step 01 选择【文件】|【打开】菜单命令，打开“第 7 章\7.1.2 差集.dwg”图形，如图 7-10 所示。

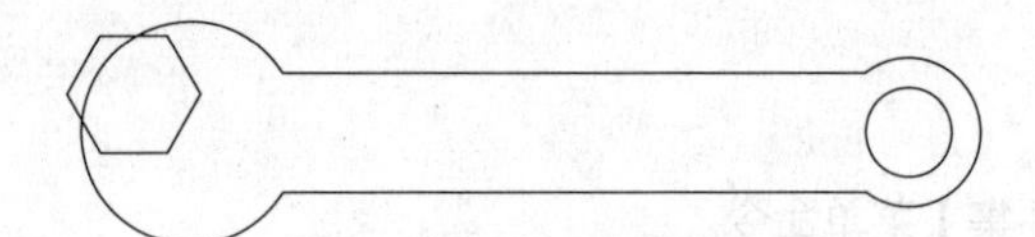

图 7-10　素材图形

Step 02 选择【修改】|【实体编辑】|【差集】菜单命令，去除多余面域，如图 7-11 所示，命令行操作如下：

```
命令：_subtract        //调用【差集】命令
选择要从中减去的实体、曲面和面域...
选择对象：找到 1 个↙//选择需要被去除的面域
选择对象： 选择要减去的实体、曲面和面域...
选择对象：找到 1 个   //选择去除的面域
选择对象：↙           //按回车键，完成求差
```

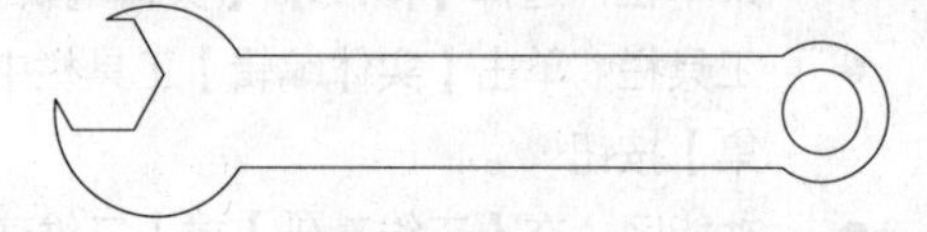

图 7-11　求差结果

3．交集

【交集】命令用于获取多个面域之间公共部分的面域，即交叉部分面域。

启动【交集】命令有如下几种方式。

- 命令行：输入 INTERSECT/IN。
- 菜单栏：选择【修改】|【实体编辑】|【交集】菜单命令。
- 工具栏：单击【实体编辑】工具栏中的【交集】按钮。
- 功能区：在【三维基础】或【三维建模】空间，单击【编辑】面板中的【交集】工具按钮。

课堂举例【7-5】：面域求交

Step 01 选择【文件】|【打开】菜单命令，打开“第 7 章\7.1.2 交集.dwg”图形，如图 7-12 所示。

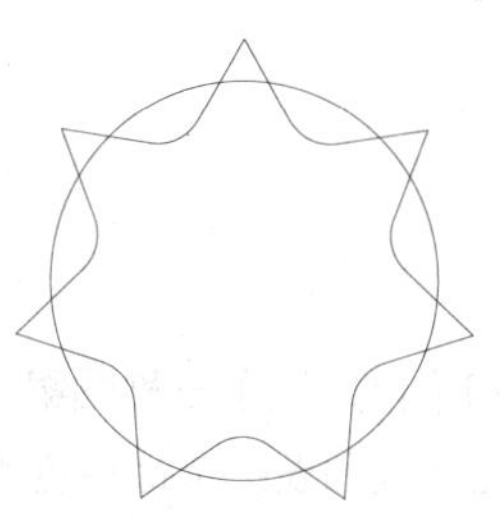

图 7-12　素材图形

Step 02 选择【修改】|【实体编辑】|【交集】菜单命令，选取图形进行相交运算，如图 7-13 所示，命令行操作如下：

```
命令: _intersect        //调用【交集】命令
选择对象: 找到 1 个     //先选择多边形
选择对象: 找到 1 个, 总计 2 个
                        //再拾取圆
选择对象:               //按回车键，完成求交操作
```

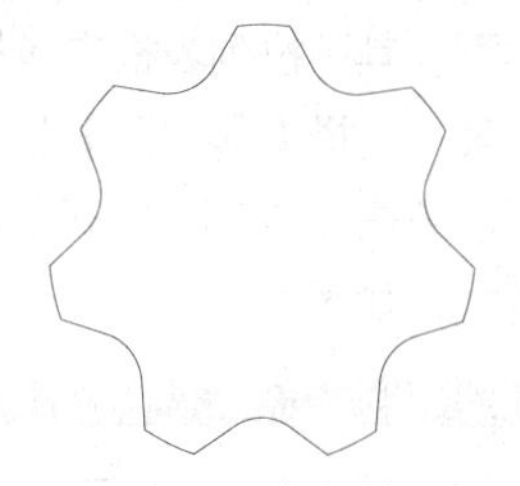

图 7-13　求交结果

7.1.3　从面域中获取文本数据

【面域】是二维实体模型，它不但包含边的信息，还包含边界的信息。可以利用这些信息计算工程属性，如面积、质心、惯性等。

选择【工具】|【查询】|【面域/质量特性】菜单命令，然后选择面域对象，并按 Enter 键，系统将自动切换到【AutoCAD 文本窗口】，显示面域对象的数据特征，如图 7-14 所示。

此时，如果在命令行的提示下按 Enter 键，则可结束命令操作；如果输入 Y，将打开【创建质量与面积特性文件】对话框，可将面域对象的数据特性保存为文件。

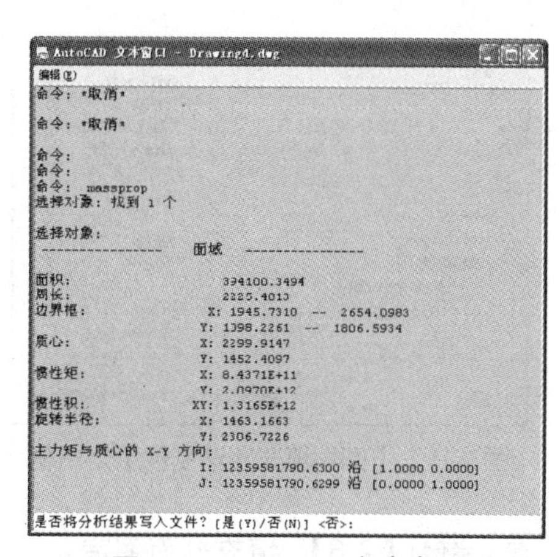

图 7-14　AutoCAD 文本窗口

7.2　图案填充

图案填充是指用某种图案充满图形中指定的区域，在工程设计中经常使用图案填充表示机械和建筑剖面，或者建筑规划图中的林地、草坪图例等。

7.2.1　创建图案填充

使用【图案填充】命令可以创建图案，启动该命令有如下几种方式。

- 命令行：输入 BHATCH/BH/H 命令。
- 菜单栏：选择【绘图】|【图案填充】菜单命令。
- 工具栏：单击【绘图】工具栏中的【图案填充】按钮。
- 功能区：单击【绘图】面板中的【图案填充】工具按钮。

通过以上任意一种方法执行【图案填充】命令后，将打开【图案填充和渐变色】对话框，如图

7-15 所示。

该对话框中各常用选项的含义如下。

1. 类型和图案

【类型和图案】选项组用于设置填充图案和颜色等。

- 类型：其下拉列表框中包括【预定义】、【用户定义】和【自定义】三种图案类型。
- 图案：选择【预定义】选项，可激活该列表框。除了在下拉列表中选择相应的图案外，还可以单击...按钮，打开【填充图案选项板】对话框，然后通过 3 个选项卡设置相应的图案样式，如图 7-16 所示。

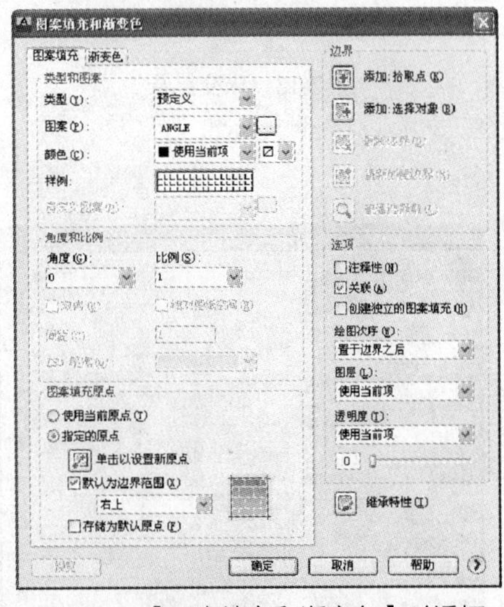

图 7-15 【图案填充和渐变色】对话框

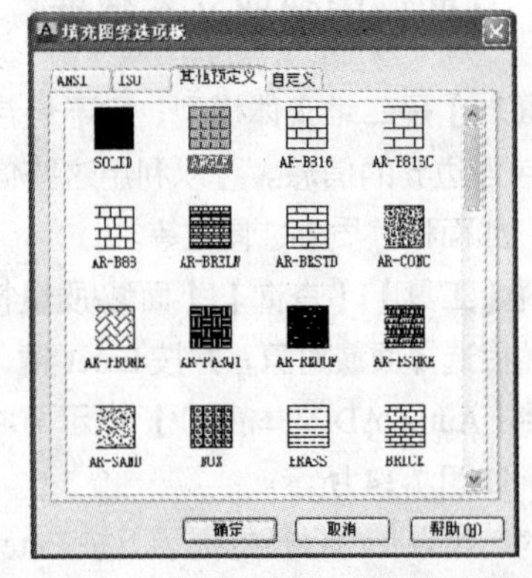

图 7-16 【填充图案选项板】对话框

课堂举例 【7-6】：填充剖面图案

Step 01 选择【文件】|【打开】菜单命令，打开“第 7 章\7.2.1 填充.dwg”图形，如图 7-17 所示。

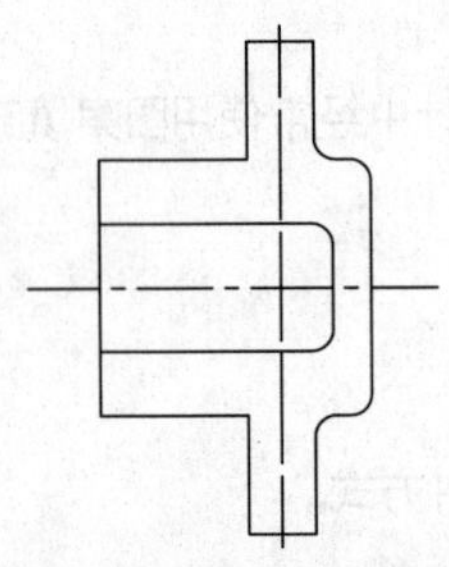

图 7-17 打开素材图形

Step 02 选择【绘图】|【图案填充】菜单命令，打开【图案填充和渐变色】对话框。通过【填充图案选项板】对话框设置【图案】为【ANSI31】，单击【确定】按钮关闭该对话框。

Step 03 单击【边界】选项组中的【添加：拾取点（K）】按钮，在零件上侧剖面区域拾取一点，再按 Enter 键回到【图案填充和渐变色】对话框。单击【预览】按钮查看填充情况，单击【确定】按钮完成填充，结果如图 7-18 所示。

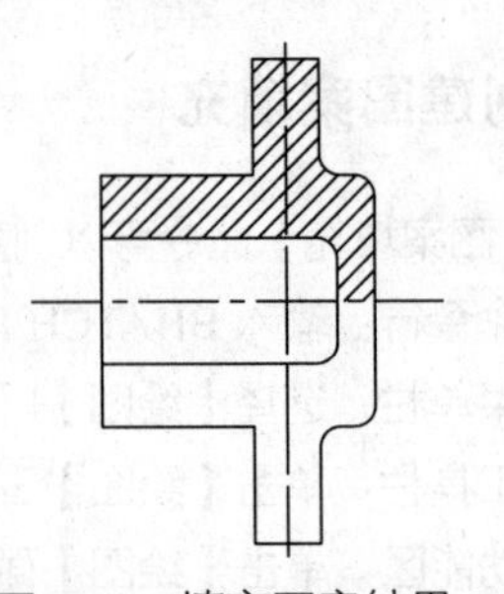

图 7-18 填充图案结果 1

2．角度和比例

该选项组用于设置图案填充的填充角度、比例或图案间距等参数。

- 角度：设置填充图案的角度，默认填充角度为 0。
- 比例：设置填充图案的疏密程度。
- 间距：当选择【用户定义】图案类型时该选项才有效。用于设置填充图案线条间距。
- ISO 笔宽：使用 ISO 标准的填充图案时，基于选定笔宽缩放 ISO 填充图案。

专家提醒 

设置间距时，如果选中【双向】复选框，则可以使用相互垂直的两组平行线填充图案。此外，【相对图纸空间】复选框用来设置比例因子是否是相对于图纸空间的比例。

课堂举例【7-7】：填充图案并调整角度与比例

Step 01 选择【文件】|【打开】菜单命令，打开如图 7-18 所示的图形。

Step 02 选择【绘图】|【图案填充】菜单命令，打开【图案填充和渐变色】对话框。通过【填充图案选项板】对话框设置【图案】为【ANSI31】，单击【确定】按钮关闭对话框。

Step 03 在【角度和比例】选项组中设置【角度】为 90°、【比例】为 2。

Step 04 单击【边界】选项组中的【添加：拾取点（K）】按钮，在下侧剖面区域拾取一点，再按 Enter 键返回【图案填充和渐变色】对话框，单击【确定】按钮完成填充。最终结果如图 7-19 所示。

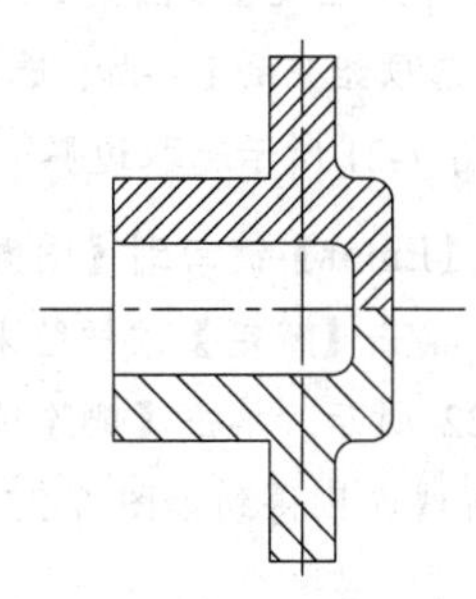

图 7-19　填充图案结果 2

专家提醒 

【比例】参数值设置得越大，线条间距也就越大，填充图案也就越稀疏。

3．图案填充原点

【使用当前原点】单选按钮用于设置填充图案生成的起始位置，因为许多图案填充时，需要对齐填充边界上的某一个点。选中该单选按钮，将默认使用当前 UCS 的原点（0,0）作为图案填充的原点，而选择【指定原点】单选按钮，则是用户自定义图案填充原点。

4．边界

【边界】选项组主要用于设置图案填充的边界，也可以通过对边界的删除或重新创建等操作修改填充区域。

- 拾取点：单击该按钮，将切换至绘图区，在需要填充的区域内单击，程序自动搜索周围边界进行图案填充。
- 选择对象：单击该按钮，可在绘图区中选择组成所有填充区域的边界。
- 删除边界：删除边界是重新定义边界的一种方式，单击此按钮可以取消系统自动选取或用户选取的边界，从而形成新的填充区域。

课堂举例【7-8】：旋转对象完善图形利用【边界】填充图形

Step 01 选择【文件】|【打开】菜单命令，打开"第 7 章\7.2.1 边界.dwg"图形，如图 7-20 所示。

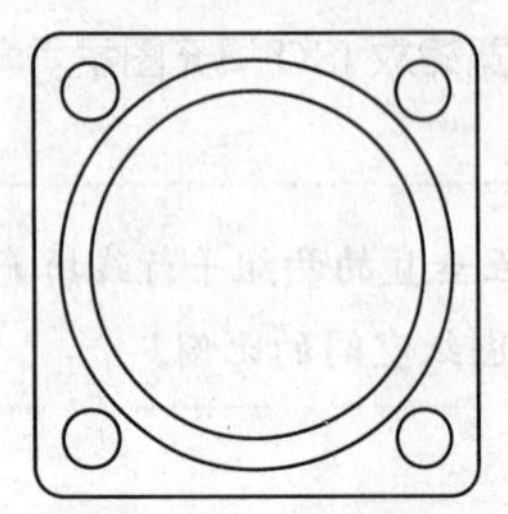

图 7-20 素材图形

Step 02 选择【绘图】|【图案填充】菜单命令，打开【图案填充和渐变色】对话框。通过【填充图案选项板】对话框设置【图案】为【ANSI31】，单击【边界】选项组中的【添加：选择对象（B）】按钮，如图 7-21 所示选取边界。

Step 03 按【Enter】键回到【图案填充和渐变色】对话框，单击【确定】按钮结束填充，填充结果如图 7-22 所示。单击【删除边界】按钮，选择内孔轮廓线，则得到如图 7-23 所示的填充结果。

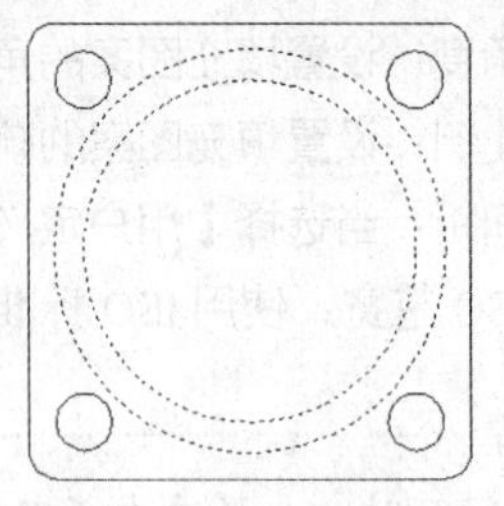

图 7-21 选取边界

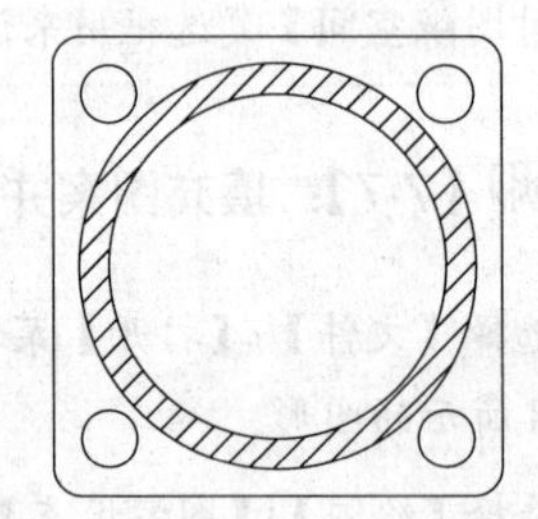

图 7-22 选择对象填充结果

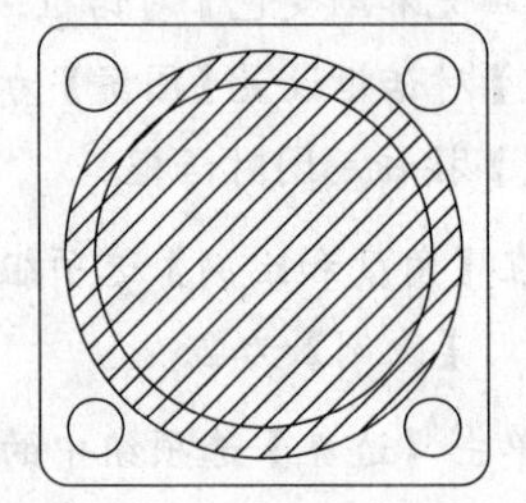

图 7-23 删除内圆边界结果

5. 选项

该选项组用于设置图案填充的一些附属功能，它的设置间接影响填充图案的效果。

- 关联：用于控制填充图案与边界"关联"或"非关联"。关联图案填充随边界的变化而自动更新，非关联图案则不会随边界的变化自动更新。
- 创建独立的图案填充：勾选该复选框，可以创建独立的图案填充，它不随边界的修改而更新图案填充。
- 绘图次序：主要为图案填充或填充指定绘图顺序。
- 继承特性：使用选定图案填充对象的图案填充和填充特性对指定边界进行填充。

7.2.2 设置填充孤岛

在进行图案填充时，通常将位于一个已定义好的填充区域内的封闭区域称为孤岛。当在填充区域内有如文字、公式以及孤立的封闭图形等特殊对象时，可以利用孤岛对象断开填充。

单击【图案填充和渐变色】对话框右下角的⊙按钮，展开【孤岛】选项组。利用该选项组的设置，可避免在填充图案时覆盖一些重要的文本注释或标记。

1. 设置孤岛

如图 7-24 所示，勾选【孤岛检测】复选框，便可利用孤岛调整填充图案，在【孤岛显示样式】选项组中有以下 3 种孤岛显示方式。

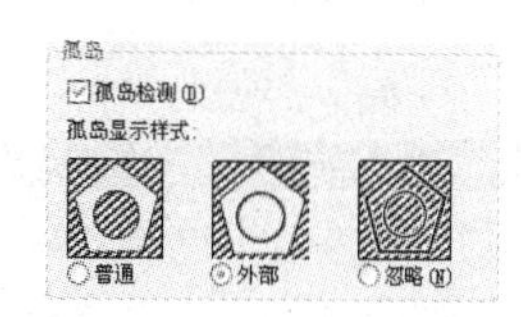

图 7-24 设置孤岛

- 普通：该选项是从最外面向内填充图案，遇到与之相交的内部边界时断开填充图案，遇到下一个内部边界时再继续填充。
- 外部：选中该单选按钮，系统将从最外边界向内填充图案，遇到与之相交的内部边界时断开填充图案，不再继续向内填充。
- 忽略：选中该单选按钮，则系统忽略边界内的所有孤岛对象，所有内部结构都被填充图案覆盖。

课堂举例【7-9】：孤岛填充

Step 01 选择【文件】|【打开】菜单命令，打开“第 7 章\7.2.2.dwg”文件，如图 7-20 所示。

Step 02 选择【绘图】|【图案填充】菜单命令，设置【图案】为【ANSI31】，单击【添加：选择对象（B）】按钮，如图 7-25 所示选取填充对象。

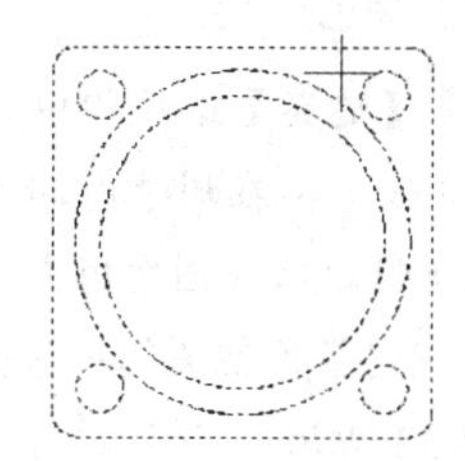
图 7-25 选择填充对象

Step 03 勾选【孤岛检测】复选框，再选中【普通】单选按钮，此时填充结果如图 7-26 所示。如果选中【外部】单选按钮，填充结果如图 7-27 所示；选中【忽略】单选按钮，填充结果如图 7-28 所示。

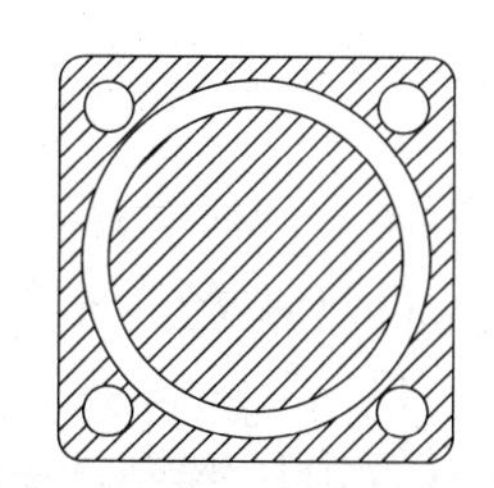
图 7-26 选择【普通】孤岛样式

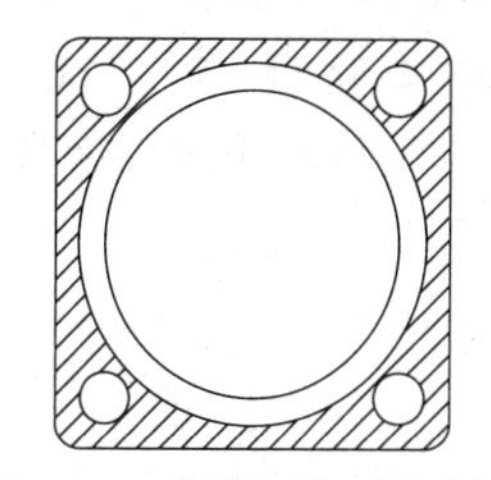
图 7-27 【外部】孤岛样式

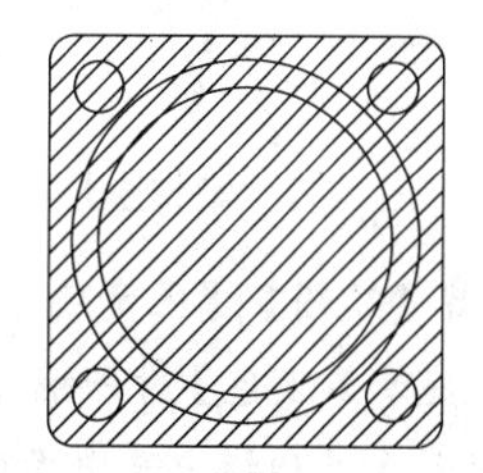
图 7-28 【忽略】孤岛样式

2. 边界保留

图 7-29 【边界保留】选项框

该选项组中的【保留边界】复选框与下面的【对象类型】列表项相关联，即勾选【保留边界】复选框，便可将填充边界对象保留为面域或多段线两种形式，如图 7-29 所示。

7.2.3 渐变色填充

在 AutoCAD 2013 中，可以使用一种或两种颜色形成的渐变色来填充图形。

启动【渐变色】命令常用的方式有如下几种。

- 命令行：输入 GRADIENT/GD 命令。
- 菜单栏：选择【绘图】|【渐变色】菜单命令。
- 工具栏：单击【绘图】工具栏中的【渐变色】按钮。
- 功能区：单击【绘图】面板中的【渐变色】工具按钮。

通过以上任意一种方法执行【渐变色】命令后，将打开【图案填充和渐变色】对话框中的【渐变色】选项卡，通过该选项卡可设置渐变色的颜色类型、填充样式以及方向，以获得渐变色填充效果，如图 7-30 所示。

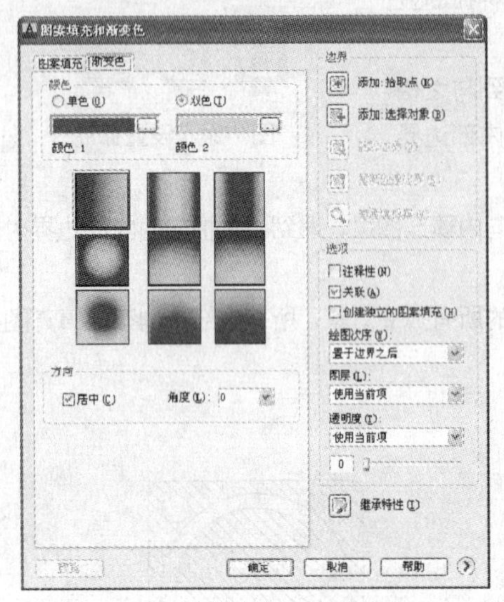

图 7-30 【渐变色】选项卡

课堂举例【7-10】：绘制叶子渐变色

Step 01 选择【文件】|【打开】菜单命令，打开“第 7 章\7.2.3.dwg”图形，如图 7-31 所示。

图 7-31 素材图形

Step 02 选择【绘图】|【图案填充】菜单命令，打开【图案填充和渐变色】对话框。在【渐变色】选项卡的【颜色】选项组中选中【双色】单选按钮，设置【颜色 1】为【索引颜色：2】，设置【颜色 2】为【索引颜色：3】。

Step 03 单击【边界】选项组中的【添加：拾取点（K）】按钮，在树叶内部单击以拾取一点，再按 Enter 键返回【图案填充和渐变色】对话框，单击【确定】按钮关闭对话框，渐变色填充结果如图 7-32 所示。

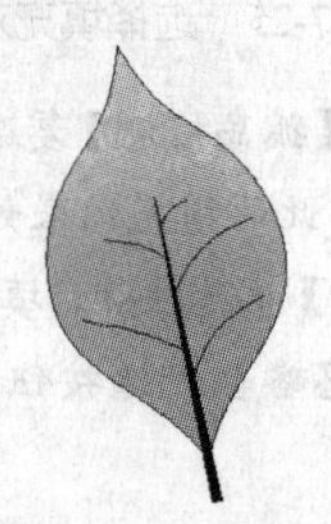

图 7-32 渐变色填充结果

7.3 编辑填充图案

在为图形填充了图案后，如果对填充效果不满意，还可以通过【图案填充编辑】命令对其进行编辑。编辑内容包括填充比例、旋转角度和填充图案等。

7.3.1 编辑填充参数

启动【编辑图案填充】命令常用的方式有如下几种。

- 命令行：输入 HATCHEDIT/HE 命令。
- 菜单栏：选择【修改】|【对象】|【图案填充】菜单命令。
- 功能区：单击【修改】面板中的【图案填充编辑】工具按钮。

执行该命令后，选择图案填充对象，将打开【图案填充编辑】对话框，如图 7-33 所示。该对话框中的参数与【图案填充和渐变色】对话框中的参数一致，按照创建填充图案的方法重新设置图案填充参数即可。

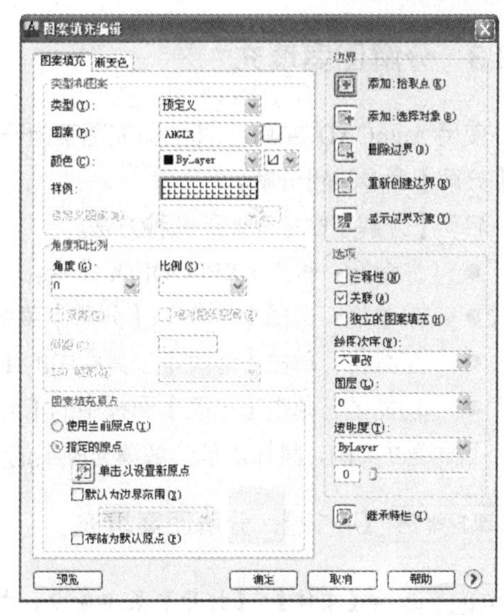

图 7-33 【图案填充编辑】对话框

课堂举例【7-11】：编辑填充参数

Step 01 选择【文件】|【打开】菜单命令，打开“第 7 章\7.3.1.dwg”图形，如图 7-34 所示。

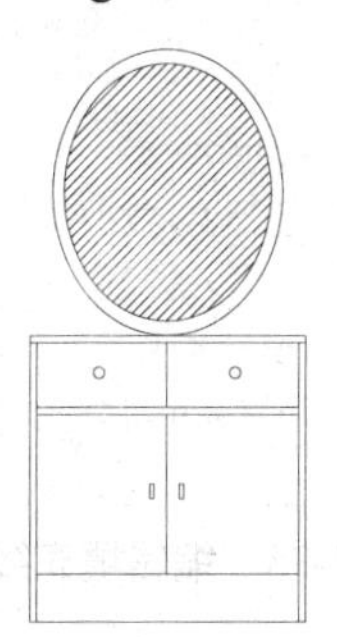

图 7-34 素材图形

Step 02 选择【修改】|【对象】|【图案填充】菜单命令，拾取填充图案，在打开的【图案填充编辑】对话框中更改【角度】为 90°、【比例】为 50，单击【确定】按钮完成修改，最终结果如图 7-35 所示。

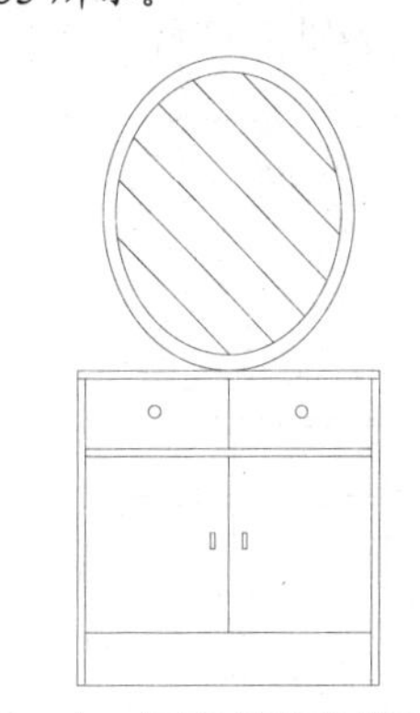

图 7-35 图案填充编辑结果

7.3.2 编辑图案填充边界

图 7-36 【边界创建】对话框

【图案填充】边界除了利用【图案填充与渐变色】对话框中的【边界】选项和孤岛操作编辑外，用户还可以单独进行边界定义。

在命令行中输入 BO 命令并回车，打开【边界创建】对话框，如图 7-36 所示。设置【边界保留】形式，并单击【拾取点】按钮，重新选取图案边界即可。

7.3.3 分解图案填充

使用 AutoCAD 2013 创建的填充图案为一个整体，如果希望能够单独对其进行编辑，则需要调用【分解】命令进行分解。

启动【分解】命令有如下几种方法。

- 命令行：输入 EXPLODE/X 命令。
- 菜单栏：选择【修改】|【分解】菜单命令。
- 工具栏：单击【修改】工具栏中的【分解】按钮。
- 功能区：单击【修改】面板中的【分解】工具按钮。

下面通过实例，具体讲解分解填充图案的方法。

课堂举例【7-12】：分解图案填充

Step 01 选择【文件】|【打开】菜单命令，打开“第7章\7.3.3.dwg”图形文件。

Step 02 选择【修改】|【分解】菜单命令，在命令行提示下选择绘图区中的填充图案，按Enter键确认。

Step 03 填充图案分解后，即可分别选择填充线段进行编辑，如图7-37所示。

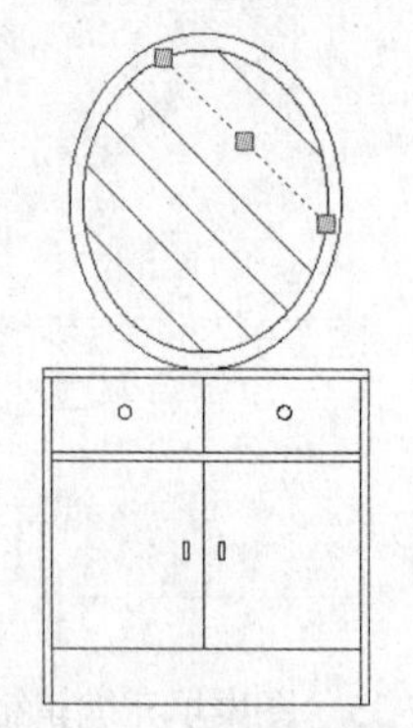

图7-37　分解填充图案

Step 04 删除多余的填充线段，然后利用【夹点编辑】功能调整线段的长度，最终效果如图7-38所示。

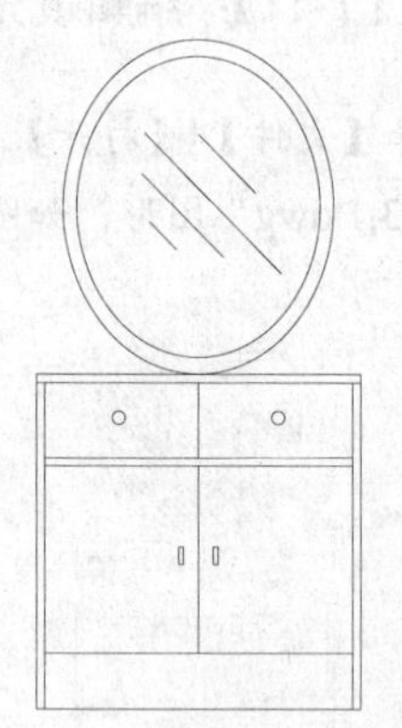

图7-38　编辑填充线段

7.4 综合实例

7.4.1 填充沙发组合

利用填充不同的图案来区别不同的材质与物品，调用本章所学的图案填充内容，填充如图 7-39 所示的沙发组合。

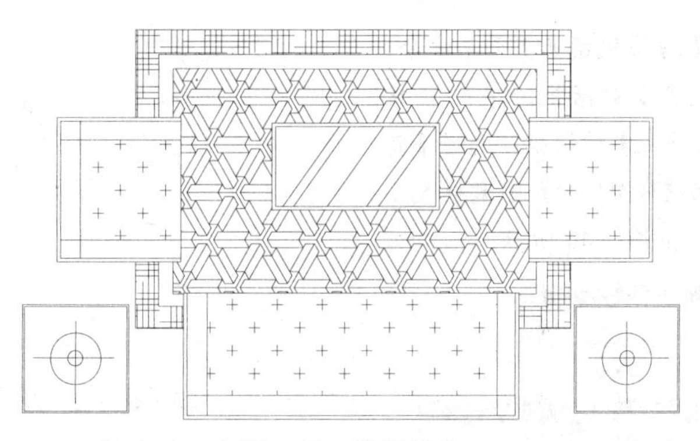

图 7-39　沙发组合

Step 01 选择【文件】|【打开】菜单命令，打开“第 7 章\7.4.1.dwg”文件如图 7-40 所示。

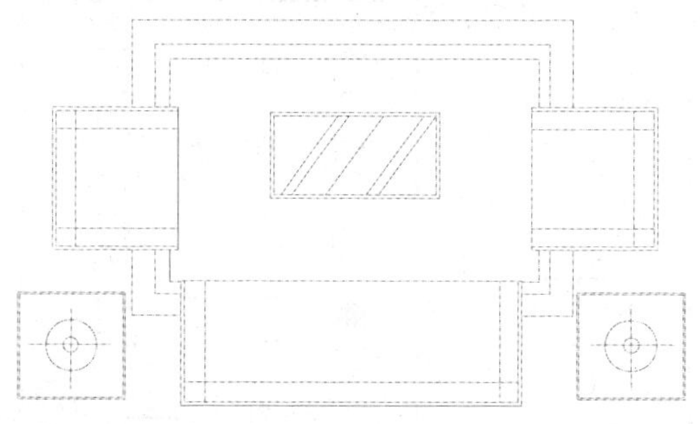

图 7-40　打开沙发组合图形

Step 02 选择【绘图】|【图案填充】菜单命令，打开【图案填充和渐变色】对话框。单击 ... 按钮，打开【填充图案选项板】对话框，选择【其他预定义】选项卡中的【BSCHER】图案样式，如图 7-41 所示。

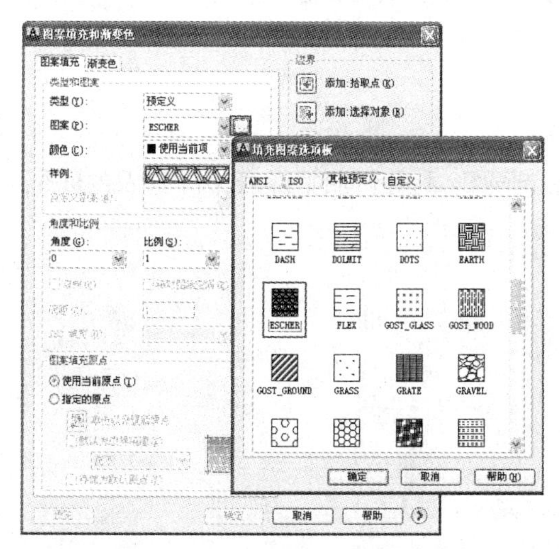

图 7-41　选择填充的图案样式

Step 03 单击【确定】按钮，返回【图案填充和渐变色】对话框，将【比例】设置为 10，如图 7-42 所示。

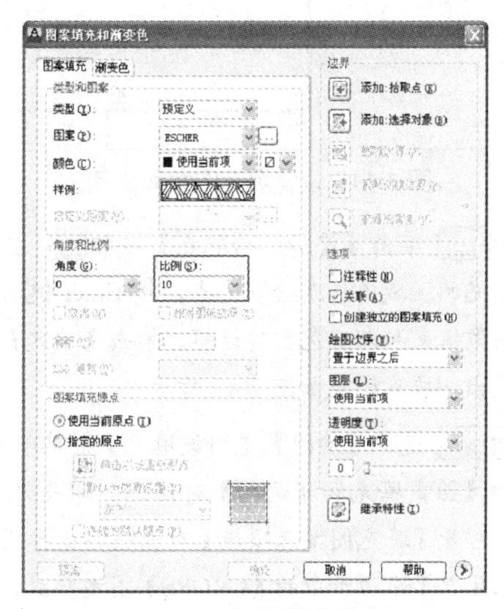

图 7-42　设置填充比例

Step 04 单击【添加：拾取点】按钮，在需要填充的区域内任意拾取一点，按 Enter 键返回【图案填充和渐变色】对话框。单击【确定】按钮退出，填充图案如图 7-43 所示。

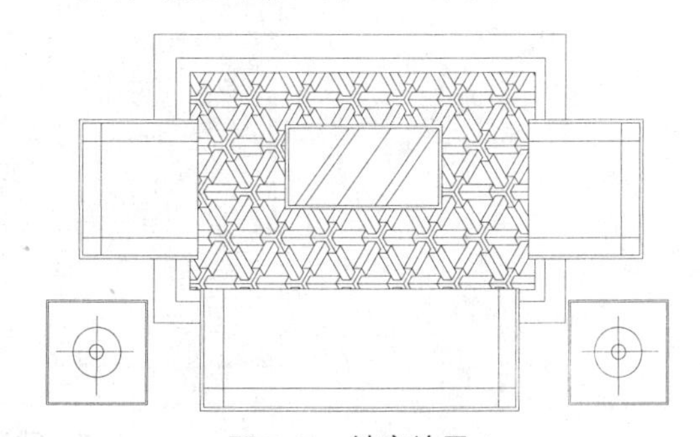

图 7-43　填充效果 1

Step 05 选择【绘图】|【图案填充】菜单命令，打开【图案填充和渐变色】对话框。单击[...]按钮，打开【填充图案选项板】对话框，选择【其他预定义】选项卡中的【HOUND】图案样式，并设置【比例】为20，如图7-44所示。

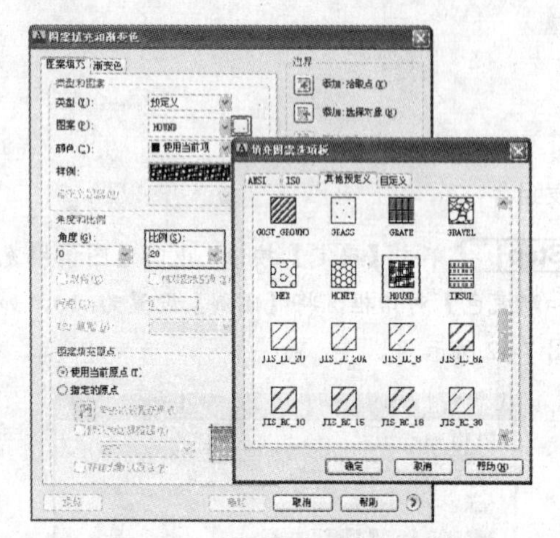

图7-44　设置填充图案和比例

Step 06 单击【添加：拾取点】按钮，在需要填充的区域内任意拾取一点，按Enter键返回【图案填充和渐变色】对话框。单击【确定】按钮退出，填充图案如图7-45所示。

Step 07 选择【绘图】|【图案填充】菜单命令，打开【图案填充和渐变色】对话框。单击[...]按钮，打开【填充图案选项板】对话框，选择【其他预定义】选项卡中的【CROSS】图案样式，如图7-46所示。

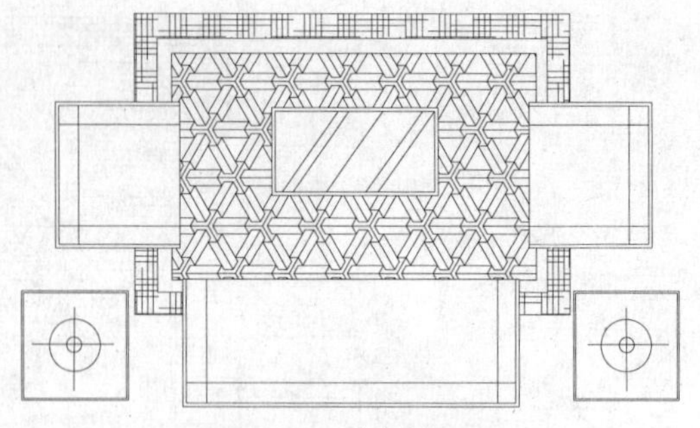

图7-45　填充效果2

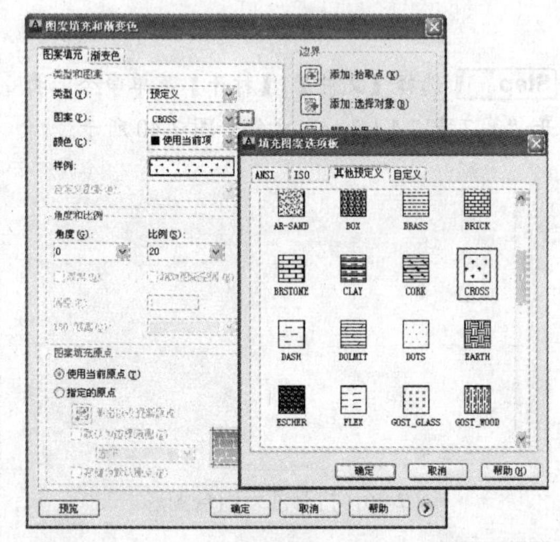

图7-46　选择图案样式

Step 08 单击【添加：拾取点】按钮，在需要填充的区域内任意拾取一点，按Enter键返回【图案填充和渐变色】对话框。单击【确定】按钮退出，最终效果如图7-39所示。

7.4.2　填充健身阳台剖面图

调用【图案填充】命令，填充如图7-47所示的阳台剖面图，利用不同的图案表现不同物品的材质。

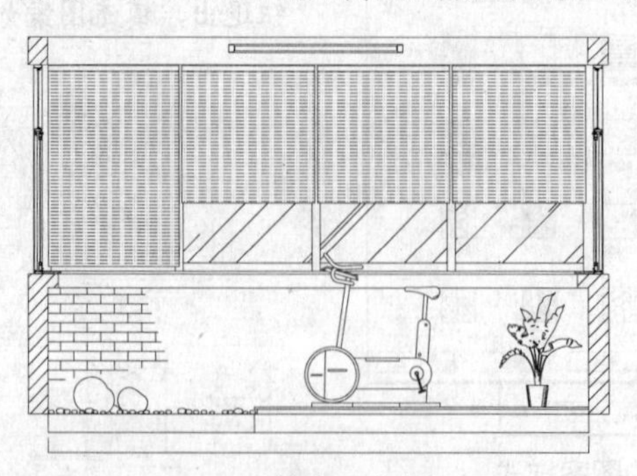

图7-47　健身阳台剖面图

Step 01 选择【文件】|【打开】菜单命令，打开“第7章\7.4.2.dwg”文件，如图7-48所示。

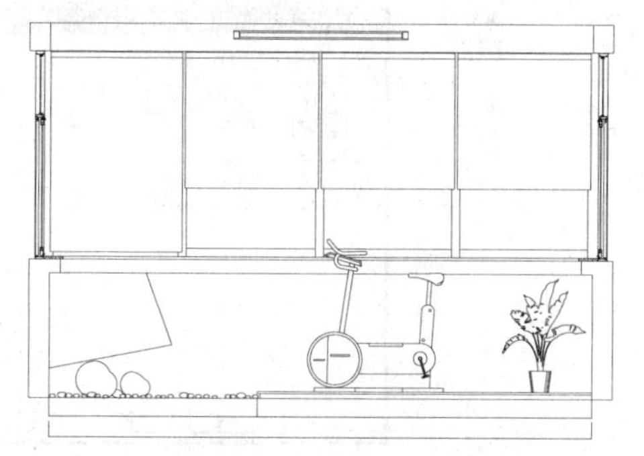

图7-48　素材图形

Step 02 选择【绘图】|【图案填充】菜单命令，打开【图案填充和渐变色】对话框。单击...按钮，打开【填充图案选项板】对话框，选择【ISO】选项卡中的【ISO10W100】图案样式，如图7-49所示。

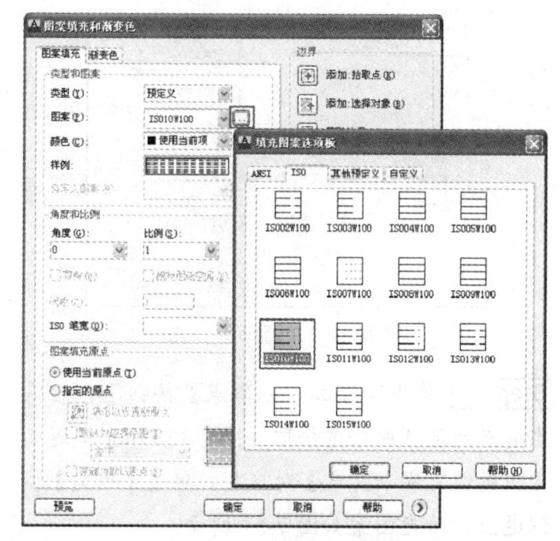

图7-49　设置填充图案

Step 03 单击【确定】按钮，返回【图案填充和渐变色】对话框，将【比例】设置为5，如图7-50所示。

Step 04 单击【添加：拾取点】按钮，在需要填充的区域内任意拾取一点，按Enter键返回【图案填充和渐变色】对话框，单击【确定】按钮退出，填充图案如图7-51所示。

图7-50　设置填充比例

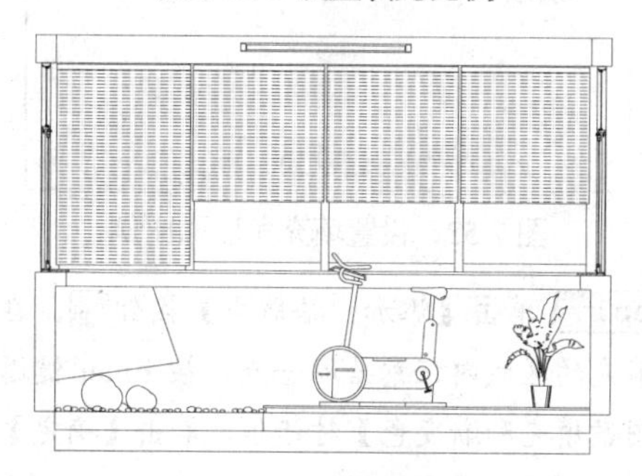

图7-51　填充图案1

Step 05 选择【绘图】|【图案填充】菜单命令，打开【图案填充和渐变色】对话框。单击...按钮，打开【填充图案选项板】对话框，选择【其他预定义】选项卡中的【AR-RROOF】图案样式，如图7-52所示。

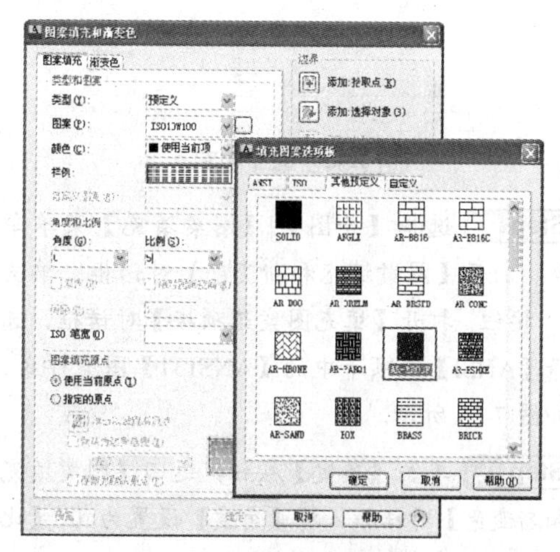

图7-52　设置填充图案样式

Step 06 单击【确定】按钮，返回【图案填充和渐变色】对话框，将【角度】设置为45，【比例】设置为20，如图7-53所示。

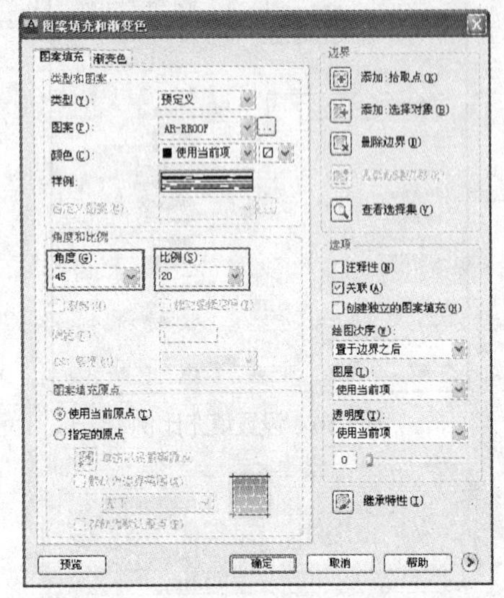

图7-53 设置填充角度和比例

Step 07 单击【添加：拾取点】按钮，在需要填充的区域内任意拾取一点，按Enter键返回【图案填充和渐变色】对话框，单击【确定】按钮退出，填充图案如图7-54所示。

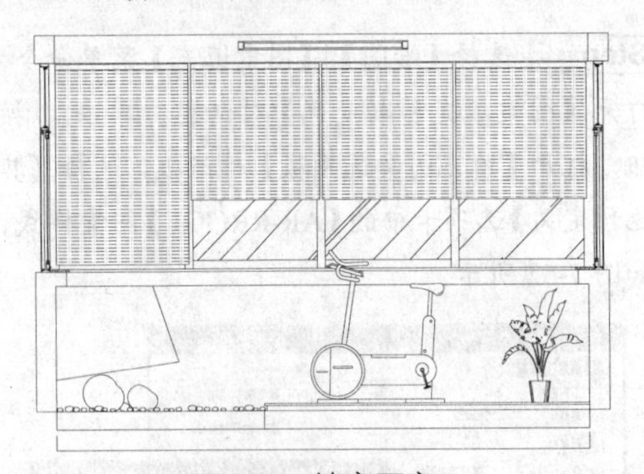

图7-54 填充图案2

Step 08 选择【绘图】|【图案填充】菜单命令，打开【图案填充和渐变色】对话框。单击...按钮，打开【填充图案选项板】对话框，选择【ANSI】选项卡中的【ANSI31】图案样式，如图7-55所示。

Step 09 单击【确定】按钮，返回【图案填充和渐变色】对话框，将【角度】设置为0，【比例】不变，如图7-56所示。

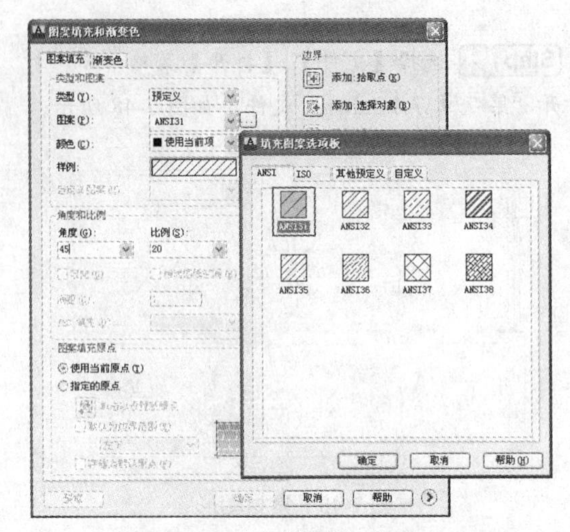

图7-55 设置填充图案样式

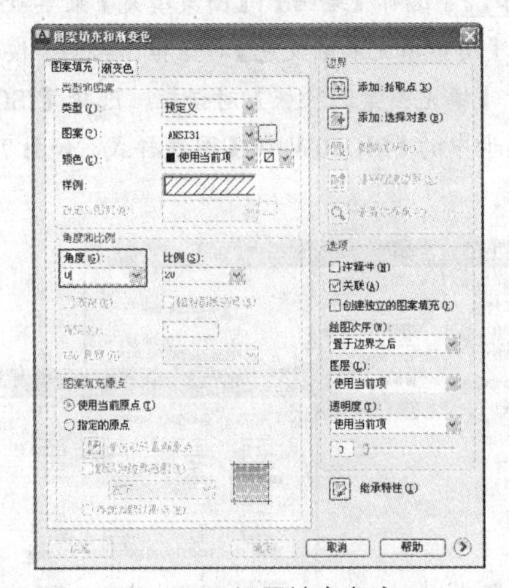

图7-56 设置填充角度

Step 10 单击【添加：拾取点】按钮，在需要填充的区域内任意拾取一点，按Enter键返回【图案填充和渐变色】对话框，单击【确定】按钮退出，填充图案如图7-57所示。

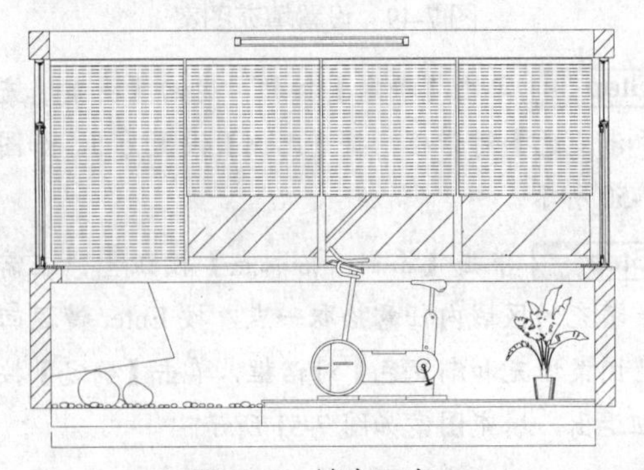

图7-57 填充图案3

Step 11 选择【绘图】|【图案填充】菜单命令，打开【图案填充和渐变色】对话框。单击...按钮，打开【填充图案选项板】对话框，选择【其他预定义】选项卡中的【AR-BRSTD】图案样式，如图 7-58 所示。

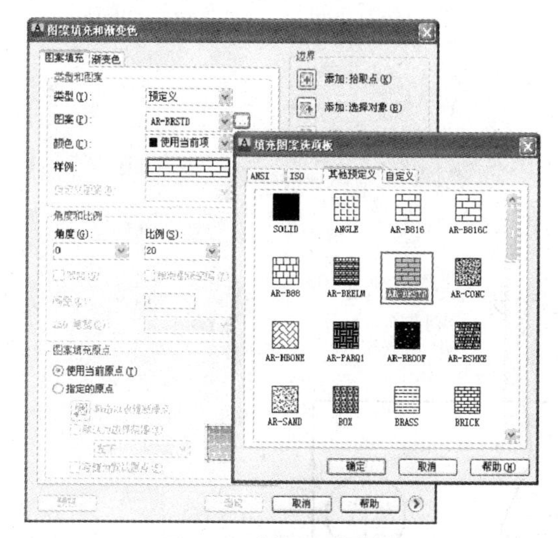

图 7-58 设置图案样式

Step 12 单击【确定】按钮，返回【图案填充和渐变色】对话框，设置【比例】为 1，如图 7-59 所示。

Step 13 单击【添加：拾取点】按钮，在需要填充的区域内任意拾取一点，按 Enter 键返回【图案填充和渐变色】对话框，单击【确定】按钮退出，填充图案如图 7-60 所示。

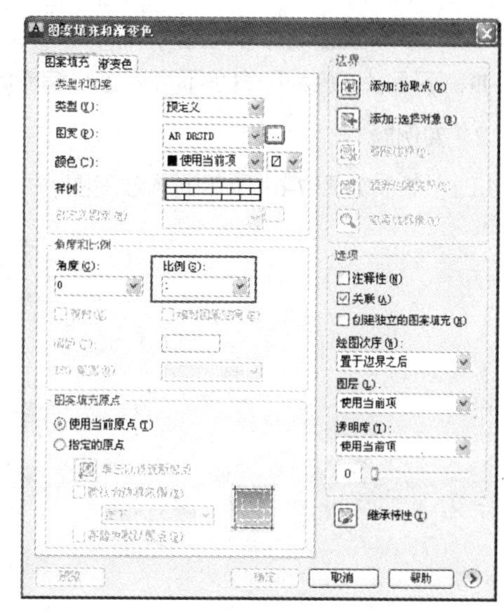

图 7-59 设置填充比例

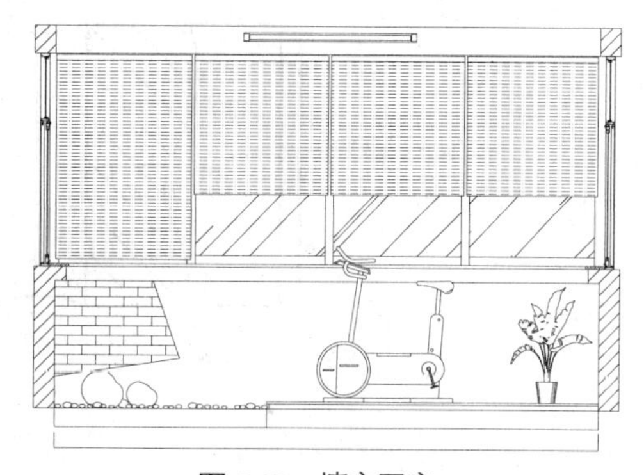

图 7-60 填充图案 4

Step 14 选择【修改】|【删除】菜单命令，删除多余线段，最终效果如图 7-47 所示。

7.5 思考与练习

1. 选择题

（1）在图案填充中，“角度”的具体含义是什么？（　　）

A．以 x 轴正方向为零度，顺时针方向为正

B．以 x 轴正方向为零度，逆时针方向为正

C．ANSI31 的角度是 45°

D．以 y 轴正方向为零度，逆时针方向为正

（2）填充图案是否可以进行修剪？（　　）

A．可以，但必须先将其进行分解

B．不可以，因为图案是一个整体

C．可以，直接进行修剪即可

D．不可以，因为图案是不可以进行编辑的

2．实例题

（1）绘制如图7-61所示的圆沙发图。

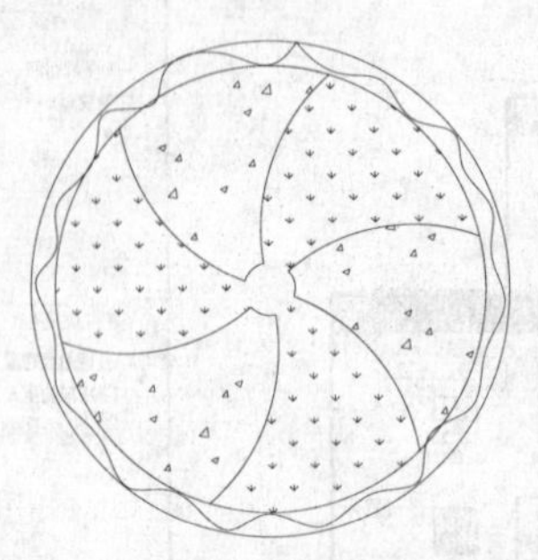

图7-61　圆沙发

（2）绘制如图7-62所示的传动轴零件图。

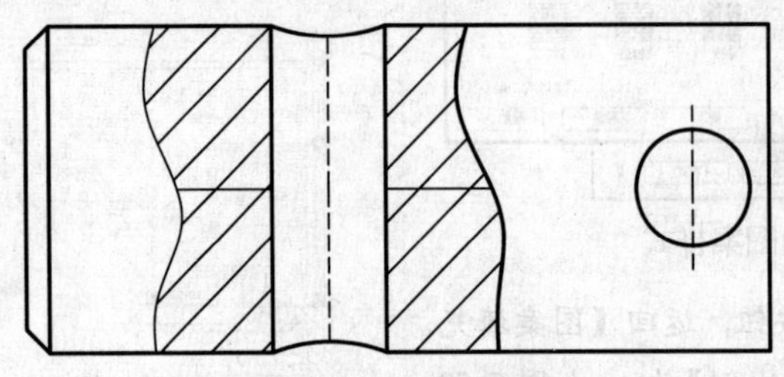

图7-62　传动轴零件

第8章 图块与外部参照

⊙学习目的：

本章讲解块的创建、编辑以及块属性和外部参照的应用。利用本章所学的块与附着外部参照功能，能避免大量的重复性绘图工作，提高利用 AutoCAD 进行设计和制图的效率。

⊙学习重点：

★★★★ 创建块　　★★★☆ 编辑块

★★★★ 块属性　　★★☆☆ 外部参照

8.1 创建块

图块是由多个对象组成的集合，具有块名。通过建立图块，用户可以将多个对象作为一个整体来操作。

8.1.1 创建内部块

AutoCAD 2013 系统默认的【创建块】命令，是创建内部块，也就是临时块。

启动【创建块】命令的方式有如下几种。

- 命令行：输入 BLOCK/B 命令。
- 菜单栏：选择【绘图】|【块】|【创建】菜单命令。
- 工具栏：单击【绘图】工具栏中的【创建块】按钮。
- 功能区：在【常用】选项卡中，单击【块】面板中的【创建块】按钮。

要定义一个新的图块，首先要用【绘图】和【修改】命令绘制出组成图块的所有图形对象，然后再用【块定义】命令定义块。下面通过具体的实例，讲解创建内部块的方法。

课堂举例【8-1】：绘制圆椅并将其创建为块

Step 01 单击【快速访问】工具栏中的【新建】按钮，新建空白文件。

Step 02 首先绘制圆椅图形。在【常用】选项卡中，单击【绘图】面板中的【圆】按钮，绘制四个同心圆，半径分别为 880、960、1024 和 1234 个绘图单位，如图 8-1 所示。

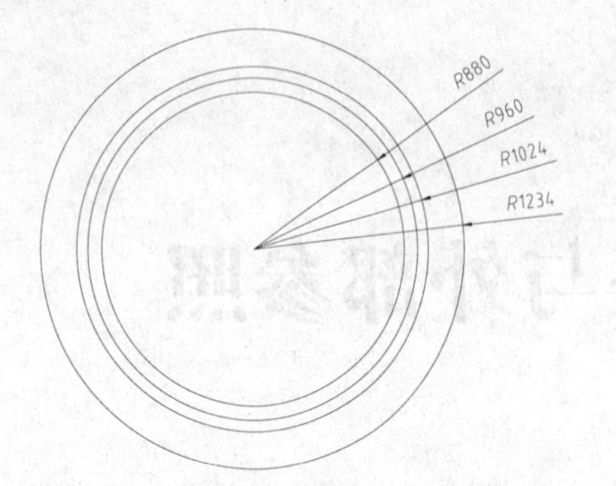

图 8-1　绘制同心圆

Step 03 单击【绘图】面板中的【直线】按钮，以圆心为起点，绘制两条角度分别为 30° 和 150° 的直线，如图 8-2 所示。

图 8-2　绘制直线

Step 04 单击【修改】面板中的【修剪】按钮，修剪多余圆弧线段和直线段，如图 8-3 所示。

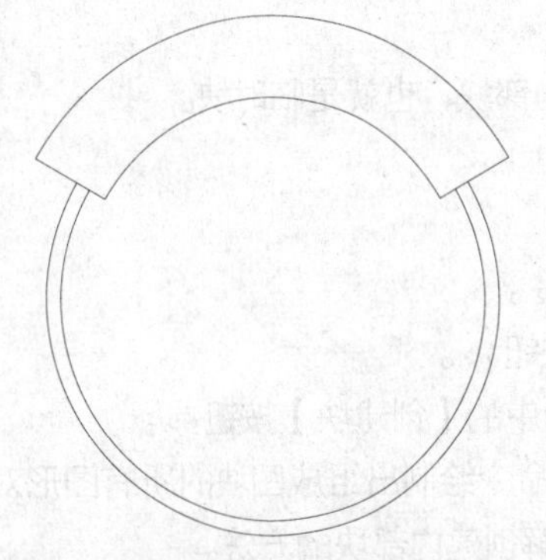

图 8-3　修剪图形

Step 05 单击【修改】面板中的【圆角】按钮，倒半径为 100 的圆角，如图 8-4 所示。

Step 06 单击【绘图】面板中的【直线】按钮，在椅子靠背位置绘制连接架，如图 8-5 所示。圆椅平面图绘制完成。

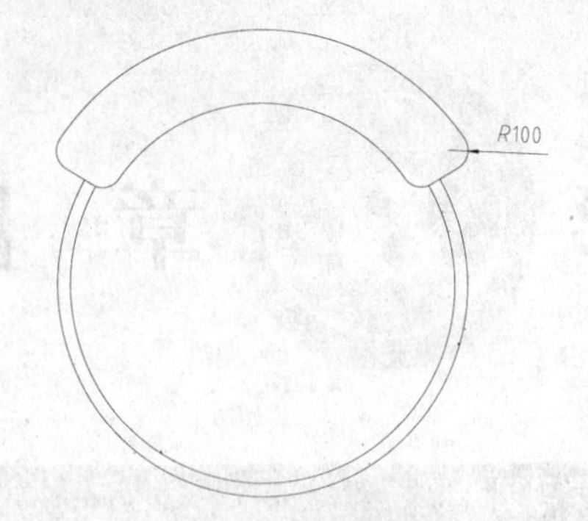

图 8-4　倒圆角

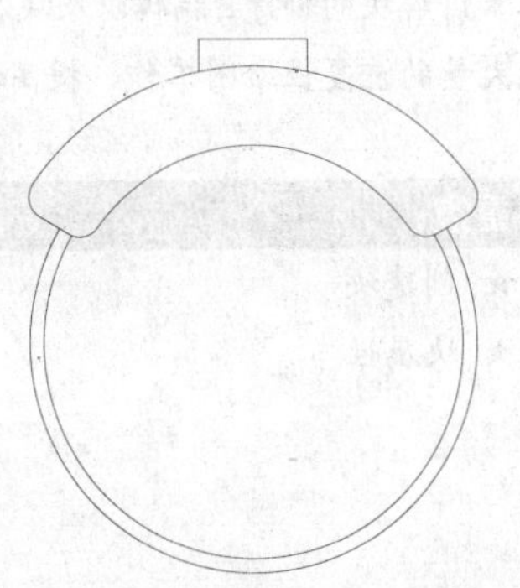

图 8-5　绘制同心圆

Step 07 创建圆椅图块。单击【块】面板中的【创建】按钮，打开【块定义】对话框。在【名称】框中输入图块的名称，单击【拾取点】按钮，配合【圆心捕捉】功能拾取圆心为基点。单击【选择对象】按钮，选择整个圆椅图形，单击【确定】按钮完成块创建，如图 8-6 所示。

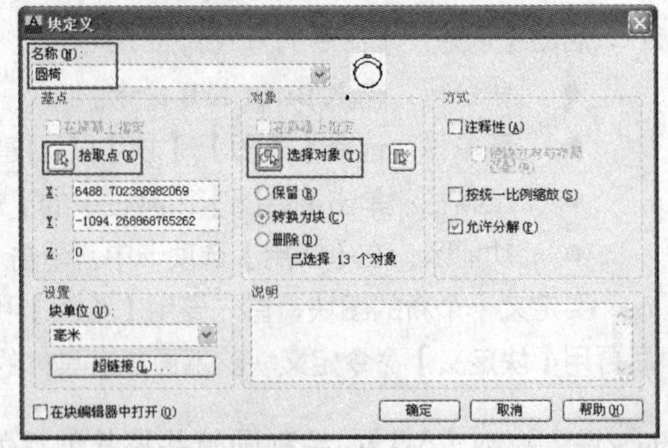

图 8-6　创建块

Step 08 块创建完成后，绘图窗口中的圆椅图形即转换为块。此时单击图形的任意位置，整个圆椅即被选中，表示图形为一个整体，同时在基点位置显示一个蓝色的夹点，如图 8-7 所示，利用该夹点，可以移动、旋转或者镜像块。

插入基点是插入图块实例时的参照点。插入块时，可通过确定插入基点的位置将整个块实例放置到指定的位置上。理论上，插入基点可以是图块的任意点。但为了方便定位，经常选取端点、中点、圆心等特征点作为插入基点。

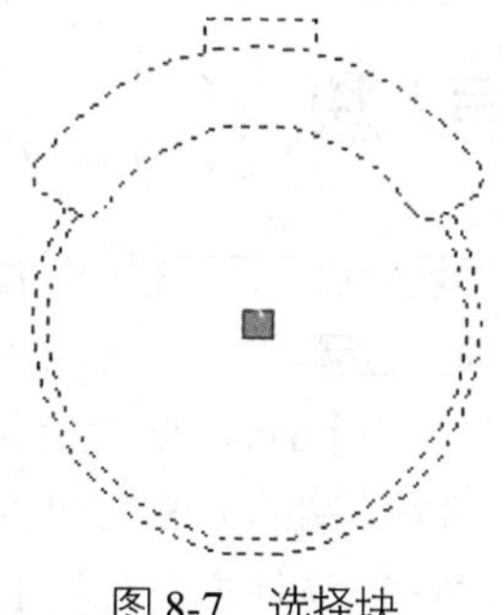

图 8-7　选择块

8.1.2　创建外部块

内部块仅限于在创建块的图形文件中使用，当其他文件中也需要使用时，则需要创建外部块，也就是永久块。外部块以文件的形式单独保存。在命令行中输入 WBLOCK/W 命令，根据系统提示即可创建外部块。

课堂举例【8-2】：创建外部块

Step 01 单击【快速访问】工具栏中的【打开】按钮，打开“第 8 章\8.1.2.dwg”图形文件，如图 8-8 所示。

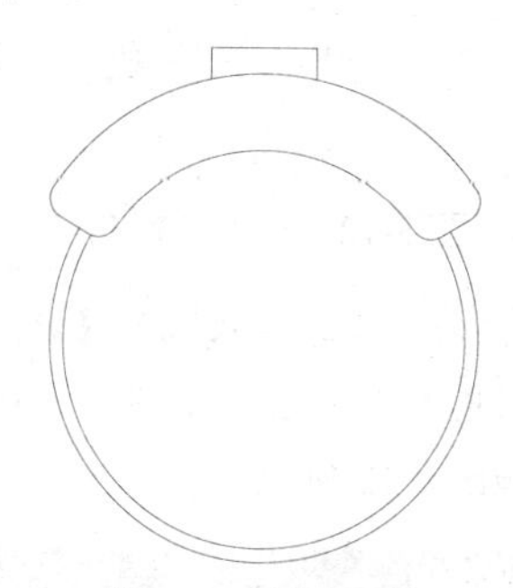

图 8-8　素材图形

Step 02 在命令行中输入 W 命令，打开【写块】对话框。该对话框用于创建外部块。

Step 03 单击【拾取点】按钮，捕捉圆椅圆心作为基点；单击【选择对象】按钮，选取整个圆椅图形。

Step 04 外部块还需要设置保存的路径和文件名。单击【文件名和路径】文本框右侧的按钮，打开【浏览图形文件】对话框，指定外部块保存的路径和文件名称，如图 8-9 所示。

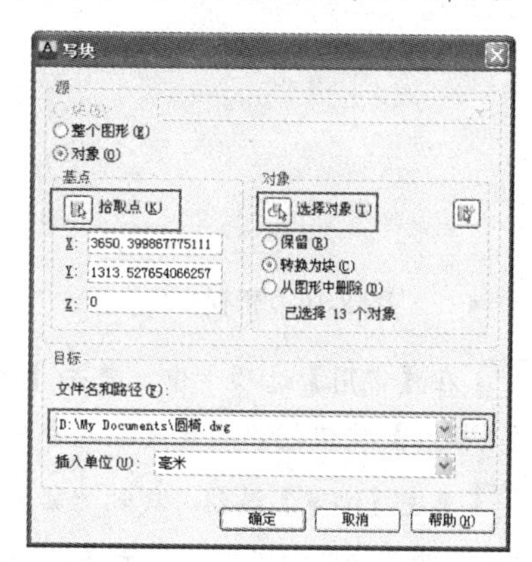

图 8-9　【写块】对话框

Step 05 单击【确定】按钮，即完成外部块的创建。

从上述操作中可以明显地看出，由于外部块保存在指定路径的单独文件中，因此可以随时找到该文件进行调用。而临时块只存在于当前图形文件中，不能在其他图形中单独调用。

专家提醒

图块可以嵌套，即在一个块定义的内部还可以包含其他块定义；但不允许“循环嵌套”，也就是说，在图块嵌套过程中不能包含图块自身，而只能嵌套其他图块。

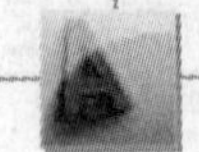

8.2 插入块

创建完图块之后，即可根据绘图需要插入块。在插入块时可以缩放块的大小，设置块的旋转角度以及插入块的位置。

启动【插入块】命令的方式有如下几种。

- 命令行：输入 INSERT/I 菜单命令。
- 菜单栏：选择【插入】|【块】菜单命令。
- 工具栏：单击【绘图】工具栏中的【插入块】工具按钮。
- 功能区：在【常用】选项卡，单击【块】面板中的【插入】按钮。

下面通过具体实例，讲解插入块的方法和步骤。

课堂举例【8-3】：插入圆椅

Step 01 单击【快速访问】工具栏中的【打开】按钮，打开"第 8 章\8.2.dwg"图形文件，如图 8-10 所示。这是一个玻璃餐桌图形，下面通过插入块，在两侧快速布置圆椅。

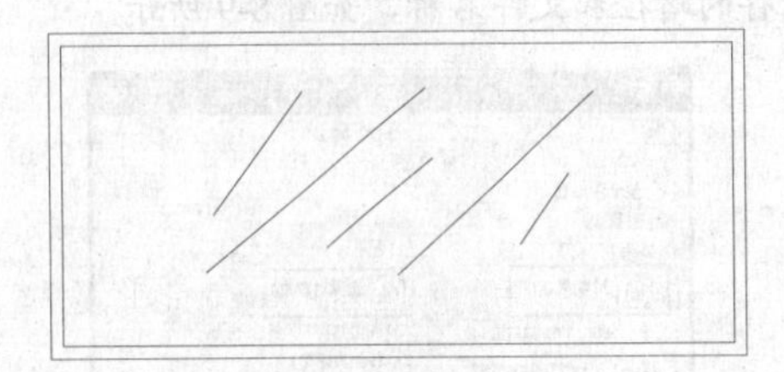

图 8-10　素材文件

Step 02 在【常用】选项卡中，单击【块】面板中的【插入】按钮，打开【插入】对话框。

Step 03 单击【浏览】按钮，找到"第 8 章\8.2 圆椅.dwg"外部块图形文件，勾选【统一比例】复选框，设置缩放比例为 0.5，如图 8-11 所示。

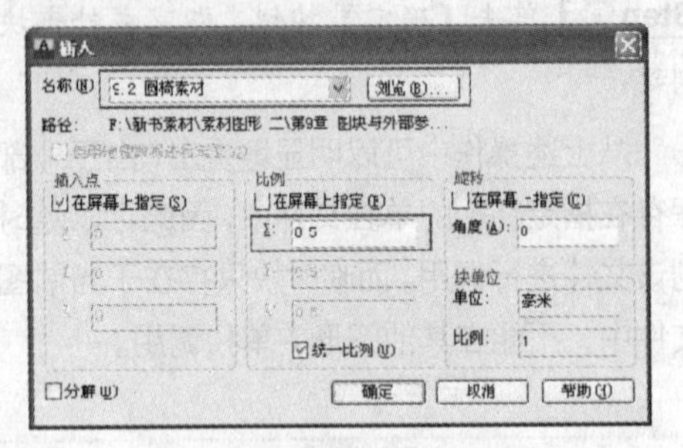

图 8-11　【插入】对话框

Step 04 单击【确定】按钮，返回到绘图区域，在餐桌一侧的合适位置插入图块，如图 8-12 所示。

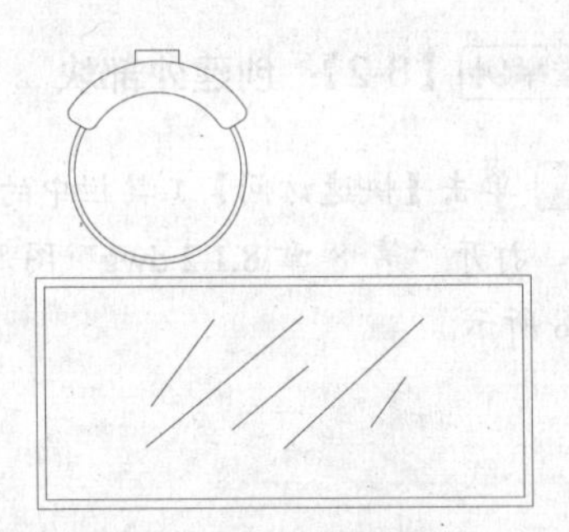

图 8-12　插入圆椅图块

Step 05 按回车键，再次调用【插入】命令，仍然选择圆椅图块，设置【比例】为 0.5，【角度】为-180，如图 8-13 所示。

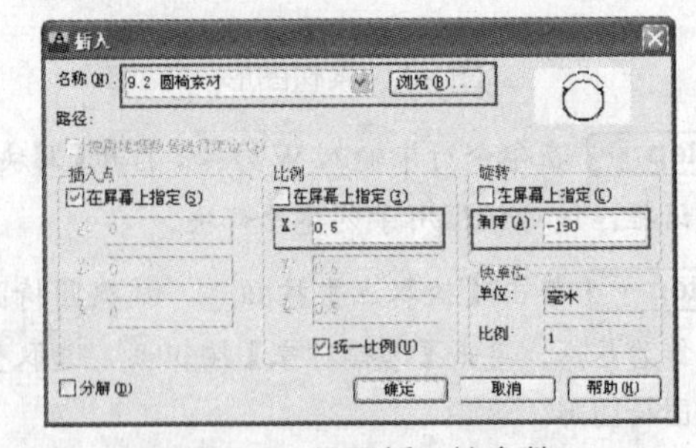

图 8-13　设置插入块参数

Step 06 单击【确定】按钮，返回到绘图区域，在餐桌的另一侧插入圆椅图块，如图 8-14 所示。

Step 07 调用【镜像】命令，对圆顶进行镜像复制，完成餐桌两侧坐椅的布置，最终效果如图 8-15 所示。

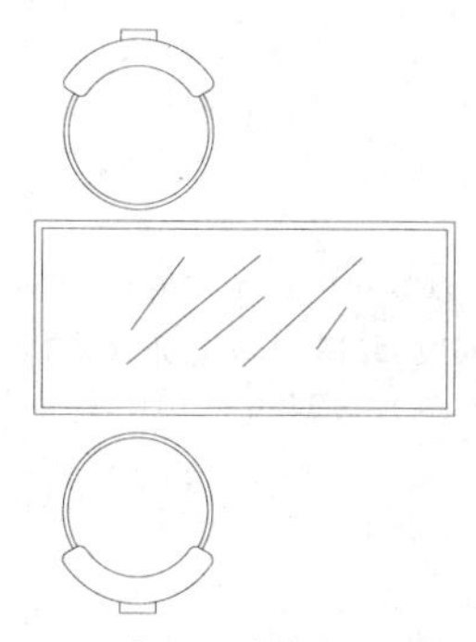

图 8-14　在另一侧插入圆椅图块

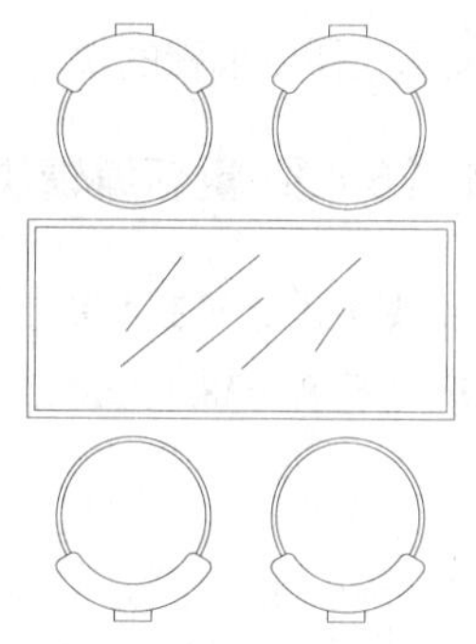

图 8-15　布置餐桌两侧坐椅的最终效果

8.3　编辑图块

图块操作的一大优点级便于修改。因为文档中插入的所有块实例都是根据相应的块定义建立起来的，所以通过重新定义块，可以自动更新所有与之关联的内部块实例。

8.3.1　修改块说明

图块的插入基点并不是适用于所有情况，用户可以根据绘图需要重新定义基点位置。修改块的标准可以通过重定义功能来实现。

启动【块说明】命令的方式有以下几种。

- 命令行：输入 BLOCK/B 命令。
- 菜单栏：选择【修改】|【对象】|【块说明】菜单命令。

在命令行中输入命令之后，系统打开【块定义】对话框，可以在【说明】区域中新输入备注，如图 8-16 所示。单击【确定】按钮关闭对话框，此时，再使用【块编辑器】编辑块时，【编辑块定义】对话框中即可显示图块的说明，如图 8-17 所示。

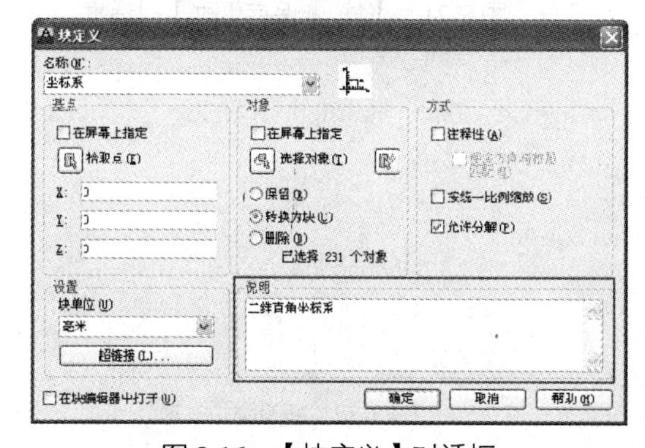

图 8-16　【块定义】对话框

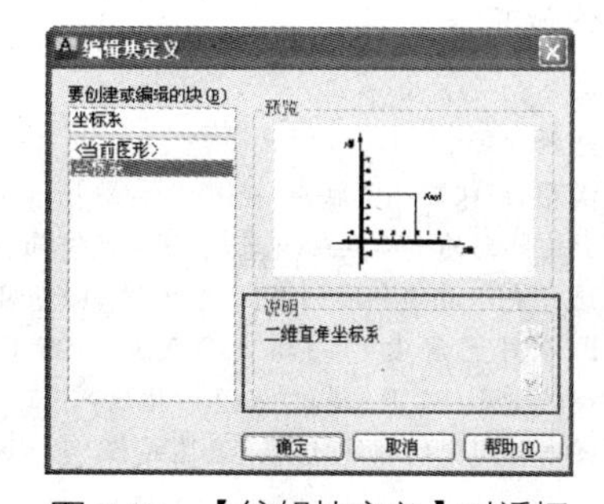

图 8-17　【编辑块定义】对话框

8.3.2　重新编辑块

在【常用】选项卡中，单击【块】面板中的【编辑】按钮，通过系统打开的【编辑块定义】

对话框，定义重新需要编辑的块。

课堂举例【8-4】：重新编辑块

Step 01 单击【快速访问】工具栏中的【打开】按钮，打开“第 8 章\8.3.2.dwg”文件，如图 8-18 所示。

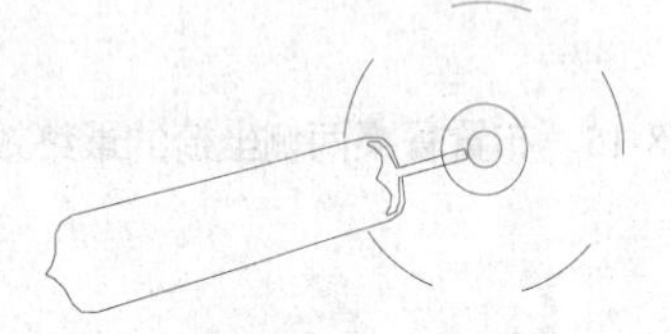

图 8-18　素材图形

Step 02 在【常用】选项卡中，单击【块】面板中的【编辑】按钮，系统打开【编辑块定义】对话框，在【要创建或编辑的块】列表框中选择【电风扇】，如图 8-19 所示，单击【确定】按钮。

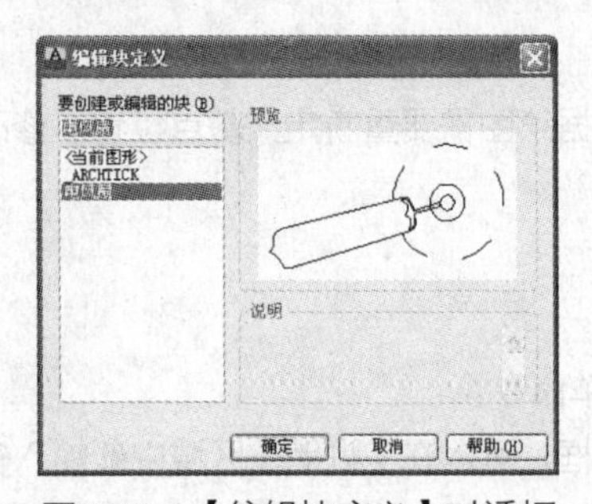

图 8-19　【编辑块定义】对话框

Step 03 调用【环形阵列】命令，配合【圆心捕捉】功能，阵列图形，如图 8-20 所示，命令行操作如下：

```
命令：_arraypolar
选择对象：
类型 = 极轴  关联 = 是
指定阵列的中心点或 [基点(B)/旋转轴(A)]：
选择夹点以编辑阵列或 [关联(AS)/基点(B)/项目(I)/项目间角度(A)/填充角度(F)/行(ROW)/层(L)/旋转项目(ROT)/退出(X)] <退出>：I
输入阵列中的项目数或 [表达式(E)] <6>：5
选择夹点以编辑阵列或 [关联(AS)/基点(B)/项目(I)/项目间角度(A)/填充角度(F)/行(ROW)/层(L)/旋转项目(ROT)/退出(X)] <退出>://激活“否(N)”选项
```

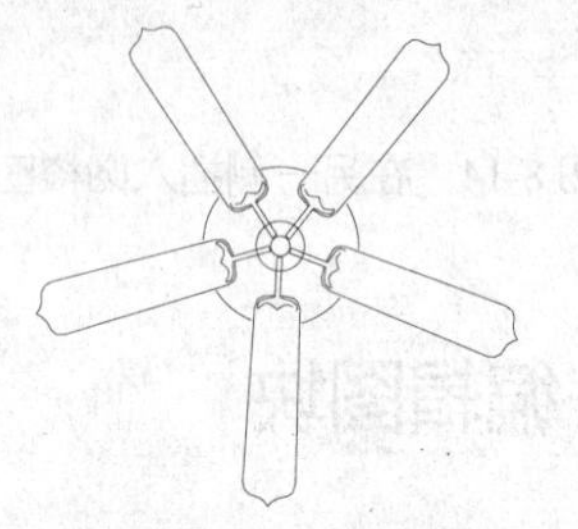

图 8-20　阵列图形

Step 04 在系统打开的【块编辑器】选项卡中，单击【关闭块编辑器】按钮，打开【块-未保存更改】对话框。

Step 05 选择【将更改保存到电风扇】选项，如图 8-21 所示，自动返回到绘图区域，这时已经更新为编辑之后的块了，如图 8-22 所示。

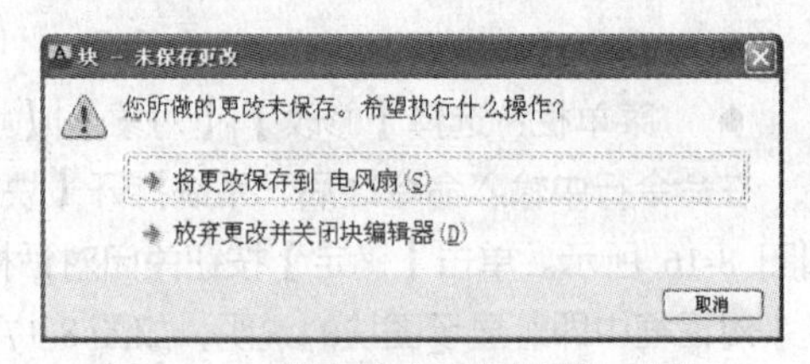

图 8-21　【块-未保存更改】对话框

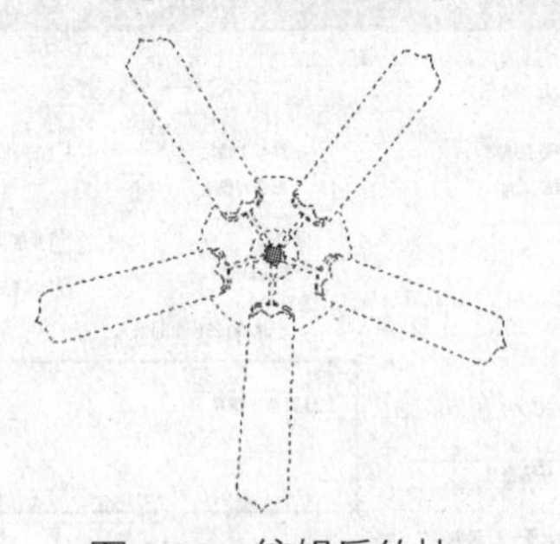

图 8-22　编辑后的块

8.4　创建与编辑属性块

图块包含的信息可以分为两类：图形信息和非图形信息。块属性指的是图块的非图形信息，是块的组成部分，是特定的可包含在块定义中的文字对象。

8.4.1 定义块属性

定义块属性必须在定义块之前进行。调用【定义属性】命令，可以创建图块的非图形信息。启动【定义属性】命令的方式有如下几种。

- 命令行：输入 ATTDEF/ATT 命令。
- 菜单栏：选择【绘图】|【块】|【定义属性】菜单命令。
- 功能区：在【常用】选项卡中，单击【块】面板中的【定义属性】按钮。

课堂举例【8-5】:创建属性块

Step 01 单击【快速访问】工具栏中的【打开】按钮，打开“第 8 章\8.4.1.dwg”文件，如图 8-23 所示。

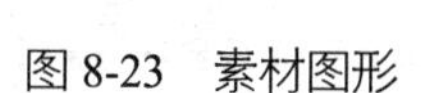

图 8-23 素材图形

Step 02 在【常用】选项卡中，单击【块】面板中的【定义属性】按钮，打开【属性定义】对话框，按照如图 8-24 所示输入属性与文字高度。

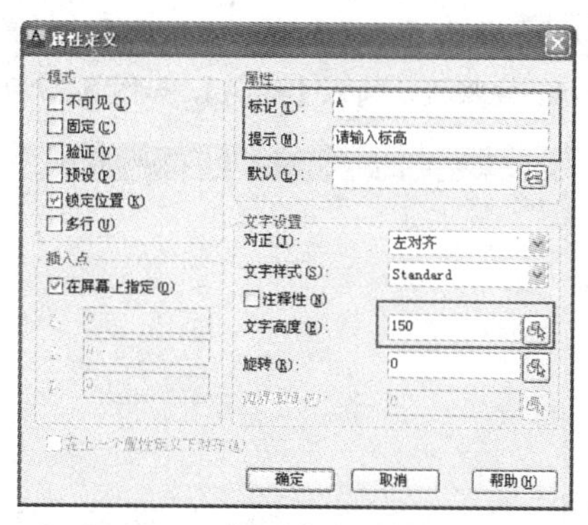

图 8-24 【属性定义】对话框

Step 03 单击【确定】按钮，根据命令行的提示在合适的位置输入属性，如图 8-25 所示。

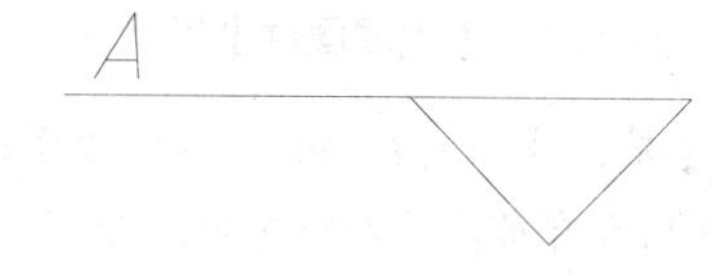

图 8-25 插入属性

8.4.2 创建属性块

定义完块属性之后就需要创建带有属性的块。这里的创建属性块与普通的创建块的过程一样，同样也分为外部块与内部块。

课堂举例【8-6】：创建带有属性的外部块

Step 01 单击【快速访问】工具栏中的【打开】按钮，打开“第 8 章\8.4.1.dwg”图形，如图 8-23 所示。

Step 02 在命令行中输入 W 命令，打开【写块】对话框。单击【拾取点】按钮，拾取下侧的端点作为基点。单击【选择对象】按钮，选择整个图形，如图 8-26 所示。

技巧点拨

通常情况下，属性提示顺序与创建块时选择属性的顺序相同。但是，如果使用【窗交选取】或【窗口选取】来选择属性，则提示顺序与创建属性的顺序相反。可以使用块属性管理器来更改插入块参照时提示输入属性信息的次序。

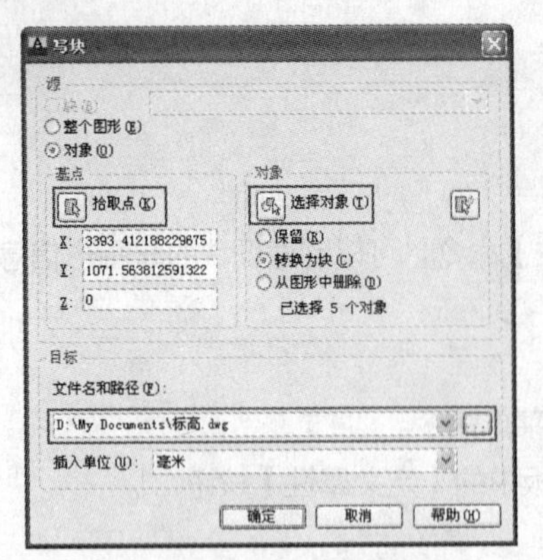

图 8-26 【块定义】对话框

Step 03 单击【确定】按钮，打开【编辑属性】对话框，按照提示输入【标高】，如图 8-27 所示。

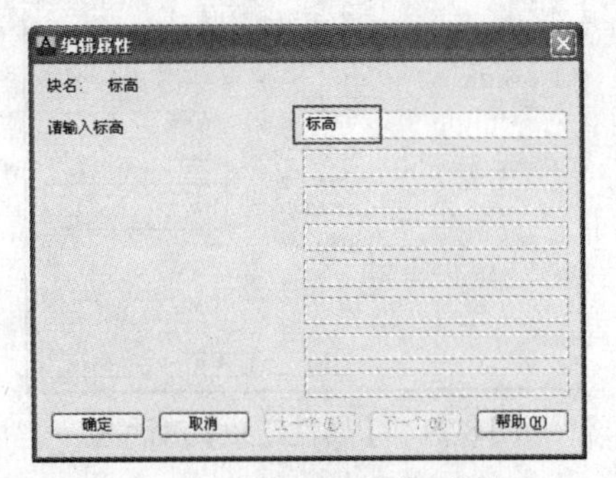

图 8-27 【编辑属性】对话框

Step 04 单击【确定】按钮，返回绘图区域，已经创建的带有属性的块如图 8-28 所示。

Step 05 单击【快速访问】工具栏中的【打开】按钮，打开“第 8 章\8.4.2.dwg”素材文件，如图 8-29 所示。

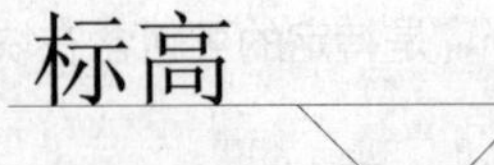

图 8-28 创建的属性块

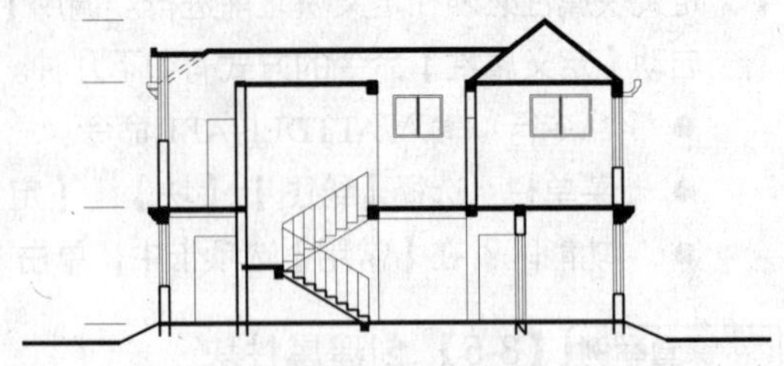

图 8-29 素材文件

Step 06 在【插入】选项卡中，单击【块】面板中的【插入】按钮，打开【插入】对话框。单击【浏览】按钮，找到前面创建的块，如图 8-30 所示。

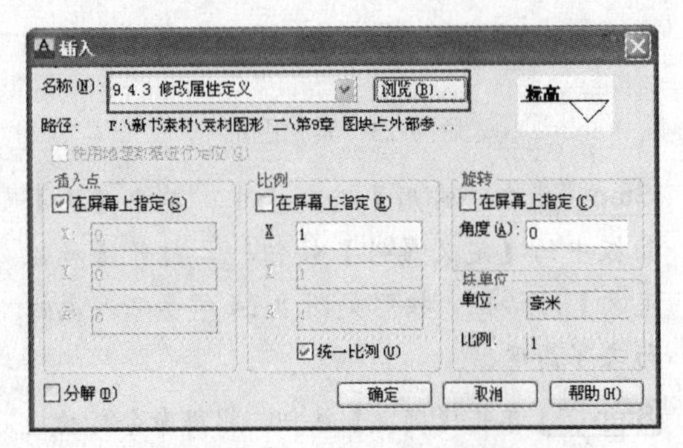

图 8-30 【插入】对话框

Step 07 根据命令行的提示，输入数字并在合适的位置插入标高，最终效果如图 8-31 所示。

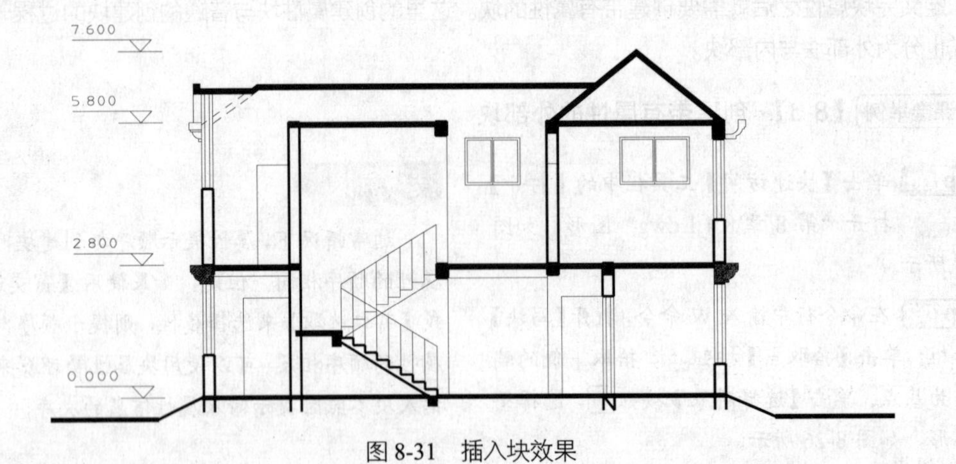

图 8-31 插入块效果

8.4.3 修改块属性

块属性与其他图形对象一样，也可以根据实际绘图需要进行编辑。

修改块属性的方法有如下 3 种。

- 命令行：输入 EATTEDIT 命令。
- 菜单栏：选择【修改】|【对象】|【属性】|【单个】菜单命令。
- 功能区：在【常用】选项卡中，单击【块】面板中的【编辑属性】按钮。

课堂举例【8-7】：修改属性定义

Step 01 单击【快速访问】工具栏中的【打开】按钮，打开“第 8 章\8.4.3.dwg”文件，如图 8-28 所示。

Step 02 在【常用】选项卡中，单击【块】面板中的【编辑属性】按钮。根据命令行的提示选择块，系统打开【增强属性编辑器】对话框。更改值为-7.8，如图 8-32 所示。

Step 03 单击【应用】按钮之后，单击【确定】按钮退出对话框，最终效果如图 8-33 所示。

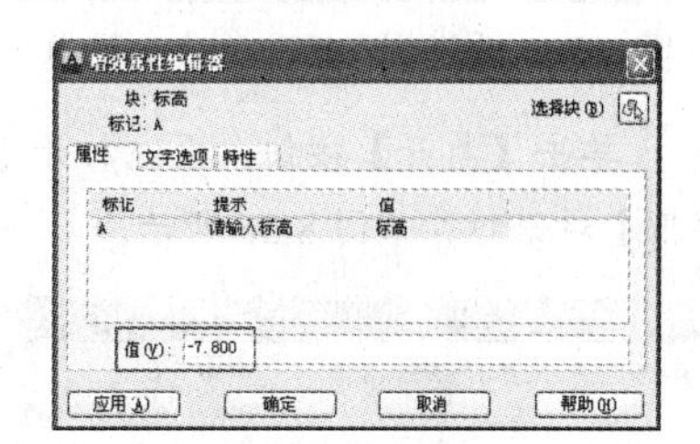

图 8-32 【增强属性编辑器】对话框

图 8-33 效果图

8.5 附着外部参照

使用外部参照，就像把一个图形放置在另外一个图形的上面，但附着的外部参照不同于块。

附着外部参照的方法有如下几种。

- 命令行：输入 XATTACH/XA 命令。
- 菜单栏：选择【插入】|【DWG 参照】菜单命令。
- 工具栏：单击【插入】工具栏中的【附着】工具按钮。
- 功能区：在【插入】选项卡中，单击【参照】面板中的【附着】按钮。

课堂举例【8-8】：附着外部参照

Step 01 单击【快速访问】工具栏中的【打开】按钮，打开“第 8 章\8.5.dwg”文件，如图 8-34 所示。

Step 02 在【插入】选项卡中，单击【参照】面板中的【附着】按钮，系统打开【选择参照文件】对话框。在【文件类型】下拉列表中选择【图形（*.dwg）】，并找到“第 8 章\8.6.dwg”文件，如图 8-35 所示。

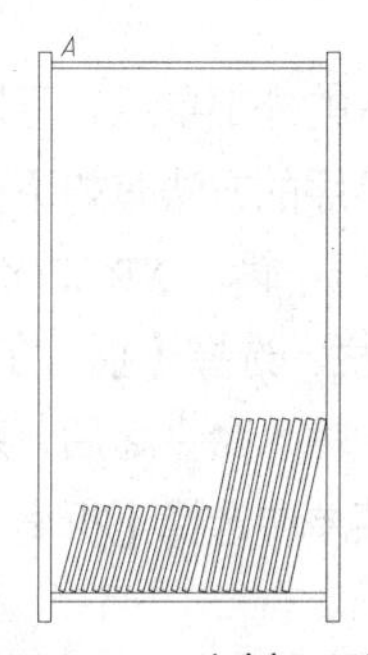

图 8-34 素材图形

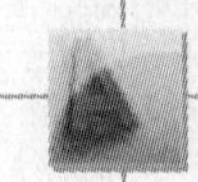

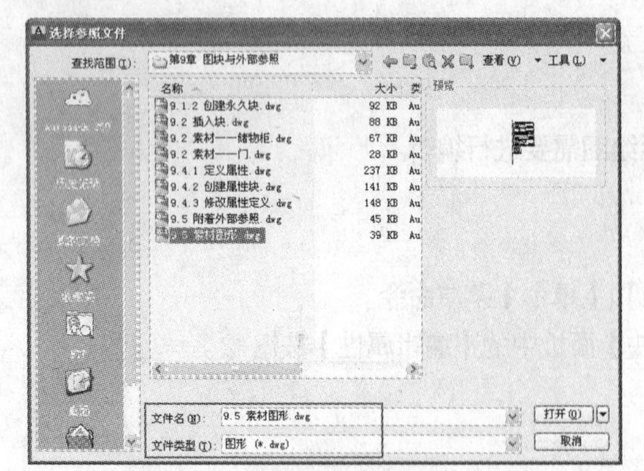

图 8-35 【选择参照文件】对话框

Step 03 单击【打开】按钮，系统打开【附着外部参照】对话框，如图 8-36 所示。

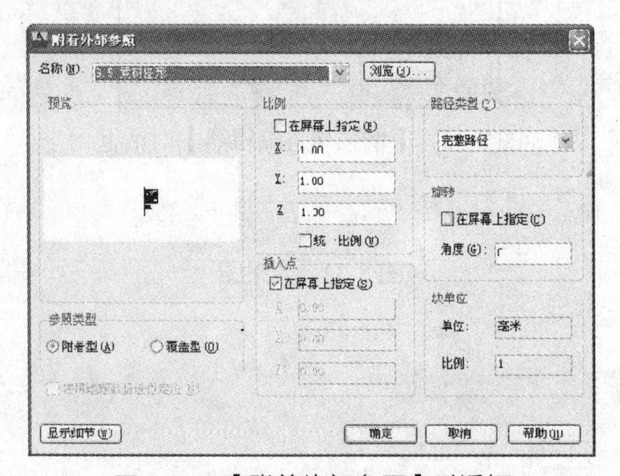

图 8-36 【附着外部参照】对话框

Step 04 单击【确定】按钮，配合【端点捕捉】功能捕捉书架左上角点作为插入点，如图 8-37 所示。至此，外部参照插入完成。

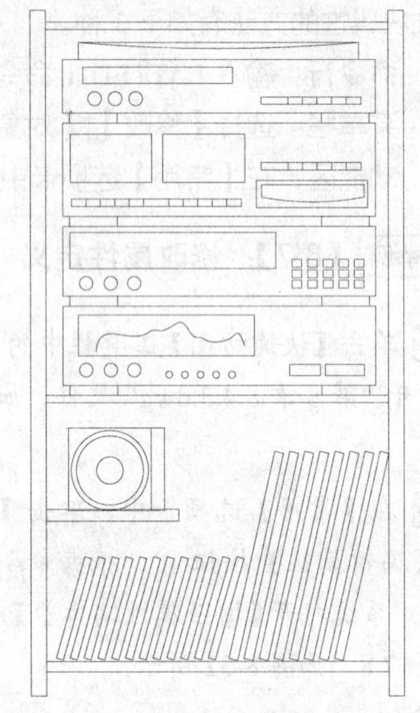

图 8-37 插入完成

技巧点拨

创建外部参照的插入点是根据原点坐标来确定的。

8.6 编辑外部参照

外部参照与图块一样，可以根据需要对其进行二次编辑。

8.6.1 拆离外部参照

想删除插入的外部参照，可以使用拆离命令。

拆离外部参照的方法有如下两种。

- 命令行：输入 XREF/XR 命令。
- 菜单栏：选择【插入】|【外部参照】菜单命令。

在命令行中输入命令之后，系统打开【外部参照】选项卡中。选择外部参照之后单击鼠标右键，在弹出的快捷菜单中选择【拆离】选项，即可拆离外部参照，如图 8-38 所示。

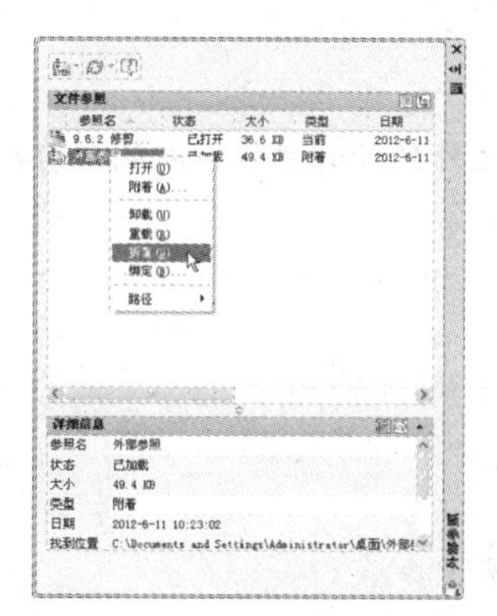

图 8-38 【外部参照】选项卡

8.6.2 剪裁外部参照

剪裁外部参照可以去除多余的参照部分，而无须更改原参照图形。

剪裁外部参照的方法有如下几种。

- 命令行：输入 CLIP 命令。
- 菜单栏：选择【修改】|【剪裁】|【外部参照】菜单命令。
- 功能区：在【插入】选项卡中，单击【参照】面板中的【剪裁】按钮。

课堂举例【8-9】：剪裁外部参照

Step 01 单击【快速访问】工具栏中的【打开】按钮，打开“第 8 章\8.6.2.dwg”文件，如图 8-39 所示。

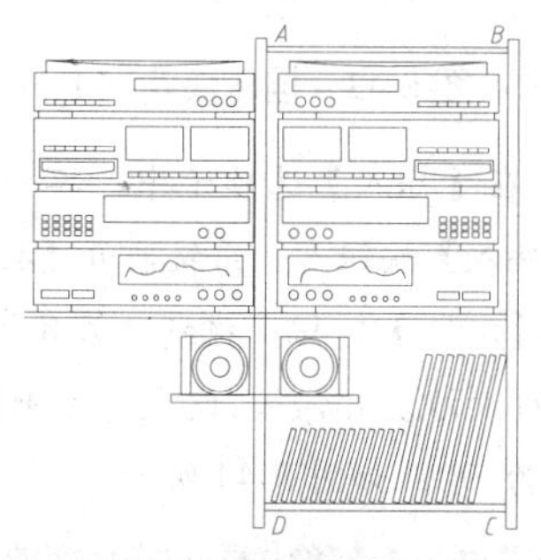

图 8-39 剪裁参照

Step 02 在【插入】选项卡中，单击【参照】面板中的【剪裁】按钮，根据命令行的提示修剪参照，如图 8-40 所示，命令行操作如下：

```
命令：_clip            //调用【剪裁】命令
选择要剪裁的对象：找到 1 个//选择外部参照
输入剪裁选项
[开(ON)/关(OFF)/剪裁深度(C)/删除(D)/生成多段线(P)/新建边界(N)] <新建边界>：ON↙
                    //激活“开(ON)”选项
输入剪裁选项
[开(ON)/关(OFF)/剪裁深度(C)/删除(D)/生成多段线(P)/新建边界(N)] <新建边界>：N↙
                    //激活“新建边界(N)”选项
外部模式 - 边界外的对象将被隐藏。
指定剪裁边界或选择反向选项：
[选择多段线(S)/多边形(P)/矩形(R)/反向剪裁(I)] <矩形>：P↙    //激活“多边形(P)”选项
指定第一点：        //围着 A、B、C、D 点指定剪裁边界，如图 8-39 所示
指定下一点或 [放弃(U)]：
指定下一点或 [放弃(U)]：
指定下一点或 [放弃(U)]：
指定下一点或 [放弃(U)]：↙
                    //按 Enter 键完成剪裁操作
```

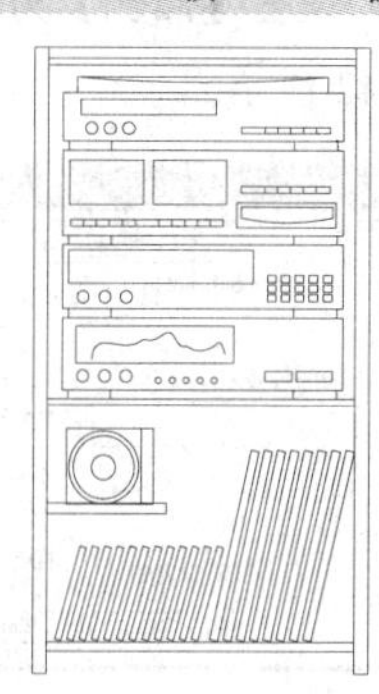

图 8-40 剪裁效果图

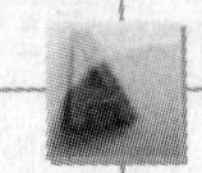

注 意

【剪裁】命令修剪的是边界之外的外部参照，即从当前显示图形中裁剪掉剪裁范围以外的外部参照。

8.7 综合实例

8.7.1 插入家具图块

能体现图块方便之处的例子，其中之一就是插入室内设计中的家具图块。针对不同的户型，设置不同的比例与旋转角度来满足需要。下面以插入三室两厅家具图块为例进行讲解。

Step 01 单击【快速访问】工具栏中的【打开】按钮，打开“第8章\8.7.1.dwg”文件，如图8-41所示。

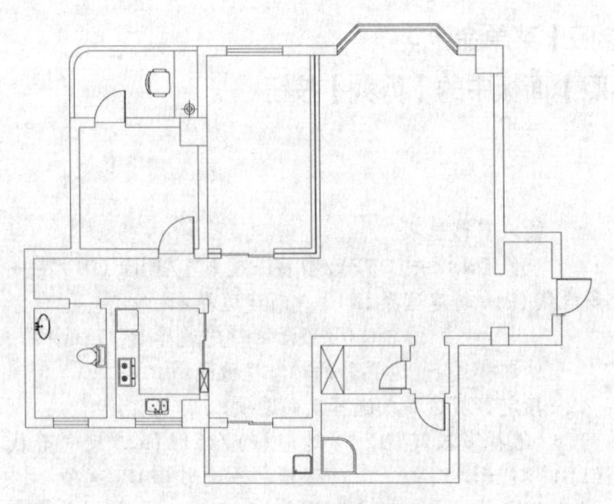

图8-41 素材图形

Step 02 在【插入】选项卡中，单击【块】面板中的【插入】按钮，系统打开【插入】对话框。单击【浏览】按钮，找到“第8章\8.7.1 素材——床.dwg”，设置【比例】为0.1，【角度】为-90，如图8-42所示。

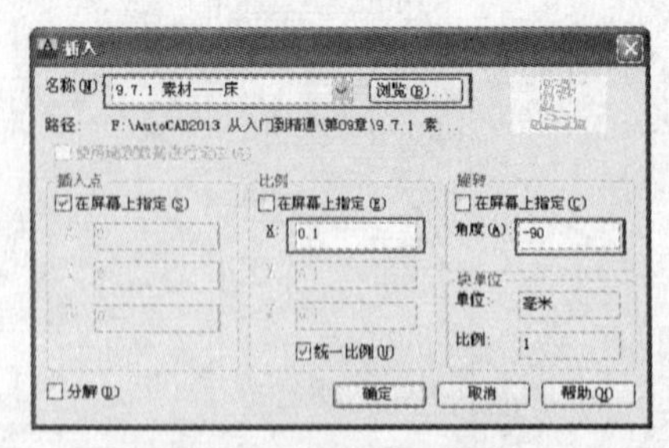

图8-42 【插入】对话框1

Step 03 在合适的位置插入块，如图8-43所示。

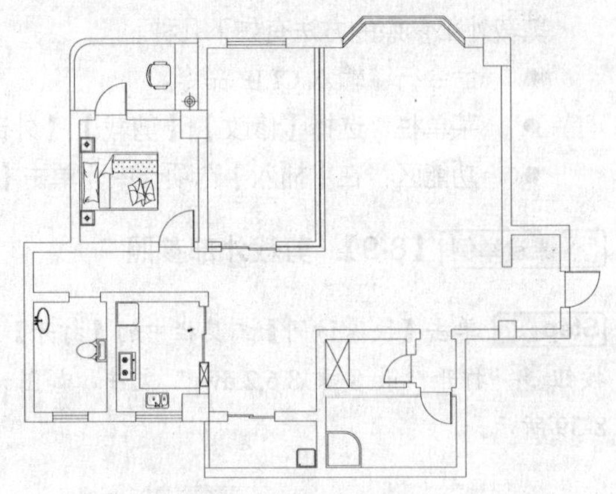

图8-43 插入块效果1

Step 04 在【插入】选项卡中，单击【块】面板中的【插入】按钮，系统打开【插入】对话框。单击【浏览】按钮，找到“第8章\8.7.1 素材——客厅大沙发.dwg”，设置【比例】为0.5，【角度】为-90，如图8-44所示。

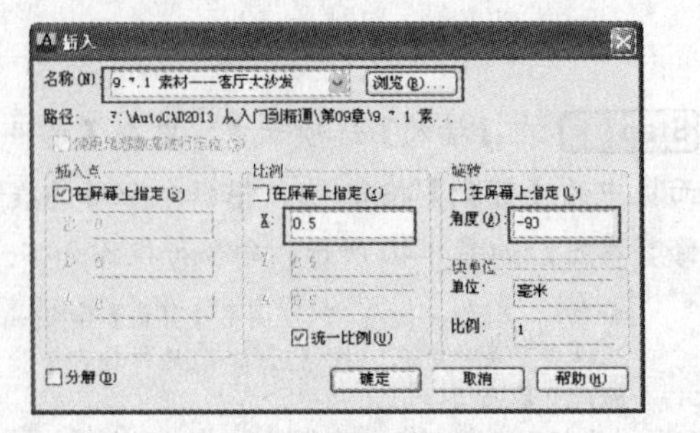

图8-44 【插入】对话框2

Step 05 在合适的位置插入块，如图8-45所示。

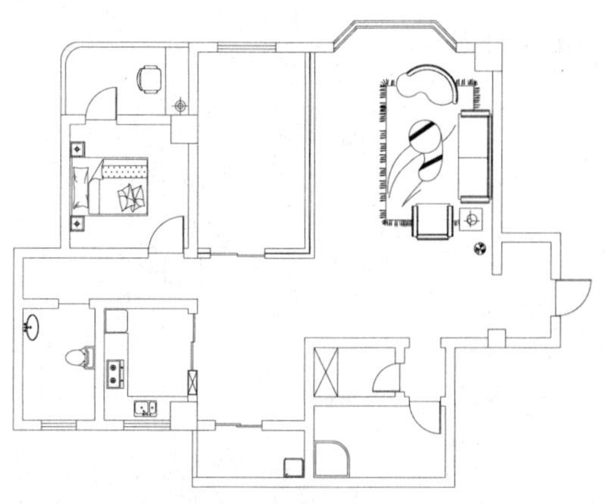

图 8-45　插入块效果 2

Step 06 在【插入】选项卡中，单击【块】面板中的【插入】按钮，系统打开【插入】对话框。单击【浏览】按钮，找到“第 8 章\8.7.1 素材——沙发.dwg”，设置【角度】为 90，如图 8-46 所示。

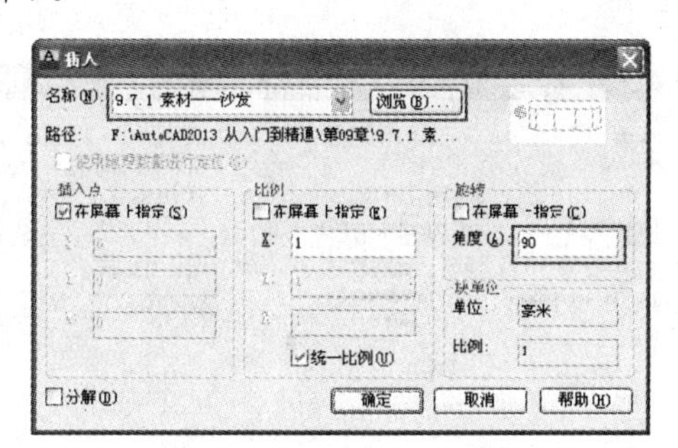

图 8-46　【插入】对话框 3

Step 07 在合适的位置插入块，如图 8-47 所示。

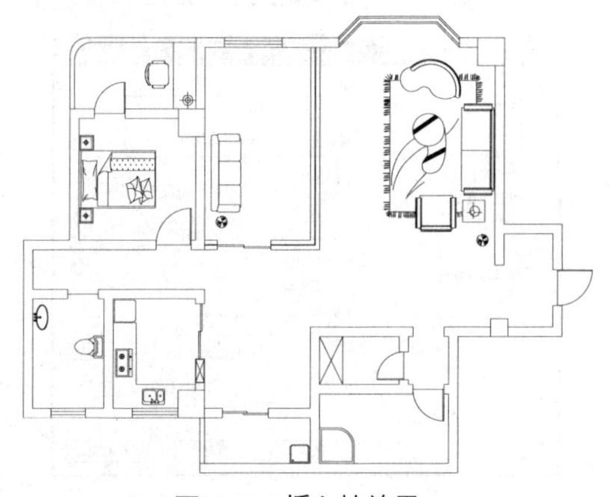

图 8-47　插入块效果 3

Step 08 在【插入】选项卡中，单击【块】面板中的【插入】按钮，系统打开【插入】对话框。单击【浏览】按钮，找到“第 8 章\8.7.1 素材——写字台.dwg”，设置【比例】为 2，如图 8-48 所示。

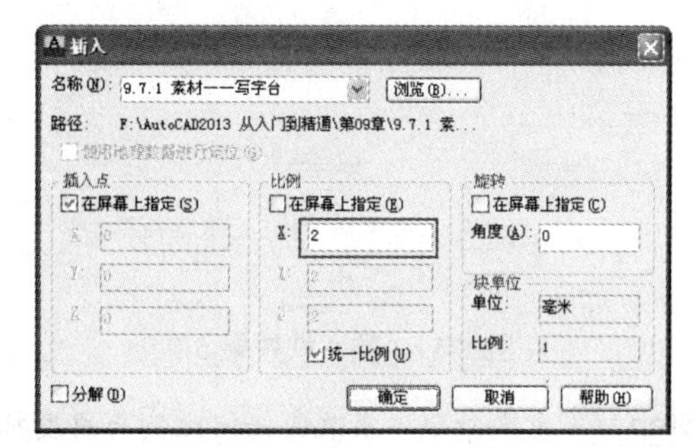

图 8-48　【插入】对话框 4

Step 09 在合适的位置插入块，如图 8-49 所示。

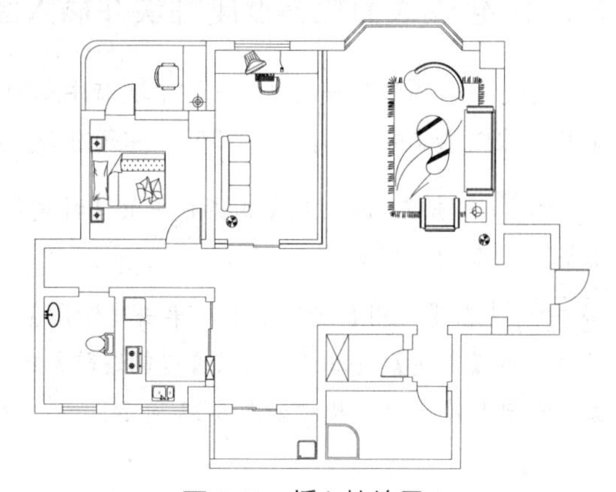

图 8-49　插入块效果 4

Step 10 在【插入】选项卡中，单击【块】面板中的【插入】按钮，系统打开【插入】对话框。单击【浏览】按钮，找到“第 8 章\8.7.1 素材——洗衣机.dwg”，设置【角度】为-90，如图 8-50 所示。

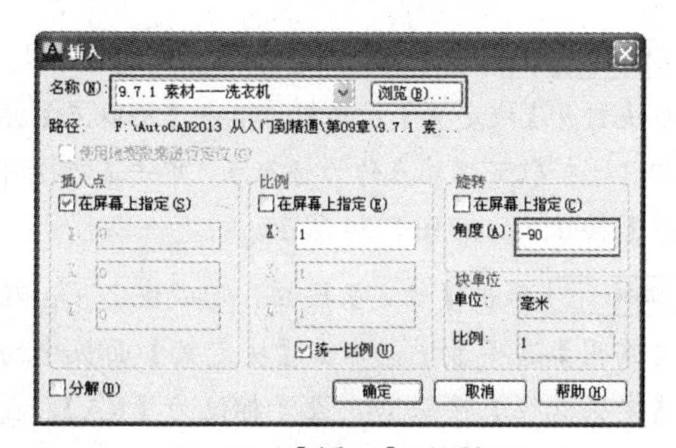

图 8-50　【插入】对话框 5

Step 11 在合适的位置插入块，如图 8-51 所示。

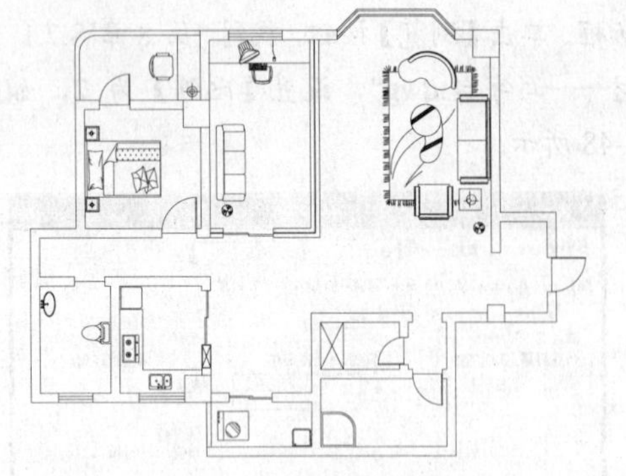
图 8-51　插入块效果 5

Step 12 重复命令，不改变任何比例与角度插入“浴缸”、“洗手台”、“便池”图块，最终效果如图 8-52 所示。

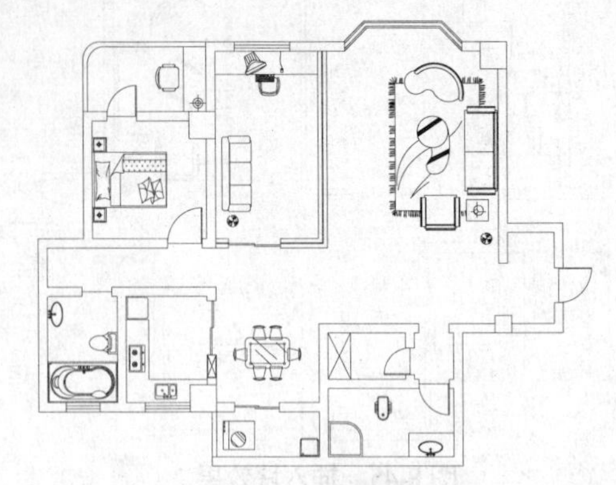
图 8-52　最终效果

8.7.2　创建表面粗糙度属性块并插入图形

创建带有属性的块，可以使在下次调用图块时能够轻松、方便地输入需要的数值与文字。下面以创建表面粗糙度为例，介绍如何创建属性块并进行运用。

Step 01 单击【快速访问】工具栏中的【新建】按钮，新建空白文件。

Step 02 在【常用】选项卡中，单击【绘图】面板中的【直线】按钮，利用【极轴追踪】功能绘制粗糙度符号，尺寸如图 8-53 所示。

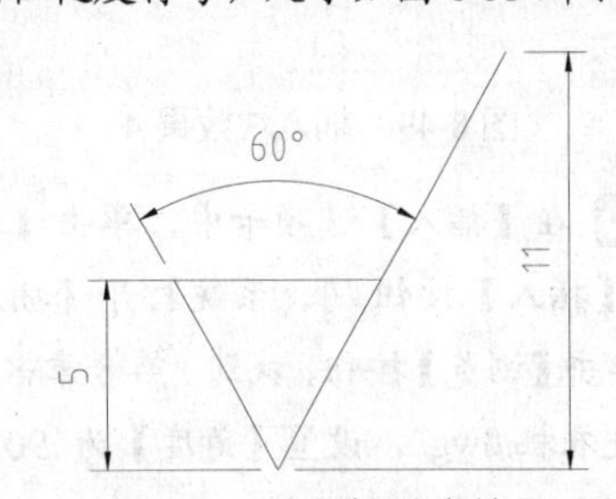

图 8-53　绘制粗糙度符号

Step 03 在命令行中输入 B 命令，创建外部块，系统打开【块定义】对话框。单击【拾取点】按钮，拾取下端端点作为插入点，单击【选择对象】按钮，如图 8-54 所示。

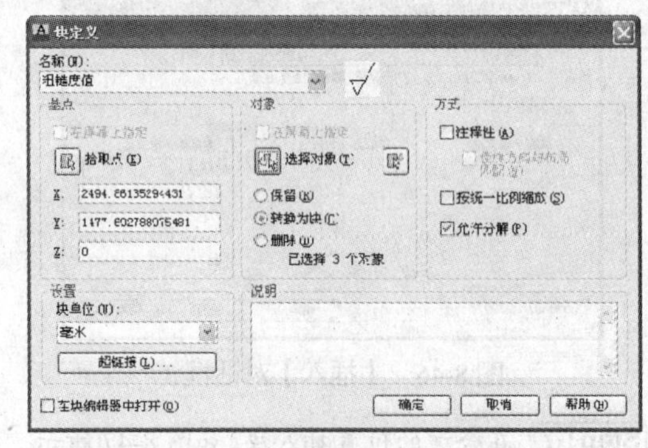

图 8-54　【块定义】对话框

Step 04 单击【确定】按钮，完成块定义。在【常用】选项卡中，单击【块定义】面板中的【定义属性】按钮，设置标记为【RA】，在【提示】文本框中输入【请输入粗糙度值】，如图 8-55 所示。

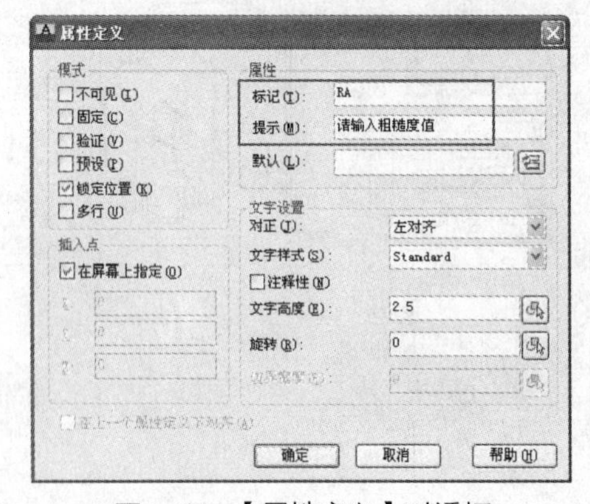

图 8-55　【属性定义】对话框

Step 05 单击【确定】按钮，在合适的位置插入属性，如图 8-56 所示。

图 8-56　插入属性

Step 06 在命令行中输入 W 命令，系统打开【写块】对话框。单击【拾取点】按钮，拾取下端端点。单击【选择对象】按钮，选择整个图形对象，并保存至正确位置，如图 8-57 所示。

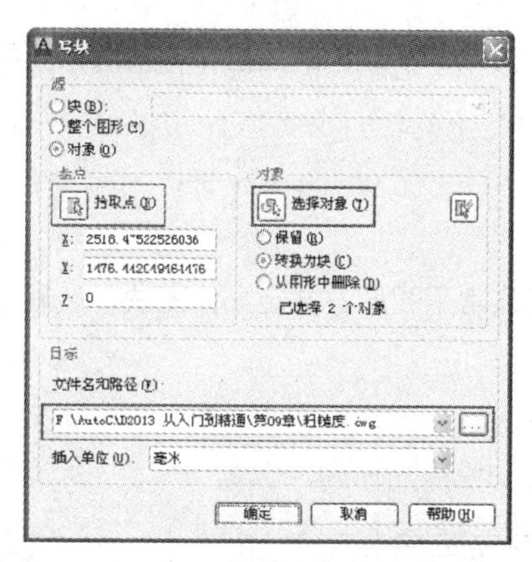

图 8-57　【写块】对话框

Step 07 在打开的【编辑属性】对话框中，输入粗糙度为 3.2，如图 8-58 所示。属性块即被创建为外部块。

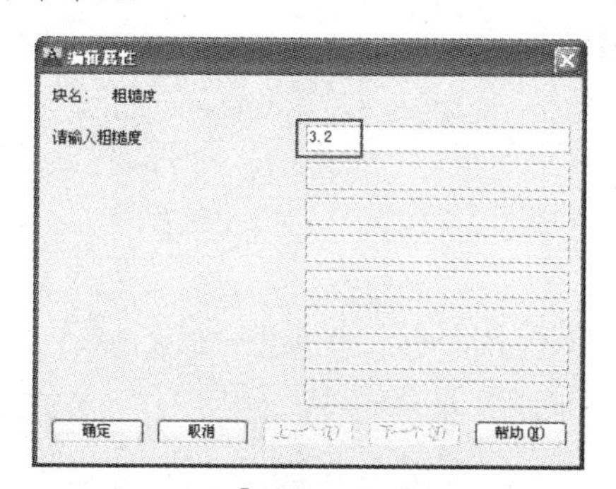

图 8-58　【编辑属性】对话框

Step 08 单击【快速访问】工具栏中的【打开】按钮，打开“第 8 章\8.7.2.dwg”文件，如图 8-59 所示。

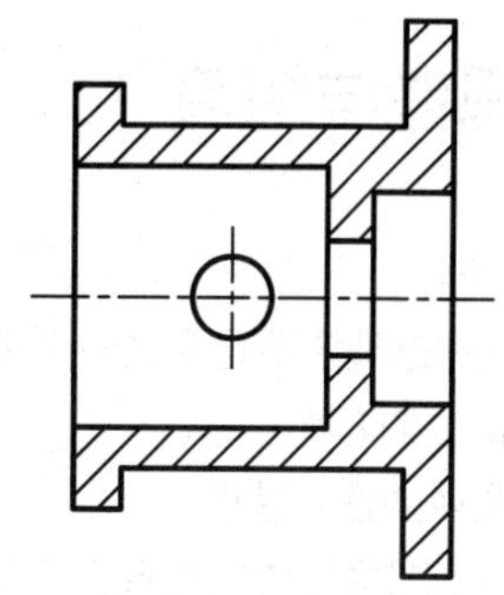

图 8-59　素材图形

Step 09 在【插入】选项卡中，单击【块】面板中的【插入】按钮，系统打开【插入】对话框。单击【浏览】按钮，找到刚刚创建的外部块，更改【比例】为 0.3，更改【角度】为-90，如图 8-60 所示。

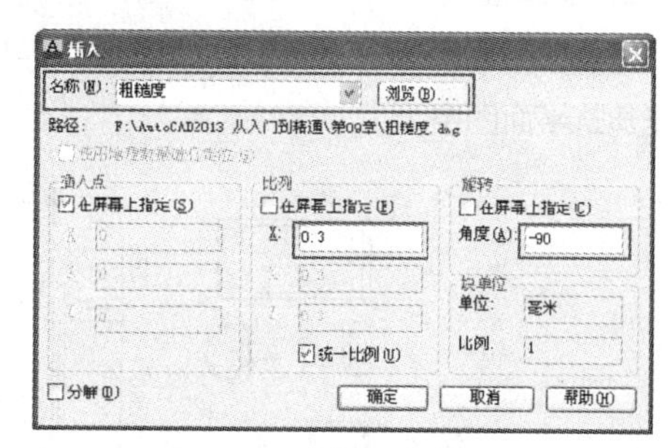

图 8-60　【插入】对话框

Step 10 单击【确定】按钮，根据命令行提示，插入粗糙度符号置以及粗糙度数值 3.2，最终效果如图 8-61 所示。

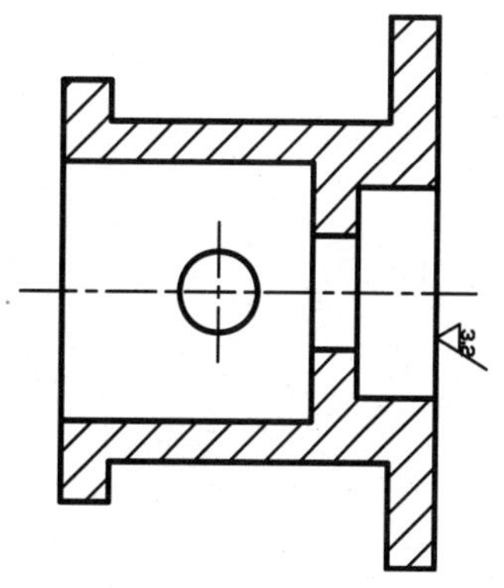

图 8-61　插入块

专家提醒 

【块定义】的名称一定不能与创建块的名称一样。

8.8 思考与练习

1. 选择题

（1）下列选项中不是定义一个块必须要完成的步骤是（　　）。

A．设置块的名称　　B．设置块的缩放比例

C．设置块的插入基点　　D．选择要定义成块的所有对象

（2）关于图层与块的关系，下列哪项是正确的。（　　）

A．组成块的所有对象必须在同一图层中

B．图层的信息不会保留在块中

C．一个所有对象均处于0层、颜色为白色的块，将它插入一个红色的图层中，其对象颜色均变为红色

D．块被插入后，其组成对象的颜色将不会发生变化

2. 操作题

绘制如图8-62所示的浴缸、座便器、洗手池、门等建筑常用图形，并定义为图块，然后将其插入至建筑平面图中。

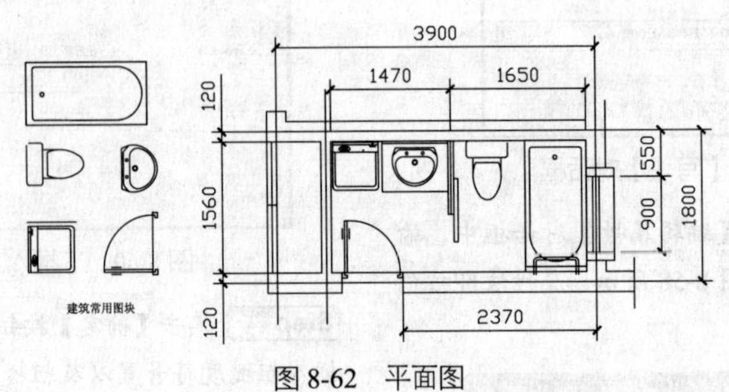

图8-62　平面图

标注注释篇

第9章 文字和表格

⊙学习目的：

本章深入讲解文字和表格的创建和编辑方法，使用户能够更直接、更详细地了解图形的内容。

⊙学习重点：

★★★★ 创建多行文字　　★★★☆ 文字样式

★★★★ 创建单行文字　　★★★☆ 创建表格

★★★☆ 编辑文字　　★★★☆ 编辑表格

9.1 创建文字样式

文字样式是一组可随图形保存的文字设置的集合，这些设置包括字体、文字高度以及特殊效果等。在标注文字前，应首先定义文字样式，以指定字体、高度等参数，然后用定义好的文字样式进行标注。

9.1.1 新建文字样式

系统默认的文字样式为【STANDARD】，若此样式不能满足注释的需要，我们可以根据需要设置新的文字样式或对文字样式进行修改。

设置文字样式需要在【文字样式】对话框中进行，打开该对话框的方式有以下几种。

- 命令行：输入STYLE/ST命令。
- 菜单栏：选择【格式】|【文字样式】菜单命令。
- 功能区：在【注释】选项卡中，单击【字体】面板右下角的按钮。

课堂举例【9-1】：新建文字样式

Step 01 单击【快速访问】工具栏中的【新建】按钮，新建空白文件。

Step 02 在【注释】选项卡中，单击【字体】面板右下角的按钮，打开【文字样式】对话框，如图9-1所示。

Step 03 单击【新建】按钮，打开【新建文字样式】对话框，这里暂时以系统默认的【样式1】作为样式名称，如图9-2所示。

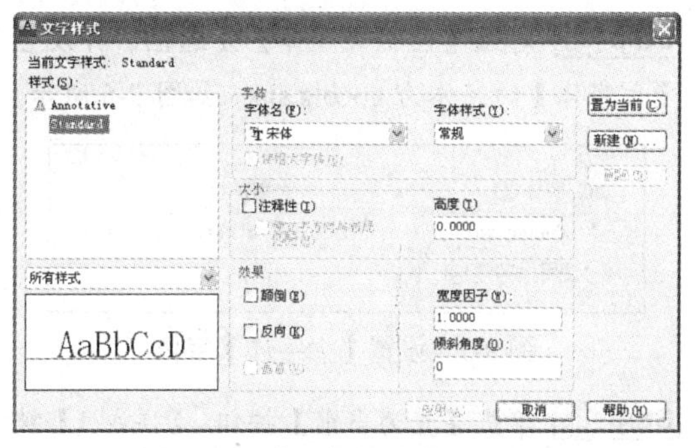

图 9-1 【文字样式】对话框

图 9-2 【新建文字样式】对话框

Step 04 单击【确定】按钮，完成文字样式的创建，并显示在【样式】列表框中，如图 9-3 所示。

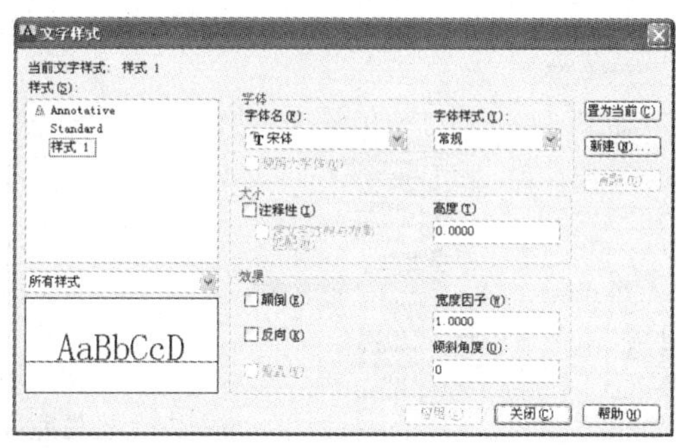

图 9-3 新增文字样式

Step 05 按 Ctrl+S 快捷键，保存当前图形文件，文件名为“第 9 章\9.1.1.dwg”，新建的【样式 1】文字样式也将随文件一起保存。

9.1.2 设置字体

【文字样式】对话框中的【字体】选项组用于对样式的字体进行设置，各选项的含义如下。

- 【字体名】下拉列表框：用于选择文字字体。可以在下拉列表中选择需要的 TrueType 字体或 SHX 字体。
- 【使用大字体】复选框：用于指定亚洲语言的大字体文件，只有 SHX 文件可以创建大字体。
- 【字体样式】下拉列表框：用于选择字体样式，如常规、斜体、粗体等。选择 SHX 字体，并且勾选【使用大字体】复选框后，该选项将变为【大字体】，用于选择大字体文件。

AutoCAD 中有两种文字类型：一种是 AutoCAD 专用的形文字体，文件扩展名为“shx”，另一个是 Windows 自带的 TrueType 字体，文件扩展名为“ttf”。形文字体的字形简单，占用计算机资源较少。以前在英文版的 AutoCAD 中没有提供中文字体，这对于许多使用中文的用户来说十分不便。用户不得不使用由第三方软件开发商提供的中文字体，如“hztxt.shx”等。但是并非所有的 AutoCAD 用户都安装了此类字体，因此在图纸交流过程中，会产生中文字体在其他计算机上不能正常显示的问题，如显示成问号或者是乱码。

AutoCAD 2013 为使用中文的用户提供了符合国际要求的中西文工程形文字体，包括两种西文字体和一种中文字体，它们分别是正体的西文字体“gbenor.shx”、斜体的西文字体“gbeitc.shx”和中文字长仿宋体工程字体“gbcbig.shx”。绘制正规图纸，建议使用以上三种中西文工程形文字体，既符合国际制图规范，又可以节省图纸所占的计算机资源。

课堂举例【9-2】：设置【样式 1】文字样式字体

Step 01 按 Ctrl+O 快捷键，打开“第 9 章\9.1.1.dwg”文件。

Step 02 在命令行中输入 ST 命令并回车，打开【文字样式】对话框，在【样式】列表框中选择【样式 1】，以设置该样式的字体。

Step 03 在【字体名】下拉列表中选择 gbenor.shx 字体，如图 9-4 所示。

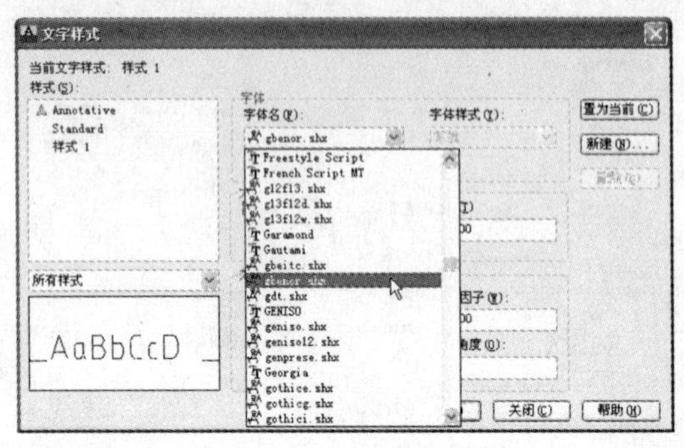

图 9-4 设置字体

Step 04 勾选【使用大字体】复选框，并设置【大字体】的字体为 gbcbig.shx，如图 9-5 所示。

图 9-5 设置【大字体】字体

Step 05 单击【置为当前】按钮，【样式 1】被置为当前文字样式。

技巧点拨

有时在打开 AutoCAD 图形时，会出现如图 9-6 所示的缺少字体文件的提示信息窗口。为了避免文件打开时文字出现乱码，可以选择【为每个 SHX 文件指定替换文件】选项，然后在打开的【指定字体的样式】对话框中选择 gbcbig.shx 字体作为替换字体，如图 9-7 所示。

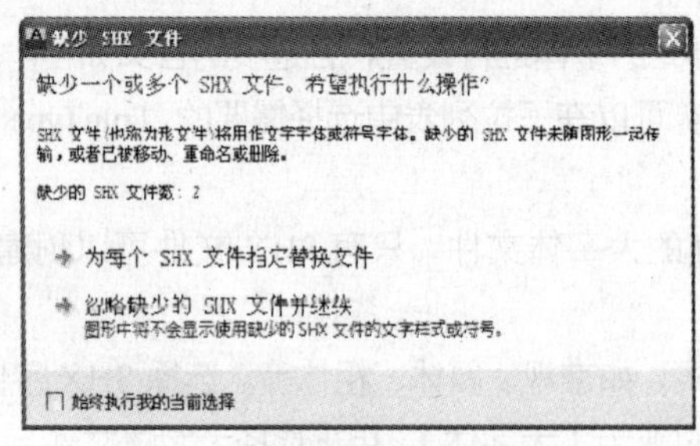

图 9-6 缺少字体提示信息窗口

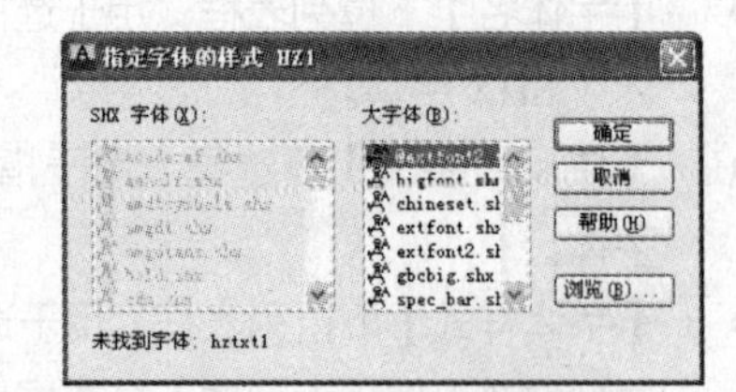

图 9-7 指定替换字体

9.1.3 设置文字大小

【大小】选项组用于设置样式中文字的大小，其中各选项的含义如下。

- 【注释性】复选框：勾选该复选框，文字将成为注释性对象，在打印输出时，可以通过设置注释性比例灵活控制文字的大小。
- 【使文字方向与布局匹配】复选框：指定图纸空间视口中的文字方向与布局方向匹配。如果未勾选【注释性】复选框，则该选项不可用。
- 【高度】文本框：设置文字的高度。

技巧点拨

如果将字高设置为 0，那么每次标注单行文字时都会提示用户输入字高。如果设置的字高不为 0，则在标注单行文字时命令行将不提示输入字高。因此，0 字高用于使用相同的文字样式来标注不同字高的文字对象。

9.1.4 设置文字效果

【效果】选项组用于设置文字的颠倒、反向、垂直等特殊效果。

- 【颠倒】复选框：勾选该复选框，文字方向将翻转，如图 9-8 所示。

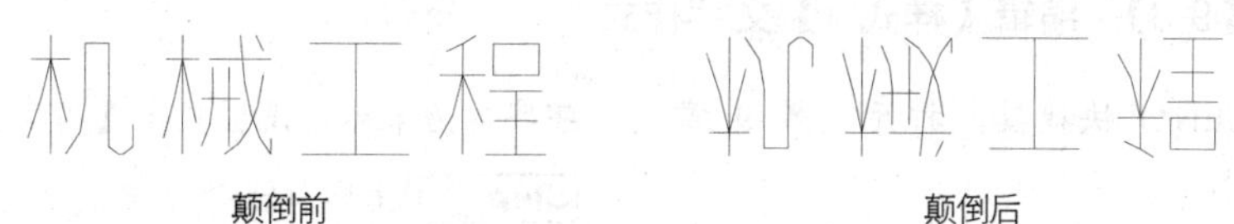

图 9-8　文字颠倒

- 【反向】复选框：勾选该复选框，文字的阅读顺序将与开始时相反，如图 9-9 所示。

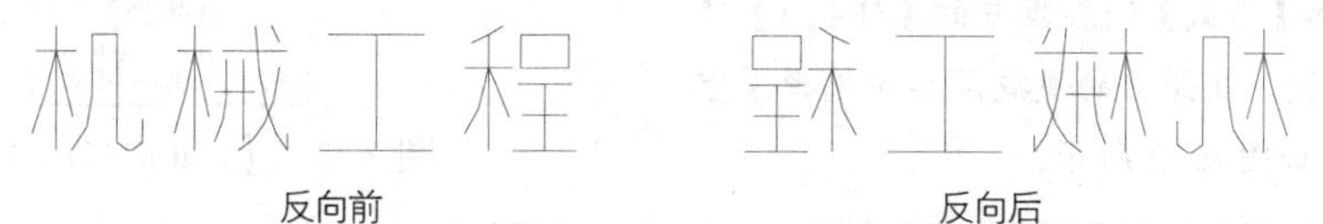

图 9-9　文字反向

- 【宽度因子】文本框：该参数用于控制文字的宽度，正常情况下宽度比例为 1。如果增大比例，那么文字将会变宽，如图 9-10 所示。

机械工程　　机械工程

宽度因子=1　　宽度因子=3

图 9-10　宽度因子

专家提醒

只有使用【单行文字】菜单命令输入的文字才能颠倒与反向。【宽度因子】只对用 MTEXT 命令输入的文字有效。

- 【倾斜角度】文本框：调整文字的倾斜角度，如图 9-11 所示。用户只能输入-85°～85°之间的角度值，超过这个区间的角度值将无效。

机械工程　　机械工程

倾斜度=0°　　倾斜度=45°

图 9-11　倾斜角度

9.1.5 编辑文字样式

根据绘图的实际需要，用户可以随时对文字样式进行编辑和修改，包括样式重命名、字体大小等参数设置等。样式修改完成后，图形中所有应用了该样式的文字将自动更新。

文字样式的修改同样在【文字样式】对话框中进行，首先在【样式】列表框中选择需要修改的样式，然后在对话框右侧重新设置文字样式的参数。

专家提醒

当前文字样式与系统默认的文字样式不能被删除。

课堂举例【9-3】：编辑【样式1】文字样式

Step 01 按 Ctrl+O 快捷键，打开“第9章\9.1.1.dwg”文件。

Step 02 在【注释】选项卡中，单击【字体】面板右下角的按钮，打开【文字样式】对话框。

Step 03 选择【样式】列表框中的【样式1】样式，并单击右键，在弹出的快捷菜单中选择【重命名】选项，如图9-12所示。

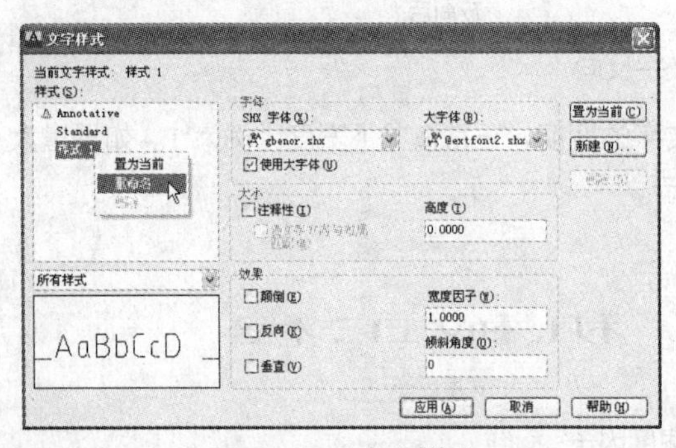

图9-12 重命名样式

Step 04 输入【文字标注】作为新样式名称，取消对【使用大字体】复选框的勾选，并更改文字字体为宋体，设置文字【高度】为50。

Step 05 文字样式修改完成之后，单击【置为当前】按钮，系统打开【AutoCAD】对话框。

图9-13 【AutoCAD】对话框

Step 06 单击【是】按钮确认，如图9-13所示。则编辑完成的文字样式如图9-14所示。

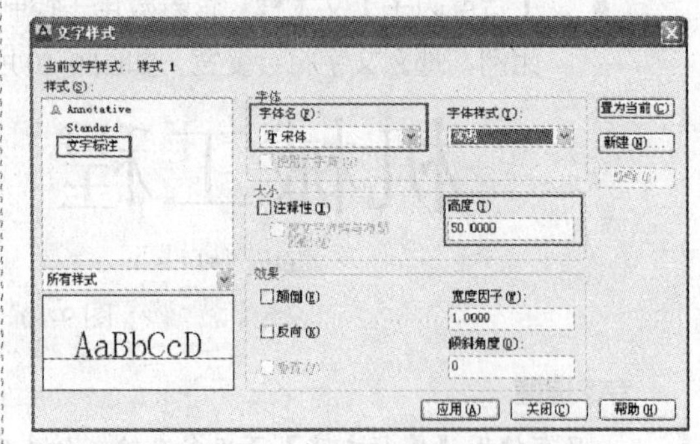

图9-14 编辑完成的文字样式

专家提醒

还有另一种重命名文字样式的方法。在命令行输入RENAME（或REN）并回车，打开【重命名】对话框。在【命名对象】列表框中选择【文字样式】，然后在【项数】列表框中选中需要重命名的文字样式。在【重命名为】文本框中输入新的名称，并单击【重命名为】按钮，最后单击【确定】按钮确认即可，如图9-15所示。而且这种方式能重命名【STANDARD】文字样式。

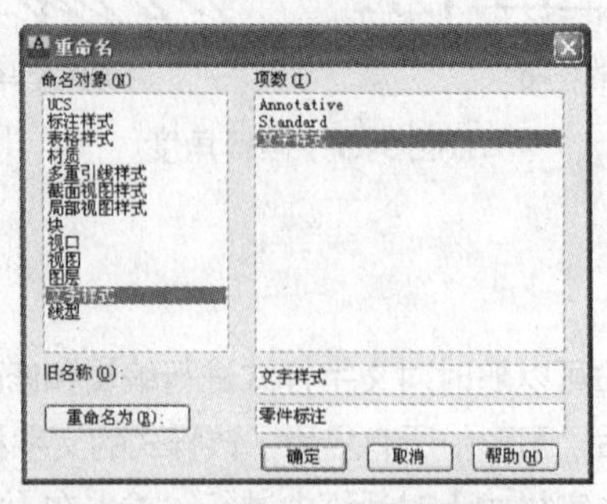

图9-15 【重命名】对话框

9.2 单行文字

根据输入形式的不同，AutoCAD 文字输入可以分为单行文字输入和多行文字输入两种。单行文字可以创建一行或多行的文字，每行文字都是单独对象，可以分别编辑。多行文字可以创建单行文字、多行文字和段落文字。

9.2.1 创建单行文字

单行文字的每一行都是一个文字对象，因此，可以用来创建内容比较简短的文字对象（如标签等），并且能够单独进行编辑。

启动【单行文字】菜单命令的方式有如下几种。

- 命令行：输入 DT/TEXT/DTEXT 命令。
- 菜单栏：选择【绘图】|【文字】|【单行文字】菜单命令。
- 功能区：在【注释】选项卡中，单击【文字】面板中的【单行文字】按钮 AI。

调用该命令后，就可以根据命令行的提示输入单行文字。在调用命令的过程中，需要输入的参数有文字起点、文字高度（此提示只有在当前文字样式中的字高为 0 时才显示）、文字旋转角度和文字内容。文字起点用于指定文字的插入位置，是文字对象的左下角点。文字旋转角度指文字相对于水平位置的倾斜角度。

课堂举例【9-4】：创建单行文字

Step 01 单击【快速访问】工具栏中的【打开】按钮，打开“第 9 章\9.2.1.dwg”文件，如图 9-16 所示。

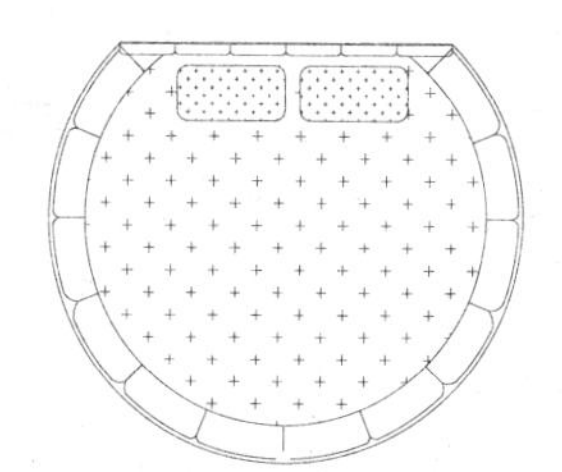

图 9-16　素材文件

Step 02 在【注释】选项卡中，单击【文字】面板中的【单行文字】按钮 AI，然后根据命令行提示输入文字，命令行提示如下：

```
命令: _dtext
当前文字样式: "STANDARD"  文字高度: 2.5000  注释性: 否
指定文字的起点或 [对正(J)/样式(S)]:
        //在绘图区中的合适位置拾取一点
指定高度 <2.5000>: 170↙//指定文字高度
指定文字的旋转角度 <0>:↙ //默认旋转角度为 0
```

Step 03 根据命令行提示设置文字样式后，绘图区将出现一个带光标的矩形框，在其中输入【圆床】文字即可，如图 9-17 所示。

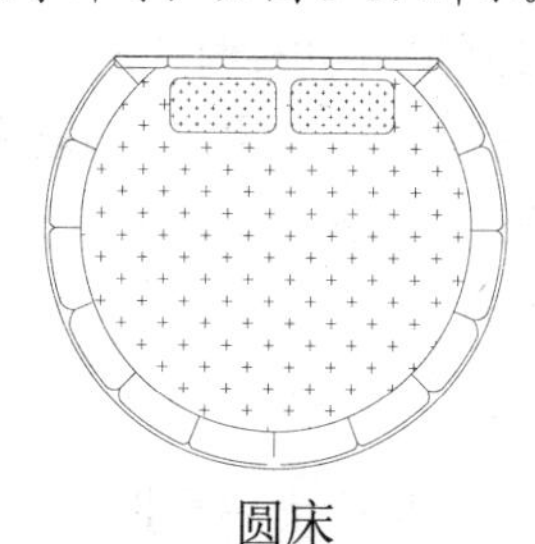

圆床

图 9-17　输入单行文字

技巧点拨

文字输入完成后，可以不退出命令，而直接在另一个要输入文字的地方单击鼠标，同样会出现文字输入框。在需要进行多次单行文字标注的图形中使用此方法，可以大大节省时间。

Step 04 按快捷键 Ctrl+Enter 组合键或 Esc 键结束文字的输入。

专家提醒

在输入单行文字时，按回车键不表示结束文字的输入，而是表示换行。

9.2.2 单行文字的对齐方式

调用【单行文字】菜单命令后，命令行操作如下：

```
指定文字的起点或[对正(J)/样式(S)]:
```

“对正（J）”选项用于设置文字的缩排和对齐方式。选择该选项，可以设置文字的对正点，命令行提示如下：

```
[对齐(A)/布满(F)/居中(C)/中间(M)/右对齐(R)/左上(TL)/中上(TC)/右上(TR)/左中(ML)/正中(MC)/右中(MR)/左下(BL) /中下(BC)/右下(BR)]:
```

AutoCAD 为单行文字的水平文本行规定了 4 条定位线：顶线（Top Line）、中线（Middle Line）、基线（Base Line）和底线（Bottom Line），如图 9-18 所示。顶线为大写字母顶部所对齐的线，基线为大写字母底部所对齐的线，中线处于顶线与基线的正中间，底线为长尾小写字母底部所在的线，汉字在顶线和基线之间。系统提供了 13 个对齐点以及 15 种对齐方式。其中，各对齐点即为文本行的插入点。

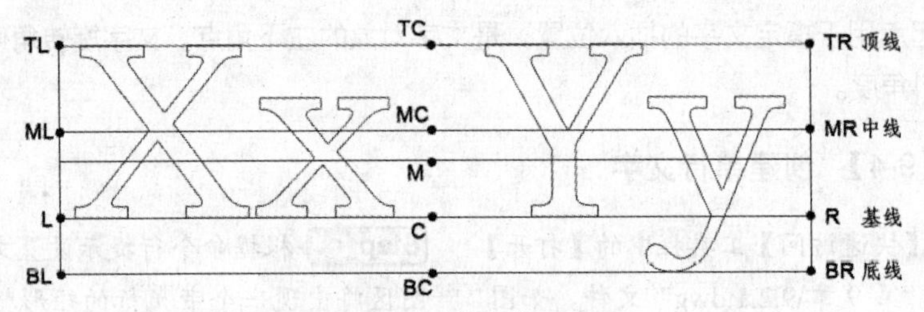

图 9-18　对齐方位示意图

另外，还有以下两种对齐方式。

- 对齐（A）：指定文本行基线的两个端点确定文字的高度和方向。系统将自动调整字符高度使文字在两端点之间均匀分布，而字符的宽高比例不变，如图 9-19 所示。
- 布满（F）：指定文本行基线的两个端点确定文字的方向。系统将调整字符的宽高比例，以使文字在两端点之间均匀分布，而文字高度不变，如图 9-20 所示。

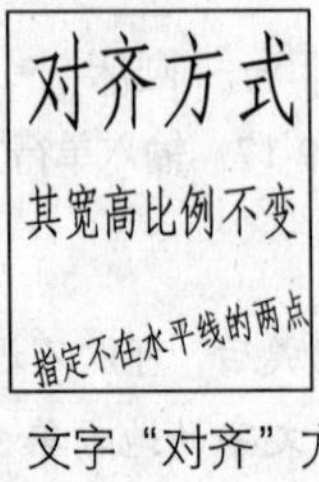

对齐方式
其宽高比例不变
指定不在水平线的两点

图 9-19　文字“对齐”方式效果

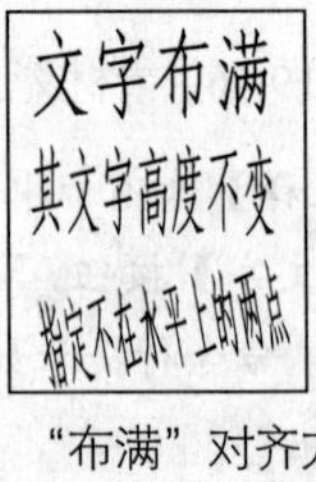

文字布满
其文字高度不变
指定不在水平上的两点

图 9-20　“布满”对齐方式效果

专家提醒

可以使用 JUSTIFYTEXT 命令来修改已有文字对象的对正点位置。

9.2.3 输入特殊符号

在创建单行文字时，有些特殊符号是不能直接输入的，如指数、在文字上方或下方添加划线、标注度（°）、正负公差（±）等。这些特殊字符不能从键盘上直接输入，因此 AutoCAD 提供了相应的文字控制符，以实现这些标注要求。

AutoCAD 的特殊符号文字控制符由“两个百分号（%%）+一个字符”构成，常用的特殊符号输入方法如表 9-1 所示。

表 9-1 AutoCAD 常用的特殊符号输入方法

特殊符号	功 能
%%O	打开或关闭文字上划线
%%U	打开或关闭文字下划线
%%D	标注（°）符号
%%P	标注正负公差（±）符号
%%C	标注直径（Φ）符号

在 AutoCAD 的控制符中，“%%O”和“%%U”分别是上划线与下划线的开关。第一次出现此符号时，可打开上划线或下划线；第二次出现此符号时，则会关掉上划线或下划线。

在提示下输入控制符时，这些控制符也临时显示在屏幕上。当结束创建文本的操作时，这些控制符将从屏幕上消失，转换成相应的特殊符号。

9.2.4 编辑单行文字

在 AutoCAD 2013 中，可以对单行文字的文字特性和内容进行编辑。

1．修改文字内容

修改文字内容的方式有如下几种。

- 命令行：输入 DDEDIT/ED 命令。
- 菜单栏：选择【修改】|【对象】|【文字】|【编辑】菜单命令。
- 工具栏：单击【文字】工具栏上的【编辑】工具按钮。
- 直接在要修改的文字上双击鼠标。

调用以上任意一种操作后，文字将变成可输入状态，如图 9-21 所示。此时可以重新输入需要的文字内容，然后按 Enter 键退出，如图 9-22 所示。

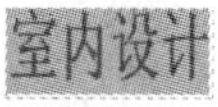

室内设计

图 9-21 可输入状态

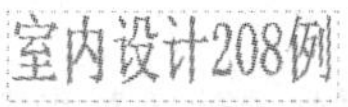

室内设计208例

图 9-22 编辑文字内容

2．修改文字特性

在标注的文字出现错输、漏输及多输入的状态下，可以运用上面的方法修改文字的内容。但是它仅仅只能够修改文字的内容，而很多时候还需要修改文字的高度、大小、旋转角度、对正等特性。

修改单行文字特性的方式有如下几种。

- 菜单栏：选择【修改】|【对象】|【文字】|【对正】菜单命令。

- 功能区：在【注释】选项卡中，单击【文字】面板中的【缩放】按钮和【对正】按钮。
- 在【文字样式】对话框中修改文字的颠倒、反向和垂直效果。

9.3 多行文字

多行文字常用于创建字数较多、字体变化较为复杂，甚至字号不一的文字标注。它可以对文字进行更为复杂的编辑，如为文字添加下划线、设置文字段落对齐方式、为段落添加编号和项目符号等。

9.3.1 创建多行文字

多行文字常用于标注图形的技术要求和说明等，与单行文字不同的是，多行文字整体是一个文字对象，每一单行不再是单独的文字对象，也不能单独编辑。

创建【多行文字】的方式有如下几种。

- 命令行：输入 MTEXT/T 命令。
- 菜单栏：选择【绘图】|【文字】|【多行文字】菜单命令。
- 功能区：在【注释】选项卡中，单击【文字】面板中的【多行文字】按钮 A。

调用【多行文字】菜单命令后，命令行提示如下：

```
当前文字样式: "Standard"  文字高度: 2.5  注释性: 否
指定第一角点:
指定对角点或 [高度(H)/对正(J)/行距(L)/旋转(R)/样式(S)/宽度(W)/栏(C)]:
```

系统先提示用户确定两个对角点，这两个点形成的矩形区域的左、右边界就确定了整个段落的宽度。然后打开【文字格式】窗口或【文字编辑器】选项卡，如图 9-23 所示，以让用户输入文字内容和设置文字格式。

图 9-23 【文字编辑器】选项卡

文字编辑器的使用方法类似于写字板、Word 等文字编辑器程序，可以设置样式、字体、颜色、字高、对齐方式等文字格式。

课堂举例【9-5】：创建多行文字

Step 01 单击【快速访问】工具栏中的【打开】按钮，打开“第 9 章\9.3.1.dwg”文件，如图 9-24 所示。

Step 02 在【注释】选项卡中，单击【文字】面板中的【多行文字】按钮 A。根据命令行提示，设置字高以及对齐方式，并在合适的位置上插入多行文字，如图 9-25 所示，命令行操作如下：

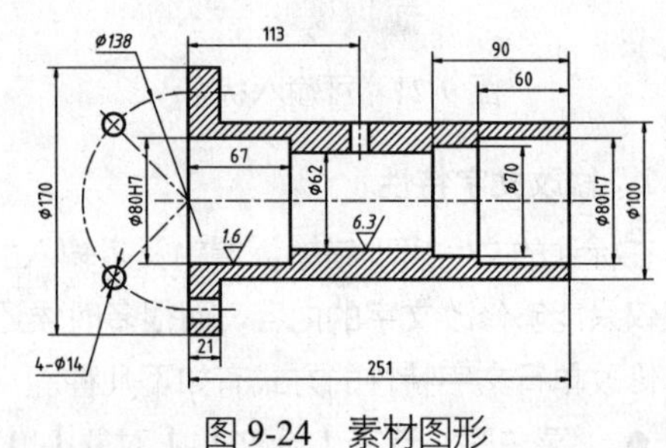

图 9-24 素材图形

```
    命令: _mtext    //调用【多行文字】菜单命令
    当前文字样式: "Standard"  文字高度: 2.5
注释性: 否
    指定第一角点:    //指定插入第一点
    指定对角点或 [高度(H)/对正(J)/行距(L)/旋
转(R)/样式(S)/宽度(W)/栏(C)]: H↙
                //激活“高度(H)”选项
    指定高度 <2.5>: 15↙     //输入高度
    指定对角点或 [高度(H)/  /行距(L)/旋转(R)/
样式(S)/宽度(W)/栏(C)]: J↙
                //激活“对正(J)”选项
    输入对正方式 [左上(TL)/中上(TC)/右上
(TR)/左中(ML)/正中(MC)/右中(MR)/左下(BL)/中
下(BC)/右下(BR)] <左上(TL)>: TL↙
                //激活“左上(TL)”选项
    指定对角点或 [高度(H)/对正(J)/行距(L)/旋
转(R)/样式(S)/宽度(W)/栏(C)]:
                //指定对角点,输入技术要求文字
```

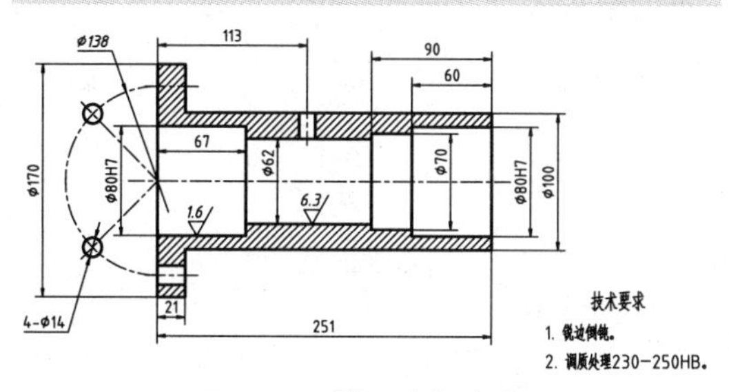

图 9-25　输入多行文字

在创建多行文字时，可以使用鼠标右键快捷菜单来输入特殊字符。其方法为：在【文字格式】编辑器文本框中单击鼠标右键，在弹出的快捷菜单中选择【符号】选项，如图 9-26 所示。其下的子命令中包含了常用的各种特殊符号。

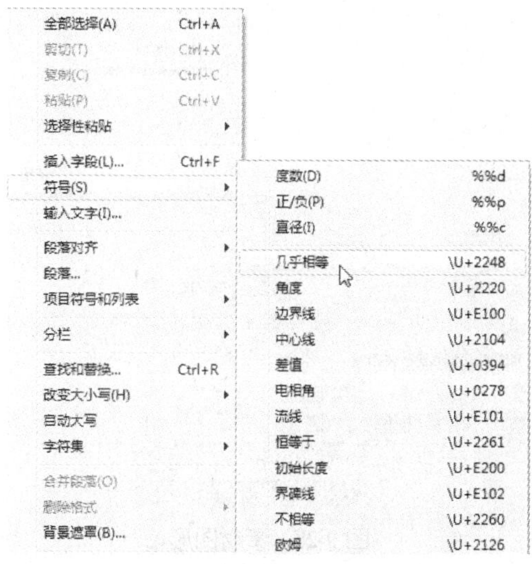

图 9-26　使用快捷菜单输入特殊符号

技巧点拨

在如图 9-26 所示的快捷菜单中，选择【符号】|【其他】菜单命令，将打开如图 9-27 所示的【字符映射表】对话框，在【字体】下拉列表中选择【楷体 GB2312】，在对应的列表框中还有许多常用的符号可供选择。

图 9-27　【字符映射表】对话框

9.3.2　编辑多行文字

多行文字输入完成后，用户还可以对其文字内容和格式进行修改。双击多行文字对象，可以重新打开文字编辑器，然后对文字内容和格式进行编辑即可。

除此之外，还可以利用【特性】或者【快捷特性】选项板编辑多行文字。

课堂举例【9-6】：使用【快捷特性】面板编辑多行文字

Step 01 单击【快速访问】工具栏中的【打开】按钮，打开“第 9 章\9.3.2.dwg”文件，如图 9-28 所示。

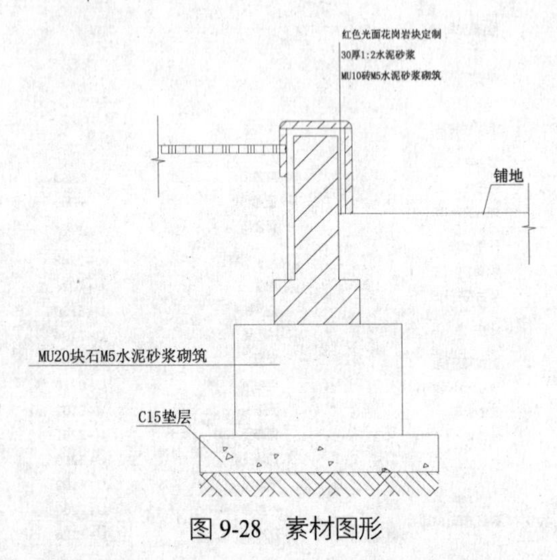

图 9-28　素材图形

Step 02 单击状态栏中的【快捷特性】按钮，开启【快捷特性】功能。

Step 03 选择图形右上角多行文字，系统打开【快捷特性】面板，设置【高度】的参数值为 30，如图 9-29 所示。

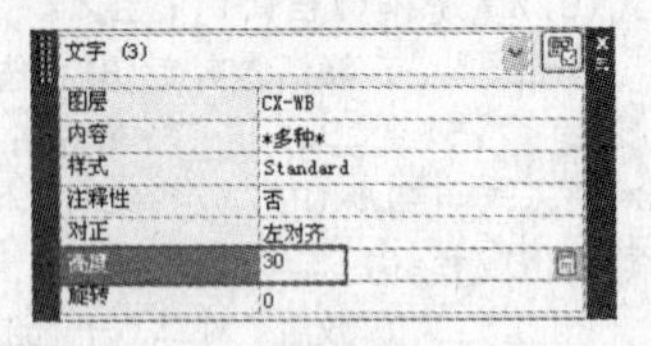

图 9-29　更改文字高度

Step 04 图形中的文字高度即被更改，效果如图 9-30 所示。

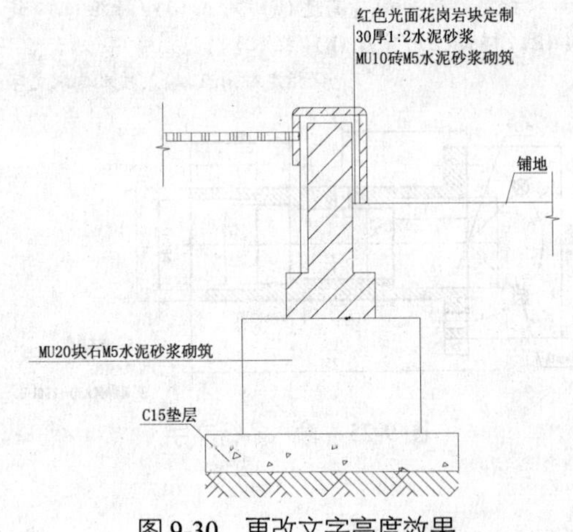

图 9-30　更改文字高度效果

9.3.3　查找与替换

文字标注完成后，如果发现某个字或词输入有误，可以用【查找】菜单命令进行快速修改。调用【查找】菜单命令的方法有如下几种。

- 命令行：输入 FIND 命令。
- 菜单栏：选择【编辑】|【查找】菜单命令。

调用【查找】菜单命令后，系统打开【查找和替换】对话框。根据需要输入查找文字与替换内容，然后单击【查找】按钮进行查找，或者单击【替换】按钮进行替换。单击【全部替换】按钮，则可以一次性全部进行替换。

也可以单击【更多选项】按钮，在展开的对话框中设置更多的搜索选项，以进行更为精确的查找和替换，如图 9-31 所示。

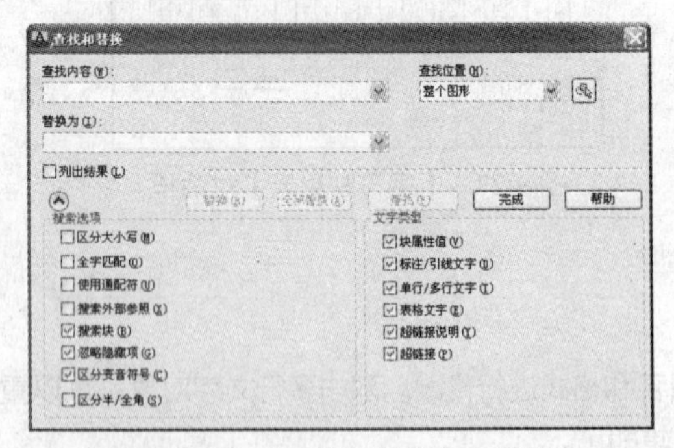

图 9-31　【查找和替换】对话框

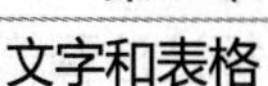

9.3.4 拼写检查

【拼写检查】功能可以检查当前图形文件中的文本内容是否存在拼写错误，从而提高文本的正确性。

调用【拼写检查】菜单命令的方法有以下几种。

- 命令行：输入 SPELL 命令。
- 菜单栏：选择【工具】|【拼写检查】菜单命令。

调用该命令后，将打开如图 9-32 所示的【拼写检查】对话框，单击【开始】按钮即开始自动进行检查。检查完毕后，可能会出现如下两种情况：

- 所选的文字对象拼写都正确。系统将打开【AutoCAD 信息】提示对话框，提示拼写检查已完成，单击【确定】按钮即可。
- 所选的文字有拼写错误的地方。此时系统将打开如图 9-33 所示的【拼写检查】对话框，该对话框显示了当前错误以及系统建议修改成的内容和该词语的上下文。可以单击【修改】、【忽略】等按钮进行相应的修改。

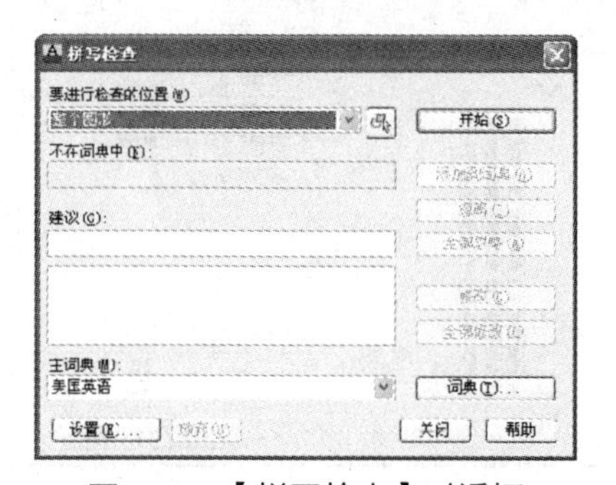

图 9-32 【拼写检查】对话框

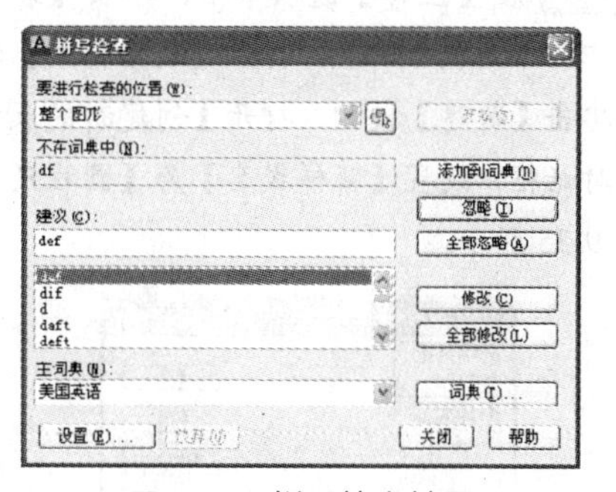

图 9-33 拼写检查结果

9.3.5 添加多行文字背景

为了使文字清晰地显示在复杂的图形中，用户可以为文字添加不透明的背景。

双击多行文字，打开【文字格式】编辑器，在其文本区单击鼠标右键，在弹出的快捷菜单中选择【背景遮罩】菜单命令。系统打开【背景遮罩】对话框，勾选【使用背景遮罩】复选框，然后在【填充颜色】下拉列表中选择颜色，如图 9-34 所示，即可添加文字背景。

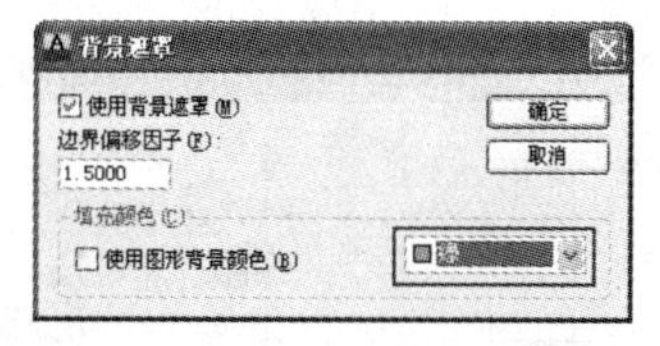

图 9-34 【背景遮罩】对话框

9.4 创建表格

表格在各类制图中运用得非常普遍，如园林制图中可以利用它来创建植物名录表等。使用 AutoCAD 的表格功能，能够自动地创建和编辑表格，其操作方法与 Word 和 Excel 相似。

9.4.1 创建表格样式

和标注文字一样，可以首先定义若干个表格样式，然后再用定义好的表格样式来创建不同格式的表格，表格样式内容包括表格内文字的字体、颜色、高度以及表格的行高、行距等。

创建表格样式的方式有如下几种。

- 命令行：输入 TABLESTYLE/TS 并回车。
- 菜单栏：选择【格式】|【表格样式】菜单命令。
- 工具栏：单击【样式】工具栏中的【表格样式】工具按钮。
- 功能区：在【注释】选项卡中，单击【表格】面板中右下角的按钮。

课堂举例【9-7】：创建表格样式

Step 01 单击【快速访问】工具栏中的【新建】按钮，新建空白文件。

Step 02 在【注释】选项卡中，单击【表格】面板中右下角的按钮，打开【表格样式】对话框。单击【新建】按钮，打开【创建新的表格样式】对话框，设置【新样式名】为【圆柱尺寸】，如图 9-35 所示。

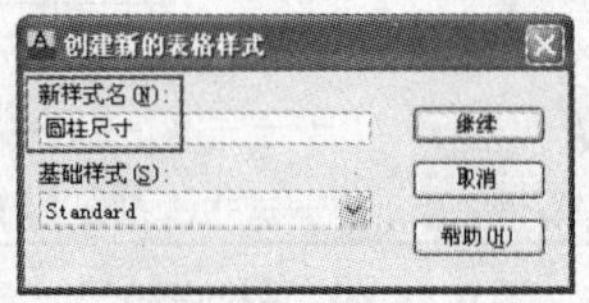

图 9-35 【创建新的表格样式】对话框

Step 03 单击【继续】按钮，打开【新建表格样式：圆柱尺寸】对话框，设置【对齐】方式为【正中】，如图 9-36 所示。

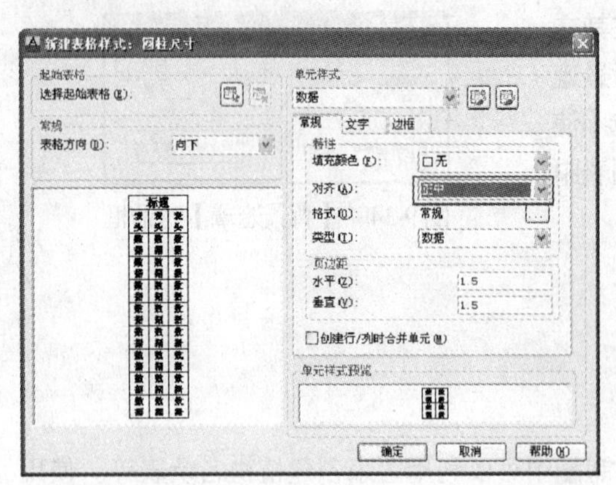

图 9-36 【新建表格样式：圆柱尺寸】对话框

Step 04 切换至【文字】选项卡，更改文字高度为 200，如图 9-37 所示。

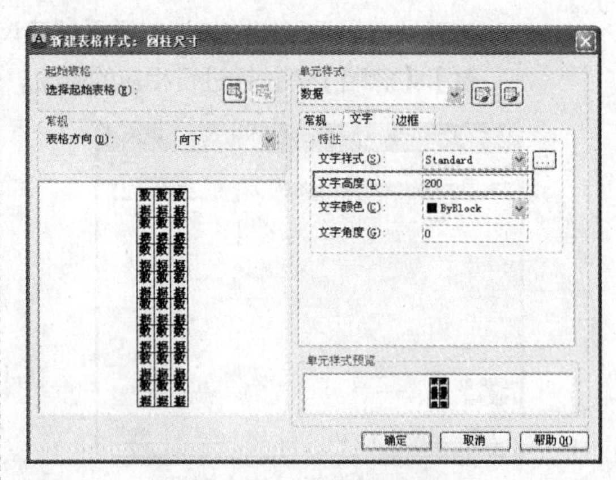

图 9-37 设置文字高度

Step 05 单击【确定】按钮，返回至【表格样式】对话框。在【样式】列表框中即可看到新建的表格样式。选择【圆柱尺寸】表格样式，单击【置为当前】按钮，将其置为当前样式，如图 9-38 所示。

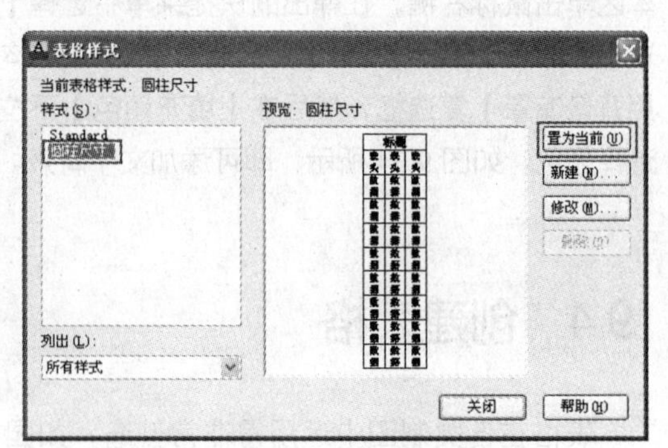

图 9-38 设置当前表格样式

Step 06 至此，【圆柱尺寸】表格样式创建完成。

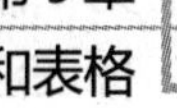

9.4.2 创建表格

设置完表格样式之后，就可以根据绘图需要创建表格了。

创建【表格】的方式有如下几种。

- 命令行：在命令行输入 TABLE/TB 命令。
- 菜单栏：调用【绘图】|【表格】菜单命令。
- 工具栏：单击【绘图】工具栏中的【表格】工具按钮。
- 功能区：在【注释】选项卡中，单击【表格】面板中的【表格】按钮。

课堂举例【9-8】：创建表格

Step 01 单击【快速访问】工具栏中的【新建】按钮，新建空白文件。

Step 02 在【常用】选项卡中，单击【绘图】面板中的【矩形】按钮，绘制一个 4200 × 3600 的矩形，如图 9-39 所示。

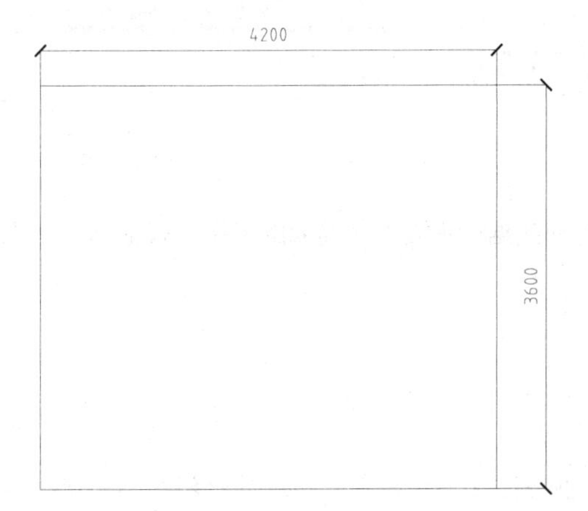

图 9-39　绘制矩形

Step 03 在【注释】选项卡中，单击【表格】面板中的【表格】按钮，打开【插入表格】对话框，设置【表格样式】为上一节创建的表格样式，更改【插入方式】为【指定窗口】；设置【数据行数】为 12，【列数】为 7，【单元样式】全部为【数据】，如图 9-40 所示。

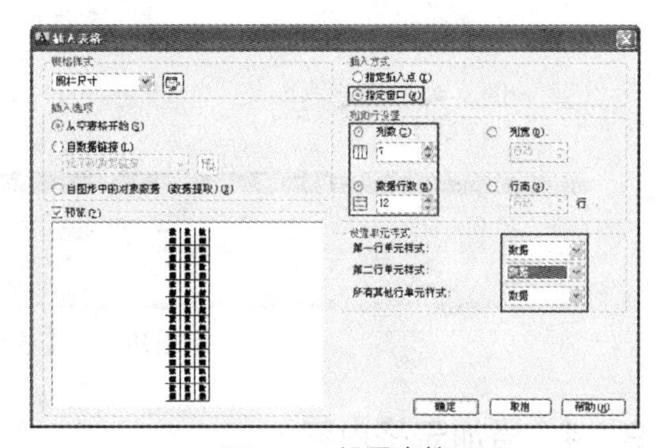

图 9-40　设置表格

Step 04 单击【确定】按钮，按照命令行提示指定插入点为矩形左上角的一点，第二角点为矩形右下角点，从而完成表格绘制，如图 9-41 所示。

图 9-41　绘制的表格

9.4.3 修改表格

使用【插入表格】菜单命令直接创建的表格一般都不能满足要求，尤其是当绘制的表格比较复杂时。这时就需要通过编辑命令编辑表格，使其符合绘图的要求。

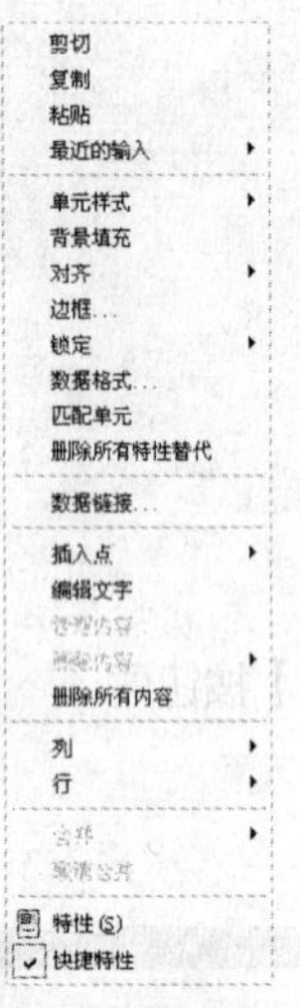

图 9-42　快捷菜单

选择表格中的某个或者某几个单元格后，在其上单击鼠标右键，打开如图 9-42 所示的快捷菜单，即可选择相关的命令对单元格进行编辑。例如，选择【合并】选项，可以对单元格进行【全部】、【按行】或【按列】合并。

除了快捷菜单外，AutoCAD 2013 还提供了【表格单元】选项卡或者【表格】工具栏，如图 9-43 所示，其中都包含了相关的单元格编辑命令。

技巧点拨

选择单元格时，按住 Shift 键，可以选择多个连续的单元格。

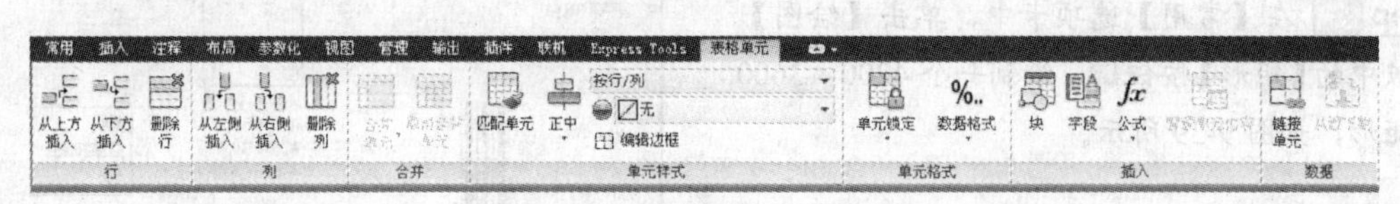

图 9-43　【表格单元】选项卡

9.4.4　添加表格内容

表格创建完成之后，用户可以在标题行、表头行和数据行中输入所需要的文字。在输入文字之后，也可以设置文字对齐方式、边框、背景填充等。

课堂举例【9-9】：添加文字内容

Step 01 单击【快速访问】工具栏中的【打开】按钮，打开"第 9 章\9.4.4.dwg"文件，如图 9-44 所示。

图 9-44　素材文件

Step 02 以上几节所设置的表格样式为基础，输入文字。

Step 03 双击列表框，即可在列表框中输入文字，最终效果如图 9-45 所示。

柱径	A	B	C	D	S柱头	S柱脚
φ200	110	400	250		0.50	0.18
φ250	255	500	400		0.52	0.2
φ320	320	640	500		1.82	0.3
φ350	390	700	550		1.16	0.32
φ400	415	780	600		0.66	0.44
φ450	450	900	700		0.80	0.66
φ500	560	1320	1200		1.00	0.74
φ600					1.86	1.66
φ740					1.54	2.14
φ900					2.10	
φ1060						

图 9-45　输入文字

9.5 综合实例

9.5.1 绘制按钮图例

先调用【直线】菜单命令绘制按钮图形，然后配合【单行文字】菜单命令输入开关缩写。下面具体介绍绘制步骤。

Step 01 调用【直线】工具如图9-46所示绘制按钮图形。

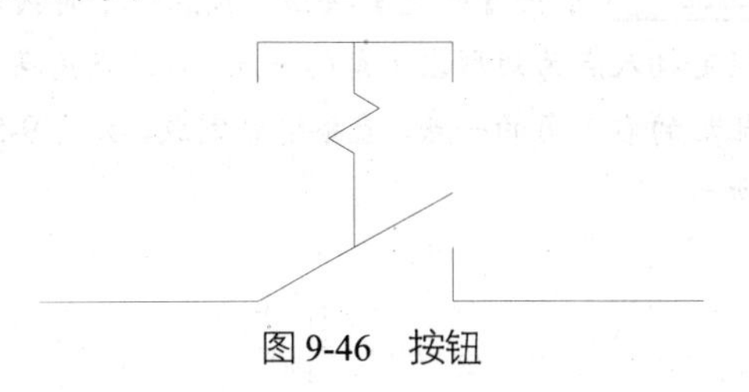

图9-46 按钮

Step 02 选择【绘图】→【多行文字】菜单命令，打开【文字格式】编辑器，设置文字的字体为【gbeitc】，输入字母【SB1】，单击【确定】按钮，如图9-47所示。

图9-47 输入字母

Step 03 单击【修改】工具栏中的【移动】按钮，把字母【SB1】移到矩形的正中间位置，即可完成按钮图例的绘制，结果如图9-48所示。

图9-48 按钮绘制效果

9.5.2 创建表格

表格的灵活运用能使所有内容一目了然，下面详细介绍如何创建表格并输入内容。

Step 01 单击【快速访问】工具栏中的【新建】按钮，新建空白文件。

Step 02 在【注释】选项卡中，单击【表格】面板右下角的按钮，系统打开【表格样式】对话框。单击【新建】按钮，系统打开【创建新的表格样式】对话框，更改【新样式名】为【纸张型号】，如图9-49所示。

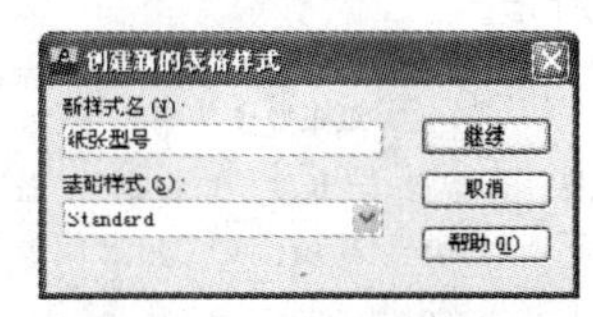

图9-49 命名新样式

Step 03 单击【继续】按钮，系统打开【新建表格样式：纸张型号】对话框，设置【对齐】为【正中】，如图9-50所示。

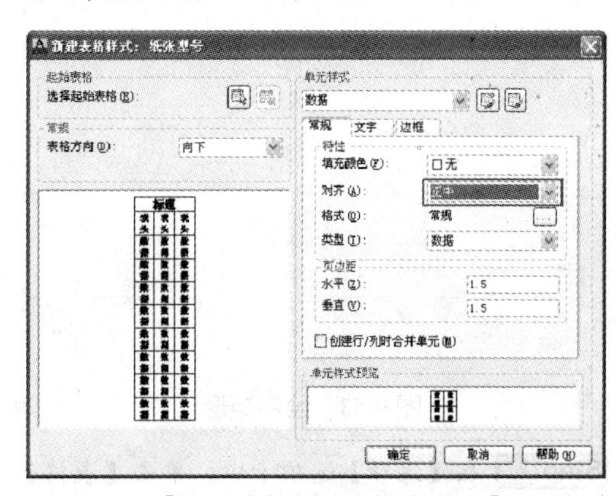

图9-50 【新建表格样式：纸张型号】对话框

Step 04 在【文字】选项卡中，更改【文字高度】为6，如图9-51所示。

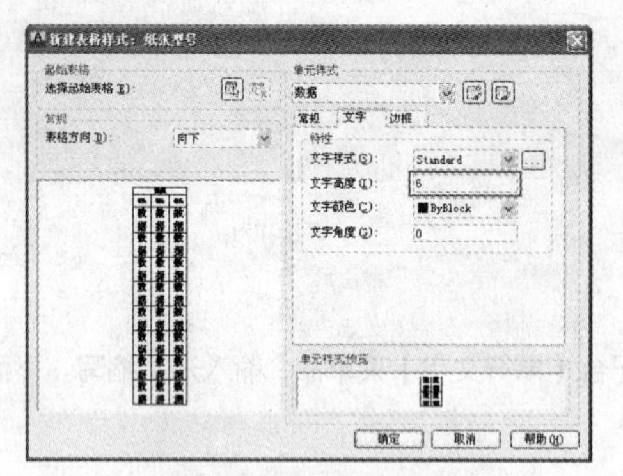

图 9-51 设置文字高度

Step 05 单击【确定】按钮，返回至【表格样式】对话框，选择【纸张型号】表格样式之后单击【置为当前】按钮，如图 9-52 所示。

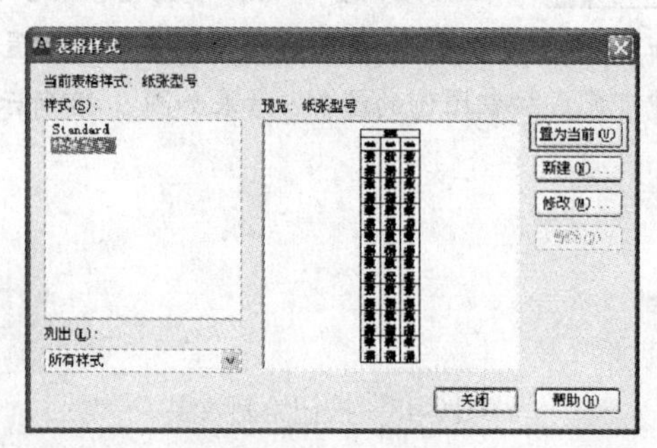

图 9-52 置为当前表格

Step 06 在【常用】选项卡中，单击【绘图】面板中的【矩形】按钮，绘制一个 180 × 98 的矩形，如图 9-53 所示。

图 9-53 绘制矩形

Step 07 在【注释】选项卡中，单击【表格】面板中的【表格】按钮，系统打开【插入表格】对话框。更改【插入方式】为【指定窗口】；设置【数据行数】为 4，【列数】为 5，【单元样式】全部为【数据】，如图 9-54 所示。

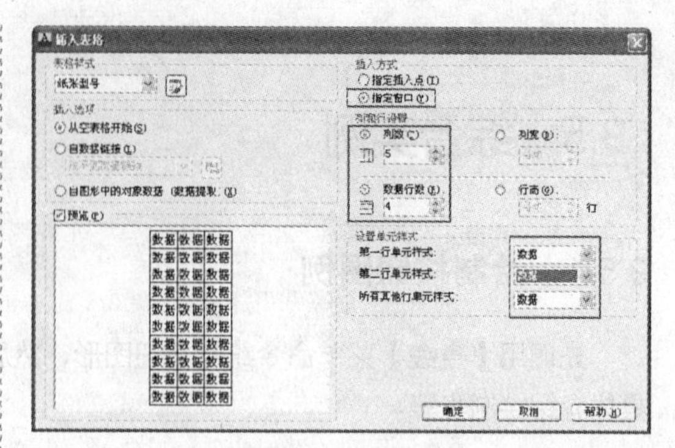

图 9-54 设置表格

Step 08 单击【确定】按钮，按照命令行提示指定插入点为矩形左上角的一点，第二点角点为矩形的右下角的一点，表格绘制完成，如图 9-55 所示。

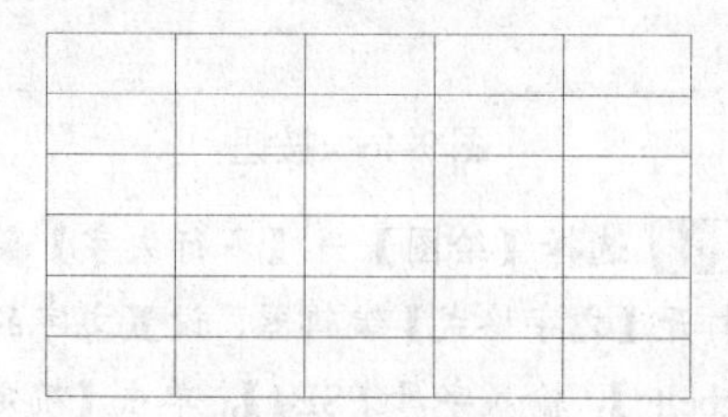

图 9-55 插入表格

Step 09 选中第一列的表格之后单击鼠标右键，在弹出的快捷菜单中选择【合并】|【全部】选项，表格第一列被合并，如图 9-56 所示。

图 9-56 合并表格

Step 10 双击单元格输入文字，表格绘制完成，如图 9-57 所示。

纸张型号				
规格	幅宽	长度	数量	备注
A1	594	841	20	
A2	420	594	15	
A3	297	420	30	
A4	210	297	60	

图 9-57 插入文字

9.6 思考与练习

1．选择题

（1）TEXT（单行文字）命令的简写形式是什么？（　　）

A．D　　B．T　　C．DT　　D．TE

（2）在输入单行文字时，如果要输入标注正负公差“±”符号，那么需要输入的代替符是什么？（　　）

A．%%C　　B．%%U　　C．%%O　　D．%%P

2．实例题

（1）使用【单行文字】功能为图 9-58 输入如图 9-59 所示的文字。

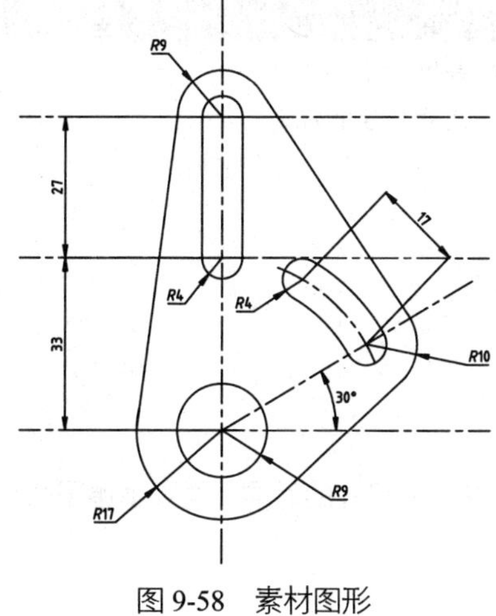

图 9-58　素材图形

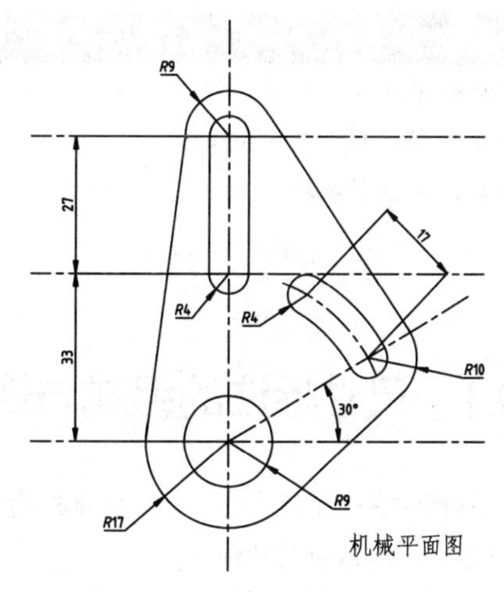

图 9-59　输入单行文字

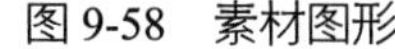

（2）使用【表格】功能绘制如图 9-60 所示的门窗一览表。

门　窗　一　览　表						
设计编号	洞口尺寸（mm）		樘数	采用标准图集及类型编号		备　注
	宽　度	高　度		标准图集号	类型编号	
M3024	3000	2400	60	92SJ606（二）	参TL90-33	阳台全玻推拉门
M3021	3000	2100	10	92SJ606（二）	参TL90-33	阳台全玻推拉门
TC2121	2100	2050	120	专业厂家提供图纸	形式见放大图	凸窗
TC2118	2100	1750	20	专业厂家提供图纸	形式见放大图	凸窗
C1815	1800	1500	120	92SJ713（四）	参TLC90-15	推拉窗
C1812	1800	1200	20	92SJ713（四）	参TLC90-15	推拉窗
C1515	1500	1500	25	92SJ713（四）	TLC90-07	推拉窗
C1512	1500	1200	.5	92SJ713（四）	TLC90-07	推拉窗
C0915	900	1500	120	92SJ712（三）	参PLC70-15	平开窗
C0912	900	1200	20	92SJ712（三）	参PLC70-15	平开窗

图 9-60　门窗一览表

第  章 尺寸标注

⊙学习目的:

本章讲解尺寸标注的创建和编辑的方法，包括尺寸标注的基本概念、标注样式的创建和线性、对齐、连续、基线、半径、直径、角度、弧长等常用的尺寸类型标注方法。

⊙学习重点:

★★★★ 基本尺寸标注　　　★★★☆ 其他尺寸标注

★★★☆ 标注样式创建和修改　　　★★☆☆ 尺寸标注的规定

★★★☆ 标注的编辑

10.1 尺寸标注的组成与规定

尺寸标注是一个复合体，以块的形式存储在图形中。在标注尺寸的时候，需要遵循国家尺寸标注的规定，不能盲目随意标注。

10.1.1 尺寸标注的组成

如图 10-1 所示，一个完整的尺寸标注对象由尺寸界线、尺寸线、尺寸箭头和尺寸文字 4 个要素构成。AutoCAD 的尺寸标注命令和样式设置，都是围绕着这 4 个要素进行的。

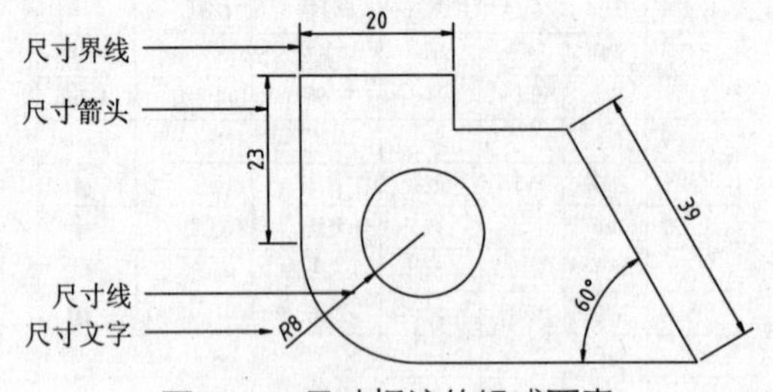

图 10-1　尺寸标注的组成要素

1. 尺寸界线

尺寸界线用于表示所注尺寸的起止范围。尺寸界线一般从图形的轮廓线、轴线或对称中心线处引出。

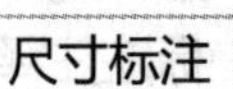

2. 尺寸线

尺寸线绘制在尺寸界线之间，用于表示尺寸的度量方向。尺寸线不能用图形轮廓线代替，也不能和其他图线重合或在其他图线的延长线上，必须单独绘制。标注线性尺寸时，尺寸线必须与所标注的线段平行。一般从图形的轮廓线、轴线或对称中心线处引出。

3. 箭头

箭头用于标识尺寸线的起点和终点。建筑制图的箭头以45° 的粗短斜线表示，而机械制图的箭头以实心三角形箭头表示。

4. 尺寸文字

尺寸文字一律不需要根据图纸的输出比例变换，而直接标注尺寸的实际数值大小，一般由AutoCAD自动测量得到。尺寸单位为毫米（mm）时，尺寸文字中不标注单位。

尺寸文字包括数字形式的尺寸文字（尺寸数字）和非数字形式的尺寸文字（如注释，需要手工输入）。

10.1.2 尺寸标注的规定

尺寸标注时，要求对标注对象进行完整、准确、清晰的标注，标注的尺寸数值能够真实地反映标注对象的大小。因此，国家标准对尺寸标注做了详细的规定，要求尺寸标注必须遵守以下基本原则。

- 物体的真实大小应以图形上所标注的尺寸数值为依据，与图形的显示大小和绘图的精确度无关。
- 图形中的尺寸为图形所表示的物体的最后完成尺寸，如果是中间过程的尺寸（如在涂镀前的尺寸等），则必须另加说明。
- 物体的每一尺寸，一般只标注一次，并应标注在最能清晰反映该结构的视图上。

10.2 创建标注样式

标注样式用来控制标注的外观，如箭头样式、文字位置和尺寸公差等。在同一个AutoCAD文档中，可以同时定义多个不同的标注样式。修改某个样式后，就可以自动修改所有用该样式创建的对象。

绘制不同的工程图纸，需要设置不同的尺寸标注样式，要系统地了解尺寸设计和制图的知识，请参考有关机械制图或建筑制图的国家规范和行业标准，以及其他相关的资料。

10.2.1 新建标注样式

标注样式的创建和编辑通常通过【标注样式管理器】对话框完成。

打开该对话框有如下几种方式。

- 命令行：输入DIMSTYLE/D命令。
- 菜单栏：选择【格式】|【标注样式】菜单命令。
- 工具栏：单击【标注】工具栏中的【标注样式】按钮。

- 功能区：单击【注释】面板中【标注】面板右下角的按钮↘。

课堂举例【10-1】：创建【机械标注】标注样式

Step 01 选择【文件】|【新建】菜单命令，新建空白文件。

Step 02 选择【格式】|【标注样式】菜单命令，打开【标注样式管理器】对话框，如图10-2所示。

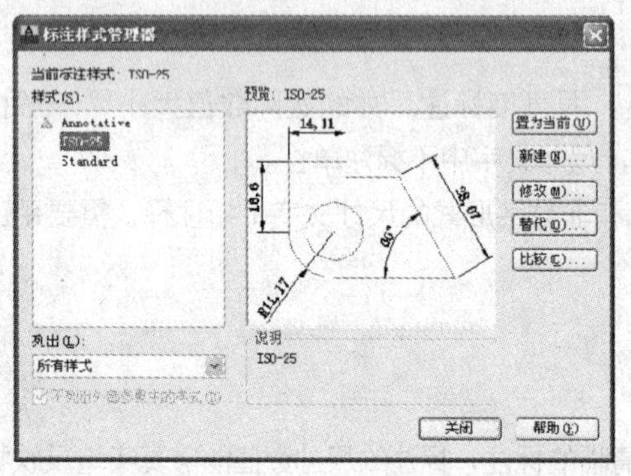

图10-2 【标注样式管理器】对话框

Step 03 单击【新建】按钮，打开【创建新标注样式】对话框，在【新样式名】文本框中输入【机械标注】，如图10-3所示。

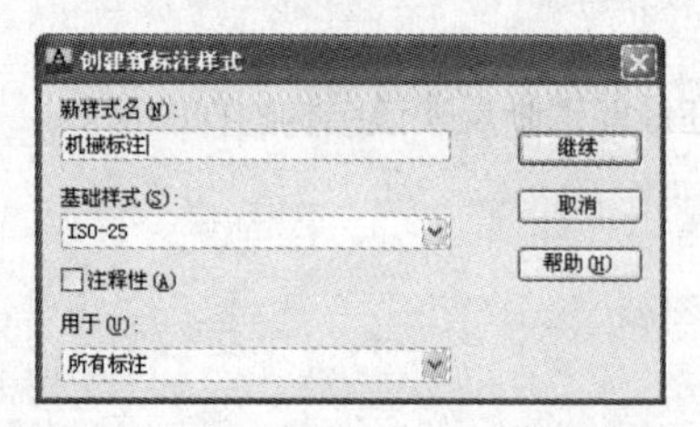

图10-3 【创建新标注样式】对话框

Step 04 单击【继续】按钮，在打开的对话框中即可设置标注中的线、符号和箭头、文字、单位等内容，如图10-4所示。

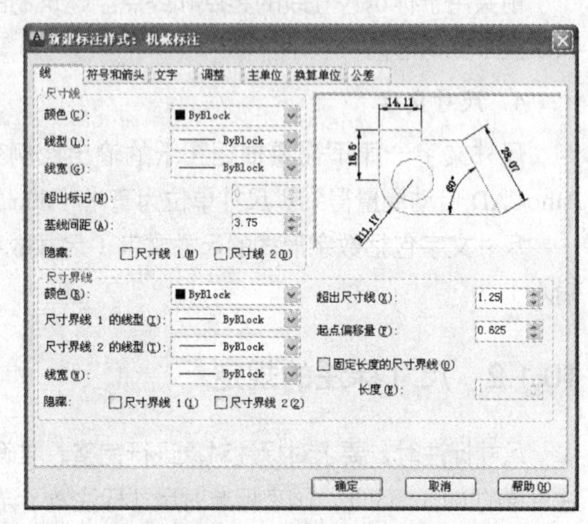

图10-4 设置标注样式

【创建新标注样式】对话框中的【用于】下拉列表框用于指定新建标注样式的适用范围，包括【所有标注】、【线性标注】、【角度标注】、【半径标注】、【直线标注】、【坐标标注】和【引线与公差】等选项；勾选【注释性】复选框，可将标注定义成可注释对象。

技巧点拨

在【基础样式】下拉列表框中选择一种基础样式，新样式将在该基础样式的基础上进行修改，可以提高样式设置的效率。

10.2.2 设置线样式

在 AutoCAD 2013 中，可以针对【线】、【符号和箭头】、【文字】、【主单位】、【公差】等标注内容进行设置，来满足不同专业领域对标注的需要。

在如图10-4所示的对话框中选择【线】选项卡，在其下的面板中可以进行线样式的设置。主要包括尺寸线和尺寸界线的设置。

1. 尺寸线

在【尺寸线】选项组中，可以设置尺寸线的颜色、线宽、超出标记以及基线间距等属性。下面具体介绍其各选项的含义。

- 颜色：用于设置尺寸线的颜色。默认情况下，尺寸线的颜色为 ByBlock，也可以使用变量 DIMCLRD 设置。
- 线型：用于设置尺寸线的线型。
- 线宽：用于设置尺寸线的宽度。默认情况下，尺寸的线宽为 ByBlock，也可以使用变量 DIMLWD 设置。
- 超出标记：当尺寸线的箭头采用倾斜、建筑标记、小点、积分或无标记等样式时，使用该文本框可以设置尺寸线超出尺寸界线的长度，如图 10-5 所示。
- 基线间距：进行基线尺寸标注时可以设置各尺寸线之间的距离，如图 10-6 所示。

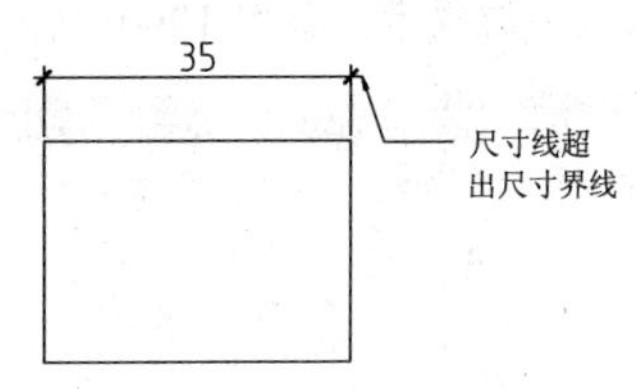

图 10-5　超出标记示意图

- 隐藏：通过勾选【尺寸线 1】或【尺寸线 2】复选框，可以隐藏第 1 段或第 2 段尺寸界线及与其相应的箭头，如图 10-7 所示。

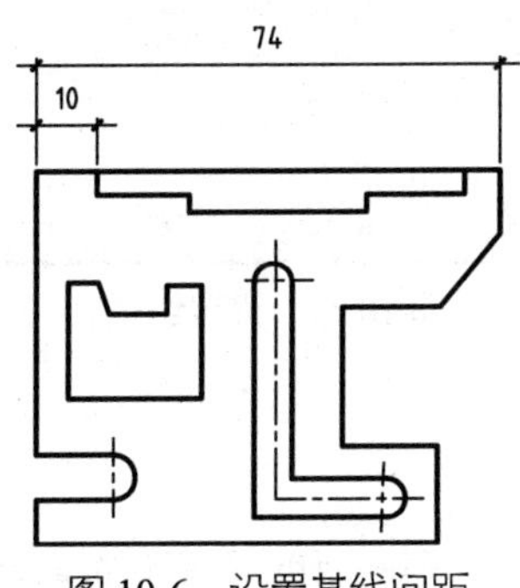

图 10-6　设置基线间距

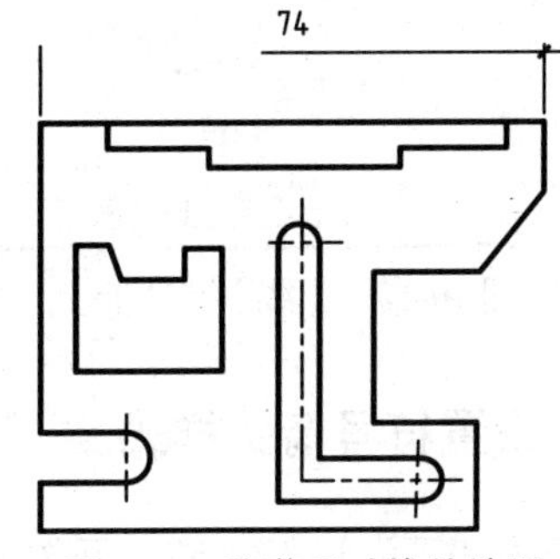

图 10-7　隐藏尺寸线的效果

2. 尺寸界线

在【尺寸界线】选项组中，可以设置尺寸界线的颜色、线宽、超出尺寸线的长度和起点偏移量、隐藏控制等属性，下面具体介绍各选项的含义。

- 颜色：用于设置尺寸界线的颜色，也可以使用变量 DIMCLRD 设置。
- 线宽：用于设置尺寸界线的宽度，也可以使用变量 DIMLWD 设置。
- 尺寸界线 1 的线型和尺寸界线 2 的线型：用于设置尺寸界线的线型。
- 超出尺寸线：用于设置尺寸界线超出尺寸界线的距离，也可以用变量 DIMEXE 设置，如图 10-8 所示。
- 起点偏移量：设置尺寸界线的起点与标注定义点的距离，如图 10-9 所示。

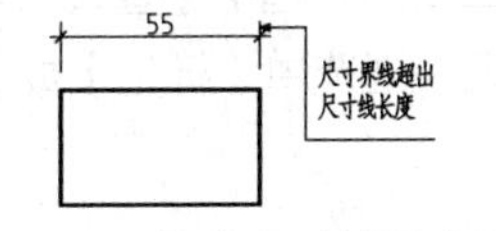

图 10-8　超出尺寸线示意图

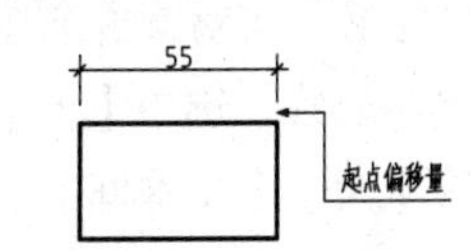

图 10-9　起点偏移量示意图

- 隐藏：通过勾选【尺寸界线 1】或【尺寸界线 2】复选框，可以隐藏尺寸界线。
- 固定长度的尺寸界线：勾选该复选框，可以使用具有特定长度的尺寸界线标注图形，其中，在【长度】文本框中可以输入尺寸界线的数值。

课堂举例【10-2】：设置【机械标注】线样式

Step 01 继续【课堂举例 10-1】，在打开的【创建新标注样式】对话框中，单击【继续】按钮，打开【新建标注样式：机械标注】对话框，默认显示【线】选项卡，如图 10-10 所示。

Step 02 在【线】选项卡的【尺寸线】选项组中，设置【颜色】为绿色；在【尺寸界线】选项组中，设置【颜色】为绿色；【超出尺寸线】设置为 1、【起点偏移量】设置为 1.2，如图 10-11 所示。

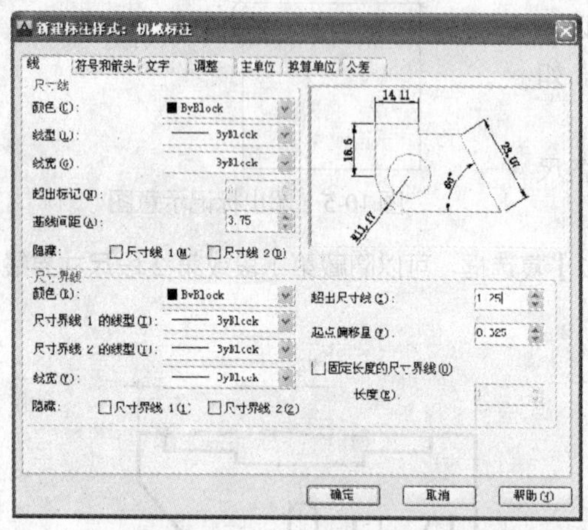

图 10-10 【线】选项卡

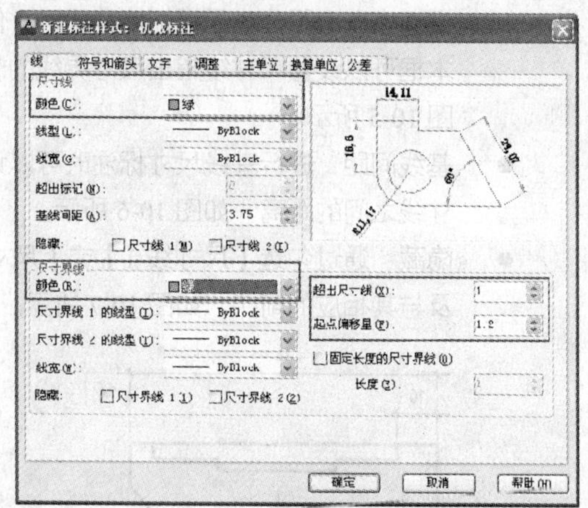

图 10-11 设置线样式

10.2.3 设置符号箭头样式

在【符号和箭头】选项卡中，可以设置箭头、圆心标记、弧长符号和半径标注折弯等的格式与位置。

1. 箭头

在【箭头】选项组中可以设置尺寸线和引线箭头和类型及尺寸大小等。通常情况下，尺寸线的两个箭头应一致。

为了适用于不同类型的图形标注需要，AutoCAD 2013 设置了 20 多种箭头样式。在建筑绘图中通常设为“建筑标记”或“倾斜”样式；在机械制图中通常设为“箭头”样式，如图 10-12 所示。

2. 圆心标记

在【圆心标记】选项组中可以设置圆或圆心标记类型，如【标记】、【直线】和【无】。其中，选中【标记】单选按钮，可对圆或圆弧绘制圆心标记，如图 10-13 所示；选中【直线】单选按钮，可对圆或圆弧绘制中心线；选中【无】单选按钮，则没有任何标记。当选中【标记】或【直线】单选按钮时，可以在【大小】文本框中设置圆心标记的大小。

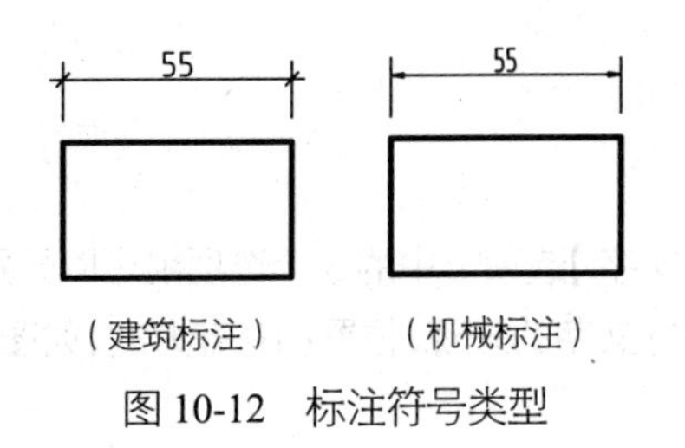

（建筑标注）　（机械标注）

图 10-12　标注符号类型

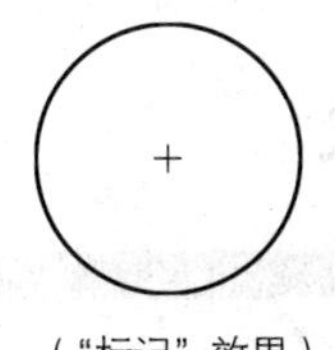
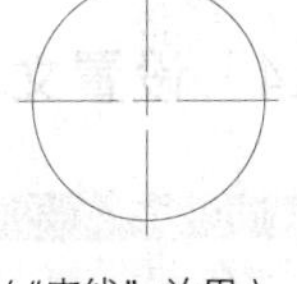

（“标记”效果）　（“直线”效果）

图 10-13　圆心标记类型

3．弧长符号

在【弧长符号】选项组中可以设置符号显示的位置，包括【标注文字的前缀】、【标注文字的上方】和【无】3 种方式，如图 10-14 所示。

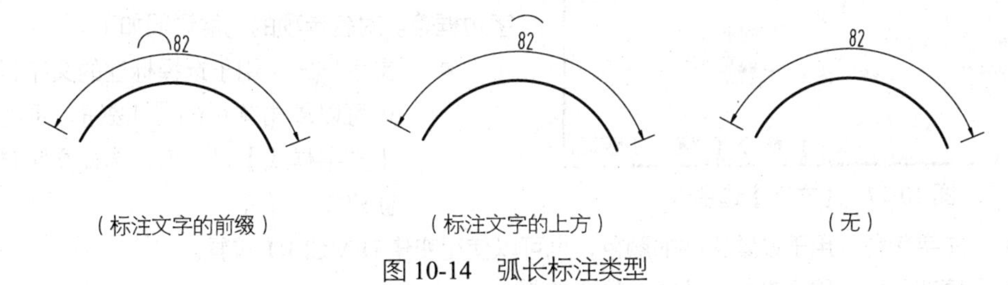

（标注文字的前缀）　（标注文字的上方）　（无）

图 10-14　弧长标注类型

4．半径折弯

在【半径折弯标注】选项组的【折弯角度】文本框中，可以设置标注圆弧半径时标注线的折弯角度大小。

5．折断标注

在【折断标注】选项组的【折断大小】文本框中，可以设置标注折断时标注线的长度。

6．线性折弯标注

在【线性折弯标注】选项组的【折弯高度因子】文本框中，可以设置折弯标注打断时折弯线的高度。

课堂举例【10-3】：设置【机械标注】符号和箭头样式

Step 01 单击【符号和箭头】选项卡，设置符号箭头样式，如图 10-15 所示。

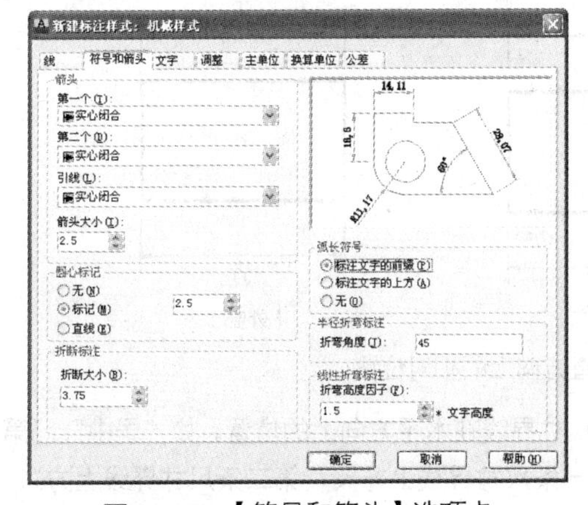

图 10-15　【符号和箭头】选项卡

Step 02 设置【箭头】选项组中的【箭头大小】为 1.5，选中【弧长符号】选项组中的【标注文字的上方】单选按钮，如图 10-16 所示。

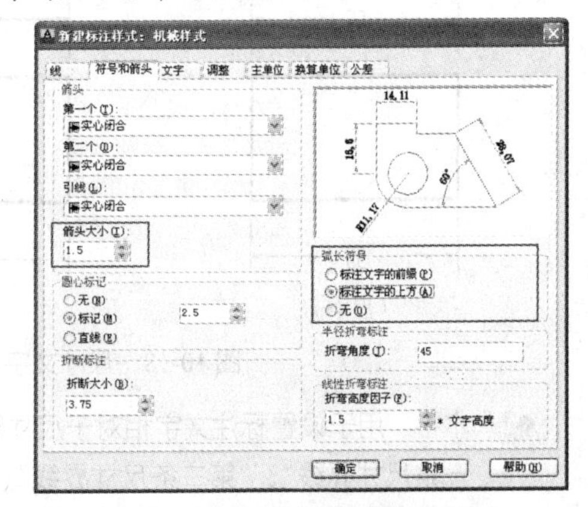

图 10-16　设置符号和箭头的样式

10.2.4 设置文字样式

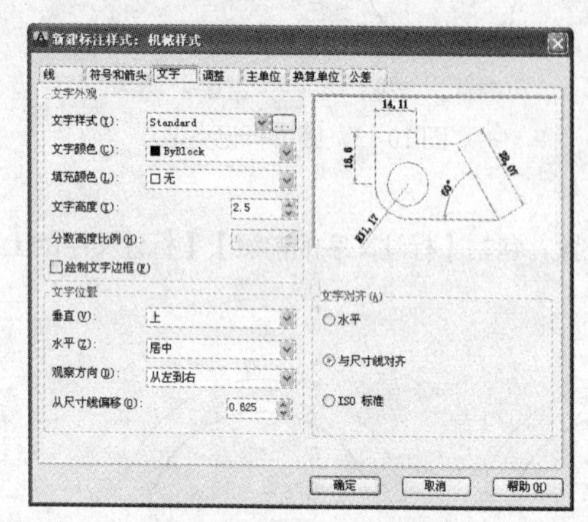

图 10-17 【文字】选项卡

【文字】选项卡中的 3 个选项组可以分别用于设置尺寸文字的外观、位置和对齐方式，如图 10-17 所示。

1. 文字外观

在【文字外观】选项组中可以设置文字的样式、颜色、高度和分数高度比例，以及控制是否绘制文字边框等。对各选项的功能说明如下。

- 文字样式：用于选择标注的文字样式。也可以单击其后的...按钮，系统打开【文字样式】对话框，选择文字样式或新建文字样式。
- 文字颜色：用于设置文字的颜色，也可以使用变量 DIMCLRT 设置。
- 填充颜色：用于设置标注文字的背景色。
- 文字高度：设置文字的高度，也可以使用变量 DIMCTXT 设置。
- 分数高度比例：设置标注文字的分数相对于其他标注文字的比例，AutoCAD 将该比例值与标注文字高度的乘积作为分数的高度。
- 绘制文字边框：设置是否给标注文字加边框。

2. 文字位置

在【文字位置】选项组中可以设置文字的垂直、水平位置以及相对于尺寸线的偏移量等。对各选项的功能说明如下。

- 垂直：用于设置标注文字相对于尺寸线在垂直方向的位置，如“居中”、“上方”、“外部”和 JIS。其中，选择“置中”选项可以把标注文字放在尺寸线中间；选择“上方”选项，将把标注文字放在尺寸线的上方；选择“外部”选项可以把标注文字放在远离第一定义点的尺寸线一侧；选择 JIS 选项按 JIS 规则放置标注文字，各种效果如图 10-18 所示。

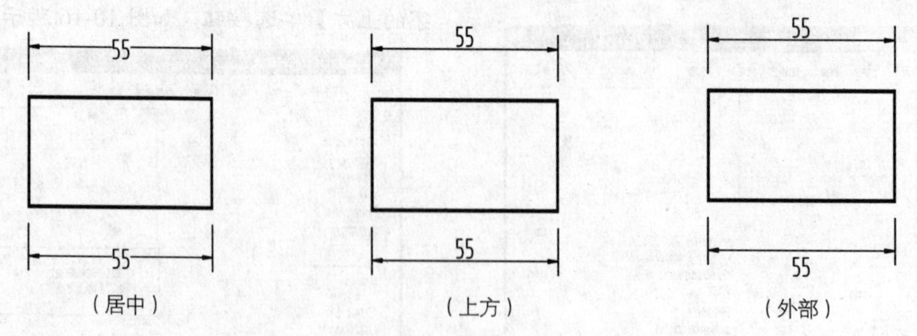

图 10-18 尺寸文字在垂直方向上的相对位置

- 水平：用于设置标注文字相对于尺寸线和尺寸界线在水平方向上的位置，如“居中”、“第一条尺寸界线”、“第二条尺寸界线”、“第一条尺寸界线上方”、“第二条尺寸界线上方”，各种效果如图 10-19 所示。

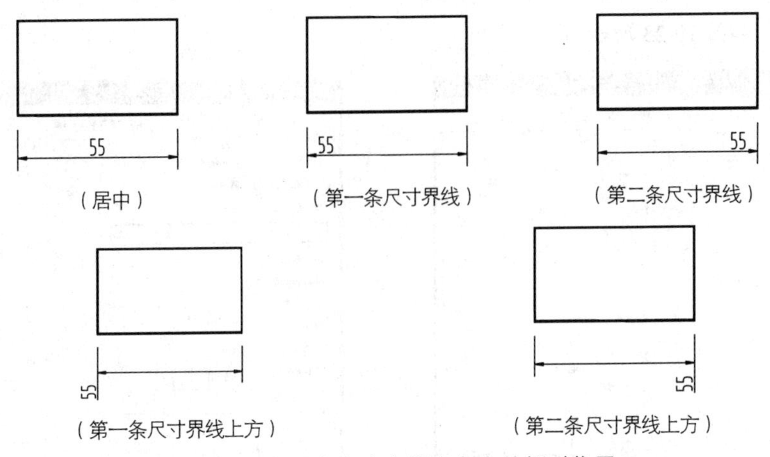

图 10-19　尺寸文字在水平方向上的相对位置

- 从尺寸线偏移：设置标注文字与尺寸线之间的距离。如果标注文字位于尺寸线的中间，则表示断开处尺寸线端点与尺寸文字的间距；若标注文字带有边框，则可以控制文字边框与其中文字的距离，如图 10-20 所示。

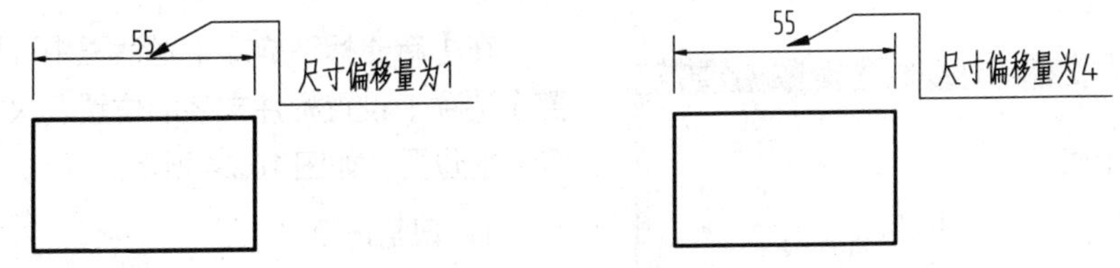

图 10-20　文字偏移量设置

3．文字对齐

在【文字对齐】选项组中可以设置标注文字是保持水平还是与尺寸线平行，如图 10-21 所示。其中各选项的含义如下。

- 水平：是标注文字水平放置。
- 与尺寸线对齐：使标注文字方向与尺寸线方向一致。
- ISO 标准：使标注文字按 ISO 标准放置，当标注文字在尺寸界线之内时，它的方向与尺寸线方向一致，而在尺寸界线之外时将水平放置。

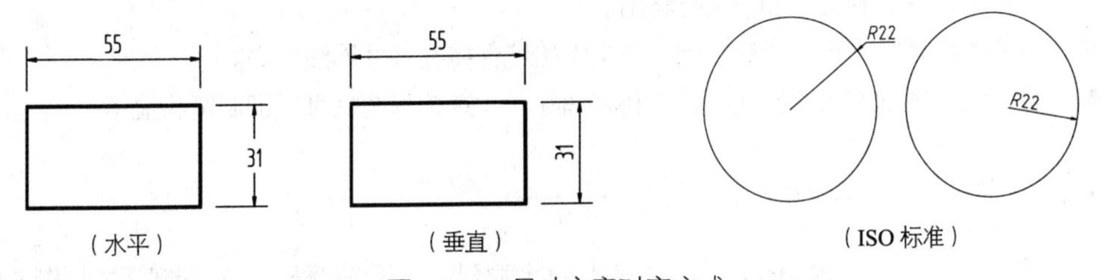

图 10-21　尺寸文字对齐方式

课堂举例【10-4】：设置【机械标注】文字样式

Step 01 单击【文字】选项卡，设置文字样式，如图 10-22 所示。

Step 02 设置【文字外观】选项组中的【文字高度】为 2.6，【文字位置】选项组中的【从尺寸线偏移】为 1，如图 10-23 所示。

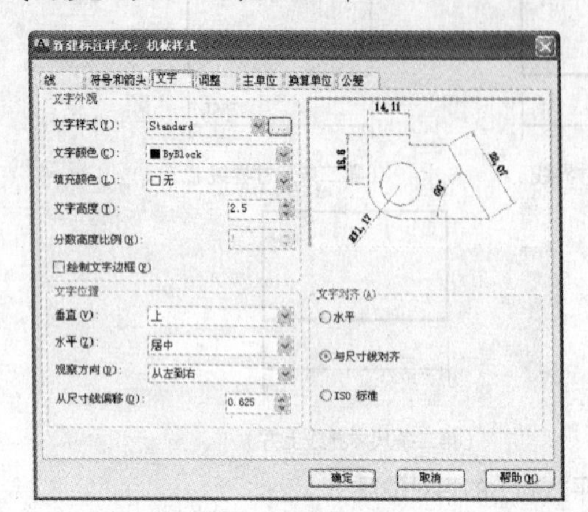

图 10-22 【文字】选项卡

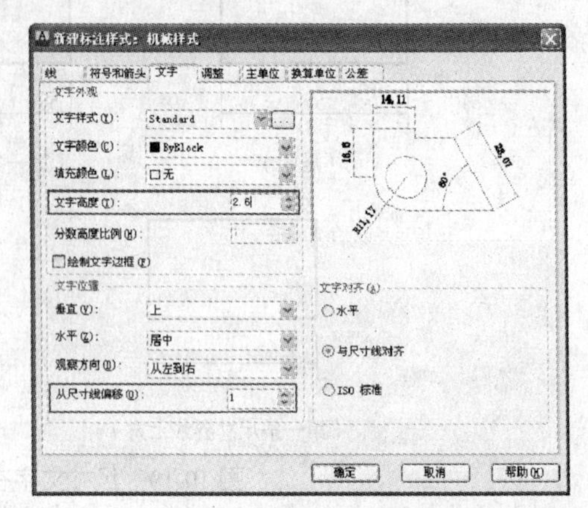

图 10-23 设置文字样式

10.2.5 设置调整样式

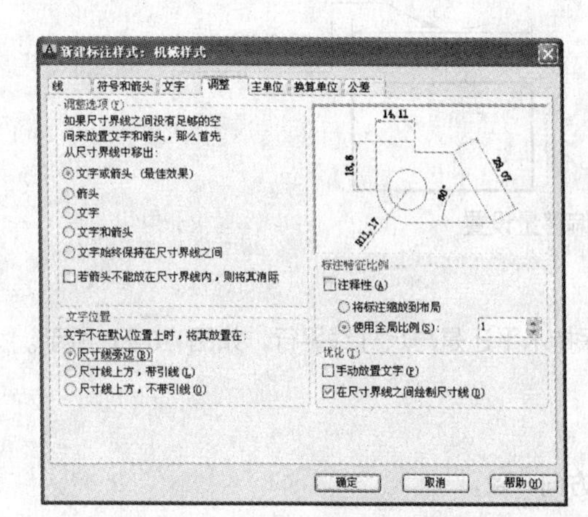

图 10-24 【调整】选项卡

在【新建标注样式】对话框中可以使用【调整】选项卡设置标注文字的位置、尺寸线、尺寸箭头的位置，如图 10-24 所示。

1. 调整选项

在【调整选项】选项组中，可以确定当尺寸界线之间没有足够的空间同时放置标注文字和箭头时，应从尺寸界线之间移出对象，其各选项的含义如下，如图 10-25 所示。

- 文字或箭头（最佳效果）：按最佳效果自动移出文字或箭头。
- 箭头：首先将箭头移出。
- 文字：首先将文字移出。
- 文字和箭头：将文字和箭头都移出。
- 文字始终保持在尺寸界线之间：将文本始终保持在尺寸界线之内。
- 若箭头不能放在尺寸界线内，则将其消除：勾选该复选框可以抑制箭头显示。

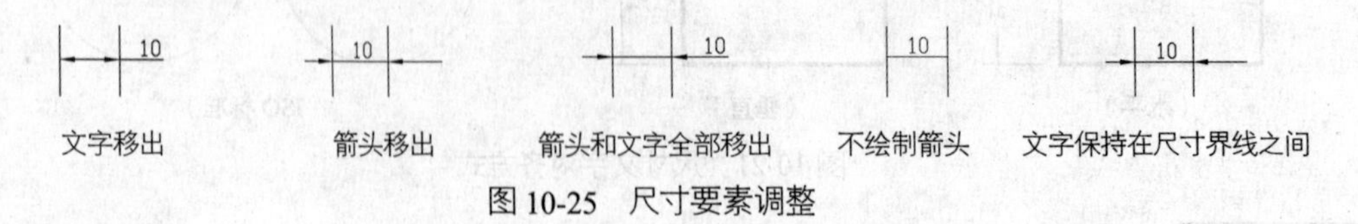

图 10-25 尺寸要素调整

2. 文字位置

在【文字位置】选项组中，可以设置当文字不在默认位置时的位置。

其各选项的含义如下，图示如图 10-26 所示。

- 尺寸线旁边：选中该单选按钮，可以将文本放在尺寸线旁边。
- 尺寸线上方，带引线：选中该单选按钮，可以将文本放在尺寸线上方，并带上引线。
- 尺寸线上方，不带引线：选中该单选按钮，可以将文本放在尺寸线上方，并不带上引线。

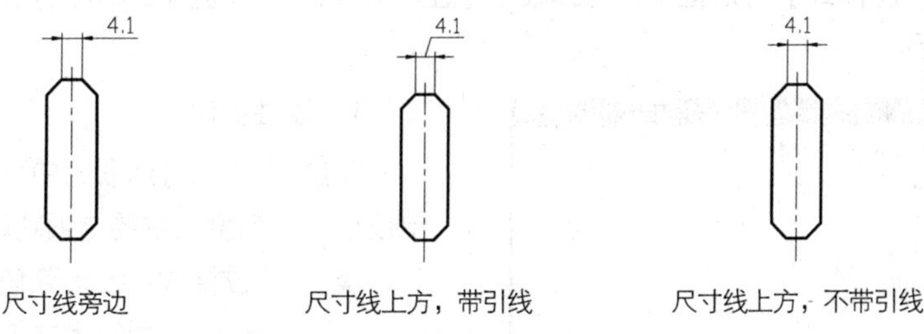

图 10-26　标注文字位置

3．标注特征比例

在【标注特征比例】选项组中，可以设置标注尺寸的特征比例，以便通过设置全局比例来增加或减少各标注的大小。各选项功能如下。

- 注释性：勾选该复选框，可以将标注定义成可注释性对象。
- 将标注缩放到布局：选中该单选按钮，可以根据当前模型空间视口与图纸之间的缩放关系设置比例。
- 使用全局比例：选中该单选按钮，可以对全部尺寸标注设置缩放比例，该比例不改变尺寸的测量值。

4．优化

在【优化】选项组中，可以对标注文字和尺寸线进行细微调整，该选项组包括以下两个复选框。

- 手动放置文字：选中该复选框，则忽略标注文字的水平设置，在标注时可将标注文字放置在指定的位置。
- 在尺寸界线之间绘制尺寸线：勾选该复选框，当尺寸箭头放置在尺寸界线之外时，也可在尺寸界线之内绘出尺寸线。

课堂举例【10-5】：设置【机械标注】调整样式

Step 01 单击【调整】选项卡，设置调整样式，如图 10-27 所示。

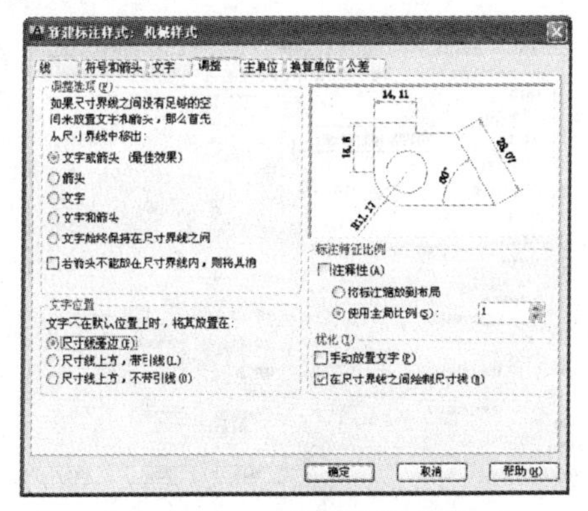

图 10-27　【调整】选项卡

Step 02 选中【调整选项】选项组中的【文字和箭头】单选按钮，如图 10-28 所示。

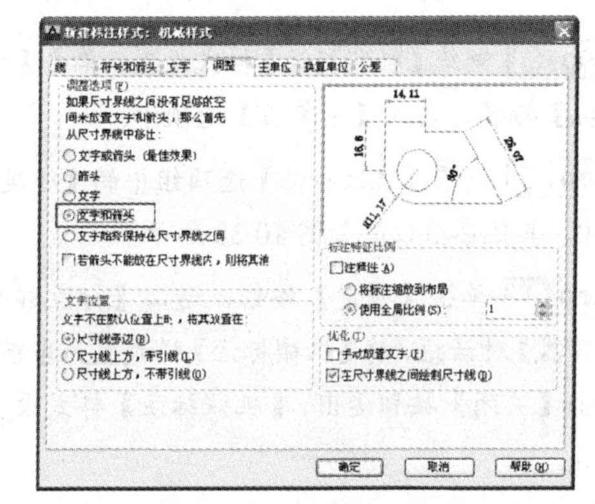

图 10-28　设置调整样式

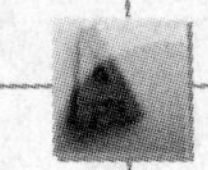

10.2.6　设置标注单位样式

在【新建标注样式】对话框中，可以使用【主单位】选项卡设置主单位的格式与精度等属性，如图 10-29 所示。

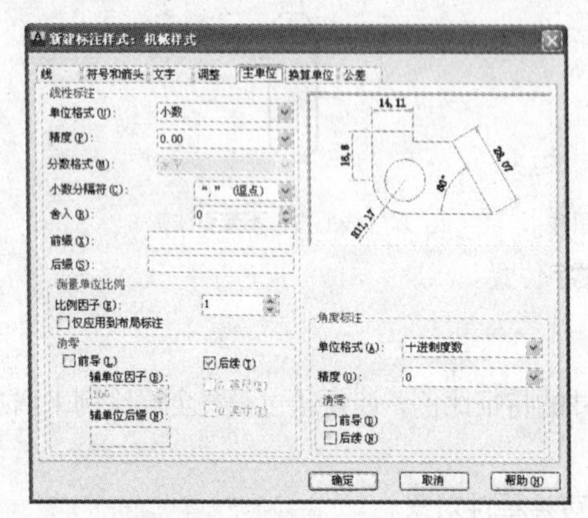

图 10-29　【主单位】选项卡

1．线性标注

在【线性标注】选项组中可以设置线性标注的单位格式与精度，主要选项功能如下。

- 单位格式：设置除角度标注之外的其余各标注类型的尺寸单位，包括“科学”、“小数”、“工程”、“建筑”、“分数”等选项。
- 精度：设置除角度标注之外的其他标注的尺寸精度。
- 分数格式：当单位格式是分数时，可以设置分数的格式，包括“水平”、“对角”和“非堆叠”3 种方式。
- 小数分隔符：设置小数的分隔符，包括“逗点”、“句点”和“空格”3 种方式。
- 舍入：用于设置除角度标注外的尺寸测量值的舍入值。
- 前缀和后缀：设置标注文字的前缀和后缀，在相应的文本框中输入字符即可。
- 测量单位比例：使用【比例因子】文本框可以设置测量尺寸的缩放比例，AutoCAD 的实际标注值为测量值与该比例的积。勾选【仅应用到布局标注】复选框，可以设置该比例关系仅适用于布局。
- 消零：可以设置是否显示尺寸标注中的前导和后续零。

2．角度标注

在【角度标注】选项组中，可以使用【单位格式】下拉列表框设置标注角度时的单位，使用【精度】下拉列表框设置标注角度的尺寸精度；使用【消零】选项组设置是否消除角度尺寸的前导和后续零。

课堂举例【10-6】：设置标注单位样式

Step 01 继续【机械标注】样式设置，单击【主单位】标签，进入【主单位】选项卡。

Step 02 设置【线性标注】选项组中的【精度】为 0，其他参数设置如图 10-30 所示。

Step 03 单击【确定】按钮，返回【标注样式管理器】对话框，将【机械标注】样式置为当前，单击【关闭】按钮退出。【机械标注】样式设置完成。

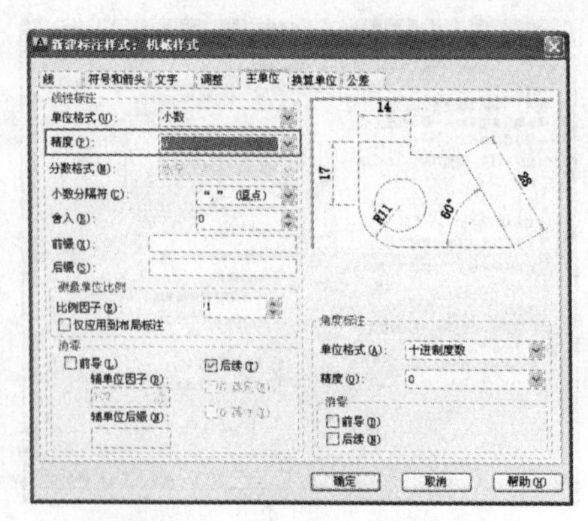

图 10-30　设置标注单位样式

10.2.7 设置换算单位样式

现代工程设计往往是多国家、多行业的协同工作，各合作方使用的标准和规范常常会不同。最常见的情况是，双方使用的度量单位不一致。如我国常用公制单位“毫米”，而一些西方国家通常用英制单位“英寸”。因此，在进行尺寸标注时，不仅要标注出主尺寸，还要同时标注出经过转化后的换算尺寸，以方便使用不同度量单位的用户阅读。

【新建标注样式】对话框的【换算单位】选项卡用于设置单位的格式，如图 10-31 所示。

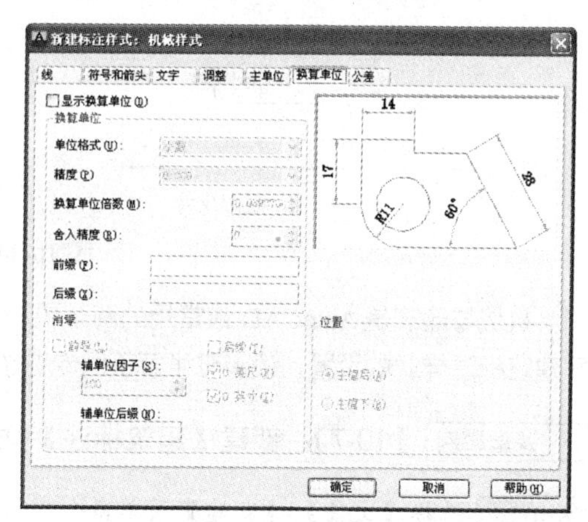

图 10-31 【换算单位】选项卡

勾选【显示换算单位】复选框后，对话框的其他选项才可以用。可以在【换算单位】选项组中设置换算单位的【单位格式】、【精度】、【换算单位倍数】、【舍入精度】、【前缀】及【后缀】等，方法与设置主单位的方法相同。

在【位置】选项组中，可以设置换算单位的位置，包括【主值后】和【主值下】两种方式。如图 10-32 所示，中括号中显示的为换算尺寸。

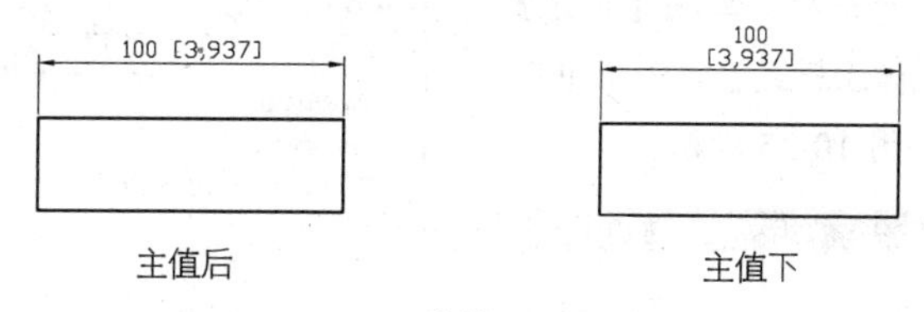

图 10-32 换算尺寸的位置

10.2.8 设置公差样式

【公差】选项卡用于设置是否标注公差，以及以何种方式进行标注，如图 10-33 所示。

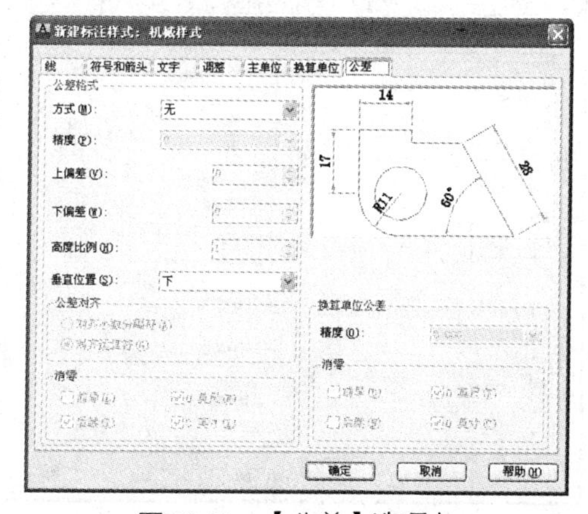

图 10-33 【公差】选项卡

在【公差格式】选项组中可以设置公差的标注格式，部分选项的功能说明如下。

- 方式：确定以何种方式标注公差，选择各个方式后的公差标注如图 10-34 所示。
- 上偏差和下偏差：设置尺寸上偏差、下偏差。
- 高度比例：确定公差文字的高度比例因子。确定后，AutoCAD 将该比例因子与尺寸文字高度之积作为公差文字的高度。
- 垂直位置：控制公差文字相对于尺寸

文字的位置，包括"上"、"中"和"下" 3 种方式。

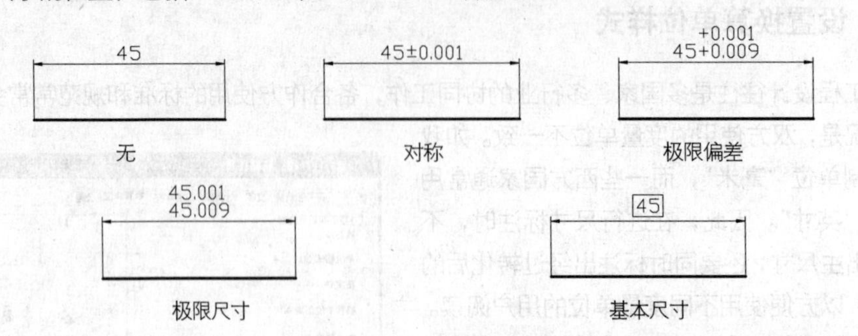

图 10-34　公差标注

机械与建筑是 AutoCAD 最常用的两个应用领域，前面介绍了机械标注样式的设置方法，下面讲解建筑标注样式的设置，读者可了解不同专业领域对标注样式的要求。

课堂举例【10-7】：新建【建筑标注】样式

Step 01 选择【文件】|【新建】菜单命令，新建空白文件。

Step 02 选择【格式】|【标注样式】菜单命令，打开【标注样式管理器】对话框。单击【新建】按钮，在打开的【创建新标注样式】对话框中新建【建筑标注】样式，如图 10-35 所示。

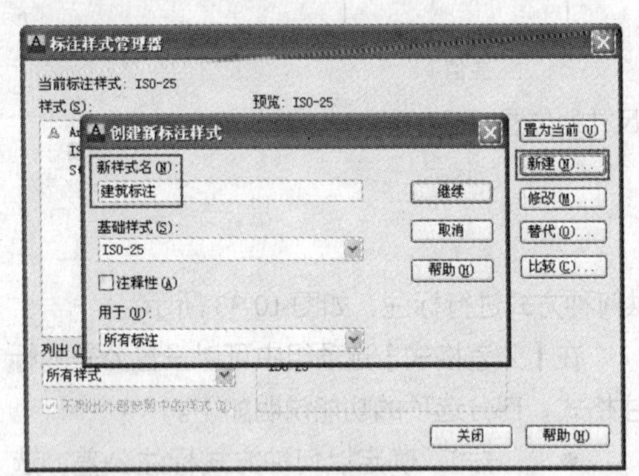

图 10-35　创建新样式

Step 03 单击【继续】按钮，更改【文字】选项卡中的【文字高度】为 200、【从尺寸线偏移】为 50，如图 10-36 所示。

Step 04 更改【符号和箭头】选项卡中的【箭头】为【建筑标记】、【箭头大小】为 200，如图 10-37 所示。

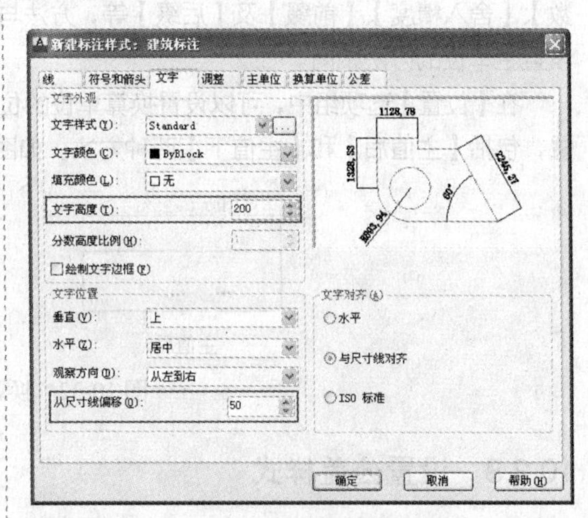

图 10-36　【文字】选项卡

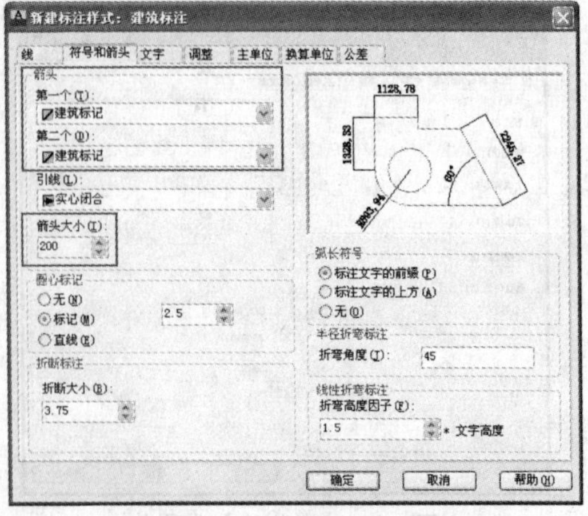

图 10-37　【符号和箭头】选项卡

Step 05 更改【线】选项卡中的【超出标记】为 100、【基线间距】为 300、【超出尺寸线】为 100、【起点偏移量】为 100，如图 10-38 所示。

Step 06 单击【确定】按钮，返回【标注样式管理器】对话框，单击【关闭】按钮，完成标注样式的设置。

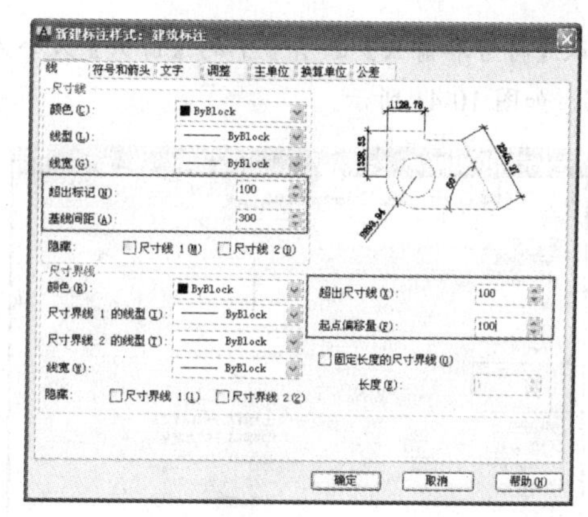

图 10-38 【线】选项卡

10.3 修改标注样式

在绘图的过程中，常常需要根据实际情况对标注样式进行修改。样式修改完成后，用该样式创建的所有尺寸标注对象都将自动被修改。

10.3.1 修改尺寸标注样式

在【标注样式管理器】的【样式】列表框中单击选择需要修改的样式，然后单击【修改】按钮，打开【修改标注样式】对话框，然后按照前面介绍的设置标注样式的方法，对各选项卡的参数进行设置。样式修改完毕后，单击【确定】按钮即可。

课堂举例【10-8】：修改尺寸标注样式

Step 01 选择【文件】|【打开】菜单命令，打开“第 10 章\10.3.1.dwg”图形文件，如图 10-39 所示，该零件标注的文字过小，也不符合相关规范，下面通过修改标注样式，快速调整标注效果。

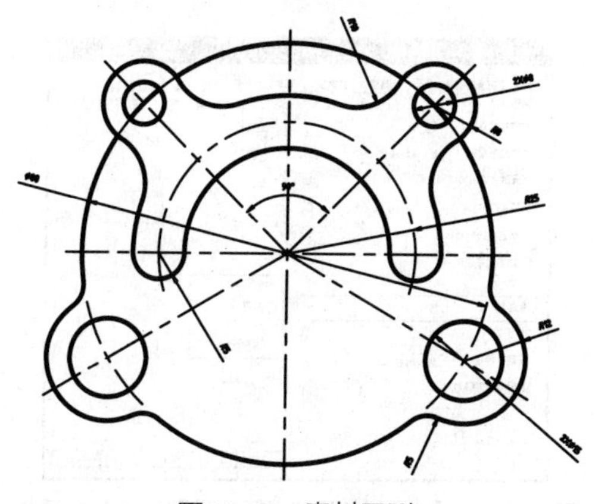

图 10-39 素材图形

Step 02 选择【格式】|【标注样式】菜单命令，打开【标注样式管理器】对话框，如图 10-40 所示。

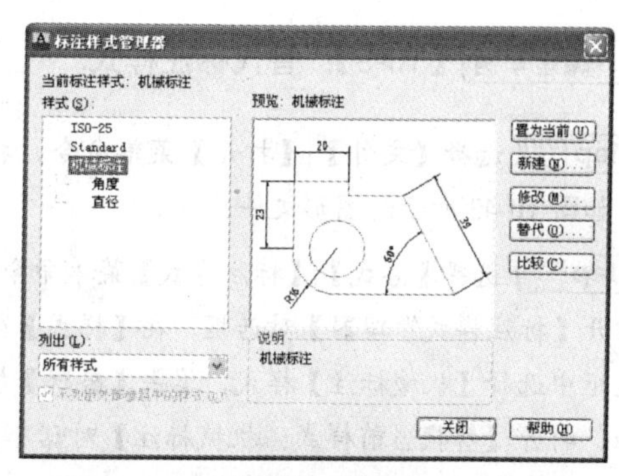

图 10-40 【标注样式管理器】对话框

Step 03 选择【机械标注】样式，单击【修改】按钮，打开【修改标注样式：机械标注】对话框，更改【符号和箭头】选项卡中的【箭头】大小为3.5，如图10-41所示。

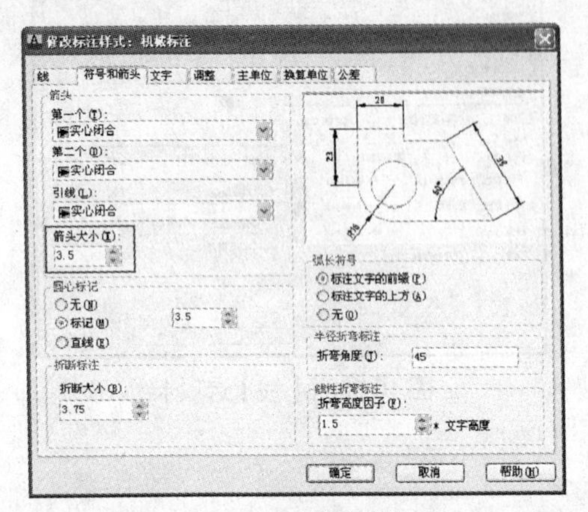

图10-41　调整箭头大小

Step 04 更改【文字】选项卡中的【文字高度】为4、【文字对齐】方式为【水平】，如图10-42所示。

Step 05 单击【确定】按钮，完成对标注样式的修改。然后关闭【标注样式管理器】对话框，此时零件的标注自动进行了修改，最终效果如图10-43所示。

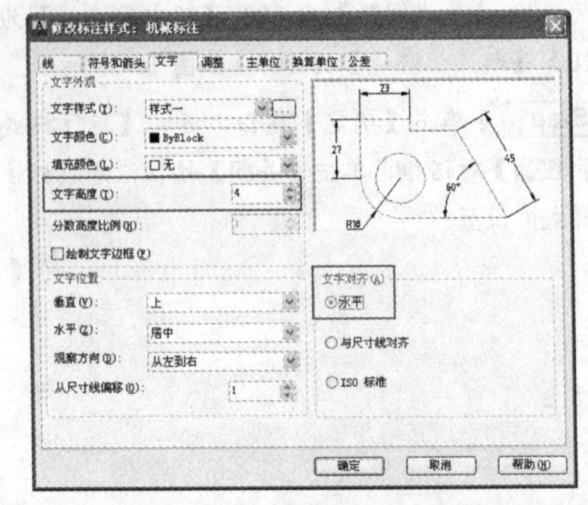

图10-42　调整文字高度与文字对齐方式

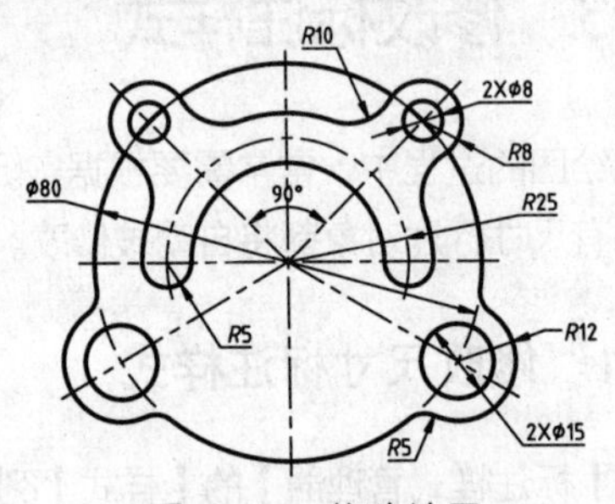

图10-43　修改效果

10.3.2　替代标注样式

在标注尺寸的过程中，经常需要临时性地改变尺寸标注的外观格式，但并不想为这些临时性的改变而专门创建一个新样式。这时，可以利用样式替代创建一个临时性的样式，暂时替代当前样式进行尺寸标注。

下面通过实例讲解替代样式的创建方法。

课堂举例【10-9】：替代标注样式

Step 01 选择【文件】|【打开】菜单命令，打开如图10-43所示的图形文件。

Step 02 选择【格式】|【标注样式】菜单命令，打开【标注样式管理器】对话框，在【样式】列表框中选择【机械标注】样式，单击【替代】按钮，打开【替代当前样式：机械标注】对话框。

Step 03 更改【文字】选项卡中的文字【垂直】位置为【居中】、【文字对齐】方式为【与尺寸线对齐】，如图10-44所示。

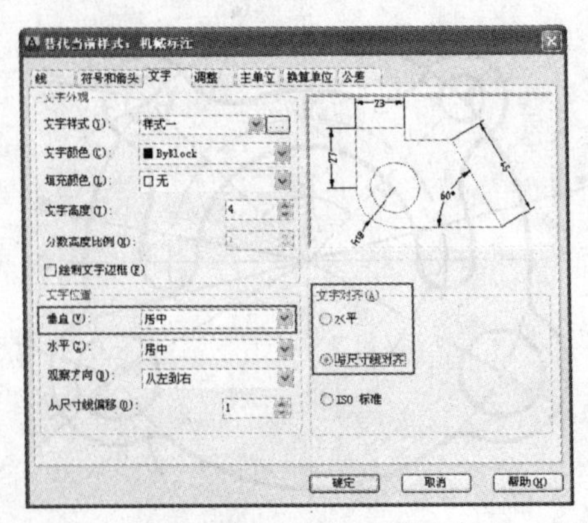

图10-44　【替代当前样式：机械标注】对话框

Step 04 选择【标注】|【角度】菜单命令，标注辅助线之间的角度，如图10-45所示。

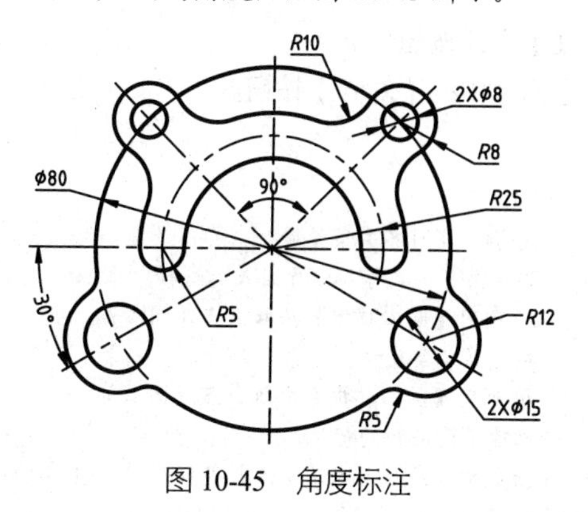

图10-45　角度标注

专家提醒

在创建标注时，AutoCAD会暂时使用新的标注样式进行标注。如果想要恢复原来的标注样式，需要再次进入【标注样式管理器】对话框，选择该样式之后单击【置为当前】按钮，系统会打开一个提示对话框，如图10-46所示，单击【确定】按钮即可。

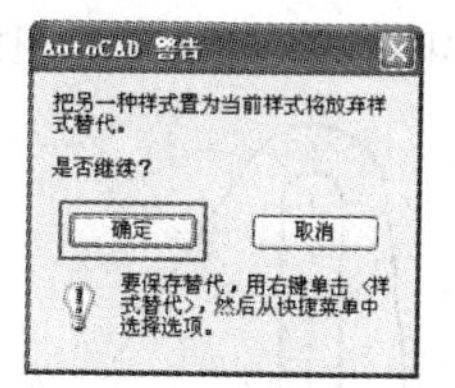

图10-46　提示对话框

10.3.3　删除与重命名标注样式

在【标注样式管理器】对话框中，可以删除或者重命名标注样式。

在【样式】列表框中右击某标注样式，在弹出的快捷菜单中选择【删除】或【重命名】选项即可，如图10-47所示。

要删除当前样式，应该先改变当前样式，再删除该样式。

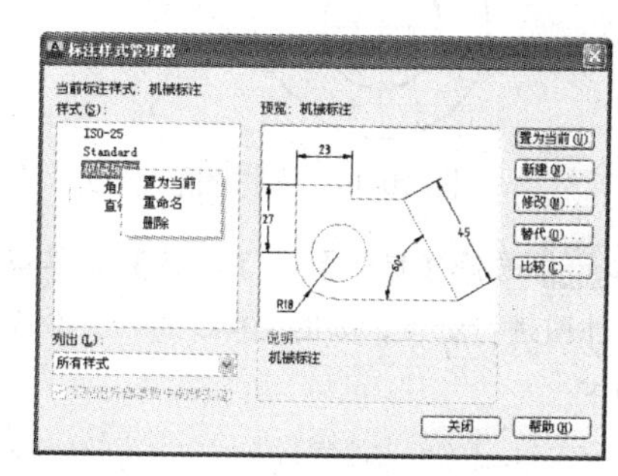

图10-47　样式快捷菜单

专家提醒

当前标注样式或正被使用的标注样式，以及列表中唯一的标注样式都是不能被删除的。

10.4　创建基本尺寸标注

为了更方便、快捷地标注图纸中的各个方向和形式的尺寸，AutoCAD提供了线性标注、径向标注、角度标注、指引标注等多种标注类型。掌握这些标注方法可以为各种图形对象灵活地添加尺寸标注，使其成为生产制造或施工的依据。

10.4.1　对齐标注

在对直线段进行标注时，如果该直线的倾斜角度未知，那么使用【线性标注】的方法将无法得到准确的测量结果，这时可以使用【对齐】标注菜单命令进行标注。

启用【对齐】标注命令有以下几种方式。

- 命令行：输入 DIMALIGNED/DAL 命令。
- 菜单栏：选择【标注】|【对齐】菜单命令。
- 工具栏：单击【标注】工具栏中的【对齐标注】工具按钮。
- 功能区：在【注释】选项卡中，单击【标注】面板中的【对齐】按钮。

课堂举例【10-10】：对齐标注零件图

Step 01 选择【文件】|【打开】菜单命令，打开“第 10 章\10.4.1.dwg”文件，如图 10-48 所示。

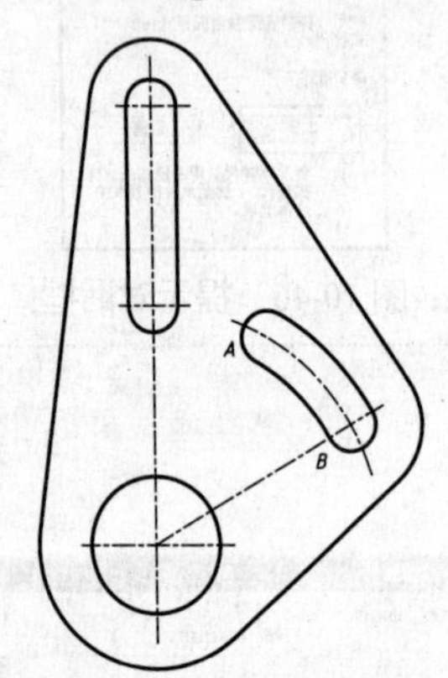

图 10-48　素材图形

Step 02 选择【标注】|【对齐】菜单命令，对零件图进行标注，如图 10-49 所示，命令行操作如下：

```
命令：_dimaligned
//调用【对齐】菜单命令
指定第一个尺寸界线原点或 <选择对象>:
//利用【圆心捕捉】拾取 A 点（圆心）
指定第二条尺寸界线原点:
//利用【圆心捕捉】拾取 B 点（圆心）
创建了无关联的标注。
指定尺寸线位置或 [多行文字(M)/文字(T)/角度(A)]: 标注文字 = 17
//移动鼠标确定尺寸线位置
```

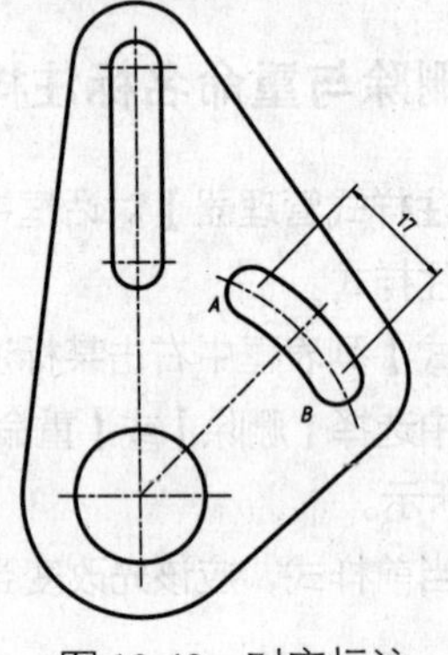

图 10-49　对齐标注

10.4.2　线性标注

线性标注包括水平标注和垂直标注两种类型，用于标注任意两点之间的距离。

启动【线性】标注命令有以下几种方式。

- 命令行：输入 DIMLINEAR/DLI 命令。
- 菜单栏：选择【标注】|【线性】菜单命令。
- 工具栏：单击【标注】工具栏中的【线性标注】工具按钮。
- 功能区：在【注释】选项卡中，单击【标注】面板中【线性】按钮。

默认情况下，在命令行提示下指定第一条尺寸界线的原点，并在“指定第二条尺寸界线原点：”提示下指定第二条尺寸界线原点后，命令行提示如下：

```
指定尺寸线位置或 [多行文字(M)/文字(T)/角度(A)/水平(H)/垂直(V)/旋转(R)]:
```

命令行中各选项的含义说明如下。

- 多行文字：选择该选项，将进入多行文字编辑模式，可以使用【多行文字编辑器】对话框输入并设置标注文字。其中，文字输入窗口中的尖括号（<>）表示系统测量值。
- 文字：以单行文字形式输入尺寸文字。

- 角度：设置标注文字的旋转角度。
- 水平和垂直：标注水平尺寸和垂直尺寸。可以直接确定尺寸线的位置，也可以选择其他选项来指定标注文字的内容或标注文字的旋转角度。
- 旋转：旋转标注对象的尺寸线。

技巧点拨

如果在【线性标注】命令的命令行提示下直接按 Enter 键，则要求选择要标注尺寸的对象。当选择了对象以后，AutoCAD 将自动以对象的两个端点作为两条尺寸界线的起点。

课堂举例【10-11】：线性标注零件图

Step 01 选择【文件】|【打开】菜单命令，打开“第 10 章\10.4.2.dwg”文件，如图 10-50 所示。

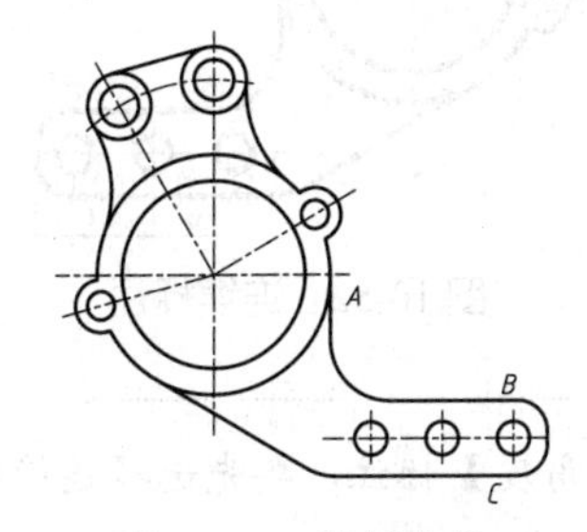

图 10-50 素材文件

Step 02 在命令行中输入 D 命令并回车，打开【标注样式管理器】对话框，设置【机械标注】样式为当前样式。

Step 03 选择【标注】|【线性】菜单命令，对零件图外轮廓进行线性标注，命令行操作如下：

```
命令: _dimlinear    //调用【线性】菜单命令
指定第一个尺寸界线原点或 <选择对象>:
       //利用【端点捕捉】拾取 A 端点
指定第二条尺寸界线原点:
       //利用【端点捕捉】拾取 B 端点
指定尺寸线位置或[多行文字(M)/文字(T)/角度(A)/水平(H)/垂直(V)/旋转(R)]:
       //向右移动鼠标指定尺寸线位置
标注文字 = 21
命令: DIMLINEAR   //单击空格键重复命令
指定第一个尺寸界线原点或 <选择对象>:
       //利用【端点捕捉】拾取 B 端点
指定第二条尺寸界线原点:
       //利用【端点捕捉】拾取 C 端点
指定尺寸线位置或[多行文字(M)/文字(T)/角度(A)/水平(H)/垂直(V)/旋转(R)]:
       //移动鼠标指定尺寸线位置
标注文字 = 12
```

Step 04 用同样的方式标注端点和圆心的距离，最终结果如图 10-51 所示。

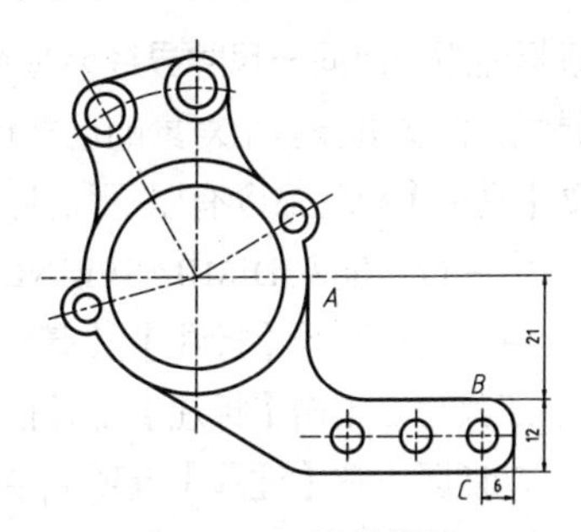

图 10-51 线性标注

10.4.3 连续标注

连续标注又称为链式标注或尺寸链，是多个线性尺寸的组合。连续标注从某一基准尺寸界线开始，按某一方向顺序标注一系列尺寸，相邻的尺寸共用一条尺寸界线，而且所有的尺寸线都在同一直线上。

启动【连续】标注命令有以下几种方式。

- 命令行：输入 DIMCONTINUE/DCO 命令。
- 菜单栏：选择【标注】|【连续】菜单命令。

- 工具栏：单击【标注】工具栏中的【连续标注】工具按钮。
- 功能区：在【注释】选项卡中，单击【标注】面板中的【连续】按钮。

课堂举例【10-12】：连续标注零件图

Step 01 选择【文件】|【打开】菜单命令，打开“第10章\10.4.2.dwg”文件。

Step 02 选择【标注】|【线性】菜单命令，标注端点和圆心之间的距离。

Step 03 选择【标注】|【连续】菜单命令，对圆心间距进行标注，如图10-52所示，命令行操作如下：

```
命令：_dimcontinue //调用【连续】菜单命令
指定第二条尺寸界线原点或［放弃(U)/选择(S)］<选择>:           //利用【圆心捕捉】拾取b点
标注文字 = 12
指定第二条尺寸界线原点或［放弃(U)/选择(S)］<选择>:           //利用【圆心捕捉】拾取a点
标注文字 = 12
指定第二条尺寸界线原点或［放弃(U)/选择(S)］<选择>:↙
选择连续标注：↙
                        //按回车键结束标注
```

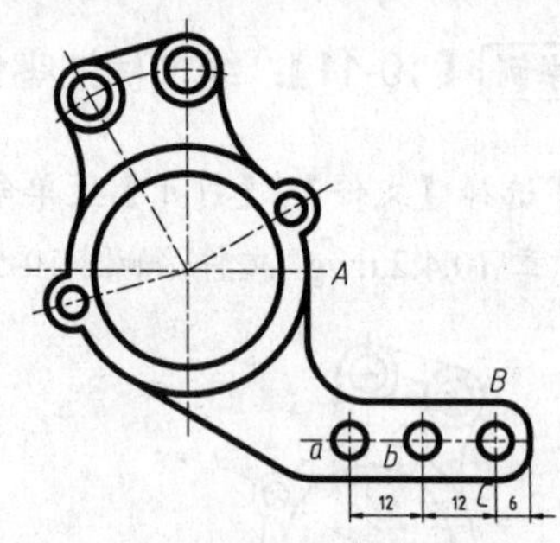

图10-52　连续标注

专家提醒

如果【连续】标注上一步不是【线性】、【坐标】或【角度】标注，要先选择连续标注的对象。

10.4.4　基线标注

基线标注用于以同一尺寸界线为基准的一系列尺寸标注，即从某一点引出的尺寸界线作为第一条尺寸界线，依次进行多个对象的尺寸标注。

启动【基线】标注命令有以下几种方式。

- 命令行：输入DIMBASELINE/DBA命令。
- 菜单栏：选择【标注】|【基线】菜单命令。
- 工具栏：单击【标注】工具栏中的【基线标注】工具按钮。
- 功能区：在【注释】选项卡中，单击【标注】面板中的【基线】按钮。

课堂举例【10-13】：对比【基线】标注和【连续】标注

Step 01 选择【文件】|【打开】菜单命令，打开“第10章\10.4.2.dwg”文件。

Step 02 选择【标注】|【基线】菜单命令，以尺寸为6的标注作为基线标注，如图10-53所示，命令行操作如下：

```
命令：_dimbaseline //调用【基线】菜单命令
选择基准标注：
                 //选择尺寸为6的标注作为基准标注
指定第二条尺寸界线原点或［放弃(U)/选择(S)］<选择>:       //利用【圆心捕捉】拾取b点
标注文字 = 18
指定第二条尺寸界线原点或［放弃(U)/选择(S)］<选择>:       //利用【圆心捕捉】拾取a点
标注文字 = 30
指定第二条尺寸界线原点或［放弃(U)/选择(S)］<选择>:↙
选择基准标注：↙      //按空格键退出标注
```

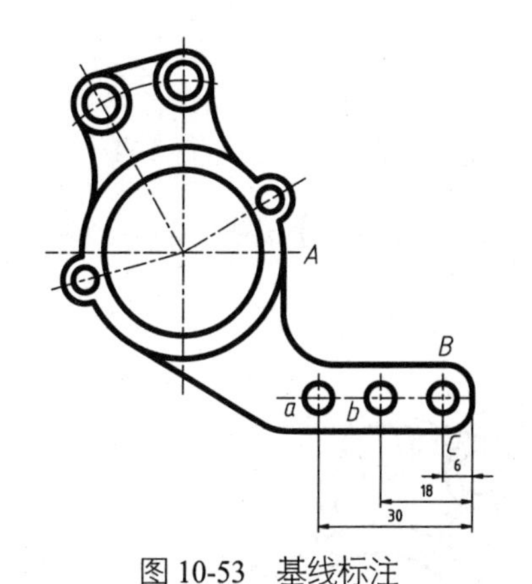

图 10-53　基线标注

对比【基线】标注和【连续】标注可以看出，【基线】标注是在同一个标注的基础上进行标注，而【连续】标注是在上一个标注的基础上进行标注。

10.4.5　直径标注

直径标注可以快速获得圆或圆弧的直径大小。根据国家规定，标注直径时，应在尺寸数字前加注前缀符号“ϕ”。

启动【直径】标注命令有以下几种方式。

- 命令行：输入 DIMDIAMETER/DDI 命令。
- 菜单栏：选择【标注】|【直径】菜单命令。
- 工具栏：单击【标注】工具栏中的【直径标注】按钮。
- 功能区：在【注释】选项卡中，单击【标注】面板中的【直径】按钮。

课堂举例【10-14】：标注直径

Step 01 选择【文件】|【打开】菜单命令，打开“第 10 章\10.4.2.dwg”文件。

Step 02 选择【标注】|【直径】菜单命令，对圆进行标注，命令行操作如下：

```
命令: _dimdiameter     //调用【直径】菜单命令
选择圆弧或圆:            //选择需要标注的圆
标注文字 = 31
指定尺寸线位置或 [多行文字(M)/文字(T)/角度(A)]:   //移动鼠标指定尺寸线位置
```

Step 03 按空格键重复【直径】菜单命令，对其他的圆进行标注，最终效果如图 10-54 所示。

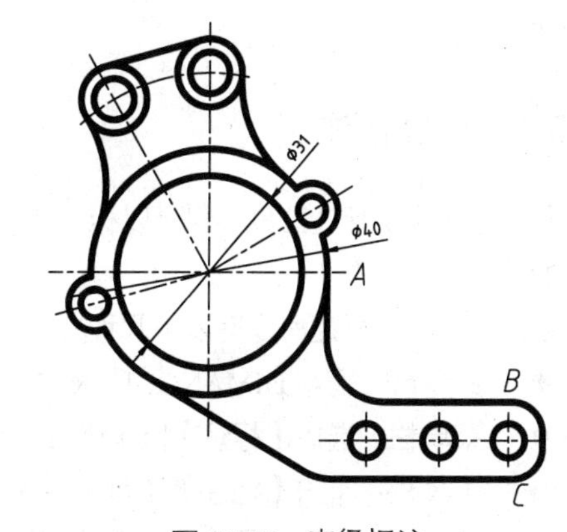

图 10-54　直径标注

10.4.6　半径标注

利用【半径】标注可以快速获得圆或圆弧的半径大小。根据国家规定，标注半径时，应在尺寸数字前加注前缀符号“R”。

启动【半径】标注命令有以下几种方式。

- 命令行：输入 DIMRADIUS/DRA 命令。
- 菜单栏：选择【标注】|【半径】菜单命令。
- 工具栏：单击【标注】工具栏中的【半径】工具按钮⊙。
- 功能区：在【注释】选项卡中，单击【标注】面板中的【半径】按钮⊙。

课堂举例【10-15】：标注半径

Step 01 选择【文件】|【打开】菜单命令，打开“第10章\10.4.2.dwg”文件。

Step 02 选择【标注】|【半径】菜单命令，对圆弧进行标注，命令行操作如下：

```
命令：_dimradius    //调用【半径】菜单命令
选择圆弧或圆：       //选择需要标注的圆弧
标注文字 = 10
指定尺寸线位置或 [多行文字(M)/文字(T)/角度(A)]:    //移动鼠标指定尺寸线位置
```

Step 03 按空格键重复【半径】菜单命令，对其他的圆弧或圆进行标注，最终效果如图10-55所示。

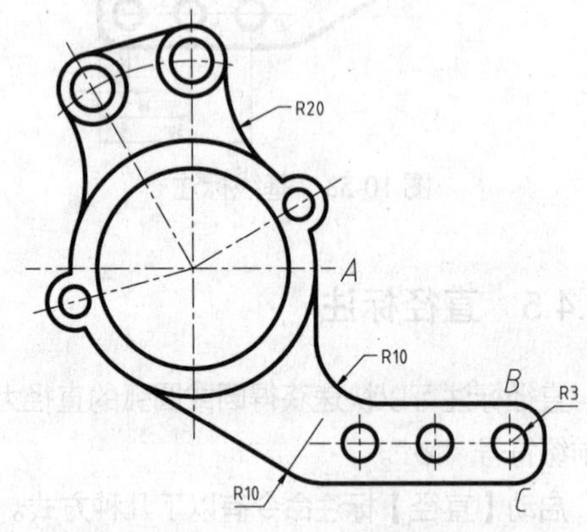

图 10-55 半径标注

10.5 创建其他尺寸标注

除了基本的尺寸标注以外，AutoCAD 还提供了角度标注、弧长标注、折弯标注、形位公差等特殊标注类型。

10.5.1 角度标注

利用【角度】标注工具不仅可以标注两条呈一定角度的直线或 3 个点之间的夹角，还可以标注圆弧的圆心角。

启动【角度】标注命令有以下几种方式。

- 命令行：输入 DIMANGULAR/ DAN 命令。
- 菜单栏：选择【标注】|【角度】菜单命令。
- 工具栏：单击【标注】工具栏中的【角度标注】按钮△。
- 功能区：在【注释】选项卡中，单击【标注】面板中的【角度】按钮△。

课堂举例【10-16】：角度标注

Step 01 选择【文件】|【打开】菜单命令，打开“第10章\10.4.2.dwg”文件。

Step 02 选择【标注】|【角度】菜单命令，对辅助中心线进行标注，如图10-56所示，命令行操作如下：

```
命令：_dimangular  //调用【角度】菜单命令
选择圆弧、圆、直线或 <指定顶点>:
                   //选择第一条辅助线
选择第二条直线：    //选择第二条辅助线
```

```
    指定标注弧线位置或 [多行文字(M)/文字(T)/角
度(A)/象限点(Q)]:
    标注文字 = 30
    命令: DIMANGULAR↙
                    //按空格键重复命令
    选择圆弧、圆、直线或 <指定顶点>:
                    //选择第一条辅助线
    选择第二条直线:
                    //选择第二条辅助线
    指定标注弧线位置或 [多行文字(M)/文字(T)/角
度(A)/象限点(Q)]:
    标注文字 = 15
```

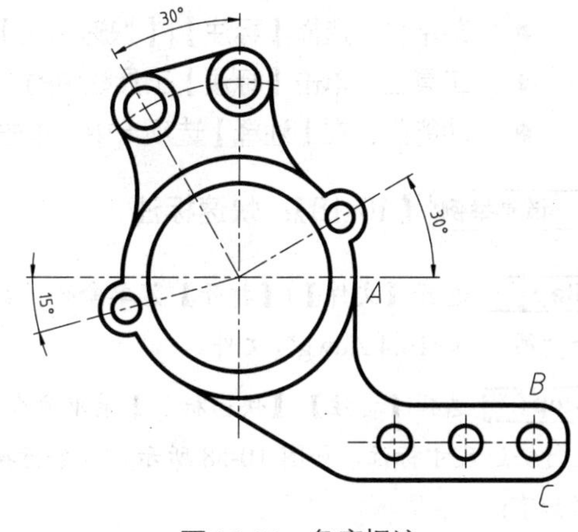

图 10-56 角度标注

10.5.2 弧长标注

使用【弧长】标注工具可以标注圆弧、多段线圆弧或者其他弧线的长度。

启动【角度】标注命令有以下几种方式。

- 命令行：输入 DIMARC 命令。
- 菜单栏：选择【标注】|【弧长】菜单命令。
- 工具栏：单击【标注】工具栏中的【弧长标注】工具按钮。
- 功能区：在【注释】选项卡中，单击【标注】面板中【弧长】按钮。

课堂举例【10-17】：弧长标注

Step 01 选择【文件】|【打开】菜单命令，打开“第 10 章\10.4.2.dwg”文件。

Step 02 选择【标注】|【弧长】菜单命令，对圆弧进行标注，如图 10-57 所示，命令行操作如下：

```
    命令: _dimarc
         //调用【弧长】菜单命令
    选择弧线段或多段线圆弧段:
         //选择需要标注的圆弧
    指定弧长标注位置或 [多行文字(M)/文字(T)/角
度(A)/部分(P)/引线(L)]:
    标注文字 = 15
```

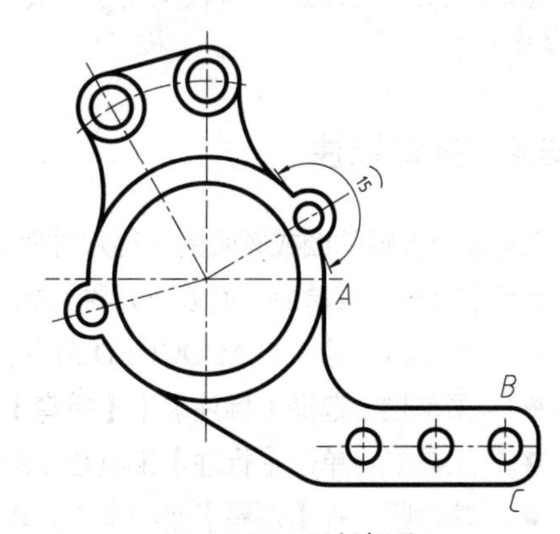

图 10-57 弧长标注

10.5.3 快速标注

AutoCAD 将常用的标注综合成了一个方便的快速标注命令 QDIM。执行该命令时，只需要选择标注的图形对象，AutoCAD 就会针对不同的标注对象自动选择合适的标注类型，并快速标注。

启动【快速标注】菜单命令的方式有以下几种。

- 命令行：输入 QDIM 命令。

- 菜单栏：选择【标注】|【快速标注】菜单命令。
- 工具栏：单击【标注】工具栏中的【快速标注】工具按钮。
- 功能区：在【注释】选项卡中，单击【标注】面板中的【快速标注】按钮。

课堂举例【10-18】：快速标注

Step 01 选择【文件】|【打开】菜单命令，打开“第10章\10.4.2.dwg”文件。

Step 02 选择【标注】|【快速标注】菜单命令，进行快速尺寸标注，如图10-58所示，命令行操作如下：

```
命令：_qdim    //调用【快速标注】菜单命令
选择要标注的几何图形：找到 1 个
选择要标注的几何图形：↙
                    //选择要标注的对象
指定尺寸线位置或 [连续(C)/并列(S)/基线(B)/坐标(O)/半径(R)/直径(D)/基准点(P)/编辑(E)/设置(T)] <半径>:D↙
                    //激活“直径(D)”选项
指定尺寸线位置或 [连续(C)/并列(S)/基线(B)/坐标(O)/半径(R)/直径(D)/基准点(P)/编辑(E)/设置(T)] <直径>:
                    //移动鼠标指定尺寸线位置
命令：QDIM    //按空格键重复命令
选择要标注的几何图形：指定对角点：找到 1 个
选择要标注的几何图形：指定对角点：找到 1 个，总计 2 个
选择要标注的几何图形：找到 1 个，总计 3 个
选择要标注的几何图形：找到 1 个，总计 4 个
选择要标注的几何图形：↙
                    //选择要标注的线段
指定尺寸线位置或 [连续(C)/并列(S)/基线(B)/坐标(O)/半径(R)/直径(D)/基准点(P)/编辑(E)/设置(T)] <连续>:
                    //移动鼠标指定尺寸线位置
```

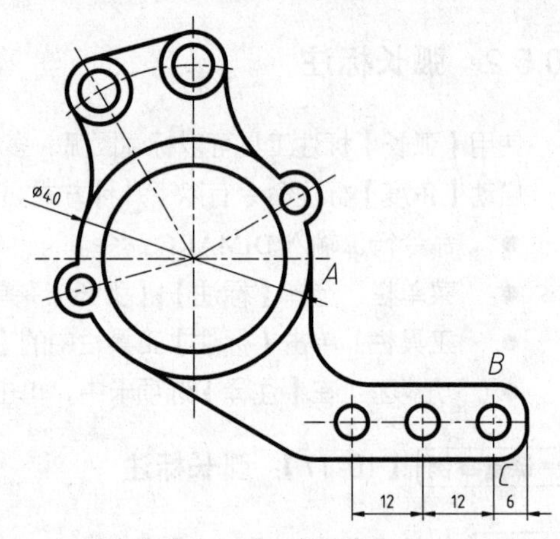

图10-58 快速标注

10.5.4 折弯标注

在标注大直径的圆或圆弧的半径尺寸时，可以使用【折弯】标注方式。

启动【折弯】菜单命令有以下几种方式。

- 命令行：输入DIMJOGGED命令。
- 菜单栏：选择【标注】|【折弯】菜单命令。
- 工具栏：单击【标注】工具栏中的【折弯标注】按钮。
- 功能区：在【注释】选项卡中，单击【标注】面板中的【折弯】按钮。

课堂举例【10-19】：折弯标注

Step 01 选择【文件】|【打开】菜单命令，打开“第10章\10.5.4.dwg”图形，如图10-59所示。

Step 02 选择【标注】|【折弯】菜单命令，对半径标注进行弯折，如图10-60所示，命令行操作如下：

```
命令：_dimjogged    //调用【折弯】标注
选择圆弧或圆：      //选择圆
指定图示中心位置：  //指定标注中心位置
标注文字 = 292
指定尺寸线位置或 [多行文字(M)/文字(T)/角度(A)]：
                    //指定尺寸线位置
指定折弯位置：      //指定折弯位置
```

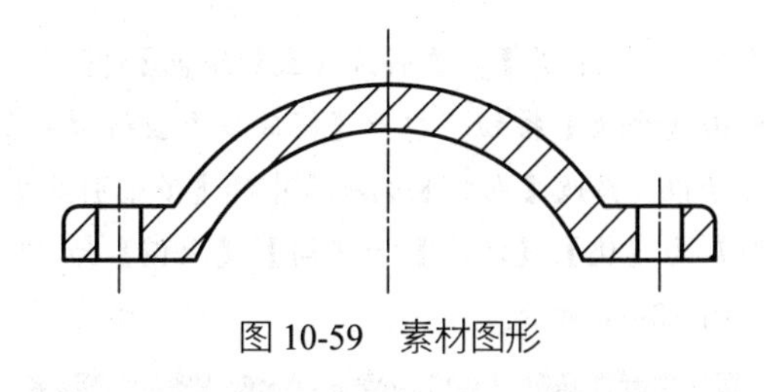
图 10-59　素材图形

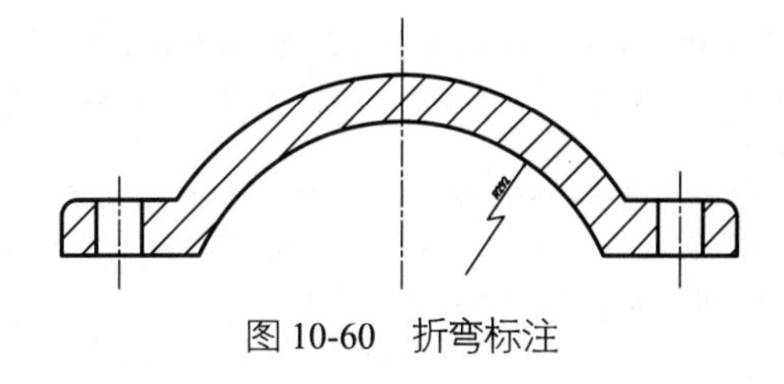
图 10-60　折弯标注

10.5.5　快速引线和多重引线标注

引注是另外一类常用的尺寸标注类型，由箭头、引线和注释文字构成。箭头是引注的起点，从箭头处引出引线，在引线边上加注注释文字。

AutoCAD 2013 提供了【快速引线】和【多重引线】等引线标注命令，其中【快速引线】标注命令是旧版本 AutoCAD 的引线标注命令，其功能没有【多重引线】的功能强大，正逐渐被替代，因此这里重点讲解【多重引线】菜单命令的用法。

1．快速引线标注

【快速引线】标注命令没有显示在菜单栏、工具栏和面板中，只能通过命令行进行调用。命令行中输入 QLEADER /LE 命令即可。

QLEADER 命令需要输入的参数包括引注的起点（箭头）、引线各节点的位置和注释文字，如图 10-61 所示。

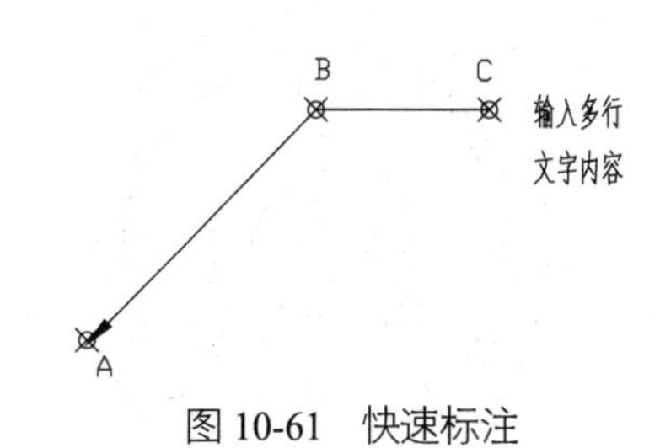

图 10-61　快速标注

2．多重引线标注

启用【多重引线】标注命令有以下几种方法。

- 命令行：输入 MLEADER/MLD 命令。
- 菜单栏：选择【标注】|【多重引线】菜单命令。
- 工具栏：单击【多重引线】工具栏中的【多重引线】工具按钮。
- 功能区：在【注释】选项卡中，单击【引线】面板中的【多重引线】按钮。

与标注一样，在创建多重引线之前，应设置多重引线样式。通过【多重引线样式管理器】可以设置【多重引线】的箭头、引线、文字等特征。

在 AutoCAD 2013 中打开【多重引线样式管理器】对话框有以下几种方法。

- 命令行：输入 MLEADERSTYLE/MLS 命令。
- 菜单栏：选择【格式】|【多重引线样式】菜单命令。
- 工具栏：单击【多重引线】工具栏中的【多重引线样式】工具按钮。
- 功能区：在【注释】选项卡中，单击【引线】面板右下角按钮。

课堂举例【10-20】：标注多重引线

Step 01 选择【文件】|【打开】菜单命令，打开“第 10 章\10.5.5.dwg”文件，如图 10-62 所示。

Step 02 选择【格式】|【多重引线样式】菜单命令，对圆角部位进行引线标注，如图 10-63 所示，命令行操作如下：

```
命令：_mleader //调用【多重引线】菜单命令
```

指定引线箭头的位置或 [引线基线优先(L)/内容优先(C)/选项(O)] <选项>:O↙ //激活“选项(O)”选项

输入选项 [引线类型(L)/引线基线(A)/内容类型(C)/最大节点数(M)/第一个角度(F)/第二个角度(S)/退出选项(X)] <退出选项>: F↙

//激活“第一个角度(F)”选项

输入第一个角度约束 <0>: 45↙

//输入约束角度

输入选项 [引线类型(L)/引线基线(A)/内容类型(C)/最大节点数(M)/第一个角度(F)/第二个角度(S)/退出选项(X)] <第一个角度>: X↙

//激活“退出选项(X)”选项

指定引线箭头的位置或 [引线基线优先(L)/内容优先(C)/选项(O)] <选项>:

//指定引线箭头的位置

指定引线基线的位置: //指定引线基线的位置，然后在【文本格式】中输入 2xR10

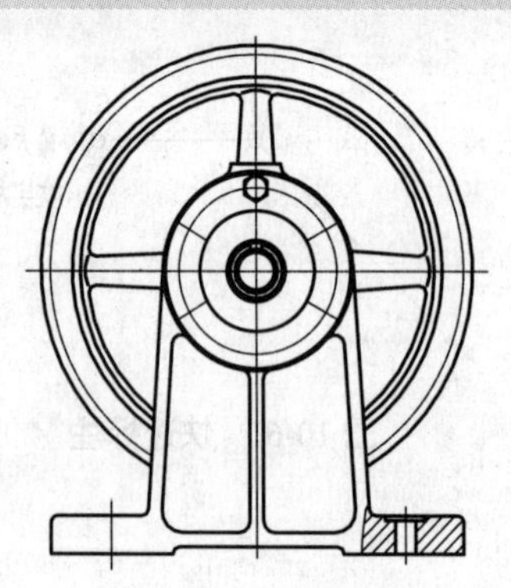

图 10-62　素材图形

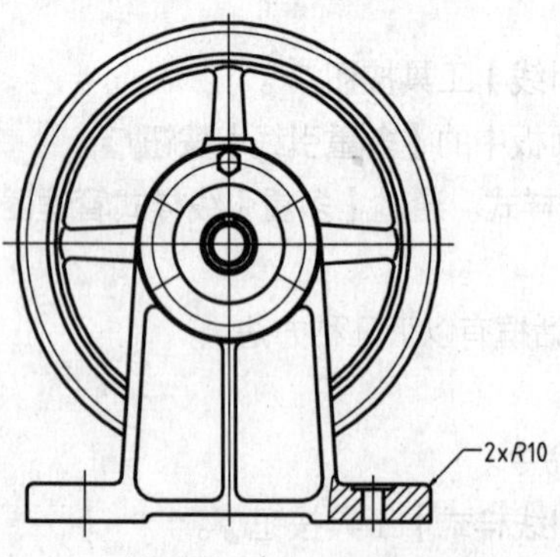

图 10-63　标注圆角

Step 03 选择【格式】|【多重引线样式】菜单命令，系统打开【多重引线样式管理器】对话框，单击【修改】按钮，打开【修改多重引线样式】对话框。修改【内容】选项卡中的【多重引线类型】为【块】、【源块】为【圆】、【比例】为 2，如图 10-64 所示。

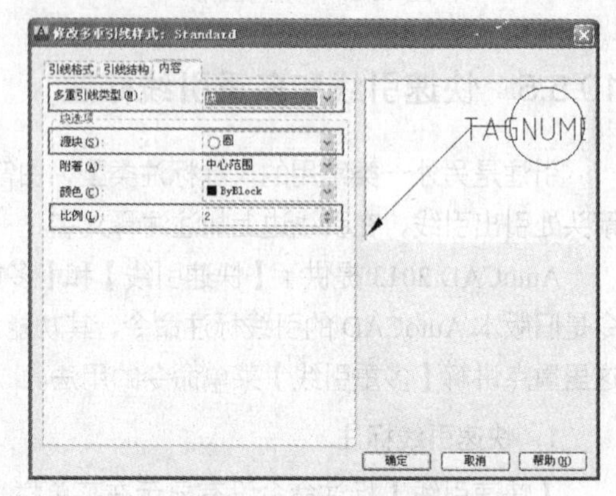

图 10-64　修改多重引线样式

Step 04 选择【格式】|【多重引线样式】菜单命令，标注零件编号，结果如图 10-65 所示，命令行操作如下:

命令: _mleader //调用【多重引线】菜单命令

指定引线箭头的位置或 [引线基线优先(L)/内容优先(C)/选项(O)] <选项>:

//指定引线箭头的位置

指定引线基线的位置:

//指定引线基线的位置

输入属性值

输入标记编号 <TAGNUMBER>: 1↙

//输入编号，按空格键重复命令继续标注

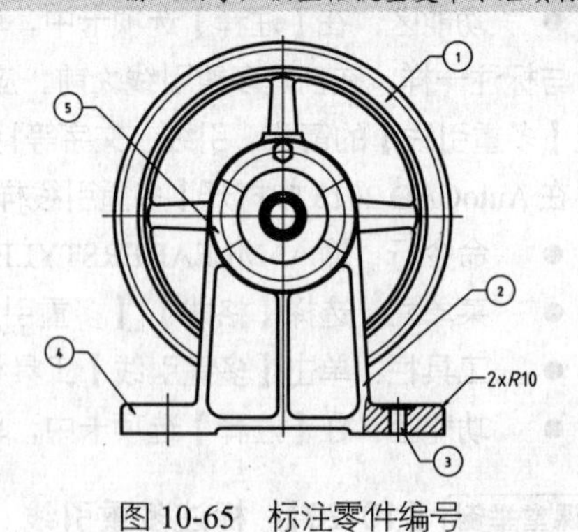

图 10-65　标注零件编号

10.5.6　形位公差标注

经机械加工后的零件，除了会产生尺寸误差外，还会产生单一要素的形状误差和不同要素之间的相对误差。形位公差就是对这些误差最大允许范围的说明。形位公差分为形状公差和位置公差。形位公差影响产品的功能，因此在设计时应规定相应的公差，并按规定的标准符号标注在图样上。

【公差】菜单命令用于标注不带引线和箭头的形位公差。

启用【公差】标注命令有以下几种方法。

- 命令行：输入 TOLERANCE/TOL 命令。
- 菜单栏：选择【标注】|【公差】菜单命令。
- 工具栏：单击【标注】工具栏中的【公差】工具按钮⊕1。
- 功能区：在【注释】选项卡中，单击【标注】面板中的【公差】按钮⊕1。

形位公差由公差符号和公差数值等几部分组成。执行【公差】菜单命令，将打开如图 10-66 所示的【形位公差】对话框，该对话框用于填写形位公差的所有内容。

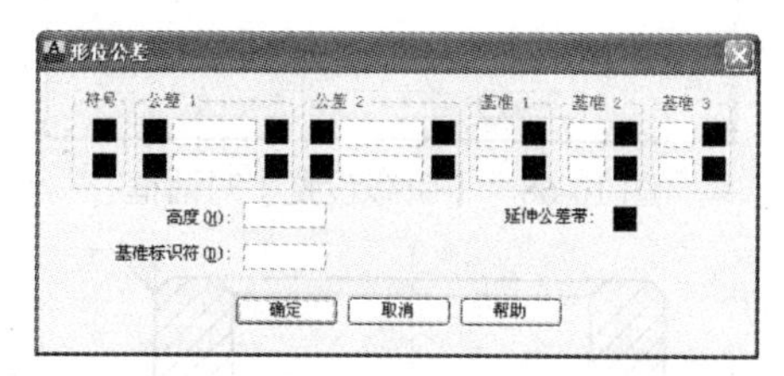

图 10-66 【形位公差】对话框

国家规定的 14 种形位公差符号及含义如表 10-1 所示。

表 10-1 各种形位公差符号及含义

分类	项目特征	有无基准要求	符号	分类		项目特征	有无基准要求	符号
形状公差	直线度	无	⏤	位置公差	定向公差	平行度	有	∥
	平面度	无	⏥			垂直度	有	⊥
						倾斜度	有	∠
	圆 度	无	○		定位公差	位置度	有或无	⌖
	圆柱度	无	⌭			同轴度	有	◎
						对称度	有	⌯
	线轮廓度	有或无	⌒		跳动公差	圆跳动	有	↗
	面轮廓度	有或无	⌓			全跳动	有	⌰

课堂举例 【10-21】：形位公差标注

Step 01 选择【文件】|【打开】菜单命令，打开"第 10 章\10.5.6.dwg"文件，如图 10-67 所示。

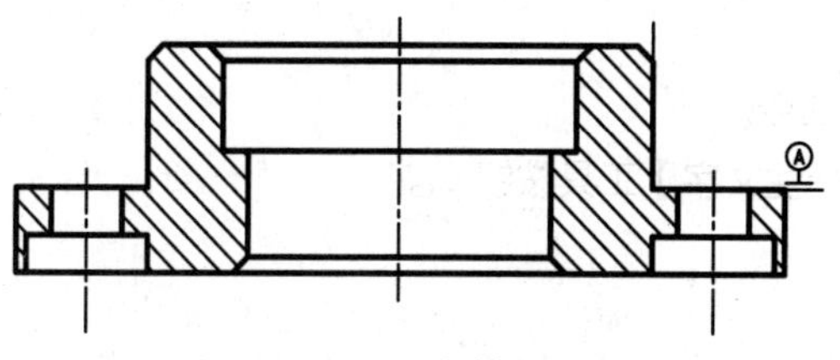

图 10-67 素材图形

Step 02 在命令行中输入 QLEADER /LE 命令，根据提示绘制引线，命令行操作如下：

```
命令：LE↙
                    //调用【快速引线】菜单命令
QLEADER
指定第一个引线点或 [设置(S)] <设置>: S
                    //激活"设置(S)"选项，在打开的【引线设置】对话框中，选择【注释】选项卡，如图 10-68 所示更改【注释类型】
指定第一个引线点或 [设置(S)] <设置>:
                    //指定箭头位置
指定下一点：//指定折线位置
指定下一点：//指定端点位置，结果如图 10-69 所示
```

Step 03 选择【标注】|【公差】菜单命令，在打开的【形位公差】对话框中单击【符号】选项组，在打开的【特征符号】对话框中选择【垂直

度】，如图 10-70 所示。

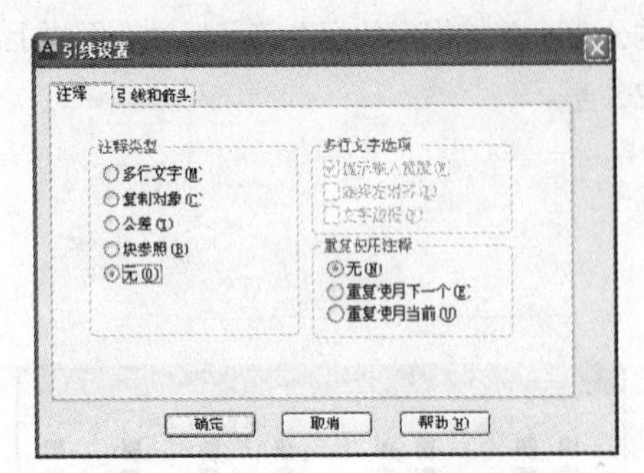

图 10-68 【引线设置】对话框

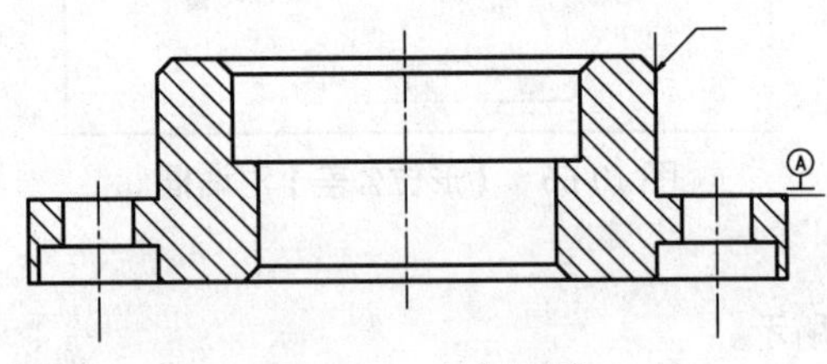

图 10-69 绘制引线

Step 04 在【公差 1】文本框中输入 0.002，在【公差 2】文本框中输入 A，如图 10-71 所示。

Step 05 单击【确定】按钮之后指定【形位公差】的位置，如图 10-72 所示。形位公差标注完成。

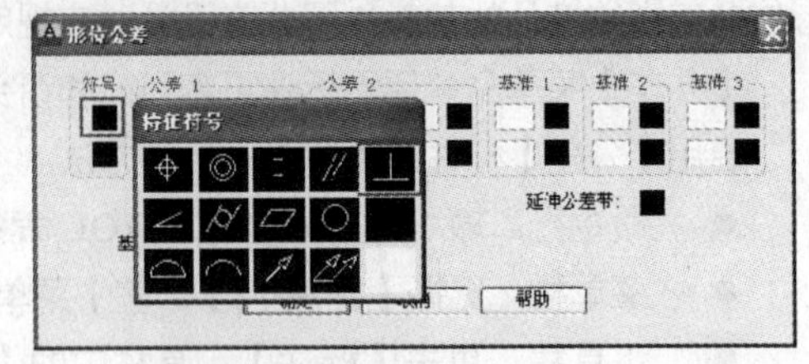

图 10-70 选择【特征符号】

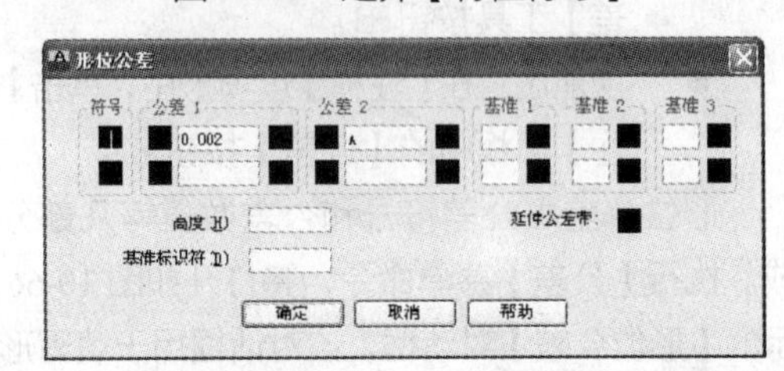

图 10-71 输入公差

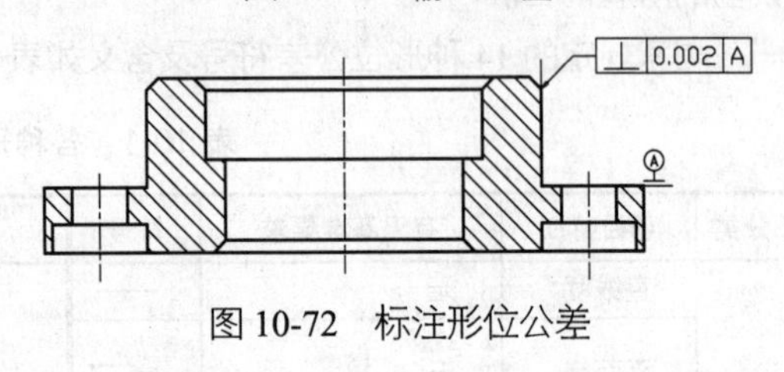

图 10-72 标注形位公差

10.6 尺寸标注的编辑

在 AutoCAD 2013 中，可以对已标注对象的文字、位置及样式等内容进行修改，而不必在删除所标注的尺寸对象后再重新进行标注。

10.6.1 编辑标注文字

【编辑标注文字】菜单命令用于改变尺寸文字的放置位置。

启动【编辑标注】菜单命令有以下几种方式。

- 命令行：输入 DIMTEDIT/ DIMTED 命令。
- 菜单栏：选择【标注】|【对齐文字】菜单命令。
- 工具栏：单击【标注】工具栏中的【编辑标注文字】工具按钮A。

课堂举例【10-22】：编辑标注文字

Step 01 选择【打开】|【文件】菜单命令，打开“第 10 章\10.6.1.dwg”文件，如图 10-73 所示。

Step 02 在命令行中输入 DIMTEDIT 命令，居中尺寸为 367 的尺寸标注文字，如图 10-74 所示，命令行操作如下：

```
命令：_dimtedit↙                          //调用【编辑标注文字】菜单命令
```

```
选择标注:                                                          //选择 367 尺寸标注
为标注文字指定新位置或 [左对齐(L)/右对齐(R)/居中(C)/默认(H)/角度(A)]:c //激活“居中(C)”选项
```

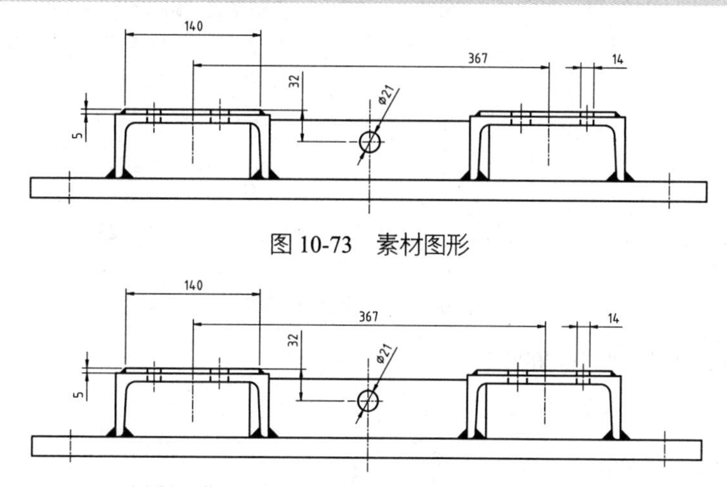

图 10-73　素材图形

图 10-74　编辑标注文字

10.6.2　编辑标注

【编辑标注】是一个综合的尺寸编辑命令，可以同时对各尺寸要素进行修改。

启动【编辑标注】菜单命令有以下几种方式。

- 命令行：输入 DIMEDIT/DED 命令。
- 工具栏：单击【标注】工具栏中的【编辑标注】工具按钮。

通过以上任意一种方法执行该命令后，命令行提示如下：

```
输入标注编辑类型 [默认(H)/新建(N)/旋转(R)/倾斜(O)] <默认>:
```

和其他标注修改命令不同的是，DIMEDIT 命令是先选择一种修改方式，再选择需要修改的尺寸对象。这样，可以用选定的修改方式同时修改多个尺寸对象。命令行中各选项的含义如下。

- 默认：选择该选项并选择尺寸对象，可以按默认位置和方向放置尺寸文字。
- 新建：选择该选项可以修改尺寸文字，此时系统将显示【文字格式】工具栏和文字输入窗口。修改或输入尺寸文字后，选择需要修改的尺寸对象即可。
- 旋转：选择该选项可以将尺寸文字旋转一定的角度，同样是先设置角度值，然后选择尺寸对象。
- 倾斜：选择该选项可以使非角度标注的尺寸界线倾斜一角度。这时需要先选择尺寸对象，然后设置倾斜角度值。

课堂举例【10-23】：编辑标注

Step 01 选择【文件】|【打开】菜单命令，打开如图 10-74 所示的图形文件。

Step 02 在命令行中输入 DIMEDIT 命令，更改尺寸为 14 的标注，命令行操作如下：

```
命令: DIMEDIT↙                                              //调用【编辑标注】菜单命令
输入标注编辑类型 [默认(H)/新建(N)/旋转(R)/倾斜(O)] <默认>: N↙  //激活“新建(N)”选项
选择对象: 找到 1 个                       //选择需要更改的标注，编辑标注文字如图 10-75 所示
```

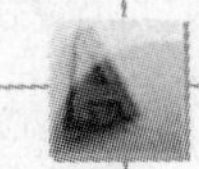

选择对象：

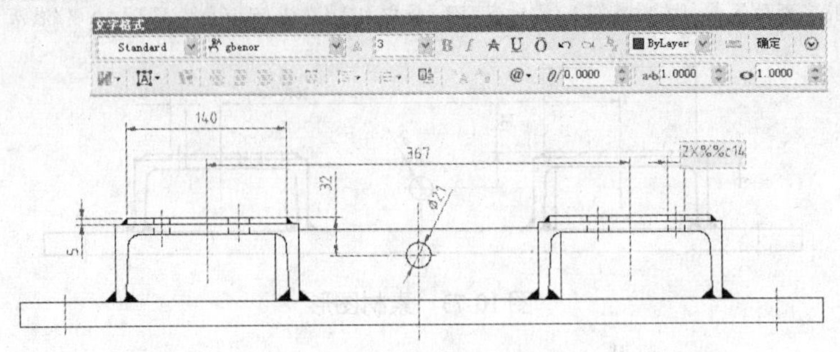

图 10-75　更改标注文字

Step 03 编辑标注结果如图 10-76 所示。

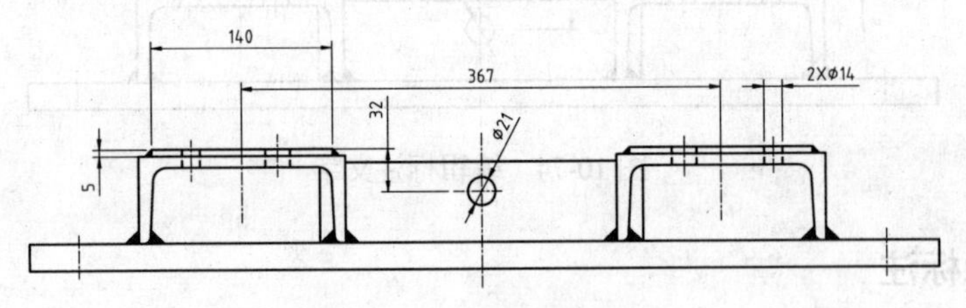

图 10-76　编辑标注结果

10.6.3　使用【特性】选项板编辑标注

除了上面介绍的各类尺寸标注命令外，还可以使用【特性】选项板来编辑标注。

打开【特性】选项板有以下几种方式。

- 命令行：输入 PROPERTIES/PR 命令。
- 菜单栏：选择【工具】|【选项板】|【特性】菜单命令。

下面通过实例，讲解使用【特性】选项板编辑标注的方法。

课堂举例 【10-24】：利用【特性】选项板编辑标注

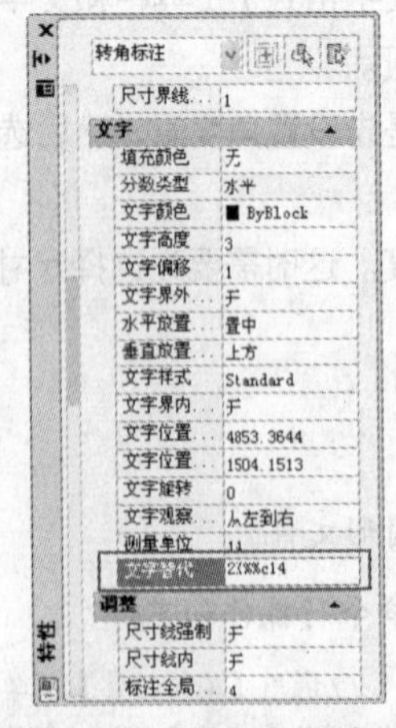

图 10-77　输入文字替代

Step 01 选择【文件】|【打开】菜单命令，打开如图 10-74 所示的图形文件。

Step 02 选择尺寸为 21 的圆的标注，在命令行中输入 PR 并回车。

Step 03 打开【特性】选项板，在【文字】选项区域中更改【文字替代】参数，如图 10-77 所示，标注文字修改结果如图 10-78 所示。

> **专家提醒**
>
> 除了编辑标注文字外，利用【特性】选项板还可以修改标注的颜色、线型、箭头等。

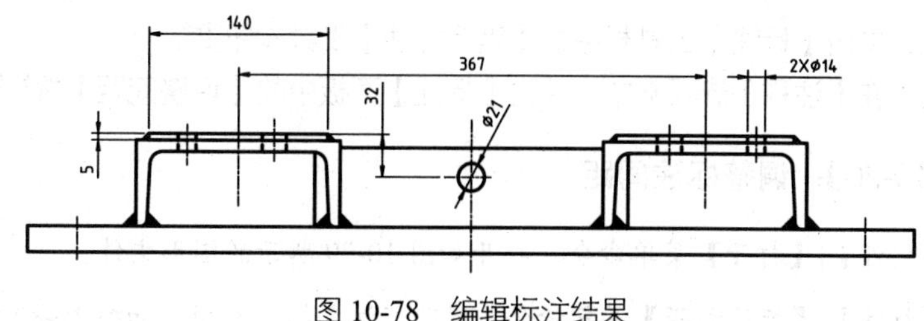

图 10-78　编辑标注结果

10.6.4　打断尺寸标注

打断尺寸标注可以使标注、尺寸界线或引线不显示，可以自动或手动将折断线标注添加到标注或引线对象。

启动【打断标注】菜单命令有以下几种方式。

- 命令行：输入 DIMBREAK 命令。
- 菜单栏：选择【标注】|【标注打断】菜单命令。
- 工具栏：单击【标注】工具栏中的【折断标注】工具按钮。
- 功能区：在【注释】选项卡中，单击【标注】面板中的【打断】按钮。

课堂举例【10-25】：打断尺寸标注

Step 01 选择【文件】|【打开】菜单命令，打开如图 10-78 所示的图形文件。

Step 02 选择【标注】|【标注打断】菜单命令，如图 10-79 所示对标注进行打断，命令行操作如下：

```
命令：_DIMBREAK                                              //调用【标注打断】菜单命令
选择要添加/删除折断的标注或 [多个(M)]：                          //选择要被打断的标注
选择要折断标注的对象或 [自动(A)/手动(M)/删除(R)] <自动>：M↙      //激活“手动(M)”选项
指定第一个打断点：                                            //指定第一个打断点
指定第二个打断点：                                            //指定第二个打断点
1 个对象已修改
```

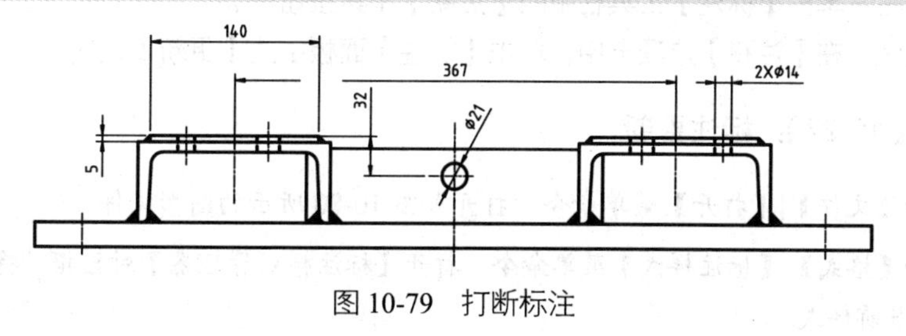

图 10-79　打断标注

10.6.5　标注间距

利用【标注间距】功能，可根据指定的间距数值调整尺寸线互相平行的线性尺寸或角度尺寸之间的距离，使其处于平行等距或对齐状态。

启动【标注间距】菜单命令有以下几种方式。

- 命令行：输入 DIMSPACE 命令。
- 菜单栏：选择【标注】|【标注间距】菜单命令。

- 工具栏：单击【标注】工具栏中的【等距标注】工具按钮。
- 功能区：在【注释】选项卡中，单击【标注】面板中的【调整间距】按钮。

课堂举例【10-26】：调整标注间距

Step 01 选择【文件】|【打开】菜单命令，打开如图 10-79 所示的图形文件。

Step 02 选择【标注】|【标注间距】菜单命令，修改标注之间的间距，如图 10-80 所示，命令行操作如下：

```
命令： _DIMSPACE                              //调用【标注间距】菜单命令
选择基准标注：                                //选择尺寸为 367 的标注为基准
选择要产生间距的标注：找到 1 个                //选择尺寸为 140 的标注
选择要产生间距的标注：↙
输入值或 [自动(A)] <自动>： 35                 //输入间距值
```

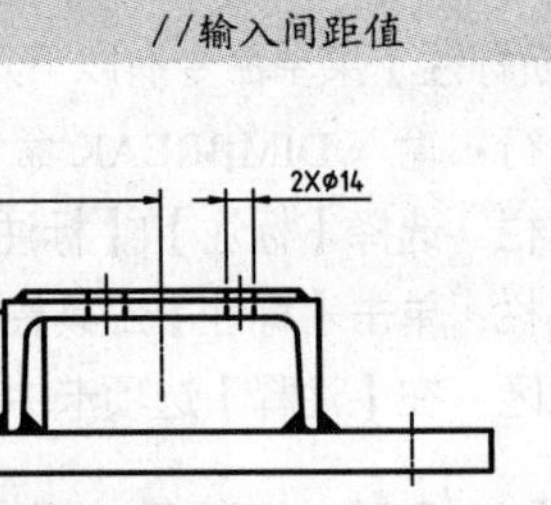

图 10-80　修改间距

10.6.6　更新标注

利用【标注更新】菜单命令可以实现两个尺寸样式之间的互换，将已标注的尺寸以新的样式显示出来，以满足各种尺寸标注的需要，而无须对尺寸进行反复修改。

启动【标注更新】调整命令有以下几种方式。

- 菜单栏：选择【标注】|【更新】菜单命令。
- 工具栏：单击【标注】工具栏中的【更新】工具按钮。
- 功能区：在【注释】选项卡中，单击【标注】面板中的【更新】按钮。

课堂举例【10-27】：标注更新

Step 01 选择【文件】|【打开】菜单命令，打开如图 10-80 所示的图形文件。

Step 02 选择【格式】|【标注样式】菜单命令，打开【标注样式管理器】对话框，将【SANDARD】标注样式置为当前样式。

Step 03 选择【标注】|【更新】菜单命令，将尺寸为 21 的标注更新为【SANDARD】标注样式，如图 10-81 所示，命令行操作如下：

```
命令： _dimstyle                               //调用【更新】菜单命令
当前标注样式： STANDARD   注释性： 否
输入标注样式选项
[注释性(AN)/保存(S)/恢复(R)/状态(ST)/变量(V)/应用(A)/?] <恢复>： _apply
选择对象： 找到 1 个                           //选择更新对象标注
```

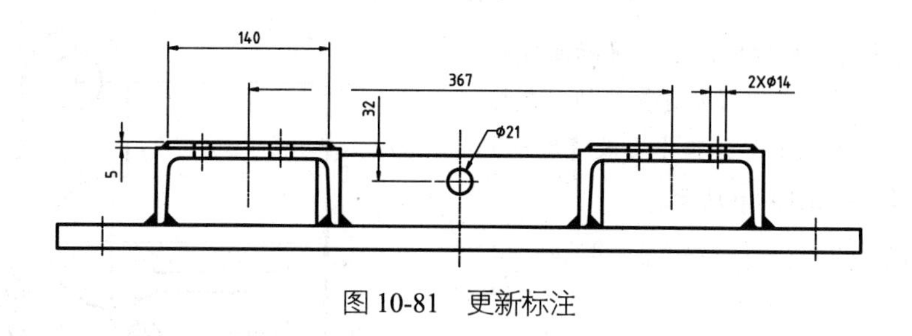

图 10-81　更新标注

10.7　综合实例

10.7.1　标注机械零件图

调用本章所学的对齐标注、线性标注、半径标注、直径标注、角度标注等命令，标注如图 10-82 所示的机械零件图。

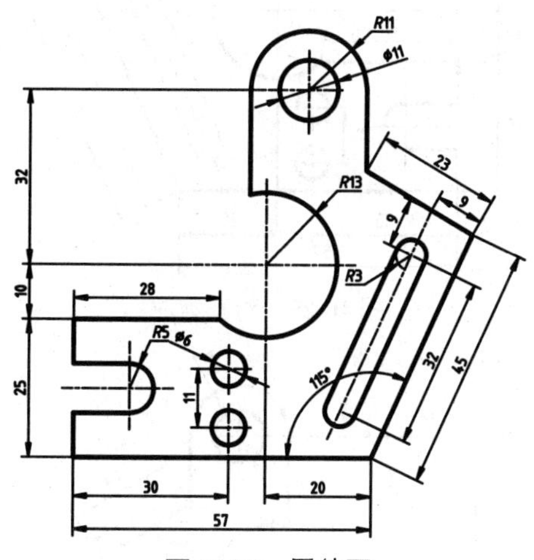

图 10-82　零件图

Step 01 选择【文件】|【打开】菜单命令，打开“第 10 章\10.7.1.dwg”文件，如图 10-83 所示。

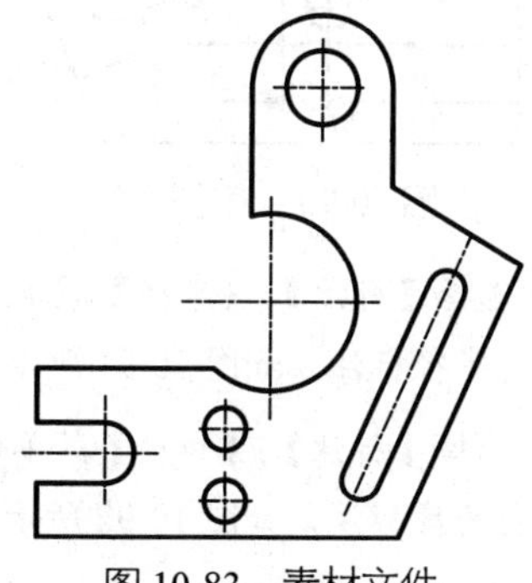
图 10-83　素材文件

Step 02 选择【格式】|【标注样式】菜单命令，在系统打开的【标注样式管理器】对话框中单击【新建】按钮，新建名为【练习】的标注样式，如图 10-84 所示。

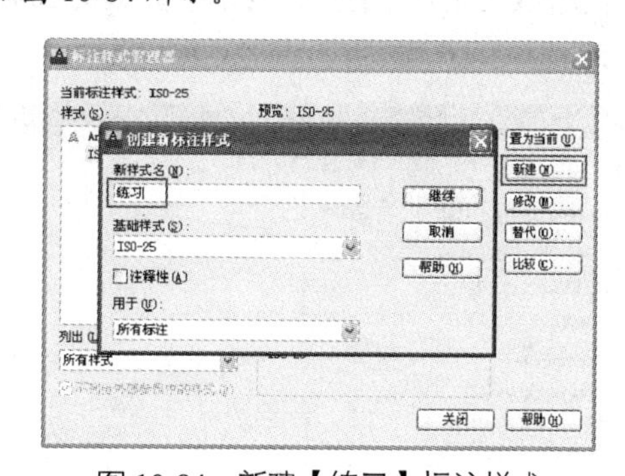

图 10-84　新建【练习】标注样式

Step 03 单击【继续】按钮，在【文字】选项卡中更改【文字高度】为 3.5，如图 10-85 所示。

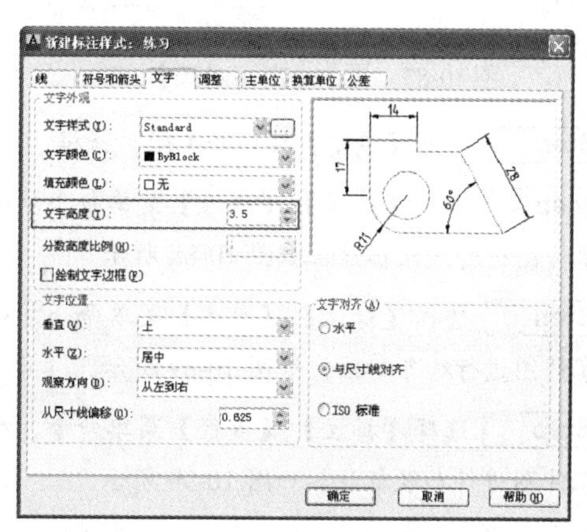

图 10-85　更改文字高度

Step 04 单击【确定】按钮，返回【标注样式管理器】对话框，再次单击【新建】按钮，在打开的【创建新标注样式】对话框中更改【用于】为【半径标注】，如图 10-86 所示。

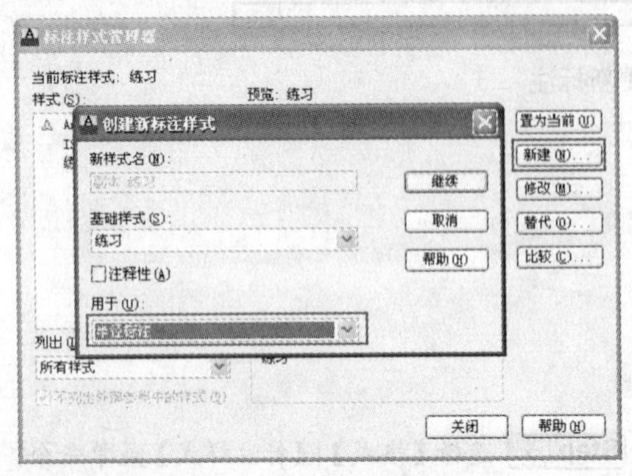

图 10-86 新建半径标注样式

Step 05 单击【继续】按钮，在【文字】选项卡中更改【文字对齐】方式为【水平】，如图 10-87 所示。

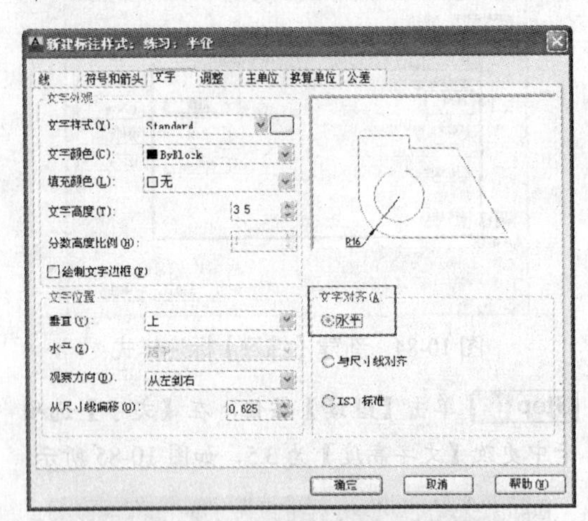

图 10-87 更改【文字对齐】方式

Step 06 单击【确定】按钮并关闭对话框。

Step 07 选择【标注】|【线性】菜单命令，对零件图进行线性标注，如图 10-88 所示。

Step 08 选择【标注】|【对齐】菜单命令，对零件图进行对齐标注，如图 10-89 所示。

Step 09 选择【标注】|【直径】菜单命令，对零件图进行直径标注，如图 10-90 所示。

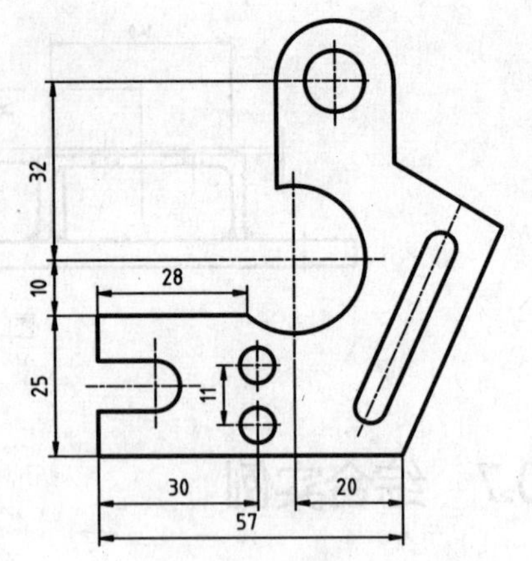

图 10-88 线性标注

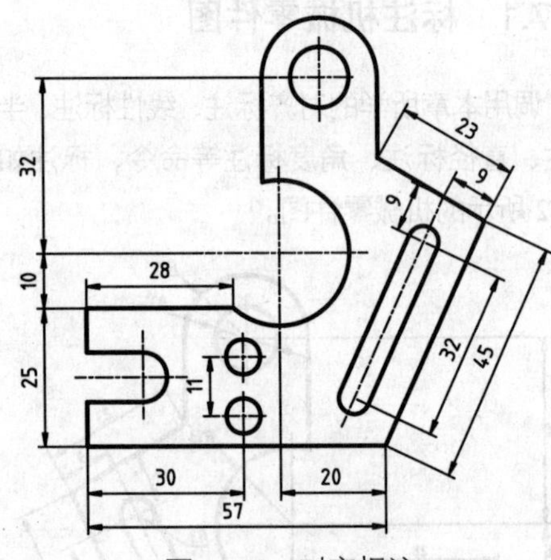

图 10-89 对齐标注

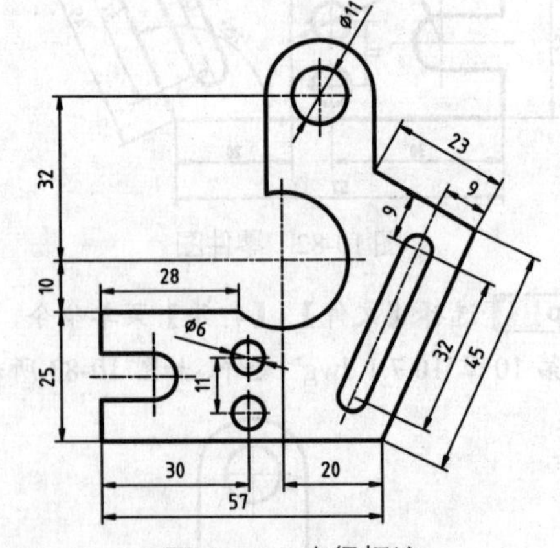

图 10-90 直径标注

Step 10 选择【标注】|【半径】菜单命令，对零件图进行半径标注，如图 10-91 所示。

Step 11 选择【标注】|【角度】菜单命令，对零件图进行角度标注，如图 10-92 所示。至此，标注完成。

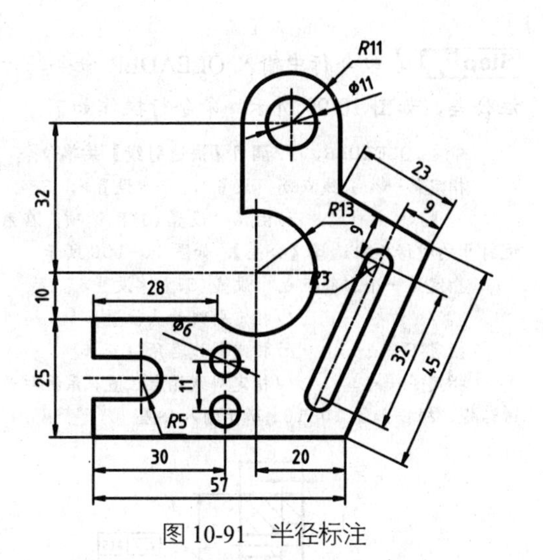

图 10-91　半径标注

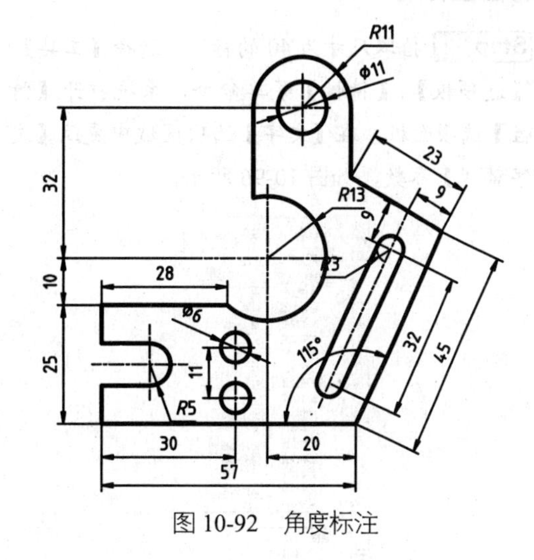

图 10-92　角度标注

10.7.2　标注机械剖面图

利用本章所学的线性标注、公差标注以及标注后期编辑等命令，标注如图 10-93 所示的机械剖面图。

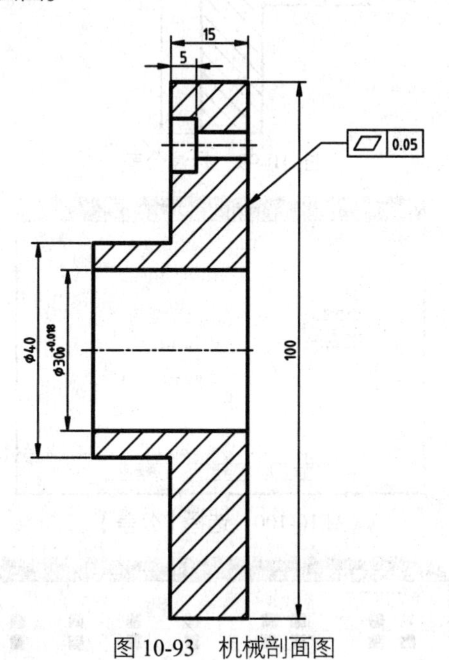

图 10-93　机械剖面图

Step 01 选择【文件】|【打开】菜单命令，打开“第 10 章\10.7.2.dwg”文件，如图 10-94 所示。

Step 02 选择【标注】|【线性】菜单命令，对剖面图进行线性标注，如图 10-95 所示。

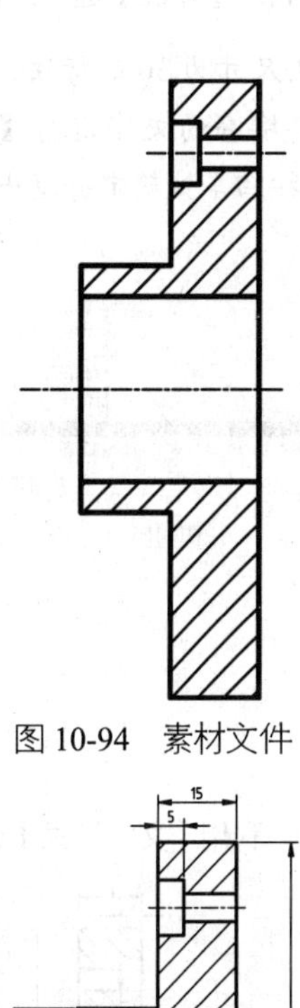

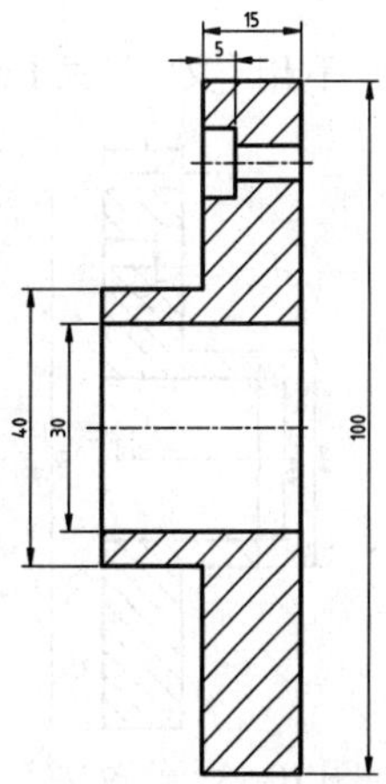

图 10-94　素材文件

图 10-95　线性标注

Step 03 拾取尺寸为40的标注，选择【工具】|【选项板】|【特性】菜单命令，系统打开【特性】选项面板，在【文字】选项区域中更改【文字替代】参数，如图10-96所示。

图10-96 利用【特性】选项面板修改文字

Step 04 双击尺寸为30的标注，输入替换文字之后选取需要堆叠的文字进行【堆叠】，如图10-97所示，按回车键确定并退出，如图10-98所示。

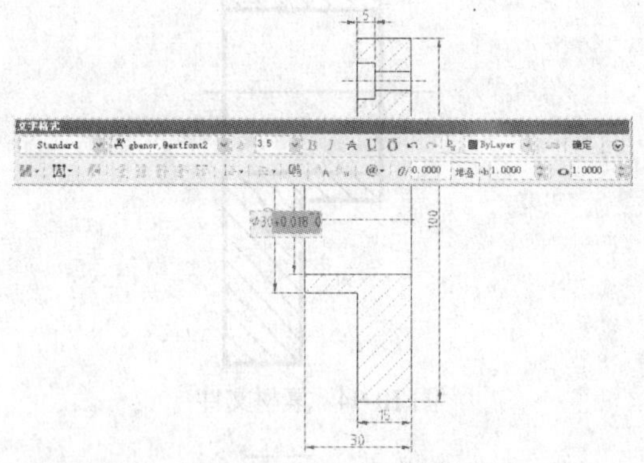

图10-97 利用【文字格式】修改文字

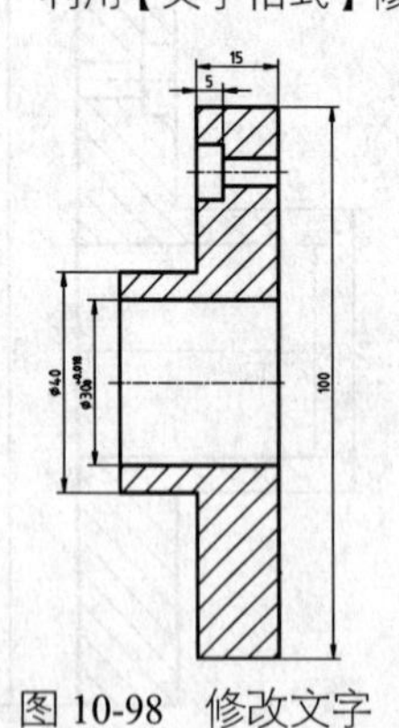

图10-98 修改文字

Step 05 在命令行中输入QLEADER命令，标注公差，如图10-99所示，命令行操作如下：

```
命令：QLEADER↙ //调用【快速引线】菜单命令
指定第一个引线点或 [设置(S)] <设置>: S
                //激活“设置(S)”选项，在系统打开的对话框中选择【公差】，如图10-100所示
指定第一个引线点或 [设置(S)] <设置>:
                //指定引线箭头位置
指定下一点：     //指定引线转角位置
指定下一点：     //指定引线端点位置，系统打开对话框，根据如图10-101所示输入公差
```

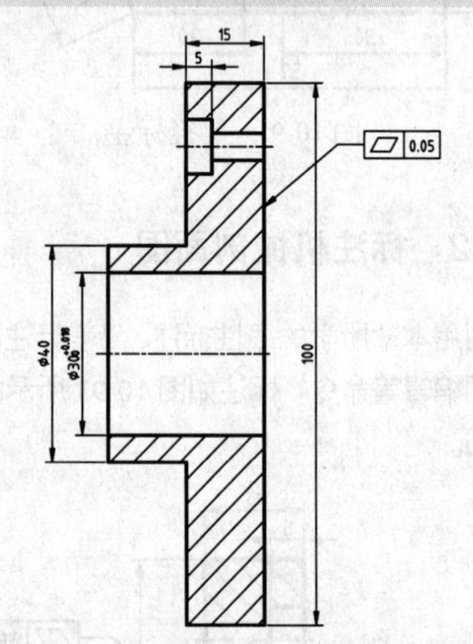

图10-99 标注公差

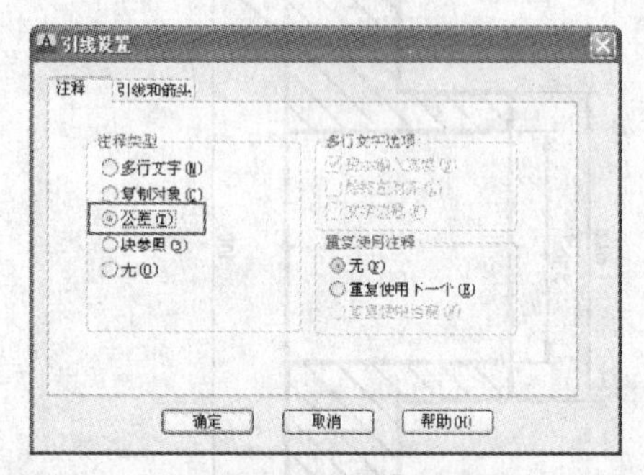

图10-100 选择【公差】

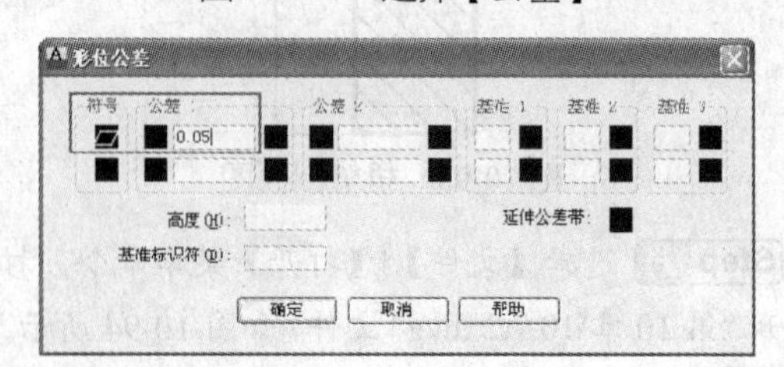

图10-101 输入公差

Step 06 至此，剖面图标注完成。

10.7.3 标注沙发平面图

利用线性标注，标注如图 10-102 所示的沙发平面图尺寸。

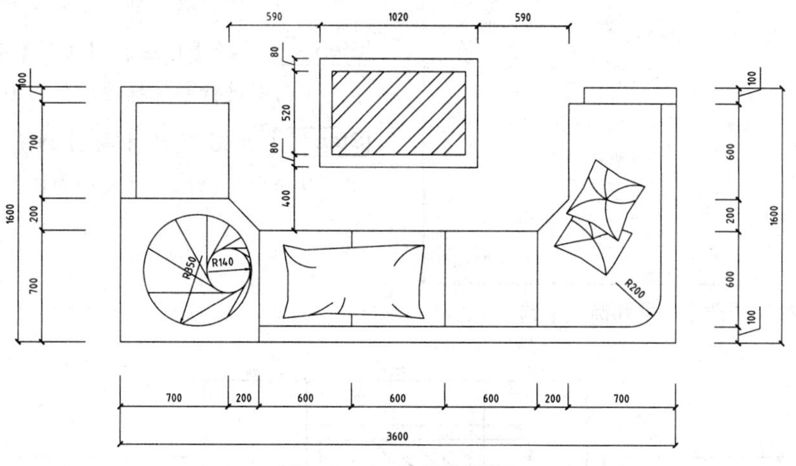

图 10-102 沙发平面图

Step 01 选择【文件】|【打开】菜单命令，打开“第 10 章\10.7.3.dwg”文件，如图 10-103 所示。

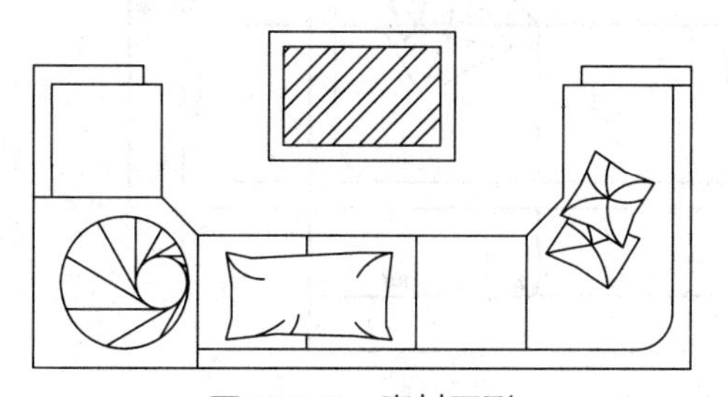

图 10-103 素材图形

Step 02 选择【格式】|【标注样式】菜单命令，在系统打开的【标注样式管理器】对话框中单击【新建】按钮，新建名为【练习】的标注样式，如图 10-104 所示。

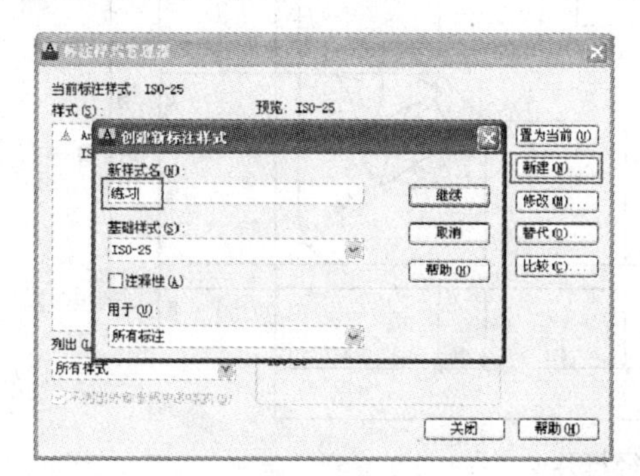

图 10-104 新建样式

Step 03 单击【继续】按钮，在【文字】选项卡中更改【文字高度】为 60、【从尺寸线偏移】距离为 30，如图 10-105 所示。

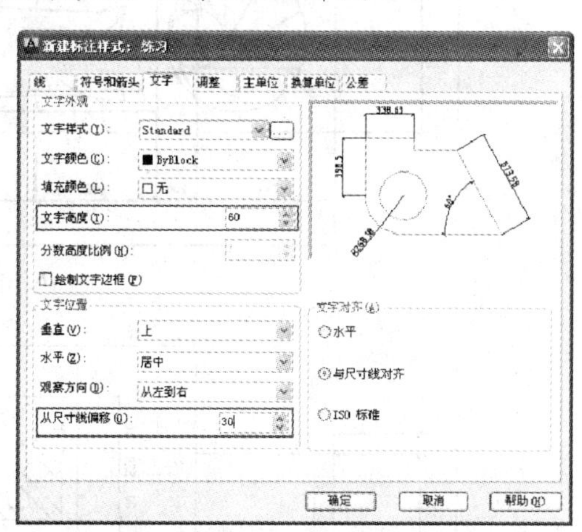

图 10-105 更改【文字】选项卡

Step 04 在【符号和箭头】选项卡中更改【箭头】为【建筑标记】、【箭头大小】为 30，如图 10-106 所示。

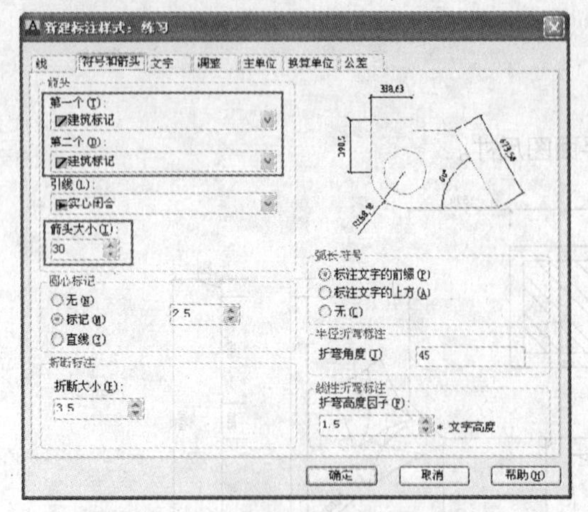

图 10-106　更改【符号和箭头】选项卡

Step 05 在【主单位】选项卡中更改【精度】为 0。

Step 06 选择【标注】|【线性】菜单命令，对沙发平面图进行线性标注，如图 10-107 所示。

Step 07 选择【标注】|【半径】菜单命令，对沙发平面图进行半径标注，如图 10-108 所示。

Step 08 最后对尺寸标注进行修整，如图 10-109 所示。至此，沙发平面图标注完成。

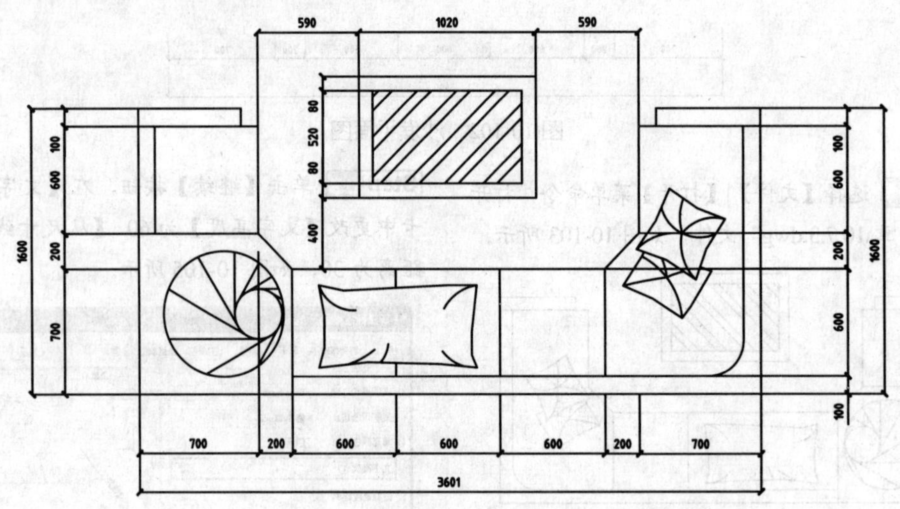

图 10-107　线性标注

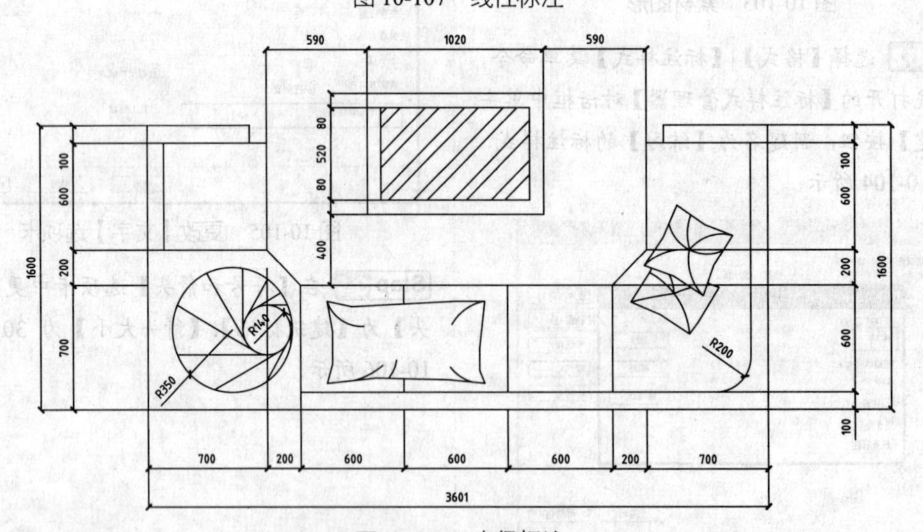

图 10-108　半径标注

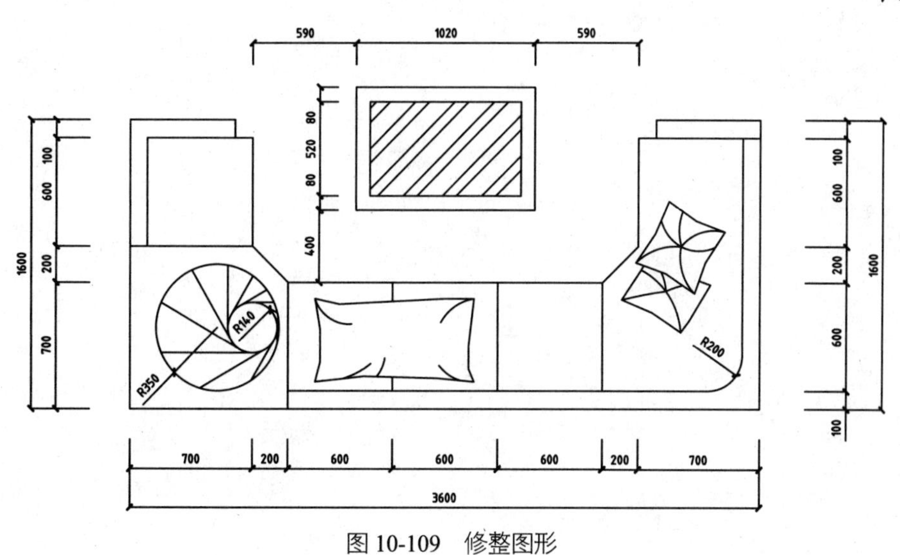

图 10-109　修整图形

10.8　思考与练习

1．填空题

（1）在机械制图国家标准中，对尺寸标注的规定主要有______________、________________、________________、________________、简化标注法以及尺寸的公差配合标注法等。

（2）实际生产中的尺寸不可能达到规定的那么标准，所以允许其上下浮动，浮动的这个值则称为_______________。

（3）在 AutoCAD 2013 中，通过_________来显示形位公差信息，如图形的___________、___________、___________、_____________和_________等。

2．操作题

绘制如图 10-110 所示的图形并标注尺寸。

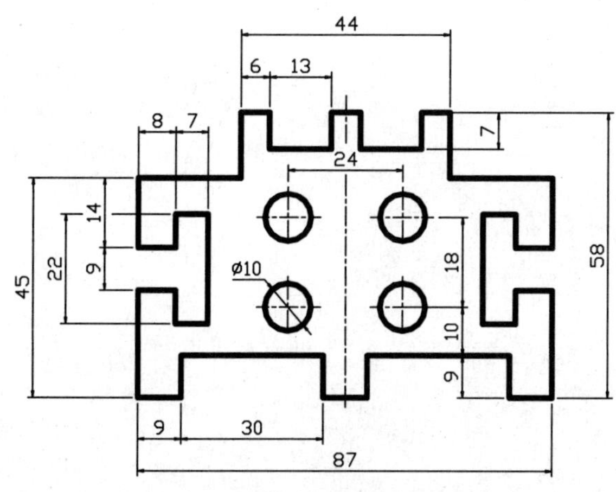

图 10-110　绘制图形并标注尺寸

第5篇 图形管理篇

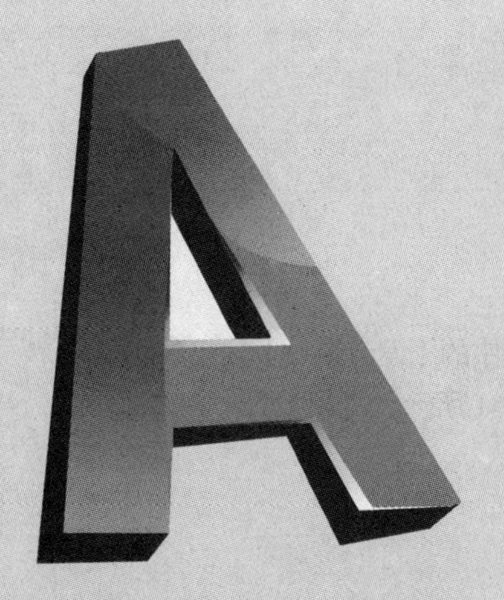

第章 使用资源管理工具

⊙学习目的：

本章讲解 AutoCAD 2013 设计中心、工具选项板和清理命令的使用。使用这些资源管理工具，可以有效地提高 AutoCAD 资源管理的效率。

⊙学习重点：

★★★☆AutoCAD 设计中心

★★☆☆工具选项板

★★☆☆清理命令

11.1 AutoCAD 设计中心

AutoCAD 设计中心（AutoCAD Design Center，简称 ADC）是 AutoCAD 一个非常有用的工具。它的作用就像 Windows 操作系统中的资源管理器一样，用于管理众多的图形资源。

利用设计中心，可以对图形设计资源实现以下管理功能。

- 浏览、查找和打开指定的图形资源。
- 将图形文件、图块、外部参照、命名样式迅速地插入到当前文件中。
- 为经常访问本地计算机或网络上的设计资源创建快捷方式，并添加到收藏夹中。

11.1.1 【设计中心】窗口

打开【设计中心】窗口的方式有以下几种。

- 快捷键：按 Ctrl+2 组合键。
- 命令行：输入 ADCENTER/ADC 设计中心命令。
- 功能区：在【视图】选项卡中，单击【选项板】面板中的【设计中心】按钮。

设计中心的外观与 Windows 资源管理器非常相似，如图 11-1 所示。

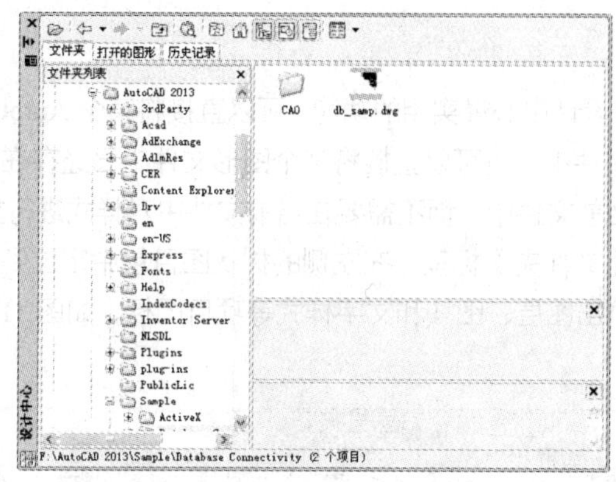

图 11-1 【设计中心】窗口

11.1.2 使用图形资源

利用设计中心可以快捷地打开文件、查找内容和向图形中添加内容。

1. 打开图形文件

课堂举例【11-1】：通过设计中心打开“柜子前视图.dwg”图形文件

Step 01 在【视图】选项卡中，单击【选项板】面板中的【设计中心】按钮，打开设计中心，如图 11-2 所示。

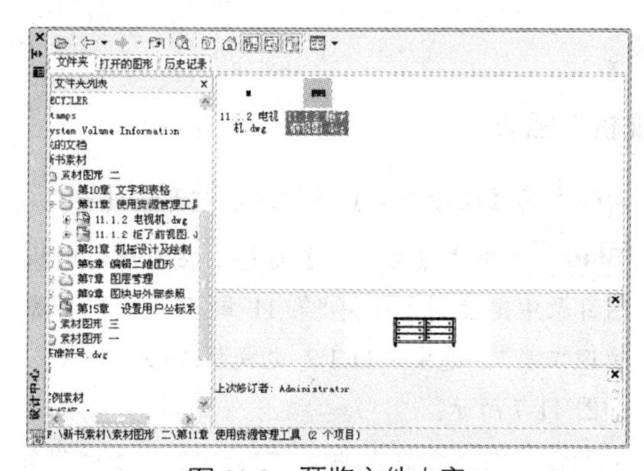

图 11-2 预览文件内容

Step 02 单击【文件夹】标签，在左侧的树状图目录中定位到文件夹“第 11 章 使用图形资源管理工具”文件夹，右击内容窗口中的“11.1.2 柜子前视图.dwg”图形文件，弹出快捷菜单，选择【在应用程序窗口中打开】选项，如图 11-3 所示。

Step 03 在绘图区即可看到文件被打开，如图 11-4 所示。

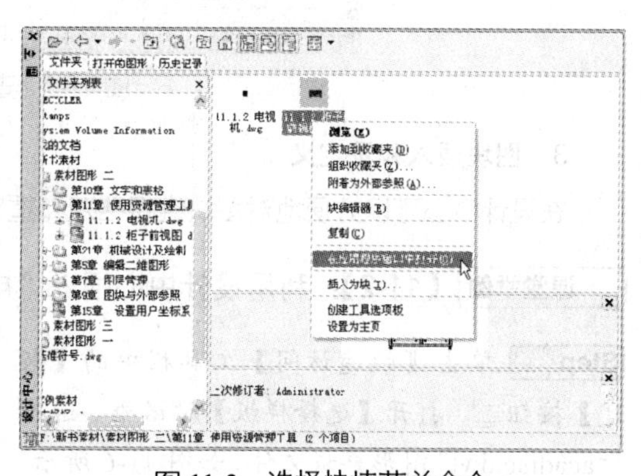

图 11-3 选择快捷菜单命令

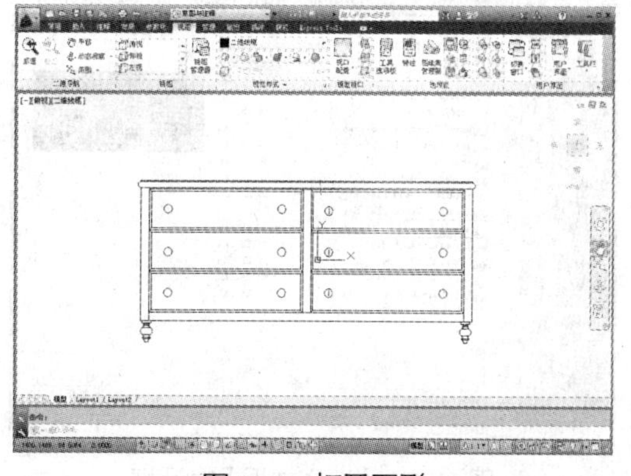

图 11-4 打开图形

2. 插入图形文件

直接插入图形资源，是设计中心最实用的功能。可以直接将某个 AutoCAD 图形文件作为外部块或者外部参照插入到当前文件中；也可以直接将某个图形文件中已经存在的图层、线型、样式、图块等命令对象直接插入到当前文件中，而不需要在当前文件中对样式进行重复定义。

打开设计中心，单击【文件夹】标签，在左侧的树状图目录中定位到文件。选中文件之后，则设计中心在右边的窗口中列出图层、图块和文字样式等项目图标，如图 11-5 所示。根据需要选择项目，然后拖至图纸中即可。

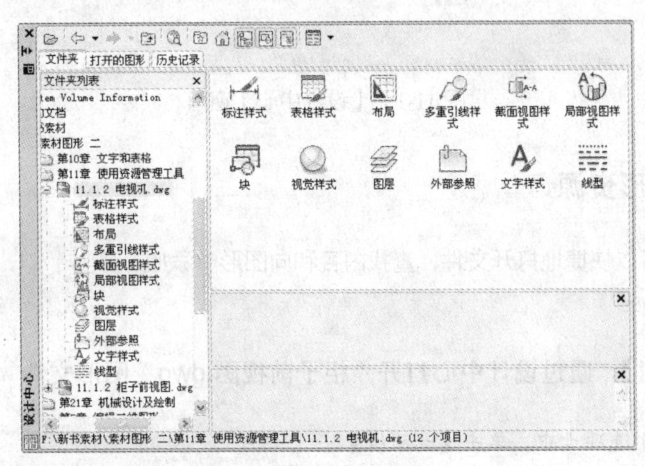

图 11-5　查看图形项目

3. 图块插入和重定义

在设计中心可以方便地对图块进行插入和重定义。

课堂举例【11-2】：利用设计中心插入“电视机”图块

Step 01 单击【快速访问】工具栏中的【新建】按钮，打开【选择样板】对话框，选择“acadiso.dwt”图形样板文件，如图 11-6 所示。

图 11-6　【选择样板】对话框

Step 02 在【视图】选项卡中，单击【选项板】面板中的【设计中心】按钮，打开设计中心。

Step 03 单击【文件夹】标签，在左侧的树状图目录中定位到文件夹“第 11 章 使用图形资源管理工具”，选中“11.1.2 电视机.dwg”文件，如图 11-7 所示。

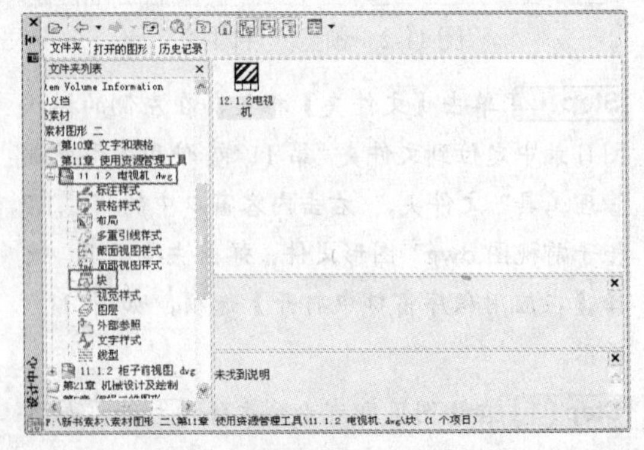

图 11-7　“电视机”图形文件

Step 04 单击选中【块】项目，选中“11.1.2 电视机”图块，用鼠标拖放，将其插入到当前图形的工作区，如图 11-8 所示。

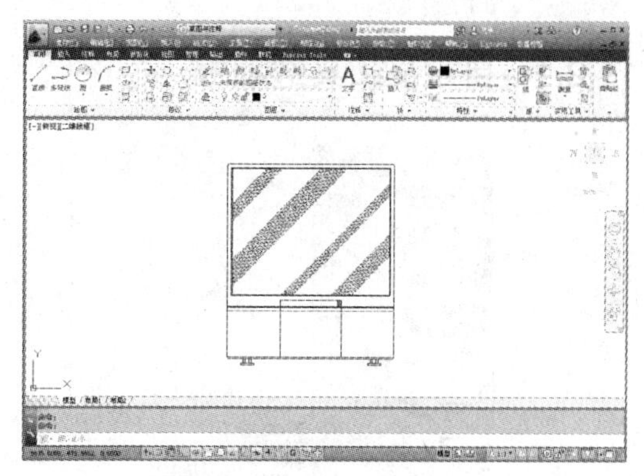

图 11-8　插入电视机图块

11.1.3　联机设计中心

联机设计中心是 AutoCAD 为了方便所有用户共享图形资源而提供的一个基于网络的图形资源库，包含了许多通用的预绘制内容，如图块、符号库、制造商内容和联机目录等。

计算机必须与 Internet 连接后，才能访问这些图形资源。单击【联机设计中心】选项卡，可以在其中浏览、搜索并下载可以在图形中使用的内容。需要在当前图形中使用这些资源时，将相应的资源对象拖放到当前工作区即可。

11.2　工具选项板

工具选项板是 AutoCAD 的一个强大的自定义工具，能够让用户根据自己的工作需要将各种 AutoCAD 图形资源和常用的操作命令整合到工具选项板中，以方便随时调用。

【工具选项板】窗体默认由【图案填充】、【注释】、【建筑】等若干个工具选项板组成。每个选项板整合包含图块、填充图案、光栅图像、实体模型的多个图形资源，还有各种命令工具的集合。工具选项板中的图形资源和命令工具都称为【工具】。

打开【工具选项板】窗口的方法有以下几种。

- 快捷键：按 Ctrl+3 组合键。
- 命令行：输入 TOOLPALETTES 命令。
- 功能区：在【视图】选项卡中，单击【选项板】面板中的【工具选项板】按钮。

由于显示区域大小的限制，不能显示所有的工具选项板标签。此时，可以用鼠标单击选项板标签的端部位置，在弹出的快捷菜单中选择需要显示的工具选项板名称，如图 11-9 所示。

在使用工具选项板中的工具时，单击所需的工具按钮，即可在绘图区创建相应的图形对象。

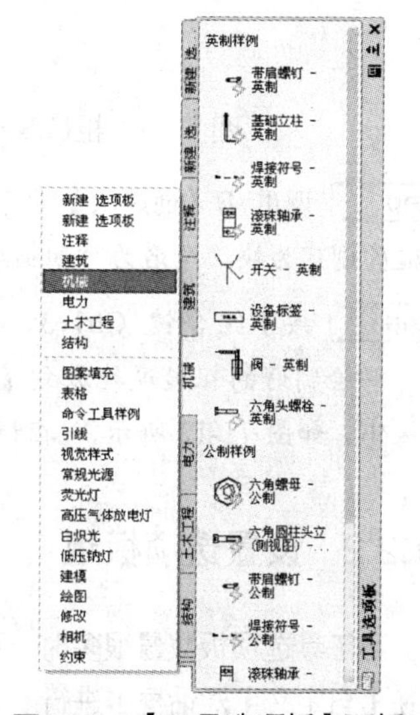

图 11-9　【工具选项板】面板

11.2.1 自定义工具选项板

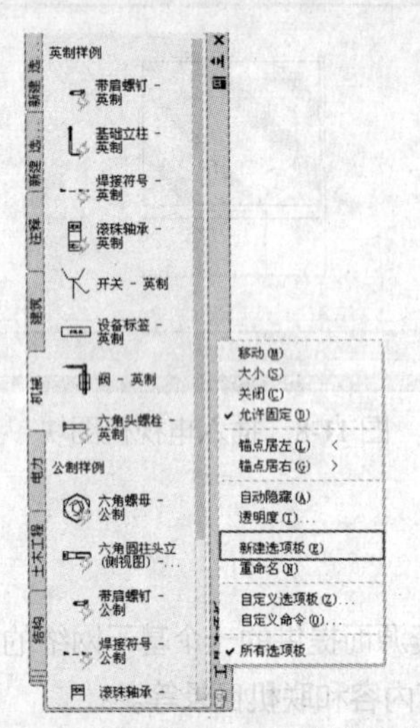

图 11-10 【工具选项板】快捷菜单

工具选项板的优点在于可以完全按照用户的工作需要进行自定义。用鼠标右击工具选项板标题栏，弹出如图 11-10 所示的【工具选项板】快捷菜单。选择【新建选项板】菜单项，并为新的选项板命名，就创建好一个新的工具选项板了。不过此时的选项板还是空的，需要按照用户的不同需求添加工具。

课堂举例【11-3】：创建“粗糙度”选项工具

Step 01 在命令行中输入 L【直线】命令，绘制粗糙度，如图 11-11 所示。

图 11-11 粗糙度

Step 02 调用 B【创建块】命令，将绘制完的粗糙度创建为块，命名为“粗糙度”，并保存。

Step 03 按下组合键 Ctrl+3，打开工具选项板，将绘制好的粗糙度拖放到【机械】工具选项板中，如图 11-12 所示。“粗糙度”选项板工具创建完成。

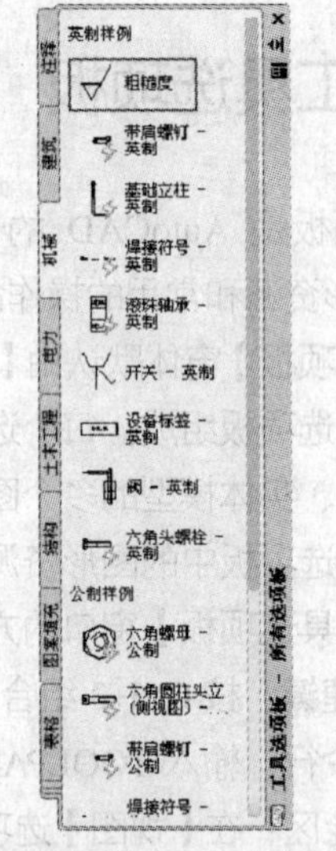

图 11-12 添加粗糙度图形到工具选项板中

11.2.2 设置选项板组

当工具选项板数量很多时，可以通过建立选项板组，对工具选项板进行分组管理。建立选项板组在【自定义】对话框中进行。

新建选项板组后，在【工具选项板】快捷菜单中，可以看到所有已定义的选项板组。选中需要的选项板组，在【工具选项板】窗体中将只显示该组包含的工具选项板。

课堂举例【11-4】：创建【行业样例】工具选项板组

Step 01 在【工具选项板】空白处单击鼠标右键，在弹出的快捷菜单中选择【自定义选项板】选项，如图 11-13 所示。

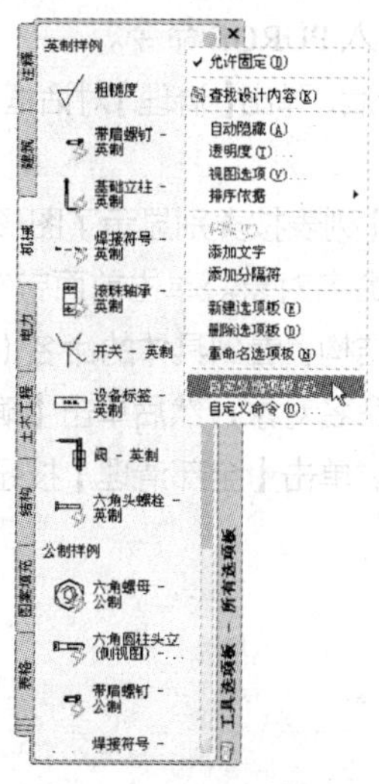

图 11-13 工具选项板

Step 02 系统打开【自定义】对话框，在【选项板组】区域内单击鼠标右键，在弹出的快捷菜单中选择【新建组】选项，如图 11-14 所示。

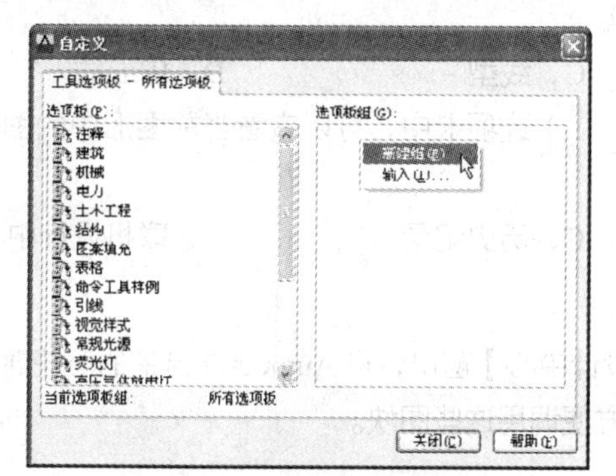

图 11-14 添加【选项板组】

Step 03 设置选项板组的名称为【行业样例】，如图 11-15 所示。

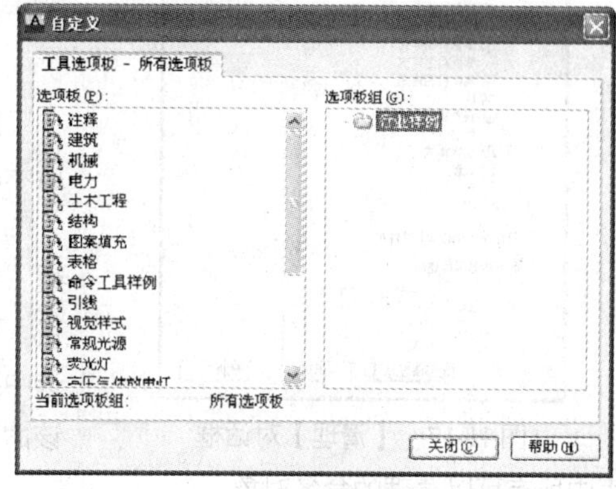

图 11-15 设置选项板组名称

Step 04 拖动【建筑】、【机械】、【电力】、【土木建筑】至【行业样例】组中，如图 11-16 所示。

Step 05【行业样例】工具选项板组创建完成。

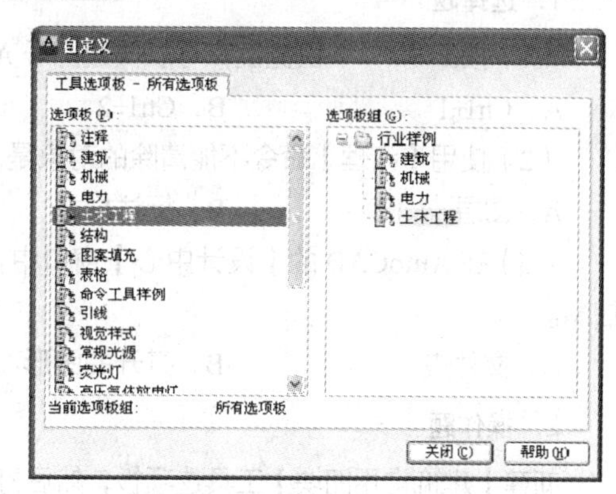

图 11-16 添加至选项板组

11.3 清理命令

绘制复杂的大型工程图纸时，AutoCAD 文档中的信息会非常巨大，这样就难免会产生无用的信息。久而久之，这样的信息会越来越多，每次打开文档的时候，这些信息都会被调入内存，不仅占用了大量的系统资源，而且降低了计算机的处理效率。因此，应及时删除这些信息。

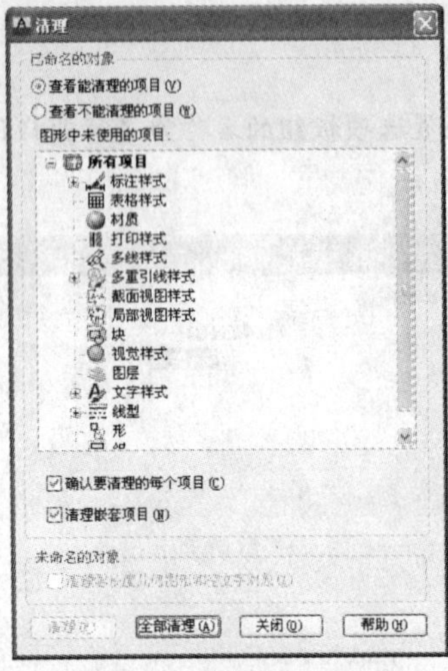

图 11-17 【清理】对话框

AutoCAD 提供了一个非常实用的工具——清理命令（PURGE）。通过执行该命令，可以将图形数据库中已经定义、但没有使用的命名对象删除。命名对象包括已经创建的样式、图块、图层、线型等对象。

启动【清理】命令的方式有以下几种。

- 命令行：输入 PURGE 命令。

启动【清理】命令后，弹出【清理】对话框，如图 11-17 所示。

【已命名的对象】列表按类别显示了图形中所有能清理（或不能清理）的命名对象。单击前面带有【+】的项目，可以打开下一级结构，看到具体的命名（对象名称）。选中某个需要清理的命名对象，然后单击【确定】按钮，该命名对象将被删除。单击【全部清理】按钮，将删除列表中所有可以清理的命名对象。

11.4 思考与练习

1．选择题

（1）按下（　　）快捷键，可以快速打开 AutoCAD 设计中心。

A．Ctrl+1　　B．Ctrl+2　　C．Ctrl+Shift+1　　D．F2

（2）使用【清理】命令不能清除的对象是（　　）。

A．图层　　B．标注样式　　C．线型　　D．中心线

（3）在 AutoCAD 的【设计中心】窗口中，在（　　）选项卡中，可以查看当前图形中的图形信息。

A．文件夹　　B．打开的图形　　C．历史记录　　D．联机设计中心

2．操作题

新建【建筑常用图块】工具选项板，然后打开【设计中心】窗口，将 AutoCAD 自带的一些建筑常用图块拖动至【建筑常用图块】工具选项板中，以方便调用这些图块。

第 12 章 AutoCAD图形输出和打印

⊙学习目的：

本章主要讲述AutoCAD打印出图过程中涉及的一些问题，包括模型空间与图纸空间的转换、打印布局、打印样式、打印比例设置等内容。

⊙学习重点：

★★★☆图纸布局

★★★☆ 页面设置

★★☆☆模型空间与图形空间

★★☆☆ 打印样式

★☆☆☆ 打印图形

12.1 模型空间和图纸空间

AutoCAD有模型空间打印和图纸空间打印两种方式，用户可以针对实际情况选择不同的空间作为打印模板。

12.1.1 模型空间

模型空间用于建模，如图12-1所示。在AutoCAD中，绘制的过程实际上是建模的过程。模型空间是一个没有界限的三维空间，因此，建模过程中也没有比例尺的概念。用AutoCAD制图的一个重要原则是永远按照1:1的比例以实际尺寸绘图。

模型空间对应的窗口称为模型窗口。在模型窗口中，十字光标在整个绘图区都处于激活状态，并且可以创建多个不重叠的平铺视口，以展现图形的不同视图。在一个视口中对图形做出修改后，其他视口也会随之更新，如图12-2所示。

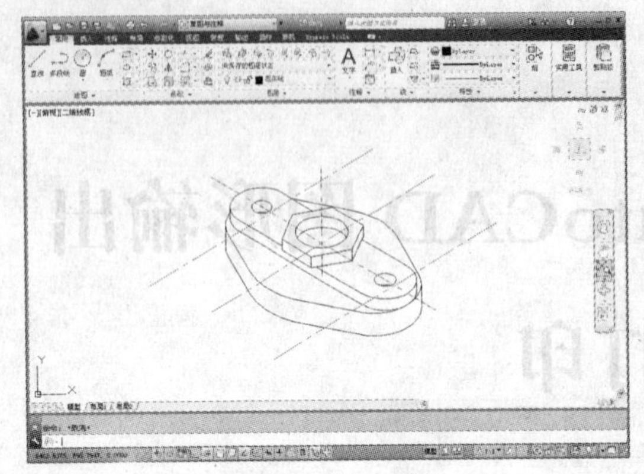
图 12-1　模型空间

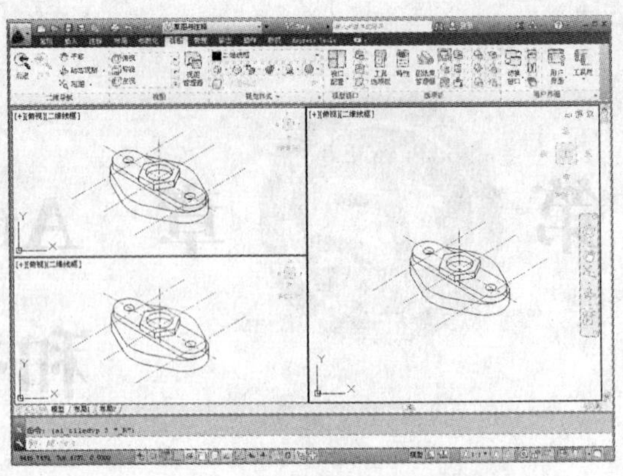
图 12-2　多视口模型窗口

12.1.2　图纸空间

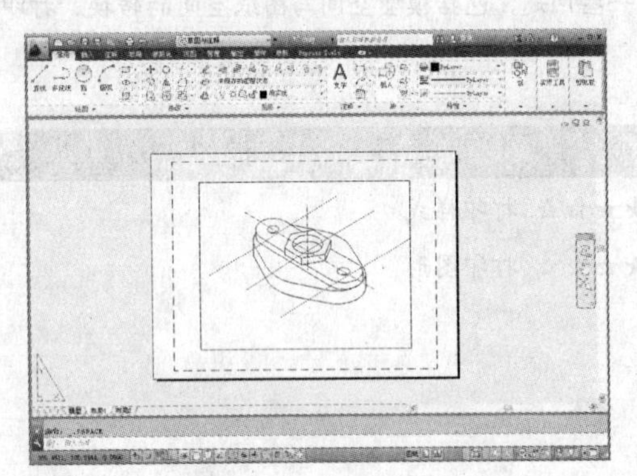
图 12-3　图纸空间

图纸空间主要用于出图，如图 12-3 所示。模型建立后，需要将模型打印在纸面上形成图纸。为了让用户方便地设置打印设备、纸张、比例尺、图纸布局，并预览实际出图的效果，AutoCAD 提供了这样一个用于进行出图设置的图纸空间。图纸空间也是有界限的，要受到所选输出图纸大小的限制。因此，图纸空间中有了比例尺的概念，需要通过比例尺实现图形尺寸从模型空间到图纸空间的转化。

12.1.3　空间的切换

在正式出图之前，需要对图纸进行布置，并预览实际出图的效果。布置和预览的工作在布局窗口中进行。单击绘图区左下角的各个布局按钮，可以从模型窗口切换到各个布局窗口。

在布局窗口中，单击状态栏的【图纸】/【模型】切换开关，可以将当前工作区在模型空间和图纸空间之间切换。图 12-3 显示的就是在图纸空间状态下的布局窗口。当切换到【模型】空间时，图形视口的边框由细线变成了粗线。此时，如果执行【缩放】、【绘图】、【修改】等命令，就会对模型本身进行编辑，改动内容会自动反映到模型窗口和其他布局窗口中。

12.2　布局

在正式出图之前，需要在布局窗口中创建好布局图，并对绘图设备、打印样式、纸张、比例尺和视口等进行设置。布局图显示的效果，就是图纸打印的实际效果，出图时直接打印需要的布局图即可。

12.2.1　新建布局

打开一个新的 AutoCAD 文档时，就已经存在了两个布局图【布局 1】和【布局 2】。当默认的布局图不能满足绘图需要时，可以创建新的布局空间。

新建布局的方法有以下几种。

- 右击绘图窗口下的【模型】或【布局】选项卡，在弹出的快捷菜单中选择【新建布局】命令，如图 12-4 所示。
- 选择【工具】|【向导】|【创建布局】菜单命令。

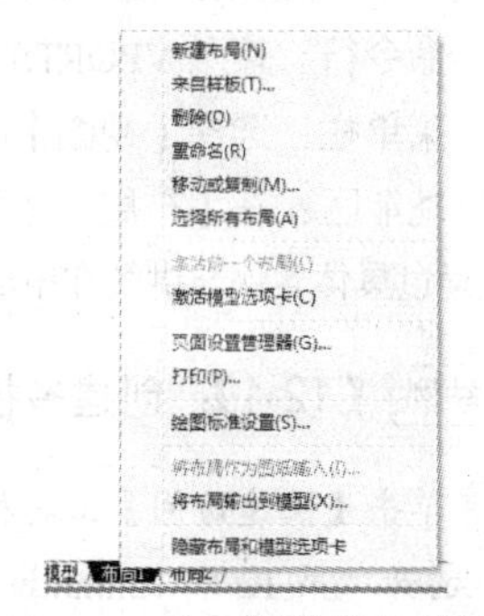

图 12-4　布局操作快捷菜单

通过上面两种方法都可以创建新的布局，不同的是：第一种方法创建的布局，其页面的大小是系统默认的（系统默认为 A4）。而通过布局向导创建的布局，在其创建过程中就可以进行页面大小的设置。

此外，通过如图 12-4 所示的快捷菜单，也可以对已经创建的布局图进行重命名、删除、复制等操作。

12.2.2　布局调整

创建好一个新的布局图后，接下来的工作就是对布局图中的图形位置和大小进行调整和布置。如图 12-5 所示，布局图中存在着三个边界。最外层的是纸张边界，它是在【纸张设置】中，由纸张类型和打印方向确定的。靠内的一个虚线线框是打印边界，其作用就如同 Word 文档中的页边距一样，只有位于打印边界内部的图形才会被打印出来。在出图时，打印边界不会被打印，但视口边界是会被当作普通图形打印出来的。如果希望不打印视口边界，可以把视口边界放置到一个单独的图层中，在打印之前将视口边界所在的图层隐藏即可。

视口的大小和位置是可以调整的。视口边界实际上是在图纸空间中自动创建的一个矩形图形对象。单击视口边界，四个角点上出现夹点。可以利用夹点拉伸的方法调整视口。

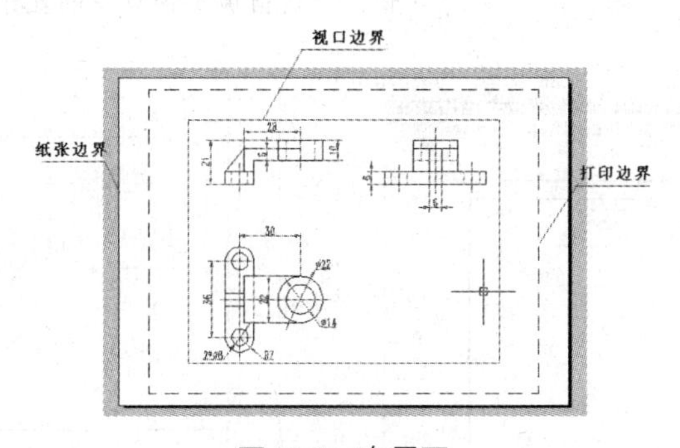

图 12-5　布局图

技巧点拨

如果在出图时只需要一个视口，通常可以调整视口边界到充满整个打印边界。

12.2.3 多视口布局

无论在模型窗口，还是在布局窗口，都可以将当前的工作区由一个视口分成多个视口。在各个视口中，可以用不同的比例、角度和位置来显示同一个模型。

创建多视口布局的方法有如下几种。

- 命令行：输入 VPORTS 命令。
- 菜单栏：选择【视图】|【视口】子菜单命令。
- 功能区：在【布局】选项卡中，单击【布局视口】中的各按钮。

下面通过具体实例，讲解在布局窗口中创建多视口布局的方法。

课堂举例【12-1】：创建多视口布局

Step 01 单击【快速访问】工具栏中的【打开】按钮，打开“第12章\12.2.3.dwg”素材文件，如图12-6所示。

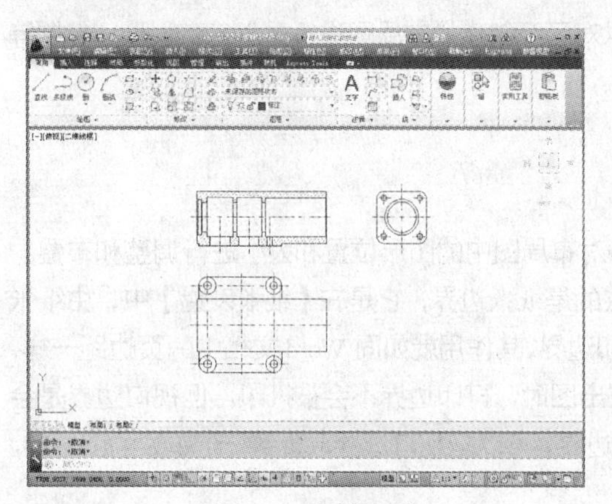

图12-6 素材图形

Step 02 切换至【布局1】布局窗口，选择删除所有视口，如图12-7所示。

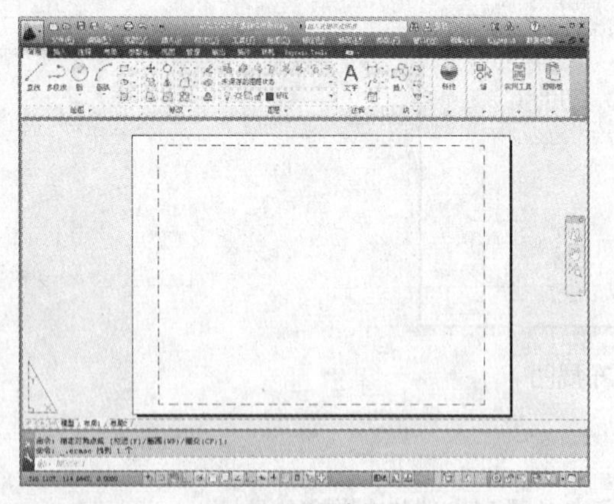

图12-7 删除视口

Step 03 在【布局】选项卡中，单击【布局视口】中的【视口 矩形】按钮。根据命令行提示绘制矩形视口，如图12-8所示。

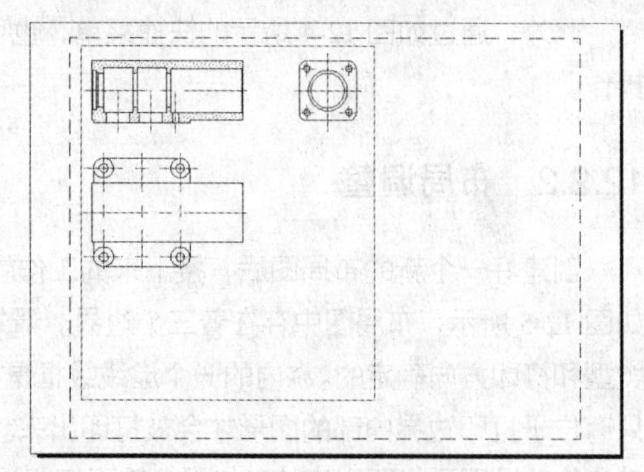

图12-8 创建新视口

Step 04 单击状态栏中的【图纸】按钮，激活模型空间，调用【平移】、【缩放】等视图命令，适当调整视口中的显示内容，如图12-9所示。

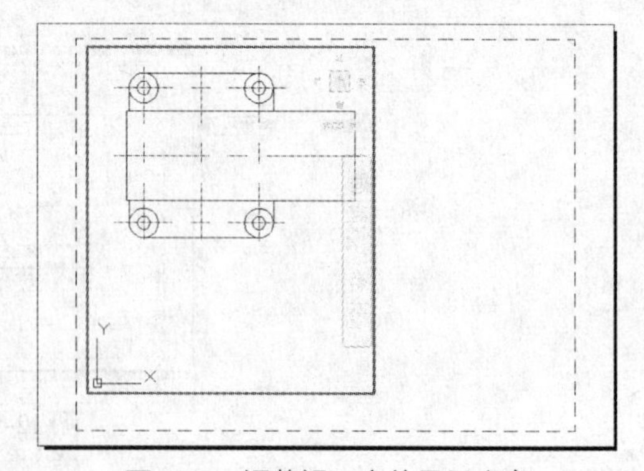

图12-9 调整视口中的显示内容

Step 05 单击状态栏中的【模型】按钮，退出模型空间。再用同样的方法绘制另外的一个视口，如图 12-10 所示。

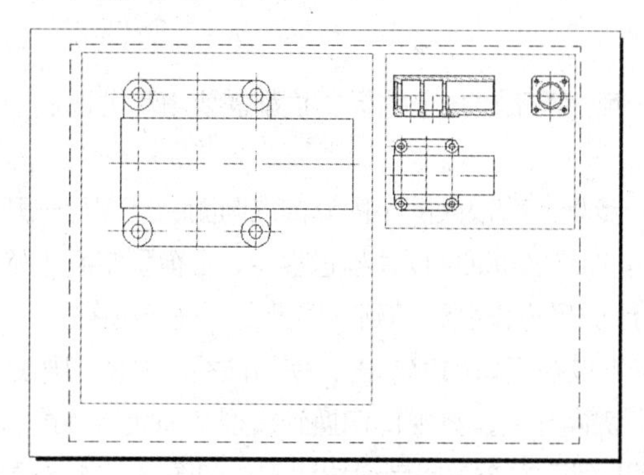

图 12-10　创建新视口

Step 06 单击状态栏中的【图纸】按钮，激活模型空间之后适当地调整显示内容，如图 12-11 所示。

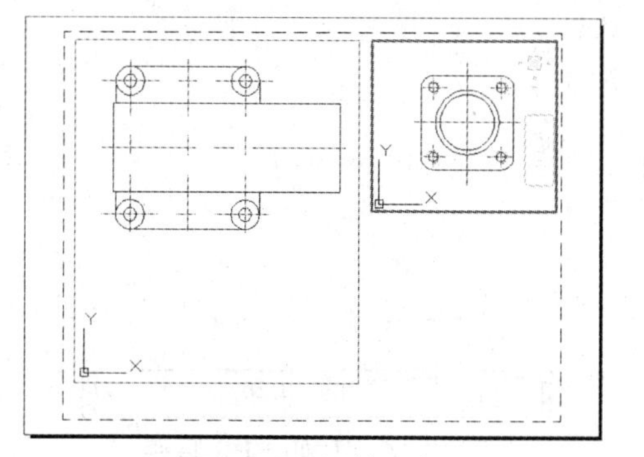

图 12-11　调整内容

Step 07 单击状态栏中的【模型】按钮，退出模型空间。至此，新视口设置完成，如图 12-12 所示。

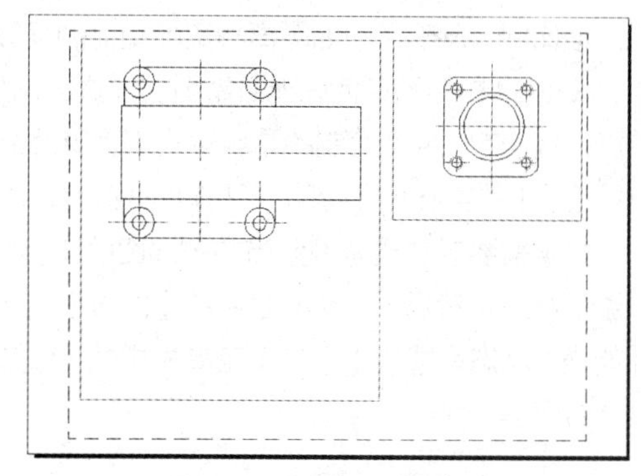

图 12-12　视口设置效果

技巧点拨

在布局空间状态下，在视口边界内双击鼠标，也可换到在模型空间状态下的布局窗口。

12.2.4　插入图签

机械零件图或是机械装配图都需要用到图框，那么，如何在布局中插入图框呢？

进入布局空间之后，删除所有视口。然后在命令行中输入 I 命令，激活【插入】命令，将图框以块的形式插入到布局空间，如图 12-13 所示。然后再调用【视口，矩形】命令，创建一个新视口，适当调整视口内容即可，如图 12-14 所示。

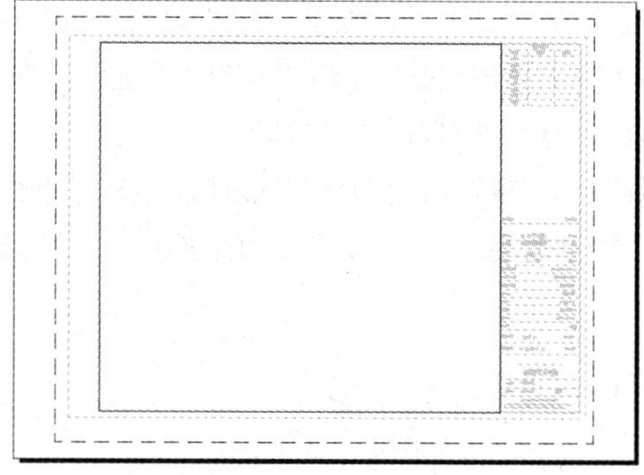

图 12-13　插入图框

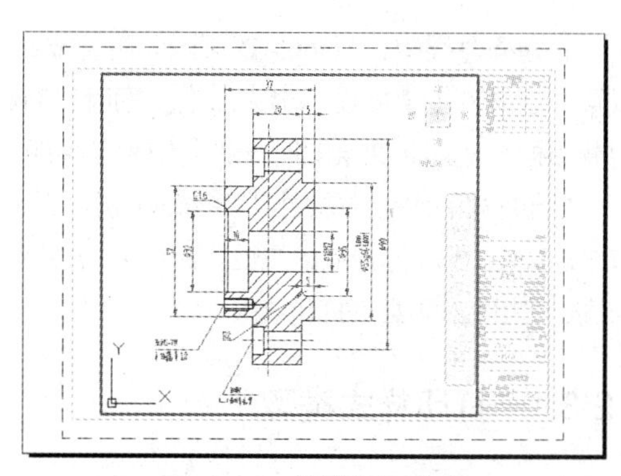

图 12-14　调整视口内容

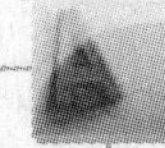

12.2.5 设置图形比例

设置比例尺是出图过程中最重要的一个步骤。任何一张工程图纸的标题栏都需要填写“比例”栏。该比例尺反映了图上距离和实际距离的换算关系。

AutoCAD 制图和传统纸面制图在设置比例尺这一步骤上有很大的不同。传统制图的比例尺一开始就已经确定，并且绘制的是经过比例换算后的图形。而在 AutoCAD 建模过程中，在模型空间中始终按照 1:1 的实际尺寸绘图。只有在出图时，才按照比例尺将模型缩小到布局图上，进行出图。

如果需要观看或者设置当前布局图的比例尺，首先应在视口内部单击，使当前视口内的图形处于激活状态，然后单击状态栏中的【图纸】/【模型】切换开关，将视口切换到模型空间状态，最后才能通过状态栏或者【视口】工具栏中的【视口比例】列表框查看或者设置比例，如图 12-15 与图 12-16 所示。

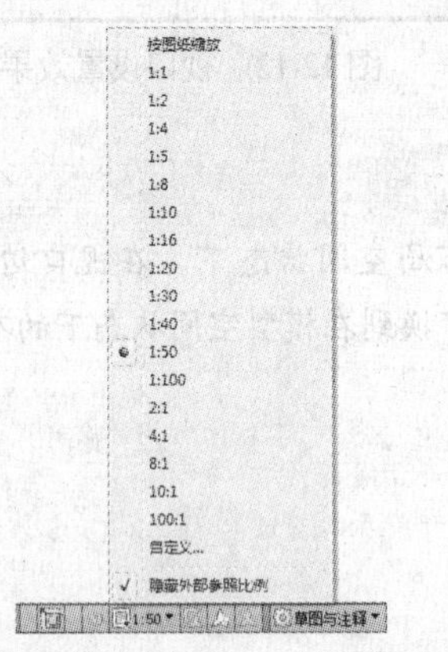

图 12-15 状态栏【视口比例】列表框

图 12-16 【视口】工具栏

专家提醒 

只有在布局图处于模型空间状态下，【视口】工具栏中显示的数值才是正确的比例尺。

12.3 打印样式

在建模过程中，AutoCAD 可以为图层或单个的图形对象设置颜色、线型、线宽等属性，这些样式可以在屏幕上直接显示出来。在出图时，有时用户希望打印出的图纸和绘图时图形所显示的属性有所不同。例如，在绘图时一般会使用各种颜色的线型，但打印时仅以灰度打印。

打印样式的作用就是在打印时修改图形的外观。为某图层或布局图设置打印样式以后，能在打印时用该样式替代图形对象原有的属性。每种打印样式都有其样式特性，包括端点、连接、填充图案，以及抖动、灰度、笔指定和淡显等打印效果。

12.3.1 打印样式类型

在使用打印样式之前，必须先指定 AutoCAD 文档使用的打印样式类型，AutoCAD 中有两种类

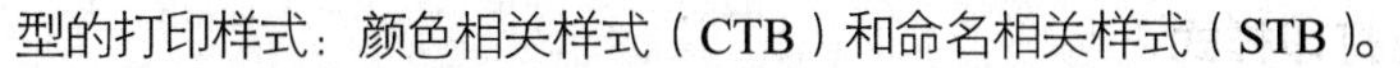

型的打印样式：颜色相关样式（CTB）和命名相关样式（STB）。

CTB 样式类型以 225 种颜色为基础，通过设置与图形对象颜色对应的打印样式，使得所有具有该颜色的图形对象都具有相同的打印效果。CTB 打印样式表文件的后缀名为“*.ctb”。

STB 样式和线型、颜色、线宽等一样，是图形对象的一个普通属性。可以在图层特性管理器中为某个图层指定打印样式，也可以在【特性】选项板中为单独的图形对象设置打印样式属性。STB 打印样式表文件的后缀名为“*.stb”。

12.3.2　设置打印样式

在同一个 AutoCAD 图形文件中，不允许同时使用两种不同的打印样式类型，但允许使用同一类型的多个打印样式。例如，若当前文档使用 CTB 打印样式时，图层特性管理器中的【打印样式】属性项是不可用的，因为该属性只能用于设置 STB 打印样式。

选择【文件】|【打印样式管理器】菜单命令，系统会打开【打印样式管理器】文件夹，如图 12-17 所示。

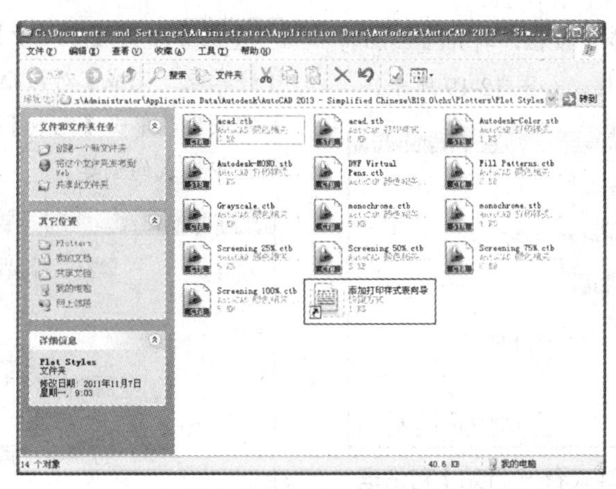

图 12-17　打印样式管理器【打印样式管理器】文件夹

在【打印样式管理器】文件夹中，列出了当前正在使用的所有打印样式文件。这些打印样式，有的是 AutoCAD 本身自带的打印样式文件。如果用户要设置新的打印样式，可以在 AutoCAD 已有的打印样式文件中进行修改，也可以新建打印样式。

双击【添加打印样式表向导】，可以根据对话框提示创建新的打印样式表文件，双击某个已存在的打印样式表文件，可对该打印样式的属性进行编辑。将打印样式附加到相应的布局图，就可以按照打印样式的定义进行打印了。

12.3.3　添加颜色打印样式

AutoCAD 默认调用“颜色相关打印样式”，如果当前调用的是“命名打印样式”，则需要在命令行中输入 Convertpstyles 命令，在系统打开的对话框中单击【确定】按钮，即可切换为“颜色相关打印样式”模式。

使用颜色打印样式可以通过图形的颜色控制图形的打印线宽、颜色、线型等打印外观。下面通过实例讲解颜色打印样式的创建方法。

课堂举例【12-2】：创建颜色打印样式

Step 01 在图 12-17 中双击【添加打印样式表向导】图标，打开【添加打印样式表】对话框，如图 12-18 所示。

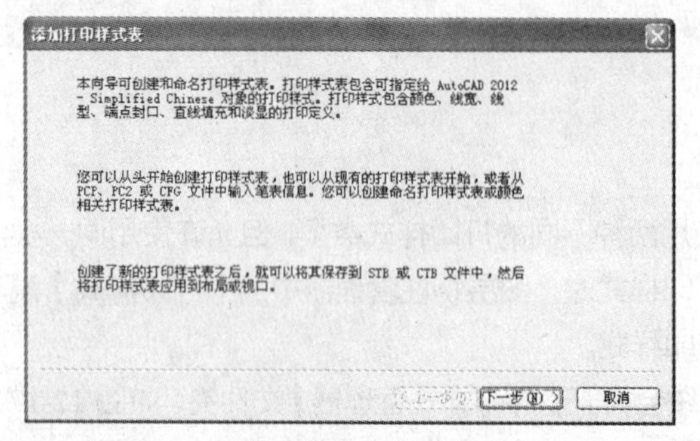

图 12-18 【添加打印样式表】对话框

Step 02 单击【下一步】按钮，打开【添加打印样式表 - 开始】对话框，如图 12-19 所示。

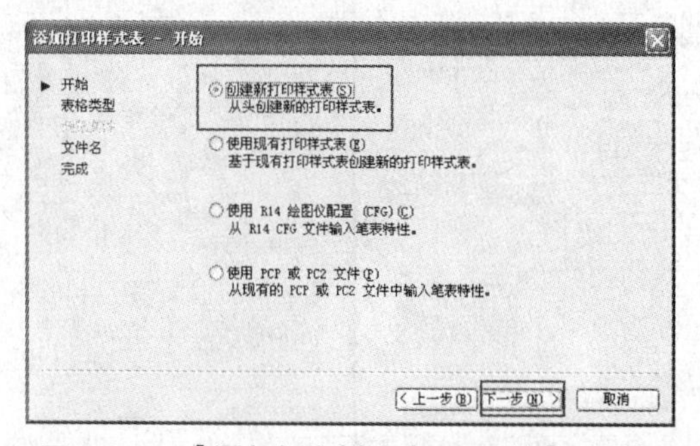

图 12-19 【添加打印样式表 - 开始】对话框

Step 03 选中【创建新打印样式】单选按钮，单击【下一步】按钮，打开【添加打印样式表-选择打印样式表】对话框，如图 12-20 所示。选择【颜色相关打印样式表】单选按钮。

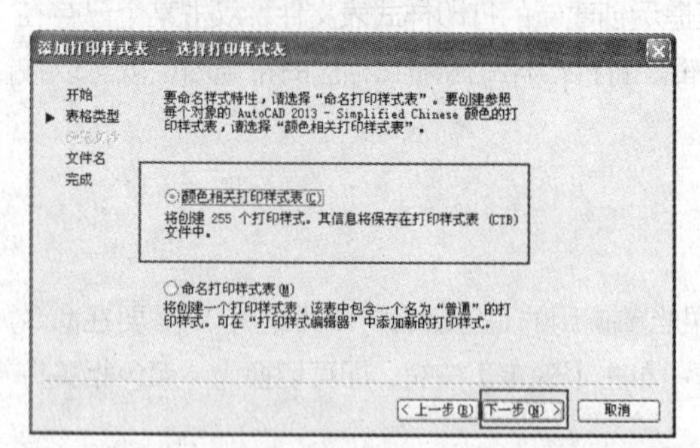

图 12-20 【添加打印样式表 - 选择打印样式表】对话框

Step 04 单击【下一步】按钮，打开【添加打印样式表 - 文件名】对话框，按要求输入新建样式表的名称，如图 12-21 所示。

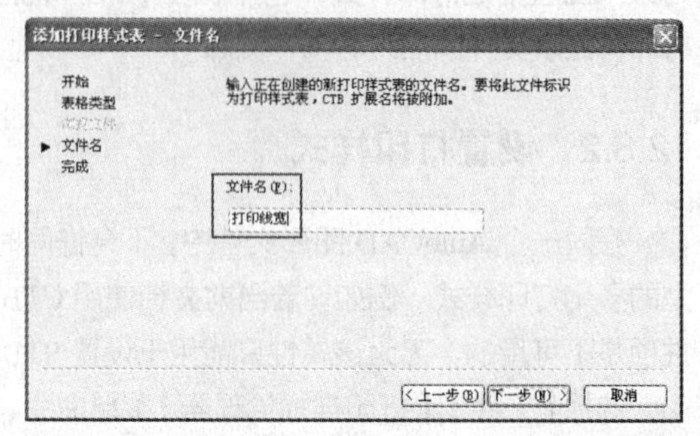

图 12-21 【添加打印样式表 - 文件名】对话框

Step 05 单击【下一步】按钮，打开【添加打印样式表 - 完成】对话框，如图 12-22 所示。设置完成后，单击【完成】按钮，退出对话框，完成打印样式的创建。

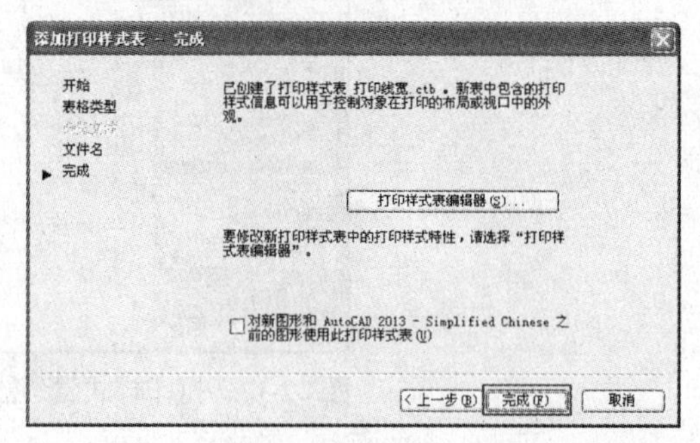

图 12-22 【添加打印样式表 - 完成】对话框

Step 06 在如图 12-17 所示的文件夹中双击已经创建好的"打印线宽.ctb"文件，打开如图 12-23 所示的【打印样式表编辑器】对话框。单击【格式视图】选项卡中的【编辑线宽】按钮，打开【编辑线宽】对话框，如图 12-24 所示，可以设置线宽值和线宽值的单位。在【打印样式】列表框中选中某种颜色，然后在右边的【线宽】下拉列表框中选择需要的笔宽。这样，所有使用这种颜色的图形在打印时都将以相应的笔宽值来出图，而不管这些图形对象原来设置的线宽值如何。设置完毕后，单击【保存并关闭】按钮退出对话框。

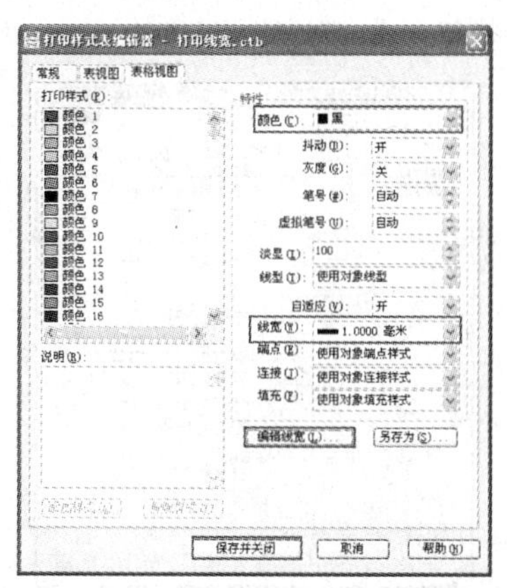

图 12-23 【打印样式表编辑器】对话框

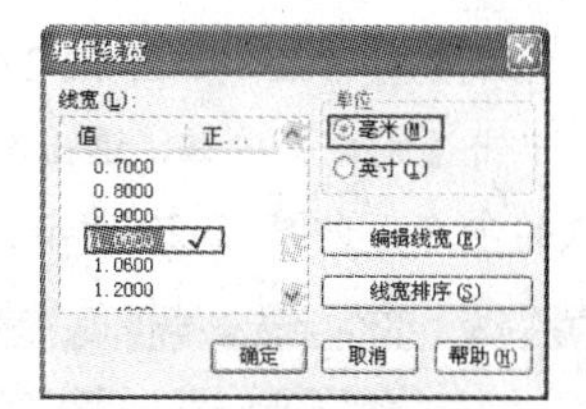

图 12-24 【编辑线宽】对话框

Step 07 出图时，选择【输出】|【打印】菜单命令，在【打印】对话框中的【打印样式表（画笔指定）】下拉列表框中选择【打印线宽.ctb】文件，这样，不同的颜色将被赋予不同的笔宽，在图纸上体现相应的粗细效果。

12.3.4 添加命名打印样式

使用命名打印样式，可以为不同的图层设置不同的打印样式。下面以具体实例，讲解命名打印样式的创建和设置方法。

课堂举例【12-3】：创建"机械零件图命名样式.stb"打印样式表文件

Step 01 单击快捷菜单中的【打开】按钮，打开"第 12 章\12.3.4.dwg"文件，如图 12-25 所示。

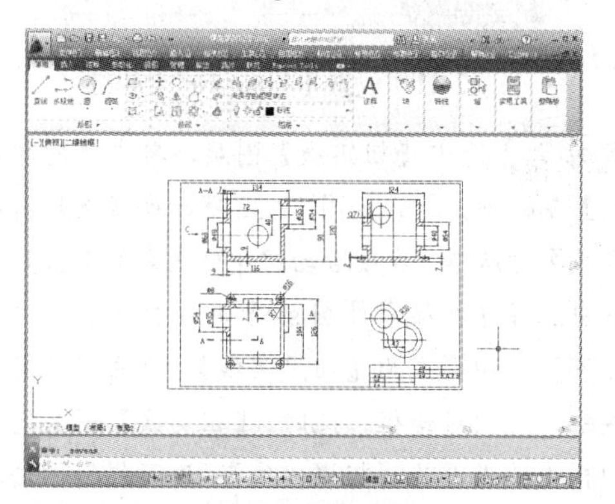

图 12-25 机械零件图

Step 02 使用 CONVERTPSTYLES 命令，设置打印样式类型为 STB 类型。

Step 03 选择【文件】|【打印样式表管理器】菜单命令，打开【打印样式表管理器】文件夹，如图 12-17 所示。

Step 04 双击【添加打印样式表向导】图标，打开【添加打印样式表】对话框，如图 12-18 所示。

Step 05 单击【下一步】按钮，将打开【添加打印样式表 - 开始】对话框，如图 12-19 所示。

Step 06 选中【创建新打印样式表】单选按钮，单击【下一步】按钮，打开【添加打印样式表 - 选择打印样式表】对话框，如图 12-26 所示。

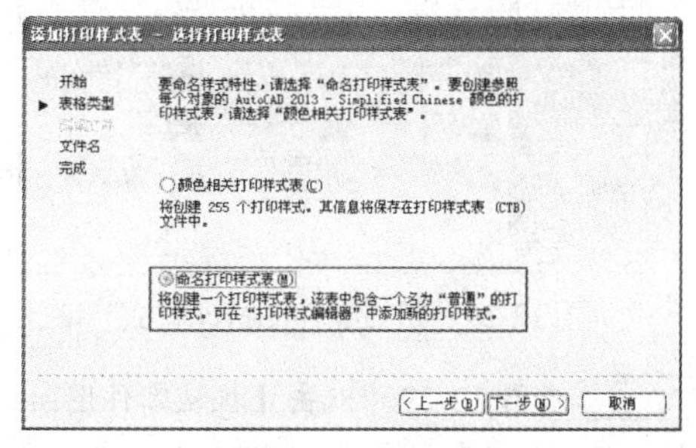

图 12-26 【添加打印样式表 - 选择打印样式表】对话框

Step 07 在【添加打印样式表 - 选择打印样式表】对话框中，选中【命名打印样式表】单选按钮，单击【下一步】按钮，打开【添加打印样式表 - 文件名】对话框，输入文件的名称，如图 12-27 所示。

Step 08 单击【下一步】按钮，打开【添加打

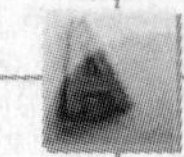

印样式表 - 完成】对话框，如图 12-28 所示。设置完成后，单击【完成】按钮，退出对话框，完成打印样式的命名，如图 12-29 所示。

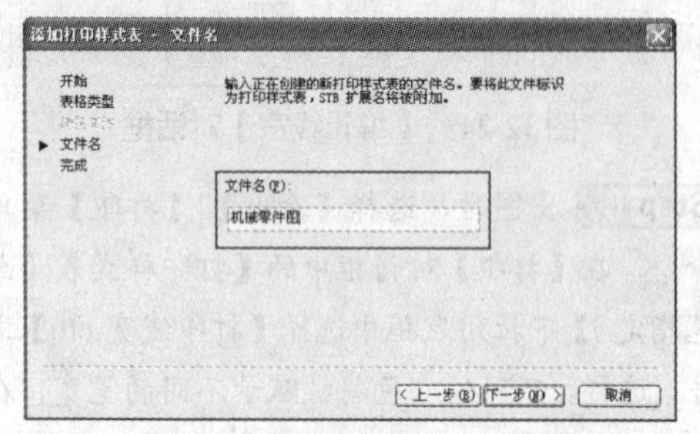

图 12-27 【添加打印样式表 - 文件名】对话框

图 12-28 【添加打印样式表 - 完成】对话框

图 12-29 机械零件图打印样式

Step 09 在图 12-29 中双击【机械零件图.stb】文件，打开如图 12-30 所示的【打印样式表编辑器】对话框。

Step 10 在【表格视图】选项卡中，单击【添加样式】按钮，添加一个名为【粗黑实线】的打印样式。设置颜色为【黑色】、线宽为【0.35 毫米】。用同样的方法添加另一个命名打印样式【细黑实线】，设置颜色为【黑色】、线宽为【0.01 毫米】、淡显为【35】。设置完毕后，单击【保存并关闭】按钮，退出对话框。

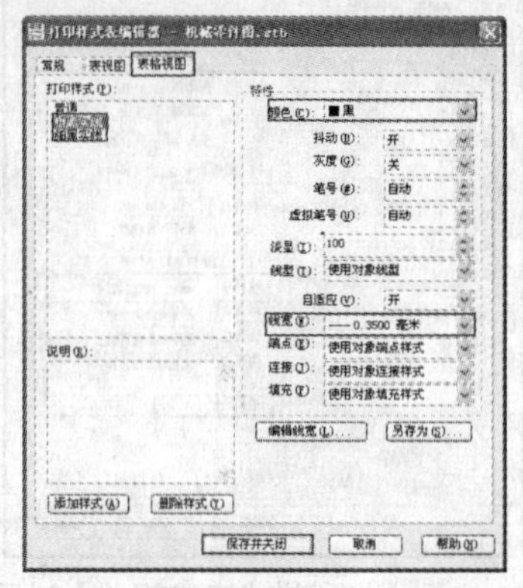

图 12-30 【打印样式编辑器（STB 类型）】对话框

Step 11 在命令行中输入 LA 命令，打开如图 12-31 所示的【图层特性管理器】，为图层设置相应的命名打印样式。

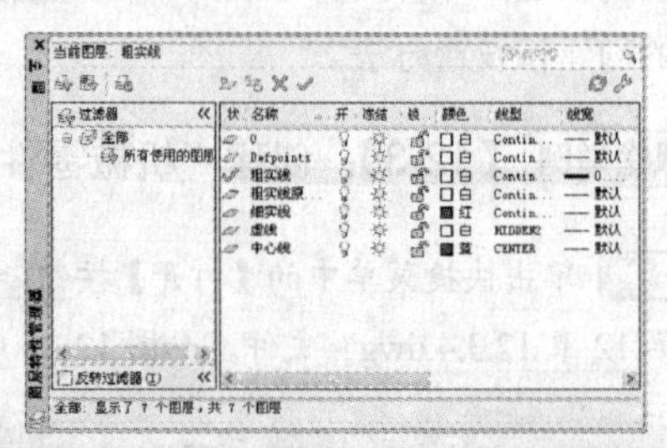

图 12-31 设置【打印样式】属性

Step 12 选中【粗实线】图层，单击【打印样式】属性项，打开如图 12-32 所示的【选择打印样式】对话框。在【活动打印样式表】下拉列表框中选择【机械零件图.stb】打印样式表文件，并设置打印样式为【粗黑实线】。单击【确定】按钮，退出对话框。此时，【粗实线】图层的打印样式被设置为【粗黑实线】。用同样的方法，将其他图层的打印样式设置为【细黑实线】。

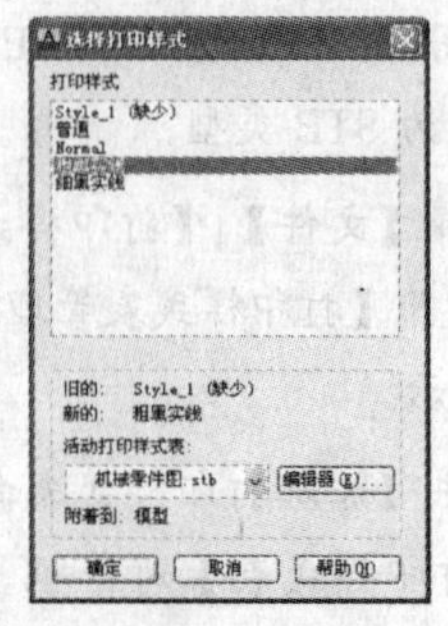

图 12-32 【选择打印样式】对话框

12.4 页面设置

页面设置是出图准备过程中的最后一个步骤。页面设置内容包括打印设备、纸张、打印区域、打印方向等影响最终打印外观和格式的所有因素的集合。在进行图形的打印时，必须对所打印页面的参数进行指定。页面设置的启动方法有以下几种。

- 菜单栏：选择【文件】|【页面设置管理器】菜单命令。
- 命令行：在命令行中输入 PAGESETUP 命令。
- 快捷菜单：在【模型】空间或【布局】空间中，右击【模型】或【布局】选项卡，在弹出的快捷菜单中选择【页面设置管理器】命令，如图 12-33 所示。

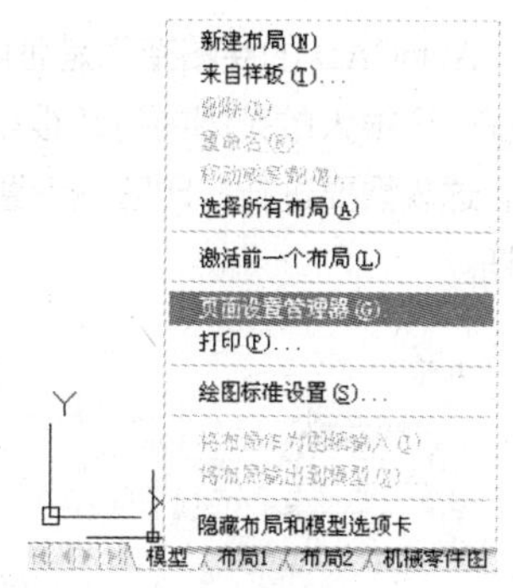

图 12-33　选择【页面设置管理器】命令

页面设置可以命名保存，可以将同一个命名页面设置应用到多个布局图中，也可以从其他图形中输入命名页面设置并将其应用到当前图形的布局中，这样就避免了每次打印前都反复进行打印设置的麻烦。

在命令行中输入 PAGESETUP 命令，打开页面设置管理器。对话框中显示了已存在的所有页面设置的列表。通过右击页面设置，或单击右边的工具按钮，可以对页面设置进行新建、修改、重命名和当前页面设置等操作。

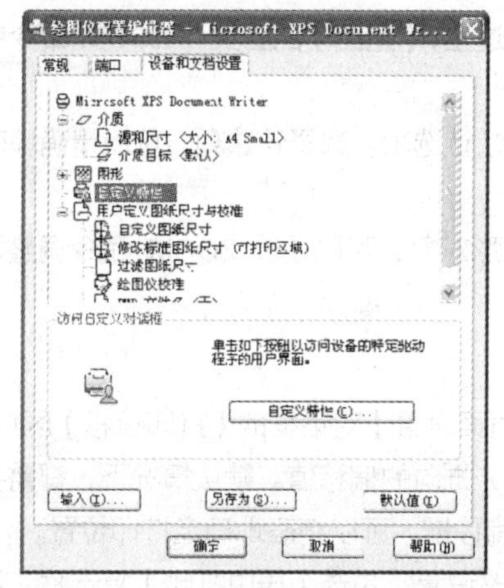

图 12-34　【绘图仪配置编辑器】对话框

【打印机/绘图仪】选项组用于设置出图的绘图仪或打印机。如果打印设备已经与计算机或网络系统正确连接，并且驱动系统程序也已经正常安装，那么在【名称】下拉列表框中就会显示该打印设备的名称，可以选择需要的打印设备。选中某打印设备，单击右边的【特性】按钮，可以打开如图 12-34 所示的【绘图仪配置编辑器】对话框。在该对话框中，可以对“*.pc3”文件进行修改、输入和输出等操作。

1．设置图纸尺寸

【图纸尺寸】选项用来设置图纸的尺寸。打印机在打印图纸时，会默认保留一定的页边距，而不会完全布满整张图纸，纸张上除了页边距之外的部分叫做【可打印区域】。在打印出图时，图纸边框是按照标准图纸尺寸绘制的，所以打印时必须将页边距设置为 0，将可打印区域放大到布满整张图纸，这样打印出来的图纸才不会出边。

工程制图的图纸有一定的规范尺寸，一般采用英制 A 系列图纸尺寸，包括 A0、A1、A2 等标准型号，以及 A0+、A1+等加长图纸型号。图纸加长的规定是：可以将边延长 1/4 或 1/4 的整数倍，最多可以延长至原尺寸的两倍，短边不可延长。各型号标准图纸的尺寸如表 12-1 所示。

表 12-1　各型号标准图纸的尺寸

图纸型号	长宽尺寸
A0	1189mm×841mm
A1	841mm×594mm
A2	594mm×420mm
A3	420mm×297mm
A4	297mm×210mm

2．设置打印区域

AutoCAD 的绘图空间是可以无限缩放的空间，打印出图时，只需要打印指定的部分。如果不希望在一个很大的范围内打印很小的图形而留下过多的空白空间，或将很多图形内容混乱地打印在一起，这就需要进行打印区域设置。在【页面设置】对话框中，曾使用过【打印区域】部分的【窗口】按钮。

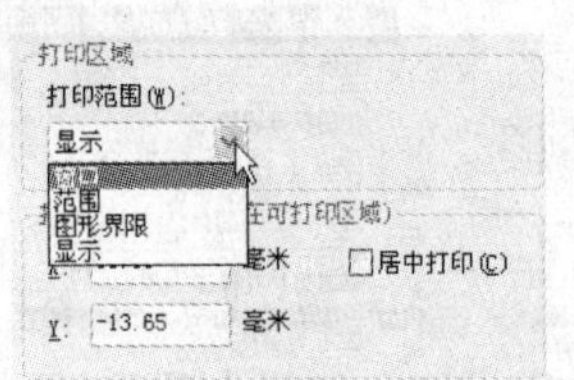

图 12-35　【打印区域】选项

在 AutoCAD 中，打印区域的设置有四种方式，如图 12-35 所示。

其中，各个方式的含义如下。

- 窗口：用窗选的方式确定打印区域。选择该选项后，【页面设置】对话框暂时消失，可以用鼠标在模型窗口中的工作空间拉出一个矩形窗口，该窗口内的区域就是打印范围。使用该选项确定打印范围简单方便，但是不能精确确定比例尺和出图尺寸。
- 范围：打印模型空间中包含所有图形对象的范围。这里，【范围】的含义与 ZOOM 命令中范围显示含义相同。
- 图形界限：打印当前布局中的所有内容。该选项是默认选项。选择该选项，可以精确地确认打印范围、打印比例和比例尺。
- 显示：打印模型窗口当前视图状态下显示的所有图形对象，可以通过 ZOOM 命令调整视图状态，从而调整打印范围。

3．设置打印位置

打印位置是指选择打印区域打印在纸张上的位置。在【页面设置】对话框的【打印偏移】区域，其作用主要是用于指定打印区域偏移图样左下角的 X 方向和 Y 方向的偏移值。默认情况下，都需要出图填充整个图样，所以 X 和 Y 的偏移值均为 0。通过设置偏移量，可以精确地确定打印位置。

通常情况下，打印的图形和纸张的大小一致，不需要修改设置。勾选【居中打印】复选框，则图形居中打印。这个居中是指在所选纸张大小 A1、A2 等尺寸的基础上居中，也就是四个方向上各留空白，而不只是卷筒纸的横向居中。

4．设置打印比例

【打印比例】选项组用于精确地设置出图的比例尺。有两种方法控制打印比例。

- 如果对出图比例尺和打印尺寸没有要求，可以直接勾选【布满图样】复选框，这样 AutoCAD 会将打印区域自动缩放到充满整个图样，如图 12-36 所示。
- 取消对【布满图样】复选框的勾选，可以在下方的文本框中设置与图形单位等价的英寸数或毫米数来创建自定义比例尺，如图 12-37 所示。

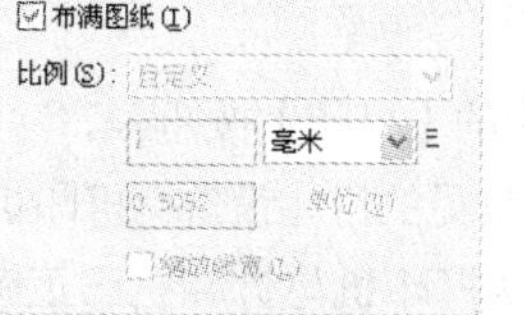

图 12-36 【打印比例】选项卡 1　　图 12-37 【打印比例】选项卡 2

在图纸空间中，一般使用视口控制比例，然后按照 1:1 比例打印。

5. 设置打印方向

【图纸方向】选项组用于设置打印时图形在图纸上的方向。工程制图都需要使用大幅的卷筒纸打印。在使用卷筒纸打印时，打印方向包括两个方面的问题：第一，图纸阅读时所说的图纸方向，是横向还是竖向；第二，图纸与卷筒纸的方向关系，是顺着出纸方向还是垂直于出纸方向。

在【图形方向】区域可以看到小示意图A，其中，白纸表示设置图纸尺寸时选择的图纸尺寸是横宽还是竖长；字母 A 表示图形在纸张上的方向。

6. 打印预览

在 AutoCAD 中，完成页面设置之后、发送到打印机之前，可以对要打印的图形进行预览，以便发现和调整错误。

如图 12-38 所示，预览时进入预览窗口，在预览状态下不能编辑图形或修改页面设置，可以缩放和使用搜索、通信中心、收藏夹。

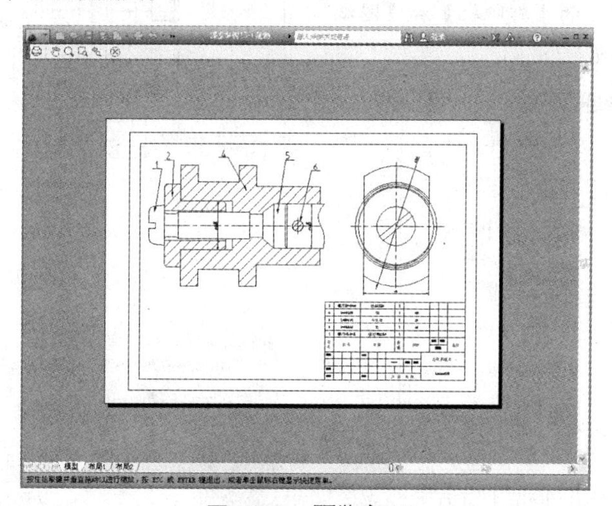

图 12-38 预览窗口

12.5 出图

在完成上述的设置工作以后，就可以开始打印出图了。

启动出图命令的方式有以下几种。

- 快捷键：按 Ctrl+P 组合键。

- 命令行：在命令行中输入PLOT命令。
- 菜单栏：选择【文件】|【打印】菜单命令。
- 选项卡：在【输出】选项卡中，单击【打印】面板中的【打印】按钮。

在输出图样时，首先要添加和配置要使用的打印设备。最常见的打印设备有打印机和绘图仪。

图12-39 【打印作业进度】对话框

完成设置后，确认打印机与计算机已正确连接。正式打印之前，可以单击【预览】按钮，观看实际的出图效果。如果效果合适，可以单击工具按钮或【确定】按钮开始打印。打印进度显示在打开的【打印作业进度】对话框中，如图12-39所示。

可以选择直接打印，也可以选择设置完视口之后再打印。在布局窗口设置完成之后，单击【打印】面板中的【打印】按钮，根据系统打开的对话框进行设置就可以直接出图。也可以选择直接打印，这种方法更为便捷与简单。

课堂举例 【12-4】：直接打印文件

Step 01 单击【快速访问】工具栏中的【打开】按钮，打开“第12章\12.5.dwg”素材文件。

Step 02 按下组合键Ctrl+P，打开【打印】对话框。

Step 03 设置好相对应的【打印机】和【图纸尺寸】，如图12-40所示。

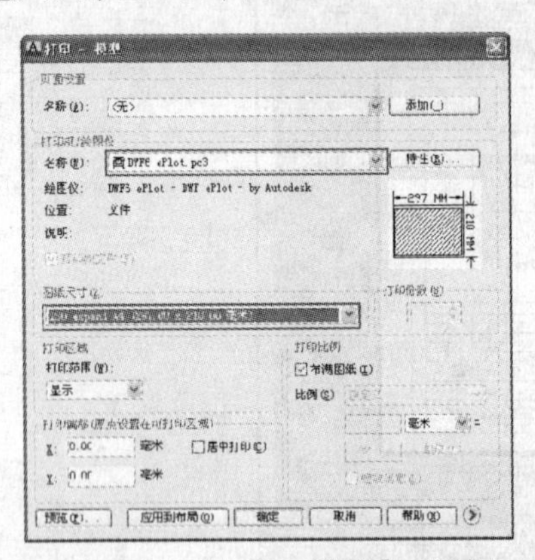

图12-40 【打印-模型】对话框

Step 04 选择【打印范围】为【窗口】，然后根据命令行提示选择打印范围，如图12-41所示。

Step 05 选【居中打印】复选框，然后单击【预览】按钮，观看实际的出图效果，如图12-42所示。如果合适，单击工具按钮或【确定】按钮，开始打印。

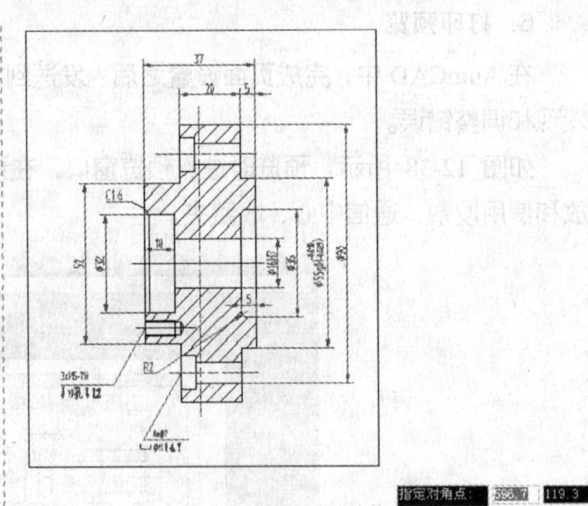

图12-41 选择打印范围

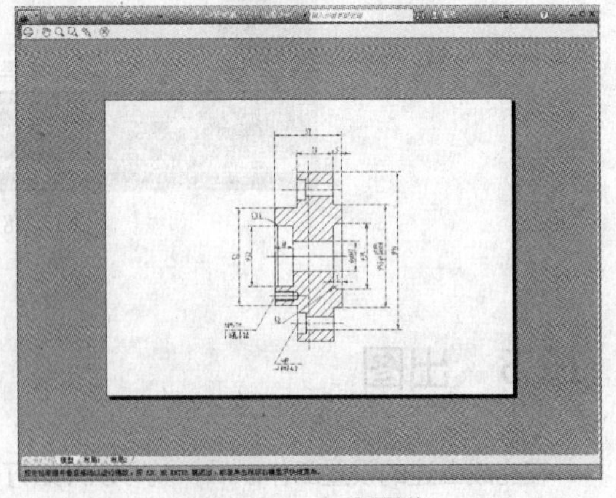

图12-42 打印预览

12.6 综合实例

12.6.1 指定线宽打印

Step 01 单击【快速访问】工具栏中的【打开】按钮，打开“第 12 章\12.6.1.dwg”素材文件，如图 12-43 所示。

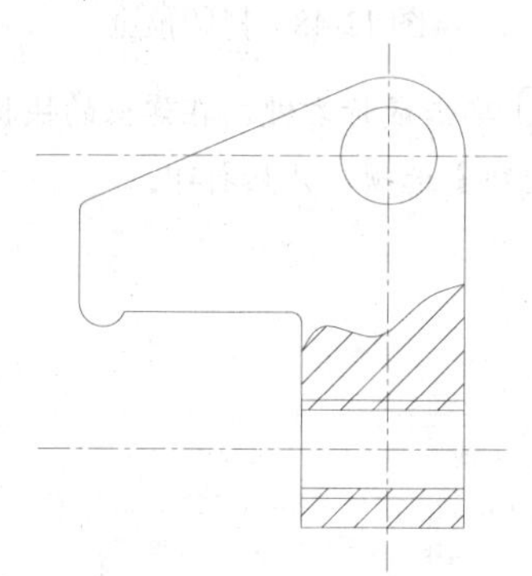

图 12-43 素材图形

Step 02 在命令行中输入 CONVERTPSTYLES 命令，从【命名打印样式】模式转换为【颜色相关】模式。

Step 03 单击【快速访问】工具栏中的【打印】按钮，系统打开【打印 - 模型】对话框，设置相应的【打印机】与【图纸尺寸】，如图 12-44 所示。

Step 04 选择【打印范围】为【窗口】，然后根据命令行提示选择打印范围并勾选【居中打印】复选框，如图 12-45 所示。

图 12-44 【打印 - 模型】对话框

图 12-45 选择范围并居中打印

Step 05 单击【更多选项】按钮，展开对话框。指定【打印样式表】为【DWF Virtual Pens.ctb】，如图 12-46 所示。

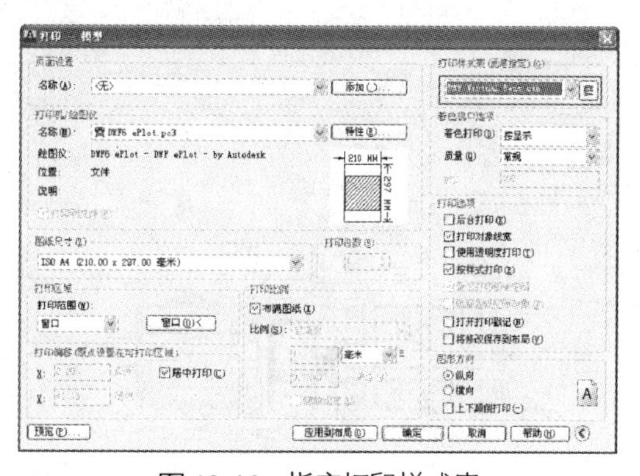

图 12-46 指定打印样式表

Step 06 单击右侧的【编辑...】按钮，系统打开【打印样式表编辑器 - DWF Virtual Pens.ctb】对话框。

Step 07 切换至【表格视图】选项卡，选择【颜色】之后，设置【线宽】为【1.0000 毫米】，如图 12-47 所示。

Step 08 单击【保存并关闭】按钮，系统返回至【打印 - 模型】对话框，单击【预览】按钮查看打印效果，如图 12-48 所示。

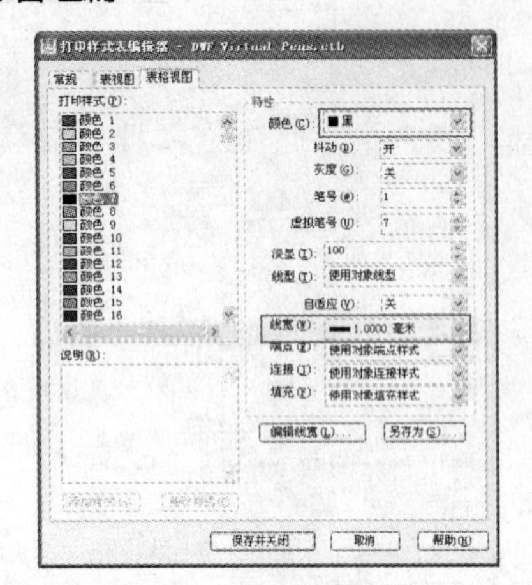

图 12-47 设置颜色和线宽

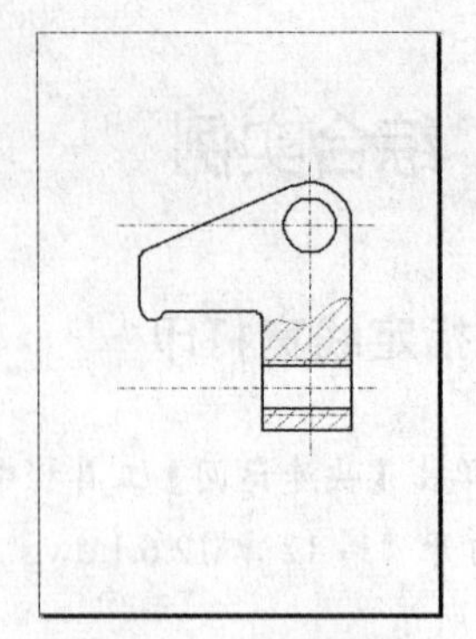

图 12-48 打印预览

Step 09 单击鼠标右键，在弹出的快捷菜单中选择【打印】选项，开始打印。

12.6.2 指定命名打印

Step 01 单击【快速访问】工具栏中的【打开】按钮，打开“第12章\12.6.2.dwg”素材文件，如图12-49所示。

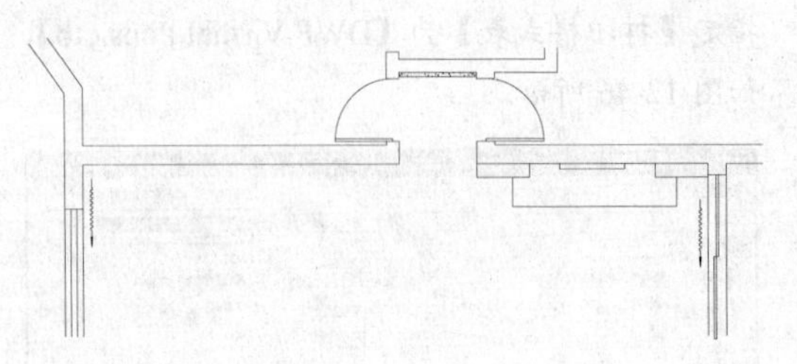

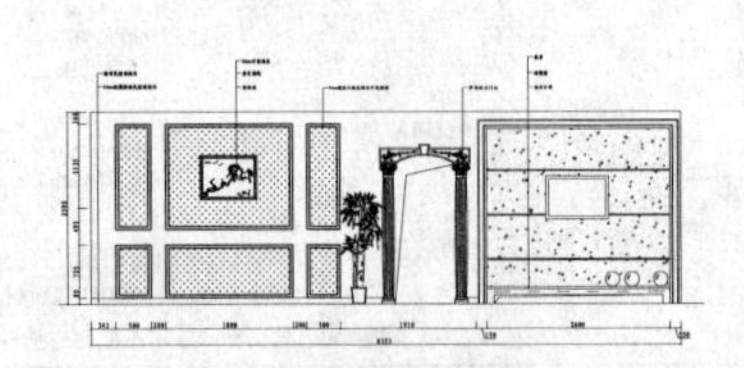

图 12-49 素材图形

Step 02 切换至【布局1】选项卡，删除全部视口。

Step 03 在【布局】选项卡中，单击【布局视口】面板中的【视口，矩形】按钮，绘制两个矩形视口，并作相对应的调整，如图12-50所示。

Step 04 单击【图层特性】按钮，系统打开【图层特性管理器】选项板。单击【墙体】图层的【打印样式】属性项，如图12-51所示。

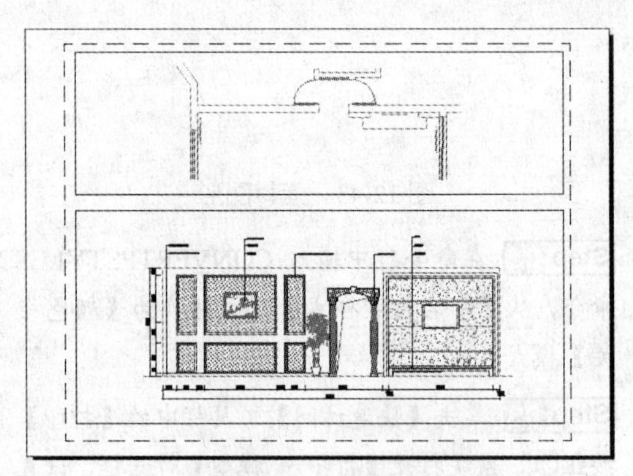

图 12-50 布置视口

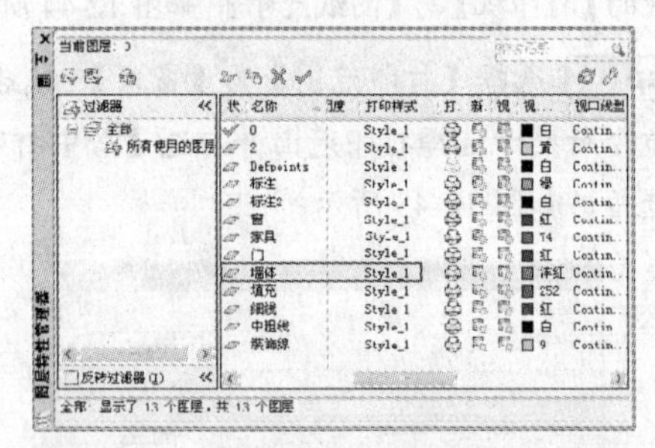

图 12-51 【图层特性管理器】选项卡

Step 05 系统打开【选择打印样式】对话框，选择【打印样式】为【Style 1】，设置【活动打印样式表】为【acad.stb】，如图12-52所示。

Step 06 单击【快速访问】工具栏中的【打印】按钮，系统打开【打印 - 模型】对话框，设置相应的【打印机】与【图纸尺寸】，如图12-53所示。

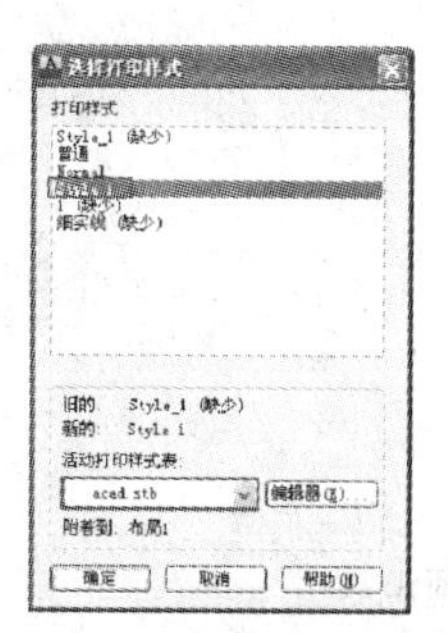
图 12-52 【选择打印样式】对话框

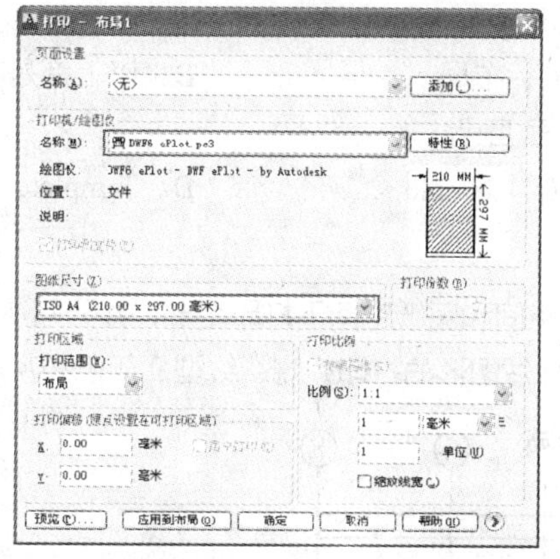
图 12-53 设置【打印机】与【图纸尺寸】

Step 07 单击【更多选项】按钮，展开对话框。指定【打印样式表】为【acad.stb】，如图 12-54 所示。

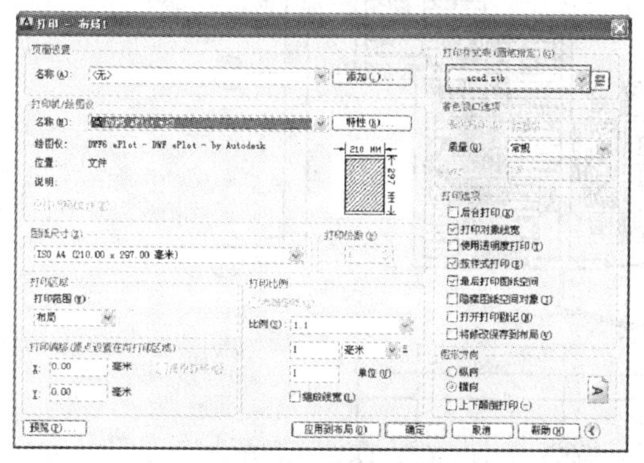
图 12-54 指定打印样式表

Step 08 单击右侧的【编辑...】按钮，系统打开【打印样式表编辑器 - acad.stb】对话框。

Step 09 切换至【表格视图】选项卡，选择【打印样式】为【Style 1】之后再选择颜色为【洋红】，设置【线宽】为【1.0000 毫米】，如图 12-55 所示。

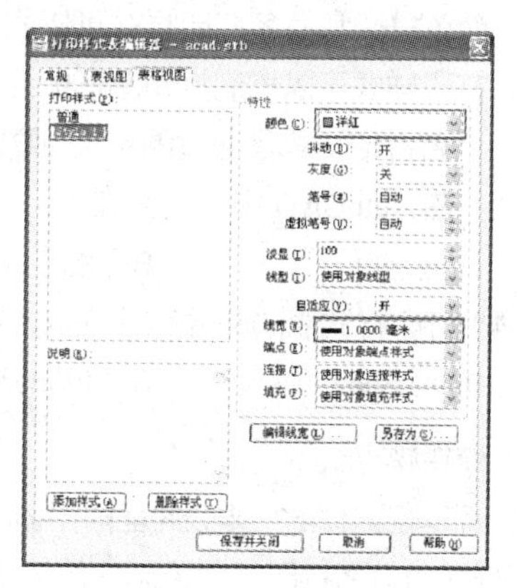
图 12-55 设置线宽

Step 10 单击【保存并关闭】按钮，系统返回至【打印 - 模型】对话框，单击【预览】按钮查看打印效果，如图 12-56 所示。

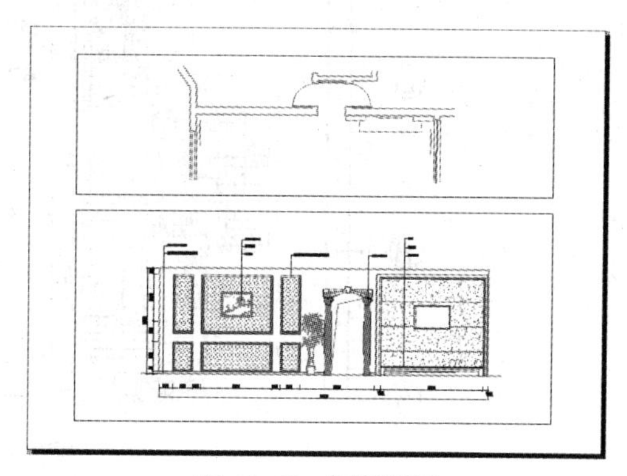
图 12-56 打印预览

Step 11 单击鼠标右键，在系统弹出的快捷菜单中选择【打印】选项，开始打印。

12.7 思考与练习

1. 选择题

（1）在模型空间下打印图形，下面的说法中（ ）是错误的。

A. 可以设置打印区域

B．能够以不同打印比例输出图形

C．打印能够控制线宽

D．可以纵向、横向打印或反向打印图形

（2）下面关于打印样式方法的说法中，（　　）是错误的。

A．AutoCAD 有颜色相关样式和命名打印样式两种

B．颜色打印和命名打印样式可以同时使用

C．打印样式可以控制打印图形的线条线型、线宽、灰度、颜色等

D．命名打印样式是通过图层控制图线的打印效果，同一图层的图形打印效果相同

（3）在 AutoCAD 中，允许在（　　）模式下打印图形。

A．模型空间　　B．图纸空间　　C．布局　　D．以上都是

（4）打印样式表的文件存储在 AutoCAD 的（　　）子目录中。

A．Plot Styles　　B．Plotters　　C．Sample　　D．Template

2．操作题

找一张与图 12-57 类似的室内平面图，分别在模型空间和图纸空间下打印图形，并分别使用颜色打印样式和命名打印样式控制墙体、室内家具、尺寸标注图形的打印线宽、线型、颜色和灰度。

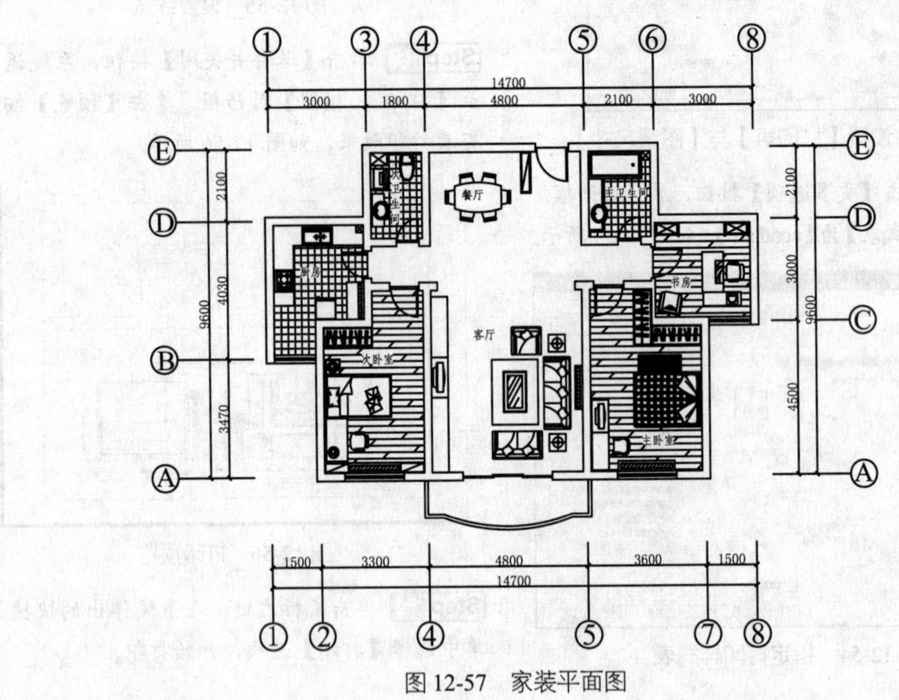

图 12-57　家装平面图

第6篇 三维绘图篇

第 13 章 绘制轴测图

⊙学习目的：

本章将详细讲解轴测图的概念、环境设置及轴测图的具体画法。

⊙学习重点：

★★★☆绘制等轴测图

★★★☆设置轴测绘图环境

★★☆☆输入轴测文字

★★☆☆ 标注轴测图尺寸

★☆☆☆ 轴测图概念

13.1 轴测图的概念

采用平行投影法，将物体连同确定该物体的直角坐标系一起沿着不平行于任一坐标面的方向投射在单一投影面上所得的具有立体感的图形，即为轴测图。轴测图接近人们的视觉习惯，但不能确切地反映物体真实的形状和大小，并且作图较正投影复杂，因而在生产中它只是作为辅助图样，用来帮助人们读懂正投影视图。

轴测图看似三维图形，但实际上它是采用一种二维绘制技术，来模拟三维对象投影效果，在绘制方法上不同于三维图形的绘制。轴测图具有以下两个特点。

- 相互平行的两直线，其投影仍保持平行。
- 空间平行于某坐标轴的线段，其投影长度等于该坐标轴的轴向伸缩系数与线段长度的乘积。

由以上轴测图特点可知，若已知轴测各轴向伸缩系数，即可确定平行于轴测轴的各线段的长度，这就是轴测图中“轴测”两字的含义。

轴测图根据投射线方向和轴测投影面位置的不同可分为以下两大类。

- 正轴测图：投射线方向垂直于轴测投影面。它分为正等轴测图（简称正轴测）、正二轴测图（简称正二测）和正三轴测图（简称正三测）。在正轴测图中，最常用的是正轴测。
- 斜轴测图：投射线方向倾斜于轴测投影面。它分为斜等轴测图（简称斜等测）、斜二轴测图（简称斜二测）和斜三轴测图（简称斜三测）。在斜轴测图中，最常用的是斜二测。

在轴测投影中，坐标轴的轴测投影称为“轴测轴”，它们之间的夹角称为“轴间角”。在等轴测图中，3 个轴向的缩放比例相等，并且 3 个轴测轴与水平方向所成的角度分别为 30°、90° 和 150°。

在 3 个轴测轴中，每两个轴测轴定义一个“轴测面”，由 X 轴和 Z 轴定义右视平面；由 Y 轴和 Z 轴定义左视平面；由 X 轴和 Y 轴定义俯视平面。轴测轴和轴测面的构成如图 13-1 所示。

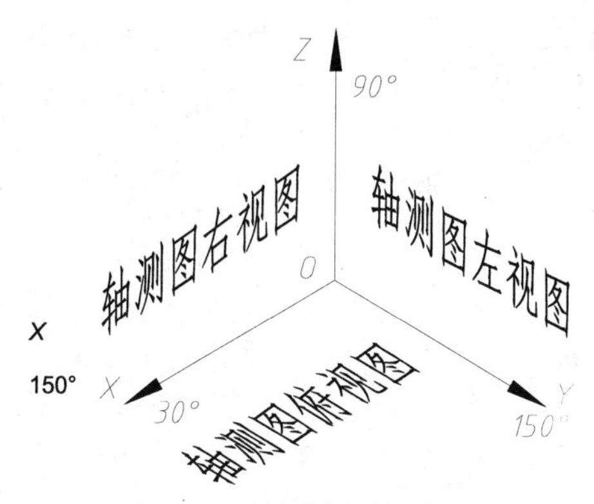

图 13-1　轴测轴和轴测面的构成

13.2　设置等轴测绘图环境

AutoCAD 为绘制轴测图创造了一个特定的环境，即等轴测绘图模式。在绘制轴测图之前，首先需要对绘图环境进行设置。使用 DS 命令或 SNAP 命令可设置等轴测环境。

13.2.1　使用 DS 命令设置等轴测环境

使用 DSETTINGS/DS 命令设置等轴测环境有如下几种方式。

- 命令行：输入 DSETTINGS/DS 并回车。
- 菜单栏：选择【工具】|【绘图设置】菜单命令。

下面通过具体实例，讲解使用 DS 命令设置等轴测绘图环境的方法。

课堂举例【13-1】：使用 DS 命令设置等轴测绘图环境

Step 01 单击【快速访问】工具栏中的【新建】按钮，新建一个图形文件。

Step 02 在命令行中输入 DS 命令并回车，打开【草图设置】对话框，在其中的【捕捉与栅格】选项卡中选择【等轴测捕捉】单选按钮，如图 13-2 所示。

Step 03 切换到【极轴追踪】选项卡，勾选【启用极轴追踪】复选框，在【极轴角设置】选项组中设置【增量角】为 30，为绘制正轴测图，选中【对象捕捉追踪设置】选项组中的【用所有极轴角设置追踪】单选按钮，如图 13-3 所示。

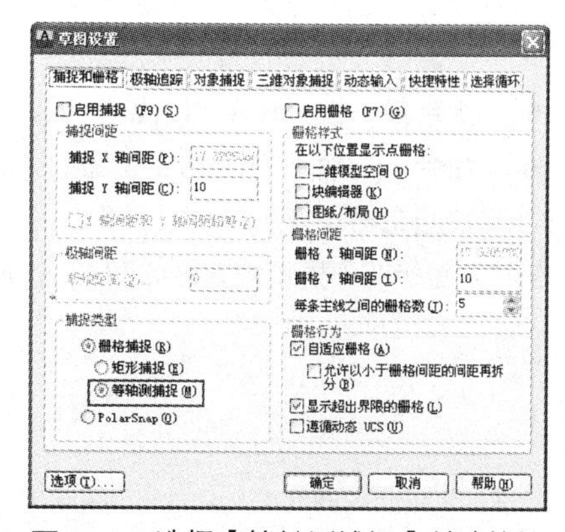

图 13-2　选择【等轴测捕捉】单选按钮

Step 04 设置完成后单击【确定】按钮。

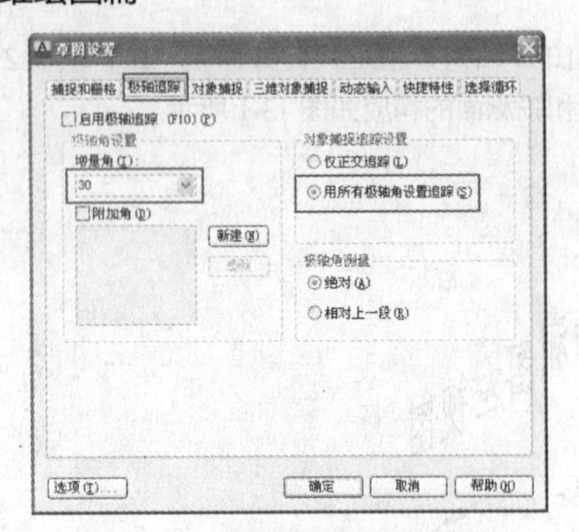

图 13-3　设置等轴测图绘图环境

技巧点拨

如果需要关闭【等轴测模式】，选中图 13-2 中的【矩形捕捉】单选按钮即可。

专家提醒

绘制斜二侧轴测图，需要设置【增量角】为 45°，如图 13-4 所示。

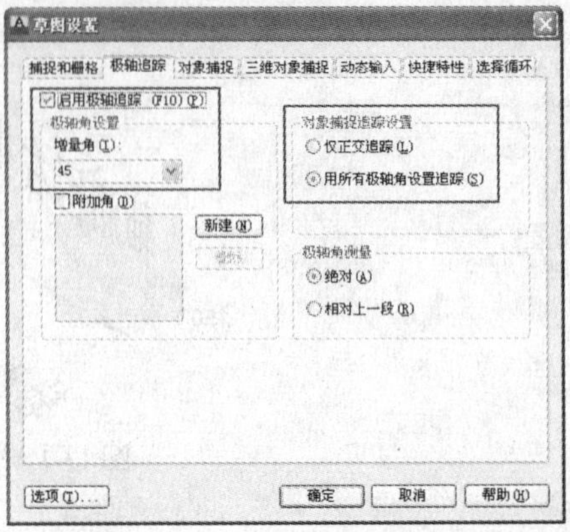

图 13-4　斜二侧轴测图绘图环境

13.2.2　使用 SNAP 命令设置等轴测环境

使用 SNAP 命令同样可以设置等轴测模式。SNAP 命令中的“样式（S）”选项可用于在标准模式和等轴测模式之间切换。通过 SNAP 命令来设置等轴测环境相对比较简单。

调用 SNAP 命令，命令行提示如下：

```
命令：SNAP↙                                                              //调用 SNAP 命令
指定捕捉间距或 [打开(ON)/关闭(OFF)/传统(L)/样式(S)/类型(T)] <10.0000>: S↙  //选择“样式(S)”选项
输入捕捉栅格类型 [标准(S)/等轴测(I)] <I>: I↙                               //激活“等轴测(I)”选项
指定垂直间距 <10.0000>:                                                  //输入间距值来确定捕捉间距
```

13.2.3　切换到当前轴测面

在绘制轴测图的过程中，用户需要不断地在上平面、左平面和右平面之间切换。

切换绘图平面的方法有如下几种。

- 功能键：按 F5 功能键。
- 组合键：按 Ctrl+E 组合键。
- 命令行：输入 ISOPLANE 命令，输入首字母 L、T、R 来转换相应的轴测面，也可以直接按回车键切换。

三种平面状态下显示的光标如图 13-5 所示。

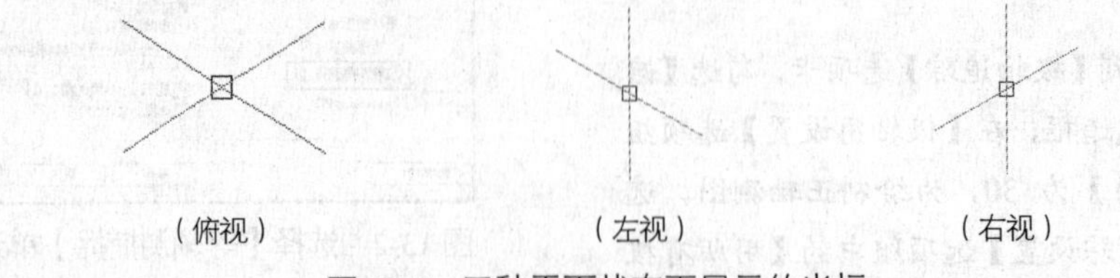

图 13-5　三种平面状态下显示的光标

13.3 绘制等轴测图

将绘图模式设置为等轴测模式后，用户可以方便地绘制出直线、圆、圆弧和基本的轴测图，并由这些基本的图形对象组成复杂的轴测投影图。

在绘图时，打开极轴追踪、对象捕捉和自动追踪功能，并打开【草图设置】对话框中的【极轴追踪】选项卡，如图 13-6 所示。设置极轴追踪的角度增量为 30°，这样就能很方便地绘制出 30°、90° 或 150° 方向的直线。

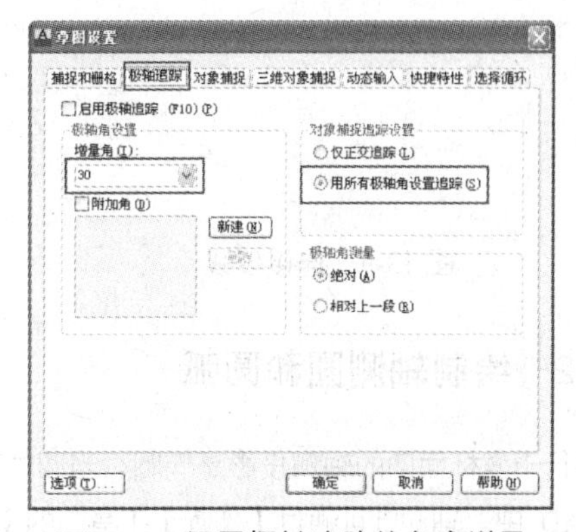

图 13-6　设置极轴追踪的角度增量

13.3.1　绘制轴测直线

根据轴测投影特性，在绘制轴测图时，对于与直角坐标轴平行的直线，可在切换至当前轴测面后，打开正交模式，将它们绘制成与相应的轴测轴平行；对于与三个直角坐标轴均不平行的一般位置直线，则可关闭正交模式，沿轴向测量获得该直线两个端点的轴测投影，然后连接即可。

课堂举例【13-2】：绘制轴测长方体

Step 01 单击【快速访问】工具栏中的【新建】按钮，新建一个图形文件。

Step 02 选择【工具】|【绘图设置】菜单命令，打开【草图设置】对话框。切换至【捕捉和栅格】选项卡，并在【捕捉类型】选项组中选中【等轴测捕捉】单选按钮。切换至【极轴追踪】选项卡，设置增量角为 30°，单击【确定】按钮，完成等轴测图模式的设置。

Step 03 按 F5 功能键将视图切换为俯视平面，打开正交模式，调用【直线】工具，绘制长方体轴测俯视平面，如图 13-7 所示。

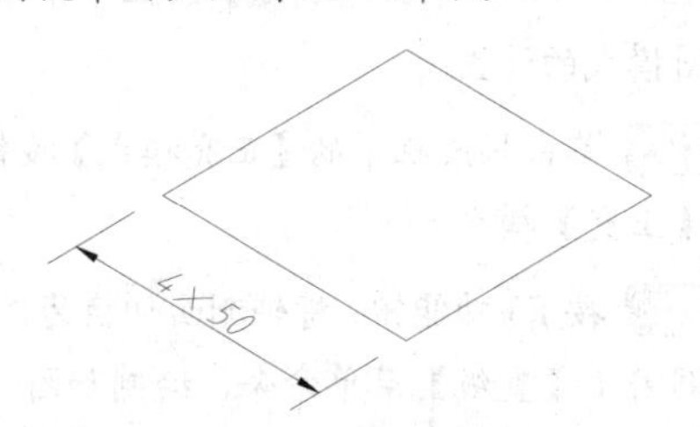

图 13-7　绘制俯视平面

Step 04 单击【修改】选项板中的【复制】按钮，选取俯视平面为复制对象，以任意点为基点，垂直向上复制俯视平面，复制距离为 10，如图 13-8 所示。

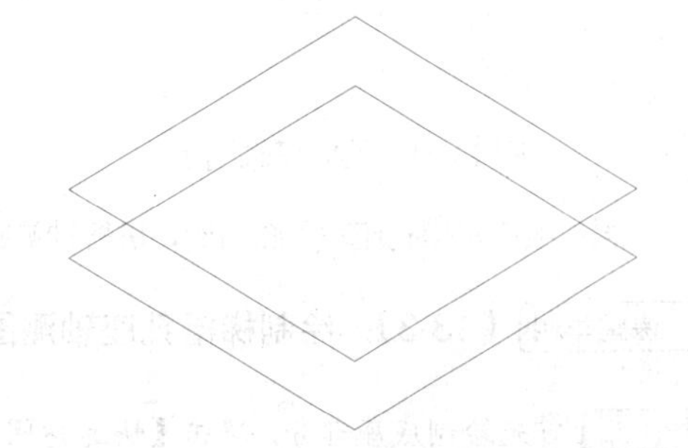

图 13-8　复制俯视平面

Step 05 单击【绘图】选项板中的【直线】按钮，连接棱线，如图 13-9 所示。

Step 06 删除在视图中不可见的线段，如图 13-10 所示。至此，长方体轴测图绘制完成。

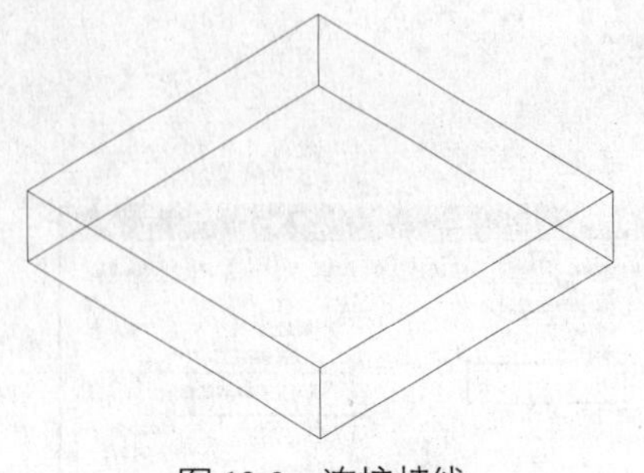
图 13-9　连接棱线

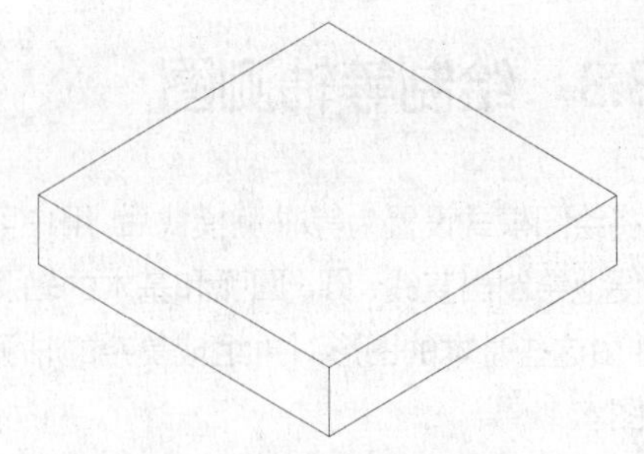
图 13-10　修剪多余线段

13.3.2　绘制轴测圆和圆弧

平行于坐标面圆的轴测投影是椭圆，当圆位于不同的轴测面时，椭圆长、短轴的位置将会不同。在AutoCAD 中，轴测圆可通过【椭圆】工具中的【等轴测圆】选项来绘制。激活等轴测绘图模式后，在命令行中输入 ELLIPSE 命令并回车，命令行操作如下：

```
命令：_ellipse ↙                                              //调用【椭圆】菜单命令
指定椭圆轴的端点或［圆弧(A)/中心点(C)/等轴测圆(I)］：I↙     //激活"等轴测圆（I）"选项
指定等轴测圆的圆心：                                          //在绘图区捕捉等轴测圆的圆心
指定等轴测圆的半径或［直径(D)］：5↙                           //输入等轴测圆的半径，回车结束命令
```

在等轴测模式下绘制圆弧时，应首先绘制等轴测圆，如图 13-11 所示。然后再修剪得到轴测圆，结果如图 13-12 所示。

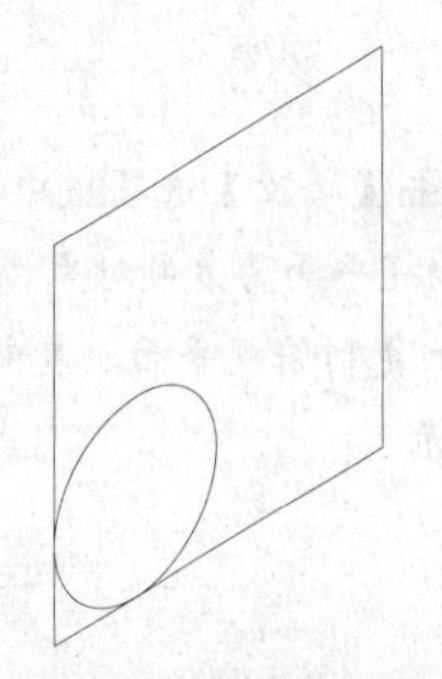
图 13-11　绘制等轴测圆

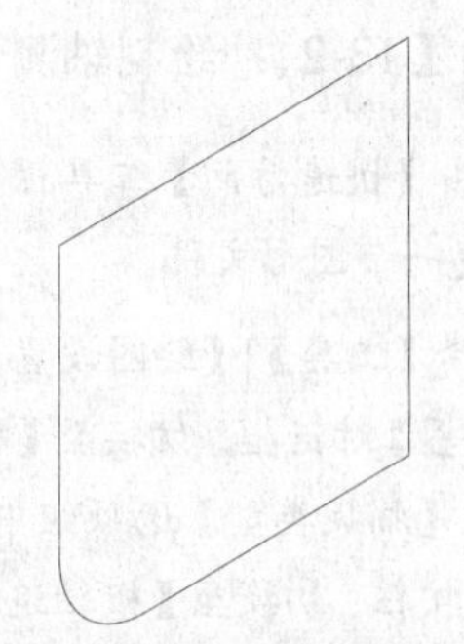
图 13-12　修剪得到轴测圆

下面以绘制梯槽孔座轴测图为例，讲解轴测圆和轴测圆弧的具体绘制方法。

课堂举例【13-3】：绘制梯槽孔座轴测图

Step 01 首先绘制底座部分。单击【快速访问】工具栏中的【新建】按钮，新建一个图形文件。

Step 02 选择【工具】→【草图设置】菜单命令，打开【草图设置】对话框。切换至【捕捉和栅格】选项卡，在【捕捉类型】选项组中选中【等轴测捕捉】单选按钮，如图 13-13 所示。切换至【极轴追踪】选项卡，设置【增量角】为 30°，如图 13-14 所示。单击【确定】按钮，即可完成轴测图模式的设置。

Step 03 单击状态栏中的【正交模式】按钮，开启【正交】模式。

Step 04 按 F5 功能键，将轴测面切换为俯视平面。调用 L【直线】菜单命令，绘制如图 13-15 所示的底面轮廓。

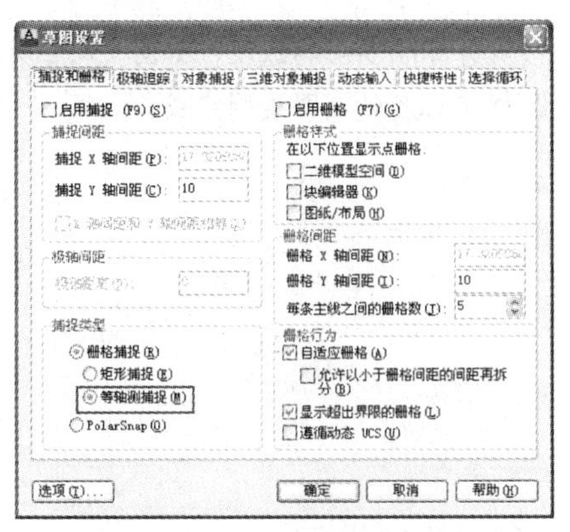

图 13-13　设置轴测绘图环境

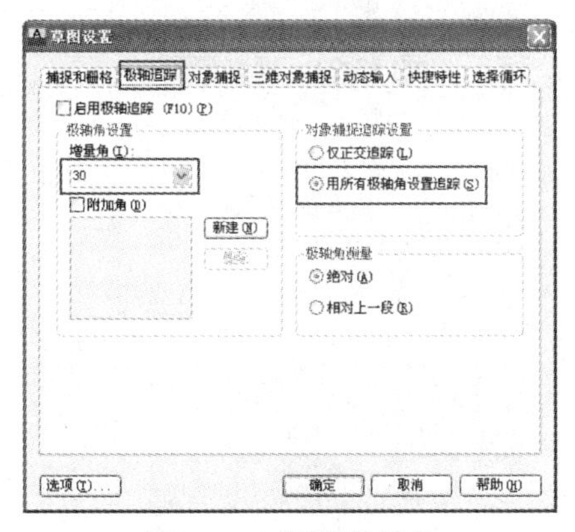

图 13-14　设置增量角

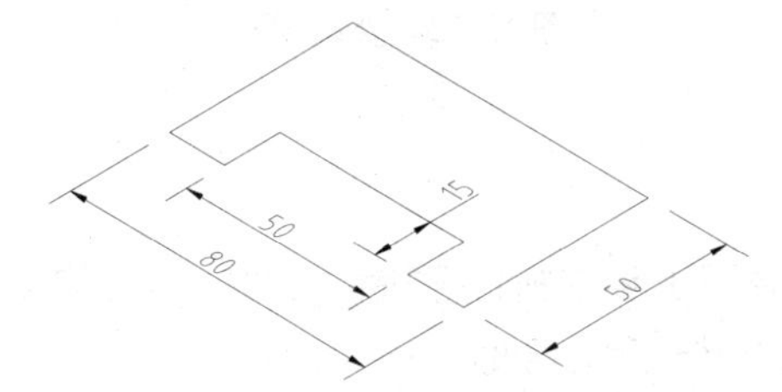

图 13-15　绘制底面轮廓

Step 05 按 F5 功能键，将轴测面切换为左视平面。在命令行中输入 CO【复制】菜单命令，向上复制绘制的轮廓线，复制距离为 10，如图 13-16 所示。

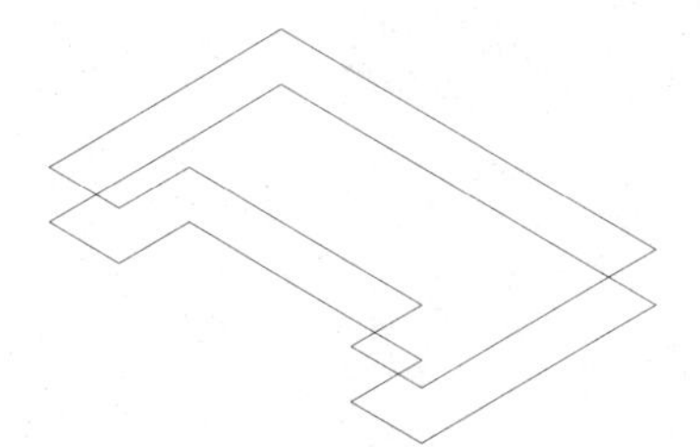

图 13-16　复制轮廓线

Step 06 调用 L【直线】菜单命令，连接端点绘制棱线，结果如图 13-17 所示。

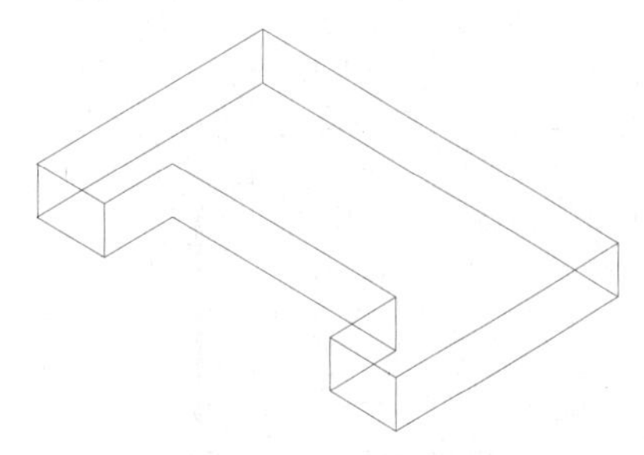

图 13-17　绘制棱线

Step 07 调用 TRIM【修剪】菜单命令，修剪并删除多余线段，结果如图 13-18 所示。至此，底座轴测图绘制完成。

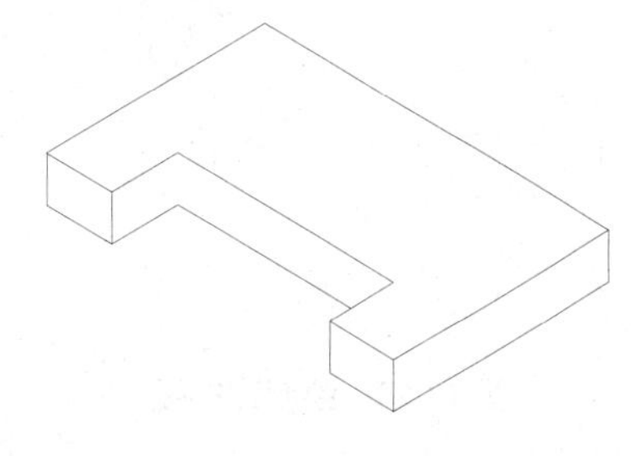

图 13-18　修剪图形

Step 08 绘制圆孔。调用 L【直线】菜单命令，过边中点绘制一条垂直辅助线；使用【椭圆】工具，结合【对象捕捉】功能，以辅助线的端点为圆心绘制两个椭圆，半径分别为 35、40，结果如图 13-19 所示。命令行操作如下：

```
命令: _ellipse
指定椭圆轴的端点或 [圆弧(A)/中心点(C)/等轴测圆(I)]: i↙  //激活 "等轴测圆 (I)" 选项
指定等轴测圆的圆心:
                //在绘图区拾取辅助线端点作为圆心
指定等轴测圆的半径或 [直径(D)]: 30↙
                //输入轴测圆的半径并回车
```

Step 09 调用 L【直线】菜单命令，连接椭圆及底座。调用 TRIM【修剪】菜单命令，修剪并删除多余线段，结果如图 13-20 所示。

Step 10 按 F5 功能键，将轴测面切换为右视平面。调用 CO【复制】菜单命令，向左复制绘制好的椭圆及线段，距离为 20，如图 13-21 所示。

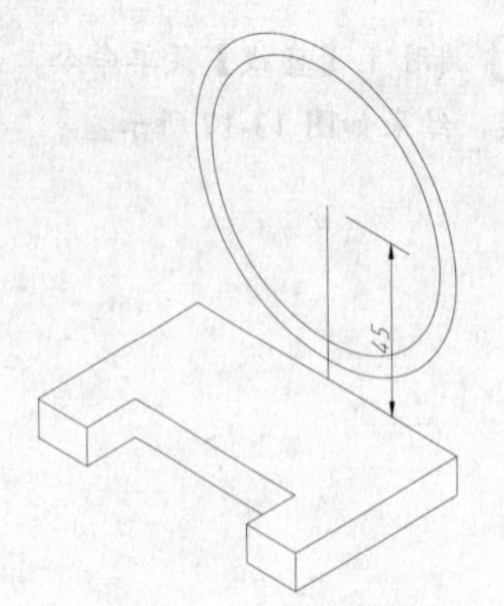

图 13-19　绘制椭圆

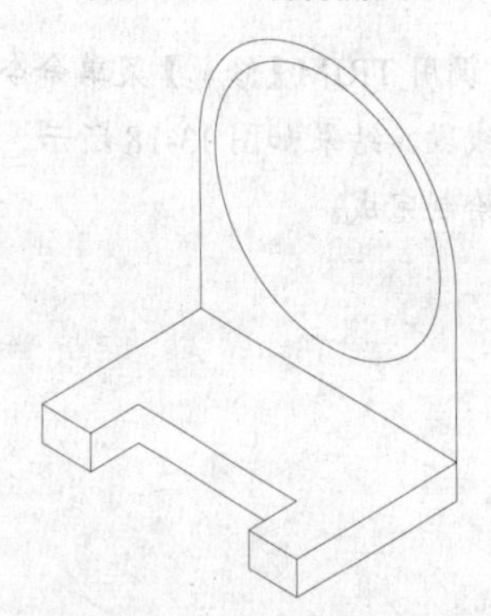

图 13-20　绘制连接线

Step 11 调用 L【直线】菜单命令，绘制等轴测圆之间的公切线；调用 TRIM【修剪】菜单命令，修剪并删除多余的线段，如图 13-22 所示。至此，梯槽孔座轴测图绘制完成。

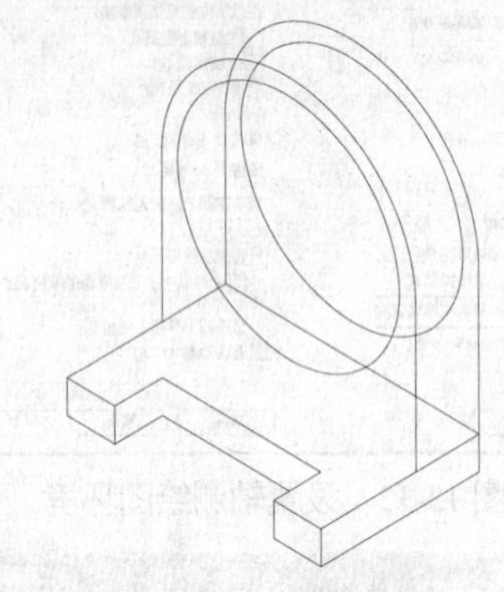

图 13-21　复制图形

图 13-22　整理图形

13.3.3　在轴测图中输入文字

在等轴测图中不能直接生成文字的等轴测投影。如果用户要在轴测图中输入文本，并且使该文本与相应的轴测面保持协调一致，则必须将文本倾斜与旋转一定的角度。

课堂举例【13-4】：添加轴测文字

Step 01 单击【快速访问】工具栏中的【新建】按钮，新建一个图形文件。

Step 02 使用前面章节介绍的方法，设置正等轴测绘图环境，并调用 L【直线】菜单命令绘制 100 × 100 × 100 的正方体，如图 13-23 所示。

Step 03 选择【格式】|【文字样式】菜单命令，打开【文字样式】对话框，在【字体名】下拉列表中选择【宋体】，设置【倾斜角度】为-30°，如图 13-24 所示。

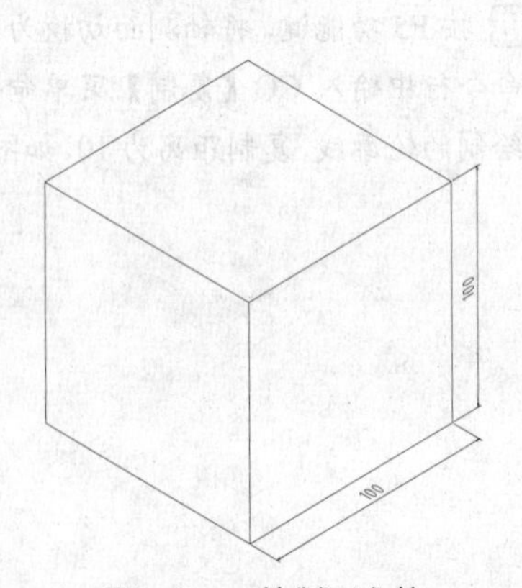

图 13-23　绘制正方体

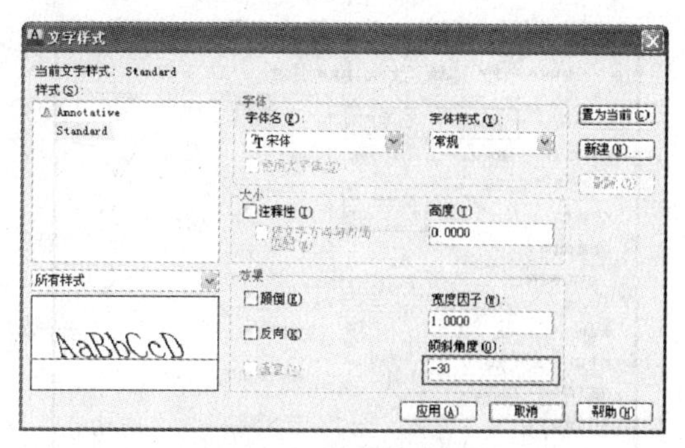

图 13-24　设置文字样式

Step 04 按 F5 功能键，将轴测面切换为俯视平面。在命令行中输入 DT【单行文字】菜单命令并回车，此时在绘图区将出现光标，提示用户输入文字。输入文字“机械图样”，按回车键结束，如图 13-25 所示，命令行提示如下：

```
命令: dt TEXT↙ //调用【单行文字】菜单命令
当前文字样式: "Standard" 文字高度: 2.5000 注释性: 否
指定文字的起点或 [正(J)/样式(S)]:
                    //在绘图区的合适位置拾取一点
指定高度 <2.5000>: 10↙
                    //指定文字高度
指定文字的旋转角度 <0>: 30↙
                    //输入文字的旋转角度并回车
```

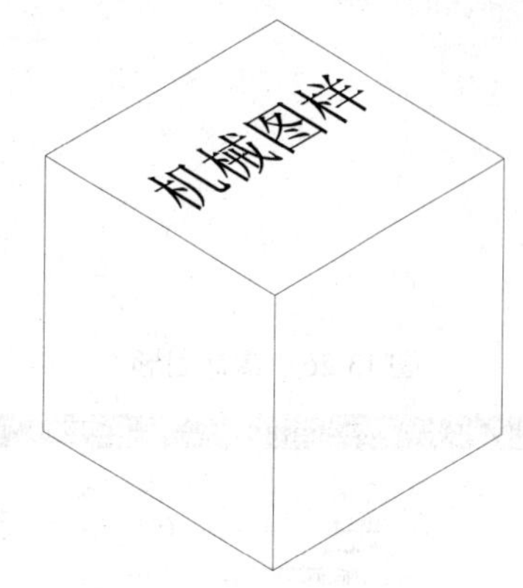

图 13-25　输入文字效果

13.3.4　标注轴测图尺寸

轴测图的标注不同于正投影图，它需要将尺寸线、尺寸界线倾斜一定角度，使它们与相应的轴测轴平行。轴测图的标注主要使用【对齐标注】菜单命令，并结合【编辑标注】和【多行文字】菜单命令完成尺寸的标注和编辑。

轴测图的线性标注要求如下。

- 轴测图的线性尺寸，一般沿轴测方向标注。尺寸数值为零件的基本尺寸。
- 尺寸数字应该按相应的轴测图形标注在尺寸线的上方，尺寸线必须和所标注的线段平行，尺寸界线一般应平行于某一轴测轴。
- 当图形中出现数字字头向下的情况时，应用引出线引出标注，并将数字按水平位置注写。

标注轴测图圆直径的要求如下。

- 标注圆的直径时，尺寸线和尺寸界线应分别平行于圆所在平面内的轴测轴。
- 标注圆弧半径和较小圆的直径时，尺寸线应从（或通过）圆心引出标注，但注写尺寸数值的横线必须平行于轴测轴。

标注轴测图角度的尺寸要求如下。

- 标注角度的尺寸线，应画成与该坐标平面相应的椭圆弧。
- 角度数字一般写在尺寸线的中断处，字头朝上。

课堂举例【13-5】：标注轴测图

Step 01 单击【快速访问】工具栏中的【打开】按钮，打开“第 13 章\13.3.4.dwg”文件，如图 13-26 所示。

Step 02 选择【格式】|【文字样式】菜单命令，打开【文字样式】对话框。单击对话框中的【新建】按钮，新建“左倾斜”文字样式，结果如图

13-27 所示。使用同样的方法创建“右倾斜”文字样式，设置倾斜角为 30°，其他参数相同。

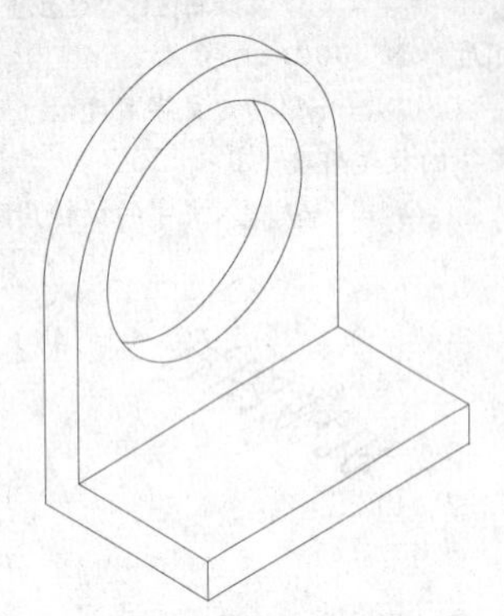

图 13-26　素材图形

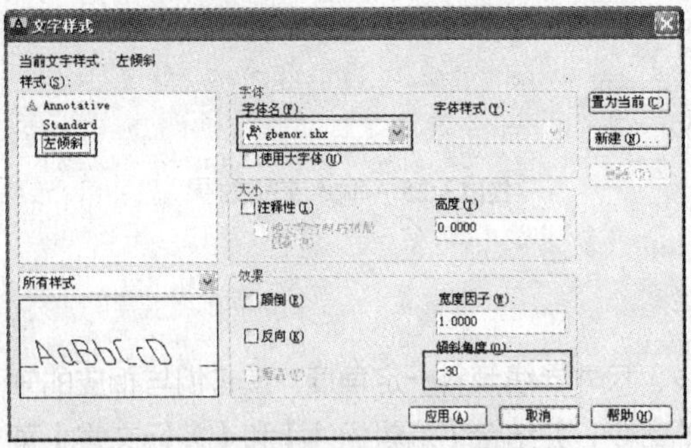

图 13-27　创建文字样式

Step 03 选择【格式】|【标注样式】菜单命令，打开【标注样式管理器】对话框，如图 13-28 所示。

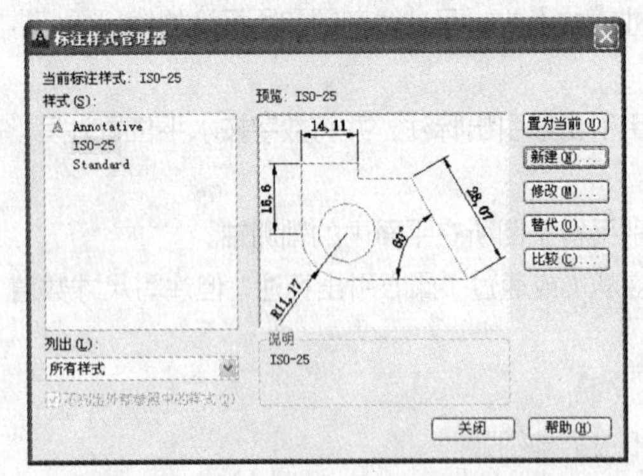

图 13-28　【标注样式管理器】对话框

Step 04 单击【新建】按钮，新建“左倾斜”标注样式，设置参数如图 13-29 所示。

Step 05 使用同样的方法创建“右倾斜”文字样式，设置参数如图 13-30 所示，确认后退出【标注样式】对话框。

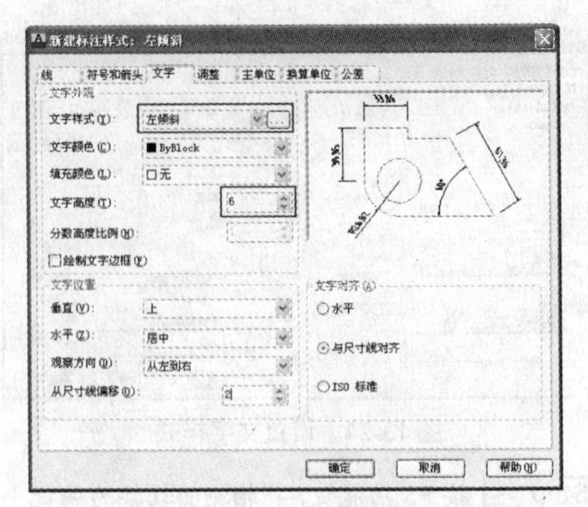

图 13-29　设置标注样式

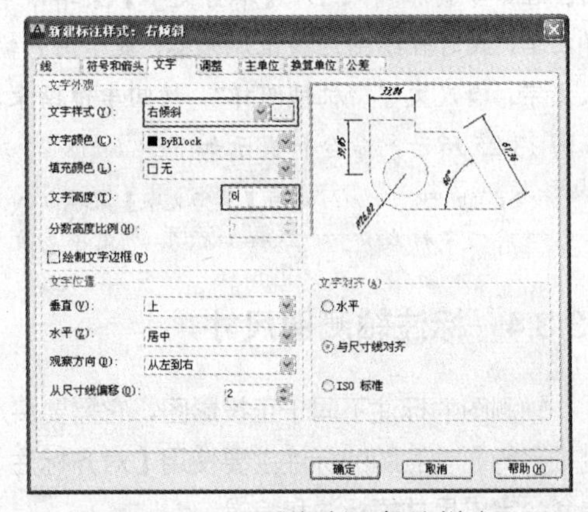

图 13-30　“右倾斜”标注样式

Step 06 单击【注释】面板中的【对齐】标注按钮，依次选取尺寸界限并进行标注，此时的标注为默认标注，结果如图 13-31 所示。

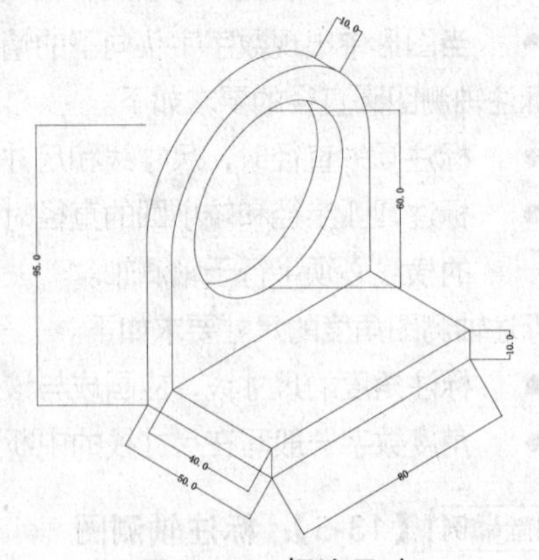

图 13-31　标注尺寸

Step 07 编辑 *X* 轴方向标注尺寸。首先把所有 X 轴方向标注的尺寸转换到“左倾斜”标注样式。然后调用【标注】|【倾斜】菜单命令，选取 *X*

轴方向尺寸，并根据命令行提示输入-30 进行编辑，结果如图 13-32 所示。

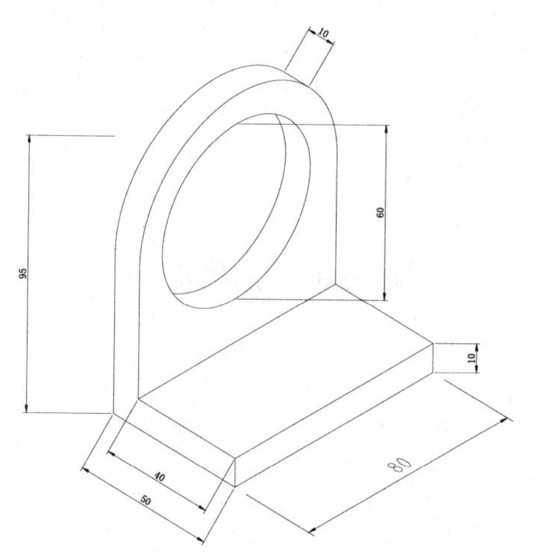

图 13-32　编辑 *X* 轴方向标注尺寸

Step 08 编辑 *Y* 轴方向标注尺寸。首先把所有 *Y* 轴方向的尺寸切换到“右倾斜”标注样式。然后调用【标注】|【倾斜】菜单命令，选取 *Y* 轴方向要编辑的尺寸，并根据命令行提示输入 30 进行编辑，结果如图 13-33 所示。

Step 09 编辑 *Z* 轴方向尺寸。首先把所有 *X* 轴方向标注的尺寸转换到“左倾斜”标注样式，调用【标注】|【倾斜】菜单命令，选取 *Z* 轴方向要编辑的尺寸，并根据命令行提示输 30 进行编辑，结果如图 13-34 所示。至此，梯槽孔座轴测图标注完成。

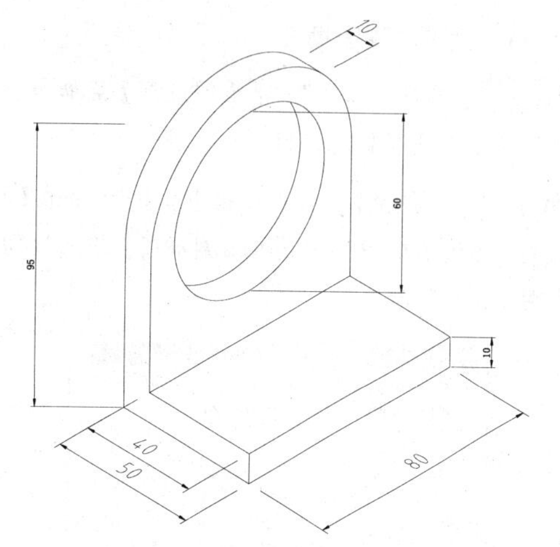

图 13-33　编辑 *Y* 轴方向尺寸

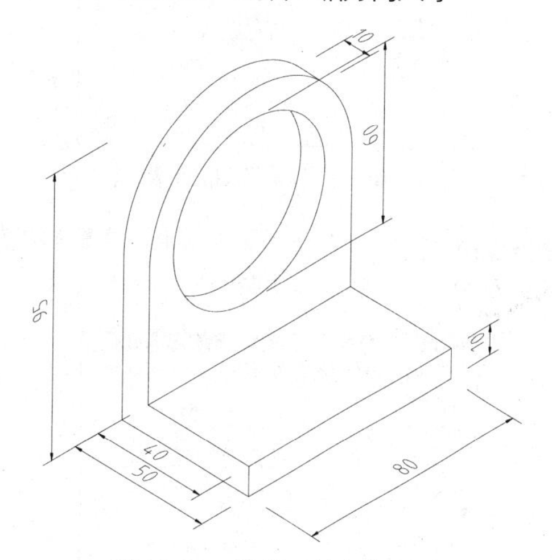

图 13-34　编辑 *Z* 轴方向尺寸

13.4　综合实例

13.4.1　绘制齿轮轴轴测图

利用本章所学的绘制轴测圆的方法配合后期编辑命令，绘制如图 13-35 所示的齿轮轴轴测图。

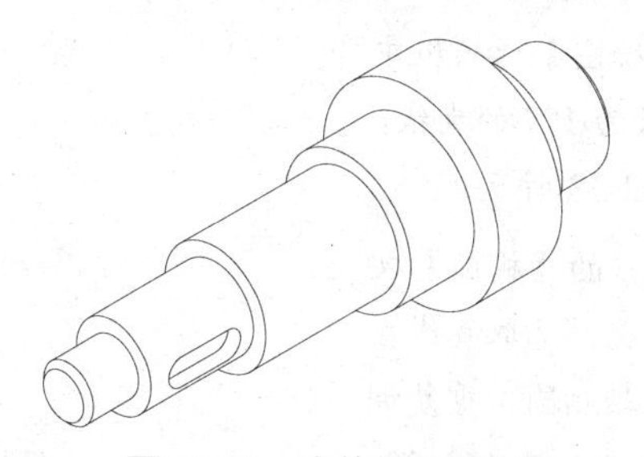

图 13-35　齿轮轴轴测图

1. 设置轴测图模式

Step 01 选择【工具】→【草图设置】菜单命令，打开【草图设置】对话框。

Step 02 切换至【捕捉和栅格】选项卡，并在【捕捉类型】选项组中选中【等轴测捕捉】单选按钮，如图 13-36 所示。

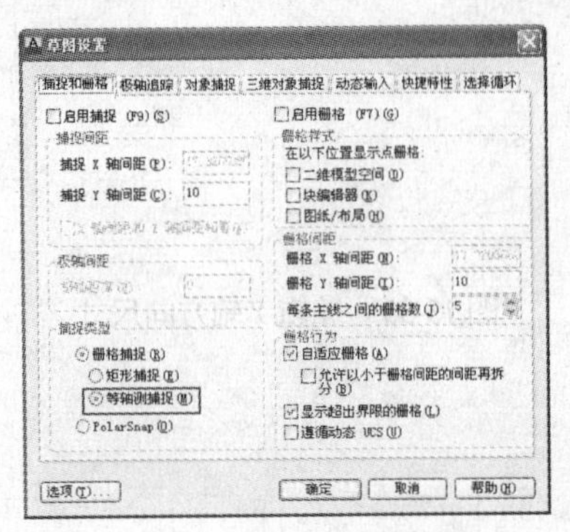

图 13-36　设置【等轴测捕捉】

Step 03 选择【极轴追踪】选项卡，设置【增量角】为 30° ，如图 13-37 所示。

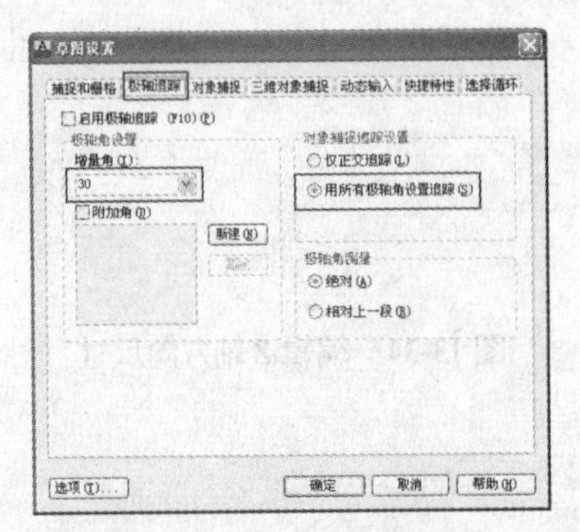

图 13-37　设置【增量角】

Step 04 单击【确定】按钮，即可完成等轴测图模式的设置。

2. 绘制主体部分

Step 01 绘制中心线。单击【绘图】选项板中的【直线】按钮，绘制一条长为 197 的直线，并调整其线型比例，结果如图 13-38 所示。

Step 02 单击【绘图】选项板中的【椭圆】按钮，按下 F5 键切换至左视平面，选取直线左端点为中点，绘制半径为 10 的轴测圆。重复调用【椭圆】菜单命令，绘制半径分别为 15、20、25、35 的一系列轴测圆，结果如图 13-39 所示。

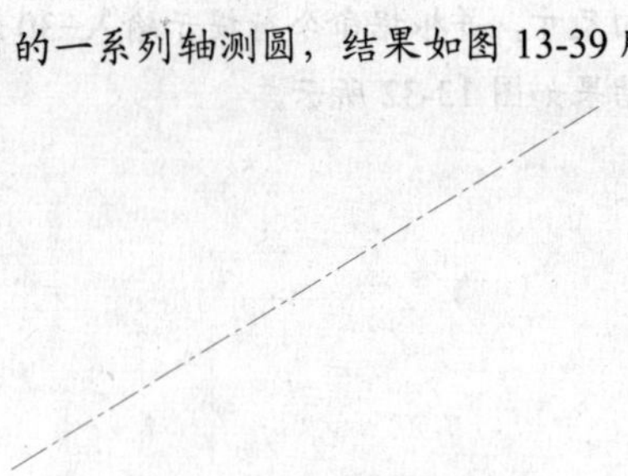

图 13-38　绘制中心线

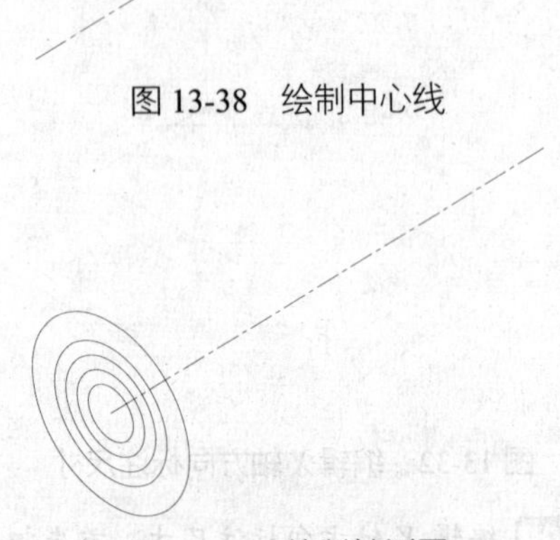

图 13-39　绘制轴测圆

Step 03 按下 F5 键切换至右视平面，调用【移动】、【复制】工具，将绘制的椭圆进行复制移动，效果如图 13-40 所示。

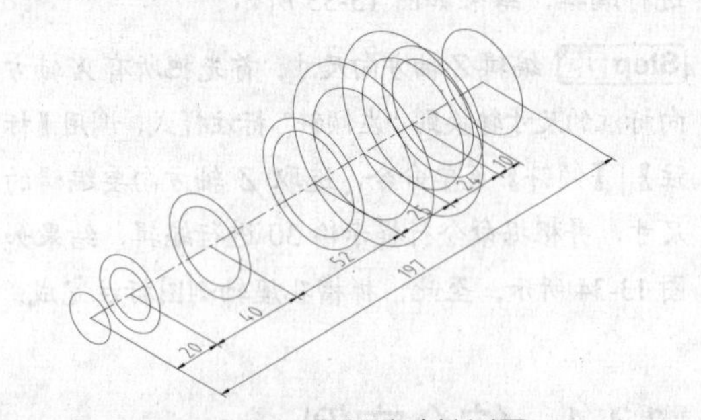

图 13-40　复制移动轴测圆

Step 04 单击【绘图】选项板中的【直线】按钮，结合【对象捕捉】功能，绘制各个轴测圆之间的公切线，结果如图 13-41 所示。

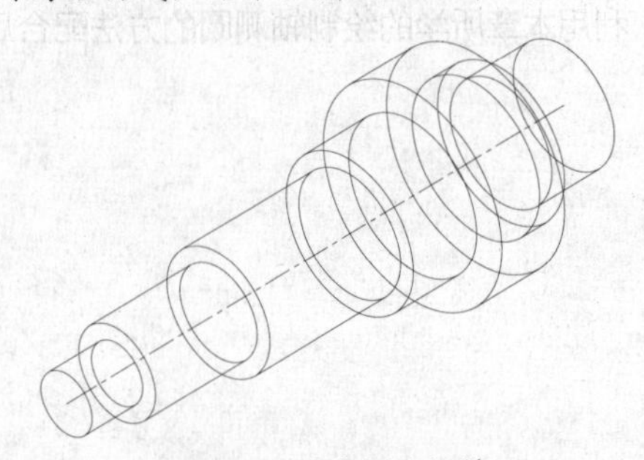

图 13-41　绘制公切线

Step 05 单击【修改】选项板中的【修剪】按钮，修剪并删除多余的线段及椭圆，结果如图 13-42 所示。至此，齿轮轴主体绘制完成。

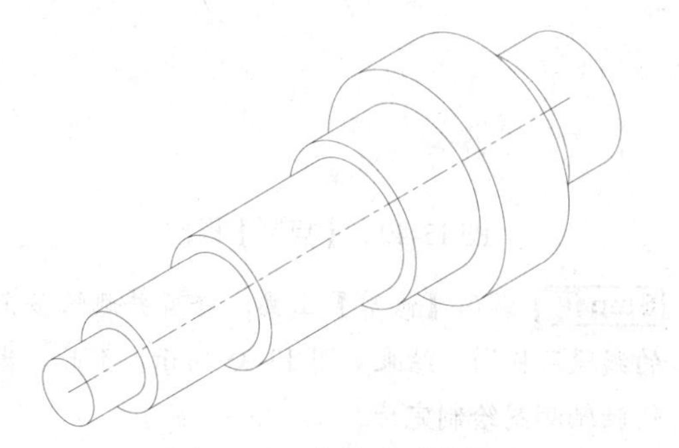

图 13-42　修剪完成效果

3. 绘制键槽及倒角

Step 01 单击【绘图】选项板中的【椭圆】按钮，按 F5 键将视图切换为左视，以中心线的两个端点为圆心，绘制半径分别为 8 和 18 的等轴测圆，如图 13-43 所示。

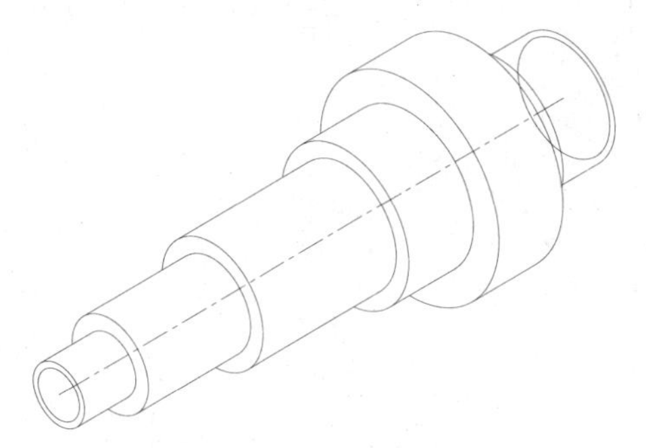

图 13-43　绘制等轴测圆

Step 02 单击【修改】选项板中的【移动】按钮，选取半径为 10 和 20 的圆弧为复制对象，分别向中间方向移动 2，结果如图 13-44 所示。

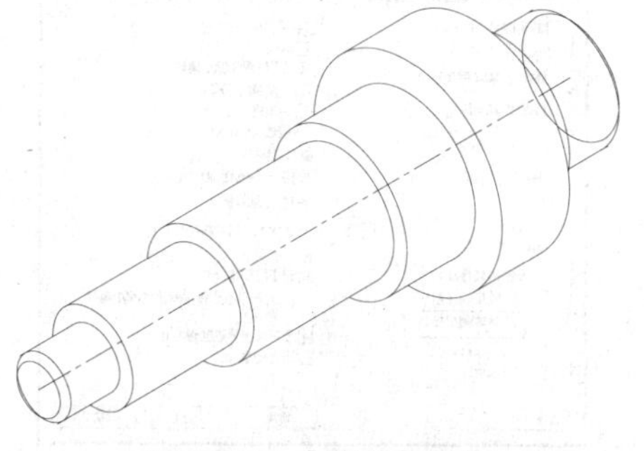

图 13-44　【移动】操作

Step 03 单击【修改】选项板中的【修剪】按钮，修剪并删除掉多余的线段和圆弧，结果如图 13-45 所示。

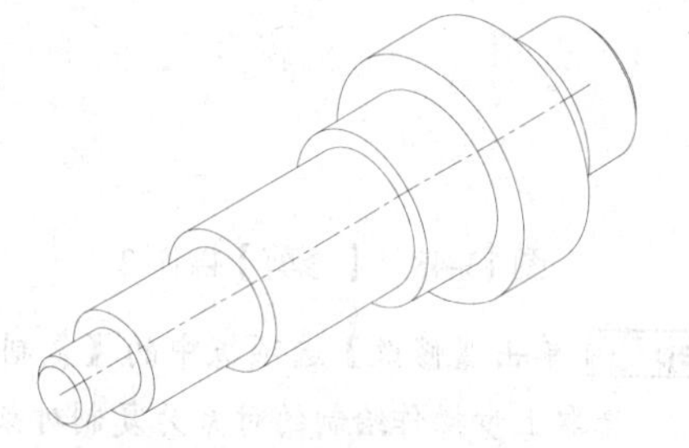

图 13-45　【修剪】操作 1

Step 04 按 F5 键将视图切换为右视，单击【绘图】选项板中的【直线】按钮，结合【对象捕捉】功能，绘制辅助线，结果如图 13-46 所示。

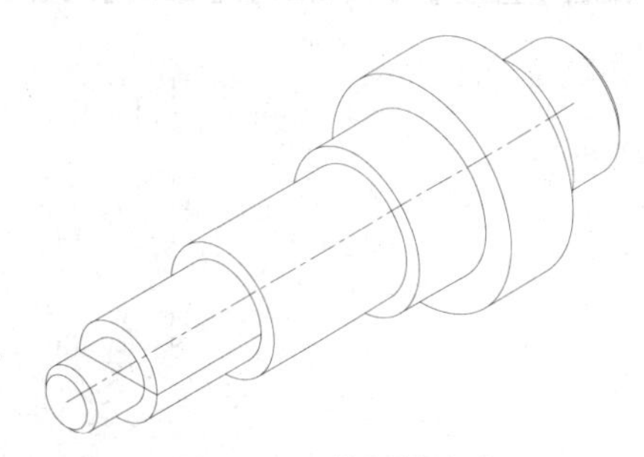

图 13-46　绘制辅助线

Step 05 单击【绘图】选项板中的【椭圆】按钮，绘制两个半径为 5 的等轴测圆；调用【直线】工具，连接两个轴测圆的切线，结果如图 13-47 所示。

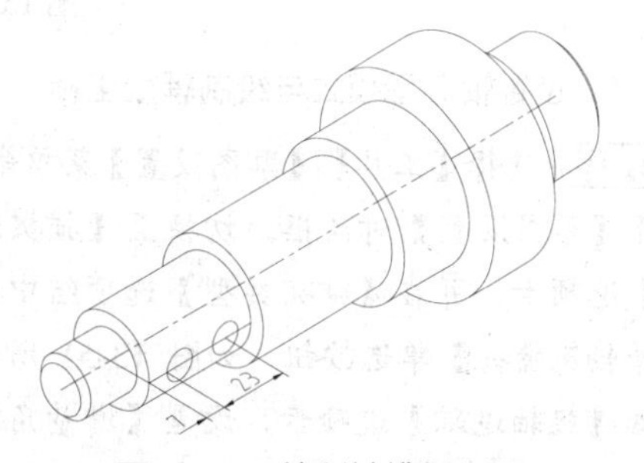

图 13-47　绘制键槽轴测圆

Step 06 单击【绘图】选项板中的【直线】按钮，结合【对象捕捉】功能绘制切线；单击【修改】选项板中的【修剪】按钮，修剪并删除掉多余的线段，结果如图 13-48 所示。

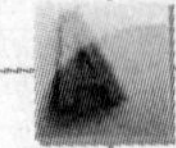

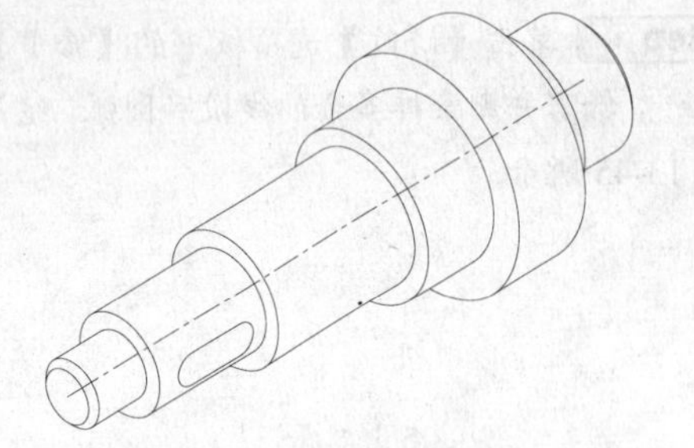

图 13-48 【修剪】操作2

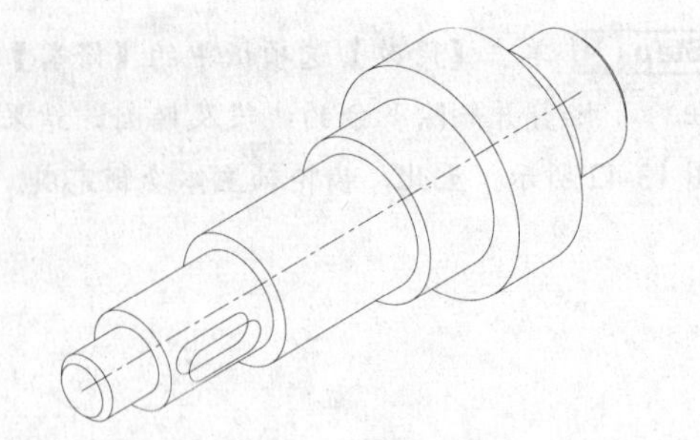

图 13-49 【复制】操作

Step 07 单击【修改】选项板中的【复制】按钮，选取上步操作绘制的对象为复制对象，将其向后移动5，结果如图13-49所示。

Step 08 调用【修剪】工具，修剪并删除多余的线段及椭圆，结果如图13-35所示。至此，齿轮轴轴测图绘制完毕。

13.4.2 绘制支撑座轴测图

配合【直线】、【轴测圆】、【复制】、【修剪】等命令，绘制如图13-50所示的支撑座轴测图。

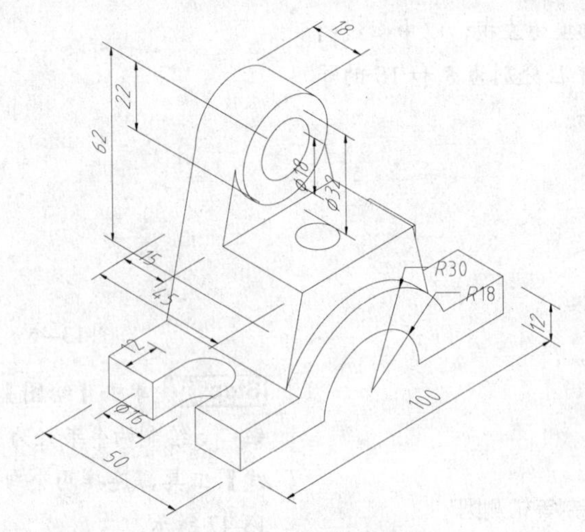

图 13-50 支撑座轴测图

1. 设置轴测图模式与绘制辅助坐标

Step 01 选择【工具】|【草图设置】菜单命令，打开【草图设置】对话框。切换至【捕捉和栅格】选项卡，并在【捕捉类型】选项组中选中【等轴测捕捉】单选按钮，如图13-51所示。选择【极轴追踪】选项卡，设置【增量角】为30°，如图13-52所示。单击【确定】按钮，即可完成等轴测图模式的设置。

Step 02 打开【极轴追踪】和【对象捕捉】功能，并单击【绘图】选项板中的【直线】按钮，绘制如图13-53所示的辅助坐标。然后利用【多行文字】工具，标出各坐标系和视图名称。

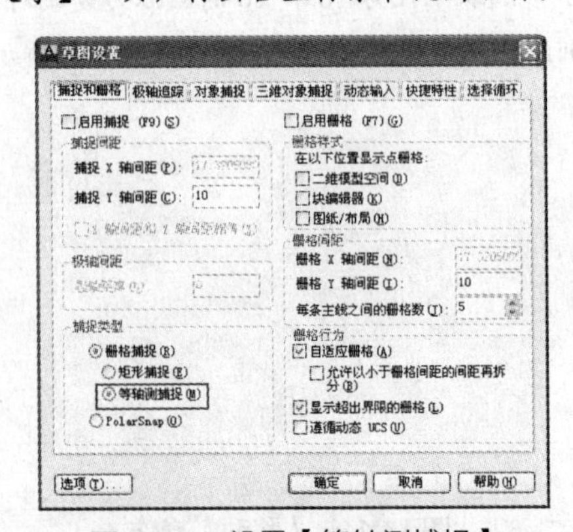

图 13-51 设置【等轴测捕捉】

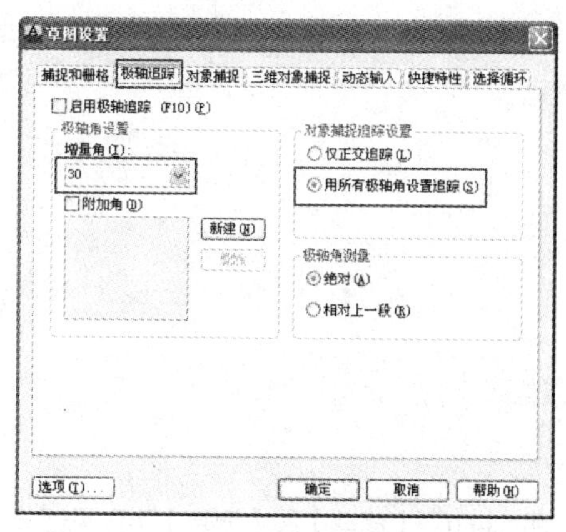

图 13-52　设置【增量角】

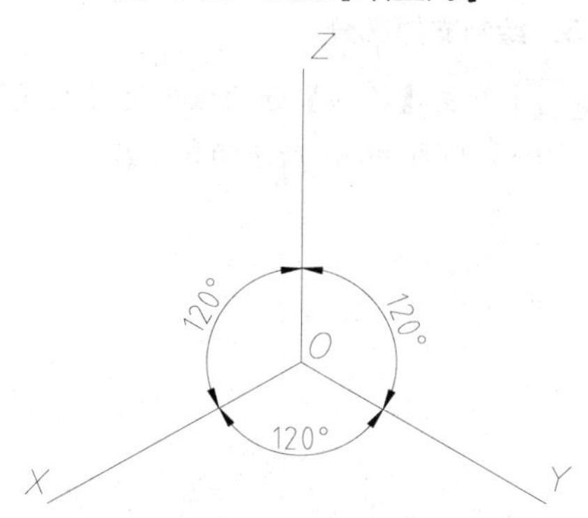

图 13-53　绘制辅助坐标

2．绘制底座

Step 01 按 F5 功能键将视图切换为俯视，单击【绘图】选项板中的【直线】按钮，结合【极轴追踪】功能，绘制如图 13-54 所示的尺寸为 50×100 的矩形。

Step 02 调用【复制】工具，复制出辅助直线，移动距离分别为 12 和 17，结果如图 13-55 所示。

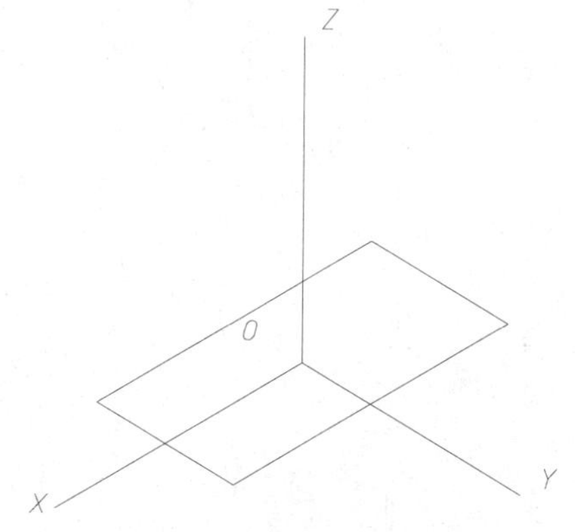

图 13-54　绘制底座轮廓线

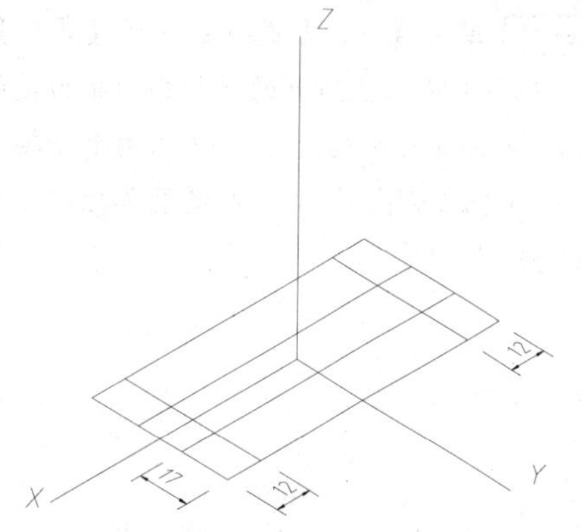

图 13-55　绘制辅助线

Step 03 单击【绘图】选项板中的【椭圆】按钮，绘制半径为 8 的等轴测圆；按 F5 功能键，将视图切换为右视平面，绘制半径为 18 和 30 的等轴测圆，结果如图 13-56 所示。

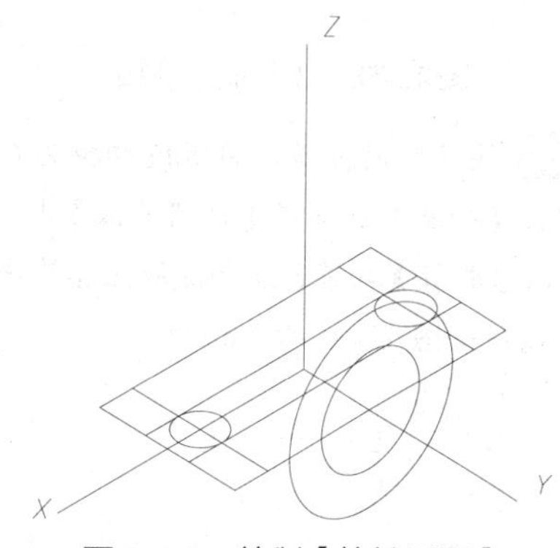

图 13-56　绘制【等轴测圆】

Step 04 单击【修改】选项板中的【修剪】按钮，修剪并删除掉多余的线段和圆弧，结果如图 13-57 所示。

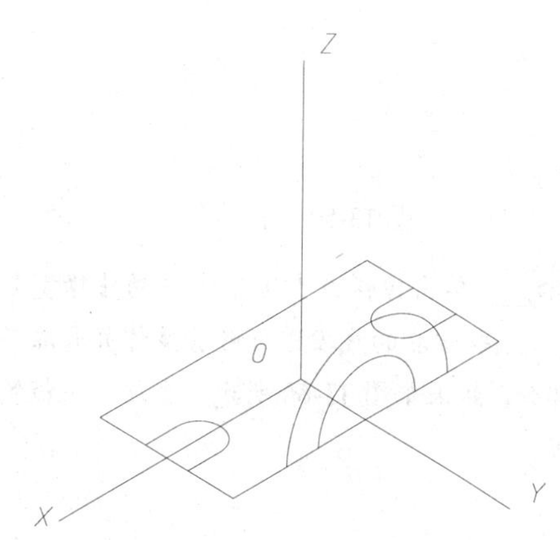

图 13-57　【修剪】操作

Step 05 单击【修改】选项板中的【复制】按钮，选取底平面上所有的线段和圆弧为复制对象，沿 Z 轴正方向移动 12，选取两个等轴测圆弧，沿 Y 轴负方向移动 50 个绘图单位，结果如图 13-58 所示。

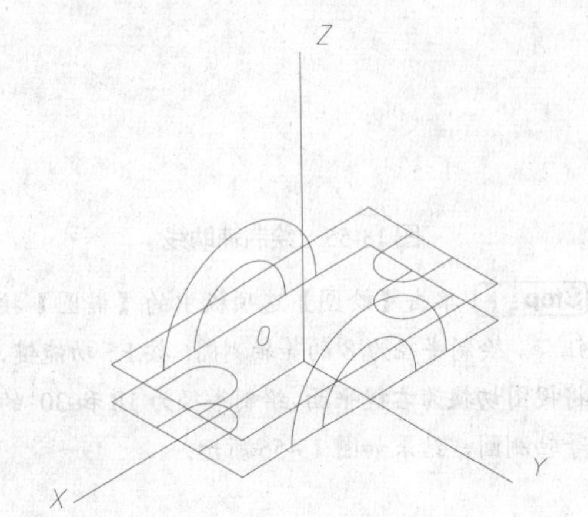

图 13-58 【复制】底面

Step 06 按 F5 功能键，将视图切换为左视平面，单击【绘图】选项板中的【直线】按钮，结合【对象捕捉】功能，绘制底板上各棱线和公切线，结果如图 13-59 所示。

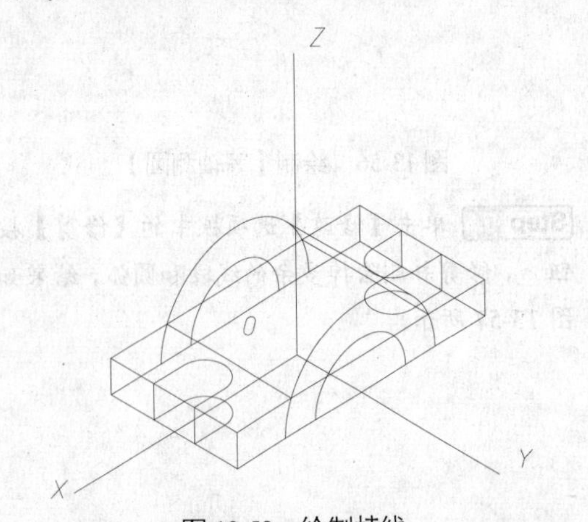

图 13-59 绘制棱线

Step 07 单击【修改】选项板中的【修剪】按钮，选取相应的线段进行修剪操作并删除不可见部分，结果如图 13-60 所示。至此，底板绘制完成。

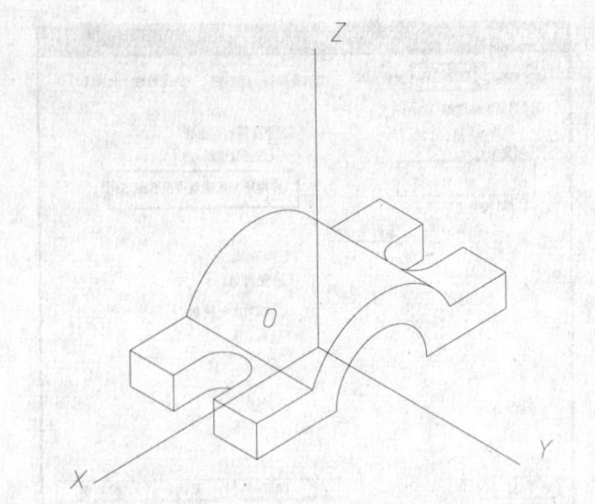

图 13-60 【修剪】和【删除】不可见部分

3. 绘制支撑部分

Step 01 单击【绘图】选项板中的【直线】按钮，绘制如图 13-61 所示的辅助线。

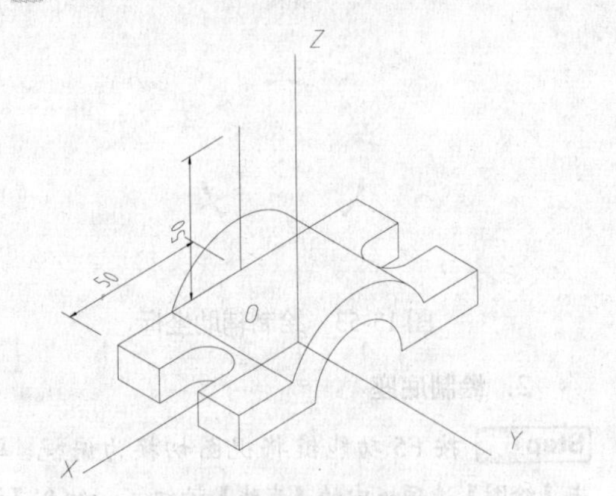

图 13-61 绘制直线 1

Step 02 单击【绘图】选项板中的【椭圆】按钮，按 F5 功能键将视图切换为右视平面，绘制半径分别为 9 和 16 的等轴测圆，结果如图 13-62 所示。

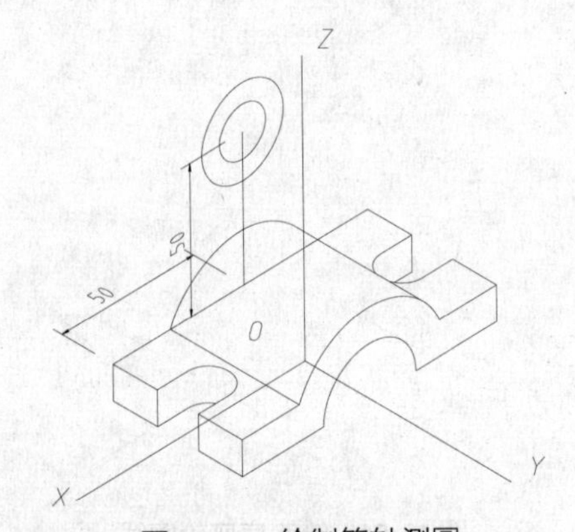

图 13-62 绘制等轴测圆

Step 03 单击【修改】选项板中的【复制】按钮，选取绘制的轴测圆为复制对象，按F5功能键将视图切换为左视平面，将其沿 *Y* 轴正方向移动18个绘图单位，结果如图13-63所示。

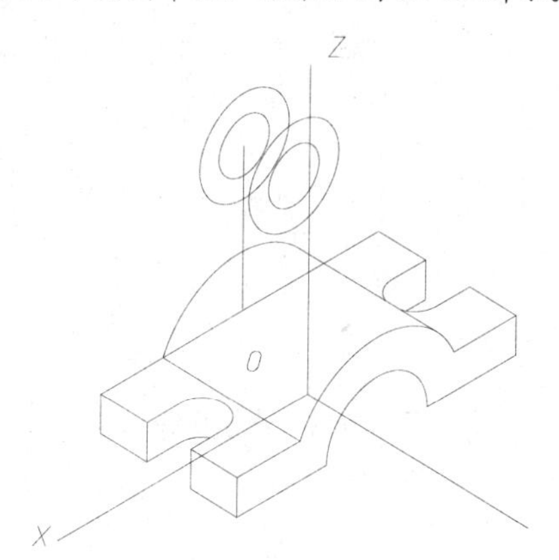

图13-63 复制等轴测圆

Step 04 单击【绘图】选项板中的【直线】按钮，结合【对象捕捉】功能，绘制如图13-64所示的直线。

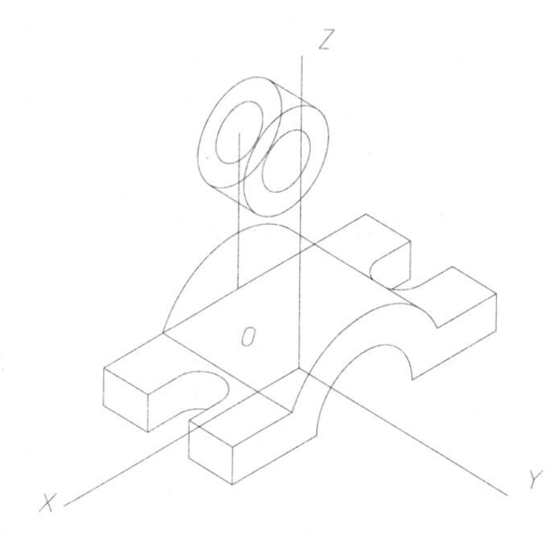

图13-64 绘制直线2

Step 05 单击【修改】选项板中的【修剪】按钮，修剪多余的直线和圆弧，结果如图13-65所示。大圆孔绘制完成。

Step 06 单击【绘图】选项板中的【直线】按钮，结合【对象捕捉】功能，绘制直线，结果如图13-66所示。

Step 07 单击【修改】选项板中的【复制】按钮，沿 *Y* 轴正方向复制直线，距离为15和45，结果如图13-67所示。

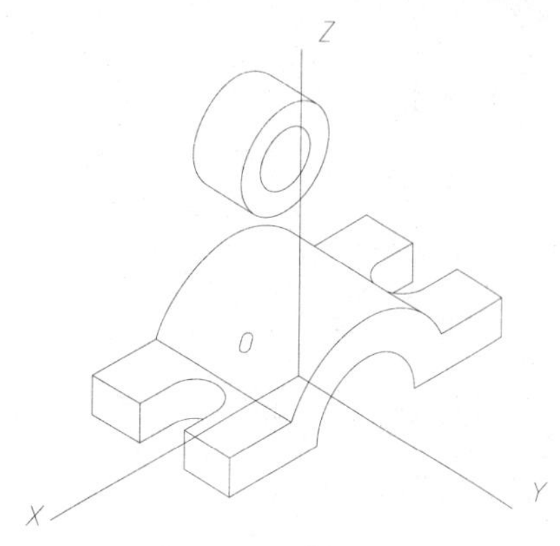

图13-65 修剪操作

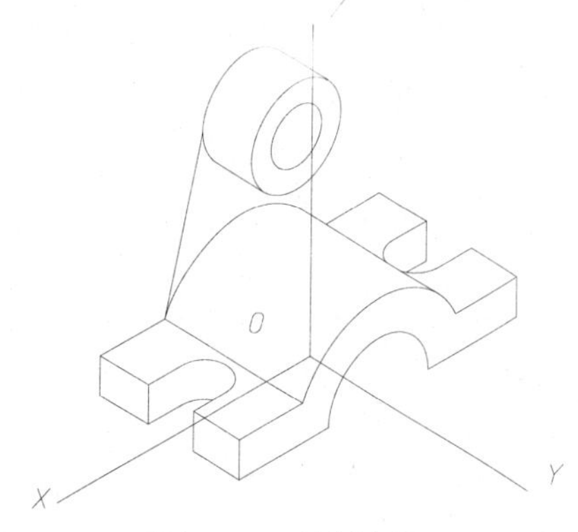

图13-66 绘制直线3

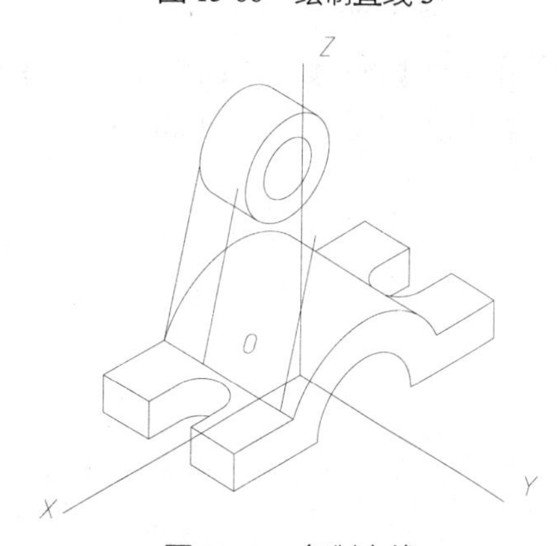

图13-67 复制直线

Step 08 单击【绘图】选项板中的【直线】按钮，绘制辅助线；调用【复制】工具，选取辅助线为复制对象，沿 *Z* 轴正方向移动38个绘图单位，结果如图13-68所示。

Step 09 单击【绘图】选项板中的【直线】按钮，结合【对象捕捉】功能，绘制如图13-69所示的直线。

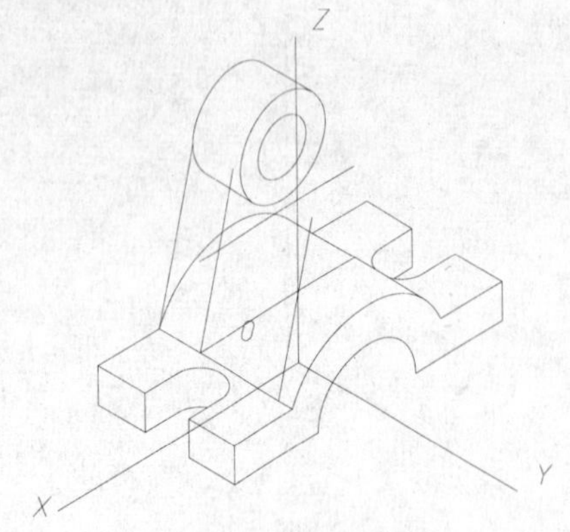

图 13-68　绘制辅助线 1

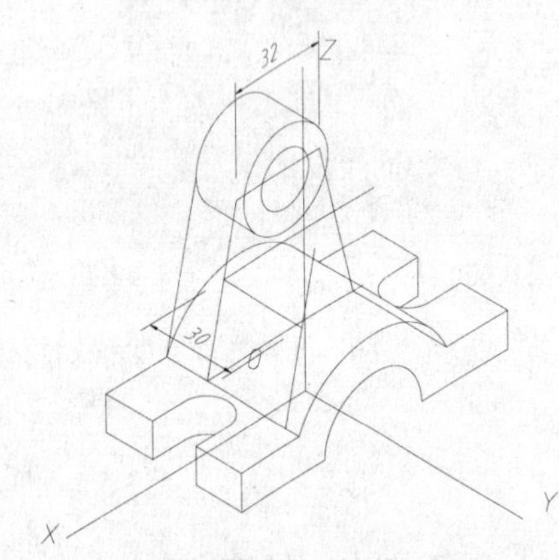

图 13-69　绘制直线 4

Step 10 单击【修改】选项板中的【复制】按钮，复制圆弧及直线，结果如图 13-70 所示。

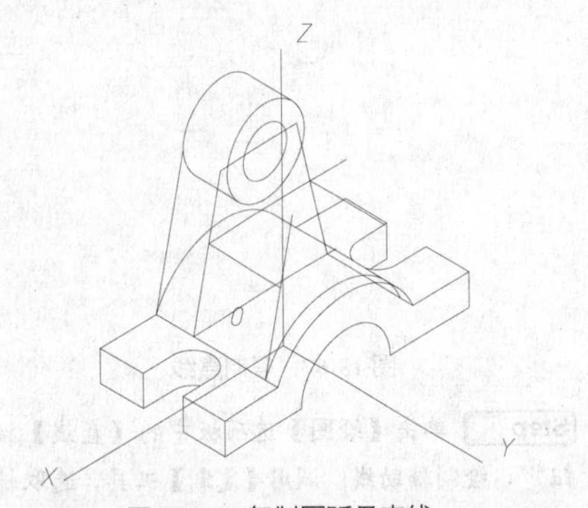

图 13-70　复制圆弧及直线

Step 11 单击【绘图】选项板中的【直线】按钮，结合【对象捕捉】，连接各个部分，结果如图 13-71 所示。

Step 12 单击【修改】选项板中的【修剪】按钮，修剪并删除多余的线段，结果如图 13-72 所示。

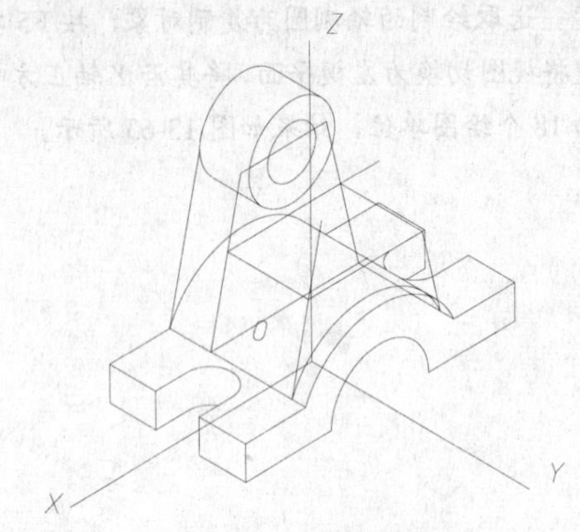

图 13-71　连接直线

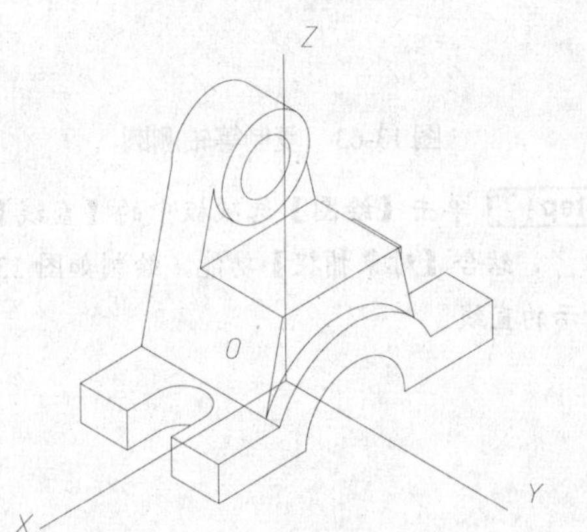

图 13-72　【修剪】操作

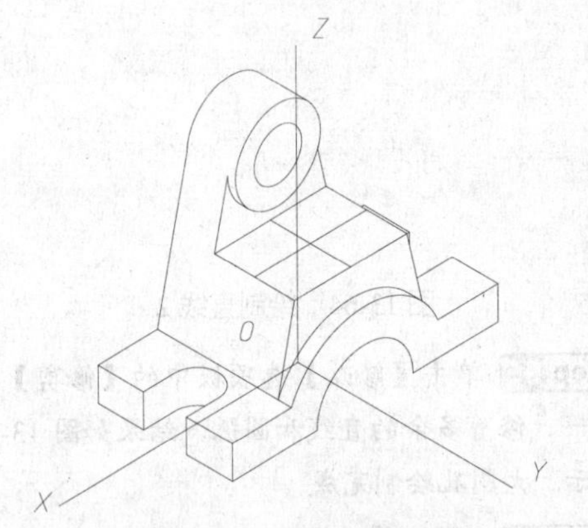

图 13-73　绘制辅助线 2

Step 13 单击【绘图】选项板中的【直线】按钮，绘制辅助线，结果如图 13-73 所示。

Step 14 单击【绘图】选项板中的【椭圆】按钮，绘制等轴测圆，删除辅助线及坐标，结果如图 13-74 所示。至此，整个支撑座轴测图绘制完成。

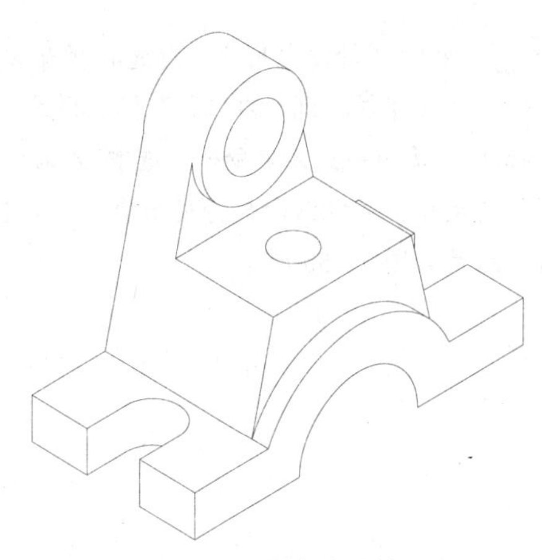

图 13-74　最终绘制结果

4. 设置文字样式和标注样式

Step 01 设置文字样式。选择【格式】→【文字样式】菜单命令，打开【文字样式】对话框。单击【新建】按钮，新建文字样式，并输入倾斜角度 30 和−30，结果如图 13-75 所示。

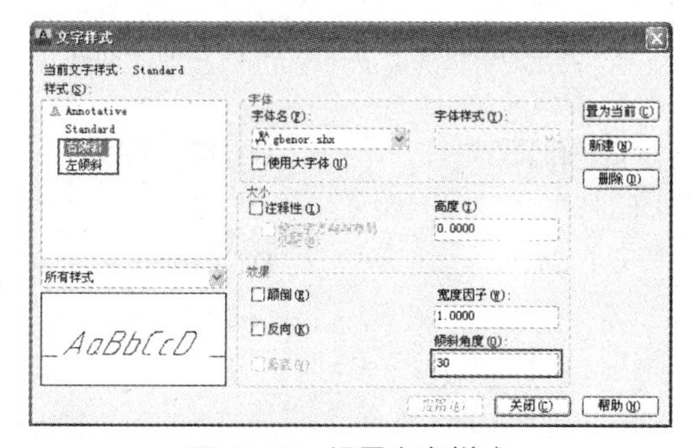

图 13-75　设置文字样式

Step 02 设置标注样式。单击【标注样式】按钮，打开【标注样式管理器】对话框，新建标注样式，结果如图 13-76 所示。

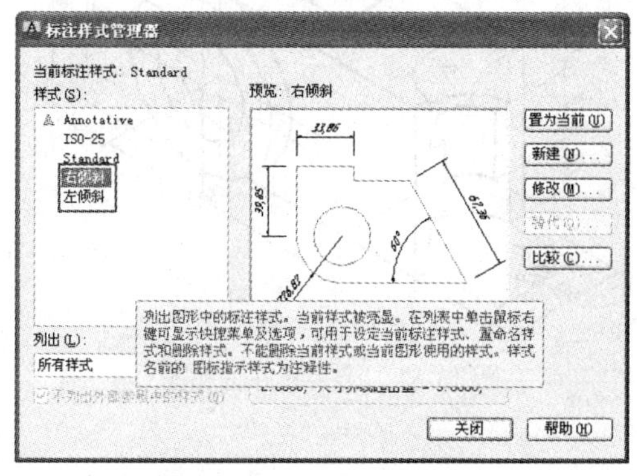

图 13-76　设置标注样式

5. 尺寸标注

Step 01 标注尺寸。使用【对齐标注】工具依次选取尺寸界线并进行标注，此时的标注为默认标注，结果如图 13-77 所示。

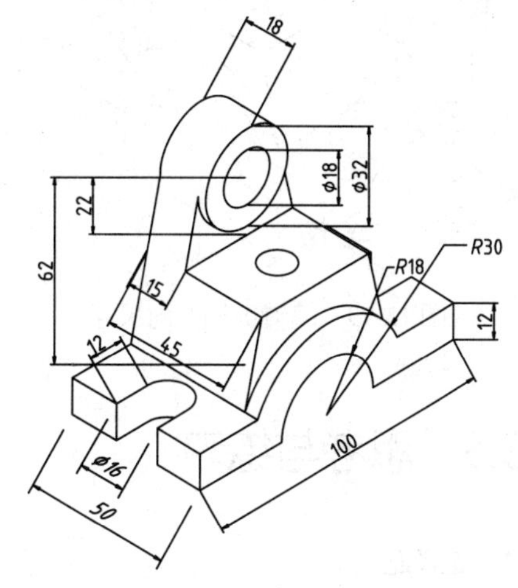

图 13-77　标注尺寸

Step 02 编辑 X 轴方向尺寸。首先把所有 X 轴方向标注的尺寸转换到“右倾斜”标注样式。然后调用【标注】|【倾斜】菜单命令，选取 X 轴方向尺寸并根据命令行提示输入 30 进行编辑，结果如图 13-78 所示。

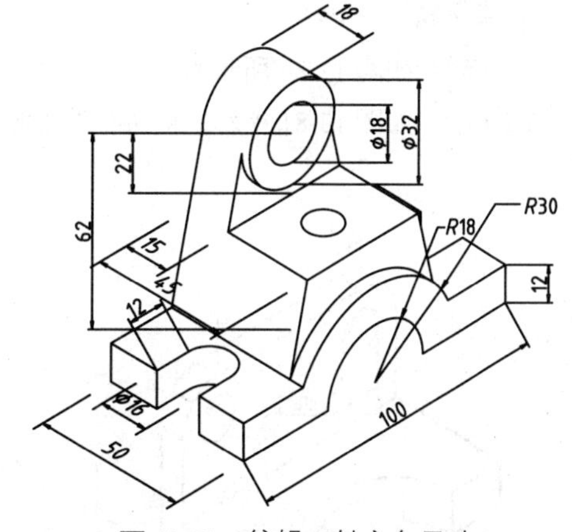

图 13-78　编辑 X 轴方向尺寸

Step 03 编辑 Y 轴方向尺寸。首先把所有 Y 轴方向的尺寸切换到“左倾斜”标注样式。然后选择【标注】|【倾斜】菜单命令，选取 Y 轴方向要编辑的尺寸，并根据命令行提示输入−30 进行编辑，结果如图 13-79 所示。

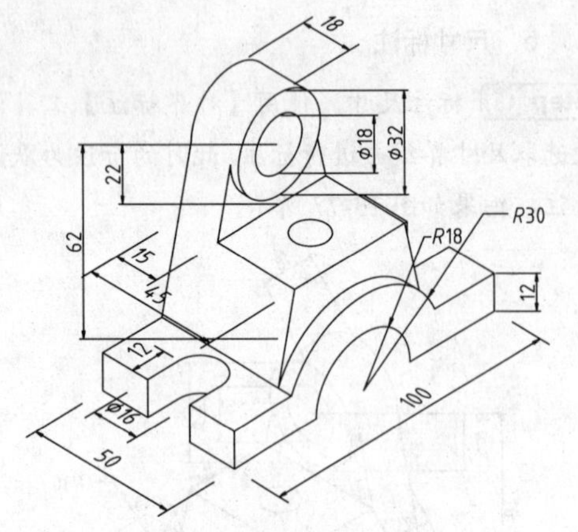

图 13-79　编辑 *Y* 轴方向尺寸

Step 04 编辑 *Z* 轴方向尺寸。首先把所有 *X* 轴方向标注的尺寸转换到“右倾斜”标注样式。选择【标注】|【倾斜】菜单命令，选取 *Z* 轴方向要编辑的尺寸，并根据命令行提示输入-30 进行编辑，结果如图 13-50 所示。

13.5　思考与练习

1．选择题

（1）在绘制等轴测图时必须设置以下哪个选项？（　　）

A．对象捕捉　　B．极轴追踪　　C．正交模式　　D．等轴测捕捉

（2）以下哪个工具可以绘制等轴测圆？（　　）

A．圆　　B．椭圆　　C．圆弧　　D．样条曲线

（3）以下哪个快捷键可以用来切换等轴测视图？（　　）

A．Shift+E　　B．Alt+E　　C．Ctrl+C　　D．Ctrl+E

2．实例题

（1）绘制如图 13-80 所示的支耳零件轴测图。

（2）绘制如图 13-81 所示的接头零件轴测图。

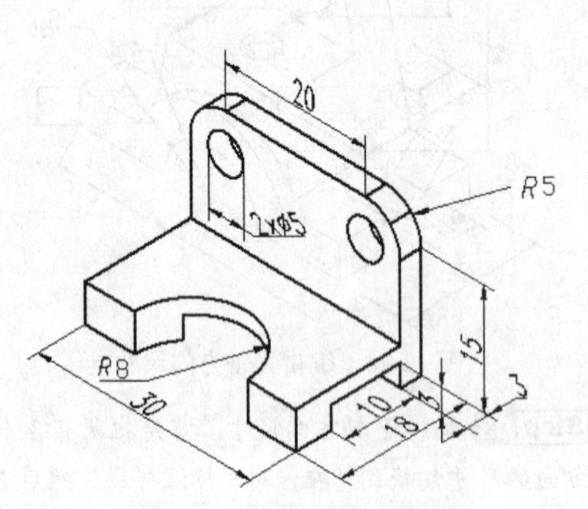

图 13-80　支耳零件轴测图

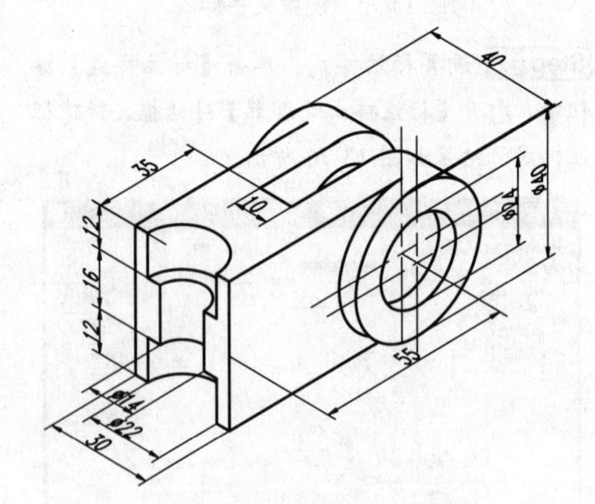

图 13-81　接头零件轴测图

第14章　三维绘图基础

⊙学习目的：

本章主要对AutoCAD 2013三维建模的基础知识进行讲解，包括三维工作空间、三维坐标系、视点、实体显示控制等内容，为后续章节的深入学习打下良好的基础。

⊙学习重点：

★★★★ 三维视点

★★★☆ 三维图形显示

★★★☆ 三维视觉样式

★★☆☆ 三维实体显示控制

★☆☆☆ 三维坐标系

14.1　三维建模工作空间

为了方便用户创建和编辑三维模型，AutoCAD 2013提供了两个三维建模工作空间：【三维基础】和【三维建模】。

【三维基础】工作空间的功能区拥有【常用】、【渲染】、【插入】、【管理】等选项卡，其中，【常用】选项卡中包含【创建】、【编辑】、【绘图】、【修改】、【选择】等面板，如图14-1所示，提供了【长方体】、【圆柱体】、【球体】等基本的三维实体创建命令，以及【拉伸】、【旋转】、【放样】、【扫掠】等常用的二维图形转三维图形建模命令，因此【三维基础】工作空间比较适合创建简单的三维实体模型。

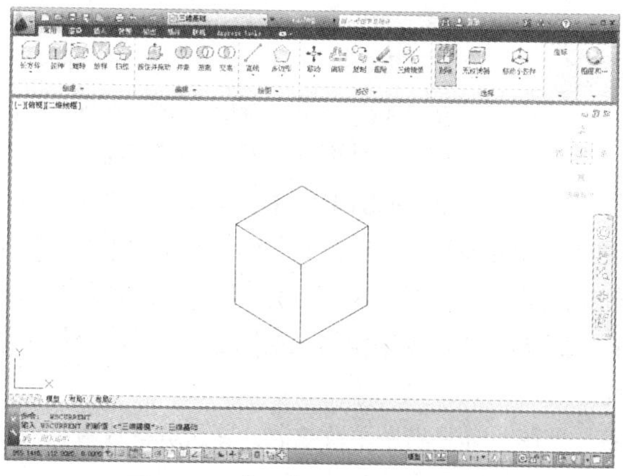

图14-1　【三维基础】工作空间

【三维建模】工作空间的功能区拥有【常用】、【实体】、【曲面】、【网格】、【渲染】、【参数化】等选项卡，其中【常用】选项卡中包含【建模】、【实体编辑】、【网格】、【绘图】、【修改】等面板，如图14-2所示。因此，不管是简单的实体模型，还是复杂的网格或曲面模型，在【三维建模】工作空间中都能轻松创建。

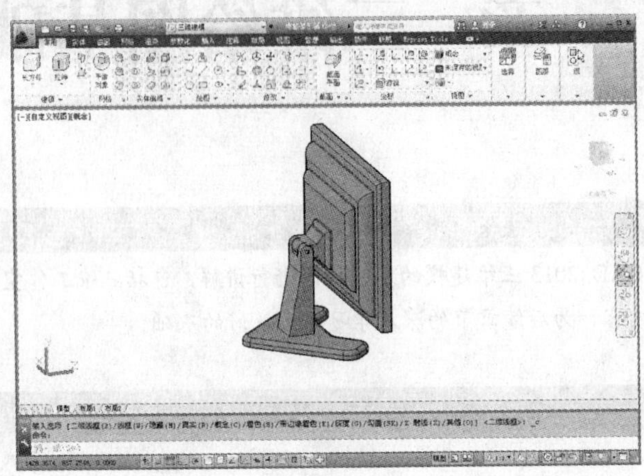

图14-2 【三维建模】工作空间

14.2 三维坐标系及变换

坐标系变换是三维建模中最重要的操作。所谓坐标系变换，是指通过改变模型空间绝对坐标系的原点和*X*、*Y*、*Z*坐标轴的方向，使坐标系处于最适于创建模型的位置。

14.2.1 用户坐标系概述

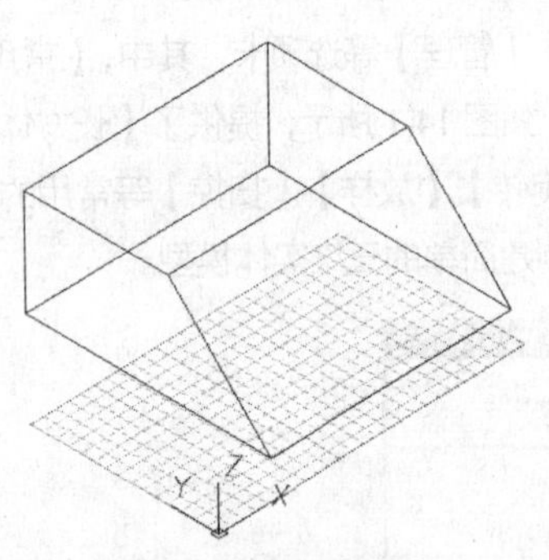

图14-3 世界坐标系

AutoCAD 的模型空间中存在两类坐标系——世界坐标系（简称WCS）和用户坐标系（简称UCS）。

WCS 是 AutoCAD 模型空间中唯一的、固定的坐标系，WCS 的原点和坐标轴方向不允许改变，其坐标原点位置显示有一个方框，如图14-3所示。

UCS 由用户定义，其原点和坐标轴方向可以按照用户的要求进行变换。通过改变 UCS，可以将二维图形转化为三维图形，从而很容易地创建三维图形对象。一旦改变或者建立新的UCS，UCS的*XY*平面将成为当前工作平面，输入的坐标都是在当前UCS下，栅格显示、栅格捕捉、正交模式和对象追踪等也都是在当前UCS下进行。例如，如果要在倾斜的面上绘图或者标注，建立UCS，使*XY*平面与斜面重合，如图14-4所示。

将*XY*平面切换至斜面后，即可方便地在斜面上绘制图形，并使用【拉伸】等工具进行模型创建，如图14-5与图14-6所示。

UCS的坐标轴符合右手定则。即将右手手背靠近计算机屏幕放置，大拇指所指的方向为该坐标

系 X 轴的正方向，伸出食指和中指，食指所指方向为 Y 轴的正方向，中指所指向的方向即为 Z 轴的正方向，如图 14-7 所示。如果要确定轴的正旋转方向，用右手的大拇指指向轴的正方向，弯曲手指，那么手指所指示的方向即是轴的正旋转方向，如图 14-7 中右图所示。

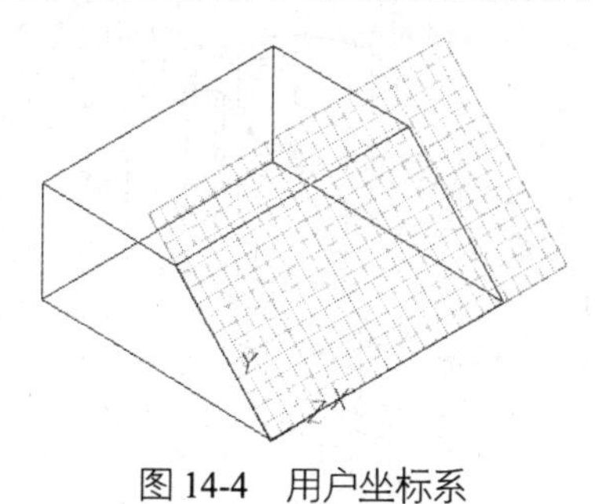

图 14-4　用户坐标系

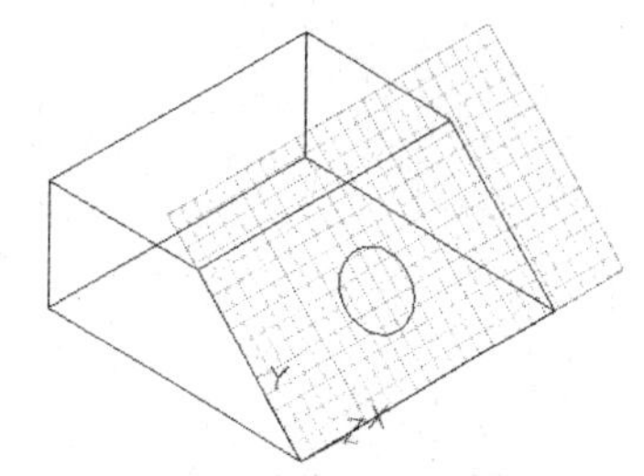

图 14-5　在当前 *XY* 平面绘图

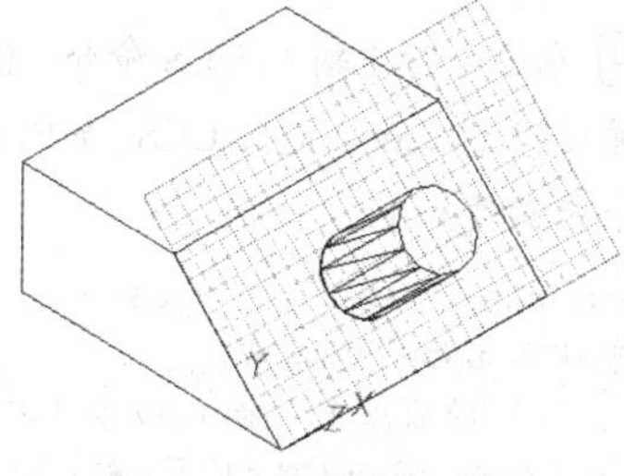

图 14-6　拉伸创建模型

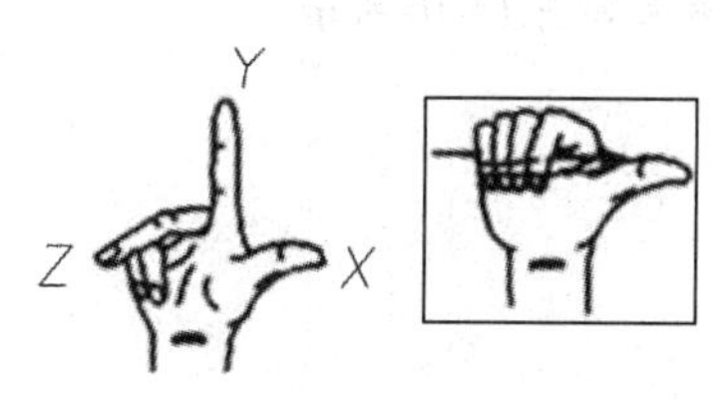

图 14-7　右手定则

14.2.2　使用用户坐标系绘图

用户坐标系为坐标输入、操作平面和观察提供一种可变动的坐标系。定义一个用户坐标系即改变原点（0,0,0）的位置以及 *XY* 平面和 *Z* 轴的方向。

在默认情况下，用户坐标系统和世界坐标系统重合，用户可以在绘图过程中根据具体需要来定义 UCS。本书的“3.1.3 定义用户坐标系”一节讲解了 UCS 的自定义方法，下面通过具体实例，讲解在三维建模过程中，如何灵活使用 UCS 来绘制三维模型，三维建模命令的具体用法将在后面的章节中详细讲解。

课堂举例【14-1】：使用 UCS 灵活建模

Step 01 按 Ctrl+O 快捷键，打开“第 14 章\14.2.2.dwg”素材文件，如图 14-8 所示。当前坐标系为世界坐标系。

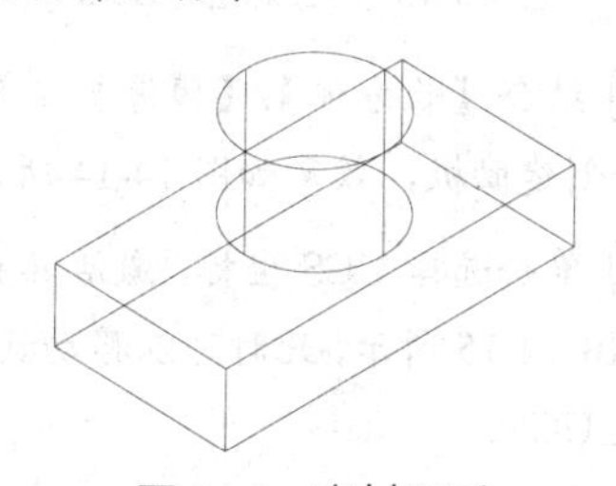

图 14-8　素材图形

Step 02 在命令行中输入 UCS 命令，根据命令行提示自定义 UCS，如图 14-9 所示，命令行操作如下：

```
命令：UCS↙                //输入命令
当前 UCS 名称：*没有名称*
指定 UCS 的原点或 [面(F)/命名(NA)/对象(OB)/上一个(P)/视图(V)/世界(W)/X/Y/Z/Z 轴(ZA)] <世界>：X↙      //激活“X”选项
选择实体面、曲面或网格：
                          //选择圆柱顶面圆
指定 X 轴上的点或 <接受>：
```

```
        //选择圆柱顶面圆右象限点
    指定 XY 平面上的点或 <接受>:
        //在圆柱顶面圆上任意指定一点
```

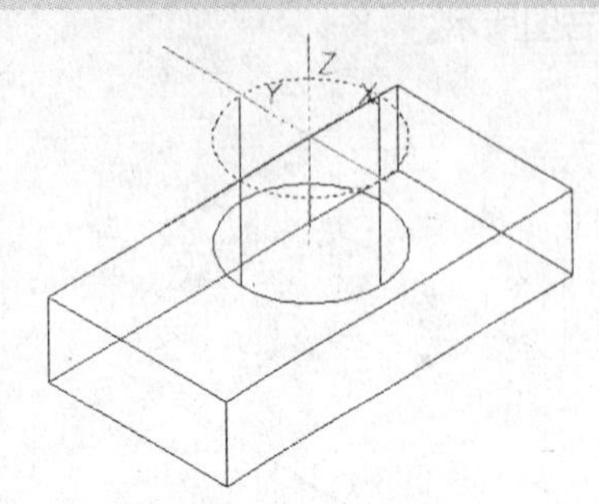

图 14-9　定义 UCS

Step 03 此时，可以在此坐标系中对模型进行操作，结合【圆柱体】工具与【差集】命令创建圆孔，效果如图 14-10 所示。

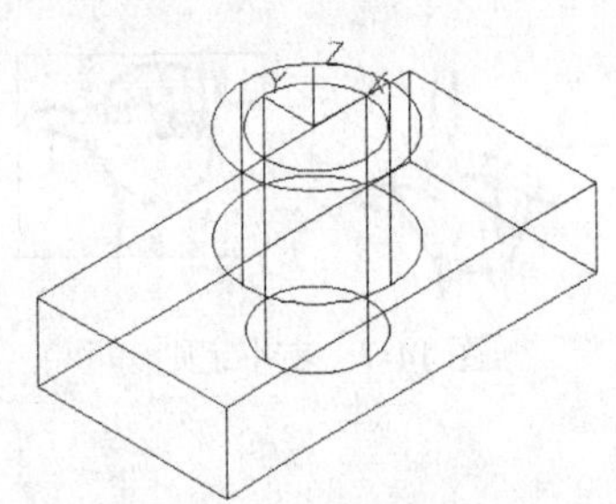

图 14-10　创建圆孔

Step 04 在命令行中输入 UCS 命令，根据命令行提示指定新原点，自定义 UCS，如图 14-11 所示，命令行操作如下：

```
    命令: UCS↙              //输入命令
    当前 UCS 名称: *没有名称*
    指定 UCS 的原点或 [面(F)/命名(NA)/对象(OB)/上一个(P)/视图(V)/世界(W)/X/Y/Z/Z 轴(ZA)] <世界>:M↙              //指定新原点
    指定新原点或 [Z 向深度(Z)] <0,0,0>: @-14,-5,-10↙              //输入新原点坐标
```

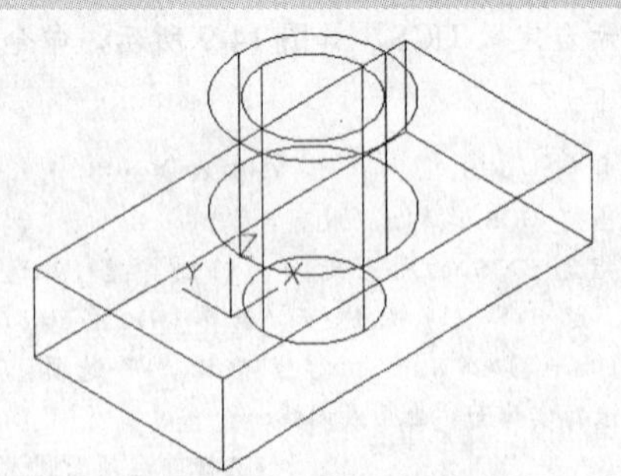

图 14-11　指定新原点

Step 05 自定义 UCS 后，结合【圆柱体】、【镜像】工具与【差集】命令创建螺纹孔，效果如图 14-12 所示。

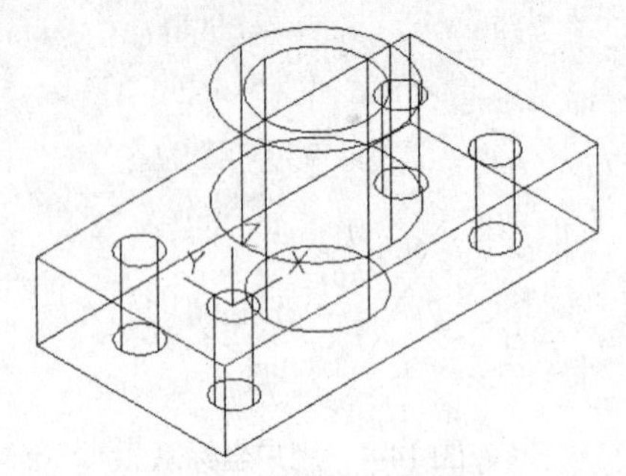

图 14-12　创建螺纹孔

Step 06 在命令行中输入 UCS 命令，根据命令行提示通过指定三点自定义 UCS，如图 14-13 所示，命令行操作如下：

```
    命令: UCS↙              //输入命令
    当前 UCS 名称: *没有名称*
    指定 UCS 的原点或 [面(F)/命名(NA)/对象(OB)/上一个(P)/视图(V)/世界(W)/X/Y/Z/Z 轴(ZA)] <世界>: 3↙              //指定三点自定义 UCS
    指定新原点 <0,0,0>: @-6,5,0↙
                        //确定原点
    在正 X 轴范围上指定点 <-5.0000,5.0000,0.0000>:
                        //确定 X 轴
    在 UCS XY 平面的正 Y 轴范围上指定点 <-5.0000,5.0000,0.0000>:
                        //确定 Y 轴
```

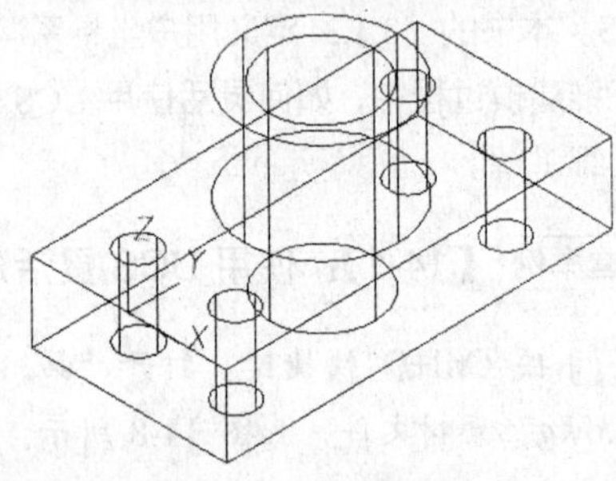

图 14-13　三点定义 UCS

Step 07 结合【长方体】、【镜像】工具与【并集】命令创建肋板，效果如图 14-14 所示。

Step 08 单击选择 UCS 坐标，激活其夹点编辑功能，如图 14-15 所示，此时可以移动旋转坐标，以自定义 UCS。

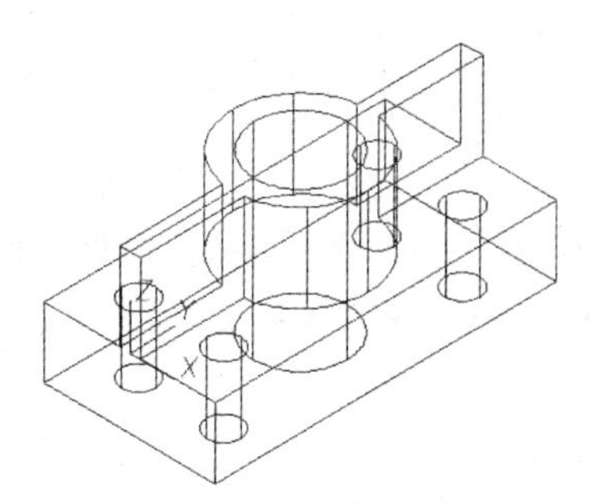

图 14-14　肋板效果

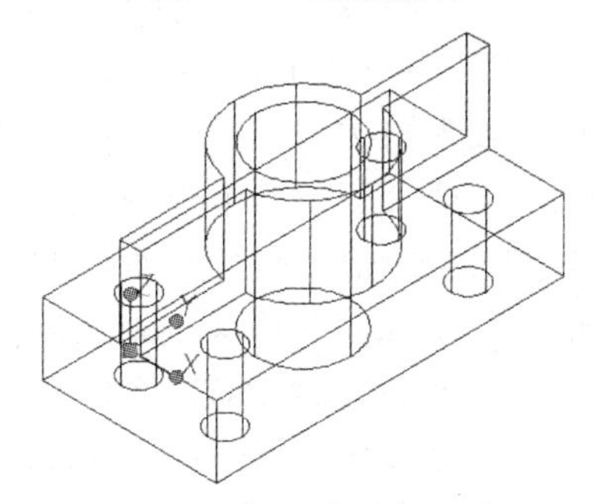

图 14-15　激活夹点

Step 09 选择坐标原点夹点，移动到如图 14-16 所示的位置。

Step 10 选择 *X* 轴夹点，弹出如图 14-17 所示的快捷菜单。

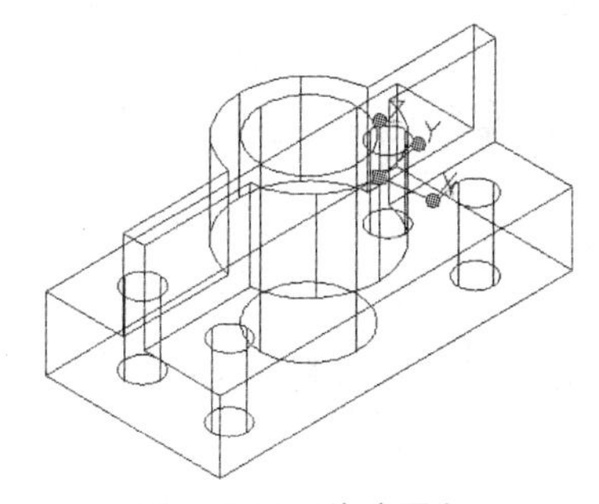

图 14-16　移动原点

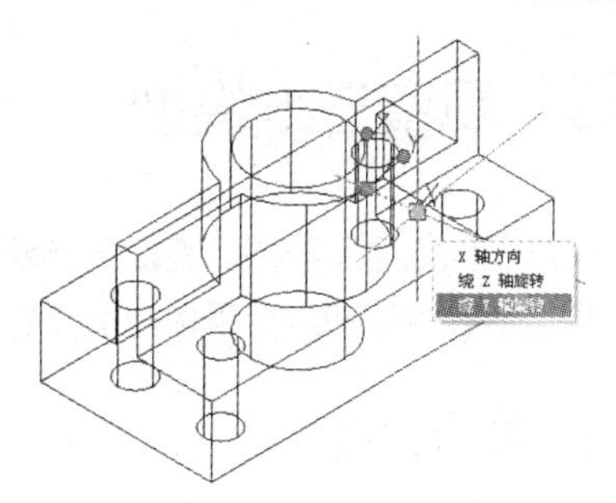

图 14-17　夹点快捷菜单

Step 11 选择【绕 Y 轴旋转】选项，根据右手定则，设置旋转角度为 90°，如图 14-18 所示。

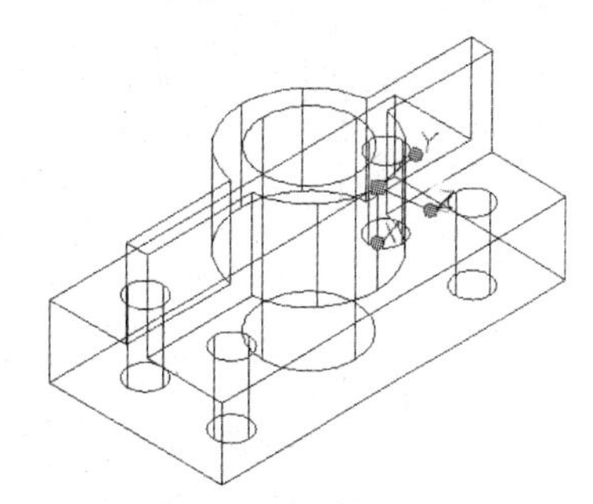

图 14-18　旋转坐标

Step 12 结合【长方体】工具与【差集】命令创建凹槽效果，如图 14-19 所示。

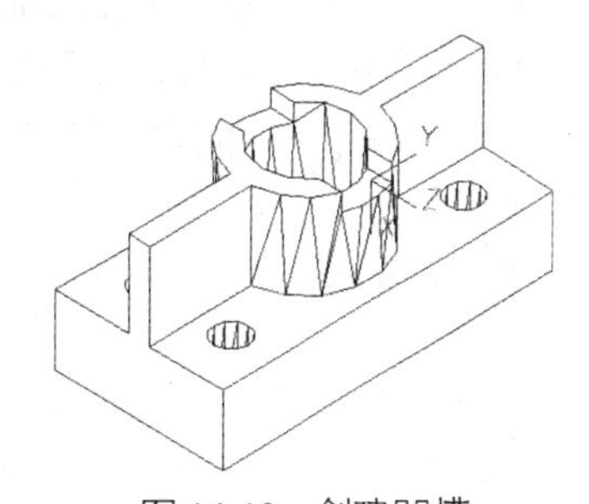

图 14-19　创建凹槽

专家提醒

单击状态栏【动态 UCS】按钮，可以开启动态 UCS 功能，此时，根据用户操作过程，系统将临时性自动创建 UCS，如图 14-20 所示，操作完成后，系统自动恢复原来的三维坐标。

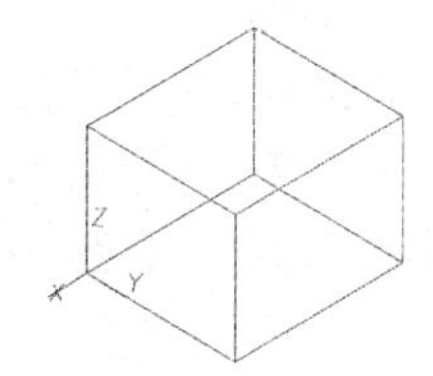
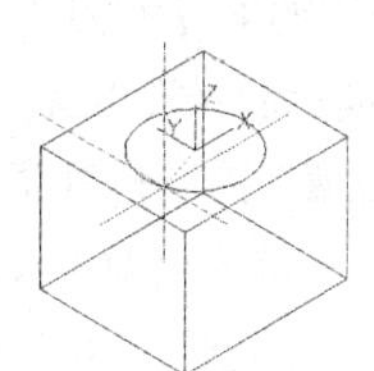
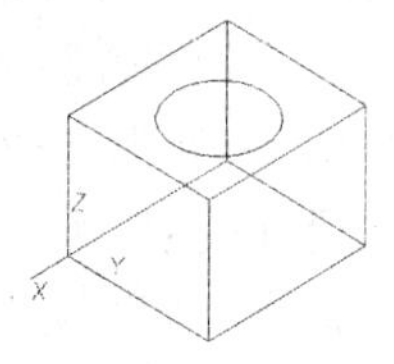

图 14-20　动态 UCS

14.3 观察三维模型

为了从不同的角度观察、验证三维模型效果，AutoCAD 提供了视图变换工具。所谓视图变换，是指在模型所在的空间坐标系保持不变的情况下，从不同的视点来观察模型而得到的视图。

14.3.1 基本视点

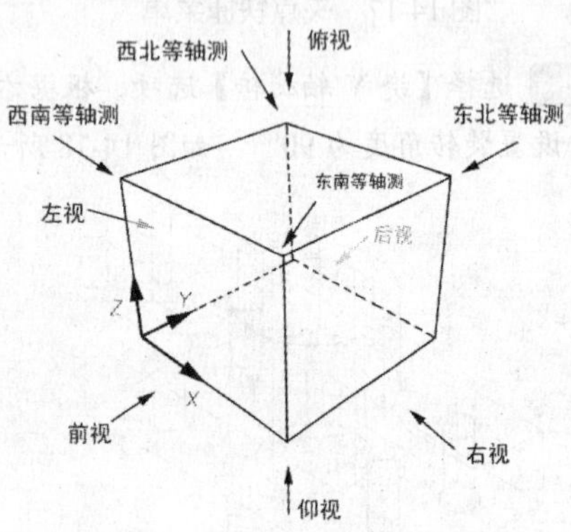

图 14-21　三维视图观察方向

AutoCAD 提供了俯视（Top）、仰视（Bottom）、右视（Right）、左视（Left）、主视（Front）和后视（Back）六个基本视点，如图 14-21 所示。从这六个基本视点来观察图形非常方便。因为这六个基本视点的视线方向都与 *X*、*Y*、*Z* 三坐标轴之一平行，而与 *XY*、*XZ*、*YZ* 三坐标轴平面之一正交。所以，相对应的六个基本视图实际上是三维模型投影在 *XY*、*XZ*、*YZ* 平面上的二维图形。这样，就将三维模型转化为了二维模型。在这六个基本视图上对模型进行编辑，就如同绘制二维图形一样。

另外，AutoCAD 还提供了西南等轴测、东南等轴测、东北等轴测和西北等轴测四个特殊视点。从这四个特殊视点观察图形，可以得到具有立体感的四个特殊视图。

设置基本视点的方式有如下几种。

- 菜单栏：选择【视图】|【三维视图】下级子菜单命令。
- 工具栏：单击【视图】工具栏中的各工具按钮。
- 功能区：在【视图】选项卡中，单击【视图】面板三维导航列表框。

14.3.2 视点预置

在创建一些特殊的模型时，有时需要设置一些特殊的视点，以满足观察的需要，这就需要使用到 AutoCAD 2013 的视点预置和预设功能。

1. 使用 VPOINT 命令设置视点

VPOINT【视点】命令用来设置三维视图的观察方向，该命令设置视点时使用的是 WCS 坐标系。启动【视点】命令的方法有如下几种。

- 命令行：输入 VPOINT 命令。
- 菜单栏：选择【视图】|【三维视图】|【视点】菜单命令。

执行 VPOINT 命令后，根据命令行提示输入视点 *X*、*Y* 和 *Z* 坐标，可指定视点来创建定义观察视图的方向的矢量。坐标值就是视点的位置，方向是观察者在该点指向原点（0,0,0）的方向。

如果不输入任何坐标值而直接回车，系统将出现坐标球和三轴架，如图 14-22 所示。位于屏幕右上方的罗盘是坐标球体的二维表示。中心点代表（0,0,*Z*），相当于视点在 *Z* 轴。内圆上的坐标是（0,0,-*Z*）。小十字（+）显示在罗盘上，移动鼠标即移动小十字。如果小十字是在内圆里，从 *XY* 平面上方向下观察模型；如果小十字是在外圆里，则从 *XY* 平面下方向上观察。移动小十字光标时，三轴架根据坐标球指示的观察方向旋转。要选择观察方向，将鼠标移动到球体的某个位置单击即可。

2. 使用【视点预设】命令设置视点

使用【视点预设】对话框可以精确地确定视点的角度和方向。

打开该对话框的方法有如下几种。

- 命令行：输入 DDVPOINT/VP 命令。
- 菜单栏：选择【视图】|【三维视图】|【视点预设】菜单命令。

执行上述命令后，将打开如图 14-23 所示的【视点预设】对话框。

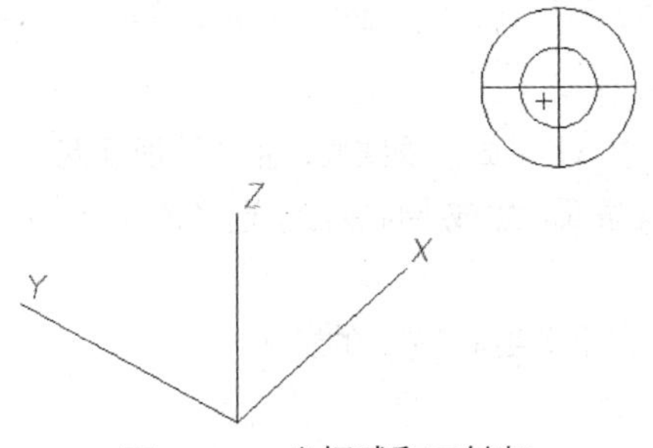

图 14-22　坐标球和三轴架

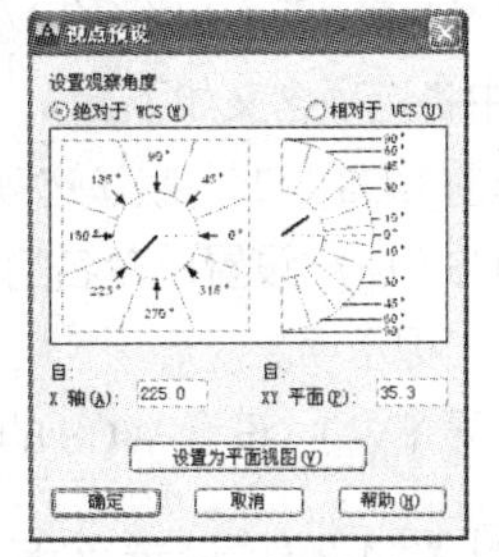

图 14-23　【视点预设】对话框

在对话框中确定视点时，首先需要确定观察方向是相对于当前的 UCS 还是 WCS，AutoCAD 默认参照 WCS 而不是当前的 UCS。在实际绘图时，如果需要，也可以参照当前的 UCS，只需要选中【相对于 UCS】单选按钮即可。

【视点预设】对话框中各选项的含义如下。

- 自 *X* 轴：设置视点和相应坐标系原点连线在 *XY* 平面内与 *X* 轴的夹角。
- 自 *XY* 平面：设置视点和相应坐标系原点连线与 *XY* 平面的夹角。
- 设置为平面视图：设置查看角度以相对于选定坐标系显示的平面视图（*XY* 平面）。

课堂举例【14-2】：设置新视点

Step 01 单击快速访问工具栏中的【打开】按钮，打开“第 14 章\14.3.2.dwg”文件，如图 14-24 所示。

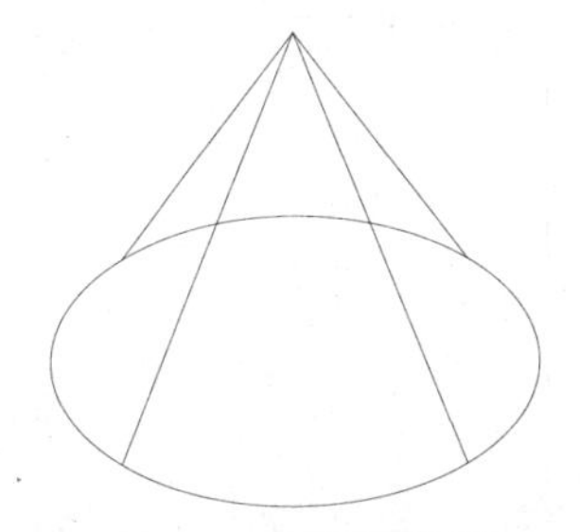

图 14-24　素材图形

Step 02 在命令行中输入 VPOINT 命令，根据提示输入视点坐标，创建新的视点，效果如图 14-25 所示，命令行操作如下：

```
命令: VPOINT ↙        //调用【视频】命令
当前视图方向: VIEWDIR=-1.0000,-1.0000,1.0000↙
指定视点或 [旋转(R)] <显示指南针和三轴架>:0,0, 100↙        //输入视点坐标
正在重生成模型。↙        //回车确定
```

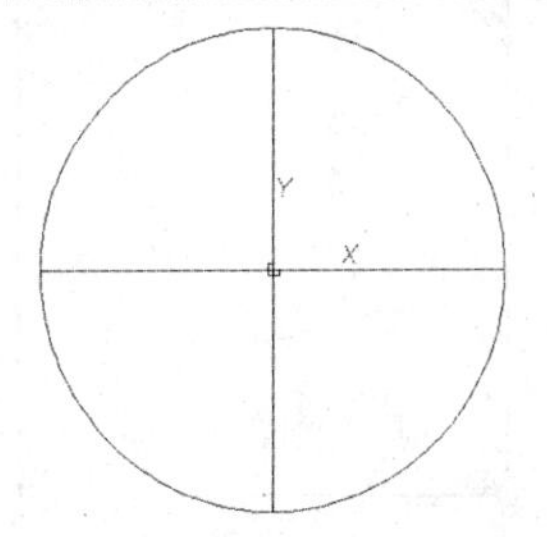

图 14-25　新视点观察效果

14.3.3 设置 UCS 平面视图

PLAN【平面视图】命令可以显示指定用户坐标系的 *XY* 平面的正交视图。

启动【平面视图】命令有如下几种方法。

- 命令行：输入 PLAN 命令。
- 菜单栏：选择【视图】|【三维视图】|【平面视图】菜单命令。

执行以上任意一种操作之后，命令行提示如下：

```
命令: PLAN
输入选项 [当前 UCS(C)/UCS(U)/世界(W)] <当前 UCS>:
```

命令行中各选项含义如下。

- 当前 UCS（C）：默认选项，它设置当前 UCS 的 *XY* 平面为观察面，生成平面视图。
- UCS（U）：设置已命名的 UCS 的 *XY* 平面为观察面，生成平面视图。选择该项时，系统会给出提示项。
- 世界（W）：设置 WCS 的 *XY* 平面为观察面，它不受当前 UCS 的影响。

课堂举例【14-3】：设置平面视图

Step 01 单击【快速访问】工具栏中的【打开】按钮，打开“第 14 章\14.3.3.dwg”文件，如图 14-26 所示。

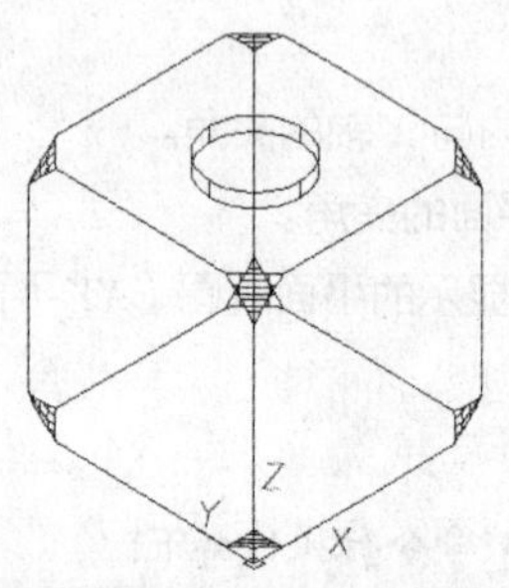

图 14-26 素材图形

Step 02 在命令行中输入 PLAN 命令，回车确定，设置当前 WCS 坐标系的 *XY* 平面为观察面，效果如图 14-27 所示。

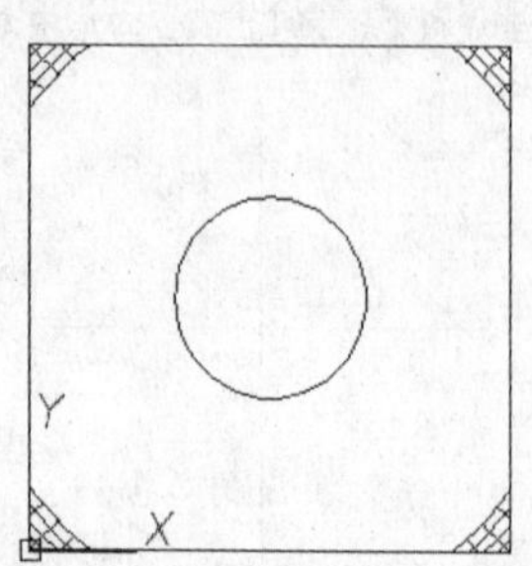

图 14-27 WCS 平面视图

Step 03 在命令行中输入 UCS 命令，绕 *X* 轴将坐标系旋转 90°，创建新的 UCS，命令行操作如下：

```
命令: UCS ↙                    //调用【UCS】命令
命令: UCS 当前 UCS 名称: *世界*
指定 UCS 的原点或 [面(F)/命名(NA)/对象(OB)/上一个(P)/视图(V)/世界(W)/X/Y/Z/Z 轴(ZA)] <世界>: x↙
指定绕 X 轴的旋转角度 <90>: ↙
                                //回车确定
```

Step 04 在命令行中输入 PLAN 命令，回车确定，设置当前 UCS 坐标系的 *XY* 平面为观察面，此时视图效果如图 14-28 所示。

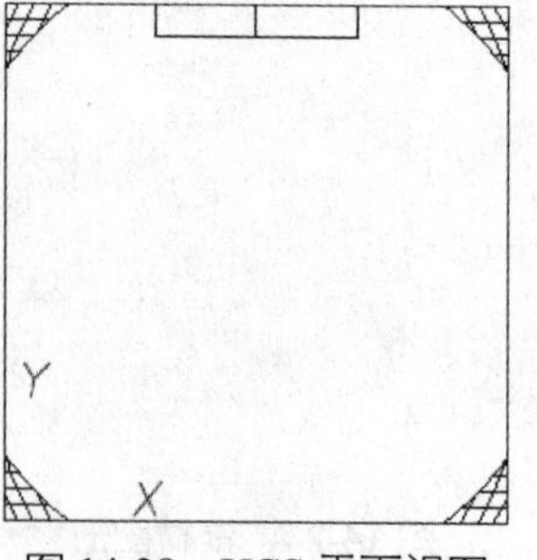

图 14-28 UCS 平面视图

14.3.4 ViewCube

ViewCube【视角立方】工具是在二维建模空间或三维视觉样式中处理图形时显示的导航工具，如图 14-29 所示。

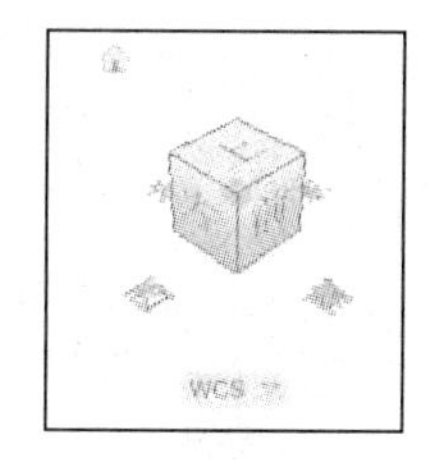

西南等轴测

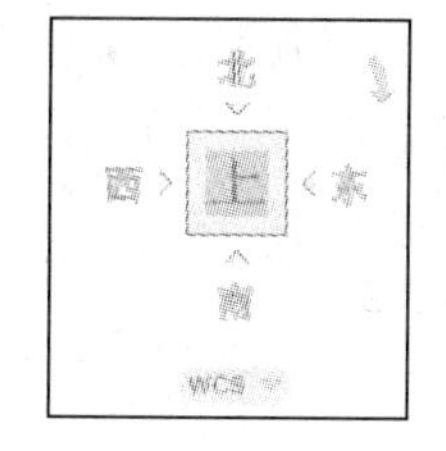

俯视

图 14-29 ViewCube 工具

ViewCube【视角立方】工具是一种可单击、可拖动的常驻界面，用户可以用它在模型的标准视图和等轴测视图之间切换。ViewCube【视角立方】工具打开以后，以不活动状态或活动状态显示在图形窗口右上角。

单击【ViewCube】工具的预定义区域或拖动工具，界面图形就会自动转换到相应的方向视图。单击【ViewCube】工具旁边的两个弯箭头按钮，可以绕视图中心将当前视图顺时针或逆时针旋转 90°。

课堂举例【14-4】：使用【ViewCube】工具切换视图

Step 01 单击【快速访问】工具栏中的【打开】按钮，打开“第 14 章\14.3.4.dwg”文件，如图 14-30 所示。

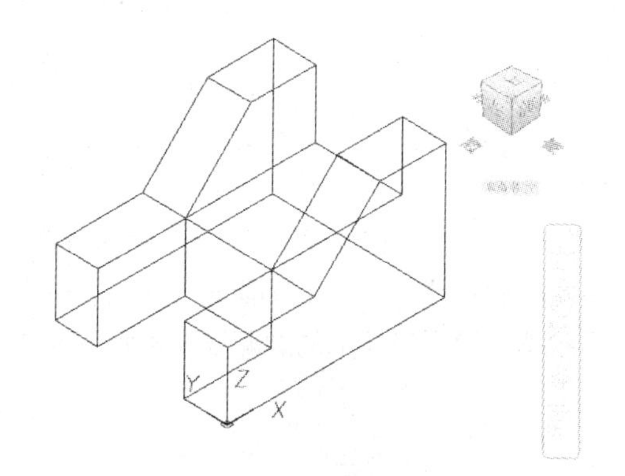

图 14-30 素材图形

Step 02 单击【ViewCube】工具的预定义区域，选择俯视面区域，转换至俯视图，效果如图 14-31 所示。

Step 03 单击【ViewCube】工具的预定义区域，选择左视图区域，转换至左视图，效果如图 14-32 所示。

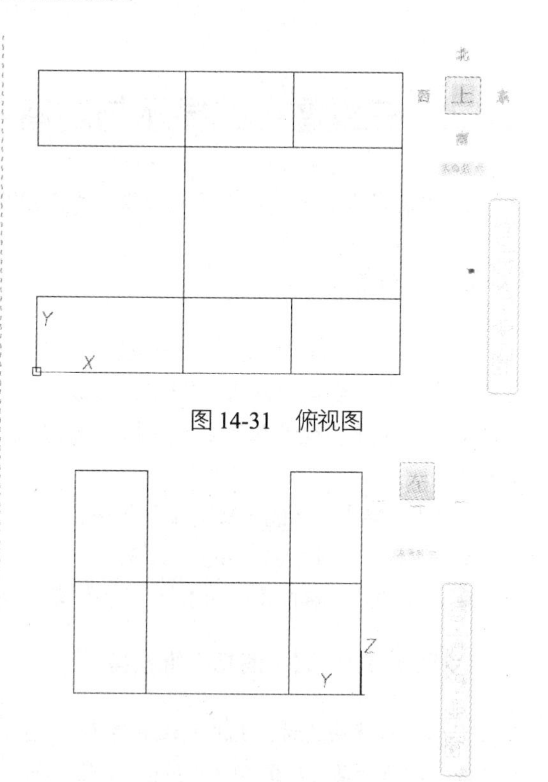

图 14-31 俯视图

图 14-32 左视图

Step 04 单击【ViewCube】工具的预定义区域，选择前视图区域，转换至前视图，效果如图 14-33 所示。

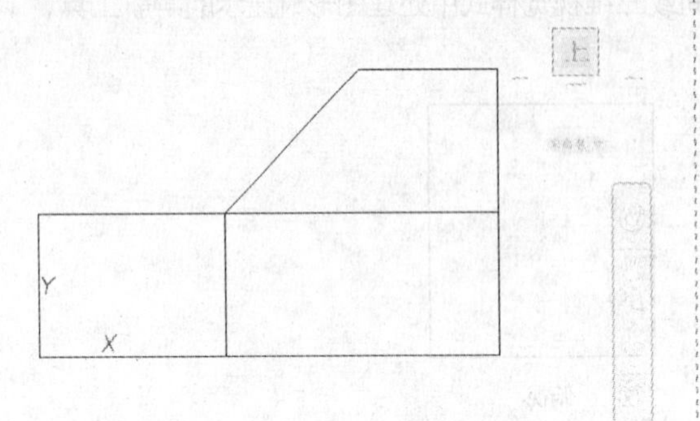

图 14-33　前视图

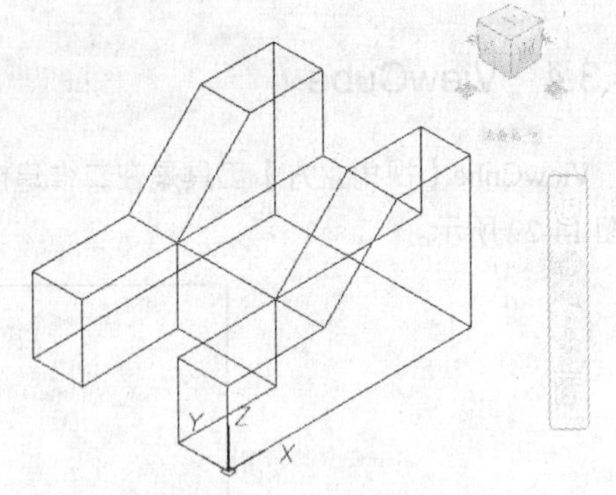

图 14-34　西南等轴测

Step 05 单击【ViewCube】工具的预定义区域，选择角点区域，转换至西南等轴测视图，效果如图 14-34 所示。

Step 06 单击【ViewCube】工具的预定义区域，选择角点区域，转换至东北等轴测视图，效果如图 14-35 所示。

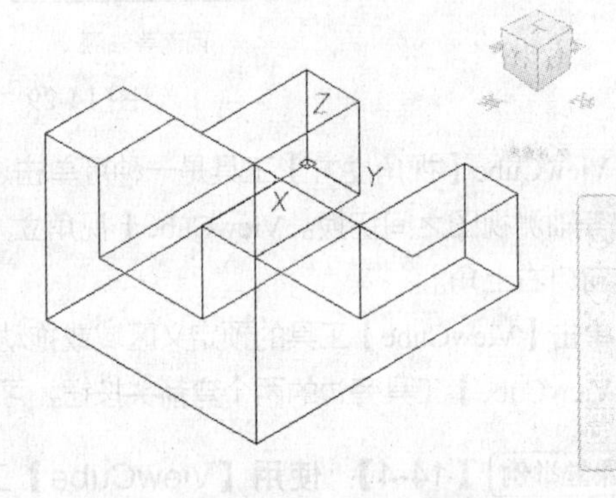

图 14-35　东北等轴测

14.4　三维图形的显示与观察

视觉样式用来控制视口中的三维模型边缘和着色的显示。

14.4.1　消隐

消隐类似于一种能够反映前后遮盖效果关系的线框图，但是，消隐视图仅是一个临时视图，在消隐状态下对模型对象进行编辑和缩放时，视图将恢复到线框图状态。消隐是 AutoCAD 中最简单和最快捷的视觉效果处理手段。通过消隐，可以消除模型对象上的隐藏线，增强图形的立体感。

启动【消隐】命令的方式有如下几种。

- 命令行：输入 HIDE/HI 命令。
- 菜单栏：选择【视图】|【消隐】菜单命令。

课堂举例【14-5】：消隐三维模型

Step 01 单击【快速访问】工具栏中的【打开】按钮，打开“第 14 章\14.4.1.dwg”文件，如图 14-36 所示。

Step 02 在命令行中输入 HI 并回车，图形不可见面被隐藏，消隐效果如图 14-37 所示。

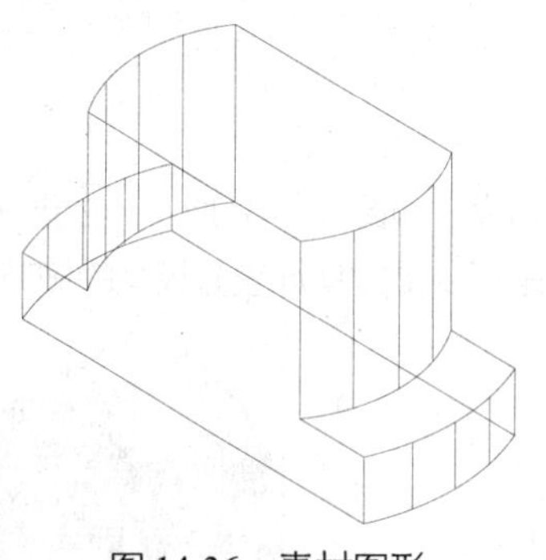
图 14-36 素材图形

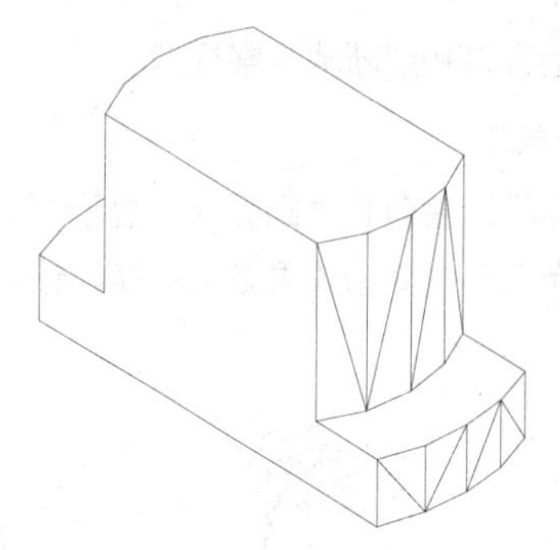
图 14-37 消隐效果

14.4.2 三维视觉样式

在 AutoCAD 中，为了观察三维模型的最佳效果，往往需要通过【视觉样式】功能来切换视觉样式。视觉样式是一组设置，用来控制视口中边和着色的显示。其中包括二维线框、三维线框、三维隐藏、真实和概念等几种视觉样式。一旦应用了视觉样式或更改了其设置，就可以在视口中查看效果。

切换视觉样式的方法有以下几种。

- 命令行：输入 VSCURRENT / VS 命令。
- 菜单栏：选择【视图】|【视觉样式】菜单命令。
- 功能区：在【视图】选项卡中选择【视觉样式】面板中的【视觉样式】下拉列表。

启动【视觉样式】命令后，命令行提示如下：

```
输入选项 [二维线框(2)/线框(W)/隐藏(H)/真实(R)/概念(C)/着色(S)/带边缘着色(E)/灰度(G)/勾画(SK)/X 射线(X)/其他(O)] <概念>:
```

各视觉样式的含义如下。

1. 二维线框

通过使用直线和曲线表示边界的方式显示对象。不使用【三维平行投影】的【统一背景】，而使用【二维建模空间】的【统一背景】。如果不消隐，所有的边、线都将可见，如图 14-38 所示。在此种显示方式下，复杂的三维模型难以分清结构。此时，当系统变量【COMPASS】为 1 时，三维指南针也不会出现在二维线框图中。

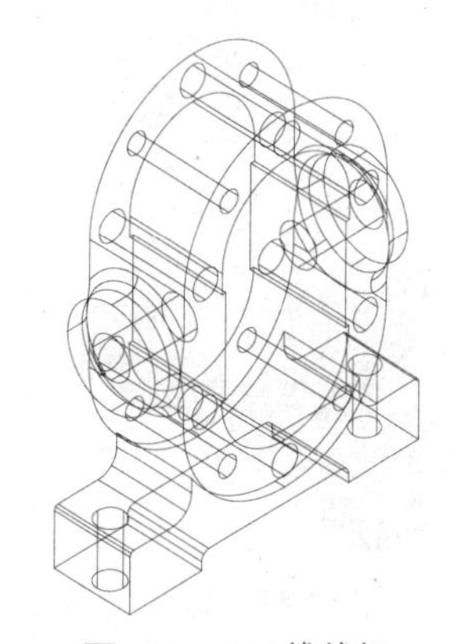
图 14-38 二维线框

2. 线框

即三维线框，通过使用直线和曲线表示边界的方式显示对象，所有的边和线都可见，如图 14-39 所示。在此种显示方式下，复杂的三维模型难以分清结构。此时，坐标系变为一个着色的三维 UCS 图标。如果系统变量【COMPASS】为 1，三维指南针将出现。

3. 隐藏

即三维隐藏，用三维线框表示法显示对象，并隐藏背面的线，如图 14-40 所示。此种显示方式可以较为容易和清晰地观察模型。

4．概念

使用平滑着色和古氏面样式显示对象，同时对三维模型消隐，如图 14-41 所示。古氏面样式在冷暖颜色而不是明暗效果之间转换。该效果缺乏真实感，但是可以更方便地查看模型的细节。

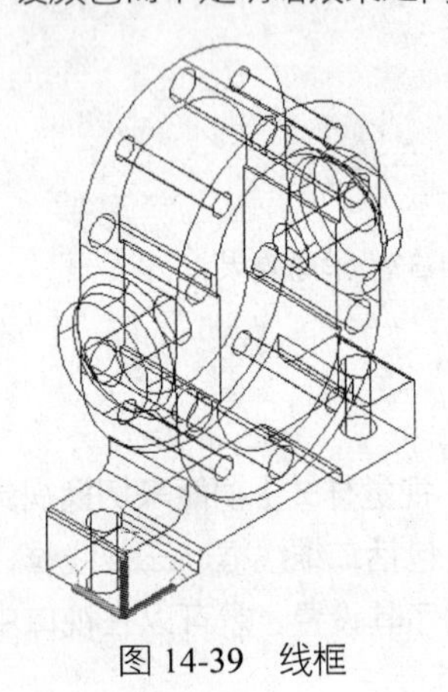
图 14-39　线框

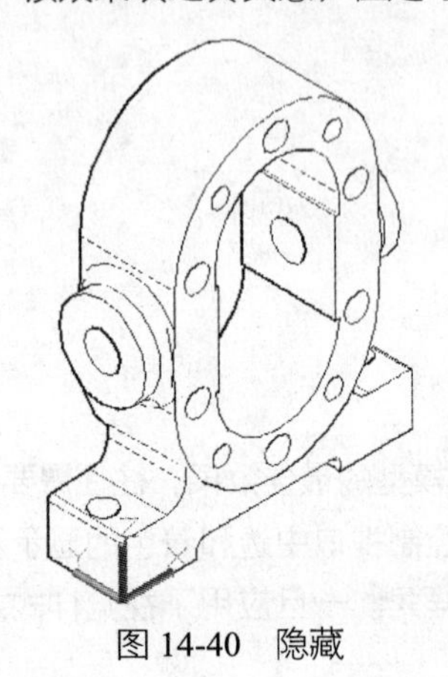
图 14-40　隐藏

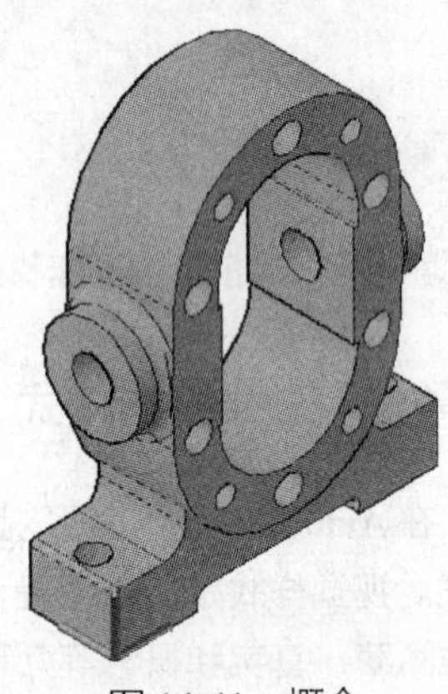
图 14-41　概念

5．真实

使用平滑着色来显示对象，并显示已附着到对象的材质，如图 14-42 所示。此种显示是三维模型的真实感表达。

6．着色

使用平滑着色显示对象，如图 14-43 所示。

7．带边缘着色

使用平滑着色显示对象并显示可见边，如图 14-44 所示。

图 14-42　真实

图 14-43　着色

图 14-44　带边缘着色

8．灰度

使用平滑着色和单色灰度显示对象并显示可见边，如图 14-45 所示。

9．勾画

使用线延伸和抖动边修改器显示手绘效果的对象，仅显示可见边，如图 14-46 所示。

10．X射线

以局部透视的方式显示对象，因而不可见边也会褪色显示，如图14-47所示。

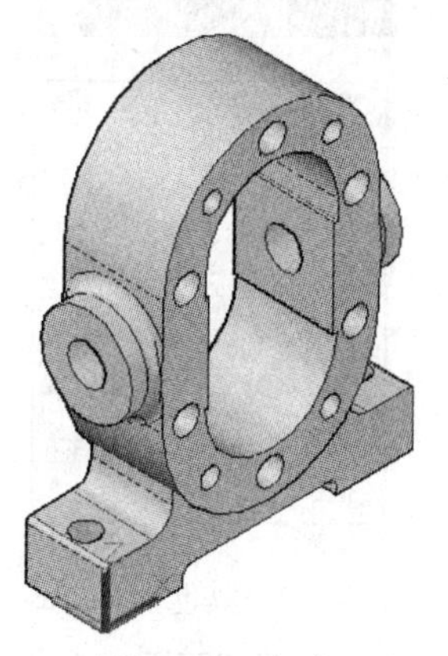

图14-45 灰度

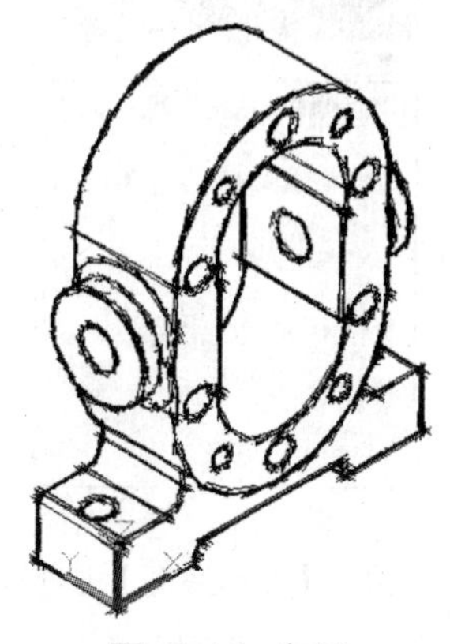

图14-46 勾画

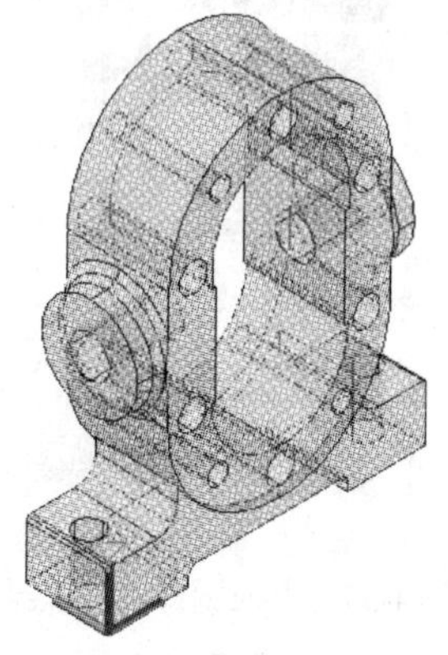

图14-47 X射线

课堂举例【14-6】：查看【概念】视觉样式

Step 01 单击【快速访问】工具栏中的【打开】按钮，打开“第14章\14.4.2.dwg”文件，如图14-48所示。

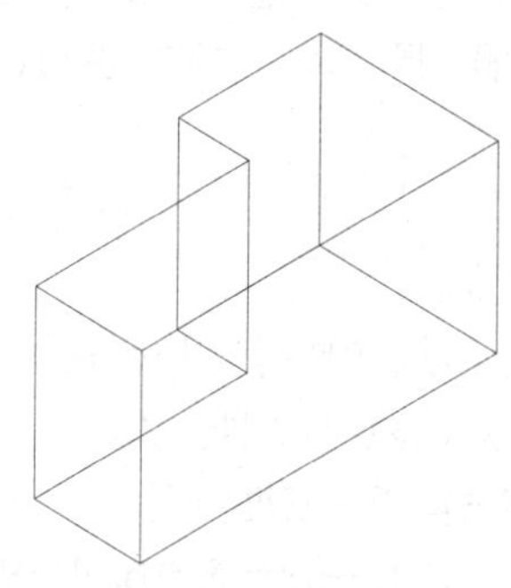

图14-48 素材图形

Step 02 在【视图】选项卡中，单击【视觉样式】面板中的【视觉样式】下拉列表，选择【概念】视觉样式，效果如图14-49所示。

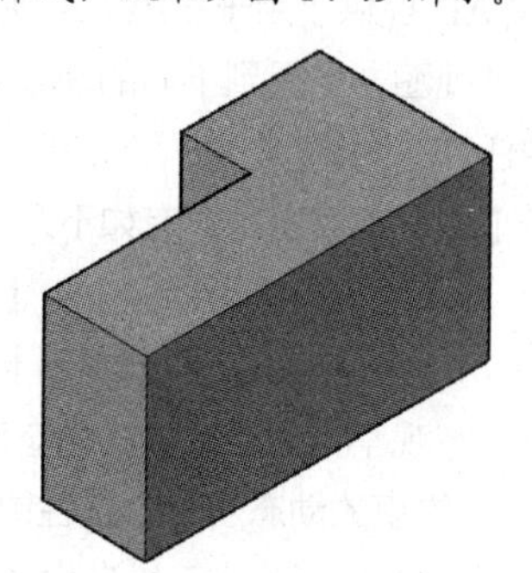

图14-49 【概念】视觉样式

14.4.3 视觉样式管理

【视觉样式管理器】用于创建和修改视觉样式，并将视觉样式应用到视口中。

打开【视觉样式管理器】有以下几种方法。

- 命令行：输入VISUALSTYLES命令。
- 菜单栏：选择【视图】|【视觉样式】|【视觉样式管理器】菜单命令。
- 功能区：在【视图】选项卡中，单击【视觉样式】面板中的下拉按钮。

执行该命令后，系统将打开如图14-50所示的【视觉样式管理器】选项板。预览面板显示了图形中可用的所有视觉样式，选定的视觉样式用黄色边框表示；设置面板显示了用于设置样式的参数。

在【视觉样式管理器】选项板中，当视觉样式选择【二维线框】时，其设置面板如图14-51所示。当视觉样式选择其他样式时，其设置面板如图14-52所示。

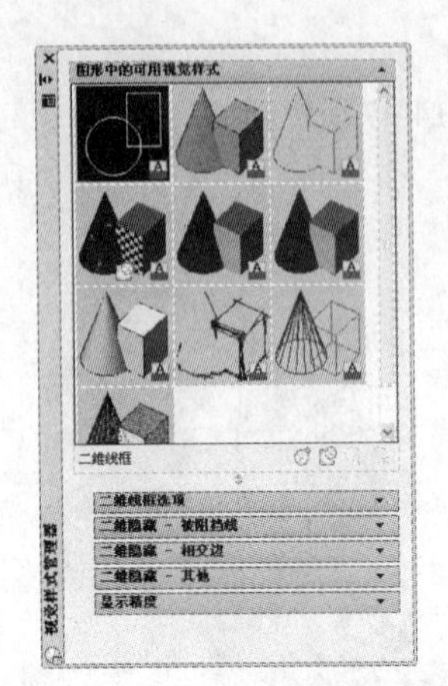
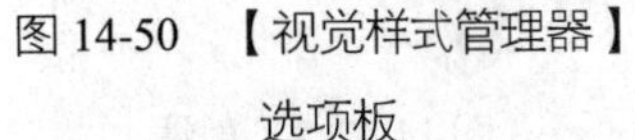

图 14-50 【视觉样式管理器】选项板

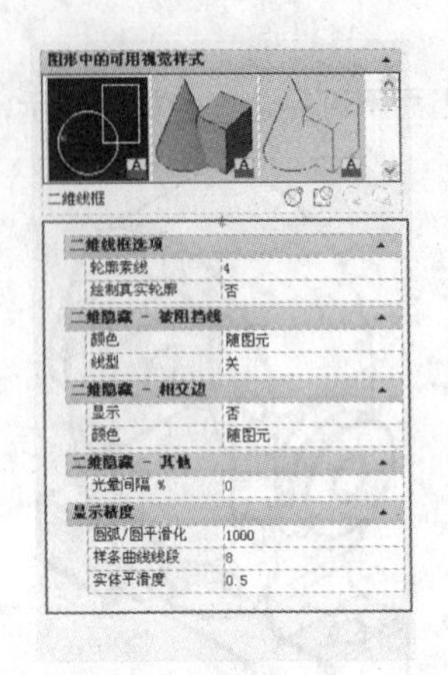

图 14-51 【二维线框】视觉样式设置面板

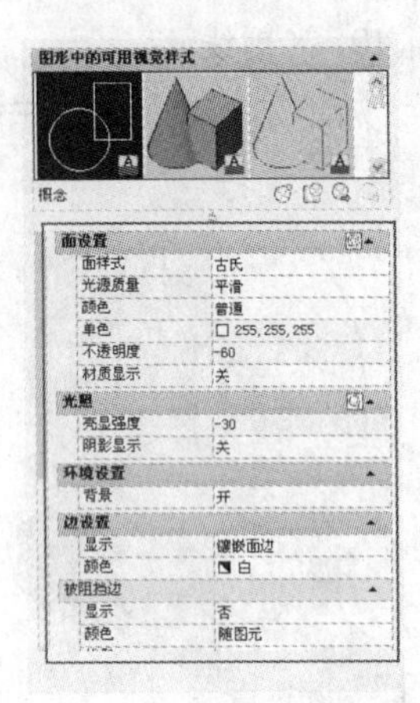

图 14-52 其他视觉样式设置面板

单击【视觉样式管理器】预览面板右下角的工具按钮，可以进行创建新的视觉样式、将选定的视觉样式应用到当前视口中、将选定的视觉样式输出到工具选项板、删除视觉样式等操作。

14.4.4 使用三维动态观察器观察实体

AutoCAD 提供了用于三维动态观察的三维动态观察器，用户可以实时地控制和改变当前视口中创建的三维视图，以得到不同的观察效果。使用三维动态观察器，既可以查看整个图形，也可以查看模型中任意的对象。

执行【动态观察】命令有如下几种方式。

- 菜单栏：选择【视图】|【动态观察】下的子菜单命令。
- 功能区：在【视图】选项卡中单击【导航】面板中的【动态观察】下拉列表。

三维动态观察分为受约束的动态观察、自由动态观察和连续动态观察 3 种方式。

- 受约束的动态观察：按住鼠标左键拖动，可以从任意方向观察三维模型。
- 自由动态观察：三维自由动态观察视图显示一个导航球，由一个大圆和其四个象限上的小圆组成，查看的目标点被固定。用户可以利用鼠标控制相机位置绕对象移动，视图的旋转由光标的外观和位置决定，光标在不同区域时将显示不同形状，三维对象也将随之产生不同的动态的变化。
- 连续动态观察：在绘图区按住鼠标拖动，三维对象将沿拖动方向旋转，且光标移动的速度决定着对象的旋转速度。

14.5 三维实体显示控制

用户可以通过设置来调整三维实体的显示质量。但在提高三维模型显示质量的同时，系统的显示效率会降低，需要在质量和效率之间取得一定的平衡。

14.5.1 设置曲面网格显示密度

网格密度控制曲面上镶嵌面的数量，它包含 $M \times N$ 个顶点的矩阵定义，类似于由行和列组成的栅格。用户可以通过 SURFTAB1 和 SURFTAB2 两个变量进行控制。

SURFTAB1 变量控制直纹曲面和平移曲面生成的列表数目，如图 14-53 所示，同时为【旋转曲面】和【边界曲面】设置在 M 方向上的网格密度。SURFTAB2 为【旋转曲面】和【边界曲面】设置在 M 方向上的网格密度，如图 14-53 所示。

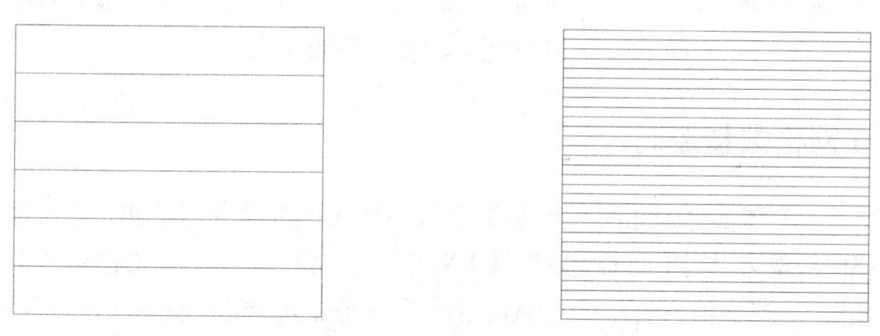

图 14-53 不同网格密度的效果

14.5.2 设置实体模型显示质量

在线框模式下，三维实体的曲面用曲线来表示，并称这些曲面为网格，这些替代三维实体真实曲面的小平面的大小以及曲面网格的数量的多少，决定了三维实体显示效果的显示质量及真实程度。

用户可以通过【选项】对话框来控制三维实体的显示质量，在绘图区单击鼠标右键，在弹出的快捷菜单中选择【选项】选项，打开如图 14-54 所示的【选项】对话框，在【显示精度】选项组中设置相应的参数即可。

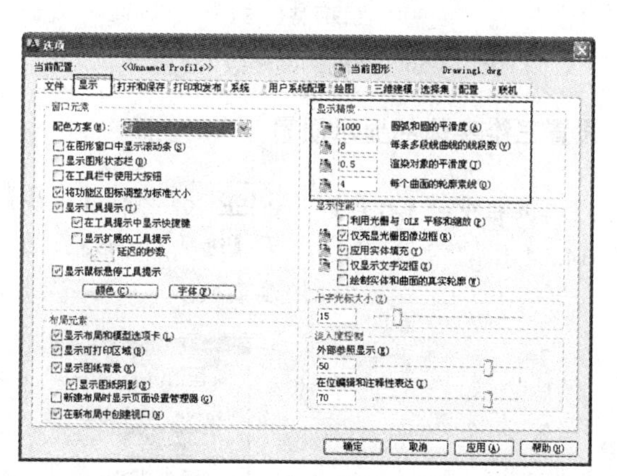

图 14-54 【选项】对话框

14.5.3 设置曲面光滑度

当使用【消隐】、【视觉样式】等命令时，AutoCAD 将用很多小矩形面来替代三维实体的真实曲面。在如图 14-54 所示的对话框中，通过设置【渲染对象的平滑度】参数可以控制三维实体的曲面光滑度，如图 14-55 所示。

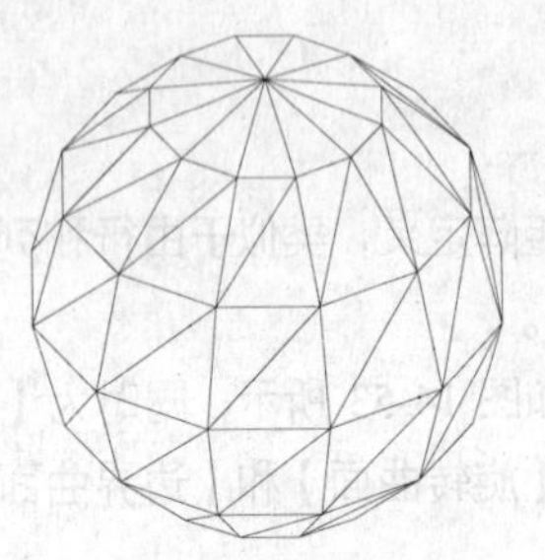
渲染对象的平滑度=0.1

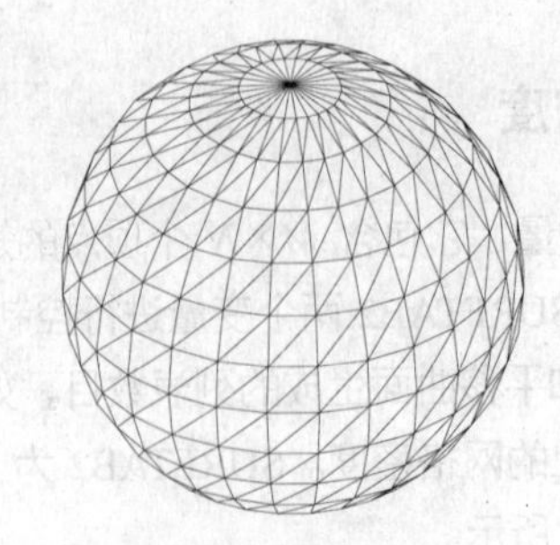
渲染对象的平滑度=1

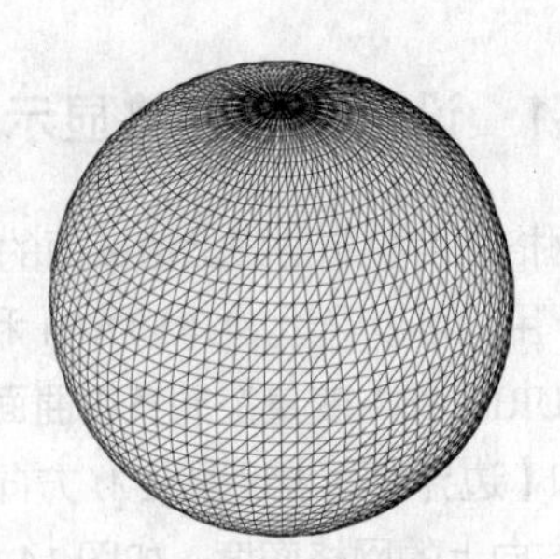
渲染对象的平滑度=10

图 14-55　不同的渲染对象平滑度下的效果

14.5.4　曲面网格数量控制

在线框模式下，三维实体的曲面用曲线来表示，表示曲线的网格越密集，数量越多，显示效果越好。曲面网格的数量可以用【曲面轮廓素线】来控制，在命令行输入 ISOLINES 并回车，然后输入相应的参数值即可，其数值范围在 0～2047 之间，默认值是 4。参数设置完成后，需要重生成视图。

如图 14-56 所示为不同曲面网格数量图形的显示效果。

曲线网格数=4

曲线网格数=8

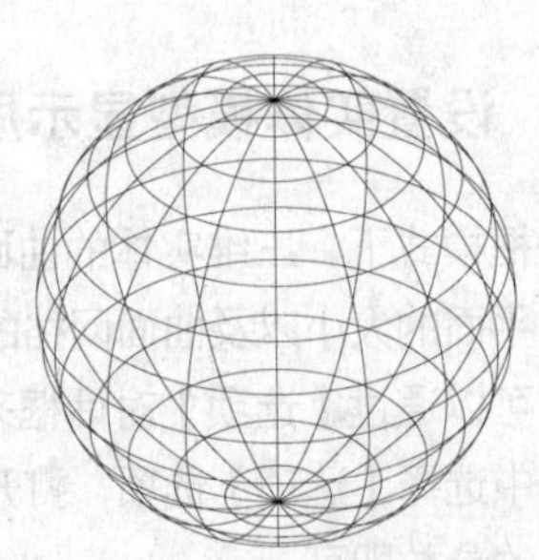
曲线网格数=16

图 14-56　不同的网格数下的效果

课堂举例【14-7】：设置三维实体的显示质量

Step 01 单击【快速访问】工具栏中的【打开】按钮，打开“第 14 章\14.5.4.dwg”文件，如图 14-57 所示。

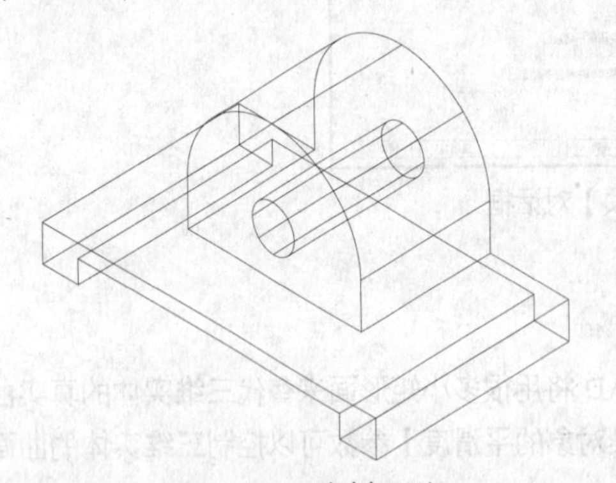
图 14-57　素材图形

Step 02 选择【工具】|【选项】菜单命令，打开【选项】对话框，如图 14-58 所示设置显示精度参数。

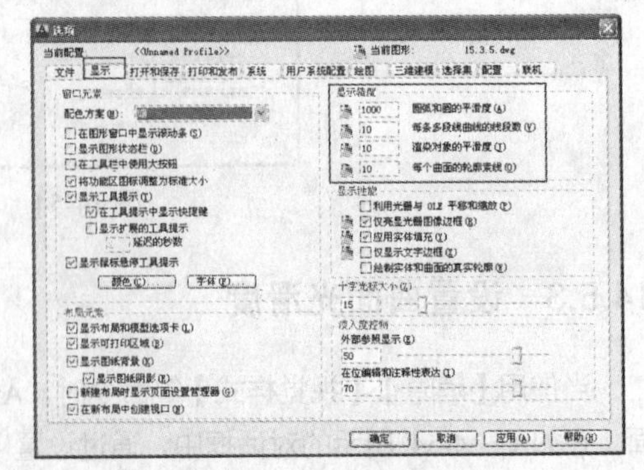
图 14-58　显示精度设置

Step 03 在命令行中输入 HI【消隐】命令，消隐模型，结果如图 14-59 所示。

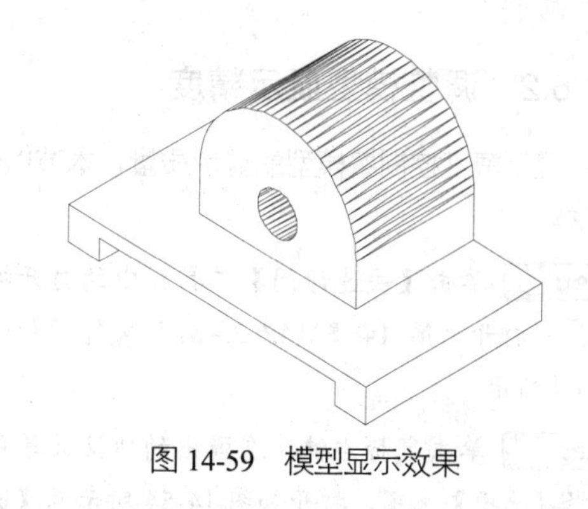

图 14-59　模型显示效果

14.6　综合实例

14.6.1　设置三维图形视点及显示控制

切换不同的视点，可以更灵活地观察三维模型，以方便模型的创建和编辑。本节以一个机械零件的实例，综合练习前面所学的视图切换和显示控制的方法。

Step 01 单击【快速访问】工具栏中的【打开】按钮，打开“第 14 章\14.6.1.dwg”文件，如图 14-60 所示。

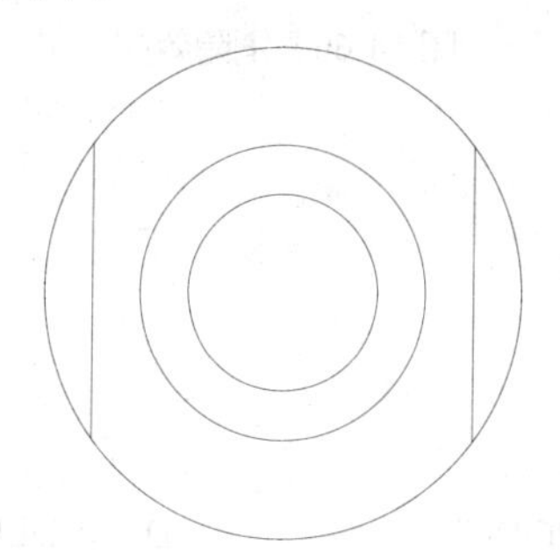

图 14-60　素材图形

Step 02 单击【ViewCube】工具的预定义区域，切换至西南等轴测视图，如图 14-61 所示。

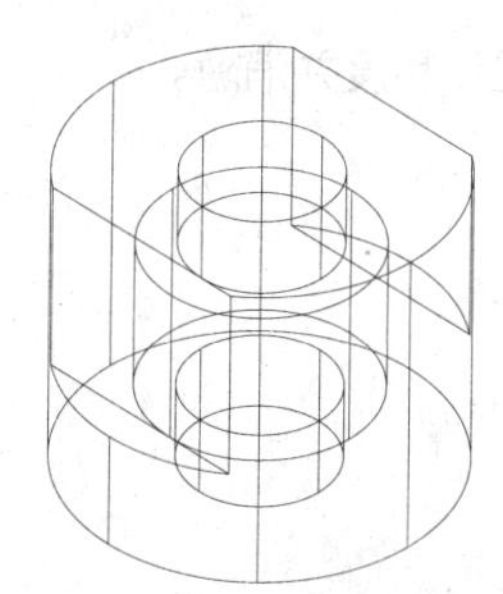

图 14-61　西南等轴测视图

Step 03 选择【工具】|【选项】菜单命令，打开【选项】对话框，如图 14-62 所示设置显示精度。

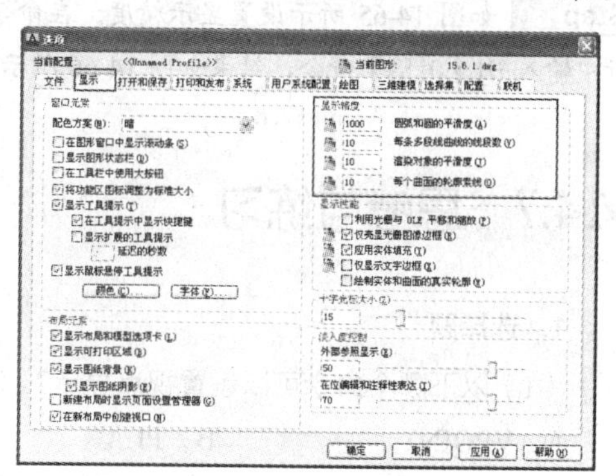

图 14-62　设置显示精度

Step 04 在命令行中输入 HI【消隐】命令，效果如图 14-63 所示。

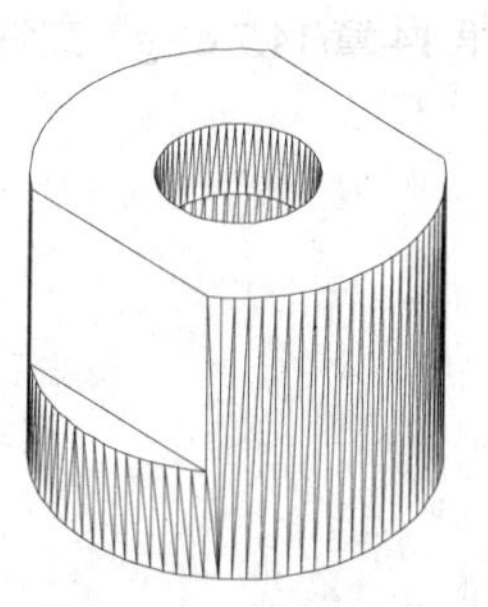

图 14-63　消隐效果

14.6.2 调整模型显示精度

显示精度控制着模型的显示质量，本节以一个机械零件为例，综合练习前面所学的显示控制的方法。

Step 01 单击【快速访问】工具栏中的打开按钮，打开“第 14 章\14.6.2.dwg”文件，如图 14-64 所示。

Step 02 单击鼠标右键，在弹出的快捷菜单中选择【选项】选项，打开如图 14-54 所示的【选项】对话框。

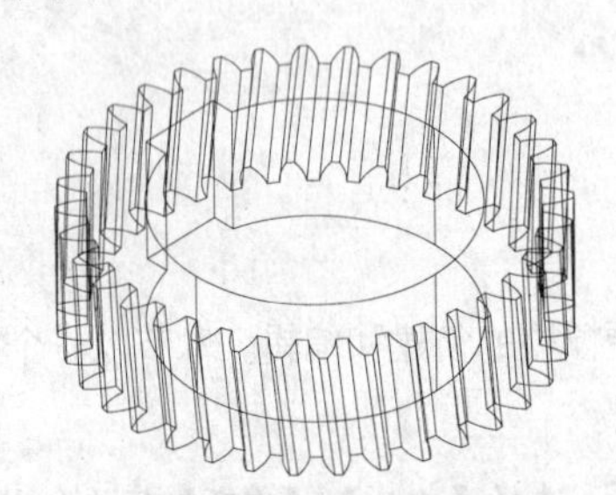

图 14-64 素材图形

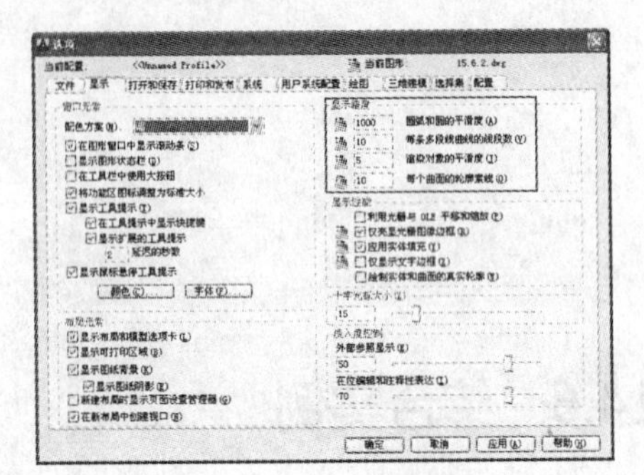

图 14-65 设置精度

Step 03 如图 14-65 所示设置显示精度。在命令行中输入 HI【消隐】命令，结果如图 14-66 所示。

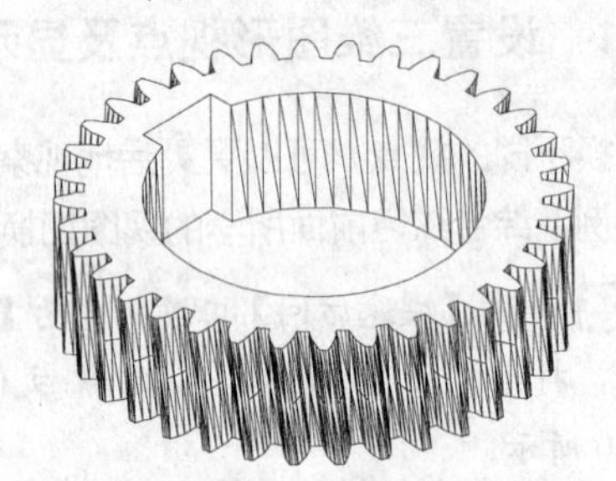

图 14-66 消隐效果

14.7 思考与练习

1．选择题

（1）以下哪个命令可以设置视点显示？（ ）

A．VPOINT　　B．PLAN　　C．POINT　　D．ISOLINES

（2）以下哪个命令可以用来消隐图形？（ ）

A．LINE　　B．HELIX　　C．HIDE　　D．HATCH

2．实例题

打开“第 14 章/14.7.dwg”文件，如图 14-67 所示，设置其显示精度并消隐。

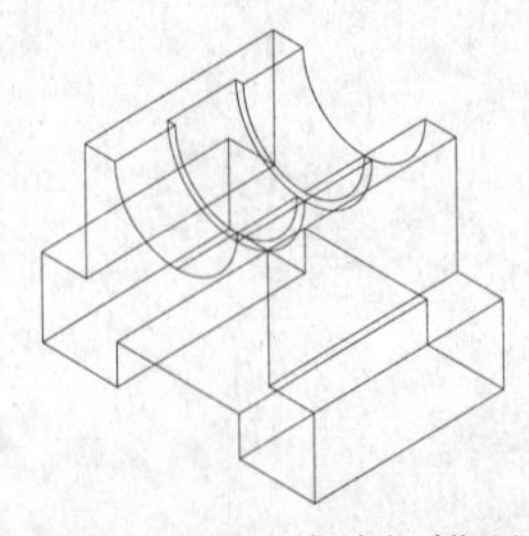

图 14-67 三维线框模型

第章　绘制三维图形

⊙学习目的：

本章讲解三维曲面、三维网格和三维实体等常用三维图形的创建方法，读者可从中了解到各类型三维图形的特点，并掌握拉伸、旋转、放样等常用三维图形建模方法。

⊙学习重点：

★★★★ 二维图形转三维图形

★★★☆ 绘制三维实体

★★☆☆ 绘制三维曲面

★★☆☆ 绘制三维网格

★☆☆☆ 绘制三维线段

15.1　将二维图形转换为三维图形

用户可以采用拉伸二维对象或将二维对象绕指定轴线旋转的方法生成三维实体，被拉伸或旋转的对象可以是二维平面、封闭的多段线、矩形、多边形、圆、圆弧、圆环、椭圆、封闭的样条曲线和面域等。

15.1.1　绘制三维多段线

三维多段线是作为单个对象创建的直线段相互连接而成的序列。三维多段线可以不共面，但是不能包括圆弧段。

调用【三维多段线】命令可以绘制三维多段线，调用该命令的方法有如下几种。

- 命令行：输入 3DPOLY 命令。
- 菜单栏：选择【绘图】|【三维多段线】菜单命令。
- 功能区：在【常用】选项卡中，单击【绘图】面板中的【三维多段线】按钮。

15.1.2　绘制三维螺旋线

螺旋就是开口的二维或三维螺旋线。如果指定同一个值作为底面半径或顶面半径，将创建圆柱形螺旋；如果指定不同值作为顶面半径和底面半径，将创建圆锥形螺旋；如果指定高度为 0，将创建扁平的二维螺旋。

调用【螺旋】命令可以绘制螺旋线，调用该命令的方法有如下几种。

- 命令行：输入 HELIX 命令。
- 菜单栏：选择【绘图】|【建模】|【螺旋】菜单命令。
- 功能区：在【常用】选项卡中，单击【绘图】面板中的【螺旋】按钮。

15.1.3 拉伸

使用 EXTRUDE【拉伸】命令可以将二维图形沿指定的高度和路径拉伸为三维实体。

调用【拉伸】命令的方法有如下几种。

- 命令行：输入 EXTRUDE/EXT 命令。
- 菜单栏：选择【绘图】|【建模】|【拉伸】菜单命令。
- 功能区：在【常用】选项卡中，单击【建模】面板中的【拉伸】按钮。

拉伸有两种方法：一种是指定生成实体的倾斜角度和高度；另外一种是指定拉伸路径，路径可以闭合，也可以不闭合。

课堂举例【15-1】：创建路径拉伸实体

Step 01 单击【快速访问】工具栏中的【打开】按钮，打开“第 15 章/15.1.3.dwg“文件，如图 15-1 所示。

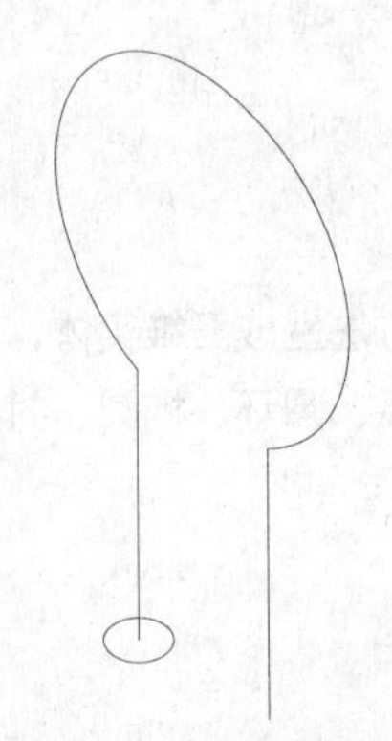

图 15-1 素材图形

Step 02 选择【绘图】|【建模】|【拉伸】菜单命令，沿多段线路径拉伸圆，生成拉伸体，命令行操作如下：

```
命令：_extrude↙          //调用【拉伸】命令
当前线框密度： ISOLINES=4，闭合轮廓创建模式 = 实体
选择要拉伸的对象或 [模式(MO)]：找到 1 个
                    //选择圆作为拉伸路径
选择要拉伸的对象或 [模式(MO)]：↙
                    //回车结束对象选择
指定拉伸的高度或 [方向(D)/路径(P)/倾斜角(T)/表达式(E)] <-128.8241>: P ↙
                    //选择路径拉伸模式
选择拉伸路径或 [倾斜角(T)]：↙
                    //选择多段线作为拉伸路径
```

Step 03 路径拉伸结果如图 15-2 所示。

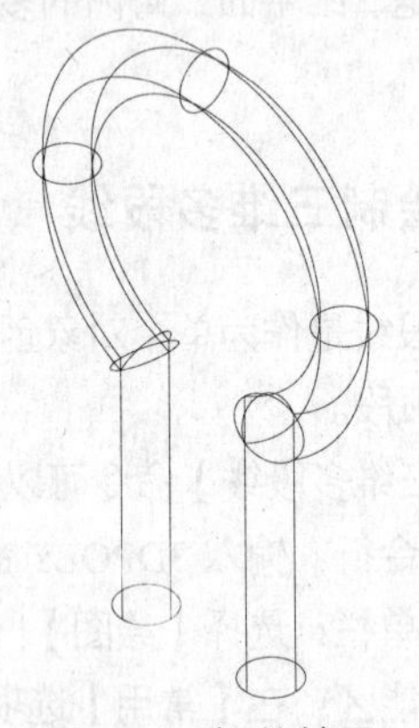

图 15-2 拉伸结果

15.1.4 旋转

【旋转】命令通过绕轴旋转二维对象来创建三维实体。

调用【旋转】命令的方法有如下几种。

- 命令行：输入 REVOLVE 命令。
- 菜单栏：选择【绘图】|【建模】|【旋转】菜单命令。
- 功能区：在【常用】选项卡中，单击【建模】面板中的【旋转】按钮。

在创建旋转实体时，用于旋转的二维对象可以是封闭的多段线、多边形、圆、椭圆、封闭的样条曲线、圆环及封闭区域，而且每一次只能旋转一个对象。

课堂举例【15-2】：创建旋转实体

Step 01 调用【视图】|【三维视图】|【西南等轴测】命令，将视图切换为【西南等轴测】模式。

Step 02 在命令行中输入 3DPOLY 命令，绘制如图 15-3 所示的封闭的三维多段线。

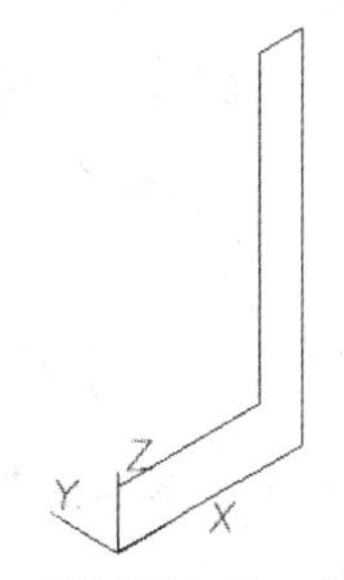

图 15-3　绘制封闭的三维多段线

Step 03 调用【绘图】|【建模】|【旋转】命令，旋转封闭多段线，生成圆筒模型，命令行操作如下：

```
命令: _revolve ↙          //调用【旋转】命令
当前线框密度: ISOLINES=4, 闭合轮廓创建模式 = 实体
选择要旋转的对象或 [模式(MO)]: 找到 1 个
                    //选择多段线作为旋转对象
选择要旋转的对象或 [模式(MO)]: ↙
指定轴起点或根据以下选项之一定义轴 [对象(O)/X/Y/Z] <对象>:Z↙   选择 Z 轴作为旋转轴
指定旋转角度或 [起点角度(ST)/反转(R)/表达式(EX)] <360>:↙   //回车默认旋转 360°
```

Step 04 调用 HIDE【消隐】命令，创建的旋转模型如图 15-4 所示。

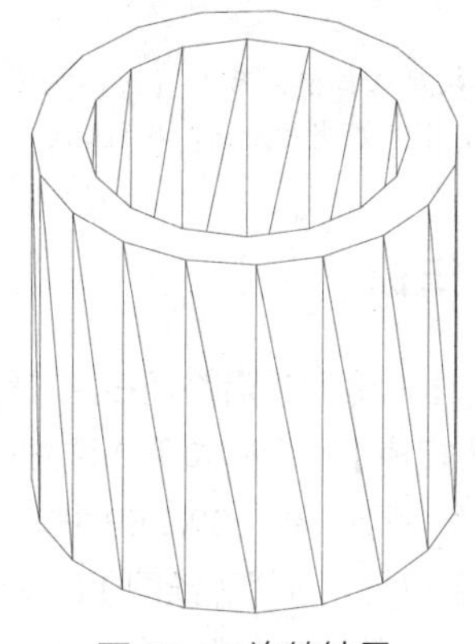

图 15-4　旋转结果

15.1.5　放样

【放样】命令用于在若干横截面之间的空间中创建三维实体或曲面。横截面指的是具有放样实体截面特征的二维对象，并且必须指定两个或两个以上的横截面。

调用【放样】命令有如下几种方式。

- 命令行：输入 LOFT 命令。
- 菜单栏：选择【绘图】|【建模】|【放样】菜单命令。
- 功能区：在【常用】选项卡中，单击【建模】面板中的【放样】按钮。

课堂举例【15-3】：创建放样三维实体

Step 01 选择【视图】|【三维视图】|【西南等轴测】菜单命令，将视图切换为【西南等轴测】方向。

Step 02 调用 C【圆】工具，绘制若干个处于不同高度的圆，如图 15-5 所示。

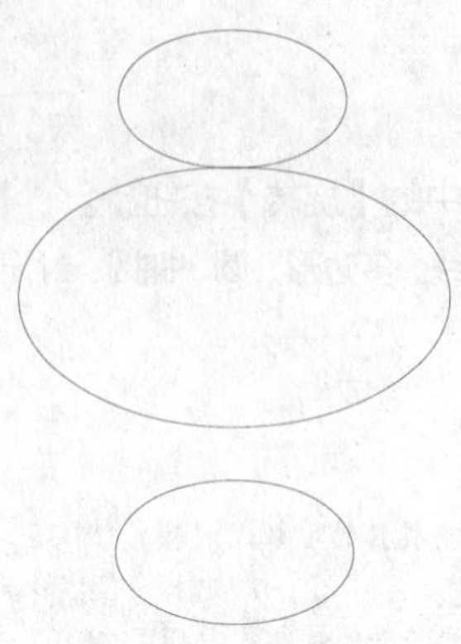

图 15-5　绘制圆

Step 03 调用【绘图】|【建模】|【放样】命令，依次指定各圆作为放样截面，生成放样体，命令行操作如下：

```
命令: _loft↙                    //调用【放样】命令
当前线框密度: ISOLINES=4，闭合轮廓创建模式 = 实体
按放样次序选择横截面或 [点(PO)/合并多条边(J)/模式(MO)]: 指定对角点: 找到 3 个
                    //从上至下依次选择各圆横截面
按放样次序选择横截面或 [点(PO)/合并多条边(J)/模式(MO)]: ↙
选中了 3 个横截面
输入选项 [导向(G)/路径(P)/仅横截面(C)/设置(S)] <仅横截面>:↙
                    //回车确定
```

Step 04 在命令行中输入 HIDE【消隐】命令，查看放样模型效果如图 15-6 所示。

图 15-6　放样结果

15.1.6　扫掠

【扫掠】命令通过沿路径扫掠二维对象来创建三维实体。

调用【扫掠】命令有如下几种方式。

- 命令行：输入 SWEEP 命令。
- 菜单栏：选择【绘图】|【建模】|【扫掠】菜单命令。
- 功能区：在【常用】选项卡中，单击【建模】面板中的【扫掠】按钮。

课堂举例【15-4】：创建管道弯头扫掠实体

Step 01 在命令行中输入 OPEN 命令，打开"第 15 章/15.1.6.dwg"文件，结果如图 15-7 所示。

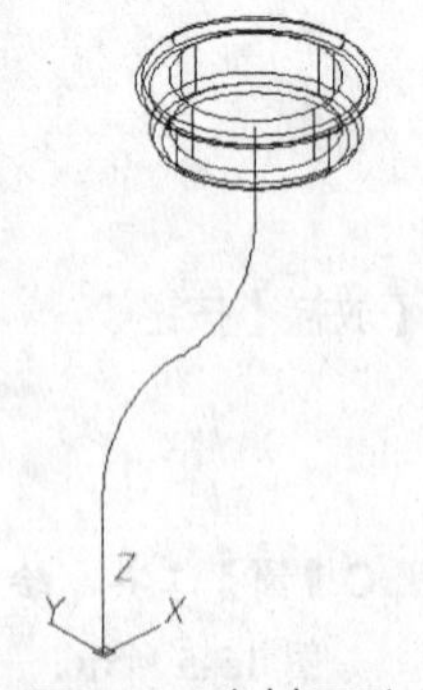

图 15-7　素材图形

Step 02 在命令行中输入 C【圆】命令，绘制半径分别为 8、10 的同心圆，如图 15-8 所示。

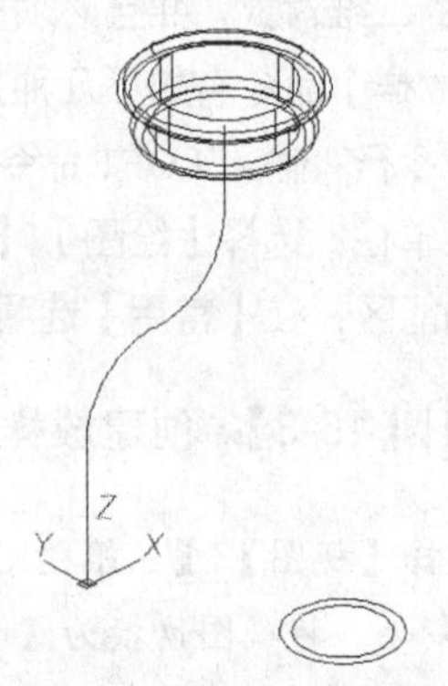

图 15-8　绘制同心圆

Step 03 调用【绘图】|【建模】|【扫掠】命令，选择两个同心圆为扫掠对象，进行扫掠，命令行提示如下：

```
命令: _sweep↙        //调用【扫掠】命令
当前线框密度:  ISOLINES=4，闭合轮廓创建模式 = 实体
选择要扫掠的对象或 [模式(MO)]: _MO 闭合轮廓创建模式 [实体(SO)/曲面(SU)] <实体>: _SO↙
选择要扫掠的对象或 [模式(MO)]: 找到 2 个
选择要扫掠的对象或 [模式(MO)]:
选择扫掠路径或 [对齐(A)/基点(B)/比例(S)/扭曲(T)]: ↙
                              //选择路径并回车确定
```

Step 04 在命令行中输入 UIN【并集】命令，将半径为 10 的扫掠对象与接头合并在一起。

Step 05 在命令行中输入 SU【差集】命令，从实体中删除掉半径为 8 的扫掠对象，创建管道中空效果，调用【消隐】命令，结果如图 15-9 所示。

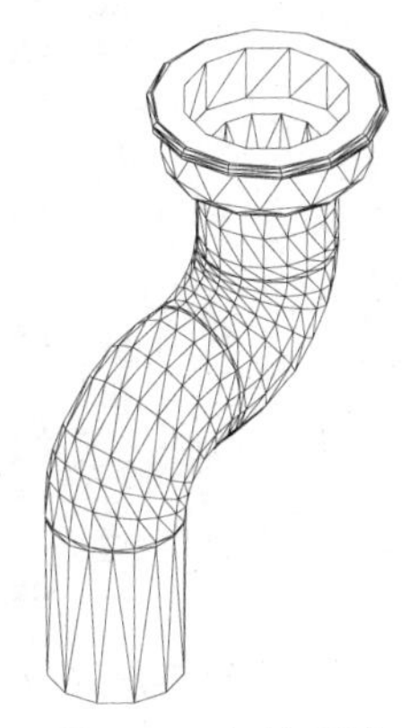

图 15-9　扫掠图形

15.1.7　按住并拖动

【按住并拖动】是 AutoCAD 一个简单、实用的建模工具，可由有限有边界区域或闭合区域创建拉伸，从而创建复合的模型对象，如图 15-10 所示。【按住并拖动】可以看作是【拉伸】命令的增强版。

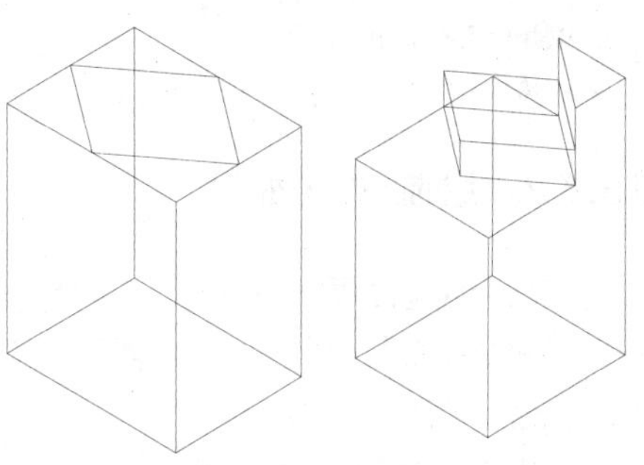

图 15-10　按住并拖动建模

启动【按住并拖动】命令的方法有如下几种。

- 命令行：输入 PRESSPULL 命令。
- 组合键：按下 Ctrl+Shift+E 组合键。
- 功能区：在【常用】选项卡中，单击【建模】面板中的【按住并拖动】按钮 按住并拖动。

启动该命令后，单击一个闭合对象（如圆或样条曲线），并移动光标以建立拉伸方向，然后输入值或在绘图区中单击以指定拉伸的高度，即可完成拉伸。

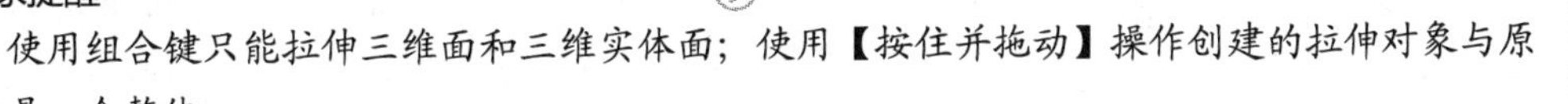

专家提醒

使用组合键只能拉伸三维面和三维实体面；使用【按住并拖动】操作创建的拉伸对象与原对象是一个整体。

15.2　绘制三维曲面

三维模型除了规则的几何体之外，还有许多不规则的形体，这些模型适合使用曲面建模的方法进行创建，本节即讲解如何绘制三维曲面模型。在实际工程中，通常将那些厚度与其表面积相比可以忽略不计的实体对象简化为曲面模型。

15.2.1 绘制平面曲面

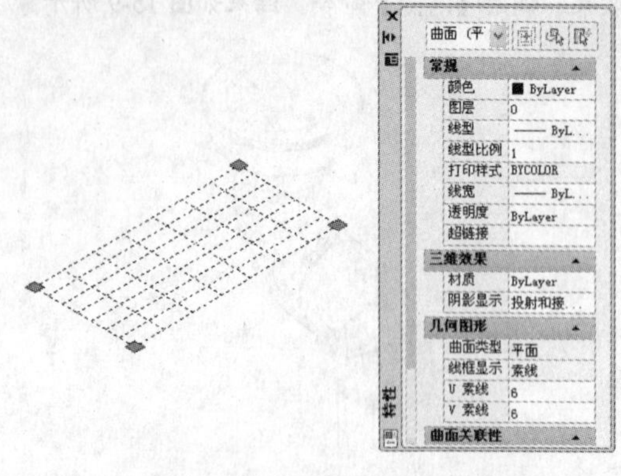

图 15-11 通过【特性】选项板中控制平面曲面

PLANESURF【平面曲面】命令通过选择封闭的对象或指定矩形表面的对角点来创建平面曲面。SURFU 和 SURFV 系统变量控制曲面上显示的行数，也可以通过【特性】选项板设置 U 素线和 V 素线的数量，如图 15-11 所示。

调用 PLANESURF 命令的方法有如下几种。

- 命令行：输入 PLANESURF 命令。
- 菜单栏：选择【绘图】|【建模】|【曲面】|【平面】菜单命令。
- 功能区：在【曲面】选项卡中，单击【创建】面板中的【平面】按钮 平面。

执行命令后，命令行提示如下：

```
命令：_Planesurf
指定第一个角点或 [对象(O)] <对象>：o↙                    //指定"对象"备选项
选择对象：找到 1 个                                      //选择平面图形
选择对象：↙                                              //回车结束命令
```

15.2.2 绘制过渡曲面

在两个现有曲面之间创建的连续的曲面称为过渡曲面。将两个曲面融合在一起时，需要指定曲面连续性和凸度幅值，如图 15-12 所示。

调用【过渡】命令的方法有如下几种。

- 命令行：输入 SURFBLEND 命令。
- 菜单栏：选择【绘图】|【建模】|【曲面】|【过渡】菜单命令。
- 功能区：在【曲面】选项卡中，单击【创建】面板中的【过渡】按钮。

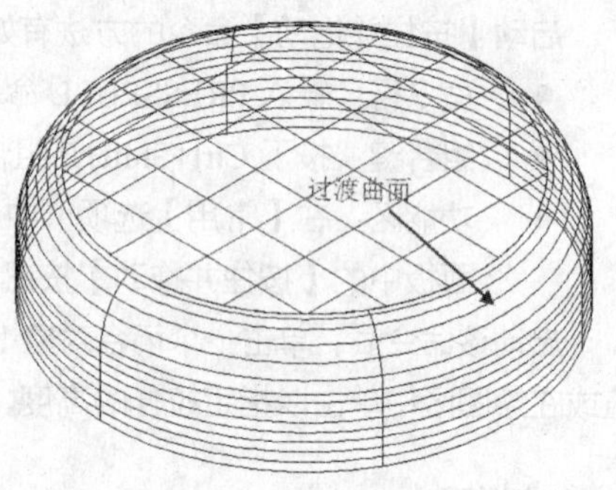

图 15-12 过渡曲面

15.2.3 绘制修补曲面

曲面修补即在创建新的曲面或封口时，闭合现有曲面的开放边，也可以通过闭环添加其他曲线，以约束和引导修补曲面，如图 15-13 所示。

调用【修补】命令的方法有如下几种。

- 命令行：输入 SURFPATCH 命令。
- 菜单栏：选择【绘图】|【建模】|【曲面】|【修补】命令。
- 功能区：在【曲面】选项卡中，单击【创建】面板中的【修补】按钮。

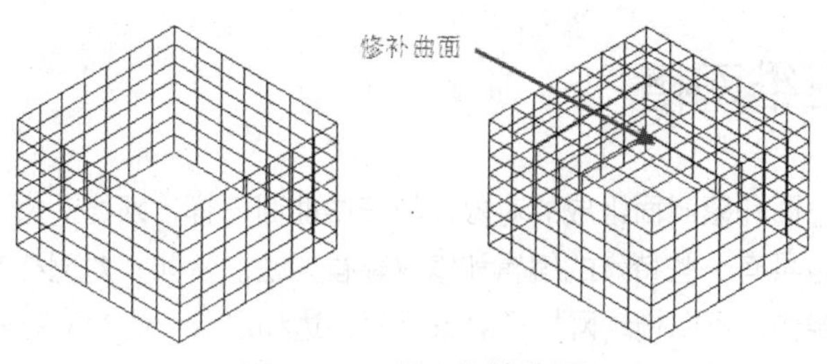

图 15-13　创建修补曲面

15.2.4　绘制偏移曲面

偏移曲面可以创建与原始曲面平行的曲面，在创建过程中需要指定距离，如图 15-14 所示。

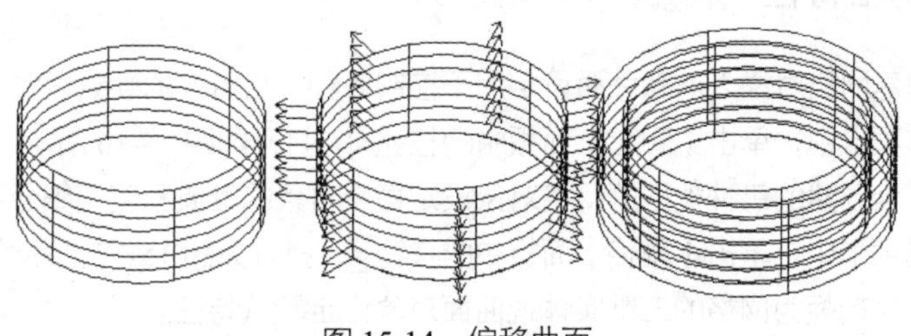

图 15-14　偏移曲面

调用【偏移】命令的方法有如下几种。

- 命令行：输入 SURFOFFSET 命令。
- 菜单栏：选择【绘图】|【建模】|【曲面】|【偏移】菜单命令。
- 功能区：在【曲面】选项卡中，单击【创建】面板中的【修补】按钮。

15.2.5　绘制圆角曲面

使用曲面【圆角】命令，可以在现有曲面之间的空间中创建新的圆角曲面。圆角曲面具有固定半径轮廓且与原始曲面相切，如图 15-15 所示。

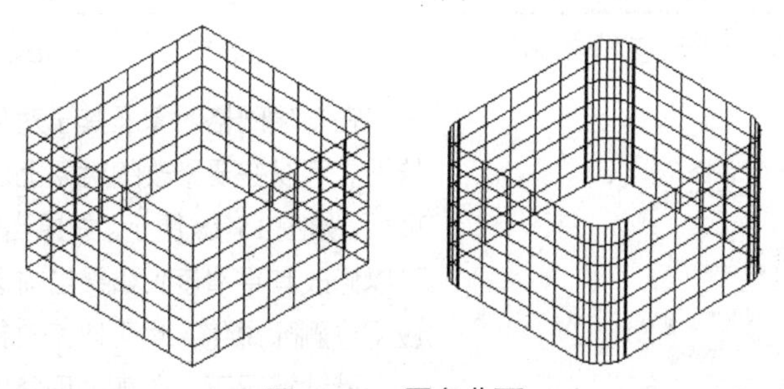

图 15-15　圆角曲面

调用【圆角】命令的方法有如下几种。

- 命令行：输入 SURFFILLET 命令。
- 菜单栏：选择【绘图】|【建模】|【曲面】|【圆角】命令。
- 功能区：在【曲面】选项卡中，单击【创建】面板中的【修补】按钮。

15.3 绘制三维网格

网格对象是由网格面和镶嵌面组成的对象，与三维曲面一样，网格对象不具有三维实体的质量和体积特性，但同时也具有一些特殊的编辑和修改建模方法。例如，对网格对象可以应用锐化、分割以及增加平滑度等操作；可以拖动网格子对象（面、边和顶点）使对象变形等。

在 AutoCAD 2013 中创建网格对象，既可以使用网格图元建模功能，创建长方体、圆锥体等网格，也可以使用平移、旋转、边界网格创建命令，或者直接将其他对象类型转换为网格对象。本节将详细讲解三维网格对象的建模方法。

15.3.1 设置网格特性

用户可以在创建网格对象之前和之后设定用于控制各种网格特性的默认设置。

在【网格】选项卡中，单击【图元】面板中的按钮，打开如图 15-16 所示的【网格图元选项】对话框，在此可以为创建的每种类型的网格对象设定每个对象的镶嵌密度（细分数）。

在【网格】选项卡中，单击【网格】面板中的按钮，打开如图 15-17 所示的【网格镶嵌选项】对话框，在此可以为转换为网格的三维实体或曲面对象设定默认特性。

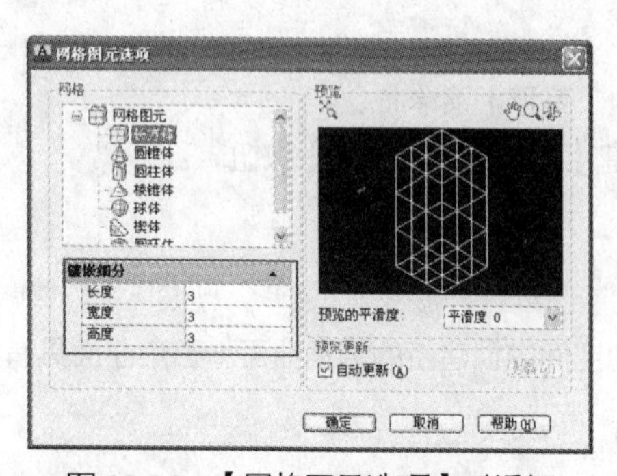

图 15-16 【网格图元选项】对话框

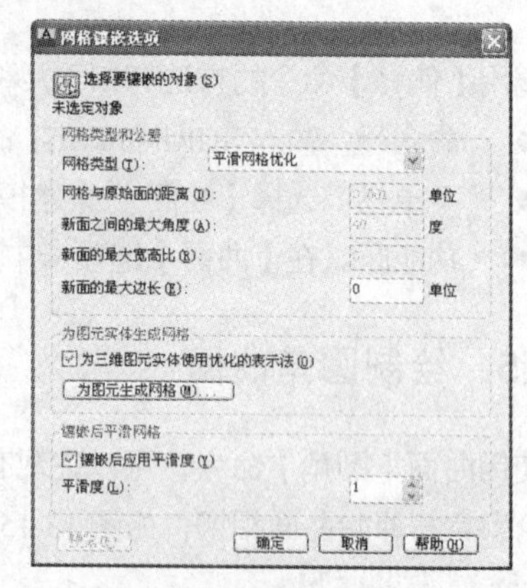

图 15-17 【网格镶嵌选项】对话框

图 15-18 【特性】面板

在创建网格对象及其子对象之后，如果要修改其特性。可以在要修改的对象上双击，打开【特性】选项板，如图 15-18 所示。如果当前选择的是网格对象，可以修改其平滑度；如果当前选择的是面和边，可以应用或删除锐化，也可以修改锐化保留级别。

默认情况下，创建的网格图元对象平滑度为 0，可以使用 MESH 命令的【设置】选项更改此默认设置。

调用该命令后，命令行操作如下：

```
命令：_MESH ↙
当前平滑度设置为：0
输入选项 [长方体(B)/圆锥体(C)/圆柱体(CY)/棱锥体(P)/球体(S)/楔体(W)/圆环体(T)/设置(SE)]： SE ↙
指定平滑度或[镶嵌(T)] <0>:                              //输入 0 到 4 之间的平滑度
```

```
输入选项 [长方体(B)/圆锥体(C)/圆柱体(CY)/棱锥体(P)/球体(S)/楔体(W)/圆环体(T)/设置(SE)]:
...
```

15.3.2 绘制长方体网格

AutoCAD 2013 可以直接创建 7 种类型的三维网格图元，包括长方体、圆锥体、球体以及圆环体等。

调用【图元】命令绘制三维网格的方法有如下几种。

- 命令行：输入 MESH 命令。
- 菜单栏：选择【绘图】|【建模】|【网格】|【图元】下面的子菜单命令。
- 功能区：选择【网格】选项板的【图元】面板中的下拉式菜单。

创建长方体网格时，命令行提示如下：

```
命令: mesh
当前平滑度设置为: 0
输入选项 [长方体(B)/圆锥体(C)/圆柱体(CY)/棱锥体(P)/球体(S)/楔体(W)/圆环体(T)/设置(SE)] <长方体>: B↙
指定第一个角点或 [中心(C)]:
指定其他角点或 [立方体(C)/长度(L)]:
指定高度或 [两点(2P)]:
```

绘制网格长方体时，其底面将与当前 UCS 的 *XY* 平面平行，并且其初始位置的长、宽、高分别与当前 UCS 的 *X*、*Y*、*Z* 轴平行。

在指定长方体的长、宽、高时，正值表示向相应的坐标值正方向延伸，负值表示向相应的坐标值的负方向延伸。最后，需要指定长方体表面绕 Z 轴的旋转角度，以确定其最终位置。

技巧点拨

可以使用【立方体】选项创建等边的网格长方体。

15.3.3 绘制圆柱体网格

如果选择绘制网格圆柱体，可以创建底面为圆形或椭圆的网格圆锥或网格圆台，如图 15-19 所示。

创建圆柱体网格时，命令行提示如下：

```
指定底面的中心点或 [三点(3P)/两点(2P)/切点、切点、半径(T)/椭圆(E)]:
指定底面半径或 [直径(D)]:
指定高度或 [两点(2P)/轴端点(A)] <666.1532>:
```

选择【椭圆】选项，可以创建底面为椭圆的圆柱体；选择【切点、切点、半径（T）】选项可以创建底面与两个对象相切的网格圆柱，创建的新圆柱体位于尽可能接近指定的切点的位置，这取决于半径距离。

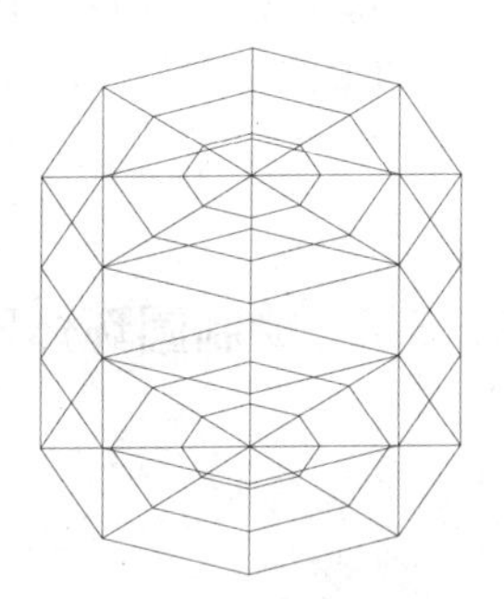

图 15-19　网格圆柱体

15.3.4 绘制圆锥体网格

如果选择绘制圆锥体，可以创建底面为圆形或椭圆的网格圆锥或网格圆台，如图 15-20 所示。

创建圆锥体网格时，命令行提示如下：

```
指定底面的中心点或 [三点(3P)/两点(2P)/切点、切点、半径(T)/椭圆(E)]:
指定底面半径或 [直径(D)] <189.9915>:
指定高度或 [两点(2P)/轴端点(A)/顶面半径(T)] <482.8211>:
```

默认情况下，网格圆锥体的底面位于当前 UCS 的 *XY* 平面上，圆锥体的轴线与 *Z* 轴平行。

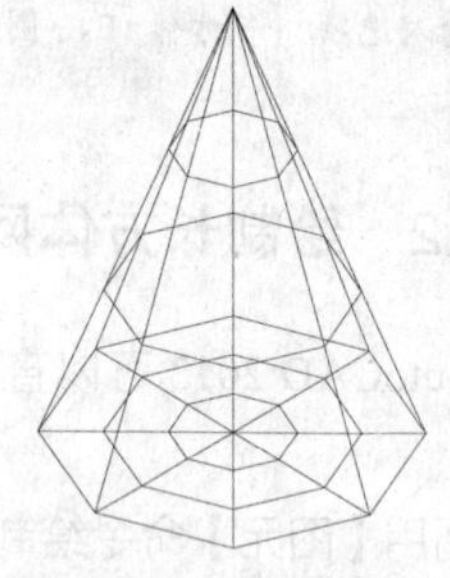

图 15-20　网格圆锥体

15.3.5　绘制棱锥体网格

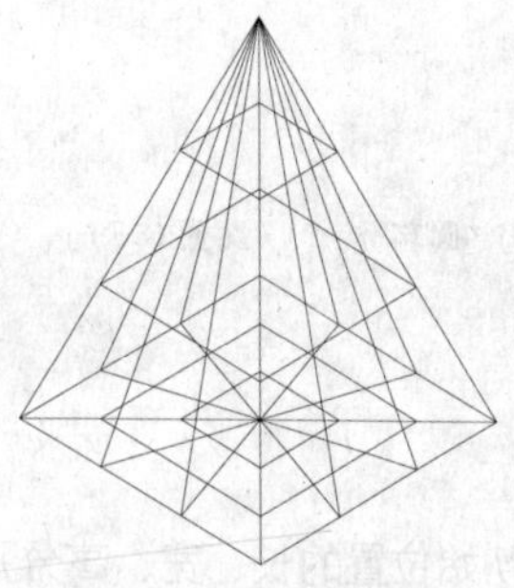

图 15-21　网格棱锥台

默认情况下，可以创建最多具有 32 个侧面的棱锥体网格，如图 15-21 所示。

创建棱锥体网格时，命令行提示如下：

```
指定底面的中心点或 [边(E)/侧面(S)]:
指定底面半径或 [内接(I)] <283.0989>:
指定高度或 [两点(2P)/轴端点(A)/顶面半径(T)] <805.6754>:
```

使用【侧面】选项设定网格棱锥台的侧面数；使用【边】选项指定那个底面边的尺寸；使用【顶面半径】可以创建棱台，设定内接或外切的周长可以指定是在半径内部还是在半径外部绘制棱锥台底面。

15.3.6　绘制球体网格

创建球体网格时，命令行提示如下：

```
指定中心点或 [三点(3P)/两点(2P)/切点、切点、半径(T)]:
指定半径或 [直径(D)] <283.0989>:
```

从命令行提示可以看出，可以使用多种方法来创建如图 15-22 所示的网格球体。如果从圆心开始创建，网格球体的中心轴将与当前 UCS 的 *Z* 轴平行。

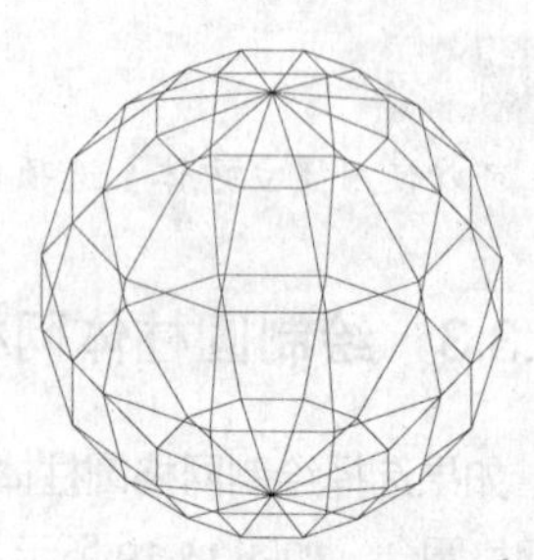

图 15-22　网格球体

15.3.7　绘制圆环体网格

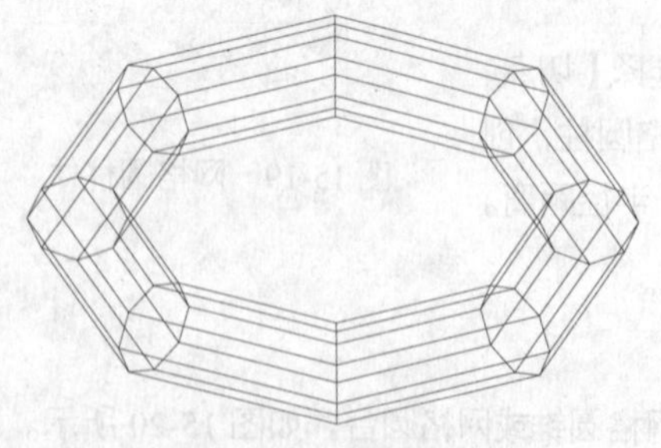

图 15-23　网格圆环体

网格圆环体如图 15-23 所示，其具有两个半径值：一个是圆管半径，另一个是路径半径，路径半径是圆环体的圆心到圆管的圆心之间的距离。默认情况下，圆环体将被绘制为与当前 UCS 的 *XY* 平面平行，且被该平面平分。

创建圆环体网格时，命令行提示如下：

```
指定中心点或[三点(3P)两点(2P)切点、切点、半径(T)]:
指定半径[直径(D)]:
指定圆管半径或[两点(2P)、直径(D)]:
```

15.3.8 绘制楔体网格

可创建如图 15-24 所示的面为矩形或正方形的网格楔体。默认情况下，楔体的底面绘制为与当前 UCS 的 *XY* 平面平行，斜面正对第一个角点。楔体的高度与 *Z* 轴平行。可以选择指定第一角点或中心来创建网格楔体，如果选择【立方体（C）】选项，将创建长、宽、高相等的网格楔体。

创建楔体网格时，命令行提示如下：

```
指定第一个角点或[中心（C）]:
指定其他角点或[立方体（C）长度（L）]:
指定高度或[两点（2P）]<-19.7938>:
```

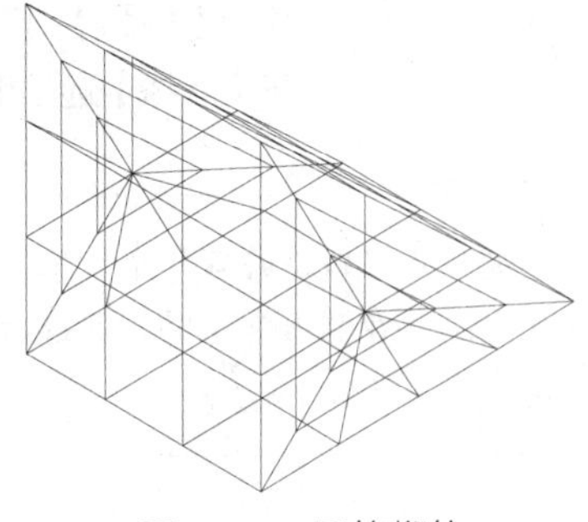

图 15-24 网格楔体

15.3.9 绘制三维面网格

三维空间的表面称为三维面，它没有厚度，也没有质量属性。使用【三维面】命令创建的面的各顶点可以有不同的 *Z* 坐标，构成各个面的顶点最多不能超过 4 个。如果构成面的 4 个顶点共面，则【消隐】命令认为该面是不透明的，可以将其消隐。反之，【消隐】命令对其无效。

调用【三维面】命令的方法如下几种。

- 命令行：输入 3DFACE 命令。
- 菜单栏：选择【绘图】|【建模】|【网格】|【三维面】菜单命令。

专家提醒 

使用【三维面】命令只能生成 3 条或 4 条边的三维面，若要生成多边曲面，则可使用 PFACE 命令，在该命令提示下可以输入多个点。

15.3.10 绘制直纹网格

如果在三维空间中存在两条曲线，则可以这两条曲线作为边界，创建由多边形网格构成的曲面。直纹网格的边界可以是直线、圆、圆弧、椭圆、椭圆弧、二维多段线、三维多段线和样条曲线中的任意两条曲线，如图 15-25 所示。

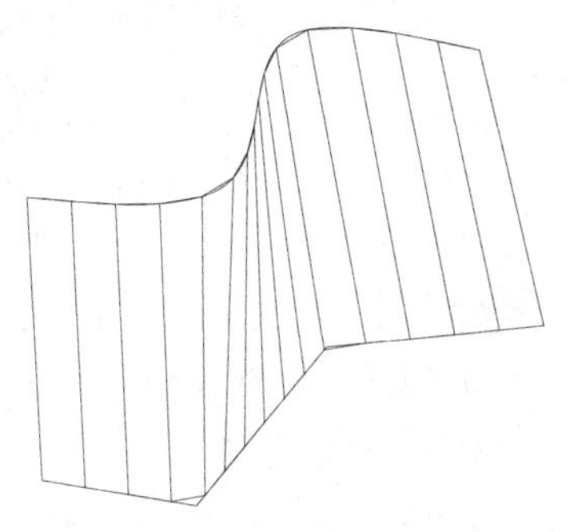

定义曲线为三维多段线和样条曲线

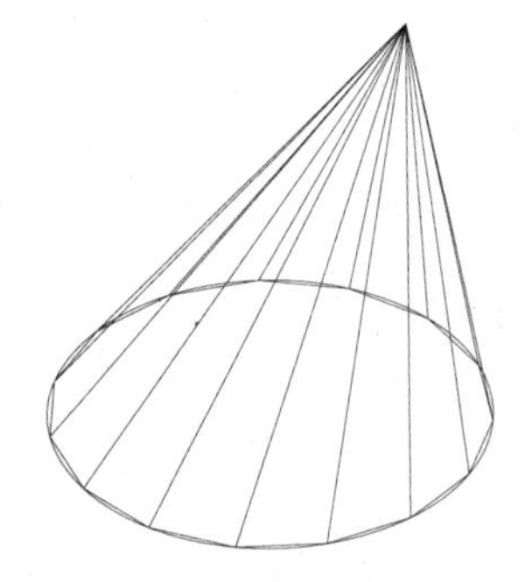

定义曲线为点和圆

图 15-25 定义对象不同所形成的直纹网格

调用【直纹网格】命令的方法有如下几种。

- 命令行：输入 RULESURF 命令。
- 菜单栏：选择【绘图】|【建模】|【网格】|【直纹网格】菜单命令。
- 功能区：在【网格】选项卡中，单击【图元】面板中的【直纹网格】按钮。

专家提醒

绘制直纹网格的过程中，除了点及其他对象，作为直纹网格轨迹的两个对象必须同时开放或关闭；且在调用命令时，因选择曲线的点不一样，绘制的直线会出现交叉和平行两种情况，如图 15-26 所示。

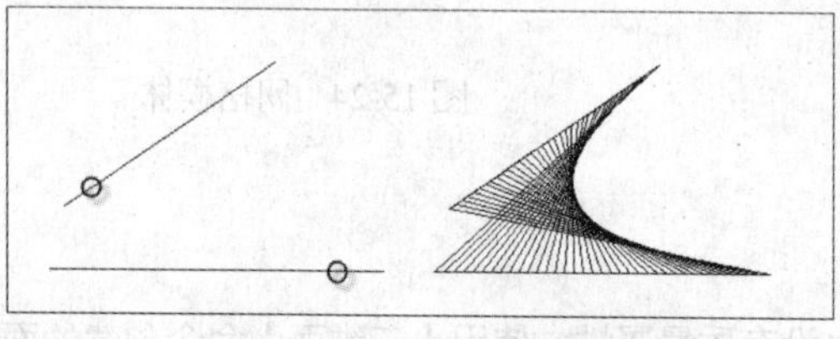
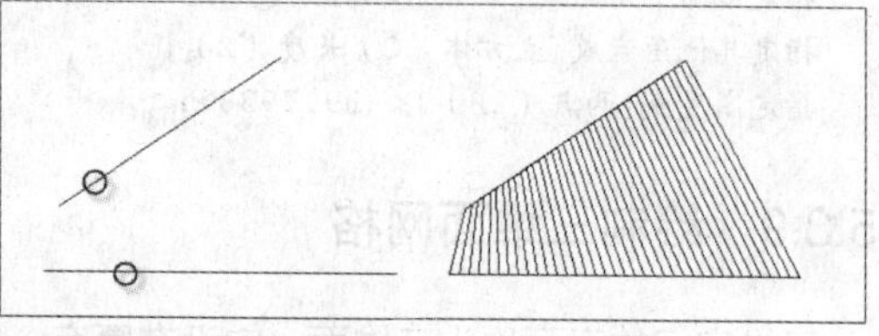

图 15-26　拾取点位置不同所形成的直纹网格

15.3.11　绘制平移网格

使用 TABSURF【平移网格】命令可以将路径曲线沿指定方向进行平移，从而绘制出平移网格。其中，路径曲线可以是直线、圆、圆弧、椭圆、椭圆弧、二维多段线、三维多段线和样条曲线等。

调用【平移网格】命令的方法如下几种。

- 命令行：输入 TABSURF 命令。
- 菜单栏：选择【绘图】|【建模】|【网格】|【平移网格】菜单命令。
- 功能区：在【网格】选项卡中，单击【图元】面板中的【平移网格】按钮。

课堂举例【15-5】：绘制平移网格模型

Step 01 单击【快速访问】工具栏中的【打开】按钮，打开“第 15 章\15.3.11.dwg”文件，如图 15-27 所示。

图 15-27　素材图形

Step 02 调整网格密度，命令行操作如下：

```
命令：surftab1 ↙ //调用【调整网格密度】命令
输入 SURFTAB1 的新值 <6>：36↙
                    //输入新值并回车
命令：surftab2 ↙ //调用命令
输入 SURFTAB2 的新值 <6>：36↙
                    //输入新值并回车
```

Step 03 选择【绘图】|【建模】|【网格】|【平移网格】菜单命令，绘制如图 15-28 所示的图形，命令行提示如下：

```
命令：_tabsurf↙    //调用【平移网格】命令
当前线框密度：SURFTAB1=36
选择用作轮廓曲线的对象：
```

```
                //选择轮廓曲线
选择用作方向矢量的对象：
                //选择方向矢量
```

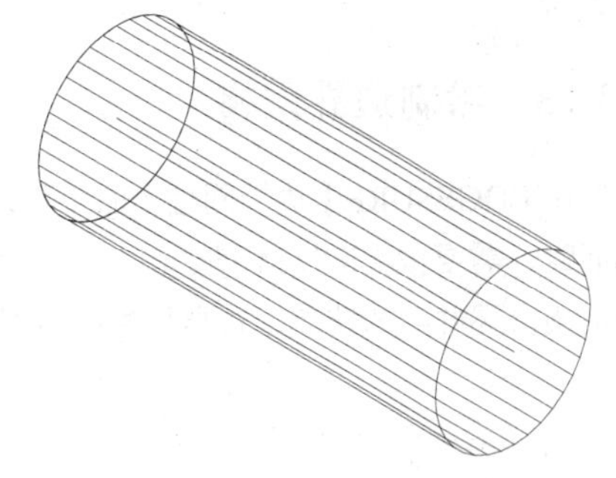

图 15-28　创建的平移网格

15.3.12　绘制旋转网格

使用 REVSURF【旋转网格】命令可以将曲线或轮廓绕指定的旋转轴旋转一定的角度，从而创建旋转网格。旋转轴可以是直线，也可以是开放的二维或三维多段线。

调用【旋转网格】命令的方法有如下几种。

- 命令行：输入 REVSURF 命令。
- 菜单栏：选择【绘图】|【建模】|【网格】|【旋转网格】菜单命令。
- 功能区：在【网格】选项卡中，单击【图元】面板中的【旋转网格】按钮。

课堂举例【15-6】：旋转网格模型

Step 01 调用【文件】打开命令，打开“第 15 章\15.3.12.dwg”文件，如图 15-29 所示。

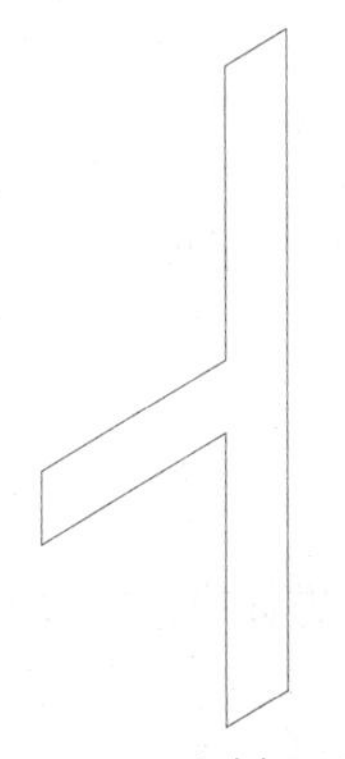

图 15-29　素材图形

Step 02 调整网格密度，命令行提示如下：

```
命令：surftab1 ↙
                //调用【调整网格密度】命令
输入 SURFTAB1 的新值 <6>：36↙
                //输入新值并回车
命令：surftab2 ↙
                //调用命令
输入 SURFTAB2 的新值 <6>：36↙
                //输入新值并回车
```

Step 03 调用【绘图】|【建模】|【网格】|【旋转网格】命令，绘制如图 15-30 所示的图形，命令行提示如下：

```
命令：_revsurf↙
                //调用【旋转网格】命令
当前线框密度：SURFTAB1=36  SURFTAB2=36
选择要旋转的对象：//选择轮廓线
选择定义旋转轴的对象：
                //选择直线
指定起点角度 <0>：↙
                //指定起点角度并回车
指定包含角 (+=逆时针，-=顺时针) <360>：↙
                //使用默认包含角度
```

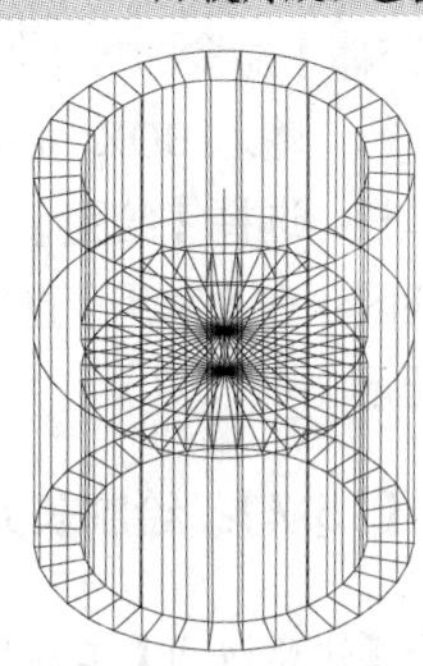

图 15-30　旋转网格

15.3.13　绘制边界网格

使用 EDGESURF【边界网格】命令可以由 4 条首尾相连的边创建一个三维多边形网格。创建边界曲面时，需要依次选择 4 条边界。边界可以是圆弧、直线、多段线、样条曲线和椭圆弧，并且必须形成闭合环并共享端点，边界网格的效果如图 15-31 所示。

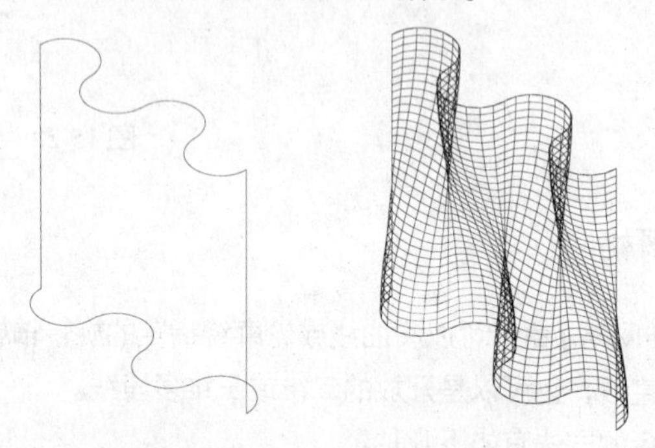

图 15-31　绘制边界网格

调用【边界网格】命令的方法有如下几种。

- 命令行：输入 EDGESURF 命令。
- 菜单栏：选择【绘图】|【建模】|【网格】|【边界网格】菜单命令。
- 功能区：在【网格】选项卡中，单击【图元】面板中的【边界网格】按钮。

15.4　绘制三维实体

实体是能够完整表达物体形状和物理特性的空间模型，与线框和网格相比，视图的信息更完整，更容易构造和编辑复杂的三维视图，是 AutoCAD 的核心建模手段。

15.4.1　绘制长方体

使用 Box【长方体】命令可以创建具有规则实体模型形状的长方体或正方体等实体，如零件的底座、支撑板、家具以及建筑墙体等。

调用【长方体】命令的方法如下。

- 命令行：输入 BOX 命令。
- 菜单栏：选择【绘图】|【建模】|【长方体】菜单命令。
- 功能区：在【常用】选项卡中，选择【建模】面板中的下拉式按钮菜单，单击【长方体】按钮。

课堂举例【15-7】：绘制长方体

Step 01 单击【快速访问】工具栏中的【新建】按钮，新建图形文件。选择【视图】|【三维视图】|【西南等轴测】命令，将视图切换为【西南等轴测】模式。

Step 02 在【常用】选项卡中，单击【建模】面板中的【长方体】按钮，绘制一个尺寸为 30×40×50 的长方体，结果如图 15-32 所示，命令行操作如下：

```
命令：_box↙    //调用【长方体】命令
指定第一个角点或 [中心(C)]:
               //指定第一个角点
指定其他角点或 [立方体(C)/长度(L)]: L↙
               //选择“长度”备选项
指定长度: 30↙  //指定长方体长度
指定宽度: 40↙  //指定长方体宽度
指定高度或 [两点(2P)] <5.0000>: 50↙
               //指定长方体高度
```

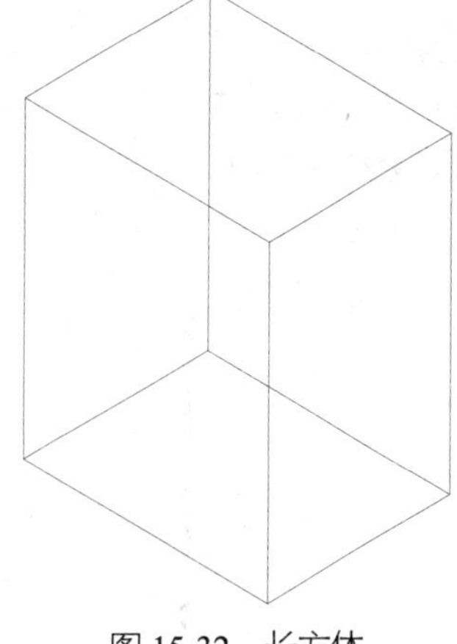
图 15-32 长方体

15.4.2 绘制楔体

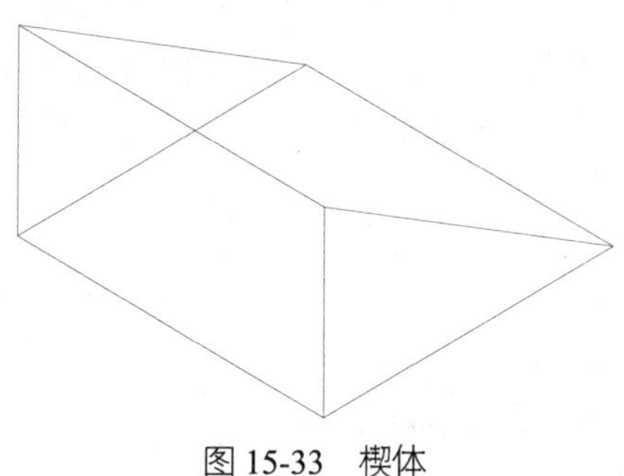
图 15-33 楔体

楔体是长方体沿对角线切成两半后的结果，因此，创建楔体和创建长方体的方法是相同的。只要确定底面的长、宽和高，以及底面围绕 Z 轴的旋转角度，即可创建需要的楔体，如图 15-33 所示。

调用【楔体】命令的方法有如下几种。

- 命令行：输入 WEDGE 命令。
- 菜单栏：选择【绘图】|【建模】|【楔体】菜单命令。
- 功能区：在【常用】选项卡中，选择【建模】面板中的下拉式按钮菜单，单击【楔体】按钮。

调用该命令后，命令行操作如下：

```
命令：_wedge↙                          //调用【楔体】命令
指定第一个角点或 [中心(C)]:             //指定楔体底面第一个角点
指定其他角点或 [立方体(C)/长度(L)]:     //指定楔体底面另一个角点
指定高度或 [两点(2P)]:                  //指定楔体高度并完成绘制
```

15.4.3 绘制球体

球体是三维空间中，到一个点（即球心）距离相等的所有点的集合形成的实体，它是最简单的三维实体。使用 SPHERE【球体】命令可以按指定的球心、半径或直径绘制实心球体，其纬线与当前 UCS 的 XY 平面平行，其轴向与 Z 轴平行。

调用该命令的方法有如下几种。

- 命令行：输入 SPHERE 命令。
- 菜单栏：选择【绘图】|【建模】|【球体】菜单命令。
- 功能区：在【常用】选项卡中，单击【建模】面板中的【球体】按钮。

技巧点拨

系统默认【ISOLINES】值为 4，更改变量后绘制球体的速度会大大降低。我们可以通过调用【视图】|【消隐】菜单命令来观察球体效果。如图 15-34 所示为【ISOLINES】值为 4 时的消隐效果。

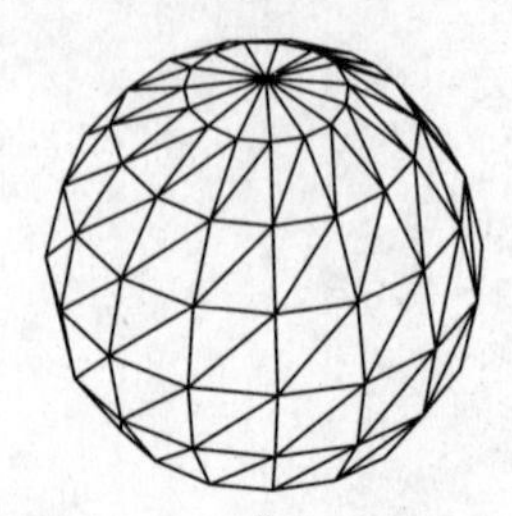

图 15-34　球体消隐效果

15.4.4　绘制圆柱体

在 AutoCAD 中创建的圆柱体是以面或椭圆为截面形状，沿该截面法线方向拉伸所形成的实体。圆柱体在绘图时经常会用到，如各类轴类零件、建筑图形中的各类立柱等特征。调用【圆柱体】命令可以绘制圆柱体、椭圆柱体，所生成的圆柱体、椭圆柱体的底面平行于 *XY* 平面，轴线与 *Z* 轴平行。

调用该命令的方法有如下几种。

- 命令行：输入 CYLINDER/CYL 命令。
- 菜单栏：选择【绘图】|【建模】|【圆柱体】菜单命令。
- 功能区：在【常用】选项卡中，单击【建模】面板中的【圆柱体】按钮。

课堂举例【15-8】：绘制组合体

Step 01 单击【快速访问】工具栏中的【新建】按钮，新建图形文件。调用【视图】|【三维视图】|【西南等轴测】菜单命令，将视图切换为【西南等轴测】模式。

Step 02 在【常用】选项卡中，单击【建模】面板中的【长方体】按钮，绘制一个尺寸为 20×20×5 的长方体，结果如图 15-35 所示，命令行操作如下：

```
命令: _box↙
                //调用【长方体】命令
指定第一个角点或 [中心(C)]:
        //指定第一个角点
指定其他角点或 [立方体(C)/长度(L)]: L↙
                //选择【长度】备选项
指定长度: 20↙
                //指定长方体长度
指定宽度: 20↙
                //指定长方体宽度
指定高度或 [两点(2P)] <15.0000>: 5↙
                //指定长方体高度
```

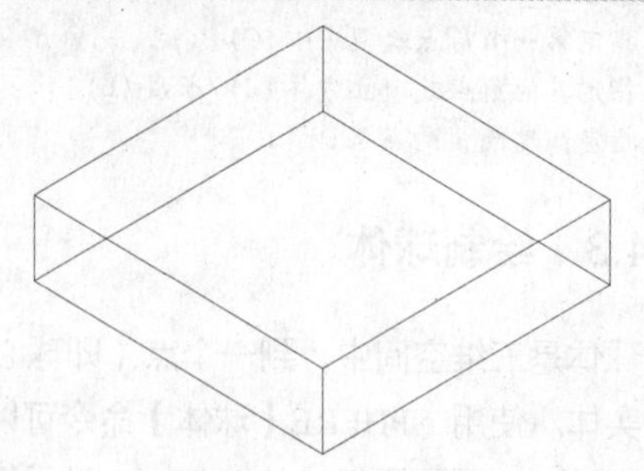

图 15-35　长方体

Step 03 调用【直线】、【圆柱体】工具，在长方体上表面绘制半径为 8、高度为 5 的圆柱体，如图 15-36 所示，命令行操作如下：

```
命令: _cylinder↙
                //调用【圆柱体】命令
```

```
  指定底面的中心点或 [三点(3P)/两点(2P)/切点、切点、半径(T)/椭圆(E)]:
                        //捕捉长方体上表面中心
  指定底面半径或 [直径(D)]: 8↙
                        //输入半径
  指定高度或 [两点(2P)/轴端点(A)] <1033.8210>:
5↙                      //输入高度值
```

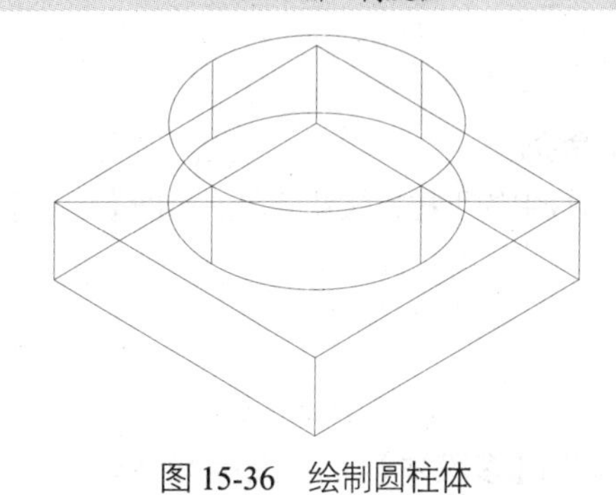

图 15-36　绘制圆柱体

Step 04 删除掉辅助线，在命令行中输入 HIDE 命令，消隐图形，最终结果如图 15-37 所示。

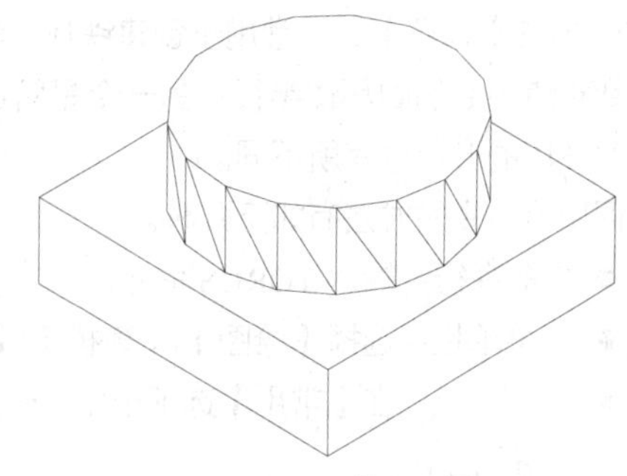

图 15-37　消隐图形

15.4.5　绘制圆锥体

CONE【圆锥体】命令常用于创建圆锥形屋顶、锥形零件和装饰品等，如图 15-38 所示。绘制圆锥体需要输入的参数有底面圆的圆心和半径、顶面圆半径和圆锥高度，所生成的锥体底面平行于 *XY* 平面，轴线平行于 *Z* 轴。

当圆锥体底面为椭圆时，绘制出的锥体为椭圆锥体。当顶面圆半径为 0 时，绘制出的图形为圆锥体。反之，当顶面圆半径大于 0 时，绘制出的图形则为圆台，如图 15-39 所示。

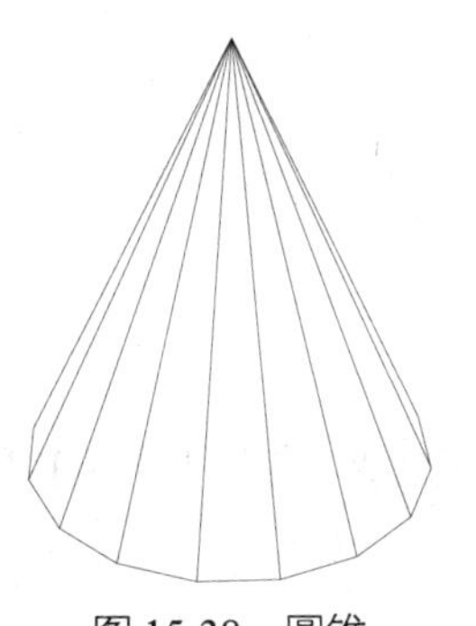

图 15-38　圆锥

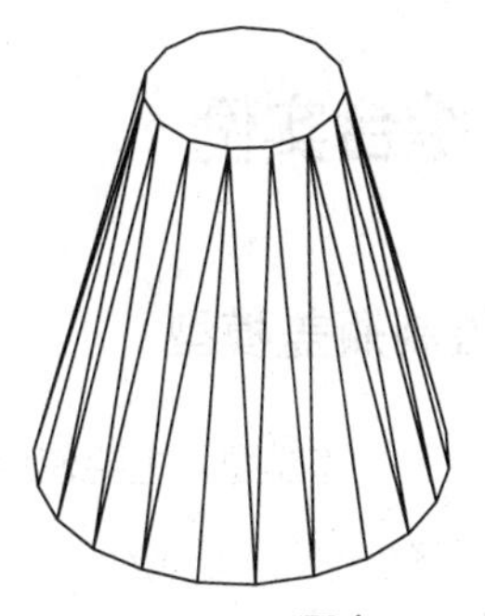

图 15-39　圆台

调用【圆锥体】命令的方法有如下几种。

- 命令行：输入 CONE 命令。
- 菜单栏：选择【绘图】|【建模】|【圆锥体】菜单命令。
- 功能区：在【常用】选项卡中，单击【建模】面板中的【圆锥体】按钮。

调用该命令后，命令行提示及操作如下：

```
命令: _cone↙                                                   //调用【圆锥体】命令
指定底面的中心点或 [三点(3P)/两点(2P)/切点、切点、半径(T)/椭圆(E)]:   //指定圆锥体底面的圆心
指定底面半径或 [直径(D)] <121.6937>:                            //指定圆锥体底面圆的半径
指定高度或 [两点(2P)/轴端点(A)/顶面半径(T)] <322.3590>:           //指定圆锥体的高度
```

15.4.6 绘制圆环体

TORUS【圆环】命令常用于创建铁环、环形饰品等实体。圆环有两个半径定义：一个是圆环体中心到管道中心的圆环体半径；另一个是管道半径。随着管道半径和圆环体半径之间相对大小的变化，圆环体的形状也有所不同。

调用该命令的方法有如下几种。

- 命令行：输入 TORUS 命令。
- 菜单栏：选择【绘图】|【建模】|【圆环】菜单命令。
- 功能区：在【常用】选项卡中，选择【建模】面板中的下拉式按钮菜单，单击【圆环】按钮◎。

15.4.7 绘制多段体

POLYSOLID【多段体】命令常用于创建三维墙体，调用【多段体】命令可以绘制多段体。

调用该命令的方法有如下几种。

- 命令行：输入 POLYSOLID 命令。
- 菜单栏：选择【绘图】|【建模】|【多段体】菜单命令。
- 功能区：在【常用】选项卡中，单击【建模】面板中的【多段体】按钮。

技巧点拨

用户可以指定对象将其转换为实体对象，转换的对象包括直线、圆弧、二维多段线和圆等。

15.5 综合实例

15.5.1 绘制瓶盖模型

本实例绘制瓶盖模型，主要使用了本章所学的三维曲面建模功能，包括【平面】、【过滤】等三维曲面建模命令。

Step 01 单击【快速访问】工具栏中的【新建】按钮，新建图形文件。调用【视图】|【三维视图】|【西南等轴测】菜单命令，将视图切换为【西南等轴测】模式。

Step 02 在命令行中输入 C【圆】命令，绘制两个半径分别为 25 和 30 的辅助圆，结果如图 15-40 所示。

Step 03 调用【移动】工具，将小圆向上移动，距离为 15，结果如图 15-41 所示。

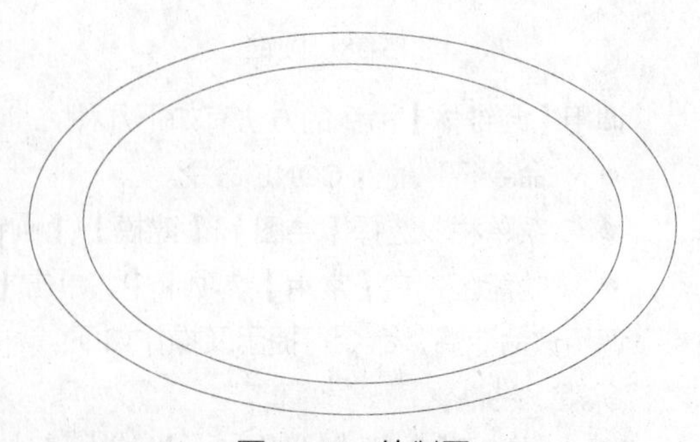

图 15-40 绘制圆

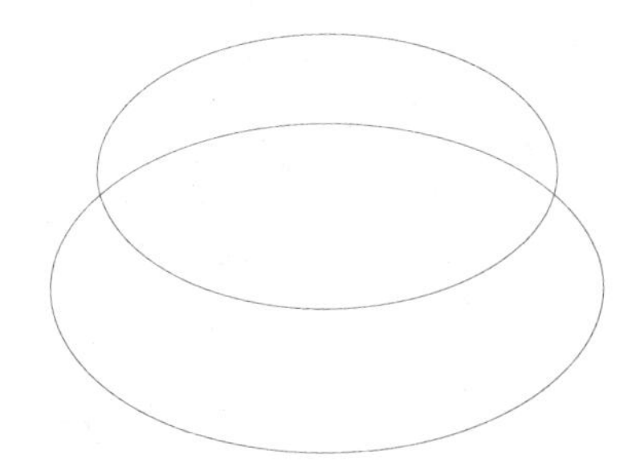
图 15-41　移动小圆

Step 04 调整网格密度，命令行提示如下：

```
命令：surftab1
                //调用【调整网格密度】命令
输入 SURFTAB1 的新值 <6>：36↙
                //输入新值并回车
命令：surftab2↙
                //调用命令
输入 SURFTAB2 的新值 <6>：36↙
                //输入新值并回车
```

Step 05 选择【绘图】|【建模】|【曲面】|【平面】菜单命令，绘制出瓶盖顶面曲面，结果如图 15-42 所示。

Step 06 在【常用】选项卡中，单击【创建】面板中的【拉伸】按钮，拉伸曲面，高度为 12，结果如图 15-43 所示。

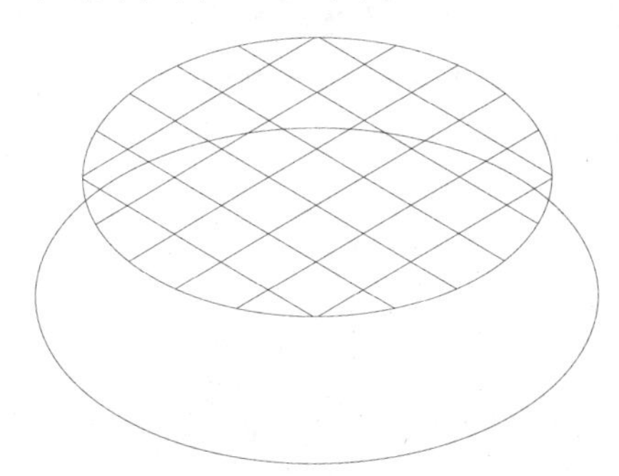
图 15-42　绘制顶面曲面

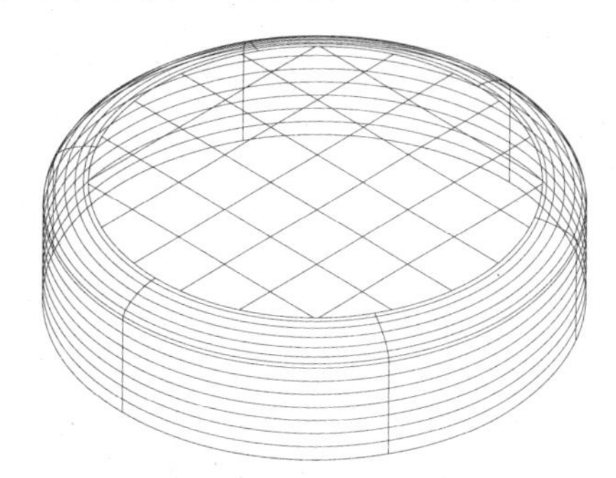
图 15-43　拉伸曲面

Step 07 调用【绘图】|【建模】|【曲面】|【过渡】菜单命令，效果如图 15-44 所示。

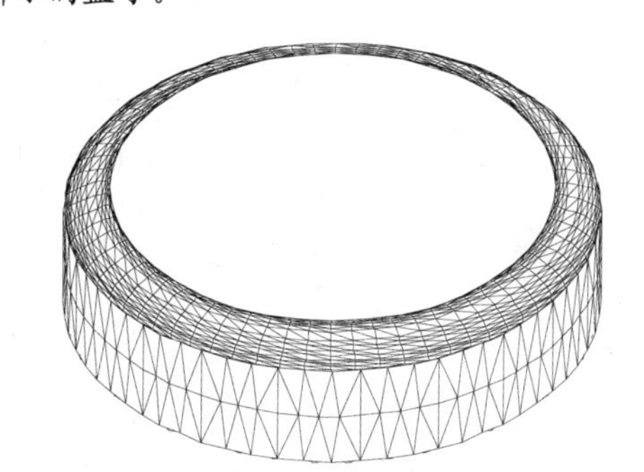
图 15-44　绘制过渡曲面

Step 08 调用【消隐】命令，得到如图 15-45 所示的盖子。

图 15-45　瓶盖效果

15.5.2　绘制底座模型

本实例利用本章所学的【长方体】、【圆柱】等命令，绘制机械底座模型。

Step 01 单击【快速访问】工具栏中的【新建】按钮，新建图形文件。调用【视图】|【三维视图】|【西南等轴测】菜单命令，将视图切换为【西南等轴测】模式。

Step 02 调用【长方体】命令，绘制尺寸为 100 × 100 × 20 的长方体，如图 15-46 所示，命令行操作如下：

```
命令：BOX↙
```

```
                //调用【长方体】命令
指定第一个角点或 [中心(C)]: C↙
                //激活【中心(C)】选项
指定中心: 0,0,0↙
                //输入中心坐标
指定角点或 [立方体(C)/长度(L)]: L↙
                //激活【长度(L)】选项
指定长度: 100↙
                //输入长度
指定宽度: 100↙
                //输入宽度
指定高度或 [两点(2P)]: 20↙
                //输入高度
```

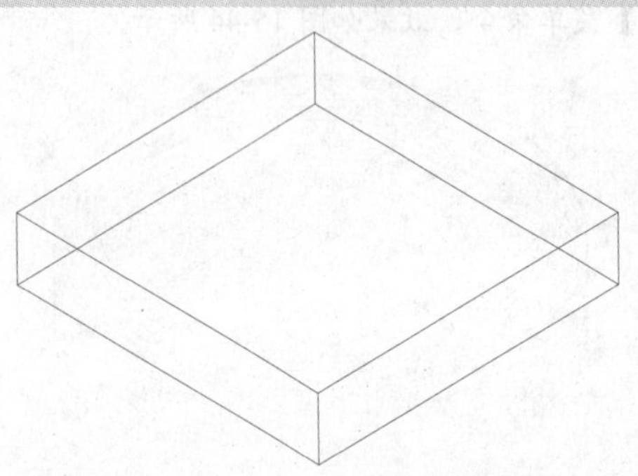

图 15-46 绘制长方体

Step 03 在命令行中输入 UCS 命令，移动坐标系，如图 15-47 所示，命令行操作如下：

```
命令: ucs↙
                //输入命令
当前 UCS 名称: *世界*
指定 UCS 的原点或 [面(F)/命名(NA)/对象(OB)/上一个(P)/视图(V)/世界(W)/X/Y/Z/Z 轴(ZA)] <世界>: @-50,0,10↙
                //输入坐标点
指定 X 轴上的点或 <接受>:↙
                //回车接受
```

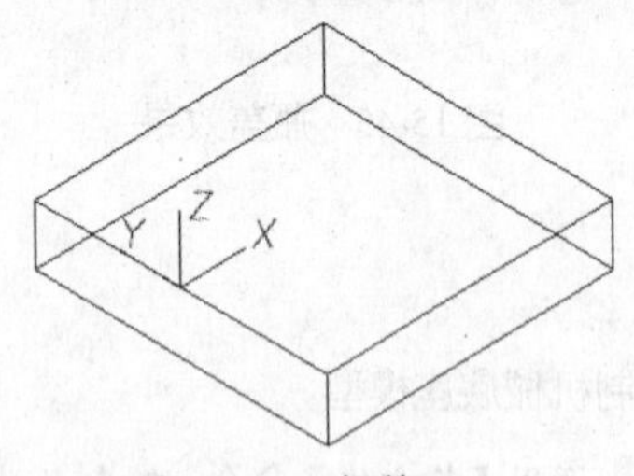

图 15-47 切换 UCS

Step 04 利用【对象捕捉】功能，绘制半径分别为 30、20 的同心圆柱体，高度为 70，如图 15-48 所示。

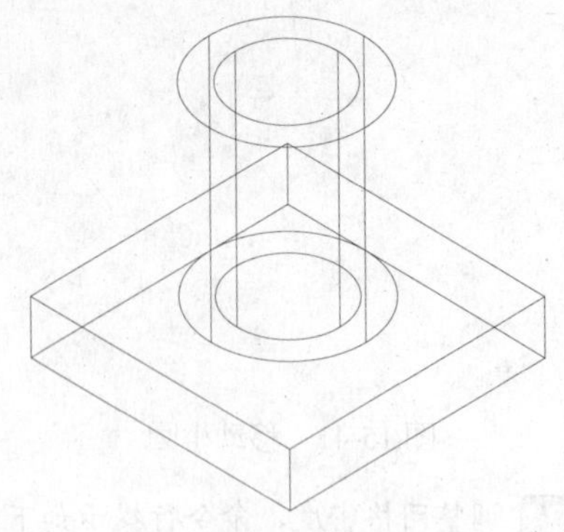

图 15-48 绘制圆柱体

Step 05 调用【差集】命令，对两个圆柱求差，切换至【概念】样式，如图 15-49 所示。

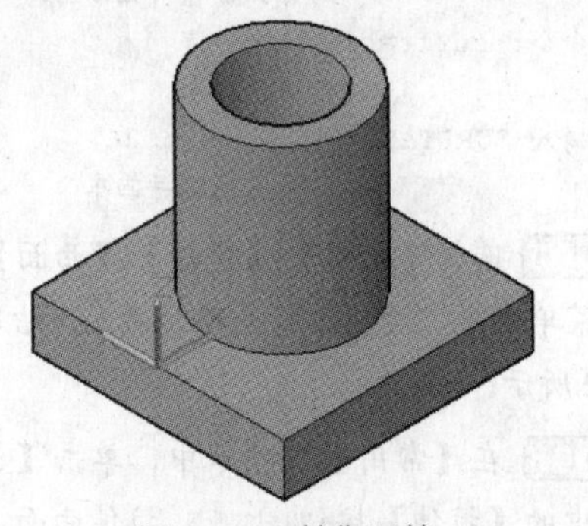

图 15-49 差集运算

Step 06 在【实体】选项卡中，单击【实体编辑】面板中的【圆角边】按钮，对图形进行倒圆角，如图 15-50 所示，命令行操作如下：

```
命令: _FILLETEDGE↙
        //调用【圆角边】命令
半径 = 1.0000
选择边或 [链(C)/环(L)/半径(R)]: R↙
        //激活【半径(R)】选项
输入圆角半径或 [表达式(E)] <1.0000>: 10↙
        //输入圆角的半径
选择边或 [链(C)/环(L)/半径(R)]:
        //选择四条高
选择边或 [链(C)/环(L)/半径(R)]:
已选定 4 个边用于圆角。
按 Enter 键接受圆角或 [半径(R)]: ↙
        //回车完成圆角操作
```

Step 07 调用【并集】命令，对图形求和，并切换至【二维线框】样式。在命令行中输入 HIDE【消隐】命令，对图形进行消隐，最终效果如图 15-51 所示。

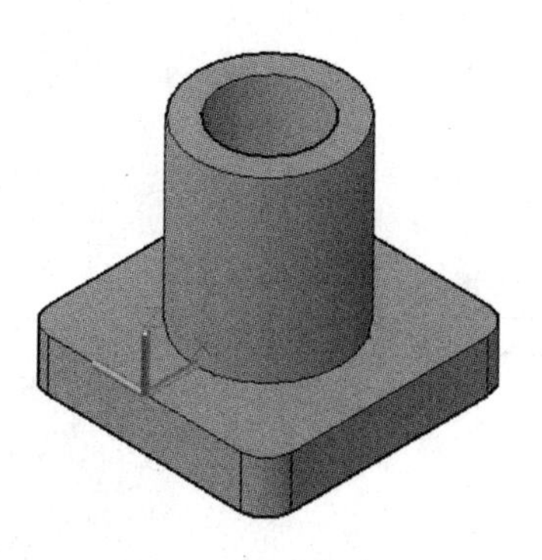

图 15-50　圆角边

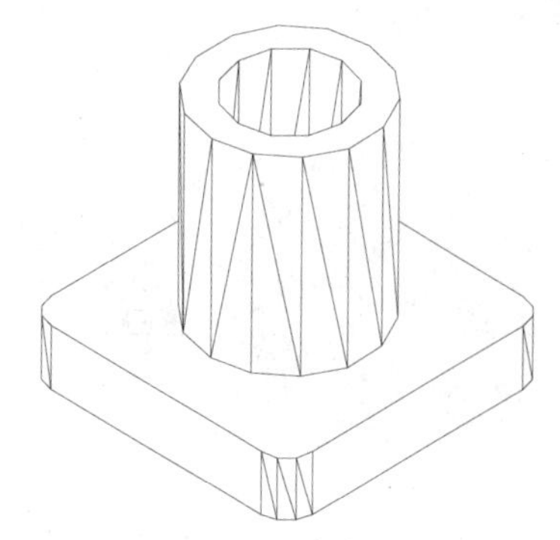

图 15-51　消隐图形

15.6　思考与练习

1．选择题

（1）以下哪个命令可以创建圆柱体？（　　）

A．CYLINDER　　B．BOX

C．SPHERE　　D．HELIX

（2）以下哪个命令可以将一个矩形生成一个长方体？（　　）

A．SWEEP　　B．EXTRUDE

C．REVOLVE　　D．LOFT

2．实例题

（1）使用【REVSURF】命令绘制如图 15-52 所示的皮带轮曲面模型。

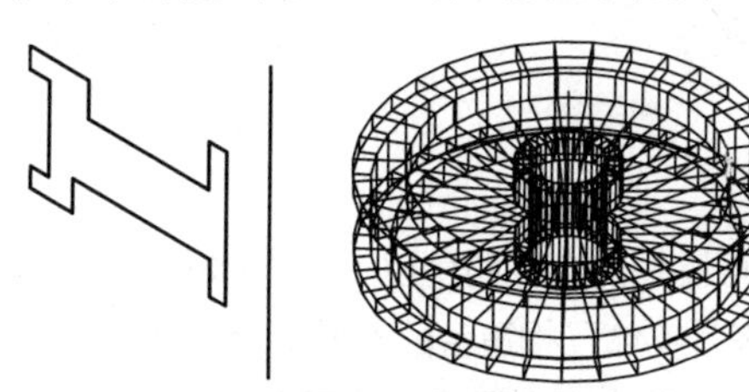

图 15-52　皮带轮曲面模型

（2）绘制如图 15-53 所示的凸方平圆槽。

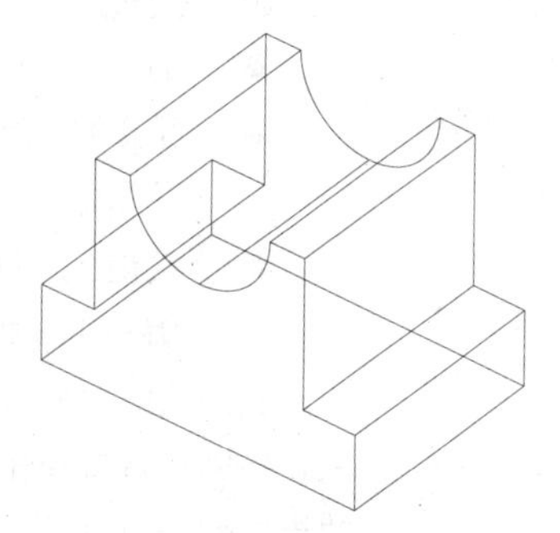

图 15-53　凸方平圆槽

第  章 编辑三维图形

⊙学习目的：

本章讲解三维图形常见的编辑方法，包括布尔运算、倒角边、圆角边、拉伸面、移动面、删除面、倾斜面、复制面，以及阵列、旋转、对齐、剖切和抽壳等。

⊙学习重点：

★★★★ 布尔运算　　　　★★★☆ 倒角和圆角边

★★★☆ 三维图形操作　　　　★☆☆☆ 三维图形表面编辑

16.1 布尔运算

布尔运算可用来确定多个实体或面域之间的组合关系，通过它可以将多个实体组合为一个整体，从而得到一些特殊的造型。

16.1.1 并集运算

利用 UNION【并集】命令可以将两个或两个以上的实体（或面域）对象组合成一个新的组合对象。调用【并集】操作后，原来各实体互相重合的部分变为一体，使其成为无重合的实体。

在进行【并集】运算操作时，实体（或面域）并不进行复制，因此复合体的体积只会等于或小于原对象的体积。

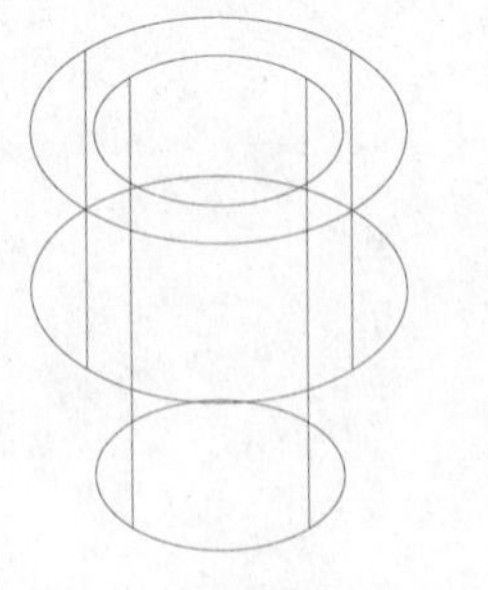

并集运算前

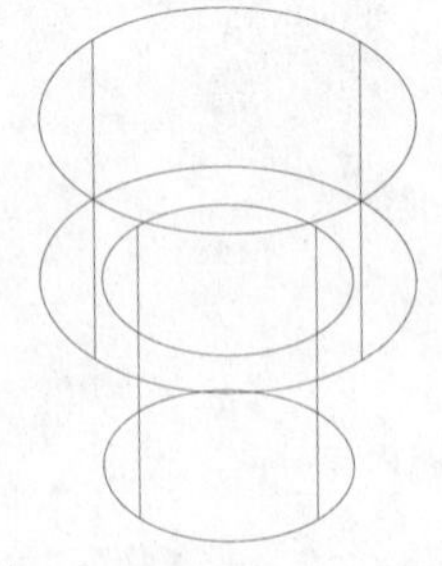

并集运算后

图 16-1　并集运算

调用【并集】命令的方法有如下几种。

- 命令行：输入 UNION/UNI 命令。
- 菜单栏：选择【修改】|【实体编辑】|【并集】菜单命令。
- 功能区：在【常用】选项卡中，单击【实体编辑】面板中的【并集】按钮。

调用该命令后，在绘图区中选取所有要合并的对象，按回车键或单击鼠标右键，即可完成并集运算，效果如图 16-1 所示。

课堂举例【16-1】：并集运算

Step 01 单击【快速访问】工具栏中的【打开】按钮，打开“第 16 章\16.1.1”文件，如图 16-2 所示。

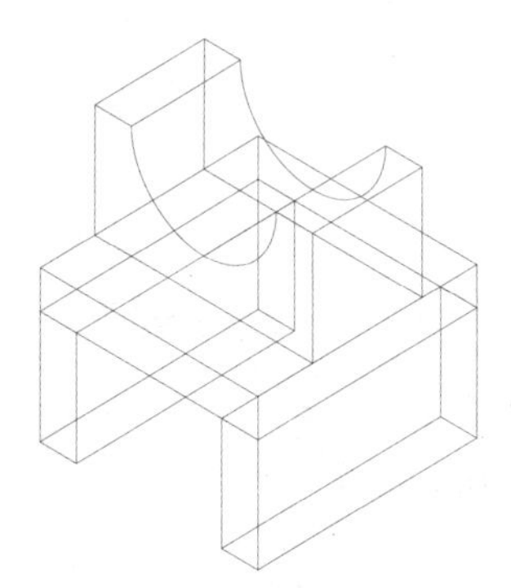

图 16-2 素材图形

Step 02 在【常用】选项卡中，单击【实体编辑】面板中的【并集】按钮，对其进行并集运算，如图 16-3 所示，命令行操作如下：

```
命令：_union↙                    //调用【并集】命令
选择对象：找到 1 个，总计 4 个↙
                                 //选择对象
```

Step 03 在命令行中输入 HI 命令，消隐模型，效果如图 16-4 所示。

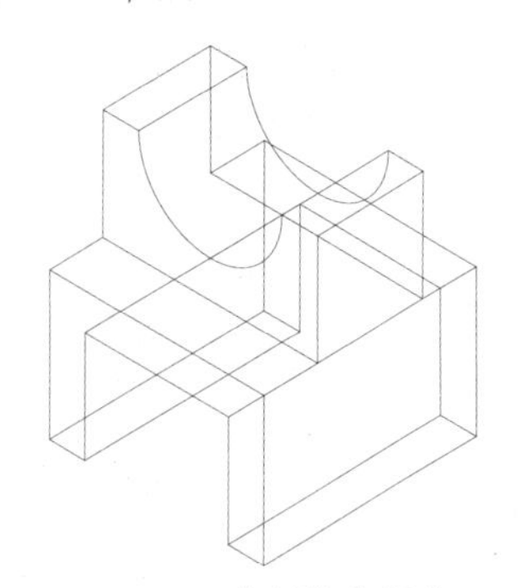

图 16-3 【并集】操作

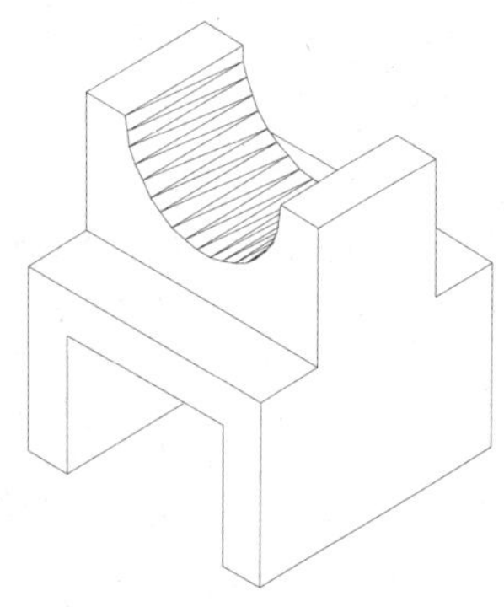

图 16-4 消隐模型

16.1.2 差集运算

【差集】运算就是将一个对象减去另一个对象，从而形成新的组合对象。与【并集】操作不同的是，首先选取的对象为被剪切对象，之后选取的对象则为剪切对象。

调用【差集】运算命令的方法有如下几种。

- 命令行：输入 SUBTRACT/ SU 命令。
- 菜单栏：选择【修改】|【实体编辑】|【差集】菜单命令。
- 功能区：在【常用】选项卡中，单击【实体编辑】面板中的【差集】按钮。

调用该命令后，在绘图区选取被剪切的对象，按回车键或单击鼠标右键结束；选取要剪切的对象，按回车键或单击鼠标右键即可调用【差集】操作，其效果如图 16-5 所示。在调用差集运算时，如果第二个对象包含在第一个对象之内，则差集操作的结果是第一个对象减去第二个对象；如果第二个对象只有一部分包含在第一个对象之内，则差集操作的结果是第一个对象减去两个对象的公共部分。

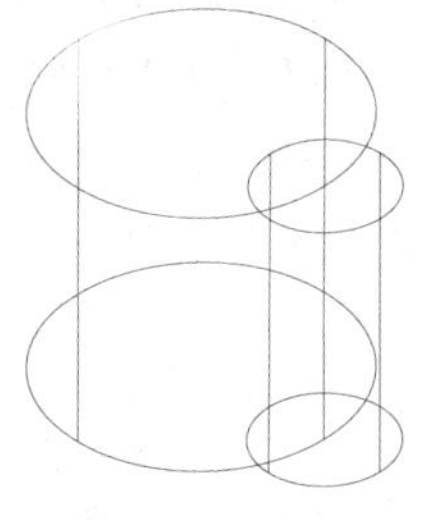

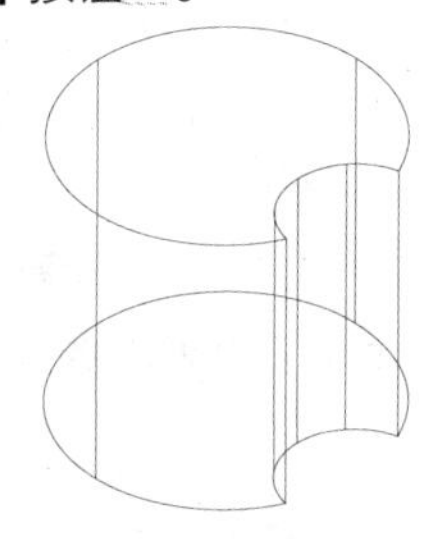

差集运算前　　差集运算后

图 16-5 【差集】运算

课堂举例【16-2】：差集运算

Step 01 调用【文件】|【打开】菜单命令，打开“第16章/16.1.2.dwg”文件，结果如图16-6所示。

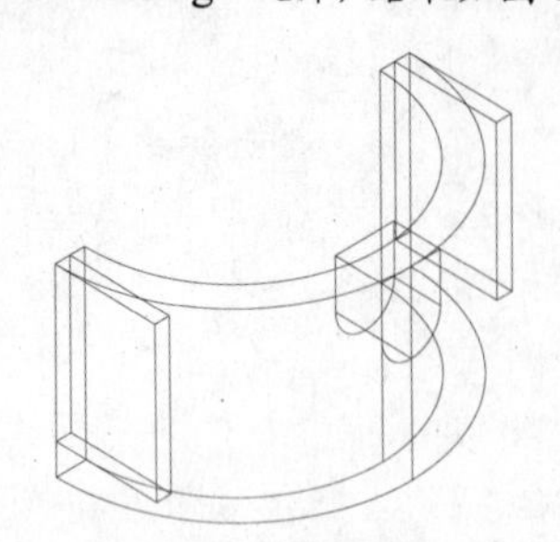

图16-6　素材图形

Step 02 在【常用】选项卡中，单击【实体编辑】面板中的【差集】按钮，对其进行差集运算，结果如图16-7所示，命令行操作如下：

```
命令：_subtract↙  //调用【差集】命令
选择要从中减去的实体、曲面和面域...
选择对象：找到 1 个↙ //选择直弯
选择对象： 选择要减去的实体、曲面和面域...
选择对象：找到 1 个，总计 3 个↙
                        //选择要消去的图形
选择对象：↙
                        //按回车键进行差集运算
```

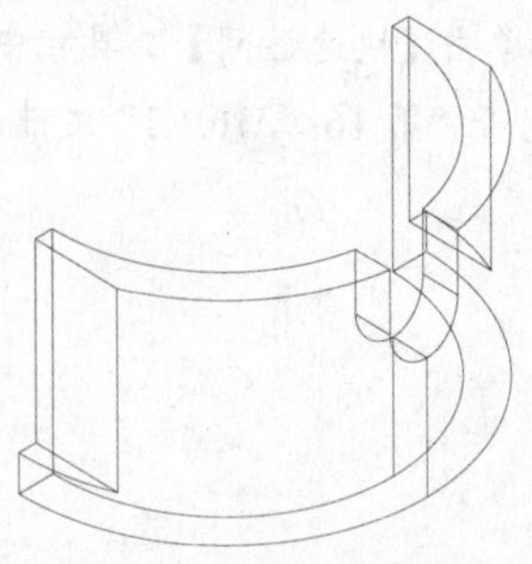

图16-7　差集运算结果

Step 03 在命令行中输入HI命令，消隐模型，效果如图16-8所示。

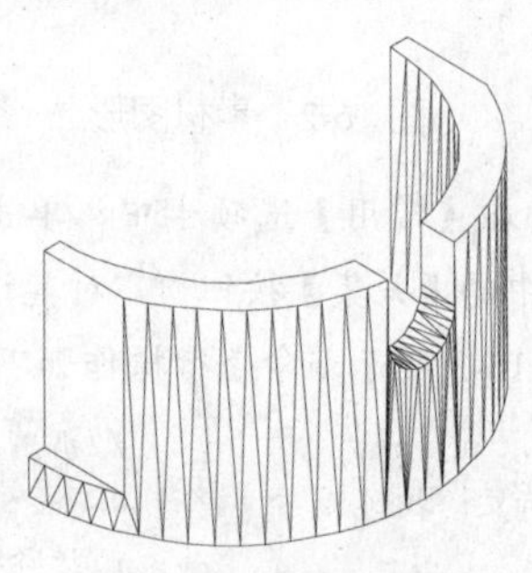

图16-8　消隐模型

16.1.3　交集运算

在三维建模过程中，调用【交集】运算命令可获取相交实体的公共部分，从而获得新的实体，该运算是差集运算的逆运算。

调用【交集】运算命令的方法有如下几种。

- 命令行：输入INTERSECT/ IN命令。
- 菜单栏：选择【修改】|【实体编辑】|【交集】菜单命令。
- 功能区：在【常用】选项卡中，单击【实体编辑】面板中的【交集】按钮。

调用该命令后，在绘图区选取具有公共部分的两个对象，按回车键或单击鼠标右键即可调用交集操作，其运算效果如图16-9所示。

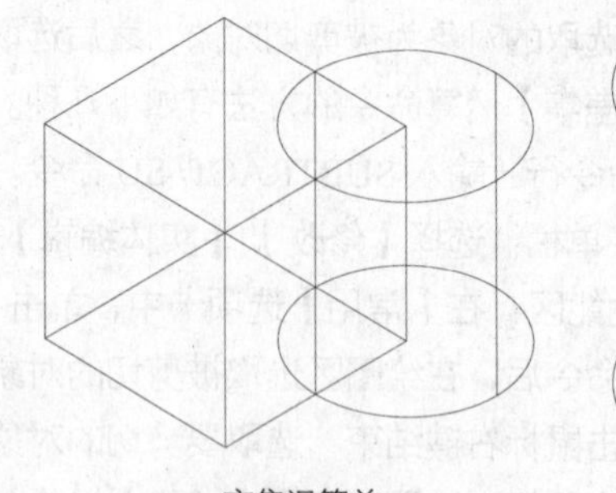

图16-9　交集运算

16.2　编辑三维图形的边

【倒角边】和【圆角边】工具在创建三维对象时用来对实体的边进行倒角和圆角处理。

16.2.1 倒角边

在三维建模过程中，为方便安装轴上的其他零件，防止擦伤或者划伤其他零件和安装人员，通常需要为孔特征零件或轴类零件创建倒角。

在【实体】选项卡中，单击【实体编辑】面板中的【倒角边】按钮，在绘图区选取绘制倒角所在的基面，按回车键分别指定倒角距离，并指定需要倒角的边线，按回车键即可创建三维倒角，效果如图 16-10 所示。

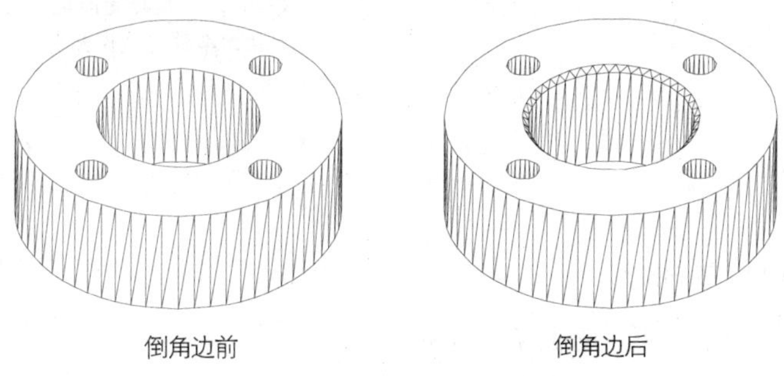

图 16-10 创建三维倒角

技巧点拨

在调用【倒角】命令时，当出现“选择一条边或 [环(L)/距离(D)]:”提示信息时，选择【距离】备选项可以设置倒角距离。

16.2.2 圆角边

在三维建模过程中，主要是在回转零件的轴肩处创建圆角特征，以防止轴肩应力集中，在长时间的运转中断裂。

在【实体】选项卡中，单击【实体编辑】面板中的【圆角边】按钮，在绘图区选取需要绘制圆角的边线，输入圆角半径，按回车键。其命令行出现“选择边或 [链(C)/环(L)/半径(R)]:”提示，选择【链(C)】选项，则可以选择多个边线进行倒圆角；选择【半径】选项，则可以创建不同半径值的圆角，按回车键即可创建三维圆角，如图 16-11 所示。

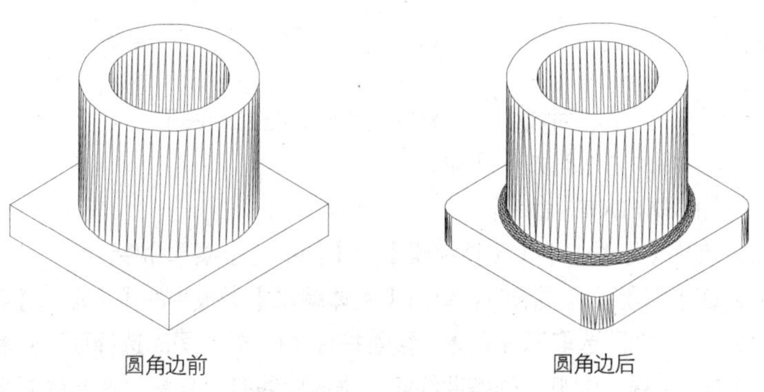

图 16-11 创建三维圆角

课堂举例【16-3】：创建圆角与倒角

Step 01 选择【文件】|【打开】菜单命令，打开“第16章\16.2.2.dwg”文件，如图16-12所示。

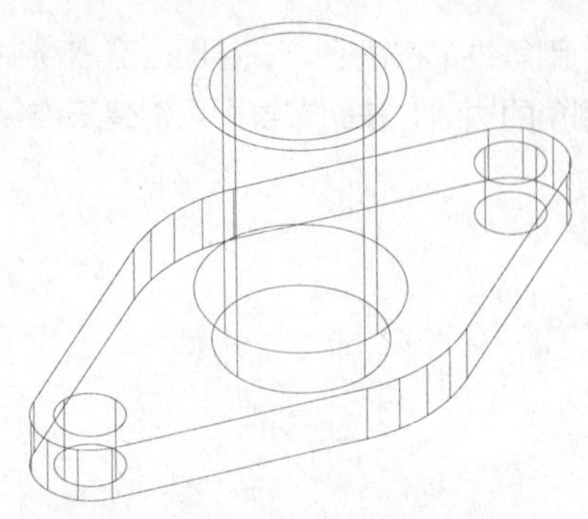

图16-12　素材图形

Step 02 在【实体】选项卡中，单击【实体编辑】面板中的【倒角边】按钮，对图形进行倒角操作，如图16-13所示，命令行操作如下：

```
命令：_CHAMFEREDGE ↙
 //调用【倒角边】命令
距离 1 = 1.0000，距离 2 = 1.0000
选择同一个面上的其他边或 [环(L)/距离(D)]：↙
按 Enter 键接受倒角或 [距离(D)]：↙
//按回车键完成倒角，按空格键重复命令继续倒角
```

Step 03 在【实体】选项卡中，单击【实体编辑】面板中的【圆角边】按钮，对图形进行倒圆角操作，如图16-14所示，命令行操作如下：

```
命令：_FILLETEDGE↙
//调用【圆角边】命令
半径 = 1.0000
选择边或 [链(C)/环(L)/半径(R)]：R↙
//激活“半径(R)”选项
输入圆角半径或 [表达式(E)] <1.0000>：2↙
//输入圆角半径
选择边或 [链(C)/环(L)/半径(R)]：
//选择需要圆角的边
选择边或 [链(C)/环(L)/半径(R)]：
已选定 1 个边用于圆角。
按 Enter 键接受圆角或 [半径(R)]：↙
//按回车键完成倒圆角
```

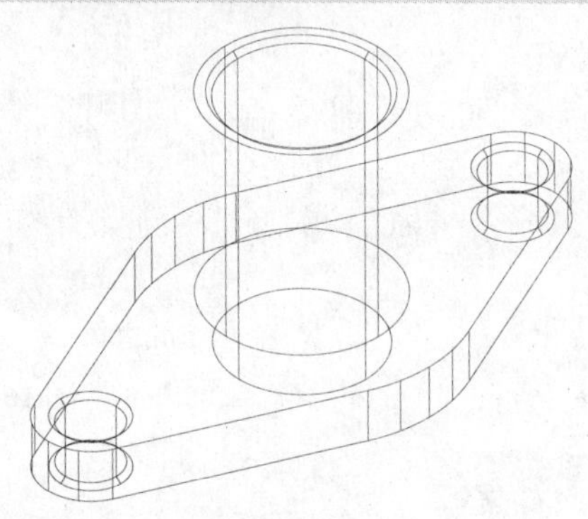

图16-13　倒角

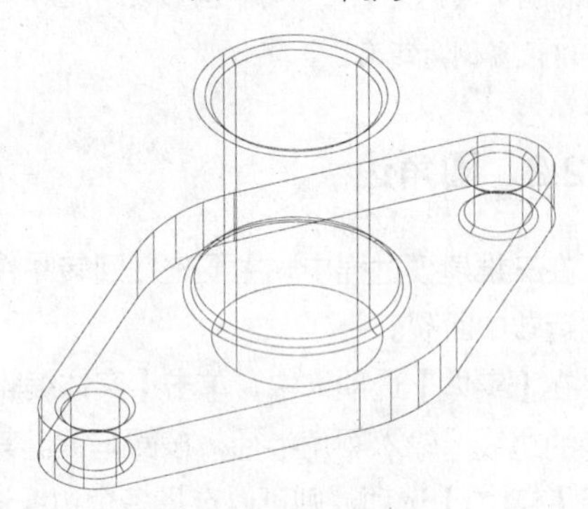

图16-14　倒圆角

16.2.3　提取边

从三维实体、曲面、网格、面域或子对象的边创建线框几何图形。

调用【提取边】命令的方法有如下几种。

- 命令行：输入XEDGES命令。
- 菜单栏：选择【修改】|【实体编辑】|【提取边】菜单命令。
- 功能区：在【常用】选项卡中，单击【实体编辑】面板中的【提取边】按钮提取边。

调用该命令后，在绘图区选取三维实体，接着按住Ctrl键的同时选择面、边和部件对象，如果需要，可重复此操作。直线、圆弧、样条曲线或三维多段线等对象是沿选定的对象或子对象的边创建的，其效果如图16-15所示。

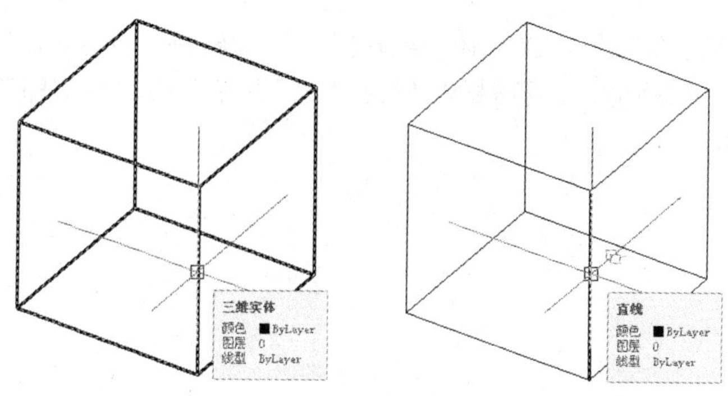

图 16-15　提取边

16.2.4　复制边

执行【复制边】操作可将现有的实体模型上单个或多个边偏移到其他位置，从而利用这些边线创建出新的图形对象。

调用【复制边】命令的方法有如下几种。

- 命令行：输入 SOLIDEDIT 命令。
- 菜单栏：选择【修改】|【实体编辑】|【复制边】菜单命令。
- 工具栏：单击【实体编辑】工具栏中的【复制边】按钮。
- 功能区：在【常用】选项卡中，单击【实体编辑】面板中的【复制边】按钮。

调用该命令后，在绘图区选择需要复制的边线，单击鼠标右键，系统弹出快捷菜单，如图 16-16 所示。选择【确认】命令，并指定复制边的基点或位移，移动鼠标到合适的位置单击放置复制边，完成复制边的操作。其效果如图 16-17 所示。

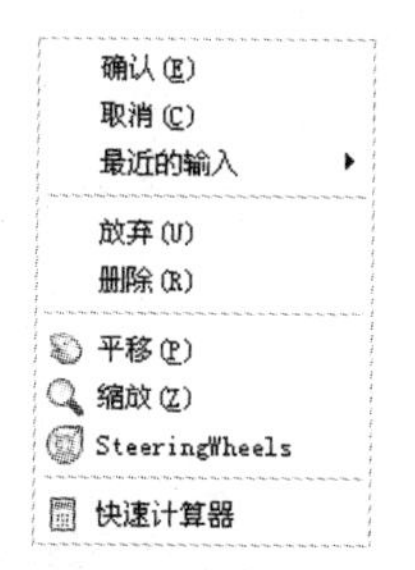

图 16-16　快捷菜单

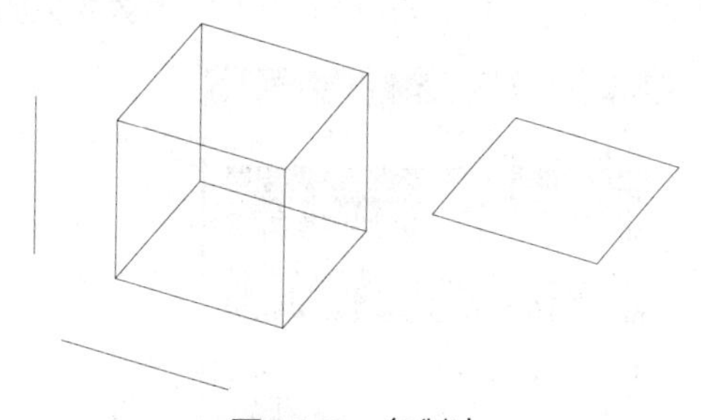
图 16-17　复制边

16.2.5　压印边

在创建三维模型后，往往需要在模型的表面加入公司标记或产品标记等图形对象，AutoCAD 软件专为该操作提供压印工具，即通过将二维图形压印到三维实体上，从而在平面上创建更多的边。

调用【压印边】命令的方法有如下几种。

- 命令行：输入 IMPRINT 命令。
- 菜单栏：选择【修改】|【实体编辑】|【压印边】菜单命令。
- 工具栏：单击【实体编辑】工具栏中的【压印边】按钮。
- 功能区：在【常用】选项卡中，单击【实体编辑】面板中的【压印边】按钮。

调用该命令后，在绘图区选取三维实体，接着选取压印对象，命令行将显示“是否删除源对象[是(Y)/(否)]<N>:”的提示信息，可根据设计需要确定是否保留压印对象，即可完成压印操作，其效果如图 16-18 所示。

图 16-18　压印边

16.2.6　着色边

用于改变选定的边的颜色。

调用【着色边】命令的方法有如下几种。

- 命令行：输入 SOLIDEDIT 命令。
- 菜单栏：选择【修改】|【实体编辑】|【着色边】菜单命令。
- 工具栏：单击【实体编辑】工具栏中的【着色边】按钮。
- 功能区：在【常用】选项卡中，单击【实体编辑】面板中的【着色边】按钮。

选取边之后用户指定颜色，系统将弹出【选择颜色】对话框，如图 16-19 所示。选取颜色后，单击【确定】按钮，完成着色边的操作。其效果如图 16-20 所示。

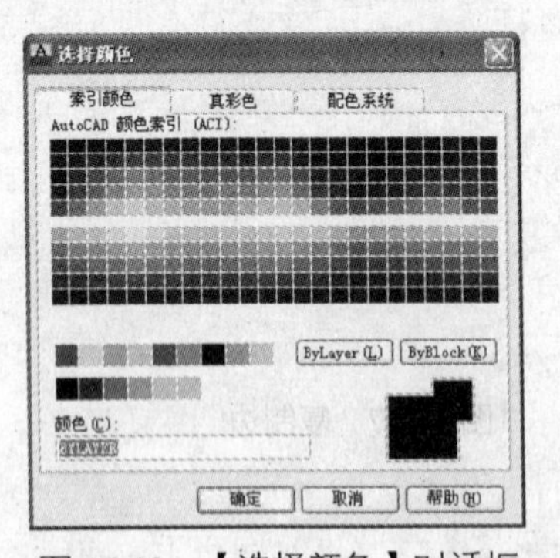

图 16-19　【选择颜色】对话框

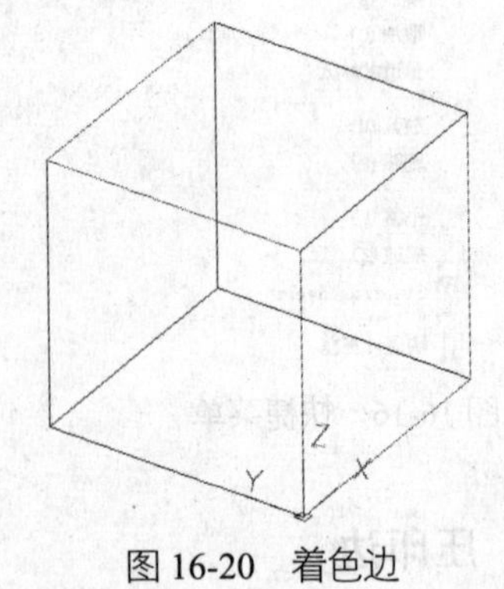

图 16-20　着色边

16.3　编辑三维图形的表面

在编辑三维实体时，可以对整个实体的任意表面调用编辑操作，即通过改变实体表面，达到改变实体的目的。

16.3.1 拉伸面

在编辑三维实体面时，可使用【拉伸面】工具直接选取实体表面调用拉伸操作，从而获取新的实体。

调用【拉伸面】命令的方法有如下几种。

- 命令行：输入 SOLIDEDIT 命令。
- 菜单栏：选择【修改】|【实体编辑】|【拉伸面】菜单命令。
- 功能区：在【常用】选项卡中，单击【实体编辑】面板中的【拉伸面】按钮。

调用该命令后，在绘图区选取需要拉伸的曲面，并指定拉伸路径或输入拉伸距离，按回车键即可完成拉伸实体面的操作，其效果如图 16-21 所示。

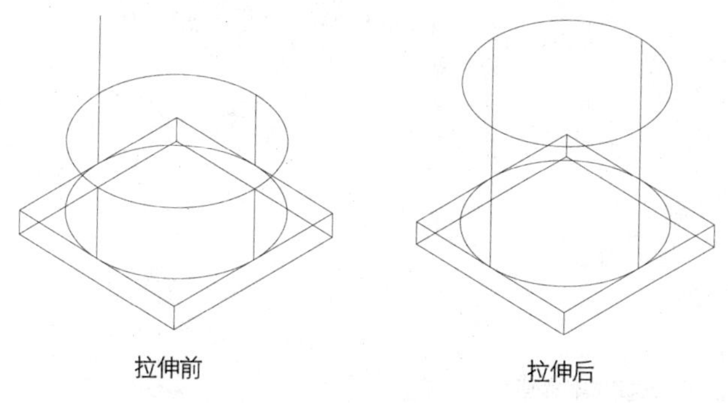

图 16-21 拉伸实体面

16.3.2 移动面

移动实体面是指沿指定的高度或距离移动选定的三维实体对象的一个或多个面。移动时，只移动选定的实体面而不改变方向。

调用【移动面】命令的方法有如下几种。

- 命令行：输入 SOLIDEDIT 命令。
- 菜单栏：选择【修改】|【实体编辑】|【移动面】菜单命令。
- 功能区：在【常用】选项卡中，单击【实体编辑】面板中的【移动面】按钮。

调用该命令后，在绘图区选取实体表面，按回车键并使用鼠标右击捕捉移动实体面的基点，指定移动路径或距离值。单击鼠标右键即可调用移动实体面操作，其效果如图 16-22 所示。

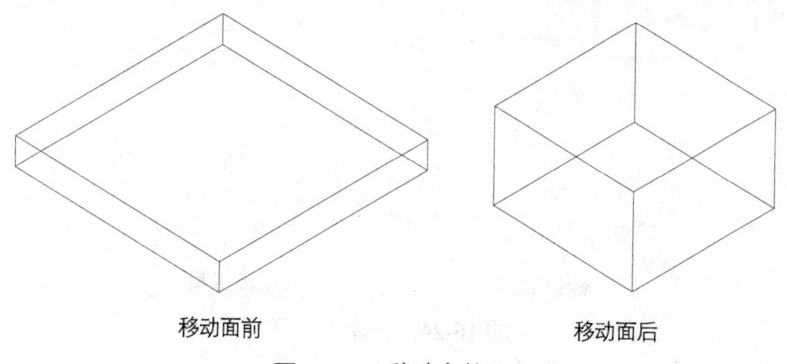

图 16-22 移动实体面

16.3.3 偏移面

调用偏移实体面操作是指在一个三维实体上按指定的距离均匀地偏移实体面。正值会增大三维实体的大小，负值会减小其大小。对于相邻面来说，仍会保持相对与偏移面的角度。

调用【偏移面】命令的方法有如下几种。

- 命令行：输入 SOLIDEDIT 命令。
- 菜单栏：选择【修改】|【实体编辑】|【偏移面】菜单命令。
- 功能区：在【常用】选项卡中，单击【实体编辑】面板中的【偏移面】按钮。

调用该命令后，在绘图区选取要偏移的面，输入偏移距离并回车，即可获得如图 16-23 所示的偏移面特征。

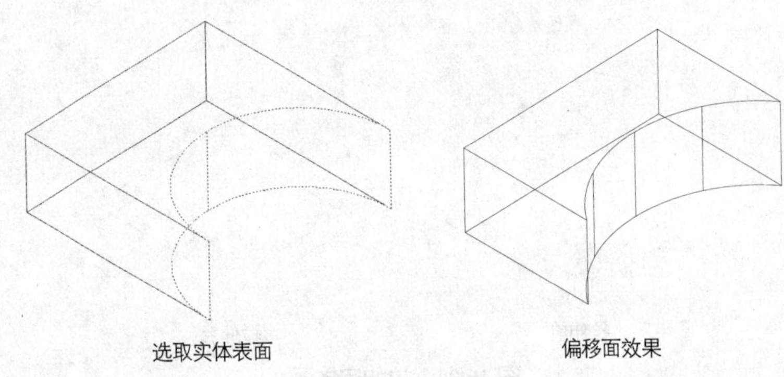

图 16-23 偏移实体面

16.3.4 删除面

在三维建模环境中，删除实体面是指从三维实体对象上删除实体表面、圆角等实体特征。如果更改生成无效的三维实体，将不删除面。

调用【删除面】命令的方法有如下几种。

- 命令行：输入 SOLIDEDIT 命令。
- 菜单栏：选择【修改】|【实体编辑】|【删除面】菜单命令。
- 功能区：在【常用】选项卡中，单击【实体编辑】面板中的【删除面】按钮。

调用该命令后，在绘图区选择要删除的面，按回车键或单击右键即可调用实体面删除操作，如图 16-24 所示。

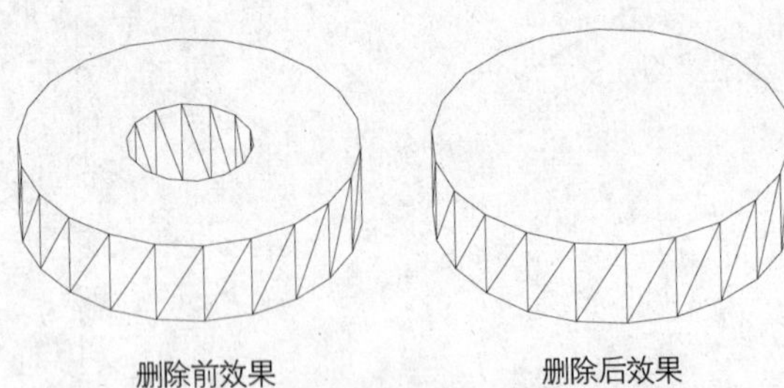

图 16-24 删除实体面

16.3.5 旋转面

调用旋转实体面操作，能够使单个或多个实体表面绕指定的轴线旋转，或者使旋转实体的某些部分形成新的实体。

调用【旋转面】命令的方法有如下几种。

- 命令行：输入 SOLIDEDIT 命令。
- 菜单栏：选择【修改】|【实体编辑】|【旋转面】菜单命令。
- 功能区：在【常用】选项卡中，单击【实体编辑】面板中的【旋转面】按钮。

调用该命令后，选取需要旋转的实体面，捕捉两点为旋转轴，指定旋转角度并回车，即可完成旋转操作，效果如图 16-25 所示。

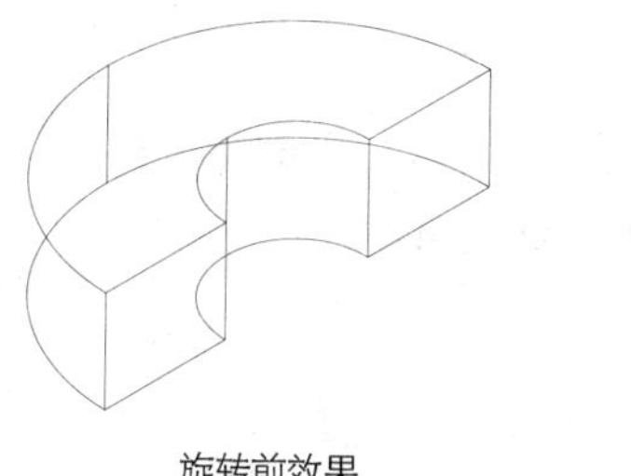

旋转前效果

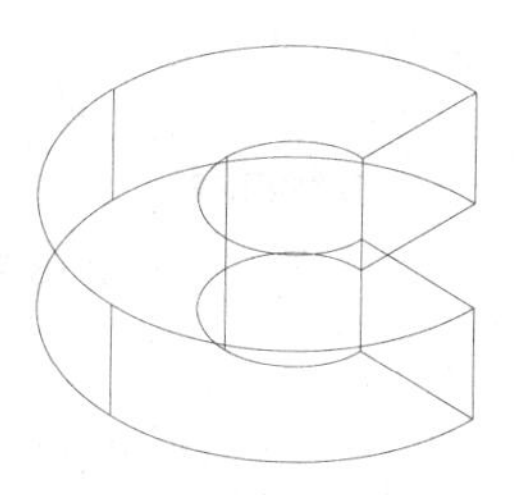

旋转后效果

图 16-25 旋转实体面

16.3.6 倾斜面

在编辑三维实体面时，可利用【倾斜面】工具将孔、槽等特征沿着矢量方向，并指定特定的角度进行倾斜操作，从而获取新的实体。

调用【倾斜面】命令的方法有如下几种。

- 命令行：输入 SOLIDEDIT 命令。
- 菜单栏：选择【修改】|【实体编辑】|【倾斜面】菜单命令。
- 功能区：在【常用】选项卡中，单击【实体编辑】面板中的【倾斜面】按钮。

调用该命令后，在绘图区选取需要倾斜的曲面，并指定其参照轴线基点和另一个端点，输入倾斜角度，按回车键或单击鼠标右键即可完成倾斜实体面操作，其效果如图 16-26 所示。

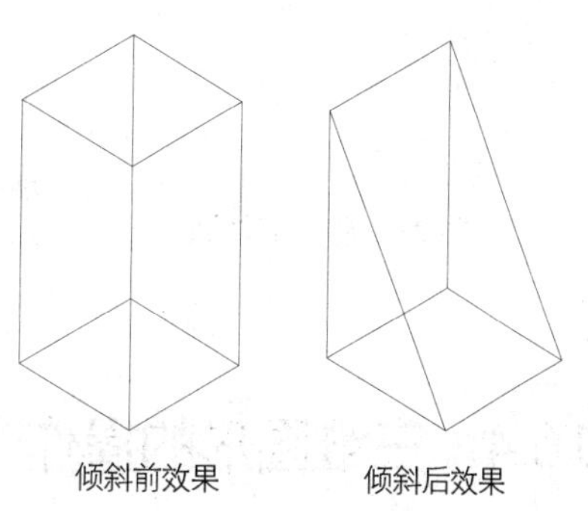

倾斜前效果　　倾斜后效果

图 16-26 倾斜实体面

16.3.7 复制面

在三维建模环境中，利用【复制面】工具能够将三维实体表面复制到其他位置，且使用这些表面可创建新的实体。

调用【复制面】命令的方法有如下几种。

- 命令行：输入 SOLIDEDIT 命令。

- 菜单栏：选择【修改】|【实体编辑】|【复制面】菜单命令。
- 功能区：在【常用】选项卡中，单击【实体编辑】面板中的【复制面】按钮。

调用该命令后，在绘图区选取需要复制的实体表面。如果指定了两个点，AutoCAD 将第一个点作为基点，并相对于基点放置一个副本；如果只指定一个点，AutoCAD 将把原始选择点作为基点，下一点作为位移点。复制得到的对象可以是面域也可以是曲面，如图 16-27 所示。

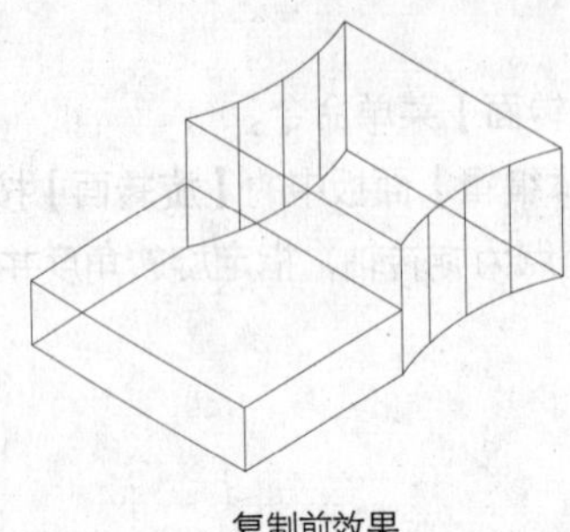
复制前效果

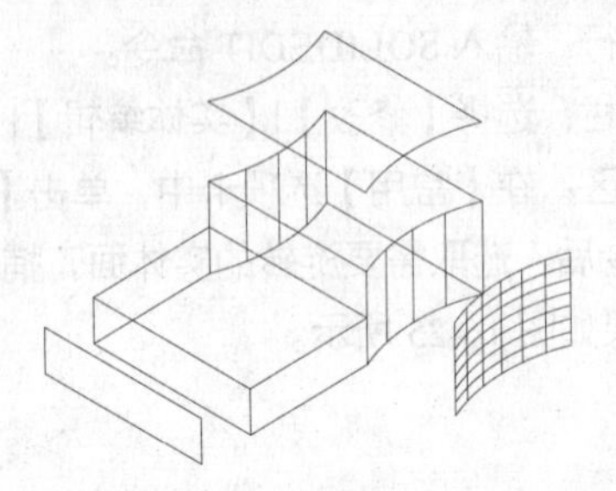
复制后效果

图 16-27　复制实体面

16.3.8　着色面

在三维建模环境中，利用【着色面】工具能够更改三维实体表面的颜色，用于亮显复杂三维实体模型的内部细节。

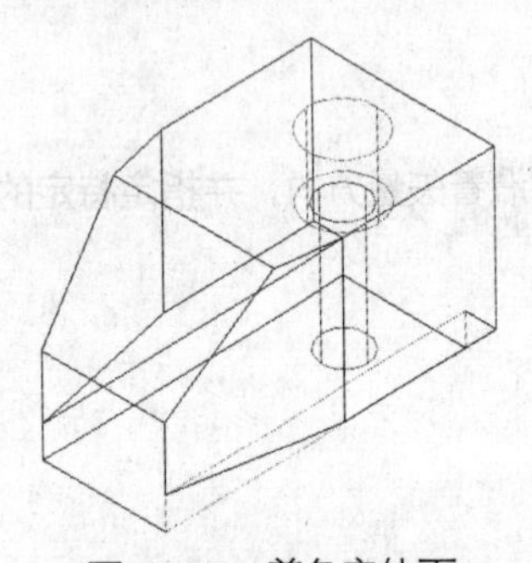
图 16-28　着色实体面

调用【着色面】命令的方法有如下几种。

- 命令行：输入 SOLIDEDIT 命令。
- 菜单栏：选择【修改】|【实体编辑】|【着色面】菜单命令。
- 功能区：在【常用】选项卡中，单击【实体编辑】面板中的【着色面】按钮。

调用该命令后，在绘图区选取需要着色的实体表面，系统将弹出【选择颜色】对话框，指定颜色后，AutoCAD 将为选定的面着色，如图 16-28 所示。

16.4　三维图形的操作

AutoCAD 2013 提供了专业的三维对象编辑工具，为创建出更加复杂的实体模型提供了条件。

16.4.1　阵列

使用【三维阵列】命令可以在三维空间中按矩形阵列或环形阵列的方式，创建指定对象的多个副本。

调用【三维阵列】命令的方法有如下几种。

- 命令行：输入 3DARRAY/3A 命令。

- 菜单栏：选择【修改】|【三维操作】|【三维阵列】菜单命令。

调用该命令后，命令行操作如下：

```
命令：3darray↙                                    //调用【三维阵列】命令
正在初始化...  已加载 3DARRAY。
选择对象：                                        //选择阵列对象
选择对象：                                        //继续选择对象或回车结束选择
输入阵列类型 [矩形(R)/环形(P)] <矩形>：           //输入阵列类型
```

1. 矩形阵列

在调用三维矩形阵列时，需要指定行数、列数、层数、行间距和层间距，其中一个矩形阵列可设置多行、多列和多层，如图16-29所示。

在指定间距值时，可以分别输入间距值或在绘图区选取两个点，AutoCAD将自动测量两点之间的距离值，并以此作为间距值。如果间距值为正，将沿X轴、Y轴、Z轴的正方向生成阵列；间距值为负，将沿X轴、Y轴、Z轴的负方向生成阵列。

2. 环形阵列

在调用三维环形阵列时，需要指定阵列的数目、阵列填充的角度、旋转轴的起点和终点及对象在阵列后是否绕着阵列中心旋转，如图16-30所示。

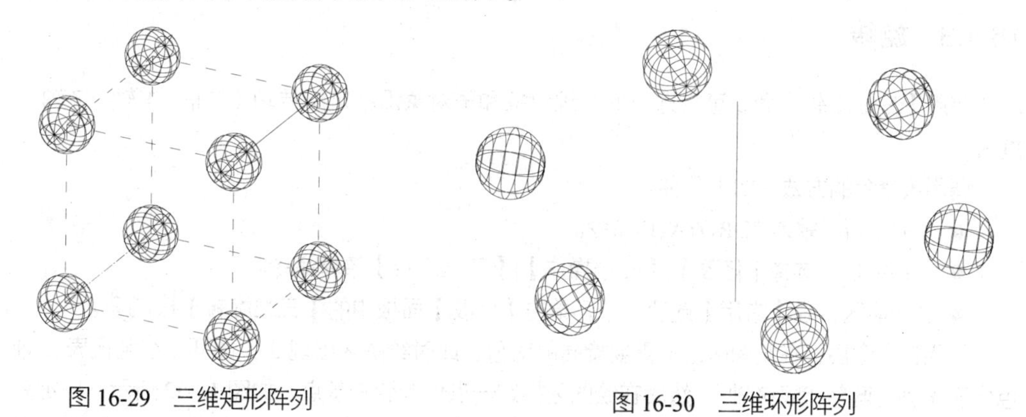

图16-29　三维矩形阵列

图16-30　三维环形阵列

16.4.2　镜像

调用【三维镜像】命令可以通过镜像平面获取与三维对象完全相同的对象，其中，镜像平面可以是与UCS坐标系平面平行的平面或由三点确定的平面。

调用【三维镜像】命令的方法有如下几种。

- 命令行：输入MIRROR3D命令。
- 菜单栏：选择【修改】|【三维操作】|【三维镜像】菜单命令。
- 功能区：在【常用】选项卡中，单击【修改】面板中的【三维镜像】按钮。

调用该命令后，即可进入【三维镜像】模式，在绘图区选取要镜像的实体后，按Enter键或鼠标右击，按照命令行提示选取镜像平面。

三维镜像中有几个选项，其具体含义如下。

（1）三点：通过三个点定义镜像平面。如果通过指定点来选择此选项，将不显示“在镜像平面上指定第一点”的提示。

（2）对象：选择已经绘制好的对象作为镜像对象。

（3）*Z* 轴：根据平面上的一点和平面法线上的一点定义镜像平面。

（4）视图：将镜像平面与当前视口中通过指定点的视图对齐。

（5）*XY*(*YZ*、*ZX*)平面：将镜像平面与一个通过指定点的标准平面（*XY*、*YZ* 或 *ZX*）对齐。

用户可根据设计需要指定 3 个点作为镜像平面，并确定是否删除源对象。使用鼠标右击或按 Enter 键即可获得三维镜像效果，如图 16-31 所示为创建的三维镜像特征。

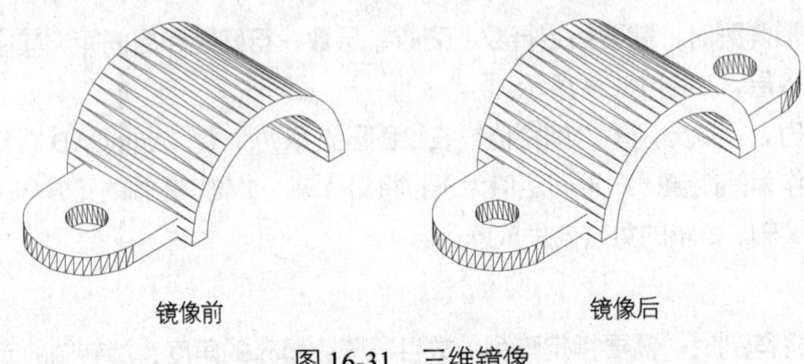

图 16-31　三维镜像

16.4.3　旋转

使用【三维旋转】命令可将选取的三维对象和子对象沿指定旋转轴（*X* 轴、*Y* 轴、*Z* 轴）自由旋转。

调用该命令的方法有如下几种。

- 命令行：输入 3DROTATE 命令。
- 菜单栏：选择【修改】|【三维操作】|【三维旋转】菜单命令。
- 功能区：在【常用】选项卡中，单击【修改】面板中的【三维旋转】按钮。

调用该命令后，在绘图区选取需要旋转的对象，此时绘图区出现 3 个圆环（红色代表 *X* 轴、绿色代表 *Y* 轴、蓝色代表 *Z* 轴），然后在绘图区指定一点作为旋转基点，如图 16-32 所示。指定完旋转基点后，选择夹点工具上的圆环以确定旋转轴，接着直接输入角度旋转实体，或选择屏幕上的任意位置用以确定旋转基点，再输入角度值即可获得实体三维旋转效果。

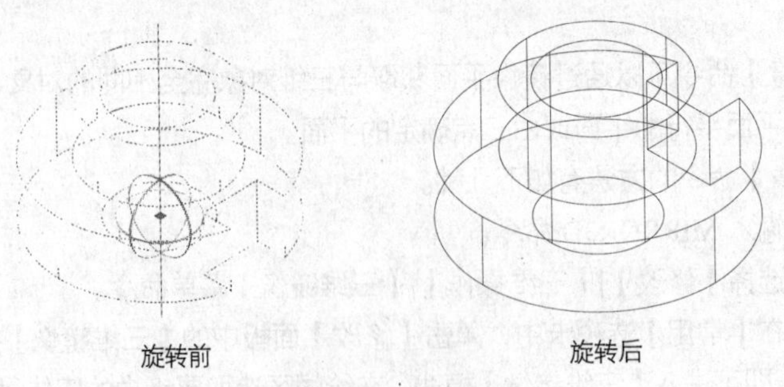

图 16-32　三维旋转

技巧点拨

使用旋转夹点工具，用户可以自由旋转之前选定的对象和子对象，或将旋转约束到轴。

专家提醒

如果将视觉样式设置为二维线框视觉样式，则在命令执行期间，三维镜像会将视觉样式暂时更改为三维线框。

16.4.4 对齐

在三维建模环境中，使用【对齐】和【三维对齐】工具可对齐三维对象，从而获得准确的定位效果。这两种对齐工具都可以实现对齐两个模型的目的，但选取顺序却不同。

1. 对齐对象

调用【对齐】命令可以指定一对、两对或三对原点和定义点，从而使对象通过移动、旋转、倾斜或缩放对齐选定对象。

调用该命令的方法如下：

- 命令行：输入 ALIGN 命令。
- 菜单栏：选择【修改】|【三维操作】|【对齐】菜单命令。

调用该命令后，即可进入【对齐】模式。

（1）一对点对齐对象。该对齐方式是指定一对源点和目标点进行实体对齐。当只选择一对源点和目标点时，所选取的实体对象将在二维或三维空间中从源点 a 沿直线路径移动到目标点 b，如图 16-33 所示。

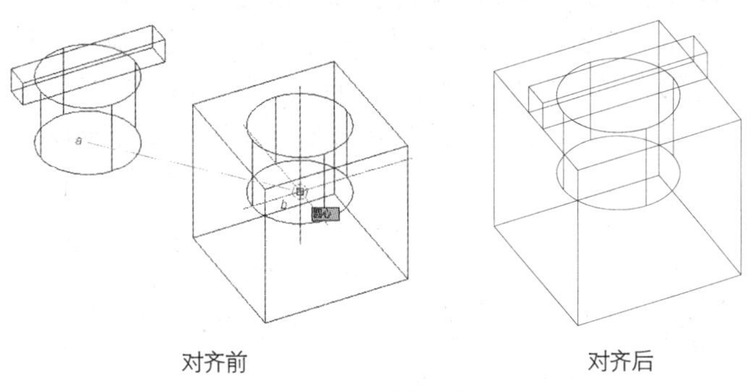

图 16-33　一对点对齐对象

（2）两对点对齐对象。该对齐方式是指定两对源点和目标点进行实体对齐。当选择两对源点时，可以在二维或三维空间移动、旋转和缩放选定对象，以便与其他对象对齐，如图 16-34 所示。

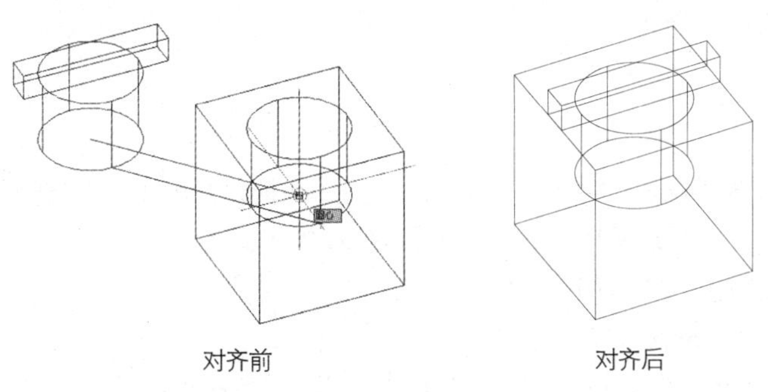

图 16-34　两对点对齐对象

（3）三对点对齐对象。该对齐方式是指定三对源点和目标点进行实体对齐。当选择三对源点和目标点时，直接在绘图区连续捕捉三对对应点即可获得对齐对象操作，其效果如图16-35所示。

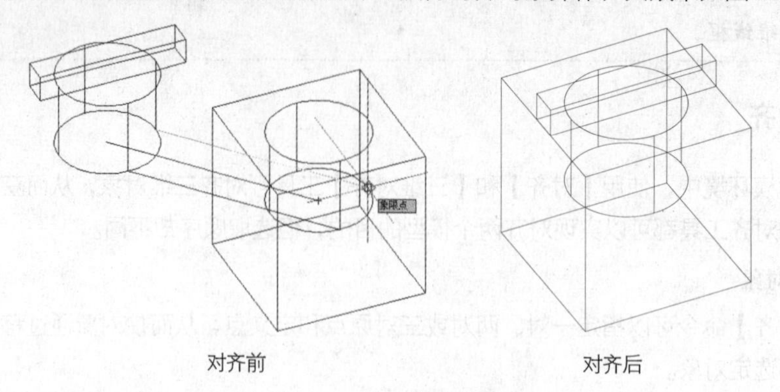

图16-35　三对点对齐对象

2．三维对齐

在AutoCAD 2013中，三维对齐操作是指最多指定3个点用以定义源平面，以及最多指定3个点用以定义目标平面，从而获得三维对齐效果。

调用【三维对齐】命令的方法有如下几种。

- 命令行：输入3DALIGN命令。
- 菜单栏：选择【修改】|【三维操作】|【三维对齐】菜单命令。
- 功能区：在【常用】选项卡中，单击【修改】面板中的【三维对齐】按钮。

调用该命令后，即可进入【三维对齐】模式，可首先为源对象指定1个、2个或3个点用以确定平面，然后为目标对象指定1个、2个或3个点用以确定目标平面，从而使模型与模型之间对齐，命令行提示如下：

```
命令: _3dalign
选择对象:
 指定源平面和方向 ...
指定基点或 [复制(C)]:
指定第二个点或 [继续(C)] <C>:
指定第三个点或 [继续(C)] <C>:
 指定目标平面和方向 ...
指定第一个目标点:
指定第二个目标点或 [退出(X)] <X>:
指定第三个目标点或 [退出(X)] <X>:
```

16.4.5　剖切

利用【剖切】命令可以通过指定剖切平面，将一个实体分割成多个独立的实体对象。也可以在一个与实体相交的平面上创建实体的截面，如图16-36所示。

调用【剖切】命令的方法有如下几种。

- 命令行：输入SLICE命令。
- 菜单栏：选择【修改】|【三维操作】|【剖切】菜单命令。
- 功能区：在【常用】选项卡中，单击【实体编辑】面板中的【剖切】按钮。

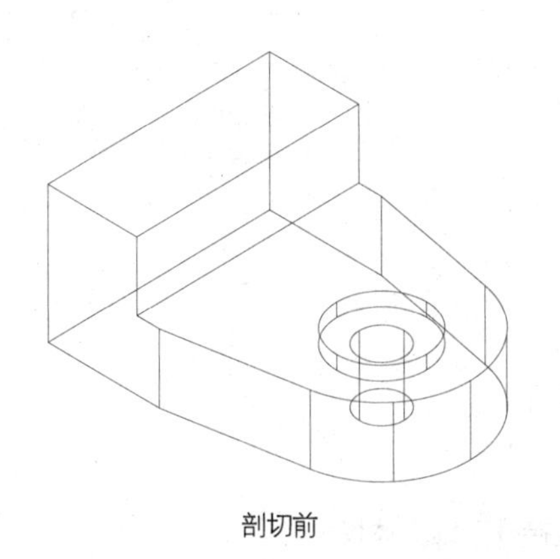

剖切后

图 16-36　剖切

专家提醒 

一个实体只能切成位于切平面两侧的两部分，被切成的部分可以全部保留，也可以只保留其中一部分。

16.4.6　抽壳

抽壳的作用是将一个三维实体对象的中心掏空，从而创建出具有一定厚度的壳体。还可以删除三维实体的某些表面，以显示壳体的内部构造，如图 16-37 所示。

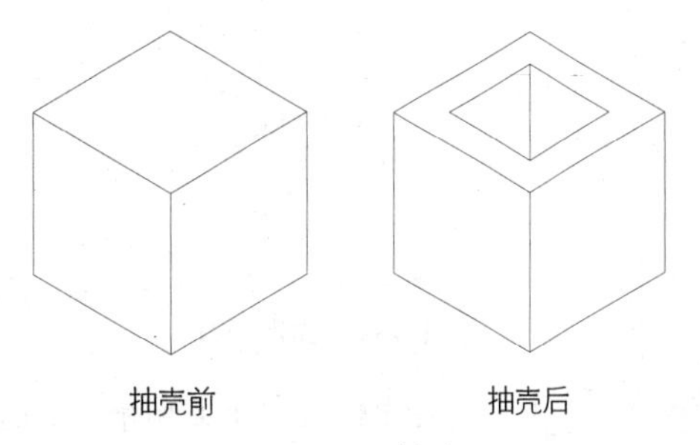

图 16-37　抽壳

调用【抽壳】命令的方法有如下几种。

- 命令行：输入 SOLIDEDIT 命令，选择【抽壳】备选项。
- 菜单栏：选择【修改】|【实体编辑】|【抽壳】菜单命令。
- 功能区：在【常用】选项卡中，单击【实体编辑】面板下拉式按钮菜单中的【抽壳】按钮。

专家提醒 

如果输入的抽壳厚度为正值，表示从三维实体表面处向内部抽壳；如果为负值，则表示从实体中心向外抽壳。

16.5　综合实例

16.5.1　创建连接杆模型

配合上一章所讲的绘制基础图形的内容和本章的【拉伸】、【圆角边】等编辑命令，绘制如图 16-38 所示的连接杆三维实体模型。

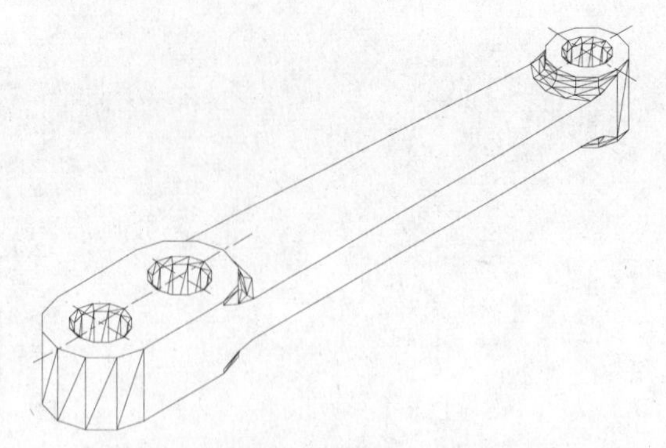

图 16-38　连接杆三维实体模型

Step 01 新建一个文件。在【视图】选项卡中，单击【视图】面板中的下拉菜单，选择【西南等轴测】选项，将视图切换至西南等轴测视图。

Step 02 调用【圆】工具，分别绘制两个半径为 6 和 13 的圆，结果如图 16-39 所示。

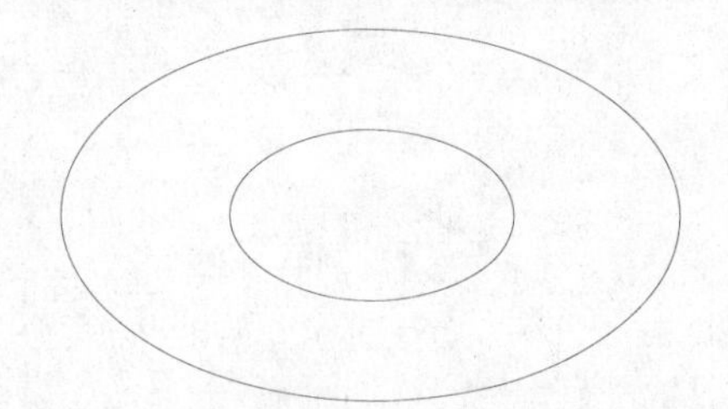

图 16-39　绘制圆 1

Step 03 在命令行中输入 CO 复制命令，选择两个圆，将其沿 X 轴正方向复制，距离为 24，结果如图 16-40 所示。

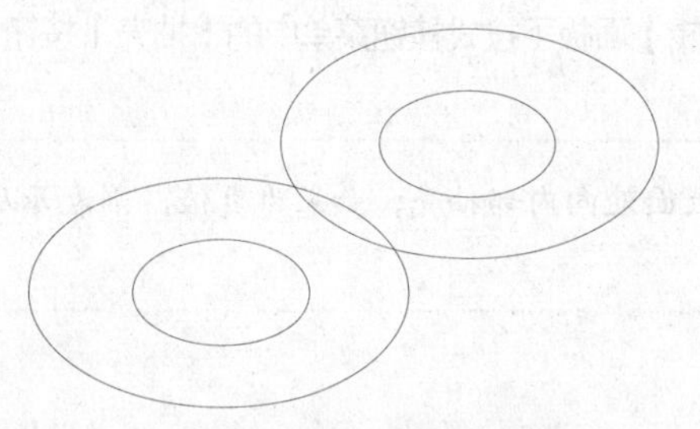

图 16-40　复制圆

Step 04 在命令行中输入 L【直线】命令，结合【对象捕捉】功能，绘制出大圆的切线；调用【修剪】命令，修剪多余线段，结果如图 16-41 所示。

Step 05 在命令行中输入 REG【面域】命令，将绘制的图形创建为三个面域。

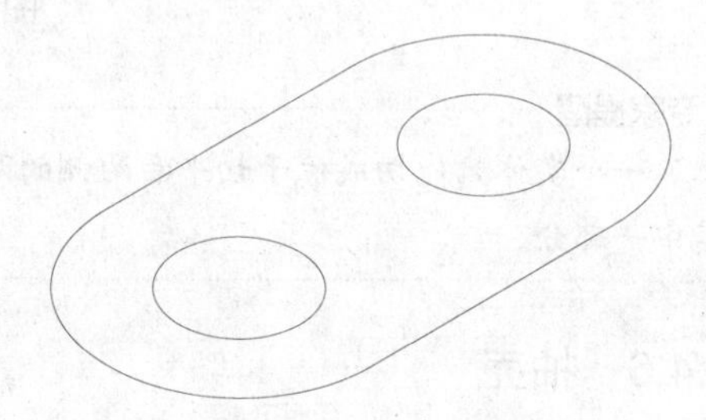

图 16-41　绘制切线

Step 06 调用【圆】工具，分别绘制两个半径为 4.5 和 9 的圆，结果如图 16-42 所示。

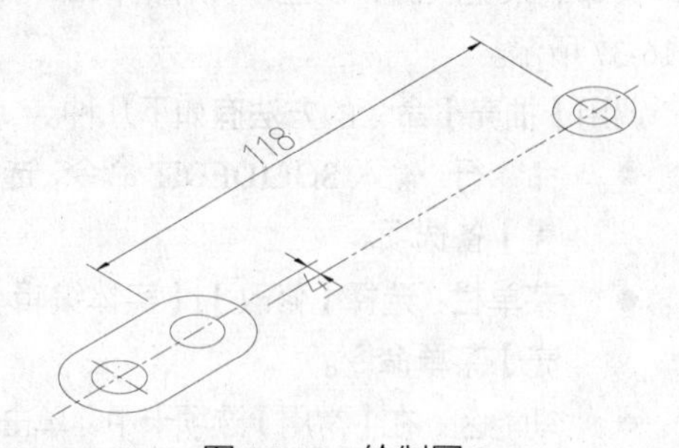

图 16-42　绘制圆 2

Step 07 在命令行中输入 L【直线】命令，结合【对象捕捉】功能，绘制两个圆孔之间的肋板线，结果如图 16-43 所示。

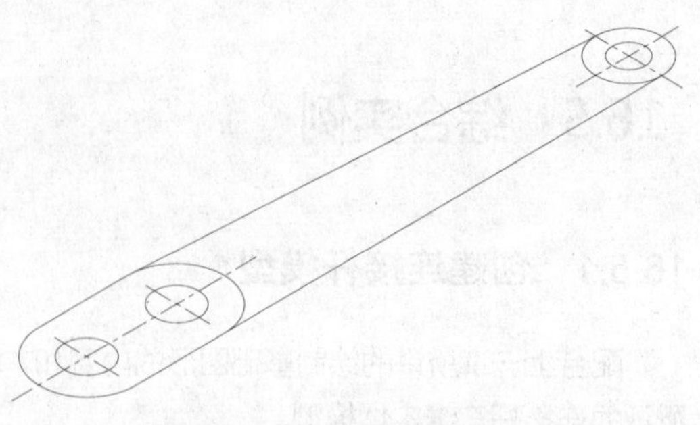

图 16-43　绘制肋板线

Step 08 在命令行中输入 EXT 【拉伸】命令，拉伸高度为 9，创建圆孔特征，结果如图 16-44 所示。

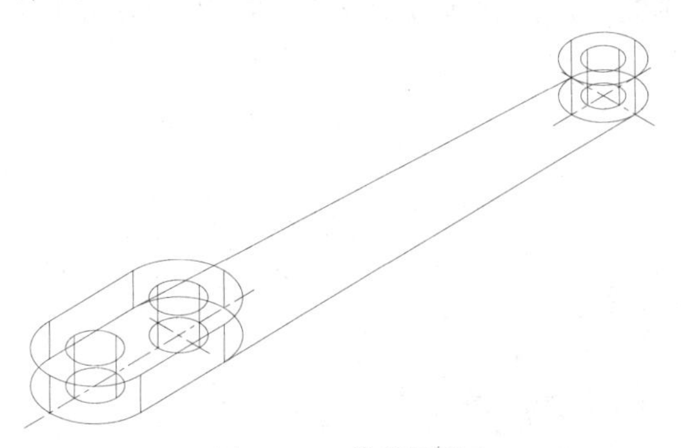

图 16-44　拉伸圆孔

Step 09 在【常用】选项卡中，单击【建模】面板中的【按住并拖动】按钮，设置拉伸高度为 5，创建出肋板效果，结果如图 16-45 所示。

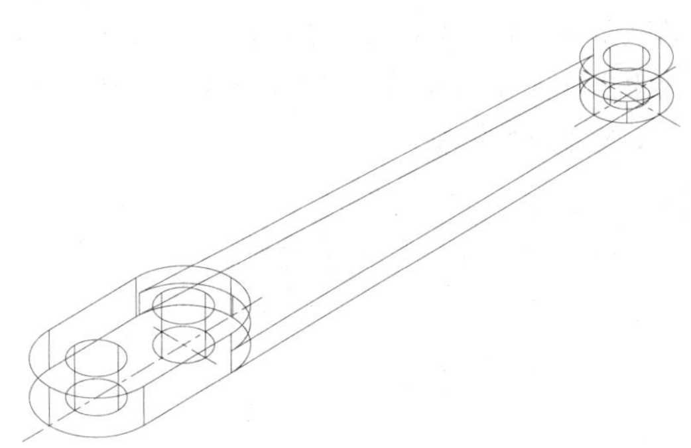

图 16-45　【按住并拖动】创建肋板效果

Step 10 调用【修改】|【实体编辑】|【并集】菜单命令，将圆孔和肋板合并在一起；调用【差集】命令，将三个小圆柱去掉，绘制出圆孔效果，结果如图 16-46 所示。

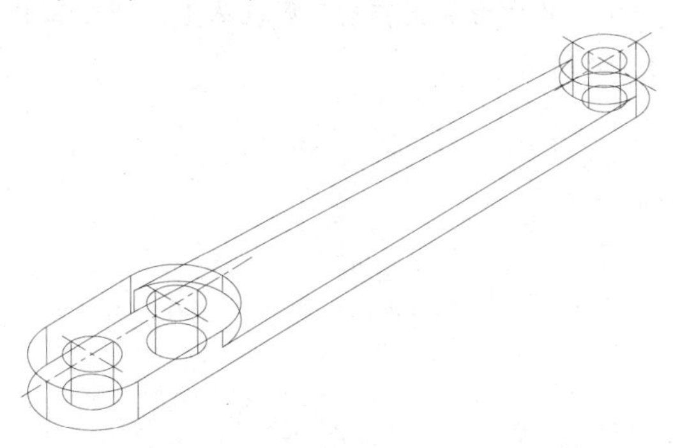

图 16-46　布尔运算绘制圆孔效果

Step 11 在【常用】选项卡中，单击【修改】面板中的【三维镜像】按钮，镜像出连接杆的另一半，调用【并集】命令，将两部分合并一起，结果如图 16-47 所示。

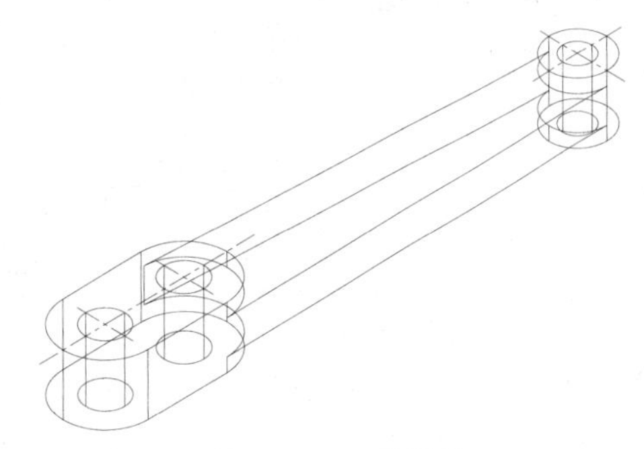

图 16-47　三维镜像

Step 12 调用【修改】|【实体编辑】|【圆角边】菜单命令，对圆孔和肋板结合处进行圆角处理，圆角半径为 3，结果如图 16-48 所示。

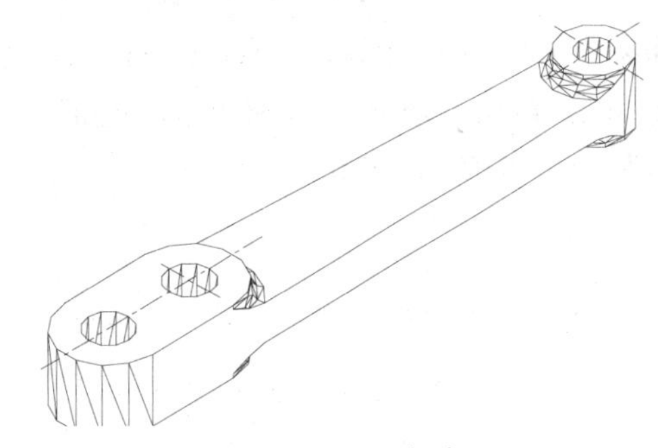

图 16-48　圆角边

Step 13 调用【修改】|【实体编辑】|【倒角边】菜单命令，对圆孔进行倒角处理，倒角距离为 1，调用 HI【消隐】命令，结果如图 16-49 所示。至此，连接杆模型就绘制完成了。

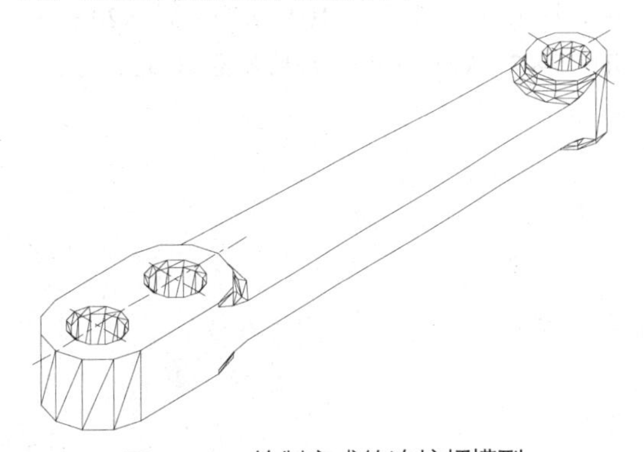

图 16-49　绘制完成的连接杆模型

16.5.2 创建差动轴模型

利用本章所学的【并集】、【按住并拖动】、【三维旋转】、【倒角边】等命令，绘制如图 16-50 所示的差动轴三维实体。

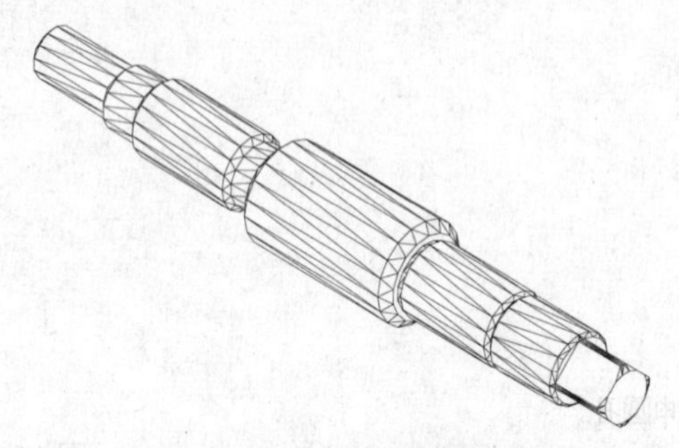

图 16-50 差动轴三维实体

Step 01 调用【文件】|【新建】菜单命令，新建图形文件。单击绘图区左上角的视图切换快捷控件，将视图切换为【西南等轴测】。

Step 02 将坐标系 Z 轴绕 X 轴旋转 90°，调用【圆柱体】命令，绘制一个尺寸为 $R14 \times 50$ 的圆柱体，结果如图 16-51 所示。

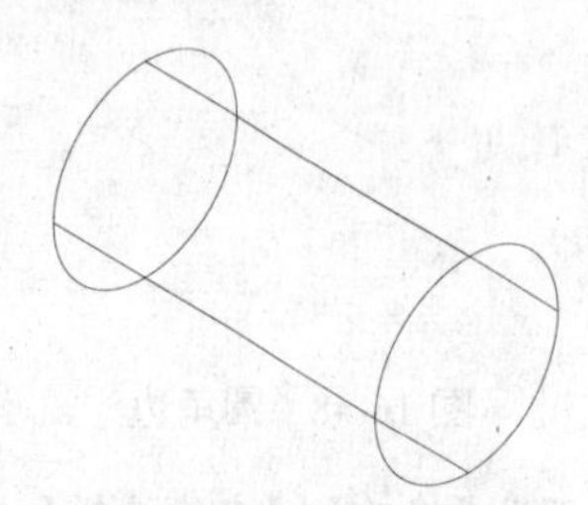

图 16-51 绘制圆柱体

Step 03 重复调用【圆柱体】命令，绘制一系列圆柱体，尺寸分别 $R13 \times 3$、$R17 \times 20$、$R20 \times 67$、$R17 \times 15$、$R27.5 \times 100$、$R19 \times 3$、$R20 \times 58$、$R17.5 \times 2$、$R19.5 \times 42$，结果如图 16-52 所示。

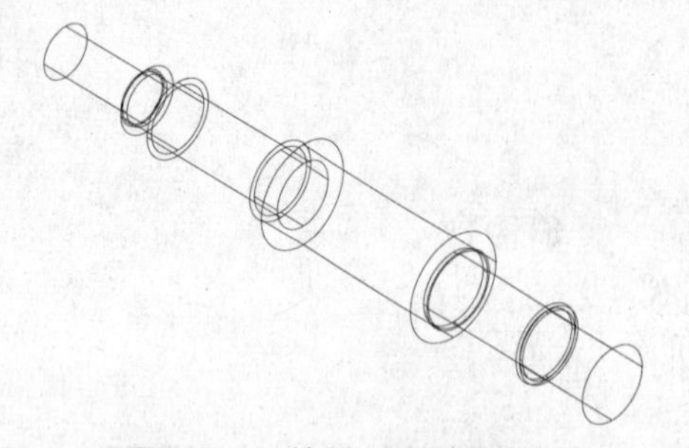

图 16-52 绘制一系列圆柱体

Step 04 在【常用】选项卡中，单击【绘图】面板中的【矩形】按钮，绘制尺寸为 27×27 的正方形；调用【直线】命令，绘制正方形的对角线；在命令行中输入 C【圆】命令，以对角线的中点为圆心，绘制一个半径为 17.5 的圆，结果如图 16-53 所示。

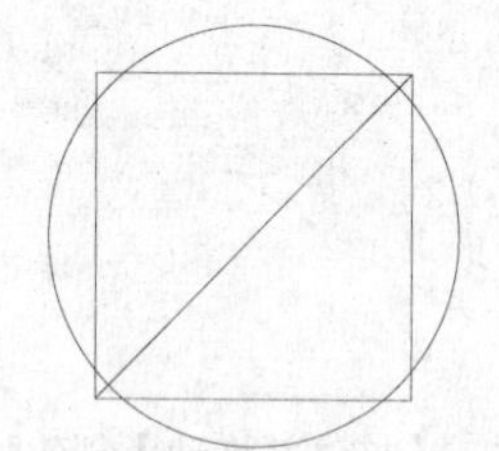

图 16-53 绘制正方形和圆

Step 05 单击【修改】面板中的【三维旋转】按钮，将正方形旋转 45°；单击【移动】按钮，利用【对象捕捉】功能，以圆的圆心为基点，将正方形和圆移动至圆柱体上，结果如图 16-54 所示。

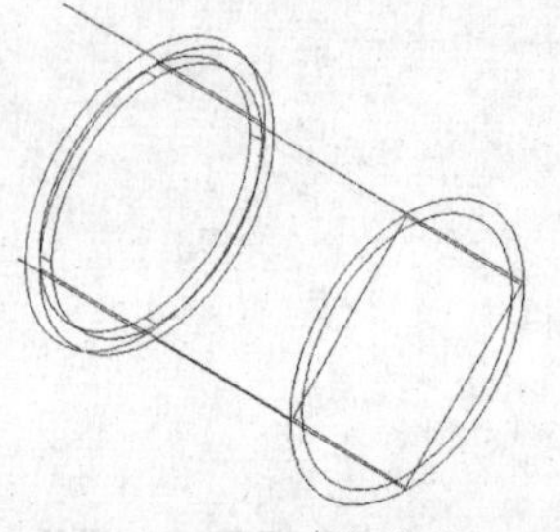

图 16-54 三维旋转

Step 06 在【常用】选项卡中，单击【建模】面板中的【按住并拖动】按钮 按住并拖动，选择正方形和圆相交的部分进行拉伸，拉伸高度为30；删除掉正方形和圆，结果如图16-55所示。

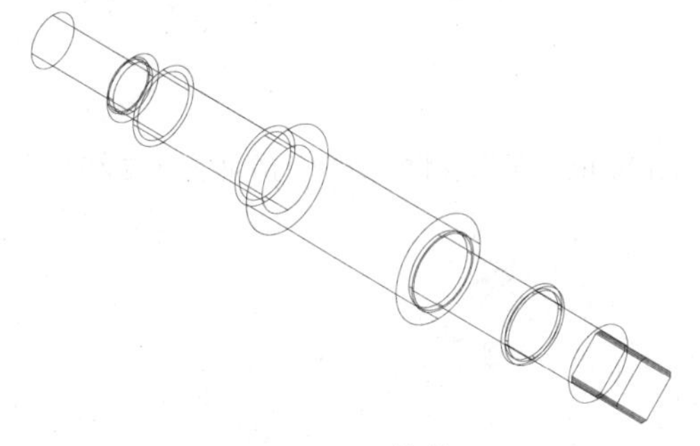

图16-55　拉伸

Step 07 单击【实体编辑】面板中的【并集】按钮，将创建的整个实体合并在一起，并调用【视图】|【消隐】菜单命令，结果如图16-56所示。

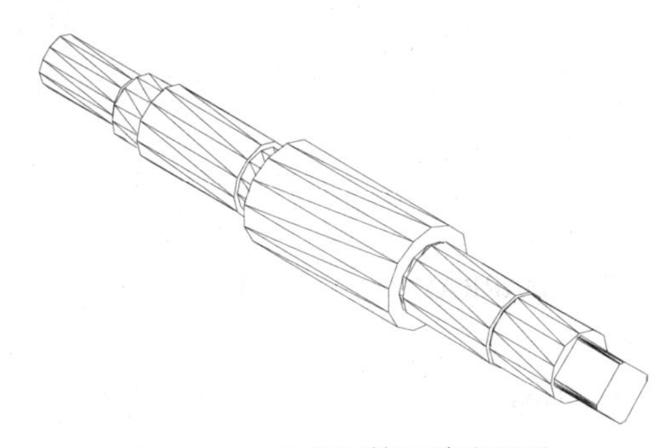

图16-56　并集运算并消隐图形

Step 08 将 Z 轴绕 Y 轴旋转-90°，在命令行中输入PL【多段线】命令，绘制直角三角形；在三角形下绘制一条直线，距离三角形端点为28，结果如图16-57所示，命令行提示如下：

```
命令：pl PLINE        //调用【多段线】工具
指定起点：            //指定起点
当前线宽为 0.0000
指定下一个点或 [圆弧(A)/半宽(H)/长度(L)/放弃(U)/宽度(W)]: @0,3.5      //输入下一点坐标
指定下一点或 [圆弧(A)/闭合(C)/半宽(H)/长度(L)/放弃(U)/宽度(W)]: @2.02,0
//输入第三点坐标
指定下一点或 [圆弧(A)/闭合(C)/半宽(H)/长度(L)/放弃(U)/宽度(W)]:      //闭合三角形
指定下一点或 [圆弧(A)/闭合(C)/半宽(H)/长度(L)/放弃(U)/宽度(W)]:      //
```

图16-57　绘制三角形及直线

Step 09 将 Z 轴绕 Y 轴旋转90°，在【常用】选项卡中，单击【建模】面板下拉式按钮菜单中的【旋转】按钮，选择三角形，旋转出实体，结果如图16-58所示。

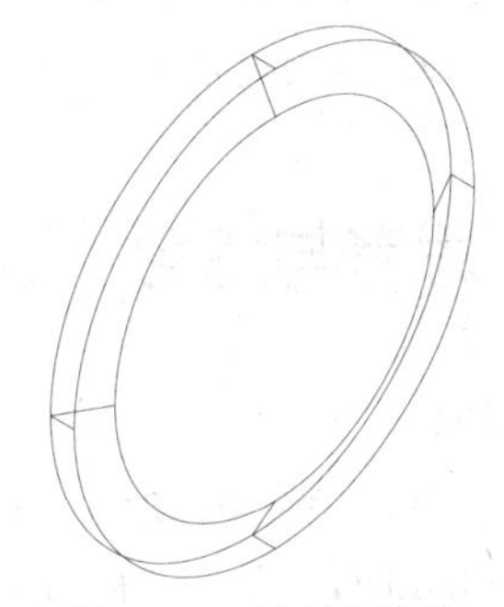

图16-58　旋转出实体

Step 10 在命令行中输入M【移动】命令，结合【对象捕捉】功能，将旋转的实体移动到差动轴右端；调用【差集】命令，对其进行差集处理，结果如图16-59所示。

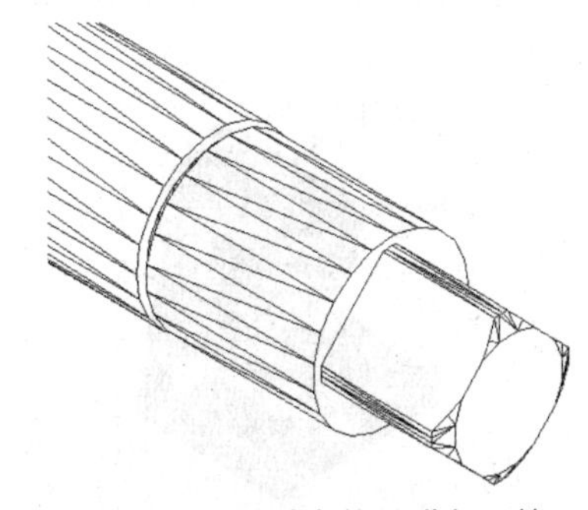

图16-59　移动实体并进行运算

Step 11 在【实体】选项卡中，单击【实体编辑】面板中的【倒角边】按钮，对其进行第

一次倒角处理，倒角距离为 5，结果如图 16-60 所示。

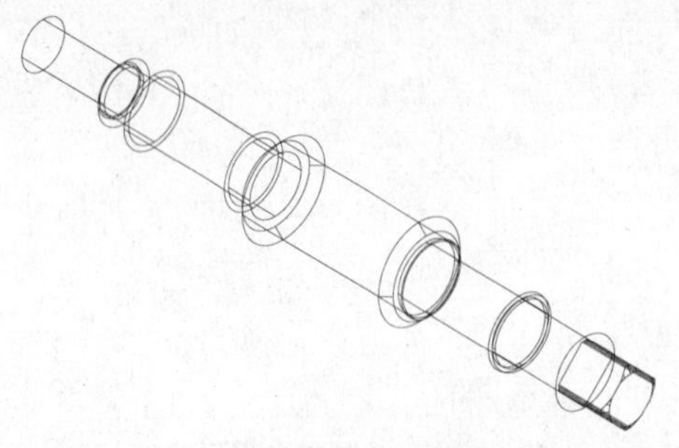

图 16-60　第一次倒角边（倒角距离为 5）

Step 12 重复调用【倒角边】命令，设置倒角距离分别为 2 和 3，结果如图 16-61 所示。

Step 13 在命令行中输入 HI【消隐】命令，对其进行消隐处理。结果如图 16-62 所示。至此，整个差动轴三维实体创建完成。

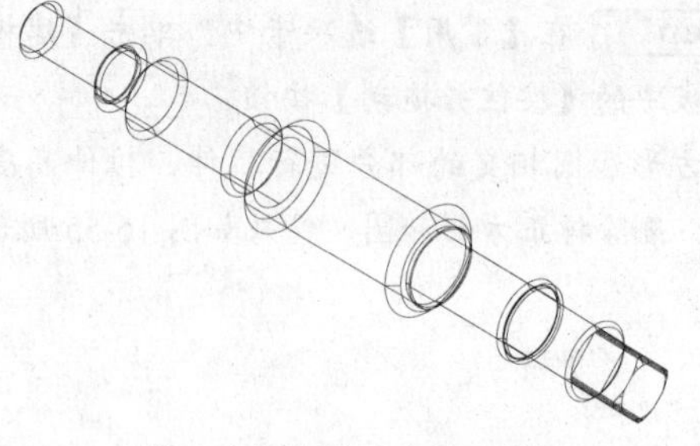

图 16-61　第二次倒角边（倒角距离为 2 和 3）

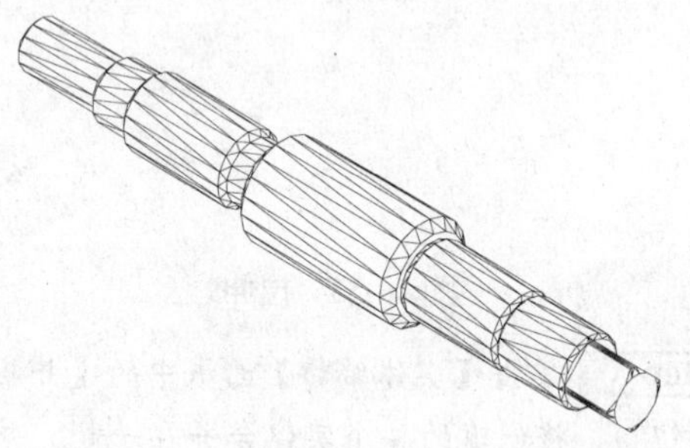

图 16-62　创建完成的差动轴三维实体

16.6　思考与练习

1．选择题

（1）以下哪个命令可以对面进行拉伸？（　　）

A．SOLIDEDIT　　B．HI　　C．3DARRAY　　D．HELIX

（2）以下哪个命令不属于布尔运算命令？（　　）

A．IN　　B．UN　　C．UNI　　D．SU

2．实例题

（1）创建如图 16-63 所示的支承座三维实体模型。

（2）创建如图 16-64 所示的轴端盖三维实体模型。

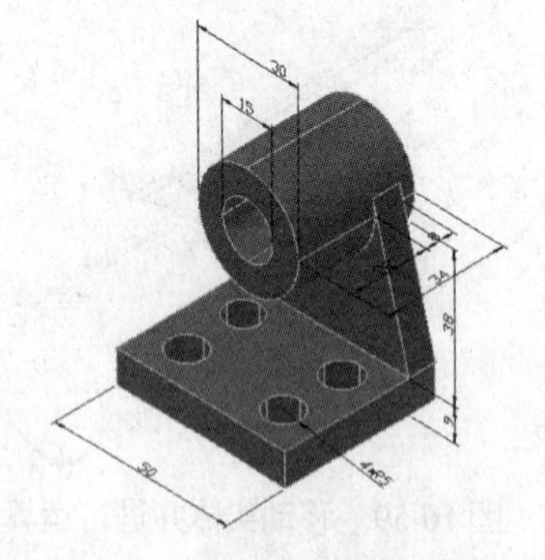

图 16-63　支承座三维实体模型

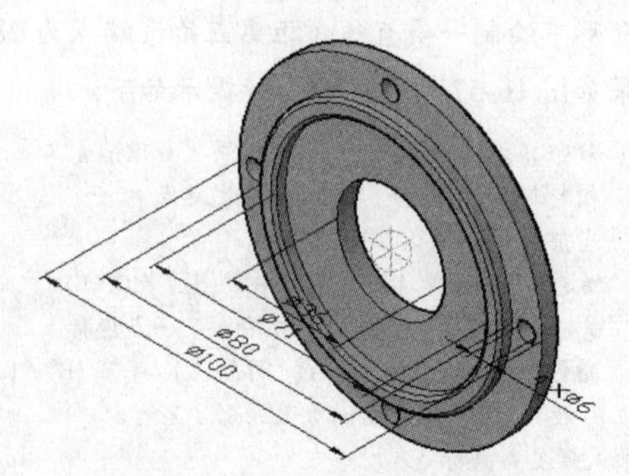

图 16-64　轴端盖三维实体模型

第17章　三维图形的渲染

⊙学习目的：

本本章讲解三维图形的渲染方法，包括材质的编辑、光源的添加和贴图、环境的设置等内容。

⊙学习重点：

★★★★ 渲染输出	★★☆☆ 设置贴图
★★★☆ 编辑材质	★☆☆☆ 布置光源

17.1　材质

现实生活中，任何物体都是由不同的材质构成的。在 AutoCAD 中，为了使所创建的三维实体模型更加真实，用户可以给不同的模型赋予不同的材质类型和参数。

17.1.1　材质浏览器

【材质浏览器】集中了 AutoCAD 的所有材质，是用来控制材质操作的设置选项板，可执行多个模型的材质指定操作，并包含相关材质操作的所有工具。

打开【材质浏览器】选项板有以下几种方法。

- 菜单栏：选择【视图】|【渲染】|【材质浏览器】菜单命令。
- 功能区：在【视图】选项卡中，单击【选项板】面板中的【材质浏览器】按钮 材质浏览器。

执行上述操作后，将打开如图 17-1 所示的【材质浏览器】选项板，其中的【Autodesk 库】分门别类地存储了 AutoCAD 2013 预设的所有材质。单击选项板左侧的 Autodesk 库，展开材质类型并选择其中的一种，右侧的列表框中就会显示该材质类型下的所有子材质。通过材质名称左侧的缩略图，用户可以快速地预览材质的效果。

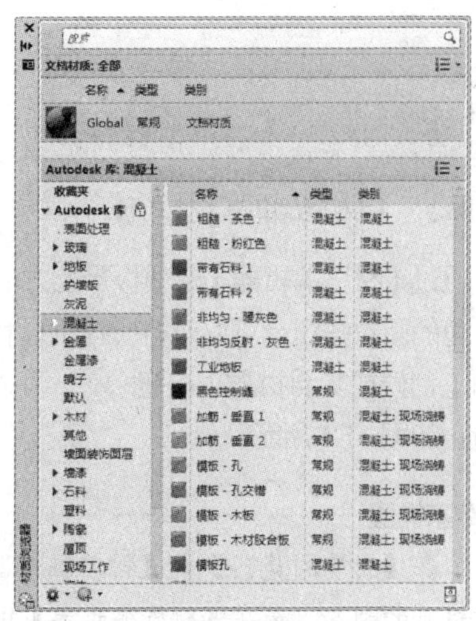

图 17-1　【材质浏览器】选项板

在【材质浏览器】右侧的材质列表框中选择所需的材质，然后单击并拖动光标至图形窗口的模型上方，即可将该材质指定给模型。此外，在某材质上方单击鼠标右键，在弹出的快捷菜单中选择【指定给当前选择】命令，也可以将选择的材质赋予当前选择的模型。

17.1.2　材质编辑器

一个有足够吸引力的物体，不仅需要赋予模型材质，还需要对这些材质进行微妙的设置，从而使设置的材质达到更加逼真的效果。

AutoCAD 2013 的材质编辑操作在【材质编辑器】中完成。打开【材质编辑器】选项板有以下几种方法。

- 菜单栏：选择【视图】|【渲染】|【材质编辑器】菜单命令。
- 功能区：在【视图】选项卡中，单击【选项板】面板中的【材质编辑器】按钮 材质编辑器 。
- 工具按钮：单击【材质浏览器】选项右下角【打开/关闭材质编辑器】按钮。

执行以上任意操作，将打开【材质编辑器】选项板，如图 17-2 所示。在【材质编辑器】中，用户可以新建和编辑材质。

单击【材质编辑器】选项板左下角【打开/关闭材质浏览器】按钮，可以打开【材质浏览器】。双击需要编辑的材质，可以发现，【材质编辑器】会同步更新为该材质的效果与可调参数，如图 17-3 所示，可调参数包括颜色、图像纹理、光泽度等常规选项，以及透明度、自发光、凹凸等其他选项。

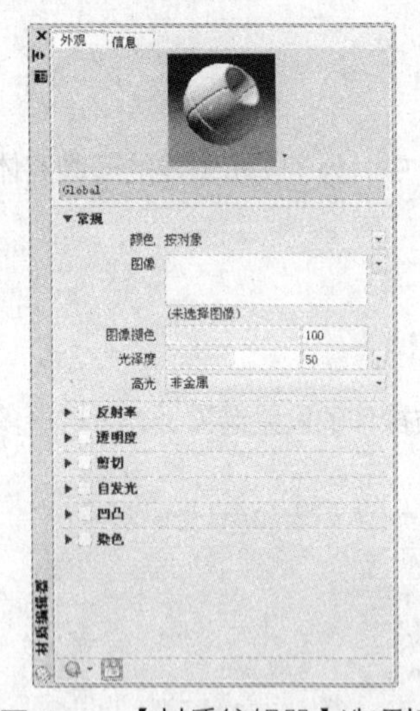

图 17-2　【材质编辑器】选项板

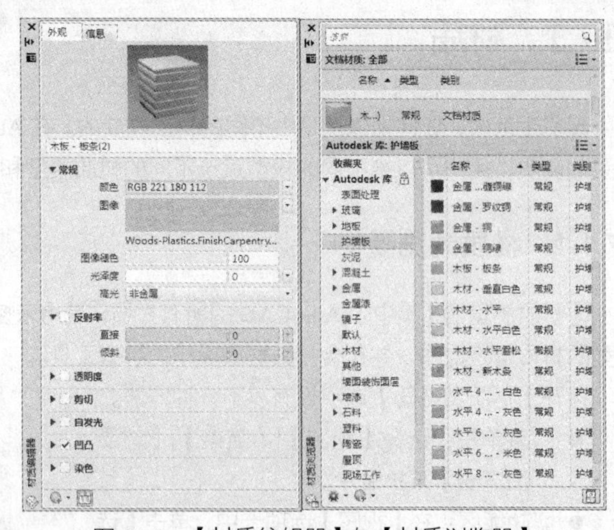

图 17-3　【材质编辑器】与【材质浏览器】

通过【材质编辑器】选项板最上方的【外观信息窗口】，可以直接查看材质当前的效果，单击其右下角的下拉按钮，可以对材质样例形状与渲染质量进行调整，如图 17-4 所示。单击材质名称右下角的【创建或复制材质】按钮，可以快速地选择对应的材质类型直接应用，或在其基础上进行编辑，如图 17-5 所示。

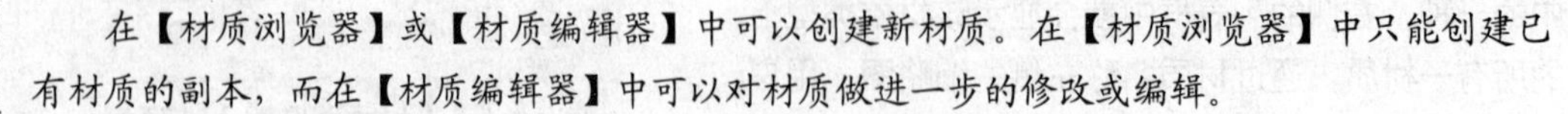

专家提醒

在【材质浏览器】或【材质编辑器】中可以创建新材质。在【材质浏览器】中只能创建已有材质的副本，而在【材质编辑器】中可以对材质做进一步的修改或编辑。

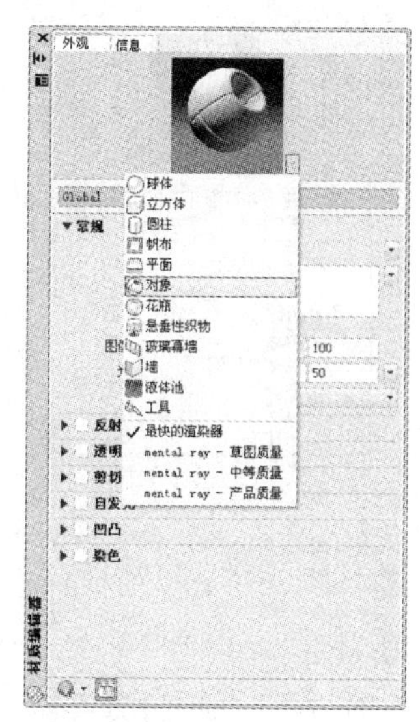

图 17-4　调整材质样例形态与渲染质量

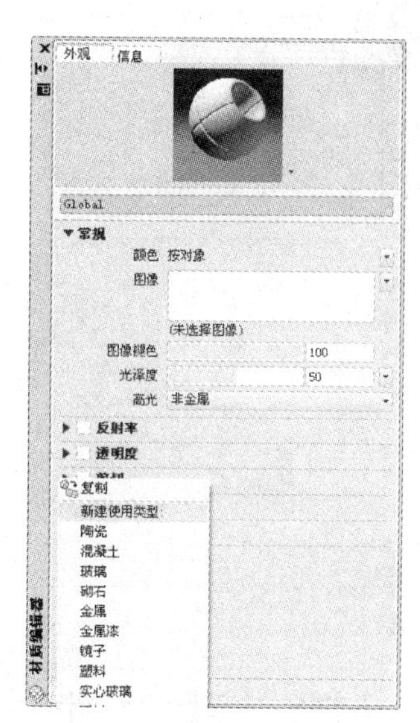

图 17-5　选择材质类型

课堂举例【17-1】：创建新材质

Step 01 选择【文件】|【新建】菜单命令，新建一个图形文件；选择【视图】|【渲染】|【材质编辑器】菜单命令，打开如图 17-6 所示的【材质编辑器】选项板。

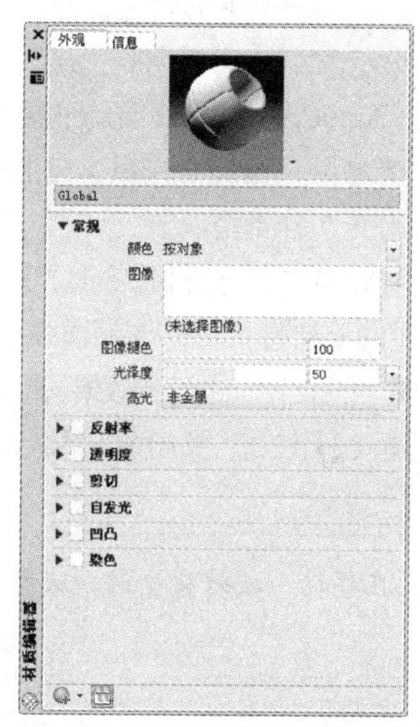

图 17-6　【材质编辑器】选项板

Step 02 单击左下角的【创建或复制材质】按钮，选择【新建常规材质】选项，如图 17-7 所示。

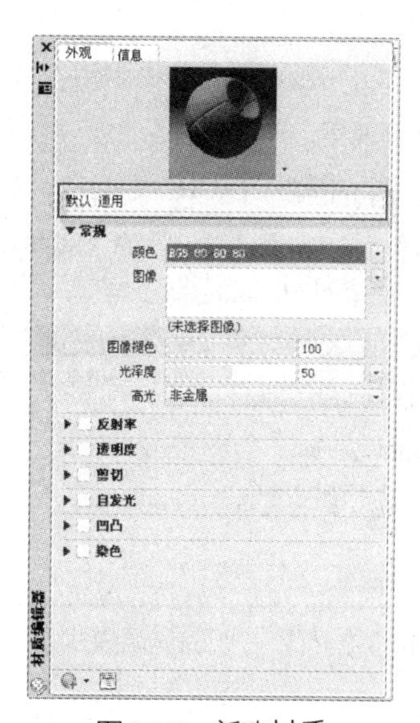

图 17-7　新建材质

Step 03 单击【信息】选项卡，设置好新材质的信息，如图 17-8 所示。

Step 04 单击【外观】选项卡，设置好材质的外观、光泽度及反射率，如图 17-9 所示。

Step 05 单击【材质编辑器】选项卡左上角的【关闭】按钮，确认并关闭【材质编辑器】，完成材质的新建。

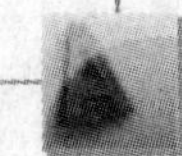

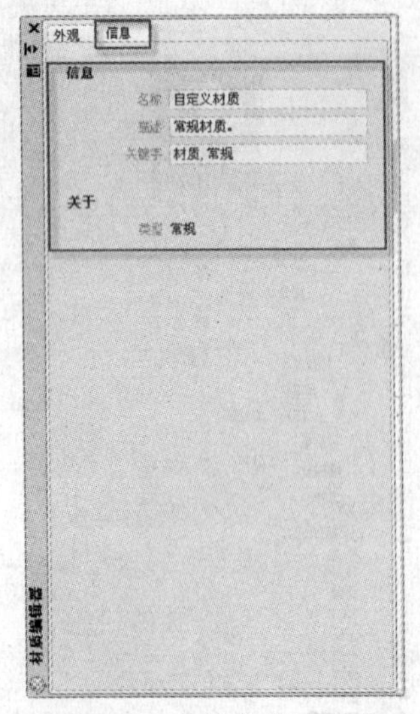

图 17-8 【信息】选项卡

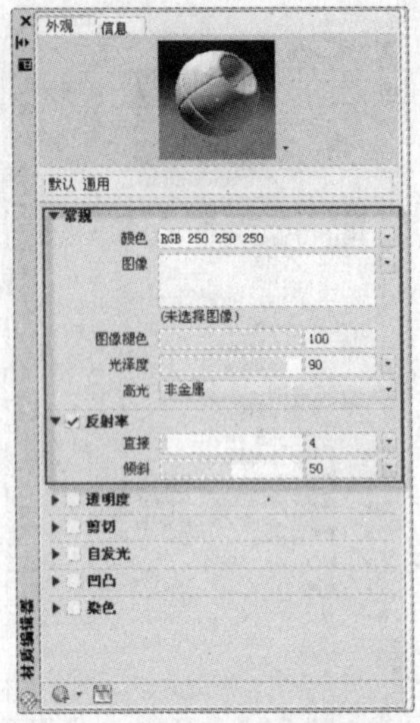

图 17-9 【外观】选项卡

17.2 光源

灯光可以对整个场景提供照明，从而呈现出各种真实的效果。使用不同的光源，可以创建不同的模型渲染效果。

在命令行中输入 LIGHT 并回车，命令行提示如下：

```
输入光源类型 [点光源(P)/聚光灯(S)/光域网(W)/目标点光源(T)/自由聚光灯(F)/自由光域(B)/平行光(D)] <自由聚光灯>:
```

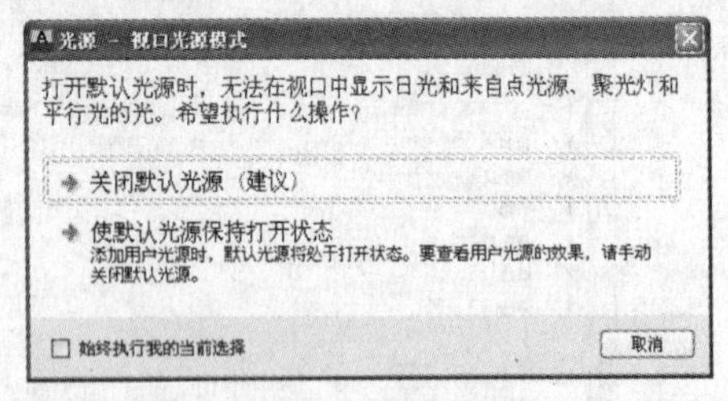

图 17-10 【光源 - 视口光源模式】对话框

由此可见，AutoCAD 2013 的光源主要分为点光源、聚光灯、光域网、目标点光源、自由聚光灯、自由光域和平行光 7 种类型。

在首次调用 LIGHT【光源】命令时，系统将弹出如图 17-10 所示的【光源 - 视口光源模式】对话框。为了方便地查看用户自定义的灯光效果，需要单击【关闭默认光源（建议）】按钮，关闭场景的默认灯光。

专家提醒

AutoCAD 的默认光源是来自视点后面的两个平行光源。在移动、旋转模型时，模型中所有的面均被照亮，以使其可见。

1. 点光源

点光源是一种没有方向的灯光，从其所在位置向四周均匀发射光线，以达到基本的照明效果。调用【点光源】命令的方式有以下几种。

- 命令行：输入 POINTLIGHT 命令并回车。
- 菜单栏：选择【视图】|【渲染】子菜单中的【光源】|【新建点光源】命令。

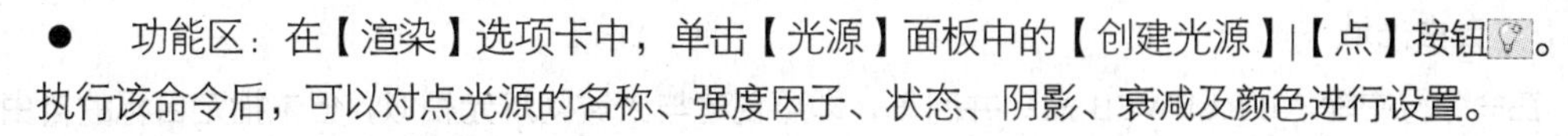

- 功能区：在【渲染】选项卡中，单击【光源】面板中的【创建光源】|【点】按钮。

执行该命令后，可以对点光源的名称、强度因子、状态、阴影、衰减及颜色进行设置。

2．聚光灯

聚光灯发射的是定向锥形光，投射的是一个聚焦的光束，但可以控制光源的方向和圆锥体的尺寸。

调用【聚光灯】命令的方式有以下几种。

- 命令行：输入 SPOTLIGHT 命令并回车。
- 菜单栏：选择【视图】|【渲染】子菜单中的【光源】|【新建聚光灯】命令。
- 功能区：在【渲染】选项卡中，单击【光源】面板中的【创建光源】|【聚光灯】按钮。

聚光灯的设置选项与点光源基本相同，但多出两个设置选项【聚光角】和【照射角】。【聚光角】用来定义最亮光锥的角度；【照射角】用来指定定义完整光锥的角度，其取值范围为 0° ~160° 。

3．平行光

平行光仅向一个方向发射统一的平行光线。可以在视口中的任意位置指定 FROM 点和 TO 点，以定义光线方向。

调用【平行光】命令的方式有以下几种。

- 命令行：输入 DISTANTLIGHT 命令并回车。
- 菜单栏：选择【视图】|【渲染】子菜单中的【光源】|【新建平行光】命令。
- 功能区：在【渲染】选项卡中，单击【光源】面板中的【创建光源】|【平行光】按钮。

调用该命令后，系统将弹出如图 17-11 所示的【光源 – 光度控制平行光】对话框，单击其中的【允许平行光】按钮，即可创建平行光。

平行光的设置同点光源，但是多出一个【矢量】设置选项，可以通过矢量方向来指定光源方向。

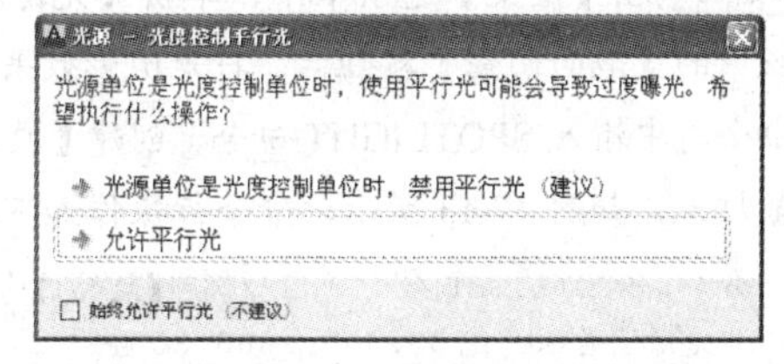

图 17-11 【光源 – 光度控制平行光】对话框

4．光域网灯光

光域网灯光提供现实中的光线分布。光域网是光源中强度分布的三维表示。光域网灯光可以用于表示各向异性光源分布，此分布来源于现实中的光源制造商提供的数据。

调用【光域网】命令的方式有以下几种。

- 命令行：输入 WEBLIGHT 命令并回车。
- 功能区：在【渲染】选项卡中，单击【光源】面板中的【创建光源】|【光域网灯光】按钮。

光域网的设置同点光源，但是多出一个【光域网】设置选项，用来指定灯光光域网文件。

5．目标点光源

在命令行中输入 TARGETPOINT 命令并回车可创建目标点光源。目标点光源和点光源的区别在于其目标特性，其可以指向一个对象，也可以通过将点光源的目标特性从【否】改为【是】，为点光源创建目标点光源。

6．自由聚光灯

在命令行中输入 FREESPOT 命令并回车，即可创建与未指定目标的聚光灯相似的自由聚光灯。

7. 自由光域

在命令行中输入 FREEWEB 命令并回车，即可创建与光域网灯光相似，但未指定目标的自由光域灯光。

课堂举例【17-2】：为场景布置灯光

Step 01 单击快速访问工具栏中的【打开】按钮，打开“第 17 章\17.2.dwg”文件，如图 17-12 所示。

图 17-12 素材图形

Step 02 在【渲染】选项卡中，单击【光源】面板中的【地面阴影】按钮，打开阴影效果。在命令行中输入 SPOTLIGHT 命令，创建【聚光灯】灯光，如图 17-13 所示，命令行操作如下：

```
命令：SPOTLIGHT↙                    //调用【聚光灯】命令
指定源位置 <0,0,0>:800,1800,800↙
                                    //指定源位置
指定目标位置 <0,0,0>:↙              //指定目标位置
输入要更改的选项 [名称(N)/强度因子(I)/状态(S)/光度(P)/光域网(B)/阴影(W)/过滤颜色(C)/退出(X)] <退出>: I↙
输入强度 (0.00 - 最大浮点数) <1>: 0.2↙
                                    //指定强度因子
输入要更改的选项 [名称(N)/强度因子(I)/状态(S)/光度(P)/光域网(B)/阴影(W)/过滤颜色(C)/退出(X)] <退出>: P↙
输入要更改的光度控制选项 [强度(I)/颜色(C)/退出(X)] <强度>:↙
输入强度 (Cd) 或输入选项 [光通量(F)/照度(I)] <1500>: 1000↙        //指定光度强度
输入要更改的光度控制选项 [强度(I)/颜色(C)/退出(X)] <强度>: X↙
输入要更改的选项 [名称(N)/强度因子(I)/状态(S)/光度(P)/光域网(B)/阴影(W)/过滤颜色(C)/退出(X)] <退出>:↙                    //确认并退出
```

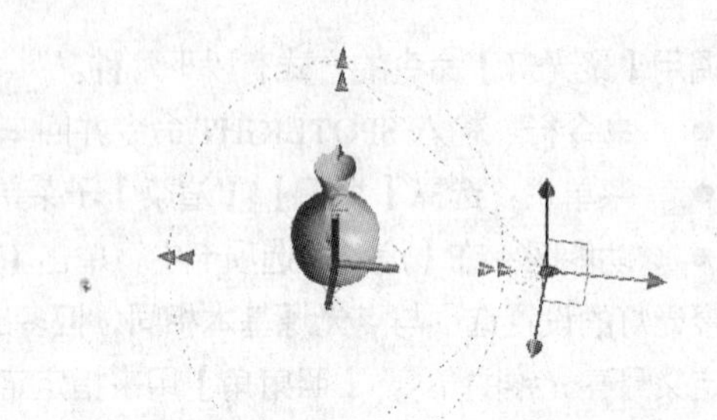

图 17-13 【聚光灯】灯光效果

Step 03 调用【三维旋转】菜单命令，以原点为旋转点，*Z* 轴为旋转轴，将聚光灯旋转 90°，调整聚光灯后，效果如图 17-14 所示。

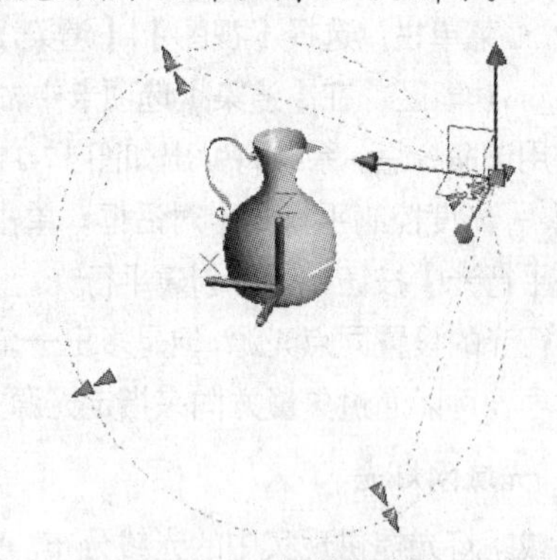

图 17-14 调整聚光灯

Step 04 单击【光源】面板中的【阳光状态】按钮，开启阳光状态，效果如图 17-15 所示，以产生阴影效果。场景灯光布置完成。

图 17-15 【阳光状态】下的灯光效果

17.3 贴图

在对实体模型进行材质设置时，使用贴图可以使材质看起来更加逼真、生动，利用贴图可以模拟纹理、反射以及折射等效果。贴图是一种将图片信息（材质）投影到曲面的方法，它就像使用包装纸包装东西一样，不同的是它使用修改器将图案以数学方法投影到曲面，而不是简单地捆在曲面上。

调用【贴图】菜单命令的方式有以下几种。

- 命令行：输入 MATERIALMAP 命令并回车。
- 菜单栏：选择【视图】|【渲染】|【贴图】菜单命令。
- 功能区：在【渲染】选项卡中，单击【材质】面板中的【材质贴图】按钮 材质贴图 。

执行该命令后，命令行提示如下：

```
命令: MATERIALMAP
选择选项 [长方体(B)/平面(P)/球面(S)/柱面(C)/复制贴图至(Y)/重置贴图(R)] <长方体>:
```

其中，命令行中各选项的含义如下。

- 长方体：将图像映射到类似长方体的实体上，该图像将在对象的每一个面上重复使用。
- 平面：将图像映射到对象上，就像其从幻灯片投影器投影到二维曲面上一样。
- 球面：在水平和垂直两个方向上同时使图像弯曲。纹理贴图的顶边在球体的“北极”压缩为一个点；同样，底边在“南极”压缩为一个点。
- 柱面：将图像映射到圆柱形对象上；水平边将一起弯曲，但顶边和底边不会弯曲。图像的高度将沿圆柱体的轴进行缩放。

如果需要对贴图进行进一步调整，可以使用显示在对象上的贴图工具，移动或旋转对象上的贴图，如图 17-16 所示。

图 17-16 贴图效果

17.4 渲染环境

雾化和深度设置属于大气效果，可以使对象随着距相机距离的增大而显示得更浅。雾化使用白色，而景深效果处理使用黑色。

调用【渲染环境】菜单命令的方式有以下几种。

- 命令行：输入 RENDERENVIRONMENT 命令并回车。
- 菜单栏：选择【视图】|【渲染】|【渲染环境】菜单命令。
- 功能区：在【渲染】选项卡中，单击【渲染】面板中的下拉列表，并单击【环境】按钮。

执行该命令后，系统将打开图 17-17 所示的【渲染环境】对话框，用户可以根据实际需要进行相关参数的设置。

要启用雾化，首先打开【启用雾化】开关，然后设置雾化的颜色。通常，浅色用于雾化，而深色用于雾化背景设置。设置【近距离】和【远距离】的值以指定雾化开始和结束的位置。使用【近处雾化百分率】和【远处雾化百分率】的值来设置雾化的不透明度。

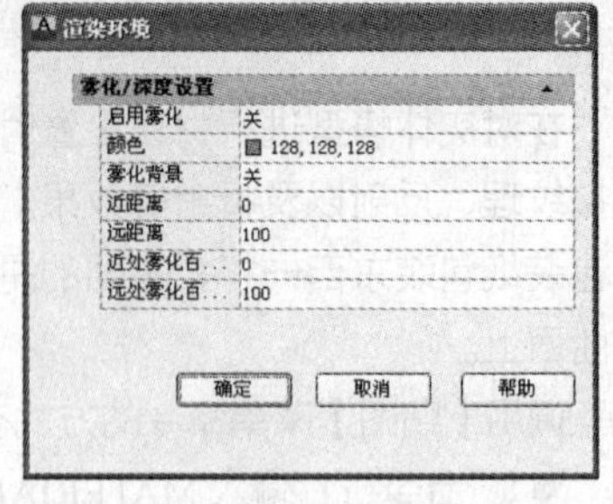

图 17-17 【渲染环境】对话框

17.5 渲染效果图

设置好模型的灯光、材质等后，可以对其进行渲染。渲染是 AutoCAD 比较高级的三维效果处理方法。通过渲染，可以将模型放置在由一定的光源、配景、背景和材质形成的环境中，使其表现得更加丰富和真实。

调用【渲染】菜单命令的方式有以下几种。

- 命令行：输入 RENDER 命令并回车。
- 菜单栏：选择【视图】|【渲染】|【渲染】菜单命令。
- 功能区：在【渲染】选项卡中，单击【渲染】面板中的【渲染】按钮。

执行该命令后，系统将自动对模型进行渲染处理。

如果用户需要修改渲染参数，可以使用【高级渲染设置】选项板设置渲染的具体参数。打开【高级渲染设置】选项板的方法有以下 3 种。

- 命令行：输入 RPREF 命令并回车。
- 菜单栏：选择【工具】|【选项板】|【高级渲染设置】菜单命令。
- 功能区：单击【渲染】面板右下角的【高级渲染设置】按钮。

执行该命令后，系统将打开如图 17-18 所示的【高级渲染设置】选项板，用户可以查看及更改相关参数设置。

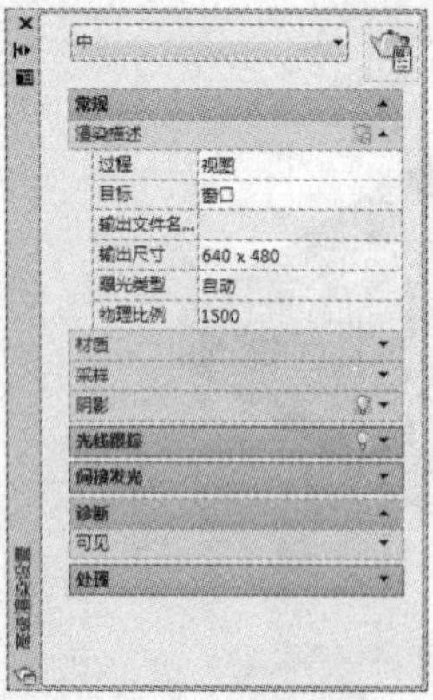

图 17-18 【高级渲染设置】选项板

课堂举例 【17-3】：渲染零件图

Step 01 单击【快速访问】工具栏中的【打开】按钮，打开"第 17 章\17.5.dwg"文件，如图 17-19 所示。

Step 02 将视觉样式切换至【真实】视觉样式。选择【视图】|【渲染】|【材质浏览器】菜单命令，打开【材质浏览器】选项板，如图 17-20 所示。

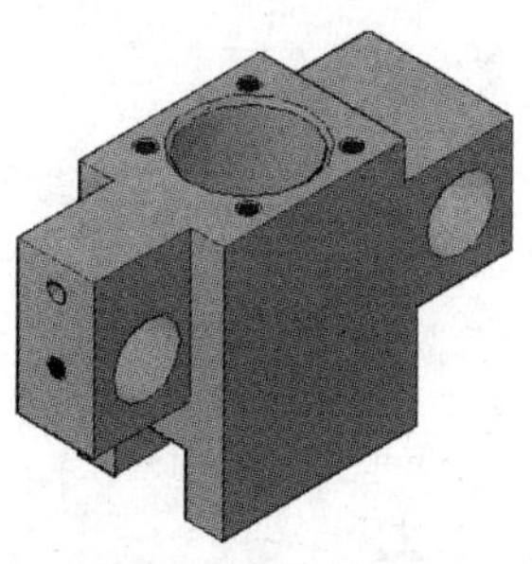

图 17-19　素材图形

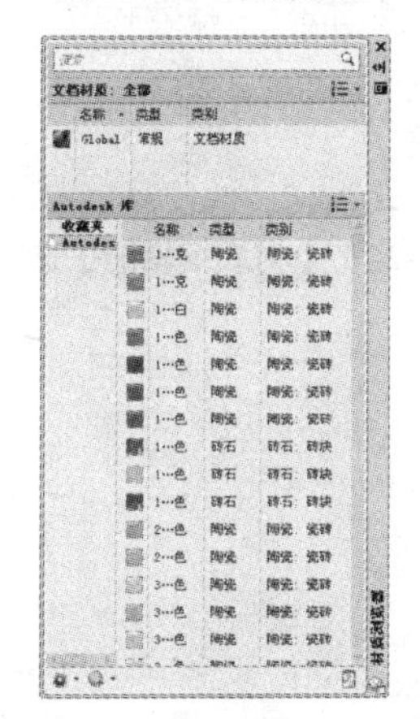

图 17-20　【材质浏览器】选项板

Step 03 在【材质浏览器】中选择【半抛光 金属】材质，并将其赋予零件模型，如图 17-21 所示。

Step 04 在命令行中输入 RENDER 命令，渲染三维模型对象，效果如图 17-22 所示。

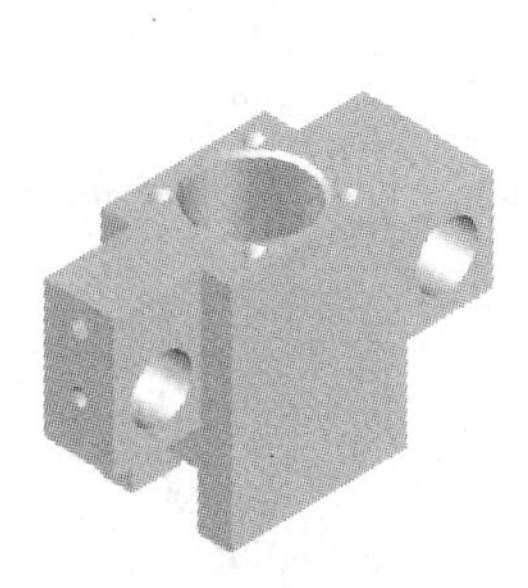

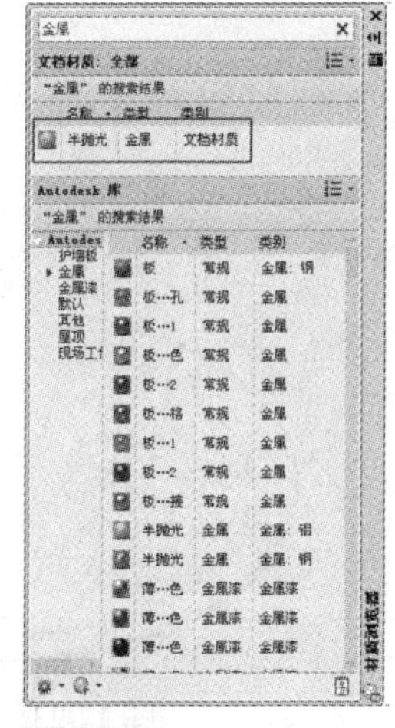

图 17-21　素材图形

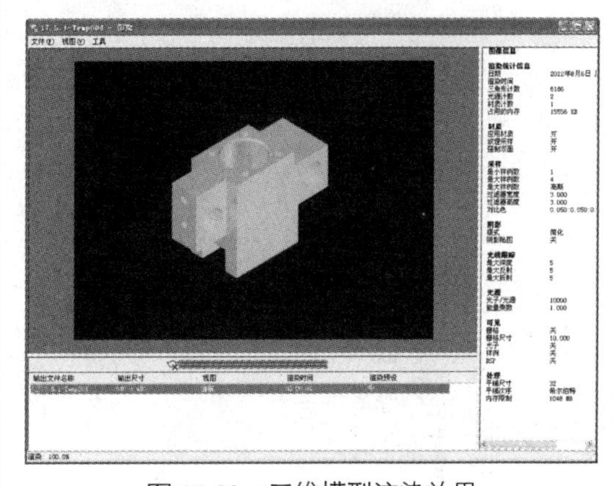

图 17-22　三维模型渲染效果

17.6　综合实例

青花瓷是中国瓷器的主流品种之一，本实例综合利用本章所学的材质和渲染知识，制作出古色古香的青花瓷盘效果，使模型效果逼真、出彩。

Step 01 单击【快速访问】工具栏中的【打开】按钮，打开“第 17 章\17.6.dwg“文件，如图 17-23 所示。

Step 02 将视觉样式切换至【真实】视觉样式，选择【视图】|【渲染】|【材质编辑器】菜单命令，打开【材质编辑器】选项板，如图 17-24 所示。

Step 03 单击左下角的【创建或复制材质】按钮，选择【新建常规材质】选项，新建“青花瓷”材质，结果如图 17-25 所示。

Step 04 设置光泽度为 90，反射率为 2。将编辑的材质指定给瓷盘模型，此时的材质效果如图 17-26 所示。

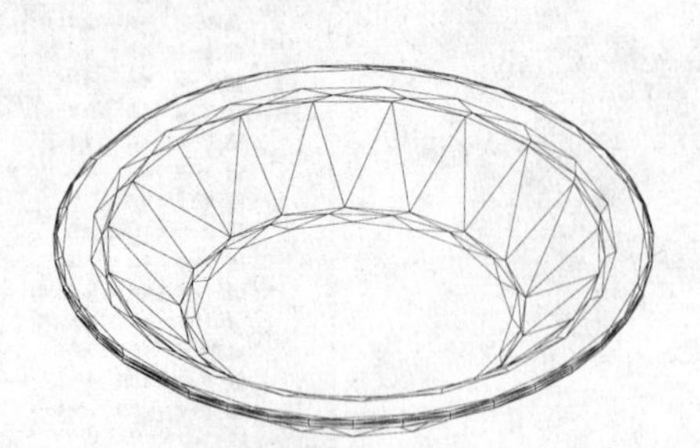

图 17-23　素材图形

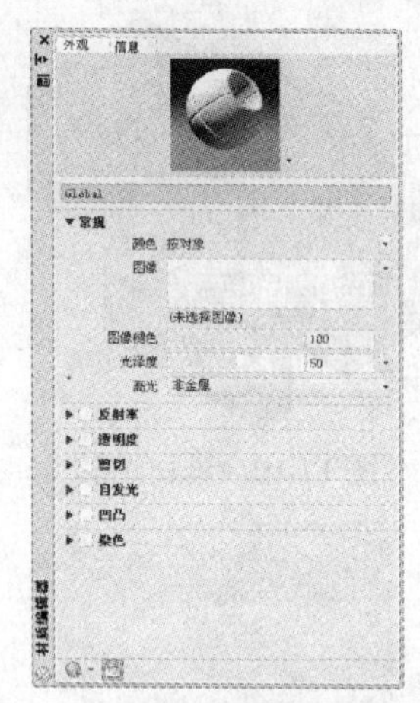

图 17-24　【材质编辑器】选项板

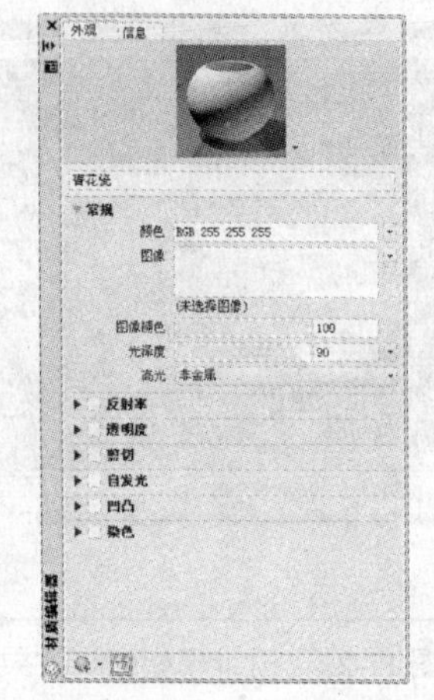

图 17-25　创建“青花瓷”材质

图 17-26　瓷盘模型材质效果

Step 05 单击【常规】选项组中的【添加图片】选项，在【材质编辑器】中添加“第 17 章\青花瓷.jpg”图片，如图 17-27 所示。

图 17-27　添加贴图

Step 06 单击【常规】选项组中的图片，打开【纹理编辑器】选项板，调整花纹的比例及位置，如图 17-28 所示。

Step 07 在【视图】选项卡中，单击【渲染】面板中的【渲染】按钮，渲染青花瓷盘，结果如图 17-29 所示。

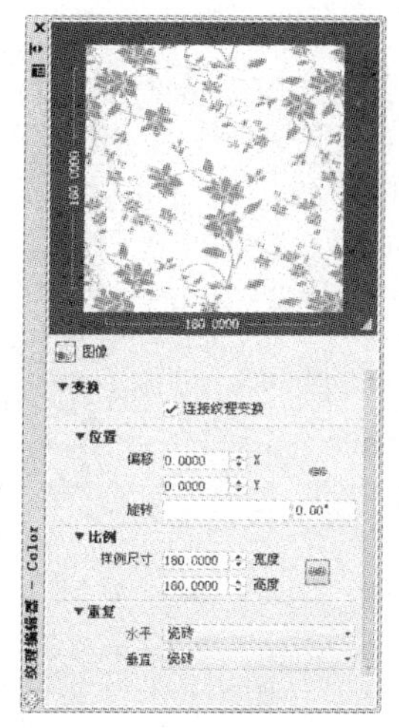

图 17-28 【纹理编辑器】选项板

图 17-29 青花瓷盘渲染效果

17.7 思考与练习

1. 选择题

（1）AutoCAD 主要提供了三类光源：点光源、聚光灯以及（　　）。

A．太阳光　　B．平行光　　C．荧光　　D．灯光

（2）点光源与聚光灯光源相似之处是（　　）。

A．由一点向各个方向发射光源　　B．均会发生衰减

C．均可指定光线发射方向　　D．均可指定光线发射范围

2. 实例题

为如图 17-30 所示的“第 17 章\17.7.dwg”图形添加灯光、材质和背景图片，并进行渲染输出。

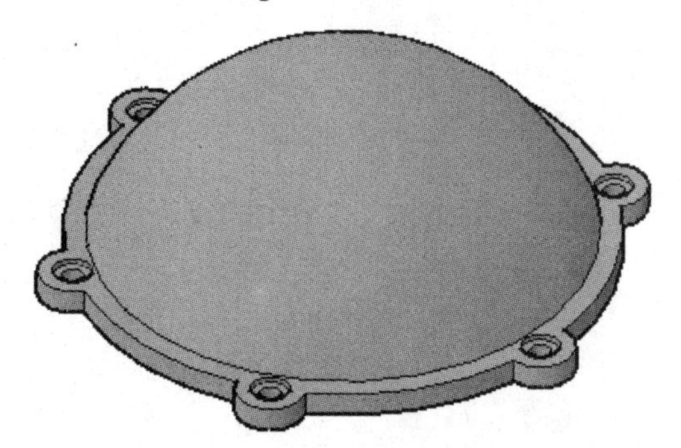

图 17-30 三维模型

行业应用篇

第18章　建筑设计及绘图

⊙学习目的：

本章主要讲解建筑设计的概念及建筑制图的内容和流程。通过本章的学习，读者能够了解建筑设计的相关理论知识，并掌握建筑制图的流程和实际操作技法。

⊙核心技能：

★★★★ 建筑设施图的绘制
★★★☆ 建筑平面图的绘制
★★★☆ 建筑立面图的绘制
★★☆☆ 建筑剖面图的绘制
★☆☆☆ 建筑设计及绘图概述

18.1　建筑设计与绘图

建筑施工图涉及建筑总平面图、建筑平面图、建筑立面图、建筑剖面图、建筑详图。其范围广、内容多，所以在绘制之前，需要对建筑设计有一定的认知。通过基础知识加上实践，才能地绘制出更棒的图形。

18.1.1　建筑设计的概念

建筑设计（Architectural Design）是指建筑物在建造之前，设计者按照建设任务，把施工过程和使用过程中所存在的或可能发生的问题，事先做好通盘的设想，拟定好解决这些问题的办法和方案，并用图纸和文件表达出来，作为备料、施工组织工作和各工种在制作、建造工作中互相配合协作的共同依据，使整个工程得以在预定的投资限额范围内按照周密考虑的预定方案统一步调、顺利进行，并使建成的建筑物充分满足使用者和社会所期望的各种要求。

18.1.2　施工图及分类

施工图，是表示工程项目总体布局，建筑物的外部形状、内部布置、结构构造、内外装修、材料作法以及设备、施工等要求的图样。施工图具有图纸齐全、表达准确、要求具体的特点，是进行工程施工、编制施工图预算和施工组织设计的依据，也是进行技术管理的重要技术文件。

一套完整的施工图一般包括以下几种类型。

1．建筑施工图

建筑施工图（简称建施图）主要用来表示建筑物的规划位置，外部造型、内部各房间布置、内外装修、构造及施工要求等。建施图大体上包括建施图首页、总平面图、各层平面图、各立面图、剖面图及详图。

2．结构施工图

结构施工图（简称结施）主要表示建筑物的承重构造的结构类型、结构布置、构件种类、数量、大小及做法。结构施工图的内容包括结构设计说明、结构平面布置图及构件详图。

3．设备施工图

设备施工图（简称设施）主要表达建筑物的给水排水、暖气通风、供电照明、燃气等设备的布置和施工要求等。

设备施工图主要包括各种设备的平面布置图、系统图和详图等内容。

18.1.3　建筑施工图的组成

一套完整的建筑施工图，应当包括以下主要图样内容。

1．建施图首页

建施图首页内含工程名称、实际说明、图纸目录、经济技术指标、门窗统计表以及本套建施图所选用标准图集名称列表等。

2．建筑总平面图

建筑总平面图表示整个建筑基地的总体布局，重在反映各单体建筑、道路、公用设施、绿化等相互之间的空间布置及地形、地貌、大小等。建筑总平面图是指用于表示整个建筑工程总体布局情况的图纸，是新建筑物定位、施工放线、布置施工现场的重要依据。如图 18-1 所示为某宿舍区建筑总平面图。

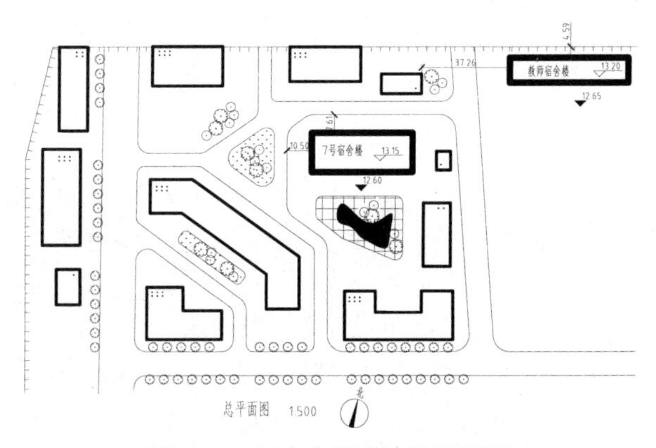

图 18-1　某宿舍区建筑总平面图

3．建筑平面图

建筑平面图，简称平面图，是指假想用一水平的剖切面沿门窗洞的位置将房屋剖开后，对剖切面以下的部分用正投影法得到的投影图。它是建筑施工图的主要图样之一。

建筑平面图反映建筑物的平面形状和大小、内部布置、墙的位置、厚度和材料、门窗的位置和类型以及交通等情况，可作为建筑施工定位、放线、砌墙、安装门窗、室内装修、编制预算的依据。

建筑平面图主要分为首层平面图、二层或标准平面图、顶层平面图等。对于可以共用一个平面图表示各楼层平面布局的平面图，称之为标准层平面图。

由于平面图是剖面图，因此应按剖面图的图示方法绘制，即被剖切平面剖切到的墙、柱等轮廓用粗实线表示，未被剖切到的部分如室外台阶、散水、楼梯以及尺寸线等用细实线表示，门的开启线用中粗实线表示。

如图 18-2 所示为某单元式住宅标准层平面图。

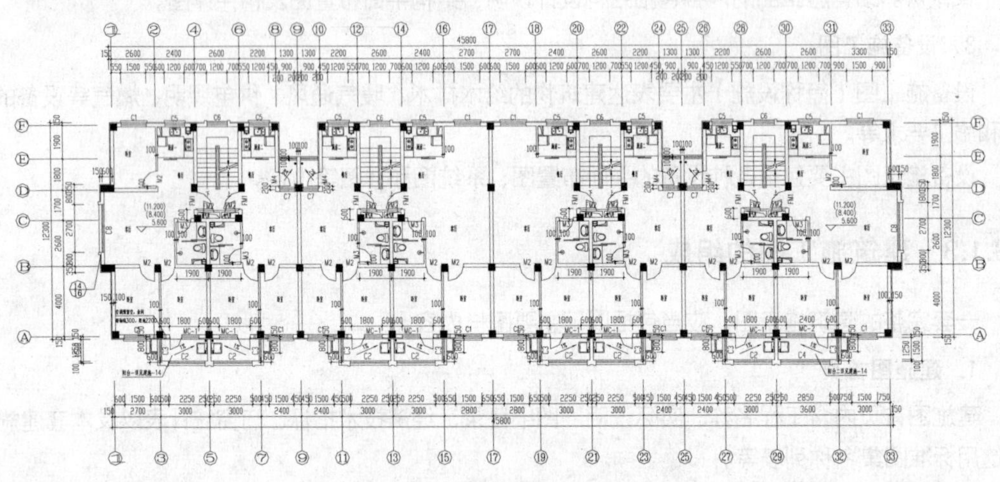

图 18-2　某单元式住宅标准层平面图

如图 18-3 所示为某单元式住宅屋顶平面图。

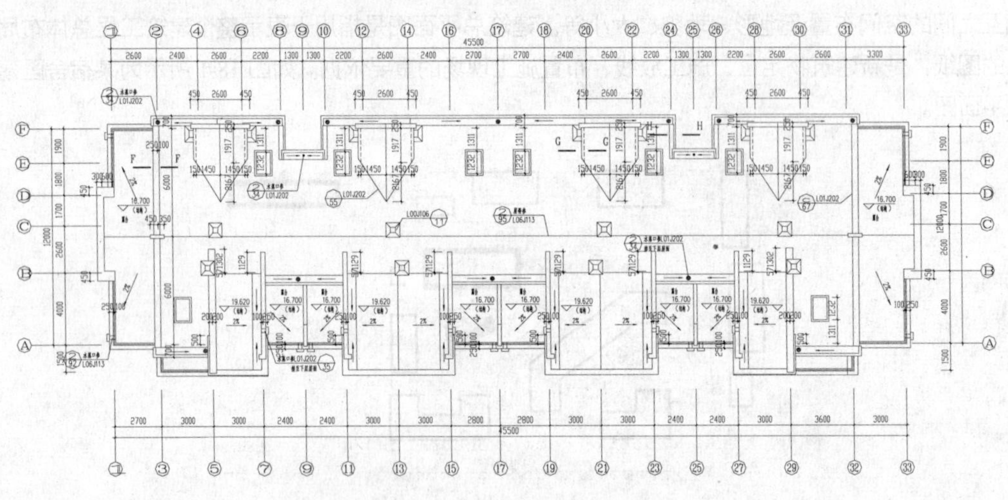

图 18-3　某单元式住宅屋顶平面图

4．建筑立面图

建筑立面图，简称立面图，是指在与立面平行的投影面上所作建筑的正投影图。它是建筑施工中作为建筑外部装修的依据，主要表现建筑的外貌形状，反映建筑外形、门窗、阳台、雨篷、台阶等的形式和位置，建筑垂直方向各部分高度，建筑的外部装饰做法等。

如图 18-4 所示为某单元式住宅立面图。

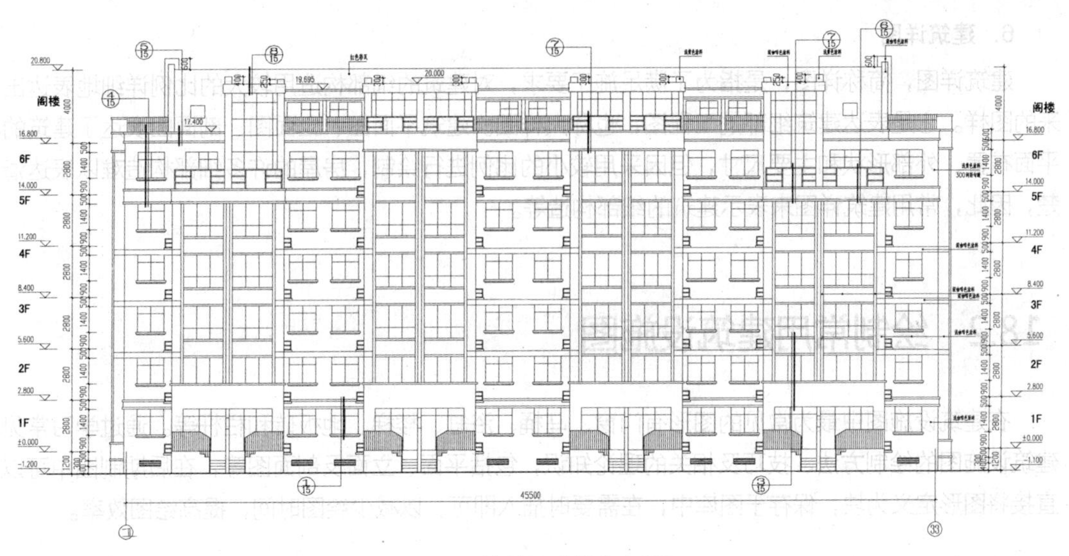

图 18-4　某单元式住宅立面图

5．建筑剖面图

建筑剖面图，简称剖面图，是与平、立面图相互配合的不可缺少的重要图样之一。它是指假定用侧平面或正平面将建筑垂直剖开，移去处于观察者和剖切面之间的部分，把余下的部分向投影面投射所得到的投影图。剖面图主要表示建筑各部分的高度、层数、建筑空间的组合利用情况，以及建筑剖面中的结构、构造形式、层次、材料做法等。

如图 18-5 所示为某教师宿舍楼剖面图。

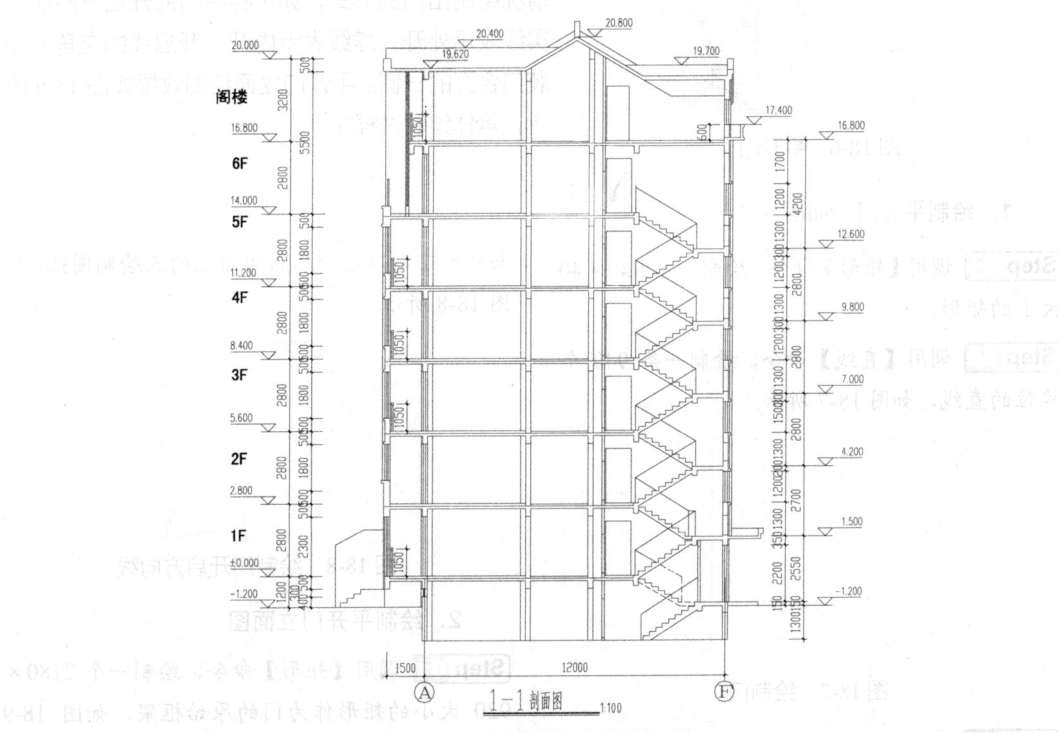

图 18-5　某教师宿舍楼剖面图

6．建筑详图

建筑详图，简称详图，是指为了满足施工要求，对建筑的细部构造用较大的比例详细地表达出来的图样。它是表达建筑细部的工程图，也称大样图。建筑平面图、立面图、剖面图表达了建筑的平面布置、外部形状和主要尺寸，但因采用较小的比例进行绘制，房屋的许多细部构造难以表达清楚，因此，常用建筑详图来表示建筑的细部构造等。

18.2 绘制常用建筑设施图

在建筑设施图中最为常见的图形有门窗、马桶、浴缸、楼梯、地板砖和栏杆等。通过学习常见建筑设施图的绘制方法、技巧及相关的理论知识，包括平面、立面及剖面图等，在后期制图中可以直接将图形定义为块，保存于图库中，在需要时插入即可，以减少绘图时间，提高绘图效率。

18.2.1 绘制平开门

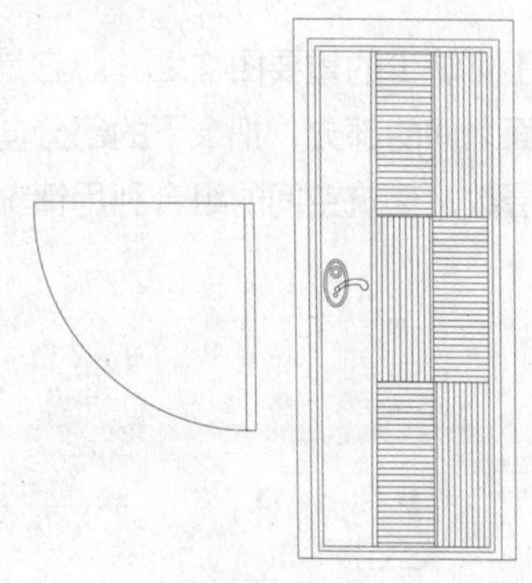

图 18-6 平开门

门是建筑制图中最常用的图元之一，它大致可以分为平开门、折叠门、推拉门、推杠门、旋转门和卷帘门等。其中以平开门最为常见。平开门用代号 M 表示，在平面图中，门的开启方向线宜以 45°、60° 或 90° 绘出。在绘制门的立面时，应根据实际情况绘制出门的形式，亦可标明门的开启方向线，实线表示外开，虚线表示内开，开启线的交角为安装门合页的一侧。平开门立面绘制效果如图 18-6 所示，具体绘制过程如下。

1．绘制平开门平面图

Step 01 调用【矩形】命令，绘制一个 940 × 40 大小的矩形。

Step 02 调用【直线】命令，绘制一条 940 个单位的直线，如图 18-7 所示。

图 18-7 绘制门

Step 03 调用【圆弧】命令，以直线左边端点与矩形下部短边两端点为圆上的点绘制圆弧，如图 18-8 所示。

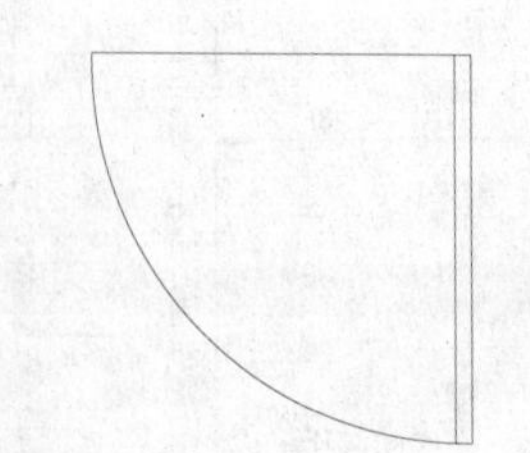

图 18-8 绘制门开启方向线

2．绘制平开门立面图

Step 01 调用【矩形】命令，绘制一个 2180 × 920 大小的矩形作为门的原始框架，如图 18-9 所示。

Step 02 调用【分解】命令，分解矩形。

Step 03 调用【偏移】命令，将矩形上侧边线向下偏移80个单位，左右两侧边线向内偏移60个单位。如图18-10所示。

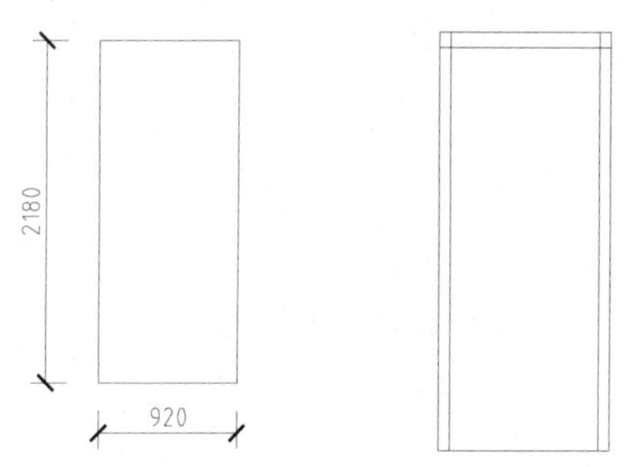

图18-9 绘制矩形　　图18-10 偏移矩形

Step 04 调用【圆角】命令，设置圆角半径为0，圆角内部矩形框边线，如图18-11所示。

Step 05 调用【偏移】命令，将矩形内框及下部边线均向内依次偏移30、20个单位，如图18-12所示。

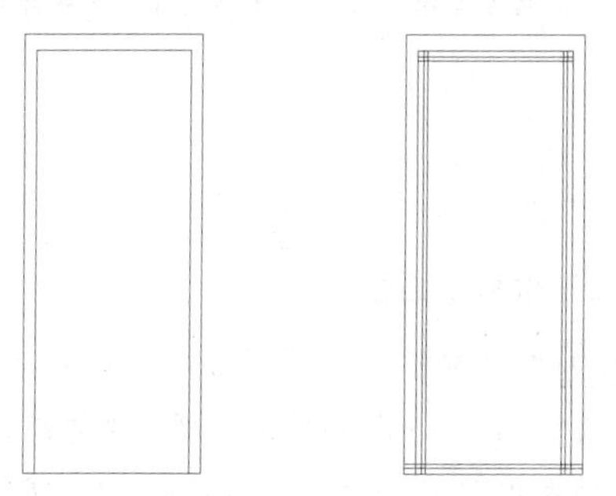

图18-11 圆角矩形　　图18-12 偏移图形

Step 06 调用【修剪】命令，修剪图形，如图18-13所示。

Step 07 调用【直线】命令，绘制门的竖向分隔线，如图18-14所示。

图18-13 修剪矩形　图18-14 绘制竖向分隔线

Step 08 调用【定数等分】命令，将上一步所绘制的竖向分割线等分成三段(使用【定数等分】命令前要先设置点样式)，并调用【直线】命令，沿等分点绘制水平分割线，如图18-15所示。

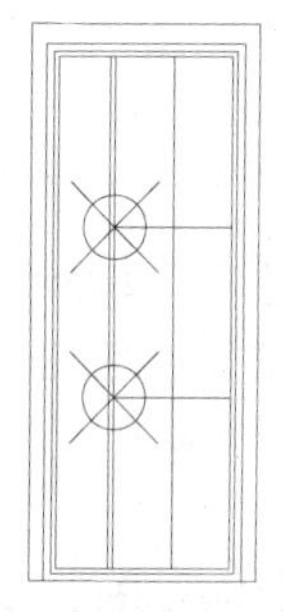

图18-15 绘制水平分割线

Step 09 调用【图案填充】命令，打开【图案填充和渐变色】面板，选择用户定义类型，指定填充间距为25，填充门造型，如图18-16所示。

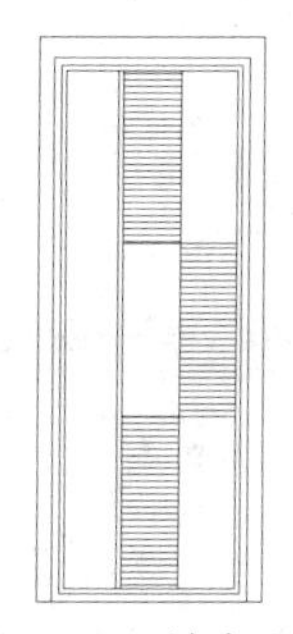

图18-16 填充图案

Step 10 再次调用【图案填充】命令，在第一次填充的基础上指定填充角度为90进行填充，如图18-17所示。

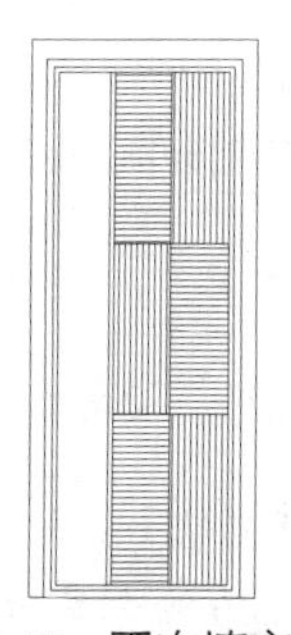

图18-17 再次填充图案

Step 11 调用【椭圆】命令，绘长短轴线为200×100的椭圆，结合【偏移】、【圆】及【样条曲线】命令绘制出门把手，如图18-18所示。

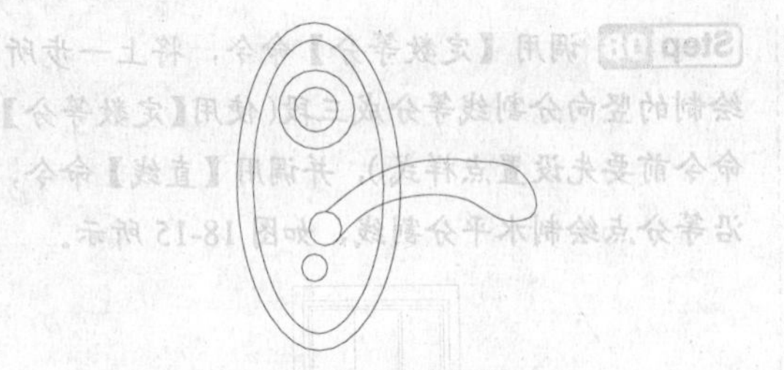

图 18-18　绘制门把手

Step 12 调用 MOVE【移动】命令，将门把手移动至相应的位置，如图 18-19 所示。至此，平开门绘制完成。

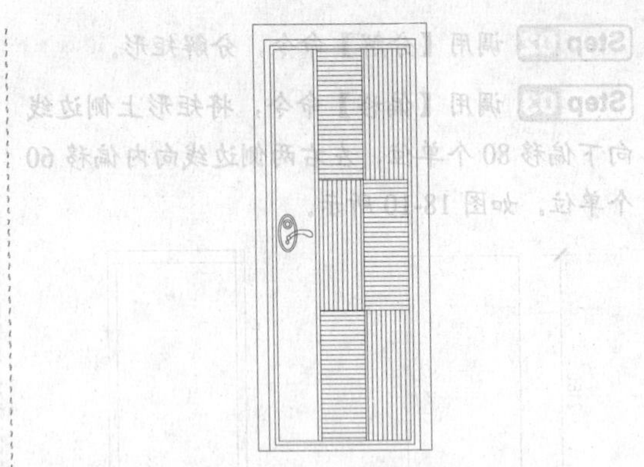

图 18-19　移动门把手

18.2.2　绘制单层推拉窗

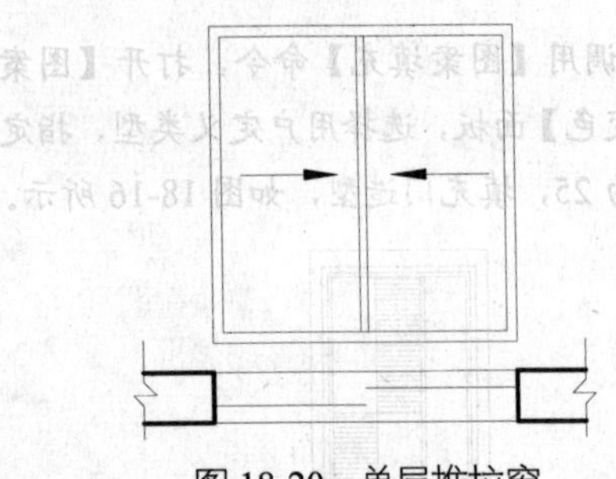

图 18-20　单层推拉窗

窗体是房屋建筑中的维护构件，其主要功能是采光、通风和透气，对建筑物的外观和室内装修造型都有较大的影响。窗体按其安装做法一般可以分为固定窗、上（中、下）悬窗、立转窗、平开窗、平推窗、推拉窗、百叶窗和高窗等。在建筑图形中，窗体名称代号用 C 表示，其立面形式按实际情况绘制。单层推拉窗的绘制结果如图 18-20 所示。

1. 绘制窗体平面图

Step 01 绘制窗台。调用【直线】命令，绘制一条长 1500 的直线。调用 OFFEST【偏移】命令，将其向下偏移 240 个单位，如图 18-21 所示。

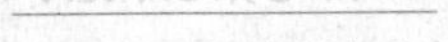

图 18-21　绘制窗台

Step 02 绘制墙体隔断。调用【直线】命令，配合【镜像】命令绘制如图 18-22 所示的墙体隔断。

图 18-22　绘制墙体隔断

Step 03 调用【直线】命令。绘制两条 750 单位长度的直线作为绘制窗开启方向线，如图 18-23 所示。

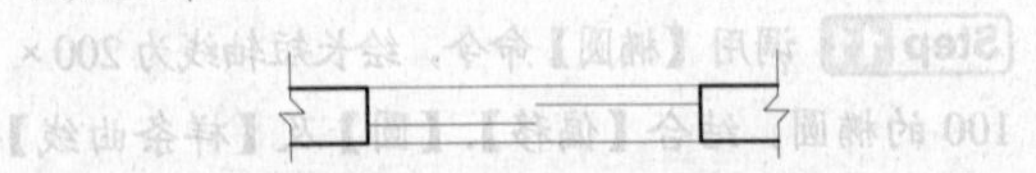

图 18-23　绘制开启方向线

2. 绘制立面窗

Step 01 绘制窗框。调用【矩形】命令，绘制一个长宽均为 1500 的矩形；调用【偏移】命令，将其向内偏移 40 个单位，如图 18-24 所示。

图 18-24　绘制窗框

Step 02 绘制窗分隔。调用【直线】命令，于矩形框中点绘制一条竖直分割线，如图 18-25 所示。调用【偏移】命令，将分割线向左右各偏移 20 个单位。如图 18-26 所示。

Step 03 绘制窗开启方向线。调用【多段线】命令，指定起点宽度为 1、端点宽度为 50，绘制水平向右的箭头，如图 18-27 所示。

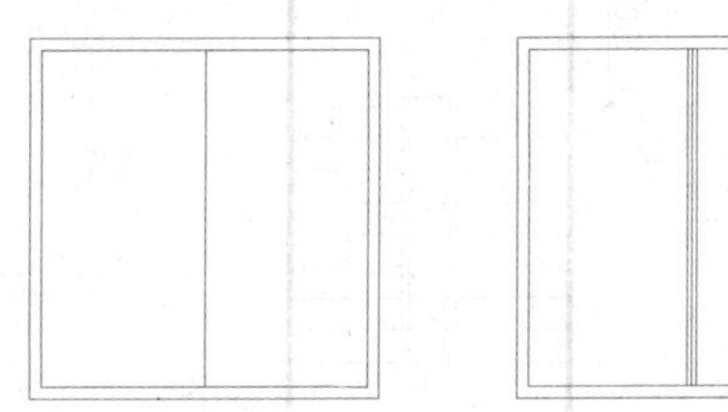

图 18-25　绘制窗分隔　图 18-26　偏移窗分隔

Step 04 调用【直线】命令，绘制箭头引线；调用【镜像】命令，将箭头镜像到另一边，如图 18-28 所示。至此，单层推拉窗绘制完毕。

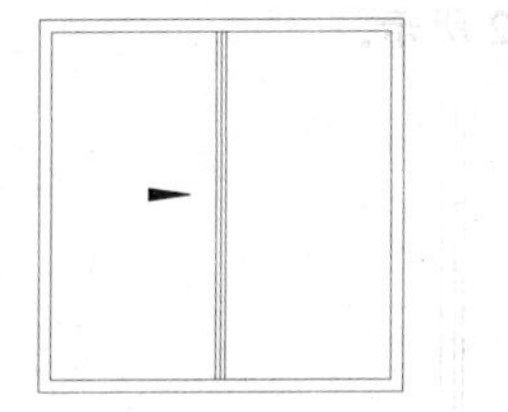

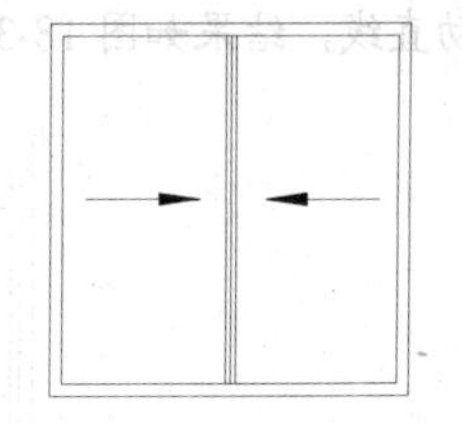

图 18-27　绘制开启方向　图 18-28　镜像箭头

18.2.3　绘制中间层楼梯平面

楼梯是楼层间的垂直交通枢纽，是楼房的重要构件。在高层建筑中，虽然以电梯和自动扶梯作为垂直交通的重要手段，但楼梯仍是必不可少的。不同类型的建筑，对楼梯性能的要求不同，楼梯的形式也不一样。民用建筑的楼梯多采用钢混结构，对美观性的要求高。从外形上来看，楼梯主要分为栏杆、踏步、平台等几个部分。楼梯平面图一般分为底层平面图、标准层平面图和顶层平面图，其效果如图 18-29 所示。本节我们绘制楼梯的标准层平面图，其他楼层平面图的绘制方法与之完全相同。

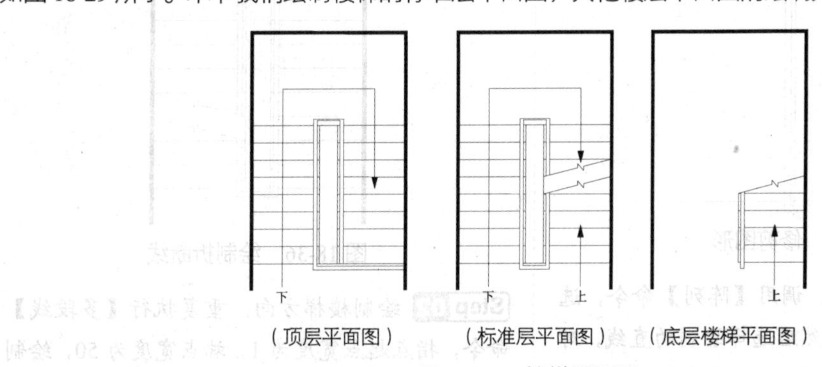

图 18-29　楼梯平面图

1. 绘制栏杆

Step 01 调用【矩形】命令，绘制一个尺寸为 500 × 2440 的矩形。

Step 02 调用【偏移】命令，将矩形依次向内偏移 60、40 个单位，结果如图 18-30 所示。

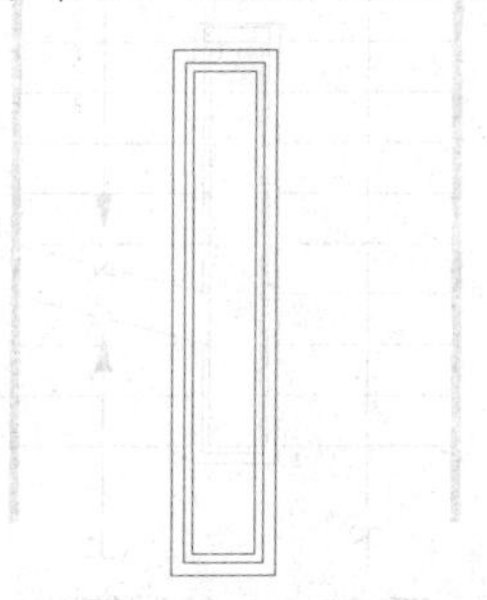

图 18-30　绘制并偏移矩形

Step 03 在夹点编辑模式下，将内部两个矩形上部短边均向上拉升 40 个单位，如图 18-31 所示。

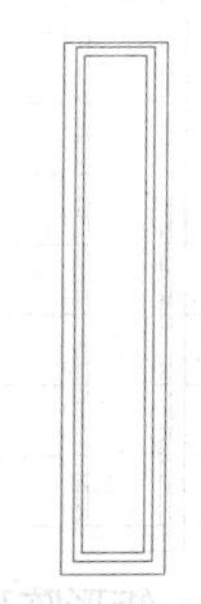

图 18-31　拉伸顶点

2. 绘制踏步

Step 01 绘制一根踏步线。调用【直线】命令，绘制一条长为 2560 的水平直线。

Step 02 移动直线。调用【移动】命令，以直线的中点为基点、以矩形内的中点为第二点，移动直线，结果如图 18-32 所示。

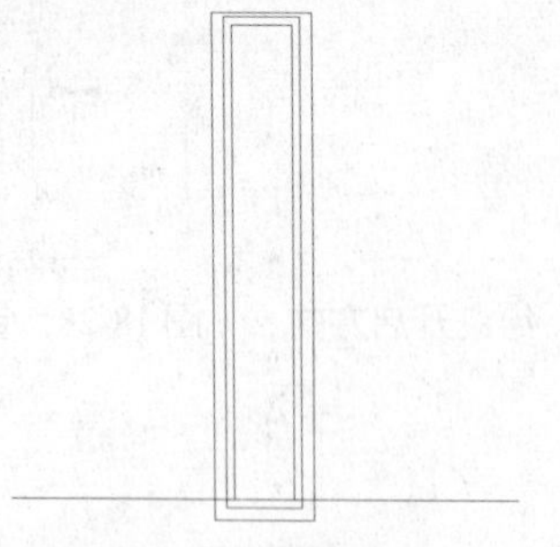

图 18-32　移动直线

Step 03 修剪图形。调用【修剪】命令，对图形进行修剪，结果如图 18-33 所示。

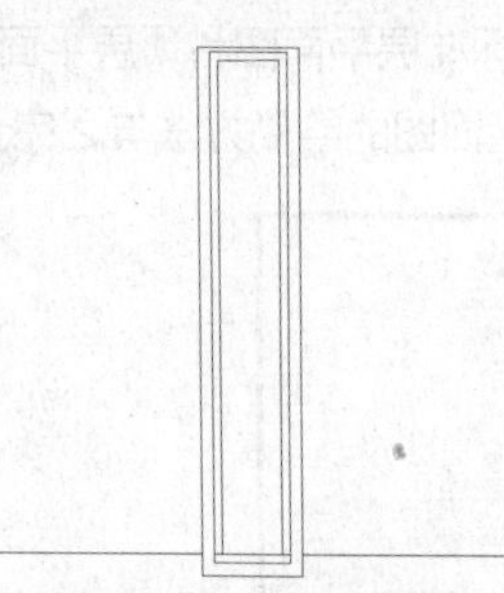

图 18-33　修剪图形

Step 04 阵列踏步线。调用【阵列】命令，选择【矩形阵列】选项，然后选择绘制的直线，对其进行 1 行 9 列的矩形阵列，行偏移量设为 280，阵列结果如图 18-34 所示。

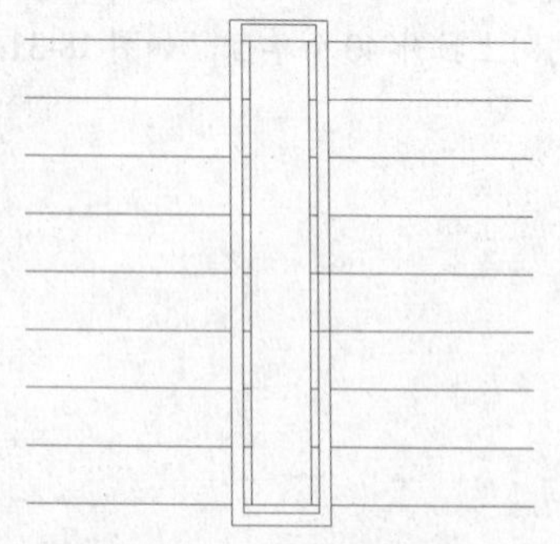

图 18-34　矩形阵列直线

3．绘制平台。

调用【多段线】命令，绘制如图 18-35 所示的多段线。

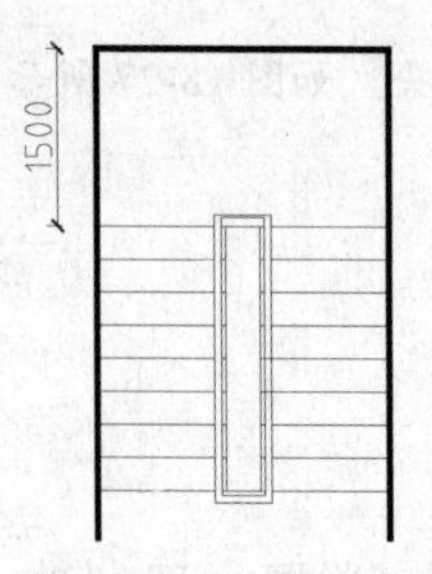

图 18-35　绘制平台

4．完善图形

Step 01 绘制折断线。调用【多段线】命令，在如图 18-36 所示的位置绘制折断线，并修剪多余的线条。

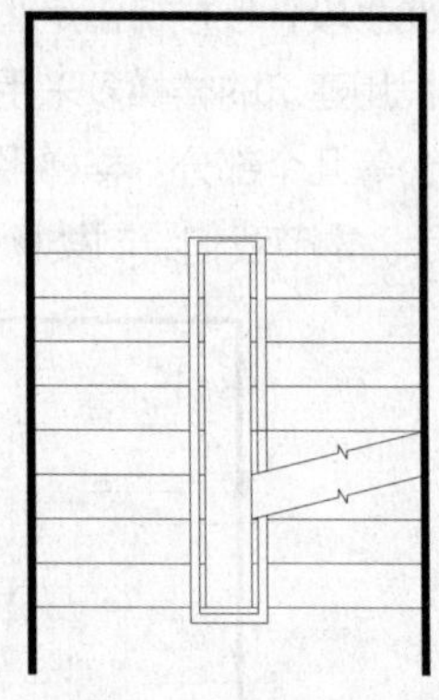

图 18-36　绘制折断线

Step 02 绘制楼梯方向。重复执行【多段线】命令，指点起点宽度为 1，端点宽度为 50，绘制箭头，配合【直线】与【单行文字】命令绘制楼梯方向，结果如图 18-37 所示。至此，中间层楼梯绘制完成。

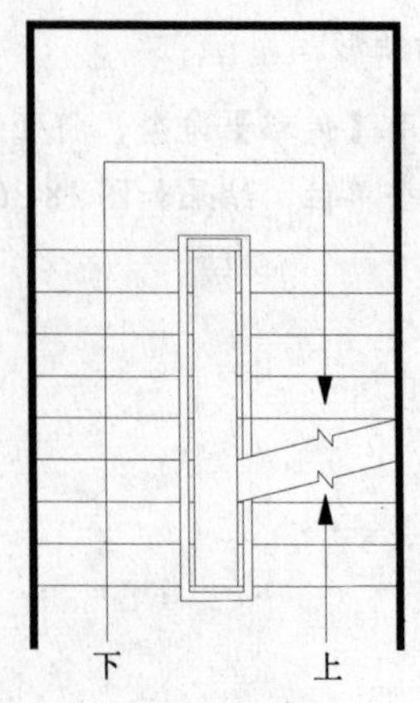

图 18-37　绘制箭头

18.3 绘制住宅楼设计图

供家庭居住使用的建筑称为住宅。住宅的设计，不仅要注重套型内部平面空间关系的组合和硬件设施的改善，还要全面考虑住宅的光环境、声环境、热环境和空气质量环境的综合条件及其设备的配置，这样才能获得一个高舒适度的居住环境。住宅楼按楼层高度分为：低层住宅（1～3 层）、多层住宅（4～6 层）、中高层住宅（7～9）和高层住宅（10 层以上）。

本例为某学校教师宿舍楼建筑设计图形，该宿舍楼共有七层，图 18-38 为其标准层平面图，从图中不难看出，该宿舍楼呈东西高度对称结构，因此我们可以【镜像】复制的方法进行绘制，镜像完后再添加一些附加的图元，这样既可以提高工作效率，也方便图形的绘制。

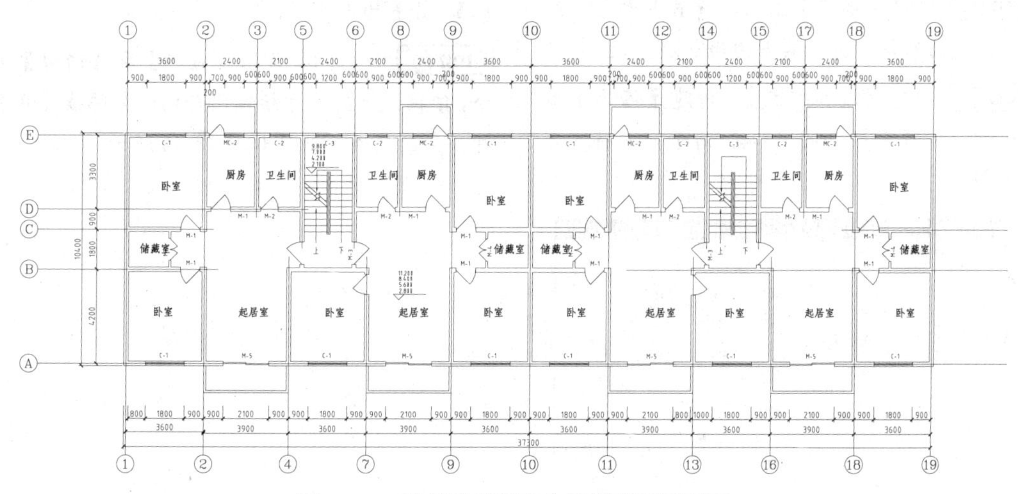

图 18-38　某学校教师宿舍楼标准层平面图

18.3.1 绘制教师宿舍楼标准层平面图

该宿舍楼共有两梯四户，呈对称结构。因此，在绘制的时候我们可以先绘制其中的一个户型再镜像，然后再插入其他图元，最后添加图形标注。

其绘制步骤为：先绘制轴线，然后依据轴线绘制墙体，再绘制门、窗，接着插入图例设施，最后添加文字标注。

1. 绘制轴线

Step 01 新建【轴线】图层，指定线型为【ACAD_IS004W100】，颜色为红色，并将其置为当前图层。

Step 02 绘制轴线。调用【直线】命令，并配合【偏移】命令绘制横竖 5×6 条直线，其关系如图 18-39 所示。

Step 03 修剪轴线。利用【修剪】和【擦除】命令，整理轴线，结果如图 18-40 所示。

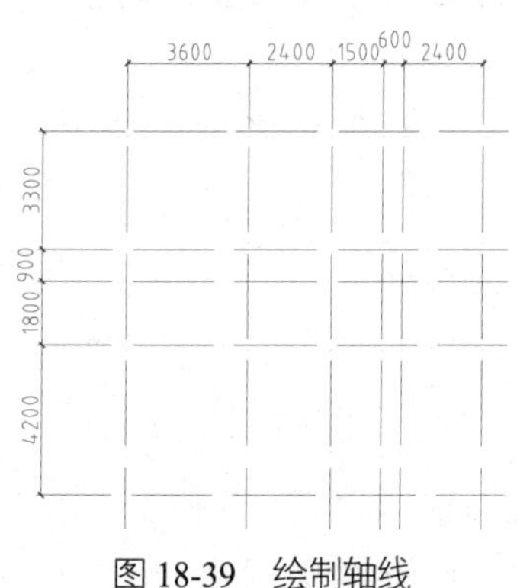

图 18-39　绘制轴线

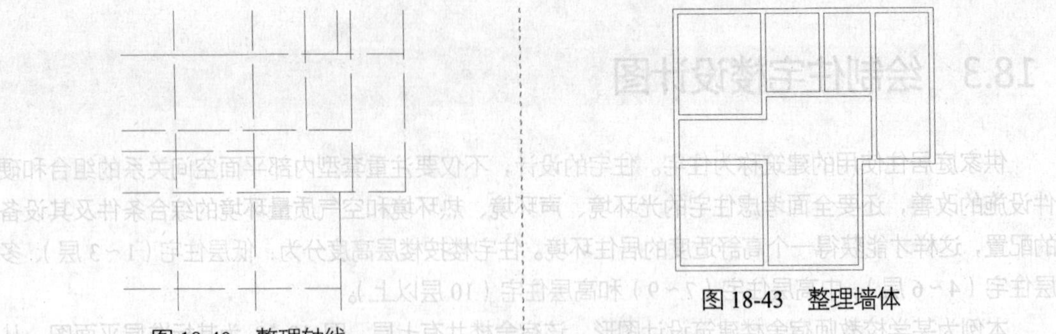

图 18-40　整理轴线

2. 绘制墙体

Step 01 新建【墙体】图层，设置其颜色、线型、线宽为默认，并将其置为当前层。

Step 02 创建【墙体样式】。新建【墙体】多线样式，设置参数如图 18-41 所示，并将其置于当前。

图 18-41　设置多线样式

Step 03 绘制墙体。调用【多段线】命令，指定比例为 1，沿轴线交点绘制墙体，如图 18-42 所示。

Step 04 整理墙体。调用【分解】与【修剪】命令，整理墙体，结果如图 18-43 所示。

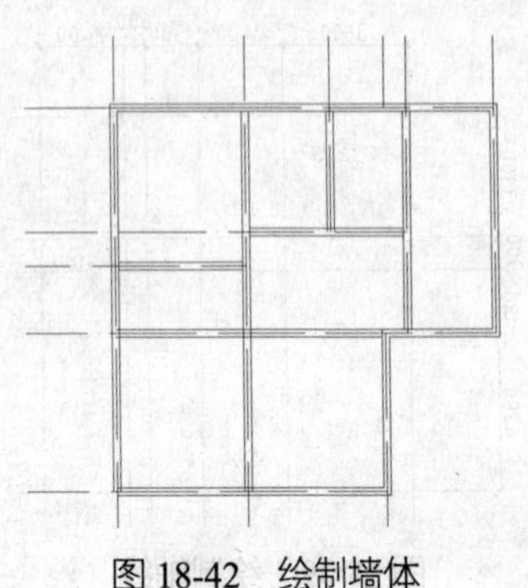

图 18-42　绘制墙体

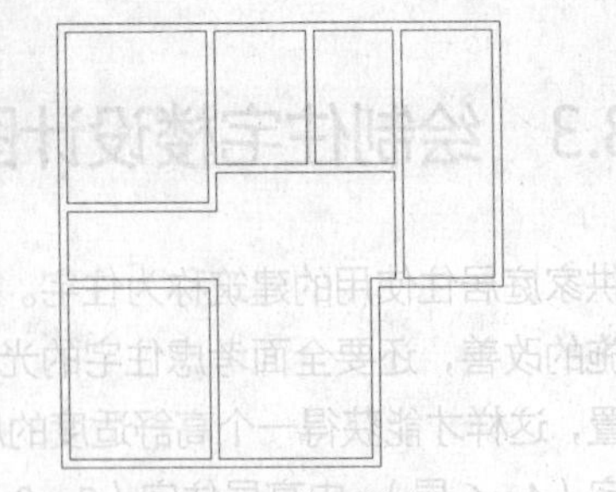

图 18-43　整理墙体

3. 绘制门

Step 01 新建【门】图层，将其颜色改为【洋红】，并置为当前层。

Step 02 开门洞。调用【直线】和【修剪】命令，依据设计的尺寸绘制门与墙的分隔线并修剪掉多余的线条，结果如图 18-44 所示。

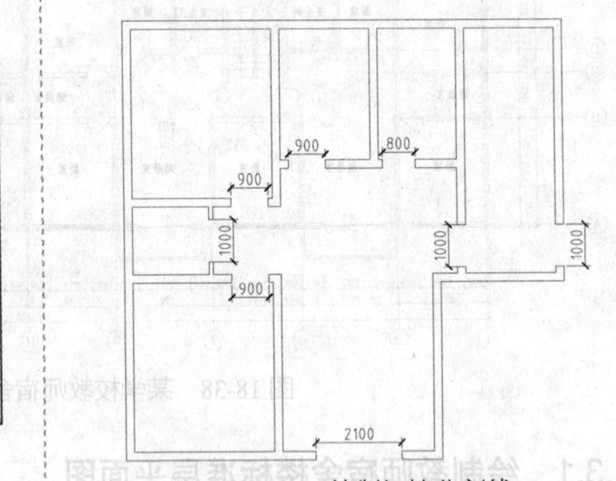

图 18-44　绘制门墙分割线

Step 03 插入门图块。插入随书光盘中的“普通门”与“推拉门”图块，如图 18-45 所示。

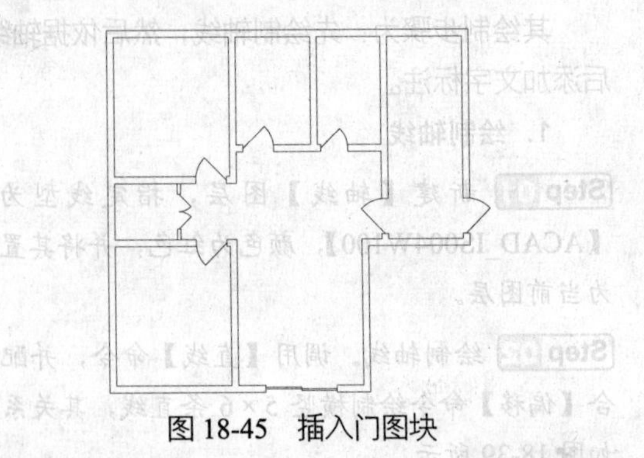

图 18-45　插入门图块

4. 绘制窗

Step 01 新建【窗】图层，将其颜色改为【青色】，并置为当前图层。

Step 02 建立【窗户】样式。新建【窗】多线样式，设置参数并将其置为当前多线样式，如图18-46所示。

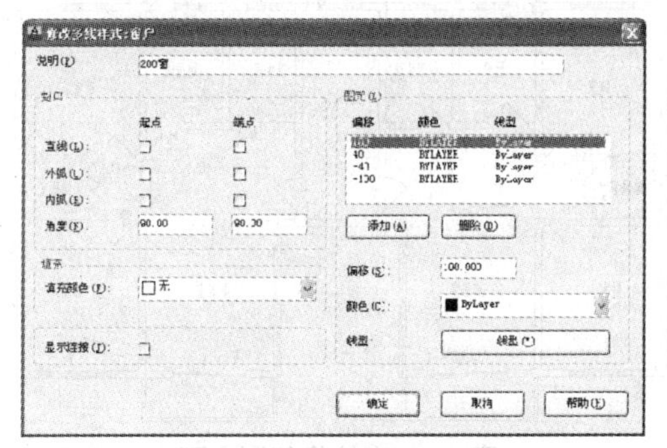

图 18-46　设置多线样式

Step 03 开窗洞。调用【直线】和【修剪】命令，绘制窗墙分割线并修剪多余的线段，结果如图18-47所示。

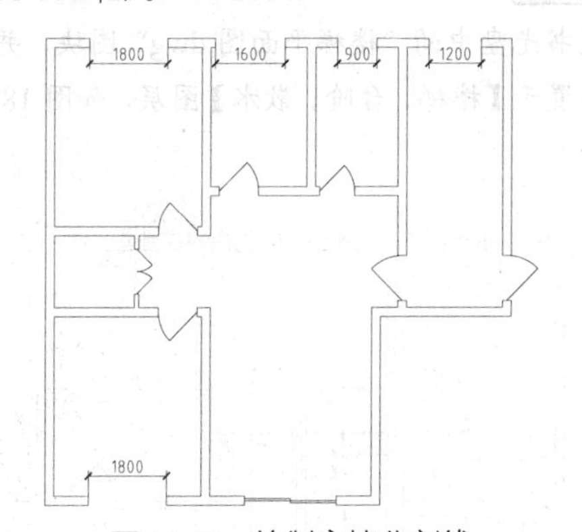

图 18-47　绘制窗墙分割线

Step 04 调用【多线】命令，绘制窗户，效果如图18-48所示。

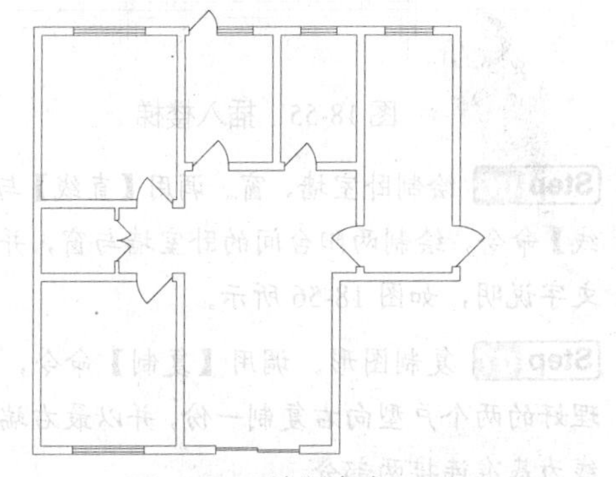

图 18-48　绘制窗户

5. 绘制楼梯、阳台

Step 01 新建【楼梯、台阶、散水】图层，设置为默认属性并将其置为当前图层。

Step 02 调用【多段线】命令，绘制开放式阳台，效果如图18-49所示。

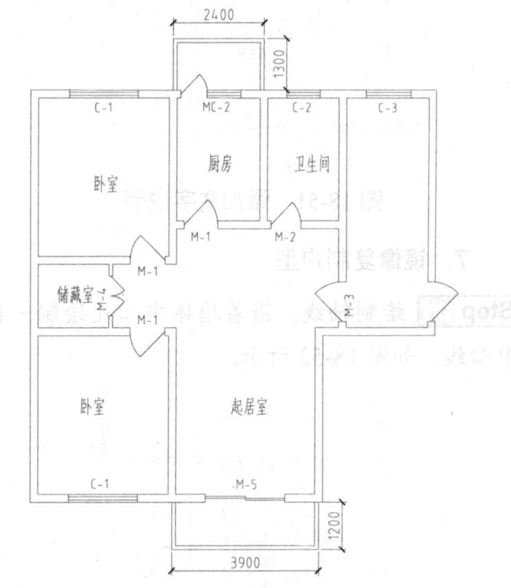

图 18-49　绘制阳台

6. 添加文字说明

Step 01 新建【文字注释】图层，设置属性为默认并置为当前图层。

Step 02 新建【gbcig】字体样式，如图18-50所示设置字体，并将其置为当前文字样式。

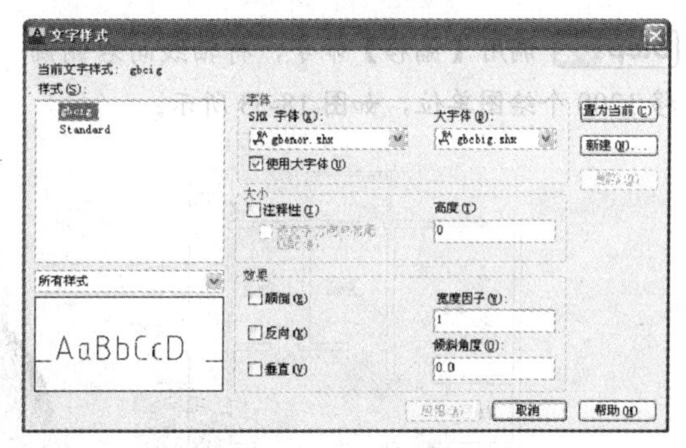

图 18-50　设置字体样式

Step 03 对图形添加文字说明，效果如图18-51所示。

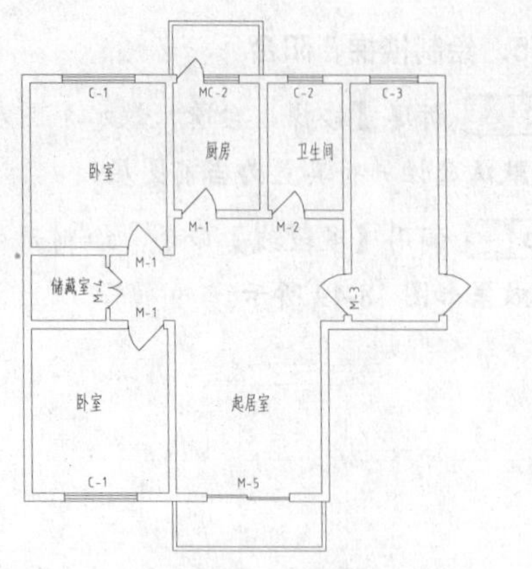

图 18-51　添加文字说明

7. 镜像复制户型

Step 01 绘制轴线。沿着墙体中心处绘制一条中心线，如图 18-52 所示。

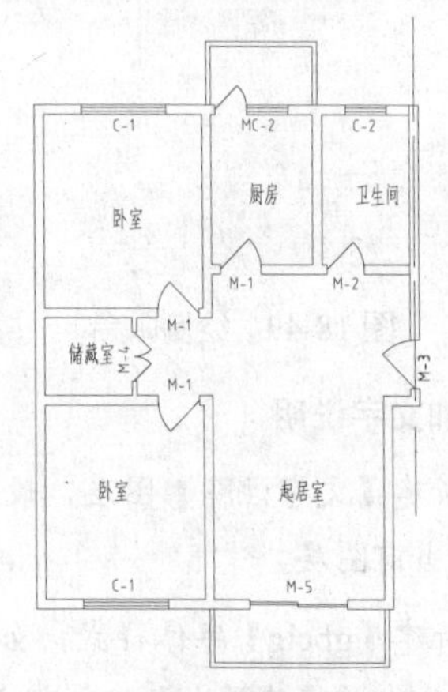

图 18-52　绘制轴线

Step 02 调用【偏移】命令，将轴线向右侧偏移 1200 个绘图单位，如图 18-53 所示。

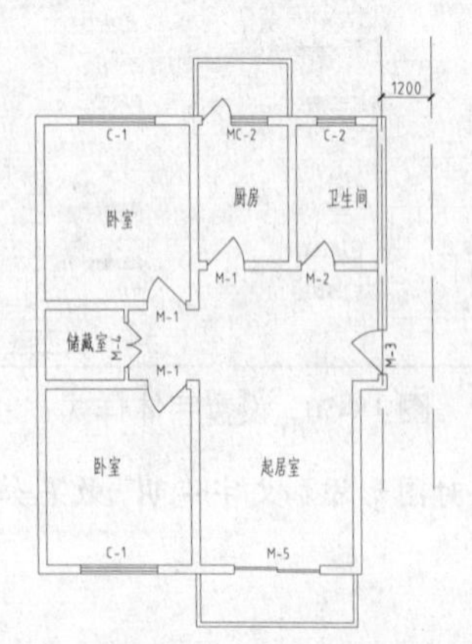

图 18-53　偏移轴线

Step 03 镜像图形。调用【镜像】命令，以偏移之后的辅助线为轴，镜像户型，并绘制上墙体与窗户，结果如图 18-54 所示。

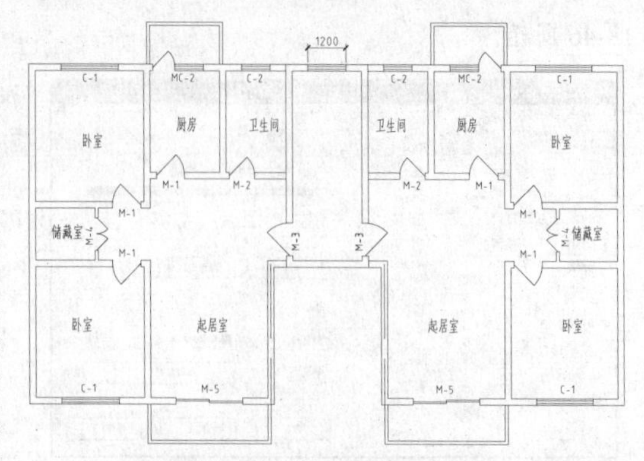

图 18-54　镜像复制户型

Step 04 整理图形。调用【修剪】与【删除】命令，删除户型间重复的地方。

Step 05 插入楼梯。调用【插入块】命令，插入随书光盘中的“楼梯平面图.dwg”图块，并将其放置于【楼梯、台阶、散水】图层，如图 18-55 所示。

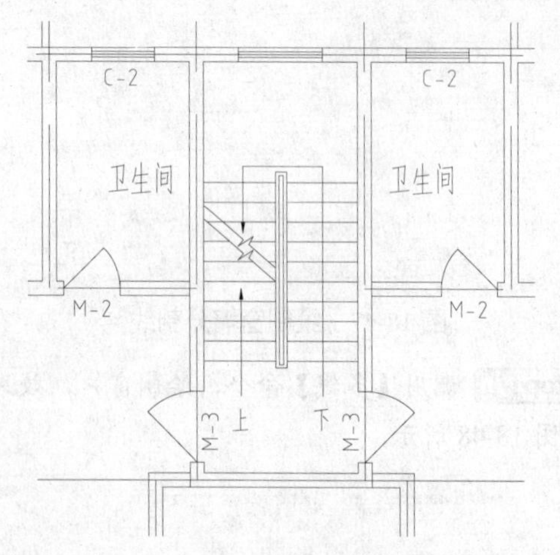

图 18-55　插入楼梯

Step 06 绘制卧室墙、窗。调用【直线】与【多线】命令，绘制两阳台间的卧室墙与窗，并添加文字说明，如图 18-56 所示。

Step 07 复制图形。调用【复制】命令，将整理好的两个户型向右复制一份，并以最右端的轴线为基准连接两部分。

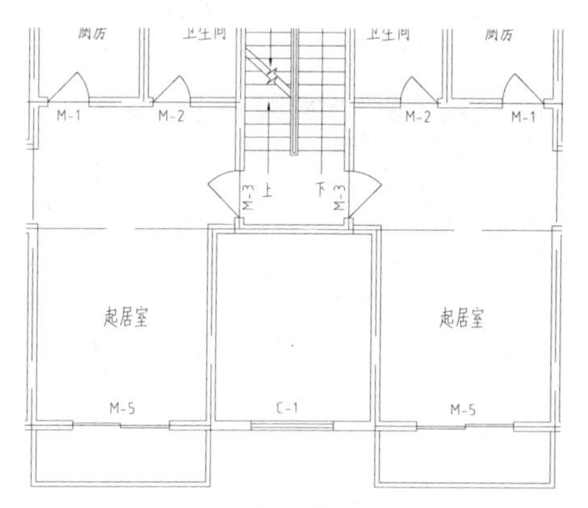

图 18-56　绘制卧室墙、窗

Step 08 整理图形。调用【修剪】命令，修剪相连接两部分之间多余的线段，并绘制轴线，结果如图 18-57 所示。

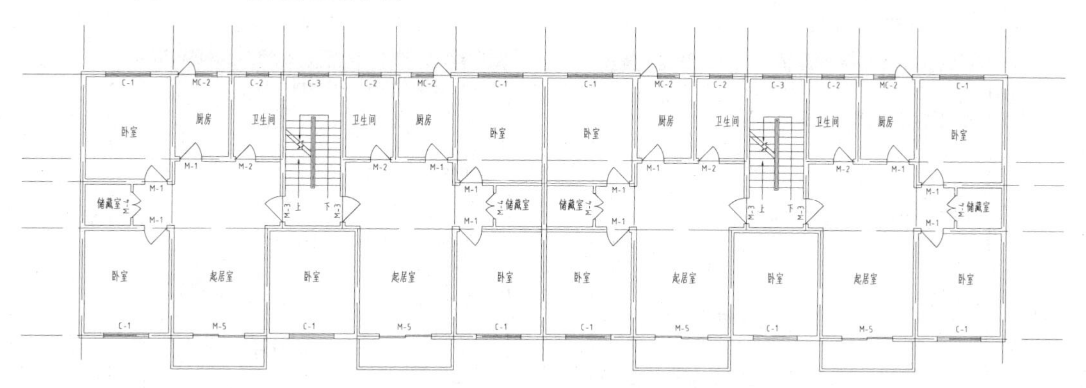

图 18-57　复制户型并进行修剪

8．添加尺寸标注

平面图中尺寸的标注，有外部标注和内部标注两种。外部标注是为了便于读图和施工，一般在图形的下方和左侧注写三道尺寸，平面图较复杂时，也可以注写在图形的上方和右侧。为方便理解，按尺寸由内到外的关系说明这三道尺寸。

- 第一道尺寸：表示外墙门窗洞的尺寸。
- 第二道尺寸：表示轴线间距离的尺寸，用以说明房间的开间和进深。
- 第三道尺寸：建筑外包总尺寸，是指从一端外墙边到另一端外墙边的总长和总宽的尺寸。底层平面图中标注了外包总尺寸，在其他各层平面中，就可省略外包总尺寸，或者仅标注出轴线间的总尺寸。

三道尺寸线之间应留有适当的距离（一般为 7～10，但第一道尺寸线应距离图形最外轮廓线 15～20），以便注写数字等。

内部标注，为了说明房间的净空大小和室内的门窗洞、孔洞、墙厚和固定设备（如厕所、工作台、隔板、厨房等）的大小和位置，以及室内楼地面的高度，在平面图上应清楚地注写出有关的内部尺寸和楼地面标高。相同的内部构造或设备尺寸，可省略或简化标注。

其他各层平面图的尺寸，除标注出轴线间的尺寸和总尺寸外，其余与底层平面图相同的细部尺寸均可省略。

Step 01 新建【尺寸标注】图层，将其颜色改为蓝色，并置为当前图层。

Step 02 新建【尺寸标注】标注样式，将标注文字更改为 gbcig 文字样式，设置参数如所图 18-58

所示，并将其置为当前标注样式。

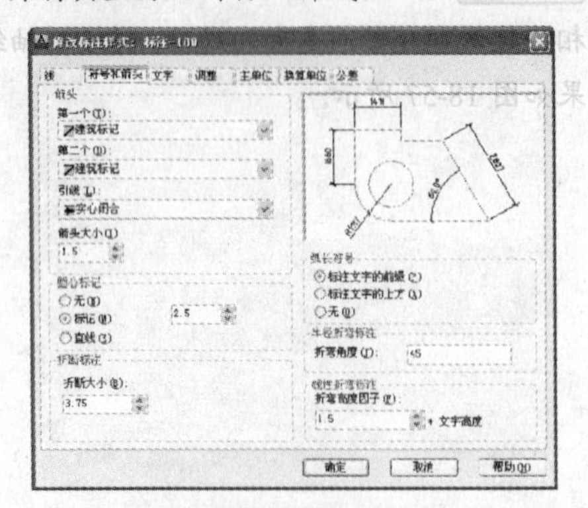

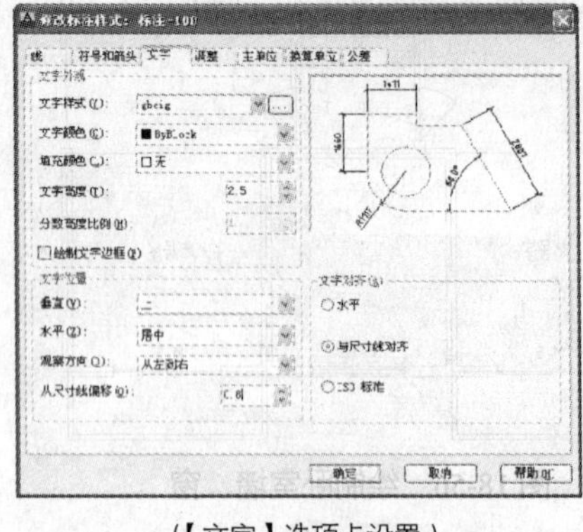

（【符号和箭头】选项卡设置）

（【文字】选项卡设置）

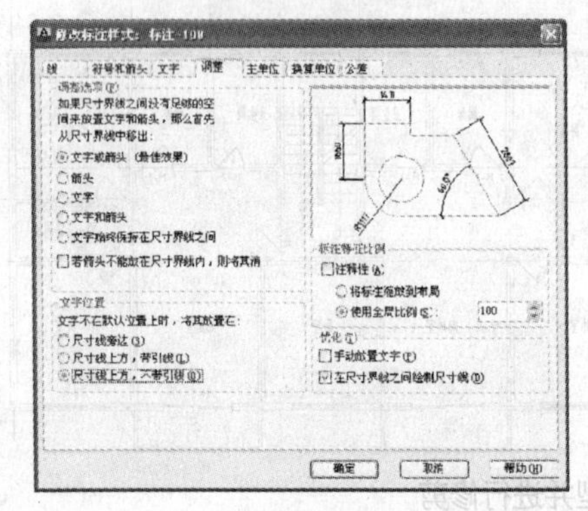

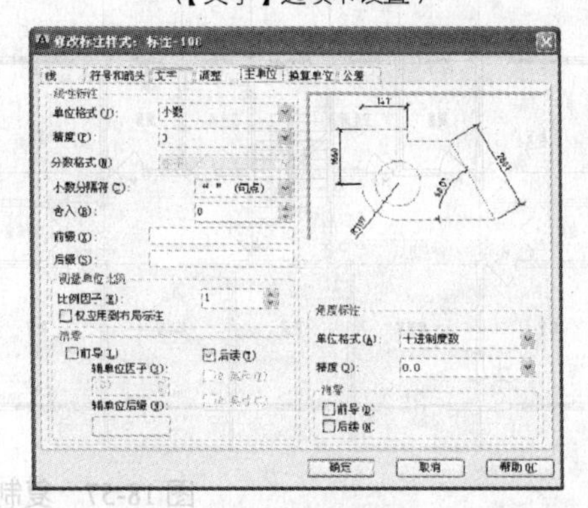

（【调整】选项卡设置）

（【主单位】选项卡设置）

图 18-58　设置尺寸标注参数

Step 03 尺寸标注。调用【线性】、【连续】和【基线】标注命令，对图形进行尺寸标注，结果如图 18-59 所示。

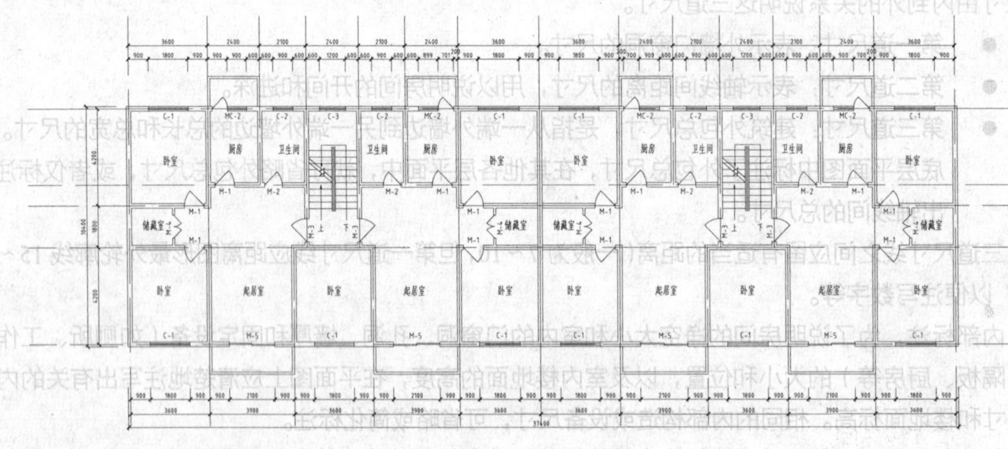

图 18-59　标注尺寸

9．添加标高标注

本例中，标准层标高有两处需要标注：一是楼梯间平台标高，二是室内地面标高。插入随书光盘中的“标高符号.dwg”文件并修改高度，结果如图 18-60 所示。

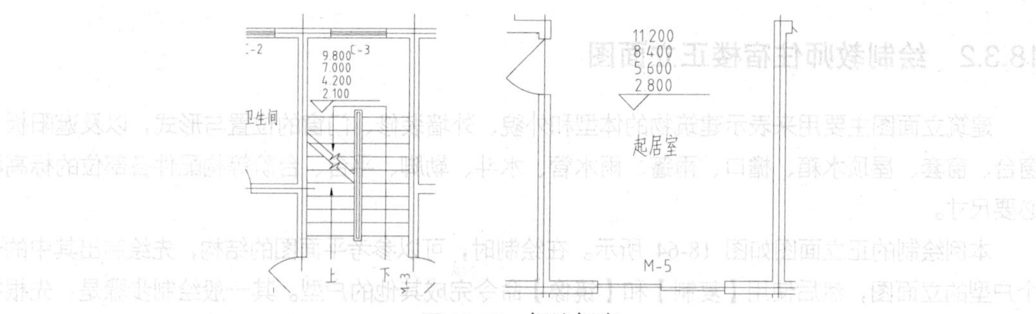

图 18-60　标注标高

10．添加轴号标注

平面图上定位轴线的编号，横向编号应用阿拉伯数字，从左至右顺序编写；竖向编号应用大写英文字母，从下至上顺序编写。英文字母的 I、Z、O 不得用作编号，以免与数字 1、2、0 混淆。编号应写在定位轴线端部的圆内，该圆的直径为 800～1000mm，横向、竖向的圆心各自对齐在一条线上。

Step 01 设置轴号标注字体。新建【COMPLEX】文字样式，设置如图 18-61 所示。

Step 02 设置属性块。调用【圆】命令，绘制一个直径为 800 的圆，并将其定义为属性块，属性参数设置如图 18-62 所示。

图 18-61　设置字体样式

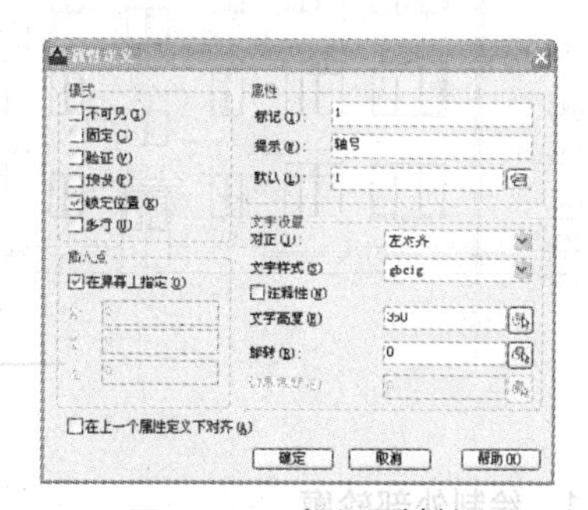

图 18-62　定义属性块

Step 03 调用【插入】命令，插入属性块，完成轴号的标注，结果如图 18-63 所示。至此，平面图绘制完成。

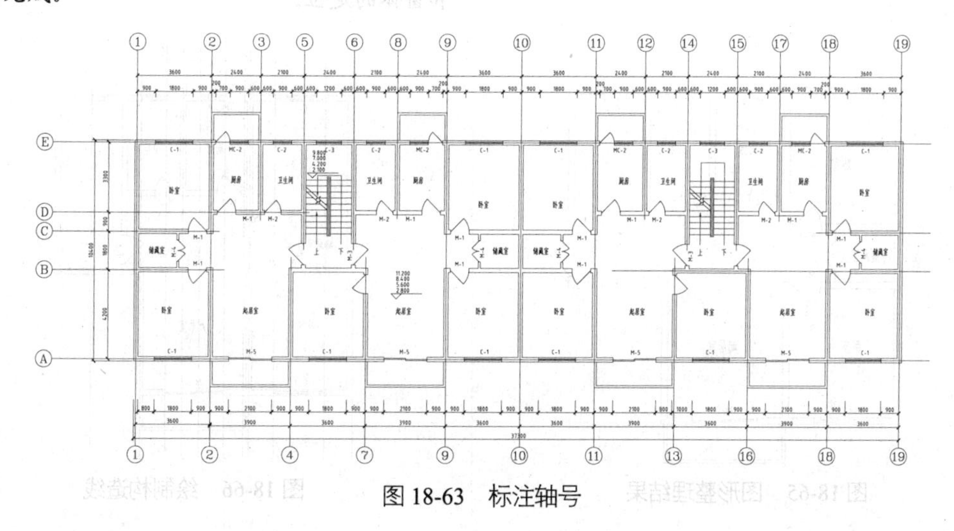

图 18-63　标注轴号

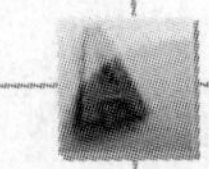

18.3.2 绘制教师住宿楼正立面图

建筑立面图主要用来表示建筑物的体型和外貌、外墙装修、门窗的位置与形式，以及遮阳板、窗台、窗套、屋顶水箱、檐口、雨篷、雨水管、水斗、勒脚、平台、台阶等构配件各部位的标高和必要尺寸。

本例绘制的正立面图如图 18-64 所示。在绘制时，可以参考平面图的结构，先绘制出其中的一个户型的立面图，然后使用【复制】和【镜像】命令完成其他的户型。其一般绘制步骤是：先根据平面图绘制立面轮廓，再绘制细部构造，接着使用【复制】和【镜像】命令完善图形，最后进行文字和尺寸等的标注。

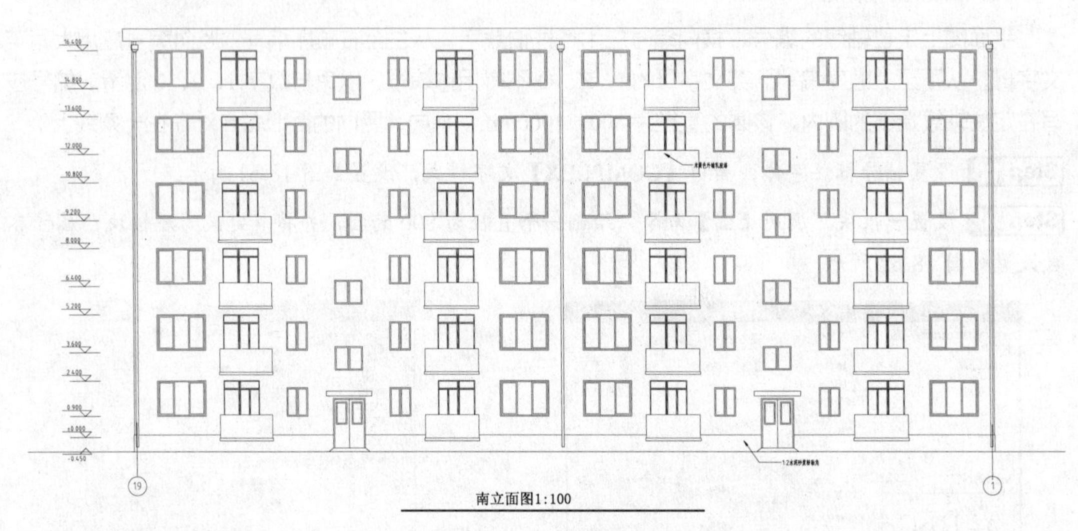

图 18-64　正立面图

1. 绘制外部轮廓

Step 01 复制平面图。调用【删除】和【修剪】等操作，整理出一个户型图，结果如图 18-65 所示。

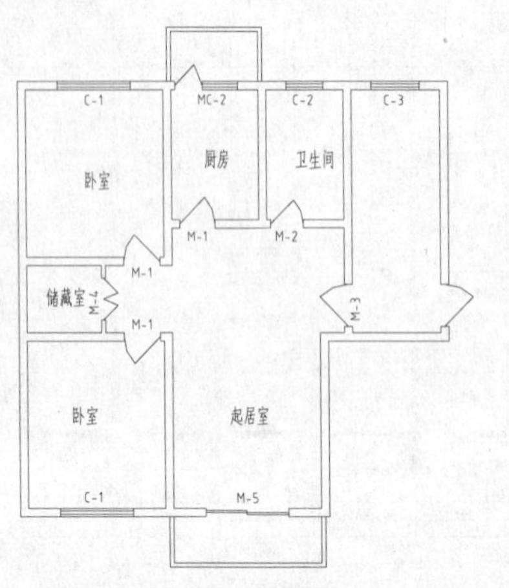

图 18-65　图形整理结果

Step 02 绘制轮廓线。将【墙体】层置为当前图层，调用【构造线】命令，过墙体及门窗边缘绘制如图 18-66 所示的 11 条构造线，进行墙体和窗体的定位。

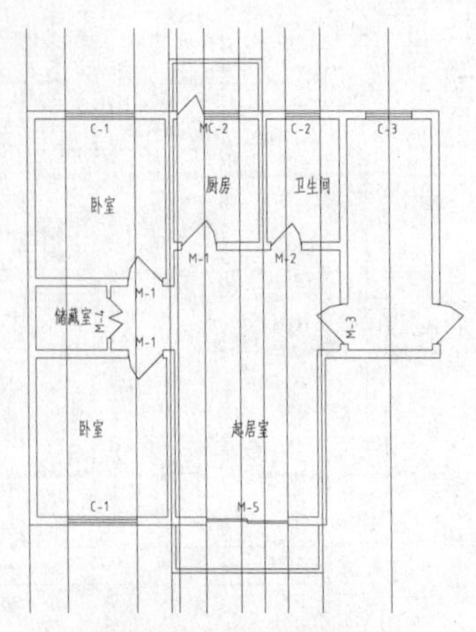

图 18-66　绘制构造线

专家提醒

最右侧的构造线位于窗线中点的位置，户型关于此线对称。

2．绘制阳台

Step 01 调用【直线】及【偏移】命令，绘制标高线位置，并删除多余的线条，结果如图 18-67 所示。

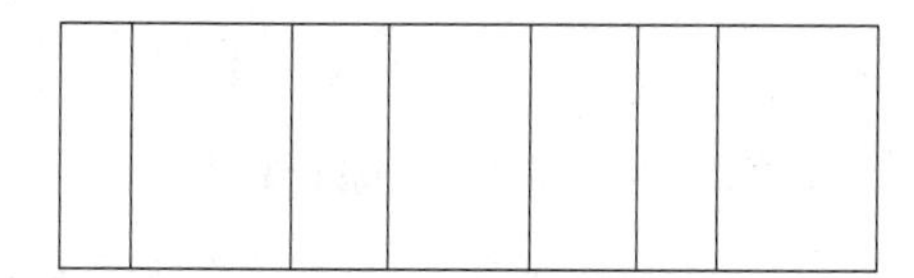

图 18-67 绘制标高线位置

Step 02 绘制线脚。调用【矩形】命令，绘制一个 110×2400 大小的矩形，并将其移动定位于 0 标高线下方 30 个单位处，如图 18-68 所示。

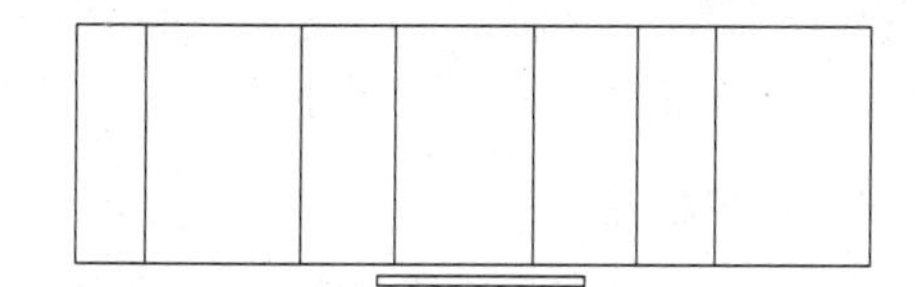

图 18-68 绘制矩形 1

Step 03 调用【矩形】命令，绘制一个 1000×2340 大小的矩形，捕捉中点对齐上一步所绘矩形，如图 18-69 所示绘制矩形。

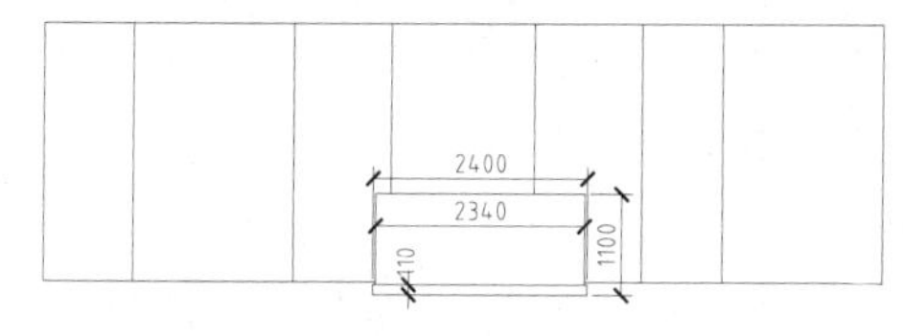

图 18-69 绘制矩形 2

Step 04 插入门窗。插入随书光盘中的“立面 C1 样式窗.dwg”、“立面 MC2 样式门连窗.dwg”、“立面 C2 样式窗.dwg”图块，并修剪图形的多余部分，结果如图 18-70 所示。

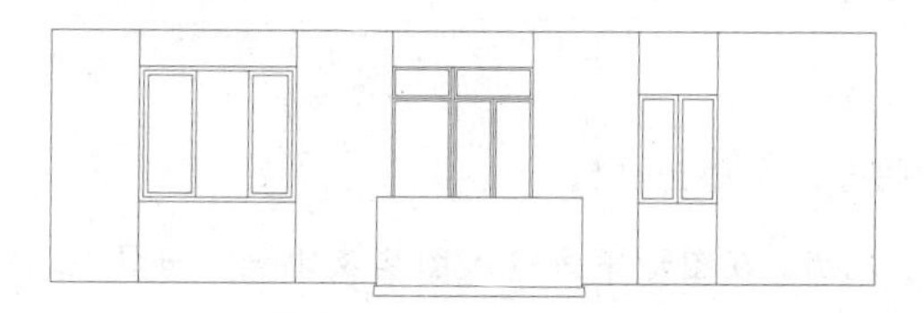

图 18-70 插入门窗图块

3．复制、镜像户型立面

Step 01 调用【复制】命令，捕捉标高处辅助线依次向上复制六层立面，如图 18-71 所示。

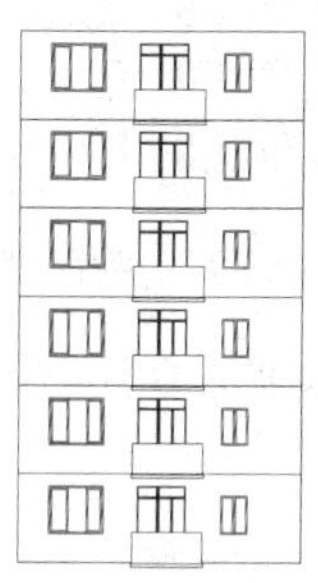

图 18-71 复制多层户型

Step 02 调用【镜像】命令，以右边轮廓线为轴线将立面户型镜像两次并删除多余的线条，如图 18-72 所示。

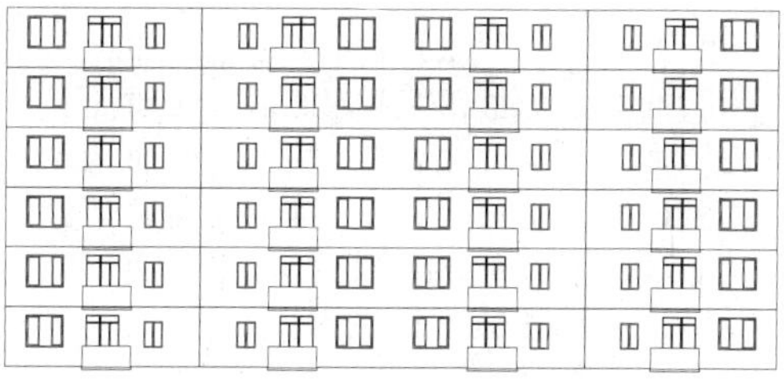

图 18-72 镜像立面图形

Step 03 插入楼梯间门窗。插入随书光盘中的“立面入户门.dwg”与“立面 C3 样式窗”图块，并通过辅助线定位，如图 18-73 所示。

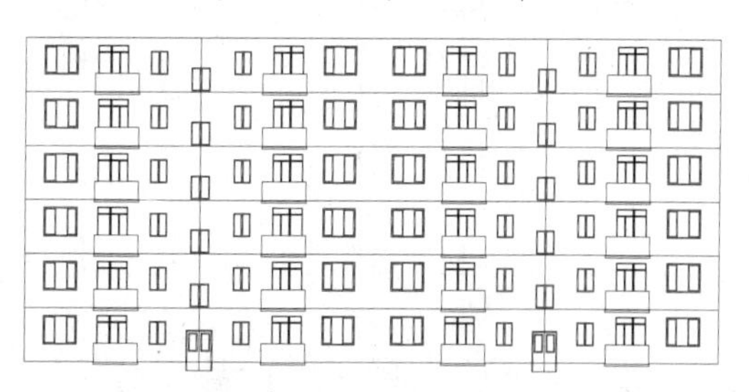

图 18-73 插入楼梯间门窗

4．完善图形

Step 01 将【墙体】图层置为当前图层。

Step 02 绘制屋顶。调用【矩形】命令，绘制 38400×520 大小的矩形，捕捉矩形左下角点移动至户型立面图左上角点左侧 400 个单位处，如图 18-74 所示。

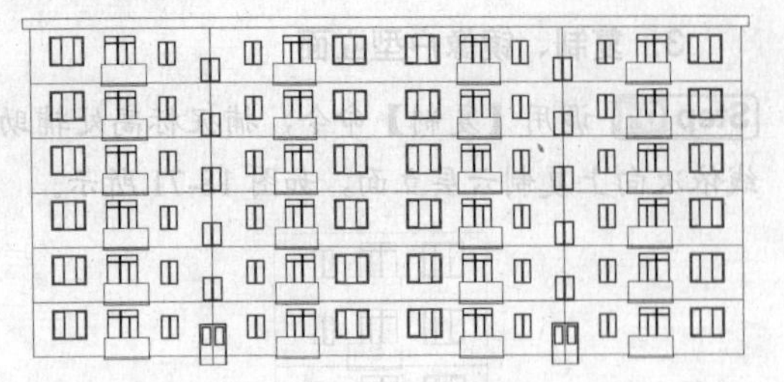

图 18-74 绘制屋顶

Step 03 将【楼梯、台阶、散水】图层置为当前层。

Step 04 绘制地面线脚。调用【矩形】命令，绘制 37640 × 700 大小的矩形并打断，通过中点对齐的方式对齐 0 标高线下 700 单位处，修剪掉线脚与门窗相交处的线条，并向两端拉伸地平线，如图 18-75 所示。

图 18-75 绘制地面线脚

Step 05 调用【直线】与【矩形】命令，绘制入户坡道与挡板，如图 18-76 所示。

Step 06 绘制雨水管。插入随书光盘中的“立面雨水管.dwg”文件，如图 18-77 所示。

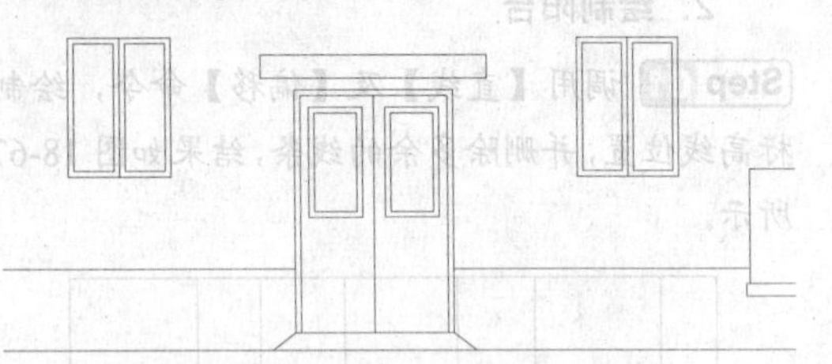

图 18-76 绘制入户坡道与挡板

图 18-77 插入雨水管

5. 图形标注

参照平面图标高、轴号与文字的标注方法标注立面图，其结果如图 18-78 所示。

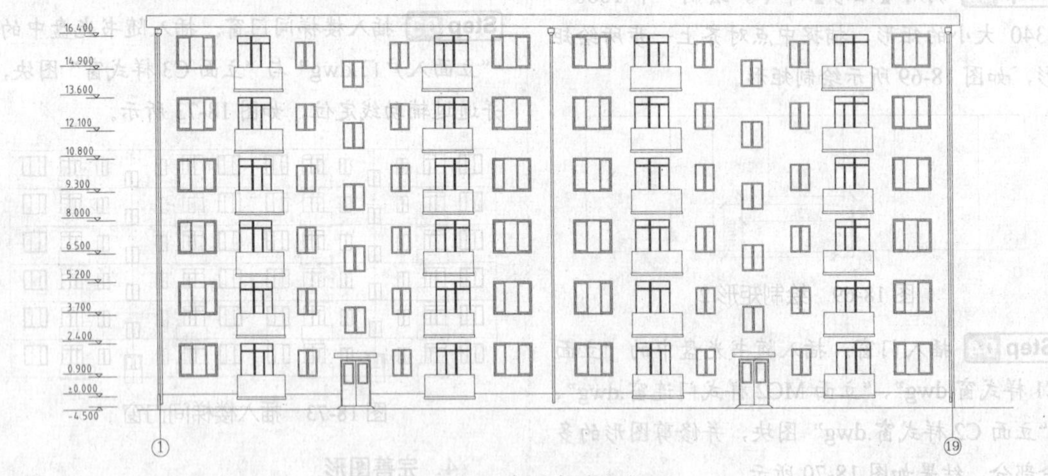

图 18-78 标注标高与轴号

6. 文字标注

Step 01 调用【引线】命令，设置引线箭头为实心闭合，大小为 2.5。

Step 02 调用【单行文字】命令，在引线末输入文字说明，在图形下方输入图名及比例，如图 18-79 所示。至此，正立面图绘制完毕。

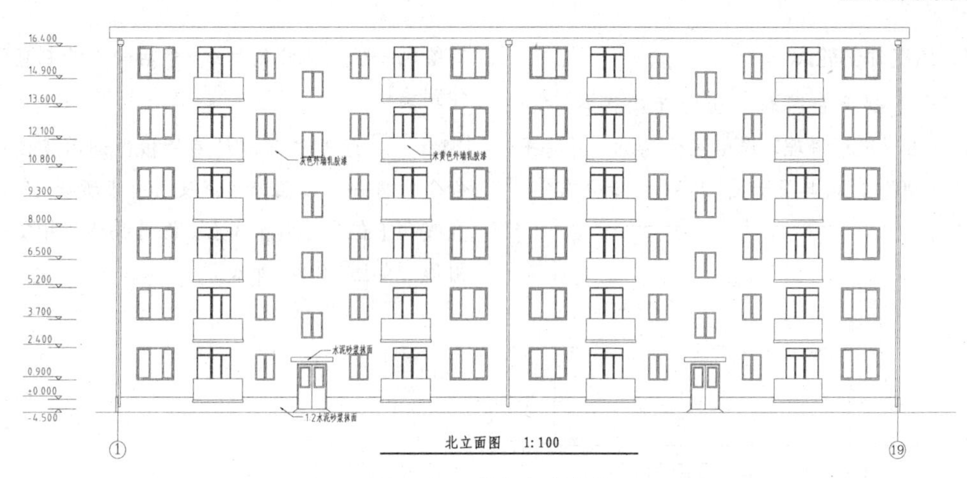

图 18-79 添加文字标注

18.3.3 绘制教师住宿楼剖面图

剖面图的剖切位置和数量应根据建筑物自身的复杂情况而定，一般剖切位置选择在建筑物的主要部位或是构造较为典型的部位，如楼梯间等处。习惯上，剖面图不画基础，断开面上材料图例与图线的表示均与平面图的表示相同，即被剖到的墙、梁、板等用粗实线表示，没有剖到的但是可见的部分用中粗实线表示，被剖切断开的钢筋混凝土梁、板涂黑表示。

本例绘制的为剖切位置位于楼梯处的剖面图，如图 18-80 所示。在绘图时，可以先绘制出一层和二层的剖面结构，再复制出 3～6 层的剖面结构，最后绘制屋顶结构。其一般绘制步骤是：先根据平面图和立面图，绘制出一个户型的剖面轮廓，再绘制细部构造，接着使用【复制】和【镜像】命令完善图形，然后绘制屋顶剖面结构，最后进行文字和尺寸等的标注。

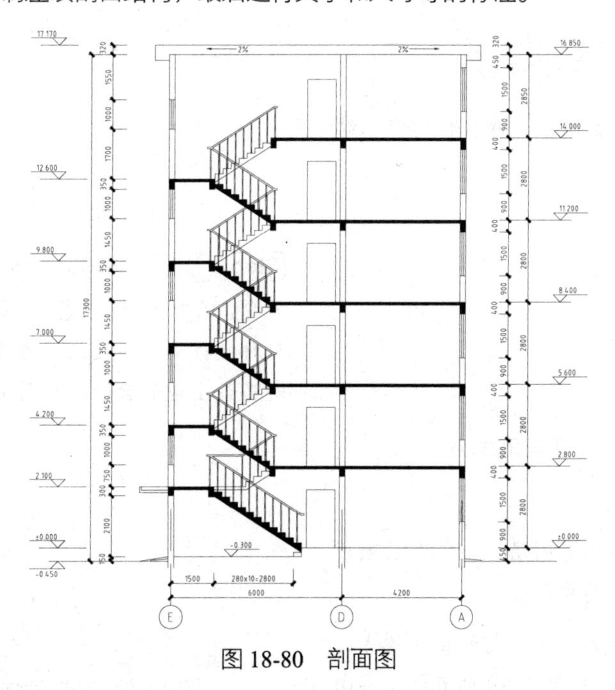

图 18-80 剖面图

1. 绘制外部轮廓

Step 01 复制平面图和立面图于绘图区空白处，并对图形进行清理，保留主体轮廓，并将平面图旋转90°，使其呈如图18-81所示分布。

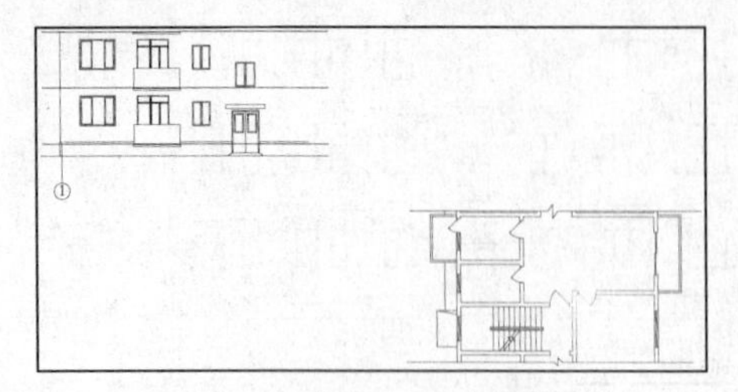

图18-81　调用平、立面图形

Step 02 绘制辅助线。指定【墙】图层为当前层。调用【构造线】命令，过墙体、楼梯、楼层分界线及阳台，绘制如图18-82所示的4条水平构造线和6条垂直构造线，进行墙体和梁板的定位。

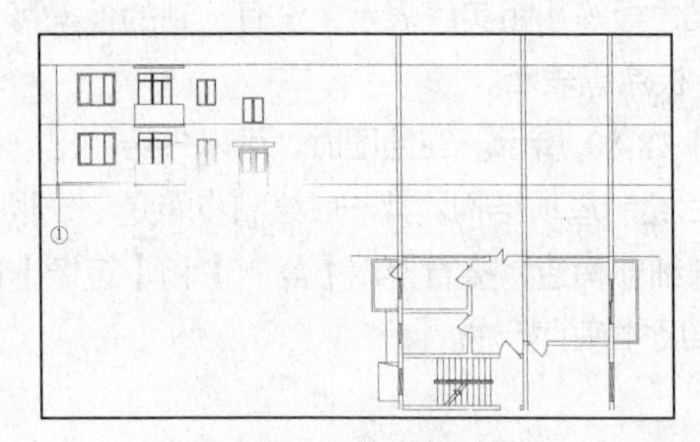

图18-82　绘制辅助线

Step 03 调用【修剪】命令，修剪轮廓线，结果如图18-83所示。

图18-83　修剪轮廓线

2. 绘制楼板结构

Step 01 新建【梁、板】图层，指定图层颜色为【24】，并将图层置为当前层。

Step 02 调用【直线】命令，打开正交模式，沿中间墙体向左绘制一根长1880的直线，再向下绘制一根长300的直线，然后向左绘制直线延伸到墙体。

Step 03 绘制二层起居室楼板。调用【偏移】命令，将一、二层标高线及上一步所绘1880长直线向下偏移100个单位，修剪并整理相交部分图形，如图18-84所示。

图18-84　绘制楼板

3. 绘制楼梯

Step 01 将【楼梯、台阶、散水】图层置为当前层。

Step 02 绘制楼梯第一跑。调用【直线】命令，绘制两级宽280、高150的踏步，如图18-85所示。

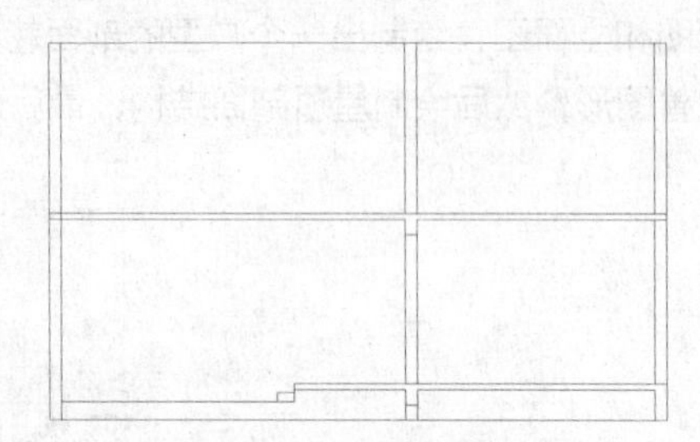

图18-85　绘制楼梯第一跑

Step 03 绘制楼梯第二跑及平台。调用【直线】命令，绘制12级高宽为175×280的台阶；通过延伸捕捉从墙体处画长为1960个单位的直线，对齐最上边的台阶，如图18-86所示。

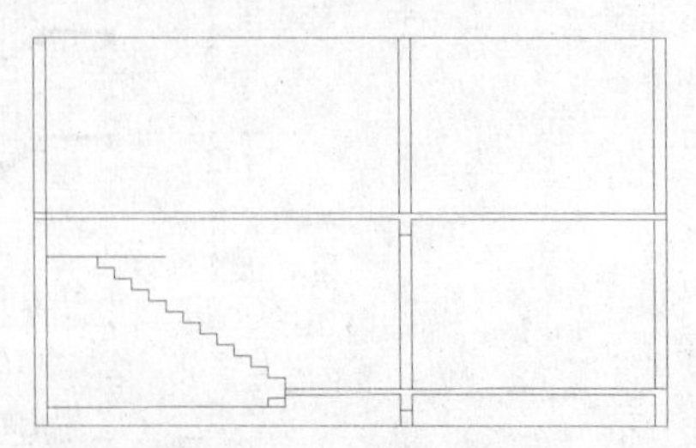

图18-86　绘制楼梯第二跑及平台

Step 04 绘制楼梯第三跑。调用【直线】命令，向右绘制 4 级高、宽为 175×280 的台阶；修剪掉二层多楼面板多出的部分，如图 18-87 所示。

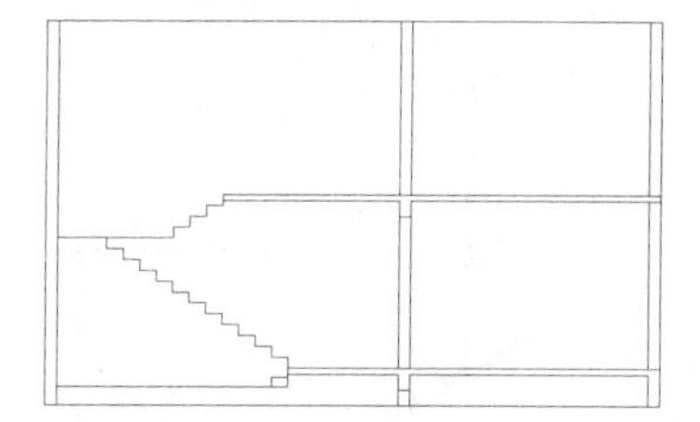

图 18-87　绘制楼梯第三跑

Step 05 绘制楼梯第四跑。调用【直线】命令，向左绘制 8 级高、宽为 175×280 的台阶，如图 18-88 所示。

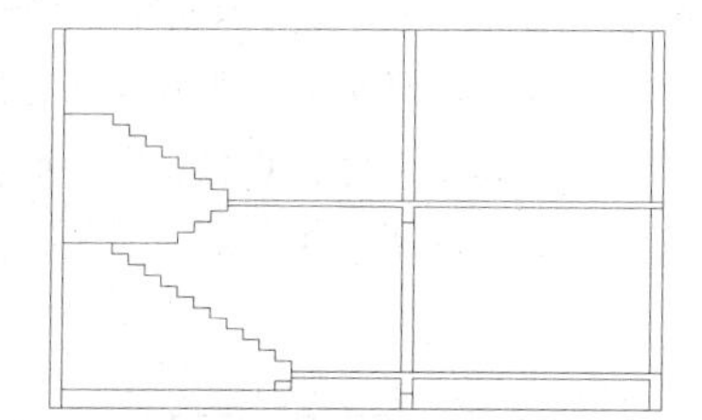

图 18-88　绘制楼梯第四跑

Step 06 绘制楼梯第五跑，调用【直线】命令，向右绘制 8 级高、宽为 175×280 的台阶，修剪掉三层楼面板多出部分。如图 18-89 所示。

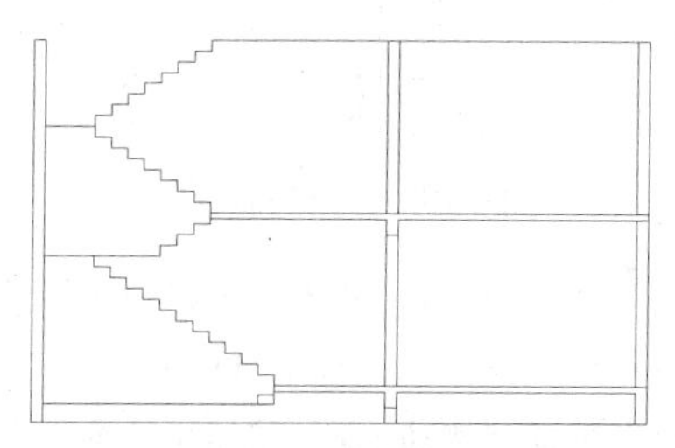

图 18-89　绘制楼梯第五跑

Step 07 完善楼梯。调用【多段线】菜单命令，绘制如图 18-90 所示的多段线。

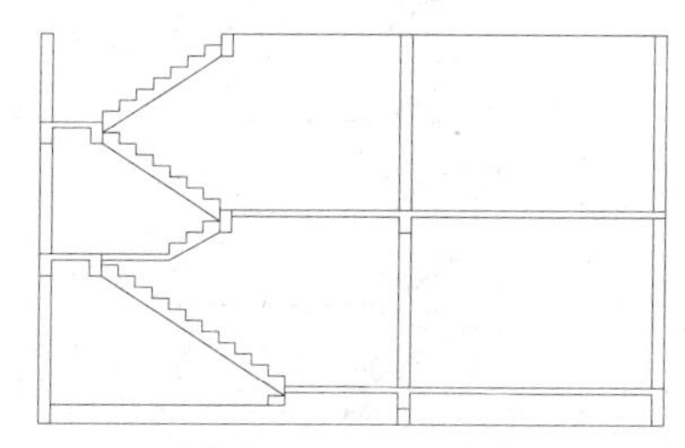

图 18-90　完善楼梯

Step 08 填充楼板。调用【图案填充】命令，选择【SOLID】图案对楼板进行填充，结果如图 18-91 所示。

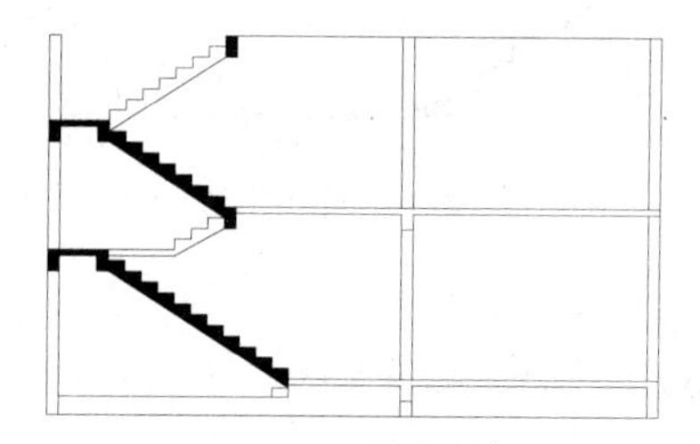

图 18-91　填充楼板

4．添加门窗、阳台

Step 01 指定【门】图层为当前图层。调用【矩形】命令，绘制尺寸为 1000×2000 和 900×2000 的矩形门，通过平面图对齐位置，如图 18-92 所示。

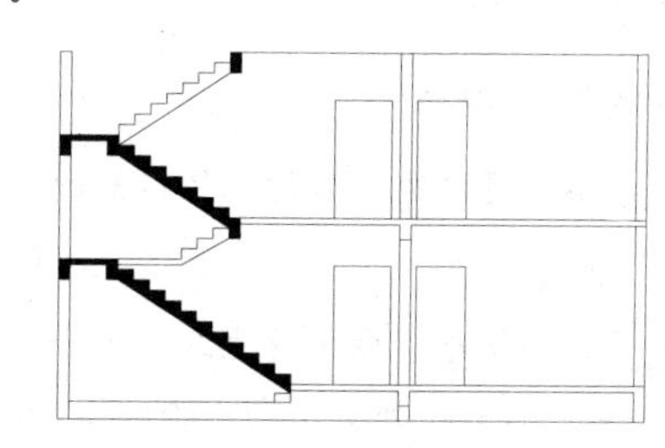

图 18-92　绘制门

Step 02 指定【窗】图层为当前图层。插入随书光盘中的“剖面 C3 样式窗.dwg”和“剖面 C4 样式窗.dwg”，如图 18-93 所示。

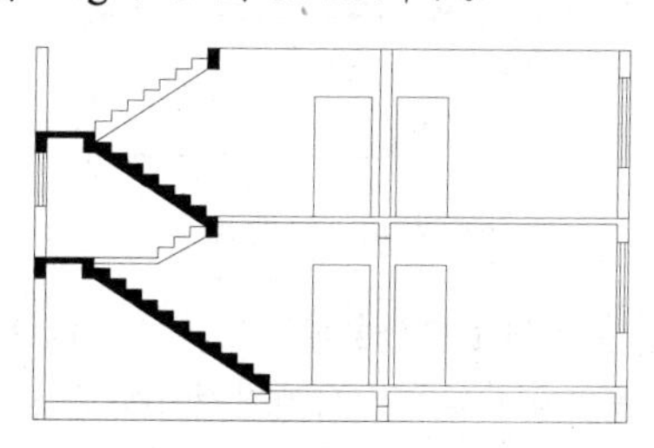

图 18-93　插入窗

Step 03 插入随书光盘文件中的“剖面阳台.dwg”图块，插入阳台。

5．绘制细部

Step 01 指定【梁、板】图层为当前图层，调用【图案填充】命令，选择【SOLID】图案对楼板进行填充，结果如图 18-94 所示。

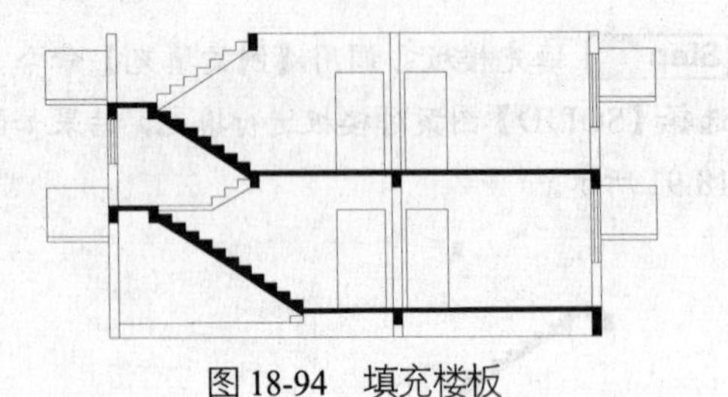

图 18-94　填充楼板

Step 02 指定【楼梯、台阶、散水】图层为当前图层，绘制入户坡道及入户门上的遮雨板，如图 18-95 所示。

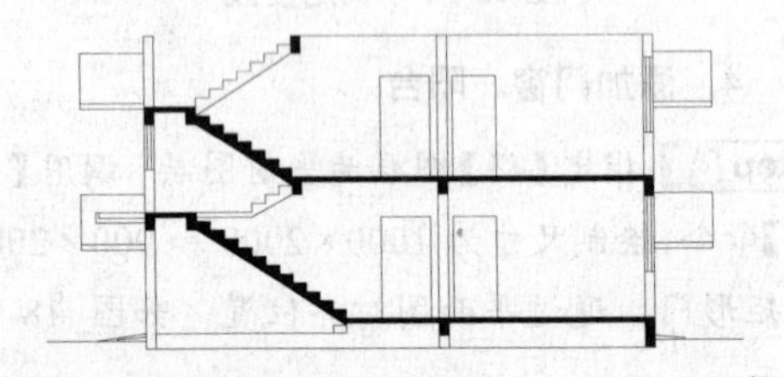

图 18-95　绘制入户坡道及入户门上的遮雨板

6．绘制楼梯栏杆

Step 01 指定【楼梯、台阶、散水】图层为当前图层。

Step 02 绘制扶手。调用【直线】命令，在楼面板与楼梯平台台阶处分别向上绘制高 1000 的直线，如图 18-96 所示。

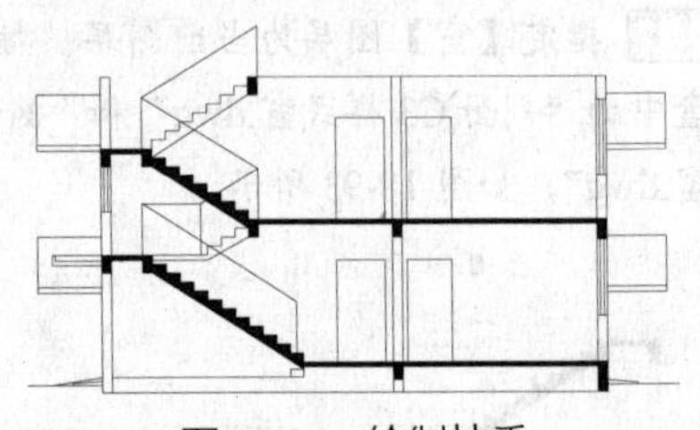

图 18-96　绘制扶手

Step 03 调用【偏移】命令，将扶手偏移 50 个单位，并在每个转角处向外延伸 100 个单位，整理如图 18-97 所示。

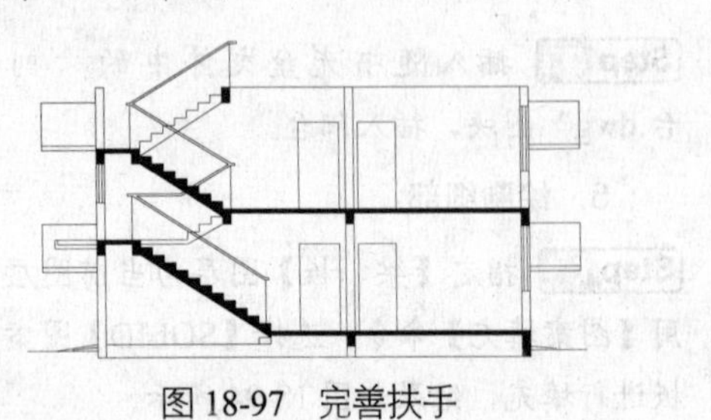

图 18-97　完善扶手

Step 04 调用【偏移】命令，将栏杆线偏移 30 个单位，并复制至每级台阶中点处，修剪整理图形，最终结果如图 18-98 所示。

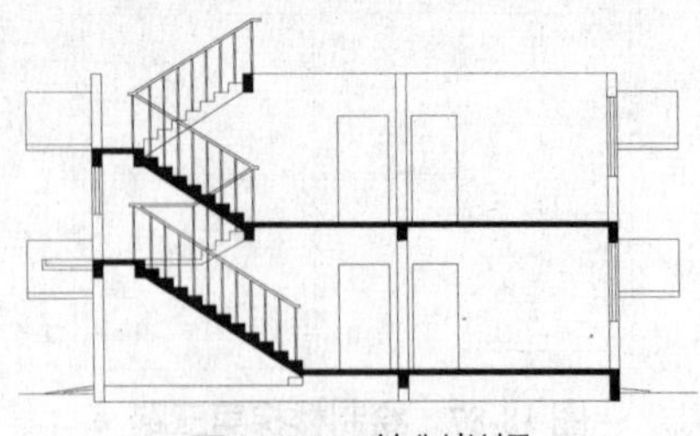

图 18-98　绘制栏杆

7．完善图形

Step 01 复制图形。调用【复制】命令，选择第二层楼板、墙体、门、阳台及整个楼梯及其中间平台，以一层楼梯间左上角点为基点，上一层门左上角点为第二点，向上复制 5 次，并修剪多余的线条，结果如图 18-99 所示。

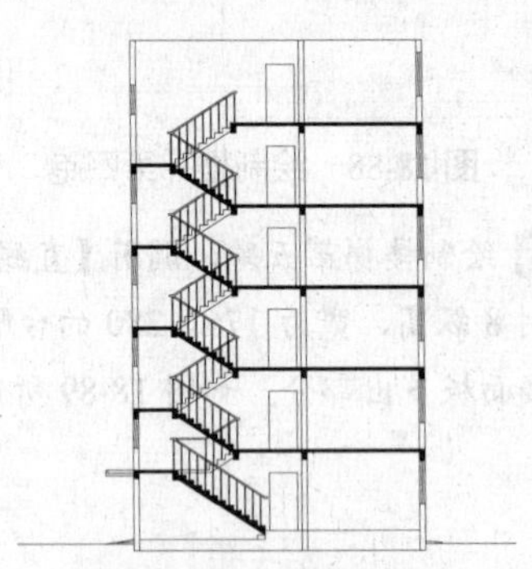

图 18-99　复制图形

Step 02 绘制屋顶。调用【多段线】命令，在图形顶部绘制多段线，如图 18-100 所示。两端屋檐伸出屋顶距离为 500、高 520、屋顶高 320。

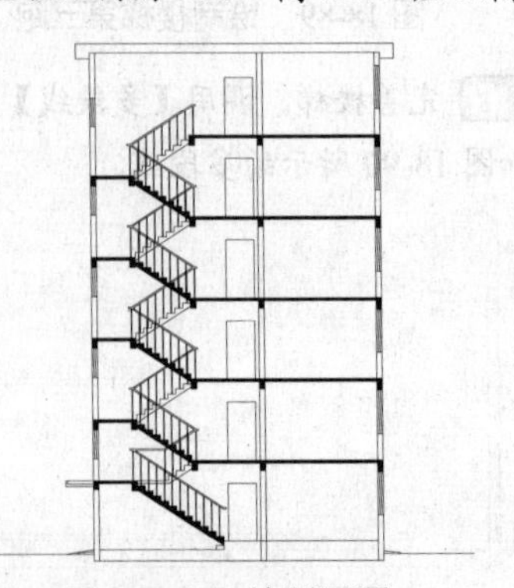

图 18-100　绘制屋顶

8．图形标注

Step 01 标高标注。参照立面图标高标注办法，将标高图形复制对齐并修改高度数据，结果如图18-101所示。

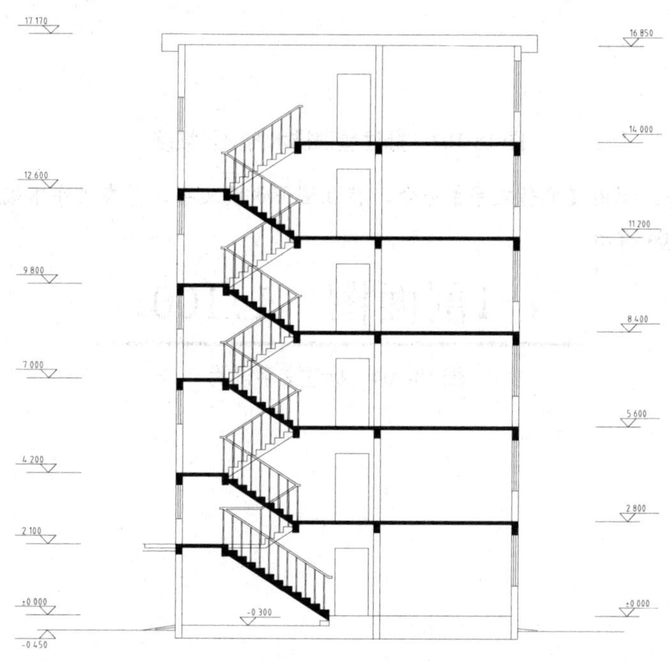

图 18-101　标注标高

Step 02 标注轴号。参照本章平面图轴号标注方法，标注轴号，结果如图18-102所示。

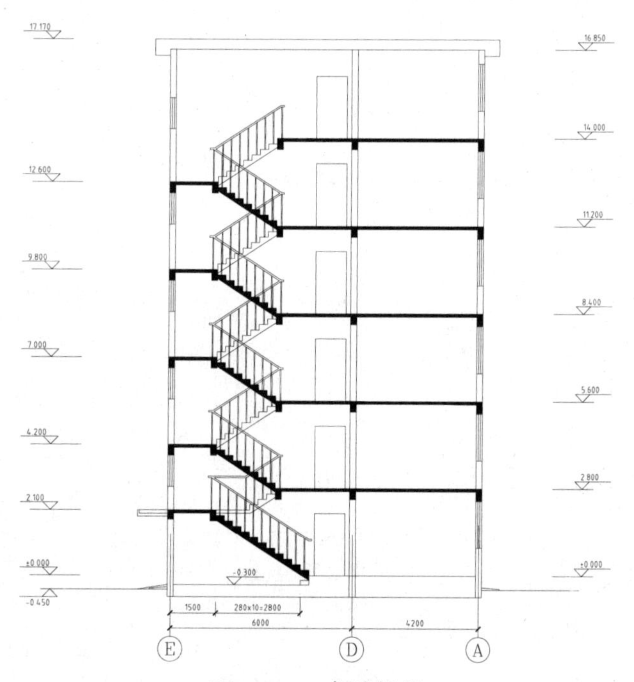

图 18-102　标注轴号

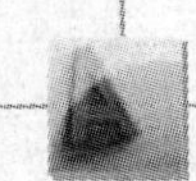

Step 03 标注屋顶排水方向及坡度。参照平面图尺寸标注方法设置好尺寸标注样式，并将其置为当前标注样式。调用【引线】命令，绘制两个带方向的箭头。调用【单行文字】命令，输入坡度大小，结果如图 18-103 所示。

图 18-103　标注屋顶排水方向及坡度

Step 04 标注文字。调用【单行文字】命令，标注图形说明文字，并在文字下端绘制一条宽 60 的多段线，如图 18-104 所示。

1-1剖面图　1:100

图 18-104　标注文字说明

第  章　室内设计及绘图

⊙学习目的:

本章主要讲解室内设计的概念及室内设计制图的内容和流程，并通过具体的实例来进行实战演练。通过本章的学习，读者能够了解室内设计的相关理论知识，并掌握室内设计及制图的方法。

⊙核心技能:

★★★★ 室内设施图的绘制

★★★☆ 平面布置图的绘制

★★☆☆ 地面布置图的绘制

★★☆☆ 室内立面图的绘制

★★☆☆ 室内顶棚图的绘制

★☆☆☆ 室内设计及制图概述

19.1　室内设计与制图

室内设计一般分为方案设计阶段和施工图设计阶段。方案设计阶段形成方案图，多用手工绘制方式表现，施工图设计阶段形成施工图。施工图是施工的主要依据，因此，它需要详细、准确地表示出室内布置、各部分的形状、大小、材料做法及相互关系等各项内容，故一般用计算机来绘制。使用 AutoCAD 绘制室内设计图，可以保证制图的准确性，提高制图效率，且能适应工程建设的需要。

19.1.1　室内设计的概念

室内设计是指为满足一定的建造目的（包括人们对它的使用功能的要求及视觉感受的要求）而进行的准备工作，对现有的建筑物内部空间进行深加工的增值准备工作。目的是为了让具体的物质材料在技术、经济等方面，在可行性的有限条件下形成能够成为合格产品的准备工作。需要工程技术上的知识，也需要艺术上的理论和技能。室内设计是从建筑设计中的装饰部分演变出来的，是对建筑物内部环境的再创造。室内设计可以分为公共建筑空间和居家两大类别。

室内设计的主要内容包括：建筑平面设计和空间组织，围护结构内表面的处理，自然光和照明的运用，以及室内家具、灯具、陈设的造型和布置。此外，还有植物、摆设和用具等的配置。

19.1.2　室内设计的内容

一套完整的室内设计图纸包括施工图和效果图。

1．施工图和效果图

室内装潢施工图完整、详细地表达了装饰的结构、材料构成及施工的工艺技术要求等，它是木工、油漆工、水电工等相关施工人员进行施工的依据，具体指导每个工种、工序的施工。装饰施工图要求准确、详细，一般使用 AutoCAD 进行绘制。如图 19-1 所示为施工图中的平面布置图。

设计效果图是在施工图的基础上，把装修后的效果用彩色透视图的形式表现出来，以便对装修进行评估，如图 19-2 所示。

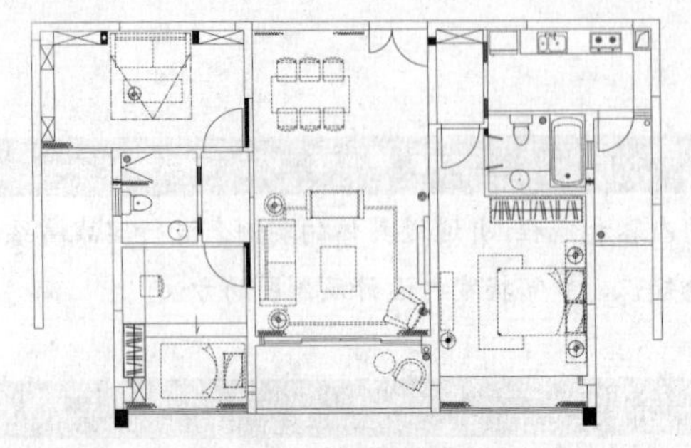

图 19-1 某平面布置图

图 19-2 某卧室设计效果图

效果图一般用 3ds Max 绘制，它根据施工图的设计进行建模、编辑材质、设置灯光和渲染，最终得到一张彩色图像。效果图反映的是装修的用材、家具布置和灯光设计的综合效果，由于是三维透视彩色图像，没有任何装修专业知识的普通业主也可轻易地看懂设计方案，了解最终的装修效果。

2．施工图的分类

施工图可以分为立面图、剖面图和节点图三种类型。

施工图立面是室内墙面与装饰物的正投影图，它表明了室内的标高，吊顶装修的尺寸及梯次造型的相互关系尺寸，墙面装饰时的样式及材料、位置尺寸，墙面与门、窗、隔断的高度尺寸，墙面与顶、地的衔接方式等。

剖面图是将装饰面剖切，以表达结构构成的方式、材料的形式和主要支承构件的相互关系等。剖面图标注有详细尺寸、工艺做法及施工要求。

节点图是两个以上装饰面的汇交点，按垂直或水平方向切开，以标明装饰面之间的对接方式和固定方法。节点图应该详细地表现出装饰面连接处的构造，注有详细的尺寸和收口、封边的施工方法。

3．施工图的组成

一套完整的室内设计施工图包括建筑平面图、平面布置图、地材图、电气图、顶棚图、立面图和给排水图等。

- 建筑平面图：在经过实地量房之后，设计师需要将测量结果用图纸表现出来，包括房型结果、空间关系、尺寸等，这是室内设计绘制的第一张图，即建筑平面图。如图 19-3 所示为建筑平面图。

其他施工图都是在建筑平面图的基础上进行绘制的，包括平面布置图、顶棚图、地材图和电气图等。

- 平面布置图：平面布置图是在原建筑结构的基础上，根据业主的要求和设计师的设计意图，对室内空间进行详细的功能划分和室内设施定位。

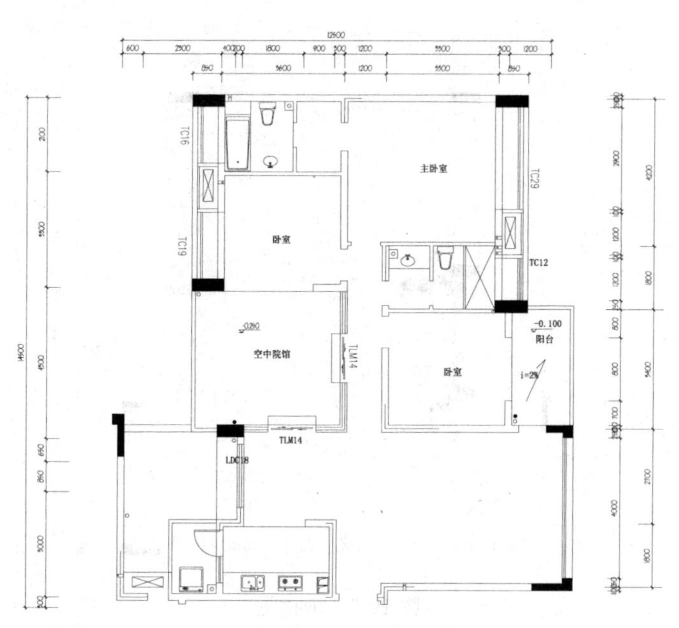

图 19-3　建筑平面图

平面布置图的主要内容有：空间大小、布局、家具、门窗、人活动路线、空间层次和绿化等。如图 19-4 所示为平面图。

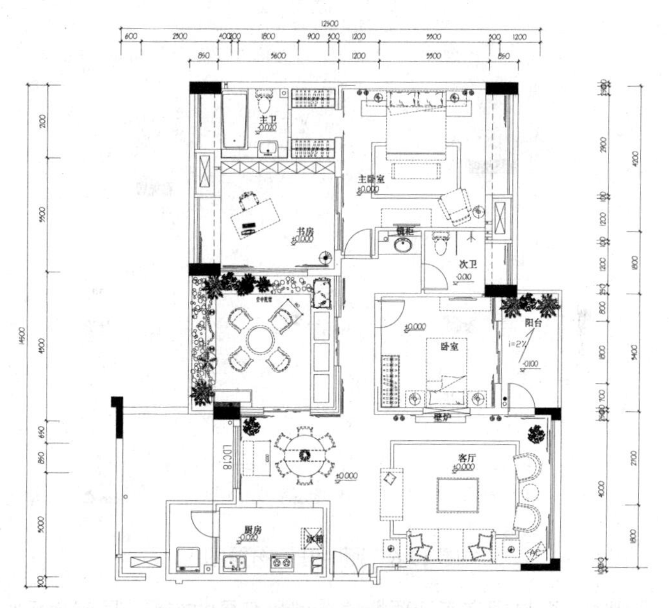

图 19-4　平面布置图

- 地材图：地材图是用来表示地面做法的图样，包括地面用材和形式，其形成方法与平面布置图相同，所不同的是地面布置图不需要绘制室内家具，只需要绘制地面所使用的材料和固定于地面的设备与设施图形。如图 19-5 所示为地材图。
- 电气图：电气图主要用来反映室内的配电情况，包括配电箱的规格、型号、配置以及照明、插座、开关等线路的铺设方式和安装说明等。如图 19-6 所示为电气图。

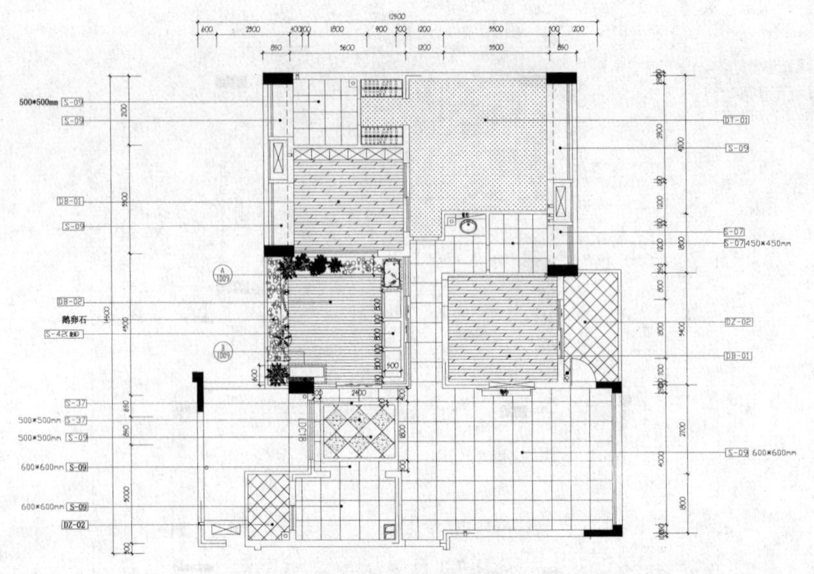

图 19-5　地材图

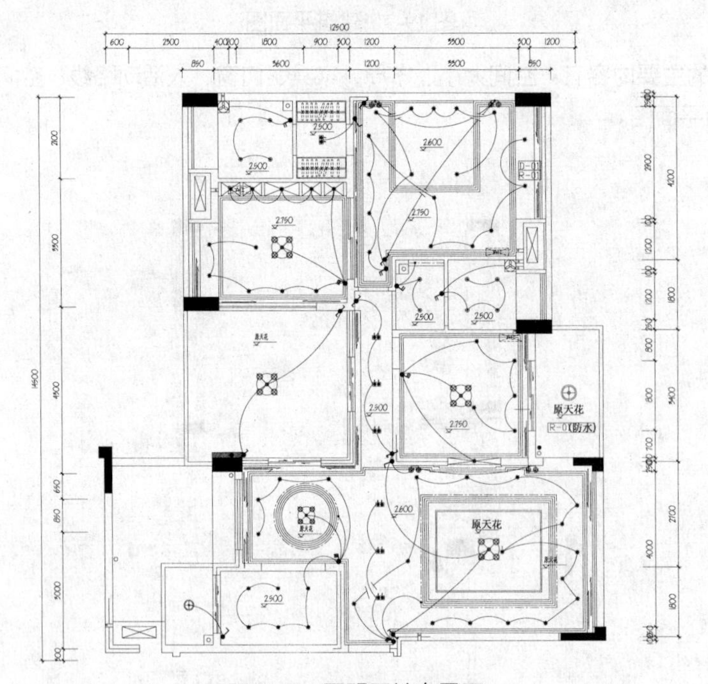

图 19-6　照明开关布置图

- 顶棚图：顶棚图主要是用来表示顶棚的造型和灯具的布置，同时也反映了空间组合的标高关系和尺寸等。如图 19-7 所示为顶棚图，包括各种装饰图形、灯具、文字说明、尺寸和标高。有时为了更详细地表示某处的构造和做法，还需要绘制剖面详图。
- 立面图：立面图是一种与垂直界面平行的正投影图，它能够反映垂直界面的形状、装修做法和其上的陈设，如图 19-8 所示。

立面图所要表达的内容为四个面所围合成的垂直界面的轮廓和轮廓里面的内容，包括正投影原理能够投影到地面上的所有构配件。

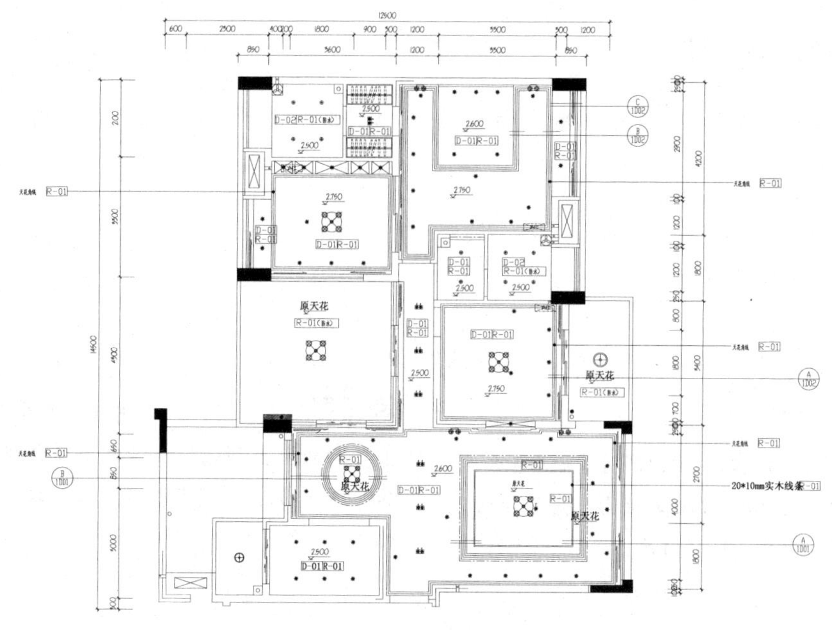

图 19-7　顶棚图

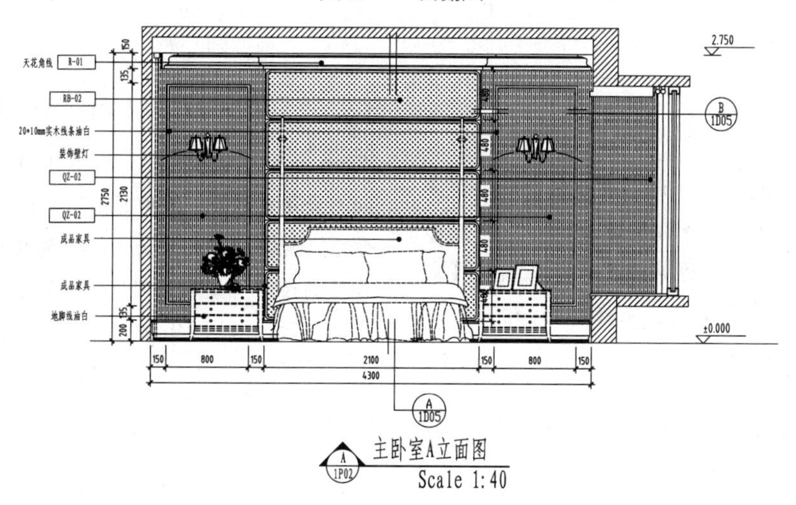

图 19-8　主卧室 A 立面图

- 给排水图：家庭装潢中，管道有给水和排水两个部分。给排水图就是用于描述室内给水和排水管道、开关等设施的布置和安装情况的图纸。

19.2　绘制室内装饰常见图例

室内设施图在 AutoCAD 的室内设计图中非常常见，如灯具、开关、桌、椅、柜等图形。同样，可以将绘制的图形创建为块储存在图库中，以方便后期调用。因为室内设计与建筑设计的交叉性与相融性，所以室内设施与建筑设施也有很多相同的地方，不同的是，室内设施图要比建筑设施图绘制得更加精细和完整。

19.2.1　绘制燃气灶

燃气灶是厨房中使用得非常广泛的一种厨具，常见外形尺寸为720×400×140，如图19-9所示。

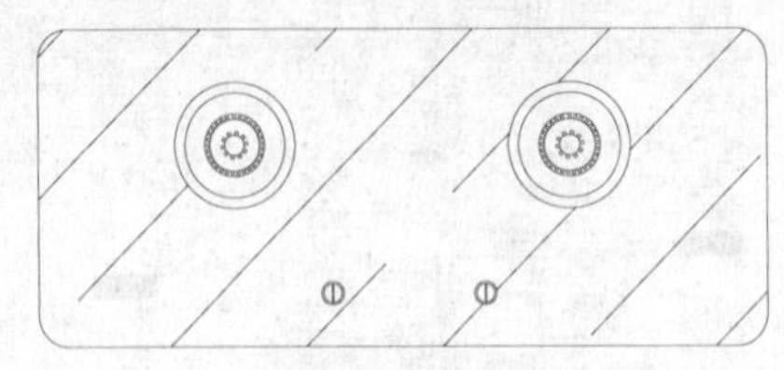

图19-9　燃气灶

1. 绘制主体

Step 01 绘制燃气灶轮廓。调用【矩形】命令，绘制一个尺寸为300×720的矩形、角半径为30的圆角矩形，如图19-10所示。

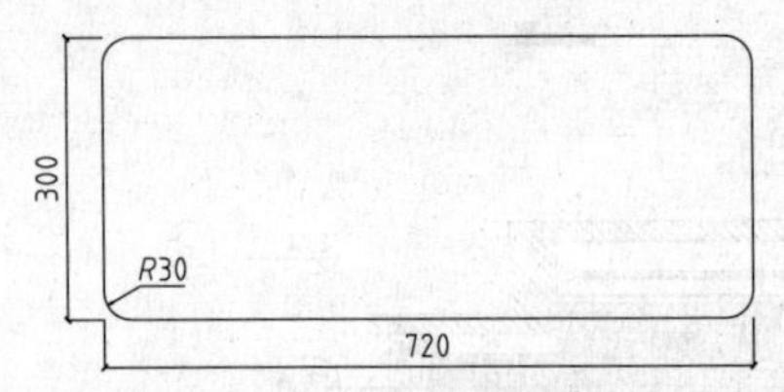

图19-10　绘制燃气灶轮廓

Step 02 分解轮廓线。调用【分解】命令，分解矩形。调用【定数等分】命令，将圆角矩形长边等分为4段，短边等分为3段（使用【定数等分】命令前要先设置点样式），结果如图19-11所示。

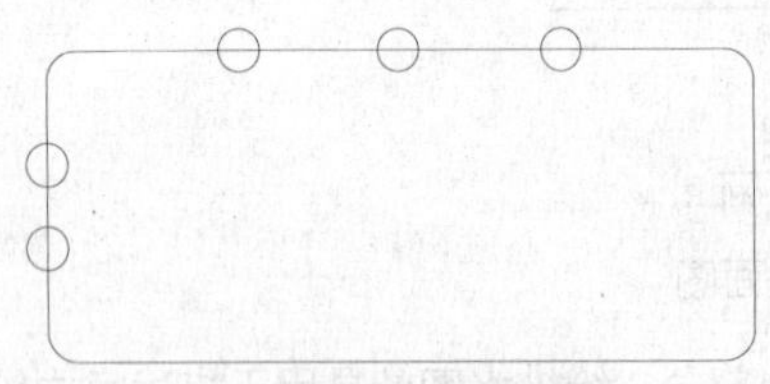

图19-11　等分边

Step 03 绘制辅助线。调用【直线】命令，以等分点为参照绘制垂直和水平线段，结果如图19-12所示。

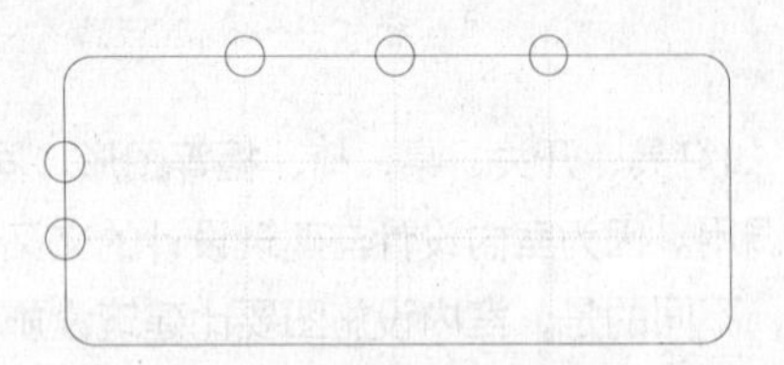

图19-12　绘制定位辅助线

Step 04 绘制气灶。调用【圆】命令，过水平直线与垂直直线的交点绘制半径分别为30、50、60的同心圆，并将其镜像至另一端，如图19-13所示。

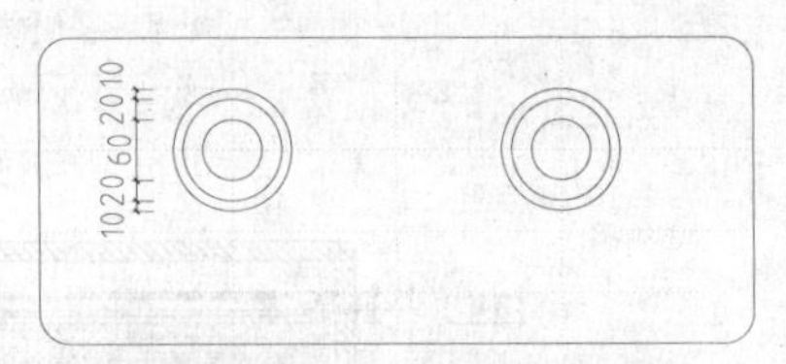

图19-13　绘制同心圆并镜像

Step 05 绘制点火台。调用【圆】命令，绘制两个大小为8.9、10.9的同心圆；调用【矩形】命令，绘制一个尺寸为1×20的矩形，并移动至合适的位置；最后调用【修剪】命令，修剪掉多余的线段，如图19-14所示。

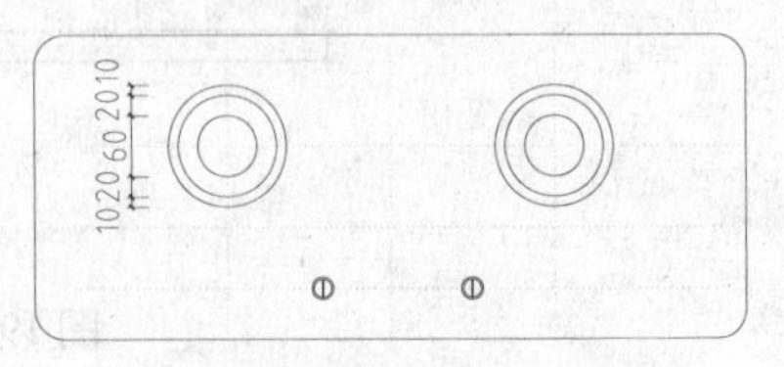

图19-14　绘制圆与矩形

2. 完善图形

Step 01 完善灶台。调用【偏移】命令，将灶台内部的圆向内依次偏移15、20个单位。调用【直线】命令，绘制锅炉支撑，并将其沿圆形阵列，结果如图19-15所示。

Step 02 调用【删除】命令，删除辅助线。调用【填充】命令，选择【ANSI35】填充图案，指定填充比例为30，进行图形填充，结果如图19-16所示。至此，燃气灶绘制完成。

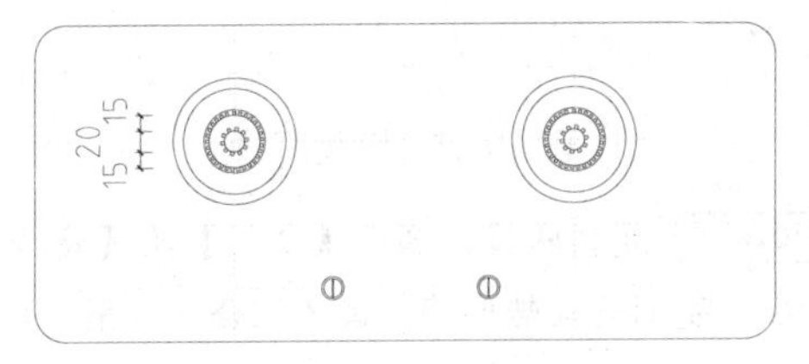

图 19-15 偏移并绘制支撑

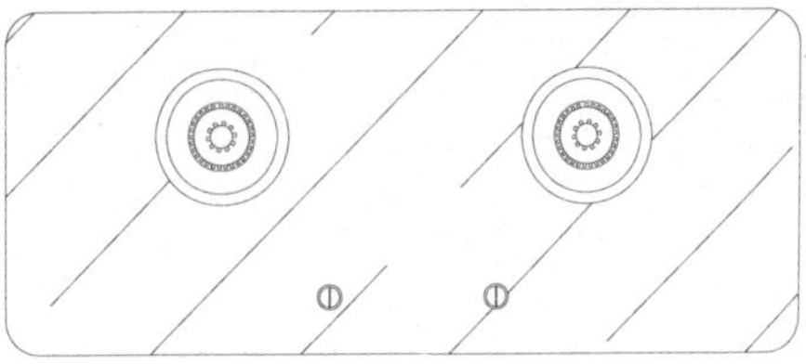

图 19-16 填充

19.2.2 绘制休闲桌椅

休闲桌椅常用于摆放于阳台或者休闲房中，麻将桌为其中比较常用的一种。例所绘麻将桌如图 19-17 所示。

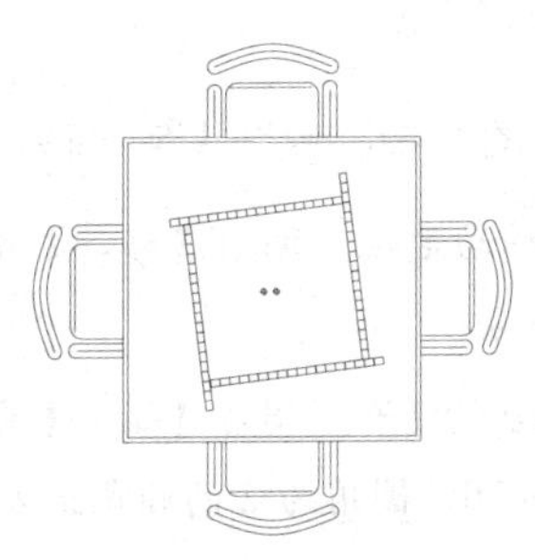

图 19-17 麻将桌

1. 绘制麻将桌和桌面

Step 01 绘制麻将桌轮廓。调用【矩形】命令，绘制一个大小为 1300 × 1300 的正方形。

Step 02 绘制边界。调用【偏移】命令，将麻将桌轮廓向内偏移 20 个单位，如图 19-18 所示。

图 19-18 绘制麻将桌轮廓

2. 绘制座椅

Step 01 绘制座椅结构线。调用【直线】与【样条曲线】命令，绘制座椅结构线，如图 19-19 所示。

Step 02 绘制扶手与靠背。调用【偏移】命令，将扶手与靠背结构线分别向两侧各偏移 30 个单位，结果如图 19-20 所示。

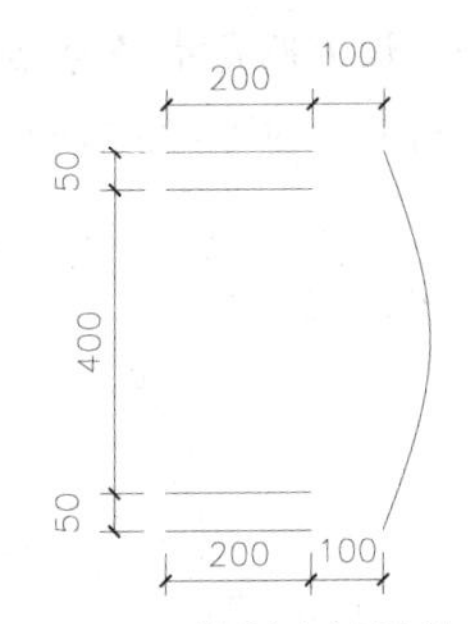

图 19-19 绘制座椅结构线

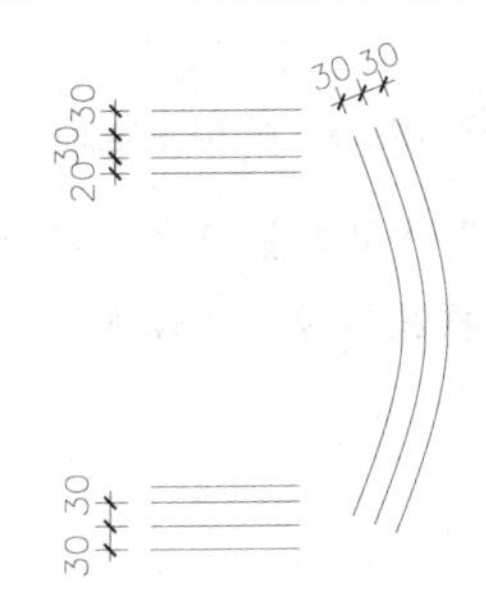

图 19-20 偏移扶手与靠背

Step 03 连接并圆滑轮廓。调用【圆弧】命令，采用三点绘制弧形的方法绘制扶手及靠背轮廓线，结果如图 19-21 所示。

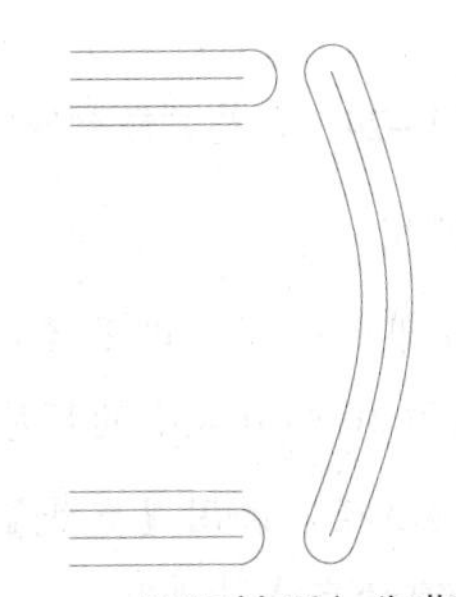

图 19-21 圆滑扶手与靠背边缘

Step 04 绘制坐垫。调用【直线】命令，连接两条坐垫边缘线，如图 19-22 所示。

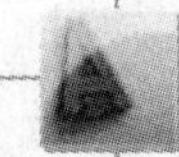

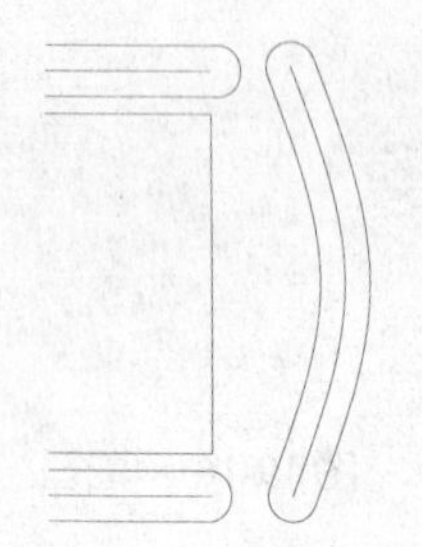

图 19-22　连接坐垫

Step 05 圆滑边角。调用【偏移】命令，将上一步所绘制的线条向右侧偏移 150 个单位；调用【圆角】命令，设置圆角半径为 50，对图形进行圆角处理，结果如图 19-23 所示。

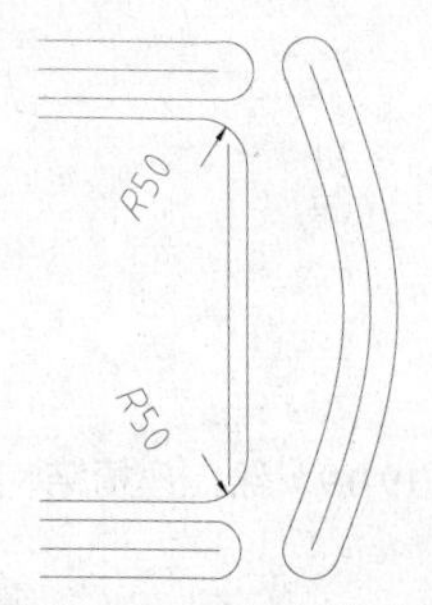

图 19-23　圆角坐垫边缘

Step 06 调用【复制】命令，配合【镜像】及【旋转】命令摆放好座椅的位置，结果如图 19-24 所示。

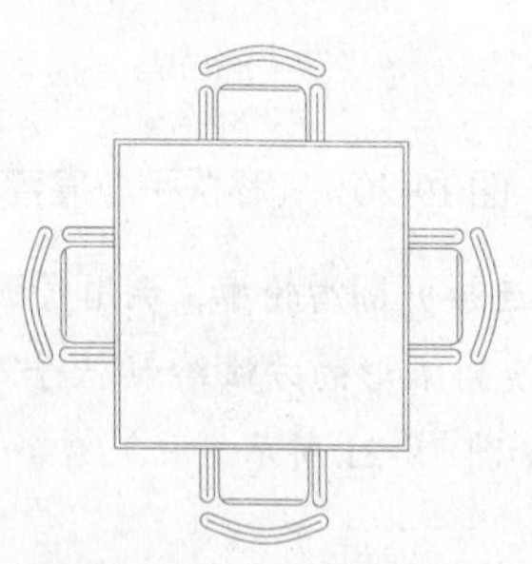

图 19-24　定位并复制座椅

3．绘制麻将

Step 01 绘制单个麻将。调用【矩形】命令，绘制一个长宽为 30×40 大小的矩形。

Step 02 绘制路径。调用【直线】命令，绘制一条水平长 900 的直线。

Step 03 阵列麻将。调用【阵列】命令，沿水平直线阵列单个麻将，结果如图 19-25 所示。

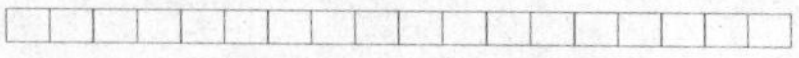

图 19-25　阵列麻将

Step 04 复制麻将。调用【复制】及【旋转】命令，复制并旋转麻将，使之组合，如图 19-26 所示。

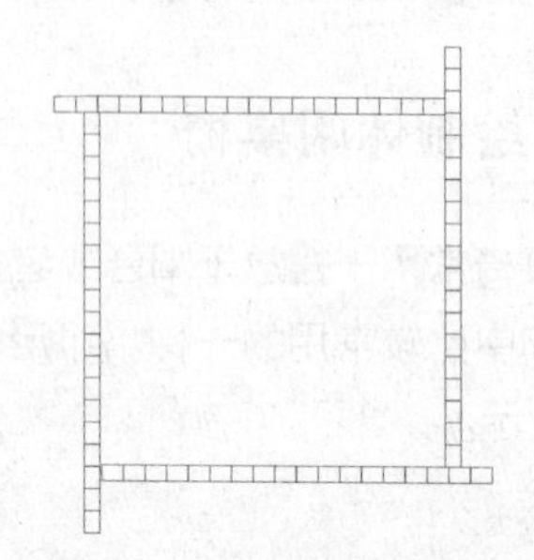

图 19-26　复制并旋转麻将

Step 05 移动定位。调用【移动】命令，移动麻将至麻将桌。

Step 06 绘制骰子。调用【矩形】命令，绘制尺寸为 20×20、圆角为 2 的圆角正方形。

Step 07 绘制点数。调用【圆】命令，绘制半径为 2 的圆作为点数，结果如图 19-27 所示。调用【复制】命令，将骰子复制一个并移动至相应的位置。

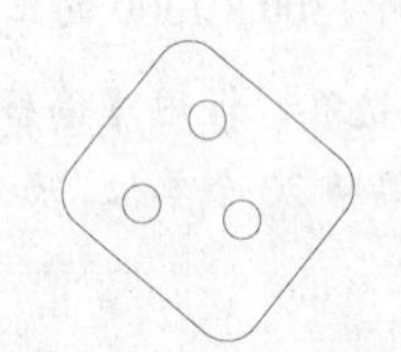

图 19-27　绘制骰子

Step 08 旋转麻将。调用【旋转】命令，将麻将组合顺时针略微旋转，结果如图 19-28 所示。至此，麻将桌绘制完成。

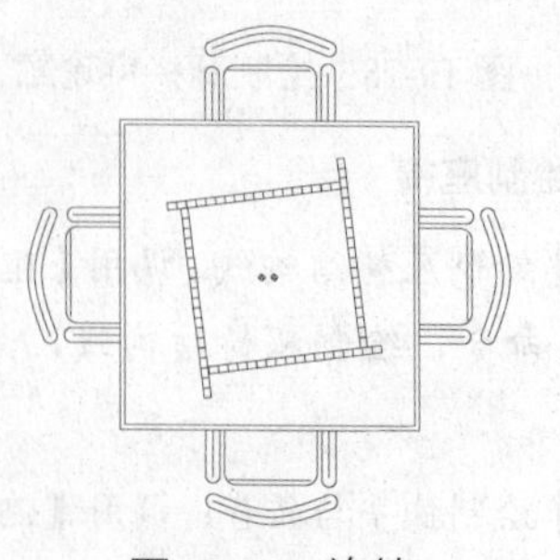

图 19-28　旋转

19.2.3 绘制座便器

虹吸式分体座便器在生活中使用得比较广泛。本节绘制虹吸式分体座便器，其尺寸为 760×42×660，如图 19-29 所示。

立体图

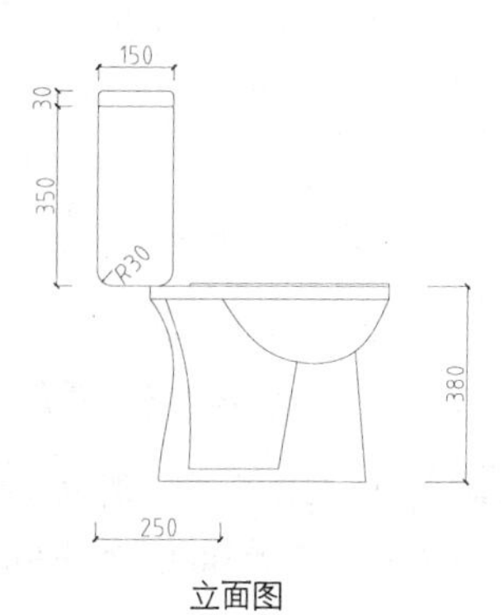

平面图　　立面图

图 19-29　连体虹吸式马桶

1. 绘制平面图

Step 01 绘制水箱。调用【矩形】命令，绘制一个尺寸为 420×200、圆角为 30 的矩形，如图 19-30 所示。

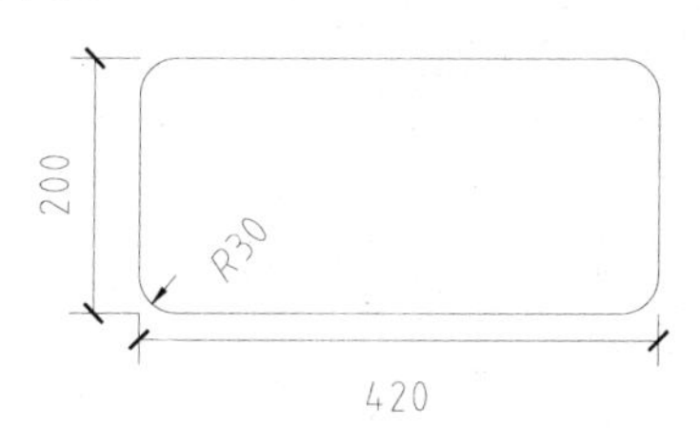

图 19-30　绘制圆角矩形

Step 02 绘制便池。调用【多段线】命令，绘制连续的弧线，并调整夹点，如图 19-31 所示。

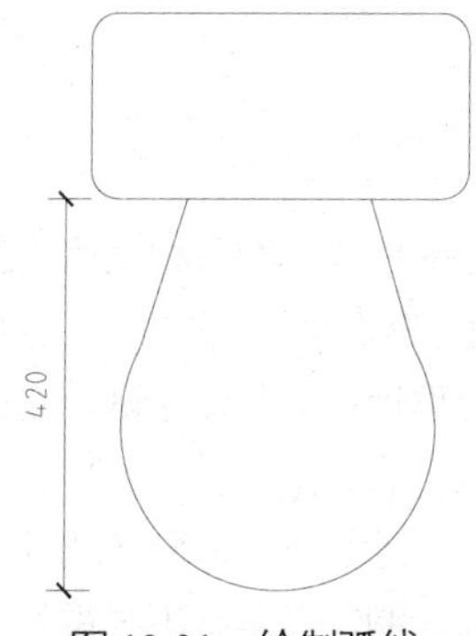

图 19-31　绘制弧线

Step 03 绘制水箱进水按钮。调用【圆】命令，以矩形中心为圆心绘制一个半径为 30 的圆，并将其向内偏移 3 个单位，结果如图 19-32 所示。

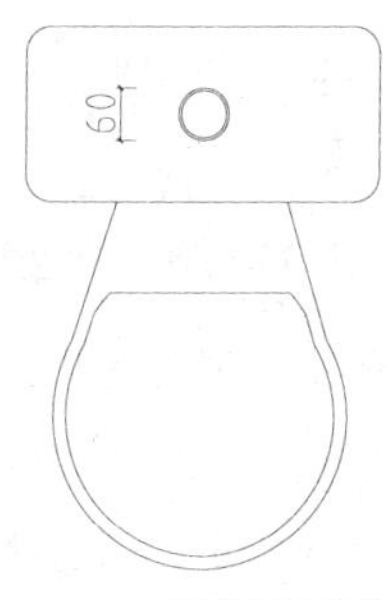

图 19-32　绘制圆并偏移

Step 04 绘制水管及排污孔。调用【圆】命令，绘制两个直径为 30、一个直径为 50 的圆，如图 19-33 所示。至此，连体虹吸式坐便器平面图绘制完成。

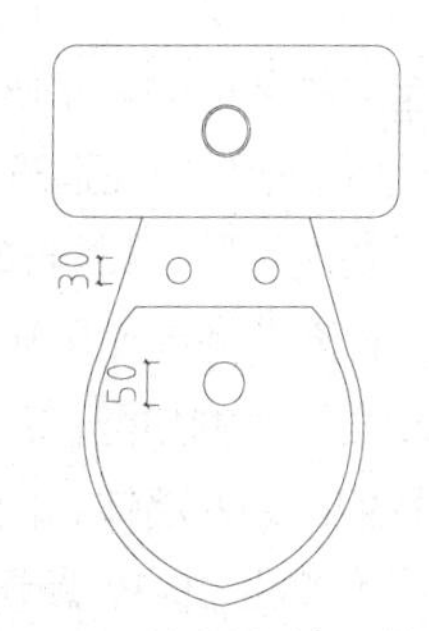

图 19-33　绘制水管及排污孔

2. 绘制立面图

Step 01 绘制水箱。调用【矩形】命令，配合【圆角】命令绘制两个圆角半径为 10 的圆角矩形，如图 19-34 所示。

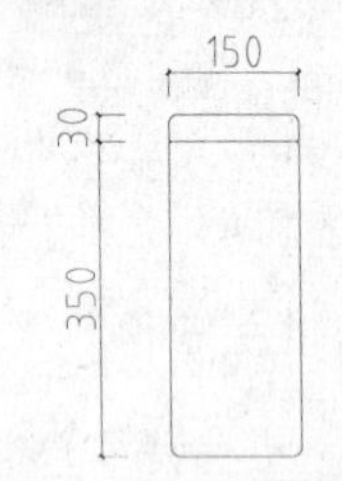

图 19-34 绘制圆角矩形

Step 02 绘制便池盖。调用【矩形】命令，分别绘制两个尺寸为 480×25、400×5 的矩形，如图 19-35 所示。

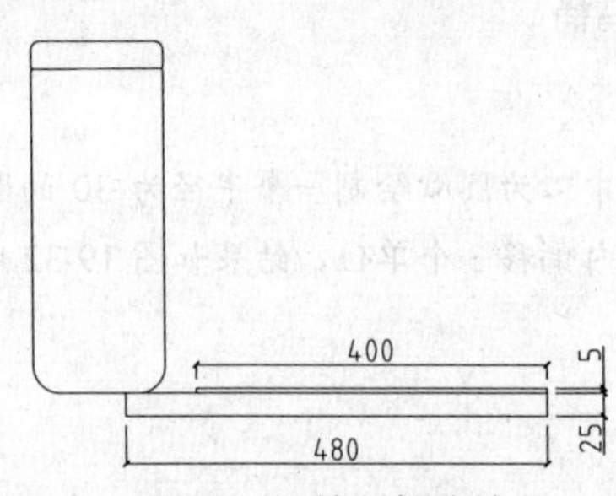

图 19-35 绘制便池盖

Step 03 绘制便池。调用【样条曲线】命令，绘制便池轮廓，如图 19-36 所示。

Step 04 绘制底部轮廓。调用【样条曲线】命令，配合【直线】命令，绘制如图 19-37 所示的轮廓线。

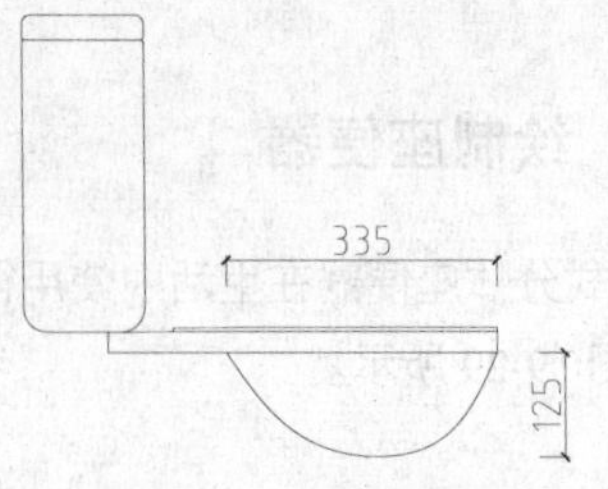

图 19-36 绘制便池

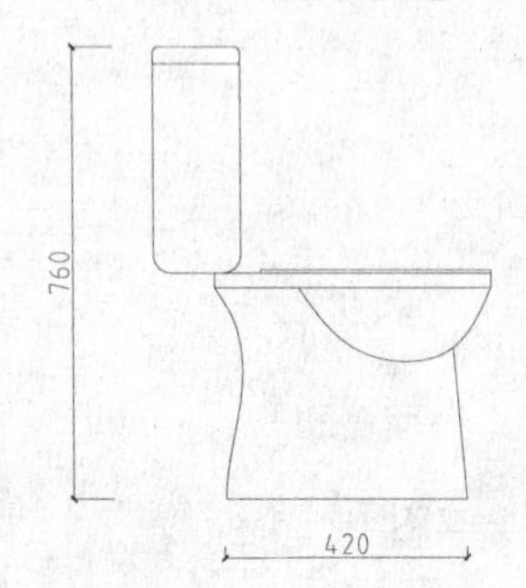

图 19-37 绘制底部轮廓

Step 05 绘制底座内部轮廓。调用【样条曲线】命令，配合【直线】命令，绘制如图 19-38 所示的轮廓线。至此，连体虹吸式座便器立面图绘制完成。

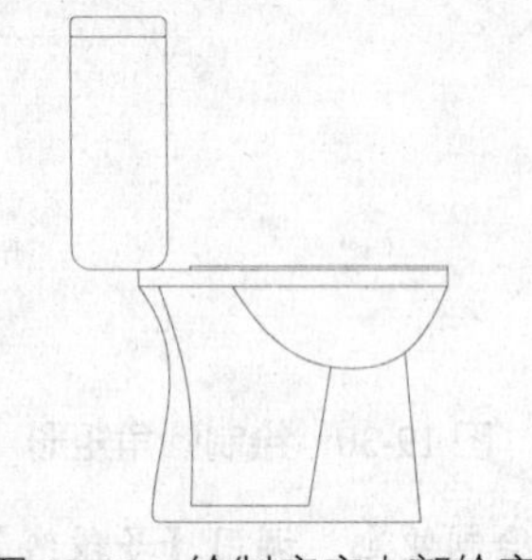

图 19-38 绘制底座内部轮廓

19.3 绘制家居室内设计图

日常生活起居的环境称为家居环境，它为人们提供工作之外的休息、学习和生活的空间，是人们生活的重要场所。根据居住建筑的不同功能，可以将居室分为卧室、客厅、书房、卫生间等空间。不同空间的使用功能不同，材料和色彩等也应"因地制宜"地合理运用。总体来讲，应在满足主人要求的前提下，再充分考虑使用功能及光线与通风等客观条件。

本实例为三室二厅的户型，包括：主人房、小孩房、书房、客厅、餐厅、厨房及卫生间。在前面的章节中，我们已经对墙体、门窗等图形进行了详细的讲解和绘制，这里就不再重复讲解。本节将在原始平面图（如图 19-39 所示）的基础上介绍平面布置图、地面布置图、天花布置图、客餐厅立面图的绘制，使大家在绘图的过程中，对室内设计制图有一个全面、总体的了解。

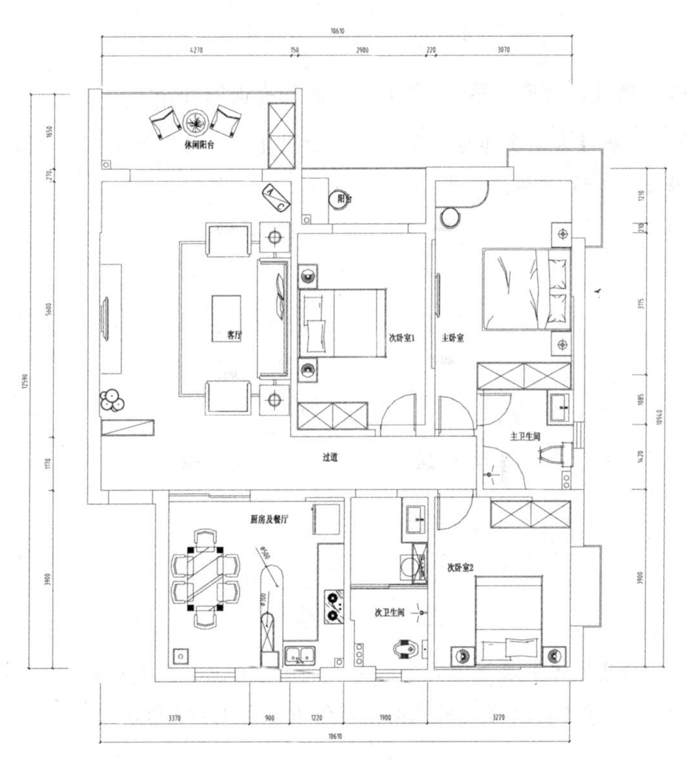

图 19-39　原始平面图

19.3.1　绘制平面布置图

平面布置图是室内装饰施工图纸中的关键性图纸。它是在原建筑结构的基础上，根据业主的要求和设计师的设计意图，对室内空间进行详细的功能划分和室内设施定位。

本例绘制的平面布置图如图 19-40 所示。其一般绘制步骤为：先对原始平面图进行整理和修改，然后分区插入室内家具图块，最后进行文字和尺寸等标注。

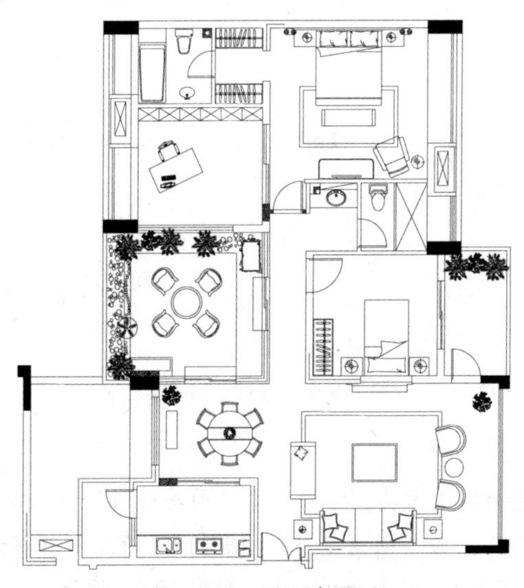

图 19-40　平面布置图

1. 拆墙砌墙

Step 01 按 Ctrl+O 快捷键，打开“第 19 章\19.3.1 原始平面图.dwg”文件。

Step 02 清理图形。调用【复制】命令，将原始平面图复制一份至绘图区空白处，删除室内标注，并对其进行清理，如图 19-41 所示。

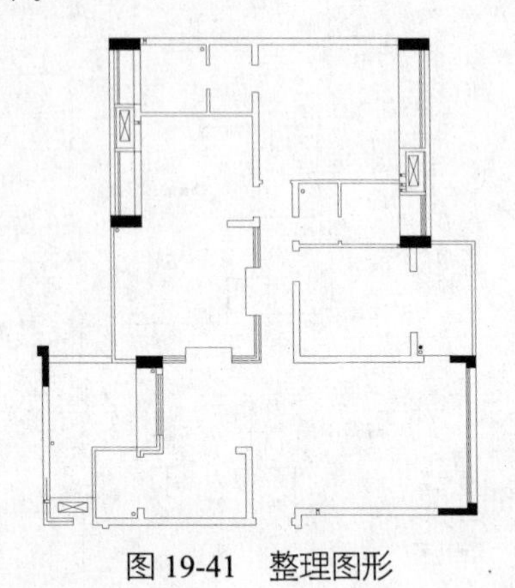

图 19-41　整理图形

Step 03 修改图形。将【墙体】层置为当前图层，调用 LINE【直线】命令，绘制拆墙砌墙部分墙体，并使用不同的填充图案进行填充。填充图例与结果如图 19-42 所示。

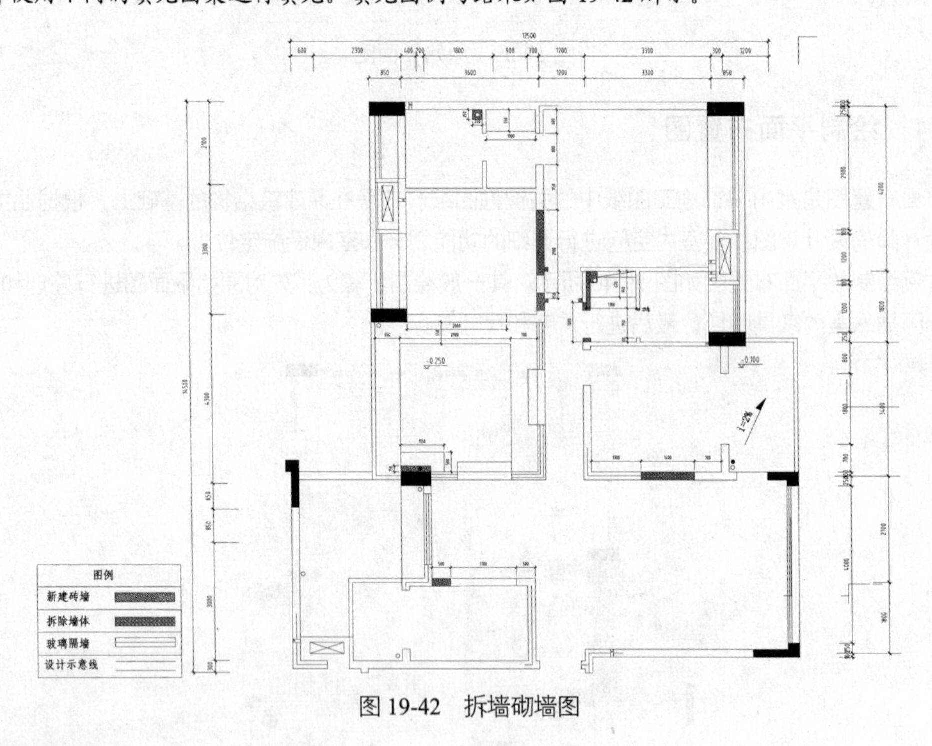

图 19-42　拆墙砌墙图

2. 插入门

Step 01 将【门窗】图层置为当前图层。

Step 02 调用【插入块】命令，插入随书光盘中的“普通门-800”、“普通门-900”、“卧室移门”、“厨房移门”和“书房移门”图块，将其插入图中相应位置，并根据需要调节大小和方向，结果如图 19-43 所示。

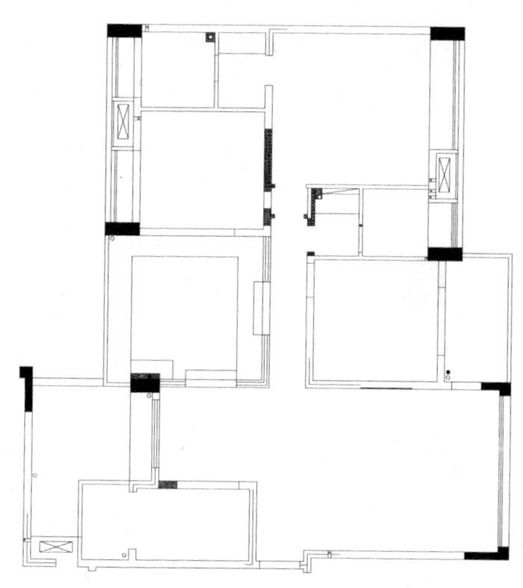

图 19-43　插入门图块

3. 绘制厨房布置

Step 01 绘制灶台。调用【直线】命令，沿厨房下方墙体绘制灶台，如图 19-44 所示。

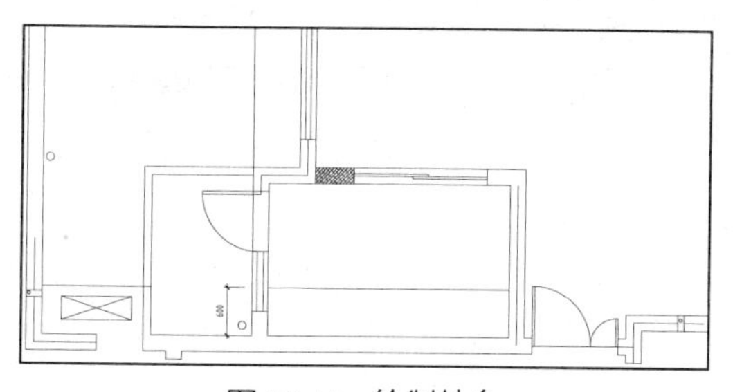

图 19-44　绘制灶台

Step 02 完善灶台。调用【偏移】命令，将灶台向内偏移 20 个单位，修剪多余图形。调用【插入块】命令，插入随书光盘中的“洗菜池”、“燃气灶”与“烟道”图块，结果如图 19-45 所示。

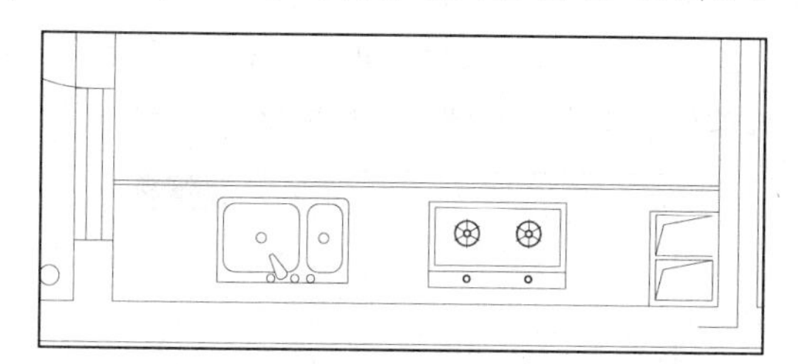

图 19-45　完善灶台

4. 绘制客、餐厅布置

调用【插入块】命令，插入随书光盘中的“组合沙发”、“壁炉”、“盆栽”与“餐桌”图块，如图 19-46 所示。

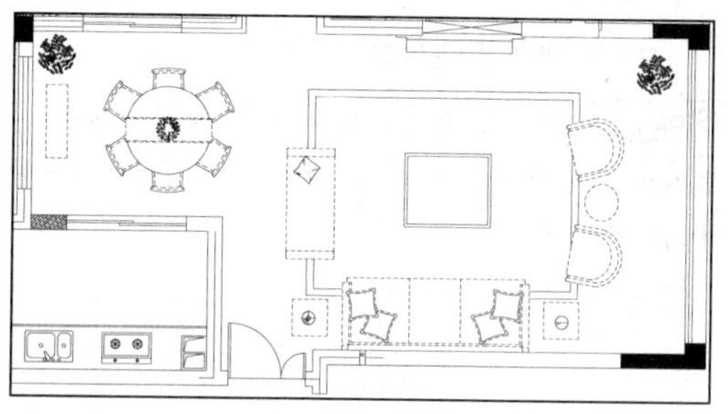

图 19-46　插入“玄关鞋柜”与“盆栽”

5. 绘制内庭院布置

Step 01 绘制内庭院分隔及花坛。调用【直线】命令，配合【偏移】命令，绘制内庭院绿化带分隔线及鱼缸，如图 19-47 所示。

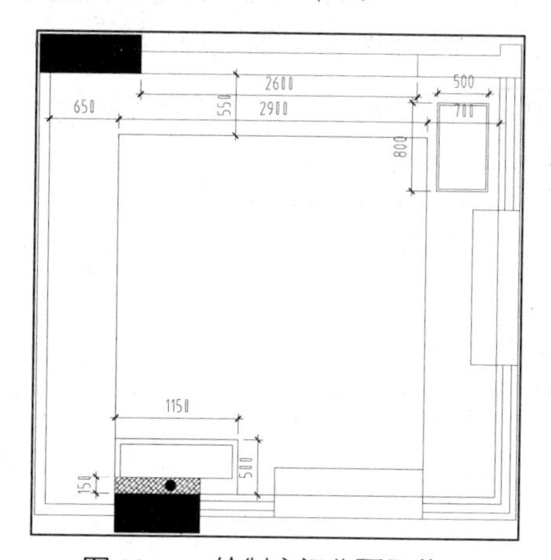

图 19-47　绘制空间分隔及花坛

Step 02 绘制碎石及绿化。调用【样条曲线】命令，随意绘制碎石。调用【插入】命令，插入“灌木 1”、“灌木 2”和“盆栽”图块，结果如图 19-48 所示。

图 19-48　插入碎石及绿化

6．绘制卫生间布置

Step 01 插入坐便器。调用【插入块】命令，插入随书光盘中的“虹吸式座便器”图块，如图19-49所示。

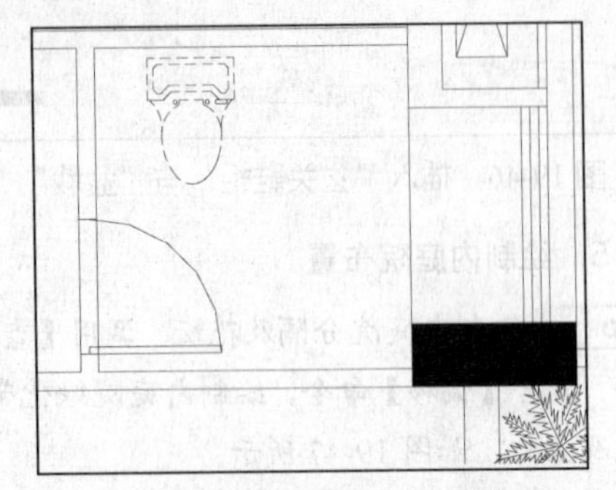

图19-49 插入虹吸式坐便器

Step 02 绘制淋浴区。调用【直线】命令，绘制淋浴区，结果如图19-50所示。

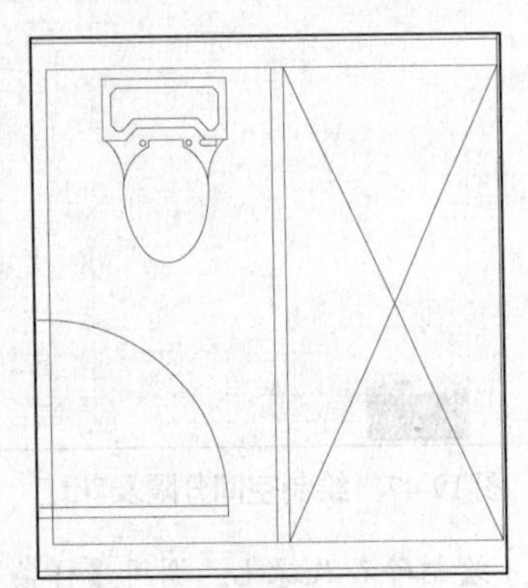

图19-50 绘制淋浴区

7．绘制洗手间布置

调用【插入块】命令，插入随书光盘中的“洗手池”图块。调用【直线】命令，绘制洗手池边缘，结果如图19-51所示。

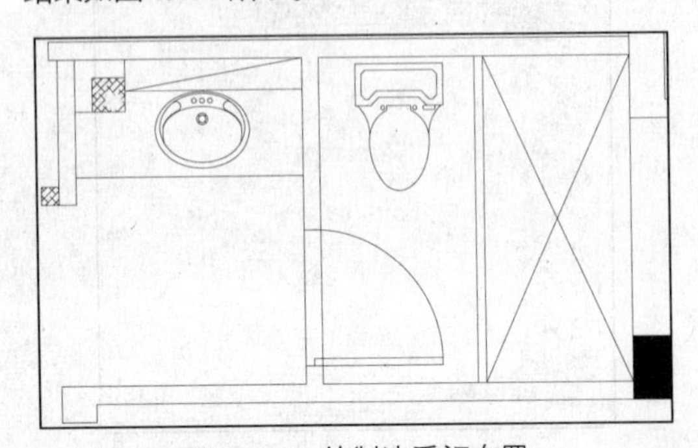

图19-51 绘制洗手间布置

8．绘制主卧室卫生间布置

调用【插入块】命令，插入随书光盘中的“洗手池”图块、“座便器”及“淋浴”图块，如图19-52所示。

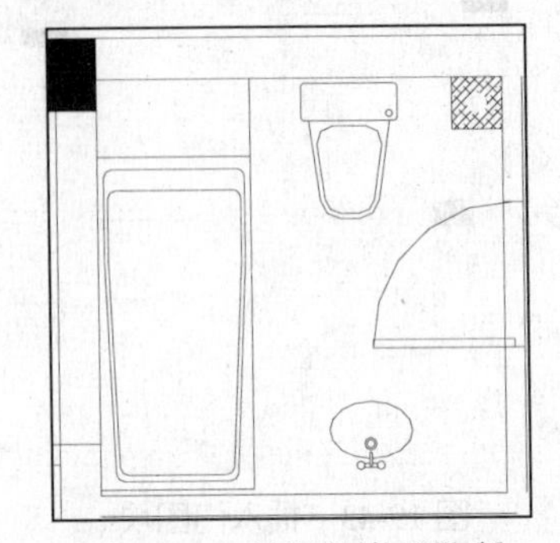

图19-52 绘制洗淋浴隔断

9．绘制主卧室布置

Step 01 调用【插入块】命令，插入随书光盘中的“双人床”图块，如图19-53所示。

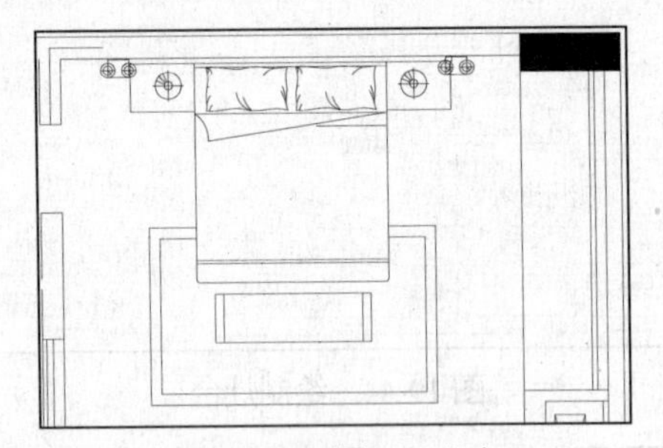

图19-53 插入双人床

Step 02 绘制主卧室桌。调用【直线】命令，绘制一条长1500的水平直线和长520的竖直线。调用【圆角】命令，指定圆角半径为100，对直线相交处进行圆角处理，并调用【偏移】命令，使之向内偏移20个单位，结果如图19-54所示。

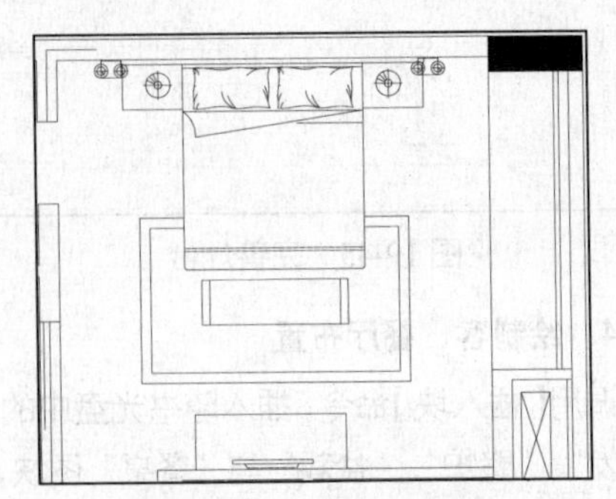

图19-54 绘制主卧室桌

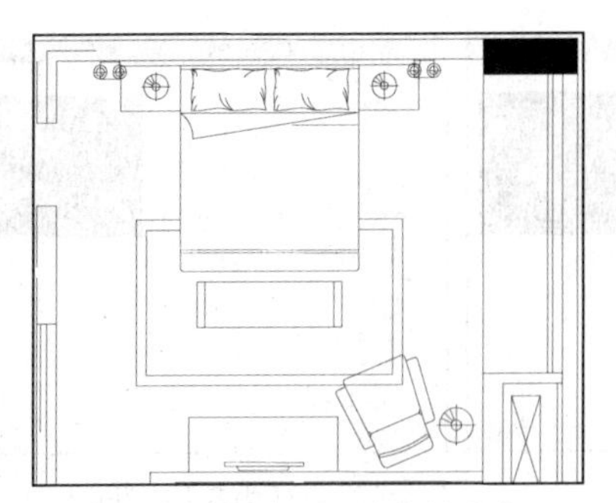

图 19-55　插入主卧室椅和灯

Step 03 插入图块。调用【插入块】命令，插入随书光盘中的“折叠椅”与“现代灯”，结果如图 19-55 所示。调用【插入块】命令，插入衣柜图块，结果如图 19-56 所示。

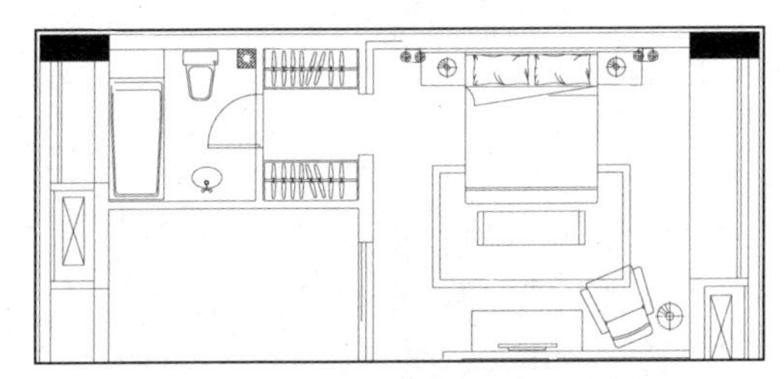

图 19-56　插入衣柜

10．绘制次卧室布置

调用【插入块】命令，插入随书光盘中的“床”与“次卧室衣柜”图块，如图 19-57 所示。

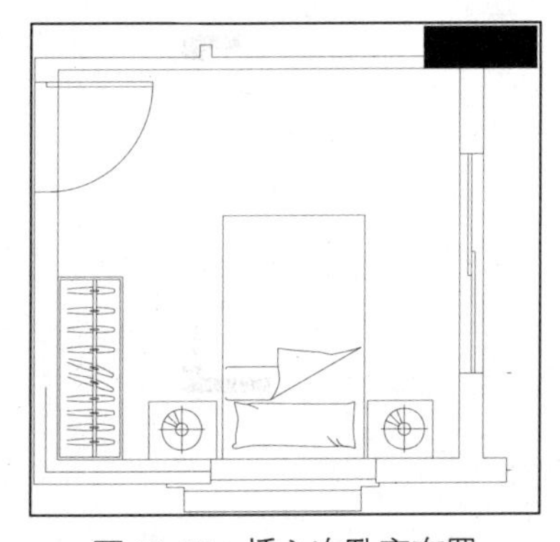

图 19-57　插入次卧室布置

11．标注

Step 01 设置文字标注样式。调用【文字样式】命令，新建【GBCIG】文字样式，设置参数如图 19-58 所示，并将其置为当前样式。

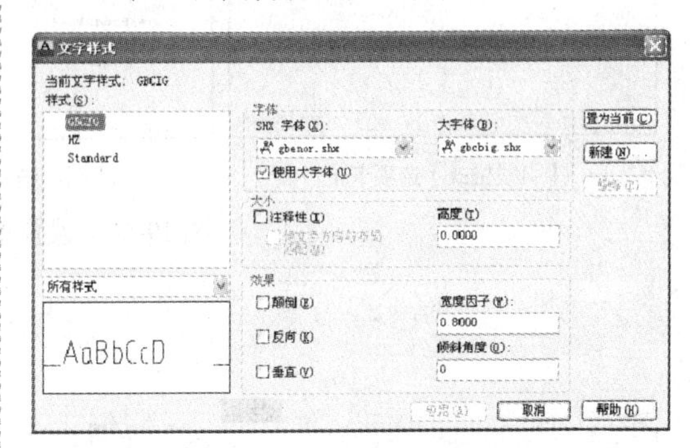

图 19-58　设置文字样式

Step 02 文字标注。将【标注】层置为当前图层，调用【单行文字】命令，进行文字标注，以增加各空间的可读性，在命令行中设置文字高度为 300，结果如图 19-59 所示。

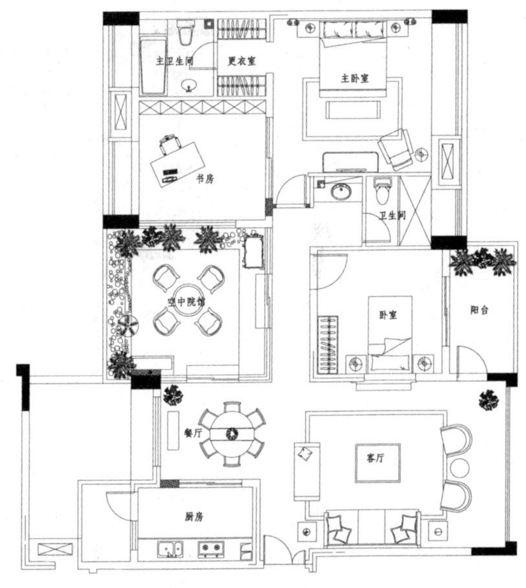

图 19-59　标注文字

Step 03 标注多重引线。调用【多重引线样式】命令，如图 19-60 所示设置多重引线样式。调用【多重引线】命令，进行多重引线标注，并显示尺寸标注。

Step 04 标注标高及内部尺寸。调用【插入块】命令，插入“标高”图块，并调整数值。

Step 05 调用【线性标注】命令，标注门窗洞口及家具尺寸，结果如图 19-61 所示。至此，平面布置图绘制完成。

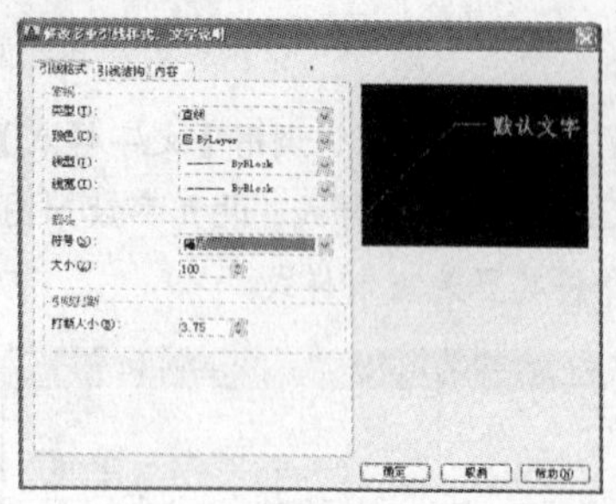

（【引线格式】选项卡）

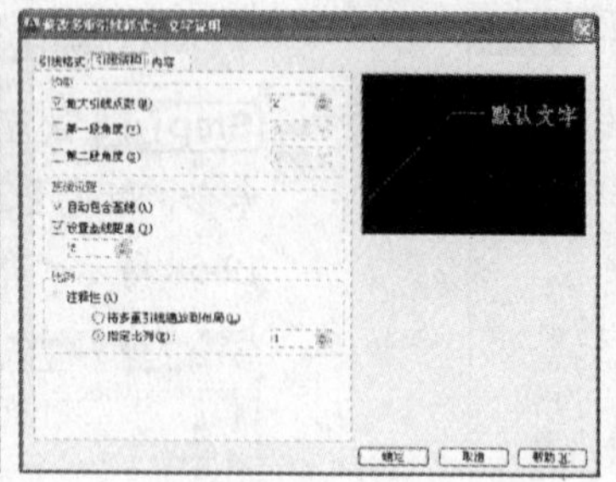

（【引线结构】选项卡）

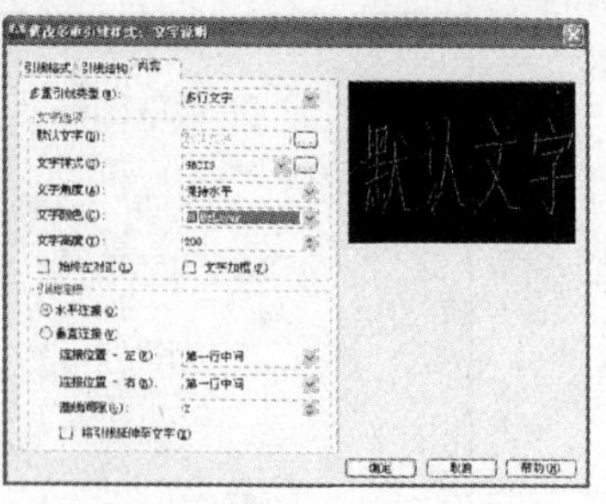

（【内容】选项卡）

图 19-60　设置多重引线标注样式

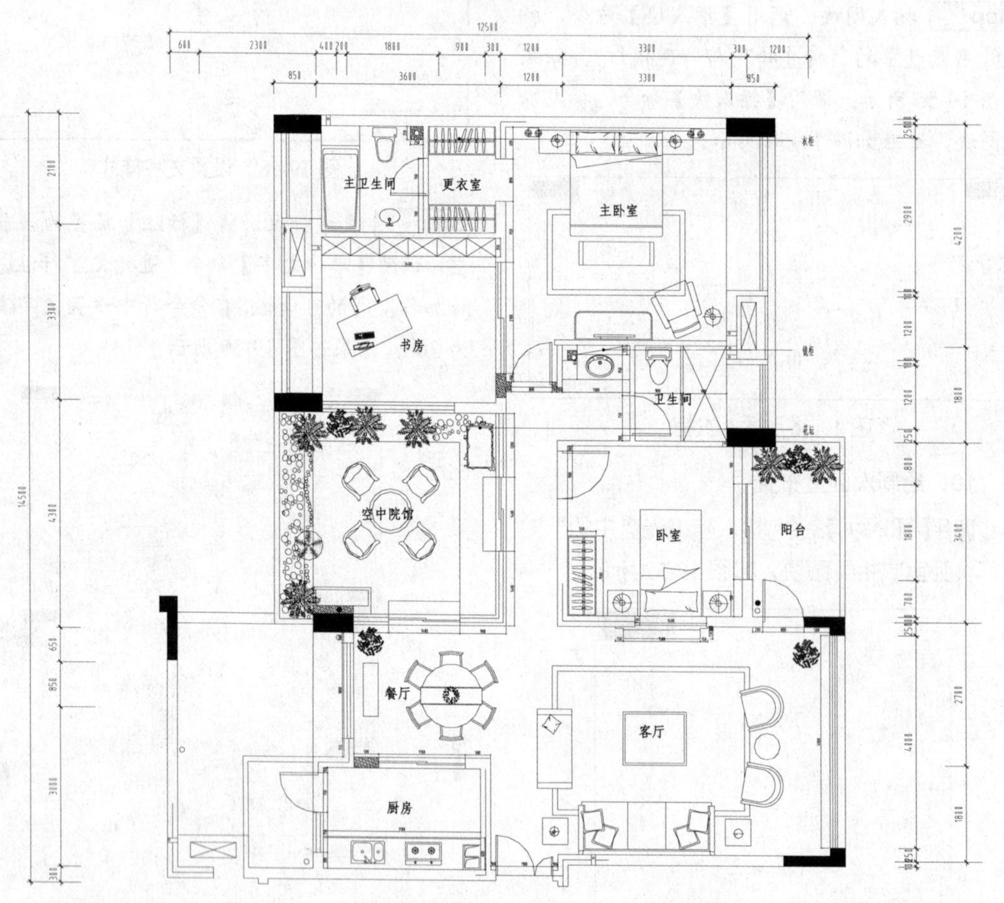

图 19-61　标注内部尺寸

19.3.2　绘制地面布置图

地面布置图又称为地材图，是用来表示地面做法的图样，包括地面用材和铺设形式。其形成方法与平面布置图相同，所不同的是地面布置图不需要绘制室内家具，只需绘制地面所使用的材料和固定于地面的设备与设施图形，如图 19-62 所示。

地面布置图的一般绘制步骤为：先对平面布置图进行清理，再对需要填充的区域进行描边以方便填充，然后进行图案填充以表示地面材质，最后进行引线标注，说明地面材料和规格。

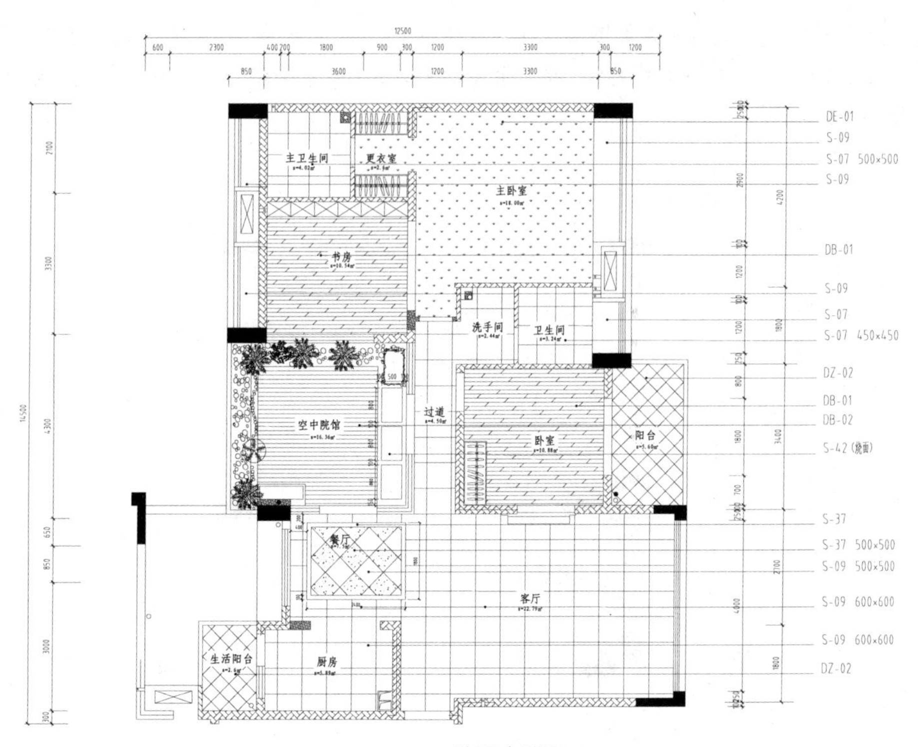

图 19-62　地面布置图

1. 整理平面布置图

Step 01 清理图形。调用【复制】命令，将平面布置图复制一份至绘图区空白处，并对其进行清理，保留书柜、衣柜、壁炉和文字标注，删除其他图块和多重引线标注，如图 19-63 所示。

图 19-63　整理图形

Step 02 图形整理。新建【背景】图层，设置颜色为10号，并置为当前图层。调用【直线】命令，对门洞口进行描边处理，隐藏文字标注，将其余图形全部放入【背景】图层，并设置颜色为【Bylayer】，结果如图19-64所示。

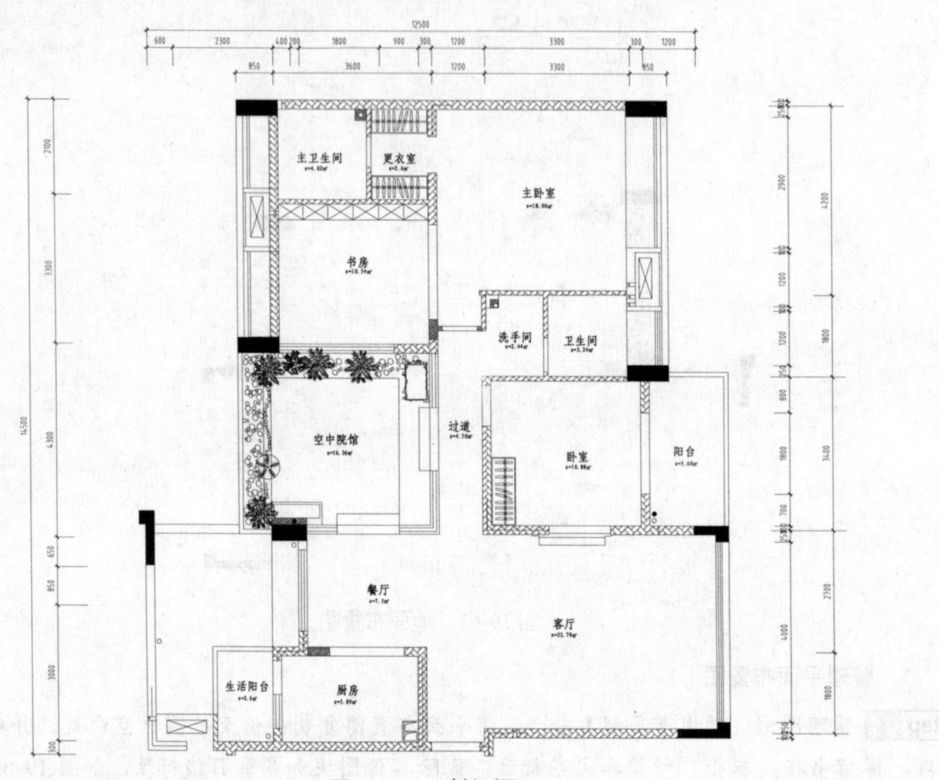

图19-64　封闭洞口

2. 填充地材图案

Step 01 新建【地材】图层，设置其颜色为黑色，并将其置为当前图层。

Step 02 绘制餐厅铺地。调用【矩形】命令，绘制一个尺寸为2400×1800的矩形，并将其向内偏移100个单位，其位置如图19-65所示。

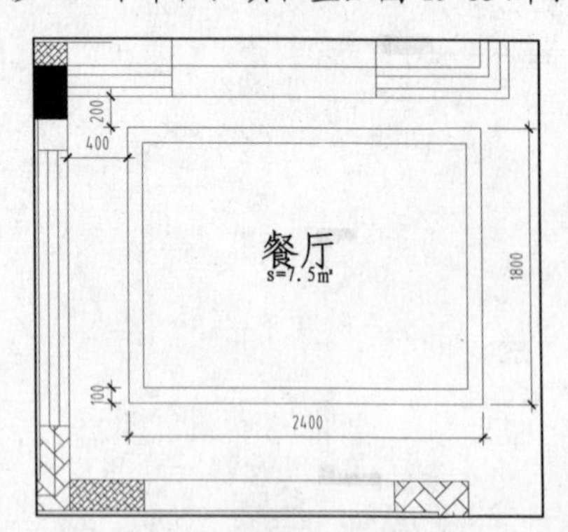

图19-65　绘制餐厅铺地外轮廓

Step 03 绘制纹理。调用【填充】命令，选择用户自定义类型，设置双向填充，间距为500，填充角度为45°，选定内部矩形左上角点为原点进行图案填充，并调用【分解】命令将填充图案分解，结果如图19-66所示。

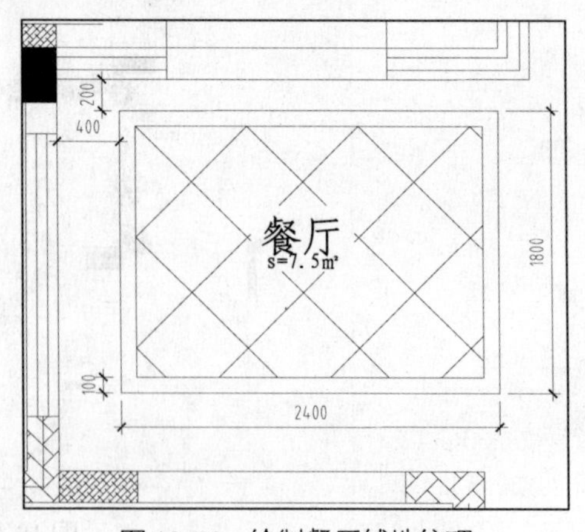

图19-66　绘制餐厅铺地纹理

Step 04 完善纹理。调用【填充】命令，选择【AR-CONC】填充图案，对上一步所绘制的地材图案进行填充，结果如图 19-67 所示。

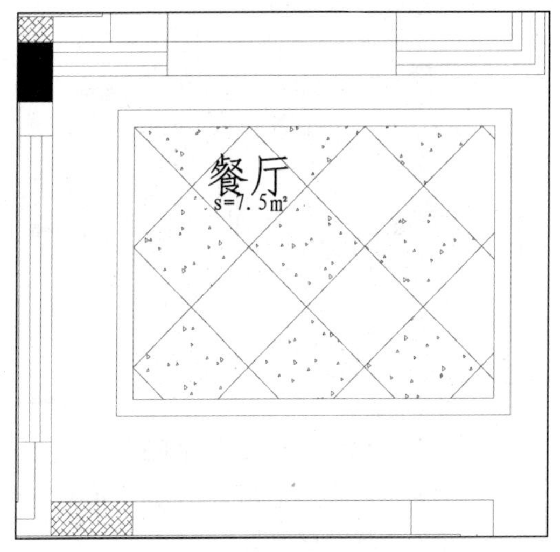

图 19-67　完善纹理

Step 05 绘制客厅、餐厅、厨房及过道铺装。调用【填充】命令，选择用户定义类型，设置双向填充，间距为 600，指定客厅右上角为原点对客厅、餐厅、厨房及过道进行填充，结果如图 19-68 所示。

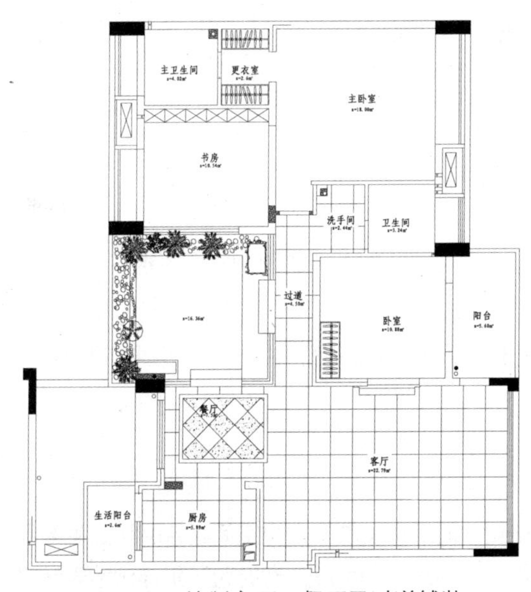

图 19-68　绘制客厅、餐厅及过道铺装

Step 06 绘制次卧室及书房铺装。调用【填充】命令，选择【DOLMIT】填充图案，设置填充比例为 15 进行填充，结果如图 19-69 所示。

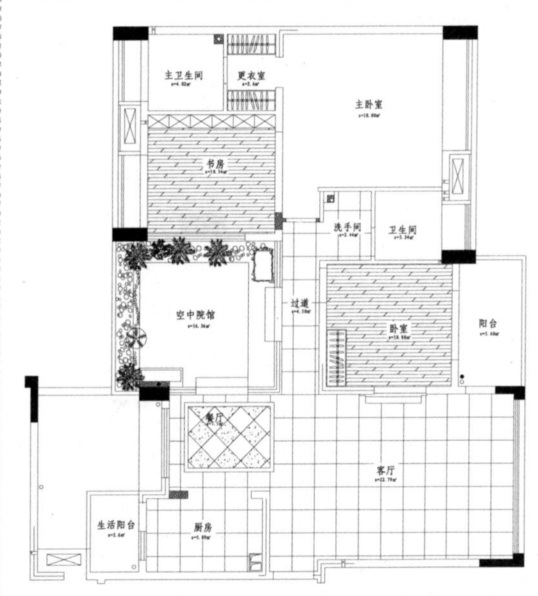

图 19-69　绘制次卧室及书房铺装

Step 07 绘制空中院馆铺装。调用【填充】命令，选择用户自定义类型，设置单向填充，间距为 100，对空中院馆进行填充。调用【矩形】命令，绘制尺寸为 800×500 的矩形，并进行复制定位，结果如图 19-70 所示。

图 19-70　绘制空中院馆铺装

Step 08 绘制阳台铺装。调用【填充】命令，选择用户自定义类型，设置双向填充，间距为300，填充角度为45°，分别选定原点进行填充，如图19-71所示。

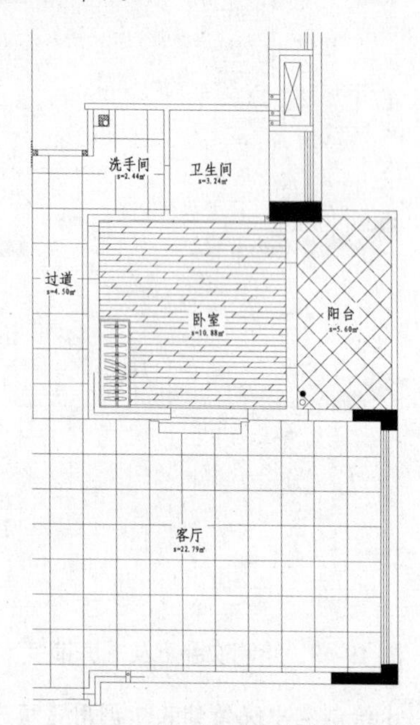

图19-71 绘制阳台铺装

Step 09 绘制卫生间铺装。调用【填充】命令，选择用户自定义类型，设置双向填充，间距为450（客卫）、500（主卫），填充角度为45°，分别选定原点进行填充，结果如图19-72所示。

Step 10 绘制主卧室地毯铺装。调用【填充】命令，选择【GRASS】填充图案，设置填充比例为10，对主卧室进行填充，填充结果如图19-73所示。

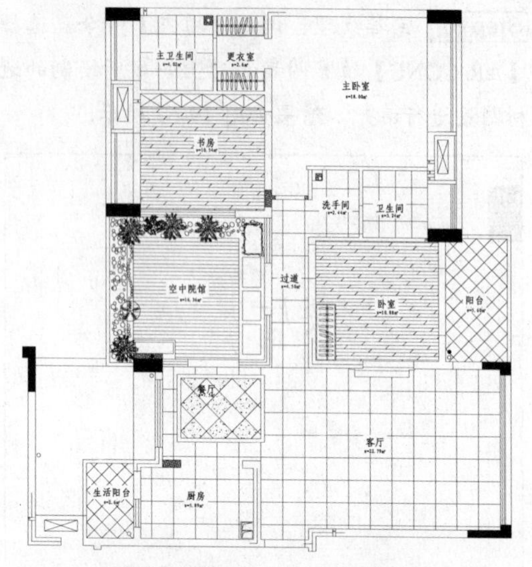

图19-72 绘制卫生间铺装

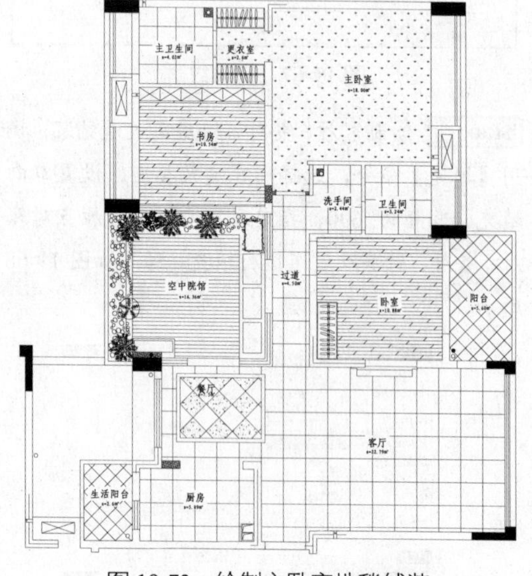

图19-73 绘制主卧室地毯铺装

3. 引线标注

设置【标注】图层为当前图层，调用【多重引线】命令，对图形进行文字标注，结果如图19-62所示。至此，地面布置图绘制完成。

19.3.3 绘制天花布置图

天花布置图主要用来表示顶棚的造型和灯具的布置，同时也反映了室内空间组合的标高关系和尺寸等。其内容主要包括各种装饰图形、灯具、说明文字、尺寸和标高。有时为了更详细地表示某处的构造和做法，还需要绘制该处的剖面详图。与平面布置图一样，顶棚平面图也是室内装饰设计图中不可缺少的图样。

本例绘制的天花平面图如图19-74所示，客厅和餐厅区域进行了造型处理，厨房和卫生间采用了集成吊顶，其他区域都实行原顶刷白。其一般绘制步骤为：首先对地面布置进行复制并修改以完善图形，再绘制吊顶，然后插入灯具图块，最后进行各种标注。

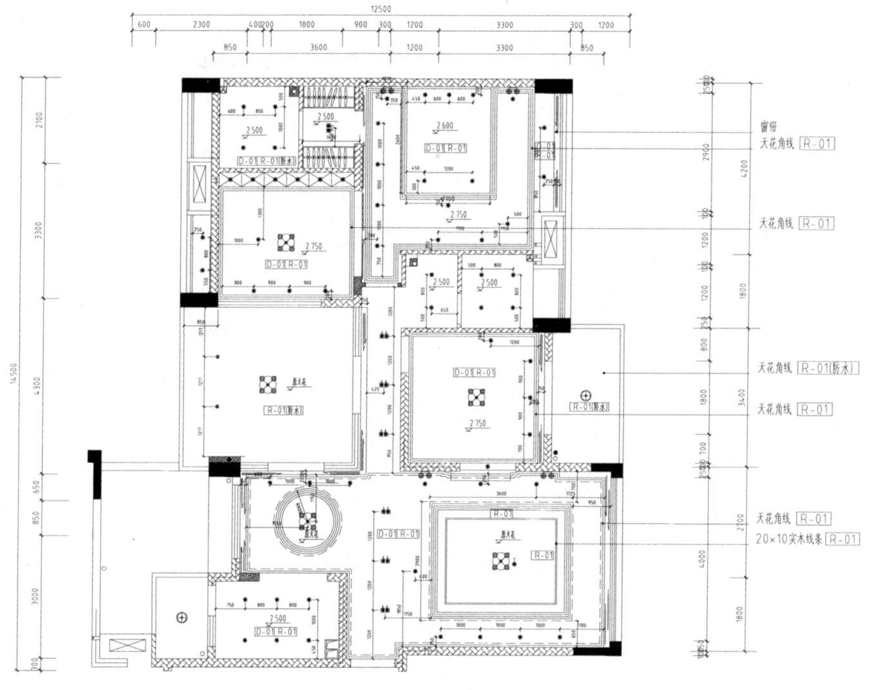

图 19-74　天花布置图

1. 修改图形

Step 01 调用【复制】命令，将地面布置图向右复制一份至绘图区空白处，删除多余图元，如图 19-75 所示。

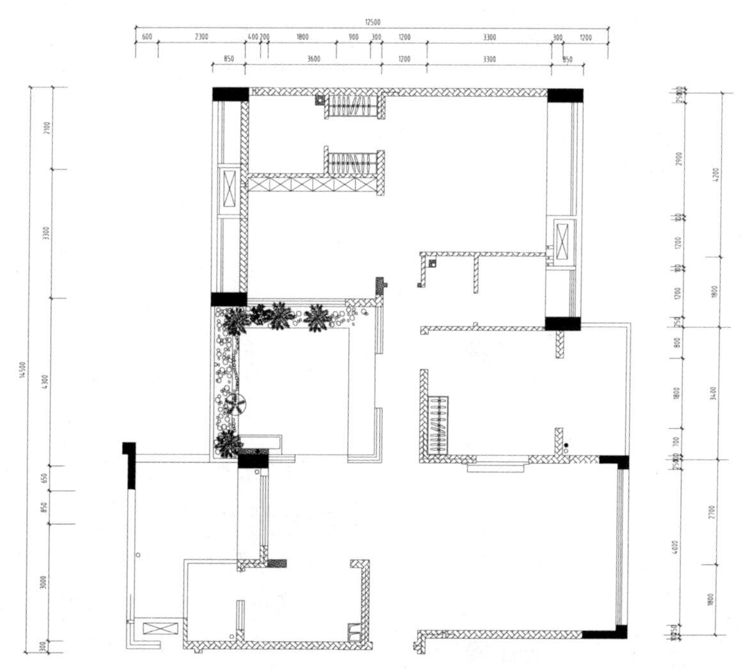

图 19-75　复制地面布置图

Step 02 门洞封口。调用【直线】命令，将推拉门洞封口，如图 19-76 所示。

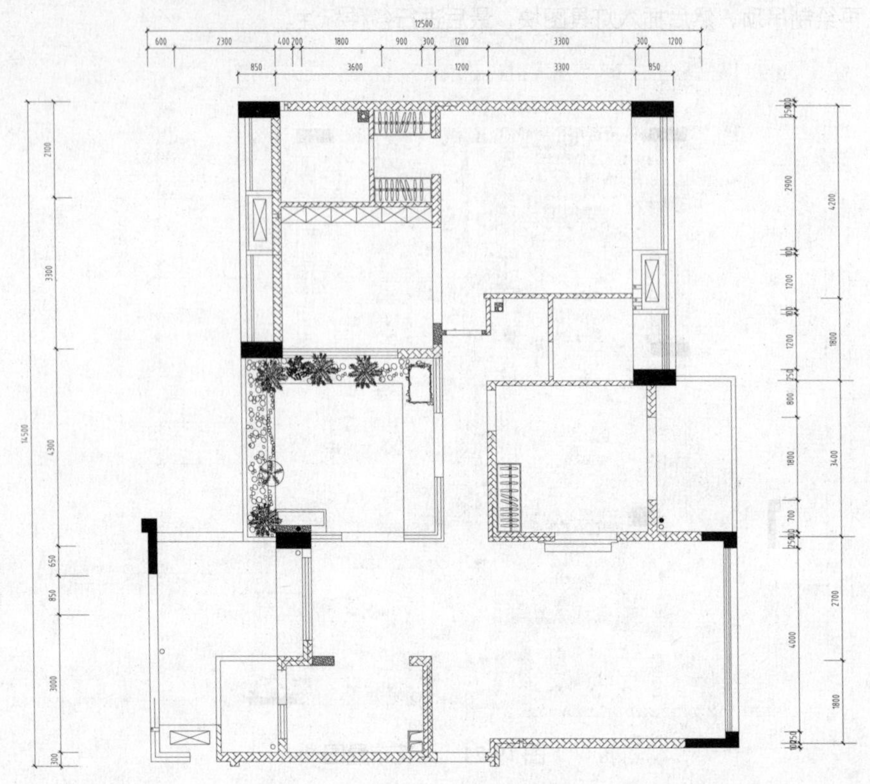

图 19-76　门洞封口

2．绘制客厅天花造型

Step 01 新建【天花】图层，设置图层颜色为 140，并将其置为当前图层。

Step 02 绘制客厅天花。调用【矩形】命令，绘制一个尺寸为 3600×2900 的矩形灯带轮廓，并将其依次偏移 5 次，每次偏移 50 个单位。将最外层的矩形颜色改为红色，线型设置为【DASH】，线型比例设为 1000，结果如图 19-77 所示。

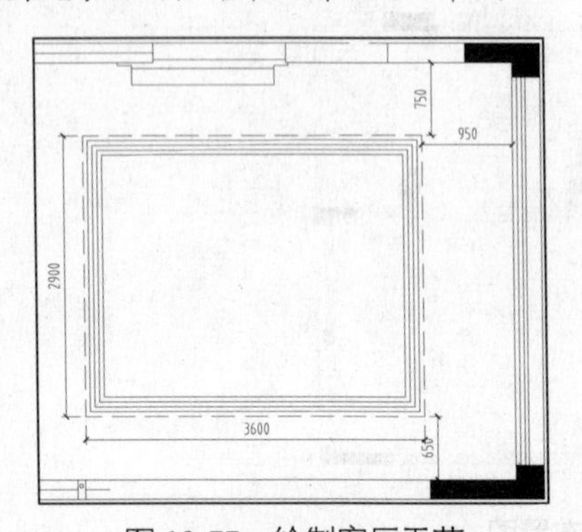

图 19-77　绘制客厅天花

Step 03 完善客厅天花。调用【偏移】命令，将内部矩形向内依次偏移 200、30 个单位，结果如图 19-78 所示。

图 19-78　完善客厅天花

3．绘制客、餐厅天花角线

Step 01 绘制客、餐厅及过道窗帘盒轮廓。调用【偏移】命令，将客、餐厅及过道有窗户的位置窗线向内偏移 150 个单位。调用【圆角】命令，对偏移后的窗帘盒轮廓线进行连接处理，结果如图 19-79 所示。

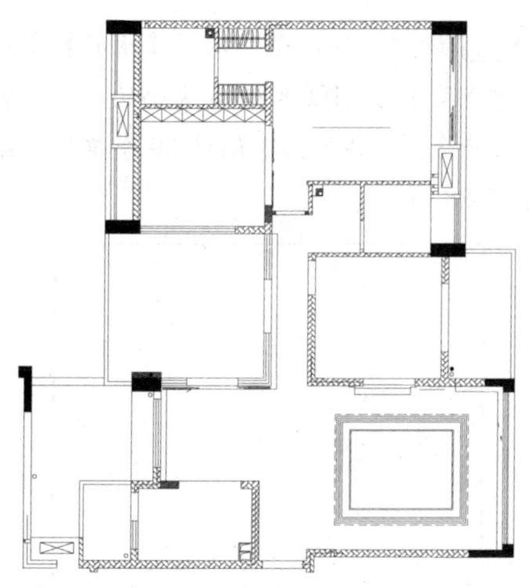

图 19-79　绘制窗帘盒轮廓

Step 02 插入窗帘图块。调用【插入块】命令，插入“窗帘”图块，结果如图 19-80 所示。

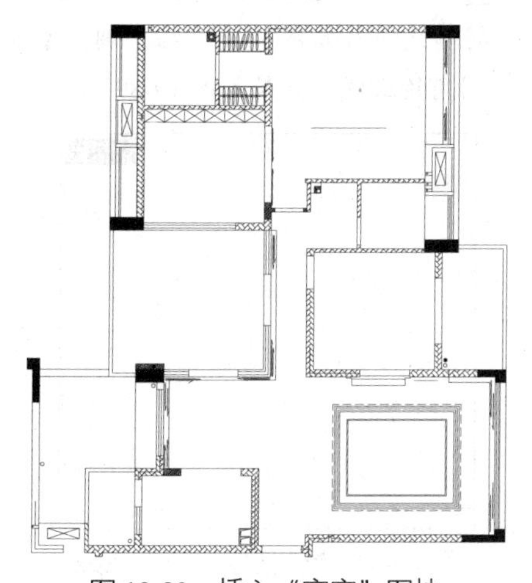

图 19-80　插入“窗帘”图块

Step 03 绘制客、餐厅天花角线。调用【偏移】命令，将客餐厅墙体线向内偏移 50 个单位，调用【圆角】命令整理，结果如图 19-81 所示。将其再次向内偏移 50 个单位，调用【特性匹配】命令，将客厅灯带的特征匹配给偏移后的线。

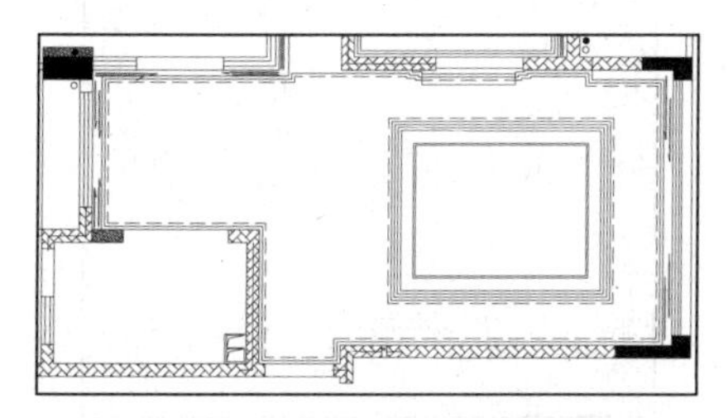

图 19-81　绘制客、餐厅天花角线

4. 绘制餐厅天花造型

Step 01 绘制餐厅天花造型。调用【圆】命令，绘制一个半径为 800 的圆，其位置如图 19-82 所示。

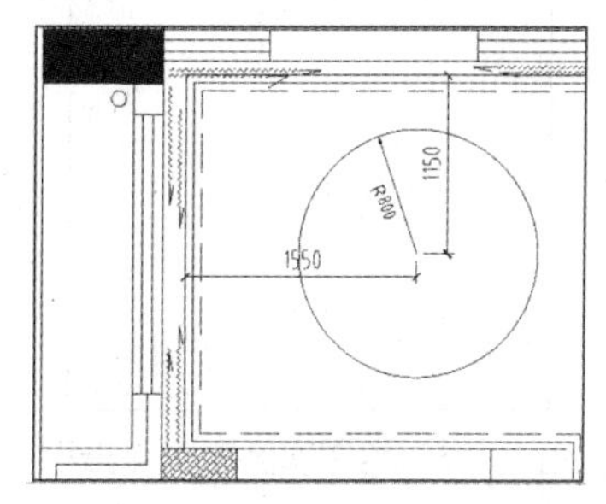

图 19-82　绘制餐厅天花造型

Step 02 完善餐厅天花造型。调用【偏移】命令，将上一步所绘圆形依次向内偏移 50 个单位，共偏移 3 次。并将其向外偏移 50 个单位。调用【特性匹配】命令，将客厅灯带线的特征匹配给最外端的圆形，结果如图 19-83 所示。

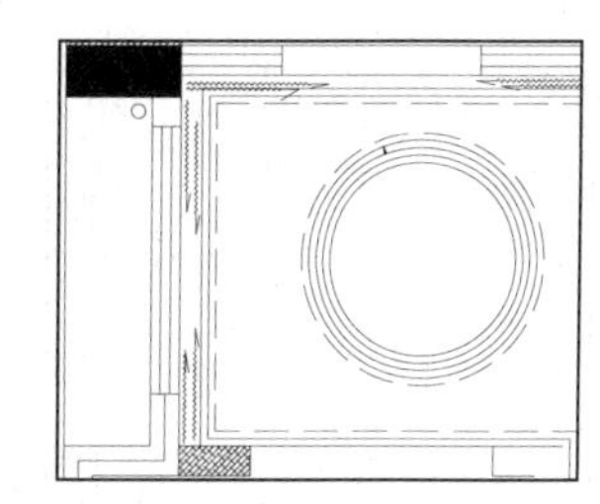

图 19-83　完善餐厅天花造型

5. 绘制次卧室天花造型

Step 01 绘制次卧室窗帘盒。调用【偏移】命令，将次卧室窗线向外偏移 150 个单位并延伸至两端墙线，将其指定为【天花】图层。调用【插入块】命令，插入“窗帘”图块，结果如图 19-84 所示。

图 19-84　绘制次卧室窗帘盒轮廓

Step 02 绘制次卧室天花造型。调用【偏移】命令，将次卧室墙线向内偏移两次，每次均偏移

50个单位，并调用【圆角】命令，连接偏移线，结果如图19-85所示。

图19-85　绘制次卧室天花造型

6．绘制书房天花造型

Step 01 绘制书房天花轮廓。调用【偏移】命令，将书柜轮廓线及墙线向内依次均偏移50个单位。

Step 02 完善书房天花轮廓线。调用【圆角】命令，将偏移后的轮廓线进行圆角处理，结果如图19-86所示。

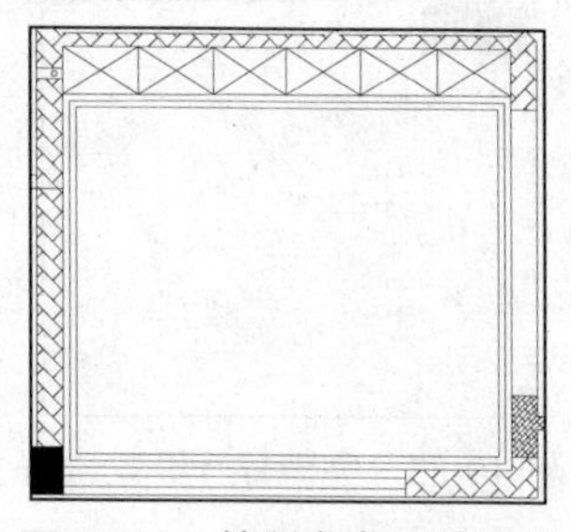

图19-86　绘制书房天花造型

7．绘制主卧室天花造型

Step 01 绘制主卧室窗帘盒。调用【偏移】命令，将窗边线向房间内偏移150个单位。调用【延伸】命令，将其延伸至两边的墙体。

Step 02 插入"窗帘"图块。调用【插入块】命令，插入"窗帘"图块，结果如图19-87所示。

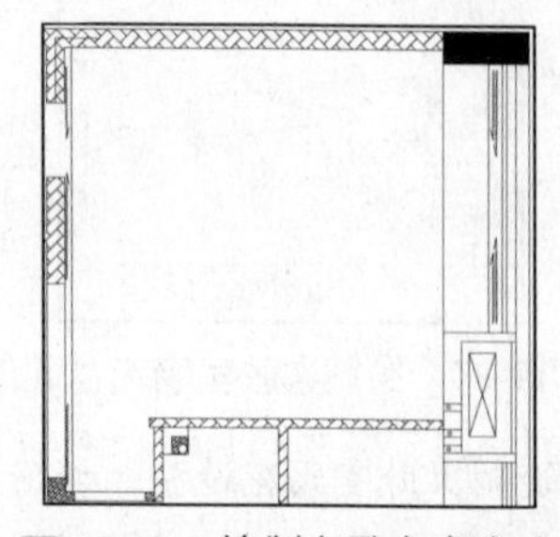

图19-87　绘制主卧室窗帘盒

Step 03 绘制天花造型。调用【矩形】命令，绘制一个尺寸为2100×2600大小的矩形。将矩形分解并将上部线段向下偏移50个单位，结果如图19-88所示。

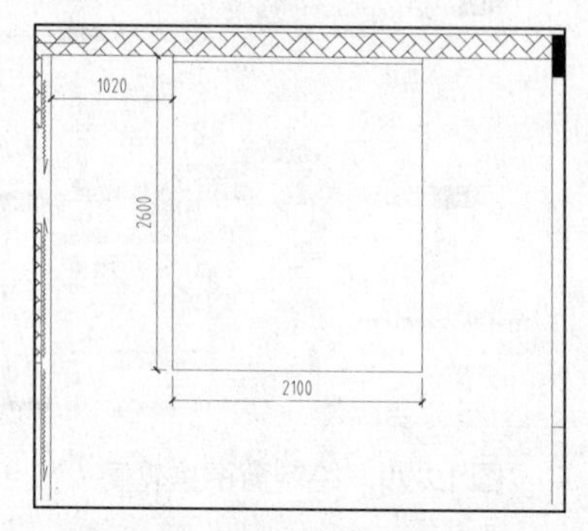

图19-88　绘制主卧室天花造型

Step 04 绘制主卧室天花角线。调用【偏移】命令，将墙线向内偏移50个单位。调用【圆角】命令，圆角轮廓线，结果如图19-89所示。

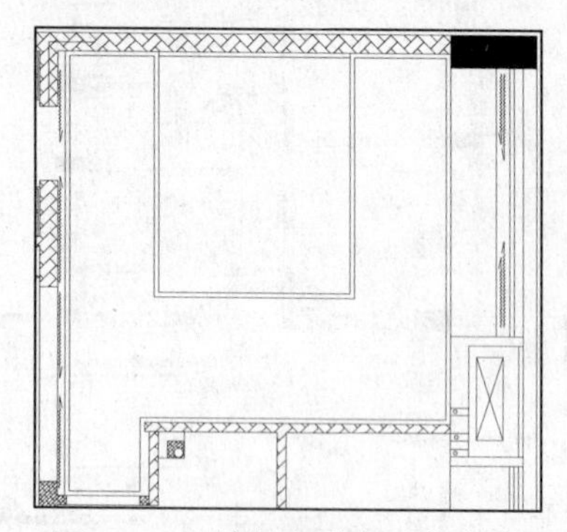

图19-89　绘制主卧室天花角线

Step 05 绘制天花造型。调用【偏移】命令，将天花角线依次向内均偏移50个单位，结果如图19-90所示。

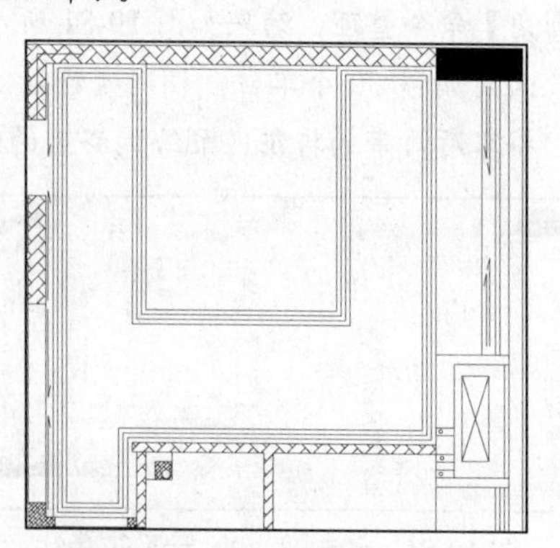

图19-90　绘制主卧室天花造型

8. 插入灯具

调用【插入块】命令，插入随书光盘中的文件"艺术吊灯"、"吸顶吊灯"、"普通射灯"、"吸顶射灯"、"地灯"和"顶排式排气扇"，如图19-91所示。

9. 图形标注

Step 01 标注尺寸。指定【标注】图层为当前图层。调用【线性标注】、【连续标注】等命令进行天花及灯具尺寸标注。

Step 02 标注标高。调用【插入块】命令，插入"标高"符号，并修改数据。

Step 03 标注文字。调用【单行文字】命令，进行文字说明，结果如图19-74所示。至此，天花布置图绘制完成。

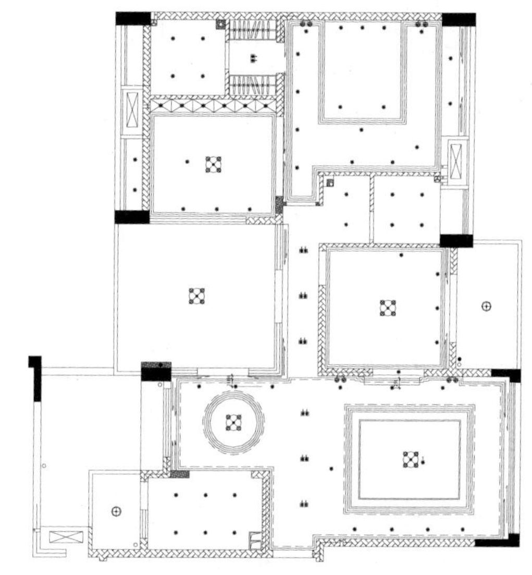

图19-91 插入图块

19.3.4 绘制客餐厅立面图

立面图是一种与垂直界面平行的正投影图，它能够反映垂直界面的形状、装修做法和其上的陈设，是一种很重要的图样。立面图所要表达的内容为四个面（左右墙、地面和顶棚）所围合成的垂直界面的轮廓和轮廓里面的内容，包括按正投影原理能够投影到画面上的所有构配件，如门、窗、隔断和窗帘、壁饰、灯具、家具、设备与陈设等。

本例绘制的客餐厅A立面图如图19-92所示，其一般绘制步骤为：先绘制总体轮廓，再绘制墙体和吊顶，接下来绘制墙体装饰，再插入图块，最后进行标注。

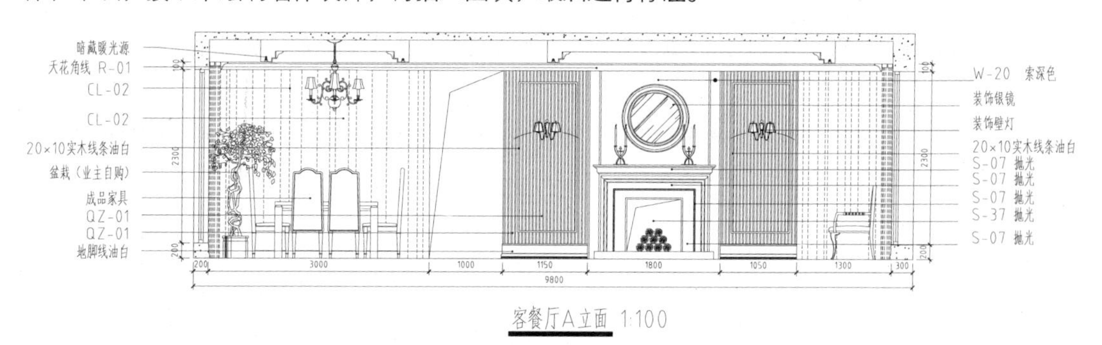

图19-92 客餐厅A立面图

1. 绘制墙体

Step 01 绘制总体轮廓。绘制调用【矩形】命令，绘制一个尺寸为9800×300的矩形。

Step 02 绘制墙体及楼板。调用【分解】命令，分解上一步所绘制的矩形。调用【偏移】命令，将左右两端的线条向内偏移200个单位，上端线条向下偏移100个单位，并修剪掉多余的部分，结果如图19-93所示。

图19-93 绘制墙体及楼板

Step 03 绘制窗洞。调用【偏移】命令，将下端的水平线向上依次偏移200、2300个单位。修剪掉中间多余的部分，结果如图19-94所示。

图19-94 绘制窗洞

Step 04 绘制窗户。调用【插入块】命令，插入“窗-剖面”图块，结果如图19-95所示。

Step 05 填充墙体。调用【填充】命令，选择【AR-CONC】填充图案，填充墙体，如图19-96所示。

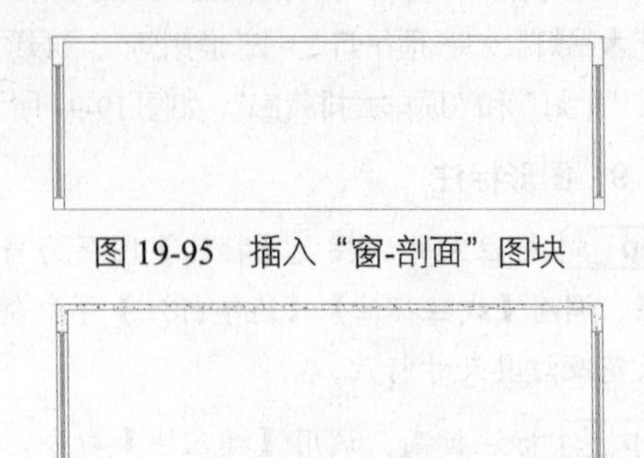

图19-95 插入“窗-剖面”图块

图19-96 填充墙体

2．绘制天花

Step 01 绘制吊顶高度线。调用【偏移】命令，将下端水平线向上偏移2600个单位，并修剪掉多余的线段。

Step 02 绘制餐厅天花。指定【天花】图层为当前图层。调用【直线】命令，绘制餐厅天花基本轮廓，如图19-97所示。

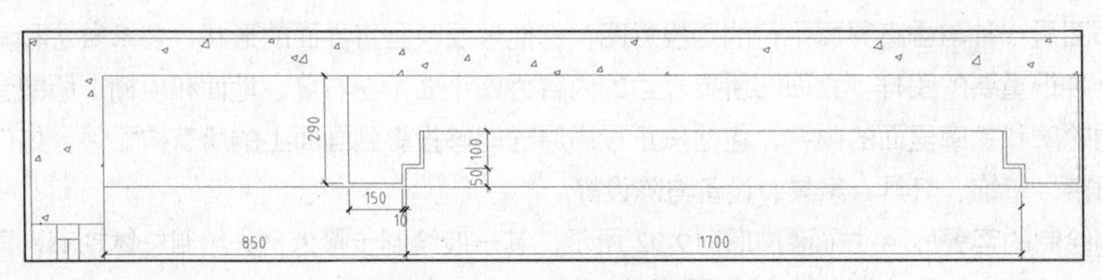

图19-97 绘制天花轮廓

Step 03 完善餐厅天花轮廓。调用【直线】命令，配合【样条曲线】命令，绘制餐厅天花角线，如图19-98所示。

Step 04 完善天花角线。调用【镜像】命令，将天花角线镜像到另一边，结果如图19-99所示。

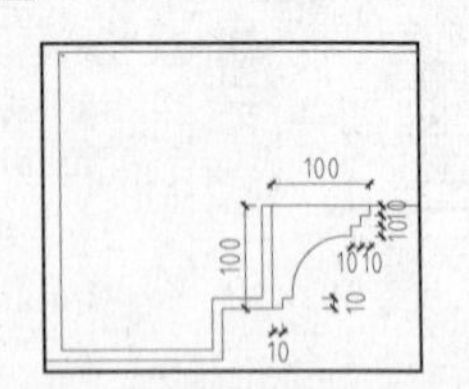

图19-98 绘制餐厅天花角线

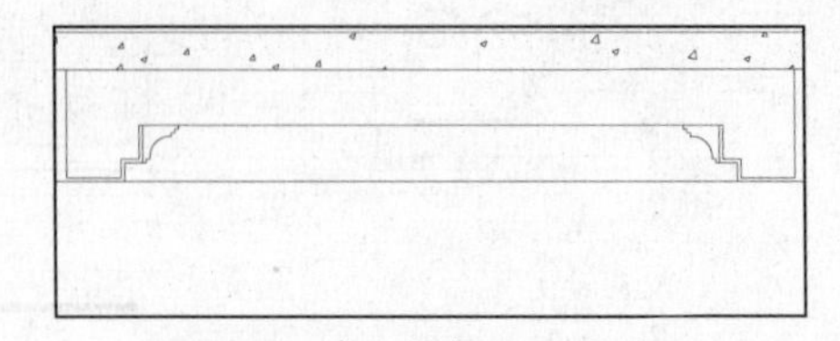

图19-99 完善餐厅天花造型

Step 05 绘制客厅天花造型。调用【直线】命令，配合ARC【圆弧】命令，绘制客厅天花造型，结果如图19-100所示。

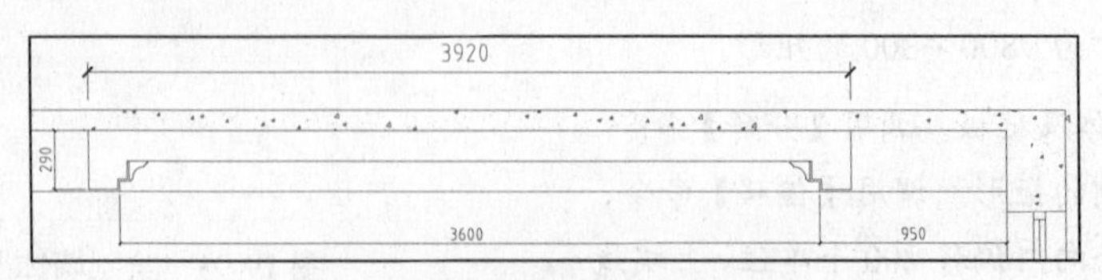

图19-100 绘制客厅天花造型

Step 06 绘制客餐厅天花角线。调用【直线】命令，配合【圆弧】命令。在隔左右两端墙体150个单位的地方绘制天花角线，结果如图19-101所示。

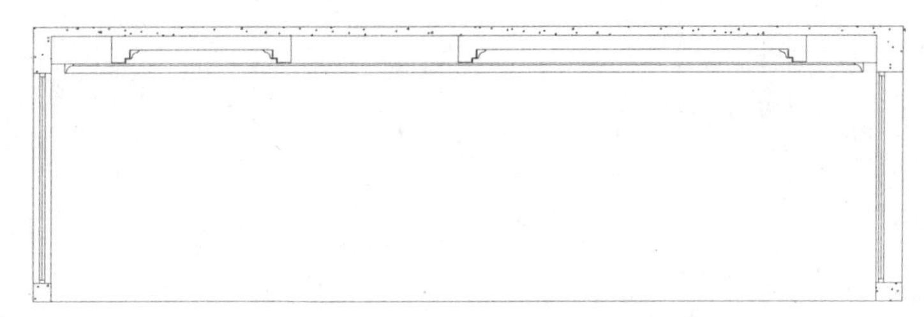

图19-101　绘制客餐厅天花角线

3．绘制窗帘

Step 01 新建【窗帘】图层，指定其颜色为【230】，线型为【DASH】，并将其置为当前图层。

Step 02 绘制两侧窗户处窗帘。调用【直线】命令，绘制窗帘并修改指定线型比例为200，结果如图19-102所示。

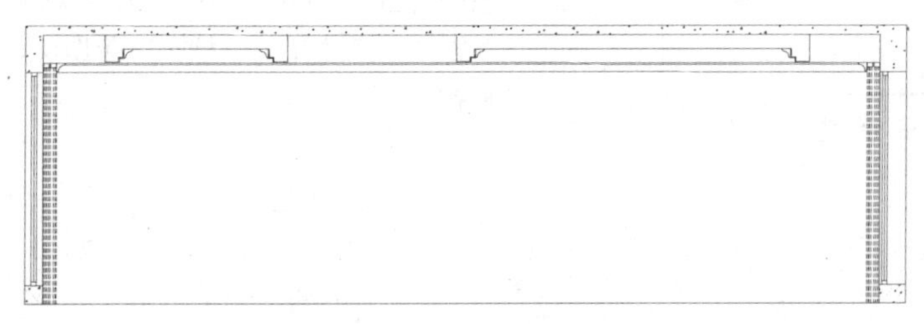

图19-102　绘制窗户处窗帘

Step 03 绘制门处窗帘。调用【复制】命令，绘制门处窗帘线并修剪掉多余的线段，结果如图19-103所示。

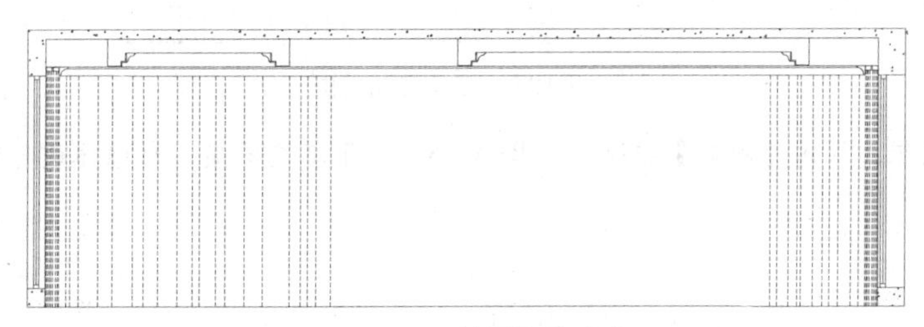

图19-103　绘制门处窗帘

4．插入图块

Step 01 绘制过道墙体看线。调用【直线】命令，绘制过道处墙体看线，如图19-104所示。

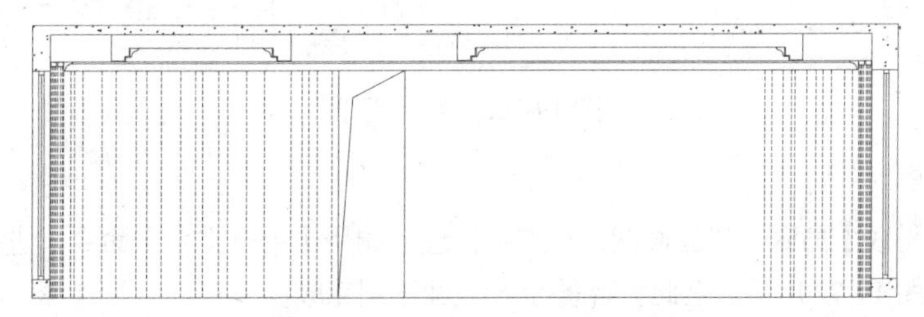

图19-104　绘制过道处墙体看线

Step 02 插入餐厅图块。调用【插入块】命令，插入“艺术吊灯”、“餐桌”、“盆栽”图块，整理结果如图19-105所示。

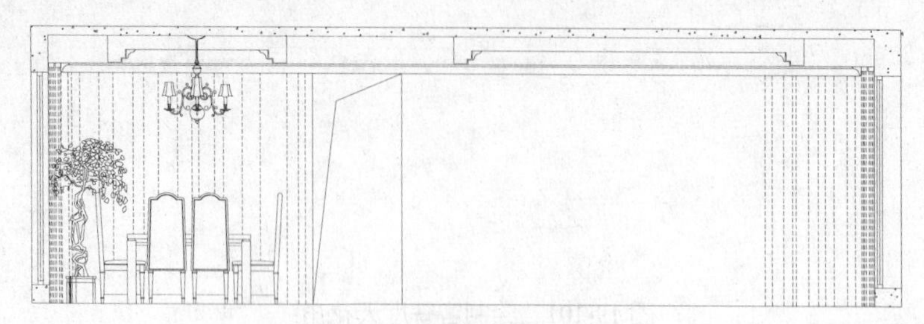

图19-105 插入餐厅图块

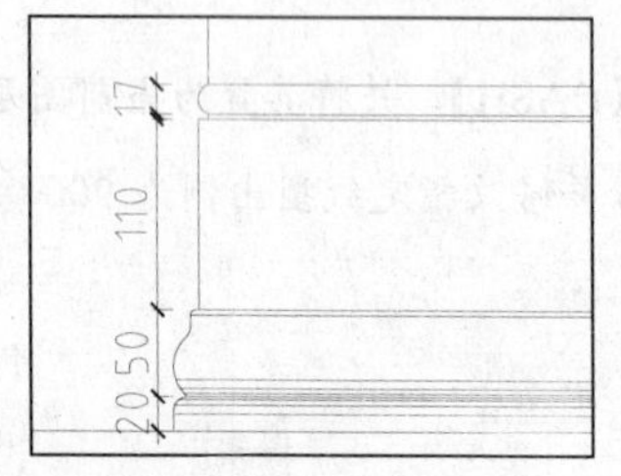

图19-106 绘制踢脚造型

Step 03 绘制客厅踢脚造型。调用【直线】命令，配合【样条曲线】命令，绘制客厅踢脚，结果如图19-106所示。

Step 04 插入客厅图块。调用【插入块】命令，插入“壁炉”、“壁灯”、“椅子”等图块，结果如图19-107所示。

图19-107 插入客厅图块

Step 05 绘制墙纸。调用【填充】命令，选择【ANSI32】填充图案，对墙体进行填充，结果如图19-108所示。

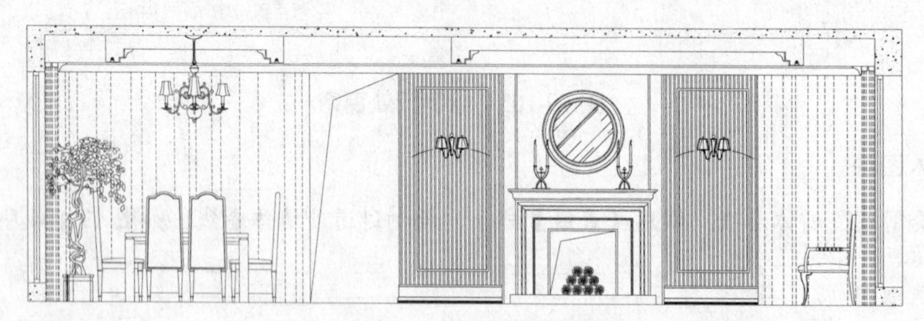

图19-108 绘制墙纸

5. 图形标注

调用【多重引线】命令，对立面图进行文字标注。调用【单行文字】命令，进行图文及尺寸标注，最终结果如图19-92所示。至此，客餐厅A立面绘制完成。

第20章　机械设计及绘图

⊙学习目的：

本章讲解机械制图的内容流程，并通过具体实例，讲解机械零件图和机械装配图的绘制方法和技巧。

⊙核心技能：

★★★★ 机械零件图的绘制

★★★☆ 机械装配图的绘制

★★☆☆ 机械工程图的概述

20.1　机械设计制图的内容

相对其他的设计行业有些不同的在于，机械设计行业需要严格按照国家标准进行设计，从开始的计算各个部件的尺寸到后期标注的技术要求，每一步都不能马虎。机械制图主要包括零件图和装配图，其中，零件图主要包括以下几部分内容。

- 机械图形：采用一组视图，如主视图、剖视图、断面图和局部放大图等，以正确、完整、清晰并且简便地表达零件的结构。
- 尺寸标注：用一组正确、完整、清晰及合理的尺寸标注零件的结构形状和其相互位置。
- 技术要求：用文字或符号表明零件在制造、检验和装配时应达到的具体要求。如表面粗糙度、尺寸公差、形状和位置公差、表面热处理和材料热处理等一些技术要求。
- 标题栏：由名称、签字区、更改区组成的栏目。

装配图主要包括以下几个部分。

- 机械图形：用基本视图完整、清晰地表达机器或部件的工作原理、各零件间的装配关系和主要零件的基本结构。
- 几何尺寸：包括机器或部件规格、性能以及装配、安装的相关尺寸。
- 技术要求：用文字或符号表明机器或部件的性能、装配和调整要求、试验和验收条件及使用要求等。
- 明细栏：标明图形中序号所指定的具体内容。
- 标题栏：由名称、签字区和其他区组成。

20.2　机械设计制图的流程

在 AutoCAD 中，机械零件图的绘制流程主要包括以下几个步骤。

- 了解所绘制零件的名称、材料、用途以及各部分的结构形状及加工方法。
- 根据上述分析，确定绘制物体的主视图，再根据其结构特征确定顶视图及剖视图等其他视图。
- 标注尺寸及添加文字说明，最后绘制标题栏并填写内容。
- 图形绘制完成后，可对其进行打印输出。

在 AutoCAD 中，机械装配图的绘制流程主要包括以下两个步骤。

- 了解所绘制部件的工作原理、零件之间的装配关系、用途以及主要零件的基本结构和部件的安装情况等内容。
- 根据对所绘制部件的了解，合理运用各种表达方法，按照装配图的要求选择视图，确定视图表达方案。

20.3　绘制机械零件图

20.3.1　零件图的内容

零件图是表达零件结构、大小和技术要求的图样，是生产过程中主要的技术文件，是制造、检验和维修零件的重要依据。

为了满足生产部门制造零件的要求，一张零件图必须包括以下几方面内容。

1．一组视图

用一组视图完整、清晰地表达零件各个部分的结构以及形状。这组视图包括机件的各种表达方法中的视图、剖视图、断面图、局部放大图和简化画法。

2．完整的尺寸

零件图中应正确、完整、清晰、合理地标注零件在制造和检验时所需要的全部尺寸。

3．技术要求

用规定的符号、代号、标记和简要的文字表达出对零件制造和检验时所应达到的各项技术指标和要求。

4．标题栏

在标题栏中一般应填写单位名称、图名（零件的名称）、材料、质量、比例、图号，以及设计、审核、批准人员的签名和日期等。

20.3.2　零件的类型

零件是部件中的组成部分。一个零件的机构与其在部件中的作用密不可分。零件按其在部件中所起的作用，以及结构是否标准化，大致可以分为以下 3 类。

1. 标准件

常用的有螺纹连接件，如螺栓、螺钉、螺母，还有滚动轴承等。这一类零件的结构已经标准化，国家制图标准已指定了标准件的规定画法和标注方法。

2. 常用件

常用的有螺栓、螺母、螺钉、弹簧、平键、半圆键等，这类零件的主要结构已经标准化，并且有规定画法。

3. 一般零件

除了标准件和常用件之外的所有零件，统称为一般零件。根据零件的功能和结构特点，将一般零件分为四种，分别为轴套类零件、盖盘类零件、叉架类零件、箱体类零件。它们的结构形状、尺寸大小和技术要求由相关部件的设计要求和制造工艺要求而定。

20.3.3 绘制锥齿轮零件图

1. 绘制主视图

Step 01 单击【快速访问】工具栏中的【新建】按钮，新建空白文件。

Step 02 在【常用】选项卡中，单击【图层】面板中的【图层特性】按钮，新建图层，如图 20-1 所示。

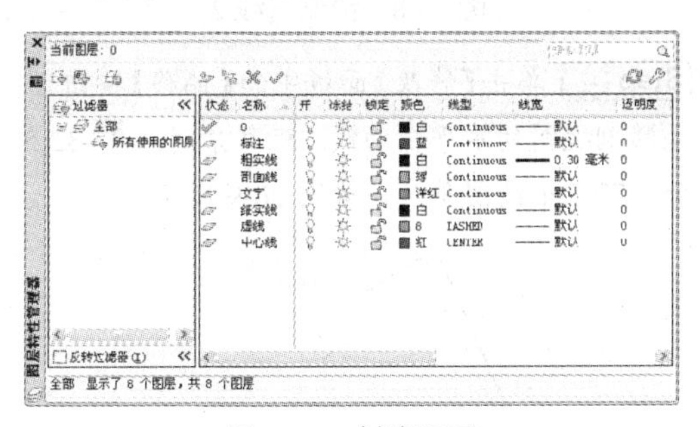

图 20-1 创建图层

Step 03 在【常用】选项卡中，单击【特性】面板【线型】下拉列表中的【其他】选项，系统打开【线型管理器】对话框。设置【全局比例因子】为 0.5，如图 20-2 所示。

Step 04 单击【确定】按钮，并切换【中心线】为当前图层。

Step 05 在【常用】选项卡中，单击【绘图】面板中的【直线】按钮，绘制长度在 300 左右的互相垂直的中心辅助线，如图 20-3 所示。

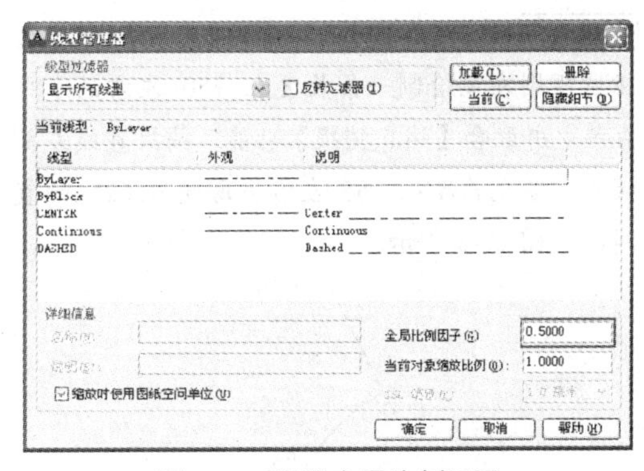

图 20-2 设置全局比例因子

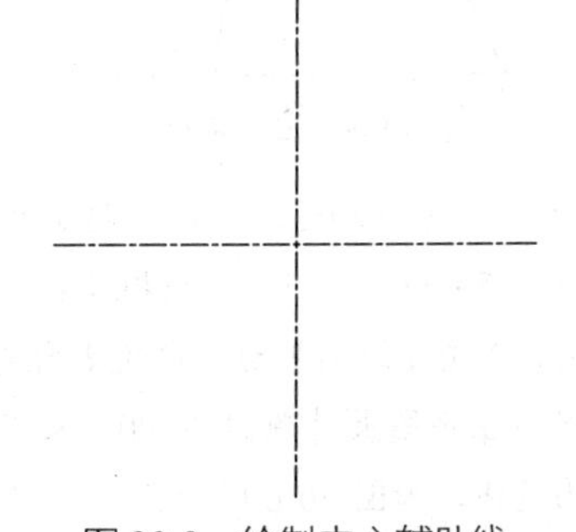

图 20-3 绘制中心辅助线

Step 06 切换【粗实线】为当前图层。单击【绘图】面板中的【圆】按钮，绘制半径分别为 32.5、55、136 的圆，如图 20-4 所示。

Step 07 此时，绘制主视图告一段落，剩下的图形需要根据剖视图来确定尺寸。

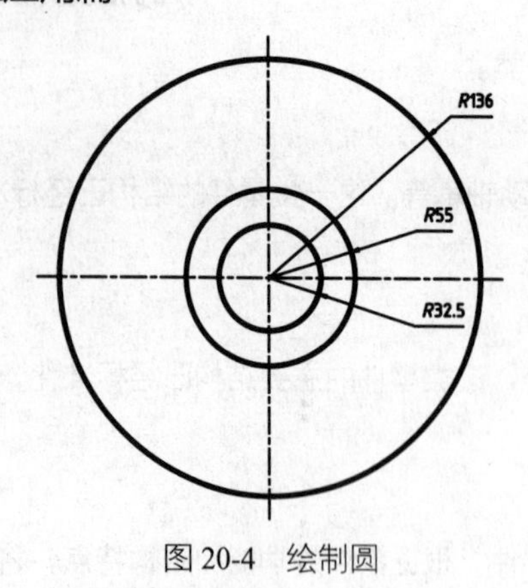

图20-4　绘制圆

2. 绘制剖视图

Step 01 切换【中心线】为当前图层，在状态栏中设置【极轴追踪】的角度为62并开启【对象捕捉追踪】功能。

Step 02 单击【绘图】面板中的【直线】按钮。在主视图左侧绘制一条长度在150左右的水平直线，并配合【端点捕捉】功能，捕捉直线左侧端点，绘制长度在155左右、角度为62°的直线，如图20-5所示。

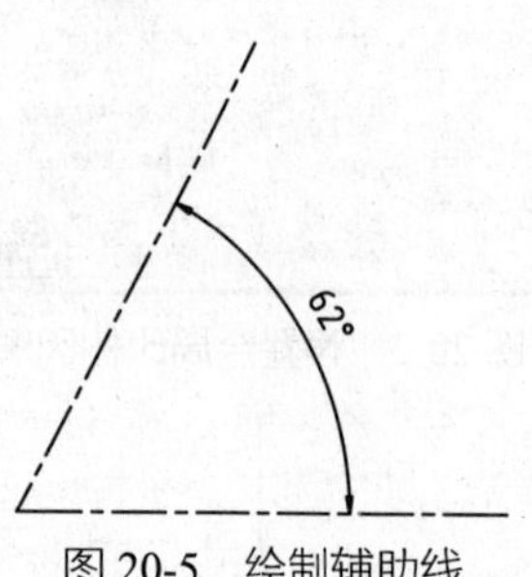

图20-5　绘制辅助线

Step 03 设置【极轴追踪】两个附加角，度数分别为65、59与31、329。切换【粗实线】为当前图层，单击【绘图】面板中的【构造线】按钮，捕捉主视图最外侧圆的90°象限点，绘制水平构造线，如图20-6所示。

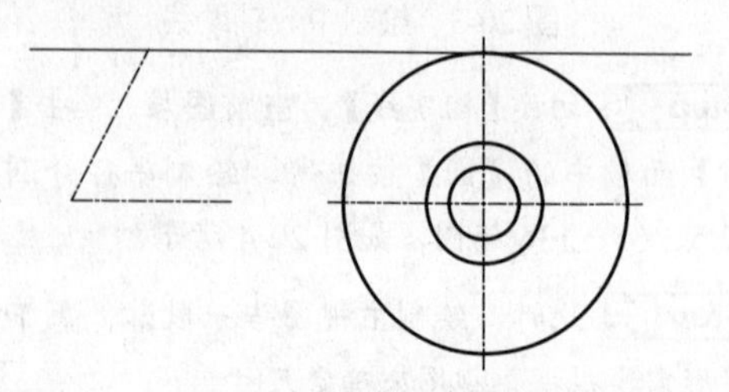

图20-6　绘制构造线

Step 04 单击【绘图】面板中的【直线】按钮，捕捉剖视图辅助线左侧的端点，绘制角度为65°并与构造线相交的直线，如图20-7所示。

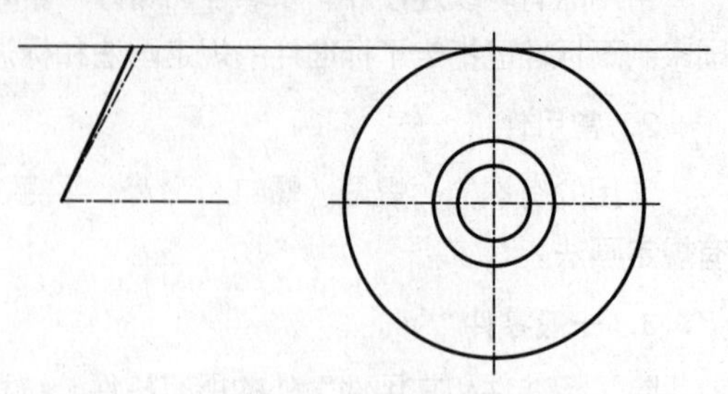

图20-7　绘制直线1

Step 05 删除构造线。重复【直线】命令，配合【端点捕捉】功能。绘制长度为35，角度为329°的直线，如图20-8所示。

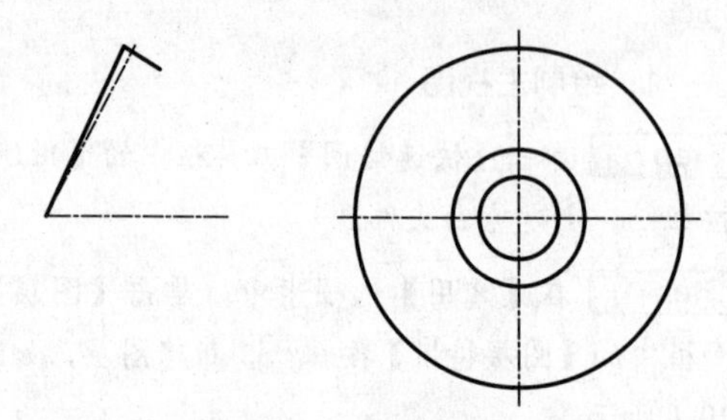

图20-8　绘制直线2

Step 06 单击【修改】面板中的【偏移】按钮，偏移剖视图的水平辅助线，距离分别为9、32.5、55、79.5个绘图单位，如图20-9所示。

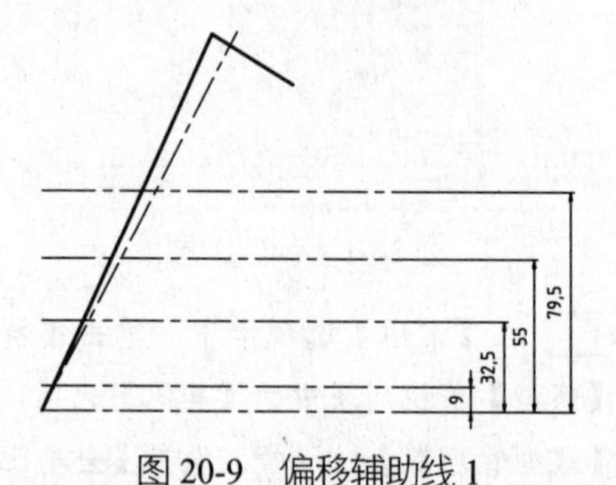

图20-9　偏移辅助线1

Step 07 切换【中心线】为当前图层。单击【绘图】面板中的【直线】按钮，捕捉左侧端点绘制竖直辅助线，如图20-10所示。

Step 08 单击【修改】面板中的【偏移】按钮，偏移竖直辅助线，以上一条偏移的直线为基础，距离分别为43.5、16.5、15、40个绘图单位，如

图 20-11 所示。

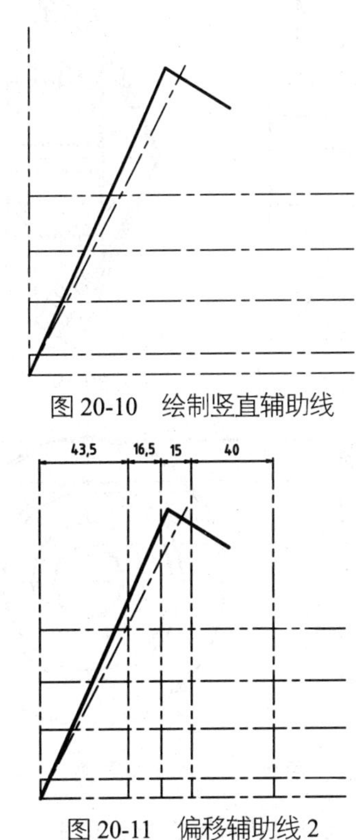

图 20-10 绘制竖直辅助线

图 20-11 偏移辅助线 2

Step 09 单击【绘图】面板中的【直线】按钮，根据辅助线绘制线段，如图 20-12 所示。

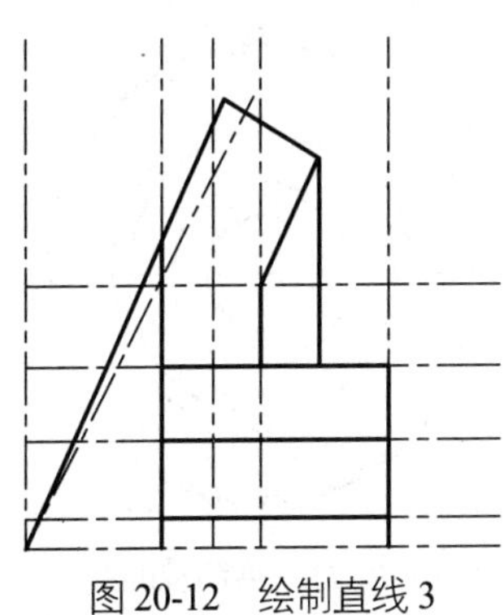

图 20-12 绘制直线 3

Step 10 删除多余的辅助线。单击【绘图】面板中的【直线】按钮，绘制起点为 *A* 点、角度为 31° 的直线并与辅助线相交，如图 20-13 所示。

Step 11 重复【直线】命令，绘制角度为 59° 的直线与其他轮廓线，并删除多余的辅助线，如图 20-14 所示。

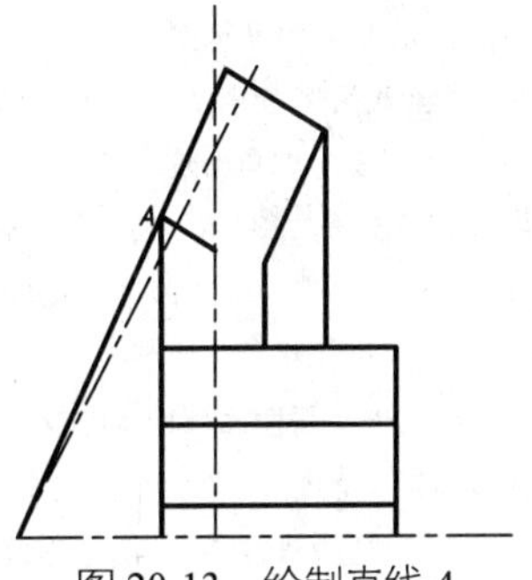

图 20-13 绘制直线 4

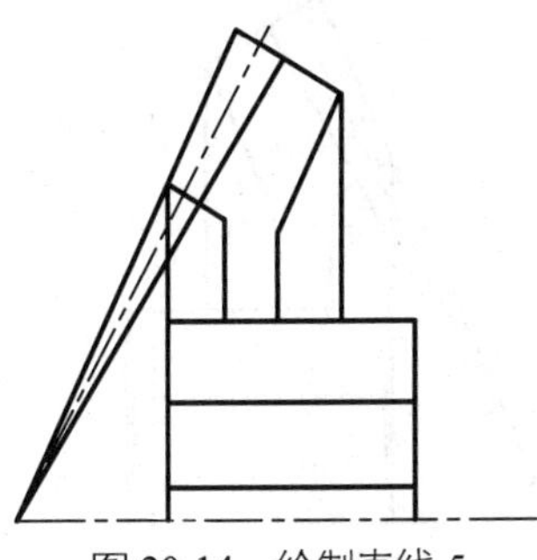

图 20-14 绘制直线 5

Step 12 利用【对象捕捉追踪】功能，绘制距离 *B*、*C* 两点各 2 个绘图单位的直线，如图 20-15 所示。

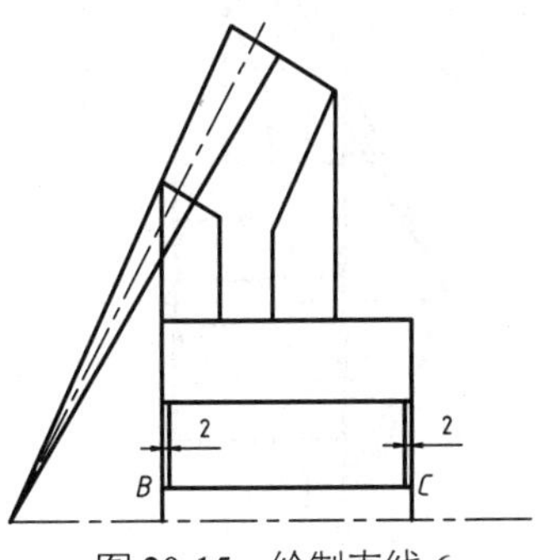

图 20-15 绘制直线 6

Step 13 单击【修改】面板中的【倒角】按钮，对孔内径与孔外径进行倒角，长度为 2、角度为 45°，并补足缺少的轮廓线，如图 20-16 所示，命令行操作如下：

```
命令: _chamfer↙     //调用【倒角】命令
("修剪" 模式) 当前倒角距离 1 = 0.0000, 距离 2 = 0.0000
选择第一条直线或 [放弃(U)/多段线(P)/距离(D)/角度(A)/修剪(T)/方式(E)/多个(M)]: A↙
                    //激活 "角度(A)" 选项
指定第一条直线的倒角长度 <0.0000>: 2 ↙
```

```
            //输入倒角长度
    指定第一条直线的倒角角度 <0>: 45↙
            //输入倒角角度
    选择第一条直线或 [放弃(U)/多段线(P)/距离(D)/角度(A)/修剪(T)/方式(E)/多个(M)]:
            //选择线段 L1
    选择第二条直线，或按住 Shift 键选择直线以应用角点或 [距离(D)/角度(A)/方法(M)]:
            //选择线段 L2，按空格键重复命令
```

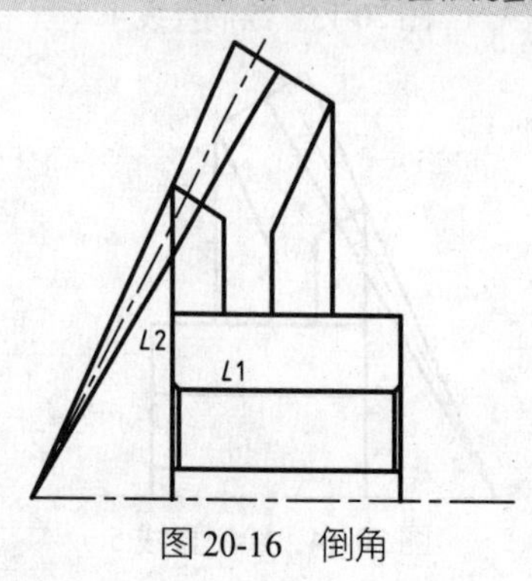

图 20-16　倒角

Step 14 单击【修改】面板中的【镜像】按钮，对绘制的图形镜像，如图 20-17 所示。

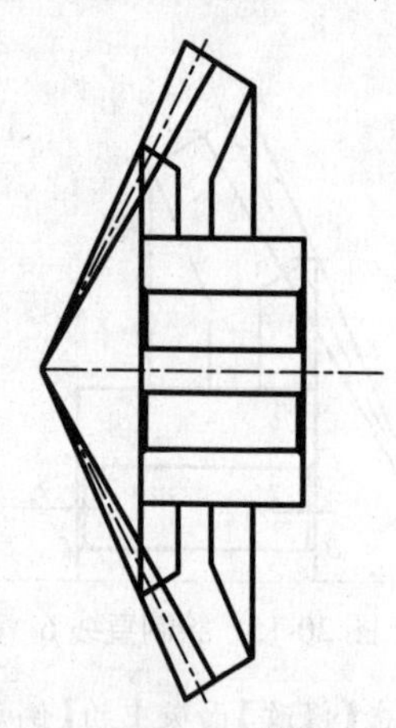

图 20-17　镜向

Step 15 单击【修改】面板中的【修剪】按钮，修剪多余线段，如图 20-18 所示。

Step 16 单击【绘图】面板中的【图案填充】按钮，选择【ANSI31】图案填充图形，如图 20-19 所示。

Step 17 利用投影关系，绘制投影圆，如图 20-20 所示。

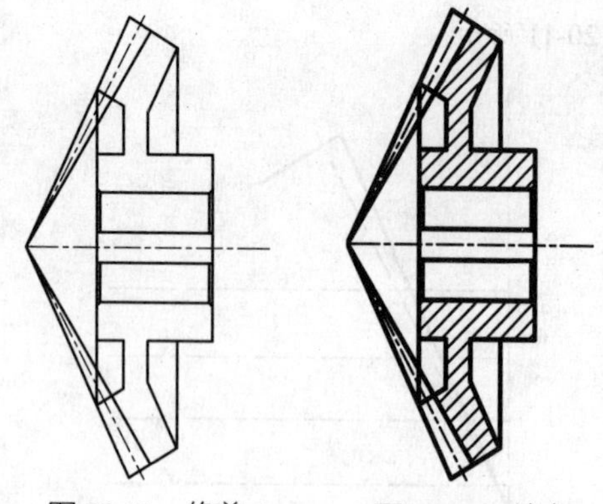

图 20-18　修剪 1　　　　图 20-19　填充

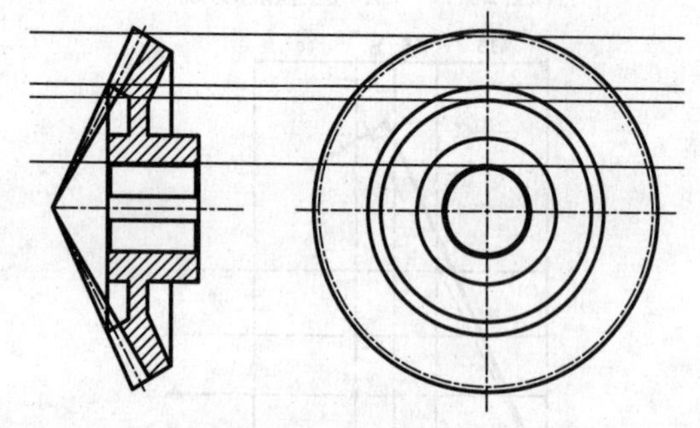

图 20-20　绘制投影圆

Step 18 切换【中心线】为当前图层。以水平辅助线与最内侧圆的交点绘制竖直水平线，如图 20-21 所示。

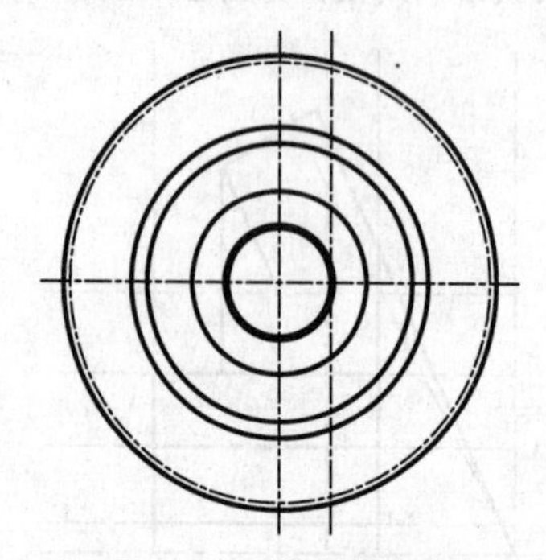

图 20-21　绘制辅助线

Step 19 单击【修改】面板中的【偏移】按钮，向左偏移竖直水平线 69.4 个绘图单位，向上、下两侧偏移水平辅助线各 9 个绘图单位，如图 20-22 所示。

Step 20 单击【绘图】面板中的【直线】按钮，沿着辅助线与最内侧的圆交点绘制直线，如图 20-23 所示，并删除多余的辅助线。

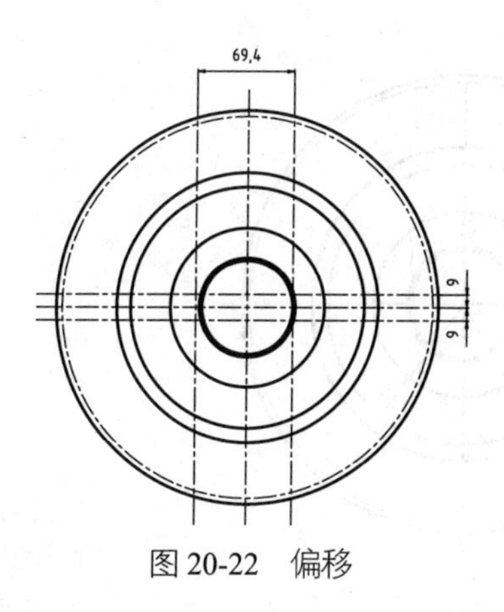

图 20-22　偏移

Step 21 单击【修改】面板中的【修剪】按钮，修剪多余的圆弧，如图 20-24 所示。

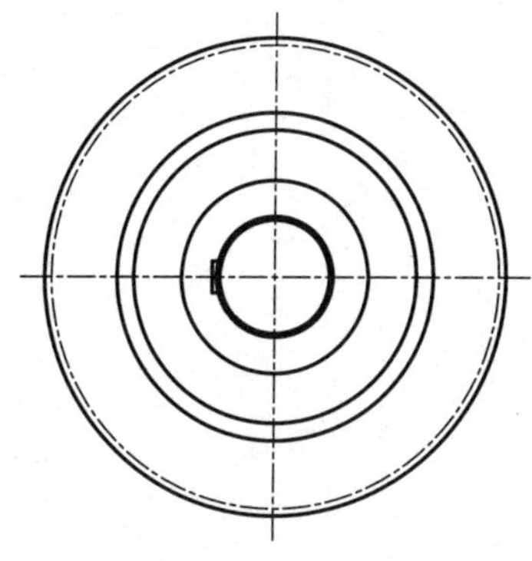

图 20-23　绘制线段

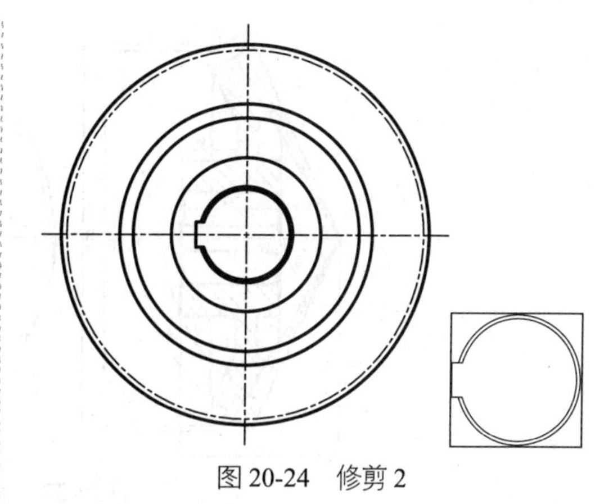

图 20-24　修剪 2

Step 22 至此，剖视图与主视图绘制完成，如图 20-25 所示。

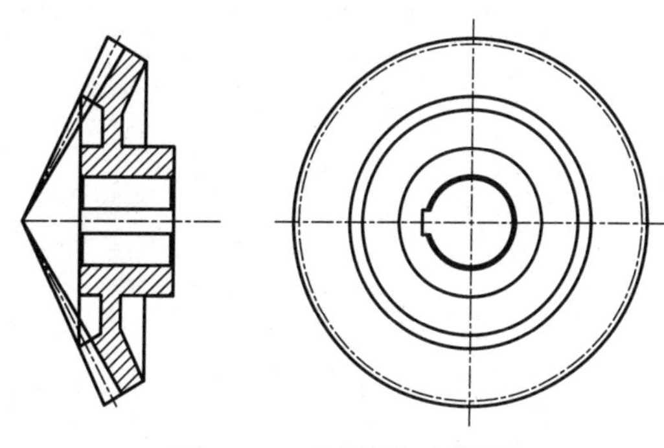

图 20-25　主视图与剖视图

3．标注尺寸和文本

Step 01 切换【标注】为当前图层，然后分别调用【线性标注】、【对齐标注】、【半径标注】和【角度标注】等工具依次标注出各圆弧半径、圆心距离和零件外形尺寸，如图 20-26 所示。

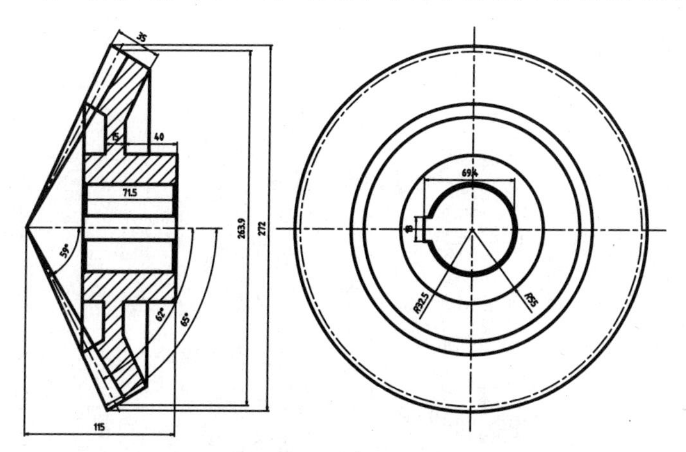

图 20-26　标注尺寸

Step 02 依次选取剖视图中需要编辑的圆的尺寸，双击进行文本编辑，如图 20-27 所示。

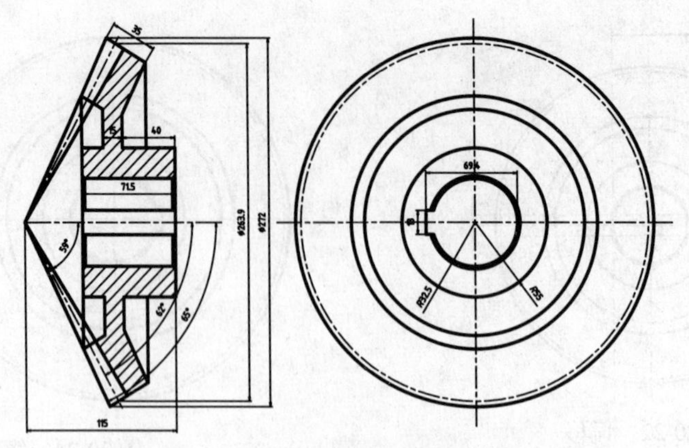

图 20-27　编辑标注尺寸

Step 03 在命令行中输入 I 命令，插入随书光盘中的“第 21 章\图框.dwg”文件，如图 20-28 所示。

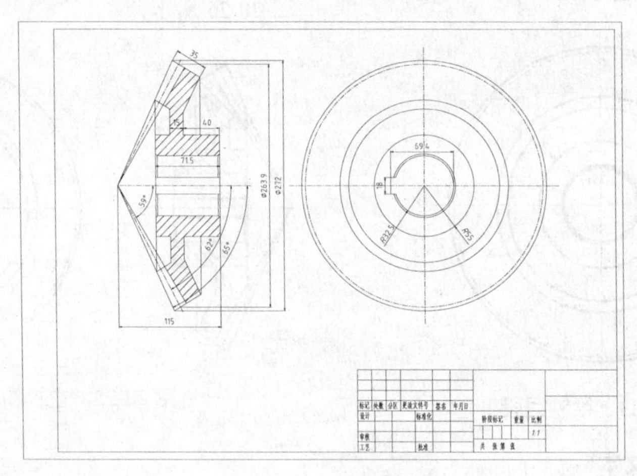

图 20-28　添加图纸

Step 04 调用【多行文字】命令输入技术要求、名字、材料，如图 20-29 所示。至此，整个锥齿轮零件图绘制完成。

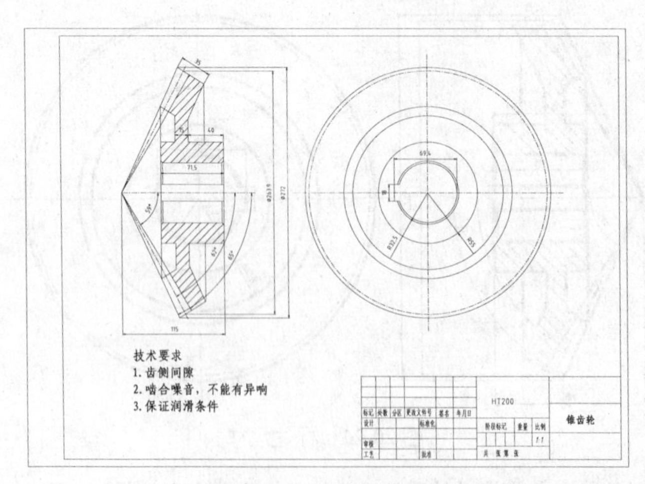

图 20-29　添加文字

20.4 绘制机械装配图

装配图表达了机器的工作原理、零件间装配关系、零件主要结构形状以及装配、检验、安装时所需尺寸数据、技术要求。装配图是表达设计思想及技术交流的工具，是指导生产的基本技术文件。无论是在设计机器还是测绘机器时都必须画出装配图。装配图是表达机器或部件的图样，主要表达其工作原理和装配关系。在机器设计过程中，装配图的绘制位于零件图之前，并且装配图与零件图的表达内容不同，它主要用于机器或部件的装配、调试、安装、维修等场合，也是生产中的一种重要的技术文件。

20.4.1 装配图的作用

装配图是表示机器或部件的装配关系、工作原理、传动路线、零件的主要结构形状以及装配、检验、安装时所需要的尺寸数据和技术要求的技术文件。在制造产品时，装配图是制定装配工艺规程、进行装配和检验的技术依据，即根据装配图把制成的零件装配成合格的部件或机器。在使用或维修机器设备时，也需要通过装配图来了解机器的性能、结构、传动路线、工作原理以及维修和使用方法。

20.4.2 装配图的内容

装配图主要表达机器或零件各部分之间的相对位置、装配关系、连接方式和主要零件的结构形状等内容，如图 20-30 所示。其具体说明如下。

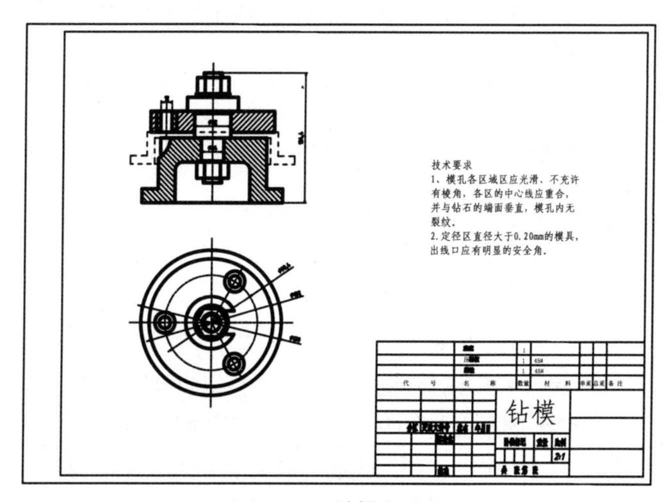

图 20-30　钻模装配图

1. 一组图形

用一组图形表达机器或部件的传动路线、工作原理、机构特点、零件之间的相对位置、装配关系、连接方式和主要零件的结构形状等。

2. 几类尺寸

标注出表示机器或部件的性能、规格、外形以及装配、检验、安装时必须具备的几类尺寸。

3．零件编号、明细栏和标题栏

在装配图上要对各种不同的零件编写序号，并在明细栏内依次填写零件的序号、名称、数量、材料、标准零件的国际代号等内容，在标题栏内填写机器或部件的名称、比例、图号以及设计、制图、校核人员名称等。

20.4.3　绘制装配图的步骤

零件的各种表达方法同样适用于装配图。但是零件图和装配图表达的侧重点不同。零件图需把各部分形状完全表达清楚，而装配图主要表达部件的装配关系、工作原理、零件间的连接关系及主要零件的结构形状等。因此，在绘制装配图之前，首先要了解部件或机器的工作原理和基本结构特征等资料，然后经过拟订方案、绘制装配图和整体校核等一系列的工序，具体步骤介绍如下。

1．了解部件

弄清用途、工作原理、装配关系、传动路线及主要零件的基本结构。

2．确定方案

选择主视图的方向，确定图幅以及绘图比例，合理运用各种表达方法表达图形。

3．画出底稿

先画图框、标题栏以及明细栏外框，再布置视图，画出基准线，然后画出主要零件，最后根据装配关系依次画出其余零件。

4．完成全图

绘制剖面线、标注尺寸、编排序号，并填写标题栏、明细栏、号签以及技术要求，然后按标准加深图线。

5．全面校核

仔细而全面地校核图中的所有内容，改正错、漏处，并在标题栏内签名。

20.4.4　绘制装配图的方法

1．自底向上装配

自底向上的绘制方法是首先绘制出装配图中的每一个零件图，然后根据零件图的结构，绘制整体装配图。对机器或部件的测绘多采用该作图方法，首先根据测量所得的已知零件的尺寸画出每一个零件的零件图，然后根据零件图画出装配图，而这一过程称为拼图。

拼图是工程中常用的一种练习方法。拼图一般可以采用两种方法：一种是由外向内的画法，要求首先画出外部零件，然后根据装配关系依次绘制出相邻的零件或部件，最后完成装配图；一种是由内向外的画法，这种方法要求首先画出内部的零件或部件，然后根据零件间的连接关系画出相邻的零件或部件，最后画出外部的零件或部件。

2．自顶向下的装配

自顶向下装配与上一种装配方法完全相反，是直接在装配图中画出重要的零件或部件，根据需要的功能设计与之相邻的零件或部件的结构，直到最后完成装配图。一般在设计的开始阶段都采用自顶向下的设计方法画出机器或部件的装配图，然后根据设计装配图拆画零件图。

20.4.5 绘制钻模装配图

绘制如图 20-31 所示的钻模装配图。

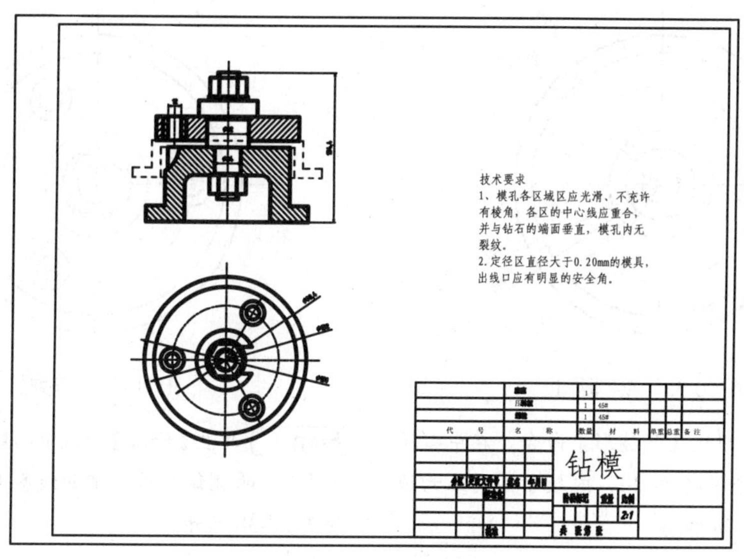

图 20-31 钻模装配图

1. 绘制俯视图

Step 01 单击【快速访问】工具栏中的【新建】按钮，新建空白文件。

Step 02 在【常用】选项卡中，单击【图层】面板中的【图层特性】按钮，打开【图层特性管理器】选项板，新建图层，如图 20-32 所示。

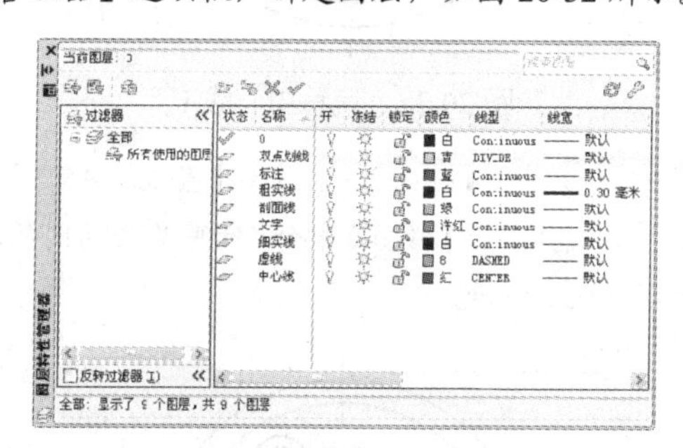

图 20-32 创建图层

Step 03 在【常用】选项卡中，单击【特性】面板中【线型】下拉列表中的【其他】选项，系统打开【线型管理器】对话框。设置【全局比例因子】为 0.3，如图 20-33 所示。

Step 04 切换【中心线】为当前图层。绘制两条互相垂直的中心辅助线与半径为 41 的辅助圆，如图 20-34 所示。

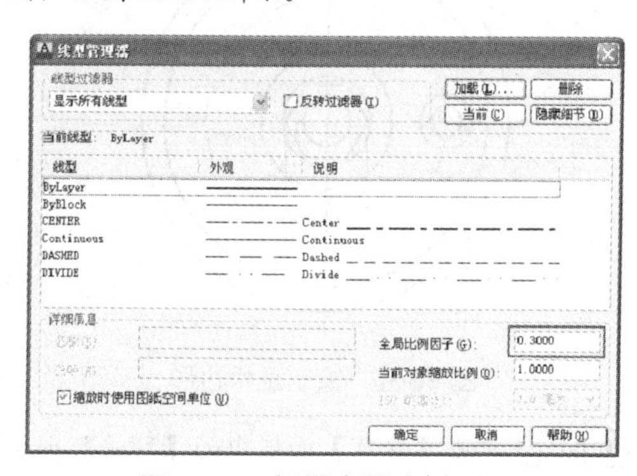

图 20-33 设置全局比例因子

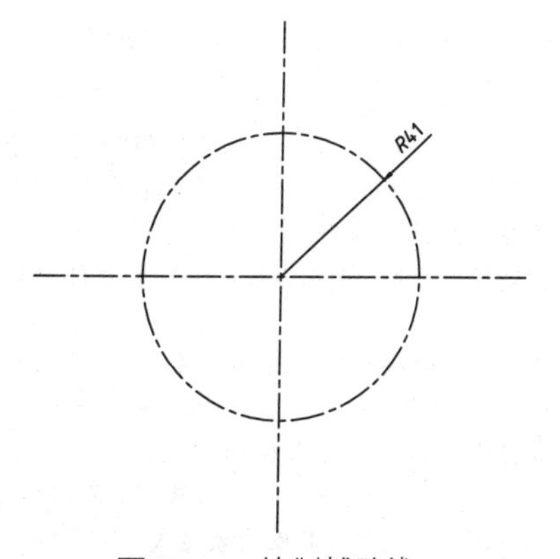

图 20-34 绘制辅助线 1

Step 05 切换【粗实线】为当前图层。单击【绘图】面板中的【圆】按钮，绘制圆，如图 20-35 所示。

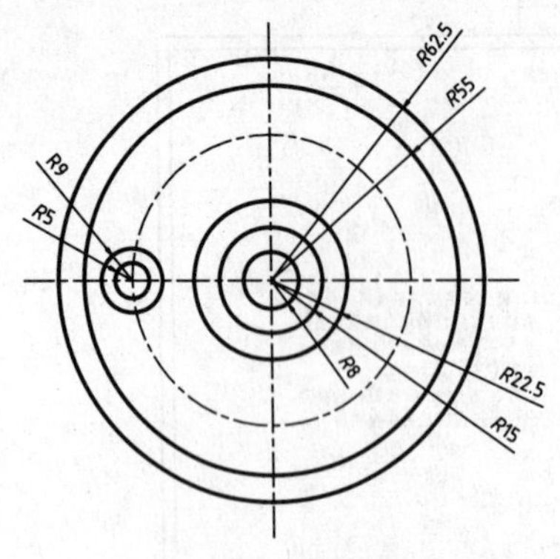

图 20-35　绘制圆 1

Step 06 调用 POL【多边形】命令，在中心辅助线处绘制一个半径为 14、内接于圆的正六边形，如图 20-36 所示。

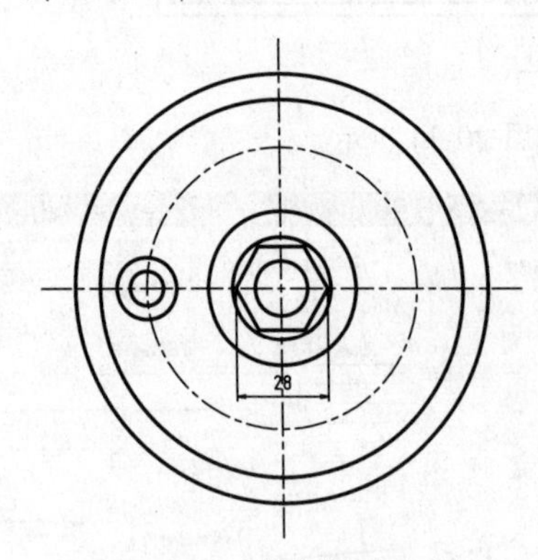

图 20-36　绘制正六边形

Step 07 单击【修改】面板中的【环形阵列】按钮，阵列辅助圆与水平辅助线交点上的两个同心圆，如图 20-37 所示，命令行操作如下：

```
命令: _arraypolar ↙
                        //调用【阵列】命令
找到 2 个               //选择圆
类型 = 极轴  关联 = 是
指定阵列的中心点或 [基点(B)/旋转轴(A)]:
                        //指定中心点
选择夹点以编辑阵列或 [关联(AS)/基点(B)/项目(I)/项目间角度(A)/填充角度(F)/行(ROW)/层(L)/旋转项目(ROT)/退出(X)] <退出>: I↙
                        //激活"项目(I)"选项
输入阵列中的项目数或 [表达式(E)] <6>: 3↙
                        //输入阵列数目
选择夹点以编辑阵列或 [关联(AS)/基点(B)/项目(I)/项目间角度(A)/填充角度(F)/行(ROW)/层(L)/旋转项目(ROT)/退出(X)] <退出>:↙
                        //按Enter键完成阵列
```

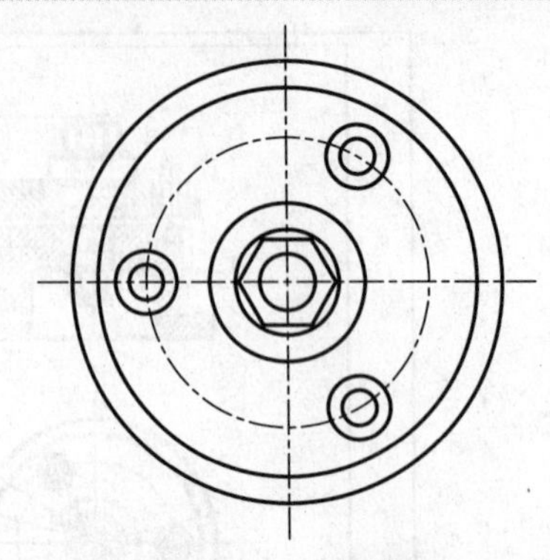

图 20-37　阵列圆

Step 08 单击【修改】面板中的【偏移】按钮，向上、下两侧偏移水平辅助线各 10 个绘图单位，如图 20-38 所示。

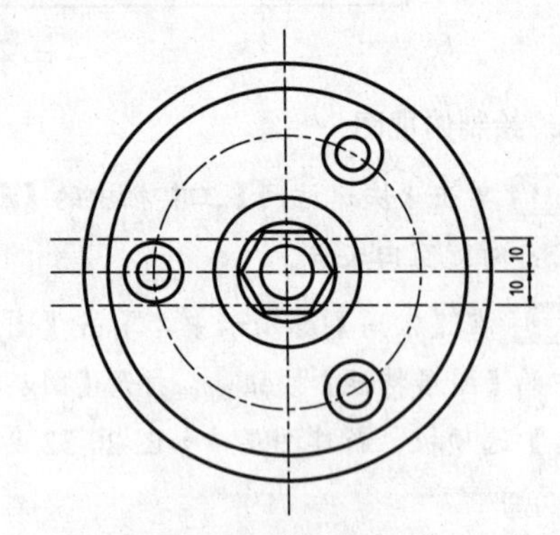

图 20-38　偏移中心线 1

Step 09 单击【绘图】面板中的【直线】按钮，绘制直线并配合【修剪】命令，修剪多余的圆弧，如图 20-39 所示。

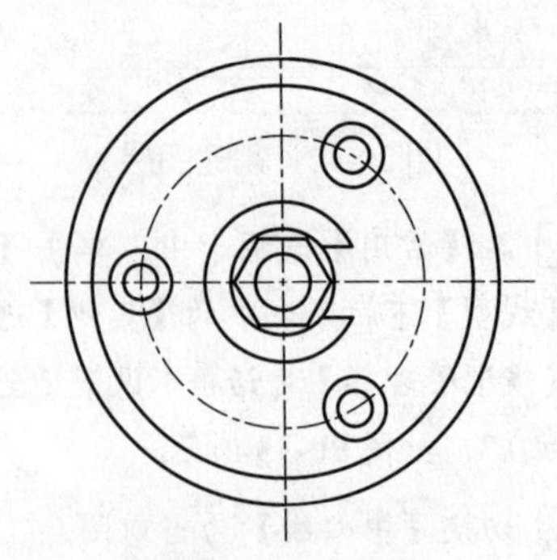

图 20-39　修剪圆 1

Step 10 切换【细实线】为当前图层，绘制3/4的内螺纹，半径为6，如图20-40所示。至此，俯视图绘制完成。

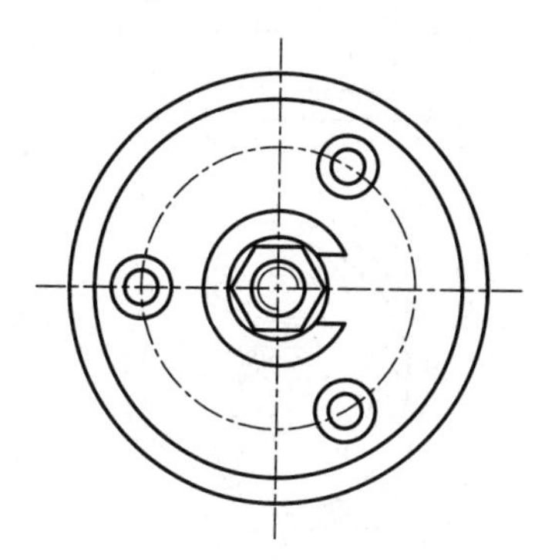

图20-40 绘制内螺纹

2. 绘制剖视图

Step 01 切换【中心线】为当前图层，根据俯视图绘制辅助线，如图20-41所示。

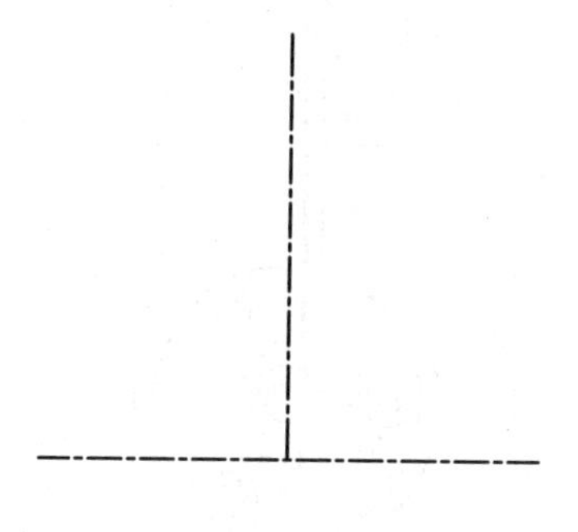

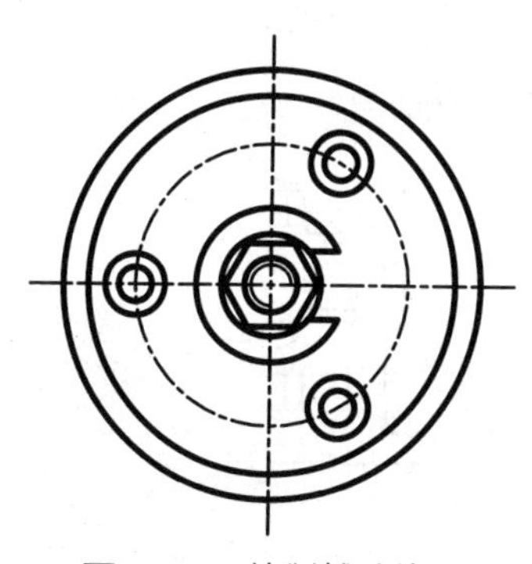

图20-41 绘制辅助线2

Step 02 切换【粗实线】为当前图层。单击【绘图】面板中的【构造线】按钮，根据投影关系绘制辅助线，如图20-42所示。

Step 03 单击【修改】面板中的【偏移】按钮，偏移水平辅助线，如图20-43所示。

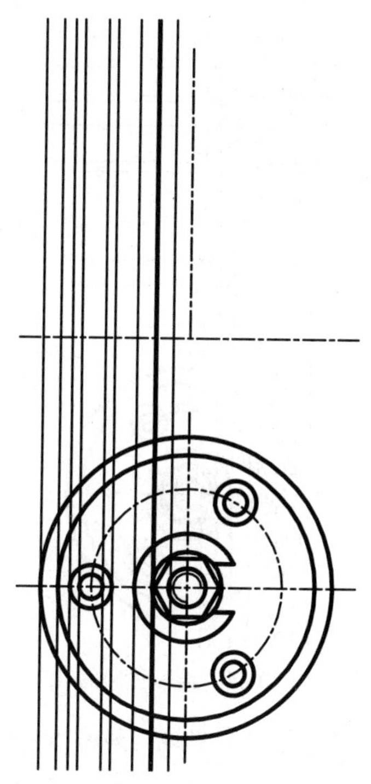

图20-42 绘制辅助线3

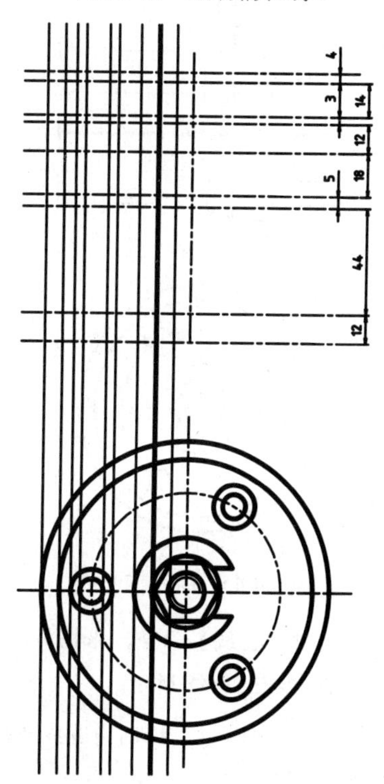

图20-43 偏移中心线2

Step 04 调用【直线】命令，根据辅助线绘制外轮廓线，如图20-44所示。

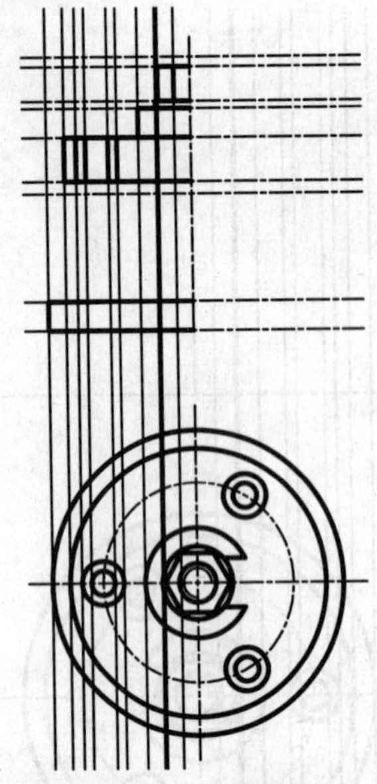

图 20-44　绘制轮廓线 1

Step 05 偏移中心辅助线，如图 20-45 所示。

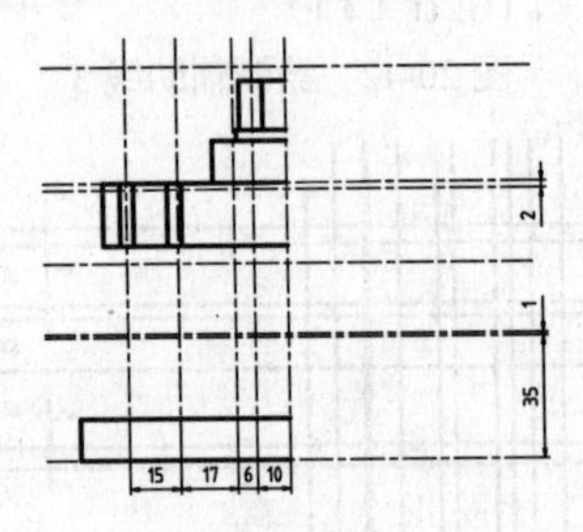

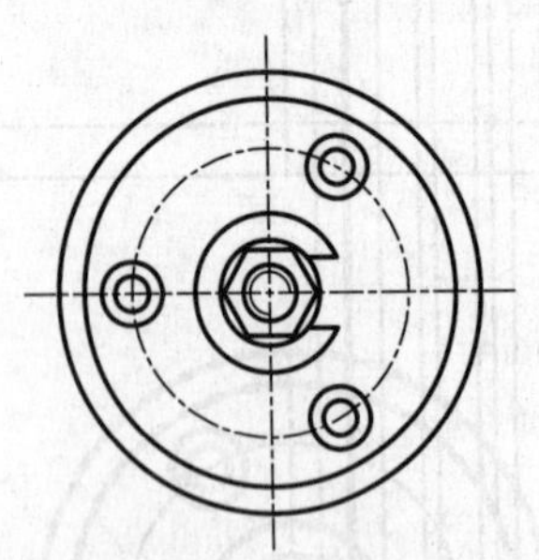

图 20-45　绘制构造线

Step 06 调用【直线】命令，根据辅助线绘制其他轮廓线，如图 20-46 所示。

Step 07 根据投影关系，绘制构造线的辅助线，如图 20-47 所示。

Step 08 调用【直线】命令，根据辅助线绘制图形并删除多余的辅助线，内螺纹需要调用细实线绘制，如图 20-48 所示。

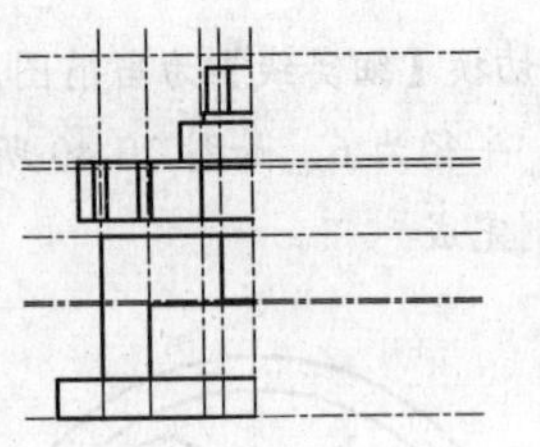

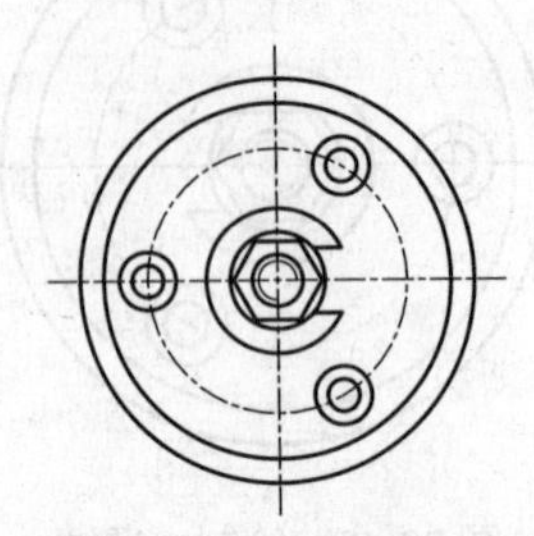

图 20-46　绘制内螺纹

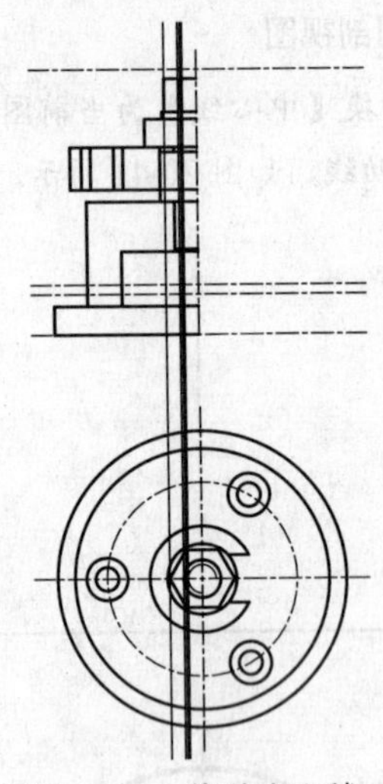

图 20-47　偏移中心线 3

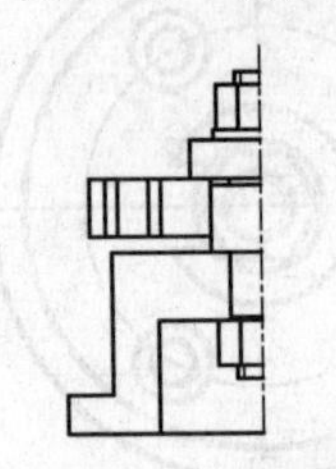

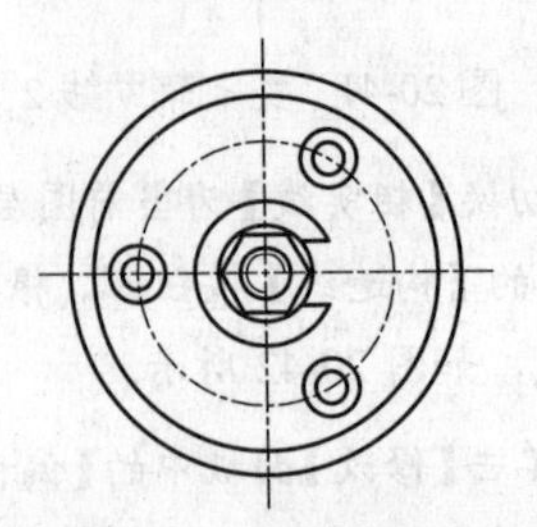

图 20-48　绘制轮廓线 2

Step 09 单击【修改】面板中的【圆角】按钮，对图形进行倒圆角，半径为 7，如图 20-49 所示。

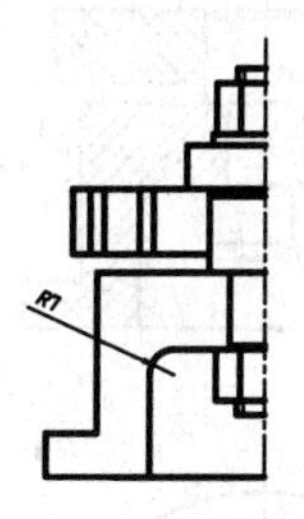

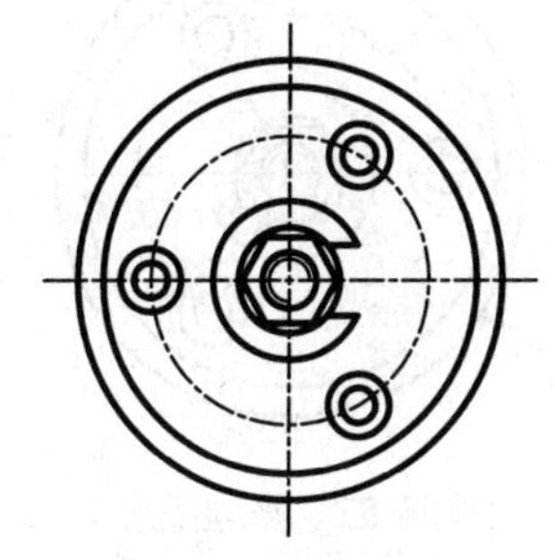

图 20-49 倒圆角

Step 10 单击【修改】面板中的【镜像】按钮，对图形镜像，如图 20-50 所示。

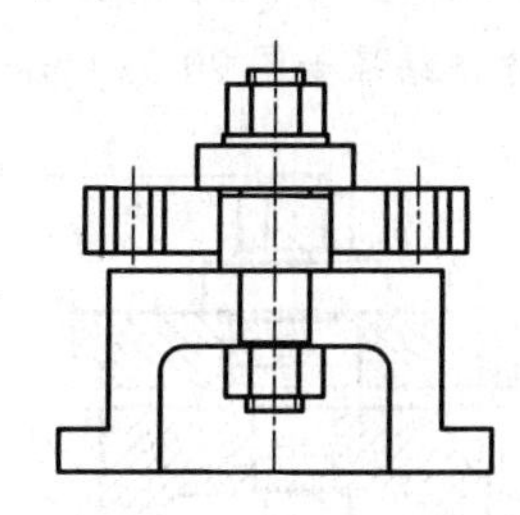

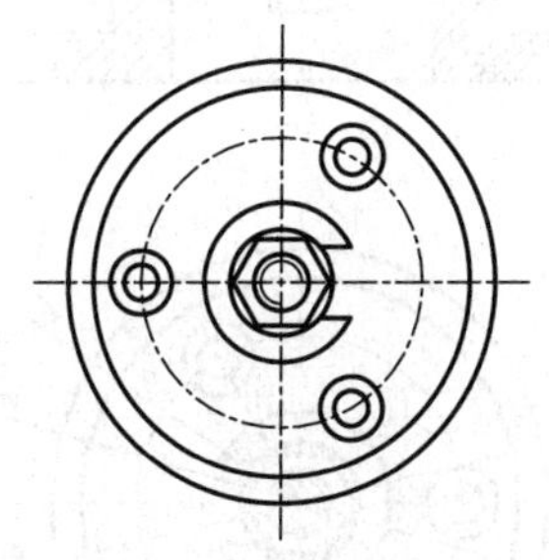

图 20-50 镜像

Step 11 绘制圆，根据 *A* 点水平向左侧偏移 15 个绘图单位的点作为圆心绘制半径为 28 的圆，如图 20-51 所示。

Step 12 单击【修改】面板中的【修剪】按钮，修剪多余圆弧，如图 20-52 所示。

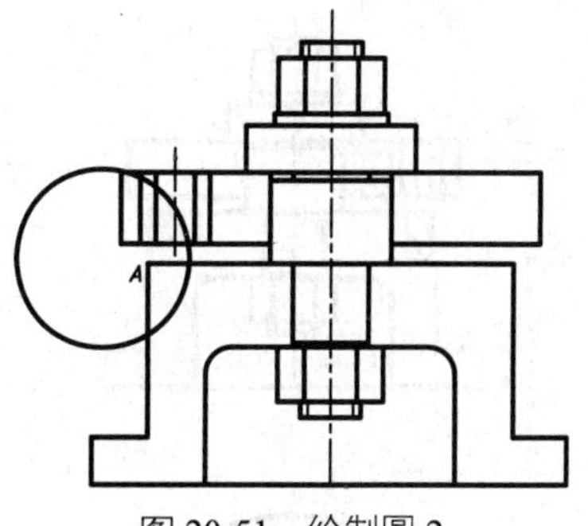

图 20-51 绘制圆 2

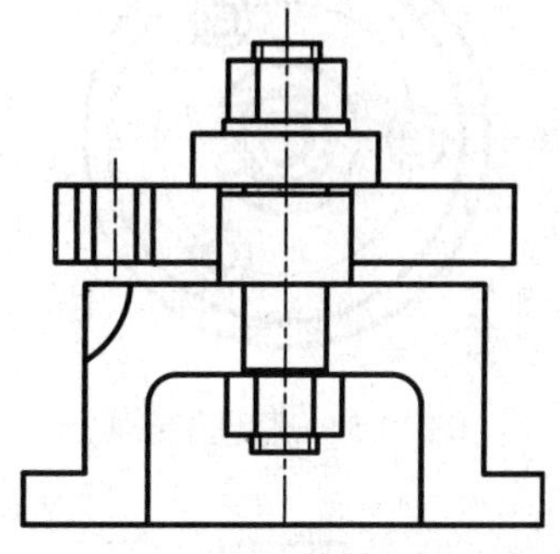

图 20-52 修剪圆 2

Step 13 根据投影关系，绘制辅助线，如图 20-53 所示。

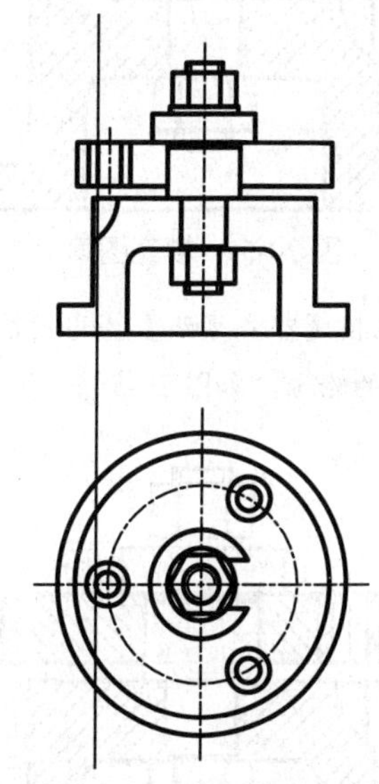

图 20-53 绘制辅助线 4

Step 14 根据辅助线整理图形，如图 20-54 所示。

Step 15 切换【剖面线】为当前图层，单击【绘图】面板中的【图案填充】按钮，选择【ANSI31】图案对剖视图进行填充，如图 20-55 所示。

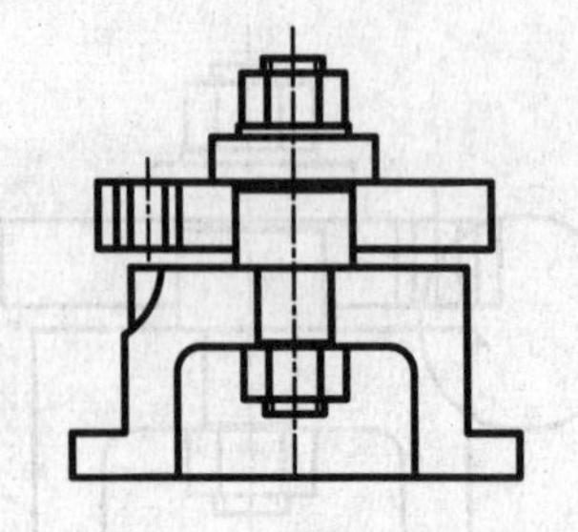

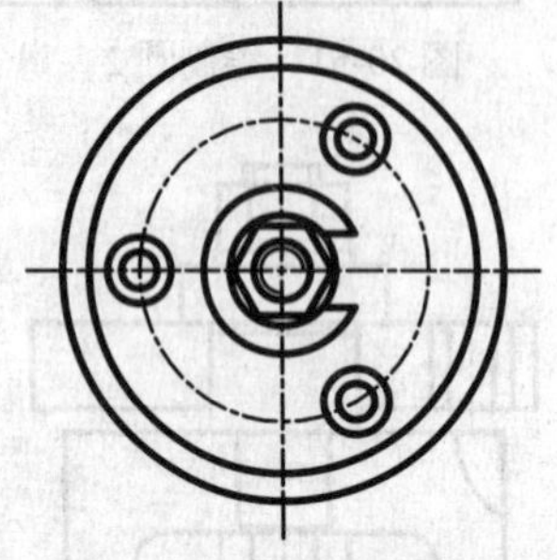

图 20-54 整理图形 1

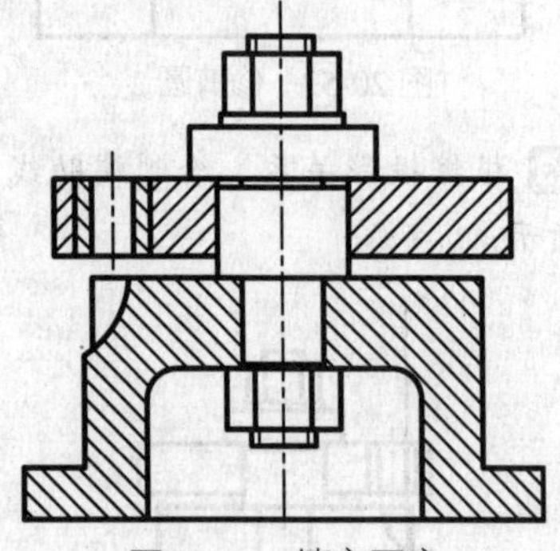

图 20-55 填充图案

Step 16 切换【双点划线】为当前图层，绘制所加工零件的轮廓，如图 20-56 所示。

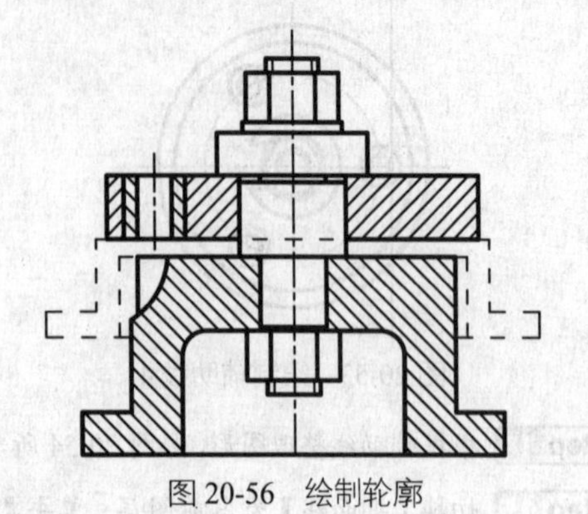

图 20-56 绘制轮廓

Step 17 对图形作最后的整理，如图 20-57 所示。至此，剖视图绘制完成。

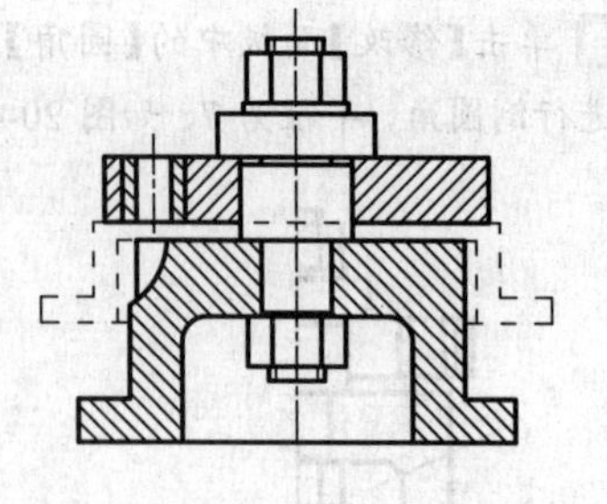

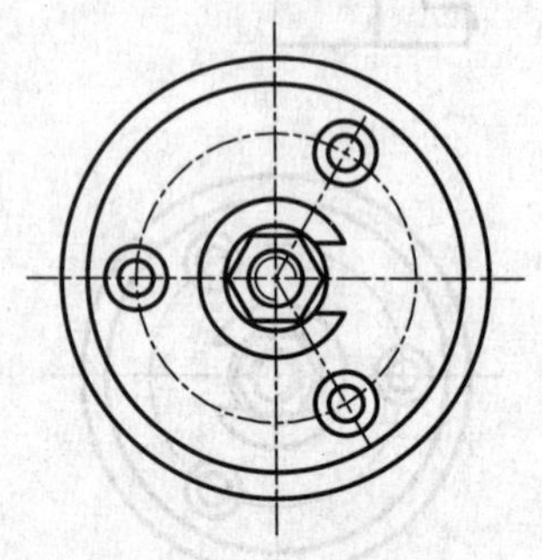

图 20-57 整理图形 2

3．添加标注和标题栏

Step 01 切换【标注】为当前图层。调用【线性标注】和【编辑】等工具，标注出图中主要尺寸和装配尺寸，结果如图 20-58 所示。

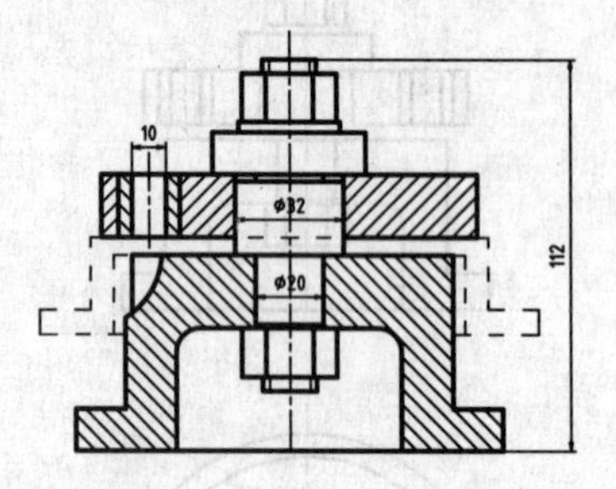

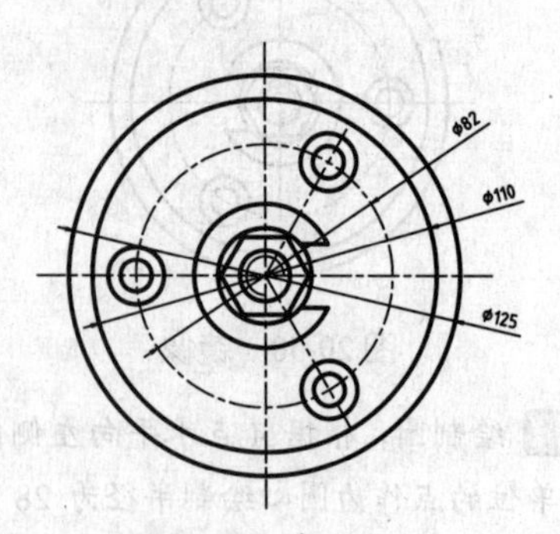

图 20-58 标注尺寸

Step 02 单击【快速访问】工具栏中的【打开】按钮，打开“第 20 章\图框.dwg”文件。

Step 03 全选绘制的图形对象，复制后粘贴在图框里，如图 20-59 所示。

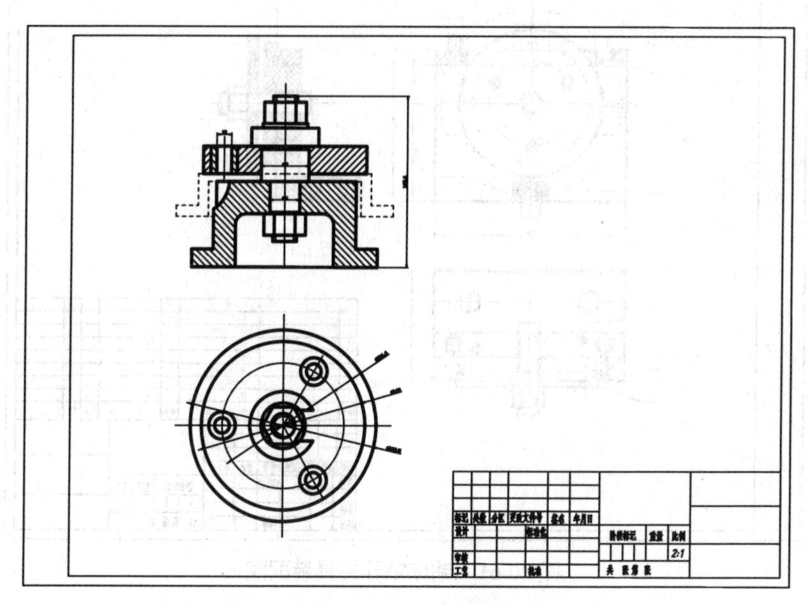

图 20-59　添加图框

Step 04 调用【多行文字】工具添加表格内容、编号以及相应的技术要求，结果如图 20-60 所示。至此，该钻模装配图绘制完成。

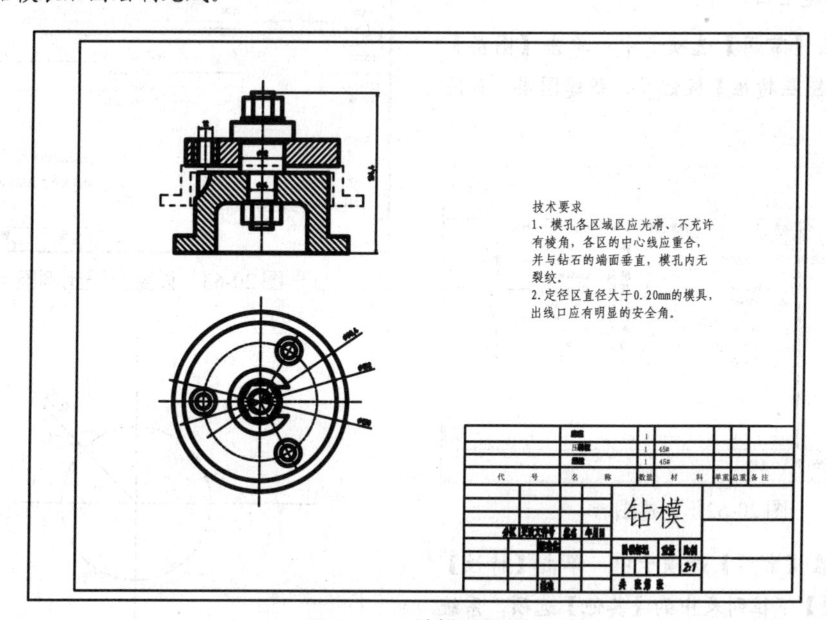

图 20-60　钻模装配图

20.4.6　绘制钻床钻孔夹具装配图

绘制如图 20-61 所示钻床钻孔夹具装配图。

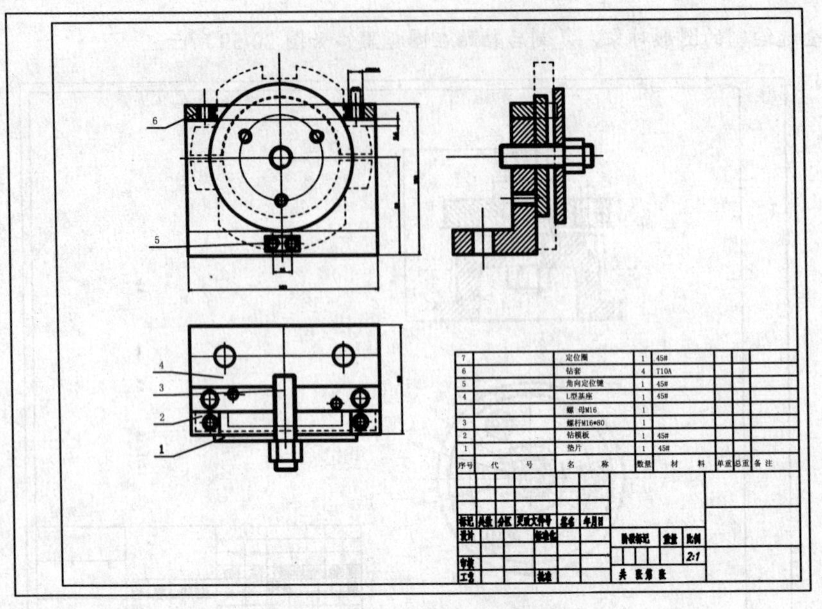

图 20-61　钻床钻孔夹具装配图

1. 绘制主视图

Step 01 单击【快速访问】工具栏中的【新建】按钮，新建空白文件。

Step 02 在【常用】选项卡中，单击【图层】面板中的【图层特性】按钮，新建图层，如图 20-62 所示。

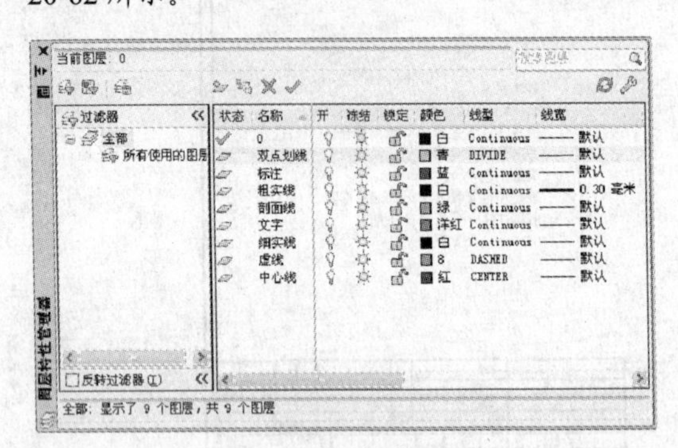

图 20-62　创建图层

Step 03 在【常用】选项卡中，单击【特性】面板【线型】下拉列表中的【其他】选项，系统打开【线型管理器】对话框。设置【全局比例因子】为 0.3，如图 20-63 所示。

Step 04 切换【中心线】为当前图层，绘制两条互相垂直的中心辅助线以及半径为 35 的圆，如图 20-64 所示。

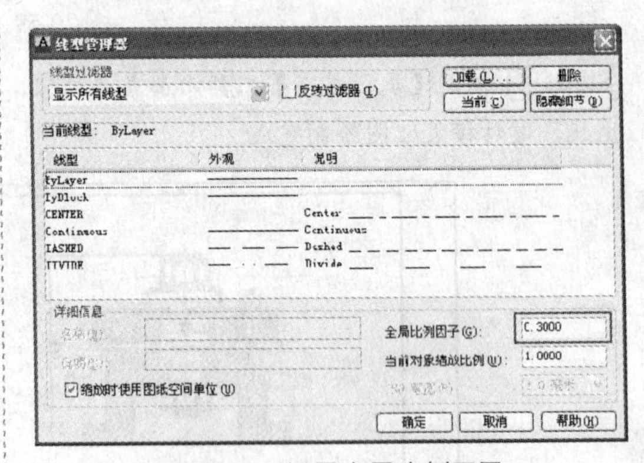

图 20-63　设置全局比例因子

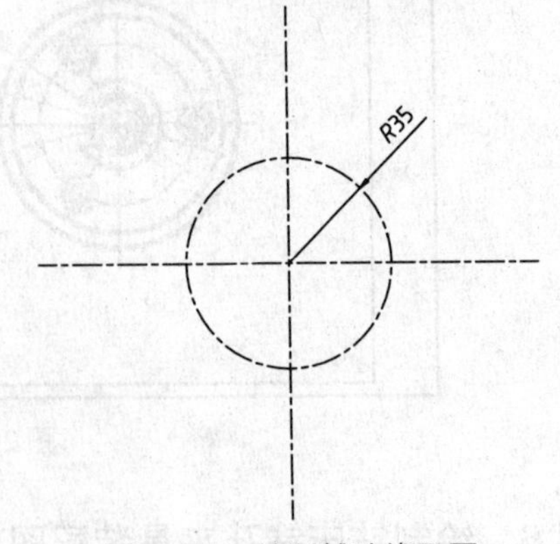

图 20-64　绘制辅助线及圆

Step 05 切换【粗实线】为当前图层，调用【圆】命令，绘制半径为 60 的圆，如图 20-65 所示。

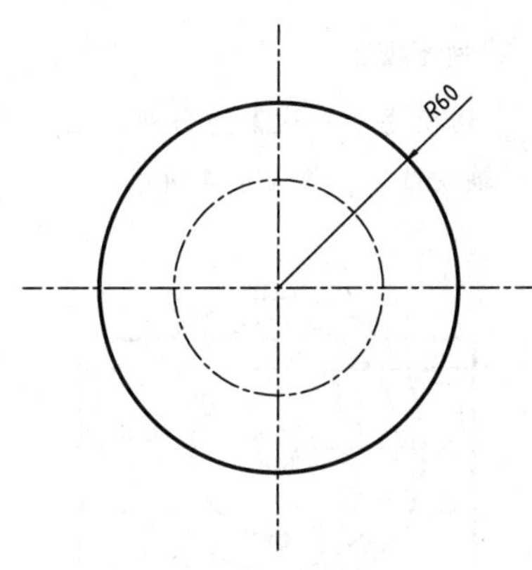

图 20-65　绘制圆 1

Step 06 单击【修改】面板中的【偏移】按钮，偏移中心辅助线，如图 20-66 所示。

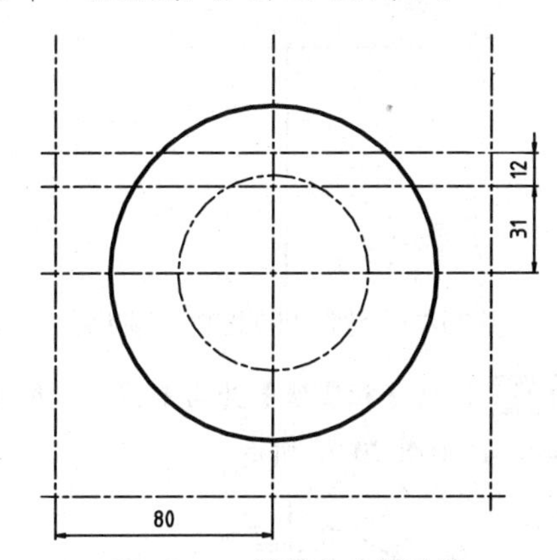

图 20-66　偏移中心辅助线

Step 07 单击【绘图】面板中的【直线】按钮，沿着辅助线绘制轮廓线，如图 20-67 所示。

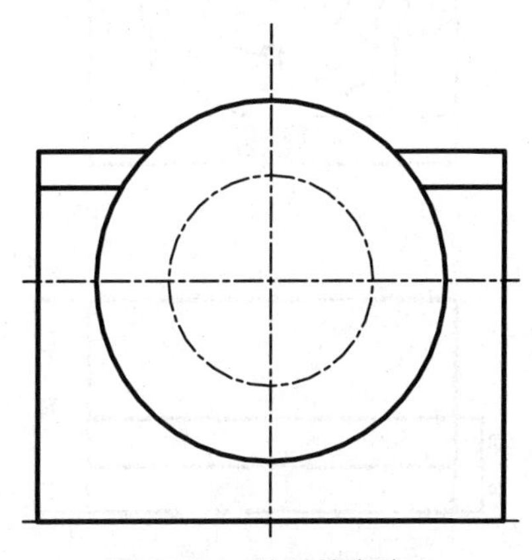

图 20-67　绘制轮廓线 1

Step 08 切换【虚线】为当前图层，调用【直线】命令绘制线段。

Step 09 切换【双点划线】为当前图层。调用【圆】命令，绘制圆，如图 20-68 所示。

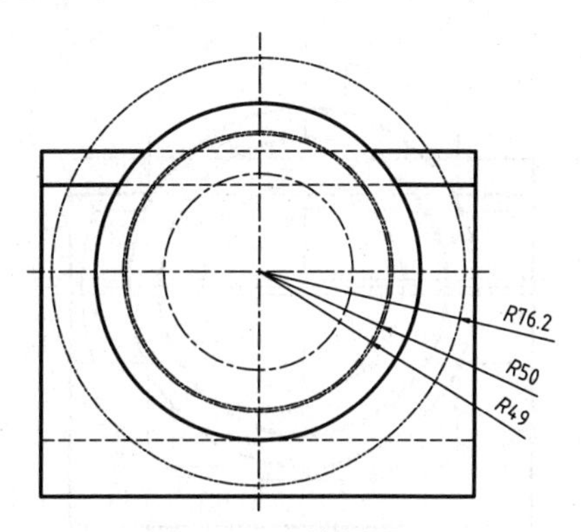

图 20-68　绘制圆 2

Step 10 单击【修改】面板中的【偏移】按钮，偏移中心线，如图 20-69 所示。

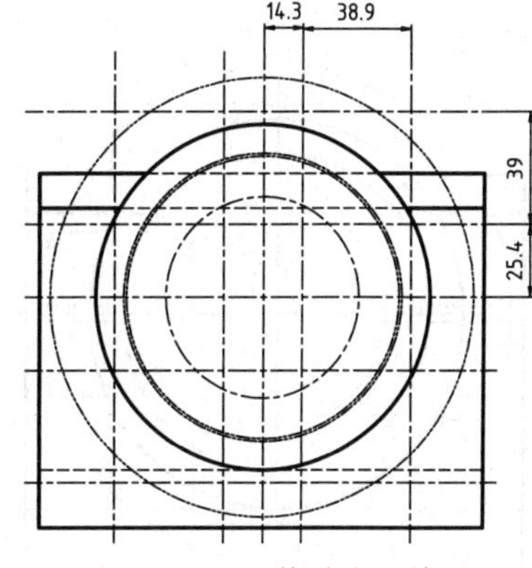

图 20-69　偏移中心线

Step 11 调用【直线】与【修剪】命令，根据辅助线与最外侧圆的交点修整图形，如图 20-70 所示。

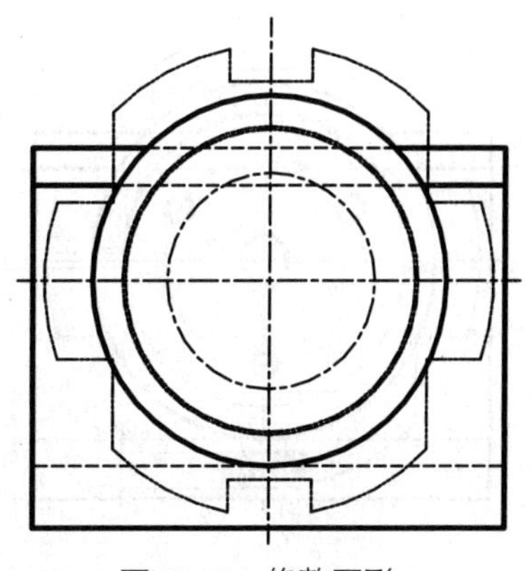

图 20-70　修整图形 1

Step 12 调用【偏移】命令，偏移水平辅助线，如图 20-71 所示。

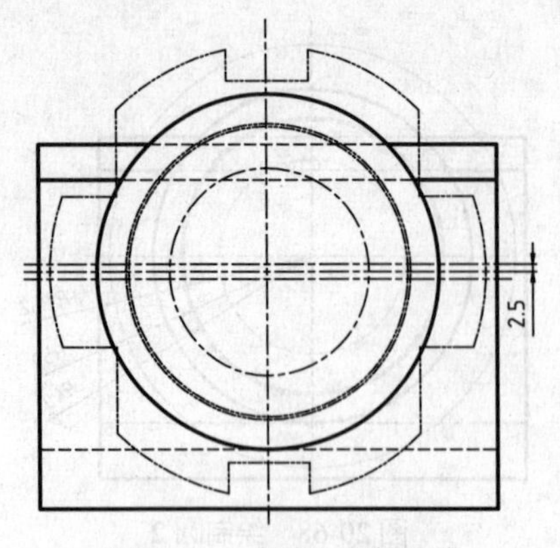

图 20-71 偏移水平辅助线

Step 13 根据辅助线修剪圆弧并删除多余的圆弧，如图 20-72 所示。

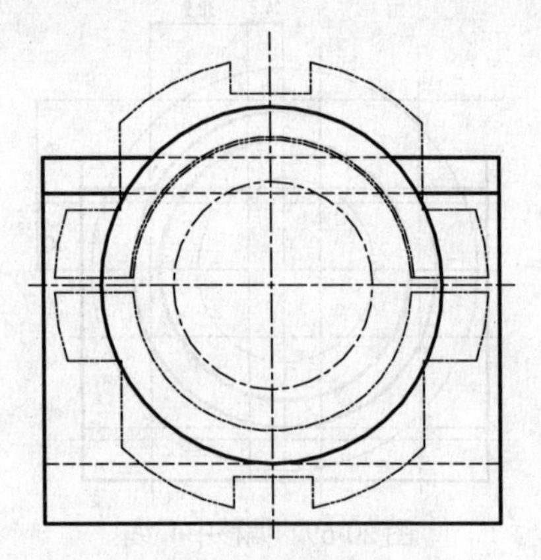

图 20-72 修整图形 2

Step 14 切换【粗实线】为当前图层，绘制角向定位键，如图 20-73 所示。

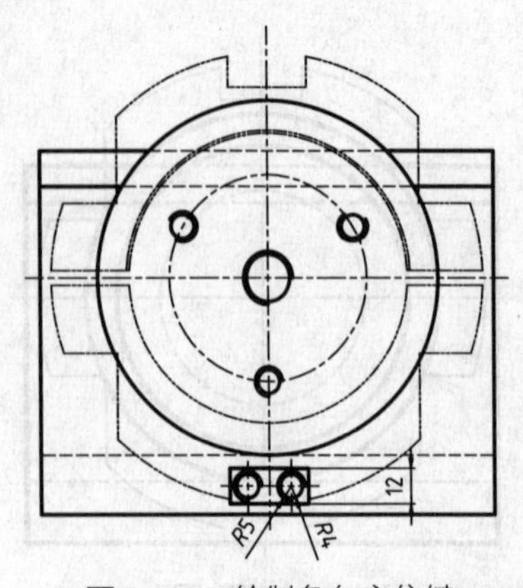

图 20-73 绘制角向定位键

2. 绘制俯视图

Step 01 切换【中心线】为当前图层，绘制俯视图中心辅助线，如图 20-74 所示。

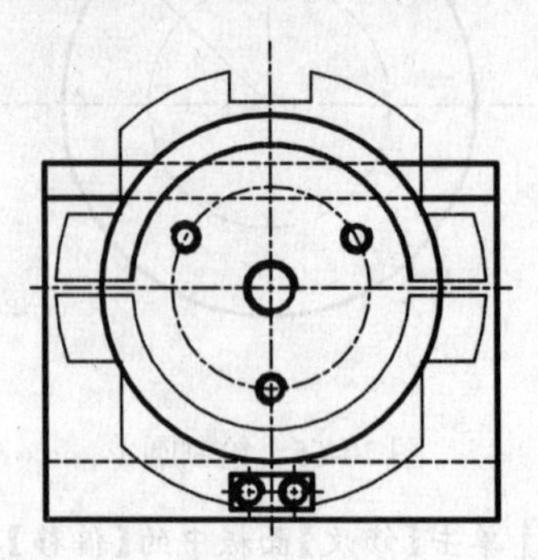

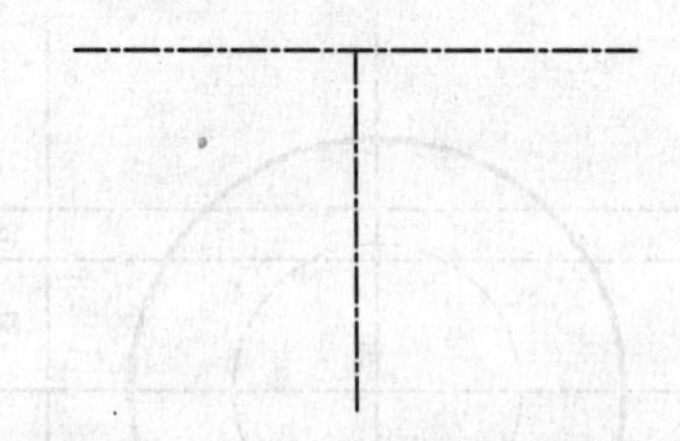

图 20-74 绘制俯视图中心辅助线

Step 02 切换【粗实线】为当前图层，绘制图形外轮廓，如图 20-75 所示。

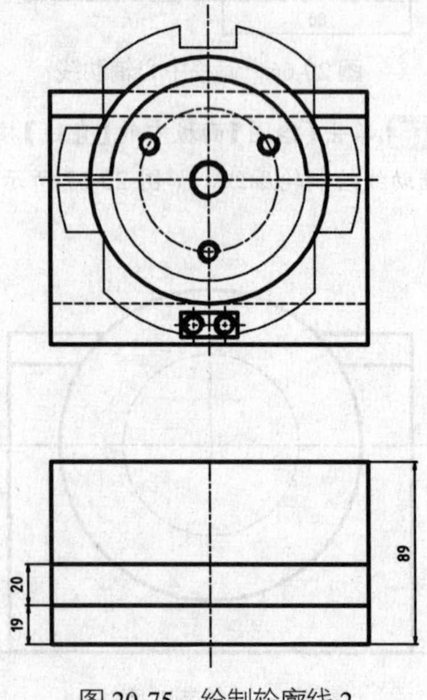

图 20-75 绘制轮廓线 2

Step 03 单击【修改】面板中的【偏移】按钮，偏移中心辅助线，如图 20-76 所示。

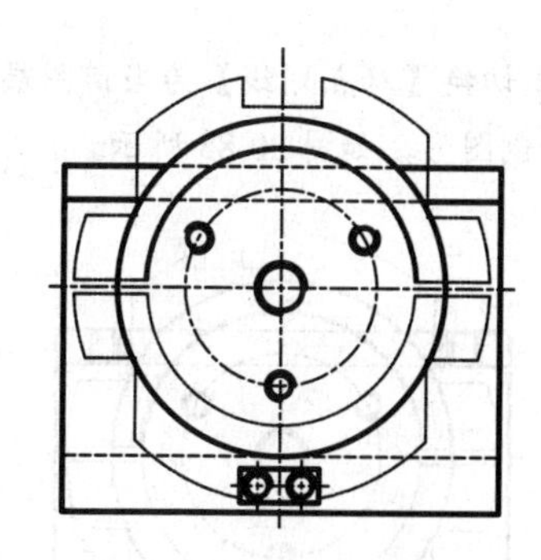

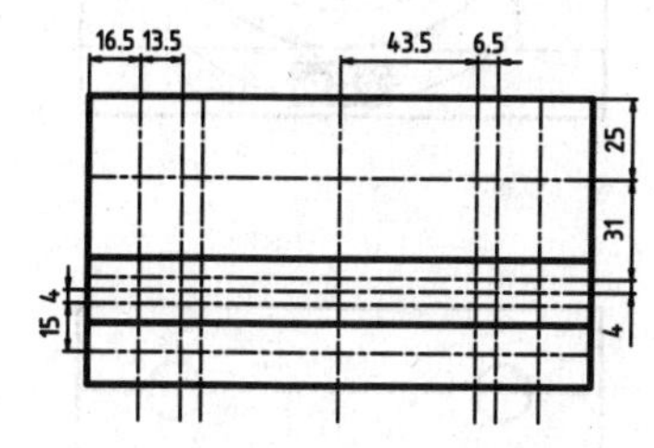

图 20-76　偏移中心辅助线

Step 04 根据辅助线的交点绘制圆，如图 20-77 所示。

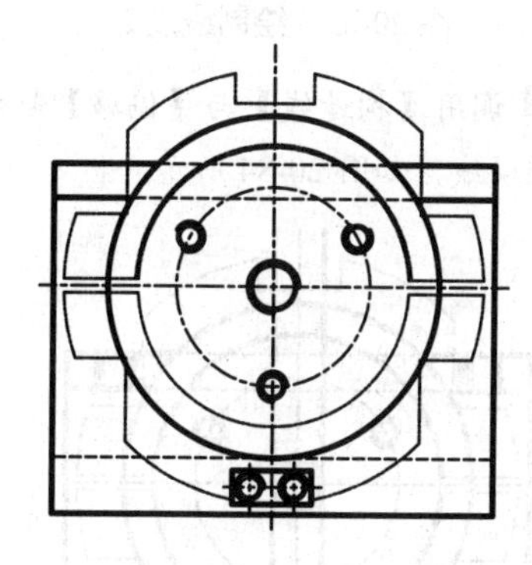

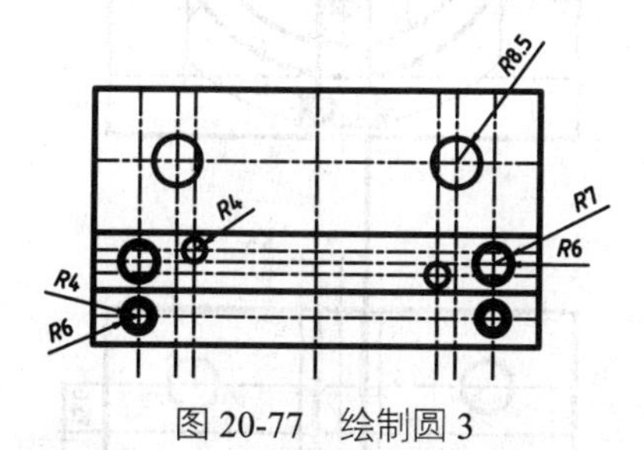

图 20-77　绘制圆 3

Step 05 单击【绘图】面板中的【构造线】按钮，配合【偏移】命令，根据投影关系绘制投影辅助线，如图 20-78 所示。

Step 06 调用【直线】命令，绘制投影线段，如图 20-79 所示。

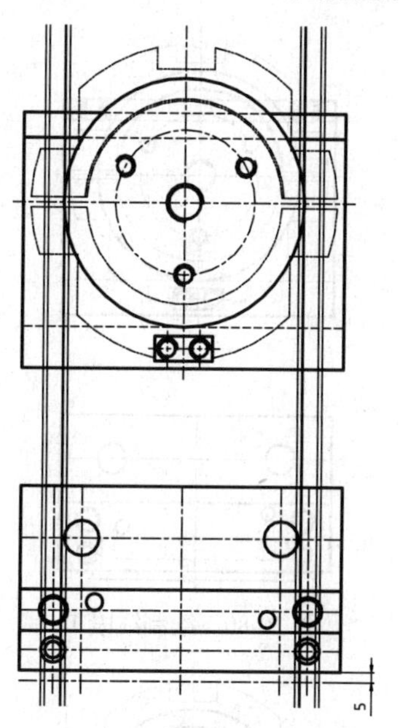

图 20-78　绘制投影辅助线

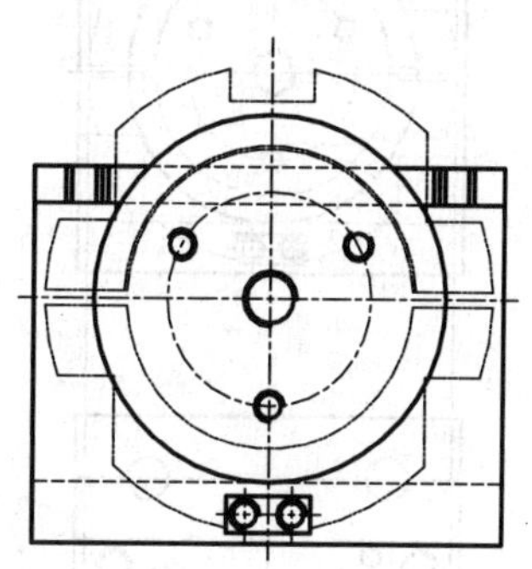

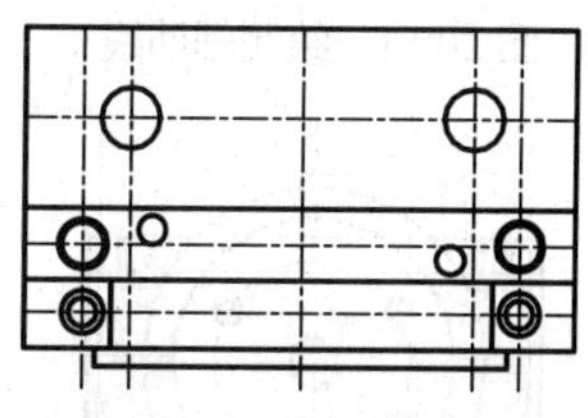

图 20-79　绘制投影线段

Step 07 切换【虚线】为当前图层，根据辅助线绘制线段，如图 20-80 所示。

Step 08 单击【绘图】面板中的【构造线】按钮，根据最外侧圆绘制辅助线，如图 20-81 所示。

Step 09 调用【偏移】命令，偏移中心辅助线，如图 20-82 所示。

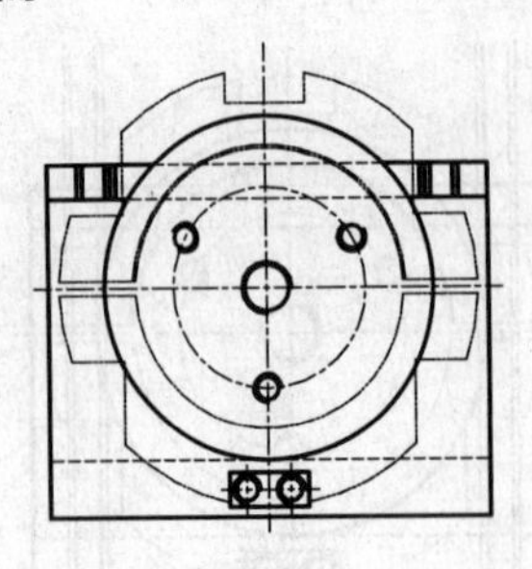

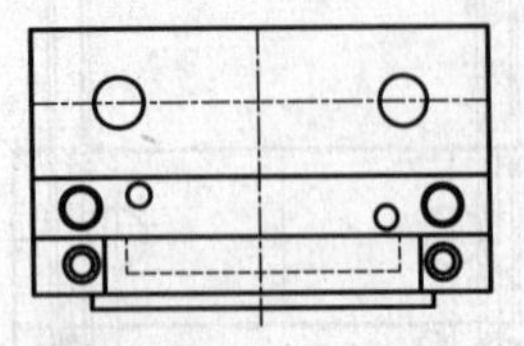

图 20-80　绘制线段 1

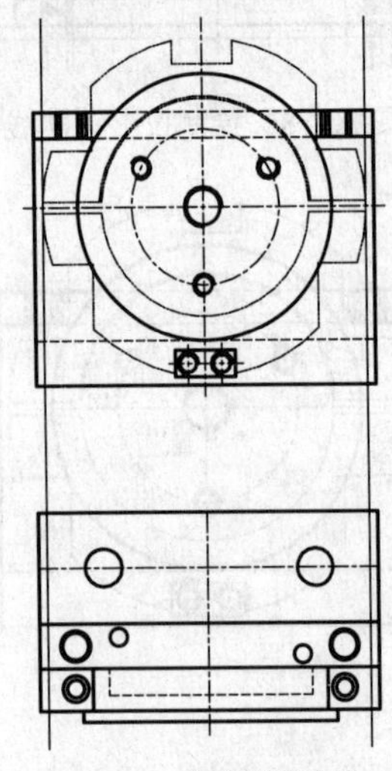

图 20-81　绘制辅助线 1

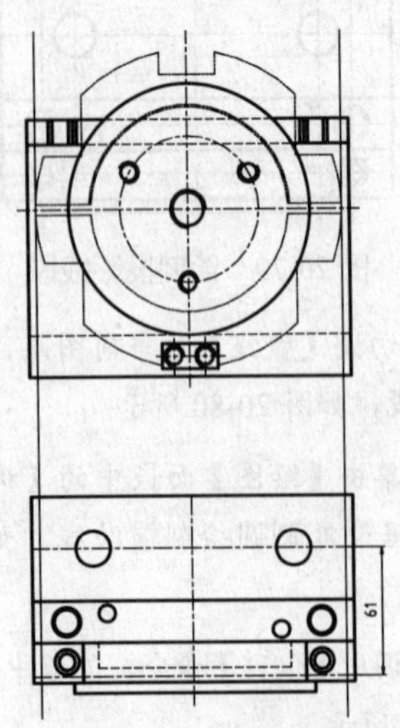

图 20-82　偏移中心辅助线

Step 10 切换【双点划线】为当前图层，根据辅助线绘制图形，如图 20-83 所示。

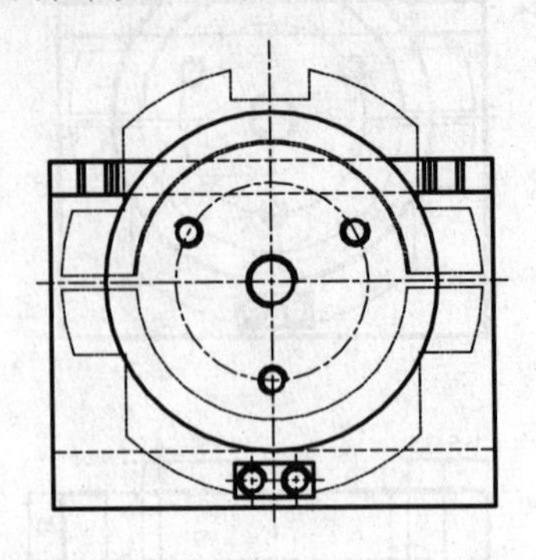

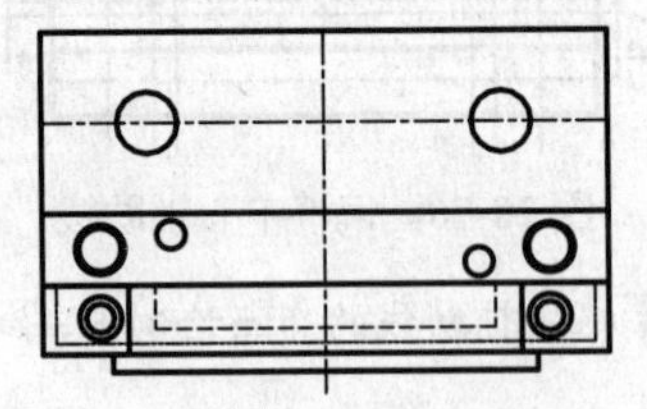

图 20-83　绘制线段 2

Step 11 调用【构造线】与【偏移】命令，继续绘制辅助线，如图 20-84 所示。

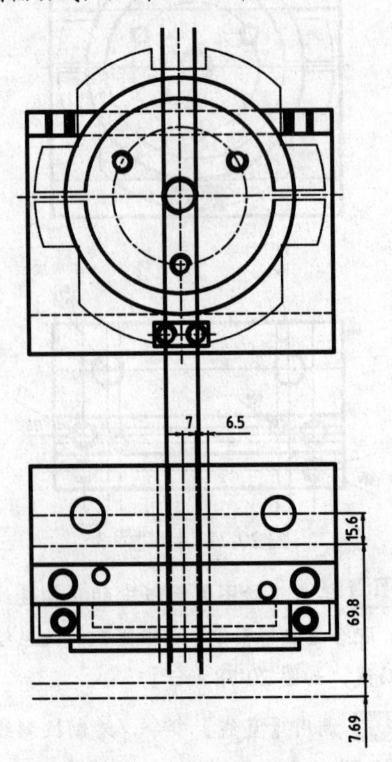

图 20-84　绘制辅助线 2

Step 12 切换【粗实线】为当前图层，根据辅助线绘制螺栓，如图 20-85 所示。

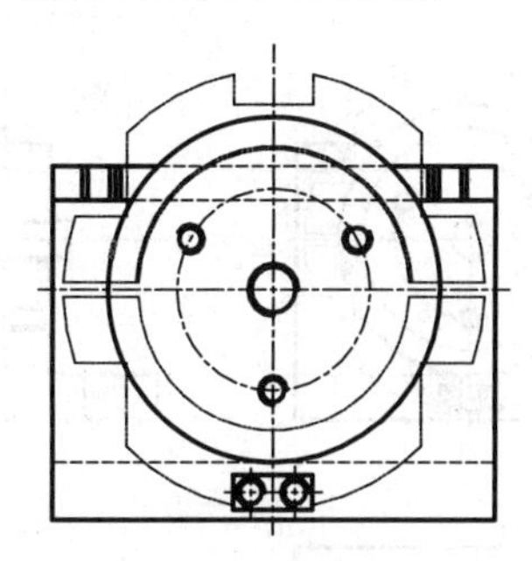

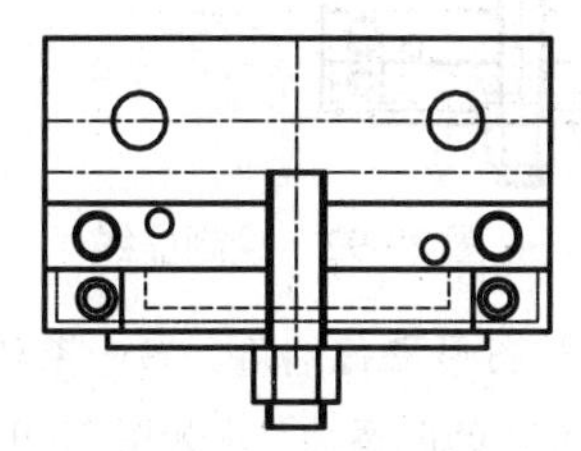

图 20-85　绘制螺栓

Step 13 单击【修改】面板中的【偏移】按钮，向内偏移螺栓的两头 1 个绘图单位，并对其进行倒角，距离为 1，如图 20-86 所示。至此，俯视图绘制告一段落。

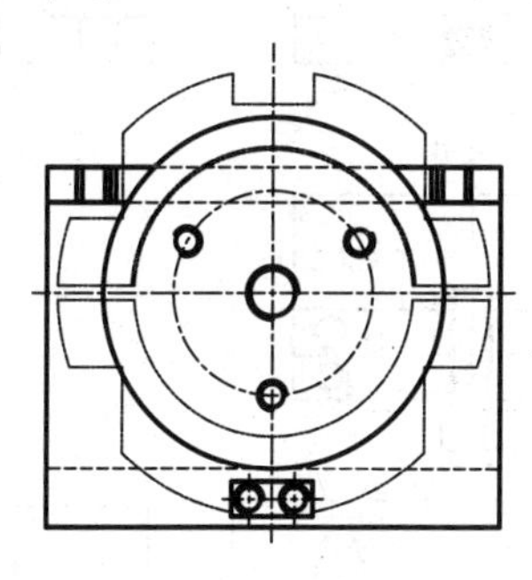

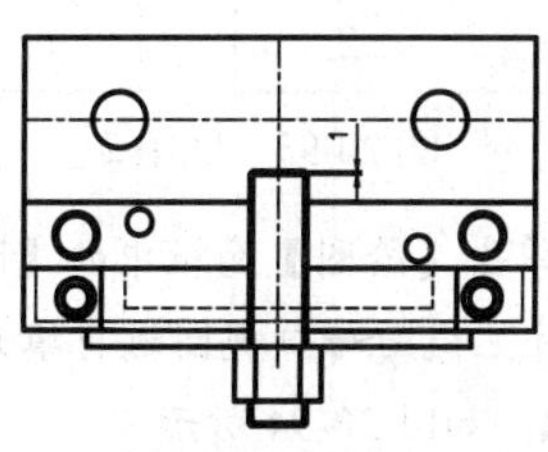

图 20-86　倒角 1

3．绘制剖视图

Step 01 根据主视图绘制剖视图的中心辅助线，并调用【复制】与【旋转】命令复制螺栓至辅助线上，如图 20-87 所示。

Step 02 单击【修改】面板中的【偏移】按钮，向左偏移辅助线并配合【构造线】命令绘制辅助线，如图 20-88 所示。

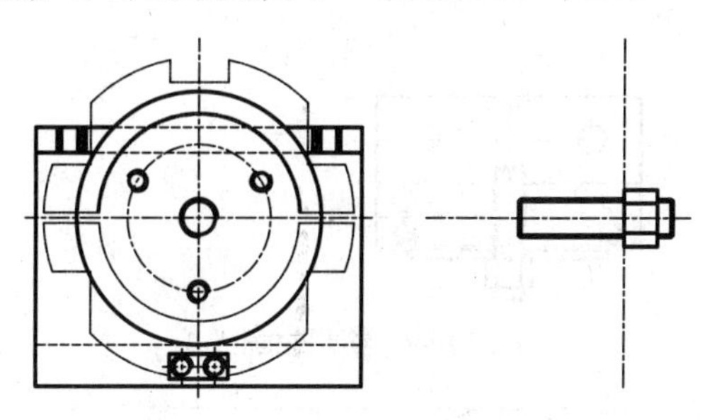

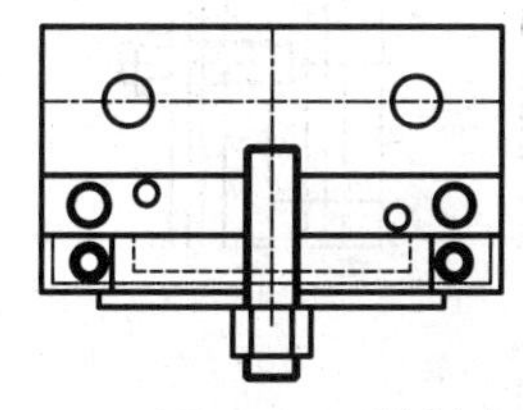

图 20-87　绘制中心线并复制螺栓

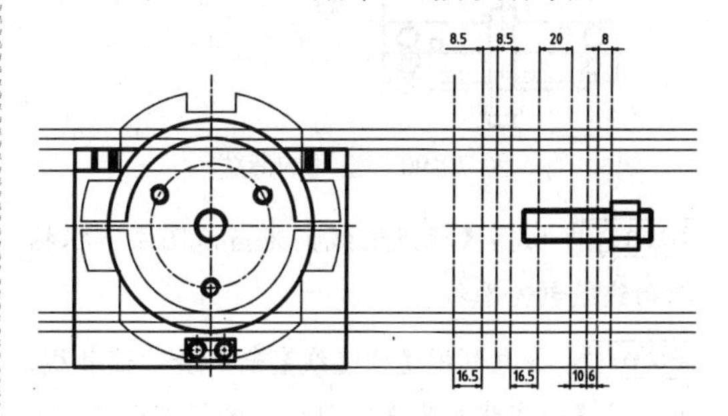

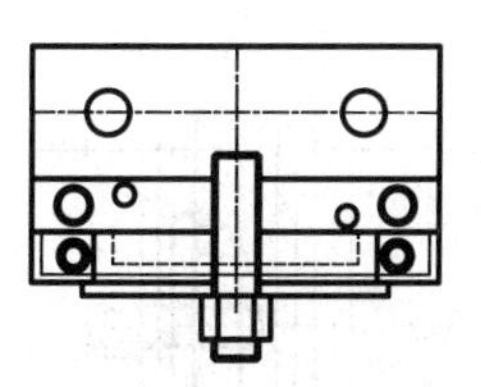

图 20-88　绘制辅助线 3

Step 03 根据辅助线绘制剖视图的轮廓线，如图 20-89 所示。

Step 04 调用【圆】命令，在主视图上重新绘制一个与最外侧一样大的圆。

Step 05 调用【构造线】命令，捕捉圆的象限点绘制构造线，如图 20-90 所示。

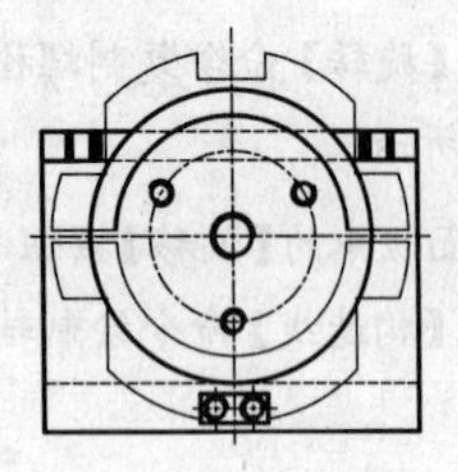
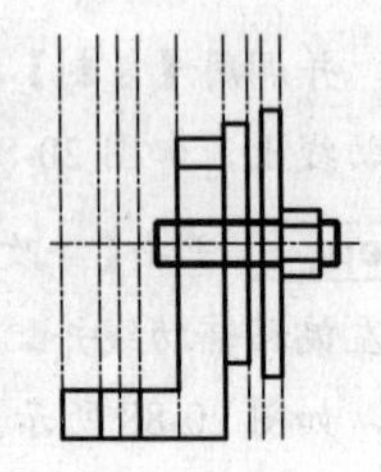
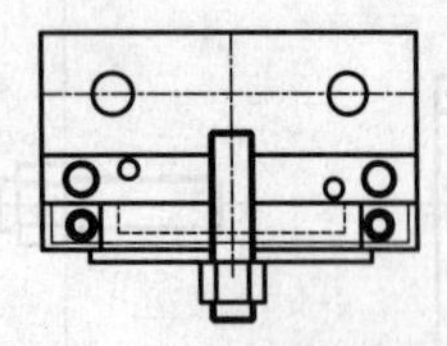

图 20-89 绘制轮廓线 3

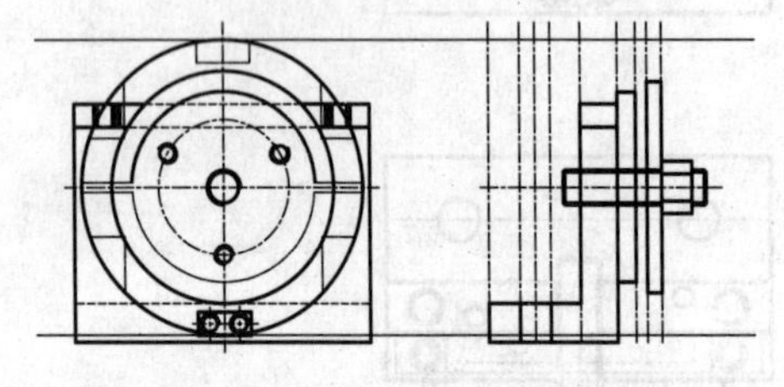
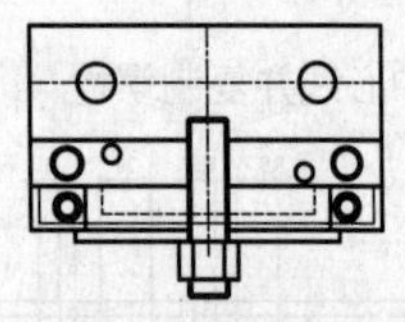

图 20-90 绘制构造线

Step 06 切换【双点划线】为当前图层，根据辅助线绘制轮廓线。

Step 07 再次利用【构造线】命令绘制辅助线，并切换【粗实线】为当前图层，绘制剖视孔，如图 20-91 所示。

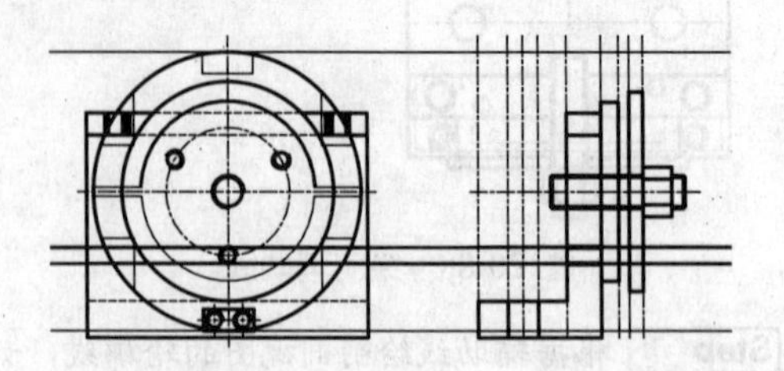
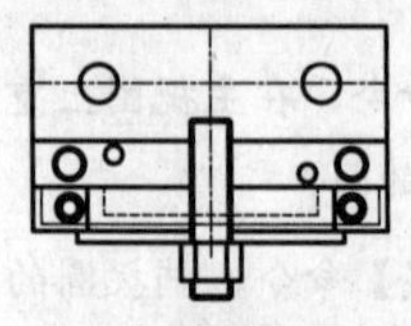

图 20-91 绘制轮廓线 4

Step 08 切换【虚线】为当前图层，绘制线段并修剪多余线段，如图 20-92 所示。

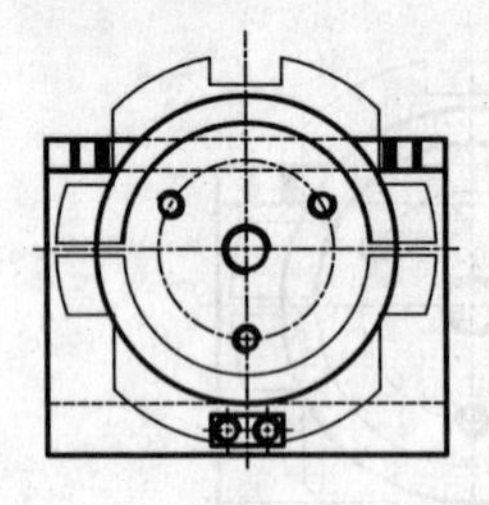
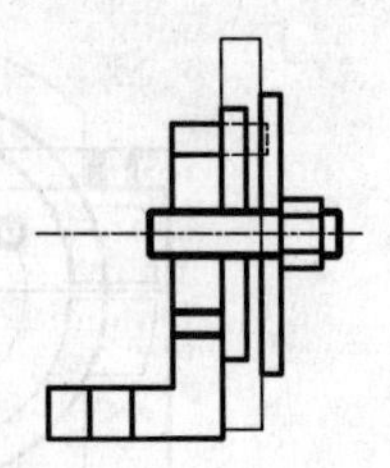
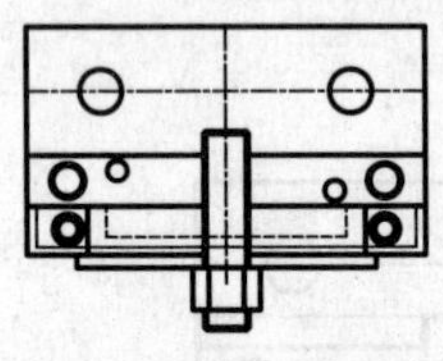

图 20-92 绘制虚线

Step 09 对图形进行倒角，第一条边的距离为 0.5，第二条边的距离为 2，如图 20-93 所示。

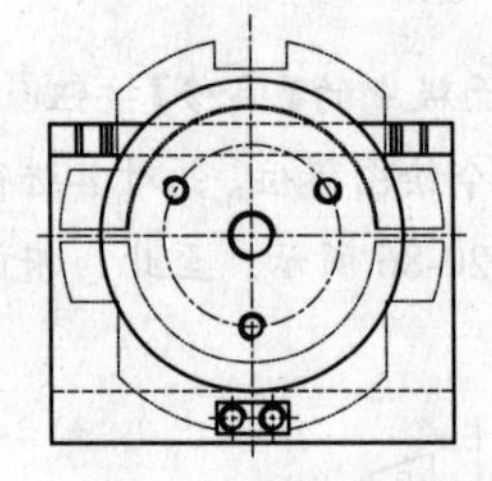
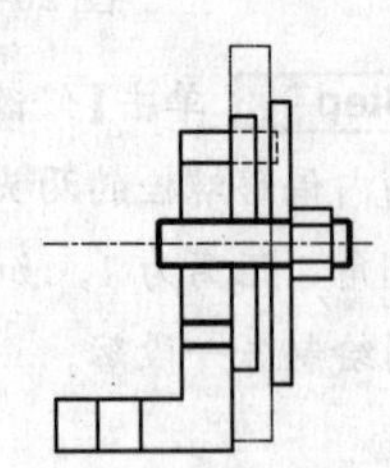
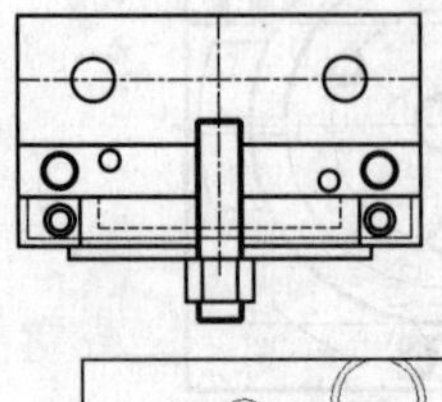
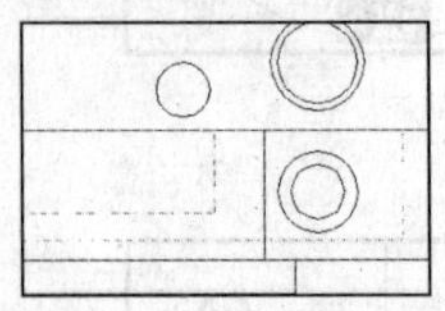
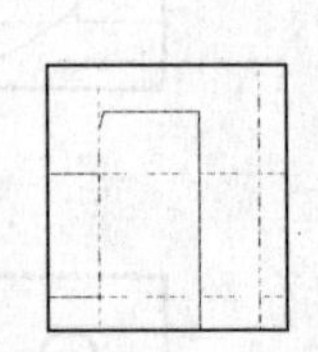

图 20-93 倒角 2

Step 10 单击【绘图】面板中的【图案填充】按钮，对主视图与剖视图进行填充，图案为【ANSI31】，如图 20-94 所示。

Step 11 切换【中心线】为当前图层，对图形进行整理并补充中心线，如图 20-95 所示。至此，钻床钻孔夹具装配图绘制完成。

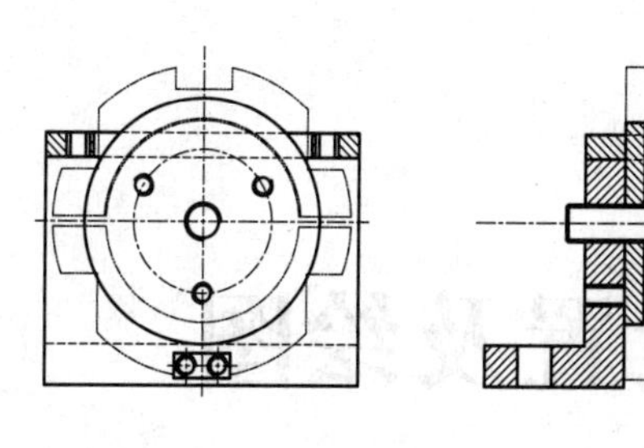
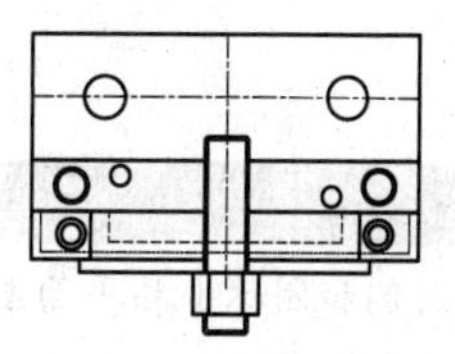

图 20-94　图案填充

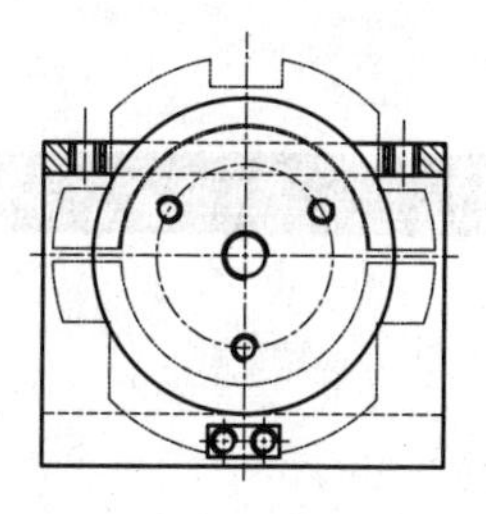
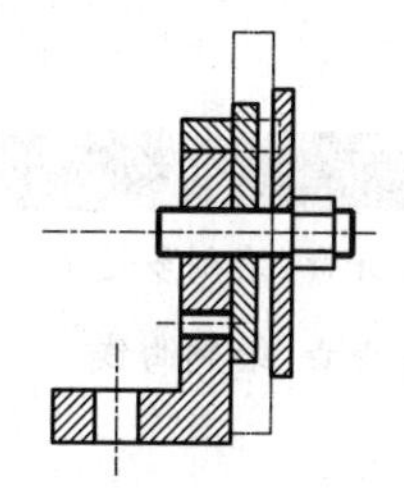
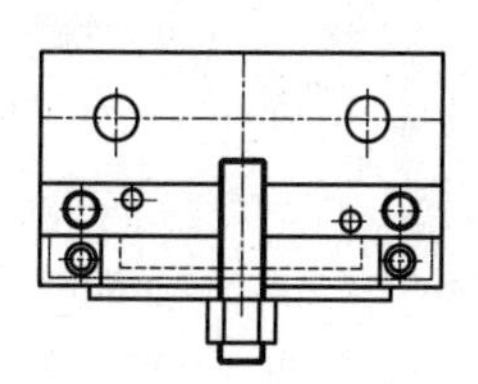

图 20-95　整理图形

4．添加标注与标题栏

Step 01 切换【标注】为当前图层。调用【线性标注】和【编辑】等工具，标注出图中主要尺寸和装配尺寸，结果如图 20-96 所示。

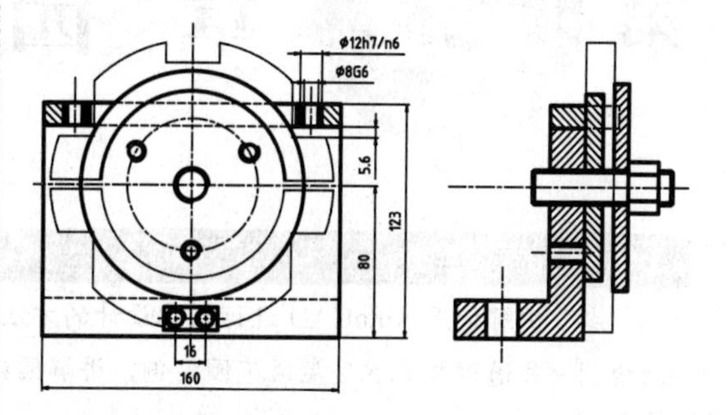

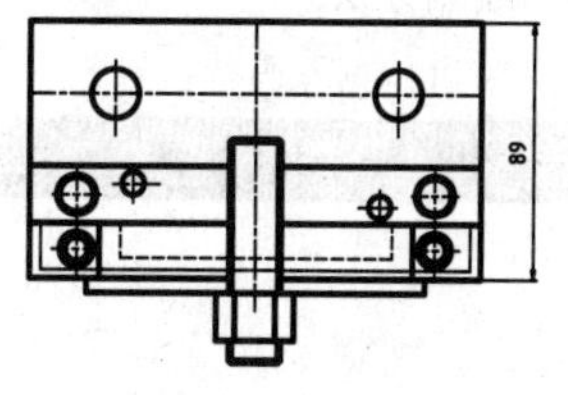

图 20-96　标注尺寸

Step 02 全选绘制的图形对象，复制后粘贴在图框里，调用【多行文字】工具添加表格内容、编号以及相应的技术要求，结果如图 20-97 所示。至此，该钻床钻孔夹具装配图绘制完成。

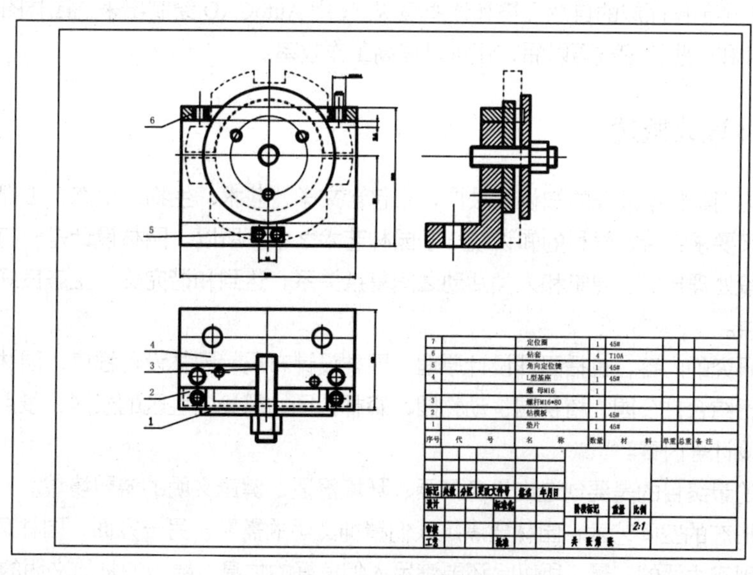

图 20-97　钻床钻孔夹具装配图

第 21 章 园林设置及绘图

⊙学习目的：

本章讲解使用 AutoCAD 进行园林设计的方法，包括常用的园林植物平面图例和园林小品平面图的绘制，并通过某商住楼屋顶花园实例，讲解园林总平面图、植物配置图、竖向设计图和网格定位图等整套园林施工图的绘制方法。

⊙核心技能：

★★★★ 绘制点

★★★★ 绘制线

★★★★ 绘制矩形

★★★☆ 绘制多边形

★★☆☆ 绘制曲线

21.1 园林设计与绘图

园林设计是在一定的地域运用工程技术和艺术手段，通过改造地形、种植树木花草、营造建筑和布置园路等途径创作而成的自然环境和休憩境域。使用 AutoCAD 绘制出来的园林图纸清晰、精确，当熟练掌握软件和一些绘图技巧以后，还可以提高工作效率。

21.1.1 园林设计概述

园林设计这门学科所涉及的知识面较广，它包含文学、艺术、生物、生态、工程、建筑等诸多领域，同时，又要求综合各学科的知识统一于园林艺术之中。所以，园林设计是一门研究如何应用艺术和技术手段处理自然、建筑和人类活动之间复杂关系，达到和谐完美、生态良好、景色如画之境界的一门学科。

园林设计研究的内容，包括园林设计原理、园林设计布局、园林设计程序、园林设计图纸及说明书等。还包括综合性公园、植物园、动物园、森林公园、风景名胜区的景区、景点设计，以及其他园林绿地的设计等内容。

园林设计的最终目的是要创造出景色如画、环境舒适、健康文明的游憩境域。一方面，园林是反映社会意识形态的空间艺术，园林要满足人们精神文明的需要；另一方面，园林又是社会的物质福利事业，是现实生活的实景，所以，还要满足人们良好的休息、娱乐的物质文明的需要。

21.1.2 园林设计绘图的内容

园林设计绘图是指根据正确的绘图理论及方法，按照国家统一的园林绘图规范将设计情况在二维图面上表现出来，它主要包括总体平面图、植物配置图、网格定位图及各种详图等。绘制的内容主要包括以下几部分。

- 园林主体图形：相应类型的园林图纸，需要突出表明主体的内容。例如，总体平面图需要表明的是图纸上的各种要素（建筑、道路、植物及水体）的尺寸大小与空间分布关系，可以不用进行详细的绘制。而植物配置图则要求将重点放在植物的配置与设计上，对植物的大小、位置及数量都需要进行精确的定位，其他园林要素则可以相对弱化。
- 尺寸标注：园林设计绘图的尺寸标注包括总体空间尺寸及主要要素的尺寸标注。如建筑的外部轮廓尺寸、水体长宽等。而对于局部详图，则要求进行更为精确的尺寸标注。竖向设计图还需要进行标高标注。
- 文字说明：对图形中各元素的名称、性质等进行说明。
- 图块：园林设计绘图中的植物图例等内容多以图块形式插入到图形中。

21.2 绘制常见园林图例

园林设施图在 AutoCAD 园林绘图中非常常见，如植物图例、花架、景石、景观亭等图形。本节主要介绍常见园林设施图的绘制方法和技巧，以及相关的理论知识。通过本节的学习，我们在掌握部分园林设施图绘制方法的同时，也能够比较全面地了解其在园林设计中的应用。

21.2.1 绘制植物平面图例

在 AutoCAD 园林绘图中，植物是构成园林景观的主要素材。从科学数据和人们的切身感受中可以体会到，园林植物不仅能使人从视觉上、精神上得到美的享受，更能带给人们健康、安静的生活环境，提高人们生活的质量。不同的植物需要使用不同的图例，因此，植物种类的多样性就决定了植物图例的样式的多样性。根据植物的种类，我们可以将植物图例分为乔木图例、灌木图例、模纹地被图例等等。图例的使用不是固定的，可以根据自己的喜好为植物选择图例，图例的大小表示树木的大小。在同一张图纸中，不允许对不同的植物使用同一种图例。

下面通过几个简单的实例，来详细讲解园林植物的绘制方法和技巧。

1. 绘制木棉

Step 01 单击【绘图】工具栏中的【圆】按钮，绘制半径为 610 和 40 的两个同心圆，效果如图 21-1 所示。

Step 02 单击【绘图】工具栏中的【直线】按钮，指定外圆 0° 象限点为直线第一点，在圆的正上方绘制一条长为 153 的短直线，效果如图 21-2 所示。

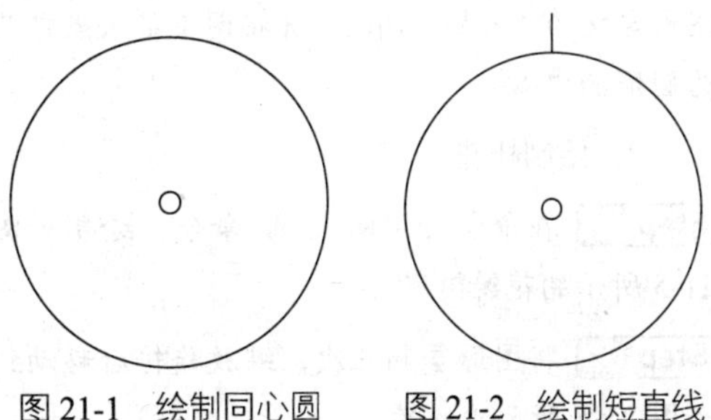

图 21-1 绘制同心圆　　图 21-2 绘制短直线

Step 03 选择【修改】|【阵列】|【环形阵列】菜单命令，以圆心为中心点进行环形阵列，设置阵列数为45，填充角度为360°，选择短线作为对象，将其环形阵列，效果如图21-3所示。

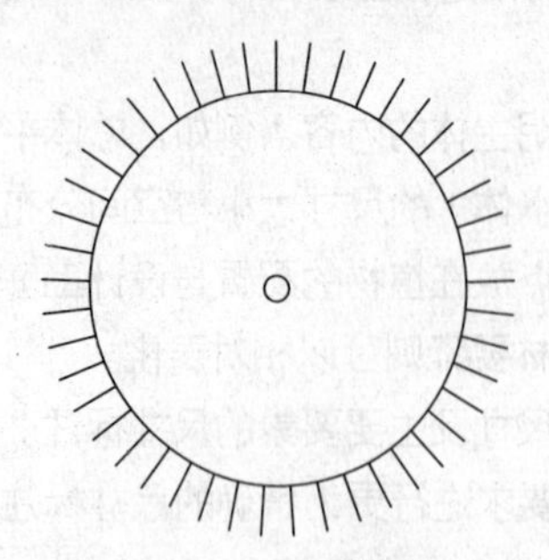

图21-3 阵列短线

Step 04 单击绘图工具栏中的【偏移】按钮，将外圆向内偏移150个单位。

Step 05 在命令行中输入L命令，指定偏移圆上的0°象限点为起点，用光标引导 X 轴水平正方向，输入450。

Step 06 在命令行中输入AR命令，将绘制的直线环形阵列8个。删除多余圆形，结果如图21-4所示。

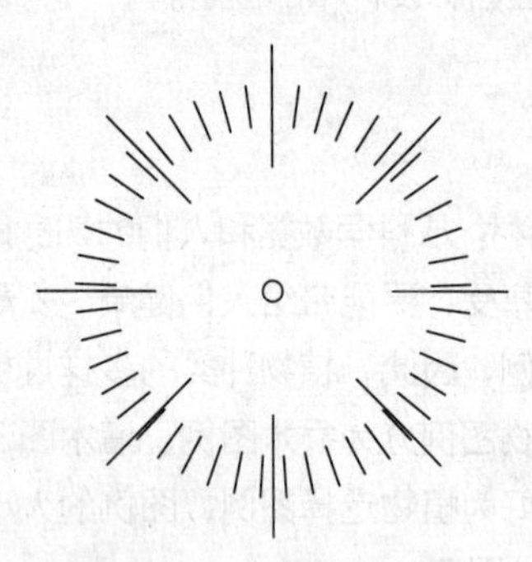

图21-4 木棉绘制结果

Step 07 在命令行中输入B命令，将所得到的图形定义为"木棉"图块，并将图块插入点定义为圆形的中心。

2．绘制桂花

Step 01 在命令行中输入A命令，绘制如图21-5所示的花瓣图形。

Step 02 将图形复制三次，缩放旋转后移动到如图21-6所示的位置。

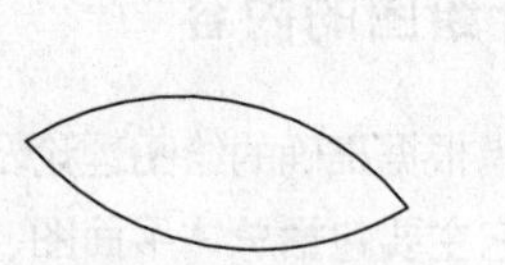

图21-5 绘制花瓣

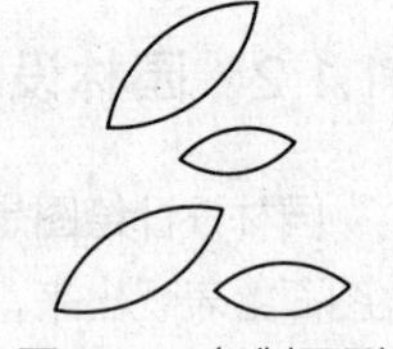

图21-6 复制图形

Step 03 绘制一个半径为1200的圆。将如图21-6所示的图形移动到圆的轨迹上，并缩放至合适的比例，如图21-7所示。

图21-7 移动缩放图形

Step 04 在命令行中输入AR命令，进行极轴阵列。以圆心为中心点，项目总数为9，填充角度为360°，选择绘制的树叶图形作为阵列对象，阵列结果如图21-8所示。

图21-8 阵列图形

Step 05 在命令行中输入DO命令，绘制圆环。指定圆环的内径为0，按下空格键；指定圆环的外径为164，按下空格键；指定圆心为圆环的中心。删除圆，结果如图21-9所示。

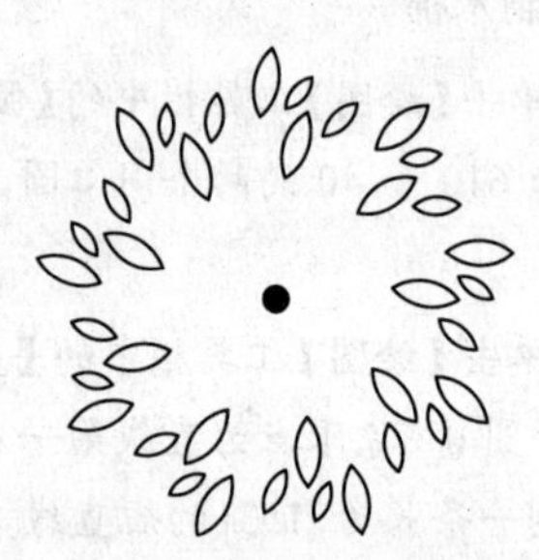

图21-9 桂花绘制结果

Step 06 在命令行中输入B命令，将“桂花”定义为块，指定圆环的中心为图块插入点。

3. 绘制马尖相思

Step 01 在【常用】选项卡中，单击【绘图】面板中的【直线】按钮，在绘图区单击空白处指定直线的起点，输入坐标值为“@3<72”，绘制一条距离为3，倾斜角度为72°的直线，效果如图21-10所示。

Step 02 选择【绘图】|【圆弧】|【起点、端点、方向】菜单命令，绘制出树叶，如图21-11所示。

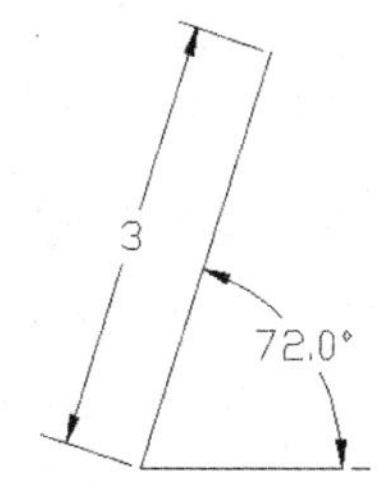

图21-10 绘制直线

图21-11 绘制圆弧

Step 03 单击【修改】面板中的【环形阵列】按钮，将绘制的图形环形阵列5份，得到马尖相思平面图的最终效果，如图21-12所示。

图21-12 马尖相思绘制结果

4. 绘制黄金叶

黄金叶学名金露花，以观叶为主，用途极广泛，可地被、修剪造型、拼成图案或强调色彩配植树，极为耀眼醒目，为目前南方广泛应用的优良矮灌木。本例绘制黄金叶的图例。

Step 01 绘制外部轮廓。单击【绘图】工具栏中的【圆】按钮，绘制一个半径为525的圆。

Step 02 绘制轮廓。重复使用【圆弧】命令，绘制如图21-13所示的树形轮廓。

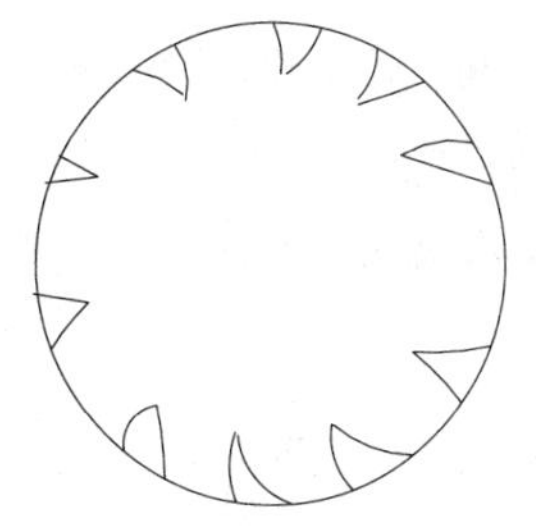

图21-13 绘制树形轮廓

Step 03 调用TR命令，修剪出树形，结果如图21-14所示。

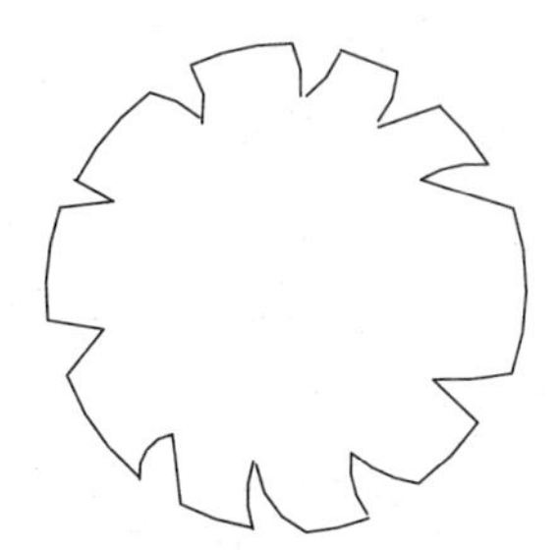

图21-14 修剪图形

Step 04 单击【绘图】工具栏中的【圆】按钮，在图形中心位置绘制一个圆，结果如图21-15所示。至此，黄金叶图例绘制完成。

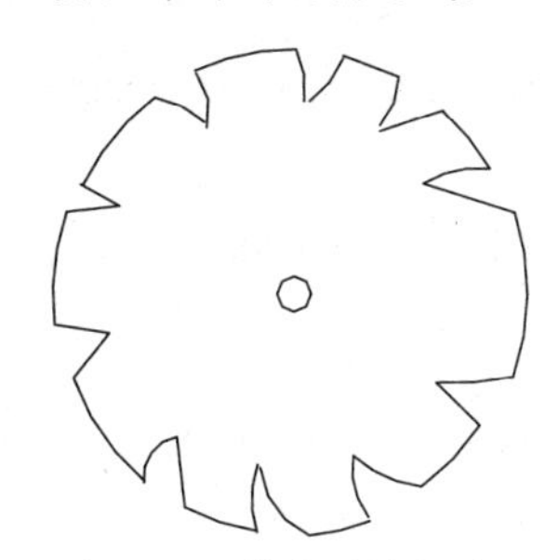

图21-15 黄金叶绘制结果

5. 绘制灰利球

Step 01 在命令行中输入C命令，绘制半径为540的圆。

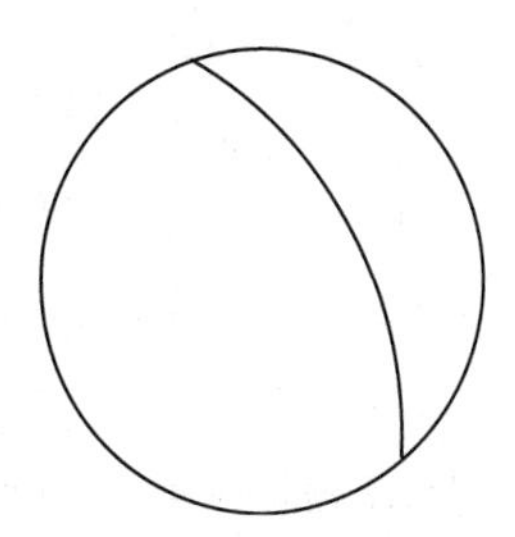

图21-16 绘制弧线

Step 02 在命令行中输入 A 命令，绘制如图 21-16 所示的弧线。

Step 03 多次重复绘制弧线，得到如图 21-17 所示的图形。

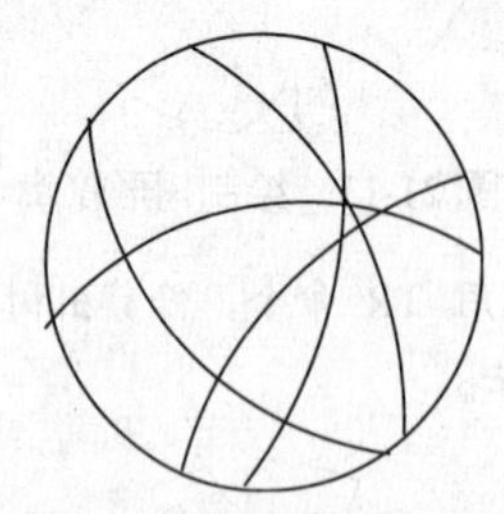

图 21-17 重复绘制弧线

Step 04 在命令行中输入 H 命令，对部分闭合曲线进行填充，选择【NET】填充图案，比例为 5，结果如图 21-18 所示。

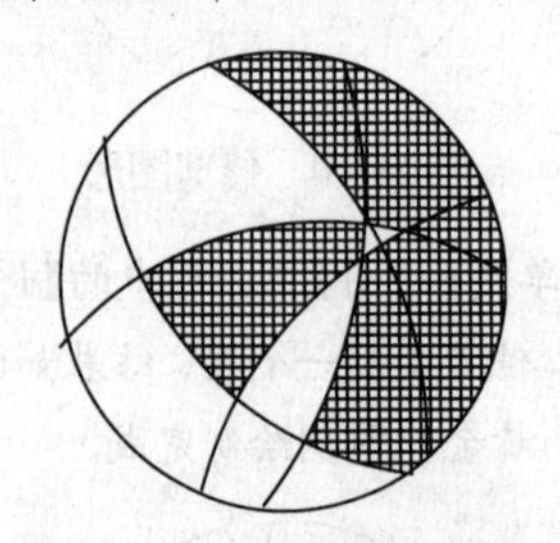

图 21-18 灰利球绘制结果

Step 05 调用 B 命令，将图形定义为“灰利球”图块，指定图块插入点为图形的中心。

6. 绘制绿篱

Step 01 在【常用】选项卡中，单击【绘图】面板中的【矩形】按钮□，绘制一个尺寸为 2340×594 的矩形，表示绿篱的范围，如图 21-19 所示。

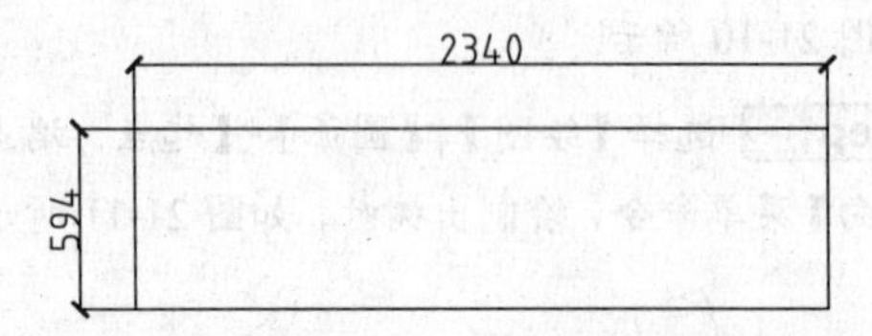

图 21-19 绘制矩形

Step 02 单击【绘图】面板中的【多段线】按钮，绘制出绿篱的轮廓，如图 21-20 所示。

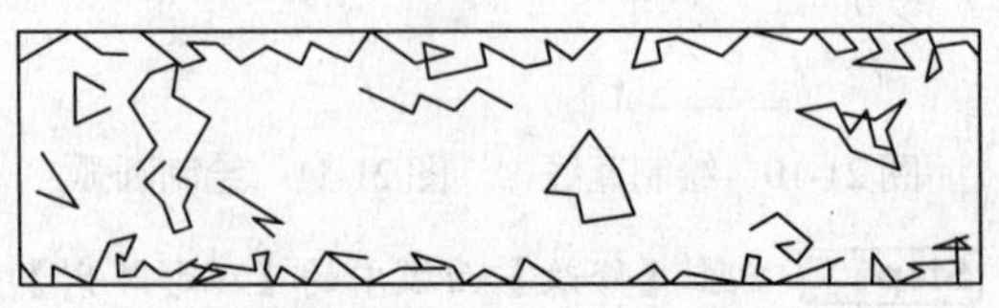

图 21-20 绘制绿篱轮廓

Step 03 调用 B 命令，将绘制的绿篱定义为图块，指定图形左上角点为插入点。

21.2.2 绘制园林小品平面图

园林小品，是园林中供休息、装饰、照明、展示和为方便园林管理及游人使用的小型建筑设施。园林小品虽属园林中的小型艺术装饰品，但其影响之深、作用之大、感受之浓的确胜过其他景物。一个个设计精巧、造型优美的园林小品，犹如点缀在大地中的颗颗明珠，光彩照人，对愉悦游人的心情和美化环境起着重要的作用，成为园林中的点睛之笔。

本节通过实例的学习，掌握园林小品的绘制方法与技巧。

1. 绘制景石

本例绘制的是散置于林下的小景石图例，如图 21-22 所示，它是由两块形状不同的景石组合在一起形成的一组景石。其一般绘制步骤为：先绘制景石外部轮廓，再绘制内部纹理。

Step 01 创建新图层，命名为【景石】，设置颜色为 34，并置为当前图层。

Step 02 绘制景石的外轮廓。在命令行中输入 PL 命令，设置多段线的宽度为 15，绘制如图 21-21 所示图形。

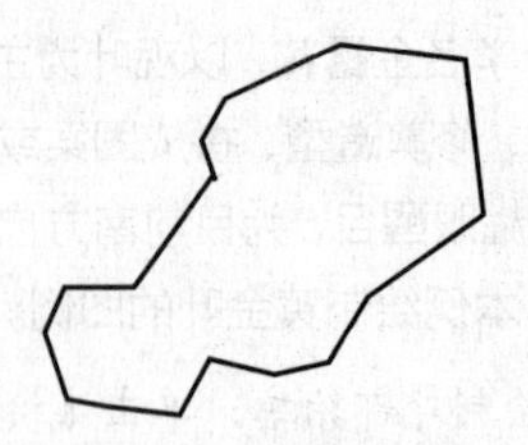

图 21-21 绘制石块外部轮廓

Step 03 绘制石块纹理。继续调用 PL 命令，设置多段线的宽度为 0，绘制如图 21-22 所示线段。

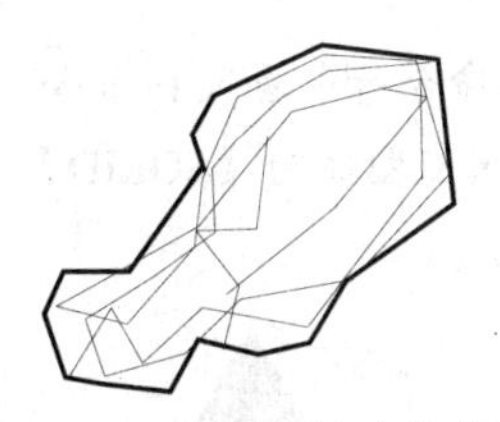

图 21-22　绘制石块内部纹理

Step 04 在命令行中输入 B 命令，将石块定义为内部块，命名为【景石 1】，指定景石中心点为拾取点，参数设置如图 21-23 所示。

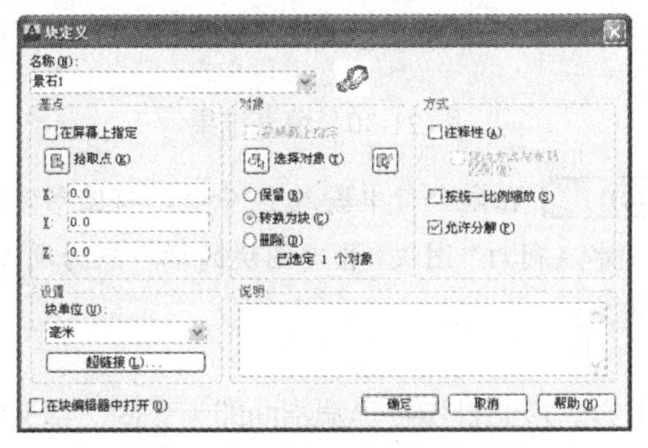

图 21-23　【块定义】对话框

Step 05 用相同的方法绘制其他形状的池岸景石并定义为块，命名为【池岸景石 2】，指定景石中心点为拾取点，如图 21-24 所示。

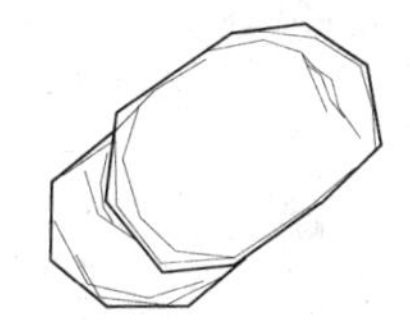

图 21-24　绘制其他景石

Step 06 综合使用【移动】和【旋转】命令，将绘制的景石移动复制到适当的位置，如图 21-25 所示。

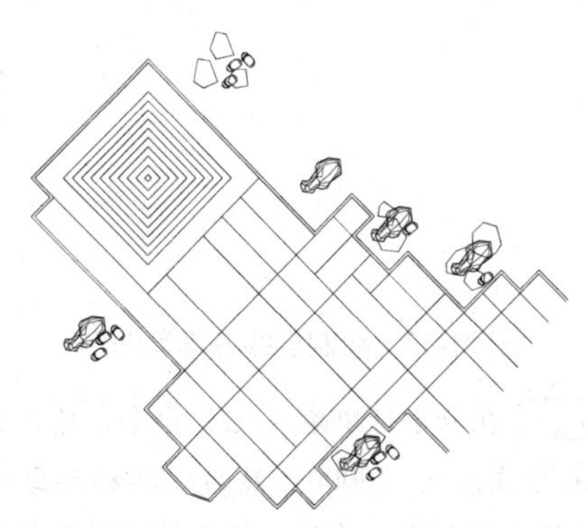

图 21-25　调整景石的大小和方向

2．绘制草坪灯

园灯是一种引人注目的园林小品，白天可点缀景色，夜晚可以照明，具有指示和引导游人的作用。本例绘制的是草坪灯图例，如图 21-26 所示。其一般绘制步骤为：先绘制外部轮廓，再进行填充。

Step 01 单击【绘图】工具栏中的【多边形】按钮，绘制一个等边三角形，使其内接圆的半径为 100，如图 21-26 所示。

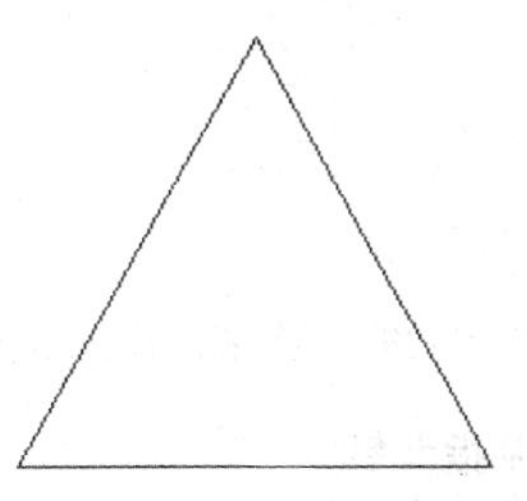

图 21-26　绘制外部轮廓

Step 02 在命令行中输入 L 命令，捕捉顶点，绘制一条垂直线段，如图 21-27 所示。

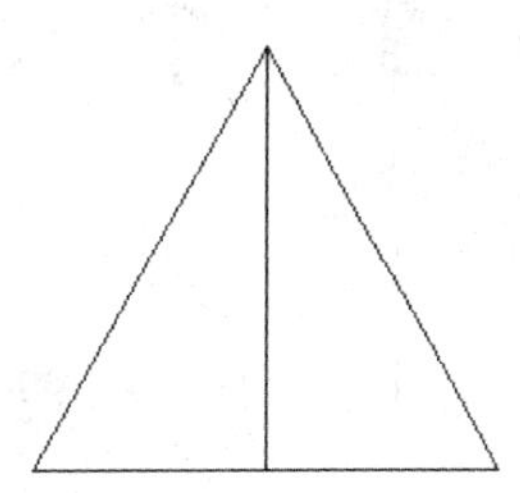

图 21-27　绘制直线

Step 03 在命令行中输入 H 命令，选择填充类型为【SOLID】，拾取右半边图形进行填充，结果如图 21-28 所示。

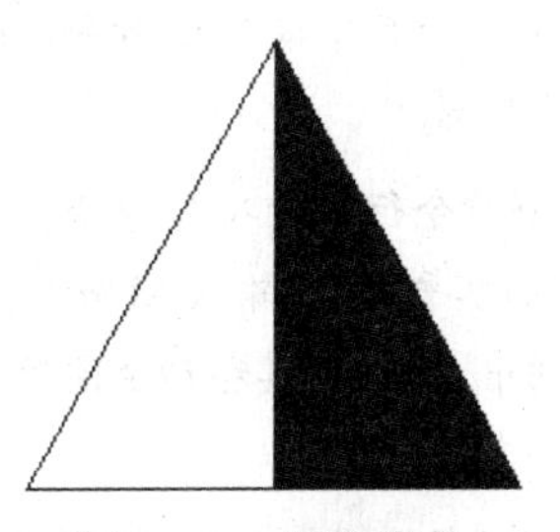

图 21-28　图案填充

3．绘制水底射灯

Step 01 在命令行中输入 C 命令，绘制一个半径为100的圆。

Step 02 在命令行中输入POL命令，输入边数为3，按F8键打开【对象捕捉】功能，单击圆心，作为正多边形的中心点；在命令行中输入【I】命令，指定正多边形内切于圆，输入半径为100，如图21-29所示。

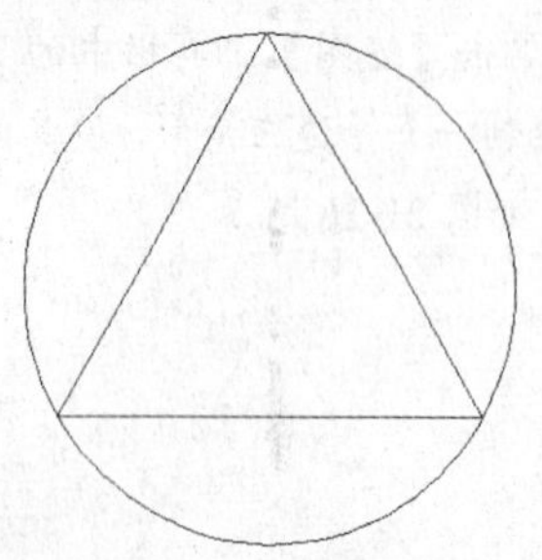

图21-29　绘制圆和正多边形

Step 03 在命令行中输入H命令，对正多边形进行填充，填充图案为【SOLID】，填充效果如图21-30所示。

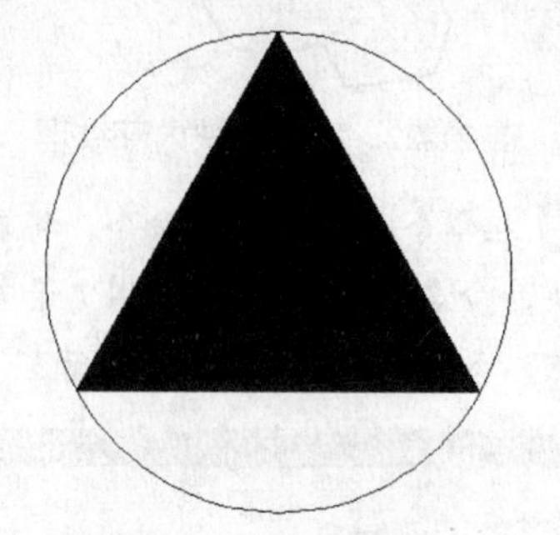

图21-30　填充结果

Step 04 在命令行中输入B命令，将图形定义为"水底射灯"图块，指定图块的插入点为圆心。

4．绘制指北针

指北针用于指示北面的方向，通常置于图纸的右上方。指北针指针尖端指向即为北向。指北针的绘制方法较多，如图21-31所示，下面只讲解最常用的一种指北针的画法。

图21-31　指北针

Step 01 在命令行中输入C命令，绘制一个直径为18000的圆。

Step 02 在命令行中输入L命令，绘制一条长度为4000的水平直线。输入M命令，选择直线，单击直线的中点，并将其移动至圆形底部的象限点上。

Step 03 在命令行中输入L命令，连接圆形的180°象限点和直线的两个端点，并删除多余的线段，结果如图21-32所示。填充连接后的闭合区域，如图21-33所示。

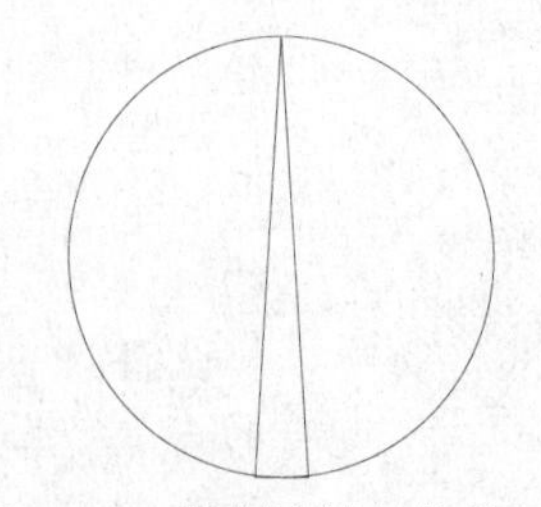

图21-32　绘制连线并修剪图形

Step 04 在命令行中输入DT命令，输入文字N，文字高度为20000，然后将其移动到如图21-34所示的位置。至此，指北针绘制完成。

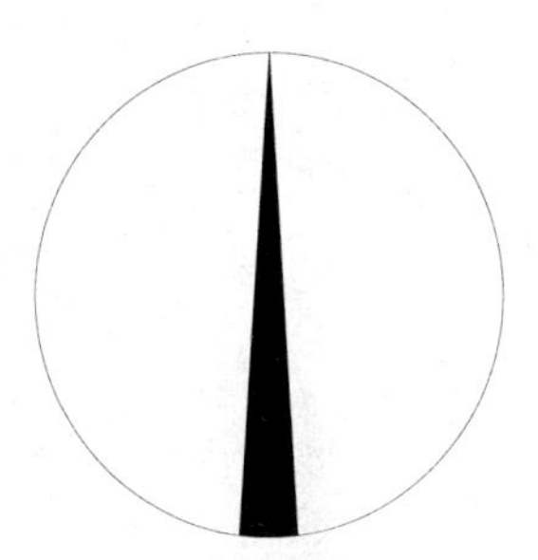

图21-33　填充闭合的区域

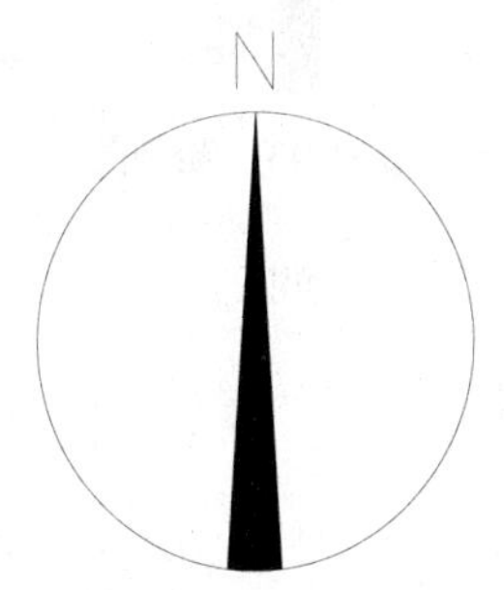

图21-34　输入文字

5．绘制足球场

Step 01 单击【绘图】工具栏中的【矩形】按钮，绘制一个尺寸为70000×110000的矩形，作为足球场的轮廓，效果如图21-35所示。

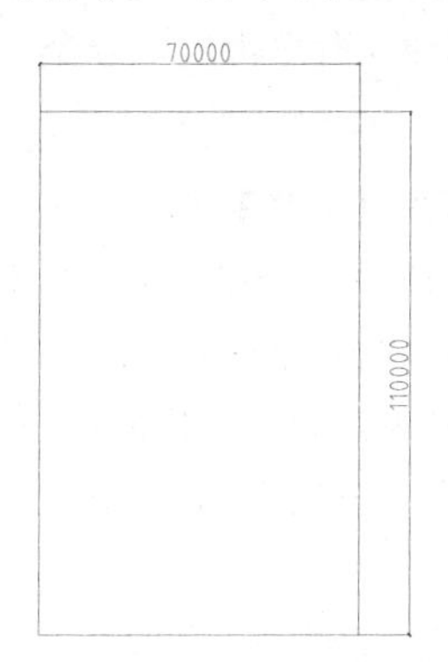

图21-35　绘制矩形

Step 02 单击【绘图】工具栏中的【直线】按钮，捕捉矩形的中心，绘制水平直线，单击【绘图】工具栏中的【圆】按钮，在直线上绘制一个半径为10000的圆，效果如图21-36所示。

Step 03 调用【直线】工具和【圆弧】工具，绘制球门线，如图21-37所示。

Step 04 调用【移动】命令，捕捉大矩形上边的中点，移动球门线至球场中的合适位置，如图21-38所示。

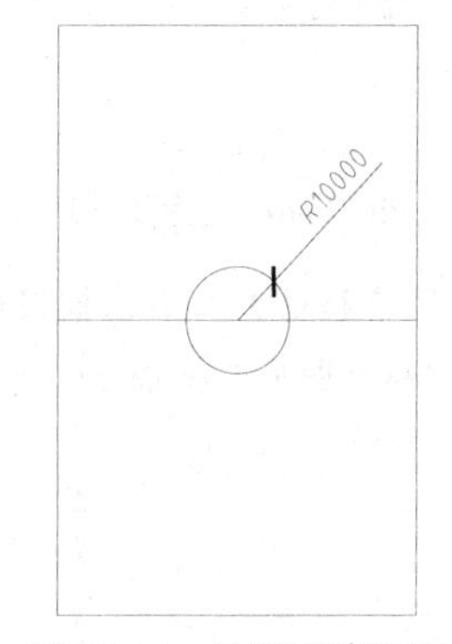

图21-36　绘制直线和圆

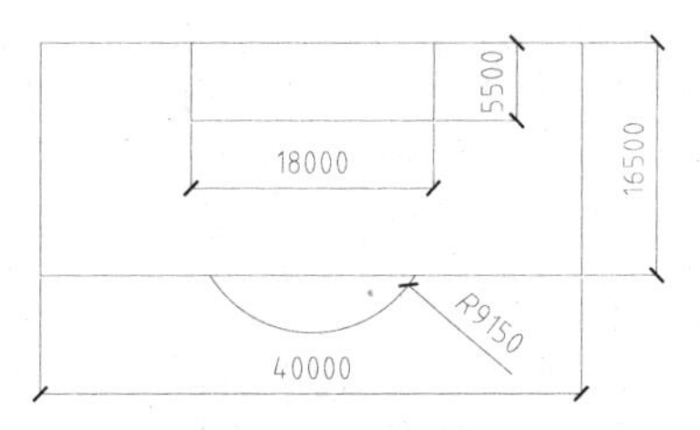

图21-37　绘制图形

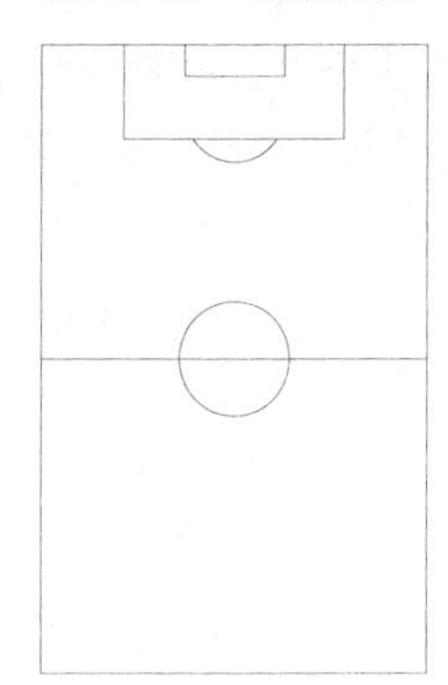

图21-38　移动图形

Step 05 调用【镜像】命令，镜像得到如图21-39所示图形。

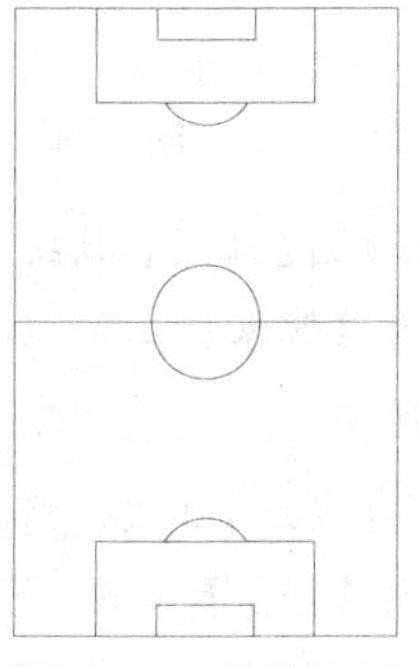

图21-39　镜像图形

Step 06 调用【直线】工具，绘制阶梯，如图21-40所示。

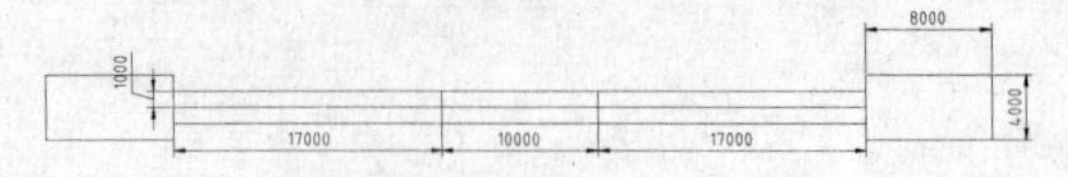

图21-40 绘制阶梯

Step 07 调用【移动】工具，捕捉外侧大矩形上边的中点，移动图形，如图21-41所示。

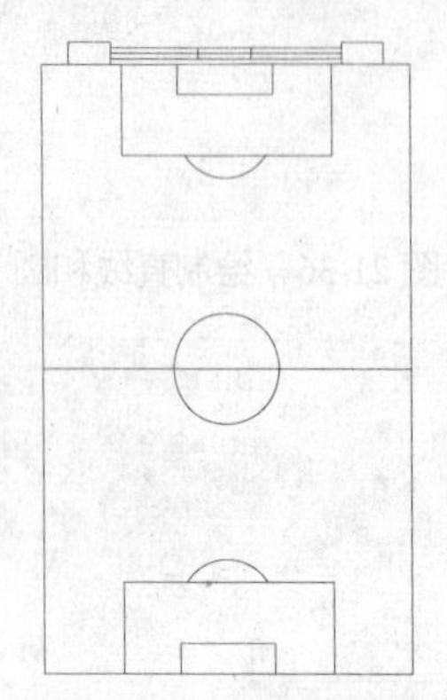

图21-41 移动图形

Step 08 单击【绘图】工具栏中的【插入块】按钮，插入“羽毛球场”和“篮球场”图块，如图21-42所示。

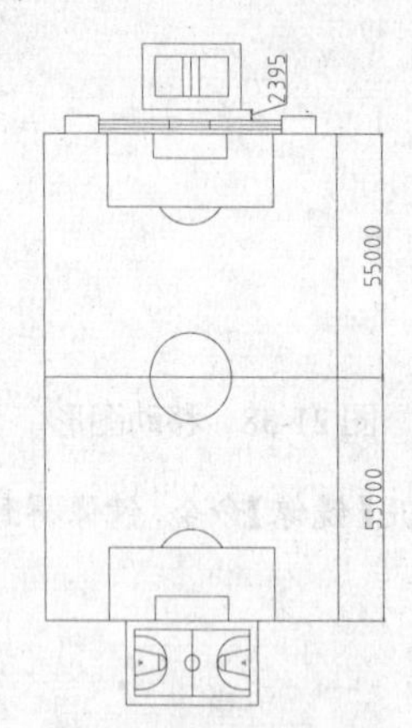

图21-42 插入图块

Step 09 调用【圆】工具，捕捉大矩形的中点，绘制圆，并调用【镜像】工具，镜像复制圆，结果如图21-43所示。

Step 10 调用【直线】工具，捕捉圆的象限点，连接圆，并调用【修剪】工具，修剪图形，如图21-44所示。

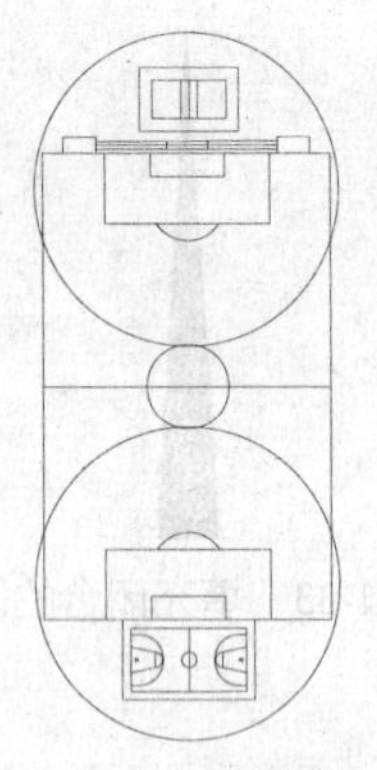

图21-43 绘制圆

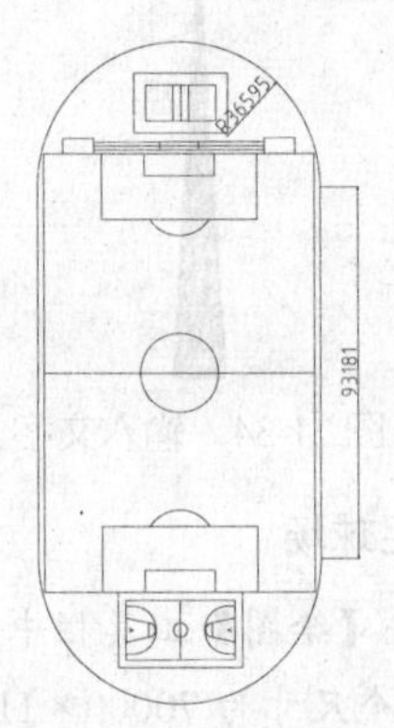

图21-44 修剪图形

Step 11 在命令行中输入J命令，合并上步绘制的图形。

Step 12 调用【偏移】工具，将上步绘制的图形向外偏移1000个绘图单位的距离。然后再向外偏移1200个绘图单位的距离，连续偏移8次，最后再向外偏移2000个绘图单位的距离，作为足球场的跑道，如图21-45所示。

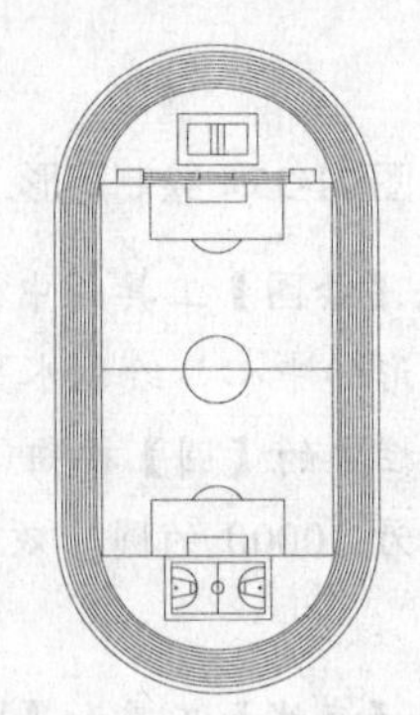

图21-45 绘制结果

Step 13 在命令行中输入B命令，将图形定义为块。至此，足球场绘制完毕。

21.3 绘制园林设计总平面图

本例绘制的是某小区景观设计平面图，属于人工园林的范畴。首先我们对此处场地进行简要的分析。

该园林属于住宅小区的中心绿地，西北和东北方向各有一个入口；道路系统主要有主园路和次级园路，其原始平面图如图 21-46 所示。本节将在原始平面图的基础上，通过绘制总体平面图，使读者对园林施工图的绘制流程和方法有一个大概的了解。

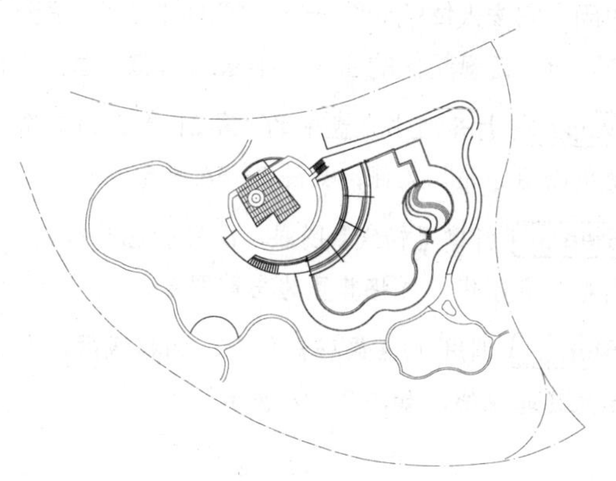

图 21-46 原始平面图

本例绘制完成的总平面图如图 21-47 所示。其一般绘制方法为：先在原始平面图的基础上绘制园路及铺装，再绘制园林建筑和小品，最后对总平面图进行各种标注。

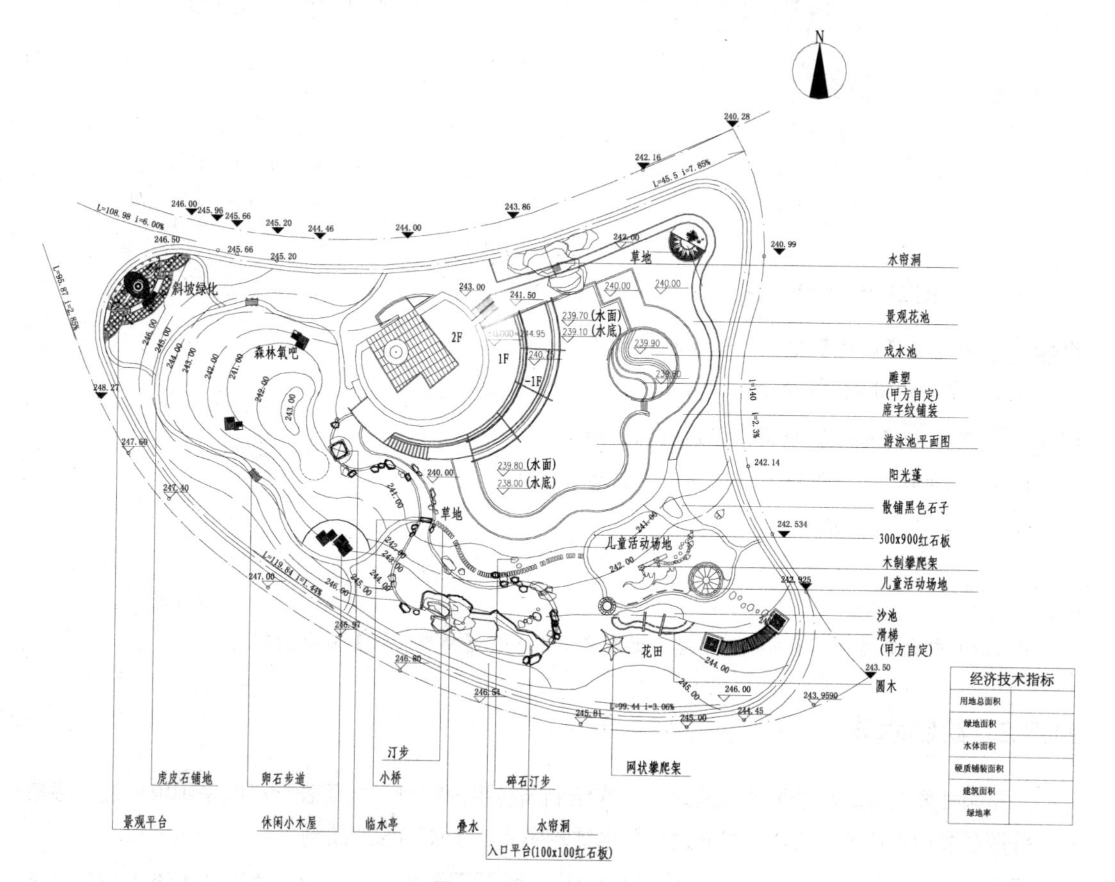

图 21-47 园林总平面图

21.3.1 绘制主园路

园林道路是园林的重要组成部分，起着组织空间、引导游览、联系交通并提供散步休息场所的作用。它像人体的脉络一样，把园林的各个景区连成整体。此外，园林道路本身又是园林风景的组成部分，蜿蜒起伏的曲线，丰富的寓意，精美的图案，都给人以美的享受。

Step 01 打开随书光盘中的“第21章\21.3.1 原始平面图.dwg”文件，如图21-46所示。

Step 02 新建【轴线】图层，设置颜色为红色，线型为点断线，并将其置为当前图层。

Step 03 调用 O【偏移】命令，偏移线段，表示主道路轴线，如图21-48所示。

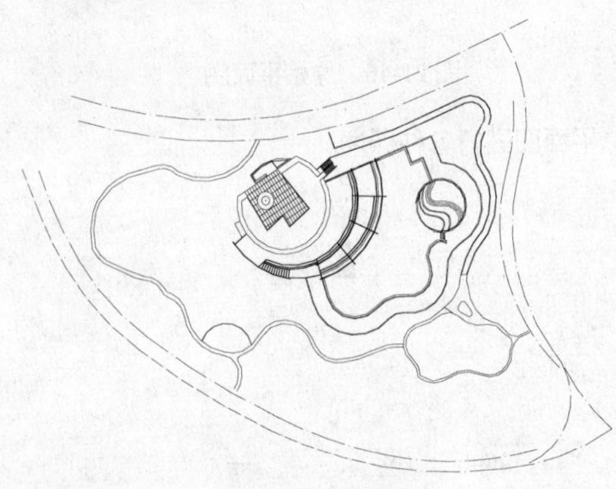

图21-48 绘制轴线

Step 04 调用 F【圆角】命令，对偏移的线段进行圆角操作，如图21-49所示。

Step 05 调用 O【偏移】命令，分别将轴线向左、右偏移 1000，并将偏移的线段转换至主道路图层，如图21-50所示。

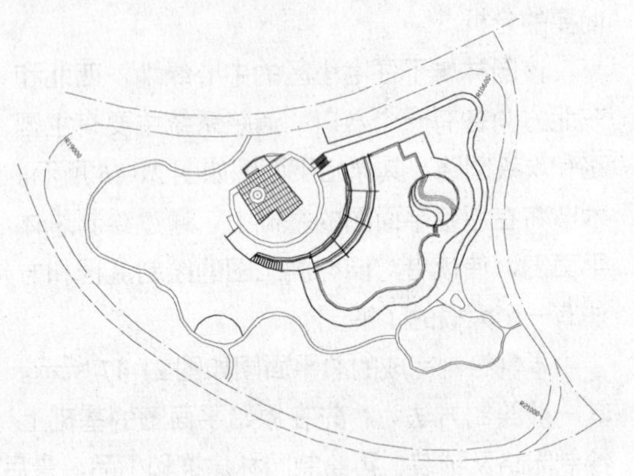

图21-49 圆角图形

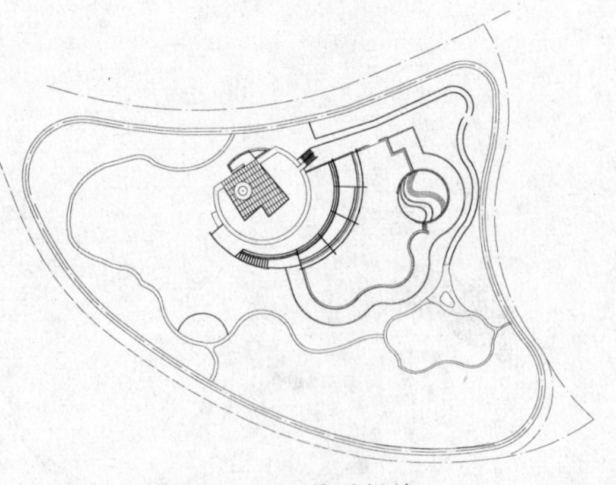

图21-50 偏移轴线

技巧点拨

中心绿地中次级道路属于自然式道路，通常可调用 SPL【样条曲线】命令绘制。

21.3.2 绘制水体

水是园林风景中非常重要的元素之一。在绘制园林平面图时，水面表示可以采用填充法、线条法、等深线法和添加景物法。这里通过绘制水体轮廓完成水体图形的绘制。

Step 01 新建【水体】图层，设置颜色为蓝色，并将其置为当前图层。

Step 02 调用 SPL【样条曲线】命令绘制水体轮廓线，并调用 TRIM【修剪】命令修剪多余线段，如图21-51所示。

图 21-51　绘制水体轮廓线

Step 03 调用 O【偏移】命令，偏移绘制的样条曲线，偏移距离为 400，得到水体驳岸轮廓。

Step 04 新建【假山】图层，并将其置为当前图层。

Step 05 调用 PL【多段线】命令，绘制连接水体的假山群轮廓线，设置线宽为 100。

Step 06 调用 O【偏移】命令，偏移假山轮廓线两次，偏移距离为 250、150，并将偏移的多段线线宽改为 0，绘制结果如图 21-52 所示。

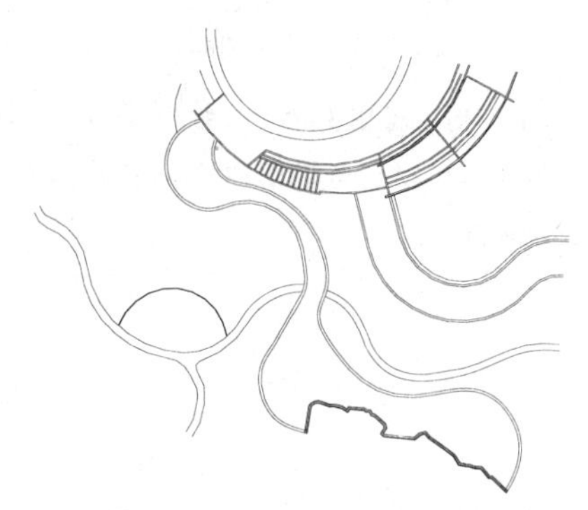

图 21-52　绘制假山轮廓线

21.3.3　绘制入口广场

小区主要有两个入口，均以广场形式体现，西北方向的为主入口广场，如图 21-53 所示，东北方向的为次入口广场，如图 21-54 所示。

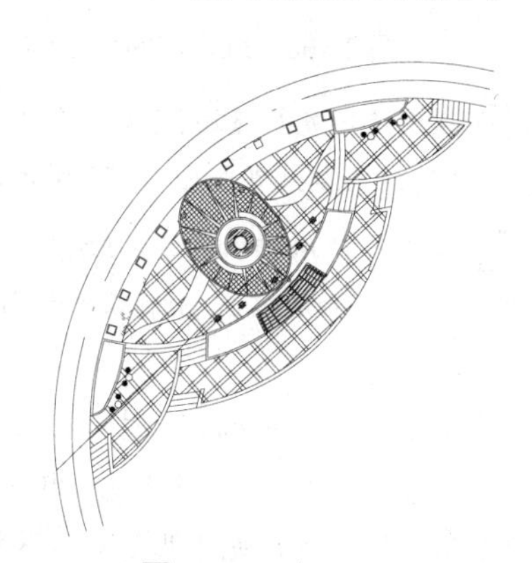

图 21-53　主入口

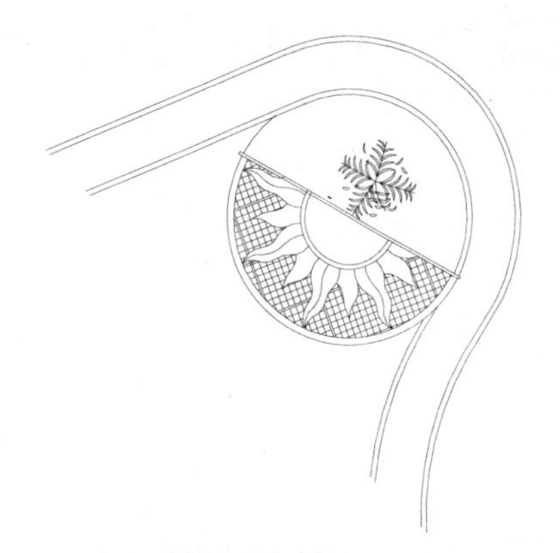

图 21-54　次入口

Step 01 新建【广场】图层，并将其置为当前图层。

Step 02 调用 C【圆】命令，绘制半径为 18000 的圆。

Step 03 调用 EL【椭圆】命令，绘制椭圆，命令行操作如下：

```
命令：ELLIPSE/EL
                    //调用【椭圆】命令
指定椭圆的轴端点或[圆弧(A)/中心点(C)]
                    //指定任意一点
指定轴的一个端点：@7300<40↙
                    //输入相对极坐标
指定另一半轴的长度：2600↙
                    //输入另半轴长度
```

Step 04 调用 M【移动】命令，拾取椭圆长轴上端点，移动到适当的位置，如图 21-55 所示。

Step 05 调用 O【偏移】命令，将椭圆向内偏移 70。

图21-55 移动椭圆

Step 06 调用 C【圆】命令，绘制半径为11000的圆，并将其移动到与椭圆内侧相切的位置，如图21-56所示。

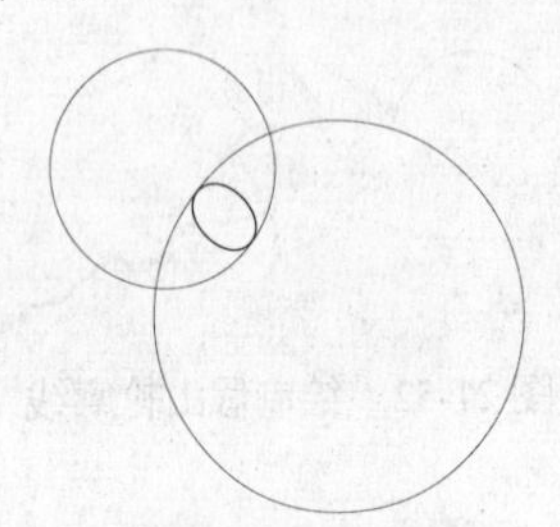

图21-56 绘制圆

Step 07 调用 O【偏移】命令，偏移上一步绘制的圆两次，偏移距离为1600、1900。

Step 08 调用 TR【修剪】命令，修剪多余线段，如图21-57所示。

图21-57 修剪线段

Step 09 调用 C【圆】命令，绘制半径为8200的圆，移动到相应位置后，以椭圆长轴为镜像线，将圆镜像到另一侧，如图21-58所示。

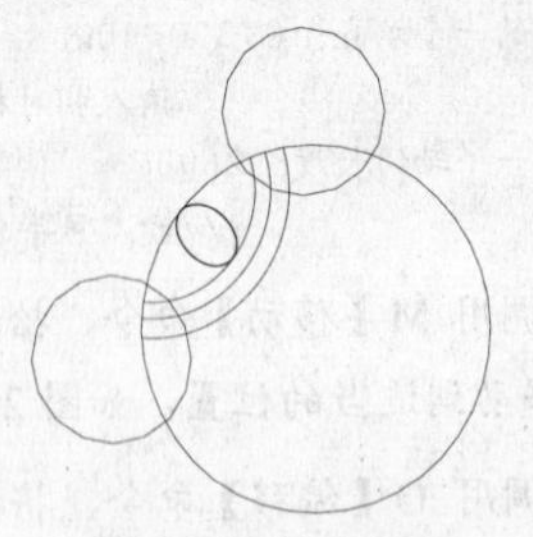

图21-58 镜像圆

Step 10 调用 TR【修剪】命令，修剪出如图21-59所示的图形。

图21-59 修剪图形

Step 11 细化广场。调用【直线】、【阵列】、【圆弧】、【偏移】等相关命令，细化广场，结果如图21-60所示。

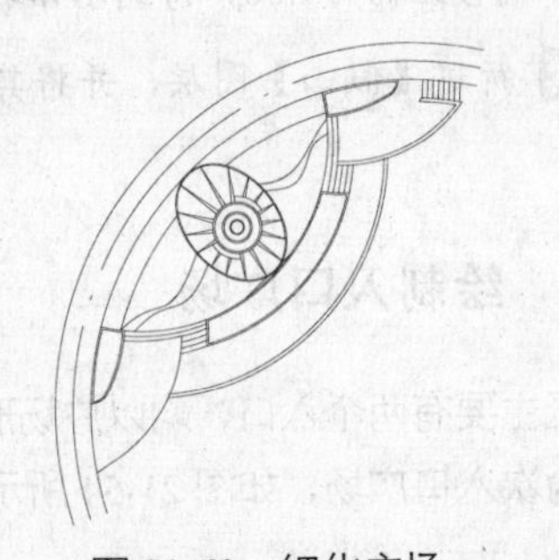

图21-60 细化广场

Step 12 调用【填充】、【圆】【矩形】等命令，继续细化广场，绘制结果如图21-53所示。

Step 13 读者可使用相同的方法绘制次入口广场，这里就不做详细介绍了，绘制效果如图21-54所示。

Step 14 当入口广场绘制完成后，可以进一步完善中心绿地的园路，使道路系统连贯。同时，利用前面学过的方法，完善儿童游乐区的小广场，绘制结果如图21-61所示。

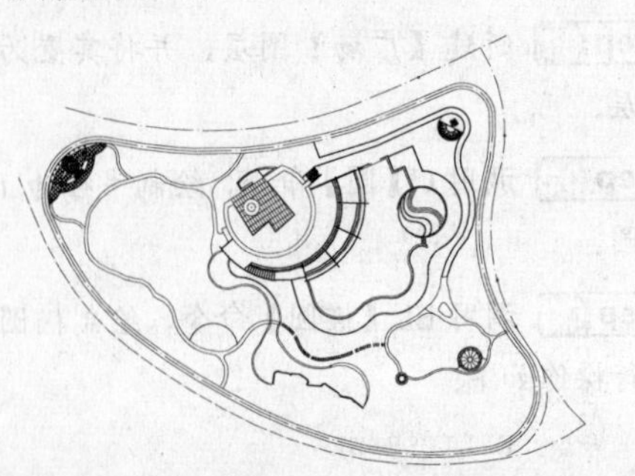

图21-61 完善道路和儿童游乐场

21.3.4 绘制园林建筑

园林建筑是指园林中提供休息、装饰、照明、展示和为园林管理及方便游人之用的小型建筑设施。一般设有内部空间，体量小巧，造型别致，富有特色。园林建筑在园林中既能美化环境，丰富园趣，为游人提供了文化休息和公共活动的场所，又能使游人从中获得美的感受和良好的教益。

这里以绘制临水亭为例，介绍园林建筑的绘制方法。

Step 01 将【建筑】图层置为当前图层，设置图层颜色为黑色，并将其置为当前图层。

Step 02 单击【绘图】工具栏中的【矩形】按钮，绘制一个边长为4000的矩正方形；调用RO【旋转】命令，将正方形旋转60°，结果如图21-62所示。

图21-62 绘制矩形

Step 03 单击【修改】工具栏中的【偏移】按钮，将正方形向内偏移，偏移距离依次为300、50、30、30、30、30、30，结果如图21-63所示。

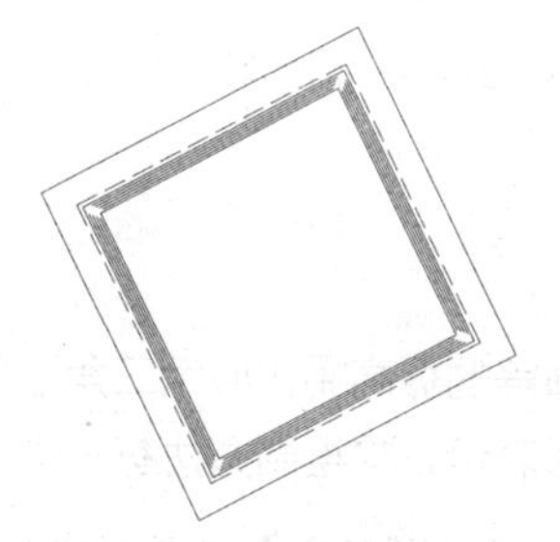

图21-63 偏移矩形

Step 04 调用 L【直线】命令，绘制临水亭对角线，如图21-64所示。

Step 05 调用 C【圆】命令，捕捉对角线的交点为圆的中心点，绘制半径为1700的圆，并设置线型为虚线。

Step 06 调用 O【偏移】命令，将圆向外偏移300。

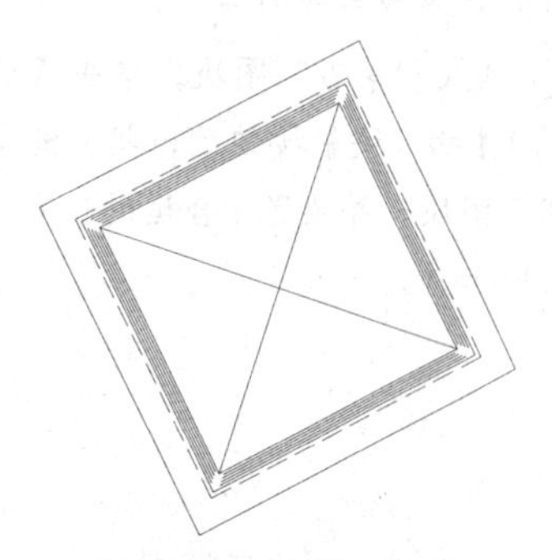

图21-64 绘制对角线

Step 07 调用PL【多段线】命令，绘制多段线，表示亲水平台，如图21-65所示。

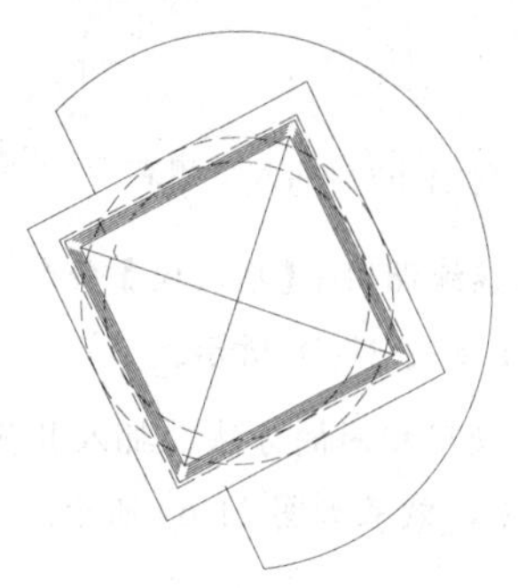

图21-65 绘制多段线

Step 08 调用 M【移动】命令，将绘制完成的临水移动至相应的位置，如图21-66所示。

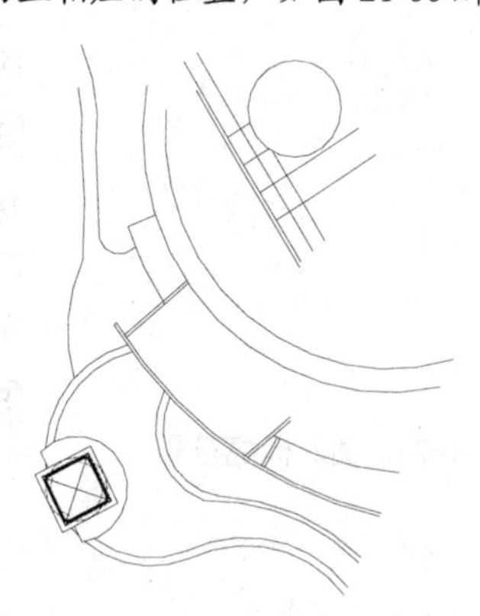

图21-66 移动临水凉亭

.3.5 绘制园林小品

本园林的小品包括景石、躺椅、休闲桌椅、坐凳等一系列园建设施。其中，园建设施一般以图例的形式插入。

Step 01 新建【小品】图层，设置图层颜色为黑色，并将其置为当前图层。

Step 02 插入“景石”图块。单击【绘图】工具栏中的 I【插入块】按钮，插入随书光盘中的“景石”图块，并放置于合适的位置，结果如图 21-67 所示。

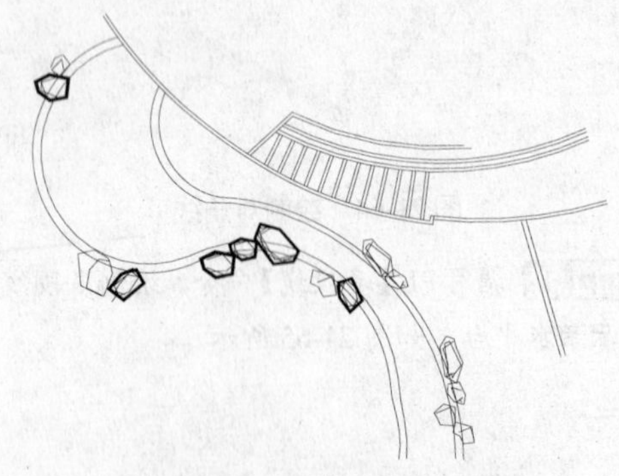

图 21-67　插入“景石”图块

Step 03 继续调用 I【插入块】命令，插入其他景石，效果如图 21-68 所示。

Step 04 使用相同的方法，插入其他图块至图中合适位置，效果如图 21-69 所示。

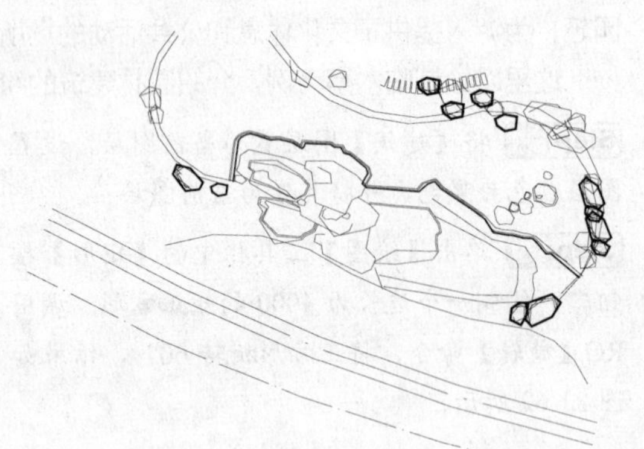

图 21-68　插入其他景石

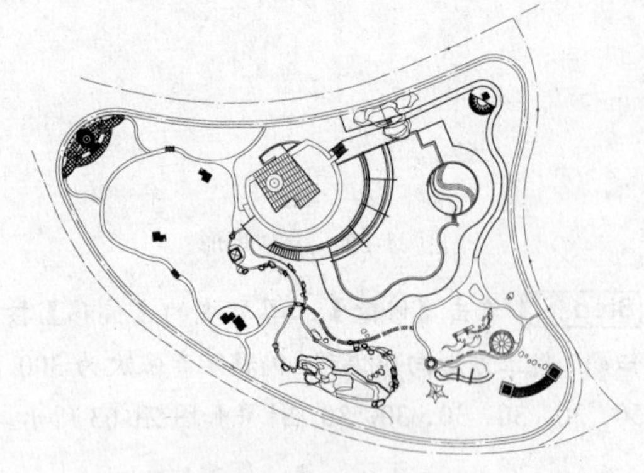

图 21-69　插入其他小品图块

21.3.6 标注标高

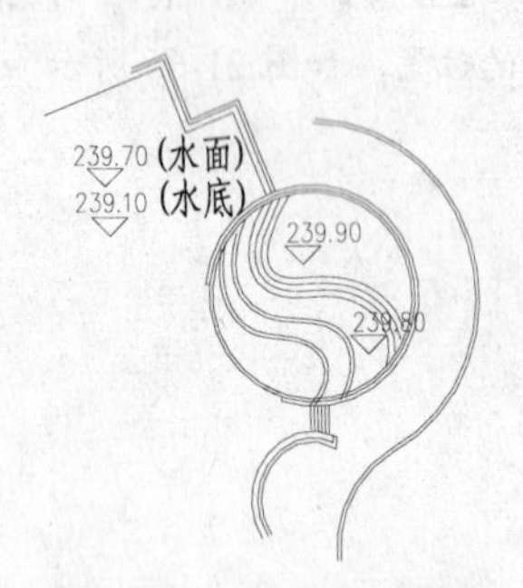

图 21-70　插入标高符号

一般室外绿地、路面等的标高用实心倒三角形表示，而水体标高则用空心倒三角形表示，其绘制方法都一样。

Step 01 绘制水体标高。单击【绘图】工具栏中的【插入块】按钮，插入“标高”图块，并根据命令行提示输入高度值为 239.70（水面）、239.10（水底）、239.90、239.80，结果如图 21-70 所示。

Step 02 用同样的方法插入路面其他位置的标高，结果如图 21-71 所示。

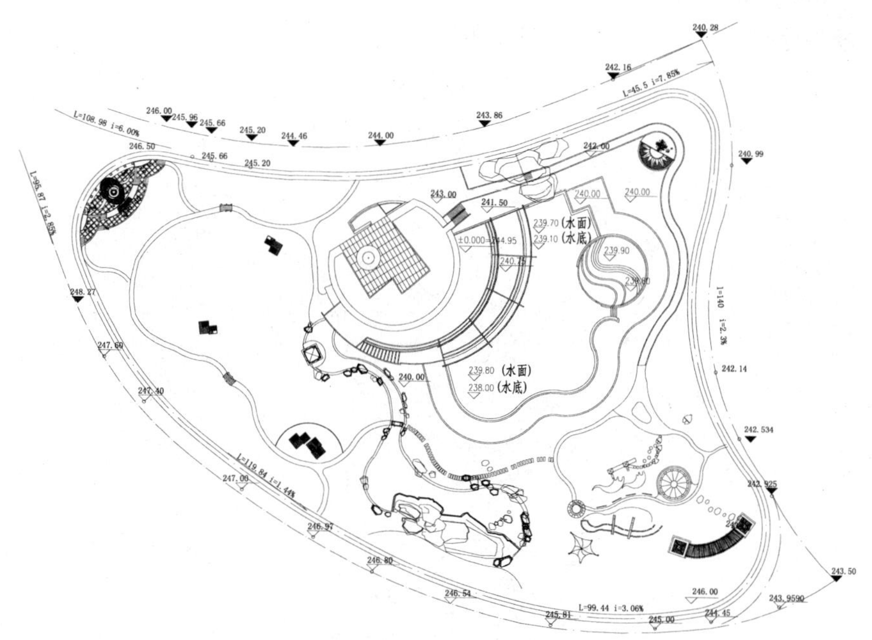

图 21-71　标注标高

21.3.7　绘制等高线

等高线是一组垂直间距相等、平行于水平面的假想面，是与自然地貌相切所得到的交线在平面上的投影，给这组投影线标注上数值，便可用它在图纸上表示地形的高低陡缓、峰峦位置、坡谷走向及溪池的深度等内容。

绘制等高线的具体操作步骤如下。

Step 01 新建【等高线】图层，设置图层颜色为灰色，线型选择虚线，并将其置为当前图层。

Step 02 绘制等高线。单击【绘图】工具栏中的【样条曲线】按钮，绘制如图 21-72 所示的等高线。

Step 03 调用 DT【多行文字】命令，标注等高线标高，如图 21-73 所示。

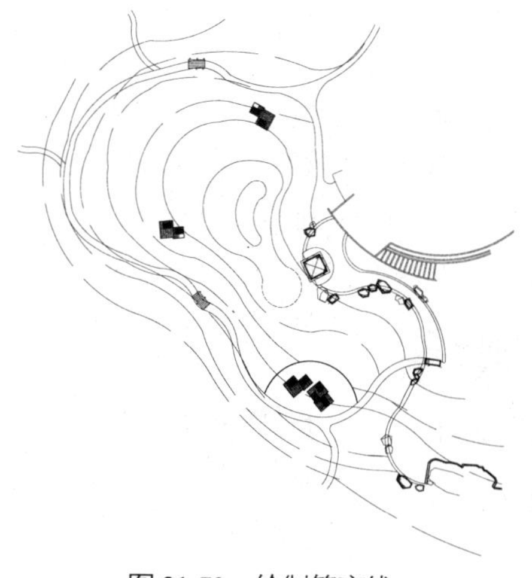

图 21-72　绘制等高线

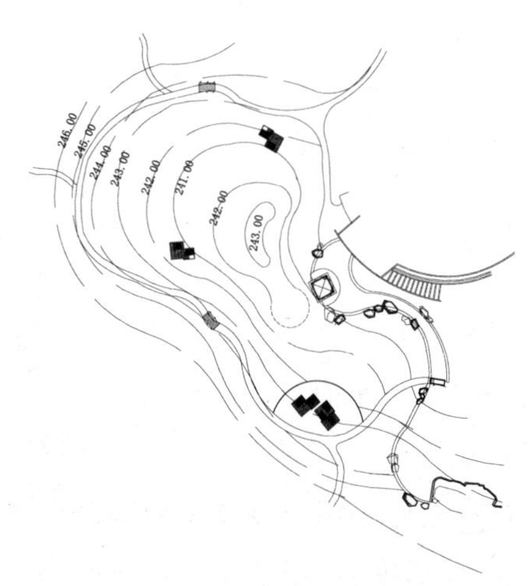

图 21-73　标注等高线标高

至此，标注标高完成，效果如图 21-74 所示。

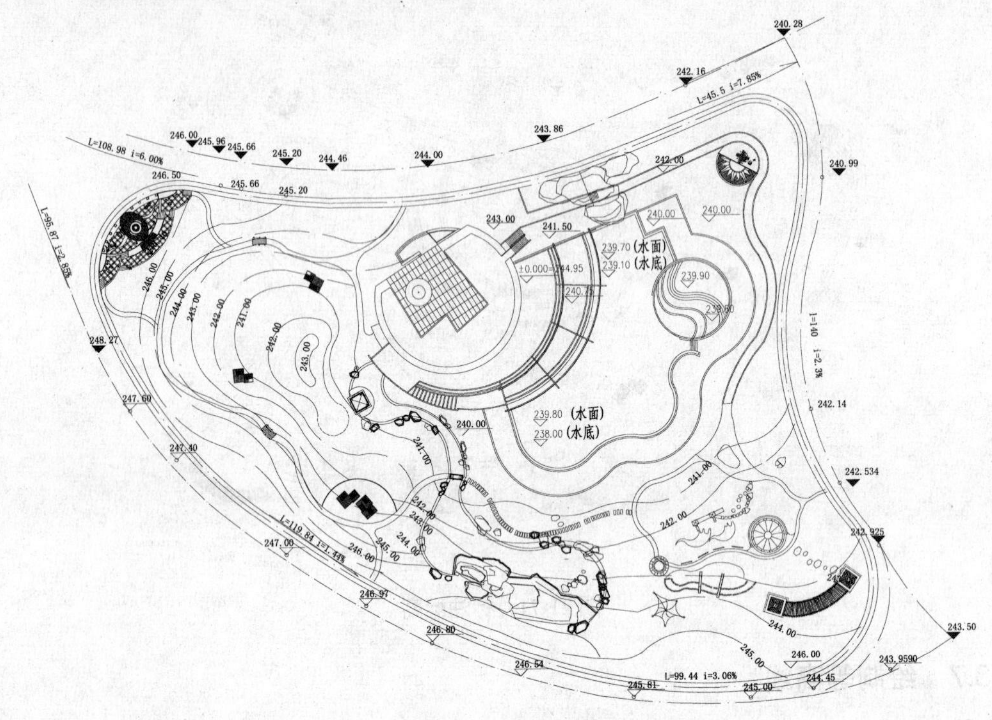

图 21-74　标注标高

21.3.8　文字标注

文字和尺寸标注是园林设计图中不可缺少的内容。本例绘制的是总平面图，重点表示的是整体的设计方案，因此只作文字标注。

Step 01 新建【文字】图层，设置图层颜色为绿色，并将其置为当前图层。

Step 02 调用 MLD【多重引线标注】命令，标注文字，如图 21-75 所示。

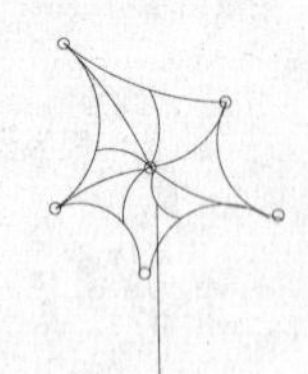

图 21-75　标注文字说明

Step 03 使用同样的方法标注其他文字说明，如图 21-47 所示。

至此，住宅小区中心园林全部绘制完成。